2012 87卷 AATCC

AATCC技术手册

AATCC TECHNICAL MANUAL

美国纺织化学家和染色家协会 编著
中国纺织信息中心 编译

中国纺织出版社

内 容 提 要

本书介绍了由美国纺织化学家和染色家协会(AATCC)提供的2012版技术手册,重点包括116个标准方法、11个评定程序和14篇专论。内容涉及纺织品的色牢度性能、染色性能、生物性能、物理性能及纤维鉴别分析方法等。本书对研究纺织品检测技术、掌握检测方法、控制和提高纺织品质量具有指导意义。可供在检测机构、科研院所、纺织品服装企业中从事质量检测、进出口贸易及相关工作的人士学习和参考。

图书在版编目(CIP)数据

AATCC技术手册.87卷/美国纺织化学家和染色家协会编著;中国纺织信息中心编译.—北京:中国纺织出版社,2013.5

ISBN 978-7-5064-9581-3

Ⅰ.①A… Ⅱ.①美… ②中… Ⅲ.①纺织品—检测—技术手册 Ⅳ.①TS107-62

中国版本图书馆CIP数据核字(2013)第021730号

策划编辑:秦丹红　邱红娟　　责任校对:寇晨晨
责任设计:李　然　　责任印制:刘　强

中国纺织出版社出版发行
地址:北京朝阳区百子湾东里A407号楼　邮政编码:100124
邮购电话:010—64168110　传真:010—64168231
http://www.c-textilep.com
E-mail:faxing@c-textilep.com
中国纺织出版社印刷厂印刷　各地新华书店经销
2013年5月第1版第1次印刷
开本:889×1194　1/16　印张:42
字数:912千字　定价:1800.00元

凡购本书,如有缺页、倒页、脱页,由本社市场营销部调换

前言

长期以来，由于《AATCC 技术手册》仅有英文版本，一定程度上制约和限制了我国出口型企业对该标准的准确理解和实施。中国纺织信息中心于 2007 年 7 月得到美国纺织化学家和染色家协会（AATCC）的正式授权后，对《AATCC 技术手册》进行了全文翻译，于 2008 年和 2010 年分别出版了中文版《AATCC 技术手册》83 卷和 85 卷，并于 2009 年和 2011 年分别出版了该标准的中文版增补册。

2012《AATCC 技术手册》（中文版）以 2012 英文版《AATCC 技术手册》（87 卷）为基准，邀请和组织行业专家、学者将其译为中文，共约 90 万字。其中包含 116 个现行有效的测试方法，11 个评定程序及 14 篇专论，内容涉及纺织品物理、色牢度、染色及生物性能，评定程序及纤维鉴别分析等。与 2011 版相比，增加了 5 个标准，更新或再确认 49 个标准。

《AATCC 技术手册》（中文版）自出版以来，在一定程度上方便了企业、检测机构及科研院所从事标准检测及相关贸易人士使用 AATCC 标准，得到了行业内同仁的广泛欢迎及大力支持，同时，也反馈了许多宝贵建议，惠及再版的改进，在此表示感谢。

由于时间和水平所限，中文版《AATCC 技术手册》较之原文难免有理解偏差或翻译不准确之处，恳请专家、读者提出宝贵意见，并参照原文使用。

《AATCC 技术手册》编译委员会

2012 年 11 月

《AATCC 技术手册》编译委员会

主　编

伏广伟

副主编

谢　凡　杨　萍　王　玲　张翠竹

审　校

李瑞萍　杨　萍　张翠竹　杨金纯　王　玲　贺显伟　王　静
王红菊　耿铁凡　赵　昊　杨道鹏　张丽萍　刘　鹏　谢　凡
谭文丽　侯　燕　郭　芳　陈清清

翻　译

李瑞萍　张翠竹　杨金纯　杨　萍　王　玲　王红菊　富　巍
陈秀英　李瀚宇　刘　鹏　朱国权　贺显伟　谢　凡　李　力
张珍竹　李世军　姜军贤　张　霞　杨　颖　宋博华　石　庆
陈　立　周长年　秦丹红　刘长江　彭　辉　桑　建　童金柱
朱萍萍　冯　静　谢晓英　李　华　陈红梅　孔会云　亓兴华
吴重量　江海华　孔丽萍　陈继红　何瑾馨　陈　英　王建明
周兴平　李治恩　顾燕松　周拥军　孙学志　石蓉英　付道旦
王秀荣　谢瑞明　王　静　邱范君　王　政　朱金唐　孙　乐
杨　智　王　勃　许立辉　谢方明　潘大经　邱小英　张志荣
金宝英　冉　雯　张旭慧　王军锋　范雨昕　张晓蕾

若有任何疑问，请联系
中国纺织信息中心《AATCC 技术手册》编译委员会
地址：北京市朝阳区延静里中街 3 号科研楼 702 室
电话：010—65855509
传真：010—65934577
电子信箱：fcq@fabricschina. com. cn

目　录

AATCC 测试方法

AATCC 评定程序

专论

AATCC 测试方法

AATCC 6 -2011

耐酸和耐碱色牢度

AATCC RR1 技术委员会于1925年制定；1945年、1952年、1957年修订；1972年、1975年、1978年、1989年、2006年重新审定；1981年、1986年、1994年、2001年编辑修订并重新审定；1995年、2004年编辑修订；等效于ISO 105 - E05和E06。

1. 目的和范围

评定试样模拟耐酸熏、酸性浆料、碱性浆料、碱性洗涤剂及碱性污物作用的能力。适用于各种纤维制成的有色纱线和织物，包括染色、印花和其他有色纺织品。

2. 原理

用简单的实验仪器将试样在规定的溶液中浸泡或使其沾有污渍，然后观察其颜色变化。

3. 术语

色牢度：材料在加工、检测、储存或使用过程中，暴露在可能遇到的任何环境下，抵抗颜色变化或（和）颜色向相邻材料转移的能力。

4. 安全和预防措施

本安全和预防措施仅供参考。本部分有助于测试，但未指出所有可能的安全问题。在本测试方法中，使用者在处理材料时有责任采用安全和适当的技术；务必向制造商咨询有关材料的详尽信息，如材料的安全参数和其他制造商的建议；务必向美国职业安全卫生管理局（OSHA）咨询并遵守其所有标准和规定。

4.1 遵守良好的实验室规定，在所有的试验区域应佩戴防护眼镜。

4.2 所有化学物品应当谨慎使用和处理。

4.3 在附近安装洗眼器/安全喷淋装置以备急用。

5. 仪器、材料和试剂

5.1 烧杯，250mL。

5.2 钟形的玻璃容器，4L，底部配有玻璃板。

5.3 蒸发皿。

5.4 变色灰卡（见11）。

5.5 盐酸（HCl），浓度35%。

5.6 乙酸（CH_3COOH），浓度56%。

5.7 氢氧化铵（NH_4OH），含28%无水氨（NH_3）。

5.8 无水碳酸钠（Na_2CO_3），工业级。

5.9 氢氧化钙［$Ca(OH)_2$］，新配置的，糊状。

6. 试样准备

剪取大小适宜的试样。

7. 操作程序

7.1 酸性测试。

7.1.1 在21℃（70℉）条件下，用盐酸溶液（将100mL 35%的盐酸加入水中，配置成1L溶液）沾污试样，不需漂洗，在室温下干燥试样。

7.1.2 用乙酸溶液（56%）沾污试样，不需漂洗，在室温下干燥试样。

7.2 碱性测试。

7.2.1 在21℃（70℉）条件下，将试样浸泡在氢氧化铵溶液（含28%无水氨）中2min，不需漂洗，在室温下干燥试样。

7.2.2 在21℃（70℉）条件下，将试样浸泡在碳酸钠溶液（10%）中2min，不需漂洗，在室温下干燥试样。

7.2.3 在玻璃板上放上一个4L的钟形玻璃容器，在容器内放入装有10mL氢氧化铵溶液（含28%无水氨）的蒸发皿，将试样悬挂在蒸发皿上方7.6cm（3英寸）处24h。

7.2.4 将少量水与氢氧化钙混合配制新鲜的糊状氢氧化钙，用氢氧化钙沾污试样并干燥试样，然后用刷子刷掉试样上干的粉末。

8. 评级

用变色灰卡评定试样的颜色变化（见11）。

5级——可忽略或没有变化，相当于变色灰卡的5级

4.5级——颜色变化相当于变色灰卡4～5级

4级——颜色变化相当于变色灰卡4级

3.5级——颜色变化相当于变色灰卡3～4级

3级——颜色变化相当于变色灰卡3级

2.5级——颜色变化相当于变色灰卡2～3级

2级——颜色变化相当于变色灰卡2级

1.5级——颜色变化相当于变色灰卡1～2级

1级——颜色变化相当于变色灰卡1级

9. 报告

报告实验的结果，并注明所用的试剂，如“这种材料的耐盐酸色牢度是……级，等等”。

10. 精确度和偏差

10.1 精确度。本测试方法的精确度还未确立，在关于其精确度的说明产生之前，采用标准的统计方法，比较实验室内或实验室之间试验结果的平均值。

10.2 偏差。耐酸和耐碱色牢度只能根据某一实验方法予以定义，因而没有单独的方法用以确定真值。本方法作为预测这一性质的手段，没有已知偏差。

11. 注释

可从AATCC获取，地址：P. O. Box 12215, Research Triangle Park NC 27709；电话：919/549-8141；传真：919/549-8933；电子邮箱：orders@aatcc.org；网址：www.aatcc.org。

AATCC 8 -2007

耐摩擦色牢度：摩擦测试仪法

AATCC RA38 技术委员会于 1936 年制定；1937 年、1952 年、1957 年、1961 年、1969 年、1972 年、1985 年、1988 年、1996 年、2004 年、2005 年和 2007 年修订；1945 年、1989 年重新审定；1968 年、1974 年、1977 年、1981 年、1995 年和 2001 年编辑修订并重新审定；1986 年、2002 年、2008 年（标题更改）和 2009 年编辑修订；部分等效于 ISO 105 - X12。

1. 目的和范围

1.1 本测试方法用来评定有色纺织品表面因摩擦而发生颜色转移到其他表面的程度。适用于各种纤维制成的各种类型的有色纱线和织物，包括染色、印花和其他方法着色的纱线和织物。不推荐用于地毯或面积太小的印花纺织品（见 13.2 和 13.3）。

1.2 测试程序中使用正方形的摩擦白布，包括干燥和用水湿润的。

1.3 水洗、干洗、缩水、熨烫、整理等处理可能对材料的颜色转移程度产生影响，因此可在上述各种处理前或后，或处理前和后都进行该测试。

2. 原理

2.1 在规定条件下，有色试样与摩擦白布进行摩擦。

2.2 通过与沾色灰卡或沾色彩卡进行比较，评价颜色转移到摩擦白布的程度，并确定沾色级数。

3. 术语

3.1 色牢度：材料在加工、检测、储存或使用过程中，暴露在可能遇到的任何环境下，抵抗颜色变化或（和）颜色向相邻材料转移的能力。

3.2 摩擦脱色：通过摩擦，着色剂从有色纱线或织物表面转移到另一个表面或同一织物的邻近区域。

4. 安全和预防措施

本安全和预防措施仅供参考。本部分有助于测试，但未指出所有可能的安全问题。在本测试方法中，使用者在处理材料时有责任采用安全和适当的技术；务必向制造商咨询有关材料的详尽信息，如材料的安全参数和其他制造商的建议；务必向美国职业安全卫生管理局（OSHA）咨询并遵守其所有标准和规定。

4.1 遵守良好的实验室规定，在所有的试验区域应佩戴防护眼镜。

4.2 所有化学物品应当谨慎使用和处理。

4.3 操作实验室测试仪器时，应遵循制造商提供的安全建议。

5. 仪器和材料（见 13.1）

5.1 摩擦测试仪（见 13.3、13.4 和下图）。

摩擦测试仪

5.2 摩擦白布，剪成 50mm 正方形（见 13.5）。

5.3 AATCC 沾色彩卡（见 13.6）。

5.4 沾色灰卡（见 13.6）。

5.5 白色 AATCC 纺织吸水纸（见 13.6）。

5.6 摩擦仪的试样夹持器（见 13.4）。

5.7 实验室内部摩擦织物。

5.8 摩擦测试仪校准布，可以在无法获取实验室内部摩擦织物的情况下代替其使用。

6. 核查

6.1 定期核查试验操作和仪器，并保留记录结果。当异常摩擦图影响评级程序时，按 6.2 的观察和纠正操作对避免错误的测试结果很重要。

6.2 使用摩擦测试仪校准布或已知摩擦牢度级数较低的实验室内部摩擦织物，进行三次干摩擦和三次湿摩擦测试。

6.2.1 如果摩擦白布因沾色不匀而使沾色图形不圆，则表明摩擦头可能需要重新修复表面（见 13.7）。

6.2.2 如果产生重影的细长图形，则表明螺旋金属夹可能松动（见 13.7）。

6.2.3 如果产生拉长的条纹图形，则表明摩擦布安装可能倾斜。

6.2.4 如果试样边缘有磨损痕迹，则表明螺旋金属夹向下安装了，且位置不够高，导致其对试样表面产生摩擦。

6.2.5 如果摩擦布中间部位有沿着摩擦方向的条纹，则表明金属基座顶部可能发生翘曲且不平。需要插入一个托架来调平测试仪基座。

6.2.6 如果使用了试样夹，将试样夹固定在测试仪基座的试样上。摇动摩擦臂使摩擦头到最前端的位置，观察摩擦头是否碰到了试样夹的内侧。如果碰到了，则后面所有测试将试样夹的固定位置稍稍前移。如果不进行相应的调整，将导致摩擦布沾色图形的一边颜色特别深。

6.2.7 含湿量的确认方法（见 9.2）。

6.2.8 如果摩擦仪基座上的摩擦砂纸的摩擦区域用手摸起来与其旁边的区域相比很平滑或者试样发生明显的滑动，则应及时更换摩擦砂纸。

6.2.9 在常规测试中，观察摩擦布的沾色图形上是否出现多个条纹。试样的长度方向一般倾斜于织物的经向和纬向。如果摩擦的方向平行于斜纹方向或花型方向，产生多个条纹，则可以轻微调整测试的角度。

7. 试样准备

7.1 两块试样，一块用于干摩擦测试，一块用于湿摩擦测试。

为了增加结果平均值的精度，可增加试样数量（见 12.1）。

7.2 剪取样品，尺寸至少为 50mm × 130mm（2.0 英寸 ×5.1 英寸），最好使试样的长度方向倾斜于织物的经纬向或纵横向。

当需要进行多个测试以及进行产品的生产测试时，可以使用更大的或者全幅的实验室样品，而不必单独地裁剪试样。

7.3 纱线。将纱线编结成尺寸至少为 50mm × 130mm 的织物；或将纱线沿长度方向紧密缠绕在一个合适的、尺寸至少为 50mm × 130mm 的模板上；或者采取铺开方式（见 13.8）。

8. 调湿

测试前，按照 ASTM D 1776《纺织品调湿和测试标准方法》的要求对试样及摩擦白布进行预调湿和调湿。将每块试样或摩擦白布分开放在筛网或调湿用多孔架上，在温度为 21℃ ±1℃（70℉ ±2℉）和相对湿度 65% ±2% 的大气条件下调湿至少 4h。

9. 操作程序

9.1 干摩擦测试。

9.1.1 将试样平放在铺有砂纸的摩擦仪基座

上，使其长度方向沿摩擦方向（见 13.7）。

9.1.2 将试样夹持器固定于试样上，以防止试样滑动。

9.1.3 将摩擦白布固定在从滑动臂向下突出的摩擦头上，纹路平行于摩擦方向。用专门的螺旋金属夹固定摩擦白布，保持弹簧夹向上。如果弹簧夹向下就会对试样产生牵拉。

9.1.4 将装有摩擦白布的摩擦头放到试样上，摩擦头的起始位置位于前端，以每秒一圈的速度，摇动曲柄把手 10 圈，使摩擦头往复滑动 20 次。对于电动摩擦测试仪，设置并运行仪器 10 圈。对于其他的运行圈数，根据规定进行参数设置。

9.1.5 取下摩擦白布，调湿（见 8）并按照本方法中 10 的规定进行评级。对于拉毛、起绒或磨毛试样，松散纤维可能影响评级，因此在评级前，用透明胶带轻压摩擦白布，以沾去松散的纤维。

9.2 湿摩擦测试。

9.2.1 建立操作流程（见 13.10）来准备湿摩擦白布。对调湿过的摩擦白布进行称重，然后在蒸馏水中彻底浸泡该摩擦布。每次准备一块湿摩擦白布。

9.2.2 对干摩擦白布进行称重。使用注射器管、刻度移液管或者自动移液管，吸取干摩擦白布重量 0.65 倍重的水量（mL）。例如，摩擦布重 0.24g，则吸取的水量（mL）为 $0.24 \times 0.65 = 0.16$mL。将摩擦白布放在盘子内的白塑料网上，向摩擦白布上均匀加水并称量润湿后的摩擦白布重量。按照本方法和 AATCC 116《耐摩擦色牢度：旋转垂直摩擦测试仪法》的要求计算含湿率。如有必要，可以调整用来润湿摩擦白布的水量，并用一块新的摩擦白布重复上述步骤。当达到 65% ±5% 的含湿率时，记录用水量。用注射器管、刻度移液管或自动移液管吸水润湿摩擦白布时，可使用其当天记录的用水量来进行准备。每次测试需重复上述过程。

9.2.3 在实际摩擦测试开始前，应防止因水分蒸发引起含湿量降低到规定范围以下。

9.2.4 按照 9.1 的要求继续进行测试。

9.2.5 在空气中晾干摩擦白布，评级前需调湿（见 8）。对于拉毛、起绒或磨毛试样，松散纤维可能影响评级，因此在评级前，用透明胶带轻压摩擦白布，以沾去松散的纤维。

10. 评级

10.1 用沾色彩卡或沾色灰卡评定试验后颜色从试样转移到摩擦白布上的程度（见 13.11 和 13.14）。

10.2 在评级时，用三层未使用过的摩擦白布垫于待评摩擦白布的下面。

10.3 使用沾色灰卡或 9 级 AATCC 沾色彩卡对干摩擦色牢度和湿摩擦色牢度进行评级（这些样卡的使用在 AATCC EP 2、3 和 8 中分别进行了论述）。

5 级——可忽略的变化或无变化

4.5 级——颜色转移相当于沾色灰卡 4~5 级或 9 级 AATCC 沾色彩卡中的 4.5 级

4 级——颜色转移相当于沾色灰卡 4 级或 9 级 AATCC 沾色彩卡中的 4 级

3.5 级——颜色转移相当于沾色灰卡 3~4 级或 9 级 AATCC 沾色彩卡中的 3.5 级

3 级——颜色转移相当于沾色灰卡 3 级或 9 级 AATCC 沾色彩卡中的 3 级

2.5 级——颜色转移相当于沾色灰卡 2~3 级或 9 级 AATCC 沾色彩卡中的 2.5 级

2 级——颜色转移相当于沾色灰卡 2 级或 9 级 AATCC 沾色彩卡中的 2 级

1.5 级——颜色转移相当于沾色灰卡 1~2 级或 9 级 AATCC 沾色彩卡中的 1.5 级

1 级——颜色转移相当于沾色灰卡 1 级或 9 级 AATCC 沾色彩卡中的 1 级

10.4 当测试多块试样或一组评级者评定沾色时，取结果的平均值，精确到 0.1 级。

11. 报告

11.1 说明是干摩擦还是湿摩擦测试。

11.2 按照10.3报告评级结果。

11.3 按照10.4报告级数，精确到0.1级。

11.4 注明评级使用的是沾色灰卡还是9级AATCC沾色彩卡（见13.6和13.9）。

11.5 如果试样经过本方法1.3所述的处理，则在报告中注明。

12. 精确度和偏差

12.1 精确度。1986年进行了实验室间的比对试验，以确定本测试方法的精度。各实验室的比对测试均在常规大气条件下进行，不必在ASTM标准大气条件下进行。12个实验室参加本次比对测试，每实验室有两位操作员参加，共五块织物，每块织物取三个重复试样，用干摩擦和湿摩擦两种方法分别进行评价。三位评级者使用沾色灰卡和沾色彩卡，独立对沾色摩擦白布进行评级。原始数据归档在AATCC技术中心。

12.1.1 沾色灰卡或沾色彩卡评级的标准偏差构成见表1。

表1 标准偏差构成

测试范围	干摩擦		湿摩擦	
	沾色彩卡	沾色灰卡	沾色彩卡	沾色灰卡
单个操作者/评级员	0.20	0.20	0.24	0.25
实验室内	0.20	0.19	0.31	0.34
实验室间	0.10	0.17	0.38	0.54

12.1.2 临界差见表2。

12.1.3 使用一个评级者和沾色彩卡来确定实验室间差异的示例见表3。

说明：对于干摩擦测试，由于实验室间的结果差值小于12.1.2中所述的临界差值（0.82），因此，结果之间的差异不显著。对于湿摩擦测试，由于实验室间的结果差值超过了临界差值（1.53），因此，结果之间的差异很显著。

表2 临界差

测试范围	观察数量	干摩擦		湿摩擦	
		沾色彩卡	沾色灰卡	沾色彩卡	沾色灰卡
单个操作者/评级员	1	0.55	0.54	0.68	0.70
	3	0.32	0.31	0.39	0.40
	5	0.24	0.24	0.30	0.31
实验室内	1	0.77	0.75	1.08	1.17
	3	0.60	0.61	0.93	1.02
	5	0.60	0.57	0.90	1.00
实验室间	1	0.82	0.89	1.53	1.90
	3	0.69	0.77	1.43	1.81
	5	0.66	0.74	1.41	1.79

表3 摩擦测试结果

项　目	干摩擦	湿摩擦
实验室A	4.5	3.5
实验室B	4.0	1.5
差值	0.5	2.0

12.2 偏差。摩擦色牢度的真值只能以试验方法进行定义，因此本方法没有已知偏差。

对表1的偏差构成，如果两个平均值之间的差值等于或大于下述的临界差值，则认为其在95%置信区间下显著不同。

临界差值基于无限自由度，$t=1.96$进行计算。

13. 注释

13.1 有关适合测试方法的设备信息，请登录http://www.aatcc.org/bg。AATCC提供其企业会员单位所能提供的设备和材料清单，但AATCC没有给其授权，或以任何方式批准、认可或证明清单上的任何设备或材料符合测试方法的要求。

13.2 对于地毯的摩擦色牢度测试，应使用RA57技术委员会制定的AATCC 165《耐摩擦色牢度：铺地纺织品——摩擦测试仪法》进行测试。

13.3 摩擦测试仪模拟的是人的手指和前臂动

作的往复摩擦运动。

13.4 摩擦测试仪设计成直径为 16mm ±0.3mm (0.625 英寸 ±0.01 英寸) 的摩擦头往复移动，曲柄每转一圈，样品上形成一个 104mm ±3mm 的直线轨迹，同时施加向下的压力为 9N ±0.9N (2 磅 ±0.2 磅)。

13.5 摩擦白布应满足下述条件：

纤维：10.3 ~ 16.8mm 精梳棉原纤，退浆、漂白、不含荧光增白剂或者整理剂。

纱线：15tex (40/1 英制棉纱支数)，5.9 捻/cm，"Z" 捻向。

密度：经密 32 根/cm ±5 根/cm，纬密 33 根/cm ±5 根/cm。

组织：$\frac{1}{1}$平纹。

pH 值：7 ±0.5。

平方米质量：100g ±3g (整理后)。

白度：W=78 ±3 (见 AATCC 110)。

警告：基于对摩擦布的研究，使用 ISO 摩擦布和使用 AATCC 摩擦布所测得结果不可等同。

13.6 沾色彩卡、沾色灰卡和白色 AATCC 纺织吸水纸可从 AATCC 获取，地址：P. O. Box 12215, Research Triangle Park NC 27709；电话：919/549 - 8141；传真：919/549 - 8933；邮箱：orders@ aatcc. org；网址：www. aatcc. org。

13.7 摩擦头、螺旋夹或砂纸的意外损坏可以参照下述方法进行处理：先更换砂纸；扳动螺旋夹使其开口更大，或者用直径比摩擦头略细的棒对其进行闭合；模拟正常使用方式，在额外一张细砂纸上对摩擦头表面进行打磨。

13.8 依据经验，对于多股纱或线的摩擦试验，使用定位销附件会更方便。定位销附件可用来避免摩擦头嵌入纱线之间和将纱线推到一边或从纱线滑落而可能导致错误的结果。定位销直径为 25mm，长 51mm。安装在一侧并由标准摩擦头固定，可提供更宽的测试区域，并用两个弹簧加载夹固定摩擦白布。关于相关研发资料请参考 C. R. Trommer 的文章 "Modification of the AATCC Crockmeter for yarn Testing", American Dyestuff Reporter, Vol. 45, No. 12, p357, June 4, 1956；以及 S. Korpanty 和 C. R. Trommer 的文章 "An Improved Crockmeter for Yarn Testing", American Dyestuff Reporter, Vol. 48, No. 6, p40, March 23, 1959。

13.9 使用沾色灰卡还是沾色彩卡进行评级可能得出不同的等级。因此，报告所使用的评级卡是很重要的。

13.10 一旦确定操作技术，在测试过程中，有经验的操作者不必重复称量过程。

13.11 对于关键性的评级及用于仲裁情况的评级，必须使用沾色灰卡进行。

13.12 有关摩擦实验的讨论，可参见 J. Patton 的文章 "Crock Test Problems can be Prevented", Textile Chemist and Colorist, Vol. 21, No. 3, p13, March 1989；以及 Allan E. Gore 的文章 "Testing for Crocking: Some Problems and Pitfalls", Textile Chemists and Colorists, Vol. 21, No. 3, p17, March 1989。

13.13 对于花型面积太小的印花面料，其面积达不到标准摩擦仪的测试需要 (参见 AATCC 116《耐摩擦色牢度：旋转垂直摩擦测试仪法》)。这时，两种测试方法得到的结果可能不一致，两种方法之间没有已知的相关性。

13.14 如果可以证明自动电子评级系统能够得到与有经验的评级者视觉评级结果具有相同的结果，并具有相同的或更好的重现性和再现性，则可以选择使用自动电子评级系统。

AATCC 15 –2009

耐汗渍色牢度

AATCC RR52 技术委员会于 1949 年制定，2006 年将权限移至 AATCC RA23 技术委员会；1952 年、1957 年、1960 年、1962 年、1972 年、1973 年、1975 年、1976 年、1997 年、2009 年修订；1967 年、1979 年、1985 年、1989 年、2007 年重新审定；1961 年、1967 年、1974 年、1981 年、1983 年、1986 年、1995 年、2004 年、2005 年、2008 年编辑修订；1994 年、2002 年编辑修订并重新审定；与 ISO 105 – E04 有相关性。

1. 目的和范围

1.1 本测试方法用于评定各种有色纺织品耐酸性汗液作用的色牢度。可适用于染色、印花及其他种类的有色纤维、纱线和织物，也可适用于纺织品染料的测定。

1.2 RR52 技术委员会研究显示本测试方法与有限领域的研究相关。在此之前，有酸性汗液和碱性汗液两种测试，而经研究后取消了碱性测试（见 13.1）。

2. 原理

有色试样和其他纤维材料（用于沾色）连接，浸泡在模拟的酸性汗渍溶液中，施加固定机械压力，在稍高的温度中慢慢干燥。经过调湿后，评定试样颜色变化和其他纤维材料的沾色程度。

3. 术语

3.1 色牢度：材料在加工、检测、储存或使用过程中，暴露在可能遇到的任何环境下，抵抗颜色变化或（和）颜色向相邻材料转移的能力。

3.2 汗渍：汗腺分泌的生理盐溶液。

4. 安全和预防措施

本安全和预防措施仅供参考。本部分有助于测试，但未指出所有可能的安全问题。在本测试方法中，使用者在处理材料时有责任采用安全和适当的技术；务必向制造商咨询有关材料的详尽信息，如材料的安全参数和其他制造商的建议；务必向美国职业安全卫生管理局（OSHA）咨询并遵守其所有标准和规定。

4.1 遵守良好的实验室规定，在所有的试验区域应佩戴防护眼镜。

4.2 所有化学物品应当谨慎使用和处理。

4.3 注意小轧车安全性，切勿移动安全警示，尤其是在夹持点处要确保足够的安全。推荐使用脚踏开关。

5. 仪器、材料和试剂

5.1 耐汗渍测试仪，仪器配有塑料或玻璃板（见图 1 和图 2）。

5.2 烘箱（对流）。

5.3 天平，精确到 ±0.001g。

5.4 多纤维贴衬织物 [纤维条宽 8mm（0.33 英寸）]，包含醋酯纤维、棉、锦纶、蚕丝、黏胶纤维和羊毛，用于含有蚕丝的样品。多纤维贴衬织物 [纤维条宽 8mm（0.33 英寸）]，包含醋酯纤维、棉、锦纶、涤纶、腈纶和羊毛，用于不含有蚕丝的样品（见 13.3）。

5.5 pH 计，精确到 ±0.01。

图1 水平耐汗渍测试仪

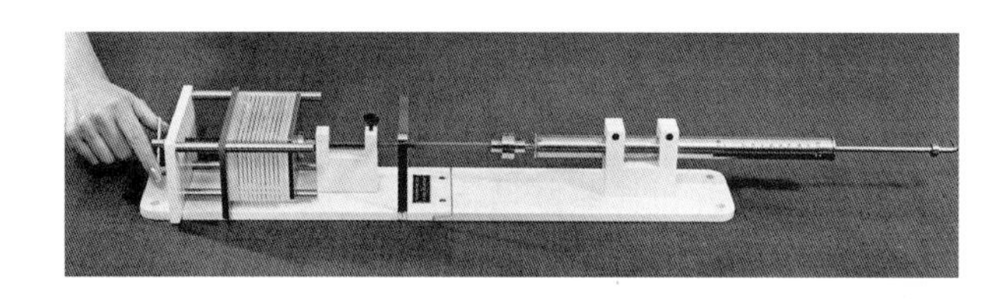

图2 垂直耐汗渍测试仪

5.6 9 挡 AATCC 沾色彩卡或沾色灰卡（见 13.4）。

5.7 AATCC 变色灰卡（见 13.4）。

5.8 小轧车。

5.9 AATCC 白色吸水纸（见 13.4）。

5.10 酸性汗渍溶液。

6. 试剂制备

6.1 酸性汗渍溶液。在 1L 的容量瓶中注入一半蒸馏水，加入以下化学药品并混合，确保所有的化学药品充分溶解。

氯化钠（NaCl），10g ±0.01g

乳酸，1g ±0.01g，USP 85%

无水磷酸氢二钠（Na_2HPO_4），1g ±0.01g

L－组氨酸盐酸盐一水合物（$C_6H_9N_3O_2 \cdot HCl \cdot H_2O$），0.25g ±0.001g

再加蒸馏水至容量瓶中 1L 刻度线。

6.2 用 pH 计测量溶液的 pH 值，pH 值应为 4.3 ±0.2，否则应废弃并重新配制，确保精确称量所有的化学品。由于 pH 试纸精度低，在此不推荐使用 pH 试纸。

6.3 汗渍溶液有效期不能超过 3 天（见 13.5）。

7. 核查

7.1 应定期核查试验操作和仪器，并保留结果记录。按 7.2 的观察和校正操作对避免产生错误的测试结果很重要。

7.2 用内部汗渍织物（其与多纤维贴衬织物沾色最严重的纤维条，经视觉评定为中间级数）作为核查试样，每一次核查试验用三块试样，核查试验应周期性进行，且对每次使用新的一批多纤维织物或未染色贴衬织物需进行核查试验。

不均匀的沾色可能是由于浸湿程序不恰当，或者是由于仪器的夹板变形，给试样施加的压力不均匀的结果。应检查浸湿程序，确保天平称量准确，认真遵守操作程序，确认所有夹板未变形，处于良好状态。

8. 试样准备

试样的数量及尺寸。

8.1 如果测试样品为织物，将一块尺寸为（5 ±0.2）cm ×（5 ±0.2）cm 的多纤维贴衬织物贴附于尺寸为（6 ±0.2）cm ×（6 ±0.2）cm 的试样上，沿一条短边缝合在一起，使多纤维贴衬织物紧贴试样。

8.2 如果测试样品为纱线或散纤维，取约相当于贴衬织物一半重量的纱线或散纤维，将其置于（5 ±0.2）cm ×（5 ±0.2）cm 的多纤维贴衬织物和（6 ±0.2）cm ×（6 ±0.2）cm 的未染色织物之间，并缝合四边。

8.3 不要使用熔边的多纤维贴衬织物，因为在其边缘会产生厚度变化，导致在测试过程中受压不均匀。

9. 操作程序

9.1 将每一试样（按 8.1 准备）放在直径 9cm、深 2cm 的培养皿里，加入新制备的汗渍溶液至 1.5cm 处，浸泡试样 30min ±2min，不时加以搅动和挤压，以确保试样完全浸透。对于很难润湿的试样，润湿后通过小轧车压轧，进行交替润湿，直至其完全被浸透。

9.2 浸泡 30min ±2min 后，使组合试样通过小轧车，多纤维织物条与轧辊长度方向垂直（所有的纤维条同时通过小轧车），将试样称重，使其为原重的（2.25 ±0.05）倍。当通过小轧车时，某些试样不可能保留规定量的溶液，这类试样可以用 AATCC 白色吸水纸（见 13.4）吸到要求的含湿量后再进行测试。为了获得一致的结果，在一系列试验中，一定结构的所有试样应该含有相同的含湿量，因为沾色程度会随着含湿量的增加而加重。

9.3 将每一组合试样放在有记号的树脂板或玻璃板上，使多纤维织物纤维条与板的长度方向垂直。

9.4 根据仪器类型，可使用下列操作程序。

9.4.1 水平耐汗渍测试仪：夹板放于汗渍仪器中，使组合试样在 21 块夹板间均匀分布，不考虑试样的数量，将所有的 21 块夹板放进汗渍架中。在最后一块夹板放在最上面后，将带有补偿弹簧的双板放在规定位置。将一个 3.63kg（8.0 磅）的重锤放在顶端，加上压板的重量，使总重量达到 4.54kg（10.0 磅）。拧紧螺栓以锁住压板。取走重锤，将汗渍架侧放入烘箱。

9.4.2 垂直耐汗渍测试仪：夹板放于汗渍仪器中，使组合试样在 21 块夹板间均匀分布，不考虑试样的数量，将所有的 21 块夹板放进汗渍架中。夹板固定在垂直位置，在刻度标尺之间，一端是固定的金属板，另一端是可移动的金属板。通过调整螺丝，可对夹板施加 4.54kg（10.0 磅）的力。用固紧螺栓锁住带有试样的汗渍架，取出汗渍架，将其放入烘箱中。可将另一汗渍架加到压力量具中，重复加载程序。

9.5 在温度 38℃ ±1℃（100℉ ±2℉）烘箱中，加热 6h ±5min。定时检查烘箱温度，确保整个试验过程中温度均在规定的范围内。

9.6 取出耐汗渍色牢度仪，取下组合试样，将试样和多纤维贴衬织物拆开，如果使用未染色织物，将试样和未染色织物拆开，并分别放在金属网上，在温度 21℃ ±1℃（70℉ ±2℉）和相对湿度 65% ±2% 的条件下调湿一个晚上。

10. 评级

10.1 汗渍色牢度不合格可能由于渗色或染料泳移，或染料的变色引起。应该注意到令人不满意的颜色变化可能是由于发生了不明显的渗色。另一方面，也可能是渗色不明显的变色，或可能是既渗色又变色。

10.2 用变色灰卡评定试样的颜色效果（评定程序 1 中论述了变色灰卡的用法，见 13.4）。

5 级——可以忽略或没有变化，相当于灰卡 5 级

4.5 级——颜色变化相当于灰卡的 4 ~5 级

4 级——颜色变化相当于灰卡的 4 级

3.5 级——颜色变化相当于灰卡的 3 ~4 级

3 级——颜色变化相当于灰卡的 3 级

2.5 级——颜色变化相当于灰卡的 2 ~3 级

2 级——颜色变化相当于灰卡的 2 级

1.5 级——颜色变化相当于灰卡的 1 ~2 级

1 级——颜色变化相当于灰卡的 1 级

10.3 用沾色灰卡或 9 挡 AATCC 沾色彩卡评定多纤维贴衬织物的每一纤维条的沾色程度和未染色织物的沾色程度（AATCC EP 2 和 8 中分别论述，见 13.4）。

5 级——可忽略或没有沾色

4.5 级——沾色相当于沾色灰卡的 4 ~5 级或 9 挡 AATCC 沾色彩卡的 4.5 级

4 级——沾色相当于沾色灰卡的 4 级或 9 挡

AATCC 沾色彩卡的 4 级

3.5 级——沾色相当于沾色灰卡的 3～4 级或 9 挡 AATCC 沾色彩卡的 3.5 级

3 级——沾色相当于沾色灰卡的 3 级或 9 挡 AATCC 沾色彩卡的 3 级

2.5 级——沾色相当于沾色灰卡的 2～3 级或 9 挡 AATCC 沾色彩卡的 2.5 级

2 级——沾色相当于沾色灰卡的 2 级或 9 挡 AATCC 沾色彩卡的 2 级

1.5 级——沾色相当于沾色灰卡的 1～2 级或 9 挡 AATCC 沾色彩卡的 1.5 级

1 级——沾色相当于沾色灰卡的 1 级或 9 挡 AATCC 沾色彩卡的 1 级

11. 报告

报告试样变色级数和多纤维贴衬织物中各纤维条的沾色级数，并注明评定沾色样卡的种类（见 13.4）。

12. 精确度和偏差

12.1 精确度。本测试方法的精确度还未确立，在其产生之前，采用标准的统计方法，比较实验室内或实验室间的试验结果的平均值。

12.2 偏差。耐汗渍色牢度只能根据某一实验方法予以定义，没有单独的方法用以确定真值。本方法作为预测这一性质的手段，没有已知偏差。

13. 注释

13.1 有关委员会研究的背景信息和决定取消碱性试验的两篇文章发表在 Textile Chemist and Colorist，“Colorfastness to Perspiration and Chemicals”（October 1974）和“Evaluating Colorfastness to Perspiration Laboratory Test vs. Wear Test”（November 1974）。尽管碱性试验已经从本测试方法中取消，但碱性试验在贸易和一些特殊最终用途中仍是有需求的。在这种情况下，碱性试验可应用 AATCC 15－1973 测试方法。为方便参考，试验中碱液的组成如下：

氯化钠碱液，10g

碳酸铵，4g，USP

无水磷酸氢二钠（Na_2HPO_4），1g

L－组氨酸盐酸盐，0.25g

加蒸馏水至 1L，pH 值为 8.0

13.2 关于此方法的相关仪器信息，请访问 AATCC 网站上的顾客指南，http://www.aatcc.org/bg。AATCC 尽可能地提供公司会员销售的仪器和材料目录，但 AATCC 没有证明，或以任何方式批准、支持和证明目录中的仪器或材料符合此测试方法的要求。

13.3 此测试方法中应使用含有 6 种纤维的不熔边的贴衬织物。

13.4 9 挡 AATCC 沾色彩卡、沾色灰卡、变色灰卡及 AATCC 白色吸水纸可从 AATCC 获取，地址：P. O. Box 12215，Research Triangle Park NC 27709；电话：919/549－8141；传真：919/549－8933；电子邮箱：orders@aatcc.org；网址：www.aatcc.org。

13.5 AATCC RR52 技术委员会确定，酸性汗渍溶液在室温下，即使在密封试剂瓶中保存，三天后，细菌会开始繁殖并使 pH 值逐渐升高。

13.6 对于关键性的评级及用于仲裁情况的评级，必须使用沾色灰卡。

AATCC 16 - 2004

耐光色牢度

AATCC RA50 技术委员会于 1964 年制定；1971 年、1974 年、1978 年、1981 年、1982 年、1990 年（替代 AATCC 16 - 1987、16A - 1988、16C - 1988、16D - 1988、16E - 1987、16F - 1988 和 16G - 1985）、1993 年、2003 年和 2004 年修订；1977 年和 1998 年重新审定；1983 年、1984 年、1986 年、1995 年、1996 年和 2008 年编辑修订；技术等效于 ISO 105 - B01 方法 6，与 ISO 105 - B02 方法 3 有相关性。

1. 目的和范围

1.1 本测试方法提供了当前采用的测定纺织材料耐光色牢度的通则和程序。备选的测试方法可适用于各种纺织材料以及应用于纺织材料的染料、整理剂和助剂。

备选方法有：

1—封闭式碳弧灯，连续光照。

2—封闭式碳弧灯，间歇光照。

3—氙弧灯，连续光照，黑板温度计。

4—氙弧灯，间歇光照。

5—氙弧灯，连续光照，黑标温度计。

6—透过玻璃的日光。

1.2 使用这些方法并不是特指对某个具体应用的快速测试。协议双方必须确定耐光色牢度测试和实际暴晒之间的关系并达成一致。

1.3 本测试方法包括以下章节，该部分有助于在测定纺织材料的耐光色牢度时，对各种方法的使用和完成。

部　分

2. 原理

在规定条件下，将纺织品试样和参照标准同时暴晒。用 AATCC 变色灰卡或测色仪对比试样的暴晒部分和遮挡部分或原样之间的颜色变化，评定试样的耐光色牢度。试样与同时暴晒的系列 AATCC 蓝色羊毛标样进行比对完成耐光色牢度的评级。

3. 术语

3.1 AATCC 蓝色羊毛标样：AATCC 发布的一组染色羊毛织物，用于确定试样在耐光色牢度测试过程中的暴晒量（见 32.1）。

3.2 AATCC 褪色单位（AFU）：在规定条件下，不同测试方法达到的特定暴晒量。一个

AATCC 褪色单位（AFU）相当于 AATCC 蓝色羊毛标样 L4 达到变色灰卡的 4 级或（1.7 ± 0.3）CIELAB 单位的色差时，所需暴晒量的 1/20。

3.3 黑板温度计：测量温度的装置，其感应部分涂有黑漆，以吸收耐光测试中接收到的大部分辐射能量（见 32.2）。

该装置可估测试样在自然光或人造光暴晒下达到的最高温度。任何与 32.2 中描述的装置偏离都会影响所测温度。

3.4 黑标温度计：测量温度的装置，其感应部位涂有黑色材料，以吸收耐光测试中接收到的大部分辐射能量，并通过塑料板使其隔热（见 32.2）。

该装置可估测试样在自然光或人造光暴晒下达到的最高温度。任何与 32.2 中描述的装置偏离都会影响所测温度。黑标温度计与黑板温度计所测温度不同，故不能互换使用。

3.5 宽带通辐射计：用于辐射计的相对术语，最大透光率为 50% 时，带宽大于 20nm 的辐射计，用于测量一定波长范围的辐照度，如波长 300 ~ 400nm 或 300 ~ 800nm。

3.6 变色：用于色牢度测试中，对比试样和相应的未测样品进行识别，不管是明度、色相或彩度，或任意组合的各种颜色变化。

3.7 色牢度：材料在加工、检测、储存或使用过程中，暴露在可能遇到的任何环境下，抵抗颜色变化或（和）颜色向相邻材料转移的能力。

3.8 耐光色牢度：材料经自然光或人造光的暴晒，其耐颜色特性变化的性能。

3.9 红外线辐射量：波长大于可见光、小于 1mm 的单色光组成的辐射能量。红外线辐射的光谱范围不特别明确，可根据使用者需要变化。CIE（国际照明委员会）的 E - 2.1.2 委员会在光谱 780nm ~ 1mm 范围内进行如下划分：

IR - A	780 ~ 1400nm
IR - B	1.4 ~ 3.0μm
IR - C	3.0μm ~ 1mm

3.10 辐照度：单位面积接收到的辐射功率，单位是瓦特/平方米（$W/m^2/nm$）。

3.11 “L”编号：AATCC 蓝色羊毛标样的序列号，根据其变色达到 AATCC 变色灰卡的 4 级所需的 AATCC 褪色单位（AFU）来确定。

AATCC 蓝色羊毛标样的“L”编号与 AFU 之间的数值关系见 11.1 中表 2；试样的耐光色牢度也可以根据暴晒后试样的变色与 AATCC 蓝色羊毛标样最接近变色的比较得到，见表 3。

3.12 兰利（langley）：太阳辐射总能量的单位，表示每平方厘米辐射表面产生 1 克卡能量。

国际单位制：焦耳（J）表示辐射量，瓦特（W）表示辐射功率，平方米（m^2）表示面积。

使用下列的换算关系：

$1langley = 1cal/cm^2$，$1cal/cm^2 = 4.184J/cm^2$ 或 $1cal/cm^2 = 41840J/m^2$。

3.13 光牢度：材料的性能，通常以指定的数字表示，描述材料在自然光或人造光源下暴晒，颜色特性变化的结果。

3.14 窄带通辐射计：用于辐射计的相对术语，最大透光度为 50% 时，带宽小于或等于 20nm 的辐射计，用于测定一定波长的辐照度，如波长为 340nm ± 0.5nm 或 420nm ± 0.5nm。

3.15 光致变色：当暴晒终止后，试样上的暴晒部分与未暴晒部分立即出现的某种颜色（无论色相或彩度的变化）的可逆变化的定性名称。

注：在暗处放置后，颜色变化的可逆性，或色相或彩度的不稳定性，可用于区别光致变色与永久褪色。

3.16 日射强度计：一种辐射计，测量总日辐照度，或者半球向日的辐照度。

3.17 辐射功率：单位时间内发射、转移或接收的辐射量。

3.18 辐射计：测量辐射量的仪器。

3.19 总辐照度：某一时间点内所有波长的辐射能积分，单位为瓦特/平方米（W/m^2）。

3.20 紫外线辐射量：波长小于可见光、大于

100nm 的单色光组成的辐射能量。

紫外线辐射的光谱范围不特别明确，可根据使用者需要变化。CIE（国际照明委员会）的 E－2.1.2 委员会在光谱 100～400nm 范围内进行如下划分：

UV－A　315～400nm

UV－B　280～315nm

UV－C　100～280nm

3.21　可见光辐射量：可视觉感应到的任何辐射量。

可见辐射光的光谱范围不特别明确，可根据使用者需要变化。波长的下限通常被认为在 380～400nm，上限在 760～780nm（$1nm = 10^{-9}m$）。

3.22　氙弧参照织物：一种染色的涤纶织物，用来核查耐光色牢度测试中氙弧仪器暴晒箱中的温度条件（见 32.4、32.5 和 32.7）。

3.23　本测试方法使用的其他相关光牢度术语的定义，参见“AATCC 标准术语表”。

4. 安全和预防措施

本安全和预防措施仅供参考。本部分有助于测试，但未指出所有可能的安全问题。在本测试方法中，使用者在处理材料时有责任采用安全和适当的技术；务必向制造商咨询有关材料的详尽信息，如材料的安全参数和其他制造商的建议；务必向美国职业安全卫生管理局（OSHA）咨询并遵守其所有标准和规定。

4.1　操作测试仪器前应先阅读和理解制造商的说明书。操作实验室测试仪器时，应按照制造商提供的安全建议进行。

4.2　测试仪器内有高强度光源，不要直接对视光源。仪器运行时，暴晒箱门应为关闭状态。

4.3　应在灯停止运转并冷却 30min 后，才可进行光源维修。

4.4　维修测试仪器时，应关闭“off”和主电源开关。安装仪器时，应确保机器前面板的主电源指示灯已经熄灭。

4.5　皮肤和眼睛长期在日光下暴露可能有危险，故应注意保护这些部位。在任何情况下不要直视太阳。

4.6　遵守良好的实验室规定，在所有的试验区域应佩戴防护眼镜。

5. 使用和限制条件

5.1　即使在相同的光源和环境下，并不是所有的材料都会受到同样的影响。用任何一个测试方法得到的结果，并不能代表其他的测试方法获得的结果或者最终应用的情况，除非协议双方对指定的材料或指定应用已经建立了数学相关性。

封闭式碳弧灯法、氙弧灯法和日光法广泛应用于纺织品贸易。不同制造商提供的测试仪器的光谱功率的分布、空气温度和湿度传感器的位置以及测试箱的尺寸可能有着较大的差异，这将可能导致不同的测试结果。因此，由不同制造商提供的不同测试箱尺寸，或不同光源和过滤组合器所构成的仪器测得的数据不可互换，除非它们之间已建立一种数学关系。据 AATCC RA50 委员会所掌握的资料，不同结构的测试仪器之间没有相关性。

5.2　对于所有的材料，氙弧灯法与透过玻璃的日光法得到的结果有良好的一致性（见 11.1 中表 2）。有特殊过滤玻璃、且产生光暗交替的氙弧灯与透过玻璃的平均或典型日光的光谱分布非常接近。可以预测，氙弧灯法的结果与透过玻璃的日光法获得的结果有较好的一致性。在特定条件下，两种碳弧灯法（连续和间歇光照）与透过玻璃的日光法产生的结果也有相关性，除非碳弧和自然光的光谱特性差异对测试材料产生相反的作用。

5.3　使用本测试方法时，方法的选择应根据历史的数据和经验，并结合光照条件、湿度条件及热效应条件。所选的方法也应反映出与测试材料最终用途相关的使用条件。

5.4　使用本测试方法时，测试材料应与经特定暴晒且已知耐光牢度的参照标样对比。为此，应广泛使用 AATCC 蓝色羊毛标样。

6. 仪器和材料

6.1 AATCC 蓝色羊毛标样，L2～L9（见32.1和32.6）。

6.2 氙弧参照织物（见32.4、32.5、32.6和32.7）。

6.3 褪色的 AATCC 蓝色羊毛标样 L4，已暴晒20个褪色单元（AFU）（见32.6）。

6.4 褪色的 AATCC 蓝色羊毛标样 L2，已暴晒20个褪色单元（AFU）（见11.2和32.5）。

6.5 褪色的氙弧参照织物标样（见32.6）。

6.6 AATCC 变色灰卡（见32.6）。

6.7 背衬卡片，每片163g/m^2（90磅），白色优质纸卡。

6.8 遮盖物，透光率接近0，适合于多阶段的暴晒，如10个、20个、40个AFU等。

6.9 黑板温度计（见3.3和32.2）。

6.10 黑标温度计（见3.4和32.2）。

黑板温度计与黑标温度计不可混用，后者用于连续光照的氙弧灯方法5和一些欧洲测试程序。在相同测试条件下，两种不同温度计所测出的温度通常也是不一致的。本方法中的"黑色温度计"术语，同时指黑板温度计和黑标温度计。

6.11 分光光度计或比色计（见31.2）。

6.12 氙弧灯测试仪，备选配置有光监测和控制系统（见附录A）。

6.13 日光暴晒箱（见附录B）。

6.14 封闭式碳弧灯测试仪（见附录C）。

7. 参照标准

7.1 AATCC 蓝色羊毛标样适用于所有方法。但是在任一测试方法中，AATCC 蓝色羊毛标样的褪色速度可能因测试方法不同而不同。

7.2 参照标样可以是任何已知其颜色变化速度的、合适的纺织材料。

用于比较的参照标样必须确定且协议双方达成一致。参照标样与试样需同时暴晒。使用参照标样有助于随时确定仪器和测试程序的变化。如果参照标样暴晒后的测试结果与已知标准值差异超过10%，就需要彻底地检查测试仪器的操作条件，以及校验故障或缺陷的零件，然后重新测试。

8. 试样准备

8.1 试样数量。为了提高精确度，应至少剪取三块试样和参照标样，除非买卖双方有其他协议。在实际操作中，剪取一块试样和控制样即可。有争议时，应按照常规测试剪取足够的试样。

8.2 剪取和安装试样。测试期间用耐测试环境影响的标签区分每块试样。将试样和参照标样安装在样品架上，两者的表面与光源的距离相等。应使用避免挤压试样表面的遮盖物，尤其是测试起绒织物。试样的尺寸和形状应与参照标样相同。

按以下要求剪取和准备试样。

8.2.1 试样的背衬。对于所有方法，将试样和参照标样装在白色背衬卡上，该衬卡是白色的且不反光的硬纸板（见32.3）。用透光率几乎为0的遮盖物盖住安装好的试样。对于方法6（透过玻璃的日光），将装好的、或装好且遮盖好的试样以合适的材料作背衬，如无背衬、金属网或固体背衬（见32.5）。

8.2.2 织物。剪取试样时，其长度方向平行于经向（长度方向），尺寸至少为70.0mm×120.0mm（2.75英寸×4.7英寸），试样的暴晒面积至少为30.0mm×30.0mm（1.2英寸×1.2英寸）。将有背衬的试样固定在测试仪器提供的样品架上，确保架子的前后遮盖物与试样紧紧地接触，使暴晒和未暴晒区域之间有一条明显的界限且没有挤压试样（见32.8和32.9）。为防止试样脱边，可对其缝边、剪锯齿边或熔边。

8.2.3 纱线。将纱线缠绕或固定在白色背衬卡上，长度约为150.0mm（6.0英寸），宽度至少为25.0mm（1.0英寸），仅对直接面对暴晒的那部分纱线的变色程度进行评级。参照标样应与暴晒试样具有相同数目的纱线。暴晒结束后，用20.0mm

(0.75 英寸）的遮盖物或者其他合适的带子将这些面对光源的纱线捆紧，使纱线紧密地排列在暴晒架上以进行评级（见 32.9）。

9. 测试仪器的准备

9.1 测试程序运行前，用以下的测试程序检验仪器的运转情况。为了提高测试结果的重现性，应按照制造商的建议将测试仪器安装在可控制温度和相对湿度的房间内。

9.2 检查仪器是否按照制造商建议的校准间隔周期表进行了校准或维护。

9.3 如适用，取下所有的架子和试样喷淋装置。

9.4 根据表 1 和指定的方法设定仪器的操作条件，确保选择的温度与所用的黑色温度计（见 32.2）相匹配。安装好带白色背衬卡的样品夹和所需的黑色温度计，没有装试样的白色背衬卡可模拟测试过程中暴晒箱内空气流动的情况。按照表 1 和制造商的说明书操作和控制测试仪器。为了达到需要的黑板或黑标温度、箱内空气温度和相对湿度，需按该模式操作和调节仪器。当没有外部的显示器时，可透过暴晒箱门的窗户读取黑色温度计。

表 1 备选方法的仪器暴晒条件

组成		方法 1	方法 2	方法 3	方法 4	方法 5
光源		封闭式碳弧[a] 连续光照	封闭式碳弧[a] 光照/黑暗交替	氙弧[b,c] 连续光照	氙弧[b] 光照/黑暗交替	氙弧[b,c,d] 连续光照
黑板温度计（光周期）		63℃ ±3℃ （145℉ ±6℉）	63℃ ±3℃ （145℉ ±6℉）	63℃ ±1℃ （145℉ ±2℉）	—	—
黑标温度计（光周期）		—	—	—	70℃ ±1℃ （158℉ ±2℉）	60℃ ±3℃ （140℉ ±8℉）
暴晒箱内温度	光周期	43℃ ±2℃ （110℉ ±4℉）	43℃ ±2℃ （110℉ ±4℉）	43℃ ±2℃ （110℉ ±4℉）	43℃ ±2℃ （110℉ ±4℉）	32℃ ±5℃ （90℉ ±9℉）
	暗周期	—	43℃ ±2℃ （110℉ ±4℉）	—	43℃ ±2℃ （110℉ ±4℉）	—
相对湿度（%）	光周期	30 ±5	35 ±5	30 ±5	35 ±5	30 ±5
	暗周期	—	90 ±5	—	90 ±5	—
光周期（h）	开	连续	3.8	连续	3.8	连续
	关	—	1.0	—	1.0	—
过滤器种类		硼硅玻璃	硼硅玻璃	见 A.3.3	见 A.3.3	见 A.3.3
辐照度（$W/m^2/nm$）（420nm）		—	—	1.10 ±0.03	1.10 ±0.03	1.25 ±0.2
辐照度（W/m^2）（300 ~400nm）		—	—	48 ±1	48 ±1	65 ±1
水的要求（进水）	种类	去离子水、蒸馏水或逆渗透水				
	硬度	低于 17mg/kg，最好低于 8mg/kg				
	pH 值	7 ±1				
	温度	环境温度 16℃ ±5℃（61℉ ±9℉）				

a：见附录 C。

b：见附录 A。确保所需温度与所用的黑色温度计相适应。

c：方法 3 和方法 5 有不同的温度设定点，因为黑板温度计和黑标温度计的热感应元件不同。

d：方法 5 应按照制造商的建议使用。

9.5 用 AATCC 蓝色羊毛标样按照 11.1 和 11.2 部分校准。如果按照制造商的说明书进行校准，而 AATCC 蓝色羊毛标样 L2 或 L4 的褪色不能满足要求，则应使用新的 L2 或 L4 蓝色羊毛标样重新暴晒至 20 个 AFU；如果褪色已经满足第 11 部分的要求，则从样品架上取出白色背衬卡，继续操作。

9.6 参照制造商的说明书和以下内容，准备和操作测试仪器，以获得更多的信息。

9.6.1 对两种封闭式碳弧灯法，可采用测试标准 ASTM G151 和 G153（见 31.3 和 31.4）。

9.6.2 对透过玻璃的日光法，可采用测试标准 ASTM G24（见 31.5）。

9.6.3 对所有氙弧灯法，可采用测试标准 ASTM G151 和 G155（见 31.3 和 31.6）。

9.6.4 对备选方法，可参见 ISO 105 的 B 部分（见 31.7）。

10. 校准、检验和测量 AFU

仪器校准。为了保证标准化和精确度，与暴晒仪器有关的装置（即光监控系统、黑色温度计、箱内空气传感器、湿度控制系统、UV 传感器和辐射计）应定期校准。如有可能，校准应溯源到国家或国际标准。校准周期和程序参照制造商的说明书。

通过对 AATCC 蓝色羊毛标样的暴晒和对其每 80～100 个 AFU 的评估来检验仪器的精确性。参照标样应放置在邻近黑板温度传感装置的样品夹的中间位置暴晒。

11. AATCC 蓝色羊毛标样校准

11.1 对于碳弧灯方法 1、方法 2 和氙弧灯方法 3、方法 4，在规定的温度、湿度条件下，按所选的方法，将 AATCC 蓝色羊毛标样 L4 连续暴晒 20h±2h（见表 2 对于氙弧灯法对应的 AFU）。暴晒后，用目光或仪器评定暴晒的标准试样。如果需要，可增加或减少灯的瓦数、暴晒时间或这两个方面，再暴晒一块新的蓝色羊毛标样，直到蓝色羊毛标样的变色达到以下的基准。

表 2 AFU 与 AATCC 蓝色羊毛标样的等量辐射量（见 32.14）[a]

AATCC 蓝色羊毛标样	AFU	氙弧 kJ/（m^2·nm）（420nm）	氙弧 kJ/（m^2·nm）（300～400nm）
L2	5	21	864
L3	10	43	1728
L4	20	85[b]	3456
L5	40	170	6912
L6	80	340[b]	13824
L7	160	680	27648
L8	320	1360	55296
L9	640	2720	110592

a：变色为（1.7±0.3）CIELAB 或 AATCC 变色灰卡的 4 级。

b：经透过玻璃的日光法和连续光照的氙弧灯法确认，其他的数据可计算得出（见 32.14）。

11.1.1 目光评定。等于所用批次的已褪色 L4 标样显示的变色级数。

11.1.2 仪器测量。对于第 5 批次的 AATCC 蓝色羊毛标样 L4，按照 AATCC EP6 测得其色差为（1.7±0.3）CIELAB。对于其他批次的 AATCC 蓝色羊毛标样 L4，按照 AATCC EP6 测得其 CIELAB 值等于该蓝色羊毛标样的校准证书中的值。

11.2 对于碳弧灯方法 1、方法 2 和氙弧灯方法 3、方法 4，在规定的温度、湿度条件下，按所选的方法，将 AATCC 蓝色羊毛标样 L2 连续暴晒 20h±2h。暴晒后，用仪器或褪色的 AATCC 蓝色羊毛标样 L2 评定暴晒的标准。如果需要，可增加或减少灯的瓦数、暴晒时间或这两个方面，再暴晒一块新的蓝色羊毛标样，直到蓝色羊毛标样的变色达到以下的基准。

11.2.1 目光评定。等于所用批次的已褪色 L2 标样显示的变色级数（见 32.6）。

11.2.2 仪器测量。对于第 8 批次的 AATCC 蓝色羊毛标样 L2，按照 AATCC EP6 测得其色差为（7.24±0.70）CIELAB。对于其他批次的 AATCC

蓝色羊毛标样 L2，按照 AATCC EP6 测得其 CIELAB 值等于该蓝色羊毛标样的校准证书中的值。

由于氙弧参照织物对温度敏感，故不能连续校准。它比较适合于监控暴晒箱内温度的一致性（见 12、32.4、32.5 和 32.7）。

12. 氙弧灯方法——氙弧参照织物检验暴晒箱内的温度

12.1 将氙弧参照织物在规定温度、湿度下，按所选的方法连续暴晒 20h ±2h。用目光或仪器评定暴晒的氙弧参照织物。

12.1.1 目光评定。连续暴晒 20h ±2h 的氙弧参照织物与已褪色的氙弧参照织物标准的变色程度相等，则表明仪器保持正常的温度。

12.1.2 仪器测量。若氙弧参照织物连续暴晒 20h ±2h 后，颜色变化值等于（20 ±1.7）CIELAB，则表明仪器保持正常的温度。

12.2 如果目光或仪器评定暴晒 20h ±2h 的氙弧参照织物，与 12.1.1 或 12.1.2 描述的结果有差异，则表明暴晒箱内的温度传感装置未被校准或正确地响应，或测试仪器需要维护。检验温度传感器的精确度，或按照制造商的说明书正确地操作仪器的所有功能。如果有问题，应更换温度传感器。

13. 用 AATCC 蓝色羊毛标样测量 AFU

13.1 用 AATCC 蓝色羊毛标样和 AATCC 褪色单元（AFU）对不同的暴晒方法提供了一种通用的暴晒标准，如日光、碳弧灯和氙弧灯。不可用术语“时钟显示小时”和“仪器显示小时”的报告方式。

13.2 表 2 中列出每个 AATCC 蓝色羊毛标样产生变色灰卡的 4 级变色所需的 AFU 数量。

13.3 仪器测色可用 CIE 1964 的 10°观察和 D_{65}光源计算色度数据。按照 AATCC EP6 规定，以 CIELAB 单位表示色差。

对于方法 4（氙弧灯，间歇光照），可使用连续光照时间进行校准。但是由于有暗周期，故在实际的测试过程中操作时间可能或长或短。

14. 光谱辐射测量 AFU，仅适用氙弧灯方法 3 和方法 4

对于方法 3 和方法 4，在本标准规定的条件下操作氙弧灯仪器时（见 11.1 中表 2），波长 420nm 处测得的暴晒量为 85kJ/（m^2·nm），可产生 20 个 AFU。

15. 仪器暴晒程序，通则

15.1 安装试样。将装好的试样安装在样品架上，应确保支撑住所有试样的上、下端，并以合适的方式排列。靠近或远离光源的任何移动，即使很小的距离，都可能导致试样之间褪色的差异（见 8.2）。样品架必须装满。当试样数量不足以装满样品架时，应用背衬卡将样品架填满。背衬卡是白色且不反光的（见 32.3）。使用间歇光照的方法时，应从光照循环开始进行暴晒。

15.2 对于机织物、针织物和非织造布，除另有规定，试样的正面应正对辐射光源。

15.3 启动测试仪器直到暴晒结束。需要更换过滤器、碳弧或灯管而中断暴晒时，应避免不必要的拖延，否则会导致结果偏差或错误。也可用合适的记录仪监控暴晒箱内的条件。如需要，可重新调整控制条件以保持指定的测试条件。在测试过程中，需检验测试仪器的校准条件（见 10 ~13）。

16. 方法 1 ~5，仪器暴晒至所需的辐射量

16.1 一步法。将试样和合适的参照标准暴晒至 5、10、20 或 20 的倍数个 AFU，直到试样暴晒至所需的辐射量。辐射量可通过同时暴晒合适的 AATCC 蓝色羊毛标样测量 AFU。

16.2 两步法。首先按照 16.1 进行，不同的是试样的暴晒面积增加 1 倍。当试样暴晒到第一阶段所需的辐射量后，从暴晒箱内取出试样，用遮盖物盖住已暴晒面积的一半，然后继续暴晒 20 或 20

的倍数个 AFU，直至达到更高的辐射量。

16.3 仪器内安装辐射监测器，暴晒的 AFU 可通过测量波长 420nm 处的辐射量来确定和控制（见 14 和 11.1 中表 2）。

备注：两步法可较好地表征试样耐光牢度的性能。

17. 方法 1 ~5，仪器暴晒——参照标样

将试样和参照标样同时暴晒到所需的终点，以 AFU、辐射量或参照标样的性能（即参照标样的变色达到变色灰卡的 4 级）判定终点。

18. 仪器暴晒——耐光色牢度分级

18.1 一步法。同时暴晒试样和一系列 AATCC 蓝色羊毛标样，测量试样的变色程度达到变色灰卡的 4 级时所需的 AFU 数量（见 32.18）。

18.2 两步法。首先按照 18.1 进行，不同的是试样的暴晒面积增加 1 倍。当试样暴晒至变色灰卡的 4 级时，从暴晒箱内取出试样，用遮盖物盖住已暴晒面积的一半，继续暴晒直至达到变色灰卡的 3 级（见 32.18）。

19. 透过玻璃的日光法（方法 6），通则

19.1 将 AATCC 蓝色羊毛标样和试样装在背衬卡上，然后用不透光的遮盖物盖住其一半。

19.2 将 AATCC 蓝色羊毛标样和试样同时在相同测试条件下（见 32.11 和附录 B）透过玻璃的日光中进行暴晒。AATCC 蓝色羊毛标样和试样的正面至少距离平玻璃盖的内表面下方 75.0mm（3.0 英寸），且距离玻璃架的边缘至少 150.00mm（6 英寸）。

为了达到所需的暴晒条件，暴晒箱的背衬可采用以下的材料：

背衬	暴晒条件
敞开的	低温
金属网	中温
固体的	高温

AATCC 蓝色羊毛标样和试样保持一天暴晒 24h，仅在检查时才可取出。

19.3 监测暴晒箱附近的温度和相对湿度（见 32.17）。

20. 透过玻璃的日光法暴晒至所需的辐射量

20.1 使用 AATCC 蓝色羊毛标样。首先按 19.1 将参照标样和试样装好，然后在 19.2 所述的相同测试条件下同时暴晒。为了监测光的作用，应不断地把参照标样从样品架上取出并评估其变色，继续暴晒至参照标样的遮盖和未遮盖部分的色差显示出第 24 部分描述的色差。当试样暴晒至所需的 AFU 数量时，选择合适的标准以确定终点。为达到所需的终点，可使用一套 L2 ~ L9 标样，或者连续地暴晒多块参照标样，如单独暴晒两块 L2 标准可达到 10 个 AFU，或者暴晒一块 L3 标准也可达到 10 个 AFU。

当试样达到所需的 AFU 时，取出试样，按规定的评定程序评级。对于多步暴晒法，即 5 个 AFU 和 20 个 AFU 时，试样按照标准要求的间隔进行暴晒和遮盖。试样上有被遮盖的、未暴晒部分及开始暴晒随后被遮盖的不同暴晒部分。试样的每一部分代表了一定暴晒间隔的颜色变化，可与试样遮盖部分或未暴晒的部分进行评级。

20.2 辐射监测仪的使用。将参照标样和试样按 19.1 的要求安装，同时在 19.2 所述的透过玻璃的测试条件下暴晒。

暴晒已知性能的 AATCC 蓝色羊毛标样有助于确定测试过程中是否存在异常的情况（见 32.13）。

20.2.1 用辐射计记录与试样在同等条件的整体、宽带或窄带的辐射量。

20.2.2 当辐射计测量的辐射量达到规定时，取出参照标样和试样。对于多步暴晒法，试样以一定的暴晒间隔分步骤地遮盖试样进行暴晒（见 20.1）。

21. 日光暴晒法——参照标样

用参照标样替代 AATCC 蓝色羊毛标样，按照 20.1 和 20.2 的要求操作。

22. 日光暴晒法——耐光牢度分级

22.1 一步法。按照 19.1 和 19.2 同时暴晒试样和一系列 AATCC 蓝色羊毛标样，测量试样的变色程度达到变色灰卡的 4 级时所需的 AFU 数量（见 32.18）。

22.2 两步法。首先按照 22.1 进行，不同的是试样的暴晒面积增加 1 倍。当试样暴晒至变色灰卡的 4 级后，从暴晒箱内取出试样，用遮盖物盖住已暴晒面积的一半，继续暴晒直到达到变色灰卡的 3 级（见 32.18）。

23. 调湿

暴晒结束取出试样和参照标样，按照 ASTM D 1776《纺织品调湿和测试标准方法》要求的标准大气条件下（温度 21℃ ± 1℃，相对湿度 65% ± 2%），在暗室里调湿至少 4h 后再评级。

24. 变色评级

24.1 按照材料的规格或协议要求，对试样的暴晒部分与遮盖部分或原样部分评级。全面评价试样的耐光性能需要使用两步法暴晒（见 32.12）。

24.2 不管是暴晒至所需的 AFU 数量、辐射量或与参照标样进行对比，都应使用 AATCC 变色灰卡（优先的）或测量色差的比色计进行变色评级（见 32.18）。

24.3 测定总色差（ΔE_{CIELAB}）、明度差（ΔL^*）、彩度差（ΔC^*）和色相差（ΔH^*）。使用带有 CIE 1976 公式、D_{65}光源和 10°观察视角且可提供数据的仪器。也可使用测量中带有反射光谱和散射功能的仪器（见 AATCC EP6《仪器测量颜色》）。

25. 同时暴晒的参照标样的接受性判断

25.1 按照第 24 部分，用参照标样评定试样的颜色变化程度。

25.2 按以下的方法评定试样的耐光色牢度。

25.2.1 满意——当参照标样的变色达到变色灰卡的 4 级时，试样的颜色变化等于或小于参照标样的变色。

25.2.2 不满意——当参照标样的变色达到变色灰卡的 4 级时，试样的颜色变化大于参照标样的变色。

26. AATCC 蓝色羊毛标样的分级

26.1 一步法暴晒。试样的耐光色牢度分级如下：

（a）比较试样和同时暴晒的 AATCC 蓝色羊毛标样的颜色变化（见表 3）。

（b）测定试样的颜色变化达到变色灰卡 4 级时所需的 AFU 数量（见表 2）。

表 3 AATCC 蓝色羊毛标样评定试样变色

颜色变化			色牢度等级	等量AFU	颜色变化			色牢度等级	等量AFU
小于	等于不大于	大于			小于	等于不大于	大于		
—	—	L2	L1		L5	—	L6	L5 ~ L6	
—	L2	L3	L2	5	—	L6	L7	L6	80
L2	—	L3	L2 ~ L3		L6	—	L7	L6 ~ L7	
—	L3	L4	L3	10	—	L7	L8	L7	160
L3	—	L4	L3 ~ L4		L7	—	L8	L7 ~ L8	
—	L4	L5	L4	20	—	L8	L9	L8	320
L4	—	L5	L4 ~ L5		L8	—	L9	L8 ~ L9	
—	L5	L6	L5	40	—	L9	—	L9	640

注 使用表 3 进行评级的示例：试样与 L4、L5 和 L6 同时暴晒，经暴晒和调湿后，试样的变色比 L4 和 L5 少，但是比 L6 多，则测试可表示为 L5 ~ L6。

也使用以下示例：经各阶段暴晒的试样变色达到变色灰卡的 4 级时，如果这个现象发生在 40 ~ 80AFU，则试样可被评定为 L5 ~ L6。

26.2 两步法暴晒。试样的耐光色牢度分级如下：

(c) 测定试样的颜色变化达到变色灰卡4级和3级时所需的AFU数量（见11.1中表2）。

两个级数。3级变色的结果写在前面，括号里注明4级变色时的结果，例如：L5（4）表示在试样变色达到变色灰卡3级时为L5级，在试样变色达到变色灰卡4级时为L4级。当仅仅只用1级表示时，可用试样的颜色变化达到变色灰卡4级时的AFU数量来表示。

27. 高于L7的AATCC蓝色羊毛标样的分级

高于L7的AATCC蓝色羊毛标样的分级见表4，暴晒过程中L7蓝色羊毛标样的变色达到4级时，试样的变色也达到变色灰卡的4级。

表4 高于L7的AATCC蓝色羊毛标样的分级

暴晒L7的数目			色牢度等级	等量AFU	暴晒L7的数目			色牢度等级	等量AFU
小于	等于不大于	大于			小于	等于不大于	大于		
—	2	—	L8	320	—	—	5	L9－L10	—
3	—	2	L8～L9	—	6	6	—	L9～L10	960
—	3	—	L8～L9	480	—	—	6	L9～L10	—
4	—	3	L8～L9	—	7	7	—	L9～L10	1120
—	4	—	L9	640	—	—	7	L9～L10	—
5	—	4	L9～L10	—	8	8	—	L10	1280
—	5	—	L9～L10	800	等等*	等等*		等等*	等等*

*分级每增加1级，表示间隔为前一级所需的AFU数量的两倍。任何一个试样所需的L7的数量位于两个整数之间，那么其分级定位为两级的中间值。

28. 报告

28.1 按照表5报告所有的信息。

28.2 报告与本测试方法或参照标样性能的任何偏离。

28.3 在表5中报告试样和参照标样的暴晒信息。

表5 报告格式

操作者：________

操作时间：________

样品描述：________

____

材料暴晒：正面________

反面________

耐光色牢度级数：________

色牢度分级：________

与参照标样相比的可接受程度（Yes/No）________

试样与：遮盖部分________

未遮盖部分________

未暴晒原样________

评估耐光色牢度由：

AATCC变色灰卡：________

仪器评级，名称和型号：________

分级方法：________

参照标准：________

控制温度由：周围环境（干球）________℃

黑板温度计：________℃

黑标温度计：________℃

控制暴晒由：AATCC蓝色羊毛标样________

辐射量：________

其他：________

总辐射量：________

测试仪器类型：________

型号：________

序列号：________

制造商：________

样品架：倾斜型________

2层________

3层________

水平型________

供水类型：________

____

选用方法：________

已用暴晒时间：________

安装程序：有背衬________

无背衬________

样品旋转时间表：________

相对湿度：________%

仅适用于方法6

地理位置：________________

暴晒时间：从__________到__________

暴晒高度：________________

暴晒角度：________________

透过玻璃暴晒：是/否________________

如果是，指出类型________________

每天周围温度：最低__________℃

最高__________℃

平均__________℃

每天黑板温度：最低__________℃

最高__________℃

平均__________℃

测试环境温度：最低__________℃

最高__________℃

平均__________℃

每天的相对湿度：最小__________%

最大__________%

平均__________%

潮湿的时间：雨________________

雨和露________________

29. 精确度

2002年，在同一间实验室中对一个实验员操作进行研究。该研究可得到变量表，以表示测试的可变性。为了研究精确度和偏差又进行了全面的实验室间研究。表中的数据既不能反映出各种试样，也不能反映实验室之间的变化。当研究测试的可变性问题时，需要特别注意和考虑变量。

29.1 样品是四种织物，每个样品平行测试三次。暴晒的条件用本测试标准中的方法3，用仪器评级三次，计算平均值，数据见表6。

表6 ΔE

项　目	棕色1#	棕色2#	绿　色	蓝　色
样品1	0.61	1.05	2.41	2.04
样品2	0.92	1.16	3.18	2.65
样品3	0.56	1.79	2.59	2.1
平均值	0.697	1.333	2.727	2.263

29.2 实验室内的标准误差和样品方差见表7。数据在AATCC技术中心存档。

表7 实验室内的标准误差和样品方差

样品名称	标准偏差	标准误差	样品方差	95%置信度
棕色1#	0.195	0.1125956	0.0380333	0.4844603
棕色2#	0.399	0.2305308	0.1594333	0.9918946
绿色	0.403	0.2325463	0.1622333	1.0005666
蓝色	0.336	0.1941076	0.1130333	0.8351784

注 由于实验室的数量少于五个，因此实验室间的标准误差和样品方差在很大程度上可能被低估也可能被高估，应谨慎使用。这些值作为精确度的最小数据，置信水平没有很好地建立。

30. 偏差

耐自然光或人造光的色牢度仅限于某一标准方法中测定。没有独立的方法可以测定其真实值。作为评估该特性的方法，它不存在偏差。

31. 参考文献

31.1 AATCC EP1，变色灰卡（见32.6）。

31.2 AATCC EP6，仪器测量颜色（见32.6）。

31.3 ASTM G 151，实验室光源在加速测试装置内暴晒非金属材料的标准方法。

31.4 ASTM G 153，用封闭的碳弧灯仪器暴晒非金属材料的标准方法（见32.15）。

31.5 ASTM G 24，透过玻璃的日光暴晒标准方法（见32.15）。

31.6 ASTM G 155，氙弧灯暴晒非金属材料的标准方法（见32.15）。

31.7 ISO 105，B部分，纺织品色牢度测试方法（见32.16）。

32. 注释

32.1 AATCC蓝色羊毛标样除L2外，都是用蓝色酸性铬媒染料B（C.I.43830）染色羊毛和牢度好的蓝色印地科素染料AGG（C.I.73801）染色羊毛以不同比例混纺特制而成的。每个编号较高的羊毛标样是前一编号牢度的两倍。AATCC 蓝色羊毛标样和 ISO 蓝色羊毛标样（用于 ISO 105 B01）的评估结果不同，因而不可互换使用（见 32.6）。

32.2 黑色温度计可用于监控人造气候仪器，测量样品在一定的辐射量下暴晒时的最高温度估计值。有两种黑色温度计。一种是黑板温度计，不绝缘且由金属制成；另一种是黑标温度计，绝缘且由带塑料背衬的金属制成。针对这点，一些 ISO 标准特别指定使用黑标温度计。在相同的暴晒温度下，黑标温度计显示的温度比黑板温度计高。

黑色温度计的元件显示吸收的辐照度减去了由传导和对流散失的热量。应使这些温度计的黑面保持良好的状态，按照仪器制造商的建议正确维护和保养黑色温度计。

32.2.1 黑板温度计：固定在样品架上的黑板温度计元件测量并调整测试温度，使其正面与试样可接收到同样的暴晒。黑板温度计至少由 70mm × 150mm 的金属面板组成，用温度计或热电偶测量温度，位于面板的中间且与面板接触良好的感应部位不小于 45mm × 100mm。温度计面对光源的一面是黑色的面板，使到达试样的光谱反射率小于 5%，而背对光源的一面在暴晒箱内应敞开着。

32.2.2 黑标温度计：固定在样品架上的黑板温度计元件测量并调整测试温度，使其正面与试样可接收到同样的暴晒。黑标温度计由 70mm × 40mm、厚约 0.5mm 的不锈钢面板组成，用具有良好的导热性、固定在其背面的热电阻测量温度。金属面板固定在塑料板上使其绝缘。温度计面对光源的一面是黑色的面板，使到达试样的光谱反射率小于 5%。

32.3 有关适合测试方法的设备信息，请登录 http：//www. aatcc. org/bg。AATCC 提供其企业会员单位所能提供的设备和材料清单。但 AATCC 没有给其授权，或以任何方式批准、认可或证明清单上的任何设备或材料符合测试方法的要求。

32.4 氙弧参照织物是 16.67tex（150 旦）的涤纶纱线织成的双凹凸线圈针织物。用 1.8% 的 2，4 - 二硝基 - 6 - 溴 - 2 - 氨基 - 4 - （*N*，*N* - 二乙基胺）偶氮苯在 129℃（265℉）染色 1h，然后在 179℃（335℉）热处理 30s 后制成（见 32.7）。

32.5 用白纸板做背衬，可使 AATCC 蓝色羊毛标样、氙弧参照织物和试样产生更好的一致性和重现性。最初测定氙弧参照织物和 AATCC 蓝色羊毛标样终点时的色差值就是使用该背衬的。虽然给定了 AATCC 蓝色羊毛标样和氙弧参照织物的允差，但是应尽量达到标准要求的中间值。最终目的是仲裁时，氙弧参照织物和 AATCC 蓝色羊毛标样将按 3 的倍数进行暴晒，氙弧参照织物的色差是（20 ± 1.7）CIELAB 单位，而 AATCC 蓝色羊毛标样的色差是（1.7 ± 0.3）CIELAB 单位。

32.6 可从 AATCC 获取，地址：P. O. Box 12215，Research Triangle Park NC 27709；电话：919/549 - 8141；传真：919/549 - 8933；电子邮箱：orders@ aatcc. org；网址：www. aatcc. org。

32.7 褪色的氙弧参照织物可用作视觉和仪器的参考标准来验证暴晒箱内的温度。仪器测得的色差值显示在每个褪色标准上。氙弧参照织物与温度的敏感程度见表 8。

表 8 温度与变色的敏感程度（氙弧参照织物）

黑板温度（℃）	ΔE_{CIELAB}
58	16.0
63	20.0
68	23.8

32.8 对于纤维容易发生移位现象的簇绒织物，如地毯等，或面积太小难以评估的织物，取样时应不小于 40.0mm × 50.0mm（1.6 英寸 × 2.0 英寸）的暴晒面积。应取足够的尺寸和多个试样，以包括样品中的所有颜色。

32.9 样品架必须用不锈钢、铝或者适当涂层的钢制成，以避免可能催化或抑制降解金属产生杂质污染样品。当用订书钉固定样品时，订书钉应有涂层且不含铁以避免腐蚀性产物污染样品。样品架应进行亚光处理，在设计上应避免可能影响材料性能的反射。为了某种性能需求，样品架的尺寸应取决于试样的类型。

32.10 附录C表C1中的数据显示带有硼硅玻璃过滤器的封闭式碳弧的典型光谱能量分布。有关日光的数据表示的是在空气质量为1.2、气柱臭氧为0.294atm cm、相对湿度为30%、海拔高度为2100m（大气压强为787.8毫巴）以及光学厚度在波长300nm时为0.081或在波长400nm时为0.62的条件下，太阳在水平面上的总辐照度。波长在701~800nm范围内的数据未在表中体现。

以下的参考文献提供了关于用光控制系统测量辐照度的背景信息。

32.10.1 《化学和物理手册》，第61版，1980，由Robea C. Weast编辑；The Chemical Rubber Co.，Cleveland OH。

32.10.2 国际照明委员会（CIE）的出版物，No.20，1972。

32.10.3 *Atlas Sun Spots*，Vol.4，No.9，1975，Atlas Material Testing Technology LLC，Chicago，IL。

32.11 为了减少由于玻璃的紫外线透射率发生变化而引起的差异，在把玻璃安装到暴晒箱之前，应将所有新玻璃根据所在位置的纬度面朝赤道方向暴晒，或者置于玻璃暴晒箱中至少三个月。

三个月的暴晒期后，建议从每一批玻璃中抽出有代表性的样品测量一下光谱透射率。一般来讲，经过三个月的老化之后，单层玻璃的光谱透射率在波长320nm时为10%~20%，在波长380nm及以上时至少为85%。测得玻璃的透射率后，报告中应体现所测批次玻璃中最少三片玻璃的透射率平均值。应按照所使用的紫外可见分光光度计制造商推荐的测试固体样品透射率的方法进行测量。如果使用带积分球的分光光度计，应根据ASTM E 903标准中用规定的积分球测试材料的太阳光吸收比、反射比和传播透射比的方法进行测量。关于该主题的更多信息可参考下面的ASTM论文：由W. D. Kemla和J. S. Robbin著的《单料窗玻璃的紫外透射率》。此文收录在美国实验与材料协会（ASTM）1993年出版的专业技术出版物ASTM STP 1202中。此出版物名为《有机材料的加速和室外耐用性测试》，由Warren D. Ketola和Douglas Grossman等编著。

32.12 原样和已暴晒样品的遮盖部分之间存在着色差，表明织物不仅仅受到光的影响，还受到某些因素（如热或大气中的某种反应性气体）的影响。虽然产生色差的确切原因还未知，但是此现象发生时应在报告中注明。

32.13 在某些高湿度及空气中有污染物的情况下，样品的色差与光照导致的颜色变化一样大。需要时，制备一套试样和标样，并把它们安放在纸卡上，但不要遮盖，同时暴晒在同类型的另一个箱内。暴晒箱的玻璃用不透明材料覆盖，避免有光。由于光、温度、湿度和大气污染物的共同作用，所以不能说，遮盖暴晒箱内样品与不遮盖暴晒箱内样品比较之后，就能区分出仅由光引起的变化。然而，两组样品与未在箱内暴晒的原样相比较后可表明材料对湿度和大气污染物是否敏感。这有助于解释为什么在不同的地点和时间，同样的日光暴晒和同样的辐射能量得到的结果却不同。

32.14 实验室间的测试概述。

AATCC RA50委员会已做了大量的研究来评估辐射监测仪终止耐光色牢度测试中的暴晒测试。在亚里桑那州和南佛罗里达州为期两年的实验，实验室间研究采用了可控的辐射氙弧仪并在白天采集数据。研究中，某一实验室对所有已暴晒的样品的颜色变化进行仪器测量。

实验室间的研究使用了8种不同的耐光色牢度标准织物，通过已测的辐射量确定20个AFU的定义。研究表明，如果在耐光色牢度测试中辐照度、黑板温度、环境温度和相对湿度得到控制，那么实验室之间可达成一致。总之，不同的实验室用仪器测量已暴晒样品的色差变化小于10%。所有测试样品的标准偏差都小于变色灰卡的半级。根据这些测试的结果可知，当按照氙弧灯连续光照方法3中规定的条件测试时，20个AFU相当于在波长为420nm处测得的辐射量为85kJ/（m^2·nm）（连续光照约21.5h）。

在日光研究中，除了用AATCC和ISO蓝色羊毛标样外，还对16种不同织物进行了暴晒测试。每个季节，在两个地点开始持续两年的一系列暴晒测试。根据辐射能量的仪器测量结果终止暴晒测试。测试期间，气候条件变化非常大。得到的数据清楚地表明，由于温度、湿度、大气污染物等因素的不同而造成样品颜色变化不同，其中，最重要的变量是辐射量。在不同年度、地点和季节所做的暴晒测试，得到的色差变化的平均值是30%。

这些测试结果的详细内容已在ISO/TC 38的第一分技术委员会的ISO第14次会议上，以38/1 N 993号文件提交，题为《美国关于耐光牢度测试中对辐射量的监控报告》。

32.15 可从ASTM获取，地址：100 Barr Harbor Dr.，West Conshohoeken PA 19428；电话：610/832－9500；传真：610/832－9555；网址：www.astm.org。

32.16 可从ANSI获取，地址：11 W，42nd St.，13th Fl.，New York NY 10036，电话：212/642－4900；传真：212/302－1286；网址：www.ansi.org。

32.17 在测量样品和参照标样所暴露的环境及暴晒箱附近环境条件相同的空气温度和相对湿度时，可采用任何合适的显示和记录装置，但最好可连续记录温度和相对湿度。

32.18 可采用自动评级系统，只要该系统可提供与有经验的评级人员目光评定结果相同或与其重复性与再现性相同或更好。

附录 A

A. 氙弧灯褪色仪器

A1 可使用不同类型的氙弧测试仪，只要可自动控制辐射、湿度、暴晒箱内的空气温度和黑板或黑标温度计温度。

A2 暴晒箱内的设计可以不同，但应使用防腐材料。

A3 氙弧灯光源。氙弧灯测试仪器采用长弧石英罩的氙弧灯作为辐射光源，可发射来自紫外270nm以下、穿过可见光谱直到红外范围的光源。

即使所有的氙弧灯是同种类型，不同尺寸和型号的仪器可采用不同功率的灯。不同型号的仪器，根据灯的大小和功率，其样品架的直径和高度也相应变化，这样可对样品架上的试样正面提供（1.10±0.03）W/（m^2·nm）（420nm）的辐照度或同等能量。

A3.1 氙燃烧器或过滤器的老化可以导致灯光谱的变化。在燃烧器表面或里面，灰尘或其他残余物的堆积也可引起灯光谱的变化。

A3.2 过滤器。为了使氙弧模拟自然日光，应使用过滤器滤去波长短的紫外辐射。此外，也可应用过滤器滤去红外辐射，防止发生不存在的却使试样热降解的加热现象，而该现象在室外暴晒中不会发生；用过滤器滤去波长小于310nm的辐射，以便模拟通过玻璃过滤的日光。

提供合适的光谱应参见仪器制造商的推荐说明（见A3.4）。当过滤片有裂缝、裂口、变色或乳白色时，应更换过滤器。在制造商建议的时间内，或在20h±2h持续光照时间内无法获得20个AFU时，应废弃氙弧灯管和过滤片。

A3.3 经过滤的氙弧光谱辐射。下图显示经过滤的氙弧满足这些限制条件而得到预期的光谱能量分布。

AATCC 技术中心保存下图中的相对光谱能量分布变化的可接受限制条件的文档。

A3.4 应按照制造商的建议，对仪器维护、指导。

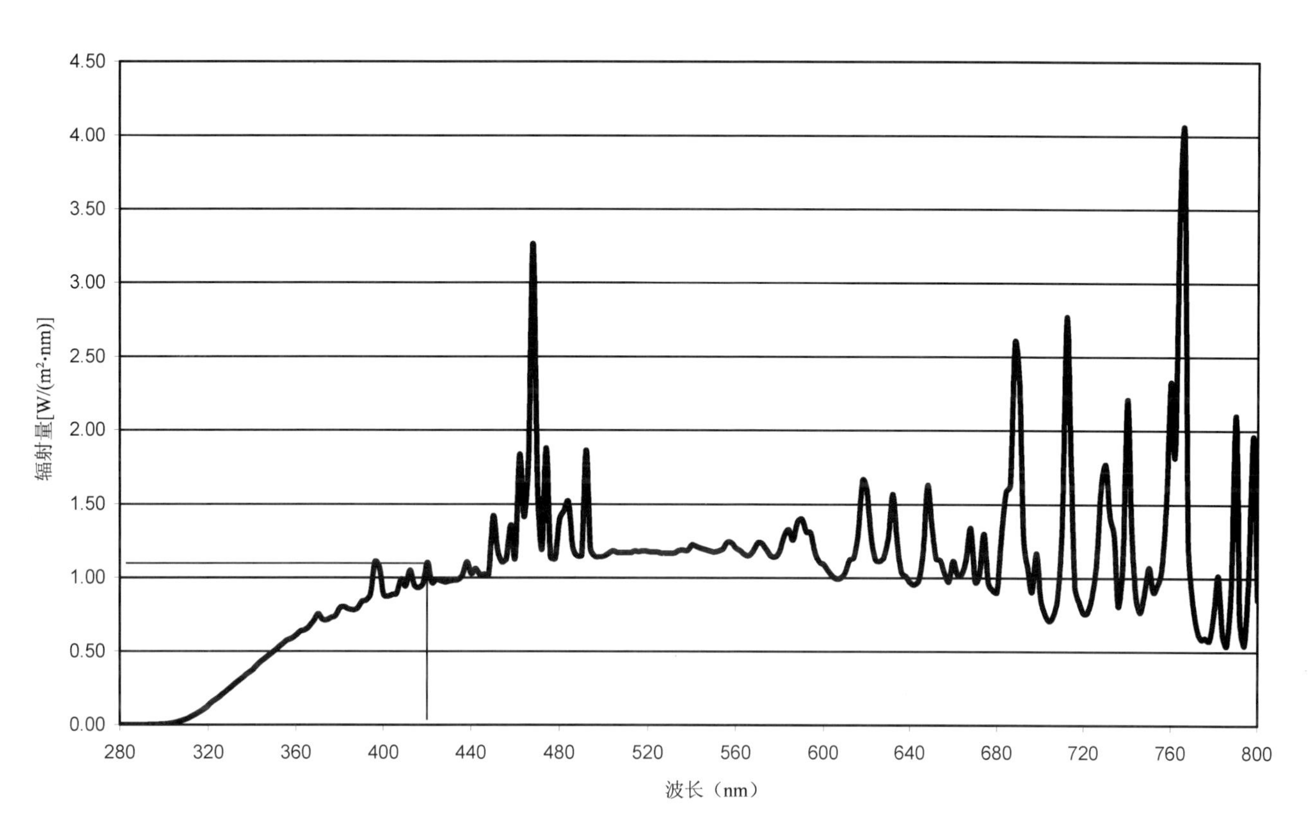

经过滤的氙弧灯在（1.10±0.03）W/（m^2·nm）（420nm）控制的光谱能量分布图

附录 B

B. 日光暴晒箱和位置

B1 日光暴晒箱有一个玻璃外罩，用金属、木材或者其他满足要求的材料，使试样不受雨水和气候条件的影响，充分地对流并保证试样表面有自由的空气流动。玻璃罩的厚度应该为 2.0～2.5mm，用优级的、干净的、平拉制的玻璃制成。玻璃必须具有均匀的强度，而且没有气泡或其他瑕疵。

B2 暴晒箱内装有支撑试样的架子，该架子应使试样与玻璃罩平行，试样正面离玻璃罩面下方的距离不小于 75.0mm（3.0 英寸）。制备样品架的材料与试样应该是匹配的。样品架可以是使试样的背部有较好通风条件的开放式，或所需的固体材料。为了尽可能地减少暴晒箱顶部和侧面阴影的影响，玻璃下的可用暴晒面积应在玻璃罩到试样距离的两倍范围内。

B3 暴晒箱放在整个白天都能被日光直接照射、且不会被附近物体的影子所遮挡的地方。当暴晒箱安放在地上时，箱的底部和清洁的地面之间距离应该足够大，防止在进行维护期间（如割草、铺路及除草等）对试验产生影响。

B4 玻璃罩和试样以一定角度向赤道倾斜，与水平的角度应和测试所在位置的纬度接近。也可以使用其他暴晒角度如 45°，在测试结果报告中必须注明该角度。

B5 暴晒箱安置在干净的地方，最好是放在一些能代表测试材料将要使用的不同条件的具有气候性差别的地方。主要的气候变化包括亚热带、沙漠、海岸（空气中含盐）、工业大气和一些能够接受到很大比例范围太阳光的地区。暴晒箱的下方和周围的区域应该具有较低的反射率，并且该地表是该气候地区的典型地表。在沙漠地区，地表应该都是沙砾，而在大部分的温带和亚热带地区，地表的草较低。地表的类型应在报告中注明。

B6 暴晒期间，测定气候数据的仪器放在暴晒箱的中间。如需要，得到的数据应作为报告中的一部分。为了表征测试架周围的条件，仪器应该能够记录：周围的温度（日最大值和日最小值）、相对湿度（日最大值和日最小值）、降水时间（雨水）以及总的潮湿时间（包括雨水和露水）。如果需要表征测试架内部的条件，测试仪器应该能够记录：玻璃下的环境温度（日最大值和日最小值）、玻璃下的黑板温度传感器、与试样同样暴晒角度下的总辐射量和紫外辐射暴晒（宽带通或窄带通）、相对湿度（日最大值和日最小值）（见 32.17）。

附录 C

C. 碳弧灯褪色仪器

不同类型的碳弧测试仪器都可使用。暴晒箱内设计可不同，但是应该使用防腐材料，除了辐射源之外，还有提供不同控制温度和相对湿度的方法。

C1 实验室光源。典型的碳弧光源通常使用包含一种金属盐的混合物的碳棒。碳棒之间燃烧释放出紫外、可见和红外辐射以产生电流。根据仪器制造商的推荐，使用适用的碳棒。

C2 过滤器。最常用的过滤器是包覆碳弧燃烧器的硼硅球形玻璃罩。

C3 碳弧发射的光谱在长的波长紫外线范围内显示很强的发射。在可见、红外和低于 350nm 紫外线短波的发射比玻璃窗后的日光弱（见右表）。碳弧与自然日光的辐射一致。

右表表示试样接受到的带有硼硅玻璃过滤器的碳弧发出的光谱辐射。

C4 见 32.13 的附加信息。

C5 温度计。黑板或黑标温度计可被使用，并且与 32.2.1 和 32.2.2 中描述的安装在样品架上的方式相符。报告中注明所用的黑色温度计、安装在样品架上的方式和暴晒温度。

C6 相对湿度。暴晒箱配备装置，以测量并且控制相对湿度。该装置应避光。

C7 仪器维护。仪器要求定期维修以保持均匀的暴晒条件。按照制造商的指导进行维护。

带有硼硅过滤器的碳弧中典型的光谱能量分布

（紫外波长范围，波长 300 ~ 400nm 的总辐射）

带宽（nm）	带硼硅过滤器的碳弧（%）	日光（%）
290 ~ 320	0	5.6
320 ~ 360	20.5	40.2
360 ~ 400	79.5	54.2

AATCC 17－2010

润湿剂效果的评价

AATCC RA8 技术委员会于 1932 年制定；2003 年将权限移交至 AATCC RA63 技术委员会；1943 年、1971 年、1977 年、1980 年、1989 年、2005 年和 2010 年重新审定；1952 年和 1999 年修订；1974 年、1985 年和 1994 年编辑修订并重新审定；1988 年、1991 年、2004 年和 2008 年编辑修订。

1. 目的和范围

本测试方法适用于评价常规商业润湿剂的效果。

2. 原理

取一定重量的棉纱束放入盛有润湿剂水溶液的高量筒中。连接重物和纱束的弯钩松弛所需的时间为浸透时间。

3. 术语

润湿剂：一种化合物，加入水中后，可降低液体的表面张力及其与固体间的界面张力。

4. 安全和预防措施

本安全和预防措施仅供参考。本部分有助于测试，但未指出所有可能的安全问题。在本测试方法中，使用者在处理材料时有责任采用安全和适当的技术；务必向制造商咨询有关材料的详尽信息，如材料的安全参数和其他制造商的建议；务必向美国职业安全卫生管理局（OSHA）咨询并遵守其所有标准和规定。

4.1 遵守良好的实验室规定，在所有试验区域应佩戴防护眼镜。

4.2 配制润湿剂原液时，应佩戴化学防护眼镜、橡胶手套和围裙。

5. 仪器和材料（见 10.1）

5.1 标准重量的弯钩和重锤（见 10.2 和 10.3）。

5.2 容量瓶，1000mL。

5.3 烧杯，1500mL。

5.4 有刻度量筒，500mL。

5.5 球形吸管（或抽吸器），100mL。

5.6 球形移液管，多种尺寸。

5.7 棉纱，本色、未煮练，2 合股，5g 为一束（见 10.4）。

5.8 蒸馏水（见 10.5）。

5.9 双对数坐标纸。

6. 测试溶液

通常，润湿剂的原液按 50.0g/L 润湿剂配制而成。若润湿剂在水中的溶解性很差，则必须减少润湿剂的用量。配制过程如下：首先，用80℃以上所需蒸馏水的四分之一充分溶解润湿剂，然后再用冷蒸馏水稀释至所需体积；用球形移液管分别移取 5mL、7mL、10mL、15mL、25mL、35mL、50mL、75mL 和 100mL 上述浓度为 5% 的原液，然后用适当的水（见 10.5）分别稀释到 1000mL，这样，每升溶液中润湿剂的量分别为 0.25g、0.35g、0.50g、0.75g、1.25g、1.75g、2.50g、3.75g 和 5.00g。此浓度范围足以用于任何商业产品的研究。

7. 操作程序

7.1 将测试所用的稀释溶液从容量烧瓶中倒入1500mL的烧杯中，并确保混合均匀。烧杯中的溶液再平分在两个500mL的量筒中。如果从较稀的溶液开始测，则不必每次清洗和干燥混合用的烧杯和量筒。量筒中装好溶液后，操作者必须等待溶液表面下的所有气泡都上升到顶部，才能开始做浸透实验。操作者在等待气泡上升的过程中，可提前准备至少6个量筒的溶液。用100mL的球形吸管（或抽吸器）去除溶液表面的泡沫。如果润湿剂对待测棉纱没有润湿倾向（实际上棉束总是如此），则允许使用同一份稀释液进行多次测试，而不必为每个新测试纱束重新配制溶液。在这种情况下，仅需将一升某浓度的溶液重复注入一个500mL的量筒里即可。

7.2 因温度常显著地影响润湿效果，故选择25℃、50℃、70℃和90℃标准温度进行测试，这样就包含了全部商业使用的温度范围。25℃的温度条件是最容易获得的，只需要在一个大桶中，把水调节到正确的温度（25℃）。对于较高的测试温度，先将用于混合的烧杯中稀释的测试溶液加热到稍高于所需的测试温度，再把此溶液倒入量筒中，让其冷却至测试温度。

7.3 测试时，取5g纱束多次对折，使其形成一个周长为45.7cm的环。周长为91.4cm的纱束最方便，只需两折，就可形成周长为45.7cm的环；137.2cm的纱束需要三折，182.9cm的纱束需要四折，228.6cm的纱束需要五折。把已折好的纱束一端用带重锤的弯钩固定，用剪刀剪断纱束的另一端。当测试润湿剂时，为了使纱束更紧密，可用手指抓住剪断的纱束。把系在纱束上以修正其重量的任何纱线都折进弯钩附近的纱束里。一只手握住纱束，用手把纱束连同弯钩和重锤垂直放入500mL量筒中的润湿剂溶液中；另一只手拿秒表。当纱束开始沉入溶液时启动秒表，确认漂浮的纱束开始沉到量筒底部时停止计时。纱束在沉没前必须完全浸渍在溶液中，且纱中必须有空气以使纱束有足够的漂浮能力，以使弯钩和重锤（见图1）之间的亚麻线呈绷紧状态。每种浓度的润湿剂至少测试四次浸透时间，得出其平均值。一般浸透时间的平均偏差为10%～12%（见10.6）。

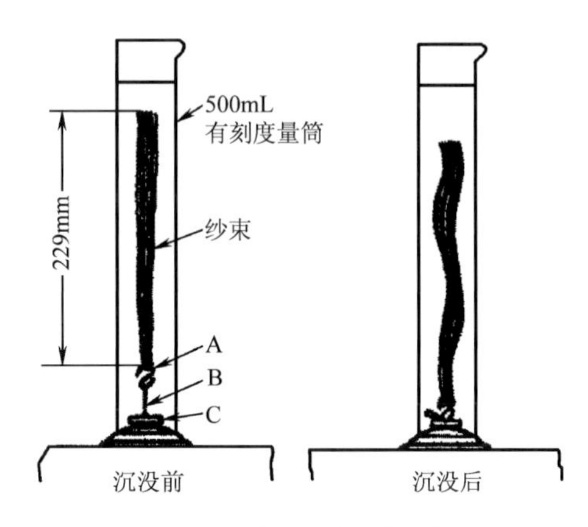

图1 纱束沉没前后的形态

8. 评价

8.1 上述所得数据的处理方法是非常关键的。在双对数坐标纸上绘制工作曲线是最有效的方法。图2中的 X 轴和 Y 轴的坐标都为对数坐标，但上面所标的数据都是直接按反对数形式给出的。水平轴（X 轴）上所表示的是润湿剂溶液的浓度值（g/L），从左到右的数值是0.1～10g/L。同样的方式，垂直轴（Y 轴）上所表示的是浸透时间（s），底部的数值为1s或10s，顶部的数值为100s。连接所得各数据点，可得到一条平滑曲线，对大多数产品来说是一条直线（见图2）。

8.2 如果当两种产品所用弯钩都为3.0g时，浸透曲线的斜率相同，那么这两种产品对于其他质量的弯钩，用此测试方法得出的斜率也都相同；用其他试验方法时，只要采用纯棉纱为测试样，所得直线的斜率也与本方法接近。在这种条件下，可合理地假设：相同时间内、同样条件下，同一批棉纱束的润湿效果是相同的。因此，可以得出表1中比较润湿的相对成本，表中378.5L润湿剂溶液的成本是按8.3计算的。

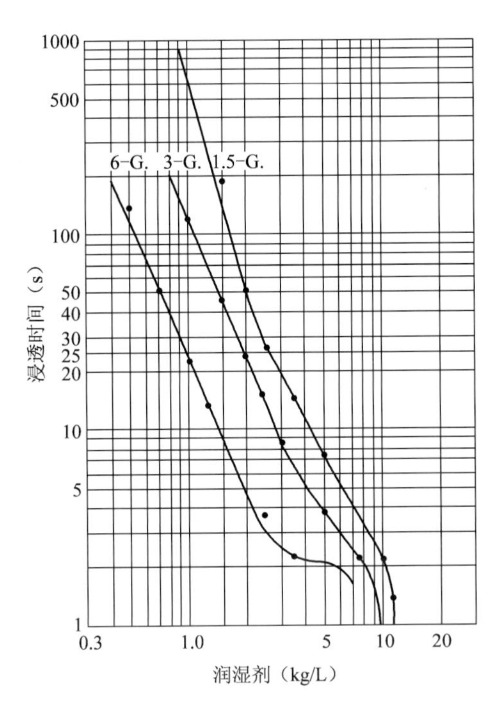

图 2 结果曲线

表 1 两种原始润湿剂的比较

标 准	项 目	新产品
3.000	弯钩的质量（g）	3.000
25	温度（℃）	25
20	每磅成本（美分）	18
1.95	25s 时润湿浓度（g/L）	2.44
100	等量	125
32.5	润湿浓度下 378.5L 溶液的成本（美分）	36.7

8.3 某润湿剂浓度下，378.5L 溶液的成本 = 0.835L × 润湿剂浓度（g/L）× 每克润湿剂的成本。

8.4 在双坐标纸上表示浸透时间和浓度的关系图中，两种产品的斜率明显不同时，说明润湿数据时必须慎重。

9. 精确度和偏差

9.1 精确度。实验室内的比对试验，建立了本测试方法的精度。三个试验员用三天的时间对每个级别的表面活性剂进行四次试验，计算每个级别表面活性剂的四次结果的平均值。表 2 列出了三名测试人员得出数据的平均偏差和标准偏差。

表 2 浸透时间平均偏差和标准偏差

表面活性剂用量（g/L）	浸透时间	
	三名测试人员的平均偏差（s）	三名测试人员的标准偏差（s）
0.25	120.00	0
0.35	120.00	0
0.50	77.00	13.18
0.75	32.75	3.70
1.25	14.42	1.70
1.75	8.58	0.80
2.50	4.75	0.50
3.75	3.10	0.14
5.00	2.00	0

用变异系数测定本测试方法的偏差。所采用的数据是根据实验室内三名测试人员的测试结果。表 3 列出了每个级别表面活性剂的变异系数。

表 3 不同表面活性剂级别的变异系数

表面活性剂级别（g/L）	*CV* 值（%）
0.25	0
0.35	0
0.50	17
0.75	11
1.25	12
1.75	9
2.50	11
3.75	5
5.00	0

9.2 偏差。润湿剂的润湿效果只能根据某试验方法予以定义，因而没有独立的方法测定其真值。本方法作为预测这一性质的一种手段，没有已知误差。

10. 注释

10.1 有关适合测试方法的设备信息，请登录

http：//www. aatcc. org/bg 浏览 AATCC 用户手册。AATCC 提供其企业会员所能提供的设备和材料清单。但 AATCC 没有对其授权，或以任何方式批准、认可或证明清单上的任何设备或材料符合测试方法的要求。

10. 2 标准重量的弯钩和重锤按以下方法制备：一根长约 6. 51cm 的 10 号 B&S 规格的铜丝，按图 3 中"A"所示弯成弯钩形状。然后，再把此弯钩的质量精确调节到 3. 000g。由于镍、银和不锈钢丝的耐腐蚀性较好，故比铜丝更适合用于制造弯钩。重锤（图 3 中的"C"）是一个平的、圆柱形的铅块，质量大约为 40g，直径 25mm，厚度约 4. 7mm。在重锤的中央，焊接一个金属环，以便于用亚麻线（图 3 中的"B"）连接重锤和弯钩，重锤和弯钩的间距为 19mm。如果要测试的产品较多，则至少要准备两套弯钩和重锤。

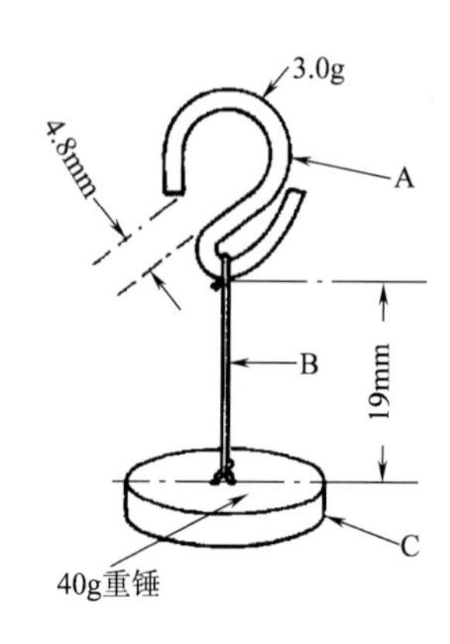

图 3　润湿剂测试所采用的弯钩和重锤

10. 3 在对润湿剂的比较中发现，使 3. 0g 的弯钩得到浸透时间为 25s 的润湿剂浓度，通常十分接近各种工厂工艺中初润湿实际操作中所采用的浓度。但是如果工厂特定操作中润湿剂的最佳浓度比 3. 0g 弯钩得到的浓度高或低出许多，这时需要换用不同质量的弯钩来做在此特殊情况下有效的产品间比较。

与低浓度产品的比较，浸透时间为 25s 时，要采用 6. 0g 甚至 9. 0g 的弯钩。只有具有相似斜率的浸透曲线的产品在任何标准浸透时间下，对 0. 5g、1. 5g、3. 0g、6. 0g 和 9. 0g 的弯钩具有相同的值。

在与比浸透时间为 25s、弯钩质量 3. 0g 时的浓度更高的产品比较时，采用 0. 5g 或 1. 5g 的弯钩。较高浓度下，为了使结果更快和更可靠，最好采用电子计时装置和标准浸透时间为 10s 和 4s，步骤与 3. 0g 弯钩 25s 时的步骤完全相同。

10. 4 可采用捻度为 708. 7 ~ 787. 4 捻/m，40s/2（30tex）的精梳皮勒棉纱线。用来制备指定润湿测试的 5g 纱束的本色棉线纱必须取自同批棉纱。为了平均同批棉纱中不同管所存在的细微差别以及增加测试中润湿性极其相近的纱束的数量，要求每个纱束从 4 ~ 12 管的纱中同时抽取。对于买来的纱束，每束的质量必须控制在 5g ± 10mg。

10. 5 必须慎重考虑润湿剂测试中所用水的质量。原溶液最好用蒸馏水配制。当不确定润湿剂的使用条件时，最终溶液也可用蒸馏水配制。另外，为了模拟工厂的实际操作条件，测试的最终溶液，甚至最初原溶液，都应该使用厂里的水配制，其成分有必要与他们用到实际中溶液的化学成分完全相同。如果这样，虽然化学家通过比色法或电化学法可以确定最终测试液的酸度和碱度，但溶液的 pH 值可自动调节。

为了一致性，常规测试中的标准浓缩液采用酸性或碱性而不采用中性溶液。推荐测试分别在不同温度，最终浓度为 5g/L 或 10g/L 的硫酸（密度为 1. 84g/L）或 5g/L 或 10g/L 的碳酸钠和 5g/L 或 10g/L 的烧碱的溶液中进行。

10. 6 将测试量筒放在振动表面上可以显著减少浸透时间的分散性。因为气泡更趋向均匀释放，消除了偶尔的延迟，因而提高了一致性。而且还发现，振动还可降低在标准时间和标准弯钩下的平均浸透浓度。

AATCC 20 -2011

纤维分析：定性

本标准由 AATCC RA24 技术委员会制定。1955 年作为试行标准执行；1958 年、1962 年、1963 年、1972 年、1976 年、1998 年、1999 年、2000 年、2001 年、2002 年、2004 年、2005 年、2007 年和 2010 年修订；1973 年、1990 年、1995 年编辑修订并重新审定；1974 年、1977 年、1982 年（标题更换）、1983 年、1984 年、1988 年和 2009 年编辑修订；2008 年编辑修订技术勘误；1985 年重新审定。与 ISO 17751、ISO 1833、ISO 2076 和 IWTO 58 有相关性。

1. 目的和范围

1.1 本测试方法描述了鉴别纺织纤维的物理、化学和显微镜方法，适用于纺织产品中出现的纺织纤维以及在美国销售的纺织纤维。纤维可以在原纤状态，或者是从纱线或织物中取出后的状态下进行鉴别。

1.2 本测试方法可用于鉴别常用纤维的种类。有关纤维种类的定义详见（美国）纺织纤维制品鉴定条例（TFPIA）和（美国）联邦贸易委员会（FTC）的规章制度以及 ISO 2076《纺织化学纤维属名》。混纺纤维百分含量的定量分析方法见 AATCC 20A《纤维分析：定量》。

1.3 本测试方法适用于下列纤维（纤维按通用分类方法分组）。

天然纤维
纤维素纤维（植物纤维）
棉、大麻、黄麻、亚麻、苎麻、剑麻（龙舌兰属）、蕉麻（马尼拉麻）
角蛋白纤维（动物纤维）
羊驼毛、驼毛、山羊绒、马毛、美洲驼毛、马海毛、兔毛、小羊驼毛、羊毛、牦牛毛
丝蛋白纤维（动物纤维）
蚕丝、桑蚕丝（人工饲养）、柞蚕丝（野生）
矿物纤维
石棉

续表

化学纤维
醋酯纤维
二醋酯纤维、三醋酯纤维
聚丙烯腈纤维
阿尼迪克斯纤维
芳族聚酰胺纤维
间位芳香族聚酰胺纤维、对位芳香族聚酰胺纤维
再生蛋白质纤维
玻璃纤维
金属纤维
改性聚丙烯腈纤维
诺沃洛伊德纤维
锦纶
锦纶 6、锦纶 66、锦纶 11
聚偏氯乙烯纤维（奈特里尔纤维）
聚烯烃类纤维
Lastol 纤维、聚乙烯纤维、聚丙烯纤维
涤纶
Elastrelle 纤维
再生纤维素纤维
铜氨纤维、莱赛尔纤维、黏胶纤维
橡胶纤维
萨纶
氨纶
triexta
聚乙烯醇系纤维
维纶

2. 使用和限制条件

2.1 本测试方法描述了许多鉴别纤维的程序，

包括显微镜法、溶解法、熔点法、折射率法和显微傅立叶红外光谱法等。这些方法可以结合起来使用，以鉴别某种纤维的类别。在鉴别某些纤维时，有些方法可能比其他方法更加有效。

2.1.1 例如，显微镜观察法特别适用于鉴别天然纤维，但用于观察化学纤维时必须谨慎。如再生纤维在生产过程中经常存在纤维的改性，而这些改性会引起纤维纵向或横向截面的外观发生改变。此外，化学纤维可能含有消光剂，或不含消光剂而含有其他的添加剂。对于已知类型的长丝，其尺寸大小或横截面形状也有可能发生变化。有些独特的长丝，其横截面可能由两个或两个以上相同或不同类型的纤维构成。

2.1.2 即使是天然纤维，其横截面也呈现出相当大的不同。没有哪个特定的试样能与已出版的照片完全一致。应该测试足够多的纤维，尽可能包含任何试样的全部外观范围。

2.2 纤维种类的成功鉴别取决于经验和对纤维的了解程度。未知纤维进行鉴别的最好方法是与标样纤维进行比较。因此，每一种类型的纤维应该至少有一个具有代表性的纤维样品，用于比较鉴别。

2.3 本标准提供了对常用纤维进行分类的测试方法。在一些特殊情况下，例如对本标准中没有叙述到的纤维，或对纤维类型相同但制造商不同的纤维进行鉴别时，请务必查阅有关纤维鉴别的标准文本或纤维供货商提供的技术报告（见13参考文献）。

3. 术语

有关技术术语的定义参见AATCC标准术语表。

4. 安全和预防措施

本安全和预防措施仅供参考。本部分有助于测试，但未指出所有可能的安全问题。在本测试方法中，使用者在处理材料时有责任采用安全和适当的技术；务必向制造商咨询有关材料的详尽信息，如材料的安全参数和其他制造商的建议；务必向美国职业安全卫生管理局（OSHA）咨询并遵守其所有标准和规定。

4.1 遵守良好的实验室规定，在所有的试验区域应佩戴防护眼镜。

4.2 所有化学物品应当谨慎使用和处理。

4.3 在准备、分配和处理本标准第6部分所述的试剂时，应戴上防护眼镜或面罩、密封手套和围裙。处理浓酸时必须在通风良好的通风橱内进行。注意：总是将酸加入水中。

4.4 所有有毒和易燃试剂的混合或处理，必须在通风良好的通风橱内进行。丙酮和乙醇是高度易燃物，应放置在小容器内储存于实验室中，并远离热源、明火和火花。

4.5 应在附近安装洗眼器/安全喷淋装置以备急用。

4.6 本测试方法中，人体与化学物质的接触限度不得超过官方的限定值［例如，美国职业安全卫生管理局（OSHA）允许的暴露极限值（PEL），参见29 CFR 1910 1000，最新版本请参见网址www.osha.gov］。此外，美国政府工业卫生师协会（ACGIH）的阈限值（TLVs）由时间加权平均数（TLV－TWA）、短期暴露极限（TLV－STEL）和最高极限（TLV－C）组成，建议将其作为人体在空气污染物中暴露的基本准则并遵守（见12.1）。

5. 仪器（见12.2）

5.1 复式显微镜。配有物镜和目镜，放大倍数为100～500倍，并配有起偏镜、检偏镜。

5.2 载玻片和盖玻片。

5.3 分析针。

5.4 小剪刀和镊子。

5.5 符合以下要求的制作纤维横截面的装置。

5.5.1 带有钻孔的不锈钢片。2.54cm × 7.62cm × 0.0254cm（1英寸×3英寸×0.01英寸），钻孔直径0.09cm（0.04英寸）；软铜线AWG#34，

直径0.016cm（0.0063英寸）。

5.5.2 显微镜用薄片切片器，手动。

5.6 剃须刀片。薄、锋利、单面或双面刀，带有手柄。

5.7 密度梯度管。玻璃管直径2.5cm（1英寸）、长45cm（18英寸），底部密封，有一个24/40标准锥形连接玻璃塞（避免溶剂的吸湿或蒸发）。校准密度用的玻璃小球可以作为标准密度使用。

5.8 熔点仪。包括加热块、温度测量装置（如温度计）、加热速率控制器和在低放大倍数下观察样品的装置。仪器温度控制范围为100～300℃或更大，全量程温度控制精度为±1℃。

5.9 显微傅立叶红外光谱仪。

5.10 示差扫描热量计。

6. 试剂和原料（见12.2）

6.1 固定用试剂。

6.1.1 矿物油。美国药典规格（U.S.P.），或其他浸润液体。

6.1.2 火棉胶。4g硝化纤维溶解在100mL乙醇/乙醚混合溶剂（1∶3）中的溶液。

6.2 漂白剂。亚硫酸钠—碱溶液，2g连二亚硫酸钠和2g氢氧化钠溶于100mL水中。

6.3 着色剂。

6.3.1 氯化锌—碘混合溶液。溶解20g氯化锌于10mL水中，溶解2.1g碘化钾和0.1g碘于5mL水中，再加入一片碘。

6.3.2 酸性间苯三酚试剂。将2g间苯三酚溶解于100mL水中，与等体积的浓盐酸一起使用。

6.4 浸润液的折射率。

6.4.1 十六烷。化学纯级，折射率1.434。

6.4.2 α－氯萘。折射率1.633，有毒，避免吸入蒸汽。

6.4.3 以上两种试剂的混合物。假设混合物的折射率与各组分的体积成线性变化关系，例如十六烷与α－氯萘以42∶58的体积比混合后，得到的混合物的折射率为1.550。

6.5 纤维的溶剂。

6.5.1 冰醋酸。腐蚀性物质，避免接触眼睛和皮肤。

6.5.2 丙酮。试剂级（高度易燃物质）。

6.5.3 次氯酸钠溶液。5%，也可使用家庭氯漂剂。

6.5.4 盐酸。浓试剂，20%。将50mL的38%浓盐酸用蒸馏水稀释至95mL。

6.5.5 甲酸。85%，腐蚀性试剂，避免接触眼睛和皮肤。

6.5.6 1，4－二氧杂环己烷。

6.5.7 间二甲苯。

6.5.8 环己酮。

6.5.9 二甲基甲酰胺（如果溅到皮肤上应立即冲洗）。

6.5.10 浓度为59.5%±0.25%、20℃时密度为1.4929g/mL±0.0027g/mL的硫酸溶液。配制：称取59.5g浓硫酸（密度为1.84g/mL）放入烧杯中；称取40.5g蒸馏水于250mL容量瓶中；带上防护眼镜，小心地将浓硫酸加于蒸馏水中，并不断搅动，同时，在冷水中或在水龙头下冷却。混合过程中如果不冷却，溶液可能变得很热，甚至沸腾和溅出。配好的溶液冷却到20℃时，调节其密度至1.4902～1.4956g/mL。

6.5.11 浓度为70%±1%、20℃时密度为1.6105g/mL±0.0116g/mL的硫酸溶液。配制：分别称取70g浓硫酸（密度为1.84g/mL）和30g蒸馏水，按照6.5.10中所述的注意事项将它们混合。当溶液冷却到20℃时，调节其密度为1.5989～1.6221g/mL。

6.5.12 间甲酚。试剂级，有毒物质，使用时在通风橱中进行操作。

6.5.13 49%的氢氟酸。试剂级，非常危险的试剂，操作时务必使用防护眼镜和防护面罩，以免吸入蒸汽或与皮肤接触。

7. 取样

为获得具有代表性的样品，请参考以下内容。

7.1 如果样品是松散的纤维或纱线，它可能是一种纤维，也可能是混合在一起的两种或多种纤维组成的混合纤维。

7.2 如果样品是纱线，它可能是单股纱线，也可能是两股或多股纱线组成的合股混合纱线。混合纱线中各纱线的捻向可能相同，也可能不同，而且它们本身各自还可能是混纺纱。

7.3 机织物和针织物可由同一类别纤维的纱线构成或者由多种不同纤维的纱线构成。而且，织物组织结构中的长度方向和宽度方向的纱线可能是由不同的单一纤维构成，也可能是由不同的多种纤维的纱线构成，这种情况下，织物的长度方向和宽度方向要分别进行分析。

7.4 不同类别的纤维可以染成同一种颜色；反之，同一种纤维在经不同整理后的产品中可显示出不同颜色。例如，可以通过原纤维染色或纱线染色获得，或通过使用改性的染色纤维获得。

7.5 试验用试样必须能完全代表待测的纤维、纱线或织物。

8. 试样准备

8.1 很多情况下，一种未知纤维无须经过预处理即可被鉴定。

8.2 浆粉、蜡、油或其他涂料使纤维外观变模糊时，可将纤维放入蒸馏水中缓缓加热以除去无关的物质。若不能除去，可选用有机溶剂进行萃取，或者选用 0.5% 盐酸或 0.5% 氢氧化钠清洗。一些纤维，如锦纶会被酸损坏；而再生蛋白质纤维、蚕丝和毛绒会被碱处理损坏（见 9.7）。

8.3 使用0.5%的氢氧化钠溶液处理植物纤维束；纤维分离后用水充分清洗，然后干燥。

8.4 染色纤维（特别是纤维素纤维）进行剥色处理时，应浸在碱性亚硫酸钠溶液中，在50℃温度下加热 30min（见 6.2）。

9. 测试程序

9.1 鉴别纤维通常需对试样进行多种选定的测试，直到获得足够的信息能够满意地判断出其通用属类或特殊类。具体测试方法和顺序的选定，可根据已掌握的知识和初步测试结果而改变。

9.2 视觉鉴别与显微镜鉴别。

9.2.1 检验提交鉴别的材料样品。记录样品形态（散纤维、纱线、织物等）、颜色、纤维长度、细度、外观均匀性和可能的最终产品用途等。若样品是织物，则用拆开或切断的方法分离出纱线；若样品为机织物，则分离出经、纬纱线；若纱线在颜色、光泽、尺寸和其他外观方面不一致，则需将纱线进行物理分离以进行分开鉴别。

9.2.2 纤维可用光学显微镜或扫描电子显微镜进行鉴别。若用光学显微镜，则取少量纤维置于载玻片上，将纤维梳理开，用一滴矿物油或其他浸润液使纤维固定在载玻片上，盖上盖玻片，在显微镜下进行观察。

9.2.3 仔细观察纤维特征，在四大类中确定纤维属类。

9.2.4 表面有鳞片的纤维鉴别。表面有鳞片状的纤维都是动物毛纤维（见 1.3），除蚕丝外，所有角蛋白纤维都包括在这一组。仔细地进行显微镜观察，包括横截面的观察（见 9.3）。将观察结果与表 1 中所列纤维特征、本方法附录 1 中的照片和已知动物纤维参照样品（见 12.3）进行比较，对纤维属类做出判断。另外，可通过燃烧试验（见 9.5）、密度试验（见 9.6）和溶解试验（见 9.7）进一步确认鉴别结果。

表1 表面有鳞片的纤维特征

显微镜下外观	羊驼毛	驼毛	羊绒[d,e]	马毛	美洲驼毛	马海毛	骆马毛	羊毛[c]	牦牛毛
纵向表面									
有无鳞片	–	–	–	–	–	–	–	X	–
颜色暗淡	x	x	X	x	x	X	x	–	x
冠状鳞片[a]	–	x	x	X	–	–	x	x	x
瓦状鳞片[b]	x	x	–	–	x	x	–	x	x
边缘平滑度	–	x	x	x	–	x	x	x	–
锯齿状边缘	X	–	–	x	X	–	–	–	X
毛髓情况									
通常存在	x	–	–	x	X	–	–	–	–
很少存在	–	x	X	–	–	x	x	x	–
永不存在	–	–	–	–	–	–	–	–	X
髓质类型									
碎片型	x	x	–	–	x	–	x	x	–
间断型	x	–	–	–	x	x	x	x	–
连续型	x	–	–	x	x	x	–	–	–
髓腔直径/纤维直径									
小于1/4	–	–	–	–	–	x	x	x	–
1/4～1/2	x	–	–	x	x	x	–	x	–
大于1/2	–	–	–	x	–	–	–	–	–
髓质色素类型									
弥散状	–	–	x	–	–	–	–	–	–
条纹状	x	X	x	–	x	–	x	–	x
粒状	–	x	–	x	–	–	–	–	x
无	–	–	–	–	–	X	–	X	x
横截面									
轮廓									
圆～椭圆	–	x	x	x	–	x	x	x	x
椭圆～细长条	x	–	–	–	x	–	–	x	–
腰子型	x	–	–	–	x	–	–	–	–
髓心轮廓									
圆～椭圆	–	–	–	x	–	x	x	x	–
椭圆～细长条	X	–	–	–	X	–	–	–	–
腰子型～哑铃	X	–	–	–	X	–	–	–	–
色素分布									
均匀	x	X	–	–	x	–	x	–	x
中心	–	–	X	–	–	–	–	–	–
不规则	–	–	–	X	–	–	–	–	–

续表

显微镜下外观	羊驼毛	驼毛	羊绒[d,e]	马毛	美洲驼毛	马海毛	骆马毛	羊毛[c]	牦牛毛
细度（μm）									
平均	26 ~ 28	18	15 ~ 19	–	26 ~ 28	–	13 ~ 14	–	18 ~ 22
范围	10 ~ 50	9 ~ 40	5 ~ 30	–	10 ~ 40	10 ~ 90	6 ~ 25	10 ~ 70	8 ~ 50
鳞片数/100μm	–	–	6 ~ 7	–	–	<5.5	–	>5.5	>7

a. 冠状指像花冠样的鳞片，并且可见鳞片边缘全部环抱纤维。

b. 瓦状指重叠搭接的鳞片，并且可见边缘像屋顶上的瓦一样重叠的鳞片，而且仅覆盖纤维表面一部分。

c. 在这里指服用羊毛，不是指地毯用羊毛。

d. 羊绒纤维的纵向/表皮外观的色泽一般比羊毛暗，但不如驼毛、羊驼毛等特种纤维的色泽暗。

e. 2000 年发表的关于亚洲山羊毛属毛绒纤维的学术评论，使羊绒纤维的平均直径范围扩大了。

9.2.5 具有横节的纤维鉴别。这些纤维指除棉以外的植物纤维（见 1.3）。仔细地进行显微镜观察，包括对纤维横截面的观察（见 9.3）。将观察结果与表 2 中给出的纤维特征、本方法附录 1 中的照片和已知植物纤维样品进行比较，然后对纤维属类做出判断。对于亚麻、苎麻和大麻纤维的鉴别，可进行干燥过程中纤维自然旋转方向测试（见 9.8），由纤维干燥后的旋转方向做出鉴别。如果纤维是浅色纤维，则用氯化锌 - 碘试剂和酸性间苯三酚试剂做着色试验来鉴别（见 9.9）。该类纤维的进一步确认方法见 9.4、9.5、9.6 和 9.7 所述。

表 2 具有横节的纤维外观特征

剖面特征	亚　麻	大　麻	苎　麻
纵剖面			
比值：中腔/纤维直径	<1/3	通常 >1/3	>1/3
细胞端部	尖形	钝或分叉	钝
横截面			
轮廓	尖角多边形	圆角多边形	拉长多边形
中腔	圆形或椭圆	不规则形状	不规则形状

9.2.6 扭曲纤维的鉴别。这类纤维包括棉和柞蚕丝。这两种纤维都可容易地通过横截面法（见 9.2）、燃烧法（见 9.5）、溶解法（见 9.7）或显微傅立叶红外光谱仪（见附录 2）鉴别。如果纤维颜色为浅色，则可用氯化锌—碘溶液进行着色试验（见 9.9）来鉴别。

9.2.7 其他纤维的鉴别。这类纤维包括所有的再生纤维、桑蚕丝和石棉纤维。桑蚕丝和石棉纤维可以通过显微镜观察纤维表面如横截面（见 9.3）来鉴别。燃烧试验（见 9.5）和溶解试验（见 9.7）对鉴别石棉纤维具有特殊效果，对确定是否含有桑蚕丝非常有用。

再生纤维的鉴别最好是根据显微傅立叶红外光谱、溶解性、熔点、折射率和其他光学性能及密度，这些特性与纤维的化学特性有关，而不是与其物理形状有关。这是因为同一类纤维进行改性后所得纤维的染色性能发生了变化，因而纤维横截面观察法也会发生变化以及着色试验容易产生错误判断。为减少发生错判的可能性，在用这两种方法进行鉴别时，应结合其他鉴别方法同时进行。

金属纤维表面具有特殊的光泽，但纤维表面余留的光泽并不能判定其是金属纤维。放大倍数为 5、10、20 倍的光学显微镜无法正常显示光的衍射、干涉和其他光效果，甚至会产生假象，不真实地将纤维光泽显示为自然的金属光泽，因此应该用化学（如比色分析法）和/或仪器（如原子吸收分光光度法、等离子原子吸收光谱法和/或能量分散 X 射线或 X 射线荧光）分析来鉴别和确认这些纤维。例如：X 射线和基本分析由 AATCC 纤维鉴别商提供（见 12.4）。

9.3 显微镜横截面法。

9.3.1 取一束平行纤维或纱线备用。将一根铜线折叠后穿入一块不锈钢片上的钻孔中，使折叠铜线在孔的一端形成一个小圈。将平行纤维束或纱线穿过铜线圈，拉动折叠铜线另一端，将纤维束或纱线拉出不锈钢小孔。使用足够多的纤维把小孔填满；若需要，可用易于区别的其他纤维填满小孔。

9.3.2 沿不锈钢板表面用锋利的剃须刀片平滑切掉小孔两端伸出的纤维束或纱线。

9.3.3 在光学显微镜下以 200～500 倍放大倍数观察纤维横截面。不加或滴加矿物油于纤维束或纱线的切面上使纤维固定，盖上盖玻片。将观察结果与附录中的样照或已知纤维的横截面进行比较。

9.3.4 若使用哈氏切片器，应按照仪器说明书操作。将纤维束或纱线插在插槽中，再将压片滑入插槽中压紧纤维束或纱线。调节纤维数量至密实，切掉哈氏切片器两边伸出的纤维束或纱线。在切面处滴一滴火棉胶，等渗到另一面时，在另一端切面上再滴一滴火棉胶，待完全干后用剃须刀片切掉两侧多余的火棉胶和纤维束或纱线。

9.3.5 装上活塞，拧动附在活塞上的螺钉，顶出切槽内的纤维束或纱线，使之伸出板面约 20～40μm。加一滴火棉胶于顶出的纤维束或纱线上，干燥 5min 直至变硬，用剃须刀片与切槽成 45°一次切下火棉胶和纤维束或纱线。

9.3.6 将切下来的纤维束或纱线薄片置于载玻片上，滴一滴矿物油或其他浸润液，盖上盖玻片，观察其横截面。按 9.3.5 中所述，继续切割纤维束或纱线，直至获得好且清楚的横截面切片。观察切片的横截面，并与已知纤维的横截面进行比较。

9.4 折射率鉴别法。

9.4.1 放置少量纤维样品于载玻片上，滴一滴氯萘和十六烷（或等效物）的混合物，混合物折射率为 1.55。

9.4.2 将起偏镜插入显微镜台下，使产生的偏振光方向与钟表 6 点到 12 点的连线一致；排列纤维纵向为同样方向。关上镜台下聚光灯的光阑产生轴向光照。

9.4.3 小心地将光线聚焦于纤维轮廓上，通过微调提升焦点刚好在纤维的正上部。如果纤维近似为一圆柱体，则它将相当于一个透镜。若纤维的折射率高于浸润液，纤维则相当于一个正透镜，随着焦点的提升，一条明亮的光线将移至纤维的中部；若纤维的折射率低于浸润液，当焦点升高时，光线将不断闪烁，并且纤维中部变得较暗。重复调焦过程直到某一确定的方向。

9.4.4 折射率法对圆形纤维的观察效果最好。在扁平的光带上可以很容易地看到明亮光线——贝克线在纤维轮廓上移动。随着焦点的提升，明亮光线将沿同一方向朝着高折射率的中部移动。

9.4.5 将试样旋转 90°，重复进行测试。

9.4.6 将试样旋转 45°，把检偏器插入显微镜筒或目镜下，使产生正交偏振光。观察纤维是否很亮（强双折射）、暗（弱双折射）、黑（无双折射）。

9.4.7 参考 9.6.3 表 4 中纤维轴向和横向的折射率数据以及双折射率的评估值，根据纤维试样的厚度和试样的拉伸程度决定其折射的滞后情况。与直径基本相同的已知纤维样品的双折射率进行比较，做出判断。

9.4.8 选择其他浸润液，按照 9.4.1～9.4.5 中的实验步骤重复测试。随着液体折射率越来越接近纤维的折射率，纤维的轮廓将变得越来越不清楚。当液体和纤维的折射率相差 0.01 以下时，结束测试。

9.5 燃烧法。

9.5.1 用镊子取一小撮纤维，接近火焰一侧，记录纤维是否熔化或收缩。

9.5.2 纤维移入火焰中，记录纤维是否在火焰中燃烧。小心地慢慢离开火焰，确认纤维已被点燃，记录离开火焰后纤维是否继续燃烧。

9.5.3 若纤维继续燃烧，则吹熄火焰，并闻其烟味。记录气味，检查残留烟灰的颜色和状态。

9.5.4 将观察到的结果与表 3 中所列纤维燃

烧特征以及已知纤维的燃烧特征进行比较，对纤维类型做出鉴别。某些纤维（如棉、再生纤维素纤维、醋酯纤维和改性聚丙烯腈纤维）经阻燃改性后，燃烧变慢，燃烧时产生的气味和燃烧后的灰烬也会改变。有色纤维特别是颜料染色后的纤维，在燃烧残留物中仍保持其颜色。

9.5.5 一些纤维燃烧时放出特殊的气味。动物纤维和再生蛋白质纤维燃烧时具有燃烧头发或羽毛的气味；植物纤维和再生纤维素纤维燃烧时有烧纸的气味；橡胶燃烧时释放出人们所熟悉的特殊气味；其他纤维，如聚丙烯腈纤维、锦纶和氨纶，燃烧时也有特殊的气味，可凭经验鉴别。

表 3 纤维的燃烧特征

纤维名称	靠近火熔融	靠近火焰反向收缩	火中燃烧	离开火继续燃烧	灰烬外观
天然纤维					
蚕丝	√	√	√	缓慢	软的黑色小球
毛绒	√	√	√	缓慢	黑色不规则形状
纤维素纤维	×	×	√	√	浅灰色
石棉纤维	×	×	×	×	变黑
化学纤维					
丙烯腈纤维	√	√	√	√	黑色
醋酯纤维					不规则形状
再生蛋白质纤维					
聚偏氰乙烯纤维					硬小球
涤纶	√	√	√	√	硬的黑色圆球
锦纶	√	√	√	√	硬的灰色圆球
烯烃类纤维	√	√	√	√	硬的棕褐色小球
聚乙烯醇纤维					
改性聚丙烯腈纤维	√	√	√	×	硬的、黑色的
萨纶					
维纶					
金属纤维	√	√	×	×	金属小球
玻璃纤维	√	缓慢	×	×	硬的透明小球
橡胶纤维	√	√	√	×	无规则状
氨纶	√	×	√	√	黑的、蓬松的
阿尼迪克斯纤维	√	×	√	√	黑的发脆的不规则球
再生纤维素纤维	×	×	√	√	无
芳族聚酰胺纤维	×	√	√	×	硬的黑色小球
诺沃洛伊德纤维	×	×	短暂	×	炭

9.6 密度法。

9.6.1 按以下步骤准备密度梯度管。将密度梯度玻璃管夹在一个固定的垂直架上，注入25mL四氯乙烯；以四氯乙烯体积百分数为递减顺序准备二甲苯和四氯乙烯的混合物，四氯乙烯与二甲苯的体积比分别是 90/10、80/20、70/30、60/40、50/50、40/60、30/70、20/80、10/90；沿梯度管壁小心地按顺序注入以上每种混合液体 25mL 于梯度管内，最后，再注入 25mL 二甲苯于梯度管顶部。

9.6.2 取数小段染色的参考纤维，打成一个小结，并剪去纤维零碎的部分。将纤维结放入二甲苯中煮沸约2min，除去纤维中的水分和空气。再将纤维结放入密度管中，约半小时后这些纤维结会稳定在显示它们密度的高度。校准的密度玻璃小球可以用来确定不同高度处的溶液密度。

9.6.3 按同样方法准备未知纤维试样。将试样放入梯度管中，记录各试样静止后的漂浮高度。各纤维的密度见表4。

9.7 溶解法。

9.7.1 如果测试在室温（20℃）下进行，将试样放入表面皿、玻璃试管或 50mL 烧杯中，再注入测试用溶剂（见表5）。每 10mg 纤维用 1mL 溶剂。

表4 纤维的物理性质

纤维种类	折射率（%）		双折射	密度（g/cm^3）	熔点（℃）
	纵向	横向			
天然纤维					
石棉纤维	1.50～1.55	1.49	强	2.1～2.8	>350
纤维素纤维	1.58～1.60	1.52～1.53	强	1.51	无
丝	1.59	1.54	强	1.32～1.34	无
毛	1.55～1.56	1.55	弱	1.15～1.30	无
化学纤维					
二醋酯纤维	1.47～1.48	1.47～1.48	弱	1.32	260
三醋酯纤维	1.47～1.48	1.47～1.48	弱	1.30	288
聚丙烯腈纤维	1.50～1.52	1.50～1.52	弱，可忽略	1.12～1.19	无
阿尼迪克斯纤维	不透光		—	1.22	190℃变软
芳族聚酰胺纤维	—	—	强	1.38	400 烧焦
再生蛋白质纤维	1.53～1.54	1.53～1.54	无	1.30	无
玻璃纤维	1.55	1.55	无	2.4～2.6	850
金属纤维	不透光		—	变化	>300
改性聚丙烯腈纤维	1.54	1.53	弱	1.30 或 1.36	188* 或 120
诺沃洛伊德纤维	1.5～1.7		无	1.25	无
锦纶 6	1.57	1.51	强	1.12～1.15	213～225
锦纶 66	1.58	1.52	强	1.12～1.15	256～265
聚偏氯乙烯纤维	1.48	1.48	零	1.20	218
涤纶	1.71～1.73 或 1.63	1.53～1.54	很强	1.38 或 1.23	250～260 或 282
聚乙烯纤维	1.56	1.51	强	0.90～0.92	135
聚丙烯纤维	1.56	1.51	强	0.90～0.92	170
再生纤维素纤维	1.54～1.56	1.51～1.53	强	1.51	无
橡胶纤维	不透光		—	0.96～1.06	无

续表

纤维种类	折射率（%）		双折射	密度（g/cm³）	熔点（℃）
	纵向	横向			
萨纶	1.61	1.61	弱，可忽略	1.70	168
氨纶	不透光	—	1.20 ~ 1.21	230	—
triexta	1.57	—	—	1.33	226 ~ 233
维纳尔纤维	1.55	1.52	强	1.26 ~ 1.30	—
维纶	1.53 ~ 1.54	1.53	弱，可忽略	1.34 ~ 1.37	230 或 400

* 熔点不明显，黏点 176℃。

9.7.2 如果测试在溶剂的沸点下进行，则在通风橱中首先把溶剂放在烧杯中于电炉上加热至沸腾。调节电炉温度使溶剂保持缓和沸腾状态，并注意观察，切勿使溶剂蒸发干。然后把纤维试样投入沸腾的溶剂中。

9.7.3 如果测试在特定的中间温度下进行，则将盛有水的烧杯放在电炉上加热，并用温度计调节温度。将纤维试样放入盛有测试溶剂的试管中，然后将试管浸于加热的水浴中。

9.7.4 记录纤维是否完全溶解、软化或不溶，并与表 5 中给出的纤维溶解性能进行比较。

9.7.5 溶解性能测试也可用来确认纤维中是否有金属成分存在。在间甲酚中溶解后的闪光残留物是纤维中含有金属成分的证据。

表 5 纤维的溶解性

项 目	醋酸	丙酮	次氯酸钠	盐酸	甲酸	1,4－二氧杂环己烷	间二甲苯	环己酮	二甲基甲酰胺	硫酸	硫酸	间甲酚	氢氟酸
浓度（%）	100	100	5	20	85	100	100	100	100	59.5	70	100	50
温度（℃）	20	20	20	20	20	101	139	156	90	20	38	139	50
时间（min）	5	5	20	10	5	5	5	5	10	20	20	5	20
醋酯纤维	S	S	I	I	S	S	I	S	S	S	S	S	
聚丙烯腈纤维	I	I	I	I	I	I	I	I	S	I	I	P	I
阿尼迪克斯纤维	I	I	I	I	I	I	I	I	I	I	I	I	
芳族聚酸胺纤维	I	I	I	I	I	I	I	I	I	I	I	I	I
再生蛋白质纤维	I	I	S										
棉/麻纤维	I	I	I	I	I	I	I	I	I	I	S	I	I
玻璃纤维	I	I	I	I	I	I	I	I	I	I	I	I	S
改性聚丙烯腈纤维	I	SE	I	I	I	SP	I	S	★	I	I	P	
诺沃洛伊德纤维	I	I	I	I	I	I	I	I	I	I	I	I	+
锦纶	I	I	I	S	S	I	I	I	N	S	S	S	
聚偏氰乙烯纤维	I	I	I	I	I	I	I	S	S	I	I	SP	
烯烃类纤维	I	I	I	I	I	I	S	S	I	I	I	I	
涤纶	I	I	I	I	I	I	I	I	I	I	I	S	I
再生纤维素纤维	I	I	I	I	I	I	I	I	I	S	S	I	I
萨纶	I	I	I	I	I	S	S	S	S	I	I	I	

续表

项 目	醋酸	丙酮	次氯酸钠	盐酸	甲酸	1,4 - 二氧杂环己烷	间二甲苯	环己酮	二甲基甲酰胺	硫酸	硫酸	间甲酚	氢氟酸
蚕丝	I	I	S	I	I	I	I	I	I	S	S	I	
氨纶	I	I	I	I	I	I	I	I	S	SP	SP	SP	
聚四氟乙烯纤维	I	I	I	I		I	I	I	I	I	I	I	I
triexta	I	I	I	I	I	I	I	I	I	I	I	S	I
维纳尔纤维				S	S	I	I	I	I	S	S	I	
维纶	I	S	I	I	I	S	S	S	S	I	I	S	
羊毛	I	I	S	I	I	I	I	I	I	I	I	I	

注 S—溶解；I—不溶解；P—形成胶质体；SP—溶解或形成胶质体；SE—除了一种阻燃改性纤维（具有低燃性，且在横截面上可见液态物）外，该类纤维都可溶解；★—在 20℃溶解无胶质体产生；+—诺沃洛伊德纤维变成红色。

9.8 干燥扭曲法。

取少量平行排列的纤维试样，浸入水中；取出纤维，挤出多余水分。轻轻拍打纤维束一端，使纤维散开。抓住纤维束一端使纤维位于电炉上方，并使纤维束自由端朝向观测者，让纤维在暖空气中干燥，观测纤维在干燥过程中的扭曲方向。亚麻和苎麻的扭曲是顺时针方向，大麻和黄麻为逆时针方向。

9.9 着色法。

9.9.1 取少量纤维置于载玻片上，滴一滴氯化锌 - 碘溶液，盖上盖玻片，应防止产生气泡。在显微镜下观察纤维的着色情况。大麻、苎麻和棉呈紫罗兰色，亚麻呈褐紫色，黄麻呈褐色，许多其他纤维包括丝呈黄褐色。

9.9.2 取少量纤维于载玻片上，滴一滴酸性间苯三酚试剂使纤维加热。一些木质纤维如未漂白的黄麻由于存在木质素会被染成深红紫色。

9.10 熔点法。

9.10.1 熔点测试仪。

9.10.2 取少量纤维于干净的载玻片上，盖上盖玻片后放在显微镜的附有加热装置的载物台上。打开加热开关，设定速率。观测温度计和试样。当温度达到 100℃时，调低加热速率（若预测试已估计出纤维属类，则加热速率应设置为 10℃/min，直到温度低于预期熔点 10 ~ 20℃），当接近熔点时，加热速率调至 2℃/min。

9.10.3 观察纤维的熔融过程。加热至熔点时纤维开始熔融并润湿盖玻片，最终全部熔融变成液态。在测试过程中，用镊子轻压盖玻片，使纤维在压力下变扁平，这将有助于清楚地观察纤维的熔融过程。如果因加热速率过快而错过纤维熔融过程，应重新测试。

9.10.4 将观察结果与 9.6.3 表 4 中给出的纤维熔点进行比较。

9.10.5 带外挂装置的显微镜。

9.10.6 取少量纤维于载玻片上，盖上盖玻片后放在显微镜的载物台上，使纤维遮盖住载物台中心的小孔。

9.10.7 将起偏镜插在显微镜的光径中，使产生正交偏振光。如果纤维与偏振光成对角线方向排列，从目镜中应能观察到纤维；若看不到纤维，则可除去起偏镜，直接用光学显微镜进行观测。

9.10.8 用调压器将加热速率设为高加热速率，加热纤维至 100℃，当接近预期熔点时降低加热速率（见 9.10.2）。

9.10.9 观察纤维。当温度达到熔点时，双折射减小，纤维开始熔融，视野变暗；当纤维完全变暗时，此时温度即为熔点温度。如果不使用正交偏振光进行观察，则按 9.10.2 中所述进行。

9.10.10 将观察结果与 9.6.3 表 4 中给出的熔点进行比较。

9.11 显微傅立叶红外光谱仪。将纤维试样的红外谱图与本方法附录2中的红外谱图做比较，或与其他数据库资源进行比较（见附录2中图1～图9）。

10. 报告

报告纤维的种类，对于多种类型纤维构成的样品，应将每种纤维的类型明确写于报告中。例如："经纱为锦纶66，纬纱为棉/再生纤维素纤维的机织物"。

11. 精确度和偏差

精确度和偏差描述不适用，因为数据不是由本测试方法产生的。

12. 注释

12.1 可从以下公司获得：Publication office, ACGIH, Kemper Wood Center, 1330 Kemper Meadow Dr, Cincinnati OH 45240；电话：513/742－2020；网址：www.acgih.org。

12.2 有关适合测试方法的设备信息，请登录http：//www.aatcc.org/bg。AATCC提供其企业会员单位所能提供的设备和材料清单。但AATCC没有给其授权，或以任何方式批准、认可或证明清单上的任何设备或材料符合测试方法的要求。

12.3 羊绒、羊毛及其混纺纤维的参考样品与其实验室间数据可从以下地址获取：P.O.Box 12215, Research Triangle Park NC 27709；电话：919/549－8141；传真：919/549－8933；电子邮箱：orders@aatcc.org。

12.4 可以从AATCC获取，地址：AATCC, P.O.Box 12215, Research Triangle Park NC 27709；电话：919/549－8141；传真：919/549－8933；电子邮箱：orders@aatcc.org；网址：www.aatcc.org。

13. 参考文献

13.1 纺织研究院，纺织材料的鉴别，第六版，C. Tinling & Co, London, 1970。

13.2 联邦商务委员会，纺织纤维产品鉴别法案下的规章制度，Washington, DC 20580, www.ftc.com。

13.3 Heyn, A.N.J.，纤维显微镜方法，课本和实验室手册，内部科学，New York, 1954。旧版，但技术和解说很优良。

13.4 Wildman A.B.，动物纤维显微镜方法，羊毛工业研究协会，Torridon，利兹，英国，1954。

13.5 Appleyard, H.M.，动物纤维鉴别指南，出版社同13.4，1960年出版。两本书都有非常好的描述和显微镜图片。

13.6 人造纤维制造协会，人造纤维使用课本，纽约，1970。每年修订一次。当前的纤维清单由美国制作。

13.7 人造纺织品，全球化学纤维索引，Harlwquin出版社，曼彻斯特，英国，1967。列举了2000种化学纤维的商品名和它们的制造商。

13.8 Linton, G.E.，天然纤维和化学纤维，Duell, Sloan and Pearce。纽约，1966。介绍了纤维的历史和工艺，尤其是对天然纤维。

13.9 Potter, DMand Corbman, B.P.，纺织品：纤维到织物，第四版，McGrawHill，纽约，1966。这是一本纤维鉴别的教科书。

13.10 Chamot, EM, and Mason, C.W.，化学显微镜方法，第一卷，物理方法，第三版，John Wiley&Sons，纽约，1950。这是一本经典的全面涉及纤维的教科书。

13.11 IWTO测试方法草案58～79，用电镜扫描法定量分析羊毛和其他纤维的混纺物。描述了其他动物纤维和羊毛区分的方法，并给出了大量的例子。

13.12 GSB 16－2262－2008，山羊绒纤维外观形态图谱，获取方式为内蒙古鄂尔多斯羊绒集团股份有限公司。电话：86－477－8543855；传真：86－477－8540114；电子邮箱：erdoscathy@yahoo.com；网址：www.chinaeros.com。

附录1 常用纺织纤维的显微镜照片

横截面，500X

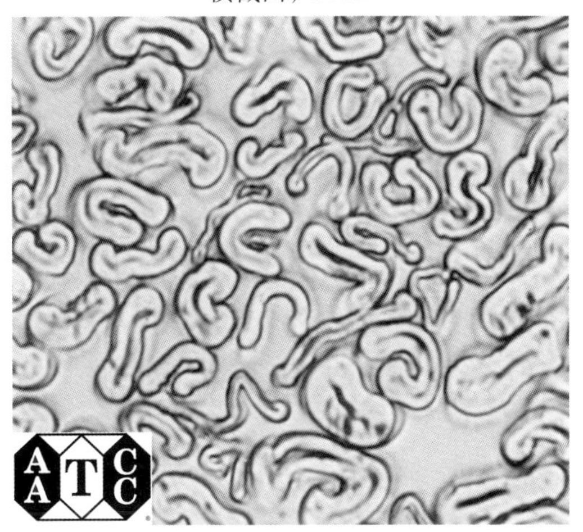

纵截面，500X

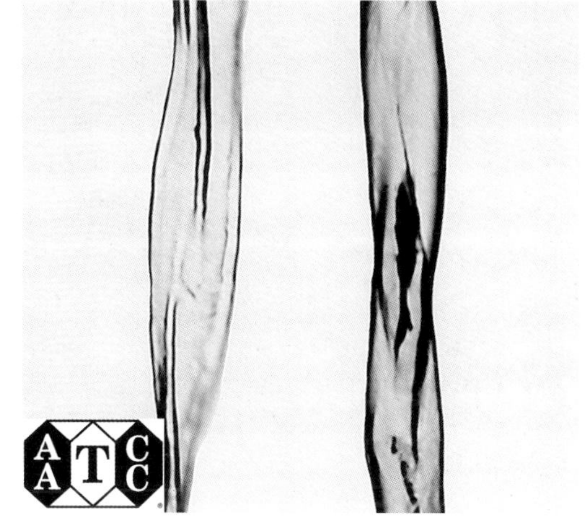

图1 棉，未经丝光处理

横截面，500X

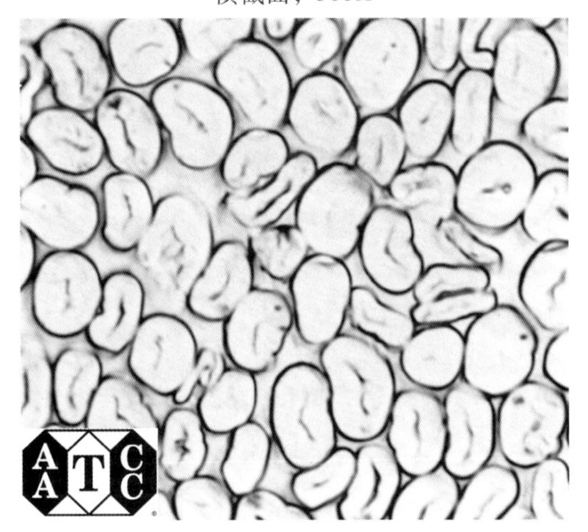

纵截面，500X

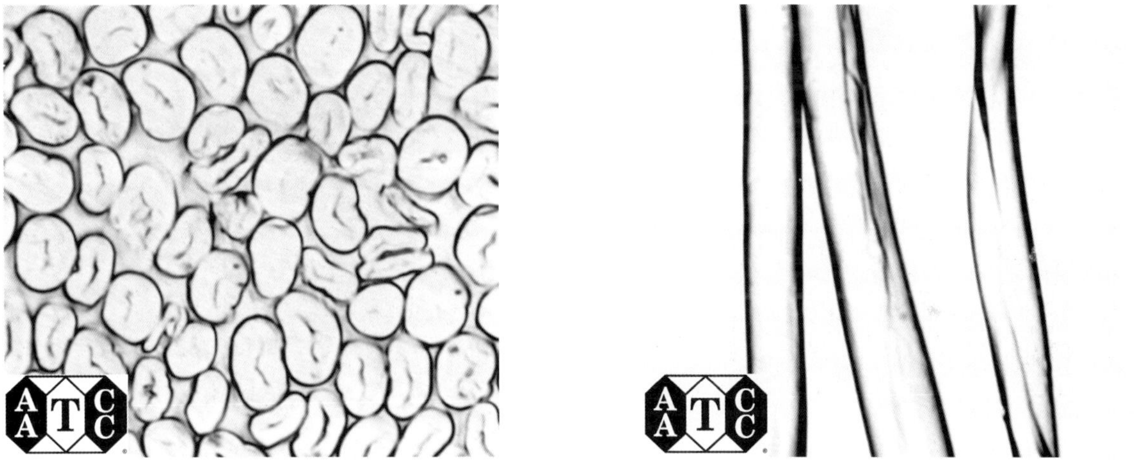

图2 棉，经丝光处理

横截面，500X

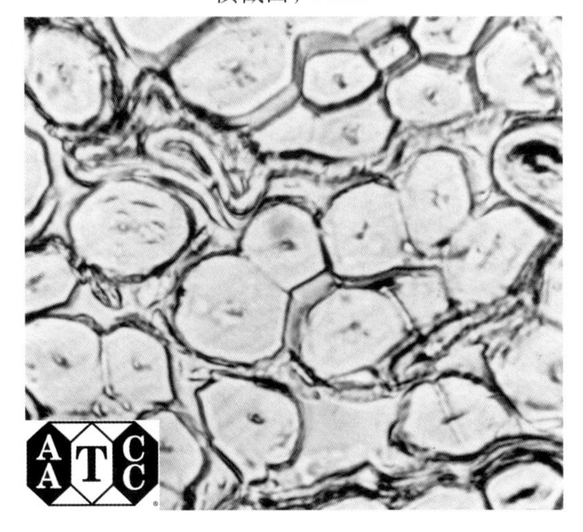

纵截面，500X

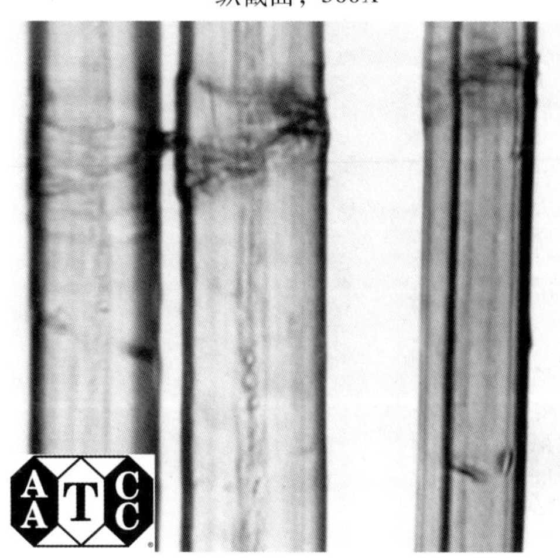

图3 亚麻

横截面，500X

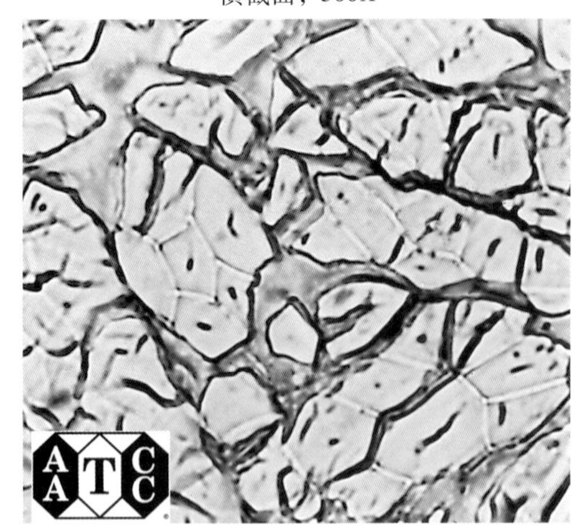

纵截面，500X

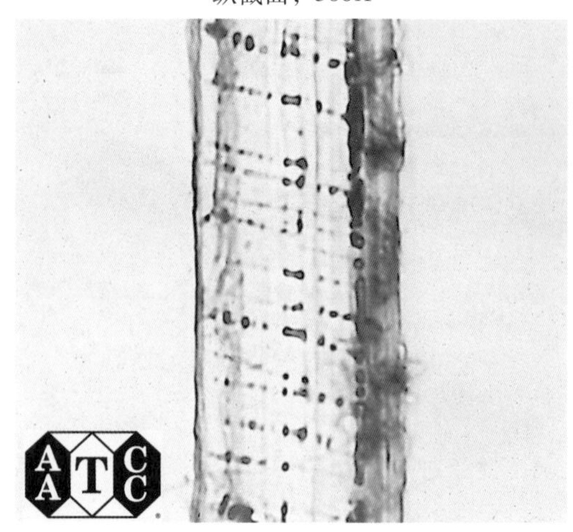

图 4　大麻

横截面，500X

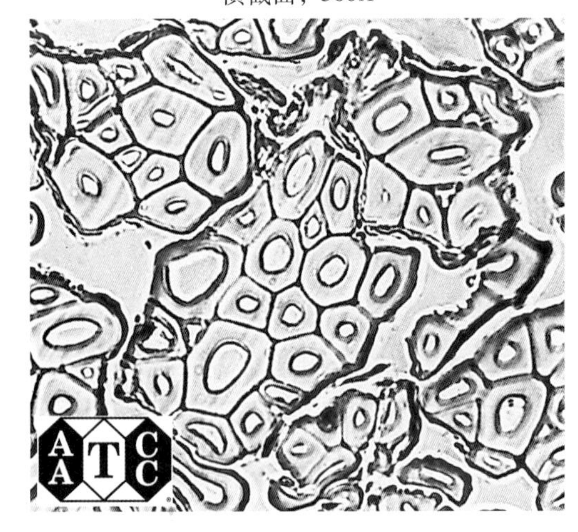

纵截面，500X

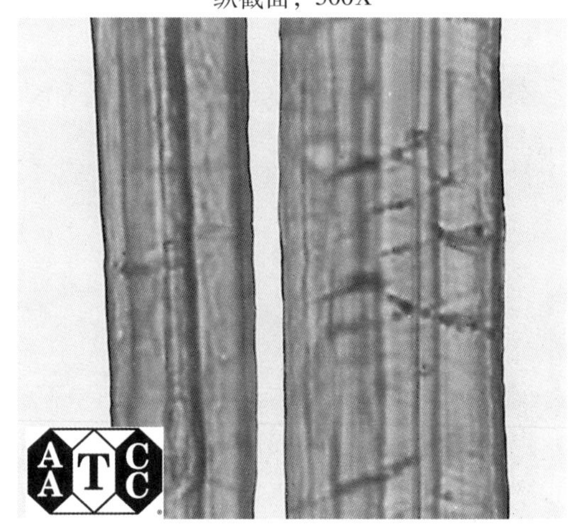

图 5　黄麻

横截面，500X

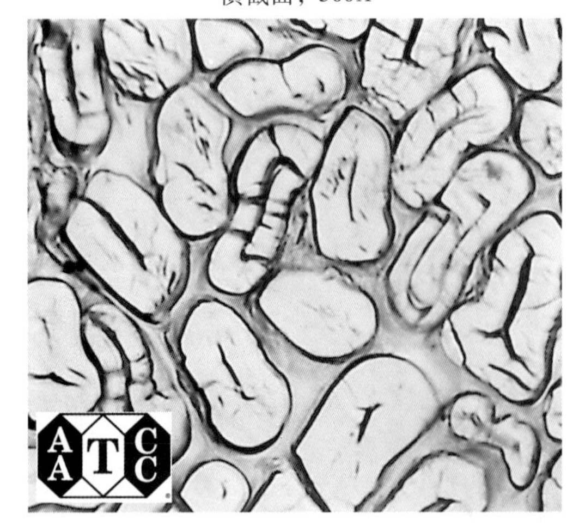

纵截面，500X

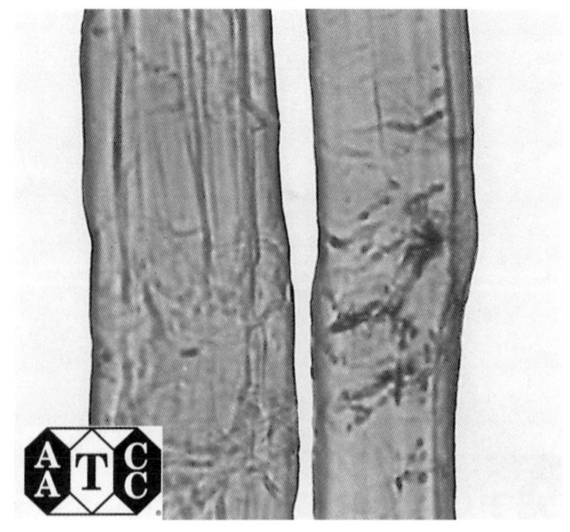

图 6　苎麻

横截面，500X

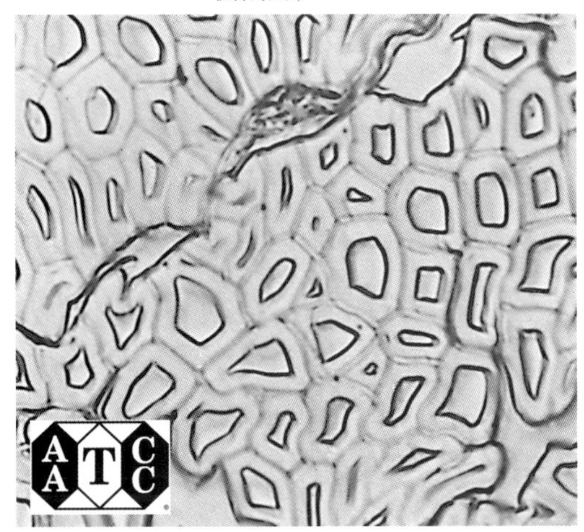

纵截面，500X

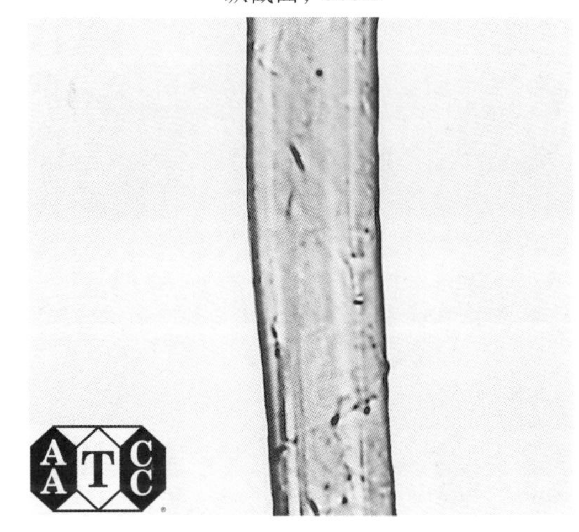

图7　剑麻

横截面，500X

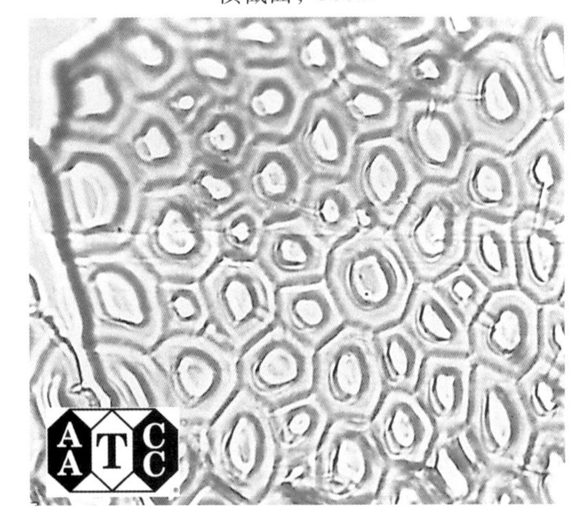

纵截面，500X

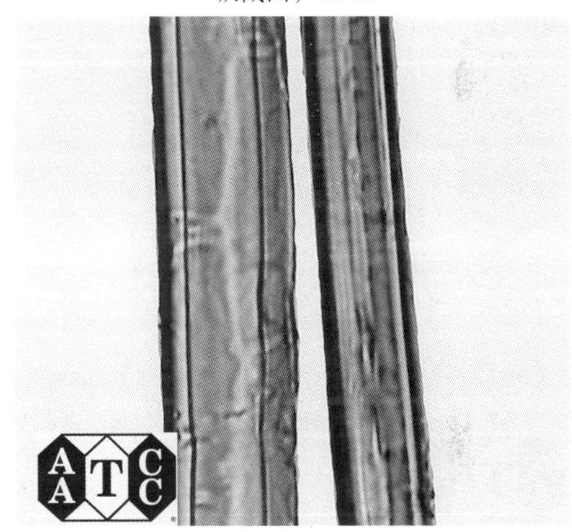

图8　马尼拉麻

横截面，500X

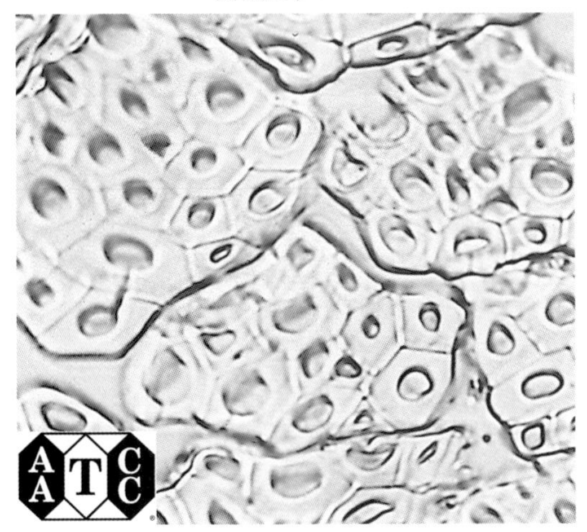

纵截面，500X

图9　洋麻

横截面，500X

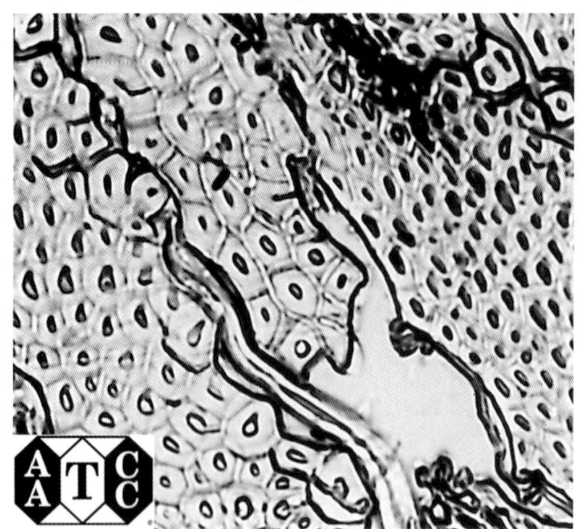

纵截面，500X

图 10　新西兰麻

横截面，500X

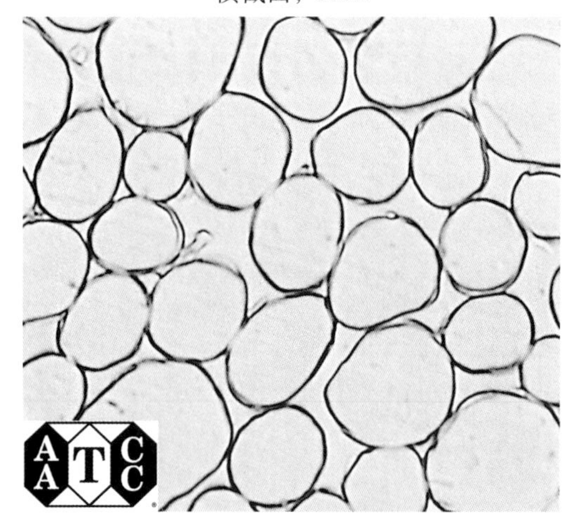

纵截面，500X

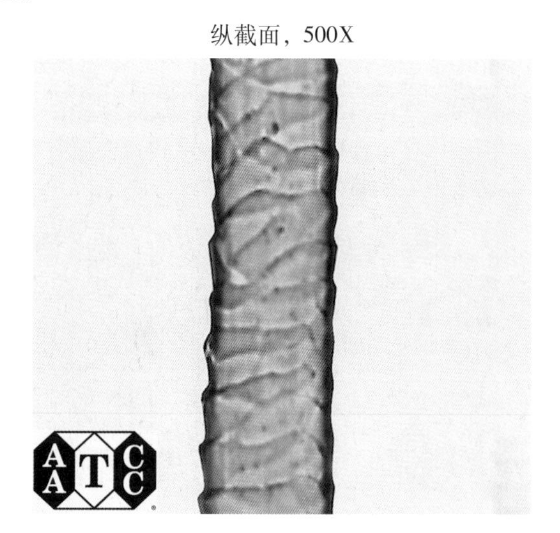

图 11　羊毛

横截面，500X

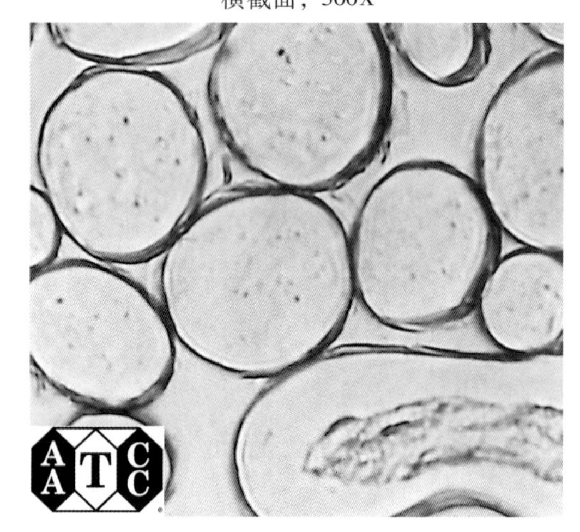

纵截面，500X

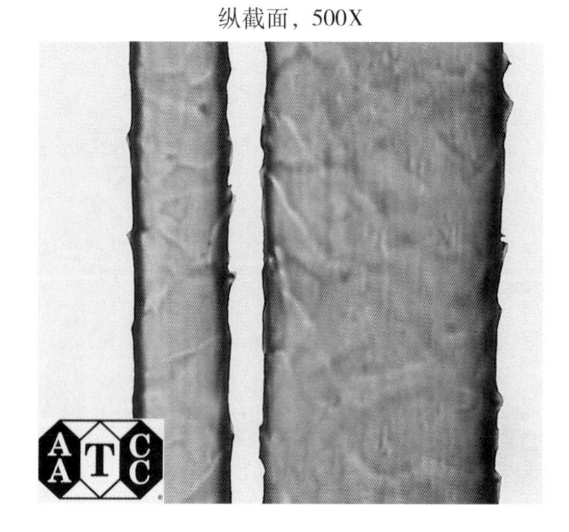

图 12　马海毛

横截面，500X

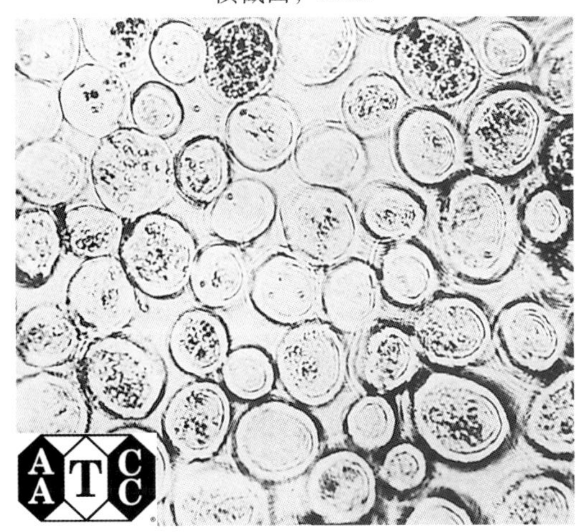

纵截面，240X

图13 羊绒

纵截面，1500X

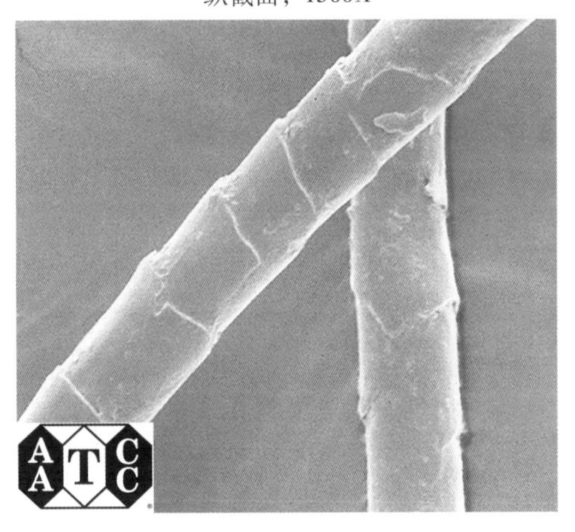

图14 羊绒扫描电镜照片

横截面，500X

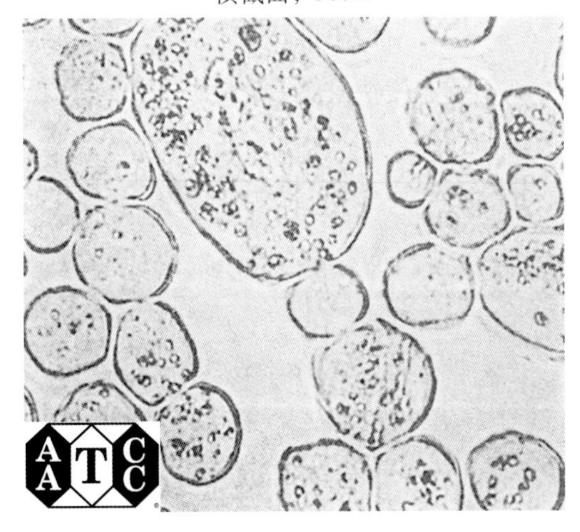

纵截面，500X

图15 驼毛

横截面，500X

纵截面，240X

图 16　羊驼毛

横截面，500X

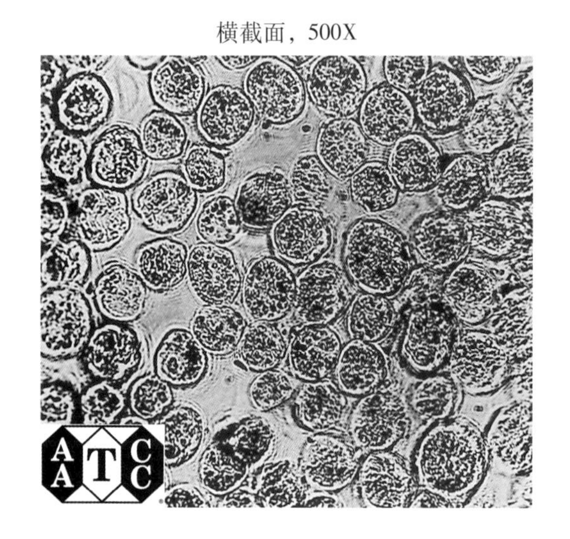

纵截面，240X

图 17　骆马毛

横截面，500X

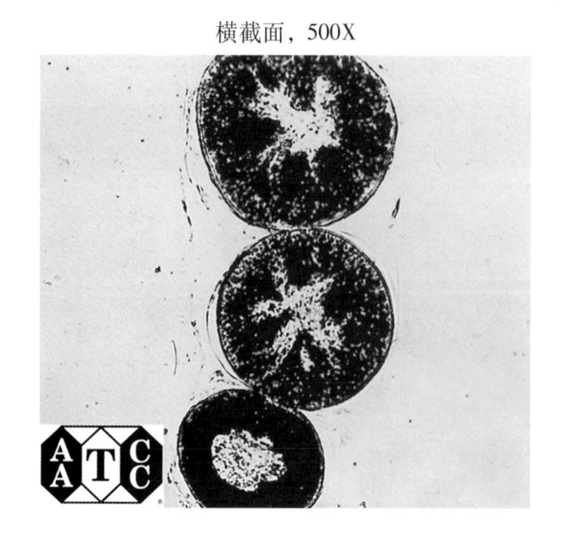

纵截面，230X

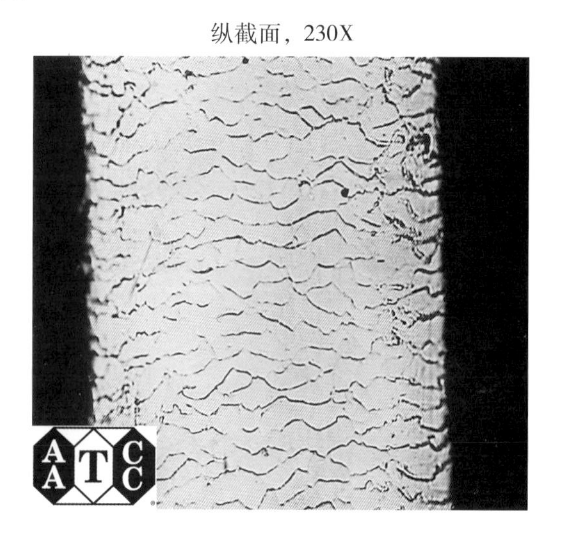

图 18　马毛

横截面，500X

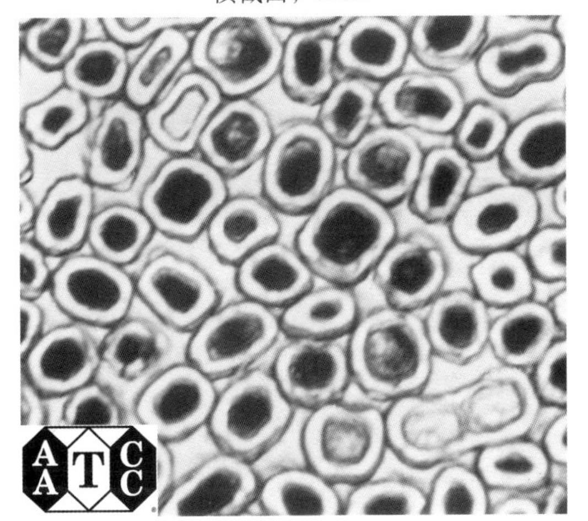

纵截面，500X

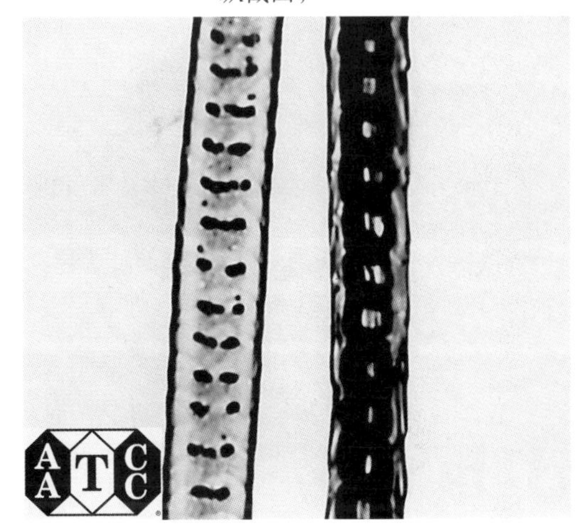

图 19　兔毛

横截面，500X

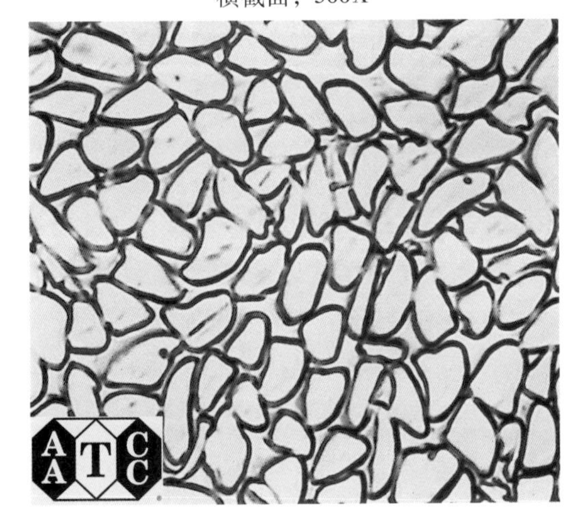

纵截面，500X

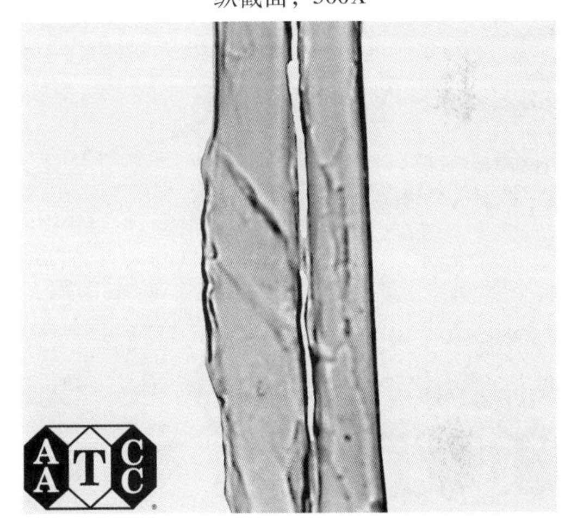

图 20　蚕丝

横截面，500X

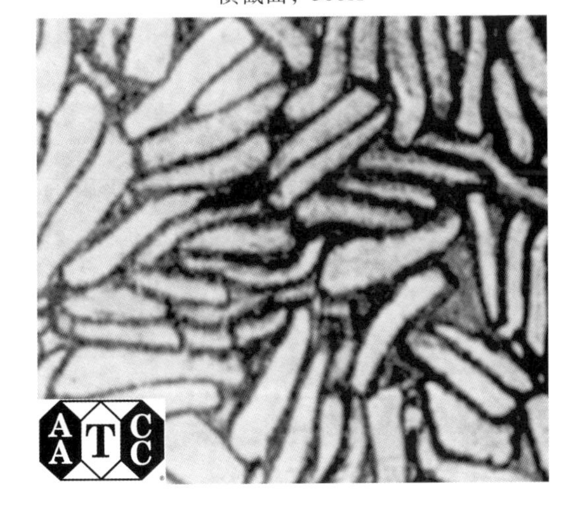

纵截面，500X

图 21　柞蚕丝

横截面，500X

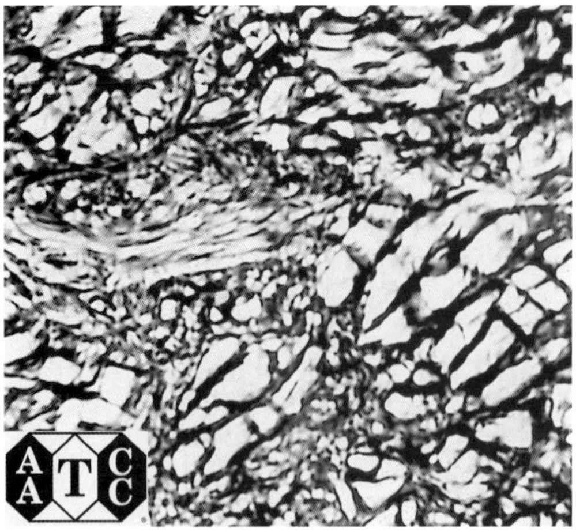

纵截面，500X

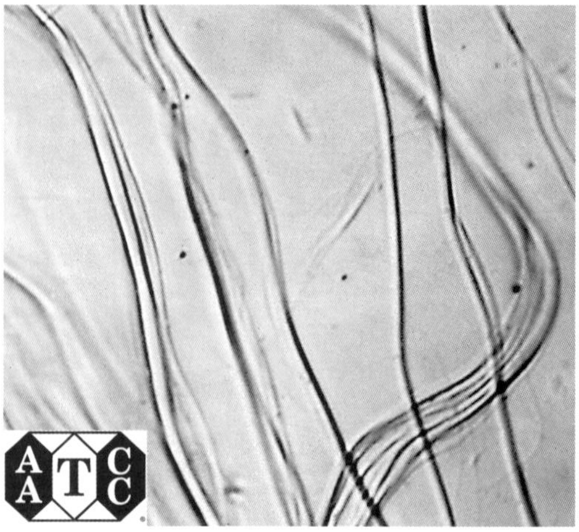

图 22　石棉纤维

横截面，500X

纵截面，500X

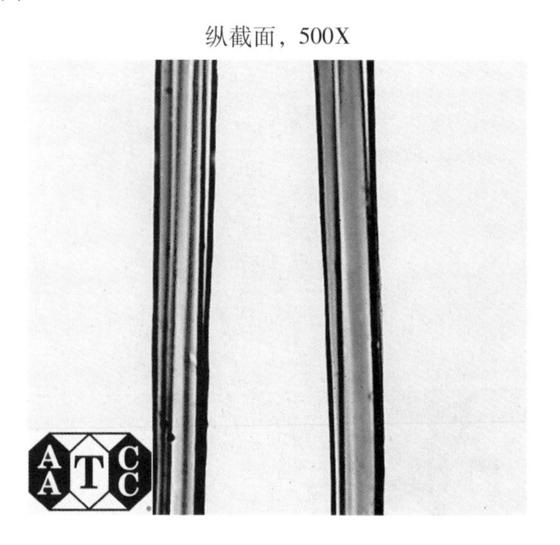

图 23　二醋酯纤维

横截面，500X

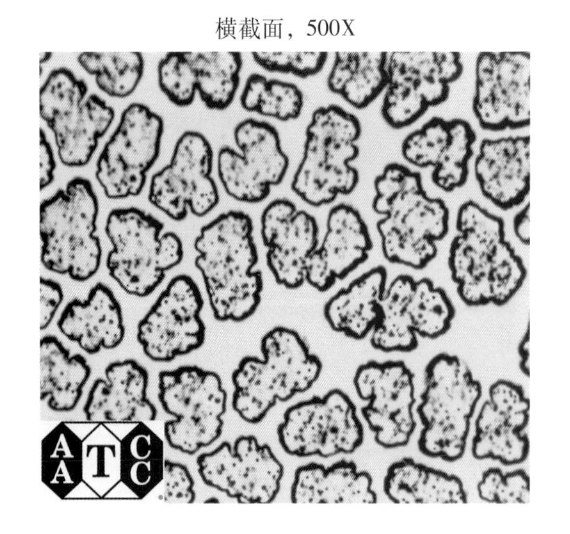

纵截面，250X

图 24　三醋酯纤维

0. 28tex/f，消光

横截面，500X

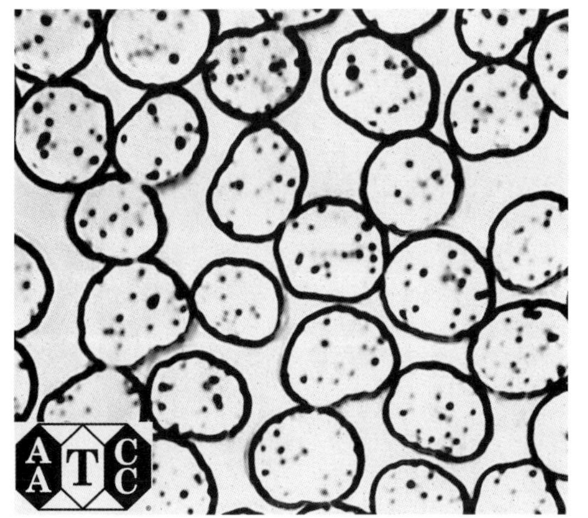

纵截面，500X

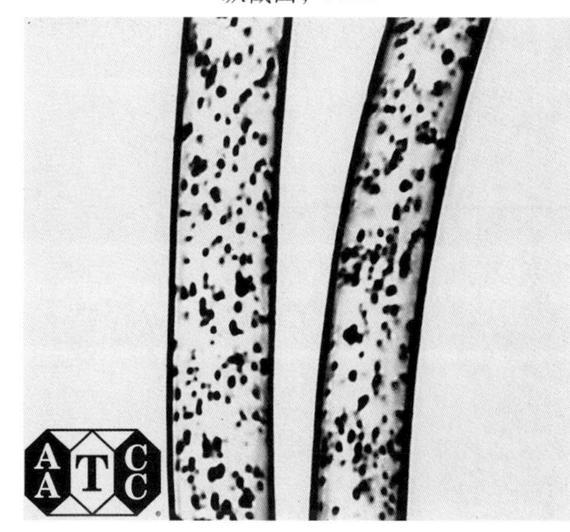

图25　丙烯腈系纤维

常规湿纺，半消光

横截面，500X

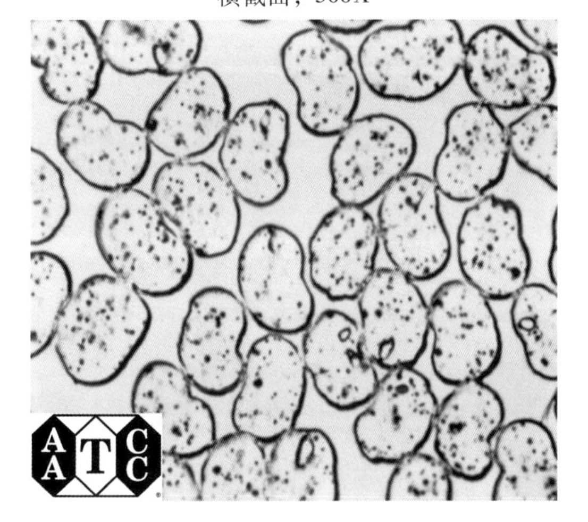

纵截面，250X

图26　丙烯腈系纤维

改进湿纺，0.33tex/f，半消光

横截面，500X

纵截面，500X

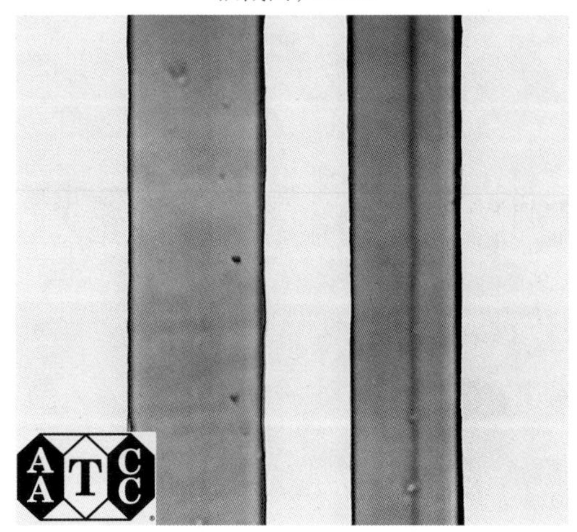

图27　丙烯腈系纤维

溶液纺

横截面，500X

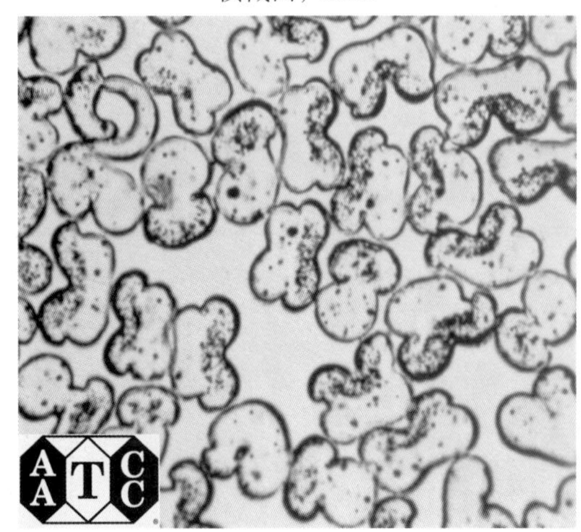

纵截面，250X

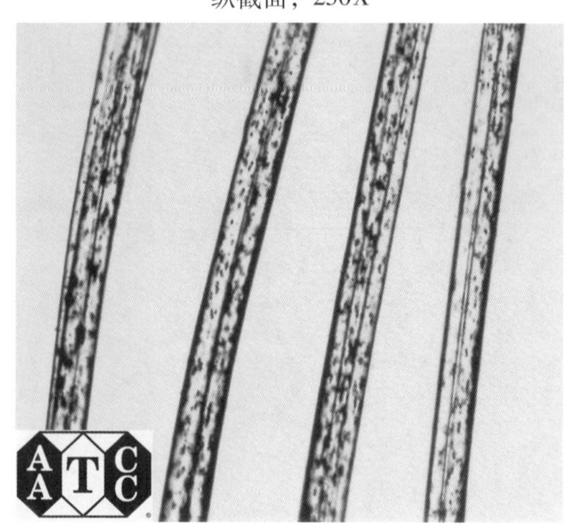

图 28 丙烯腈系纤维

双组分，0.33tex/f，半消光

横截面，100X

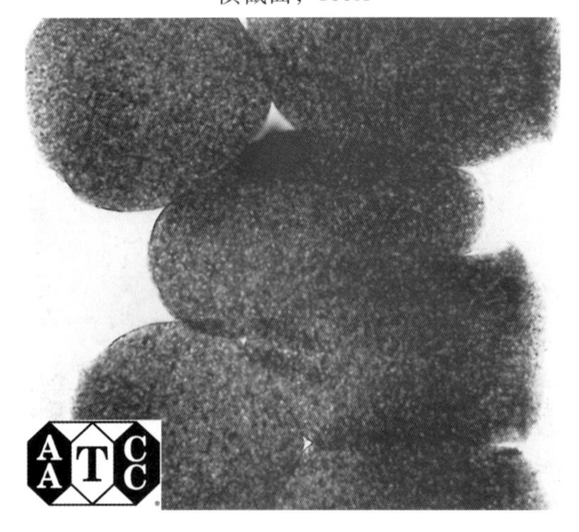

纵截面，100X

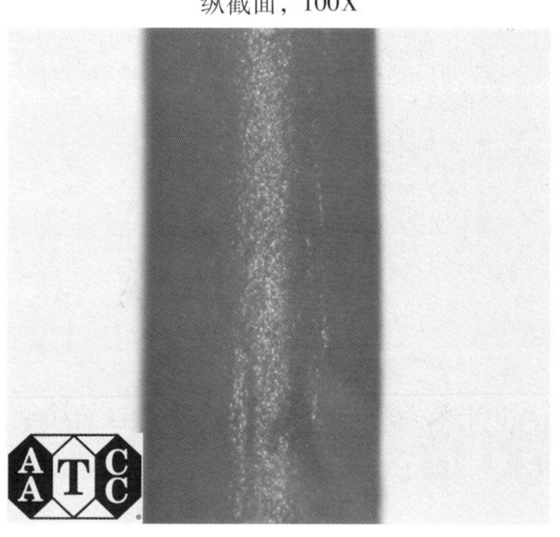

图 29 阿尼迪克斯纤维

横截面，500X

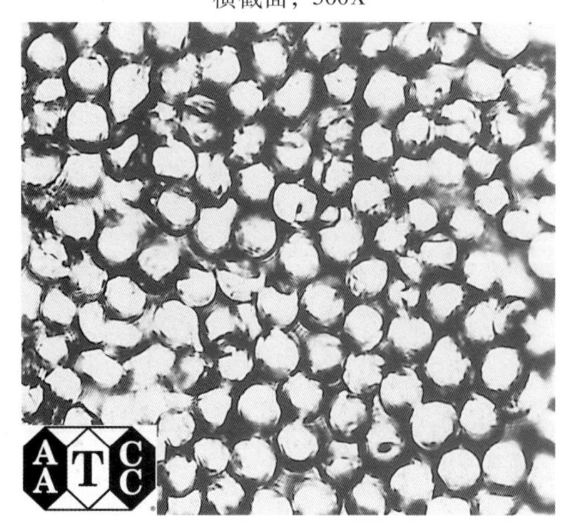

纵截面，250X

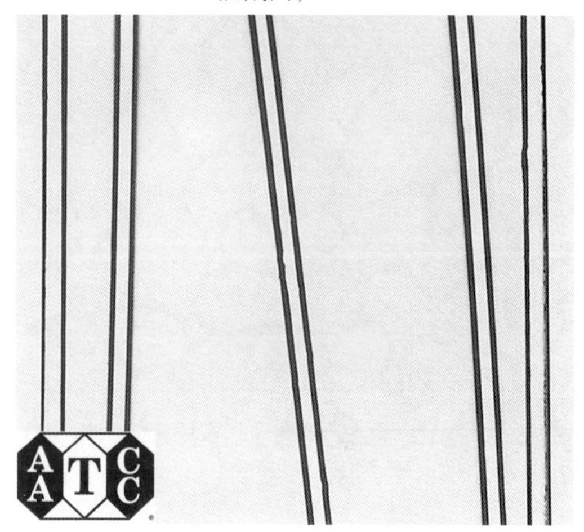

图 30 玻璃纤维

横截面，100X

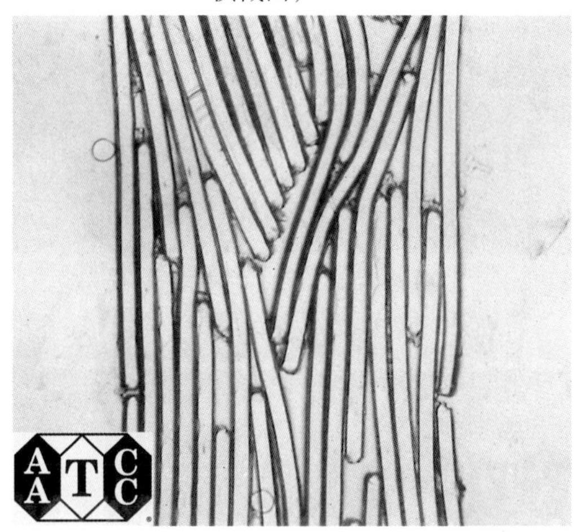

纵截面，100X

图 31 金属纤维

横截面，500X

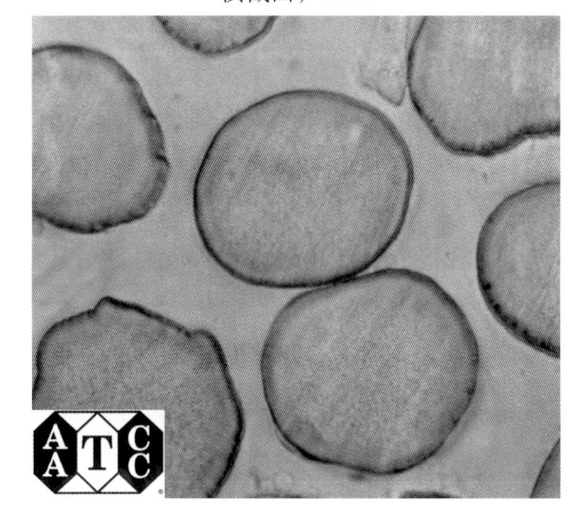

纵截面，500X

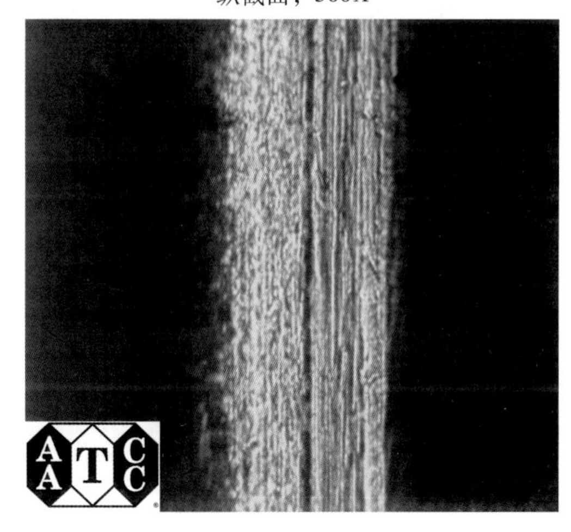

图 32 改性丙烯腈系纤维

横截面，500X

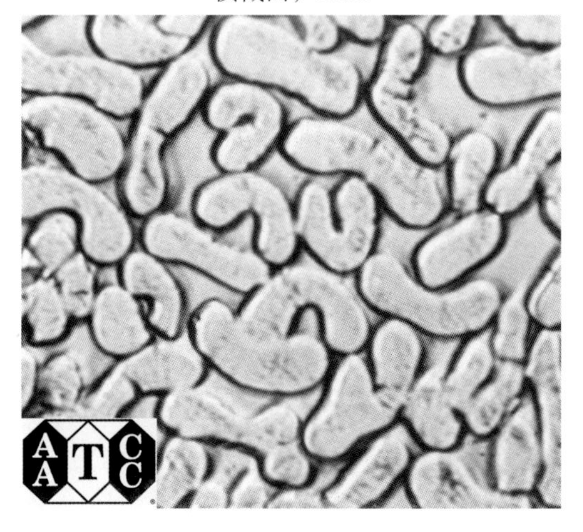

纵截面，500X

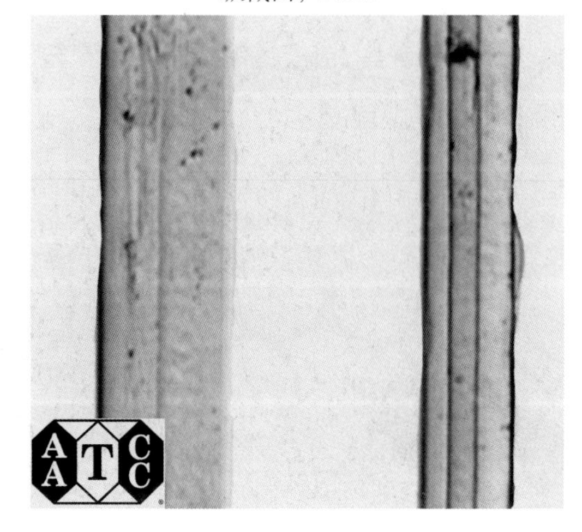

图 33 改性丙烯腈系纤维

横截面，500X

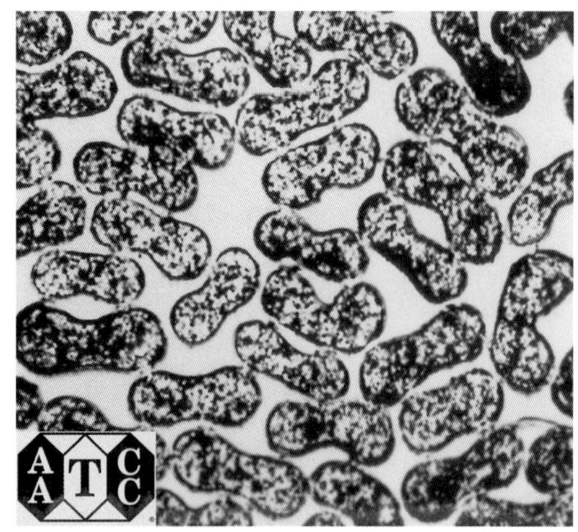

纵截面，250X

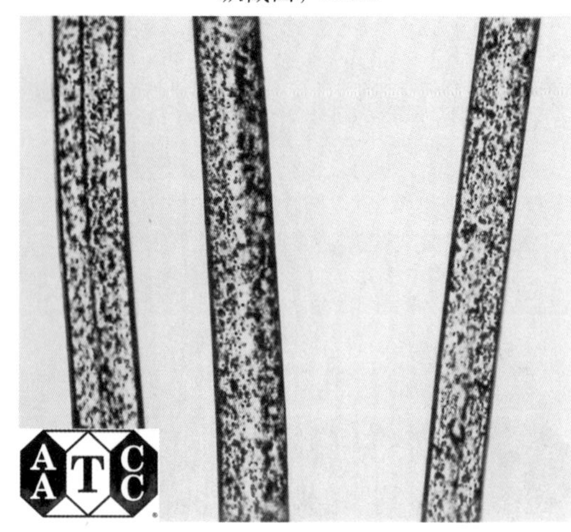

图 34　改性丙烯腈系纤维

0.33tex/f，消光

横截面，500X

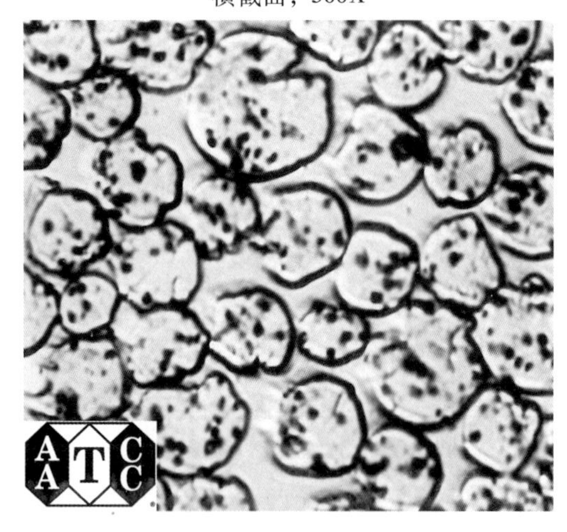

纵截面，500X

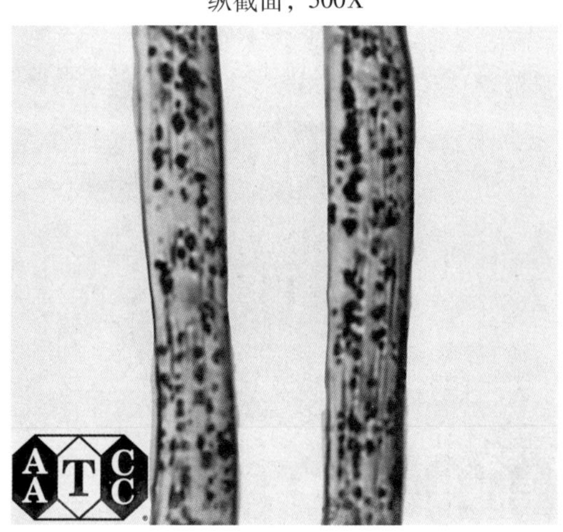

图 35　改性丙烯腈系纤维

含有液态物质

横截面，500X

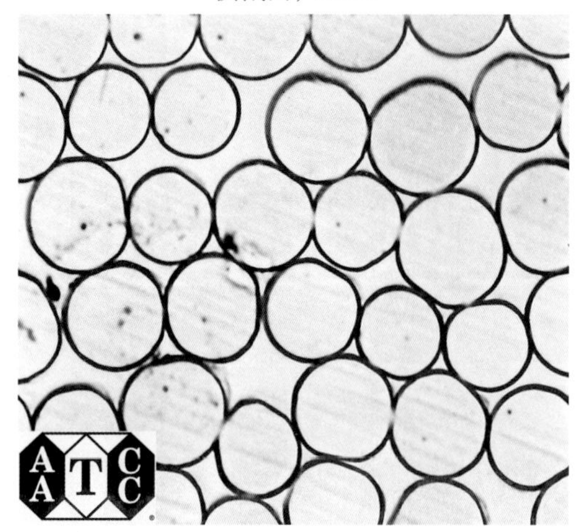

纵截面，500X

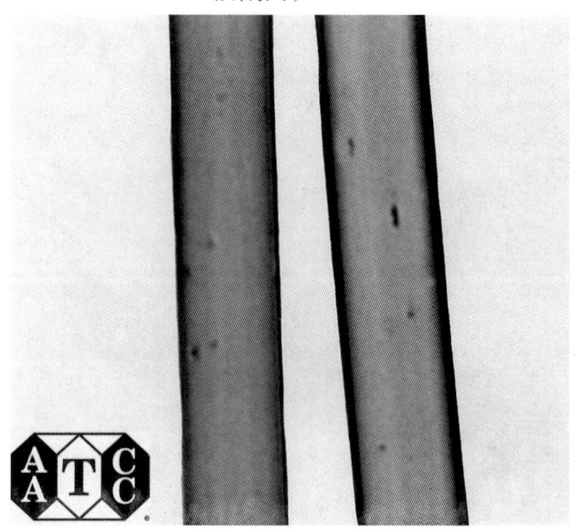

图 36　锦纶

有光

横截面，500X

纵截面，250X

图 37　锦纶

低改性比三叶形纤维，1.65tex/f，有光

横截面，500X

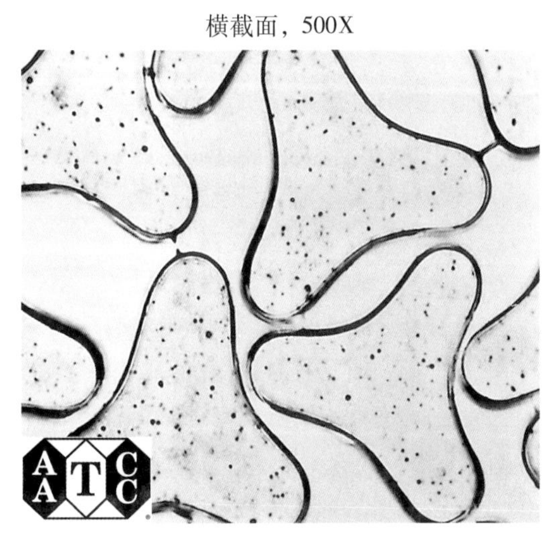

纵截面，250X

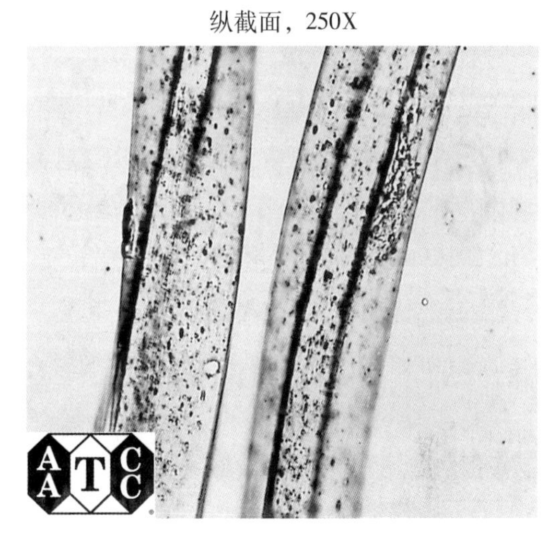

图 38　锦纶

高改性比三叶形纤维，1.98tex/f，半消光

横截面，500X

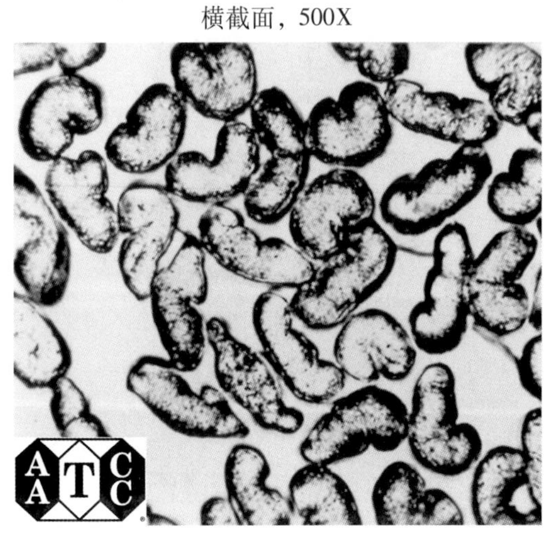

纵截面，250X

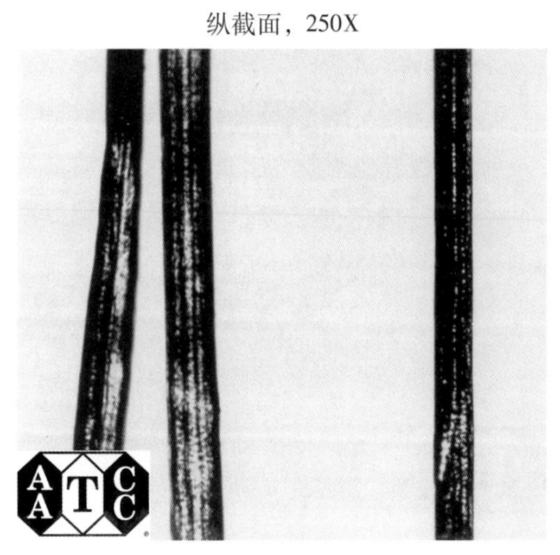

图 39　聚偏氰乙烯纤维

0.22tex/f，消光

横截面，500X

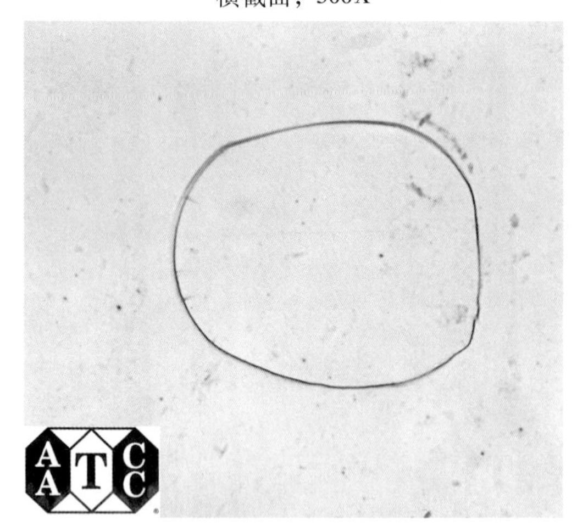

纵截面，500X

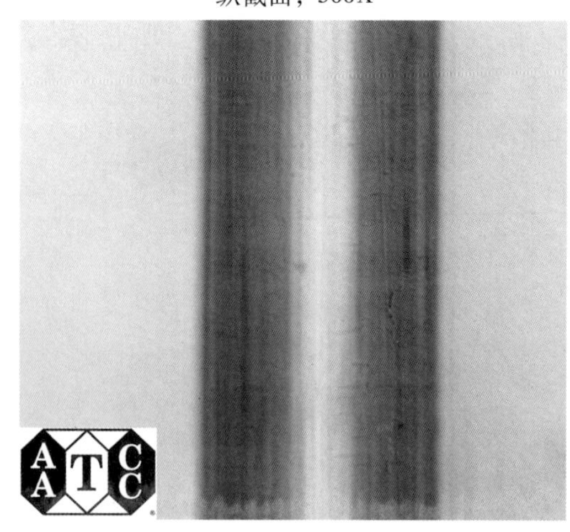

图 40　低密度聚乙烯纤维

横截面，500X

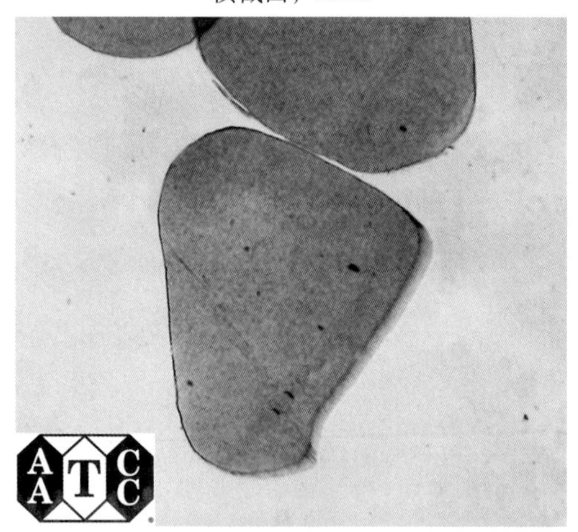

纵截面，500X

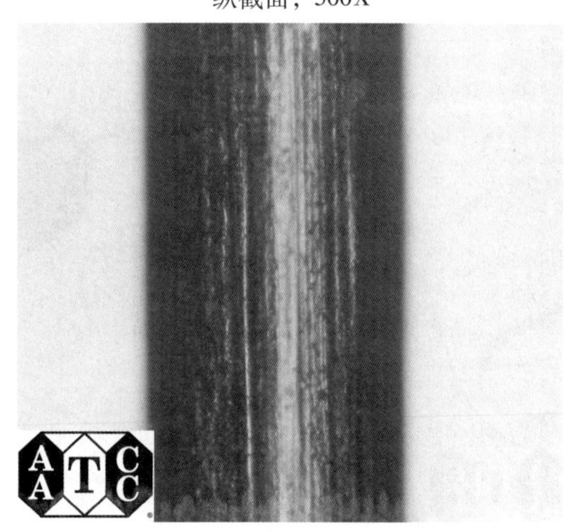

图 41　中密度聚乙烯纤维

横截面，500X

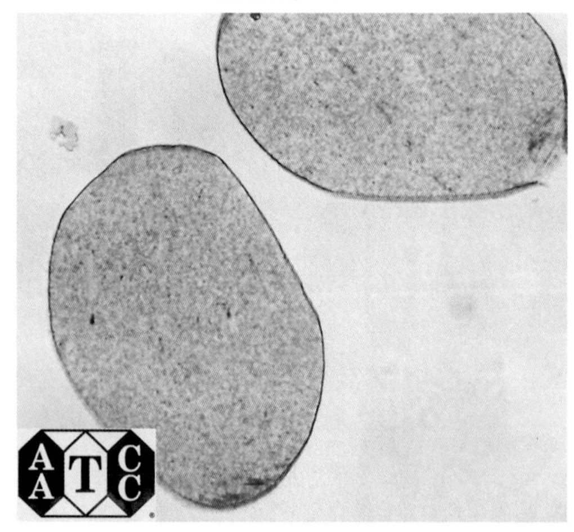

纵截面，250X

图 42　高密度聚乙烯纤维

横截面，500X

纵截面，250X

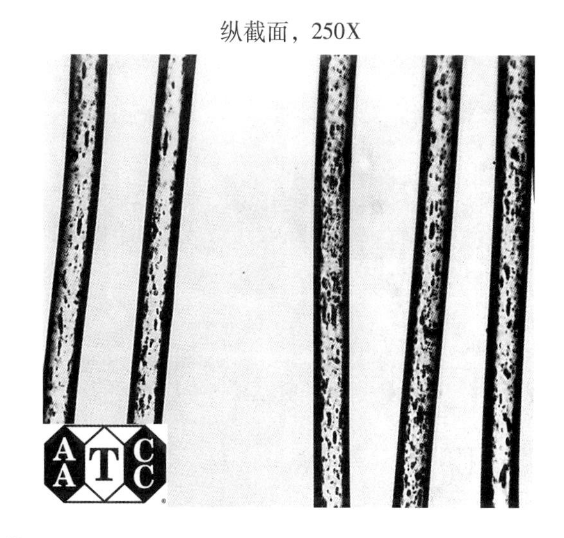

图 43 涤纶

常规熔融纺，0.33tex/f，半消光

横截面，500X

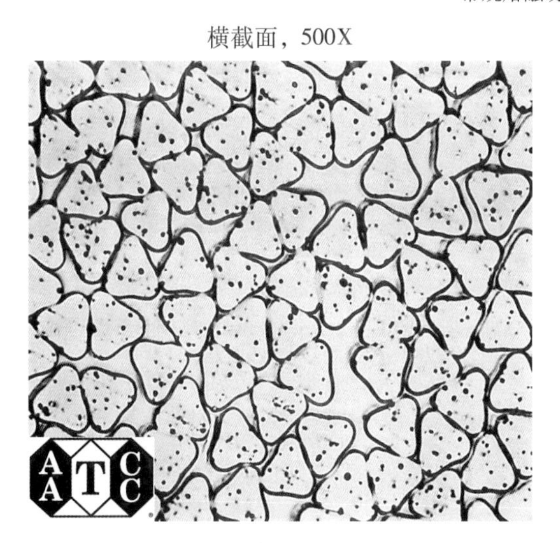

纵截面，250X

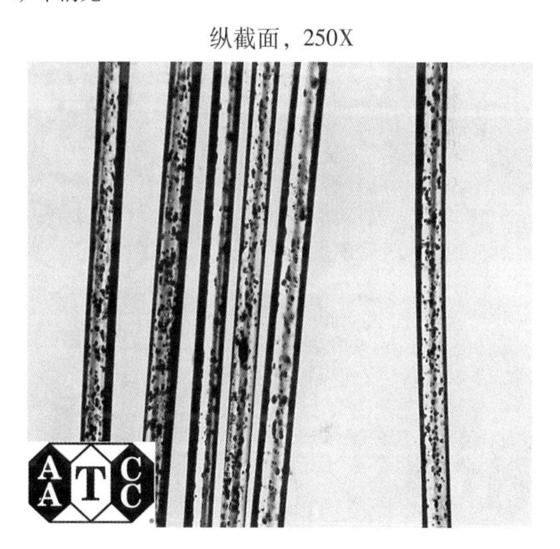

图 44 涤纶

低改性比三叶形纤维，0.15tex/f，半消光

横截面，500X

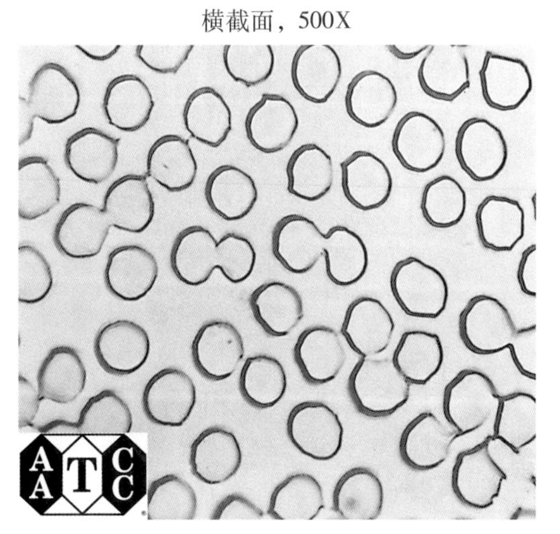

纵截面，250X

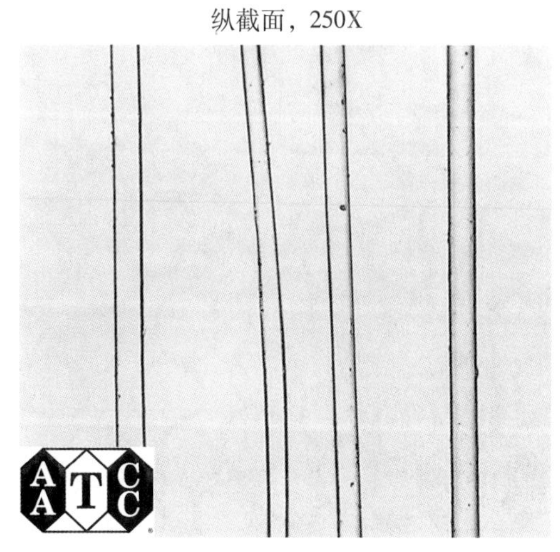

图 45 铜氨纤维

0.14tex/f，有光

横截面，500X

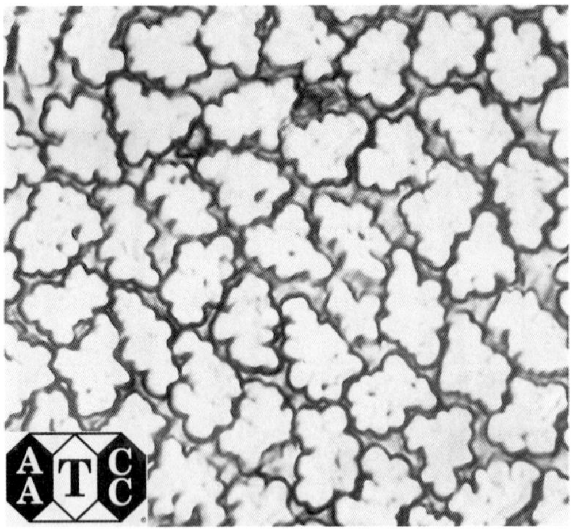

纵截面，500X

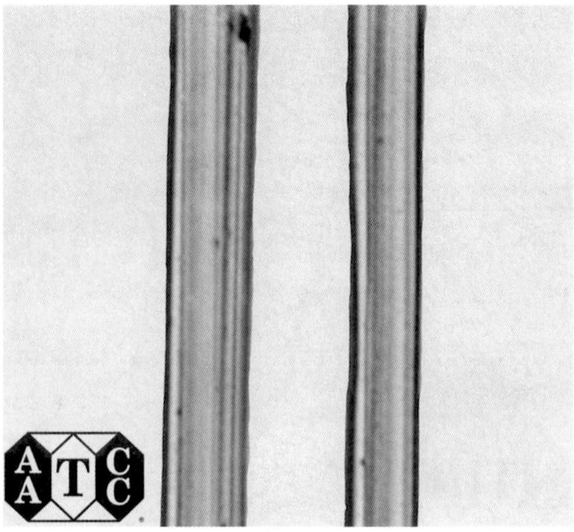

图 46 黏胶纤维

普通强度，有光

横截面，500X

纵截面，500X

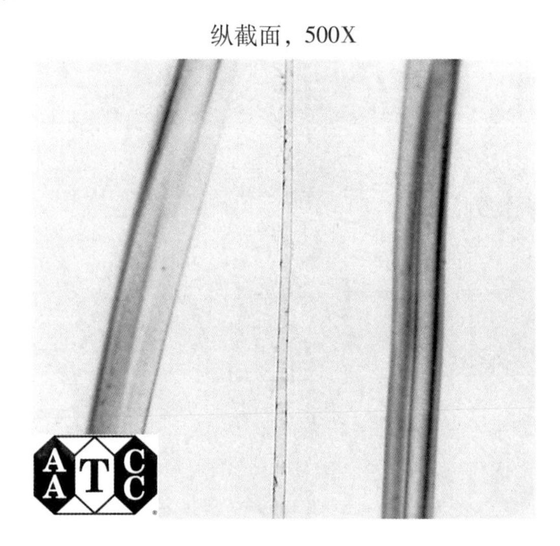

图 47 黏胶纤维

高强度，高湿伸长

横截面，500X

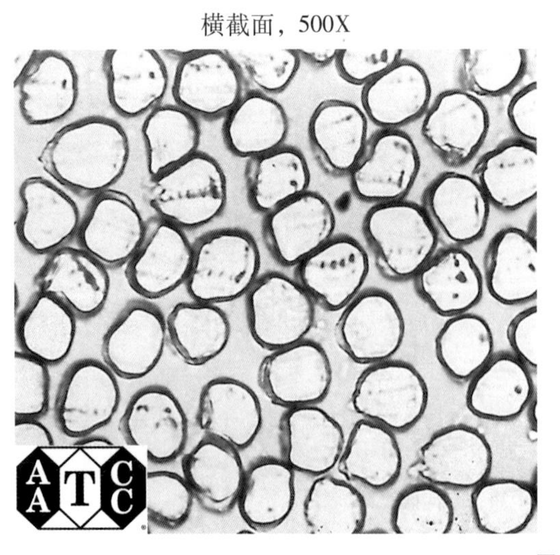

纵截面，500X

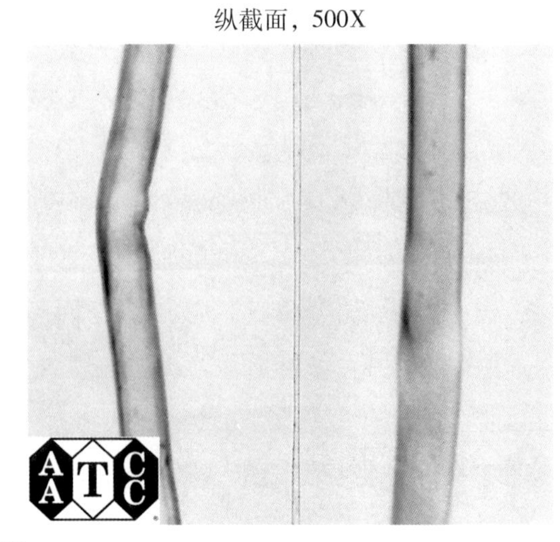

图 48 黏胶纤维

高强度，低湿伸长

横截面，500X

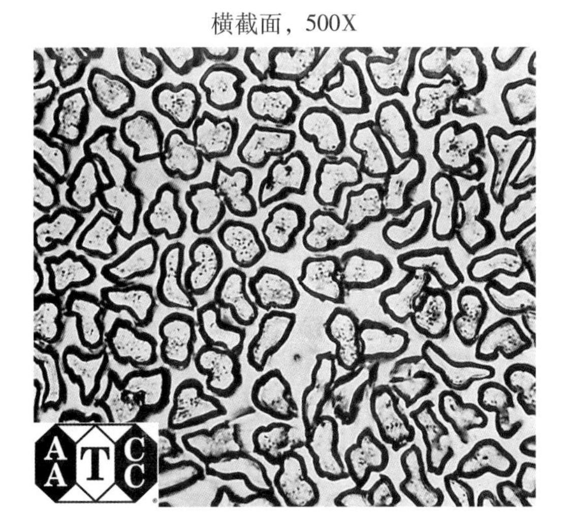

纵截面，250X

图 49　皂化醋酯纤维

0.09tex，有光

横截面，500X

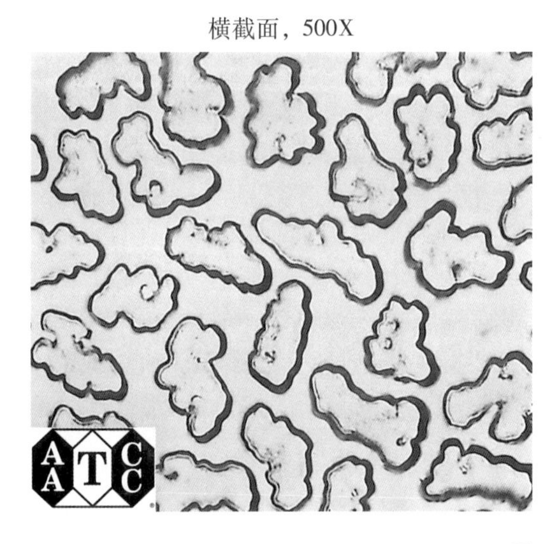

纵截面，250X

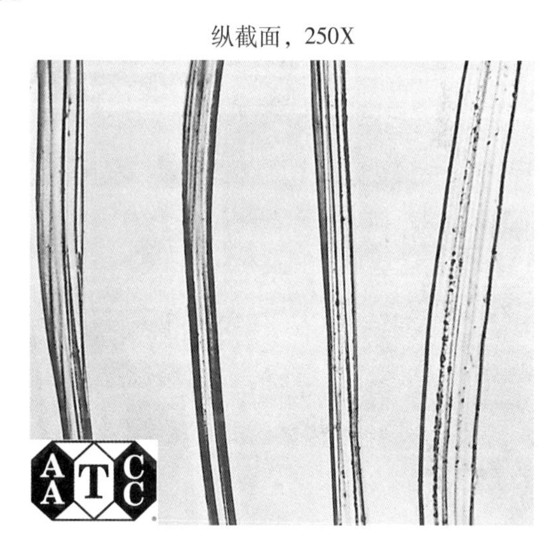

图 50　改性黏胶纤维

0.33tex，有光

横截面，500X

纵截面，250X

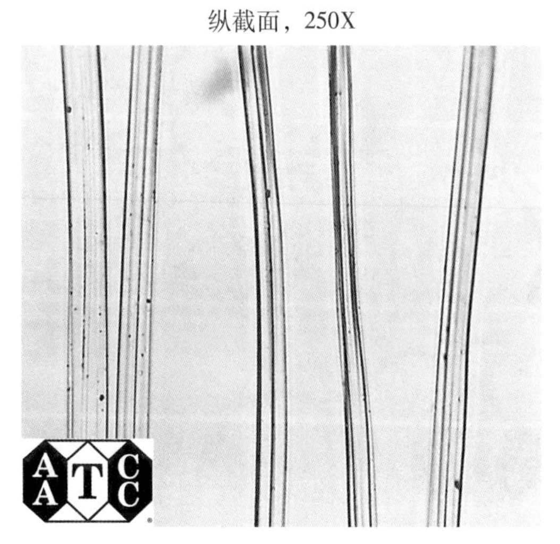

图 51　改性黏胶纤维

0.17tex，有光

横截面，500X

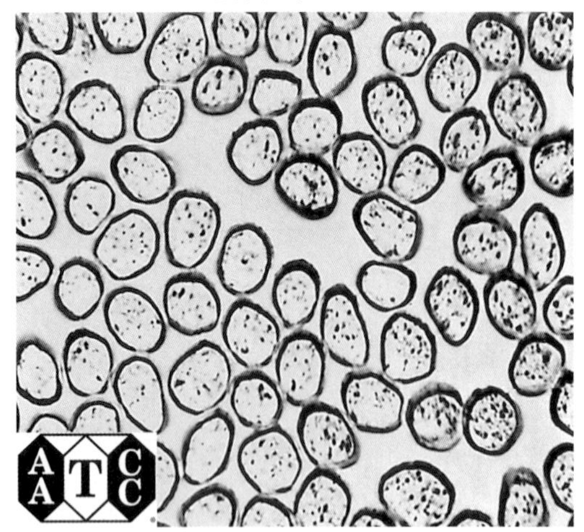

纵截面，250X

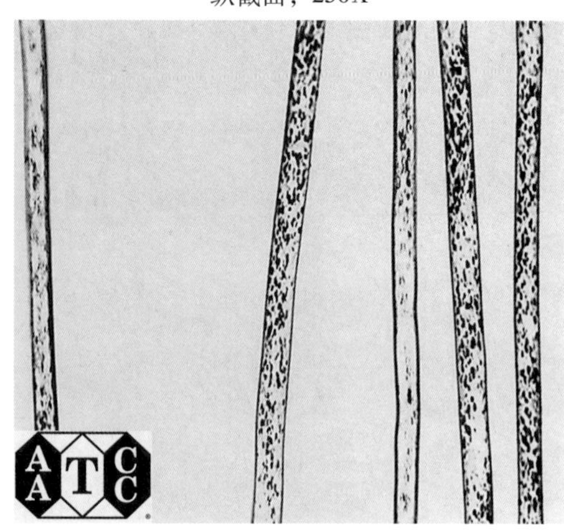

图 52 改性黏胶纤维

0.17tex/f，半消光

横截面，65X

纵截面，65X

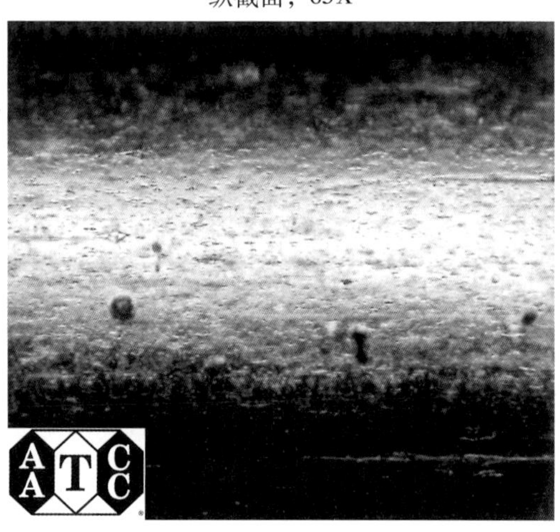

图 53 萨纶

横截面，500X

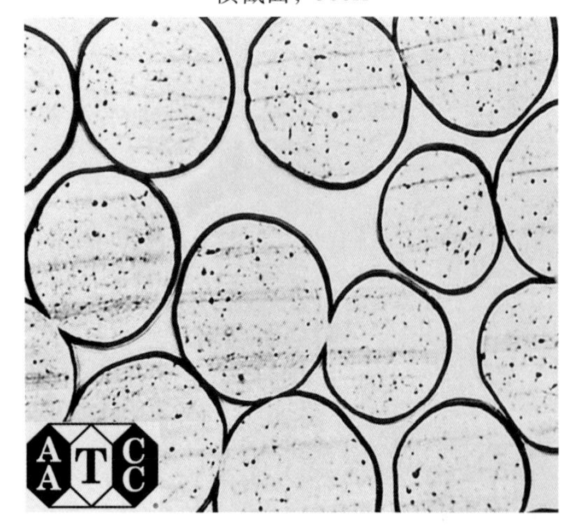

纵截面，250X

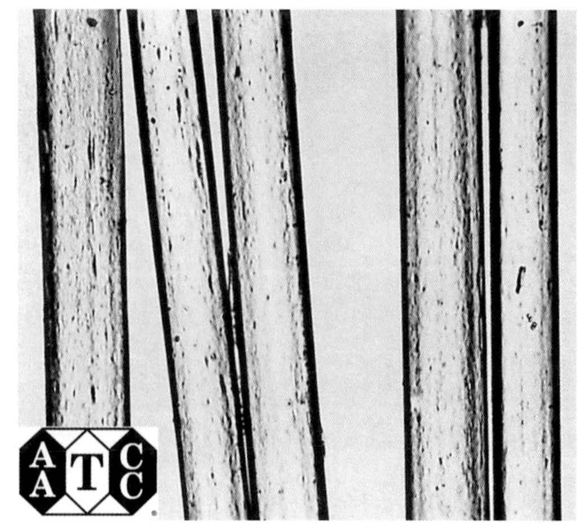

图 54 萨纶

1.76tex/f，有光

横截面，500X

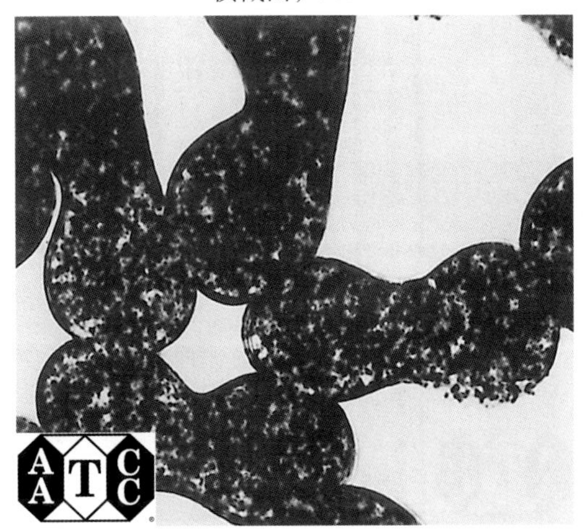

纵截面，250X

图 55　氨纶

长丝，1.32tex/f，消光

横截面，500X

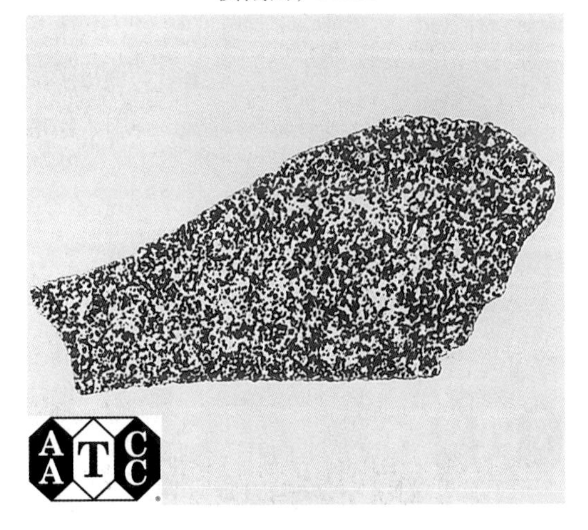

纵截面，250X

图 56　氨纶

粗单丝，27.5tex/f，消光

横截面，500X

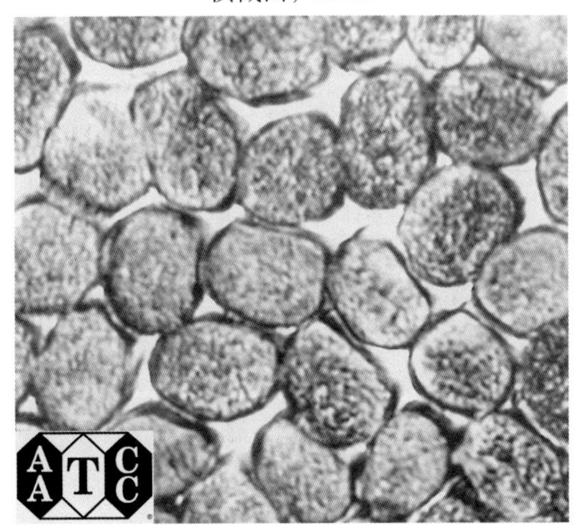

纵截面，500X

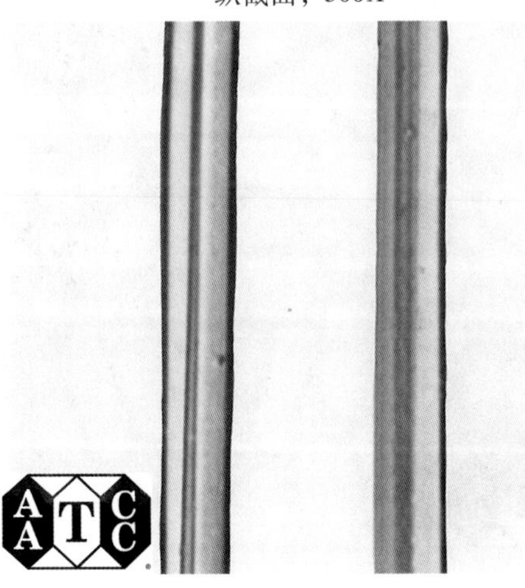

图 57　碳氟纤维

横截面，500X

纵截面，500X

图 58　维纶

横截面，600X

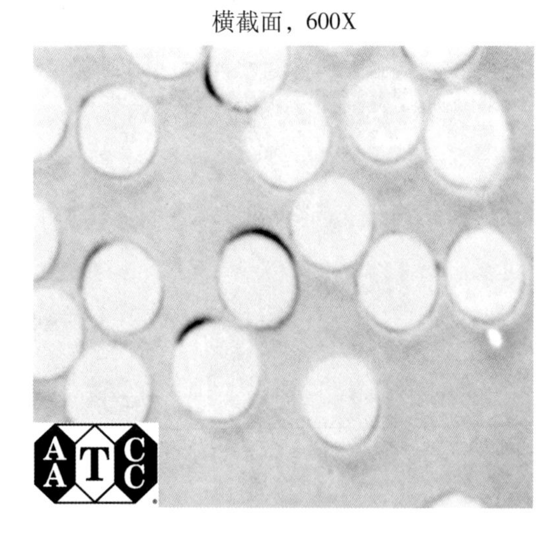

纵截面，600X

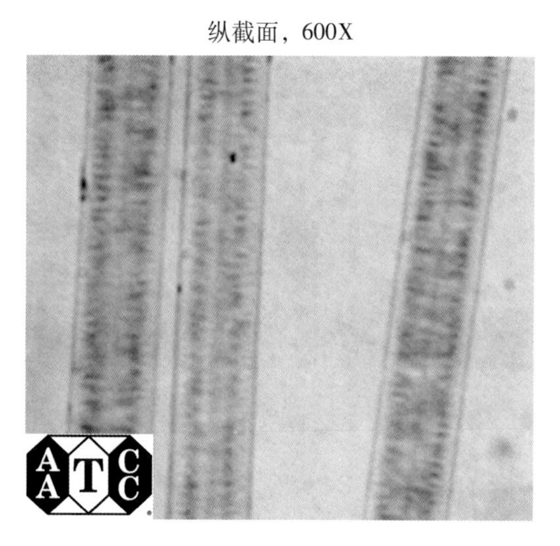

图 59　芳族聚酰胺纤维

圆形，高强长丝

横截面，600X

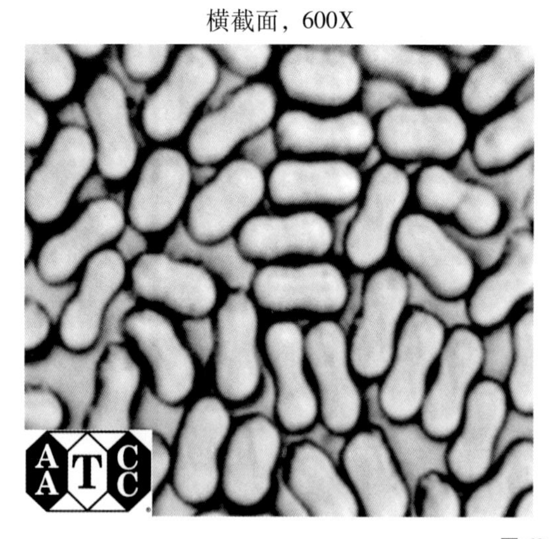

纵截面，600X

图 60　芳族聚酰胺纤维

阻燃短纤维

横截面，500X

纵截面，500X

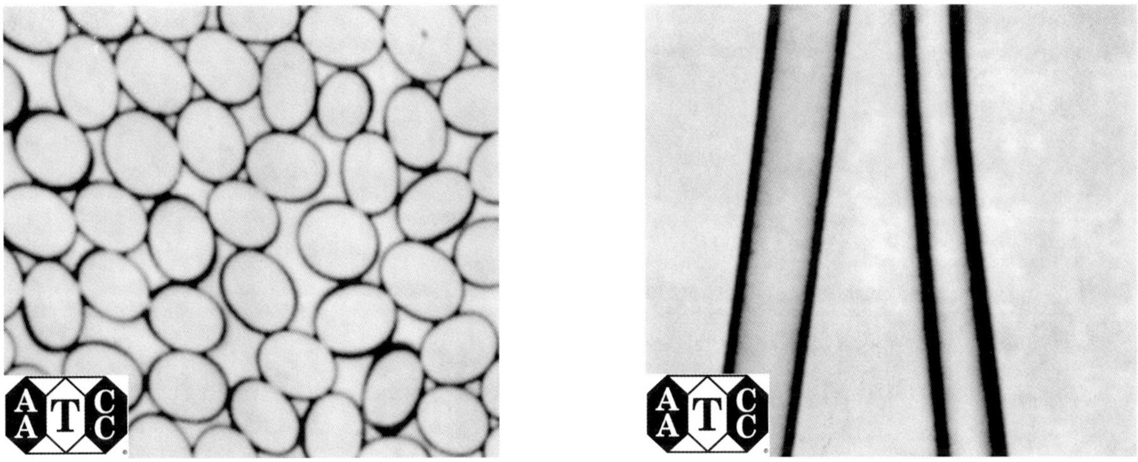

图61 诺沃洛伊德纤维

横截面，1500X

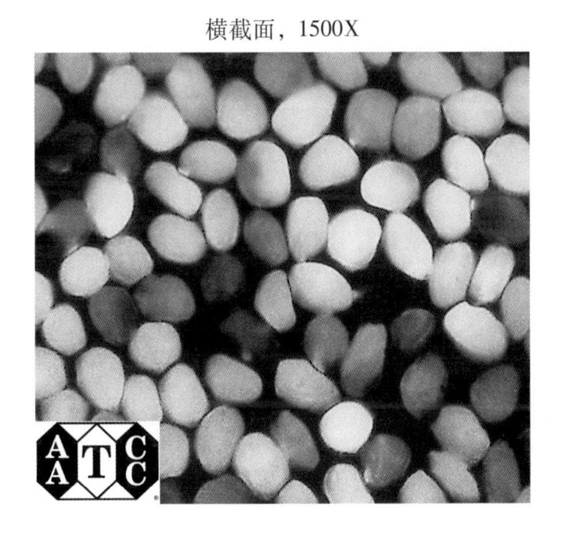

纵截面，1500X

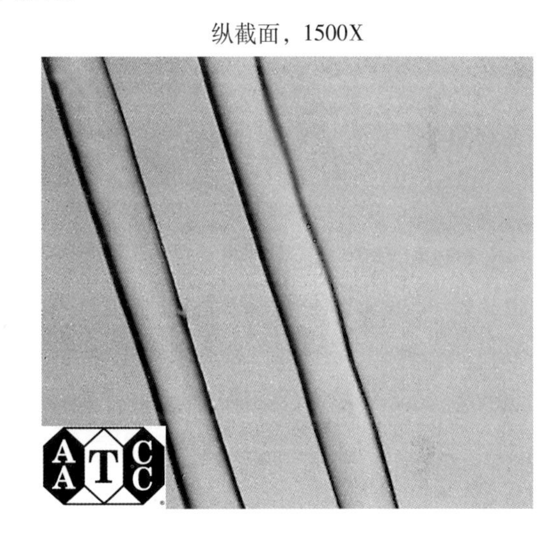

图62 永久卷曲莱赛尔纤维

横截面，1800X

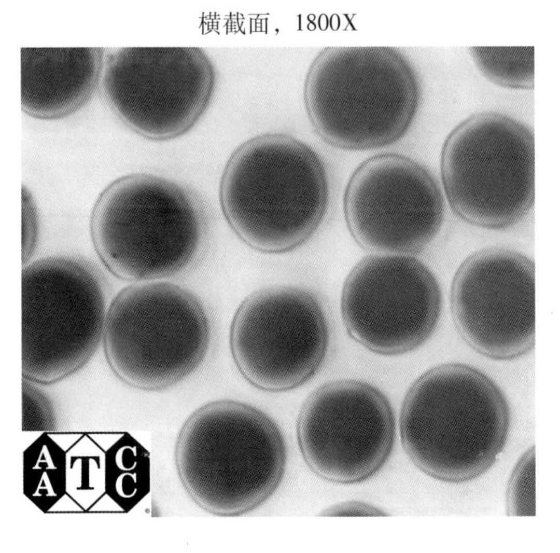

扫描电镜图（10μm）

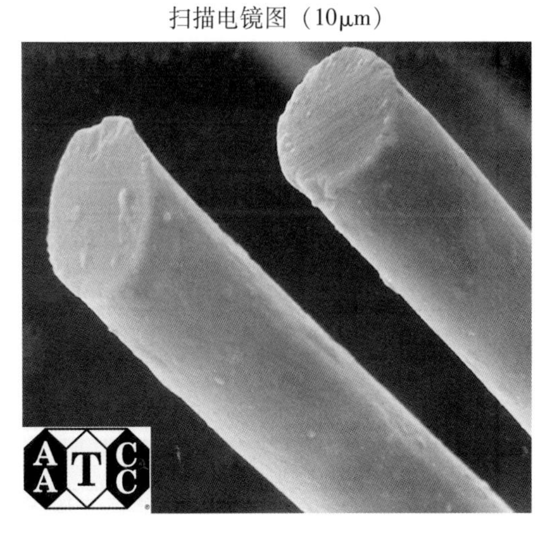

图63 无卷曲莱赛尔纤维

横截面，500X

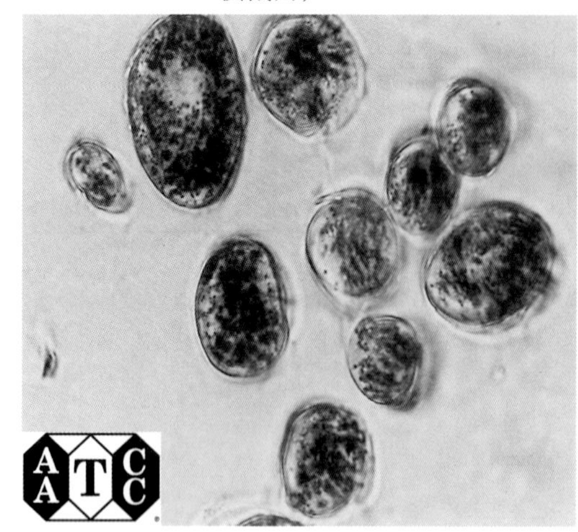

纵截面，500X

图 64　牦牛毛

纵截面，1500X

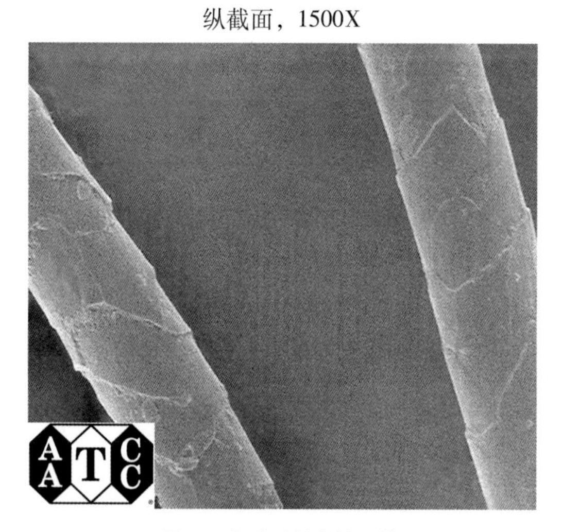

图 65　牦牛毛的电镜照片

附录 2　纺织纤维的显微傅立叶红外光谱图

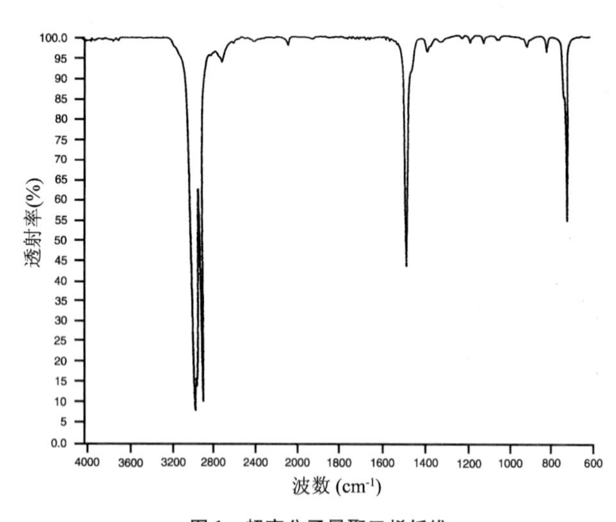

图 1　超高分子量聚乙烯纤维

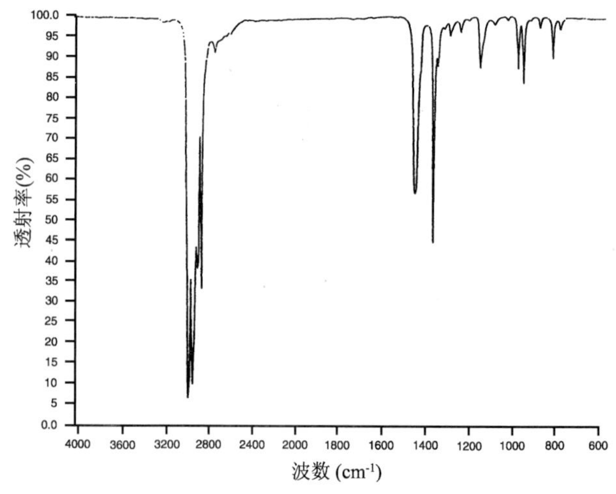

图 2　聚丙烯纤维

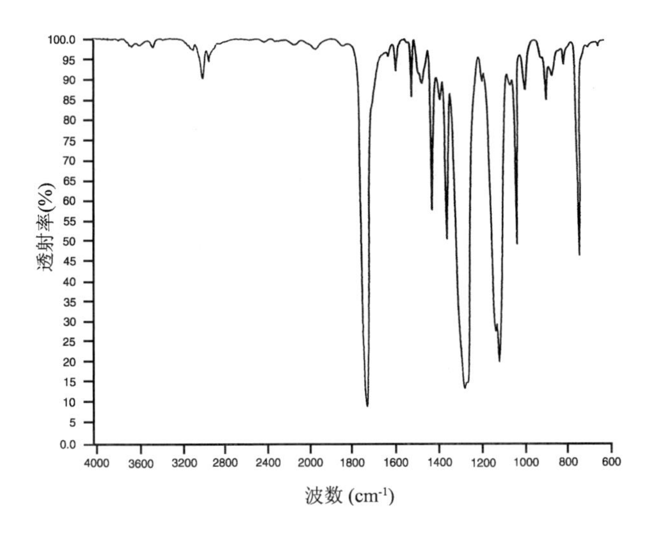

图3　聚对苯二甲酸乙二醇酯纤维

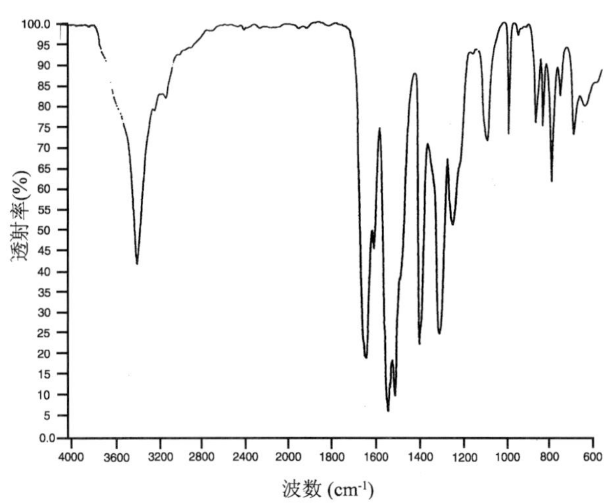

图4　聚对苯二甲酰对苯二胺纤维

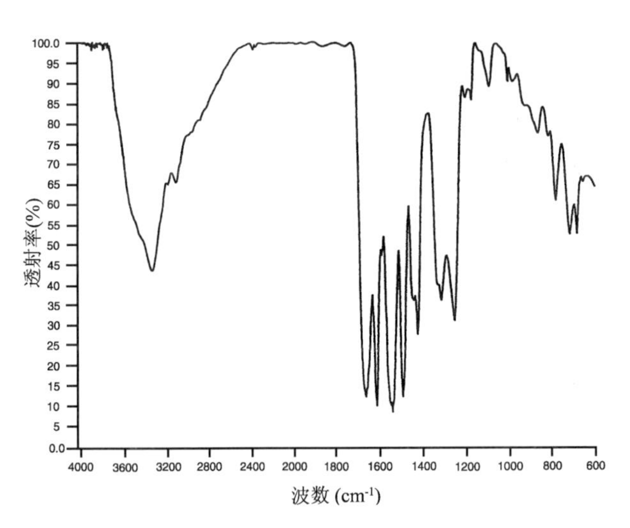

图5　聚间苯二甲酰间苯二胺纤维

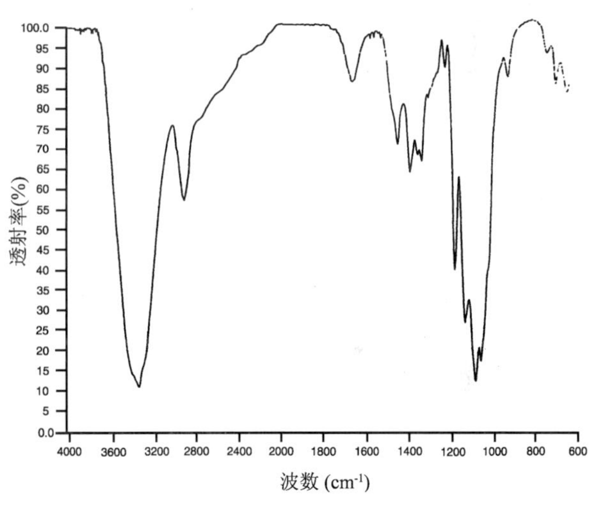

图6　棉

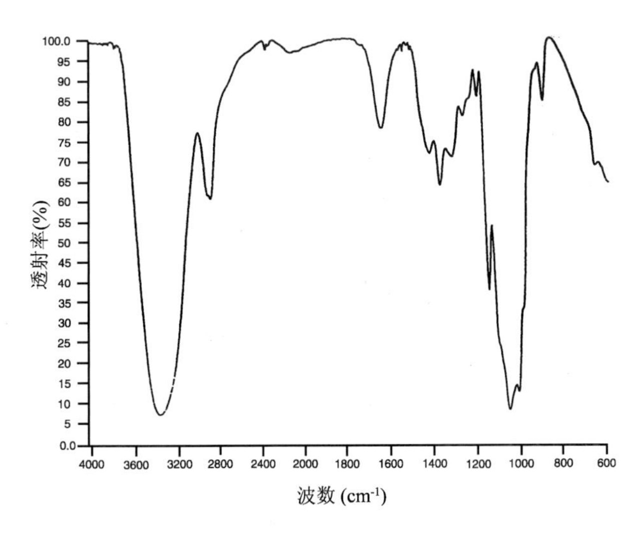

图7　再生纤维素纤维

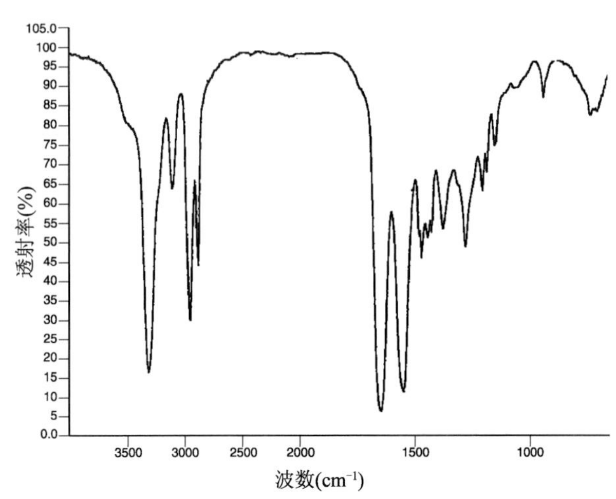

图8　锦纶66

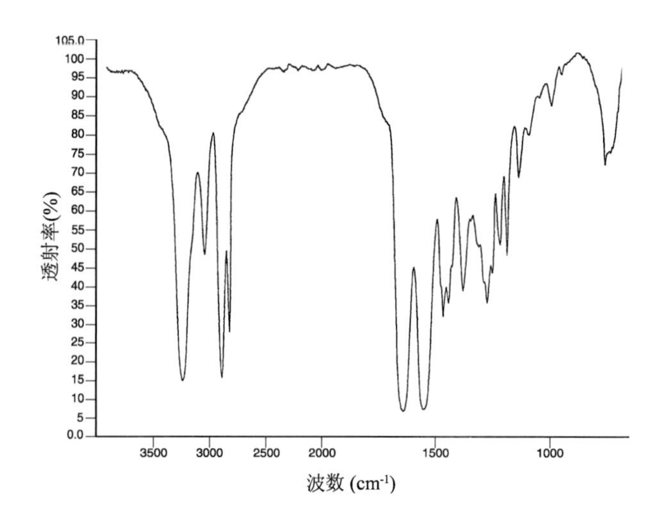
105.0
100
95
90
85
80
75
70
65
60
55
50
45
40
35
30
25
20
15
10
5
0.0
透射率(%)
3500
3000
2500
2000
1500
1000
波数 (cm-1)

图9　锦纶6

AATCC 20A－2011

纤维分析：定量

AATCC RA24 技术委员会于 1957 年制定；1958 年、1959 年、1975 年、1995 年、2000 年、2004 年、2005 年、2007 年、2008 年和 2010 年修订；1971 年、1978 年、1981 年和 1989 年重新审定；1980 年和 1982 年（标题更改）、1985 年、2002 年和 2009 年编辑修订；与 ISO 17751、ISO 1833 和 IWTO 58 有相关性。

1. 目的和范围

1.1 本测试方法适用于定量地测定纺织品的回潮率、非纤维成分含量和纤维成分含量。

1.2 本测试方法包括机械法、化学法和显微镜法，可应用于以下类别纤维的混纺产品：

天然纤维：棉、毛绒、大麻、亚麻、苎麻、丝、羊毛。

化学纤维：醋酯纤维、聚丙烯腈纤维、改性聚丙烯腈纤维、锦纶（见 17.1）、聚烯烃纤维、涤纶、再生纤维素纤维、氨纶、Triexta。

2. 使用和限制条件

2.1 本方法给出了去除大部分非纤维物质的方法，但不包含全部的非纤维物质。每一种处理方法仅适用于某些特定类别的物质，而没有除去所有非纤维物质的综合方案。

2.1.1 一些新型整理剂可能存在特殊的问题，操作者应进行特例分析。热固性树脂和交联乳胶不但很难去除，而且在某种情况下必须破坏纤维才能完全去除。

2.1.2 当有必要更改程序，或用一种新的方法时，要确保试样中纤维部分不被破坏。

2.2 实验室纤维成分通常以纺织品原样烘干后的重量表示，或以去除非纤维物质后纯纤维的烘干重量表示，或者非纤维物质不能用第 9 部分所述的方法去除，纤维成分会随着分析过程中非纤维物质的去除而增加。

在商业运用中，对于最终用途产品如成衣的标识纤维含量的表述，一般会将回潮率加入到净干含量的结果中。可运用 ASTM 1909 纺织纤维商业回潮率标准表，来达成这一目的。

2.3 用机械分离法确定纤维组分的程序，适用于由不同纤维组成的可被拆分成纱线或分层的纺织品。

2.4 此处描述的测定纤维成分的化学方法适用于大部分现存的、商业流通的纤维产品。表 2 列出了一些已知的特殊情况。然而某些方法不完全适合新开发的纤维、再生纤维和/或物理改性或化学改性的纤维。这种情况下使用这些方法时应注意。

2.5 显微镜法适用于所有纤维，其准确性在很大程度上依赖于分析者鉴别单种纤维的能力。然而，由于该方法的单一特性，它通常被限制于那些不能机械分离或化学分离的混纺产品，如毛绒与羊毛混纺，棉、亚麻纤维、大麻纤维与/或苎麻纤维之间的混纺。

3. 术语

3.1 纤维的净含量：去除非纤维成分后纤维的含量。

3.2 纤维：通用术语，形成纺织品的最基本的元素，可以是任意一种类别的物质，通常具有弹性、细度以及较大的长度与横截面之比的特性。

3.3 含水率：纺织材料中吸收或吸附水的重量占纺织材料总重量的百分率。

3.4 非纤维成分：在纤维、纱线、织物或成衣中使用的产品，如纤维整理剂、纱线润滑剂、浆料、织物柔软剂、淀粉、瓷土、肥皂、蜡质、油脂和树脂等。

3.5 本测试方法中用到的其他术语可以在标准化学词典、通用术语词典中查到，也可以在AATCC标准术语表中查到。

4. 安全和预防措施

本安全和预防措施仅供参考。本部分有助于测试，但未指出所有可能的安全问题。在本测试方法中，使用者在处理材料时有责任采用安全和适当的技术；务必向制造商咨询有关材料的详尽信息，如材料的安全参数和其他制造商的建议；务必向美国职业安全卫生管理局（OSHA）咨询并遵守其所有标准和规定。

4.1 遵守良好的实验室规定，在所有的试验区域应佩戴防护眼镜。

4.2 所有化学物品应当谨慎使用和处理。

4.3 在本测试方法第9部分所述“非纤维物质—纤维的净含量”中，使用索氏萃取时，用碳氟化合物113（如氟利昂TF）或氢氯碳氟化合物和乙醇时，必须在充分对流的通风橱中进行操作。注意：乙醇具有高度易燃性。

4.4 进行化学分析方法1操作（见表2，100%丙酮）时，要在充分对流的通风橱中进行。注意：丙酮具有高度易燃性。

4.5 乙醇和丙酮都是易燃液体，存放在实验室中时，必须是小包装的，并远离热源、明火和火星。

4.6 在化学分析方法2、3、4和6（见表2）中，准备、配制和使用盐酸（20%）、硫酸（59.5%和70%）和甲酸（90%）时，须佩戴化学防护眼镜或面部防护罩、防水手套和围裙。浓酸只能在通风橱中进行操作，且总是向水中加入酸。

4.7 在化学分析法4（见表2，70%硫酸）中，制备氢氧化铵（8:92）时，需佩戴化学防护眼镜或面部防护罩、防水手套和围裙。配制、混合和使用氢氧化铵时只能在通风橱中进行。

4.8 在附近安装洗眼器/安全喷淋装置以备急用。

4.9 本测试方法中，人体与化学物质的接触限度不得超过官方的限定值［例如，美国职业安全卫生管理局（OSHA）允许的暴露极限值（PEL），参见29 CFR 1910 1000，最新版本见网址www.osha.gov］。此外，美国政府工业卫生师协会（ACGIH）的阈限值（TLVs）由时间加权平均数（TLV－TWA）、短期暴露极限（TLV－STEL）和最高极限（TLV－C）组成，建议将其作为人体在空气污染物中暴露的基本准则并遵守（见17.2）。

5. 仪器

5.1 分析天平，精确到0.1mg。

5.2 烘箱，可保持105～110℃。

5.3 干燥器，含有无水硅胶、硫酸钙或具有相同效果的物质。

5.4 索式萃取装置，200mL。

5.5 恒温水浴锅，可调，温度变化范围±1℃。

5.6 称量瓶，100mL，玻璃的且带有玻璃盖（也可用同尺寸、有紧密盖子的铝盒替代）。

5.7 锥形瓶，250mL，带有玻璃塞。

5.8 烧杯，硼硅酸盐耐热玻璃制成，250mL。

5.9 过滤坩埚，烧结玻璃制成，粗孔，30mL。

5.10 吸滤瓶，带有适配装置，可用于固定过滤坩埚。

5.11 称量瓶，容量足够大，可以固定过滤坩埚。

5.12 显微镜，带有可移动镜台和具有标线的目镜，可放大至200～250倍。

5.13 投影显微镜，可放大至500倍。

5.14 纤维切片器，包括两个刀片、穿线的销和能够紧固刀片的装置，可施加垂直的压力。可切得的纤维长度约250μm 。

5.15 楔形刻度尺，在厚纸片或优质纸卡上压的楔形条，可用于500 倍放大倍率。

5.16 烧瓶盖（见17.16）。

6. 试剂

6.1 乙醇（95%），提纯或变性酒精。

6.2 碳氟化合物113（如氟利昂 TF）或氢氯碳氟化合物（如 Genesolve 2000）。

6.3 盐酸（0.1N）。

6.4 酶溶液。

6.5 丙酮（试剂级）。

6.6 盐酸（20%）。20℃时，将密度为1.19g/mL 的盐酸用水稀释至密度为1.10g/mL。

6.7 硫酸（59.5%）。将浓硫酸（密度为1.84g/mL）慢慢加入到水中，冷却至20℃后调节密度至1.4902～1.4956g/mL 范围内。

6.8 硫酸（70%）。将浓硫酸（密度为1.84g/mL）慢慢加入到水中，冷却至20℃ ±1℃后调节密度至1.5989～1.6221g/mL 范围内。

6.9 硫酸（1∶19）。把1 体积浓硫酸（密度为1.84g/mL）加入到19 体积的水中，一边加入一边慢慢地搅拌。

6.10 次氯酸钠溶液，其有效氯含量为5.25%，也可用家庭用次氯酸钠漂白液（5.25%）。

6.11 亚硫酸氢钠（1%），新配制。

6.12 甲酸（90%），20℃时密度为1.202g/mL。

6.13 氢氧化铵（8∶92）。8 体积氢氧化铵（密度为0.90g/mL）和92 体积的水混合制成。

6.14 Herzberg 着色剂。把事先准备好的溶液A 和溶液B 混合放置一夜后，把澄清的溶液倒入深色的玻璃瓶中，并加入一片碘。

溶液A：氯化锌50g，水25mL。

溶液B：碘化钾5.5g，碘0.25g，水12.5mL。

6.15 异丙醇（70%）。

6.16 *N*，*N*－二甲基乙酰胺。

6.17 乙醇，反应级。

6.18 氢氧化钠，颗粒状，95%，反应级。

6.19 二甲苯，混合物，95%，反应级。

7. 试样准备

对于本标准中所适用的各种类型纺织品材料的实验室取样，不可能全部给出详细而明确的说明，但给出了一些通用的取样建议。

7.1 从一批材料中取出的试样尽可能有代表性。

7.2 如果样品相当大，尽可能地从不同的、分开的区域或不同部位取试样。

7.3 当样品是一个重复花型时，样品应取完整个花型的所有纱（见17.4）。

7.4 当样品是纱线时，取样样品至少长2m。

8. 含水率

8.1 程序。把不少于1.0g 的试样放在已称重的称量瓶中，立即盖上盖子，用分析天平称量并记录其总重量，精确到0.1mg。把没有盖的且装有试样的称量瓶放入105～110℃烘箱中恒温1.5h，烘干后取出称量瓶，立即盖上盖子，放入干燥器中，冷却至室温，再称其总重量。间隔30min 重复以上加热和称重的过程，直到总重量达到恒重，即重量变化在±0.001g，并记录恒重。

8.2 计算。按照以下公式计算试样中的含水率：

$$M = \frac{A - B}{A - T} \times 100\%$$

式中：M——含水率,%；

A——干燥前试样与称量瓶的总重量；

B——干燥后试样与称量瓶的总重量；

T——称量瓶的净重量。

9. 非纤维物质—纤维的净含量

9.1 程序。取不少于5g的试样，放在105～110℃的烘箱中烘干至恒重（见8.1），用分析天平称量干燥后的试样重量，精确到0.1mg。然后，根据实际情况对试样进行以下一种或多种处理。当已知非纤维物质的类型时，可应用以下特定方法处理一次或多次，否则，应使用所有的处理方法。

9.1.1 氢氯碳氟化合物处理。去除试样中的油脂、蜡状物和特定的热塑性树脂等。在索式萃取器中用碳氟化合物萃取试样至少6次，然后在空气中干燥，再在105～110℃的烘箱中烘干至恒重。可选择的萃取器见17.15。

9.1.2 乙醇处理。去除试样中的肥皂、阳离子整理剂等。在索式萃取器中用乙醇萃取干燥后的试样至少6次，然后在空气中干燥，再在105～110℃的烘箱中烘干至恒重。可选择的萃取器见17.15。

9.1.3 水处理。去除试样中的水溶性物质。水跟试样的浴比为100∶1，温度为50℃，浸泡干燥后的试样30min，并不时地搅动或机械振荡，然后用新鲜的水清洗三次，再在105～110℃的烘箱中烘干至恒重。

9.1.4 酶处理。去除试样中的淀粉类物质。根据制造商的建议，如浓度、浴比、温度和浸润时间，用制备好的酶溶液浸泡干燥后的试样，然后用热水充分地冲洗，再在105～110℃的烘箱中烘干至恒重。

9.1.5 酸处理。去除试样中的氨基树脂。用重量为试样干燥后重量100倍的0.1N盐酸浸泡干燥后的试样，温度为80℃，时间25min，偶尔搅动，然后用热水充分地冲洗，再在105～110℃的烘箱中烘干至恒重。

9.2 计算。

9.2.1 计算非纤维物质的百分比。

$$N = \frac{C - D}{C} \times 100\%$$

式中：N——试样中非纤维物质的百分比，%；

C——处理前试样的干重；

D——处理后试样的干重。

9.2.2 计算试样的纤维净含量百分比。

$$F = \frac{D}{C} \times 100\%$$

式中：F——试样中纤维净含量的百分比，%，其他术语见9.2.1。

10. 机械拆分法

10.1 程序。通过适当的方法去除非纤维物质后（见9.1），根据纤维成分，利用机械方法分开纱线，再合并这些相同纤维成分的纱线，称量每种纤维成分烘干后的重量。

10.2 计算。按照以下公式计算每一种纤维组分的含量：

$$X_i = \frac{W_i}{E} \times 100\%$$

式中：X_i——试样中i纤维的含量，%；

W_i——拆分后干燥的试样中纤维i的重量；

E——试样经过化学处理、烘干后的重量。

11. 化学分析总则

11.1 试样准备。

分析前，实验室测试样品应被分解、均匀化，然后取一部分进行化学处理。如果测试样为织物，则应先把织物拆成单根纱线并剪成长度不超过3mm的纱段，并充分混合纱段，取有代表性的一部分用于测试。备选方法：适用于许多情况，应用Wiley碾磨机把试样磨成碎末，用Waring混合器使碾磨后的试样在水中呈均匀的悬浮液，从中取有代表性的一部分用于测试。对于纱线，可采用同样的处理方法，但可省略不必要的步骤。

11.2 应用方法。

在表1中列出了含有两种纤维混合试样进行适当处理的化学方法。在该表中，左边第一列列出了两种纤维混合物的其中一个组分，横着向右所对应的列是另一个组分；表中的数字表示适合特定的混合物可采用的一种或几种测试方法；表中没有括号的方法是溶解第一列中纤维的方法，而有括号的方法是溶解第一行中纤维的方法。

表1 混纺纤维的化学分析法

纤 维	羊毛	蚕丝	黏纤、莱赛尔	涤纶、PTT	聚烯烃纤维	锦纶	改性腈纶	毛绒	棉、大麻、亚麻、苎麻	腈纶	氨纶	间芳族聚酰胺	对芳族聚酰胺	聚酰胺—酰亚胺	三聚氰胺	聚丙交酯纤维
醋酯纤维	1 4(5)	1(5)	1	1 4	1	1(2)	N/A	1(5)	1	1	1	1	1	1	1	1
腈纶	(5)	(3)(5)	(3)	7 8(9)	10	(2)(3)(6)	(1)	(5)	7	N/A	7	7	7	7	7	7
棉、大麻、亚麻、苎麻、黄麻、剑麻	4(5)	(3)(5)	(3)	4	10	(2)(3)(6)	(1)	(5)	N/A	4(7)	(7)(8)	4	4	4	4	4
毛绒	N/A	N/A	5	5	5	(2)5 6	(1)5	N/A	5(4)	5(7)	(7)(8)	5	5	5	5	5
改性腈纶	1(5)	1(3)(5)	1(3)	1	1	1(2)(3)(6)	N/A	1(5)	1	N/A	1	7	7	7	7	7
锦纶	2 3 (5) 6	(5)	2 6	9(2)(3)(6)	2 6	N/A	1(2)(3)(6)	(5)6	(2)(3)(6)	6	2** 7 8	6	6	6	6	6
聚烯烃纤维	(5)	(5)	(4)10	(9)(10)	N/A	(6)10	10	(5)10	(4)10	10	(7)(8) 10	10	10	10	10	10
涤纶、PTT	9(5)	(3)(4)(5)	9(3)(4)	N/A	9(10)	9(2)(3)(6)	9(7)	9(5)	9(5)	9(7)	9(7)(8)	9	9	9	9	—
黏纤、莱赛尔	3 4(5)	(5)	N/A	4(9)	(4)10	(6)	4	4	3	4(7)	(7)(8)	4	4	4	4	4
蚕丝	3 4	N/A	(5)	1(9)	1 10	1	—	N/A	5	—	(7)(8)	1	1	1	1	1
间芳族聚酰胺	(5)	(5)	(4)	(9)	(10)	(6)	(7)	(5)	(4)	(7)	(7)(8)	N/A	N/A	N/A	N/A	—
对芳族聚酰胺	(5)	(5)	(4)	(9)	(10)	(6)	(7)	(5)	(4)	(7)	(7)(8)	N/A	N/A	—	—	—
聚酰胺—酰亚胺	(5)	(5)	(4)	(9)	(10)	(6)	(7)	(5)	(4)	(7)	(7)(8)	N/A	—	N/A	—	—
三聚氰胺	(5)	(5)	(4)	(9)	(10)	(6)	(7)	(5)	(4)	(7)	(7)(8)	N/A	—	—	N/A	—
聚丙交酯纤维	(5)	(5)	(4)	N/A	(10)	(6)	(7)	(5)	(4)	(7)	(7)(8)	N/A	—	—	—	N/A

注 N/A 表示化学定量法不适用同一属性的两种不同纤维的分离。应使用 AATCC 20A 纤维镜部分。

—表示方法正在研究中。

1. 100%丙酮：见 12.1

2. 20%盐酸：见 12.2

3. 59.5%硫酸：见 12.3

4. 70%硫酸：见 12.4

5. 次氯酸钠：见 12.5

6. 90%甲酸：见 12.6

7. 二甲基甲酰胺：见 12.7

8. 二甲基乙酰胺：见 12.8

9. 碱性乙醇：见 12.9

10. 100%二甲苯：见 12.10

*不适合所有的改性腈纶。

**不适合所有的锦纶。

11.2 部分包括所用的细节。

对于含有两种以上纤维成分的试样，可应用适当的单个方法依次进行化学成分分析。表2列出了不同的纤维在所有的试剂中的溶解性，可选择适当的方法和顺序进行多组分纤维成分分析（见17.5）。

12. 化学分析程序

12.1 方法1：100%丙酮。

准确称量0.5～1.5g清洁、干燥、准备好的试样并记录其重量，精确到0.1mg。把试样放入250mL锥形瓶中，以1:100（重量比）的比例加入丙酮，在40～50℃条件下振荡15min。从不溶的物质中倒出溶液，加入新鲜的丙酮并振荡几分钟，再重复倒出和振荡过程一次。用真空泵排干剩余物中的液体，用40mL的20%盐酸洗涤坩埚中的剩余物，然后用水洗涤，直至过滤物显示为中性（用石蕊试纸）。将坩埚从抽滤装置中断开，加入约25mL氢氧化铵（8:92）溶液，浸泡纤维剩余物10min，再用抽滤装置抽干。用约250mL水洗涤剩余物，浸泡约15min，抽干。将干燥坩埚和不溶物在105～110℃烘箱中烘干至恒重。称量不溶物并记录重量，精确到0.1mg。

表2 化学分析法中不同纤维在试剂中的溶解性

项目	方法1：100%丙酮	方法2：20%盐酸	方法3：59.5%硫酸	方法4：70%硫酸	方法5：次氯酸钠	方法6：90%甲酸	方法7：二甲基甲酰胺	方法8：二甲基乙酰胺	方法9：碱性乙醇	方法10：100%二甲苯
醋酯纤维	S	I	S	S	I	S	S	S	S	I
腈纶	I	I	I	I*	I	I	S	S	I	I
棉	I	I	SS	S	I	I	I	I	I	I
毛绒	I	I	I	I	S	I	I	I	I	I
大麻	I	I	SS	S	I	I	I	I	I	I
亚麻	I	I	SS	S	I	I	I	I	I	I
改性腈纶	S或I*	I	I	I	I	I	PS	PS	I	I
锦纶	I	S	S	S	I	S	I	I	I	I
聚烯烃纤维	I	I	I	I	I	I	I	I	I	S
涤纶**	I	I	I	I	I	I	I	I	S	I
苎麻	I	I	SS	S	I	I	I	I	I	I
黏胶	I	I	S	S	I	I	I	I	I	I
蚕丝	I	PS	S	S	S	PS	I	I	I	I
氨纶	I	I	PS	PS	I	I	S	S	PS	I
羊毛	I	I	I	I	S	I	I	I	I	I
间芳族聚酰胺	I	I	I	I	I	I	I	I	I	I
对芳族聚酰胺	I	I	I	I	I	I	I	I	I	I
聚酰胺—酰亚胺	I	I	I	I	I	I	I	I	I	I
三聚氰胺	I	I	I	I	I	I	I	I	I	I
聚丙交酯纤维	I	I	I	I	I	I	I	I	N/A	I
莱赛尔	I	I	S	S	I	I	I	I	I	I

注 *根据纤维类别选用。

**同样适用于triexta纤维。

符号说明：S—溶解，PS—部分溶解（方法不适用），SS—轻微溶解（可用，但需修正系数），I—不溶解（详见11.2）。

11.2部分有表格使用方法的详细说明。

12.2 方法2：20%盐酸。

准确称量0.5～1.5g清洁、干燥、准备好的试样并记录其重量，精确到0.1mg。把试样放入250mL锥形瓶中，加入50～150mL的20%盐酸（每克试样用100mL盐酸）并剧烈振荡，在15～25℃条件下静置5min；再次振荡，并静置15min；进行第三次振荡（见17.6）后，用已知干重的坩埚过滤不溶物，并用少许20%盐酸冲洗锥形瓶，然后把洗涤液倒入坩埚中，施加吸力以排出过多的液体。先用约40mL的20%盐酸清洗坩埚中的不溶物，再用水清洗，直至过滤液对石蕊呈中性。断开抽气泵，在坩埚中加入25mL的氢氧化铵溶液（8:92），浸润不溶物10min再抽滤。然后用250mL的水浸泡不溶物15min，再进行清洗，最后抽吸排液，把坩埚和不溶物一起放在105～110℃烘箱中烘干至恒重。称量不溶物并记录，精确到0.1mg。

12.3 方法3：59.5%硫酸。

准确称量0.5～1.5g清洁、干燥、准备好的试样，并记录其重量，精确到0.1mg。把试样放入250mL锥形烧瓶中，加入50～150mL的59.5%硫酸溶液（每克试样用100mL溶液），并剧烈振荡1min，在15～25℃下静置15min；再次振荡，再静置15min；进行第三次振荡（见17.6）后，用已知干重的坩埚过滤不溶物。用10mL的59.5%硫酸溶液冲洗锥形瓶三次，并把冲洗液倒入坩埚中，用抽滤装置抽滤过多的溶液，最后用50mL的硫酸溶液（1:19）冲洗坩埚中的剩余物，再用水清洗，直至过滤液对石蕊呈中性。断开抽气泵，加入25mL氢氧化铵溶液（8:92），浸泡10min后抽滤。再用150mL水清洗不溶物（可浸泡约15min），最后一次清洗后抽吸排液，然后把坩埚和不溶物一起放入105～110℃烘箱中烘干至恒重。称量不溶物并记录，精确到0.1mg（见17.7）。

12.4 方法4：70%硫酸。

准确称量0.5～1.5g清洁、干燥、准备好的试样并记录其重量，精确到0.1mg。把试样放入250mL锥形瓶中，加入50～150mL的70%硫酸溶液（每克试样用100mL溶液），并剧烈振荡1min，在15～25℃条件下静置15min；再次振荡，并静置15min；进行第三次振荡（见17.6）后，用已知干重的坩埚过滤出不溶物。用10mL的70%硫酸溶液冲洗锥形瓶三次，把冲洗液倒入坩埚中，并施加吸力以抽吸排液，最后用50mL的硫酸溶液（1:19）冲洗不溶物，再用水清洗，直至过滤液对石蕊呈中性。断开抽气泵，加入25mL氢氧化铵溶液(8:92)，浸泡10min后抽吸排液，再用150mL水清洗不溶物，并浸泡15min左右。最后一次清洗后抽吸排液，然后把坩埚和不溶物一起放入105～110℃烘箱中烘干至恒重。称量不溶物并记录，精确到0.1mg。

12.5 方法5：次氯酸钠。

准确称量0.5～1.5g清洁、干燥、准备好的试样并记录其重量，精确到0.1mg。把试样放入250mL锥形瓶中，加入50～150mL次氯酸钠溶液（每克试样用100mL溶液），并在25℃±1℃的温度下（用恒温水浴锅）振荡20min（见17.8），然后用已知干重的坩埚过滤出不溶物。先后用1%的亚硫酸钠溶液和水对不溶物进行彻底清洗，抽吸排出过多的水，最后一次清洗排出多余的水后，把坩埚和不溶物一起放在105～110℃烘箱中烘干至恒重。称量不溶物并记录，精确到0.1mg。

12.6 方法6：90%甲酸。

准确称量0.5～1.5g清洁、干燥、准备好的试样并记录其重量，精确到0.1mg。把试样放入250mL锥形瓶中，加入50～150mL的90%甲酸溶液（每克试样用100mL溶液），并振荡15min（见17.9），将锥形瓶中的清液层倒入已知干重的坩埚中过滤；再向锥形瓶中加入等量的甲酸溶液并振荡15min，用坩埚过滤出不溶物，再用50mL的90%甲酸溶液冲洗两次后进行抽滤，接着用50mL水进行冲洗，再用25mL氢氧化铵（8:92）浸泡大约10min。最后用水彻底清洗，直至过滤液对石蕊呈中性，抽吸排液后，把坩埚和不溶物一起放入

105～110℃烘箱中烘干至恒重。称量不溶物并记录，精确到0.1mg。

12.7 方法7：二甲基甲酰胺。

准确称量0.5～1.5g清洁、干燥、准备好的试样并记录其重量，精确到0.1mg。把试样放入250mL锥形烧瓶中，加入50～150mL二甲基甲酰胺溶液（每克试样用100mL溶液），并在98℃±1℃下恒温振荡20min，移去不溶物表面的溶液，再加入新鲜的二甲基甲酰胺溶液振荡几分钟，再重复倒出溶液和振荡一次，并用70%的异丙醇彻底冲洗，用已知干重的坩埚抽滤出不溶物。把坩埚和不溶物一起放入105～110℃烘箱中烘干至恒重。称量不溶物并记录，精确到0.1mg。

12.8 方法8：*N*，*N*－二甲基乙酰胺。

准确称量0.5～1.5g清洁、干燥、准备好的试样并记录其重量，精确到0.1mg。把试样放入250mL锥形烧瓶中，加入50～150mL *N*，*N*－二甲基乙酰胺溶液，并在70℃±1℃下恒温振荡20min，移去不溶物表面的溶液，再加入新鲜的*N*，*N*－二甲基乙酰胺溶液振荡几分钟，再重复倒出溶液和振荡一次，并用70%的异丙醇彻底冲洗，用已知干重的坩埚抽滤出不溶物。把坩埚和不溶物一起放入105～110℃烘箱中烘干至恒重。称量不溶物并记录，精确到0.1mg。

12.9 方法9：碱性乙醇。

准确称量0.5～1.5g清洁、干燥、准备好的试样并记录其重量，精确到0.1mg。将18g反应级颗粒状氢氧化钠加入到装有200mL乙醇（氢氧化钠溶解会释放热量）的250mL锥形瓶中，加热到80℃完全混合。加入样品并使用磁力棒搅动，盖上烧瓶。浸泡5min后，将溶液从未溶解的残渣中移到另一容器，并用70%的异丙醇彻底冲洗，用已知干重的坩埚抽滤出不溶物。把坩埚和不溶物一起放入105～110℃烘箱中烘干至恒重。称量不溶物并记录，精确到0.1mg。

12.10 方法10：100%二甲苯。

准确称量0.5～1.5g清洁、干燥、准备好的试样并记录其重量，精确到0.1mg。把试样放入250mL锥形烧瓶中。加入50～150mL二甲苯，并用瓶塞盖好。加热到煮沸温度（90℃），用磁力棒搅动20min。将溶液从未溶解的残渣中倒入另一容器。使用70%的异丙醇漂洗，再重复倒出溶液和振荡一次，然后用已知干重的坩埚抽滤出不溶物。把坩埚和不溶物一起放入105～110℃烘箱中烘干至恒重。称量不溶物并记录，精确到0.1mg。

12.11 计算。通过以下的任一公式，计算用以上各种化学方法确定的某种纤维的含量。

12.11.1 当纤维被溶解时：

$$X_i = \frac{G - H_i}{G} \times 100\%$$

12.11.2 当纤维不溶解时：

$$X_i = \frac{H_i}{G} \times 100\%$$

式中：X_i——i纤维的百分含量，%；

G——干燥试样的净重量；

H_i——处理后不溶物的干重。

13. 显微镜分析总则

13.1 以下的程序用于两种或两种以上纤维的定量分析，这些纤维不易通过机械或化学方法分离。测试程序有赖于技术人员通过显微镜鉴别和计数样品中每种纤维相关数量的能力，这个计数方法可得到几种混合纤维的根数百分比。为将根数百分比转换成重量百分比，纤维的尺寸和各自的密度在计算时也应包括在内。

13.2 显微镜的载玻片可用来扫描纤维样品的纵截面或横截面。纤维的图像可以通过显微镜观察，或投射在水平面上。可以采用任何一种观察方法来鉴别和计算纤维数量，但投影法是专门用楔形刻度尺来测量纤维直径的（见14.3.2）。

13.3 在AATCC 20纤维定性方法中讨论了在纤维计数过程中鉴别纤维的方法，包括如下：

AATCC 20

Herzberg 着色剂（氯化锌—碘） 见 9. 9. 1

酸性间苯三酚试剂 见 9. 9. 2

纵截面 见表 1 和表 2

横截面 见表 1、表 2 和附录 1

推荐参考这些已知纤维的测试方法，而不是完全依赖于复制照片和颜色的文字描述。

14. 显微镜分析过程

14. 1 载玻片的准备。

14. 1. 1 植物纤维（棉、亚麻、苎麻等）的纵截面。

取一块至少 5cm × 5cm 的织物，数织物的经向、纬向纱线，从每一个方向随机选取若干根纱线，经向和纬向纱线总根数应至少为 20 根（见 17. 10）。若试样是纱线，则应至少取 2m 长，且随机剪取至少 20 段长 5cm 的纱段，再剪成 2. 5cm 或 0. 5 ~ 1mm 的纱段，剪得越短越容易形成均匀的纤维悬浮液。将纱段收集在有对比色的纸上，并移入 125mL 锥形瓶中。加入足量的水摇动，制成均匀的悬浮液，迅速煮沸或加入一些小玻璃球以使纤维分散。用玻璃标记笔在载玻片上画两条间隔约 2. 5cm 的平行线。用宽口移液管吸取 0. 5 ~ 1mL 充分摇动的悬浮液滴在载玻片上的两条平行线之间，移取试液的量由悬浮液的密度决定。载玻片上应有足够的液体，以便蒸发后在载玻片上形成一层薄且均匀的纤维薄膜。当蒸发完后，用 Herzberg 着色剂着色并盖上盖玻片。

14. 1. 2 羊毛、毛绒和其他圆形纤维的纵截面。

如 14. 1. 1 所述取具有代表性的织物或纱线段。对于织物，拆其边缘的纱线，使经向和纬向纱各突出约 1cm，把试样放在平坦的台面上，使用纤维切片器，将刀片垂直于经纱边缘切割，纬纱边缘也进行同样的操作。抬起上板取下切片器，松开刀片上的张力，用食指和拇指一起取下刀片，小心地分开刀片，使切好的纤维段粘在刀片上，在干净的载玻片上滴几滴矿物油，用分析针把纤维刮入油中，用分析针彻底地使其分散浸入油中后，盖上盖玻片。对于纱线样品，排列整齐后按照上述操作使用纤维切片器。

14. 1. 3 纤维的横截面。

从样品中选取具有代表性的纱线或纱线段，褪去捻度抽出纤维，使其排列整齐形成相互平行的混合束，按照 AATCC 20 中的 9. 3 所述，准备载玻片。

14. 2 纤维计数。

14. 2. 1 显微镜观测纤维。

将按照 14. 1 准备好的载玻片放在显微镜可移动的载物台上，显微镜配有十字标线，放大倍数 200 ~ 250 倍。从载玻片的最上部或最下部开始计数，载玻片在水平方向上慢慢地移动，鉴别和计算经过十字标线中间的所有纤维。这一过程结束后，将载玻片在垂直方向移动 1 ~ 2mm，再按以上步骤鉴别和计算经过的纤维。重复以上过程直到整个载玻片观察结束。水平移动的距离由载玻片上纤维的数目确定，若一根纤维经过十字标线多次，则每经过一次就记下一次（见 17. 11）。同样，垂直地移动载玻片计算纤维根数。在水平和垂直方向上纤维总量应至少达到 1000 根。

14. 2. 2 投影显微镜观测纤维。

校准显微镜使投影平面图像放大 500 倍，把一个物镜测微尺（单位为 0. 01mm）放在投影显微镜的载物台上，其刻度对着物镜，并把一大张无光泽的白纸放在投影面上。降低或抬高显微镜，当焦点集中于白纸中心时，物镜测微尺以 0. 20mm 间隔测量 100mm。把按照 14. 1 准备好的载玻片放于投影显微镜的载物台上，并盖上盖玻片，投影面板上以白纸的中心画一个直径为 10cm 的圆，所有测量和计数均在这个圆内。从载玻片的最上部或最下部开始，如 14. 2. 1 所述进行计数（见 17. 12）。

14. 2. 3 影像显微镜观测纤维。

使用屏幕中央带十字标线的影像监视器，其屏幕连接在一个视频照相机上，再附一个可以精确调节透光的显微镜，按照 14. 2. 1 进行操作，扫描载玻片。

14. 3 纤维测量。

14. 3. 1 非圆形截面纤维。

14. 3. 1. 1 坐标纸法。

按照 14. 1. 3 将准备好的载玻片放于投影显微镜的载物台上，把图像投影到 1mm 格子的坐标纸上。使用削尖的铅笔描出纤维图形，注意不要描以前描过的纤维。若载玻片上每种纤维没有达到 100 根，则应另制作一个载玻片，继续在新的载玻片上描绘，直到每种纤维达到 100 根。通过数格子数量，计算每种纤维每根的横截面面积，然后计算每种纤维的平均横截面面积，即用每根纤维的横截面面积之和除以测量的该种纤维的总根数，最后的值应以平方毫米（mm^2）表示。

14. 3. 1. 2 数字描图法。

按照 14. 1. 3 将准备好的载玻片放于载物台上，并使调节好的投影图像出现在监视器上。对于大多数纤维，使用 50 倍的物镜并装配视频照相机即可。使用合适的校准图像分析软件和数字成像设备捕到横截面的图像，再用鼠标描绘出横截面的图像，然后使用图像分析软件存储此合成的横截面图像。若载玻片上每种类型的纤维没有达到 100 根，则应另制作一个载玻片，继续在新的载玻片上描绘，直到每种纤维达到 100 根。使用数字图像分析软件的统计功能计算平均横截面面积，最后的值应以单位平方微米（μm^2）表示。

14. 3. 2 圆形截面纤维。

按照 14. 1. 2 所述准备一个载玻片，并确保准备好的载玻片能够在当天使用。将载玻片放在纤维投影仪或显微镜上，以使载玻片上的所有区域都能够被观察到。

14. 3. 2. 1 用楔形刻度尺和投影显微镜测定。

把待测的每种单根纤维放入楔形刻度尺中聚焦，调节刻度尺的位置，使纤维的图像投影在带细线的楔形刻度尺上，并在楔形刻度尺上相当于纤维长度中点的纤维宽度处做标记。水平移动载玻片，按预定的路线连续测量纤维，但只测定落在直径 10cm 圆形视野范围内的纤维，不测定在测量点与其他纤维相交叉的纤维以及长度小于 150μm 的纤维。每种纤维应最少测定 100 根。计算每种纤维的平均横截面面积，最终结果以平方微米（μm^2）表示（见 17. 13）。要考虑毛绒和羊毛纤维平均直径的变化，因此，对于任何特定样品的正确结果，必须测量纤维的直径。然而，如果不需要最大的精确度，可使用表 3 和表 4 中的数据。

表 3 不同纺织纤维的细度对比等级——IWTO 超细羊毛的等级

“X”值	平均直径（μm）	“X”值	平均直径（μm）
超级 80′s	19. 5 ± 0. 25	超级 150′s	16. 0 ± 0. 25
超级 90′s	19. 0 ± 0. 25	超级 160′s	15. 5 ± 0. 25
超级 100′s	18. 5 ± 0. 25	超级 170′s	15. 0 ± 0. 25
超级 110′s	18. 0 ± 0. 25	超级 180′s	14. 5 ± 0. 25
超级 120′s	17. 5 ± 0. 25	超级 190′s	14. 0 ± 0. 25
超级 130′s	17. 0 ± 0. 25	超级 200′s	13. 5 ± 0. 25
超级 140′s	16. 5 ± 0. 25	超级 210′s	13. 0 ± 0. 25

表 4 不同纺织纤维的细度范围和纤维直径

U. S. 羊毛分级					
羊毛等级			羊毛优等级		皮板毛
数量体系	平均直径（μm）	血统体系⑥	数量体系	平均直径⑦（μm）	等级
80s	17. 7 ~ 19. 1	细	80s	18. 1 ~ 19. 5	AA
70s	19. 2 ~ 20. 5	细	70s	19. 6 ~ 21. 0	AA
64s	20. 6 ~ 22. 0	细	64s	21. 1 ~ 22. 5	AA
62s	22. 1 ~ 23. 4	1/2	62s	22. 6 ~ 24. 0	A
60s	23. 5 ~ 24. 9	1/2	60s	24. 1 ~ 25. 5	A

续表

U. S. 羊毛分级					
羊毛等级			羊毛优等级		皮板毛
数量体系	平均直径（μm）	血统体系⑥	数量体系	平均直径⑦（μm）	等级
58s	25.0～26.4	3/8	58s	25.6～27.0	A
56s	26.5～27.8	3/8	56s	27.1～28.5	B
54s	27.9～29.3	1/4	54s	28.6～30.0	B
50s	29.4～30.9	1/4	50s	30.1～31.7	B
48s	31.0～32.6	1/4	48s	31.8～33.4	B
46s	32.7～34.3	＜1/4	46s	33.5～35.1	C
44s	34.4～36.1	一般	44s	35.2～37.0	C
40s	36.2～38.0	有光长羊毛	40s	37.1～38.9	C
36s	38.1～40.2	有光长羊毛	36s	39.0～41.2	C

毛绒纤维和蚕丝					
马海毛①		其他毛绒纤维①		蚕丝①	
等级	细度范围（μm）	纤维	平均细度（μm）	纤维	平均细度（μm）
40s	23.55～25.54	小羊驼绒	13.0～14.0	桑蚕丝	10.0～13.0
36s	25.55～27.54	山羊绒	14.0～19.0	柞蚕丝	28.5
32s	27.55～29.54	骆驼毛	17.0～23.0		
30s	29.55～31.54	羊驼绒	26.0～28.0		
28s	31.55～33.54	美洲驼毛	20.0～27.0		
26s	33.55～35.54				
22s	35.55～38.04				
18s	38.05～40.54				

植物纤维①		玻璃纤维②			
纤维	平均细度（μm）	长丝纤维直径（μm）	理论直径（μm）	短纤维直径（μm）	平均直径（μm）
棉	16.0～21.0	D	5.3	E	7.1
亚麻	15.0～17.0	E	7.4	G	9.7
黄麻	15.0～20.0	G	9.0	J	11.4
大麻	18.0～23.0				
木棉	21.0～30.0				
苎麻	25.0～30.0				

纤维的理论直径⑦						
黏胶③，醋酯纤维③，锦纶④，维纶③				酪蛋白纤维⑤		
长丝细度（旦⑧）	黏胶（μm）	醋酯纤维和维纶（μm）	锦纶（μm）	等级	细度（旦⑧）	纤维直径（μm）
1	9.6	10.3	11.1	70s	3	20
2	13.6	14.5	15.7	60s	5	25
3	16.7	17.8	19.3	50s	7	30

续表

纤维的理论直径[⑦]						
黏胶[③]，醋酯纤维[③]，锦纶[④]，维纶[③]				酪蛋白纤维[⑤]		
长丝细度（旦[⑧]）	黏胶（μm）	醋酯纤维和维纶（μm）	锦纶（μm）	等级	细度（旦[⑧]）	纤维直径（μm）
4	19.3	20.6	22.3			
5	21.6	23.0	24.9			
6	23.6	25.2	27.3			
7	25.5	27.3	29.5			
8	27.3	29.1	31.5			
9	28.9	30.9	33.4			
10	30.5	32.6	35.2			
12	33.4	35.7	38.5			
14	36.1	38.5	41.7			
16	38.6	41.2	44.5			
18	40.9	43.7	47.3			
20	43.1	46.1	49.9			

①数据来源：Werner von Bergen and W. Krauss，纺织纤维图册，纺织出版社股份有限公司，纽约（1949）。

②数据来源：Owens – Corning Fiberglas Corp.

③数据来源：美国黏胶纤维公司。

④数据来源：E. I. du Pont de Nemours and Co.

⑤数据来源：Aralac Incorporated.

⑥商业应用。

⑦数据来源：U. S. 联邦标准，联邦公报，1954 年，1 月 13 日，优等级羊毛的细度规格和分级（ASTM D 3992）。

⑧1 旦≈0.11tex。

14.3.2.2 使用数字成像分析软件测定。用正确的校准图像分析系统测量有疑问的个别纤维的直径。

14.4 计算。若使用 14.3.1 方法测定纤维横截面面积，则用公式（1）计算纤维含量；若使用 14.3.2 方法测定纤维直径，则用公式（2）计算纤维含量。

$$X_i = \frac{N_i \times A_i \times S_i}{\sum (N \times A \times S)} \times 100\% \qquad (1)$$

$$X_i = \frac{N_i \times D_i^2 \times \frac{\pi}{4} \times S_i}{\sum \left(N \times D^2 \times \frac{\pi}{4} \times S\right)} \times 100\% \qquad (2)$$

式中：X_i——i 纤维的百分比（以重量表示），%；

N_i——i 纤维相对数目；

A_i——i 纤维图像的平均面积；

D_i^2——i 纤维直径平方的平均值；

$D_i^2 \times \frac{\pi}{4}$——$i$ 纤维圆形横截面的面积的平均值；

S_i——i 纤维的密度；

$\sum (N \times A \times S)$——混合物中每种类型纤维 $N \times A \times S$ 总和；

$\sum \left(N \times D^2 \times \frac{\pi}{4} \times S\right)$——混合物中每种类型纤维 $N \times D^2 \times \frac{\pi}{4} \times S$ 总和。

各种纤维的密度值见表 5。

表 5 各种纤维的密度表

纤 维	密度（g/cm³）
醋酯纤维	1.31
腈纶	1.16 ~ 1.22

续表

纤 维	密度（g/cm³）
棉	1.55
毛绒	1.32
大麻	1.48
亚麻	1.50
改性腈纶	1.28～1.38
锦纶	1.14
聚烯烃纤维	0.93
涤纶	1.23～1.40
苎麻	1.51
黏胶	1.52
蚕丝	1.25
氨纶	1.0～1.2
羊毛	1.31

注 带有范围值的纤维，要根据特定的密度确定所选类型，或用AATCC 20中第9.6部分确定纤维的密度。

15. 报告

报告待测试样的纤维重量百分含量，注明是否去除非纤维物质及结果是否为在烘干重量基础上。

16. 精确度和偏差

16.1 实验室之间对PET/羊毛织物使用化学方法进行分析，根据织物制造商提供的数据，织物名义上含量为55%PET、45%羊毛，结果见表6和表7。

16.1.1 实验室之间。

标准偏差 = $\sqrt{0.6305}$ = 0.7940（聚酯%）

精确度：$\pm t.975\ (6df) \times S = \pm 2.45 \times 0.7940 =$ ±1.945（聚酯%）

16.1.2 实验室内不同的实验员。

标准偏差 = $\sqrt{0.0655}$ =0.2599（聚酯%）

精确度：$\pm t.975\ (6df) \times S = \pm 2.45 \times 0.2599 =$ ±0.637（聚酯%）

16.2 解释。用以上统计方法应用在PET/羊毛织物，是一个用化学分离法测定纤维组分较好的案例。RA 102技术委员会正在进行有关不同混纺比例的另外的研究。

16.3 偏差。定量纤维分析法仅能由一个测试方法来定义，没有一种独立的方法可以测定其真值。作为一种评估该性能的方法，本测试方法没有已知的偏差。

表6 工厂设计值（聚酯%）

实验室	A		B		C		D		E	
实验员	1	2	3	4	5	6	7	8	9	10
设计值	58.00	57.57	58.60	58.00	57.95	58.27	58.35	59.88	58.30	57.78
	58.09	57.65	58.00	57.70						
	58.04	57.60								
合计	174.13	172.82	116.60	115.70	57.95	58.27	58.35	59.88	58.30	57.78

表7 方差分析

项 目	自由度（df）	平方的总和	平方的平均值	F值
实验室间	4	2.5221	0.6305	2.161
实验室内实验员间	5	0.3275	0.0655	0.224
误差	6	1.7501	0.2917	—
总值	15	4.5997		

17. 注释

17.1 仅适用于锦纶6和锦纶66。

17.2 可从ACGIH出版社获取，地址：Kemper Wood Center，1330，Kemper Meadow Dr，Cincinnati OH 45240；电话：513/742 - 2020；网址：www. acgih. org。

17.3 由于次氯酸钠溶液长时间会失去效力，建议对其定期进行标定。以下是测定次氯酸钠溶液有效氯的合适方法。取 10mL 次氯酸钠溶液在容量瓶中用水稀释至 250mL，从容量瓶中用移液管移取 25mL 的溶液注入到锥形瓶中，加入 3 ~ 5mL 浓度为 10% 的碘化钾，再加入 2 ~ 3mL 醋酸。充分混合后，用 0. 1N 的硫代硫酸钠滴定至碘化钾由黄色几乎变为无色时，再加入 5mL 淀粉指示剂继续滴定，直到蓝色完全消失。按照以下公式计算有效氯的质量百分比：

$$有效氯(\%) = 3.5 \times \frac{A}{B}$$

式中：A——所用的 0. 1N 硫代硫酸钠的体积数，mL；

B——所取的 10mL 次氯酸钠溶液的重量，g。

17.4 例外：当花型小于 15cm × 15cm 时，需要取足够数量的完整花型，且总面积不应小于 $225cm^2$。

17.5 无论何时对给定方法溶解特定纤维的有效性有怀疑时，或测试方法应用于新型纤维时，应检查称重后的过滤坩埚内的残余物。当混纺纤维是以下情况时应注意：(1) 一种大量的纤维与另一种(或多种) 微量的纤维混纺；(2) 一种微量的纤维与一种(或多种) 大量的纤维混纺。

17.6 如果使用机械振荡器，那么烧瓶应连续振荡 30min。

17.7 59. 5% 硫酸不能完全溶解棉，也有很少量的黏胶纤维出现不溶解的现象。另外，有些种类的黏胶在 59. 5% 硫酸溶液中不溶解，而是呈胶状(见下图)。当测定棉与黏胶混纺物时，应考虑上述偏差，多个实验室测试显示应使用下列公式计算试样的混纺比：

$$棉修正后的百分比含量 = \frac{aJ}{F} \times 100\% - 1.6$$

左边烧杯为胶状的莱赛尔纤维，右边烧杯为溶解的黏胶

式中：a——系数，对于原棉 $a = 1.062$，对于漂白棉 $a = 1.046$；

J——不溶物的干重；

F——处理前纤维的净干重。

修正后再生纤维素纤维的百分比含量 = 1 - 棉的修正后百分比含量

17.8 要特别留意试样在试剂中的处理时间和处理温度。如果任何一个条件达不到，则想要的纤维就不能完全溶解。如果任意一个条件超出了规定，则会导致对其他纤维的破坏。

17.9 机械振荡器可用于该目的。

17.10 对于花式机织物，取样要包括一个或多个完整花型中的所有纱线；如果花型过大，则取有代表性的部分花型。

17.11 亚麻纤维在织物或纱线中以纤维束形式存在，制备纤维悬浮液时大多数纤维束减少成了单纤维。如果有些纤维束在载玻片上出现，则应尽力数出纤维束中的每一根纤维。

17.12 可用常规显微镜观测纤维，如果有适当的校准装置，也可以测量纤维的直径。

17.13 关于使用楔形刻度尺记录单元数的更多信息，参见 ASTM D 2130《用投影显微镜测定羊毛和其他动物纤维直径的测试方法》中，如何用单元数确定纤维的平均直径的示例。

17.14 注意不要混用单位，如果有些纤维的直径以 μm 为单位，那么其他纤维的直径也应以 μm 为单位。计算时可用术语 D_i^2 与 D^2 分别替代

$D_i^2 \times \pi/4$ 和 $D^2 \times \pi/4$，如果这样，就不能用同一个公式计算横截面的面积和直径的平方。

17.15 能够使试剂加热至 150℃、加压至 2000 的任何萃取装置都可使用。这种快速溶剂萃取装置（ASE）是替代索氏萃取装置的一种合理的选择。

18. 参考文献

18.1 ASTM D 276，纺织品纤维鉴别标准测试方法。

18.2 ASTM D 629，纺织品定量分析标准测试方法。

18.3 ASTM D 1776，纺织品调湿和测试标准方法。

18.4 ASTM D 1909，纺织纤维商业回潮率标准表。

18.5 ASTM D 2130，用投影显微投影仪测定羊毛和其他动物纤维直径的测试方法。

18.6 ASTM D 4920，纺织品回潮率相关标准术语。

18.7 ASTM 方法可从 ASTM 获取，地址：100 Barr Harbor Dr，West Conshohocken PA 19428；电话：610/832－9500；传真：610/832－9555；网址：www. astm. org。

18.8 IWTO 测试方法草案 58～79，《用电镜扫描法定量分析羊毛和其他纤维的混纺物》描述了其他动物纤维和羊毛区分的方法，并给出了大量的例子。

AATCC 22-2010

拒水性：喷淋试验

AATCC RA63 技术委员会于 1941 年制定；1952 年、1996 年、2001 年、2005 年修订；1943 年、1961 年、1964 年、1967 年、1971 年、1974 年、1977 年、1980 年、1985 年、1989 年和 2010 年重新审定；1987 年、2008 年编辑修订；技术上等效于 ISO 4920。

1. 目的和范围

1.1 本测试方法适用于经过或未经过拒水整理的织物。评定织物对水的抗沾湿性，尤其适用于测定织物拒水整理的有效性。

1.2 本测试方法的结果取决于织物中纤维、纱线和织物结构的拒水性能。

2. 原理

在一定条件下，水喷淋到绷紧的试样表面，形成了一个润湿的图案，润湿图案的大小取决于织物的拒水性。用润湿图案与标准图片上的图案比较来评定试样的拒水性。

3. 术语

3.1 拒水性：纺织品中纤维、纱线或织物对水的抗湿性。

3.2 正面：纺织品中织物在最终产品上作为外面、可见面的那一面。

4. 安全和预防措施

本安全和预防措施仅供参考。本部分有助于测试，但未指出所有可能的安全问题。在本测试方法中，使用者在处理材料时有责任采用安全和适当的技术；务必向制造商咨询有关材料的详尽信息，如材料的安全参数和其他制造商的建议；务必向美国职业安全卫生管理局（OSHA）咨询并遵守其所有标准和规定。

遵守良好的实验室规定，在所有的试验区域应佩戴防护眼镜。

5. 使用和限制条件

测试仪器的轻便和操作简单以及测试程序的简短且简单，使得这个测试方法尤其适用于测定涂层整理织物。然而，这个方法不能用来预测织物的防雨渗透性，因为它不能测量水渗过织物的渗水性。若测定防雨渗透性，可以使用 AATCC 35《抗水性：淋雨测试》。

6. 仪器和材料

6.1 AATCC 喷淋测试仪（见 11.2，图 1 ~ 图 4）。

6.2 量筒，250mL。

6.3 水（蒸馏水）。

6.4 秒表（见 8.3）。

7. 试样准备

7.1 剪取三块试样，尺寸为 180.0mm × 180.0mm（7.0 英寸 × 7.0 英寸），测试前需放在相对湿度 65% ± 2% 和温度 21℃ ± 1℃（70℉ ± 2℉）的标准大气下调湿至少 4h。

7.2 如果可能，每块试样含有不同的经纱和纬纱。

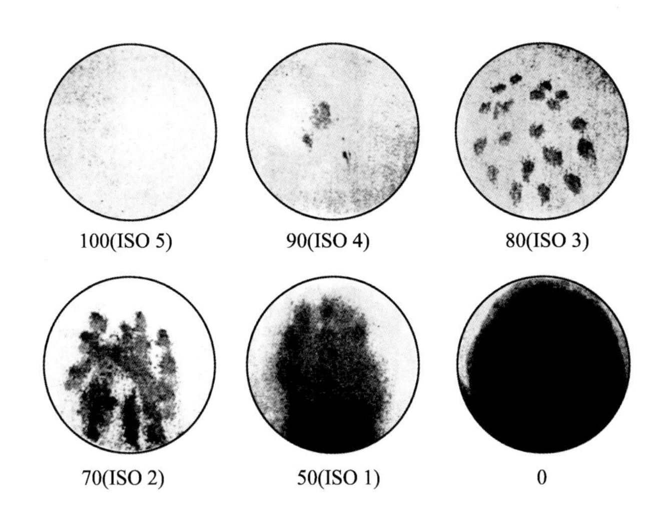

图 1　标准喷淋测试评级图片

（为了拍摄效果，使用有颜色的水）

100—样品表面没有润湿或附着水珠　70—样品表面喷射点以外也有润湿

90—样品表面有轻微不规则的润湿　50—样品表面喷射点以外完全润湿或附着水珠

80—样品表面喷射点以外也有润湿　0—样品表面完全润湿

图 2　AATCC 喷淋测试仪

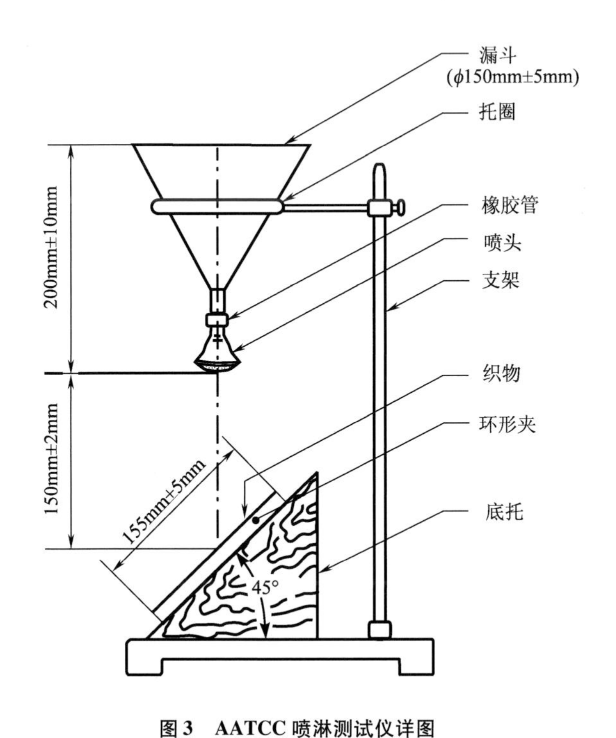

图 3　AATCC 喷淋测试仪详图

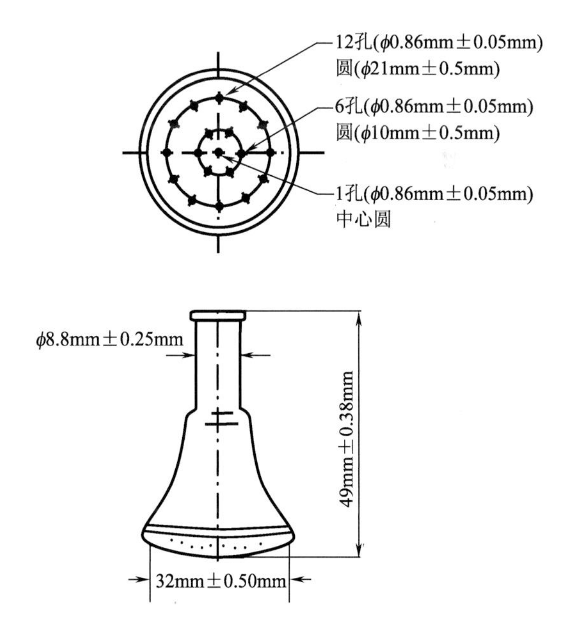

图 4　喷淋测试仪的喷头

8. 操作程序

8.1　检查仪器。将 250mL、27℃ ±1℃（80℉ ±2℉）的蒸馏水注入测试仪的漏斗中，测量漏斗中水漏空时所需要的时间。喷淋时间必须在 25～30s 之间，否则需要检查喷嘴是否有扩大或堵塞的现象。

8.2　将试样绷紧在直径为 152.4mm（6.0 英寸）的环形夹上，织物的正面要暴露在喷淋的水下。试样的表面应光滑、无折皱。

8.3 将装有试样的环形夹放在测试仪支架上，使喷淋图案的中心与环形夹的中心重合（见图3）。

如果是斜纹、华达呢、凹凸织物或类似凸条结构的织物，环形夹以织物用于最终产品的方向放置。

8.4 将27℃ ±1℃（80℉ ±2℉）、250mL的蒸馏水注入测试仪的漏斗中，并喷淋试样25~30s。

注水时，量筒避免与漏斗接触。因漏斗的移动会改变水喷淋在试样上的位置。

8.5 拿着环形夹的底边，织物正面朝下，对着一个硬物敲打一下手对着的环形边，然后旋转环形夹180°，再敲打一次（即先前手握着的点）。

8.6 重复8.2~8.5的程序，测试三块试样。

9. 评级和报告

9.1 轻敲后，立即将试样正面的湿润或斑点图案与评级图片（见图1）比较。根据最符合评级图片上的图案级数确定每块试样的级数。

9.1.1 对于50分或以上的（95、85、75、60）（见附录A中的流程图）图案，可以评定中间等级。

9.1.2 评定稀松机织物或多孔织物如巴厘纱的级数时，透过织物空隙的水应忽略。

9.2 报告每块测试样品的单个评级结果。

10. 精确度和偏差

10.1 精确度。

1994年进行了实验室间的比对，建立了本测试方法的精确度。六个实验室各两人参加，分别在两天内评定三块织物，每块织物测试三次。结合每个实验室得到的数据并分析（这里需要平均单个评级结果），显示两天之内的结果没有明显差异。

10.1.1 喷淋评级图片是离散且不连续的，但由于其结果是基于平均值产生的，因而具有一定的参考性。同样，评级是根据所研制出的评级标准（图卡）评定的，而不是任意的视觉评定。为此，RA63委员会在确定本方法精确度使用偏差分析时做了评定。

10.1.2 在该研究中使用的三块织物的喷淋等级在100~80的范围内。显然，在此基础上对本测试方法精确度的范围是有限的。但这是目前评定精确度最好的也是仅有的方法，因而这个方法的使用者仍可以用此精确度。在比较织物的喷淋级别时，鼓励实验室用先前已做过任何试验比对的已知性能的试验织物，建立起自己的水平，并在统计控制下进行试验方法的操作。

10.1.3 工厂经验一致表明，当喷淋评级结果在100附近时，评级偏差非常小，随着评级结果下降，评级偏差会不断增加。本次研究结果与上述经验一致。因此，临界偏差分别在这两个评级结果中得到。

10.1.4 对于两个织物水平下单个织物的精确度参数在表1和表2中给出。

表1 喷淋评级等级——80的偏差构成

$V_{lab}=17.2222$，$V_{op}=9.2593$，$V_{err}=9.3750$

单个织物精确度参数			
N	单个操作者	实验室内	实验室间
1	8.5	12.0	16.6
2	6.0	10.4	15.5
3	4.9	9.8	15.1
4	4.2	9.4	14.9
5	3.8	9.2	14.8

表2 喷淋评级等级——100的偏差构成

$V_{lab}=0$，$V_{op}=0.6945$，$V_{err}=4.4841$

单个织物精确度参数			
N	单个操作者	实验室内	实验室间
1	5.9	6.3	6.3
2	4.2	4.8	4.8
3	3.4	4.1	4.1
4	2.9	3.7	3.7
5	2.6	3.5	3.5

10.2 偏差。这个测试方法没有已知的偏差。没有测定喷淋等级真值和找到本方法中任何存在的偏差的参考方法。

11. 注释

11.1 有关适合测试方法的设备信息，请登录 www. aatcc. org/bg，浏览在线 AATCC 用户指导，见 AATCC 企业会员所能提供的设备和材料清单。但 AATCC 未对其授权，或以任何方式批准、认可或证明清单上的任何设备或材料符合测试方法的要求。

11.2 AATCC 喷淋测试仪由环形夹、喷嘴、漏斗、支架和喷淋测试评级图片组成，可从 AATCC 获取。地址：P. O. BOX 12215，Research Triangle Park NC 27709；电话：919/549 - 8141；传真：919/5498933；电子邮箱：orders @ aatcc. org；网址：www. aatcc. org。

附录 A 评级和报告的流程图

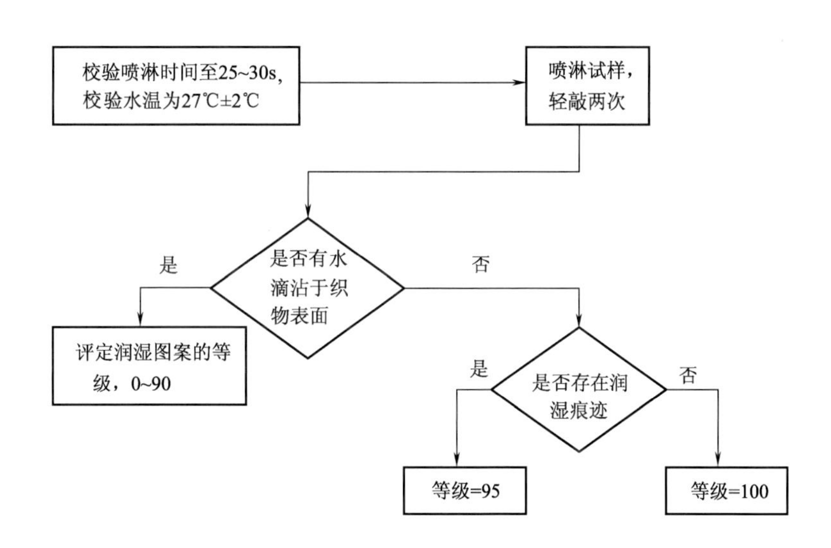

AATCC 23 -2010

耐烟熏色牢度

AATCC RA33 技术委员会于 1941 年制定；1946 年、1952 年、1957 年、1962 年、1972 年、2005 年修订；1971 年、1975 年、1983 年、1989 年重新审定；1981 年、1983 年、1985 年、1995 年、1996 年、1997 年、2008 年编辑修订；1988 年、1994 年、1999 年、2004 年、2010 年编辑修订并重新审定。技术上等效于 ISO 105 - G02。

1. 目的和范围

1.1 本测试方法用于测定所有种类和类型的纺织品暴露于天然气燃烧后产生的氮氧化物气体中的抗褪色能力，特殊情况见 11.8。

1.2 本测试方法也可用于评定染料的染色牢度。采用规定程序对纺织品进行一定深度的染色，然后对染色后的纺织品进行测试，评定染色牢度。

2. 原理

将一块纺织品试样和一块试验控制标样同时暴露在天然气燃烧后产生的氮氧化物气体中，至控制标样颜色变化达到相应的褪色标准时结束。用标准变色灰卡来评定试样颜色的变化。如果试样在一段暴露周期内或一个试验循环后颜色没有明显的变化，可以继续暴露，直到达到规定的暴露时间或规定的变色级别时结束。

3. 术语

3.1 烟熏：照明或加热气体燃烧后产生的含有氮氧化物的气体。

3.2 色牢度：材料加工、检测、储存或使用过程中，暴露在可能遇到的任何环境下，抵抗颜色变化或（和）颜色向相邻材料转移的能力。

4. 安全和预防措施

本安全和预防措施仅供参考。本部分有助于测试，但未指出所有可能的安全问题。在本测试方法中，使用者在处理材料时有责任采用安全和适当的技术；务必向制造商咨询有关材料的详尽信息，如材料的安全参数和其他制造商的建议；务必向美国职业安全卫生管理局（OSHA）咨询并遵守其所有标准和规定。

4.1 遵守良好的实验室规定，在所有试验场所佩戴防护眼镜。

4.2 所有化学物品应当谨慎使用和处理。

4.3 斯托达德溶剂（干洗溶剂）是一种中等危害程度的易燃液体，应避免在明火附近使用。用此溶剂浸透的织物应在通风良好的通风橱内干燥。处理斯托达德溶剂时，应该使用化学护目镜或面罩、防渗透手套和防渗透围裙。

4.4 四氯乙烯是有毒物质，皮肤反复接触以及食入四氯乙烯会引起中毒。仅限在通风效果良好的环境中使用。通过实验室动物的四氯乙烯毒理学的研究发现：大鼠和小鼠长时间接触浓度为 100 ~ 400mg/kg（ppm）的四氯乙烯蒸汽后有癌变迹象。因此，用四氯乙烯浸透的织物应在通风良好的通风橱内干燥。处理四氯乙烯时，应该使用化学护目镜或面罩、防渗透手套和防渗透围裙。

4.5 应该在实验室附近安装洗眼器/安全喷淋器和有机蒸汽呼吸器以备急用。

4.6 本测试法中，人体与化学物质的接触限度不得超过官方的限定值［例如，29 CFR 1910.1000

中，美国职业安全卫生管理局（OSHA）允许的暴露极限值（PEL）。最新版见 www. osha. gov]。此外，美国政府工业卫生师协会（ACGIH）的阈限值（TLVs）由时间加权平均数（TLV - TWA）、短期暴露极限（TLV - STEL）和最高极限（TLV - C）组成，建议将其作为人体在空气污染物中暴露的基本准则并遵守（见 11.1）。

5. 设备、材料和试剂

5.1 烟熏仓（见 11.2）。

5.2 1 号控制标样（见 11.3）。

5.3 褪色标准（见 11.3）。

5.4 变色灰卡（见 11.9）。

5.5 天然气（见 11.6）。

5.6 尿素溶液（见 11.10）。

5.7 矿物油精。

5.8 四氯乙烯。

5.9 三氯乙烯。

5.10 1993 AATCC 标准洗涤剂 WOB（见 11.9）。

6. 试样

试样尺寸为 5.0cm × 10.0cm。如果试样需要除皱，将样品夹在两层紧密的机织棉布间熨平，或用蒸汽压熨机熨平（见 11.4）。

6.1 评价试样在存储及使用过程中的耐氮氧化物色牢度，应用一块原样进行测试。

6.2 评价试样经干洗后的耐氮氧化物色牢度，可将一块试样浸在冷矿物油剂中 10min，然后挤压脱液，在空气中干燥。另一块试样浸入冷四氯乙烯中 10min，挤压脱液，在空气中干燥。也可用三氯乙烯代替四氯乙烯。试验前应保留一块干洗的试样，以便与试验后的干洗试样对比。

6.3 评价试样水洗后的耐氮氧化物色牢度（见 11.5），除非另外规定洗涤方法，一般应在温度为 41℃ ±3℃，5g/L 1993 AATCC WOB 标准洗涤剂的洗涤液中，将试样洗涤 10min，水的硬度约为零，然后用温水漂洗，在空气中干燥。试验前保留一块水洗后的试样以便与试验后的试样对比。

7. 操作程序

7.1 将试样和一块控制标样自由悬挂在烟熏仓内，彼此不接触，也不与任何热的金属表面直接接触。点燃气体燃烧器，调整火焰和通风装置，使烟熏仓内的温度不超过 60℃（见 11.7 和 11.8）。将试样放在烟熏仓中，直至在日光（采用从一般光线到轻微偏蓝的北光）或等效人造光源下对比，控制标样的颜色变化与褪色标样相同时结束。

7.2 然后从烟熏仓中取出试样，并立即用变色灰卡评定每块试样变色。

7.3 从烟熏仓取出试样后，试样暴露于氮氧化合物环境下，颜色可能会继续变化。这种情况下，可用目光或仪器再做一次或几次评定。如果进行了再评定，需立即将试样及其控制标样和几块原样及其控制标样投入到尿素缓冲溶液中（见 11.10）浸泡 5min。然后挤压出试样和原样中多余溶液，彻底漂洗干净。在不超过 60℃的空气中干燥试样。

7.4 第一个周期试验后，将没有变色的试样和没有经尿素缓冲溶液处理过的试样，连同一块新的控制标样一起放回到烟熏仓中继续测试，直到第二块控制标样的颜色变化与褪色标样一致。

7.5 重复上述测试，直到完成规定的周期数或试样达到指定的变色程度时为止。

8. 评价

8.1 在每一个周期试验后，将试样从烟熏仓中取出，立即与它们各自保留的原样进行对比。

8.2 在达到规定的周期数后，用变色灰卡（AATCC EP1）或 AATCC EP7：仪器评价试样变色来评定试样颜色的变化，记录与灰卡颜色最接近的级数，并报告周期数（见 11.11）。

9. 报告

报告每一个试样的变色级数和试验周期数、平均温度。如果提高了湿度，报告提高湿度所采用的方法。

10. 精确度和偏差

10.1 精确度。本试验方法的精确度还未确立，在其产生之前，采用标准的统计方法比较实验室内或实验室之间的试验结果的平均值。

10.2 偏差。耐烟熏色牢度只能根据某一测试方法对其进行定义。没有独立的方法测定其真实值。作为评价这一性能的手段，该方法无已知偏差。

11. 注释

11.1 可从 ACGIH 获取：地址：Kemper Woods Center，1330 Kemper Meadow Dr，Cincinnati OH 45240；电话：513/742 - 2020；网址：www. acgih. org。

11.2 烟熏仓。

11.2.1 烟熏仓可以有各种不同结构，但必须是密闭的，这样试样可以暴露在气体燃烧器燃烧产生的副产物的大气里。这个设备需要装配一些相应的附件支撑试样，同时使气体可以自由地围绕试样循环，并使试样仅在悬挂点这一小点上与热金属表面直接接触。为了保证尽可能让所有的样品暴露在同样的气体浓度、温度和湿度的条件下，可使用电动机驱动风扇使空气在试验仓流动，或使用电动机驱动样品架在烟熏仓中旋转。安装在气炉火焰顶点的可调通风口或节气闸以及气体燃烧火焰高度都可以用来调节烟熏仓内的温度。但是烟熏仓的温度和湿度会随其所处房间的温度和湿度而变化。

11.2.2 几种合适的设备在 American Dyestuff Reporter，July 22，1940 中列出。适当的仪器的图纸可从 AATCC 获取，地址：P. O. Box 12215，Research Triangle Park NC 27709；电话：919/549 - 8141；传真：919/549 - 8933；电子邮箱：orders@aatcc. org。

11.3 试验控制和褪色标样。

11.3.1 试验控制标样是醋酯纤维缎经 0.4% 的染料索引中分散蓝 3 染色而成。散利通蓝 FFRN 的褪色特性被人们所熟知，也可作为试验控制标样的染色剂。其他染料索引中分散蓝 3 染料褪色特性不同。

11.3.2 选择新泽西南部的三个不同的地方，将若干块原始控制标样悬挂六个月。假设这些地区的大气具有平均的氮氧化物浓度。试验结束后，收集三个地区的样本并与原样对比，所有试样的变色几乎都相同，与原样对比颜色变浅变红。将褪色区域与用还原染料染色的醋酯纤维缎对比，就得到了本批控制标样的最初的褪色标样。经过暴露的控制标样即使在少量氮氧化物中仍然继续变色，不如以上方法产生的褪色标样持久。

11.3.3 不同批次、不同来源的染料和未染色织物会造成原始颜色及褪色速率的差异，因此有必要为每批染色的控制标样精确地设定一个新的褪色标样，这样使用不同批的控制标样和其对应的褪色标样时，能获得可比的测试结果。试验时，只能使用与控制标样相对应的褪色标样。

11.3.4 最初一批控制标样的褪色标样是由醋酯纤维缎用还原染料染色而成。在后来的控制标样和褪色标样制备过程中，人们发现在黏胶纤维缎上使用直接染料可以产生更好的褪色对比效果。此褪色标样大致通过以下配方染制而成：按照织物重量，加入 0.300% 的染料索引中直接蓝 80 和 0.015% 的染料索引中直接紫 47。

11.3.5 试验控制标样和褪色标样都要妥善保存在适当的容器或盒子内，以免在运输和储存过程中接触氮氧化物或其他大气中可能存在的污染物而发生变色。

11.3.6 控制标样对臭氧等其他大气污染物也较敏感。其褪色速率随湿度、温度不同发生显著变化，不建议在自然或最终测试中将控制标样用于评定在氮氧化物中的暴露。由此产生的变色是大气污染物、温湿度变化共同作用的结果，而不仅仅是暴露在氮氧化物中产生的结果。

11.3.7 一套密封的试样控制标样包括18.29m、宽5.08cm，有规定批号的带状物和相对应的褪色标准试样。可从 Test fabrics Inc 获取，地址：P. O. Box 26，41.5 Delaware St，W Pittston PA 18643；电话：570/603 - 0432；传真：570/603 - 0433；电子邮箱：testfabric @ aol. com；网址：www. testfabric. com。

11.4 熨烫加热。

当用一个足够热的熨斗熨烫醋酯纤维面料上所有褶皱时，有可能使织物表面封闭，提高了织物的耐燃气烟熏色牢度。因此，这种方法可能会影响测试结果的准确性，应避免在此类织物上使用。

11.5 干洗和水洗试样。

目前，几乎所有可用的抑制剂都不同程度地溶于水，因此水洗时易洗除。而这些抑制剂基本不溶于普通的干洗溶剂中，因此经适当抑制剂整理的织物，在数次干洗之后应能保留其耐燃气烟熏色牢度（如果干洗操作不包括水渍或用海绵蘸水擦拭）。织物频繁与汗液接触也容易使抑制剂失效。

11.6 气体。

本试验使用的照明气体，包括天然气和人工煤气由马萨诸塞州、康涅狄格州、罗德岛、纽约、新泽西、宾州和特拉华州的气体公司提供。所有试验结果基本相同。可以使用任何一种燃烧器。亮（黄色）火焰或者蓝绿色火焰都可用，但是多选用后者，因为它可以避免产生烟尘。在燃气火焰的红白焰之间放置一个金属丝网，可以提高燃气产生的氮氧化物（褪色气体）的含量，因此可以加快样品的褪色。用黄铜、铁、锰镍合金和不锈钢丝网实际上取得的效果相同。有争议或比对试验时应使用罐装压缩丁烷（c. p. ）。

11.7 试验温度。

其他条件均相同的条件下，样品的褪色随烟熏仓内温度变化而变化，而温度变化又取决于一定时间内燃气的消耗量。样品在60℃下暴露8 ~ 12h 所产生的颜色变化与样品在21 ~ 27℃下暴露96h 所产生的颜色变化相同。此外，在烟熏仓内的不同位置，温度有时也有略有差异。

11.8 试验湿度。

醋酯纤维、三醋酯纤维和聚酯纤维的织物，其染料的褪色性能可以在较低相对湿度、温度近60℃的烟熏仓内测定。对于其他的纤维，如锦纶、黏胶纤维或棉，需使用较高湿度才能达到与其使用性能接近的效果。建议提高烟熏仓湿度的方法如下：盛满水的容器放在烟熏仓底部。如果使用了这种或其他方法提高了烟熏仓的湿度，报告中需注明。

11.9 可从 AATCC 获取，地址：P. O. Box 12215，Research Triangle Park NC 27709；电话：919/549 - 8141；传真：919/549 - 8933；电子邮箱：orders@ aatcc. org；网址：www. aatcc. org。

11.10 尿素溶液。

向10g/L 的尿素缓冲液（$NH_2—CO—NH_2$）中加入0.4g 二水合磷酸二氢钠（$NaH_2PO_3 \cdot 2H_2O$）、2.5g 十二水合磷酸氢二钠（$Na_2HPO_3 \cdot 12H_2O$）以及0.1g 或更少的阴离子表面活性剂，调节 pH 值至7。

11.11 如果事实证明，与有经验的评级者目测评定相比，自动电子评级系统可以提供相同结果并表现出相当或更高的重复性和再现性，也可使用该系统进行评级。

AATCC 26 -2009

硫化染料染色纺织品的老化测试：加速法

AATCC RR9 技术委员会于 1943 年制定；1952 年、1975 年修订；1944 年、1972 年、1978 年、1983 年、1988 年、1989 年、1999 年重新审定；1990 年编辑修订；1994 年、2004 年、2009 年编辑修订和重新审定。

1. 目的和范围

本测试方法描述了一种用来确定经硫化染料染色的纺织材料在通常储存条件下是否会老化变坏，以及确定老化程度的程序。

2. 原理

试样在可控潮湿大气条件下，进行蒸汽老化试验，通过试样的强力损失来判定是否存在储存老化的可能性。

3. 术语

3.1 加速老化：在纺织品加工和测试中，通过控制相关环境条件，加速纺织材料的物理性能和（或）化学性能变化。

3.2 硫化染料：一种含硫染料。硫既作为载色体的一个必要组成部分，又附于多硫化合物分子链中，通常在碱性溶液中用硫化钠还原成可溶的隐色母体，然后再在纤维中经氧化成不溶物质。

4. 安全和预防措施

本安全和预防措施仅供参考。本部分有助于测试，但未指出所有可能的安全问题。在本测试方法中，使用者在处理材料时有责任采用安全和适当的技术；务必向制造商咨询有关材料的详尽信息，如材料的安全参数和其他制造商的建议；务必向美国职业安全卫生管理局（OSHA）咨询并遵守其所有标准和规定。

遵守良好的实验室规定，在所有的试验区域应佩戴防护眼镜。

5. 仪器

5.1 常规的实验室干燥烘箱（见 10.1），能够均匀加热并控制温度至 ±2℃（±4℉）。应配有通风装置和提供湿气的装置（见 10.2）。

5.2 水蒸气老化器（见 10.3），配有可调节得到均匀的蒸汽流和温度的适当装置。

6. 试样准备

选取合适的测试试样和该样品相应的空白样，即染色的和未染色的。

7. 操作程序

7.1 烘箱内测试。将测试样放在 135℃ ±2℃（275℉ ±4℉）的烘箱中连续加热 6h。在第 2h、3h、4h、5h 和 6h 开始时，关闭烘箱的排气口或通风口，然后按照烘箱的容积进行加水，每 0.03m^3（1.0 立方英尺）的容积加入 20mL 水。通风口关闭时间为 5min，然后再打开，剩余时间内循环继续进行。作为一种备选的方法，在每一小时结束时，把试样从烘箱中取出，在蒸汽中完全加湿，然后放回烘箱。第 6h 加热结束后，从烘箱中取出试样，如果条件允许，把试样放入恒温恒湿室。

备选的烘箱内测试。将试样放在135℃ ±2℃（275℉ ±4℉）的烘箱中连续加热6h。测试初始，在烘箱中按照烘箱的容积进行加水，每0.03m^3（1.0立方英尺）的容积加100mL水，装水的容器表面积约为413cm^2（64平方英寸）。在整个测试过程中，排气口或通风口保持打开状态。6h加热结束时，从烘箱中取出试样，如果条件允许，把试样放入恒温恒湿室。在上述条件下，水的蒸发大概需要1.75～2.0h。

7.2 蒸汽老化器内测试。老化时可将试样悬挂，或者将其用大头针钉在框架上，然后置于蒸汽老化器中，呈金字塔形状，底部用一个隔板作为支撑。测试样在103kPa（15磅）的饱和蒸汽中老化8h，或者在51.7kPa（7.5磅）的饱和蒸汽中老化16h。老化结束后，将试样从蒸汽老化器中取出，如果条件允许，把试样放入恒温恒湿室。

8. 结果评定

根据经老化处理试样的断裂强力（见10.4），来确定试样老化的退化程度。在进行断裂强力测试（见10.5）之前，试样和未经老化处理的空白样应该在相对湿度65% ±2%和温度21℃ ±1℃（70℉ ±2℉）的标准大气条件下调湿16h。应至少测得10组有效的断裂强力数据，然后取其平均值。以空白样的强力值为基准，计算出试样断裂强力值的损失（或提高）百分比，以该百分比数据作为结果报告。

9. 精确度和偏差

9.1 精确度。本测试方法的精确度评价尚未确立。在这个方法的精确度产生之前，用标准统计学技术进行实验室内部或不同实验室之间测试结果的对比。

9.2 偏差。硫化染料染色纺织品的加速老化方法的偏差仅能依据一种测试方法来定义。尚没有独立的方法确定其真值。作为这一特性一种评价手段，本方法没有已知偏差。

10. 注释

10.1 本测试中使用的烘箱可以是用常规材料普通设计构造的烘箱，只要加热过程中发热元件或构造材料不会释放出影响测试结果的气体就可以。烘箱所放测试材料的数量必须和烘箱的容积具有确定的联系，每0.03m^3（1.0立方英尺）的烘箱放入25g的测试材料，这个比例是恰当的。

10.2 温度控制必须精确到 ±2℃（±4℉）。注意确保温度计的读数是试样测试区域内部的真实、准确的温度。

10.2.1 烘箱应该配备有合适尺寸的风口或通风孔，以确保烘箱内的空气约2min交换一次，加湿时除外。这可通过自然对流或循环系统得以实现。加湿时关闭风口或者通风孔，使湿气停留在烘箱中一定的时间。

10.2.2 每隔特定的时间间隔，让一定量的水或蒸汽进入烘箱。可以从烘箱的顶端或者侧面进入。为了实现快速蒸发，在加热的物体块上加必要量的水。为了达到相对快速的蒸发，每小时加入的每克水需要的加热材料为100g。每小时加入的水量要足以使蒸汽在正常大气压下充满整个烘箱。在大气压下和135℃（275℉）条件下20mL水可产生0.03m^3（1立方英尺）的蒸汽。除了可以实现水的快速蒸发之外，（加热的）金属块或其他材料还起到温度平衡器的作用，并防止由于所加水蒸发吸收热量而引起温度的突然降低。符合ASTM规格的用于橡胶加速老化测试，配备了自动加湿控制装置的烘箱，可以适用本实验（见ASTM E 145）。

10.2.3 必须预先采取措施固定试样，防止测试样接触到烘箱内的热金属部分。一种适当的方法就是将试样悬于玻璃杆或木杆上，使试样彼此之间或与烘箱面不发生接触。试样必须放在烘箱中温度均匀稳定的位置，并且确保所有测试样品的整体处于相同的温度、相同的湿度和气压变化条件下。

10.3 一个典型的蒸汽老化器主要由一个封闭的圆筒组成，该圆筒长为58cm（23英寸），内径为38cm（15英寸），圆筒的一端是一个两面皆可推拉开关的门。圆筒表面有一个凹槽，凹槽里面嵌有垫圈，门被杠杆夹具紧紧地固定在凹槽上。这个仪器上配有压力计，温度自动记录仪，带有手关式流体控制阀的进汽口、小活栓、汽水阀，顶部带有薄的不锈钢金属片挡板，防止冷凝水滴入。一个56cm×36cm（22英寸×14英寸）覆盖着粗布的木质框架，可用作底部挡板以防止可能发生的喷洒，它由沿着中心侧边突出的螺栓支撑。不过，任何可以适当控制得到均匀蒸汽流和稳定气压的蒸汽老化器，都适合用于本测试。

10.4 由于测试结果只是相对的，并非绝对的，所以任何可使被测试样断裂的断裂强力仪都是适用的。

10.5 如果可能，断裂强力测试应当在上面所述的一定的可控湿度的大气条件下进行。

AATCC 27 -2009

润湿剂：再润湿剂的评价

AATCC RA8 技术委员会于 1944 年制定；2003 年将权限转至 AATCC RA63 技术委员会；1952 年修订；1971 年、1974 年、1977 年、1980 年、1989 年、1999 年和 2009 年重新审定；1985 年、1994 年和 2004 年编辑修订并重新审定；1988 年、1991 年、1992 年和 2008 年编辑修订。

1. 目的和范围

本测试方法适用于测定在棉织物中使用的商业再润湿剂效果。

2. 原理

将试样经再润湿剂水溶液浸轧后干燥，然后在其拉紧的表面上小心地滴一滴水，水滴的镜面反射时间为再润湿时间。

3. 术语

3.1 再润湿剂：用于纺织品准备、染色和整理的一种表面活性剂，纺织品应用润湿剂后干燥，可以提高水溶液对纺织品的快速润湿能力。

3.2 润湿剂：一种化合物，加入水中后，可降低液体的表面张力及其与固体间的界面张力。

4. 安全和预防措施

本安全和预防措施仅供参考。本部分有助于测试，但未指出所有可能的安全问题。在本测试方法中，使用者在处理材料时有责任采用安全和适当的技术；务必向制造商咨询有关材料的详尽信息，如材料的安全参数和其他制造商的建议；务必向美国职业安全卫生管理局（OSHA）咨询并遵守其所有标准和规定。

4.1 遵守良好的实验室规定，在所有的试验区域应佩戴防护眼镜。

4.2 观察浸轧机时要注意安全。浸轧时切勿移动安全装置，尤其是在夹持点处要确保足够的安全。推荐使用脚踏开关。

5. 设备和材料（见9）

5.1 再润湿剂。

5.2 相当厚重的本色棉布，未经煮练、漂白或退浆，本方法建议使用棉缎。

5.3 小浸轧机，带有临时浸轧槽的家用绞干机也可代替小浸轧机。

5.4 绣花绷，15.2cm（6 英寸）。

5.5 滴定管，15 ~25 滴/mL。

5.6 秒表。

5.7 恒温恒湿室，保持室内温度为 21℃ ±1℃（70℉ ±2℉），相对湿度为 65% ±2%。在一般的实验条件下也可得到满意的比较结果，但在标准条件下结果的重现性更好。

6. 操作程序

6.1 再润湿剂的应用。取一定量的再润湿剂样品放入小烧杯或勺皿中，然后加入 100mL 热水制成再润湿剂溶液。加热一定时间使溶液温度至 97℃（200℉）以上，然后用热水稀释至 1L。浸轧机槽内的应用溶液温度为 70℃ ±3℃（158℉ ±5℉）。

6.2 调节浸轧机使其能够均匀连续地挤压。使用家用绞干机时，旋转碟型螺母半打圈数也可得到满意的效果。

6.3 将一条棉缎布通过再润湿剂溶液反复浸轧三次，以确保棉缎布被彻底地均匀浸透，使其带液率为布重的60% ~90%。

6.4 将浸轧过的棉布在温度约为82℃（180℉）的空气中干燥30min。

6.5 每个有代表性的再润湿剂需要准备四条棉缎布，而每个再润湿剂需要分别测试四种浓度，浓度通常配成2.5g/L、5.0g/L、10.0g/L和20.0g/L的再润湿剂。

6.6 再润湿。将经过浸轧、干燥和调湿的正方形棉布固定在绣花绷上，调节装有蒸馏水或自来水（均适用于该测试）的滴定管，使21℃ ±1℃（70℉ ±2℉）的水滴定速度约为1滴/5s，将绷紧的布面置于滴定管下端约1cm（0.375英寸）。当水滴滴落到布面时，开始计时；当布面上水滴的镜面反射消失时，停止计时。

在观察者和光源（如一个窗口）之间需调整绣花绷的位置来确定该点，使得那个角度可以清楚地观察到变平的水滴表面的光的镜面反射情况。当水滴逐渐被吸收，反射面也逐渐缩小直至最后完全消失，只剩下一个湿印，此时是计时终点。

7. 评定

7.1 读取再润湿时间简单且快速，因此，每个浓度读取10个再润湿时间。在双对数坐标纸上以浓度为横坐标（*X*轴），将不同浓度（2.5g/L、5.0g/L、10.0g/L和20.0g/L再润湿剂）溶液的每滴消失的平均时间对浓度作图。四点尽可能描成近似一条直线。

7.2 从这条水滴消失时间对浓度的关系直线上，找到水滴消失时间为10s时对应的浓度，该浓度被称为该样品的再润湿浓度。第二种再润湿剂相应的再润湿浓度也可确定。通过这些数字简单的比例关系，可以计算出多少份第二种再润湿剂与100份第一种再润湿剂（或基准样品）的再润湿作用相同。

8. 精确度与偏差

8.1 精确度。尚没有建立本标准的精确度。在这种测试方法的精确度说明被建立之前，可以用标准的统计学方法对实验室内部或实验室之间结果平均后比较。

8.2 偏差。可以仅根据一种测试方法来衡量再润湿剂，没有独立的方法来确定其真值。作为估计这一性能的方法，该方法偏差未知。

9. 注释

有关适合测试方法的设备信息，请登录http：//www.aatcc.org/bg。AATCC提供其企业会员单位所能提供的设备和材料清单。但AATCC没有给其授权，或以任何方式批准、认可或证明清单上的任何设备或材料符合测试方法的要求。

AATCC 30 - 2004

抗真菌活性：纺织品防腐和防霉性能评价

AATCC RA31 技术委员会于 1946 年制定；1952 年、1957 年、1971 年、1981 年、1987 年、1988 年（标题更改）、1993 年、1999 年修订；1970 年、1974 年、1979 年、1989 年、1998 年重新审定；1986 年、2004 年编辑修订并重新审定。

1. 目的和范围

本测试方法有两个目的，一是用于测定纺织品防霉和防腐性能；二是评价纺织材料的抗真菌剂效果。

2. 原理

2.1 试验Ⅰ、Ⅱ、Ⅲ、Ⅳ可以依据纺织品的使用条件单独或组合使用，例如，如果最终成品会与土壤接触，按模拟这种接触的试验Ⅰ进行测试；如果成品不会与土壤接触或不在炎热环境下使用，应采用剧烈程度较低的测试方法（Ⅱ或Ⅲ），测试方法Ⅱ规定用于含纤维素的材料，其他材料用方法Ⅲ；方法Ⅳ用于户外或地面以上使用的材料。评价纺织材料上的霉菌的生长需要着重考虑到两方面：（1）纺织品实际变质（腐烂）；（2）有霉菌生长，但不一定腐烂，只是外观霉变，并经常伴有难闻的霉味。

2.2 当规定的最终用途很重要时，可能要指明预先对纺织品进行一定程度的预处理（见附录A）。如果产品最终在高温附近使用，而其中的杀真菌剂可能会挥发，则需要将纺织品放在烘箱中预烘；如果产品最终在高热或户外雨天条件下使用，在评价发霉前需先淋洗；尽可能在试验前将纺织品放在预期条件下处理。

3. 术语

3.1 防霉（抗霉）：当纺织材料处于适合微生物繁殖的条件下时，抵御不可见真菌繁殖并伴生令人不快的、发霉气味的能力。

3.2 防腐：纺织材料抵御因真菌在其内部或外表繁殖而导致的变质的能力。

注：这种变质通常采用拉伸强力的损失进行评价。

4. 安全和预防措施

本安全和预防措施仅供参考。本部分有助于测试，但未指出所有可能的安全问题。在本测试方法中，使用者在处理材料时有责任采用安全和适当的技术；务必向制造商咨询有关材料的详尽信息，如材料的安全参数和其他制造商的建议；务必向美国职业安全卫生管理局（OSHA）咨询并遵守其所有标准和规定。

4.1 本测试只能由受过训练的人员操作。参阅美国健康与社会服务部出版的《微生物和生物化学实验室的生物安全》（见 24.1）。

4.2 警告：本测试中所用到的某些微生物会引起过敏或致病，如可能使人感染和产生病菌。因此，应采取一切必要和合理的措施，消除实验室以及相关环境中人员的这种风险。进行微生物操作时应穿着防护服，佩戴呼吸器和防渗透手套。注意：选择能防止孢子侵入的呼吸器。

4.3 遵守良好的实验室规定，在所有的试验区域应佩戴防护眼镜。

4.4 所有化学物品应当谨慎使用和处理。

4.5 在附近安装洗眼器/安全喷淋装置以备急用。

4.6 所有污染的样品和测试材料必须经过消毒灭菌后才能处理。

4.7 本测试法中，人体与化学物质的接触限度必须达到或低于官方的限定值［例如，美国职业安全卫生管理局（OSHA）允许的暴露极限值（PEL），参见1989年1月1日实施的29 CFR 1910 1000］。此外，美国政府工业卫生师协会（ACGIH）的阈限值（TLVs）由时间加权平均数（TLV－TWA）、短期暴露极限（TLV－STEL）和最高极限（TLV－C）组成，建议将其作为人体在空气污染物中暴露的基本准则并遵守。

测试方法Ⅰ 土壤埋藏法

5. 范围

一般认为本方法对纺织品是最严格的试验方法。只对直接与土壤接触的样品才使用，如沙袋、防水布、帐篷等需要按本方法测试。本方法也用于纺织品杀真菌剂的试验。

6. 试样

试样制备。试样尺寸为（15.0cm ±1.0cm）×（4.0cm ±0.5cm）［（6.0英寸 ±0.4英寸）×（1.5英寸 ±0.2英寸）］，长度平行于经向，拆纱使其宽度为2.5cm ±0.1cm（1.0英寸 ±0.04英寸），或者在织物每2.5cm（1.0英寸）纱线根数不超过20根的情况下，预先确定纱线根数使其宽度达到2.5cm ±0.1cm（1.0英寸 ±0.04英寸）。可用裁样器（见24.3）。样品数量视情况而定。建议每种经抗菌整理的织物、试验控制织物和标准织物各取五块。

7. 操作程序

7.1 真菌活性控制织物。将未经抗菌整理的克重为271g/m²（8盎司/码²）的棉布在试验用土中放置7天，在此期间检验真菌活性。如果7天后与土壤接触的真菌活性控制织物的断裂强力损失90%，则认为该土壤可以用于测试。

7.2 土壤。将风干的试验用土（见24.4）倒入盘子、盒子或任何适当的容器中，土壤厚度为13.0cm ±1.0cm（5.1英寸 ±0.4英寸）。逐渐加水混合（不要成为泥浆），使土含湿量达到最适宜的状态。放置24h后，用孔径为6.4mm（0.25英寸）的筛子过筛，并用适当的盖子盖住土壤容器，保持含湿量一致。测试期间，土壤的含湿量应保持在25% ±5%之间（相对于干重）。如果环境湿度保持在83% ±3%以上，则水分的损失可忽略。

7.3 培养。试样平埋在10.0cm ±1.0cm（3.9英寸 ±0.4英寸）的土壤里，留出至少2.5cm（1.0cm ±0.2英寸）的空间，覆盖铺上2.5cm ±0.5cm的试验土壤。根据要求的严格程度，以及其他对协议双方很重要的因素，培养时间为2～16个星期不等。测试期间，温度保持在28℃ ±1℃（82℉ ±2℉）。

8. 评价与报告

8.1 强力损失的测定。取出样品，用水轻柔洗涤，室温下干燥22h ±4h，然后置于温度为24℃ ±3℃和相对湿度为64% ±2%条件下调湿24h。按ASTM D 5035《织物断裂强力和伸长标准测试法（条样法）》测定断裂强力，夹钳为25mm ×75mm（1英寸 ×3英寸），隔距为样品长度的25%。每两个星期测试一次，或按最终使用者规定。

8.2 报告。报告织物接触土壤的时间，相对于未埋织物、所有埋前经过预处理的织物的残留断裂强力百分数，以及未经抗菌整理试样和/或存活性对照样的残留断裂强力百分数。

测试方法Ⅱ 琼脂平板，球毛壳菌

9. 范围

本方法用于评价含有纤维素纤维的纺织材料，

不与土壤接触条件下的防腐性能，也可用于测定杀真菌剂整理的均匀性。

10. 试样

如果需要测定强力损失，按第6节进行。如果只进行目测评价，则至少需要五块样品。但是，也可根据最终使用者的需要确定试样数量。从经抗菌整理和未经抗菌整理的样品上分别剪取直径为3.8cm ±0.5cm 的试样。

11. 操作程序

11.1 菌种。球毛壳菌，ATCC 6205（见24.5）。

11.2 培养基（见24.6）。矿物盐琼脂培养基成分如下：

硝酸铵	3.0g
磷酸二氢钾	2.5g
磷酸氢二钾	2.0g
硫酸镁（$MgSO_4 \cdot 7H_2O$）	0.2g
硫酸亚铁（$FeSO_4 \cdot 7H_2O$）	0.1g
琼脂	20.0g

蒸馏水加至1000mL

11.3 接种液。将琼脂溶液倒入要用的容器中，如试管、法国方形瓶、锥形瓶或皮氏培养皿等，放入灭菌锅中，在121℃、103kPa条件下灭菌15min后冷却，使琼脂溶液形成最大的接种面。琼脂变硬后，在无菌条件下将已灭过菌（在烘箱中71℃ ±3℃条件下干热灭菌1h）的圆形滤纸放在琼脂表面。用无菌接种针将球毛壳菌孢子用划线法接种在滤纸片上，在28℃ ±1℃（82℉ ±2℉）条件下培养10～14天，使其大量繁殖。从容器中取出滤纸，放到50mL ±2mL、有玻璃珠的无菌蒸馏水中，剧烈振荡，形成悬浮液，作为11.5的接种液。

11.4 培养箱。在灭菌锅中融化11.2规定组分的矿物盐培养基，然后装到合适的容器中，按11.3中的条件灭菌，静置至琼脂变硬。

11.5 接种。在含0.05%非离子湿润剂（见24.7）的水中预湿试样（不要揉搓或挤轧），然后在无菌条件下使样品与每个容器中变硬的培养基接触。使用无菌移液管将1.0mL ±0.1mL菌液均匀地分散在（15.0cm ±1.0cm）×（4.0cm ±0.5cm）的样品上。取0.2mL ±0.1mL菌液接种到3.8cm ±0.5cm圆形试样上。用1.0mL ±0.01mL或0.2mL ±0.01mL无菌水以相同的方法制备控制试样、纤维素滤纸或未经抗菌整理的控制样。

12. 评价和报告

12.1 强力损失评价。试验按8.1进行，报告相对于接触前的试样或控制样（如果有）的断裂强力的变化。

12.2 目测评价。按照以下的方法报告真菌在圆试样上生长的情况，如有需要，可用显微镜(50X)观察。

生长情况观察

不生长

微观生长（只能在显微镜下可见）

宏观生长（肉眼可见）

测试方法Ⅲ 琼脂平板，黑曲霉菌

13. 范围

某些真菌，如黑曲霉菌，在实验室试验时间内，在纺织品上生长却没有引起织物明显的强力损失。然而，它们的生长对纺织品还是可能产生不想要的影响和难看的外观。本测试用于评估真菌生长要求高的纺织品。

14. 试样

从经抗菌整理过的和未经抗菌整理过的样品中分别取两个直径为3.8cm ±0.5cm的平行样。如考虑无菌区的预计大小，试样外型和尺寸不限。

15. 操作程序

15.1 试验菌种。黑曲霉菌，美国种菌收集号 No.6275（ATCC 6275）（见 24.5）。

15.2 培养基。按 11.2 配制，察氏琼脂和沙保葡萄糖琼脂（见 24.8）也可。

15.3 接种菌液。取 11.2 中含 3.0% ±0.1% 葡萄糖的培养基上生长成熟的（培养 7～14 天）黑曲霉菌培养物到装有 50mL ±1mL 的无菌水和少量玻璃珠的无菌锥形瓶中。充分震荡，形成孢子悬浊液。用该悬浊液作为接种菌液。

15.4 接种。如果试验培养基含葡萄糖，将 1.0mL ± 0.1mL 的接种液均匀涂在琼脂平板的表面。将圆试样浸入含 0.05% 非离子润湿剂（见 24.7）的水中预湿（不揉搓或挤轧），然后放在琼脂表面。用无菌移液管取 0.2mL ± 0.01mL 接种液，均匀分散在每块圆片上。如果试验培养基不含葡萄糖，需要用阴性控制样确认接种菌的活性。将所有试样在 28℃ ±1℃（82℉ ±2℉）条件下培养，矿物盐琼脂培养基需培养 14 天，含 3% 葡萄糖的矿物盐琼脂培养基需 7 天。

16. 评价和报告

在样品培养结束时，按如下方法报告圆片表面的曲霉覆盖百分率，如需要可使用显微镜（50X）。

生长情况观察

无真菌生长（如果存在抑菌区，报告其大小，单位 mm）

微观生长（只在显微镜下可见）

宏观生长（肉眼可见）

测试方法Ⅳ　湿度瓶，混合孢子悬浊液

17. 范围

17.1 本测试法用于测定整理剂的抑菌效果。这些整理是用于抑制霉菌和非致病真菌在物品或供户外和地面以上使用的纺织品材料（通常是防水的）表面上的生长。

17.2 本测试法采用目测评价。另外，也可按 8.1 测定断裂强力。

18. 原理

将繁殖霉菌的混合孢子悬浊液喷洒到经抗菌整理和未经抗菌整理的用营养物浸透的条样上，在相对湿度 90% ±2% 条件下培养四个星期，每星期对霉菌在整理和未整理条样上的生长情况进行一次评价。

19. 仪器

19.1 玻璃仪器：500mL 的广口方瓶或有螺纹塞的类似容器，将塞子进行以下改进：在塞子的中心钻孔，插入一适当大小的不锈钢或铜栓，挂上钩子［由一条长 6.5cm ± 0.5cm（2.6 英寸 ±0.2 英寸）的镍－铬丝或其他不腐蚀的金属丝制成］。

19.2 用塑料纸夹或锦纶线将样品悬挂于广口方瓶的螺纹塞下。

19.3 Atomizer 喷雾器，Devilbiss#152 喷雾器（或类似物），操作压力为 69kPa（10psi）。

19.4 适合测定孢子浓度的计数板，如血球计数板。

20. 试样

20.1 从克重为 170.0g/m^2 ±34.0g/m^2 的样品上剪取尺寸为（2.5cm ± 0.5cm）×（7.5cm ± 0.5cm）［（1.0 英寸 ±0.2 英寸）×（3.0 英寸 ± 0.2 英寸）］条样。对于厚重织物，条样尺寸为（2.0cm ±0.5cm）×（2.0cm ±0.5cm）［（0.8 英寸 ±0.2 英寸）×（0.8 英寸 ±0.2 英寸）］。

20.2 经过抗菌整理或未经过抗菌整理的织物至少分别取四个试样。

20.3 未经抗菌整理的条样需要确认试验的有效性，条件与测试中的经过抗菌整理的试样所有方面都相同，如果没有未经抗菌整理的织物，可用符合以下要求的对照织物。

纯棉：美洲棉，高级

经向：18.5tex z 886 ×2S748

纬向：30 tex z 630 ×2S748

组织：平纹，经向 34 根/cm，纬向 17 根/cm

平方米质量：230.0g/m^2（6.8 盎司/$码^2$）

整理：只进行煮练

21. 操作程序

21.1 试验菌种。

21.1.1 黑曲霉菌，ATCC 6275。

21.1.2 变异青霉菌，ATCC 6275。

21.1.3 绿色木霉菌，ATCC 28020（见 24.5）。

21.2 培养基。

21.2.1 马铃薯葡萄糖琼脂试管斜面培养基用于黑曲霉和绿色木霉的保藏；麦芽浸汁琼脂用于变异青霉的保藏（见 24.6 和 24.8 的培养基）。

21.2.2 将新储用培养物在 25℃ ±1℃（77℉ ±2℉）条件下培养 7 ~10 天，在 2 ~10℃（36 ~50℉）条件下储存。

21.3 分生孢子悬浊液的制备。

21.3.1 取 10mL 0.5% 的含 0.05% 非杀真菌润湿剂（见 24.7）的盐溶液加到一个培养 7 ~10 天的琼脂培养基中，制成真菌分生孢子悬浊液。

21.3.2 用铂丝或镍铬合金丝轻轻刮擦培养物表面释放孢子。轻轻搅动液体使孢子分散，避免分离菌丝体碎片，然后将霉菌悬浊液轻轻倒入装有玻璃珠的锥形瓶中。

21.3.3 剧烈振荡悬浊液使孢子团分开，然后用一薄层无菌棉或玻璃棉过滤。孢子悬浊液可在 6℃ ± 4℃（43℉ ± 7℉）条件下储存长达四个星期。

21.3.4 借助血球计或彼得罗夫—霍瑟菌落计数器，使用盐溶液稀释悬浊液，将当天使用的接种菌液浓度调整到每毫升含五百万个分生孢子。

21.4 试样准备。

21.4.1 为确保细菌大量繁殖，对照样和试验条样都必须在以下成分制成的无菌甘油营养液中浸透：97.6% 蒸馏水、2.0% 甘油、0.1% K_2HPO_4、0.1% NH_4NO_3、0.05% $MgSO_4 \cdot 7H_2O$、0.1% 酵母浸膏和 0.05% 非离子润湿剂（见 24.7），调整 pH 值至 6.3 ±0.1。应准备足够的营养液，使其能浸透一次试验的所有样品。

21.4.2 将每个条样在营养液中泡 3min 或直至浸透。挤压脱液，接种前让条样在空气中干燥。

21.5 预先分别取同样体积充分摇匀的黑曲霉菌、绿色木霉菌和变异青霉菌的孢子悬浊液混合。用喷雾器或移液管取上述混合液 1.0mL ± 0.1mL，均匀地分散在每块试样的两面。

21.6 将条样用塑料纸夹或锦纶绳悬挂在瓶塞下，每个瓶中装有 90mL ±3mL 的水。调节挂钩的位置，使所有条样下端处在水平面上同一高度。先拧紧瓶塞，再向后退八分之一圈便于通风。

21.7 在 28℃ ±1℃（82℉ ±27℉）条件培养 14 天（无涂层的纤维素纺织品）或 28 天（非纤维素或有涂层的纺织品）。

22. 评价

22.1 每星期记录一次每个条样表面真菌覆盖百分率，或等到每个平行样上有大量细菌繁殖时再记录。按 12.2 中的方法评价。如需要可使用显微镜（50X）。

22.2 7 天后，每个活性控制样上必须有大量细菌繁殖。如果没有，说明试验无效，需重做试验。

22.3 织物培养产生的负面效应，如颜色变化、弹性和拒水性都应在报告中做定性评价。

22.4 强力损失的测定可按 8.1 进行。

22.5 试验结果必须与防霉产品的要求和使用说明以及协议双方的标准一致。

23. 精确度和偏差

本测试方法的精确度和偏差正在建立。如果要测定断裂强力损失，请参考 ASTM D 5035。

24. 注释

24.1 出版物可从 U. S. Department of Health &Human Services—CDC/NIH - HHS 获取，出版号（CDC）84 - 8395；网址：www. hhs. gov。

24.2 手册可从 ACGIH 获取，地址：Kemper Woods Center，1330 Kemper Meadow Dr.，Cincinnati OH 45240；电话：513/742 - 2020；网址：www. acgih. org。

24.3 A JDC 精密样品裁样器可从 Thwing - Albert Instrument Co. 购买，地址：10960 Dutton Road，Philadelphia PA 19154；电话：215/637 - 0100；传真：215/632 - 8370；目录#99 JOC25 型。

24.4 适用于本试验的土壤类型包括花园和自然界肥沃的表土层、堆肥和未经灭菌的温室盆栽土壤。应使用等量的好品质的表层土，充分沤过并粉碎的肥料以及粗沙的混合物。这些土壤不仅具有良好的物理性质，而且含有充足的能够保证微生物高活性的有机物成分及杀死微生物的纤维素。最佳的土壤含水量大约高于土壤干重的 30%。

24.5 球毛壳菌 ATCC 6205、黑曲霉菌 ATCC 6275、变异青霉菌 ATCC 10509 和绿色木霉菌 ATCC 28020 可从美国典型微生物菌种保藏中心（ATCC）获取，地址：P. O. 1549，Mnassas VA 20108，电话：703/365 - 2700；传真：703/365 - 2701，网址：www. atcc. org。

24.6 含有 11.2 中规定成分（矿物盐）的培养基可从 Baltimore Biological Laboratories 获取，地址：250 Schilling Circle，Cockeyville MD 21030。

24.7 TritonTM X - 100（Rohm & Haas Co, Philadelphia PA 19104）是一种很好的润湿剂，也可用琥珀磺酸二辛钠或 *N* - 甲基牛磺酸衍生物代替。

24.8 培养基都可从 Baltimore Biological Laboratories（见 24.6）或 Difco Laboratories 购买，地址：920 Henry ST.，Detrit MI 48201。

24.9 ASTM D 503.5 可适用于纱、线、绳或带（见 12.1）。

24.10 按照联邦标准执行的试验，请用 AATCC 30 - 2。其他可用的微生物有：疣孢漆斑菌 ATCC 9095，QM 460；木霉菌 ATCC 9645，QM 365；刺黑乌霉菌 ATCC 11973，QM 1225；黑曲霉 ATCC 6275，QM 458；棒曲霉 ATCC 18214，QM 862。

附录 A 预处理

A1. 淋洗

淋洗原则上应按照以下步骤进行：自来水通过一条管子进入淋洗容器，调节水流，保证 24h 内换水不少于三次。导管插入淋洗容器中金属网柱的中心，并用橡胶圈将导管固定，淋洗 24h。注意整理剂相同，但整理剂含量不同的试样要在不同的淋洗容器中进行。记录水的温度和 pH 值，并在报告中注明。

A2. 挥发

将待测标准样放在通风良好的烘箱中，在 100 ~ 105℃（212 ~ 221℉）的干热条件下连续烘 24h。

A3. 风化

在 4 月 1 日至 10 月 1 日间，将部分试样置于一组朝南放置的试样架上，试样架与水平面呈 45°，试样不得下垂或摆动。建议将试验架分别放在美国的至少 4 个地方，如华盛顿特区、佛罗里达州的迈阿密市、路易斯安那州的新奥尔良市和合适的沙漠地区。

AATCC 35 -2006

拒水性：淋雨测试

AATCC RA63 技术委员会于 1947 年制定；1952 年、1963 年、1964 年、1967 年、1969 年、1971 年、1974 年、1977 年、1980 年、1985 年、1989 年和 2006 年重新审定；1983 年、1987 年、1998 年、2004 年、2009 年编辑修订；1994 年编辑修改并重新审定；2000 年修订。技术上等效于 ISO 22958。

1. 目的和范围

1.1 本测试方法适用于任何经过或未经过防水或拒水整理的纺织织物。这个标准可以用来测量织物的抗冲击渗水性，因此可以用来评价织物抗雨水的渗透性。尤其适用于评定服装织物的抗渗透性。通过仪器测试，此实验可以对单一纺织材料或复合纺织材料进行不同水压下的测试，并可以得到织物完整的抗渗水性（见 11.1）。

1.2 本测试方法的结果取决于织物中纤维、纱线和织物结构的拒水性能。

2. 原理

试样后面放一张已称重的吸水纸，在一定条件下，水喷淋试样 5min。然后通过重新称量吸水纸，可以确定测试过程中试样渗透的水量。

3. 术语

抗水性：织物对水的抗湿性和抗渗透性（见拒水性）。

4. 安全和预防措施

本安全预防措施仅供参考。本部分有助于测试，但未指出所有可能的安全问题。在本测试方法中，使用者在处理材料时有责任采用安全和适当的技术；务必向制造商咨询有关材料的详尽信息，如材料的安全参数和其他制造商的建议；务必向美国职业安全卫生管理局（OSHA）咨询并遵守其所有标准和规定。

遵守良好的实验室规定，在所有的试验区域应佩戴防护眼镜。

5. 仪器和材料

5.1 AATCC 淋雨测试仪（见图 1 ~ 图 3 和 11.3）。

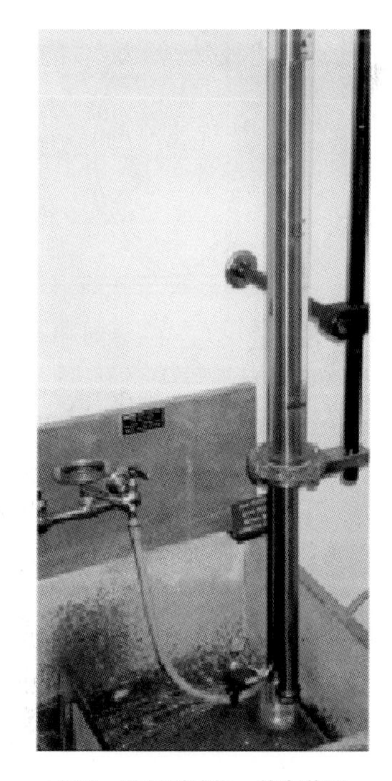

图 1 淋雨测试仪，整套装置

5.2 白色 AATCC 吸水纸（见 11.4）。

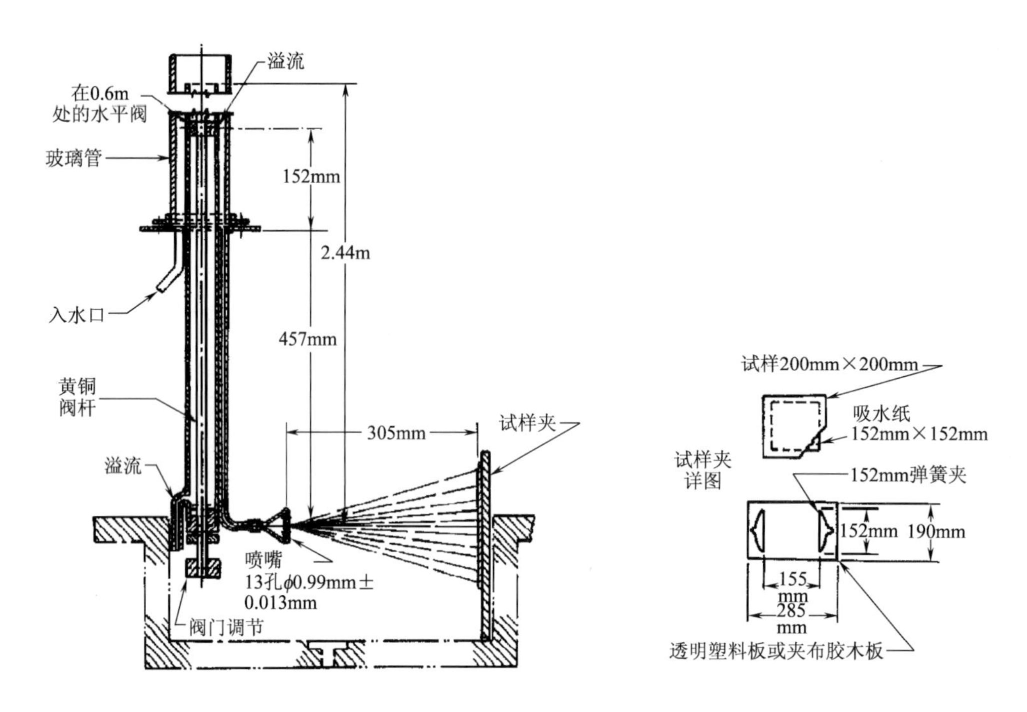

图2 淋雨测试仪构造详图

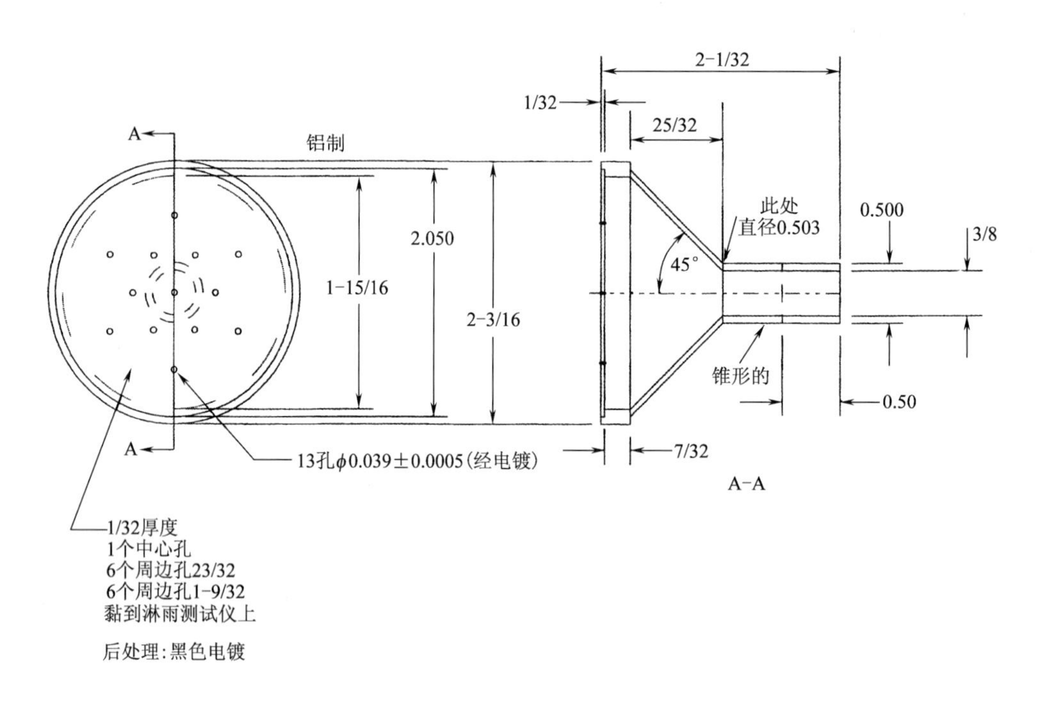

图3 淋雨测试仪的喷头

6. 试样准备

从测试织物上最少裁取三块试样，每块尺寸20cm×20cm。织物试样和吸水纸在测试前应放置在相对湿度65% ±2%和温度21℃ ±1℃的标准大气下调湿至少4h。

7. 操作程序

将15.2cm×15.2cm的标准吸水纸称重，且精确至0.1g，并垫在试样（见11.5）的后面。试样夹在试样夹持器上，并将组合试样放在垂直的刚性支撑架上。组合试样放在喷淋的中间位置，距离喷嘴（见11.6）30.5cm。27℃±1℃的水平地直接喷淋到试样上，持续喷淋5min。喷淋结束，小心地取下吸水纸，迅速地再次称重，精确至0.1g。

8. 评级

8.1 水的渗透性是通过计算吸水纸在5min喷淋试验中重量的增加来表示的，并报告三个试样的平均值。单个试样的测试值或平均值大于5.0g，可以仅仅报告为5⁺g或>5g。

8.2 为了获得单个织物或复合织物抗渗水性的完整过程，可以通过用喷嘴在不同压力下的平均渗透性来反映。测量压力以300mm递增时，没有发生渗透的最大压力、每次增加压力时发生的渗透变化以及测试所引起穿透或渗水量大于5g时需要的最小压力。在每个压力下，至少测试三块试样来获得在该压力下渗水量的平均值。

9. 报告

报告每个测量值。对于结果大于5.0g的数值可简单报告为5⁺g或>5g。

10. 精确度和偏差

10.1 精确度。本测试方法的精确度还未确立，在其确定之前，采用标准的统计方法，对比实验室内或实验室之间的试验结果的平均值。

10.2 偏差。这个测试程序产生的偏差只能根据一个测试方法定义。并没有单独的仲裁方法用以确定偏差。本方法没有已知的偏差。

11. 注释

11.1 通过水柱可以产生和控制压强，喷嘴上方水柱的高度可以调整到0.6m、0.9m、1.2m、1.5m、1.8m、2.1m和2.4m。这是通过一个与喷嘴相连的玻璃压力柱实现的。通过一个简单的在较低排水水位真空管设置或在玻璃柱中间延伸出的溢流管来调整。在压力计和玻璃柱之间可以使用过滤装置来防止喷嘴接口处堵塞。相对不含铁锈或其他悬浮物质的地方可以取消过滤装置。供水线上的压力计也是一个附件，为了节约成本通常可以省去。

11.2 供给水的温度可以用一个温度计来测量，但近来的研究显示，在玻璃压力柱中悬挂一个温度计更为方便并能精确测量，或者可以从水流中取出一烧杯的水，将温度计浸入烧杯中测量。

11.3 AATCC淋雨测试仪可以从以下AATCC获取，地址：P.O.BOX 12215，Research Triangle Park NC 27709；电话：919/549 - 8141；传真：919/549 - 8933；电子邮箱：orders@aatcc.org；网址：www.aatcc.org。仪器原理相关的信息可以参考原文 Slowinske，G.A. 和 Pope，A.G.，American Dyestuff Reporter 36，108（1947）。

11.4 本实验适用的吸水纸可以从AATCC获取，地址：P.O.BOX 12215，Research Triangle Park NC 27709；电话：919/549 - 8141；传真：919/549 - 8933；电子邮箱：orders@aatcc.org；网址：www.aatcc.org。

11.5 样品可以比较试样的单层、试样的双层或两个不同织物的组合，如雨衣的外层面料和里衬面料。

11.6 当安装或移走支撑架上的试样夹时，可以在喷嘴的外端套上松紧帽来切断喷水。

AATCC 42 -2007

拒水性：冲击渗水性测试

AATCC RA63 技术委员会于 1945 年制定；1952 年、2000 年修订；1957 年、1961 年、1964 年、1967 年、1971 年、1977 年、1980 年、1989 年、2007 年重新审定；1985 年、1994 年编辑修订并重新审定。1986 年、1987 年、2009 年编辑修订。技术上等效于 ISO 18695。

1. 目的和范围

1.1 本测试方法适用于任何经过或未经防水或拒水整理的纺织织物。这个标准可以用来测量织物的抗冲击渗水性，可以用来预测织物抗雨水的渗透性。尤其适用于测量服装织物的抗渗透性。

1.2 本测试方法的结果取决于织物中纤维、纱线、织物结构和纺织品经整理的拒水性能。

2. 原理

试样后面放一张已称重的吸水纸，将一定容量的水喷淋到试样的绷紧表面，然后再重新称量吸水纸，来测定渗水性，并因此评定试样的渗水性。

3. 术语

抗水性：织物对水的抗湿性和抗水渗透性（见拒水性）。

4. 安全和预防措施

本安全预防措施仅供参考。本部分有助于测试，但未指出所有可能的安全问题。在本测试方法中，使用者在处理材料时有责任采用安全和适当的技术；务必向制造商咨询有关材料的详尽信息，如材料的安全参数和其他制造商的建议；务必向美国职业安全卫生管理局（OSHA）咨询并遵守其所有标准和规定。

遵守良好的实验室规定，在所有的试验区域应佩戴防护眼镜。

5. 仪器和材料

5.1 冲击渗水性测试仪。

5.1.1 Ⅰ型测试仪（见 11.1，图 1、图 3 和图 4）。

5.1.2 Ⅱ型测试仪（见 11.1，图 2、图 3 和图 4）。

5.2 白色 AATCC 吸水纸（见 11.2）。

5.3 蒸馏水，或去离子水，或反渗透水。

5.4 天平，精确度 0.1g。

6. 试样准备

最少裁取三块试样，每块尺寸为 178mm × 330mm，长度方向为经向（面料的纵向）。试样和吸水纸在测试前放在相对湿度 65% ±2% 和温度 21℃ ±1℃的标准大气下调湿至少 4h。

7. 操作程序

7.1 将试样的一端夹在斜面顶端 152mm 的弹簧夹子上，另一个 152mm ±10mm 重 0.4536kg 的夹子夹在试样的自由端。称重 152mm ×230mm 的标准吸水纸，精确至 0.1g，并将其插入到试样的下面。

7.2 将 500mL ±10mL、27℃ ±1℃的蒸馏水、去离子水或反渗透水注入测试仪的漏斗中，并使水喷淋到试样上。将水注入漏斗中时，在漏斗中不要产生旋涡（可以将小刀片固定在漏斗中并延伸到侧面来阻止涡流的产生）。

7.3 整个喷淋结束后，小心地拿起试样，取出下面的吸水纸，然后迅速再称重，精确至0.1g。

8. 评定

计算吸水纸重量的增加，报告三块试样的平均值。单个试样的测试值或平均值大于5.0g，简单报告为5⁺ g或>5.0g。

9. 报告

9.1 报告每个测量值和平均值。对于大于5.0g的值，简单报告为5⁺g或>5.0g。

9.2 报告测试方法和使用的仪器。

10. 精确度和偏差

10.1 精确度。1998年，完成了一个有限的实验室内的研究，同一操作者测试所有的试样。

10.1.1 用两种仪器分析三套样品。每个样品经过15次评定，每三块试样为一组，计算平均值。分析每个实验室每套数据，并用于记录临时的精确度说明，不过还有待全面的实验室间的研究。在完成全面的研究以前，建议这个方法的使用者在比较测试结果时，采用常规的统计学方法，并应小心使用这些测试结果。

10.1.2 通过分析从0.1～0.4的变化范围内的数值，Ⅰ型测试仪的平均值偏差为0.23（标准偏差为0.48）。临界差是以这些值为基础的95%的置信区间，可以用于确定显著性（见表1）。

10.1.3 通过分析从0.0～0.1的变化范围内的数值，Ⅱ型测试仪的平均值偏差为0.01（标准偏差为0.10）。临界差是以这些值为基础的95%的置信区间，可以用于确定显著性（见表2）。

10.2 偏差。由于这个测试程序产生的偏差，仅能根据某个试验方法来予以定义。没有单独的仲裁方法可以用于确定其真实值。这个测试方法没有已知的偏差。

表1 实验室内的临界差

Ⅰ型测试仪，95%置信区间

平均值测定的数量（N）	标准误差（SE）	临界差（CD）
1	0.48	1.11
3	0.28	0.64
5	0.21	0.50
7	0.18	0.41

N＝每个平均值测定的数量
SE＝测定N个值时的标准误差
CD＝2.306SE

表2 实验室内的临界差

Ⅱ型测试仪，95%置信区间

平均值测定的数量（N）	标准误差（SE）	临界差（CD）
1	0.17	0.40
3	0.10	0.23
5	0.08	0.18
7	0.07	0.15

N＝每个平均值测定的数量
SE＝测定N个值时的标准误差
CD＝2.306SE

11. 注释

11.1 冲击渗水性测试仪（见图1、图2、图3和图4）。这些测试仪（Ⅰ型和Ⅱ型）是AATCC方法22中使用的喷淋测试装置、加上冲击渗水头以及架子的组合。Ⅱ型测试仪是Ⅰ型测试仪更完善的版本，附加一个水滴收集器。这两个测试仪可以从AATCC获取，地址：P.O.BOX 12215，Research Triangle Park NC 27709；电话：919/549－8141；传真：919/549－8933；电子邮箱：orders@aatcc.org；网址：www.aatcc.org。

11.2 适用于本试验的吸水纸可以从AATCC获取，地址：P.O.BOX 12215，Research Triangle Park NC 27709；电话：919/549－8141；传真：919/549－8933；电子邮箱：orders@aatcc.org；网址：www.aatcc.org。

图 1 I 型渗水性测试仪

图 2 II 型渗水性测试仪

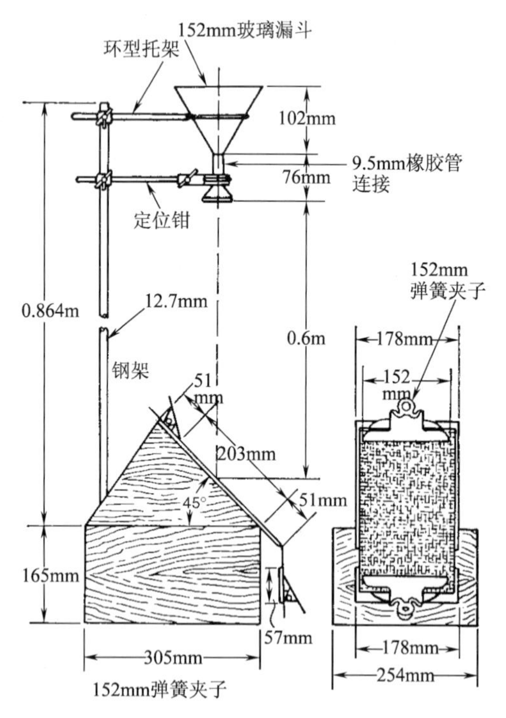

图 3 冲击渗水性测试仪构造详图

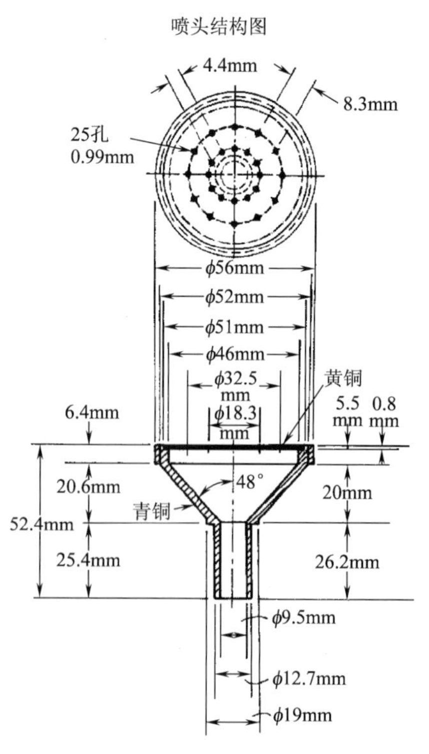

图 4 喷头详图

AATCC 43 - 2009

丝光润湿剂的测试方法

AATCC RA8 技术委员会于 1941 年制定，2003 年权限转至 AATCC RA63 技术委员会，1945 年和 1952 年修订，1971 年、1974 年、1977 年、1980 年、1985 年、1989 年、1999 年、2009 年重新审定；1986 年、1991 年、2008 年编辑修订；1994 年和 2004 年编辑修订并重新审定。与 ISO 6836 有相关性。

1. 目的和范围

本测试方法仅适用于浓碱丝光溶液中润湿剂的性能评价。

2. 原理

将由 120 根长 25mm（1 英寸）棉纱组成的一束棉纱线，小心地放在待测溶液的表面上，记录所有纱线完全浸湿所用的时间。

3. 术语

3.1 丝光：天然纤维素纤维在强碱中溶胀，使其物理性质和外观产生不可逆转的过程。

3.2 润湿剂：一种化合物，加入水中后，可降低液体的表面张力及其与固体间的界面张力。

4. 安全和预防措施

本安全预防措施仅供参考。本部分有助于测试，但未指出所有可能的安全问题。在本测试方法中，使用者在处理材料时有责任采用安全和适当的技术；务必向制造商咨询有关材料的详尽信息，如材料的安全参数和其他制造商的建议；务必向美国职业安全卫生管理局（OSHA）咨询并遵守其所有标准和规定。

4.1 遵守良好的实验室规定，在所有试验区域应佩戴防护眼镜。

4.2 所有化学药品应小心处理，在配制和混合氢氧化钠过程中，要戴上化学防护眼镜或面罩、防渗透手套和防渗透围裙。

4.3 在附近安装洗眼器/安全喷淋装置以备急用。

4.4 本测试法中，人体与化学物质的接触限度只许达到或低于官方的限定值［例如，职业安全卫生管理局（OSHA）允许的暴露极限值（PEL），参见 1989 年 1 月 1 日实施的 29 CFR 1910.1000］。此外，美国政府工业卫生师协会（ACGIH）的阈限值（TLVs）由时间加权平均数（TLV - TWA）、短期暴露极限（TLV - STEL）和最高极限（TLV - C）组成，建议将其作为人体在空气污染物中暴露的基本准则并遵守（见 9.1）。

5. 仪器和材料

5.1 烧杯，250mL。

5.2 Mohr 吸量管（最小刻度 0.1mL），1mL 或 2mL。

5.3 移液管，100mL。

5.4 秒表。

5.5 剪刀。

5.6 直尺。

5.7 棉纱。本色纱（未煮练的），40/2 精梳皮勒棉，最好是链经或绞纱（见 9.1）。注：皮勒棉（Peeler cotton），墨西哥、美国等地产长绒陆地棉。

5.8 标准丝光渗透剂，用于对比实验。

5.9 浓度为48%～52%（271～299g/L 氢氧化钠溶液）的氢氧化钠丝光液，配好后，静置几小时（至澄清）。

5.10 双对数坐标纸。

6. 操作程序

6.1 在三个250mL的烧杯中，分别注入100mL温度为26℃±3℃（78℉±5℉）的氢氧化钠丝光液。选用合适的移液管分别向三个烧杯中加入0.75mL、1.00mL和1.25mL的丝光用润湿剂。几乎所有的丝光润湿剂都是液体。搅拌每个烧杯里的溶液，直到润湿剂完全溶解于氢氧化钠溶液中。静置一段时间，直至所有的气泡上升到液体表面。特别要注意，渗透剂是否已经均匀地分散或溶解，因为溶液表面析出的一层不溶物会使测试结果完全失效，而得出错误的评价。

6.2 从40/2精梳皮勒棉本色纱（未煮练的），剪取120根相互平行的长25mm（1英寸）纱线形成纱束。将这束纱线小心地放在含润湿剂的氢氧化钠溶液表面上，用秒表记录所有纱线完全浸湿所需要的时间。测量五次，取其平均值作为该浓度溶液的沉降时间。

6.3 用同一方法测量另外两种浓度渗透剂溶液的平均沉降时间。然后再以相同的步骤测定与这三个相同浓度的标准丝光渗透剂的平均沉降时间。

7. 评定

7.1 在双对数坐标纸上，以待测样品和标准样品的三个平均沉降时间（精确至0.1s）为纵坐标，以润湿剂浓度（每100mL氢氧化钠溶液中润湿剂的毫升数）为横坐标作图。连接所有的点得到直线。

7.2 从图上读出与1mL标准样品润湿时间相同的待测样品的毫升数。同已测样品的渗透剂的体积相比较，如果待测样品太有效或太无效，那么就必须采用稍少（0.5mL）或稍多（2.0mL或2.5mL）待测样品的体积来测试。假设标准样品和待测样品具有相同的浓度，则从下述公式得出与100份标准样品相同润湿效果的待测样品份数。

$$x = 100 \times v$$

式中：x——与100份标准样品相同润湿效果的待测样品份数；

v——与1mL标准样品的润湿时间相同的待测样品的毫升数。

8. 精确度和偏差

8.1 精确度。本试验方法的精确度还未确立，在其产生之前，采用标准的统计方法，比较实验室内或实验室间的试验结果的平均值。

8.2 偏差。丝光润湿剂只能根据某一实验方法予以定义，因而没有单独的方法用以确定真值。作为预测这一性质的方法，没有已知偏差。

9. 注释

9.1 可从ACGIH获取，地址：Kemper Woods Center，1330 Kemper Meadow Dr.，Cincinnati OH 45240；电话：513/742-2020；网址：www.acgih.org。

9.2 有关适合测试方法的设备信息，请登录http://www.aatcc.org/bg。AATCC提供其企业会员单位所能提供的设备和材料清单。但AATCC没有给其授权，或以任何方式批准、认可或证明清单上的任何设备或材料符合测试方法的要求。

AATCC 61 -2010

耐洗涤色牢度：快速法

由 AATCC RA60 技术委员会于 1950 年制定；1952 年、1954 年、1957 年、1960 年、1961 年、1970 年、1972 年、1986 年（标题更换）、1989 年、1993 年、1994 年、1996 年、2003 年、2006 年（标题更换）、2007 年、2009 年和 2010 年修订；1956 年、1962 年、1965 年、1968 年、1969 年、1975 年、1980 年和 1985 年重新审定；1973 年、1974 年、1975 年、1976 年、1981 年、1983 年、1984 年、1991 年、1995 年、1998 年、2002 年、2004 年和 2008 年编辑修订；2001 年编辑修订并重新审定；部分内容等效于 ISO 105 C06。

1. 目的和范围

1.1 本测试方法适用于评价经频繁洗涤的纺织品的耐洗涤色牢度。织物经五次典型的手洗或家庭洗涤、含氯或不含氯的洗涤剂溶液和摩擦作用，产生掉色和表面变化的现象，可通过一次 45min 的测试进行大致模拟（见 9.2 ~ 9.6）。然而，五次典型的手洗或家庭洗涤所产生的沾色现象并不总能通过 45min 的测试进行预测。因为沾色是上色到未染色织物的概率、洗涤过程中织物的纤维成分及其他不可预测的最终使用条件共同作用的结果。

1.2 本测试方法最初被制定时，其中的各种方法原本是用来评价经五次快速家庭或商业洗涤的变色和沾色情况。经过多年的发展，商业洗涤程序已经发生变化。现在的商业洗涤包括许多不同类型的程序，这取决于要洗涤的产品种类。这些程序不可能通过一次快速的实验室测试程序来重现。2005 年，由于这些过程是否可精确地重现当前使用的典型商业洗涤程序仍然未知，故所有关于商业洗涤的参考文献被取消。

2. 原理

试样在适当的温度、洗涤剂溶液、漂白和摩擦作用条件下进行测试，产生的颜色变化与五次手洗或家庭洗涤产生的变化相似，颜色变化可在较短的时间内得到。摩擦现象是通过织物与容器的摩擦作用、低浴比和钢珠在织物上的撞击来实现的。

3. 术语

3.1 色牢度：材料在加工、检测、储存或使用过程中，暴露在可能遇到的任何环境下，抵抗颜色变化或（和）颜色向相邻材料转移的能力。

3.2 洗涤：使用含洗涤剂的溶液处理（洗涤）纺织材料以去除油污和/或污渍的程序，一般依次包括清洗、脱水和干燥的程序。

4. 安全和预防措施

本安全和预防措施仅供参考。本部分有助于测试，但并未指出所有可能的安全问题。在本测试方法中，使用者在处理材料时有责任采用安全和适当的技术；务必向制造商咨询有关材料的详尽信息，如材料的安全参数和其他制造商的建议；务必向美国职业安全卫生管理局（OSHA）咨询并遵守其所有标准和规定。

4.1 遵守良好的实验室规定，在所有的试验区域应佩戴防护眼镜。

4.2 谨慎使用和处理所有化学药品。

4.3 1993 AATCC 标准洗涤剂 WOB（含有或不含有增白剂）和 2003 AATCC 标准洗涤剂 WOB

（含有或不含有增白剂）可能会对人产生刺激，小心操作，避免接触到皮肤和眼睛。

4.4 在附近安装洗眼器/安全喷淋装置以备急用。

4.5 操作实验室测试仪器时，应按照制造商提供的安全建议。

5. 仪器、试剂和材料（见12.1）

5.1 快速水洗牢度测试仪。

5.1.1 水洗牢度测试仪。配有在恒温控制的水浴中以转速为40r/min ±2r/min旋转的密封水洗杯。

5.1.2 不锈钢的柄锁水洗杯。型号1，500 mL（1品脱），75mm×125mm（3.0英寸×5.0英寸），用于测试方法1A。

5.1.3 不锈钢的柄锁水洗杯。型号2，1200mL，90mm×200mm（3.5英寸×8.0英寸），用于测试方法1B、2A、3A、4A和5A。

5.1.4 金属转接板，可将水洗杯（见5.1.3）固定在水洗牢度测试仪的支架上。

5.1.5 不锈钢珠，直径6mm（0.25英寸）。

5.1.6 白色合成（SBR）橡胶球，直径9～10mm（3/8英寸），硬度为70，用于测试方法1B（见12.1）。

5.1.7 特氟龙碳氟密封圈（见7.4.2和12.2）。

5.1.8 预热器/存放装置（见7.4，12.1和12.3）。

5.2 评级卡。

5.2.1 AATCC沾色彩卡（见12.4）。

5.2.2 变色灰卡（见12.4）。

5.2.3 沾色灰卡（见12.4）。

5.3 试剂和材料

5.3.1 多纤维贴衬织物［纤维条宽8mm（0.33英寸）］，包含醋酯纤维、棉、锦纶、蚕丝、黏胶纤维和羊毛。多纤维贴衬织物［纤维条宽8mm（0.33英寸）］和［纤维条宽15mm（0.6英寸）］，包含醋酯纤维、棉、锦纶、涤纶、腈纶和羊毛（见12.5）。

5.3.2 漂白棉织物，密度为32根/cm×32根/cm（80根/英寸×80根/英寸），平方米克重为100g/m^2 ±3g/m^2（3.0盎司/平方码±0.1盎司/平方码），退浆，不含荧光增白剂（见12.5）。

5.3.3 1993 AATCC标准洗涤剂WOB（不含荧光增白剂和磷酸盐）或2003 AATCC标准洗涤剂WOB（不含荧光增白剂）（见10.5和12.6）。

5.3.4 1993 AATCC标准洗涤剂（含荧光增白剂）或2003 AATCC标准洗涤剂WOB（含荧光增白剂）（见10.5和12.6）。

5.3.5 蒸馏水或去离子水（见12.7）。

5.3.6 次氯酸钠漂白剂（NaOCl）（见12.8）。

5.3.7 硫酸（H_2SO_4），10%（见12.8.1）。

5.3.8 碘化钾（KI），10%（见12.8.1）。

5.3.9 硫代硫酸钠（$Na_2S_2O_3$），0.1mol/L（见12.8.1）。

5.3.10 摩擦测试织物，50 mm×50 mm（2英寸×2英寸）（见12.9）。

5.3.11 白纸板（安装试样用），Y刺激值至少为85%。

6. 试样

6.1 不同测试方法需要的试样尺寸如下。

测试方法1A，试样尺寸为50 mm×100 mm（2.0英寸×4.0英寸）；

测试方法1B、2A、3A、4A和5A，试样尺寸为50 mm×150 mm（2.0英寸×6.0英寸）。

6.2 每个水洗杯中仅放一块试样。

每种实验样品测试一块试样，为了提高测试结果的精确度，建议剪取多块试样。

6.3 测试方法1A、2A评定沾色，使用多纤维贴衬织物。测试方法3A评定沾色，可使用多纤维贴衬织物或漂白棉织物。对于测试方法3A，使用多纤维贴衬测试织物为备选织物时，则不需考虑醋酯纤维、锦纶、涤纶和腈纶的沾色，除非被测织物或最终成衣中含有这些纤维中的某一种。对于测试方法 3A，建议将多纤维贴衬织物熔边。在测试方法 4A、5A 中不需评定沾色（见 12.11 和 12.12）。

6.4 试样的制备

6.4.1 纤维条宽为 8 mm（0.33 英寸）的多纤维贴衬织物或漂白棉织物。

剪取尺寸为 50mm×50mm（2.0 英寸×2.0 英寸）的多纤维贴衬织物或漂白棉织物（如需要），沿试样 5cm（2 英寸）的一边缝制、装订或其他合适的方式使其与试样正面接触。当使用多纤维贴衬织物时，六种纤维条沿着试样 50mm（2.0 英寸）的边分布，羊毛在右边。多纤维贴衬织物中的纤维条平行于试样的长度方向。

6.4.2 纤维条宽为 15mm（0.6 英寸）的多纤维贴衬织物。

剪取尺寸为 50mm×100mm（2.0 英寸×4.0 英寸）的长方形多纤维贴衬织物，沿试样 100mm（4.0 英寸）或 150mm（6.0 英寸）的一边缝制、装订或采取其他合适的方法使其与试样正面接触。六种纤维条平行于试样的宽度方向，且羊毛纤维条固定在试样上端，以防止试样脱散。

6.4.3 建议针织物沿四边缝制或装订在同尺寸漂白棉布上，以防止卷边，使整个试样表面得到一致的测试结果，再将多纤维贴衬织物与试样的正面贴合。

6.4.4 对于具有绒头方向的绒类织物，多纤维贴衬织物附在试样的上端，且绒头方向背离试样上端。

6.5 如果待测试样是纱线，使用以下方法制备试样。

6.5.1 方法 1 。在合适的针织机上编织成针织物，按照 6.1～6.4.3 准备试样和多纤维织物。每个样品保留一块针织试样作为原样。

6.5.2 方法 2。将每种纱样制备成两束长 110m（120 码）的纱束，折叠纱束使其沿着宽 50mm（2 英寸）的方向上纱量均匀，长度适合测试。每种样品保留一束纱样作为原样。用重量大约相同的摩擦小白布（见 12.9）或漂白棉织物分别缝制或装订在已准备好的纱束一端，再按照 6.4.1 或 6.4.2 步骤，另一端贴合多纤维贴衬织物。

7. 操作程序

7.1 表 1 为汇总的测试条件。

7.2 调节水洗牢度测试仪以保持所示的水浴温度。准备所需的洗涤液，将其预热至规定的温度。

表 1 测试条件[a]

测试方法[b]	温度		总液量（mL）	粉状洗涤剂含量（%）	液态洗涤剂含量（%）	有效氯含量（%）	钢珠数	橡胶球数	时间（min）
	℃（±2℃）	℉（±4℉）							
1A	40	105	200	0.37	0.56	0	10	—	45
1B[c]	31	88	150	0.37	0.56	0	—	10	20
2A	49	120	150	0.15	0.23	0	50	—	45
3A	71	160	50	0.15	0.23	0	100	—	45
4A	71	160	50	0.15	0.23	0.015	100	—	45
5A	49	120	150	0.15	0.23	0.027	50	—	45

a. 参见本标准中第 9 部分每个测试方法的目的。

b. 所有测试都包括 2003 AATCC 标准液体洗涤剂的代替品。

c. 测试方法 1B 使用白色橡胶球，而不使用钢珠。

7.3 测试方法 1A，使用 75mm × 125mm（3.0 英寸 × 5.0 英寸）的水洗杯；测试方法 1B、2A、3A、4A 和 5A 使用 90 mm × 200 mm（3.5 英寸 × 8.0 英寸）的水洗杯。

7.3.1 测试方法 1A、1B、2A 和 3A，按照表 1 所示，加入一定量的洗涤液至水洗杯中。

7.3.2 测试方法 4A，需要制备 1500mg/kg 的有效氯溶液。

按照下式可计算出稀释 1L 溶液时，所需次氯酸钠漂白溶液的重量（见 12.9）：

$$G = \frac{159.4}{N}$$

式中：G——需要加入次氯酸钠溶液的重量（g）；

N——次氯酸钠溶液的百分比浓度。

准确称量所需的次氯酸钠漂白溶液放入容量瓶内，然后稀释至 1L。

每个水洗杯加入 5mL 的 1500mg/kg 有效氯溶液和 45mL 洗涤剂溶液，使总体积为 50mL。

7.3.3 测试方法 5A，按照下式可计算出所需的次氯酸钠漂白溶液重量（见 12.8）：

$$G = \frac{4.54}{N}$$

式中：G——需要加入次氯酸钠溶液的重量（g）；

N——次氯酸钠溶液的百分比浓度。

准确称量所需的次氯酸钠漂白溶液装入量筒中，再加入洗涤剂，使总体积为 150mL。

分别为每个水洗杯按照上述操作制备测试溶液。

7.3.4 对于所有的测试，每个水洗杯中加入规定数量的不锈钢珠或白色橡胶球。

7.4 有两种方法将水洗杯预热至规定的测试温度。可使用水洗牢度测试仪或者预热器/存放装置。如果水洗杯在水洗牢度测试仪中预热，则按照 7.4.2 继续进行。

7.4.1 将水洗杯放在指定测试温度的预热装置中，预热至少 2min，然后将完好的褶皱测试样放入每个水洗杯中。

7.4.2 拧紧水洗杯的盖子。在氯丁橡胶垫片和水洗杯顶部之间插入一个特氟龙碳氟垫圈（见 5.1.6），以防止氯丁橡胶污染洗涤溶液。垂直地将 75mm × 125mm（3.0 英寸 × 5.0 英寸）的水洗杯、或水平地将 90mm × 200mm（3.5 英寸 × 8.0 英寸）的水洗杯固定在与水洗牢度测试仪匹配的旋转轴上。当水洗杯开始旋转时，水洗杯的盖子应先与水接触。水洗牢度测试仪转轴的两侧放置数量相等的水洗杯。如果水洗杯用这种方式预热，则按照 7.7 继续进行。

7.5 启动机器，预热水洗杯至少 2min。

7.6 停止机器运转，使一排水洗杯处于直立的状态。先打开每个水洗杯的盖子，然后将一块试样放入溶液中，再盖上盖子，但不要拧紧。重复该操作，直到这一排上所有的水洗杯都放入试样。再以同样的顺序拧紧这排已放入试样的水洗杯的盖子（延迟拧紧盖子的目的是使杯内压力平衡）。重复此操作，直到各排的水洗杯都放入试样。

7.7 启动水洗牢度测试仪，以 40r/min ± 2r/min 的速度运行 45min。

7.8 对于所有测试方法的漂洗、脱水和干燥程序都是一样的。仪器停止后，取出水洗杯，将杯中的物品分别倒入烧杯中，一个烧杯中放入一个试样。用 40℃ ±3℃（105℉ ±5℉）的蒸馏水或去离子水在烧杯中清洗三次，每次约 1min，偶尔搅拌或用手挤压。可通过离心脱水、吸水或小轧车以去除多余的水分。在温度不超过 71℃（160℉）的循环通风的烘箱中干燥试样；或者将试样放入锦纶网袋中，再放入自动滚筒烘干机中用 Normal（标准挡）程序烘干，而此时排气温度为 61 ~ 71℃；或者在空气中干燥。

7.9 评级前，试样在温度为 21℃ ± 1℃（70℉ ±2℉）和相对湿度为 65% ±2% 的条件下调湿 1h。

7.10 试样和贴衬织物评级前，应修剪脱散的纱线，并轻轻地刷掉试样表面的散纤和散纱。按要求的方向梳理绒面试样，使其尽可能恢复到未处理前的绒头角度。试样由于洗涤和/或干燥处理出现的褶皱，应将其整理平整。为了方便评定，可将试样装订在纸卡片上。用 Y 刺激值至少为 85% 的白色纸卡作为统一的背衬材料。装订材料在评级区域不要被看见，且不影响用 AATCC EP1《变色灰卡》、AATCC EP2《沾色灰卡》中的 5.1 和/或 AATCC EP7《仪器评定试样变色》（见 12.4）中所述方式进行评级。

绞纱试样在与未洗的原样比较之前，应将其进行梳顺理直。原样也需梳理以使外观一致。

8. 评级

8.1 评定试样的变色。

按照（AATCC EP1）使用变色灰卡，或 AATCC EP7《仪器评价试样变色》来评定试样的变色程度，记录与变色灰卡颜色最接近的级数作为评级结果。为了提高结果的精确性和准确性，评定试样的人员应至少为两人。

8.2 沾色的评定。

8.2.1 按照（AATCC EP2）使用沾色灰卡，（AATCC EP8）使用沾色彩卡或仪器评级（AATCC EP12）来评定沾色程度（见 12.10），记录与沾色灰卡或彩卡颜色最接近的级数作为评级结果。测试报告中需注明使用的沾色评级卡的种类。

8.2.2 转移到 6.4.1 所述的多纤维贴衬织物或白棉织物上的颜色可定量地评定，即可通过测定原样和沾色样之间的色差确定。多纤维织物［纤维条宽 1.5mm（0.6 英寸）］应有足够宽度的纬向纤维条，以满足更多比色计或分光光度计（见 AATCC EP6《仪器测色》和 12.15）孔径要求。

9. 结果的解释

9.1 由这些测试方法得到的结果基本接近五次典型的家庭洗涤的颜色变化情况（见 1）。这些方法都是快速法，为快速达到所要求的程度，某些条件如温度，被有目的地夸大了。多年来，本测试方法的大部分条件仍是一致的，但洗涤剂、洗涤仪器和干燥仪器，洗涤的实际操作及织物已经发生改变（见 AATCC 专论“家庭洗涤测试条件的标准化”，在《AATCC 技术手册》的附录）。因此，解释测试结果时一定要注意这些变化。

9.2 测试方法 1A。本方法用于评价低温条件下、经频繁手洗的纺织品的色牢度。本测试方法得到的试样颜色的变化，类似于温度为 40℃ ±3℃（105℉ ±5℉）条件下，经五次典型的小心手洗而产生的变化情况。

9.3 测试方法 1B。本方法用于评价冷水条件下、经频繁手洗的纺织品的色牢度。本方法测试得到的试样颜色的变化，类似于温度为 27℃ ±3℃（100℉ ±5℉）条件下，经五次典型的小心手洗而产生的变化情况。

9.4 测试方法 2A。本方法用于评价低温条件下、经频繁家庭机洗的纺织品的色牢度。本方法测试得到试样颜色的变化，类似于温度为 38℃ ±3℃（80℉ ±5℉）的中等或温和条件下，进行五次家庭机洗产生的颜色变化。

9.5 测试方法 3A。本方法用于评价可水洗的纺织品在剧烈条件下的洗涤色牢度。本方法测试得到的试样颜色的变化，类似于温度为 60℃ ±3℃（140℉ ±5℉）、不含氯的条件下，进行五次家庭机洗产生的颜色变化。

9.6 测试方法 4A。本方法用于评价纺织品在含有有效氯情况下的洗涤色牢度。本方法测试得到的试样颜色的变化，类似于温度为 63℃ ±3℃（145℉ ±5℉）条件下，每 3.6kg（8.0 lb）负荷中含 3.74g/L（0.50 盎司/加仑）、5% 有效氯情况下的五次家庭机洗产生的颜色变化。

9.7 测试方法 5A。本方法用于评价纺织品在含有有效氯情况下的洗涤色牢度。本方法测试得到的试样颜色的变化，类似于温度为 49℃ ±3℃

（120℉ ±5℉）条件下，有效氯含量为200mg/kg ±1mg/kg的情况下的五次家庭机洗产生的颜色变化。

10. 报告

10.1 报告本测试方法编号。

10.2 按照8.1报告试样的颜色变化级数，按照8.2报告多纤维贴衬织物和/或漂白棉的沾色级数。

10.3 注明在评价沾色时，使用的沾色评级卡（沾色灰卡或AATCC沾色彩卡）（见12.13）。

10.4 注明使用的多纤维贴衬织物类型；并注明为防止针织试样卷边，是否使用漂白棉布。

10.5 注明产生变色和沾色结果所使用的洗涤剂（见12.6和12.7）。

10.6 注明使用的洗涤仪器。

11. 精确度和偏差（见12.15）

11.1 对于测试方法2A和5A，已有关于其精确度和偏差的详尽阐述。而对于测试方法1A、3A和4A虽然也做了相关的工作，但还没有形成对其精确度和偏差的描述。

由于该测试方法中所使用的洗涤剂的变化，故这些精确度和偏差的描述可能并不适用于目前使用的洗涤剂而得到的数据和信息。

11.2 测试方法2A。

11.2.1 概述。为了建立测试方法2A的精确度，1985年5月开展了一次实验室之间的比对测试。其中测试过程中的一个部分是评定宽度为15mm（0.6英寸）的No.10A多纤维贴衬织物替代宽度为8mm（0.33英寸）的No.10多纤维贴衬织物。整个测试过程包括六家实验室的操作人员采用测试方法2A对10种材料进行重复性测试。

11.2.2 变色。六家实验室的每三名评级人员使用变色灰卡独立地对九种材料进行重复评定。色牢度级数的标准偏差（No.10和No.10A多纤维贴衬织物的平均方差）的组成分量计算结果如下：

单个操作人员的分量　0.29

实验室内的分量　0.29

实验室间的分量　0.29

11.2.3 临界差。对于在11.2.2中报告的方差分量，如果差值等于或大于表2中所示的临界差值，那么两个观测值的平均数可视为在95%的置信区间内为显著性差异。

表2　记录条件的临界差，级数

观察次数	单个操作人员的精确度	实验室内的精确度	实验室间的精确度
1	0.80	1.12	1.37
3	0.46	0.92	1.21
5	0.36	0.87	1.18

注　临界差是根据无限自由度 $t = 1.950$ 计算所得。

11.2.4 沾色。六家实验室的每三名评级人员使用沾色灰卡对10种材料的多纤维贴衬织物（No.10和No.10A）中的六种纤维独立地进行沾色级数的评定。在这60种可能的纤维或织物组合中，仅有51种结果可以使用。No.10和No.10A多纤维贴衬织物的平均值为方差的组成分量，沾色级数的标准偏差如下所示：

单个操作人员分量　0.27

实验室内分量　0.34

实验室间分量　0.25

11.2.5 临界差。对于在11.2.4中报告的方差组成分量，如果差值等于或大于表3中所示的临界差值，那么两个观测值的平均数可视为在95%的置信区间内为显著性差异。

表3　记录条件的临界差，级数

观察次数	单个操作人员的精确度	实验室内的精确度	实验室间的精确度
1	0.75	1.20	1.39
3	0.43	1.03	1.25
5	0.33	1.00	1.22

注　临界差是根据无限自由度 $t = 1.950$ 计算所得。

11.2.6 偏差。比较40℃（105℉）时的五次

家庭洗涤和一次测试方法2A得到的变色和沾色结果，显示这两个方法之间没有偏差。

11.3 测试方法5A，含有效氯的漂白。

11.3.1 概述。为了建立有效氯漂白影响织物色牢度的测试方法5A的精确度，1984年开展了一次实验室之间的比对测试。所有试样由同一名操作员在同一台Launder Ometer水洗牢度测试仪中进行。试样经测试方法5A得到的变色程度通过目光和仪器两种方法来评定。有关的数据统计分析的详细资料可参见该报告，"实验室间的研究：建议使用Launder Ometer仪器测试织物的氯漂和非氯漂色牢度"，1985年10月21日，J. W. Whitworth，Milliken Research Corp.，Spartanburg，SC。

11.3.2 目光评级。四种材料在五个实验室中逐个进行测试。三名评级人员对四种材料进行目光评定变色。作为色牢度级数的标准偏差的组成分量计算结果如下：

单个操作人员分量 0.38

实验室内分量 0.28

实验室间分量 0.27

11.3.3 临界差。对于在11.3.2中报告的方差组成分量，如果差值等于或大于表4中所示的临界差值，那么两个观测值的平均数可视为在95%的置信区间内为显著性差异。

表4 记录条件的临界差，级数

观察次数	单个操作人员的精确度	实验室内的精确度	实验室间的精确度
1	1.03	1.29	1.49
3	0.59	0.98	1.23
5	0.46	0.91	1.17

注 临界差是根据无限自由度 $t=1.950$ 计算所得。

11.3.4 仪器评级。用分光光度计或色度计测量总色差值（CIELAB）表示变色程度，其中可使用孔径的直径范围为13～51mm（0.5～2.0英寸），D65光源/10°或C光源/2°观察。六家实验室都测试六种材料。每个实验室的一名操作人员测定每种织物的四块试样。ΔE^* 值的方差分量表示为变异系数，计算结果如下：

单个操作人员分量 6.8%

实验室间分量 11.2%

11.3.5 临界差。对于在11.3.4中报告的方差分量，如果差值等于或大于表5中所示的临界差值，那么两个观测值的平均数可视为在95%的置信区间内为显著性差异。

表5 临界差，总平均数的百分比

每个平均值的观察次数	单个操作人员的精确度	实验室间的精确度
1	18.7	36.2
3	10.8	32.8
5	8.4	32.1

1. 临界差是根据无限自由度 $t=1.950$ 计算所得。
2. 为了将临界差值转换为测量单位，临界差值乘以被比较的两组规定数据的平均值，然后再除以100。

11.3.6 偏差。比较49℃（120℉）时的五次家庭洗涤和一次测试方法5A得到的变色和沾色结果，显示这两个方法之间没有偏差（见12.14）。

12. 注释

12.1 有关适合测试方法的设备信息，请登录http：//www.aatcc.org/bg。AATCC提供其企业会员单位所能提供的设备和材料清单，但AATCC没有给其授权，或以任何方式批准、认可或证明清单上的任何设备或材料符合测试方法的要求。

12.2 Teflon是杜邦公司的注册商标，Wilmington DE 19898。

12.3 预热/存放装置可以是水洗测试仪的附带装置，或者是具有单独的电动加热器和自动调温器的独立装置。主要作用是在放入水洗牢度测试仪之前，控制水浴温度以加热水洗杯和溶液。

12.4 可从AATCC获取，地址：P.O.Box 12215，Research Triangle Park NC 27709；电话：919/549－8141；传真：919/549－8933；电子邮

箱：orders@ aatcc. org；网址：www. aatc. org。

12.5 漂白棉布，密度为 32 根/cm × 32 根/cm（80 根/英寸 × 80 根/英寸），克重为 $100g/m^2 \pm 3g/m^2$，不含荧光增白剂。

12.6 1993 AATCC 标准洗涤剂 WOB（不含荧光增白剂），是本方法中主要的洗涤剂。如果要评定荧光增白剂对颜色的影响，也可以采用 1993 AATCC 标准洗涤剂（含荧光增白剂）。2003 AATCC 标准液体洗涤剂（不含荧光增白剂）已被认可，可以代替 1993 AATCC 标准洗涤剂 WOB。所有洗涤剂可从 AATCC 获取，地址：P. O. Box 12215, Research Triangle Park NC 27709；电话：919/549 - 8141；传真：919/549 - 8933；电子邮箱：orders@ aatcc. org；网址：www. aatcc. org。

12.7 制备测试溶液，溶解洗涤剂使用硬度不超过 15mg/kg 的蒸馏水或去离子水。

12.8 使用最近六个月内购买的次氯酸钠漂白剂作为备用溶液。

12.8.1 为了确定备用溶液的次氯酸盐的活性，先称取 2.00g 的液体次氯酸钠放入锥形瓶中，然后用 50mL 去离子水稀释，再加入 10mL 的 10% 的硫酸和 10mL 的 10% 的碘化钾。用 0.1N 硫代硫酸钠滴定直至无色。计算公式：

$$\text{次氯酸钠百分含量（\%）} = \frac{V \times 0.1 \times 0.03722}{2.00} \times 100\%$$

式中：系数 0.03722 等于 NaOCl 的分子量（74.45g/moL）乘以 0.001（mL 到 L 的转换系数）再除以 2（每一份次氯酸盐的硫代硫酸盐摩尔数）；

V——硫代硫酸钠的体积。

12.8.2 次氯酸钠的氧化能力主要以有效氯表示，相当于二价氯存在的数量。5.25% 的 NaOCl 溶液含有 50000mg/kg 的有效氯。

12.9 摩擦测试白布，密度为 32 根/cm × 33 根/cm（84 根/英寸 × 84 根/英寸），精梳棉，退浆，漂白（不含荧光增白或整理剂）。

12.10 如果测试方法 4A 和 5A 需要评价沾色，可使用相应的没有漂白剂的测试方法 2A 或 3A。测试方法 2A 是测试方法 5A 的无漂白剂的替代方法，测试方法 3A 是测试方法 4A 的无漂白剂的替代方法。

12.11 如果在测试方法 4A 或 5A 中使用多纤维贴衬织物，羊毛可能会吸收氯而使漂白作用减弱。为了避免该影响，在测试前可将羊毛从多纤维贴衬织物中去除。

12.12 对于关键性的评级及用于仲裁情况的评级，必须使用沾色灰卡进行。

12.13 关于测试方法 5A 和五次家庭洗涤之间偏差的补充信息，可参考以下资料中的图 1，“实验室间的研究：建议使用 Launder - Ometer 仪器测试织物的氯漂和非氯漂色牢度”，AATCC RA 60 技术委员会的报告，洗涤测试方法的色牢度，1984 年 11 月，纽约，L. B. Farmer and J. W. Whiteworth of Milliken Research Corp, Spartanburg SC, and J. G. Tew, AATCC 技术中心，Research Triangle Park NC。

12.14 AATCC EP7 提供了一种根据测色数据来计算灰度等级的方法。

12.15 本测试方法的精确度取决于试验材料、试验方法及使用的评级程序的联合变异性。

12.15.1 第 11 节中的精确度说明是根据目光评级（AATCC EP1 和 EP2）得出。

12.15.2 使用仪器评级（AATCC EP7 和 EP12）可能比目光评级更精确。

AATCC 66－2008

机织物折皱回复性的测定：回复角法

AATCC RR6 技术委员会于 1951 年制定；1995 年将权限转交给 RA61 技术委员会；1952 年、1953 年、1956 年、1959 年、1998 年（标题更换）年修订；1968 年、1972 年、1975 年、1978 年、1984 年、1990 年、2003 年重新审定；1986 年、1991 年、1995 年、2006 年、2008 年编辑修订；1996 年重新审定和编辑修订；方法 1 部分等效于 ISO 2313 标准。

1. 目的和范围

本测试方法用于测定机织物的折皱回复性，适用于任何纤维制成的织物或混纺织物。

2. 原理

将试样折叠，并在规定的时间和压力条件下加压以形成折痕。卸除负荷后，将试样悬挂在测试仪器中，使其回复一定时间，然后记录折皱回复角。

3. 术语

折皱回复性：能使织物从褶皱变形中回复的性能。

4. 安全和预防措施

本安全预防措施仅供参考。本部分有助于测试，但未指出所有可能的安全问题。在本测试方法中，使用者在处理材料时有责任采用安全和适当的技术；务必向制造商咨询有关材料的详尽信息，如材料的安全参数和其他制造商的建议；务必向美国职业安全卫生管理局（OSHA）咨询并遵守其所有标准和规定。

遵守良好的实验室规定，在所有的试验区域应佩戴防护眼镜。

5. 使用和限制条件

5.1 本测试方法中包含两种用来测试折皱回复角的方法。方法 1 的程序适用于商业用仪器，且类似于 ISO 2313《以回复角表示水平折叠试样的折皱回复性的测定方法》中使用的仪器（见 13.1）；方法 2 适用于那些仍在使用较陈旧的折皱回复性测试仪的实验室，这种测试仪目前已无法从原制造商处购买。

5.2 本测试方法可作为研究工具，也可应用于产品质量控制（见 13.2）。

5.3 在测试中应控制的参数有相对湿度、温度、压力、加压时间和回复时间。但测试时，基于对在操作中可能遇到的情况和可以迅速测试，本测试方法对后三个参数规定任意的选择值。对于温度和相对湿度这两个条件的规定与常规试验规定相同。如果有特殊目的也可以采用其他温度和相对湿度的组合。

5.4 如果试样是柔软或厚重织物，有可能扭曲或卷曲，使折皱回复角难以读取（见 13.3）。

6. 仪器（见 13.4）

6.1 折皱回复性测试仪和附件，方法 1（见图 1）。

6.1.1 加压装置，带有两个平板（见图 2）。

6.1.2 折皱回复刻度盘，范围 10°～180°（见图 3）。

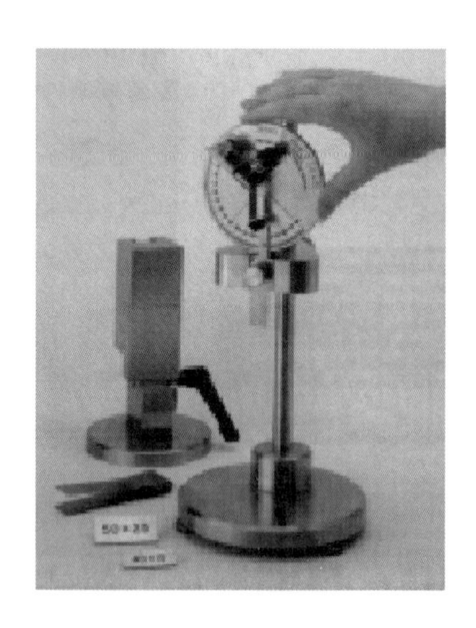

图1 折皱回复性测试仪和附件（方法1）

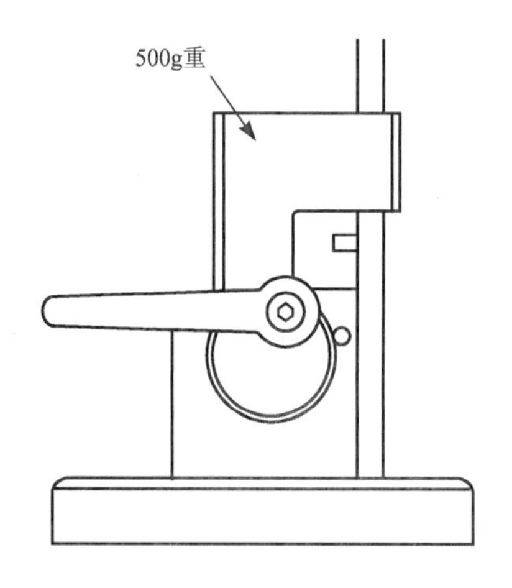

图2 加压装置（方法1）

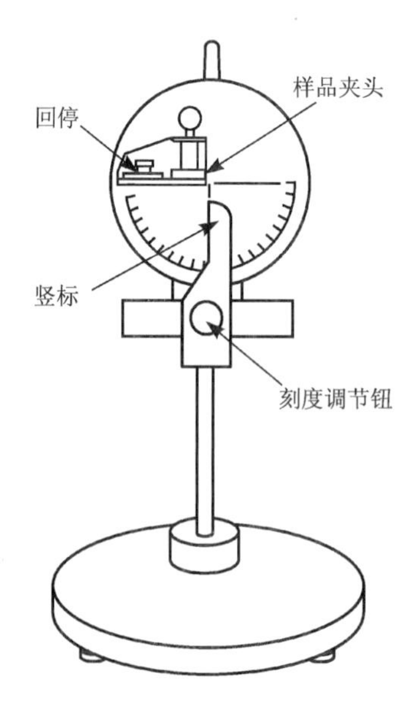

图3 折皱回复性测试仪（方法1）

6.1.3 纸或铝箔，厚度不超过0.04mm。

6.2 折皱回复性测试仪和附件，方法2（见图4）。

6.2.1 圆盘和量角器，圆盘上带有夹具（见图4）。

图4 折皱回复性测试仪和附件（方法2）

6.2.2 带有两层不锈钢薄片的试样夹，夹片厚为0.16mm ±0.01mm，一端固定在一起。上夹片比下夹片短。

6.2.3 塑料夹子由两层夹片组成，规格为95mm ×20mm，一端固定在一起。在一个夹片自由端的外表面上附有一个尺寸为23mm ×20mm的塑料部件，与外边缘平齐，形成一个平台，用于放置重锤。

6.3 镊子的夹口宽度为25mm，在两个外表面距末端5mm处，各有一条平行于夹口宽度的标记线（见图5）。需要另外一只最好是塑料的镊子来夹持试样。

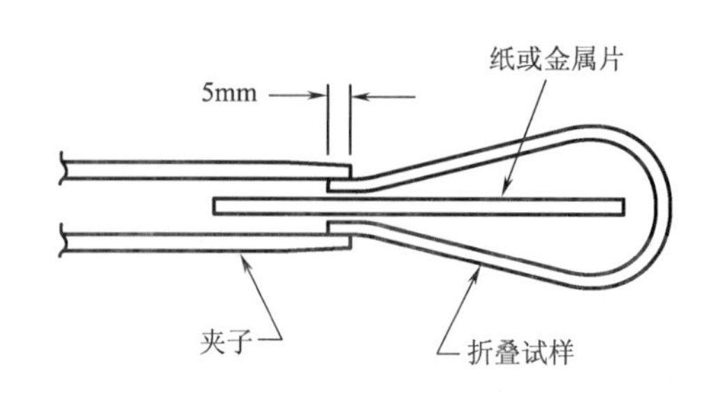

图5 折叠的试样（方法1）

6.4 秒表或定时器（精度±1s）。

6.5 模板（40mm×15mm）。

6.6 重锤（500g±5g）。

6.7 调湿箱。适合于试样和测试仪器操作，能够提供各种大气条件环境。

7. 试样准备

7.1 确定织物试样的正、反面。避免从有折痕、起皱或扭曲的地方取样。

7.2 剪取12块大小为40mm×15mm的试样，六块长度方向平行于试样的经向，六块长度方向平行于试样的纬向。

从样品上剪取经向试样时，试样应在不同的经纱位置剪取；从样品上剪取纬向试样时，试样应在不同的纬纱位置剪取（见图6）。除非有特殊说明，取样位置都不要靠近布边或至少距布边十分之一幅宽取样。

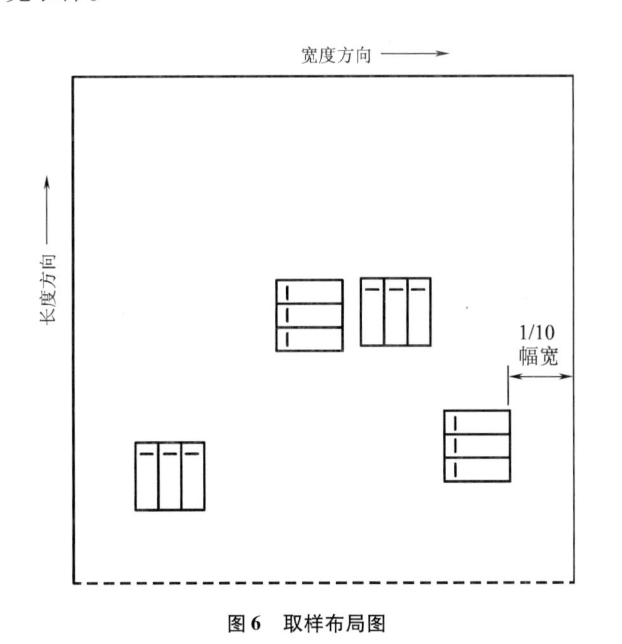

图6 取样布局图

7.3 在每块试样的正面做标记。

7.4 避免握持或扭曲这些试样。推荐使用模板或模具剪取试样，用镊子夹取试样。

8. 调湿

8.1 测试前，将试样平铺放置在温度为21℃±1℃（70℉±2℉）、相对湿度为65%±2%的环境下，调湿试样至少24h。也可以接受较短时间的调湿，只要试样的含湿率在此时间内能够达到平衡。

8.2 如果使用其他大气条件，应在测试结果报告中注明（见11.3）。例如，测定试样在高湿条件下的回复角，试样要在温度为35℃±1℃（95℉±2℉）、相对湿度为90%±2%的大气中调湿24h后测试。

9. 操作程序

9.1 方法1。

9.1.1 依次用三套负荷装置、折皱回复刻度盘和重锤测试三块试样，时间间隔为60s。

9.1.2 将试样面对面、两端对齐折叠，并用镊子夹住，夹持的位置离试样末端不超过5mm。对于一些具有粘附倾向的织物，应在试样末端之间放置一张18mm×14mm的纸或铝箔（见图5）。除镊子外避免其他任何物品接触试样。

9.1.3 把折叠好的试样放于负荷装置中，立即放上重锤，并开始计时。过60s±2s后，重复9.1.2和9.1.3步骤对第二块试样进行测试。再过60s±2s后，对第三块试样进行负荷计时测试。

9.1.4 过5min±5s后，迅速而平稳地从第一块试样上去除重锤，使受压后的试样不回弹打开。

9.1.5 用镊子把有折痕的试样移到刻度盘上的试样夹上，如果使用了纸或铝箔，此时应将其去掉。将试样的一端插入试样夹持器的夹子之间，另一端自由悬垂。不要将试样过分地插入夹具而超过后面的定位杆，以避免破坏试样形成的折痕。开始回复计时。每过60s±2s，依次将第二块试样和第三块试样放入试样夹中。

9.1.6 当试样放置在试样夹中时，调整试样夹，使悬垂下来的试样的自由端始终保持对齐垂直标记。在5min内有必要经常地调整试样夹，以避免重力对试样的影响。

9.1.7 将试样夹入试样夹300s±5s后，从刻度盘上读取并记录折皱回复角。如果试样的自由端卷曲，通过该端中心（可以）观测到一个垂直平面，使这个垂直平面与刻度盘上的垂直标记对齐，读取并记录夹入试样夹 300s ± 5s 后的每个试样的折皱回复角。

9.1.8 重复所有步骤，测试另一方向三块试样和反面对折的两个方向试样。

9.2 方法 2。

9.2.1 使用镊子，将一个试样放入金属夹的夹片之间，使其一端与 18mm 的标记线重合。用镊子向上提起试样的自由端，超过 18mm 的标记线，小心地形成环状，而不使试样压平。用拇指紧紧地固定试样边缘就位。

9.2.2 仍用拇指紧紧握住试样末端，用另一只手压开塑料夹。将装有试样的金属夹放入长夹片和短夹片之间，当长夹片的末端刚与试样接触时，松开拇指。在松开试样前，金属夹上 18mm 的标记、试样的未折叠端和塑料夹具的末端要对齐。在距离短夹片末端 1.5mm 处形成一个折痕。塑料夹具要与折痕试样紧紧接触，但是不能挤压试样。

9.2.3 将夹具组合放在小平台的水平面上。轻轻地将重锤放在平台上，开始计时。过 60s ± 2s 后，重复 9.2.1 到 9.2.3 步骤对第二块试样进行测试。再过 60s ± 2s 后，重复整个步骤对第三块试样进行测试。

9.2.4 过 5min ± 5s 后，去除重锤。用塑料夹拿起塑料夹具组合，将试样夹自由端插入记录装置面板的夹钳中。打开夹钳，迅速并小心地移去塑料夹子，避免将试样的自由端卷曲或将试样拉出夹具。

9.2.4.1 将试样夹和记录装置上的夹钳前口对齐。折叠的试样与刻度盘的中心对齐，试样的自由端与刻度盘上的垂直线对齐。特别小心不要对着刻度盘面板上的试样触摸、吹气或挤压。尽可能快地完成所有操作。当重锤从第一块试样上去除 60s ± 2s 后，重复 9.2.4 和 9.2.4.1 步骤对第二块试样测试。当重锤从第二块试样上去除 60s ± 2s 后，重复所有步骤，对第二块试样测试。

9.2.4.2 为消除重力的影响，在 300s ± 5s 的回复时间内，使试样的自由端始终与刻度盘的垂直线对齐。开始的 1min 内，每 15s 调整一次，在剩下的回复时间，每分钟调整一次。在 300s ± 5s 的回复时间要结束前的最后 15s ± 1s，要做最后一次调整。在 13.5 中给出对测试试样连续进行测试的程序。

9.2.5 从刻度盘读取并记录试样插入记录器夹钳 300s ± 5s 后的折皱回复角。如果试样的自由端卷曲，通过该端中心（可以）观测到一个垂直平面，使这个垂直平面与刻度盘上的垂直标记对齐，读取并记录每块试样插入夹钳 300s ± 5s 后的折皱回复角。

9.2.6 重复所有步骤，测试另一方向三块试样和反面对折的两个方向试样。

10. 计算

10.1 计算每组三个试样的平均折皱回复角。经向：正面对折、反面对折；纬向：正面对折、反面对折。

10.2 如果正面对折与反面对折平均值的差值不大于 15°，分别计算经向和纬向的平均值；如果正面对折与反面对折的平均值差值大于 15°，则分别报告四个平均值。

11. 报告

11.1 报告采用测试方法 AATCC 66，方法 1 或方法 2 。

11.2 报告经向和纬向折皱回复角的平均值（必要时，报告经向—正面、经向—反面、纬向—正面、纬向—反面的平均值）。

11.3 如果采用了其他的测试大气条件，报告折皱回复角的平均值和该试验用的大气条件。

12. 精确度和偏差

12.1 精确度。

12.1.1 在1996年，一个独立的实验室研究比较了方法1和方法2，从六种织物中，分别选择五块经向正面对折和五块纬向正面对折的样品进行对比测试，研究发现，这两种测试方法得出的测试结果是相似的和令人满意的。

12.1.2 用这项研究作为基础，一种临时的实验室内精确度的描述列入了这种测试方法的用户指南里面。经向试样测试精确度的离散值范围是1～58（平方度）纬向试样测试精确度的离散值范围是1～21（平方度）。这个测试方法的使用者应使用标准统计方法，比较实验室内部或实验室间试验结果的平均值。

12.1.3 临时的实验室内精确度（见下表）。

精确度要素（95%）

项　目	方法1		方法2	
	经向	纬向	经向	纬向
误差离散的平均值	6.08	6.271	7.85	4.80
标准偏差	2.47	2.50	4.22	2.19
临界差@测量值（平均值）	5.6	5.7	9.6	5.0
临界差@测量值（平均值）	3.2	3.2	5.4	2.8

12.1.4 在1988年，进行了一次ISO国际标准组织的多个实验室之间的精确度研究（见13.5）。

12.2 偏差。

折皱回复角只能根据某一实验方法予以定义。因而没有独立的方法用以确定真值。本方法作为预测这种特性的手段，没有已知偏差。

13. 注释

13.1 ISO 2313《以回复角表示水平折叠试样的折皱回复性的测定方法》标准可以从ANSI获取，地址：11 West 42nd St., New York NY 10036；电话：212/302 - 1286；传真：212/398 - 0023，网址：www. ansi. org；或ISO网址：www. iso. org。

13.2 使用原始的折皱回复性测试仪，运用AATCC 66标准测试方法，实验室间的测试结果显示了实验室间测试精确度存在较大差异，但是，在实验室内部却有比较好的精确度。无论如何，不建议使用这种方法的测试。

13.3 大多数样品会有一个直的自由悬挂端。当样品的这个自由悬挂端不是直的时，因为对齐问题可能会造成读数困难。如果样品自由端是卷曲的，使样品底边边缘的中心与测试仪的垂直基准线成直线。如果样品弯曲，使离折皱角最近的自由端部分与测试仪的垂直基准线成直线。

13.4 有关适合测试方法的设备信息，请登录http：//www. aatcc. org/bg。AATCC提供其企业会员单位所能提供的设备和材料清单。但AATCC没有给其授权，或以任何方式批准、认可或证明清单上的任何设备或材料符合测试方法的要求。

13.5 方法2的合乎实际的程序要求采用多块样品同时进行测试。这个程序要求使用六台测试仪、六个重锤、12个塑料压具、18个样品夹持器和一个计时器。要把六个样品在7min时间间隔内同时循环交错完成测试。

13.5.1 在把六个试样放在组合压具夹持器后，第一个测试循环要求在5s之内把重锤分别放到六个夹持器上，5min后以同样的顺序去除重锤。使得对所有试样的折叠时间相同。然后尽快地把试样放到刻度盘上的夹子上，调节试样并在5min之内，以同样的顺序读取每个试样的折皱回复角，以使每块试样回复的时间都是5min的时间。从去除重锤和将试样插入刻度盘上的试样夹上开始1min后，将重锤加在下一套组合夹持器上，同时对所用的重锤负荷开始计时。这个程序需要一个连续运行的时钟或者计时器。

当试样在没有负荷的情况下放入塑料压具中时，试样的折叠时间和回复时间是有差异的。这种差异没有发现对测试结果有明显的影响。因为夹在夹持器上的无负荷试样不能随意地回复。

13.5.2 测试时，六个试样中的每个试样要晚前一个试样 7min，折皱时间（施加负荷）发生在 0min、7min、14min 等。这种连续的测试方法会在每小时产生 51 个读数。

13.6 1988 年春，11 个实验室同意参加到一项多个实验室进行的试验来确定这个方法的重现性，从位于比利时、南非、瑞典、英国和美国的五个国家共九个实验室收集到了数据。

在这项研究中，实验室内测试结果的差异是可以忽略不计的，而实验室间存在差异相对较大。这种差异性在统计学允许范围之内。这些数据显示可得出的结论就是这种测试方式提供了一种测试程序，这个测试程序允许实验室间以一个重现性的方式来比较织物的折皱回复性。

整个研究包括所有原料数据都可以从 ISO/TC 38/SC2（ANSI）的秘书处获得。

AATCC 70 -2010

拒水性：动态吸水性测试

AATCC RA63 技术委员会于 1952 年制定；1961 年、1997 年和 2000 年修订；1964 年、1967 年、1972 年、1975 年、1978 年、1983 年、1988 年、1989 年和 2010 年重新审定；1985 年、1986 年、2008 年、2009 年编辑修订；1994 年和 2005 年编辑修订并重新审定；技术上等效于 ISO 18696。

1. 目的和范围

1.1 本测试方法适用于任何可能经过或未经过防水或拒水整理的纺织品。测定经水润湿过的纺织品的防水性。尤其适用于测定经过整理的织物的拒水效果，因为处理过的织物在实际使用中经常遇到类似的动态条件的影响。本测试并非用来预测织物防雨水渗透的能力，因为它测量织物所吸入的水分含量，而非渗透过织物的水分含量。

1.2 本测试方法所获得的结果主要取决于织物中纤维和纱线的防水性或拒水性，而非织物结构。

2. 原理

将预先称重的样品放入水中，搅拌一定时间后取出并除去过量的水，再次称重。用整个样品质量增加的百分比来衡量织物吸收或抵抗内部润湿的能力。

3. 术语

3.1 吸水性：材料的一种性能，指在材料的微孔和空隙中吸收和保留液体（通常指水）的性能。

3.2 拒水性：指在纺织品中，纤维、纱线或织物抗润湿的性能。

4. 安全和预防措施

本安全和预防措施仅供参考。本部分有助于测试，但未指出所有可能的安全问题。在本测试方法中，使用者在处理材料时有责任采用安全和适当的技术；务必向制造商咨询有关材料的详尽信息，如材料的安全参数和其他制造商的建议；务必向美国职业安全卫生管理局（OSHA）咨询并遵守其所有标准和规定。

4.1 遵守良好的实验室规定，在所有的试验区域应佩戴防护眼镜。

4.2 注意观察轧水机的安全，尤其是夹辊处，不能移动常规的安全装置。推荐使用脚踏式。

4.3 操作实验室测试仪器时，应按照制造商提供的安全建议。

5. 设备和材料（见 11.1）

5.1 动态吸水测试仪（见下图和 11.2）。

动态吸水测试仪

5.2 轧水机（电机驱动）（见 11.3）。

5.3 实验室天平，精确至 0.1g。

5.4 AATCC 白色纺织吸水纸，25cm × 25cm（见 11.4）。

5.5 蒸馏水。

5.6 塑料容器，或加仑拉链型塑料袋。

6. 试样准备

6.1 织物样品和吸水纸在测试前应放在相对湿为 65% ±2% 和温度为 21℃ ±1℃（70℉ ±2℉）的条件下调湿至少 4h。

6.2 每个样品测试两组试样。每组试样包含 5 块沿 0.79 弧度（45°）斜度裁剪的 20cm×20cm 的试样。去掉松散的边角纱线并在边角涂上液体乳胶或橡胶胶水，以避免缠结。在每块试样的边角做上标记，作为一组试样的一部分。

7. 操作程序

7.1 彻底清洗动态吸水测试仪的滚筒罐，除去所有杂质，尤其是肥皂、清洁剂和润湿剂。

7.2 每组试样中的 5 块试样卷在一起（组成一组样品）称重，精确至 0.1g。

7.3 向动态吸水测试仪的滚筒罐中倒入 2L 温度为 27℃ ±1℃（80℉ ±2℉）的蒸馏水，将两组试样放到滚筒罐内（见 11.5），转动 20min。

7.4 立即取出一组试样中的一块布样，使其边缘平行于轧辊，轧水机以 2.5cm/s 的速度进行辊压，然后用两片没有使用过的吸水纸夹住样品再次经过轧水机辊压。将夹在吸水湿纸中的试样放置一边，再对同一组试样剩余的四块布样重复此操作，然后除去吸水纸并把这五块布片卷在一起，放到一个称过净重的塑料容器里，或者加仑拉链型塑料袋里。盖上容器并称量湿样品的重量，精确到 0.1g。湿试样的重量不应大于干试样的 2 倍。

7.5 重复 7.4 的操作测试第二组样品。

8. 计算

8.1 采用以下公式计算每个样品的吸水量，精确至 0.1%：

$$WA = \frac{W - C}{C} \times 100\%$$

式中：WA——吸水量；

W——试样湿重，g；

C——试样调湿后的重量，g。

8.2 通过取两组样品中的每组样品吸水量的平均值，来计算织物样品的动态水分吸收性。

9. 报告

9.1 报告两组样品织物吸水量百分比的平均值。

9.2 报告测试方法的编号。

10. 精确度和偏差

10.1 精确度。

10.1.1 1998 年，进行了一次有限的实验室内部研究。所有的样品由同一个操作人员进行测试。

10.1.2 分析了四组织物样品。在各组数据之间没有发现统计上的差异，因此由这些合并数据计算精度参数。

10.1.3 鉴于这项研究本身的局限性，建议使用该方法的用户，在应用这些结论时保持应有的谨慎。

10.1.4 分析合并数据产生了一个 1.8 的重复性标准偏差，数据偏差组成和临界偏差见下表。对于合适的精度参数，两个测试平均值之间的偏差应该达到或超过表中的值，这些值从统计学上来说具有 95% 的置信度。

数据偏差组成和临界差

平均值测定的数量	95%置信区间	临界差
2	+16.2	32.4
3	+4.5	9.0
4	+2.9	5.8
5	+2.2	4.4

10.2 偏差。织物的动态吸水性仅可根据一个测试方法确定。没有单独的仲裁方法可以用于确定其真实值。这个测试方法没有已知的偏差。

11. 注释

11.1 有关适合测试方法的设备信息，请登录 www. aatcc. org/bg，浏览在线 AATCC 用户指导，见 AATCC 企业会员所能提供的设备和材料清单。但 AATCC 未对其授权，或以任何方式批准、认可或证明清单上的任何设备或材料符合测试方法的要求。

11.2 动态吸水测试仪（见 5.1 中的图）由电动驱动和滚筒罐构成。滚筒罐为容积为 6L 的圆柱形或六方形，直径约为 15cm，长度约为 30cm，以恒定切向速率为 55r/min ± 2r/min 的转速旋转。这种罐可由玻璃、防腐蚀金属或者化学制品瓷器制成。

通过用校准后误差不超过 1s 的秒表计数每分钟内的转数，确定滚筒罐每分钟的旋转。

11.3 轧水机，家用洗衣机型，配有直径为 5.1 ~ 6.4cm，长度为 28.0 ~ 30.5cm 的软橡胶轧辊，用肖氏硬度计测量的硬度应为 70 ~ 80。轧水机之所以如此构造是要通过砝码或操纵杆装置来保持织物样品顶部的压力。该总压力（来自砝码，或操纵杆装置和轧辊的总重量）为 27.2kg ± 0.5kg。以恒定速率驱动，以使织物样品以 2.5cm/s 的速率通过轧辊。轧辊的直径应用一对测径器或直接用一把合适的千分尺测量。沿着每个轧辊的长度在 5 个不同地方测量，取这些测量结果的平均值作为轧辊的直径。测量负载砝码和操纵杆装置的负荷，应使用弹簧秤和天平，通过两根等长的胶带将轧水机的上辊从弹簧秤上悬挂起来。两根胶带应置于上下辊之间端头附近，且应分开足够距离，以便使胶带和轧水机顶部装置和载荷装置（弹簧秤和天平）互相不接触，弹簧秤或天平应从一个合适的固定处悬挂下来，弹簧秤或天平上配有一个螺丝扣或其他装置以便调节秤的高度。通常使用前要注意弹簧秤刻度归零。然后调节弹簧秤或天平上的螺丝扣或其他装置，称量上辊。当轧水机的上辊从下辊处完全抬起，能看到两根胶带底部和下辊上方之间的部分，则弹簧秤或天平被认为处于平衡状态。这时，调整弹簧秤或天平上的砝码直至弹簧秤或天平显示 27.2kg ± 0.5kg，弹簧秤或天平的校准应使用已经校准过的总重为 24.95kg ± 0.23kg、27.22kg ± 0.23kg 和 29.48kg ± 0.23kg 砝码来校验。弹簧秤在三次校验中每次都应精确至 0.2268kg 以内。轧辊的线速度应通过穿一根细钢丝经过轧辊来测量。这根钢丝至少 150cm 长，每 150cm 精确到 3mm 以内。这根 150cm 长的钢丝通过夹辊处所需的时间以秒计算，用校准后时间间隔不超过 0.5s 的秒表精确至秒计时。调节轧辊速度使得 150cm 长钢丝穿过夹辊处所需时间为 60s ± 2s。

11.4 吸水纸可从 AATCC 获取，地址：P. OBox 12215，research Triangle Park NC 27709；电话：919/549 - 8141；传真：919/549 - 8933；电子邮箱：orders@ aatcc. org；网址：www. aatcc. org。

11.5 如果有必要，仅能测一个样品，则应使用一材料相似的样品作为压载物和被测样品一起进行测试。在任何测试中滚筒内的试样应该相当于两组样品（10 块）的量。

AATCC 76 -2011

织物表面电阻率

AATCC RA32 技术委员会于 1954 年制定；1963 年、1968 年、1970 年、1972 年、1973 年、1982 年、1995 年、2000 年修订（标题更换）；1969 年、1975 年、1978 年、1989 年、2011 年重新审定；1974 年、1984 年、1985 年、1997 年、2004 年、2008 年编辑修订；1987 年、2005 年编辑修订和重新审定。

1. 目的和范围

本方法的目的是用来测定织物的表面电阻率。表面电阻可能影响织物静电电荷的积聚（参见 AATCC 84：纱线的电阻）。

2. 原理

试样在规定的相对湿度和温度条件下调湿，用电阻计测试织物在平行电极间的电阻。

3. 术语

电阻率：一种材料属性，其数值等于电压梯度与电流强度的比值。

注：本测试方法是用测量平行放置的金属板或同心环表面间隔之间的电阻来计算织物表面电阻率。表示为欧姆每平方。本方法实际测量两个电极间材料对电流的阻力。

4. 安全和预防措施

本安全预防措施仅供参考。本部分有助于测试，但未指出所有可能的安全问题。在本测试方法中，使用者在处理材料时有责任采用安全和适当的技术；务必向制造商咨询有关材料的详尽信息，如材料的安全参数和其他制造商的建议；务必向美国职业安全卫生管理局（OSHA）咨询并遵守其所有标准和规定。

4.1 遵守良好的实验室规定，在所有的试验区域应佩戴防护眼镜。

4.2 操作实验室测试仪器时，应按照制造商提供的安全建议。

4.3 放射性棒释放 α 射线，表面上对人身体无害。放射性同位素钋 210 是有毒的，应该熟练预防措施，以避免该固体物质的摄入或吸入。不要拆卸放射性棒或者触摸栅格下的放射条。如果接触或者使用放射条，立刻彻底洗手。当它失去作为一个静电清除器的效用或者不再使用时，处理方式是将它还给制造商，不要像废料一样丢弃。

5. 仪器和材料

5.1 电阻计（见 11.1）。

5.2 调湿和试验箱（见 11.2）。

5.3 标准电阻。

5.4 放射性棒。

5.5 两块大小适宜的长方形金属平板，可用作电极。或两个同心环电极，适合测试材料，并符合结果需要。

6．试样准备

6.1 调整被测试样的大小，使适合所使用的特定仪器的电极。当使用平行板电极时，试样的宽度一定不能超过电极的宽度。当使用同心环电极时，试样大小至少与同心环外环一样大。测量区域要避免污染。

6.2 用于平行金属板电极仪器的试样。需制备两组试样，每组三块试样，一组测试方向平行于织物的长度方向，另一组测试方向平行于织物的宽度方向。

6.2.1 用于同心环电极装置的试样。一组试样，共三块，因为对于这种类型的仪器，织物的长度方向和宽度方向的测试是同时进行的。

6.2.2 织物的正面和反面测量的电阻大小可能会有不同，这取决于组织结构或最终用途。每块试样应取自织物的不同部位。

7. 操作程序

7.1 根据制造商的建议校准电阻计，这种校准应定期重复一次。

7.2 在一个适当的试验箱或调湿室中，按预先选定的相对湿度对试样进行调湿，这个步骤对于反映织物电阻信息是必要的。

7.2.1 对于需要抗静电处理的或其静电倾向已达临界值的大部分织物，最好在20%的相对湿度下进行测试。

7.2.2 在静电倾向低于临界值的条件下，可以使用40%的相对湿度进行调湿。

7.2.3 对于特殊的要求，可以使用其他的相对湿度。例如，在医院手术室使用的抗静电床单、薄膜和纺织品要求在50% ±2%的相对湿度、21℃ ±2℃的温度下进行预调湿（见11.2.1）。也可在其他条件下或适合最终用途的调湿范围下进行测试（例如相对湿度65%和温度24℃）。所有的测试最好在保持恒定的温度和湿度下进行。

7.2.4 如果有必要在一个较宽的湿度范围下测量电阻，可以在相对湿度65%和温度24℃下或其他设置的适合最终用途的条件下进行附加试验。所有的测试最好在保持恒定的温度和湿度下进行（见11.3）。

7.3 用放射棒随意在织物的两面移动，可以去除织物表面的静电荷。

7.4 放置试样与电极稳固接触。当在织物和电极间施加附加压力时，试验结果不受影响。

7.4.1 使用平行金属板电极时，试样接触电极，并且试验方向与电极相邻边垂直。测试织物长度和宽度两个方向的电阻。因为电荷是沿着电阻最小的方向流动，所以仅记录通过方向的较低的读数。

7.4.2 对于同心环电极，电荷会自动沿电阻最小的方向流动。

7.5 按照所使用的特定电阻计的操作说明和程序测量试样的电阻。使电流通过试样1min，或者直到得到恒定的读数。恒定电阻率标准是电阻的对数值变化每小于0.1个单位/min。达到恒定读数所需要的时间，可能随所加的电压和试样的电阻而不同。过长时间的高电压可能损坏织物。

7.6 为了仲裁目的时，使用平行板电极配置，电极间隔25mm，80～100V电压持续1min；对于同心环电极，使用类似的电压（见11.4）。

7.7 避免在试样和仪器上使用任何导电液体。

8. 评定

8.1 按如下公式计算电阻率至最接近的每平方米电阻值。

8.1.1 对于平行金属板电极的情况：

$$R = O \times \frac{W}{D}$$

式中：R——每平方电阻欧姆数；

O——测量的电阻欧姆数；

W——样品宽度；

D——电极间的距离。

8.1.2 对于同心环电极的情况：

$$R = \frac{2.73 \times O}{\lg \frac{r_o}{r_i}}$$

式中：R——每平方电阻欧姆数；

O——测量的电阻欧姆数；

r_o——外环电极半径；

r_i——内环电极半径。

8.2 计算该批样品的每个试样的平均电阻率。

8.3 确定该批样品每个试样的电阻率以10为底数的对数值（lg*R*）。

9. 报告

报告以下信息：

9.1 一批样品每个试样的电阻率的对数值（lg*R*）。

9.2 试样的数量。

9.3 使用的相对湿度和温度。

9.4 如使用平行金属板电极，还要报告测试方向。

10. 精确度和偏差

10.1 精确度。该测试方法的精确度还未确立。在该方法的精确度描述产生之前，采用标准统计方法，比较实验室内部或实验室之间试验结果平均值。经验表明，如操作细心，重现性应在电阻率对数平均值的2%内。

10.2 偏差。电阻率只能根据某一实验方法予以定义。因而没有独立的方法用以确定真值。本方法作为预测这种特性的手段，没有已知偏差。

11. 注释

11.1 为了适用于各种临界值，与电极系统相接的电阻计的量程范围应为$10^8 \sim 10^{15}\Omega$。如已知纱线的性质能接受小于$10^{13}\Omega$的电阻值的测试，则量程范围在$10^8 \sim 10^{13}\Omega$的设备也适用。

11.1.1 关于量程不能$>10^{13}\Omega$量具的描述见Hayek & Chromey所著《美国染料报告》，Vol. 40，1951，pp164－8。

11.1.2 其他电阻测试仪也可能满足该试验的要求。

11.2 要求调湿和试验箱的相对湿度能控制在±2%范围（最好在20%～65%的相对湿度有效范围内），温度控制在±1℃（±2℉）的范围，空气可以循环。因为试样从干到湿（相对于试验箱）达到平衡表现滞后性，因此建议试样尽可能以低于试验箱的湿度状态达到平衡。

国家防火协会，NFPA标准，编号#56 A－1973，4663章节。

11.3 通常相对湿度越低，静电积聚越多（反之亦然）。在40%相对湿度下静电积聚程度低的纱线，可能在20%～25%的相对湿度下呈现出严重的静电积聚，而在40%的相对湿度下有静电有问题的纱线，可能在65%的相对湿度下呈现轻度的静电积聚。静电积聚的倾向与相对湿度之间的关系，随具体的抗静电剂、纤维、织物结构、表面特性等而改变。

因此，在40%相对湿度条件下测试纱线的抗静电性能，可能无法提供真正有意义的信息，除非也在20%～25%相对湿度下进行测试，而这种条件在装有取暖和空调系统的建筑物中很容易实现。完整信息可能还需要有关在相对湿度65%以上时的电阻信息。

11.4 关于电阻测试的更多具体信息，详见ASTM D257《绝缘材料直流电阻和导电性的测试方法》（ASTM委员会D－20）。

AATCC 79 -2010

纺织品的吸水性

AATCC RA34 技术委员会于 1954 年制定；2003 年权限转至 AATCC RA63 技术委员会；1968 年、1972 年、1975 年、1979 年、1992 年和 2000 年重新审定；1986 年编辑修订并重新审定（标题更改）；1995 年、2007 年（标题更改）、2010 年修订。

前言

漂白纺织品吸水性测试方法的制定，最初是为了帮助纺织染整工厂确定纺织预处理以及其他处理工艺的效果和效率。后来，本测试方法被作为判定纺织品后整理的拒水和防水（如不吸水）性的方法之一。再经过一段时间，本方法还被用于判定纺织品的耐家庭洗涤性。

TM 79 中增加了操作程序 B，用以识别已经被零售商及实验室使用的原始程序的变化。操作程序 B 最初是作为非官方方法出版的，发表于 2004 AATCC/ASTM International 的 Concept 2 Consumer Technical Supplement：纺织产品操作程序及指南汇编，TS - 018，以及作为 MM - TS - 01 快速吸水程序，发表于 2008 AATCC/ASTM International 的 Moisture Management Technical Supplement：服装、亚麻产品及布匹的应用（见 12.1）。

1. 目的和范围

本测试方法用于测定纱线、织物和服装的吸水性，适用于任何纤维及组织结构的纺织产品，包括机织、针织和非织造纺织品。

2. 原理

将一滴水以固定高度滴至绷紧的试样表面，记录水滴光反射消失，变成深色的湿润斑点所需的润湿时间。

3. 术语

3.1 吸水性：材料的孔隙和空隙吸收并保留液体（通常是水）的倾向。

注：吸水性在一些情况下是指润湿。

3.2 润湿：纺织材料的吸收特性使一个水滴的光反射特征消失，如水滴变成深色的湿润斑点所需要的时间。

3.3 纺织产品：用纺织面料或者其他柔软的材料制成的用于保护和装饰身体（服装），在家里使用（床品、窗帘、毛巾、桌布）或者用作其他用途（如手绢等）的产品。

4. 安全和预防措施

本安全和预防措施仅供参考。本部分有助于测试，但未指出所有可能的安全问题。在本测试方法中，使用者在处理材料时有责任采用安全和适当的技术；务必向制造商咨询有关材料的详尽信息，如材料的安全参数和其他制造商的建议；务必向美国职业安全卫生管理局（OSHA）咨询并遵守其所有标准和规定。

遵守良好的实验室规定，在所有的试验区域应佩戴防护眼镜。

5. 使用和限制条件

5.1 吸水性是影响纺织工艺的因素之一，如织物前处理、染色、后整理等工艺。吸水性经常与术语润湿性替代使用。吸水特性会使织物将水吸收到纤维、纱线和织物的组织结构中，因此织物吸水性会影响漂白和染色的均匀性和彻底性。一种织物是否适合于特定的用途，如网纱或者毛巾布，也取决于织物吸收水的能力和倾向。

5.2 吸水性有助于判断或者解释“舒适性”。但是TM 79的使用者需要注意，该标准的结果并不是评估舒适性的唯一指标（见2008AATCC/ASTM International 的 Moisture Management Technical Supplement：服装、亚麻产品及布匹的应用，p19）（见12.1）。

5.3 TM79的使用者应该注意织物正面或织物反面作为测试面对应的测试结果的解释是不同的。如果测试的目的是测定整理、工艺的吸收性或者耐洗涤性，那么在测试中应使试样正面接触水滴。如果测试的目的是评价进一步进行整理的吸水性，那么测试中应将试样接触皮肤的面接触水滴。另外，如果织物最终用于复合织物，那么单个织物的吸水性与最终复合产品的吸水性是不同的。

5.4 如果测试中使用的是液体，而非蒸馏水，那么测试结果不具有可比性。

5.5 本测试方法所得的测试结果与其他吸水性测试方法的结果的可比性不详。

5.6 本测试方法中的A程序与B程序所得测试结果的可比性和关联性未知。

6. 仪器（见12.2）

6.1 烧杯，口径大小可以支撑绣花绷的外边缘。

6.2 程序A，滴定管，带有0.5mL刻度的10mL±0.05mL滴定管，每毫升可滴15~25水滴。

6.3 程序A，滴定管架。

6.4 蒸馏水或去离子水，21℃±1℃（70℉±2℉）。

6.5 绣花绷，直径152mm±5mm（6.0英寸±0.2英寸）（见12.1）。

6.6 秒表。

6.7 程序B，药用滴管，76mm玻璃杯，2mL容量，每毫升可滴20滴药品。

7. 试样准备

7.1 取两块（200±5）mm×（200±5）mm的试样，每个试样上进行共5个水滴测试。织物足够大时，建议从一个样品的不同位置剪取五块试样（如不同的长度和宽度位置；边部—中间—边部剪取试样；前身—后身—袖子服装剪取试样），在每块试样上进行一个水滴测试。否则，在保证水滴测试点距离绣花绷边缘至少25mm±2.5mm（1英寸±0.12英寸），且两个水滴的外边缘相隔至少25mm±2.5mm（1英寸±0.12英寸）的情况下，5个水滴的测试可以在同一块试样上进行。在服装或者一个样品上进行5个水滴测试时，可以不单独从样品上剪取试样，而是将样品的不同部分放到绣花绷里面。

7.2 如果测试样为纱线，准备的绞纱试样在装入绣花绷后，纱线与纱线之间不应有间隔。

7.3 试样需根据ASTM D 1776，纺织品测试及调湿标准操作方法的要求在相对湿度为65%±2%、温度为21℃±1℃（70℉±2℉）的条件下调湿。如需要测试湿整理后织物的吸水性（如经漂白后），试样在调湿前应预先在空气中干燥（见12.4）。

8. 操作程序

8.1 所有测试应在标准大气条件下进行。

8.2 程序A，滴定管。

8.2.1 在恒温恒湿室中选择有顶灯照明的位置，便于判断测试终点，即润湿（见3.2）。

8.2.2 调整滴定管的管塞，释放放出规定量的水滴（见6.2）。

8.2.3 将试样装在绣花绷上，使测试面朝上，表面绷紧无褶皱，且织物结构不产生伸长或扭曲。

8.2.4 将装有试样的绣花绷置于滴定管下端约 10mm ± 1.0mm（0.375 英寸 ± 0.04 英寸）处。使一滴蒸馏水或去离子水滴落至织物上，立即开始计时。观察水滴，不要将烧杯从滴定管下移走，以避免干扰水滴及其与试样的分界面。

8.2.5 当水滴的光反射消失时（见 3.2），停止计时。如果水滴没有立即消失，应从各个方向观察水滴直至最终消失。测试的终点为水滴不再反射光且变成深色的润湿斑点，时间应小于 60s。

8.2.6 记录水滴消失的时间至整数秒。如果水滴立即消失，记录“0s”，如果润湿时间超过 60s，记录为“60 + s”。

8.2.7 重复 8.2.4 ~ 8.2.6 步骤对另外四个位置进行测试。

8.3 程序 B，药品滴定。

使用特定的药品，药用滴管位于试样表面 10mm 高度处，同样使用 8.2.3 ~ 8.2.6 的步骤进行测试。可以使用 10mm ± 1.0mm 高的瞄准装置来保证药用滴管高度的一致性。不要移动绣花绷中的试样，直到液滴不再光反射，测试点处呈现深色的润湿斑点。按照 8.2.6 记录液滴消失所用的时间。对其他试样重复同样的步骤。

9. 计算和解释

9.1 程序 A 和程序 B。

9.1.1 计算 5 个所记录时间的平均值和标准偏差，报告到最近的整数秒。当 5 个测试值中包含立即吸收（“0”）时，应使用所有 5 个数据计算平均值，包括 0 值。当 5 个测试值中包含吸收时间大于 60s（60 +）时，应使用所有 5 个数据计算平均值，报告值后面表示 +，并注明吸收时间大于 60s 的次数。

9.1.2 吸水时间越短表明吸水性越好。

10. 报告

报告平均吸水时间和标准偏差（必要时）。

11. 精确度和偏差

11.1 精确度。

11.1.1 实验室间比对研究。2009 年一个实验室的三个操作者对六块织物分别使用程序 A 和程序 B 进行了纺织品吸水性的测试、评定。比对所用试样为：（a）棉漂白非织造织物；（b）100% 棉平针织物；（c）100% 棉双螺纹针织物；（d）100% 棉斜纹织物；（e）棉/涤纶机织物；（f）100% 涤纶机织物。

11.1.2 应用方差分析对数据进行分析，方差分析表明不同的织物、操作者或者天数之间没有明显差异。因此，所有数据均用来计算测试方法的精确度。比对中的所有数据和分析都保留在 AATCC 技术中心，供参考。

11.1.3 程序 A 的数据参见表 1。所有 180 个测试点的平均值为 11s，标准偏差为 16s，95% 置信区间为 ±2s。

表 1 程序 A——数据（s）

织物种类	操作者 1 第 1 天	操作者 1 第 2 天	操作者 2 第 1 天	操作者 2 第 2 天	操作者 3 第 1 天	操作者 3 第 2 天
非织造织物	2	4	1	1	1	2
	4	2	1	1	2	3
	4	3	1	1	1	2
	2	4	2	1	0	2
	2	4	1	1	0	1
平针织物	1	3	2	1	0	1
	1	3	2	1	0	1
	1	3	2	1	0	1
	1	2	4	1	1	2
	1	2	2	3	1	1
双螺纹针织物	9	17	9	16	12	25
	13	22	9	23	12	9
	15	28	4	60	11	9
	8	50	14	44	12	6
	8	20	14	35	11	6
机织 C	0	1	1	1	0	0
	0	1	1	1	0	0
	1	1	1	1	0	0
	1	1	1	1	0	0
	1	1	2	1	0	0

续表

织物种类	操作者1第1天	操作者1第2天	操作者2第1天	操作者2第2天	操作者3第1天	操作者3第2天
机织混纺织物	2	2	3	1	0	1
	1	1	1	1	0	1
	2	1	2	1	0	0
	2	2	2	1	0	1
	1	1	2	1	0	0
机织 P	39	47	42	39	38	37
	41	48	45	34	36	36
	46	50	40	43	34	38
	42	48	46	43	35	34
	42	49	50	41	31	35

11.1.4 程序 B 的数据参见表 2。所有 180 个测试点的平均值为 9s，标准偏差为 14s，95% 置信区间为 ±2s。

表 2 程序 B——数据（s）

织物种类	操作者1第1天	操作者1第2天	操作者2第1天	操作者2第2天	操作者3第1天	操作者3第2天
非织造织物	2	2	1	2	4	2
	2	3	1	2	0	2
	2	2	2	1	2	1
	2	3	2	2	1	2
	2	2	2	1	0	1
平针织物	2	2	1	1	1	1
	1	2	1	2	0	1
	1	2	1	2	1	1
	2	2	1	2	0	2
	2	3	1	1	0	2
双螺纹针织物	6	11	14	26	15	12
	5	16	60	21	12	8
	5	9	19	44	11	7
	8	10	5	29	14	5
	6	15	23	7	15	4
机织 C	1	1	1	1	0	0
	1	0	1	0	0	0
	0	1	0	1	0	0
	1	0	1	1	0	0
	1	0	1	1	0	0

续表

织物种类	操作者1第1天	操作者1第2天	操作者2第1天	操作者2第2天	操作者3第1天	操作者3第2天
机织混纺织物	2	1	1	1	0	1
	2	2	1	1	0	1
	1	2	1	1	0	0
	1	1	1	1	0	1
	1	1	2	1	0	1
机织 P	34	33	30	24	30	37
	36	34	37	36	34	32
	33	42	33	28	33	34
	38	39	40	32	36	35
	39	47	36	42	38	38

11.1.5 本测试方法的实验室间精确度尚未确立。在没有可循的实验室间精确度信息之前，本方法的使用者应用标准统计技术来比较不同实验室间的结果平均值。

11.2 偏差。漂白织物吸水性的真实值仅能在某种测试方法中予以定义，没有独立的测定方法。评估该性能时，本测试方法没有已知的偏差。

12. 注释

12.1 可从 AATCC 获取，地址：P. O. Box 12215, Research Triangle Park NC 29909，电话：919/549－8141；传真：919/849－8933；电子邮件：orders@aatcc. org；网址：www. aatcc. org。

12.2 相关仪器可从任何试验设备供应商处获取。

12.3 ASTM 标准可从 ASTM 获取：100 Barr Harbor Dr.，West Conshohocken PA 19428，电话：610/832－9500，传真：610/832－9555，网址：www. astm. org。

12.4 据观察，若从干燥罐取出的试样中未进行调湿，则错误的润湿时间将显示其较差的吸水性。

AATCC 81 - 2006

湿处理纺织品水萃取液 pH 值的测定

AATCC RA 34 技术委员会于 1954 年制定；1963 年、1996 年修订（标题更改）；1968 年、1969 年、1974 年、1977 年、1980 年、1983 年、1988 年、1989 年和 2001 年重新审定；2006 年重新审定和编辑修订；1990 年和 2008 年编辑修订；与 ISO 3071 标准有相关性。

1. 目的和范围

1.1 本测试方法是用来测定经过湿处理的纺织品的 pH 值。

1.2 定量的测定是必须将影响 pH 值的化学品从试样上去除，制备水萃取液，然后用 pH 计准确的测量萃取液的 pH 值。

2. 原理

试样在蒸馏水或去离子水中煮沸。将水萃取液冷却至室温，测定其 pH 值。

3. 术语

3.1 漂白：通过氧化或者还原化学处理，从基质上除去不想要的有色物质过程。

3.2 pH：以克当量每升表示的氢离子活度的负对数，值在 0 ~ 14 之间，可表示酸性和碱性，7 代表中性，越小于 7 表示酸性越强，越大于 7 则表示碱性越强。

3.3 湿处理：在纺织品生产中的一个组合加工工序，包括在前处理、染色、印花和后整理过程中，用液体、水、化学溶液或悬着液处理纺织品。

4. 安全和预防措施

本安全预防措施仅供参考。本部分有助于测试，但未指出所有可能的安全问题。在本测试方法中，使用者在处理材料时有责任采用安全和适当的技术；务必向制造商咨询有关材料的详尽信息，如材料的安全参数和其他制造商的建议；务必向美国职业安全卫生管理局（OSHA）咨询并遵守其所有标准和规定。

4.1 遵守良好的实验室规定，在所有的试验区域应佩戴防护眼镜。

4.2 所有化学物品应当谨慎地使用和处理。

5. 使用和限制条件

5.1 测定 pH 值，可以评价湿加工的纺织品是否适合后续的染色、整理工序或评价后续任一湿加工过程的洗涤和/或中和效率。

5.2 定量测量存在的总碱含量，这个方法还可以结合 AATCC 144《纺织品湿加工过程中的总碱含量》使用。因为 pH 值能表示相对碱和酸的量，精确量可能被溶液中存在的强缓冲剂掩盖。

6. 仪器和材料

6.1 pH 计，读数精度为 0.1。

6.2 玻璃烧杯，400mL。

6.3 缓冲溶液，pH 值为 4.0、7.0、10.0 或其他需要的缓冲溶液。

7. 校准

根据制造商的说明校准 pH 计。选择校准用缓冲溶液，其 pH 值在试样的 pH 值估计范围内。

8. 试样准备

在待测材料上取 10g ±0.1g 的试样。如果织物较难润湿，可将试样剪成小块。

9. 操作程序

9.1 将 250mL 蒸馏水以适中的速度煮沸 10min；浸入试样，将表面皿盖在烧杯上，再煮沸 10min。

9.2 将盖着的烧杯或容器冷却至室温，用镊子取出试样，并使试样上多余的液体滴回萃取液中。

9.3 根据制造商的说明，用 pH 计测量萃取液的 pH 值。

10. 评定

10.1 水萃取液的 pH 值取决于纺织品经过的化学处理、洗涤水的 pH 值和水洗的效果。

10.2 一般来说，纺织品经烧碱煮练后要比漂白后水萃取液的 pH 值高。如果纺织品漂白后经过水洗，pH 值会更低。

10.3 纺织品 pH 值高可导致纺织品发黄，可能会引起变色，改变染料的上染率和固色，并且降低树脂整理剂效果或破坏柔软剂的效果。

11. 精确度与偏差

11.1 精确度。

11.1.1 在 1993 年后期，完成了实验室间的研究，在五个实验室，分别有两名操作人员参加，对四块织物测试，每块织物测试三次。预先没有对参与实验室的相对水平作出评估。

11.1.2 对这些数据（5 × 2 × 3 × 4 = 120）进行分析，得出偏差构成如下：

实验室间的偏差为 0.1203。

同一实验室的操作员间的偏差为 0.0150。

同一实验室的同一操作员测定同一材料的试样间的偏差为 0.0188。

11.1.3 下表给出用 11.1.2 中数值计算出的临界差。

两个平均值的临界差（95% 置信水平）

漂白织物水萃取液的 pH 值			
测试次数	单个操作者	实验室内	实验室间
1	0.38	0.51	1.09
2	0.27	0.43	1.05
4	0.19	0.39	1.04
8	0.13	0.37	1.03

11.1.4 *N* 次测定的两个平均值的差值，作为适宜的精度参数，应达到或超过表中 95% 置信水平下测定的数值。

11.2 偏差。

在某种程度上，这种方法所使用 pH 计测定的 pH 值与真值相符。到目前为止，采用这个方法测定的漂白织物水萃取液的 pH 值没有已知偏差。在这次研究中，没有独立的方法来测定这一真值，欲证明偏差是否存在，可参考其他分析方法。

AATCC 82 -2007

漂白棉布的纤维素分散质流度的测定

AATCC RA34 技术委员会于 1954 年制定；1961 年、1968 年、1972 年、1975 年、1979 年、1984 年重新审定；1974 年、1975 年、1983 年、1985 年、1988 年、1990 年、2004 年编辑修订；1989，2001 年编辑修订并重新审定；1996 年、2007 年修订。

1. 目的和范围

本测试法适用于漂白后未整理的棉布。漂白后的纤维素纤维在铜乙二胺溶剂中的流度，能准确地反映纤维素纤维受酸、碱、氧化或还原剂作用而导致的降解程度。因此，可利用本测试法测定棉布漂白是否完全，分析化学处理对棉布断裂强力的影响（本方法删除了纤维素纤维在氢氧化铜氨液中的流度测定内容，详见 11.1）。

2. 原理

当用酸、碱、氧化剂或还原剂处理纤维素纤维时，纤维素大分子链长度变短。化学处理的程度决定了纤维素分子链缩短的程度和纤维素分散质在溶剂中的流度，或流动性。

3. 术语

3.1 流度：纤维素溶液中，溶液流动或运动的难易程度，因此也用来反映纤维素平均分子量的大小。

3.2 流值：流度单位，用流体黏度（泊）的倒数表示。

4. 安全预防措施

本安全预防措施仅供参考。本部分有助于测试，但未指出所有可能的安全问题。在本测试方法中，使用者在处理材料时有责任采用安全和适当的技术；务必向制造商咨询有关材料的详尽信息，如材料的安全参数和其他制造商的建议；务必向美国职业安全卫生管理局（OSHA）咨询并遵守其所有标准和规定。

4.1 遵守良好的实验室规定，在所有的试验区域应佩戴防护眼镜。

4.2 小心谨慎使用和处理所有化学物品。在配置和混合化学品时，要使用化学防护眼镜或者面罩、专用手套和实验服。注意：始终是将酸加入水中。

4.3 在附近安装洗眼器/安全喷淋装置以及自给式呼吸设备以备急用。

4.4 本测试法中，人体与化学物质的接触限度不得超过官方的限定值（例如，美国职业安全卫生管理局［OSHA］允许的暴露极限值［PEL］，参见 1989 年 1 月 1 日实施的 29 CFR 1910.1000）。此外，美国政府工业卫生师协会（ACGIH）的阈限值（TLVs）由时间加权平均数（TLV - TWA）、短期暴露极限（TLV - STEL）和最高极限（TLV - C）组成，建议将其作为人体在空气污染物中暴露的基本准则并遵守（见 10.1）。

5. 仪器和材料

5.1 铜乙二胺溶液，1.0mol/L。

5.2 氮气（N_2）。

5.3 Ostwald Cannon Fiske 型黏度计（见图 1 和 11.3）。

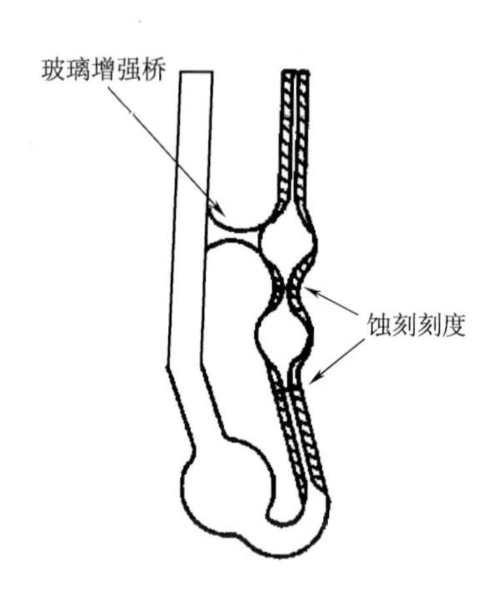

图1 铜乙二胺黏度计

6. 试样准备

6.1 称取具有代表性的漂白未整理的布样，不少于5g。

6.2 用20目筛和顶部有导管的 Wiley 剪切机剪碎样品，制备1.5mm（0.06英寸）长的单纤维。

6.3 从同一样品的纤维中取两个平行样进行测试。把切碎的样品分成重量几乎相等的两份，分别存储于独立的容器中，放在含浓硫酸干燥剂的干燥器内过夜。在该条件下调节试样含湿率为2%。

6.4 把切碎的样品分成两部分是为了减少称重时样品在大气中暴露的时间，用于测定流度的样品重量应能足够制成0.5%的棉分散质溶液。

7. 溶液制备

7.1 在容量瓶中，用新煮沸并冷却的水将161mL、1.0mol/L 铜乙二胺溶液稀释至1.0L，制成0.167mol/L 的铜乙二胺溶液，并注意排出空气。

7.2 将铜乙二胺试剂一直保存在无氧的氮气环境中，尽量降低氧化分解。

7.3 用已知精确度的滴定管分别取1.0mol/L 和0.161mol/L 的铜乙二胺溶液，将试剂瓶的侧臂密封固定到滴定管的下部，并在试剂瓶中用氮气充满侧臂。

8. 操作程序

8.1 表1列出了 Ostwald Cannon Fenske 型黏度计（见图1）的特点，它适于用来测定正常范围内的漂白棉布的流度。为了保证测试结果的准确性，建议流出时间（见8.9）超过100s。

表1 黏度计特征

尺寸型号	大致流出时间（s）	毛细管直径（cm）	流度流值范围
200	100 ~ 700	0.097 ~ 0.103	1.43 ~ 10.0
300	100 ~ 700	0.120 ~ 0.130	0.80 ~ 4.0
400	100 ~ 700	0.180 ~ 0.190	0.1175 ~ 0.83

8.2 称取0.4 ~ 0.45g 按上述步骤制备的样品，精确到0.1mg。从干燥器中每次取出一块试样，称量要尽可能快，避免样品从空气中吸湿。

8.3 把纤维小心地从称量盘或表面皿转移到容量约为120mL（4盎司）的广口棕色玻璃瓶中。

向广口瓶中加入 *X*mL 0.167mol/L 的铜乙二胺溶液。*X* 由下式计算得出：

$$X = 120 \times 样品的重量 \times 0.98$$

8.4 在铜乙二胺试剂液面上方通入纯氮气流20s，以排出试剂瓶中液面上方的空气，并快速拧上瓶盖。

8.5 用自动振荡器以中速将试样瓶振荡2h。

8.6 从振荡器中取出试样瓶，并向该溶液中加入 *Y*mL 1.0mol/L 的铜乙二胺溶液，*Y* 可由下式计算得出：

$$Y = 80 \times 样品的重量 \times 0.98$$

8.7 按上述方法重复进行氮化处理和振荡操作，不同的是振荡时间应为3h。

8.8 从振荡器中取出试样瓶，插入黏度计之前静置30min。在装入分散质溶液前先向黏度计中充入氮气。将黏度计倒置，有毛细管的支臂浸入纤维素分散液中，另一支臂施加吸力将分散液吸入毛细管臂上的两个玻璃球内至标注的刻度。将吸管旋转到正常的垂直位置，并把黏度计放进25℃ ±1℃（77℉ ±2℉）的恒温水浴内。液体将流至较低的贮液器，并达到与水浴相同的温度（大约5min）。

8.9 将液体吸到两个玻璃球间的刻度线的上方，测定新月液面从两个玻璃球间的刻度降到较低的玻璃球下方刻度所用时间即为液体流出时间。取两次或多次观察结果的平均值。

9. 计算

9.1 流度 F（单位为流值），计算如下：

$$F = 100/ctd$$

式中：c——由已知黏度的液体测定的仪器常数；

t——刻度间液体的流经时间，s；

d——铜乙二胺溶液的密度1.052，g/cm^3。

10. 精确度和偏差

10.1 精确度估计值。

10.1.1 单个实验室分析。2005年，在一个实验室中测定了技术员误差（V_0）和剩余误差（V）及其相关的临界差，CD_m（单个实验室中多个技术员）和 CD_0（单个实验室中单个技术人员）的偏差组分估计值。三个实验人员按照6.3中方法，使用铜乙二胺溶液对经以下三种不同整理，即未漂白（NB）、标准漂白（SB）和过漂白（OB）的试样做了两次平行测试。

10.1.2 单个技术员和整理得到的精确度估计值为95%。表2中所示的结果是一个实验员两次测试结果的平均值。根据这些平均值，可计算出每个测试人员的偏差组分（V_0）和剩余偏差（V）。从这项有限的研究中甚至可发现3号测试员的每种情况的报告结果都与其他测试人员有明显的差别。该项研究非常有限，建议在具体的测试环境下使用这些估计值时需注意。

三位试验员参与的这项有限的研究，可通过对不同整理试样进行试验的试验员得到的结果比较和计算 V_0（试验员）和 V（剩余）的偏差组分，评估多个测试人员在测试结果比较中的影响。以上的总结表明 CD_m（实验室内的多个技术员偏差）相当大是因为测试员之间的水平不同。该项研究非常有限，建议在具体的测试环境下使用这些估计值时需注意。以上考虑都是基于95%的置信水平。

表2 不同测试人员和不同加工情况下的数据总结

项目		未漂白试样	标准漂白试样	过漂白试样	试验员结果总结
测试员01	A_V（2）	0.564	0.811	4.033	V 0.0006
	V	0.0013	0.0004	0.0002	CD_0 0.05
	CD_{S0}	0.07	0.04	0.03	
测试员02	A_V（2）	0.609	0.885	4.172	V 0.00014
	V	0.0003	0.0001	0.00004	CD_0 0.02
	CDso	0.03	0.02	0.01	
测试员03	A_V（2）	0.397	0.745	3.625	V 0.0107
	V	0.0022	0.0238	0.0060	CD_0 0.20
	CD_{S0}	0.09	0.31	0.15	

不同整理总结				
项目		试样1	试样2	试样3
3个试验员（$o=3$）	V_0	0.01118	0	0.0795
	V	0.0012	0.0088	0.0021
单个试验员	CD_0	0.07	0.19	0.09
多个试验员	CD_m	0.31	0.19	0.79

A_V—流值单位，CD—流值单位，V—流值平方

CD 方程：$CD_0=2.8\ (V/2)\wedge 0.5$，$CD_m=2.8\ (V/2+V_0)\wedge 0.5$

10.1.3 对整个数据表分析得到95%精确度估计值。通过方差分析计算得到的实验人员偏差组分和剩余偏差组分见表3。由于3号实验员报告的测试结果不同，CD_m（一个实验室中的多个实验员）测得的值也高。这些估计值仅适合于实验室内的精度。应进行更大范围的，有多个实验室参与的研究，得出可信的实验室间精度估计值（见表3）。

表3 偏差组分和95%的精度估计

偏差组分			
来源	COV	单位偏差	
O.L	V_0	0.0307	
Res	V	0.0038	
95%的精度估计			
实验室内单个测试人员	CD_o	0.12	$CD_{so}=2.8(V/2)\wedge 0.5$
实验室内多个测试人员	CD_m	0.51	$CD_w=2.8(V/2+V_0)\wedge 0.5$

10.2 偏差。漂白棉布的纤维素分散质流度的真实值只能在一种测试方法中定义。没有独立的方法测定其真实值。该方法在评价这种性能时无已知偏差。

11. 注释

11.1 对纤维素流度值的测定，美国和世界上其他一些地方主要采用铜乙二胺法，英国主要使用铜氨法。2005 年，AATCC RA34 委员会表决删除了铜氨溶液法，铜氨溶液法可参照英国标准 BS 2610：1978《棉及某些再生纤维素纤维的铜氨溶液流度值测定方法》。Bleachers Handbook 对铜氨溶液法的探讨具有很高的参考价值（见 11.4）。

11.2 可从 ACGIH Publications Office 获取，地址：Kemper Woods Center，1330 Kemper Meadow Dr.，Cincinnati OH 45240；电话：513/742－2020；网址：www.acgih.org。

11.3 未校准的黏度计可按照 ASTM D 445 方法 6B，用标准油或其他标准液体校准。

11.4 图 2 表格中列举的流度值用作参考。可能需要进行其他损伤性测试。参考 AATCC 出版的《纺织品实验室分析方法》，1984 年第三版（William Weaver 著），进行进一步的损伤测试。尽管图 2 的数据和图的来源不详，但它对比较铜氨法和铜乙二胺法仍是很方便的参考。

流度—流值

织　物	铜乙二胺法	铜氨法
坯布	0.2～0.4	1.0～2.0
轻度整理	0.3～0.7	1.5～2.5
一般漂白	0.9～3.3	3.0～7.0
过度漂白	5.5～15.3	10.0～20.0

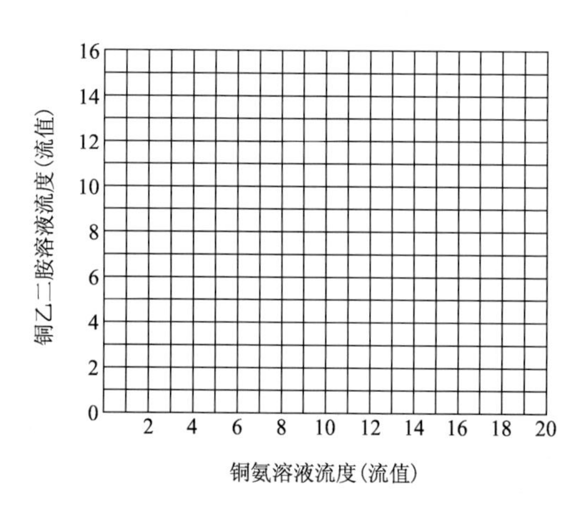

图 2　铜氨溶液和铜乙二胺溶液流度评价

AATCC 84 - 2011

纱线的电阻

AATCC RA32 技术委员会于 1955 年制定；1960 年、1969 年、1973 年、1977 年、1989 年、2005 年、2011 年重新审定；1974 年、1984 年、1985 年、1997 年、2008 年编辑修订；1982 年、2000 年修订（标题更换）；1987 年、1995 年编辑修订和重新审定。

1. 目的和范围

本方法的目的是用来测定含有天然纤维或人造纤维的所有纺织纱线的电阻。纺织纱线积聚电荷的倾向取决于纱线的电阻。由于导电性机理，本方法不适用于随机含有不锈钢纤维或其他高导电性纤维的纱线（参见 AATCC 76《织物表面电阻率》）。

2. 原理

纱线试样在规定的相对湿度和温度下调湿，用电阻计测量放在两个电极之间的纱线电阻。

3. 术语

电阻：材料的物理性能，表示在材料的两点间施加电压时，材料上电子通过的能力大小。电阻（Ω）等于电压（V）与电流（A）的比值。

注：本方法测试两个电极之间材料的电阻，结果表示为纱线单位长度的电阻，即每 10mm 的欧姆数。

4. 安全和预防措施

注：本安全预防措施仅供参考。本部分有助于测试，但未指出所有可能的安全问题。在本测试方法中，使用者在处理材料时有责任采用安全和适当的技术；务必向制造商咨询有关材料的详尽信息，如材料的安全参数和其他制造商的建议；务必向美国职业安全卫生管理局（OSHA）咨询并遵守其所有标准和规定。

4.1 遵守良好的实验室规定，在所有的试验区域应佩戴防护眼镜。

4.2 操作实验室测试仪器时，应按照制造商提供的安全建议。

4.3 放射性棒释放 α 射线，表面上对人身体无害。放射性同位素钋 210 是有毒的，应该熟练预防措施，以避免该固体物质的摄入或吸入。不要拆卸放射性棒或者触摸栅格下的放射条。如果接触或者使用放射条，立刻彻底洗手。当它失去作为一个静电清除器的效用或者不再使用时，处理方式是将它还给制造商，不要像废料一样丢弃。

5. 仪器和材料

5.1 装有固定位置平行板电极的或分离可变位置平行板电极的电阻计（见 11.1）。AATCC 76 中推荐的用于织物的同心环电极系统不适用于测试纱线。

5.2 调湿和试验箱（见 11.2）。

5.3 标准电阻。

5.4 放射性棒。

6. 试样准备

6.1 试样的长度随所用电极位置是固定或可变而定。如果所用的电极系统，平行极板之间的距离可变动，应当进行一次预测以确定极板间距，使电阻计灵敏度最高。

6.2 当测定单纱电阻的均匀度时，应至少测量10个单纱试样。

6.3 为了预测用本方法所试验的纱线制成的机织或针织织物的性能，应当在多股纱上测量。

6.4 每次试验应准备至少三个试样，试样的纱股须平行且张力相同，间距均匀，并且沿长度方向无重叠或触碰。如果提供的纱线数量有限，则每个试样应包含10股。如果提供的纱线数量充足，则准备较多试样，在绕纱机上卷绕50～100圈，然后用胶带粘牢纱线，以准备适合于所使用电极系统的长度。为了得到结果的重现性，每个试样的股数必须相同。电阻也可能取决于纱束的横截面，因此，纱束包含的单丝数不同或股数不同，导致同样纤维制成的纱线电阻可能不同。

7. 操作程序

7.1 按照制造商的建议校准电阻计。

7.2 在适当的试验箱或调湿室内，按预先设好的相对湿度和温度对试样进行调湿，并在该条件下测试纱线的电阻。

7.2.1 对于需要抗静电处理的纱线或其静电倾向已达临界值的纱线，最好在20%的相对湿度下进行测试。对于特殊的要求，可以使用其他的相对湿度。例如，在医院手术室使用的抗静电床单、薄膜和纺织品要求在21℃±2℃的温度下进行预调湿（见11.2）。如果有必要在一个宽泛的调湿范围下测量电阻，可以在65%相对湿度和24℃温度下或其他适合的条件下进行附加试验（见11.3）。

7.2.2 在24℃及预定的相对湿度下，调湿试样至少4h或直至达到平衡为止。经进一步调湿时电阻没有明显的变化即充分表示已达到平衡，如变化达到电阻对数值（lg*R*）的±5%，可认为电阻有明显变化。

7.3 用放射棒扫过试样的两侧，可以除去纱线表面的静电荷。

7.4 安放纱线试样与电极稳固接触，使纱线的方向与电极的相邻边垂直，施加足够的张力使股纱伸直。

7.5 按照所使用的特定电阻计的操作说明和程序测量试样的电阻。

7.6 使电流通过试样至少1min，直到达到恒定的读数。达到恒定读数所需要的时间可能随所加的电压和试样的电阻而不同。过长时间的高电压可能损坏纱线。

7.7 为了仲裁目的试验时，使用30～40V电压，最小时间为1min或电极间距10mm时获得恒定的读数（见11.4）。

7.8 避免在试样或仪器上使用任何导电液体。

8. 评定

按下面公式计算每股纱线10mm的电阻欧姆数：

$$R = \frac{S}{D} \times \frac{r_1 + r_2 + r_3 + \cdots + r_n}{n} \times 10$$

式中：R——每股纱线每毫米的电阻欧姆数；

S——每个试样的纱线股数；

D——电极间的距离，mm；

r——每个含有S股试样的电阻；

n——试样的总数量（乘以10折算成先前本方法的用法）。

9. 报告

报告每股纱线每10mm的电阻欧姆数的对数值（lg*R*）和所用的温度和相对湿度（见10.1）。

10. 精确度和偏差

10.1 精确度。经验表明重现性在平均电阻对数值的±10%范围内。

10.2 偏差。电阻率只能根据某一实验方法予以定义。因而没有独立的方法用以确定真值。本方法作为预测这种特性的手段，没有已知偏差。

11. 注释

11.1 为适用于各种临界值，与电极系统相接的电阻计的量程范围应为 10^8 ~ 10^{15} Ω。如已知纱线的性质能接受小于 10^{13} Ω 的电阻值的测试，则量程范围在 10^8 ~ 10^{13} Ω 的设备也适用。

11.1.1 另外，固定位置平行极板可用于该仪器，并可按照 Hayek&Chromey 在《美国染料报告》40，164 - 8（1951）的描述来制作。为增加通用性，这些电极可以设计为极板间距可在 5 ~ 50mm 之间调节。

11.1.2 其他电阻测试仪也可能满足本试验的要求。

11.2 要求调湿和试验箱的相对湿度能控制在 ±2% 范围（最好在 20% ~65% 的相对湿度有效范围内），温度控制在 ±1℃ 的范围，空气可以循环。因为试样从干到湿（相对于试验箱）达到平衡表现滞后性，因此建议试样尽可能以低于试验箱的湿度状态达到平衡。

国家防火协会，NFPA 标准，编号#56 A - 1973，4663 章节。

11.3 通常相对湿度越低，静电积聚越多（反之亦然）。在 40% 相对湿度下静电积聚程度低的纱线，可能在 20% ~25% 的相对湿度下呈现出严重的静电积聚，而在 40% 的相对湿度下静电有问题的纱线，可能在 65% 的相对湿度下呈现轻度的静电积聚。静电积聚的倾向与相对湿度之间的关系，随具体的抗静电剂、纤维、织物结构、表面特性等而改变。因此，在 40% 相对湿度条件下测试纱线的抗静电性能，可能无法提供真正有意义的信息，除非也在 20% ~25% 相对湿度下进行测试，而这种条件在装有取暖和空调系统的建筑物中很容易实现。完整信息可能还需要有关在相对湿度 65% 以上时的电阻信息。

11.4 关于电阻测试的更多具体信息，详见 ASTM D257《绝缘材料直流电阻和导电性的测试方法》。

AATCC 86 -2011

图案和整理剂的干洗耐久性

AATCC RA43 技术委员会于 1957 年制定；1963 年、1968 年、1970 年和 1973 年修订；1976 年、1979 年、1989 年、2000 年和 2005 年重新审定；1969 年、1983 年、1986 年、1993 年、1995 年和 2004 年编辑修订；1985 年、1994 年和 2011 年编辑修订并重新审定。

1. 目的和范围

1.1 本测试方法反映经多次（见 10.1）干洗后对纺织品和其他材料上的图案或整理剂的影响，它同时也适用于评价需商业干洗的服装和家用纺织品的图案和整理剂的耐久性。本测试方法可用于评价干洗剂在去除污渍和斑点中对颜色影响程度。

1.2 本测试方法不可用于评价干洗色牢度，评价耐干洗色牢度时，需采用 AATCC 132 测试方法。

2. 原理

试样放入溶剂和干洗剂的混合溶液中搅动，钢珠模拟干洗机的机械运动。测试一块大试样与商业干洗条件有相关性。

3. 术语

干洗：从石油提炼出的溶剂、四氯乙烯或碳氟化合物等有机溶剂用于清洁织物。

注：此法包括添加的干洗剂和溶剂中的水分。相对水分最高量为 75%，滚筒烘干温度为 71℃（160℉）。

4. 安全预防措施

本安全预防措施仅供参考。预防措施虽有助于测试，但并不包括所有可能发生的情况。方法使用者有责任在处理材料时采用安全和正确的技术。查阅制造商提供的详尽信息，如材料的安全参数和其他制造商的建议，同时参照并遵守美国职业安全卫生管理局（OSHA）所有的标准和规定。

4.1 遵守良好的实验室规定，在实验室所有区域都应佩戴防护眼镜。

4.2 谨慎地使用和处理所有的化学品。

4.3 四氯乙烯是有毒物质，皮肤反复接触及食入都会引起中毒，要求仅在通风效果良好的环境下使用。通过对实验室动物进行四氯乙烯毒理学研究，发现大鼠和小鼠长时间地接触浓度为 100 ~ 400mg/kg（ppm）的四氯乙烯蒸汽后有癌变迹象。因此用四氯乙烯浸透的织物应在通风较好的通风橱内干燥。处理四氯乙烯时，使用化学护目镜或面罩、防渗透手套和防渗透围裙。

4.4 在附近安装洗眼器/安全喷淋装置，以备急用。

4.5 本测试法中人体与化学物质的接触限量需符合或低于官方的限定值［例如，美国职业安全卫生管理局（OSHA）允许的暴露极限值（PEL），参见 1989 年 1 月 1 日实施的 29 CFR 1910.1000］。此外，美国政府工业卫生师协会（ACGIH）的阈限值（TLVs）由时间加权平均数（TLV - TWA）、短期暴露极限（TLV - STEL）和最高极限（TLV - C）组成，建议将其作为人体在空气污染物中暴露的基本准则并遵守执行（见 10.2）。

5. 仪器和材料（见 10.3）

5.1 快速洗涤仪。以转速 40r/min ±2r/min 旋转的密封罐在控温的水浴中。

5.2 不锈钢圆柱容器。直径 89mm × 203mm（3.5 英寸 ×8.0 英寸）、配有耐溶剂的密封圈的容器。

5.3 特氟龙衬垫。

5.4 金属转接器。将容器固定在快速洗涤仪的支架上（见 10.9）。

5.5 不锈钢珠。直径 6.3mm（0.25 英寸）。

5.6 变色灰卡（见 10.4）。

5.7 四氯乙烯，干洗剂。

5.8 干洗剂（见 10.5）。

5.9 手工熨斗。蒸汽熨斗或平板熨烫仪。

6. 试样

6.1 制备一块试样，试样的规格和尺寸如下：

不大于 $135g/m^2$（4 盎司/平方码）：203mm × 203mm（8 英寸 ×8 英寸）

139 ~ $203g/m^2$（4.1 ~ 6.0 盎司/平方码）：152mm ×152mm（6 英寸 ×6 英寸）

207 ~ $305g/m^2$（6.1 ~ 9.0 盎司/平方码）：127mm ×127mm（5 英寸 ×5 英寸）

大于 $305g/m^2$（9 盎司/平方码）：102mm × 102mm（4 英寸 ×4 英寸）

6.2 若还需评价拒水性，试样的尺寸至少为 178mm ×178mm（7 英寸 ×7 英寸）（见 AATCC 22《拒水性：喷淋试验》）。

7. 操作程序

7.1 第一步：将试样放入盛有 150mL 四氯乙烯、1mL 干洗剂（见 10.6）和 100 颗钢珠的不锈钢容器中，密封容器（见 10.7），然后固定在快速洗涤仪。在室温［27℃（28℉）］条件下运转 10min 后倒掉溶剂。

7.2 第二步：再放入 150mL 四氯乙烯，不加干洗剂，如上运转 10min 后倒掉溶剂。

7.3 第三步：重复第二步的操作过程后，取出的试样夹在吸水纸之间，然后在空气中干燥。

7.4 用以下方法中的任何一种处理试样。

7.4.1 手工熨烫［起绒织物（见 10.8）除外］。

先将试样用水浸湿、挤压，使其含水量约为干重的 75%。覆上湿的细薄棉织物［其重量为 135 ~ $153g/m^2$（4.0 ~ 4.5 盎司/平方码）］，用温度为 135 ~ 150℃（275 ~ 300℉）的手动熨斗熨烫。

7.4.2 蒸汽熨烫［起绒织物（见 10.8）除外］。

平面织物用平板熨斗或抛光金属熨斗熨烫，绉纹织物用织物包裹熨面的熨斗熨烫。蒸汽压力为 448 ~ 482 kPa（65 ~ 70 磅/平方英寸），放下熨斗，使其与试样接触 5 ~ 10s。

8. 评级

8.1 图案的耐久性。

评价试样包括植绒、金属丝或其他的外观变化，级别如下：

A5 级——可以忽略不计或无外观变化

A4 级——轻微的外观变化

A3 级——明显的外观变化

A2 级——更明显的外观变化

A1 级——很严重的外观变化

8.2 织物手感的耐久性。

评价试样的手感变化，级别：

B5 级——可以忽略不计或手感无变化

B4 级——轻微的手感变化

B3 级——明显的手感变化

B2 级——更明显的手感变化

B1 级——很严重的手感变化

8.3 后整理性能。需要评价后整理性能时，参见 AATCC 22《拒水性：喷淋试验》。

9. 精确度与偏差

9.1 精确度。

本测试方法的精确度还未确定。在得出精确度之前，应采用标准的统计方法比较实验室内部或实验室之间的测试结果并取得平均值。

9.2 偏差。

图案和整理剂的干洗耐久性只能根据某一测试方法的确定。没有单独的方法来确定其真值。本方法作为评价该性能的一种方法，因此没有已知偏差。

10. 注释

10.1 本测试方法基于大量的、一系列实验室之间的试验结果，这些试验结果与三次重复商业干洗具有良好的相关性。

由于整理材料主要是在第一次干洗过程中大量损失，因此进行一次本测试就能很好地代表重复干洗的效果。

10.2 可从 ACGIH（美国政府工业卫生学家协会）获取，地址：Kemper Woods Center，1330 Kemper Meadow Dr.，Cincinnati OH 45240；电话：513/742－2020；网址：www. acgih. org。

10.3 有关适合测试方法的设备信息，请登录 www. aatcc. org/bg。AATCC 提供其企业会员单位所能提供的设备和材料清单。但 AATCC 没有给其授权，或以任何方式批准、认可或证明清单上的任何设备或材料符合测试方法的要求。

10.4 可从 AATCC 获取。地址：P. O. Box 12215，Research Triangle Park NC 27709；电话：919/549－8141；传真：919/549－8933；电子邮箱：orders@ aatcc. org；网址：www. aatcc. org。

10.5 干洗剂如 Detergent Honey，可从 AATCC 获取。地址：P. O. Box 12215，Research Triangle Park NC 27709；电话：919/549－8141；传真：919/549－8933；电子邮箱：orders@ aatcc. org。网址：www. aatcc. org。

10.6 残留的皂液会影响后整理性能（如残留的干洗剂会降低拒水性的评价级数），测试溶液可忽略含有干洗剂，但这是一种人为情况。

10.7 容器不需如耐洗色牢度试验中所要求的浸没在水浴中。

10.8 起绒织物只需采用合适的方式在空气中干燥。

10.9 旧型号的机型上转换器是必要的。

AATCC 88B－2011

织物经多次家庭洗涤后缝线平整度

AATCC RA61 技术委员会于 1962 年制定；1969 年、1973 年重新审定；1974 年、1983 年、1985 年、1986 年、1991 年、1997 年、2004 年、2005 年和 2008 年编辑修订；1978 年、1984 年、2001 年编辑修订和重新审定；1970 年、1975 年、1981 年、1989 年（标题更换）、1992 年、1996 年、2003 年、2006 年、2010 年和 2011 年修订。技术上等效于 ISO 7770。

1. 目的和范围

1.1 本测试方法用于评价织物经多次家庭洗涤后缝线平整程度。

1.2 本测试方法适用于可水洗的任何织物。

1.3 任何结构的织物，如机织物、针织物和非织造布，都可按照该方法评价。

1.4 本测试方法未给出织物缝合工艺。因为该方法主要评价由生产者提供的或已准备好的样品，而且织物本身也会影响缝合工艺。

2. 原理

有缝线的织物试样采用标准家庭洗涤方法（手洗或机洗，机洗可选择洗涤循环挡位、温度和干燥条件）洗涤后，在标准光源和观测区域内，与一套参考标准样照比较，评价试样缝线的平整度。

3. 术语

3.1 陪洗织物：纺织品测试或处理过程中使用的，可以使织物的总重或总体积达到规定数量的材料。

3.2 耐久压烫：织物在使用时、洗涤或干洗后，可基本保持最初的形态、平展的缝线、压烫的折痕和平整的外观的一种特性。

3.3 洗涤：纺织材料的洗涤是使用水溶性洗涤剂溶液去除油污和/或污渍的过程，包括漂洗、脱水和干燥过程。

3.4 洗后折痕：洗涤或干燥后试样上明显的折皱或杂乱无序的褶线。

注：洗后折痕不是试样在洗衣机或烘干机内运动预期的结果。

3.5 缝线平整度：试样与一套参考标准样照比较后，视觉得到的缝线平整程度。

4. 安全预防措施

本安全预防措施仅供参考。预防措施虽有助于测试，但并不包括所有可能发生的情况。方法使用者有责任在处理材料时采用安全和正确的技术。查阅制造商提供的详尽信息，如材料的安全参数和其他制造商的建议，同时参照并遵守美国职业安全卫生管理局（OSHA）所有的标准和规定。

4.1 遵守良好的实验室规定，在实验室所有区域都应佩戴防护眼镜。

4.2 1993 AATCC 标准洗涤剂和 2003 AATCC 标准液体洗涤剂可能有刺激性，应注意防止其接触皮肤和眼睛。

4.3 需谨慎地处理所有化学品。

4.4 按照制造商的安全建议操作实验室测试仪器。

5. 用途和局限性

5.1 本测试方法仅用于评价织物经多次家庭洗涤后缝线平整度。

5.2 本测试方法可反映出目前消费者使用的家庭洗涤设备的性能。一般说来，相对剧烈的测试条件下，测试效果更好。

5.3 有缝线织物上的印花和图案可能掩盖杂乱的情况，而评级程序根据试样的视觉外观，故包括其引起的影响效果。

5.4 小样品的测试有时可能产生褶皱和折痕（干燥折痕），但这种情况并不是使用中织物的外观特性。本方法的预防措施可减少发生干燥折痕的现象。

5.5 本测试方法的实验室间结果重现性与方法使用者双方协商采用的洗涤和干燥条件（见8.1）有关。

6. 仪器和材料（见12.1）

6.1 全自动洗衣机（见12.2）。

6.2 全自动滚筒烘干机（见12.2）。

6.3 滴干和挂干装置。

6.4 桶，容积9.5L（10.0夸脱）。

6.5 1993 AATCC标准洗涤剂或2003 AATCC标准液体洗涤剂（见12.3和12.8）。

6.6 陪洗织物，尺寸为（92cm ± 3cm）×（92cm ± 3cm）［（36英寸 ± 1英寸）×（36英寸 ± 1英寸）］，缝边的漂白棉布（1型陪洗织物）或50/50涤棉平纹织物（3型陪洗织物）（见表1）。

表1 陪洗织物（整理后的织物规格）

项　目	1型陪洗织物	3型陪洗织物
纤维成分	100%棉	（50% ±3%）涤/（50% ±3%）棉
坯布纱线	16/1环锭纱	16/1或30/2环锭纱
坯布结构(cm)	(52 ±5) × (48 ±5)	(52 ±5) × (48 ±5)
整理后织物重量（g/m^2）	155 ±5(4.55盎司/平方码 ±0.15盎司/平方码)	155 ±5(4.55盎司/平方码 ±0.15盎司/平方码)
整理后每块尺寸（cm）	(92.0 ±3) × (92.0 ±3) [(36.0英寸 ±1英寸) × (36.0英寸 ±1英寸)]	(92.0 ±3) × (92.0 ±3) [(36.0英寸 ±1英寸) × (36.0英寸 ±1英寸)]
整理后每块重量（g）	130 ±10	130 ±10

6.7 照明和评级区，暗室内使用悬挂式的照明装置（见12.4），如图1所示。经验显示观测板附近的侧墙对光线的反射会影响评级结果。为了消除反射的影响，建议侧墙涂成亚光黑色（85°，光泽度小于5）或在观测板的两边安装遮光帘。

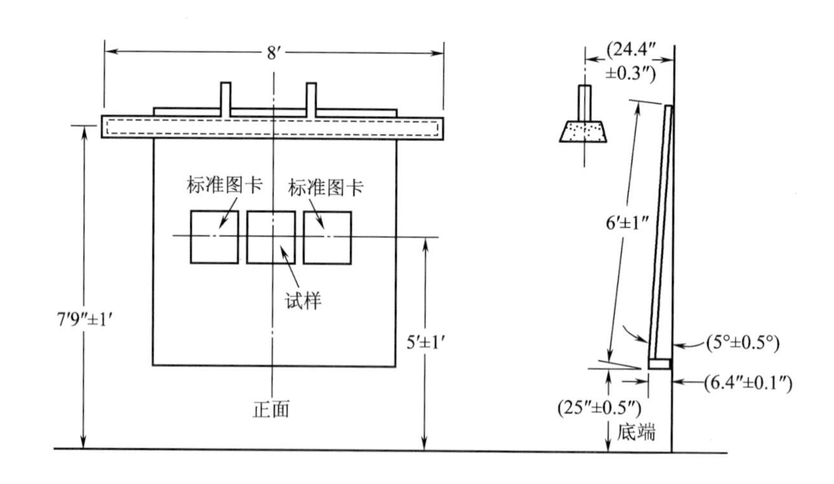

图1 观测试样的照明装置

（a）两只长度为8英寸的F96 CW（冷白光）预热荧光灯（无挡板和玻璃）。

（b）一只白色瓷漆反射罩（无挡板和玻璃）。

（c）有弹簧的、轻金属板材（22ga.）制成的样品固定架。

（d）厚度为1/4英寸的评级板，漆成与AATCC沾色评级卡2级接近的灰度。

6.8 标准 AATCC 缝线平整度样照，单缝线和双缝线（见图 2 和 12.3）。图 2 所示样照的复制品不可用于评级。

6.9 温控的蒸汽熨斗或普通熨斗。

6.10 洗涤剂（用于手洗程序）。

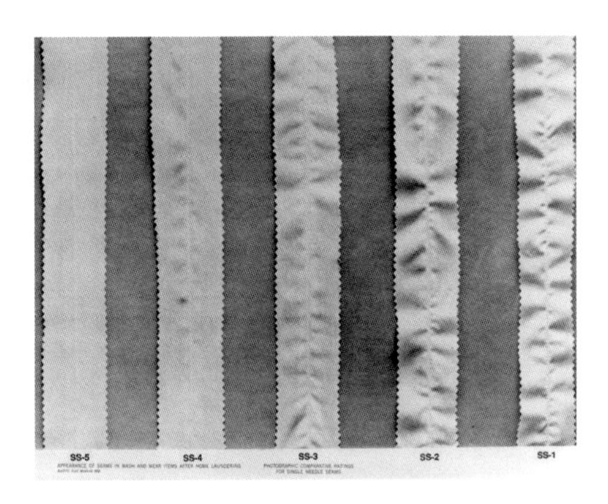

（a）单缝线

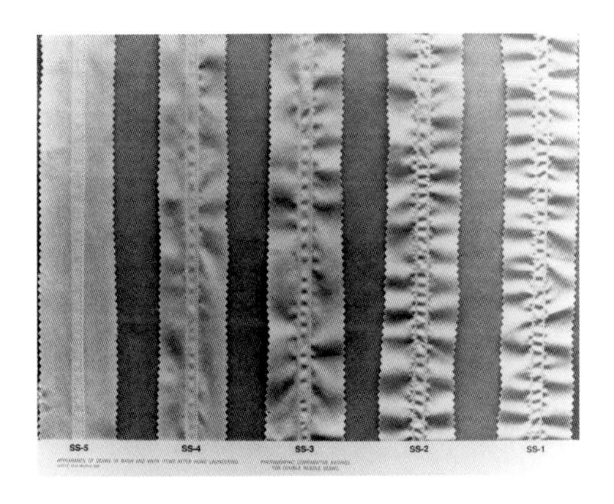

（b）双缝线

图 2　AATCC 缝线平整度样照

6.11 天平，量程至少为 5kg 或 10 磅。

7. 试样

平行于织物的长度方向和宽度方向，制备三块具有代表性的试样，尺寸为 38cm×38cm（15 英寸×15 英寸）。如可能，每个试样含有不同的经纬纱，试样上应标记好长度方向。若洗涤时试样出现散边现象，参见 12.5。

按 7.1 制备缝线试样，缝线正好通过试样的中间。若织物有褶皱，可在洗涤前适当地熨烫（安全熨烫温度导则见 ASTM D 2724 中《黏合、熔合和胶合服用织物的标准测试方法》及 12.6）。小心处理以免改变缝线本身的特性。

8. 操作程序

8.1 表 2 中列出了备选的洗涤循环、干燥条件和设置。仪器和洗涤条件见《AATCC 技术手册》中的专题论文“家庭洗涤测试条件的标准化”。

查询 http：//www.aatcc.org/testing/mono/msds－mono.htm 可得到最新的专题论文。

表 2　洗涤和干燥程序（见 8.1）

洗涤循环	洗涤温度（℃）	干燥条件
手洗，桶内 （1）标准挡/厚重棉织物挡 （2）轻柔挡 （3）耐久压烫挡	（Ⅲ）41±3 （105℉±5℉） （Ⅳ）49±3 （120℉±5℉） （Ⅴ）60±3 （140℉±5℉）	（A）滚筒烘干 （ⅰ）标准挡 （ⅱ）轻柔挡 （ⅲ）耐久压烫挡 （B）悬挂晾干 （C）滴干 （D）平铺晾干

8.1.1 目前使用的洗衣机和烘干机有特定洗涤循环或特征，以保持某些性能。如轻柔挡位减少搅动，可保护轻薄织物的结构；耐久压烫循环，采用冷却的或冷水漂洗且减少旋转速度，可减少织物的褶皱。评价缝线外观时，建议采用较剧烈的标准挡或厚重棉织物挡。若采用其他循环挡（见 8.2），在结果中注明（见 10）。

8.2 标准洗涤。

8.2.1 手洗（见 12.7）。在 9.5L（10.0 夸脱）的桶里，将 20.0g±0.1g 的 1993 AATCC 标准洗涤剂或 30.3g±0.1g 的 2003 AATCC 标准液体洗涤剂溶解在 41℃±3℃（105℉±5℉）的 7.57L±0.06L（2.00 加仑±0.02 加仑）的水中，然后加入三块试样，洗涤 2.0min±0.1min，整个过程中不要扭或拧试样，再用 41℃±3℃（105℉±5℉）的 7.57L±0.06L 的水清洗试样一次后取出，最后按照程序 C 干燥（见 8.3.3）。

8.2.2 机洗。洗涤按规定的水位、选择的温度进行，漂洗温度需低于 29℃（85℉）。若漂洗温度与要求不符，需记录实际的漂洗温度。

8.2.3 加入66g±0.1g的1993 AATCC标准洗涤剂或100g±0.1g的2003 AATCC标准液体洗涤剂。在使用软水地区，可适当地减少标准洗涤剂的用量，以免出现过多的泡沫。在结果报告中注明实际用量。

8.2.4 将试样和足够的陪洗织物加入洗衣机，使其总负荷为1.8kg±0.06kg（4.00磅±0.13磅），也可使用总负荷3.6kg±0.1kg（8.00磅±0.25磅）。两种负载下得到的缝线平整度结果没有可比性。设定洗衣机的洗涤程序和时间（见表2和8.1）。推荐洗涤程序采用标准挡或厚重棉织物挡。对于关键评价和仲裁试验，每次洗涤应限定试样数量且试样取自同一样品。

8.2.5 若选择程序A（滚筒烘干）、程序B（挂干）或程序D（平铺晾干）干燥，试样洗后可自动脱水。当最后一遍脱水结束后，立即取出并分开缠绕的试样。注意对试样的变形要减少到最低程度，然后按照程序A、程序B或程序D（见表2和8.1）干燥。

8.2.6 若选择程序C（滴干）干燥，试样在最后一次漂洗结束、将要开始排水前取出。

8.2.7 洗涤折痕。洗后试样可能有褶皱，干燥前应用手去除。

8.3 干燥方式。

8.3.1 滚筒烘干（A）。

将洗涤负荷（试样与陪洗织物）放入滚筒烘干机中，根据《AATCC技术手册》中的专题论文“家庭洗涤测试条件的标准化”（见8.1），设置温度进行烘干。热敏纤维按照制造商的建议降低温度，并进行记录。启动烘干机，直到试样和陪洗织物烘干。烘干机停止后，立即取出试样以免出现过干现象。静止黏附易造成过干，尤其是轻薄织物静止附着筒壁，使其不能自由翻滚。

8.3.2 挂干（B）。

挂干时固定试样的两角，织物的长度方向与水平面垂直，悬挂在室温、静止的空气中至干燥。

8.3.3 滴干（C）。

滴干时固定滴水试样的两角，织物的长度方向与水平面垂直，悬挂在室温、静止的空气中至干燥。

8.3.4 平铺晾干（D）。

试样在水平的网架或打孔架上摊平，去除褶皱，但不要扭曲或拉伸试样，放在室温、静止的空气中至干燥。

8.3.5 洗后折痕。

除最后一次干燥循环外，试样在任何一次的干燥循环后出现了折痕或褶皱，应在下一次洗涤和干燥循环前，浸湿试样，以适合的温度手工烫平。若是最后一次干燥循环，则不可用此方式去除试样的折痕或褶皱。

8.4 根据选择的洗涤和干燥程序再重复四次或按协议要求的循环次数。

8.5 评级前按ASTM D1776《调湿和测试纺织品的标准方法》（见12.6）调湿试样。在温度21℃±1℃（70℉±2℉）、相对湿度为65%±2%的标准大气中至少放置4h。调湿时，固定悬挂试样的两角，其长度方向与水平面垂直，避免扭曲。

9. 评级

9.1 每块试样经三名有经验的观测者独立地评级。

9.2 唯一光源是观测板上悬挂的荧光灯，房间中其他的光源都应关闭。

9.3 观测者站在试样的正前方，距离观测板120cm±3cm（4英尺±1英寸），观测高度在1.5m（5英尺）左右对评级结果无明显影响。

9.4 将试样放在评级板上，缝线与水平面垂直。为方便评级，将合适的单缝或双缝标准样照（SS）放在试样的旁边。

9.5 评级时应关注缝线影响的区域，忽略周围织物的外观。

9.6 指出与试样的缝线外观最接近的标准评级样照的数字级数。

9.7 缝线外观等级 SS－5 相当于标准样照的 No.5，表示缝线平整度最好；缝线外观标准样照等级 SS－1 相当于标准样照的 No.1，表示缝线平整度是最差。

10. 报告

10.1 织物的缝线平整度。

平均每块试样的九个评级结果（三个观测者分别有三个评级结果）。报告平均值，精确到 0.1 级。平均值是本测试方法测试结果，应报告使用的是单缝（SN）或双缝（DN）样照。

10.2 洗涤程序。

10.2.1 报告洗涤程序参数：

（a）洗涤程序（循环挡位和温度）和干燥程序（档位和温度）。

（b）总负载：1.8kg 或 3.6kg。

（c）洗涤和干燥循环次数。

（d）测试前试样是否有折痕。

（e）是否熨烫。

（f）试样是否变形及恢复时使用的技术。

（g）洗涤剂类型。

（h）陪洗织物的类型。

10.2.2 示例。

SS－3.8（SN）[1－Ⅳ－A（ⅰ）]，1993 AATCC 标准洗涤剂，1.8kg，3 型陪洗织物，5 循环。

表示为：

试样的缝线外观平整度为 3.8 级。

采用单缝（SN）样照。

标准挡/厚重棉织物挡。

洗涤温度为 49℃（120℉），使用 1993 AATCC 标准洗涤剂。

滚筒烘干（标准档/厚重棉织物档）。

总负载：1.8kg。

陪洗织物选用 3 型。

使用 5 次完整的洗涤和干燥循环。

11. 精确度和偏差

11.1 实验室间研究。

1993 年进行缝线外观试验。按表 2 中选用洗涤（1－Ⅲ－A）和干燥程序（1－Ⅳ－A），6 家实验室提供双缝线的评级数据。每个实验室的三个评级人员独立地评定每块织物中的三块试样，按要求将九个评级结果平均得出评级结果。

11.2 精确度。

11.2.1 当两家或更多实验室做比对测试时，建议测试前，证实实验室间水平。

11.2.2 双缝线。表 3 中给出方差要素，表 4 和表 5 中分别给出单个试样和多个试样比较的临界差。

表 3 方差要素（方差）

要　素	方　差
实验室	0.113
FL 相互作用	0.031
试样（FRL）	0.191

表 4 单个试样比较的临界差（95%置信区间）

实验室内部	实验室之间
0.70	1.16

表 5 多试样比较的临界差（95%置信区间）

实验室内部	实验室之间
0.70	1.26

11.2.3 如果实验室间比较单个试样，见表 4 中的临界差。

11.2.4 如果实验室间比较多个试样，见表 5 中的临界差。

11.2.5 若两个实验室在统计控制中，且以相当的水平操作，临界差的数值可能小于表中给出的数值，可通过比较得出数据。

11.3 偏差。缝线外观的数值仅在该测试方法中定义，没有独立的方法确定其真值。本测试方法没有已知的偏差。

12. 注释

12.1 有关适合测试方法的设备信息，请登录 www. aatcc. org/bg，浏览在线 AATCC 用户指导，可见 AATCC 企业会员所提供的设备和材料清单。但 AATCC 未对其授权，或以任何方式批准、认可或证明清单上的任何设备或材料符合测试方法的要求。

12.2 建议的洗衣机和烘干机的型号和来源，可联系 AATCC 获取，P. O. BOX 12215，Research Triangle Park NC 27709；电话：919/549 – 8141；传真：919/549 – 8933；电子邮箱：orders@ aatcc. org；网址：www. aatcc. org。也可使用任何已知得到可比结果的洗衣机和烘干机。在专题论文“家庭洗涤测试条件的标准化”中列出了目前指定型号洗衣机的实际速度和时间。其他洗衣机可能与其有一个或更多的不同设置。表 4 中列出目前指定型号的烘干机的实际温度和冷却时间。其他烘干机可能与其有一个或多个的不同设置。

12.3 可从 AATCC 获取，P. O. BOX 12215，Research Triangle Park NC 27709；电话：919/549 – 8141；传真：919/549 – 8933；电子邮箱：orders@ aatcc. org。网址：www. aatcc. org。

12.4 本方法要求使用 2. 4m（8 英尺）的装置观测洗后试样。如果实验室的实际情况不能满足使用 2. 4m（8 英尺）的装置，也可以使用 1. 2m（4 英尺）的光源。

12.5 如果在洗涤过程中试样出现过多的散边现象，应对其适当地剪切或缝合。如果洗后试样的边缘出现扭曲，那么在评级前也应对其进行修剪。

12.6 ASTM 标准可从 ASTM 获得，地址：100 Barr Harbor Dr，West Conshohocken PA 19428；电话：610/832 – 9500；传真：610/832 – 9555。网址：www. astm. org。

12.7 与其他手洗程序相似，本方法存在固有的局限性。例如由于人的原因导致有限的重现性。

12.8 AATCC 技术中心做的比较研究。

使用 1993 AATCC 标准洗涤剂、AATCC 标准洗涤剂 124 及两种不同类型的陪洗织物（常用和备选）。

所选用的测试条件如下：

洗涤循环：（1）标准挡/厚重棉织物挡

洗涤温度：（Ⅴ）60℃ ±3℃（140℉ ±5℉）

干燥方法：（A – i）滚筒烘干，厚重棉织物挡

试验织物：白色斜纹织物（100% 棉）

米色斜纹织物（100% 棉）

灰色府绸织物（100% 棉）

蓝色斜纹织物（50/50 涤/棉）

研究结果表明：使用不同的洗涤剂或陪洗织物得到的结果没有明显差异。

AATCC 88C－2011

织物经多次家庭洗涤后的褶裥保持性

AATCC RA61 技术委员会于 1963 年制定；1975 年、1979 年、1987 年、1989 年（标题更换）、1992 年、1996 年、2003 年、2006 年、2010 年和 2011 年修订；1969 年、1973 年重新审定；1974 年、1985 年、1986 年、1991 年、1997 年、2004 年、2005 年和 2008 年编辑修订；1984 年（标准更改）、2001 年编辑修订和重新审定。技术上等效于 ISO 7769。

---

1. 目的和范围

1.1 本测试方法评价织物经多次家庭洗涤后褶裥保持性。

1.2 适用于任何可水洗的织物。

1.3 任何结构的织物，如机织物、针织物和非织造布，都可按照该方法评价。

1.4 本测试方法未给出织物褶裥工艺。因为该方法主要评价由生产者提供的或已准备好的样品，而且织物本身也会影响褶裥工艺。

2. 原理

有褶裥的织物试样采用标准家庭洗涤方法（手洗或机洗，机洗可选择洗涤循环挡位、温度和干燥条件）洗涤后，在标准光源和观测区域内，与一套参考标准样照比较，评价试样褶裥保持性。

3. 术语

3.1 陪洗织物：纺织品测试或处理过程中使用的，可以使织物的总重或总体积达到规定数量的材料。

3.2 褶裥保持性：试样与一套参考标准样照比较后，视觉得到的褶裥保持性。

3.3 耐久压烫：织物在使用时、洗涤或干洗后，可基本保持最初的形态、平展的缝线、压烫的折痕和平整的外观的特性。

3.4 洗涤：纺织材料的洗涤是使用水溶性洗涤剂溶液去除油污和/或污渍的过程，包括漂洗、脱水和干燥过程。

3.5 洗后折痕：洗涤或干燥试样上明显的折皱或杂乱无序的褶线。

注：洗后折痕不是试样在洗衣机或烘干机内运动预期的结果。

4. 安全预防措施

本安全预防措施仅供参考。预防措施虽有助于测试，但并不包括所有可能发生的情况。方法使用者有责任在处理材料时采用安全和正确的技术。应查阅制造商提供的详尽信息，如材料的安全参数和其他制造商的建议，同时参照并遵守美国职业安全卫生管理局（OSHA）所有的标准和规定。

4.1 遵守良好的实验室规定，在实验室所有区域都应佩戴防护眼镜。

4.2 需谨慎地处理所有化学品。

4.3 1993 AATCC 标准洗涤剂和 2003 AATCC 标准液体洗涤剂可能有刺激性，应注意防止其接触皮肤和眼睛。

4.4 按照制造商的安全建议操作实验室测试仪器。

4.5 评价褶裥保持性时，泛光灯上的灯罩有助于因灯泡发热而预防烫伤。

5. 用途和局限性

5.1 本测试方法仅用于评价织物经多次家庭洗涤后褶裥的保持性。

5.2 本测试方法可反映出目前消费者使用的家庭洗涤设备的性能。一般说来，相对剧烈的测试条件下，测试效果更好。

5.3 有缝线织物上的印花和图案可能掩盖杂乱的情况，而评级程序根据试样的视觉外观，故包括其引起的影响效果。

5.4 小样品的测试有时可能产生褶皱和折痕（干燥折痕），但这种情况并不是使用中织物的外观特性。本方法的预防措施可减少发生干燥折痕的现象。

5.5 本测试方法的实验室间结果重现性与方法使用者双方协商采用的洗涤和干燥条件（见 8.1）有关。

6. 仪器和材料（见 12.1）

6.1 全自动洗衣机（见 12.2）。

6.2 全自动滚筒烘干机（见 12.2）。

6.3 滴干和挂干装置。

6.4 桶，容积 9.5L（10.0 夸脱）。

6.5 1993 AATCC 标准洗涤剂或 2003 AATCC 液体洗涤剂（见 12.3 和 12.8）

6.6 陪洗织物。尺寸为（92cm ± 3cm）×（92cm ± 3cm）[（36 英寸 ± 1 英寸）×（36 英寸 ± 1 英寸）]，缝边的漂白棉布（1 型陪洗织物）或 50/50 涤棉平纹织物（3 型陪洗织物）（见表 1）。

6.7 照明和评级区，暗室内使用悬挂式的照明装置（见 12.4），如图 1 所示。经验显示观测板附近的侧墙对光线的反射会影响评级结果。为了消除反射的影响，建议侧墙涂成亚光黑色（85°，光泽度小于 5）或在观测板的两边安装遮光帘。

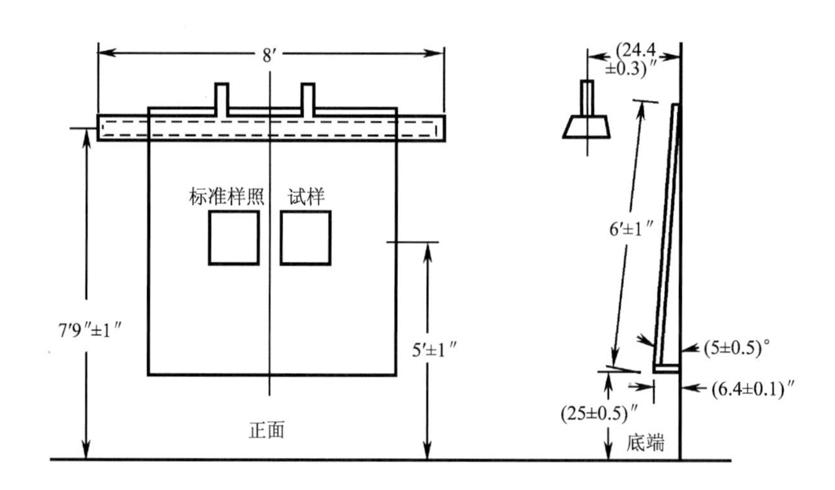

图 1　观测试样的照明装置

（a）两只长度为 8 英寸的 F96 CW（冷白光）预热荧光灯（无挡板和玻璃）；

（b）一只白色瓷漆反射罩（无挡板和玻璃）；

（c）有弹簧的、轻金属板材（22ga.）制成的样品固定架；

（d）厚度为 1/4 英寸的评级板，漆成与 AATCC 沾色评级卡 2 级接近的灰度。

6.8 500W DXC（RFL－2）的泛光灯，配有反射器和灯罩，如图 2 所示，用于评价褶裥保持性（见 12.3）。

6.9 标准 AATCC 三维褶裥保持性评级样照，一套五张（见图 3 和 12.3）。

6.10 温控蒸汽熨斗或普通熨斗。

6.11 洗涤剂（用于手洗程序）。

6.12 天平，量程至少为 5kg。

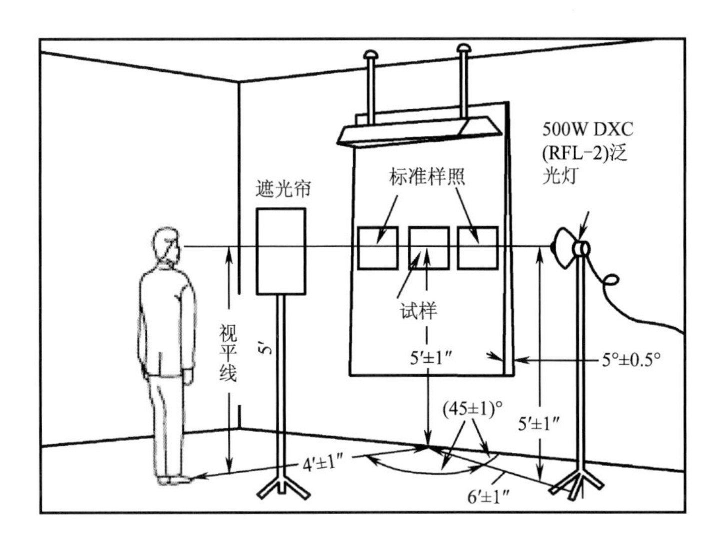

图2 褶裥保持性能照明及观测图示

图3 AATCC 褶裥保持性评级样照

7. 试样准备

平行于织物的长度方向和宽度方向，制备三块具有代表性的试样，尺寸为38cm×38cm（15英寸×15英寸）。如可能，每个试样含有不同的经纬纱，试样上应标记好长度方向。若洗涤时试样出现散边现象，参见12.5。

按以上叙述制备缝线试样，褶裥正好通过试样的中间。若织物有折皱，可在洗涤前适当地烫平（安全熨烫温度导则见ASTM D 2724中《黏合、熔合和胶合服用织物的标准测试方法》及12.6）。小心处理以免改变褶裥本身的特性。

8. 操作程序

8.1 表2中列出了备选的洗涤循环、干燥条件和设置。仪器和洗涤条件见《AATCC技术手册》中的专题论文“家庭洗涤测试条件的标准化”。

查询 http://www.aatcc.org/testing/mono/msds-mono.htm 可得到最新的专题论文。

表1 洗涤用的陪洗织物（织物的规格）

项　目	1型陪洗织物	3型陪洗织物
纤维成分	100%棉	50%±3%涤/50%±3%棉
坯布纱线	16/1环锭纱	16/1或30/2环锭纱
坯布结构(cm)	(52±5)×(48±5)	(52±5)×(48±5)
整理后织物重量(g/m²)	155±5(4.55盎司/平方码±0.15盎司/平方码)	155±5（4.55盎司/平方码±0.15盎司/平方码）
整理后每块尺寸(cm)	(92.0±3)×(92.0±3)[(36.0英寸±1英寸)×(36.0英寸±1英寸)]	(92.0±3)×(92.0±3)[(36.0英寸±1英寸)×(36.0英寸±1英寸)]
整理后每块重量(g)	130±10	130±10

表2 洗涤和干燥程序（见8.1）

洗涤循环	洗涤温度（℃）	干燥条件
手洗，桶内 （1）标准挡/厚重棉织物挡 （2）轻柔挡 （3）耐久压烫挡	（Ⅲ）41±3 （105℉±5℉） （Ⅳ）49±3 （120℉±5℉） （Ⅴ）60±3 （140℉±5℉）	（A）滚筒烘干 （ⅰ）标准挡 （ⅱ）轻柔挡 （ⅲ）耐久压烫挡 （B）悬挂晾干 （C）滴干 （D）平铺晾干

目前使用的洗衣机和烘干机有特定洗涤循环或特征，以保持某些性能。如轻柔挡位减少搅动，可保护轻薄织物的结构；耐久压烫循环，采用冷却的或冷水漂洗且减少旋转速度，可减少织物的褶皱。评价缝线外观时，建议采用较剧烈的标准挡或厚重棉织物挡。若采用其他循环挡（见 8.2），在结果中注明（见 10）。

8.2 标准洗涤。

8.2.1 手洗（见 12.7）。在 9.5L（10.0 夸脱）的桶里，将 20.0g ±0.1g 的 1993 AATCC 标准洗涤剂或 30.3g ±0.1g 的 2003 AATCC 液体洗涤剂溶解在 41℃ ±3℃（105℉ ±5℉）的 7.57L ±0.06L（2.00 加仑 ±0.02 加仑）的水中；然后加入三块试样，洗涤 2.0min ±0.1min，整个过程中不要扭或拧试样，用 41℃ ±3℃（105℉ ±5℉）的 7.57L ±0.06L（2.00 加仑 ±0.02 加仑）的水试样一次后取出，按照程序 C 干燥。

8.2.2 机洗。洗涤按规定的水位、选择的温度进行，漂洗温度需低于 29℃（85℉）。若漂洗温度与要求不符，需记录实际的漂洗温度。

8.2.3 加入 66g ±0.1g 的 1993 AATCC 标准洗涤剂或 100g ±0.1g 的 2003 AATCC 标准液体洗涤剂。使用软水地区，可适当地减少标准洗涤剂的用量，以免出现过多的泡沫。在结果报告中注明实际用量。

8.2.4 将试样和足够的陪洗织物加入洗衣机，使其总负荷为 1.8kg ±0.06kg（4.00 磅 ±0.13 磅），也可使用总负荷 3.6kg ±0.1kg（8.00 磅 ±0.25 磅）。两种负载下得到的缝线平整度结果没有可比性。设定洗衣机的洗涤程序和时间（见表 2 和 8.1）。推荐洗涤程序采用标准挡或厚重棉织物挡。对于关键评价和仲裁试验，每次洗涤应限定试样数量且试样取自同一样品。

8.2.5 若选择程序 A（滚筒烘干）、程序 B（挂干）或程序 D（平铺晾干）干燥，试样洗后可自动脱水。当最后一遍脱水结束后，立即取出并分开缠绕的试样。注意对试样的变形要减少到最低程度，然后按照程序 A、程序 B 或程序 D（见表 2 和 8.1）干燥。

8.2.6 若选择程序 C（滴干）干燥，试样在最后一次漂洗结束、将要开始排水前取出。

8.2.7 洗涤折痕。试样在洗涤后可能出现折痕或褶皱，干燥前应用手去除。

8.3 干燥方式。

8.3.1 滚筒烘干（A）。

将洗涤负荷（试样与陪洗织物）放入滚筒烘干机中，按照《AATCC 技术手册》中的专题论文“家庭洗涤测试条件的标准化”（见 8.1），设置温度进行烘干。热敏纤维按照制造商的建议降低温度，并进行记录。启动烘干机，直到试样和陪洗织物烘干。烘干机停止后，立即取出试样以免出现过干现象。静止黏附易造成过干，尤其是轻薄织物静止附着筒壁，使其不能自由翻滚。

8.3.2 悬挂晾干（B）。

挂干时固定试样的两角，织物的长度方向与水平面垂直，悬挂在室温、静止的空气中至干燥。

8.3.3 滴干（C）。

滴干时固定滴水试样的两角，织物的长度方向与水平面垂直，悬挂在室温、静止的空气中至干燥。

8.3.4 平铺晾干（D）。

试样在水平的网架或打孔架上摊平，去除褶皱，但不要扭曲或拉伸试样，放在室温、静止的空气中至干燥。

8.3.5 洗后折痕。

除最后一次干燥循环外，试样在任何一次的干燥循环后出现了折痕或褶皱，应在下一次洗涤和干燥循环前，浸湿试样，以适合的温度手工烫平。若是最后一次干燥循环，则不可用此方式去除试样的折痕或褶皱。

8.4 根据选择的洗涤和干燥程序再重复四次或按协议要求的循环次数。

8.5 评级前按 ASTM D1776《调湿和测试纺织品的标准方法》（见 12.6）调湿试样。在温度 21℃ ±1℃（70℉ ±2℉）、相对湿度为 65% ±2% 的标准大气中至少放置 4h。调湿时固定悬挂试样的两角，其长度方向与水平面垂直，避免扭曲。

9. 评级

9.1 每块试样经三名有经验的观测者独立地评级。

9.2 唯一光源是观测板上悬挂的荧光灯，配有反射器、灯罩的泛光灯，如图 2 所示。房间中其他的光源都应关闭。

9.3 观测者站在试样的正前方，距离观测板 120cm ±3cm（4 英尺 ±1 英寸），观测高度在 1.5m（5 英尺）左右对评级结果无明显影响。

9.4 将试样放在评级板上，褶裥与水平面垂直。为了方便评级，将最接近的三维褶裥保持性样照（CR）放在试样的旁边。1、3、5 级评级样照放在试样的左边，2、4 级评级样照放在试样的右边。

9.5 评级时应关注褶裥本身，忽略周围织物的外观。

9.6 给出与试样的褶裥外观最接近的标准评级样照的数字级数。

9.7 褶裥外观样照等级 CR－5 相当于标准样照的 No.5，表示褶裥外观是最好的；褶裥外观样照等级 CR－1 相当于标准样照的 No.1，表示褶裥外观是最差的。

10. 报告

10.1 织物的褶裥保持性。

10.1.1 平均每块试样的九个评级结果（三个观测者分别有三个评级结果）。报告平均值，精确到 0.1 级。平均值是本测试方法测试结果。

10.2 洗涤程序。

10.2.1 报告洗涤程序参数：

（a）洗涤程序（循环挡位和温度）和干燥程序（挡位和温度）。

（b）总负载：1.8kg 或 3.6kg。

（c）洗涤和干燥循环次数。

（d）测试前试样是否有折痕。

（e）是否熨烫。

（f）试样是否变形及恢复时使用的技术。

（g）洗涤剂类型。

（h）陪洗织物的类型。

10.2.2 示例。

褶裥保持性－3.8，[1－Ⅳ－A（i）]，1993 STD REF，1.8kg，3 型陪洗织物，5 循环。表示为：

试样的褶裥保持性为 3.8 级。

洗涤使采用标准挡/厚重棉织物挡。

洗涤温度为 49℃（120℉），使用 1993 AATCC 标准洗涤剂。

滚筒烘干（厚重棉织物挡）。

总负载：1.8kg。

陪洗织物选用 3 型。

使用 5 次完整的洗涤和干燥循环。

11. 精确度和偏差

11.1 1992 年进行褶裥保持性试验。按表 2 中选用洗涤（1－Ⅲ－A）和干燥程序（1－Ⅳ－A），6 家实验室提供褶裥保持性的评级数据。每个实验室的三个评级人员独立地评价三块试样，将九个评级结果平均得出评级结果。

11.1.1 参加的实验室被认为是在统计学控制下进行的该试验，但未经确认。

11.1.2 RA61 委员会直接用方差技术分析，没有修正评级样照的不连续性。

11.1.3 由于研究中的差异非常大，尤其是剩余方差，因此方法的使用者在开始试验前要注意查找差异可能的来源。

11.1.4 在 RA61 委员会的文件中还保留着该分析文件，可以作为参考。

11.2 精确度。

11.2.1 当两家或更多实验室做比对测试时，建议测试前，证实实验室间水平。

11.2.2 表3中给出了方差的要素，表4和表5中分别给出了单个试样和多试样比较的临界差。

11.2.3 如果实验室之间对单个试样比较，见表4中的临界差。

11.2.4 如果实验室之间对多个试样比较，见表5中的临界差。

11.2.5 若两个实验室在统计控制中，且以相当的水平操作，临界差的数值可能小于表中给出的数值，可通过比较得出数据。

11.3 偏差。褶裥保持性的数值仅在该测试方法中定义，没有独立的方法确定其真值。本测试方法没有已知的偏差。

表3　方差的要素（方差）

要　素	方　差
实验室	0.0855
FL 相互作用	0.2049
试样（FRL）	0.6304

表4　单个试样比较临界差（95%置信区间）

实验室内部	实验室之间
1.37	1.59

表5　多试样比较临界差（95%置信区间）

实验室内	实验室间
1.37	2.03

12. 注释

12.1 有关适合测试方法的设备信息，请登录 www.aatcc.org/bg，浏览在线 AATCC 用户指导，可见 AATCC 企业会员所提供的设备和材料清单。但 AATCC 未对其授权，或以任何方式批准、认可或证明清单上的任何设备或材料符合测试方法的要求。

12.2 建议的洗衣机和烘干机的型号和来源，可联系 AATCC 获取，P. O. BOX 12215，Research Triangle Park NC 27709；电话：919/549 -8141；传真：919/549 -8933；电子邮箱：orders@ aatcc. org；网址：www. aatcc. org。也可使用任何已知得到可比结果的洗衣机和烘干机。在专题论文“家庭洗涤测试条件的标准化”中列出了目前指定型号洗衣机的实际速度和时间，其他洗衣机可能与其有一个或更多的不同设置。表4中列出目前指定型号的烘干机的实际温度和冷却时间，其他烘干机可能与其有一个或多个的不同设置。

12.3 可从 AATCC 获取，P. O. BOX 12215，Research Triangle Park NC 27709；电话：919/549 - 8141；传真：919/549 - 8933；电子邮箱：orders@ aatcc. org。网址：www. aatcc. org。

12.4 本方法要求使用2.4m（8英尺）装置观测洗后试样。如果实验室的实际情况不能使用2.4m（8英尺）装置，也可使用1.2m（4英尺）的光源。

12.5 如果在洗涤过程中试样出现过多的散边现象，应对其适当地剪切或缝合。如果洗后试样的边缘出现扭曲，那么在评级前也应对其进行修剪。

12.6 ASTM 标准可以从 ASTM 获得，100 Barr Harbor Dr，West Conshohocken PA 19428；电话：610/832 - 9500；传真：610/832 - 9555。网址：www. astm. org。

12.7 与其他手洗程序相似，本方法有固有的局限性。例如由于人的原因导致有限的重现性。

12.8 AATCC 技术中心做的比较研究。使用1993 AATCC 标准洗涤剂、AATCC 标准洗涤剂124及两种不同类型的陪洗织物（常用和备选）。所选用的测试条件如下：

洗涤循环：（1）标准挡/厚重棉织物挡

洗涤温度：（V）60℃ ±3℃（140℉ ±5℉）

干燥方法：（A - i）滚筒烘干，厚重棉织物挡

试验织物：白色斜纹织物（100%棉）

米色斜纹织物（100%棉）

灰色府绸织物（100%棉）

蓝色斜纹织物（50/50 涤/棉）

研究结果表明：使用不同的洗涤剂或陪洗织物得到的结果没有明显差异。

AATCC 89 -2008

棉丝光评价

AATCC RA66 技术委员会于 1958 年制定，2009 年权限转至 AATCC RA34 技术委员会；1974 年、1984 年、1986 年、1988 年、1990 年、1992 年、2009 年编辑修订；1974 年、1977 年、1980 年、1989 年、1998 年、2003 年重新审定；1985 年、1994 年、2008 年编辑修订并重新审定。

1. 目的和范围

本测试方法用来确定染色或未染色的棉纱或棉织物的丝光程度。此外，本方法指出了棉和丝光浴之间反应的完全程度。

2. 原理

2.1 煮练后的待测棉织品和未丝光的棉织品分别浸入氢氧化钡溶液中一定时间，然后用盐酸滴定各等分试样所浸泡的氢氧化钡溶液。

2.2 丝光后试样吸取的氢氧化钡量与未丝光标准棉样吸取的氢氧化钡量的比值，再乘以 100，即为钡值。

3. 术语

丝光工艺：天然纤维素纤维在强碱中溶胀，使其物理性质和外观产生不可逆转变的过程。

4. 安全和预防措施

本安全预防措施仅供参考。本部分有助于测试，但未指出所有可能的安全问题。在本测试方法中，使用者在处理材料时有责任采用安全和适当的技术；务必向制造商咨询有关材料的详尽信息，如材料的安全参数和其他制造商的建议；务必向美国职业安全卫生管理局（OSHA）咨询并遵守其所有标准和规定。

4.1 遵守良好的实验室规定，在所有的试验区域应佩戴防护眼镜。

4.2 所有化学物品应当谨慎使用和处理。

4.3 在配制和混合氢氧化钡、碳酸钠、盐酸溶液时，要戴化学护目镜或面罩，以及防渗透手套和防渗透围裙。浓酸的操作只能在足够通风的通风柜中进行。注意：总是将酸加入水中。

4.4 石油溶液是可燃易燃溶液，其危险性取决于使用的溶液及其危险性。乙醇和甲醇也是易燃性液体。实验室中，易燃性液体应存储在一个小的容器内且远离热源、明火与火星。这些化学药品均不应在明火附近使用。

4.4.1 回流操作应在一个足够通风的通风柜中进行，使用电子加热罩或者水槽作为热源。

4.4.2 在处理有机原液时，要戴化学护目镜或面罩，以及防渗透手套和防渗透围裙。

4.5 在附近安装洗眼器/安全喷淋装置，有机蒸气呼吸器及自动供气式呼吸保护器以备急用。

4.6 本测试法中，人体与化学物质的接触限度不得高于官方的限定值（例如，美国职业安全卫生管理局［OSHA］允许的暴露极限值［PEL］，参见 1989 年 1 月 1 日实施的 29 CFR 1910.1000）。此外，美国政府工业卫生师协会（ACGIH）的阈限值（TLVs）由时间加权平均数（TLV - TWA）、短期暴露极限（TLV - STEL）和最高极限（TLV - C）组成，建议将其作为人体在空气污染物中暴露的基本准则并遵守（见 13.7）。

5. 使用和限制条件

本测试方法不适用于经耐久性整理或非全棉的纱线或织物。

6. 仪器

6.1 滴定管（以自动滴定管为佳，见 13.4）。

6.2 带冷凝管的锥形瓶。

6.3 带玻璃塞的锥形瓶，250mL。

6.4 锥形瓶，125mL。

6.5 试剂瓶，250 ~ 500mL。

6.6 烧杯，1500mL。

6.7 移液管，10mL。

6.8 烘箱。

7. 试剂和材料

7.1 盐酸标准溶液，约 0.1mol/L。

7.2 氢氧化钡溶液，$C\left[\frac{1}{2}Ba(OH)_2\right]$ = 0.25mol/L。

7.3 酚酞试剂。

7.4 石油溶剂，沸点 30 ~ 60℃（86 ~ 140℉）。

7.5 酒精，95% 乙醇溶液或无水甲醇。

7.6 酶，可溶性淀粉。

7.7 皂粉，中性，颗粒状（见 13.2）。

7.8 蒸馏水。

7.9 棉纱，未经丝光，用于对比试验（标准棉）（见 13.3）。

8. 试样准备

分别称取每个样品和未丝光标准品至少 5g，按照规定方法煮练后再各称取 2g 试样，然后放入干净、干燥的带玻璃塞的锥形瓶中。

9. 操作程序

9.1 煮练。煮练目的是去除杂质，尽可能剩下纯粹的棉纤维素，同时不使其发生化学变化。

9.1.1 待测样品（每个至少 5g）与未丝光标准样一起，连续经石油溶剂［沸点 30 ~ 60℃（86 ~ 140℉）］、乙醇（95% USP 乙醇、No. 30 专用工业酒精、95% 或无水甲醇均可适用）、蒸馏水各萃取 1h（见 13.4）。

9.1.2 用以下三个萃取步骤，去除淀粉：

9.1.3 将样品浸没在含有 3% 的商业用水溶性淀粉麦芽糖酶的蒸馏水溶液中，加热至 60℃ ±5℃（140℉ ±9℉），保持此温度 1h，倒掉酶溶液，漂洗后按以下步骤煮练。

9.1.4 将样品一起放入 1L 含有 10g 中性皂粉与 2g 纯碱的溶液中煮 1h。反复用温水清洗试样，至不含肥皂和没有碱性为止，也就是用酚酞测试呈中性，挤干水分。将待测试样和标准未丝光棉放入烘箱中，在 100℃（212℉）条件下直至彻底烘干。然后将试样在室温下剪成碎块［约边长 3mm（0.125 英寸）的方块］，以备称重。

9.2 测试。从每个测试样品中准备两块相同的试样。称取煮练后的样品和煮练后的标准样各 2g，放入干燥的带有瓶塞（推荐使用磨砂玻璃瓶塞）的 250mL 的锥形烧瓶中，将 30mL $C\left[\frac{1}{2}(BaOH)_2\right]$ 为 0.25mol/L 氢氧化钡溶液（见 13.5）分别加到含有试样的锥形瓶中和两个空的锥形瓶中（作空白试验用），立即塞紧瓶塞，放在 20 ~ 25℃（68 ~ 77℉）（室温）水浴中至少 2h，并不时振荡。2h 后，从每个锥形瓶中移取 10 mL 溶液（见 13.6），包括空白试验液，分别用 0.1mol/L 的盐酸溶液滴定，以酚酞作指示剂。

10. 计算

10.1 用滴定所用的毫升数计算出丝光试样吸收的氢氧化钡量与未丝光棉标样吸收的氢氧化钡量的比值，乘以 100 即为钡值。

例如：10mL 氢氧化钡空白试验液需用 24.30mL 0.1mol/L 的盐酸溶液滴定，10mL 待测棉样中的氢氧化钡需用 19.58mL 0.1mol/L 的盐酸溶液滴定，未经丝光棉（标样）中的 10mL 氢氧化钡用 21.20mL 0.1mol/L 的盐酸溶液滴定。所以，待测样品的丝光钡值计算如下：

$$\frac{24.30-19.58}{24.30-21.20}\times100=152$$

10.2 计算相同两个试样的丝光钡值，并在报告中分别报出。两次试验结果不应离散 4 个单位以上。为了核查结果，滴定毫升数应估计在 0.1mL 范围内，熟练的操作者应估计在 0.05mL 以内。若两次结果间差异在 4 个单位以上，则表明该次测试结果不精确（见下表）。

钡值：丝光织物实验室间试验结果

织　物	实验室 A	实验室 B	实验室 C①	实验室 C②	实验室 C③
80×80 - 35°Tw	118	118	117	120	114
80×80 - 55°Tw	130	131	128	132	125
108×58 - 55°Tw	141	145	143	143	140
136×64 - 55°Tw	122	123	123	122	120
88×50 - 55°Tw	139	140	136	140	133

①实验室 C 煮练的织物，未丝光织物 80×80 作为标准。
②实验室 A 煮练的织物，未丝光织物 80×80 作为标准。
③实验室 C 煮练的织物，40/2 精梳丝光纱线作为标准。

11. 解释

钡值在 100~105 范围内，表示没有丝光处理。钡值在 150 以上表示棉织物与丝光浴充分完全地反应。钡值为中间值（105~150）表示反应不完全或者使用的是较弱的丝光浴。

12. 精确度与偏差

12.1 精确度。本试验方法的精确度还未确立，在其产生之前，采用标准的统计方法，比较实验室内或实验室间的试验结果的平均值。

12.2 偏差。棉织物丝光只能根据某一实验方法予以定义。没有单独的方法用以确定其真值。本方法作为预测这一性质的手段，没有已知偏差。

13. 注释

13.1 配制氢氧化钡试剂时，加入稍多于氢氧化钡剂量的蒸馏水，并轻微摇动，配好的溶液在有瓶塞的瓶中放置一晚上，然后用虹吸管将澄清的溶液吸到一个干净的储藏瓶中。

13.2 可从 AATCC 获取，地址：12215，Research Triangle Park NC 27709；电话：919/549 - 8141；传真：919/549 - 8933；电子邮箱：orders@aatcc.org，网址：www.aatcc.org。

13.3 用于德雷夫斯浸润效果试验的未丝光的标准棉束（40/2 合股），特别符合要求。

13.4 如果已知试样不含整理剂或浆料，煮练程序可从皂粉和纯碱处理开始。如果一个样品需要溶剂萃取或用酶处理，那么所有的试样包括标准棉样都应一起经过完整的煮练程序处理，以确保一组样品的最终状态是一样的。

13.5 将氢氧化钡溶液加到试样中时，使用自动滴定管最方便。空气出口必须配置一个装有碱石灰的吸管，用来除去二氧化碳。二氧化碳不能进入任何使用的滴定管中，因为形成的碳酸钡不仅会影响试剂浓度，而且还会产生薄膜影响滴定管读数。滴管底部配一个大小合适的软木塞，以便在将氢氧化钡溶液加到 250mL 装有试样的锥形瓶时，用其锁定此位置，这样在滴定时，不会暴露在空气中。氢氧化钡溶液应覆盖试样，如有必要倾斜锥形瓶以便溶液可以盖过试样。

13.6 当达到平衡时，为了移取 10mL 氢氧化钡溶液，使用 10mL 的移液管。在整个测定中使用相同的移液管、滴定管等，并且在每一测试中移液管排空和吸液时使用相同的方法。在滴定 10mL 氢氧化钡溶液中，盐酸滴管应配用软木塞，能够将 125mL 的锥形瓶连接在上面，从而排除因碱溶液吸收二氧化碳造成滴定误差。从装有试样的锥形瓶中移取 10mL 整数值的氢氧化钡溶液时，操作者应用移液管末端向瓶壁挤压棉样，压出多余的液体。用这种方式，大量的溶液均被吸到移液管中。

13.7 可从出版单位获取：ACGIH，Kemper Woods Center，1330 Kemper Meadow Dr，Cincinnati OH 45240；电话：513/742 - 2020；网址：www. acgih. org。

AATCC 90－2011

纺织材料抗菌性能的评价：琼脂平皿法

AATCC 委员会 RA31 于 1958 年制定；1962 年、1965 年、2010 年修订；1970 年、1974 年、1977 年和 1982 年重新审定；1971 年、1972 年、1974 年、1982 年、1985 年、1986 年编辑修订；1989 年删除；2011 年重启/修订。

前言

琼脂平皿法是一种定性方法，用于测定经整理的纺织品中可扩散的抗菌剂的抗菌性能。本方法采用了 Rehule 和 Brewer（见 12.1）描述的测试方法。该方法于 1958 年被 AATCC 最初采用作为暂行方法。R31 委员会于 1962 年对其进行了修订，明确了该方法的目的和使用范围。因 AATCC 147《纺织材料抗菌性能的评价：平行条纹法》改写时引用了该方法，1989 年停止了该方法的使用，并从技术手册中删除。2011 年，R31 委员会更新并重启了该标准，在一定程度上是因为 ASTM E 1115 评价外科擦手剂配方标准测试方法引用了该测试方法，并且琼脂平皿法适用于测试外形不规则的样品、絮状物、纤维填充物等。该方法通过抗菌剂在琼脂中的扩散反映抑菌性能。融化的琼脂培养基用试验菌种接种，根据待测试样的形态，冷却至半固体或固体，然后使试样与琼脂表面紧密接触。琼脂平皿法的优点在于非埋覆的试样可以取出后检查与琼脂表面接触区域的抑菌情况，不用担心细菌与试样时一起取出。

1. 目的和范围

本标准旨在测定经抗菌剂整理，能产生抑菌区的产品的抑菌性能。一些样品表面不平整，因此，该方法在测试外形不规则和表面不平整的试样方面具有优势。试样在琼脂凝固前埋覆到琼脂中，使其可以与接种的培养基紧密接触。

2. 原理

将测试材料的试样，包括相应的未经抗菌整理的同样材料的控制样（如果有），紧贴在预先用测试菌种接种的琼脂培养基上。经过培养，试样下以及周围的无菌区表明试样的抑菌性。测试材料对使用的标准菌株有规定。如果对菌株无其他要求，金黄色葡萄球菌和肺炎杆菌可以分别作为革兰氏阳性菌和革兰氏阴性菌的代表。也可使用其他推荐的菌种。

3. 术语

3.1 活性：抗菌整理剂效果的度量。

3.2 抗菌剂：纺织品中，任何能够杀死细菌（杀菌剂）或抑制细菌活性、生长、繁殖（抑菌剂）的化学物质。

3.3 抑菌区：与琼脂培养基表面直接接触的试样附近，无法接种在培养基表面的微生物生长的区域。

备注：抑菌区是由于试样上抗菌剂的扩散所造成。

4. 安全和预防措施

本安全和预防措施仅供参考。本部分有助于测试，但未指出所有可能的安全问题。在本测试方法中，使用者在处理材料时有责任采用安全和适当的技术；务必向制造商咨询有关材料的详尽信息，如材料的安全参数和其他制造商的建议；务必向美国职业安全卫生管理局（OSHA）咨询并遵守其所有标准和规定。

4.1 本测试只能由受过训练的人员操作。参阅美国健康与社会服务部出版的《微生物和生物化学实验室的生物安全》（见12.2）。

4.2 警告：本测试中所用的某些微生物具有致病性，如可能使人感染和产生病菌。因此，应采取一切必要和合理的措施，消除实验室以及相关环境中人员的这种风险。应穿着防护服、配戴呼吸器以防止细菌侵入。

4.3 遵守良好的实验室规定，在所有的试验区域应佩戴防护眼镜。

4.4 所有化学物品应当谨慎使用和处理。

4.5 在附近安装洗眼器/安全喷淋装置以备急用。

4.6 所有污染的样品和测试材料必须经过消毒灭菌后才能处理。

4.7 本测试法中，人体与化学物质的接触限度只许达到或低于官方的限定值［例如，职业安全与卫生条例管理局（OSHA）允许的暴露极限值（PEL），参见1989年1月1日实施的29 CFR 1910.1000］。此外，美国政府工业卫生师协会（ACGIH）的阈限值（TLVs）由时间加权平均数（TLV－TWA）、短期暴露极限（TLV－STEL）和最高极限（TLV－C）组成，建议将其作为人体在空气污染物中暴露的基本准则并遵守（见12.3）。

5. 使用和限制

本方法不适用于胶囊化抗菌剂，阻碍抗菌剂扩散，或含有抗菌中和物质的材料。

6. 试验细菌

6.1 试验菌种。

6.1.1 金黄色葡萄球菌（Staphylococcus aureus），ATCC 6538，CIP4.83，DSM799，NBRC13276，NCIMB9518或等效菌种（见12.4）。

6.1.2 肺炎杆菌（Klebsiella pneumoniae），ATCC 4352，CIP104216，DSM789，NBRC13277，NCIMB10341或等效菌种（见12.4）。

6.1.3 根据试样的最终用途，也可使用其他合适的菌种。

6.2 应按良好的实验室操作规范保藏菌种。（见12.5）

6.3 如果条件允许，可用一块已知抗菌活性的标准对照样（阳性对照样）测试所使用的培养物的活性。

6.4 为了确定抗菌活性是否是抗菌剂所致，可对相同材料的、任何其他整理剂（抗菌整理剂除外）进行同样整理的试样进行测试。许多标准织物整理剂，尤其是抗皱剂和免烫剂，即使在经过多次洗涤之后仍具有强抗菌性。

7. 培养基

7.1 培养基和试剂。以下肉汤和琼脂培养基是合适的：

7.1.1 营养肉汤/琼脂。

7.1.2 大豆胰蛋白胨肉汤/琼脂。

7.1.3 脑心浸液肉汤/琼脂。

7.1.4 Müller－Hinton肉汤/琼脂。

7.1.5 根据测试菌种的需要，可选用其他肉汤/琼脂。

7.2 材料。

7.2.1 培养箱温度保持在37℃±2℃（99℉±4℉）。

7.2.2 接种环。

7.2.3 本生灯或等效物。

7.2.4 水浴温度保持在45～50℃（113～122℉）。

7.2.5 1mL无菌移液枪。

7.2.6 具塞试管，不小于10mL。

7.2.7 无菌皮氏培养皿，直径100mm，深15mm。

7.2.8 无菌镊子。

7.2.9 立式显微镜，放大倍数不低于40倍。

7.2.10 直尺。

8. 试样

用手或裁样器剪取试样。标准样品直径为2.5cm，也可采用其他合适的尺寸。

9. 试验步骤

9.1 用经火焰灭菌，冷却后的接种环挑取试验细菌，分别转入装有合适肉汤的培养管中，置于37℃±2℃（99℉±4℉）条件下培养18~24h。

9.2 取1mL培养18~24h目标细菌到45~50℃（113~122℉）水浴中保存的150mL无菌、融化的琼脂培养基中。也可取0.1mL的细菌加入到15mL融化的培养基中．在无菌条件下取15mL接种的培养基到100mm×15mm的培养皿中。不规则的试样，待琼脂培养基冷却至半凝胶状态，将试样埋覆在培养基中，紧密接触。对于规则、表面平整的样品，琼脂培养基冷却至固态。

9.3 需埋覆的试样，用火焰灭菌或蒸汽灭菌，冷却后的镊子轻轻将试样按入琼脂培养基中，不需要埋覆的试样，放在琼脂培养基表面。在无菌条件下再取用同样细菌接种的琼脂培养基，注入到埋覆有试样的平板中，琼脂厚度约为6mm。

9.4 盖上皿盖，待琼脂培养基变硬后，在37℃±2℃（99℉±4℉）条件下培养18~24h。

注：应注意加入足量琼脂培养基与试样接触，而非将试样深埋，否则会不利于抑菌区的观察。

10. 评价

10.1 观察经过培养的平板中试样周围的抑菌区，试样底部的无菌区。在直接观察平板底部时，应避免视差。如果肉眼观察时未发现抑菌区，应用试样放在最小放大倍数为40倍的立体显微镜下观察出现的任何抑菌区。试样任意一边的平均抑菌圈宽度可用按照以下公式计算：

$$W = \frac{T - D}{2}$$

式中：W——抑菌区的宽度，mm；

T——试样以及抑菌区的总宽度，mm；

D——试样的直径，mm。

10.2 抑菌区的大小不能用于抗菌活性的定量评价。经过抗菌整理的材料应与相应的未经抗菌整理的材料以及已知抑菌活性的试样进行比较。应报告对抑菌区和试样正下方细菌生长情况观察的结果。通过测试的标准应该由协议双方商定。试样正下方与琼脂接触的区域必须无菌落生长，试验才有效。

11. 精确度和偏差

本试验方法的精确度尚未建立，在建立之前，采用标准的统计方法比较实验室内或实验室之间的试验结果的平均值。

12. 注释和参考

12.1 Rehule，G. G. A 和 Brewer，C. M.，美国食品药品监督局抗菌消毒测试方法。美国农业部，通告，198，20页（1931）。

12.2 出版物可从U. S. Department of Health and Human Services CDC/NIH－HHS获取；出版号（CDC）84－8395；网址www. hhs. gov。

12.3 手册可从以下地址获取：ACGIH Publications Office，Kemper Woods Center，1330 Kemper Meadow Dr，Cincinnati OH 45240；电话：513/742－2020；网址：www. acgih. org。

12.4 美国典型菌种保藏中心（ATCC）地址：P. O. 1549，Mnassas VA 20108；电话：703/365－2700；传真：703/365－2701；网址：www. atcc. org。CIP为法国法国巴斯德研究所保藏中心；DSM为德国微生物和细胞培养物保藏中心；NBRC为日本技术评价研究所生物资源中心；NCIMB为英国国家工业微生物保藏中心。经利益相关方商议，可选用世界培养物保藏联合会（WFCC）的同等菌株。试验使用的菌株应有溯源文件。

12.5 为确保测试的一致性和准确性，需保证储藏的测试用培养物纯净、无污染和突变。在接种和转种过程中应采用良好的无菌技术，避免污染；严格坚持每月对保藏培养物转种，防止突变；定期对平板划线，观察具有典型特征的单个菌落，检查菌种的纯度。

AATCC 92 -2009

残留氯强力损失：单试样法

ATCC RR35 技术委员会于 1958 年制定；1962 年、1967 年、1971 年、1977 年、1980 年、1989 年、1999 年、2009 年重新审定；1974 年、1988 年、1992 年、2008 年编辑修订；1985 年、1994 年、2004 年编辑修订并重新审定。

1. 目的和范围

本测试法是测定残留氯可能引起损伤程度的快速方法。本测试方法适用于棉和黏胶织物，也可用于那些不仅仅由于热量而导致破坏的任何织物（见 11.1）。

2. 原理

织物在次氯酸钠溶液中处理后漂洗、干燥，并在热金属板间进行压烫。残留氯的破坏作用按压烫前后拉伸强力的差异计算。

3. 术语

残留氯：经含氯漂白的纺织品经洗涤和干燥后残留在材料中的有效氯。

4. 安全和预防措施

本安全和预防措施仅供参考。预防措施虽有助于测试，但并没有包括所有可能发生的情况。方法使用者有责任在处理材料时采用安全和正确的技术。查阅制造商提供的详尽信息，如材料的安全参数和其他制造商的建议，同时参照并遵守美国职业安全卫生管理局（OSHA）所有的标准和规定。

4.1 遵守良好的实验室规定，在试验所有的区域应佩戴防护眼镜。

4.2 按照制造商提供的安全建议操作实验室测试仪器。

4.3 谨慎地使用和处理所有的化学品。因为这些化学品有腐蚀性，故在处理碳酸钠溶液和次氯酸钠漂白溶液时，应配戴防护眼镜或面罩、防渗橡胶手套和防渗工作围裙进行操作。

4.4 在附近安装洗眼器/安全喷淋装置，以备急用。

4.5 本测试法中，人体与化学物质的接触限量必须符合或低于官方的限定值［例如，美国职业安全卫生管理局（OSHA）允许的暴露极限值（PEL），参见 1989 年 1 月 1 日实施的 29 CFR 1910.1000］。此外，美国政府工业卫生师协会（ACGIH）的阈限值（TLVs）由时间加权平均数（TLV - TWA）、短期暴露极限（TLV - STEL）和最高极限（TLV - C）组成，建议将其作为人体在空气污染物中暴露的基本准则并遵守（见 10.1）。

5. 仪器和试剂（见 11.3）

5.1 烧杯，800mL。

5.2 pH 计（见 11.4）。

5.3 恒温水浴锅（也可选用其他可控制温度的合适手段）。

5.4 绞干机，实验室用或家用。

5.5 加热仪。在一定温度下与试样表面紧密接触，使试样均匀受热。试样受到的压力为 8.8g/cm^2（见图 1 和 11.5）。

5.6 拉伸强力测试仪。

5.7 次氯酸钠贮备溶液，有效氯约为 5%。

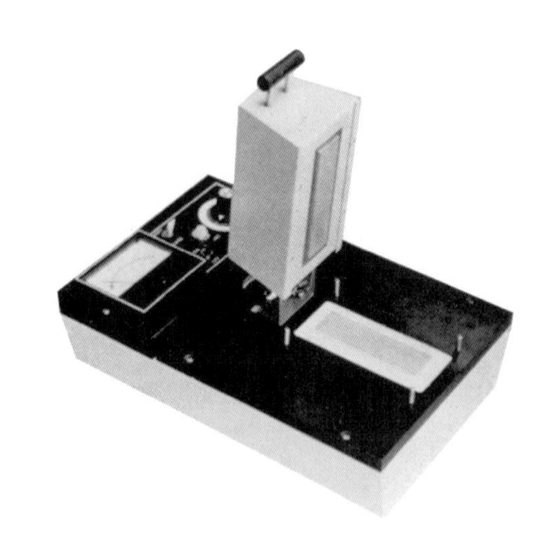

图1 加热仪

5.8 蒸馏水。

6. 试样准备

6.1 通常只测试经向的拉伸强力。试样经向尺寸约为 35.6cm（14 英寸），纬向尺寸约为 20.3cm（8 英寸）。如果需要测试纬向试样，试样纬向尺寸约为 35.6cm（14 英寸），经向尺寸约为 20.3cm（8 英寸）。

7. 溶液制备

7.1 预润湿和漂洗溶液。测定蒸馏水的 pH 值，若 pH 值超出了 6~7，需在测试结果中报告实际的 pH 值（见 11.6）。

7.2 氯化溶液。按如下步骤制备有效氯含量为 0.25% 的溶液，pH 值为 9.5 ±0.1 的氯化溶液。

7.2.1 测定次氯酸钠贮备溶液中的有效氯（Cl）含量（见 11.7）。

7.2.2 计算配制 1L 有效氯含量为 0.25% 的溶液所需要贮备液的质量，公式如下：

$$g = \frac{1000 \times 0.25}{Cl}$$

式中：g——所需贮备液的质量；

Cl——测定的有效氯百分含量。

7.2.3 将所需量的贮备液加入到 900mL 蒸馏水中，用碳酸钠或碳酸氢钠提高或降低 pH 值，然后加入蒸馏水至 1L，最后再测定 pH 值。

8. 操作程序

8.1 由于许多因素如 pH 值、浓度和时间都会较大地影响残留氯引起的损伤程度，因此严格按照试验条件进行操作是非常重要的。如果在试验过程中存在不可避免的偏差，为了相应地评价试验结果，则应报告该偏差。作为一种检查试验程序的方式，建议同时测试一块已知残留氯特性的棉织物。

8.2 氯化步骤。

8.2.1 预润湿浴。将一定体积的蒸馏水加入容量 800mL 的烧杯中，试样与水的浴比为 50∶1，将试样在 71℃ ±3℃（160℉ ±5℉）条件下浸泡 3min，并不断搅拌。从水浴中取出试样，在室温条件下将其干燥和冷却。

8.2.2 氯化浴。将试样转移至装有氯化液、容量 800mL 的烧杯中（浴比为 50∶1），溶液的温度保持在 25℃ ±1℃（77℉ ±2℉）。氯化 15min 过程中用玻璃搅拌棒轻轻搅拌。15min 后取出试样，立即开始脱液，并将其放入绞干机，尽可能除去残余溶液。注意要使试样保持平整，避免起皱。用蒸馏水漂洗设备以除去氯化液，避免在随后的漂洗过程中污染试样。

8.2.3 漂洗。将试样浸入盛有蒸馏水、容量 800mL 的烧杯中（浴比为 50∶1），在温度为 21~32℃（70~90℉）条件下浸泡 2min，并不断轻轻地搅动。从水浴中取出试样，立即脱液，然后放入绞干机（同上一步），在操作过程中，要采取前面提到的预防措施。

8.2.4 漂洗程序至少再重复五遍，总共漂洗六遍。为了使结果更精确，应将所有的试样分开漂洗，避免污染。

8.2.5 干燥。试样自然晾干。将试样挂在一根绳上或平放在没有腐蚀性的架子上晾干，此过程中要远离热源，直到试样干燥（不要挤压）。立即将试样移至温度为 21℃ ±1℃（70℉ ±2℉）、相对湿度为65% ±2%的大气条件下进行熨烫试验和拉伸强力测试。

8.3 熨烫程序。

8.3.1 小心地沿着经向剪取五块尺寸约为35.6cm×3.2cm（14.0英寸×1.25英寸）的条形试样。按ASTM D 5035《织物拉伸断裂强力和伸长（条样法）》（见10.7）将宽度为3.2cm（1.25英寸）的试样条精确地拆至2.54cm（1.0英寸），然后将35.6cm（14英寸）的长边拆至30.5cm（12英寸）。将五块2.54cm×30.5cm（1英寸×12英寸）试样剪断，分成两组（取自同一组经纱）2.54cm×15.2cm（1英寸×6英寸）的条形试样。将两组试样分开，一组用于熨烫试验，另一组用作对照样。调湿时间不少于4h，但不超过24h。

8.3.2 预热试验仪，使加热板的温度保持在185℃±1℃（365℉±2℉）。如果需要，可以将仪器放在封闭箱内，避免空气流动。确保两块加热板干净，调节灵活（即在所有点均匀接触）。将一组中的每块2.54cm×15.2cm（1英寸×6英寸）的试样放在加热仪上（每次一条），拆边条样的长度方向与加热板的长度方向垂直，加热拆纱条形试样的中间（见图1和图2）。压烫时间为30s。试验过程中要时常检查温度计的读数。测试拉伸强力前，试样调湿至少16h。

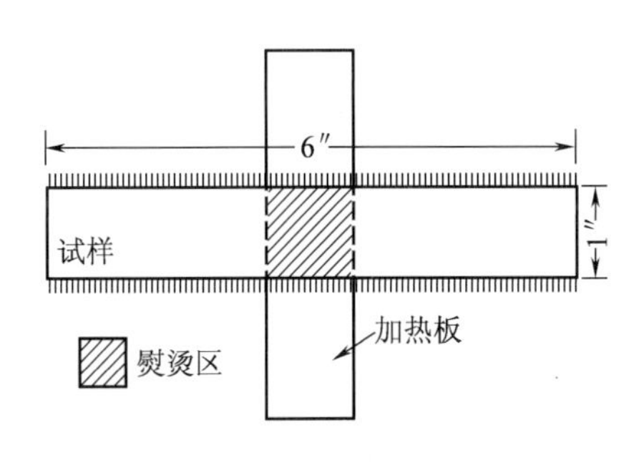

图2 样品在加热板上

8.4 拉伸强力。测试熨烫试验后和未经熨烫试验的试样的拉伸强力，并记录单值，计算出每组试样的平均拉伸强力值。

9. 残留氯损计算

计算公式如下：

$$\text{由残留氯引起拉伸强力损失百分率} = \frac{T_c - T_{cs}}{T_c} \times 100\%$$

式中：T_c——经氯处理后，未经熨烫试验试样的平均拉伸强力值；

T_{cs}——经氯处理后，经熨烫试验试样的平均拉伸强力值。

10. 精确度和偏差

10.1 精确度。本测试方法的精确度还未确定。在得出精确度之前，应采用标准的统计方法，比较实验室内部或实验室之间的测试结果并取得平均值。

10.2 偏差。残留氯强力损失单试样法只能根据某一测试方法的确定，没有单独的方法来确定其真值。本方法作为评价该性能的一种方法，因此没有已知偏差。

11. 注释

11.1 如果织物或整理剂仅因加热受到损伤，那么用蒸馏水作为对照样测试其耐热性，即整个试验用蒸馏水替代次氯酸盐溶液。

仅由加热引起的强力损失，用以下的公式计算：

$$\text{由加热引起的拉伸强力损失百分率} = \frac{T_w - T_{ws}}{T_w} \times 100\%$$

式中：T_w——经水处理后，未经熨烫试验试样的平均拉伸强力值；

T_{ws}——经水处理后，经熨烫试验试样的平均拉伸强力值。

如果强力损失很大，需考虑氯损测试是否适用。通常没有必要测定湿氯处理时对织物的影响，因为在计算氯损时不考虑该因素。

如需要测定湿氯处理的影响时，可用以下公式计算：

$$\text{湿氯引起的拉伸强力损失百分率} = \frac{T_w - T_{cs}}{T_w} \times 100\%$$

式中：T_w——经水处理后，未经熨烫试验试样的平均拉伸强力值；

T_{cs}——经氯化处理后，未经熨烫试验试样的平均拉伸强力值。

11.2 可从 Publications Office 获取，地址：ACGIH，Kemper Woods Center，1330 Kemper Meadow Dr.，Cincinnati OH 45240；电话：513/742－2020；网址：www.acgih.org。

11.3 有关适合测试方法的设备信息，请登录 www.aatcc.org/bg，浏览在线 AATCC 用户指导，可见 AATCC 企业会员所提供的设备和材料清单。但 AATCC 未对其授权，或以任何方式批准、认可或证明清单上的任何设备或材料符合测试方法的要求。

11.4 采用适合测试高 pH 值的标准实验室 pH 计，比色法不适用于次氯酸钠。

11.5 一对温度可精确控制的电加热板，压力可调到 8.8g/cm^2。为了达到规定的 8.8g/cm^2 的压力，四个装有插脚的弹簧必须与上板接触，平衡上板重量，使试样受力达到规定值，也可使用其他可提供同样试验条件的设备。

11.6 预润湿和漂洗溶液的 pH 值可能影响本试验方法测得的结果。鉴于商业惯例中 pH 值变化范围较大，残留氯损委员会尚未为本测试方法设定一个具体值。

11.7 有效氯含量测定。

用移液管移取浓度约为5%的、1.00mL 次氯酸钠溶液至容量瓶中，加蒸馏水稀释到 100mL。加入 6mL、12% 的碘化钾和 20mL、$C\left(\frac{1}{2}H_2SO_4\right) = 6\text{mol/L}$ 的硫酸，然后用 0.1mol/L 硫代硫酸钠溶液滴定。

计算公式如下：

有效氯百分比含量 = 硫代硫酸钠体积 × 0.1mol/L × 0.0355 × 100/1mL × 次氯酸钠溶液的相对密度。

AATCC 93 -2011

织物的耐磨性能：埃克西来罗试验仪法

AATCC RA29 委员会于 1959 年制定，1966 年、1984 年和 2005 年修订；1974 年、1977 年、1989 年重新审定；1978 年、1985 年、1986 年、1995 年、2008 年编辑修订；1994 年、1999 年、2004 年和 2011 年编辑修订并重新审定。

1. 目的和范围

本测试方法用于评价纺织品和其他弹性材料的耐磨性能（见 14.1）。

2. 原理

2.1 自由状态的织物样品在叶轮（转子）的驱动下，在圆柱测试箱内沿圆形轨道呈 Z 字形运动。样品反复与测试箱壁和摩擦衬垫撞击，同时不断受到极快的高速冲击。在测试过程中，样品受到折曲、摩擦、冲击、挤压、拉伸和其他机械力作用。

样品通过试样的纱线与纱线之间、纤维与纤维之间、织物表面之间和织物表面与磨料之间摩擦而产生磨损。

2.2 当试样在磨损的折线处断裂时，可根据试样的重量损失或（机织物）试样的抓样强力损失评价纺织品的耐磨性能。一般平纹机织物的评价可用两个方法之一，簇绒、其他起绒织物及针织物的评价用重量损失法。

2.3 织物的其他特性变化采用埃克西来罗试验仪法（见 14.1）可能有助于评价织物的耐磨性能。

3. 术语

耐磨性能，材料的任何部分与另一表面摩擦产生的损耗。

4. 安全和预防措施

本安全和预防措施仅供参考。预防措施虽有助于测试，但并不包括所有可能发生的情况。方法使用者有责任在处理材料时采用安全和正确的技术。应查阅制造商提供的详尽信息，如材料的安全参数和其他制造商的建议，同时参照并遵守美国职业安全卫生管理局（OSHA）所有的标准和规定。

4.1 遵守良好的实验室规定，在实验室所有区域都应佩戴防护眼镜。

4.2 电动机运转时，必须关闭埃克西来罗试验仪箱门。按照制造商的安全建议操作实验室测试仪器。

4.3 建议定期使用埃克西来罗试验仪的操作者佩戴面罩，以防吸入纤维粉尘。

5. 使用和限制条件

5.1 测试时间、叶轮的尺寸、形状和角速度及所用衬垫类型影响本方法的测试结果。这些影响因素相互关联，因此改变测试条件就会使试样产生不同程度的磨损。如对于轻薄或易损织物，标准偏置叶轮转速 2000r/min（209.44 弧度/s）时，可能仅需试验 2～3min 就产生合适程度的磨损；而对于较厚重或耐久性织物，转速 3000r/min（314.6 弧度/s）时可能需要 6min。

5.2 当织物卷曲或因其他原因而不能在测试箱中自由运动时，应停止测试。

5.3 本方法的测试结果并不等同于被测织物

的使用寿命。

6. 设备和材料

6.1 埃克西来罗试验仪（图1，见14.3）包括以下两部分：

图1 埃克西来罗试验仪

注：摩擦衬垫在泡沫橡胶垫上，S形叶轮长度为114mm（4.5英寸）

6.1.1 偏置叶轮（延长的S形），长度为114mm（4.5英寸）（见图2及14.4中对替代叶轮的说明）。

图2 延长的S形叶轮

6.1.2 环状塑料垫，厚度3.2mm（0.125英寸）的聚氨酯泡沫。

6.2 摩擦衬垫。精细磨料，500J细砂氧化铝织物（见14.3及14.5中规定的替代摩擦衬垫）。

6.3 氖灯或其他频闪观测仪。

6.4 自动计时器。精确到±1s。

6.5 白色黏合剂。

6.6 花边剪和标记模板或裁剪模板（见14.8）。

6.7 清洁测试箱的锦纶刷或清洁测试箱和试样的便携式真空吸尘器。

6.8 缝纫线。联邦V－T－295规定E尺寸、1型，1或2级。

6.9 棉布。宽度1.2m（46英寸），约8m/kg（4码/磅）的78×76印花织物（粗梳纱），经漂白退浆，未经着蓝、荧光漂白或整理剂处理的材料。

6.10 分析天平。精度至±0.001g。

7. 试样准备

7.1 无适用规范时，距离布边不小于织物幅宽的十分之一或64mm（2.5英寸）。每个样品上至少剪取三块试样，所选试样要有代表性。

7.2 试样的尺寸。

7.2.1 方法A（重量损失法）。为了尽量减少试样与测试箱壁和摩擦衬垫的冲击而产生的偏差，剪取厚重的试样或批样时，尺寸比轻薄织物要小些。

表1列出织物重量与试样尺寸的关系。试样的边缘平行于经纱和纬纱（横列和纵列）或斜向。

表1 试样尺寸的选择

织物的重量范围（g/m^2）（盎司/平方码）	试样尺寸（mm^2）（平方英寸）
300～400（9～12）	95（3.75）
200～300（6～9）	115（4.5）
100～200（3～6）	135（5.25）
小于100（3）	150（6）

7.2.2 方法B（强力损失法）。试样尺寸为100mm×150mm（4英寸×6英寸），拉伸方向的试样取样应大些。取样时试样边缘平行于经纱和纬纱。

7.3 试样准备。

7.3.1 方法A。用花边剪或裁剪模板（见14.8）剪取试样。如果机织物平行于纱线冲切，就沿着每边拆下宽度为3.2mm（0.125英寸）纱线。将试样放在塑料垫板上（为了保护台面），在每条剪裁或拆纱的边上涂抹宽度为3.2mm（0.125英寸）的黏合剂（见图3及14.4和14.9），室温下晾干。

图3 黏合剂涂抹试样的锯齿边缘

7.3.2 方法B。剪取100mm×300mm（4英寸×12英寸）的试样（剪取长度是抓样法断裂强力试样长度的两倍），每个试样的两端需标数字，然后从中间剪开。其中一半作为对照样测定抓样法原始拉伸强力，另一半作为测定磨损试样抓样法的拉伸强力。试样边缘按照方法A涂抹黏合剂。距一端50mm（2英寸）处垂直长边折叠试样，使试样呈100mm×100mm（4英寸×4英寸）的正方形，将折后50mm×100mm（2英寸×4英寸）的试样折叠处（见图4），距其边缘6mm（0.25英寸）以4针/cm（11针/英寸）缝合。

图4 方法B的试样准备

8. 埃克西来罗试验仪

8.1 转速表的校正。

8.1.1 叶轮。选择并安装合适的直径为114mm（4.5英寸）的标准偏置叶轮（见14.4）。

8.1.2 氖灯。为了检查转速表的精度，氖灯可作为简单的闪光观测仪观察旋转的叶轮。关闭测仪箱门，氖灯靠近箱门窗口处，可看到叶轮在不同的转速下呈现不同的形状。如果氖灯在频率为60Hz交流电下使用，当叶轮以1800r/min（188.50弧度/s）速度运转时，呈现一个静止的、独特的双叶片；以3600r/min（377弧度/s）速度运转时，叶轮的轴心变得静止模糊，轴心两边出现两个微小的凸角。在许多欧洲国家，氖灯在50Hz交流电下，以上的图案分别在转速为1500r/min（157.08弧度/s）和1300r/min（314.16弧度/s）运转时出现。如果转速表读数不准确，需转动刻度盘面板上的小螺丝钉来修正。

8.1.3 频闪观测仪。将频闪观测仪刻度盘设置为3000r/min（314.16弧度/s）。关闭埃克西来罗试验仪箱门后，启动仪器，调节叶轮的速度，使其呈现一个静止的双叶片。如果转速表的读数不是3000r/min（314.16弧度/s），需转动刻度盘面上的小螺丝钉来修正。

8.2 摩擦衬垫（见14.5）。

8.2.1 安装衬垫。将衬垫放入环形箱槽中，用手指压着衬垫沿着环形箱槽的内壁转动，直至衬垫平整地紧贴在筒壁上，不要有任何折痕。

8.2.2 预磨新衬垫。将备好的环状塑料垫插入装有叶轮的埃克西来罗试验仪。剪取两块114mm（4.5英寸）正方形的78×76未整理棉印花织物（见6.9），其边缘涂有黏合剂，预磨新衬垫。关闭箱门，启动埃克西来罗试验仪，叶轮以速度为3000r/min（314.16弧度/s）运行6min后，用第二块织物替换第一块织物，继续运行，直到总运行时间达到12min停止埃克西来罗试验仪，取出织物，刷掉或吸除衬垫上的残屑。

8.2.3 调换衬垫。为了使结果获得更好的重现性，建议测试6块试样后，从埃克西来罗试验仪上取下环形衬垫，调转方向，使原来靠近箱门的边缘放在测试箱的后部。

8.2.4 更换摩擦衬垫。建议测试12块样品后，更换摩擦衬垫。如果衬垫没有过多使用，则其使用次数可以超过12次。在系列测试之前及测试6块试样后，测定未整理的76×78棉印花布（见6.9）的重量损失，并检查衬垫的使用情况。将衬垫放在平面上，用锦纶刷和肥皂水擦洗，除去衬垫上一些织物沉积的整理剂或其他物质，在一定程度上可以延长摩擦衬垫的使用寿命。擦洗后应该用水彻底地清洗并干燥，再检查衬垫的情况。

9. 调湿

按照ASTM D 1776《纺织品调湿与测试标准规范》，将备好的试样在标准大气下预调湿，基本达到平衡后，在标准大气下调湿进行测试。

10. 操作程序

10.1 方法A（重量损失法）。

10.1.1 用分析天平（见6.10）称重调湿试样（见9）。

10.1.2 将长114mm（4.5英寸）长S形的偏置叶轮和一个500J喷砂铝氧化物织物精细磨料安装到埃克西来罗试验仪上（见14.4、14.5和14.7）。

10.1.3 将试样捏成一团后放入测试箱。

10.1.4 关闭箱门（见4），启动埃克西来罗试验仪和计时器，在设定的时间内保持速度精确至±100r/min（10.48弧度/s）。运行速度一般保持在3000r/min±1000r/min（314.16弧度/s±10.48弧度/s）运行一定时间，如2～6min（见14.7），使试样大量磨损而不撕破。

10.1.5 试验时间结束±2s时，停止埃克西来罗试验仪，取出试样。

10.1.6 用刷子或吸尘器清除衬垫上的碎屑。

10.1.7 抖掉或用吸尘器去除试样上的碎屑。

10.1.8 将试样进行调湿（见9）。

10.1.9 再次用分析天平称重试样，精确至±0.001g。

10.2 方法B（拉伸强力损失法）。

10.2.1 进行10.1.2到10.1.7的操作。

10.2.2 拆去缝线，使样品恢复为100mm×150mm（4英寸×6英寸）。

10.2.3 按9.1调湿试样。

10.2.4 按ASTM D 5034《织物拉伸强力和伸长率测试》（抓样法）测定拉伸强力。将试样的磨损折痕平行且等距离地放在拉伸测试仪的钳口中（见14.6）。试样沿折线断裂为有效试验。

10.2.5 测定经调湿（见9）、原始（未磨损）（见7.3.2）试样的拉伸强力。

11. 计算和评价

11.1 方法A（重量损失法）。计算每块试样的重量损失百分率，精确到±0.1%。

11.2 方法B（拉伸强力损失法）。计算每对试样的强力损失百分率（见7.3.2）。

11.3 计算每种方法的平均值。

12. 报告

12.1 方法A。计算三块试样的重量损失百分率的平均值。

12.2 方法B。计算三块试样强力损失百分率的平均值。

12.3 报告注明实际使用的条件，如叶轮转速、时间、尺寸和叶轮及衬垫类型。方法A还需报告试样的实际尺寸。

13. 精确度和偏差

13.1 精确度。本测试方法的精确度还未确定。在得出精确度之前，应采用标准的统计方法比较实验室内部或实验室之间的测试结果并取得平均值。

13.2 偏差。织物的耐磨性（埃克西来罗试验仪法）只能根据某一测试方法的确定。没有单独的方法来确定其真值。本方法作为评价该性能的一种方法，因此没有已知偏差。

14. 注释

14.1 虽然标准测试程序不包括透气性、透光性、外观、手感等性能的变化，但根据织物类型和最终用途可对其进行评价。

14.2 额外的信息见 T. F. Cooke，埃克西来罗试验仪的摩擦试验：实验室内测试的重现性，American Dyestuff Reporter，47 卷，第 20 期，1958 年，679～683 页；H. W. Stiegler，H. E. Glidden，G. J. Mandikos，G. R. Thompson，“埃克西来罗试验仪用于磨损试验及其他用途”，American Dyestuff Reporter，45 卷，19 期，1956 年，685～700 页。

14.3 可从 SDL Atlas L. L. C 获取，地址：1813A Associate Lane，Charlotte NC 28217；电话：704/329－0911；传真：704/329－0914；电子邮箱：info@sdlatlas.com；网址：www.sdlatlas.com。

14.4 长度为 108mm（4.25 英寸）、114mm（4.50 英寸）和 121mm（4.75 英寸）的斜叶轮和 108mm（4.25 英寸）的偏置 S 型叶轮用作特殊用途。

14.5 可用中等精细磨料和 240J 喷砂铝氧化物织物的衬垫（见 14.8），衬垫、磨料的安装程序同精细磨料和 500J 喷砂铝氧化物织物（见 8.2）。

14.6 ASTM D 76《织物拉伸强力测试仪》中规定拉伸强力测试仪。

14.7 根据双方协议，可通过以下方法改变埃克西来罗试验仪的速度和磨损方式：改用中等精细磨料、240J 喷砂铝氧化物织物的衬垫，较短的 S 形叶轮或选用 0.26 弧度斜叶轮，叶轮的速度从 1500r/min ± 100r/min（157.08 弧度/s ± 10.48 弧度/s）变为 4000r/min ± 100r/min（418.88 弧度/s ± 10.48 弧度/s）。该内容在试验结果报告中注明。

14.8 用金属、塑胶或纸板制作的正方形模板，可以方便地标记、裁剪的样品，也可使用适当尺寸的剪切模具。应在样品的边缘涂抹黏合剂前拆边（见 14.9）。

14.9 用塑料挤压瓶装的白色黏合剂涂在样品的锯齿边缘或脱散的边缘（见图 3），防止样品散边引起重量损失。胶条的宽度不超过 3.2mm（0.125 英寸）。对于冲压裁剪的或不能剪成锯齿形的织物，沿着每个边缘拆纱 3.2mm（0.125 英寸），然后涂上黏合剂。

AATCC 94 –2007

纺织品整理剂：鉴别方法

AATCC RR45 技术委员会于 1959 年制定；1961 年、1962 年、1965 年、1987 年修订；1969 年、1973 年、1977 年、1985 年、2002 年、2007 年重新审定；1974 年编辑修订；1992 年、1997 年编辑修订和重新审定。

1. 目的和范围

1.1 本测试方法提供了存在于织物、纱线或纤维中各种整理剂成分定性的鉴别指导方法。

1.2 本鉴别方案可能涉及以下几种或所有的检测方法：

1.2.1 顺序溶剂萃取，然后把萃取物用红外光谱法（IR）、气相色谱法（GC）、高效液相色谱法（HPLC）、薄层色谱法（TLC）、核磁共振法（NMR）或其他的仪器或湿化学方法进行鉴别。

1.2.2 用 X 射线荧光光谱仪、红外反射光谱法、原子吸收光谱法和其他的仪器或湿化学分析方法直接检测织物的化学元素。

1.2.3 通过在织物上或织物萃取物中进行化学斑点实验来鉴别特定的整理剂成分。

2. 使用和限制条件

2.1 本检测方法对鉴别织物中的整理剂是一套灵活的指导方法。随着整理剂中化学品的变化以及新的检测手段的出现，本检测方法将要进行适当的调整和修改。

2.2 整理之前引入的任何化学品都有可能会出现在整理后的织物上，也可能当作整理剂被除去和（或）检测出来。经纱上浆剂（例如淀粉、丙烯酸酯类、石蜡、聚酯、聚乙烯醇）、染料、固色剂、黏合剂、纺丝整理剂、天然胶、糖、荧光增白剂以及加工过程中使用的化学品（如表面活性剂、漂白稳定剂、染料载体及油等）可能有意或无意引入到织物中。应该根据这些化学品的应用知识进行适当的检测和鉴别。如有可能，供应商应当作为顾问提供进一步的信息。

3. 术语

化学整理剂：化学物质，不是着色剂，也不是加工过程中为改善织物的性能或外观而添加到纺织品中的残余化学物质。

注：在下文中，化学整理剂被称为整理剂。

4. 安全和预防措施

本安全和预防措施仅供参考。这些措施有助于测试过程，但未包含所有的内容。在本测试方法中，使用者有责任在处理材料时采用安全和正确的技术；须向制造商咨询有关材料的详尽信息，如材料的安全参数和其他建议；须向美国职业安全卫生管理局（OSHA）咨询并完全遵守其标准和规定。

4.1 遵守良好的实验室规定，在所有试验场所要佩戴防护眼镜。

4.2 在配制酸、碱和有机溶剂时，应当戴好化学防护眼镜或者面罩、防渗透手套，穿好防渗透工作服。浓酸只能在通风良好的实验室通风橱中处理。警告：必须是将酸加入到水中。

4.3 使用高氯酸时必须采取特殊的安全防范措施。所有的操作必须在由非易燃材料制成的排风罩中完成。由于积累的高氯酸盐容易引起爆炸，因此建议经常清洗通排风系统。除非在可控条件下操作，否则像高氯酸中加脱水剂会生成不稳定的无水酸。在处理高氯酸时必须非常小心，配戴面具和眼罩，如果不小心溅到眼睛或皮肤上应立即用水冲洗。

4.4 己烷和甲醇是可燃性液体，在实验室中应当保存在小容器内，远离热源、明火或火花，这些化学品均不应该在明火附近使用。

4.5 在通风良好的通风橱中进行回流操作，以电加热器或水浴作为热源加热。在处理有机溶剂时使用化学防护眼镜或面具、防渗透手套以及防渗透工作服。

4.6 应在附近安装洗眼器或安全淋浴装置、有机蒸气呼吸器及自动供气式呼吸保护器，以备急用。

4.7 取用热的称量瓶和坩埚时，应当小心，避免接触皮肤造成严重烧伤。

4.8 当操作实验室内的测试仪器时，应当遵循制造商的安全建议。

4.9 本测试法中，人体与化学物质的接触限度只许达到或低于官方的限定值[例如，美国职业安全卫生管理局（OSHA）允许的暴露极限值（PEL），参见1989年1月1日实施的29 CFR 1910.1000]。此外，美国政府工业卫生师协会（ACGIH）的阈限值（TLVs）由时间加权平均数（TLV - TWA）、短期暴露极限（TLV - STEL）和最高极限（TLV - C）组成，建议将其作为人体在空气污染物中暴露的基本准则并遵守（见14.1）。

5. 试样准备

为进行后续萃取，需在称重前将织物样品在105℃ ±1℃干燥至恒重。

6. 溶剂萃取步骤

6.1 按一定的顺序，使用不同的溶剂进行萃取，分离尽可能多的整理剂。根据溶剂的极性、溶解性、挥发性以及本着经济和安全的原则选择萃取方案（见表1）。

表1 萃取方案

编号	溶 剂	极性指数*	萃取的典型整理剂
1	正己烷	0.1	油剂、石蜡类、柔软剂、硅酮类
2	1，1，1 - 三氯乙烷	1.0	少量未固化的聚合物、聚酯树脂、聚丙烯酸酯类、聚氨酯类、聚乙烯乙酸酯
3	甲醇	5.1	未固化的纤维素反应物、有机盐、硫化有机物
4	水	10.2	未固化的纤维素反应物、尿素、线性淀粉、聚乙烯醇
5	0.1mol/L 盐酸	10.2	固化的纤维素反应物、支化淀粉、无机盐

注 * Burdick and Jackson。

某些类型的纤维可能会被以上溶剂部分溶解。为避免错误应预先核对纤维类型（参见 AATCC 20）。

6.2 操作者可依据化学整理剂种类的变化、安全考虑以及个人喜好采用其他溶剂。操作者有责任来确定什么类型的整理剂可以被不同的溶剂除去。

6.3 某些整理剂可能不溶于任何溶剂。例如完全交联的聚合物（像丙烯酸酯类、聚氨酯类、硅酮类、聚乙烯基乙酸酯），对于此类不溶性整理剂，可采用其他方法检测：选择合适溶剂将待测纤维材料溶解，将剩下未溶的整理剂分离出来进行深入分析（参见 AATCC 20，纤维的定性分析，表5）。

6.4 测试步骤。首先称取一定量的织物样品（1 ~ 10g，根据萃取器的大小确定），然后采用表1中的溶剂按顺序进行萃取。根据可供选择的仪器，采用索式萃取器或烧杯萃取。萃取时间从45min到几个小时不等，确定萃取时间时应考虑样品沸点、交换速率以及以前此待测整理剂的萃取时间的历史数据。在进行下一步溶剂萃取之前应将样品完全干燥。萃取完成之后，将每种萃取溶剂进行过滤和蒸发（或蒸馏），得到剩余的整理剂萃取物（完全干燥之前，将萃取物转移到称量皿，然后放到温度为

105℃ ±1℃的烘箱中烘干）。萃取物的百分含量计算如下：

$$萃取率 = \frac{剩余萃取物的重量}{原始织物的重量} \times 100\%$$

注：对酸性萃取物，可滴加几滴稀释的氢氧化钠溶液进行中和，以免蒸发过程中整理剂的降解。定量结果将反映在干燥剩余物重量中存在的氯化钠。此外，若空气中二氧化碳与氢氧化钠发生反应，生成的产物碳酸钠污染了溶液，则有可能影响对红外谱图的解析。

把萃取率与其后的鉴别结果联系起来，将有助于区分残留在织物中非整理剂的化学物质（如柔软剂中所含的天然石蜡）和真正的整理剂成分。

萃取的整理剂可通过下述分析方法中的一种进行鉴别。

7. 红外光谱法

7.1 红外光谱法是一种非常方便的鉴别织物整理剂的测试手段，其鉴别的依据是化合物的结构信息，这可以从红外光谱图中发现。分子中的特定官能团在 250～4000nm 的波数范围产生红外吸收。通过对比公共或个人谱库内关于整理剂的红外谱图，熟练的检测人员可以很快确定整理剂的大致种类。具有计算机搜索和匹配功能的红外光谱仪对检测很有帮助。若想获得更加完整的信息，包括典型的波数，可通过纺织材料的光谱与新型技术比较，如傅立叶变换红外光谱（IR）、衰减全反射光谱（ATR）及原始参考文献的介绍（见 14.2）。化学整理剂的代表性光谱图见 14.3。

7.2 配光栅的傅立叶变换光谱能产生高质量的光谱图，用于鉴别和参考。如果条件允许，还可用拉曼光谱、核磁共振仪和紫外可见光谱等其他光谱技术更加准确地鉴别萃取物。图 1～图 5 中所示为傅立叶变换的红外光谱图。使用 MCT 探测器，分辨力为 4 波数，信号的平均扫描次数超过 30 次，使用 HAPP－Gensel 变迹滤镜扫描 KRS－5 晶体。图 6 表示二羟甲基二羟乙基亚乙基脲（DMDHEU）纤维素反应物在氧化氘中的质子核磁共振谱图。图 7 和图 8 表示纤维素反应物水溶液的激光拉曼光谱（以氩离子为激光光源）。图 9 和图 10 表示纤维素反应物的高效液相色谱图（HPLC），液相色谱条件为：示差折光检测器、C－18 反相色谱柱（内径 5μm）、100％水为流动相、流速 1.0mL/min。图 11 表示从扫描电子显微镜图像获得的 X 射线荧光光谱，采用液氮冷却探测器，能量范围在 0～5kev（千电子伏特）。其他红外谱图见 14.3 和 14.4。

7.3 红外样品的制备。

可采用下述方法制备用于红外分析的整理剂样品。当采用镀膜或以液体形式分析时，将萃取物溶解在合适的溶剂中；将织物样品研磨成小颗粒，或放在矿物油中研磨；将萃取物弄成颗粒状或将织物样品与溴化钾一起研磨成均匀的混合物（见 14.2）。

7.4 红外分析。

7.4.1 通过上述方法之一制备得到样品或萃取物后，进行红外检测得到谱图。将样品的谱图与已知化合物的标准谱图对比从而鉴别出所用的整理剂。为了得到更精确的鉴别结果，已知化合物应与待测物的萃取条件一样。

7.4.2 柔软剂。季胺类化合物、聚乙烯类、聚氧乙烯醇类、聚氨酯类和聚丙烯酸酯类化合物部分溶解于三氯乙烯或 1，1，1－三氯乙烷。将萃取物浓缩并转移到一个干净的溴化钾压片中。

7.4.3 耐久压烫整理剂。由于绝大多数的耐久压烫整理剂可以用水或盐酸萃取出，这提供了另一种可选择的红外分析方法。将大约 0.2g 的织物切成小方块，放在 0.1mol/L HCl 溶液中回流 5min。然后将溶液轻轻转移到一个 50mL 的圆底烧瓶中，再加入 350mg 光谱级溴化钾，用旋转蒸发器蒸发至干燥，进行旋转蒸发操作时应将烧瓶浸在冰盐浴中以防止水解。最后在五氧化二磷上干燥，将干燥后的剩余物与更多的溴化钾混合（每 50mg 的剩余物加入300mg的溴化钾）后压片，再进行红外检测。将所得到的谱图与已知化合物的谱图对比，若可得到已知化合物水解产物的谱图，那么可以做更精确的对比。

另一种通过红外光谱鉴别耐久压烫整理剂的样品制备方法是：将待测织物与光谱级溴化钾一起研磨成颗粒后压片。同样制备未经过整理的织物的样品，然后进行红外检测，可得到完全不同于经过整理的织物谱图。所有溴化钾片在双光束分光光度计的两个光束中放入等量的样品，未整理织物的红外谱图可作为背景进行扣除得到差异谱图。计算机的光谱减法技术也可用来获得差异谱图。

7.4.4 1972年交叉领域技术论文竞赛的论文中谈到一种快速得到整理剂红外谱图的方法，该法在AATCC罗得岛章节中提出（见14.5）。此方法的基本原理为：将织物中的整理剂用溶剂萃取出来并放在ATR晶体表面，溶剂蒸发后留下一层很薄的整理剂剩余物薄膜，ATR晶体放在衰减全反射附件固定器里，记录下谱图。

8. 织物的直接光谱分析

采用特定的附件和光谱技术，可直接获得织物底部和织物中整理剂的光谱。它们包括：配衰减全反射和漫反射附件的红外反射光谱、光声光谱法（PAS）、激光拉曼光谱、化学分析光电子能谱（ESCA）以及近红外反射光谱（NIR）。通常鉴别织物中的少量整理剂时，计算机化的背景扣除技术是非常有效的。

9. 色谱法

9.1 色谱法是一种分离和尝试性鉴别织物中某些整理剂的非常有效的测试手段。整理剂分离出来后，整理剂的鉴别可通过对比未知物的色谱图与已知化合物的色谱图来实现，已知化合物应为纯净物或是与待测物的用途一致且萃取方法相同；整理剂的鉴别至少需要做两组不同色谱条件的对比。另一种可替代的方法是：根据色谱图上的特征峰进行在线鉴别（即未分离整理剂）或整理剂萃取后再鉴别。在绝大多数情况下，索式萃取的剩余物或它们的衍生物可以通过GC、HPLC或TLC进行分析。此部分所涉及的应用技术是非常简单的，仅仅是基本的GC或HPLC。其他复杂多样的仪器信息和方法见14.2。

9.2 气相色谱法是一种分离可挥发性混合物的方法。分离原理是：气相色谱分离挥发性混合物，分离是通过色谱柱表面完成的，不同成分的混合物，与柱表面相互作用不同。

9.2.1 甲醛的检测。通过气相色谱法可以检测到织物中释放出的甲醛。将织物样品密闭在一个小瓶中，瓶中具有一定的顶部空间并且在精确控制的温度和湿度的环境中调节。对顶部空间的气体样品进行气相色谱分析。此方法还可适用于检测耐久压烫树脂中的甲基化的*N*-羟甲基官能团水解产生的甲醇含量。由于甲醛在火焰离子化检测器中的信号较弱，需要在火焰和色谱柱之间加入微型甲烷化反应器，将甲醛转化为甲烷。醇类化合物也要转化为相应的烃类化合物。甲醛的色谱检测条件如下：

色谱柱：Porapak T色谱柱（3m长）

注入时间：9s

浴温：65℃

锥孔温度：150℃

箱温度：120℃

进样口温度：180℃

检测器温度：480℃

为提高灵敏度可使用光离子化检测器。此种检测分析方法的详细信息见14.2。

9.2.2 柔软剂、润滑剂和乳化剂的检测。织物中柔软剂、润滑剂和乳化剂的萃取采用己烷或氟利昂113为溶剂。此三类物质通常是由脂肪酸、脂肪酸酯及其衍生物制备的。其中的一些化合物可直接进行色谱检测，而另一些则必须转化为其衍生物才可以更好地通过气相色谱检测。

其他长链的脂肪族化合物转变成其衍生物之后将更容易被检测。一元羧酸通常用甲醇酯化后得到甲酯，这些甲酯的色谱检测条件如下：

色谱柱：二甘醇琥珀酸酯（DEGS）开口的毛细管柱（45m × 0.25mm）

柱温：180℃。

另一种制备脂肪酸或脂肪醇衍生物的方法是甲硅烷基化，可生成非极性、易挥发、热稳定的醚类化合物，这些醚类化合物容易制备，反应在离心管中进行。根据甲硅烷基化后化合物的类型选择合适的用于分析的色谱柱。例如，甘油及其单酯和双酯硅烷基化衍生物采用 OV—1 色谱柱（柱长 1 英尺）做色谱分析；季胺盐类衍生物采用 SE—30 色谱柱（填充物为 5%）。更多有关于此方面应用的详细讨论见 14.2。

固体石蜡常作为柔软剂、润滑剂、防水剂和卷绕剂，它可以直接被 GC 检测。石蜡或 C－30＋型 α 烯烃类化合物的色谱检测条件如下：

色谱柱：OV—101 不锈钢（SS）色谱柱（柱长 6 英尺，内径 1/8 英寸，填充物为 5%）

柱温：200～290℃，以 10℃/min 的速度升温后保温 11min

检测器：火焰离子化检测器（FID），温度为 350℃

进样口温度：350℃

载体：氦气

流速：30mL/min

多元醇类织物的水萃取物可以直接通过 GC 检测到乙烯和二甘醇。耐久压烫树脂中经常用到乙二醇。仪器条件如下：

色谱柱：Tenax GC 不锈钢（SS）色谱柱（柱长 6 英尺，内径 1/8 英寸，60/80 目）

柱温：200℃

检测器：火焰离子化检测器（FID），温度为 250℃

进样口温度：250℃

载体：氦气

流速：30mL/min

9.3 薄层色谱法。TLC 的分离原理是：混合物中各个组分对吸附剂（固定相）的吸附能力不同，当展开剂（流动相）流经吸附剂时，吸附能力强的组分滞留在后，吸附能力弱的组分随流动相迅速向前流动。此法可用于织物萃取物，如表面活性剂、染料载体、树脂、聚酯低聚物及普通染料的检测。采用 TLC 进行检测的主要原因有：样品的尺寸小、为 HPLC 检测或进行二维的分离奠定基础（详细信息见 14.2）。

9.3.1 薄层分析板。在 TLC 分离过程中，基于简便和均匀的考虑，可从不同的制造商处购买带涂层的板。这些板子的涂层均为吸收剂，如氧化铝、纤维素、带有十八烷基的二氧化硅或硅胶。涂层为带有十八烷基的二氧化硅的薄层板适合于树脂的分析检测。双相为直角的双相薄层板可以用作乳化物（如石蜡或乳胶）的分离。

9.3.2 样品的尺寸。样品应当非常小。建议使用微升注射器。当检测织物萃取物时，必须在样品的顶部点一些连续的点，在展开之前将这些点完全干燥。

9.3.3 流动相。一旦得到织物萃取物和薄层板或条带点好之后，就需要选择合适的洗提液或溶剂。TLC 中使用的流动相直接与液相色谱分析流动相的选择有关。织物中不同化学品选用的流动相的例子见表 1。表 2 给出了一些不同染料的流动相。更多关于流动相的详细信息见 14.2。

9.3.4 薄层展开。将薄层板和流动相放在一个密闭的展开容器中，展开容器可以是一个带塞子且便宜的小广口瓶。若想获得良好的展开效果，可采用以下的方法：使用尽可能小的体积，放入一个滤纸条在广口瓶中，滤纸条吸收溶剂达到饱和。展开容器内流动相的高度应略低于薄层板上样点的高度。

表2 染料种类分离的流动相

染料的种类	流动相
酸性染料	丙醇:丙酮:水:乙酸（5:5:3:1） 吡啶:醋酸丁酯:水（9:6:5） 丁醇:乙醇:水（2:1:1） 丙醇:28%氨水（1:1）
碱性染料	丁醇:乙醇:水:乙酸（10:1:1:1） 苯:甲醇（9:1）
直接染料	丙醇:丙酮:水:乙酸（5:5:3:1） 醋酸丁酯:吡啶:水（5:5:2） 丁醇:丙酮:水（5:5:3） 丁醇:水:氨水（2:1:1）的混合物有机相
分散染料	苯:丙酮（9:1） 苯:氯仿:丙酮（5:2:1）
塑料染料	四氯化碳:苯（1:1）
溶剂染料	四氯化碳:苯（1:9）
还原性染料	甲苯:吡啶（6:4） 苯:硝基苯:丙酮（8:1:1） 丁醇:醋酸丁酯:硝基苯:丙酮（3:3:3:1） 醋酸丁酯:吡啶:水（5:4:2） 苯:吡啶:二恶烷:丙酮（20:2:2:1）

注 表2中列出的溶剂比均为体积比。例如，配制丙醇:丙酮:水:乙酸（5:5:3:1）洗提液的方法为：将5体积的丙醇、5体积的丙酮、3体积的水与1体积的乙酸混合（见14.2）。

9.3.5 检测。展开后的薄层板经紫外光照射或碘熏显色以后，通过肉眼可直接观察（由于带染料）到混合物的分离结果。将少量碘晶体放在容器的底部，浸泡TLC板，过段时间薄层板即可显色。用于检测非彩色化合物的其他化合物可以从TLC供应商处获得。例如，德拉根道夫试剂经常用于胺类化合物、磷钼酸的薄层色谱分析。硫酸也可用于一般目的的检测（见12）。

9.4 高效液相色谱法。一些织物萃取物和整理剂可以通过高效液相色谱检测，其基本原理是：流动相负载混合物通过色谱柱，使混合物分离，然后通过UV或RI检测。甲醛、树脂整理剂、其他助剂以及初次加工残留的化合物均可通过液相色谱检测。

9.4.1 甲醛的检测。用水从织物中萃取出甲醛，然后用2，4－二硝基苯肼（DNPH）将其沉淀，液相色谱可以检测出非常低的含量并进行分析。制备参考样品的方法是：将50mL、2%的甲醛溶液放入烧杯中，再加入50mL的0.24%的2，4－二硝基苯肼（DNPH）盐酸化合物（含30%高氯酸）溶液，室温1h后将沉淀产物腙过滤出，再将腙依次用水和乙醇洗涤，然后干燥。将全部沉淀物溶解在二氯甲烷中，再用HPLC分析。样品的制备方法是：将50mL萃取物溶液注入250mL分液漏斗中，再加入10mL、0.24%的2，4－二硝基苯肼（DNPH）（含30%高氯酸）溶液。1h后，用二氯甲烷萃取腙，浓缩，萃取后进行HPLC分析。图12是醛类化合物与2，4－二硝基苯肼（DNPH）反应的标准色谱图，色谱检测条件为：

色谱柱：CN（反相色谱柱）

流速：1～1.5mL/min

洗提液：40%水/42%甲醇/18%异丙醇

检测器：紫外检测器（检测波长254nm）

9.4.2 树脂整理剂的检测。一些树脂可以用水萃取。HPLC是一种做树脂整理剂临界对比的理想检测手段。图9是DMDHEU树脂整理的色谱图，色谱检测条件为：

色谱柱：C—18（反相色谱柱）

洗提液：100%水

检测器：示差折光检测器

流速：1.0mL/min

在这些条件下，其他的树脂整理剂，包括乌龙、三嗪酮、乙二醇等化学物质，均可通过此法检测。

10. 元素分析

确定整理剂中元素含量可反映出各种整理剂的存在。织物加工过程中含氮量增加说明耐久压烫整理剂的存在，可通过传统的凯氏定氮法分法或氮分析仪器进行检测。对于一些非金属元素，如阻燃整理剂中的磷、氯、溴等和易去污整理剂中的氟，可通过化学消化或氧瓶燃烧后滴定，用电离分析或其他仪器分析方法进行分析。

织物中的金属元素，如阻燃剂中的锑和钛，树脂催化剂中的镁和锌以及其他整理剂中的钠盐和钾盐，可用酸萃取物分析或进行干态灰化后原子吸收分析（AA）或进行感应耦合等离子体分析（ICP）。X 射线荧光光谱可同时直接检测织物中的许多元素含量。

11. 化学斑点试验

11.1 定性斑点试验的基本原理：利用表 3 中溶剂或试剂进行化学反应，这些化学反应通常伴随典型的颜色变化或放出特殊的气味。斑点试验的特点是非常灵敏、结果可信、需要样品量少且仪器简单。斑点试验需要的最小样品量为溶解在溶剂中的样品可以被检测到。斑点试验不能检测出待测材料的所有组分或组分的含量，但可以检测出待测材料中是否含有特定的元素、化合物以及化合物的种类。检测者在检测待测样品的同时还必须做空白样品和包含目标化合物的已知样品的试验。此外，应仔细重复试验以确认结果的可信度。

表 3 化学斑点试验

待测物	所用试剂	反应现象	参考注释
甲醛	变色酸与硫酸	紫色	14.6，14.7
	盐酸化苯肼，盐酸，氯化铁	桃红色	14.8
淀粉	碘和碘化钾的水溶液	紫色	14.2
尿素	对二甲氨基苯甲醛在甲醇和盐酸的混合溶液中	黄色	14.2
锌	二苯基硫卡巴腙的丙酮溶液	桃红色	14.2，14.9
锆	茜素的酒精溶液	紫红色沉淀	14.9
镁	醌茜素的甲醇溶液，氢氧化钠	蓝色沉淀	14.2，14.9
铝	铝与乙酸铵	红色	14.2，14.9
铁	盐酸与亚铁氰化钾	深蓝色	14.2，14.9
	盐酸与硫氰化钾	深红色	14.2，14.9
	盐酸加热	黄色	—
铵离子	氢氧化钠加热	氨的气味	14.2
氯离子	硝酸银与硝酸	灰白色沉淀	14.2，14.9
亚硝酸根离子	硫酸亚铁与硫酸	棕色环	14.2，14.9
磷酸根离子	钼酸胺，连苯胺盐酸盐与乙酸铵	蓝色	14.2，14.9
硫酸根离子	氯化钡与盐酸	白色沉淀	14.2
*磷	硝酸与钼酸铵	黄色	14.2，14.9
*氮	硫酸亚铁与氯化铁	深蓝色	14.2，14.9
*硫	亚硝基铁氰化钠	红紫色	14.2，14.9
*氯	硝酸银的水溶液，硝酸	灰白色沉淀	14.2
*溴	硝酸银与硝酸	黄色沉淀	14.2
聚乙烯醇	铬酸与氢氧化钠 碘、碘化钾与硼酸	棕色斑点 紫色	14.2 14.2
聚醋酸乙烯酯	碘与碘化钾	红棕色	14.2

续表

待测物	所用试剂	反应现象	参考注释
羧基甲基纤维素钠	硝酸双氧铀	黄色沉淀	14.2
蛋白质	氢氧化钾，加热，硫酸铜	紫红色	14.2
羟甲基蜜胺	盐酸化苯肼，盐酸与氯化铁	淡粉色	14.8
羟甲基脲	盐酸化苯肼，盐酸与氯化铁	棕灰色	14.8
羟甲基乙烯（*钠熔融法）	盐酸化苯肼，盐酸与氯化铁	深红棕色	14.8

11.2 以下几种方法可用于斑点试验：

（1）将一滴待测溶液与一滴试剂在无孔隙的表面上混合；

（2）将一滴待测溶液滴在浸有试剂的介质上；

（3）将一滴试剂滴在固体待测样品上；

（4）将一滴试剂或一条浸有试剂的滤纸暴露在待测样品（固体形式或液体形式，见表3）挥发出的蒸气中；

（5）将一滴试剂滴在织物上并在织物的下面放一张白色滤纸用来观察颜色的变化。

上述方法中的任何一种，都可用于织物整理剂的斑点试验样品的制备。第一，此试验可直接在织物上进行，不需要预先制备；第二，用选定的溶剂将织物萃取后，可直接用萃取溶液进行斑点试验；第三，织物样品在干灰化或湿灰化过程中可能被破坏，进行残余物的斑点试验时，可采用固体形式或是液体形式；最后，一些化合物在灼烧过程中产生难溶的氧化物，对于此类氧化物的样品制备可采用熔融的方法。此方法涉及样品与金属钠或金属钾的一起加热。

12. 报告

报告内容包括所有检测到的整理剂或整理剂组分、萃取整理剂使用的溶剂、分析萃取物的方法（含仪器条件）或其他特别的检测技术。

13. 精确度和偏差

由于本检测方法中没有涉及数据，因此没有精确度与误差。

14. 注释与参考文献

14.1 资料可从ACGIH获取。地址为：Kemper Woods Center，1330Kemper Meadow Dr.，Cincinnati OH 45240；电话：513/742 - 2020，网址：www.acgih.org。

14.2 纺织品实验室的分析方法，第三版，1984年，美国化学家与染色家协会，北卡罗来纳州三角研究园。

14.3 纺织品中化学整理剂鉴别的红外光谱，第一部分，ARDS - S - 47，1974年10月，农业研究服务，美国农业部门。

14.4 化学性能手册，John E Nettles，纺织纤维加工章节，准备与漂白，John Wiley & Sons，纽约。

14.5 纺织品化家与染色家，5卷，12期，1973年12月，279页。

14.6 Walker，J.F. 甲醛，莱因霍尔德，NY，1964。

14.7 Feigl，F.，有机分析的斑点试验，第七版，Elsevier，阿姆斯特丹，1966。

14.8 VanLoo，W.J，Jr，等，美国染料报道，45卷，1956年，397页。

14.9 Feigl，F.，有机分析的斑点试验，第七版，Elsevier，阿姆斯特丹，1966。

附录 A 光谱

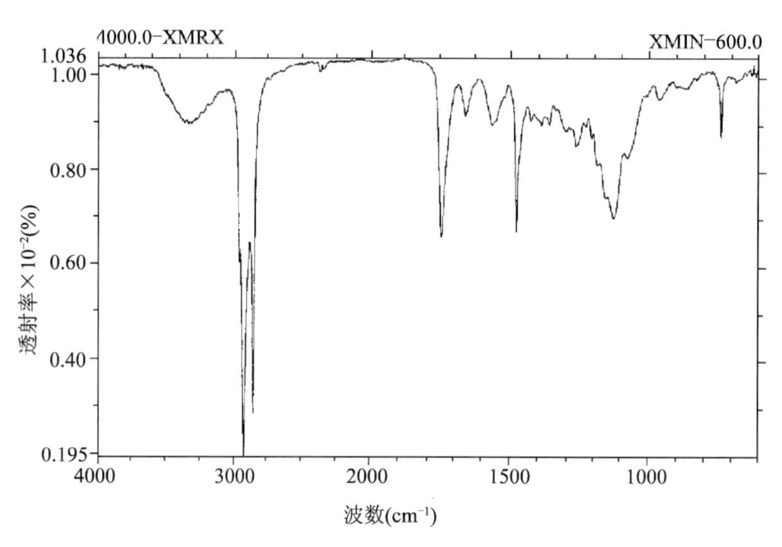

图 1 一种脂肪族柔软剂的红外光谱图

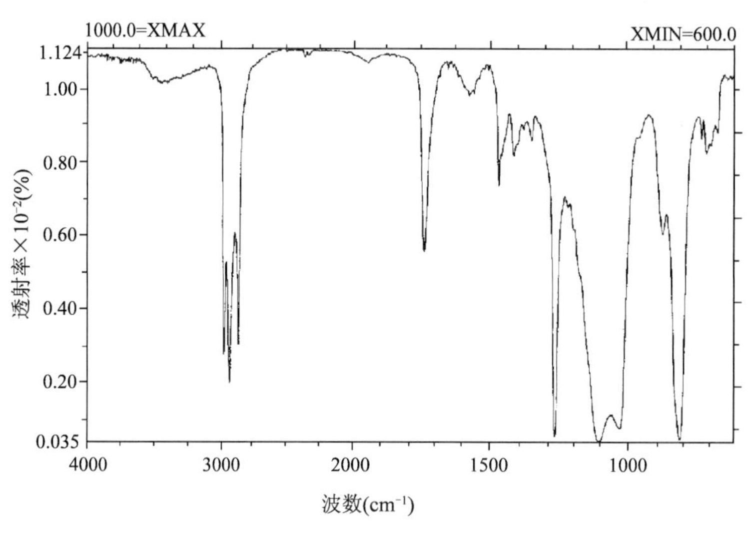

图 2 硅树脂柔软剂的红外光谱图

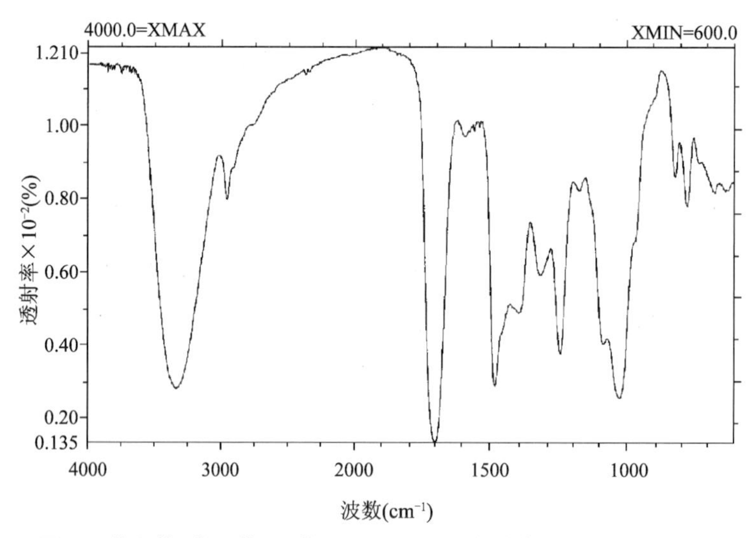

图 3 二羟甲基二羟乙基亚乙基脲（DMDHEU）纤维素反应物的红外光谱图

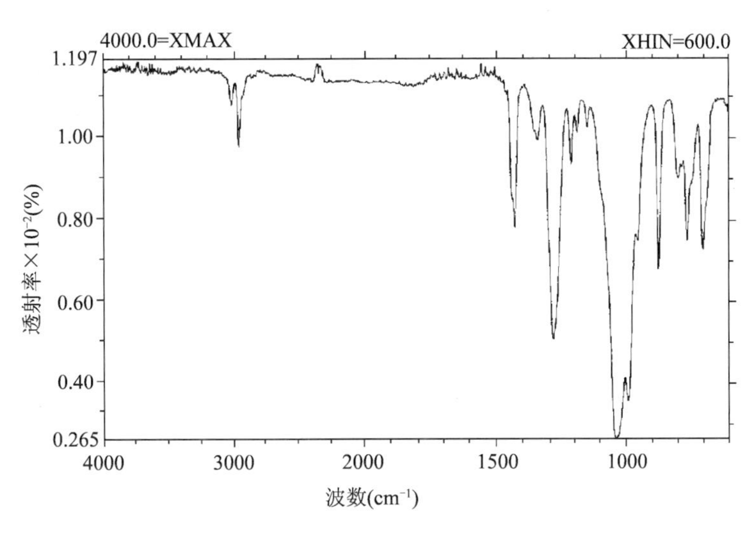

图4 三磷酸盐（1，3－二氯丙烷基）阻燃剂的红外光谱图

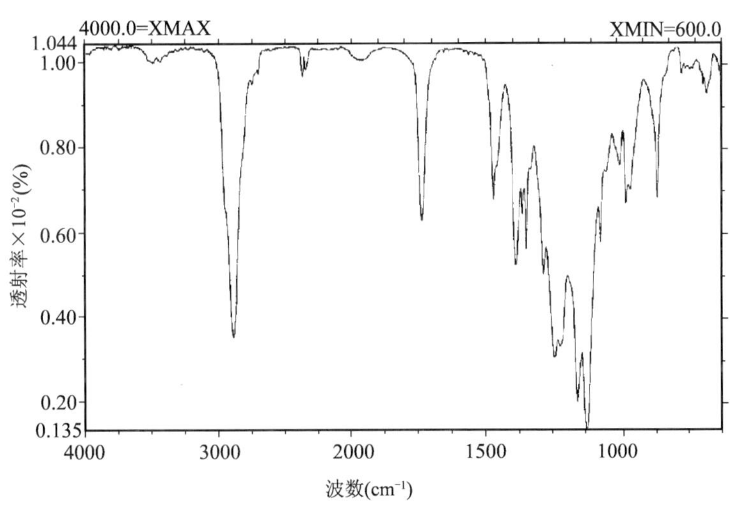

图5 防污剂中氟化学物质的红外光谱图

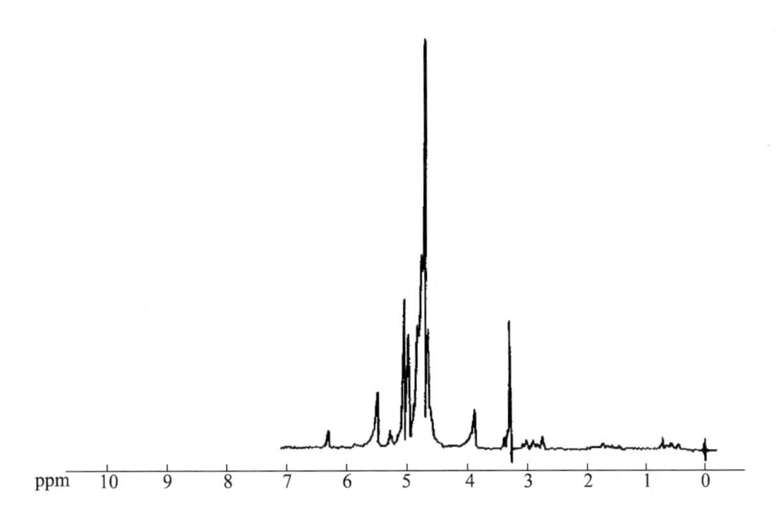

图6 二羟甲基二羟乙基亚乙基脲（**DMDHEU**）纤维素反应物的质子核磁共振光谱图

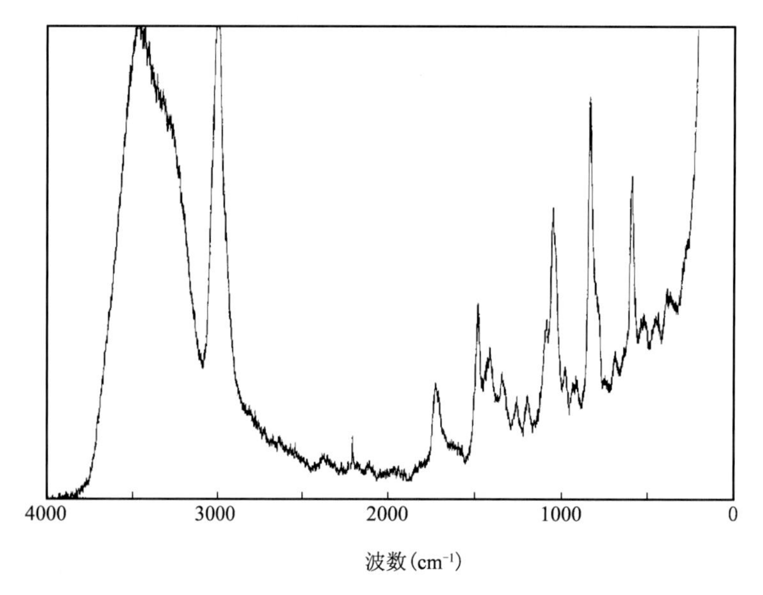

图 7　二羟甲基二羟乙基亚乙基脲（DMDHEU）纤维素反应物的激光拉曼光谱图

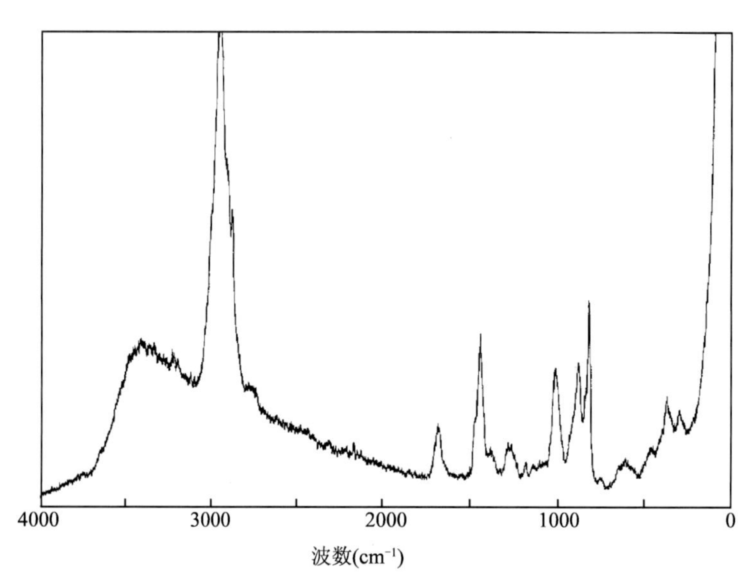

图 8　氨基甲酸甲酯纤维素的激光拉曼光谱图

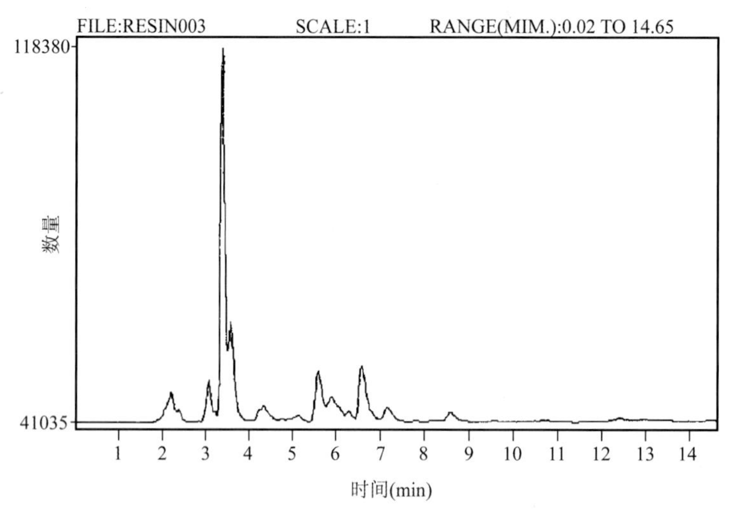

图 9　二羟甲基二羟乙基亚乙基脲（DMDHEU）纤维素反应物的高效液相色谱图

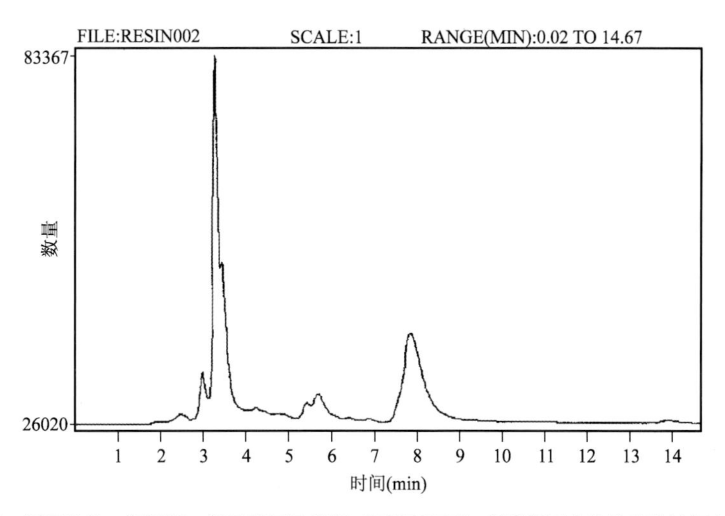

图 10　羟乙酸盐二羟甲基二羟乙基亚乙基脲（DMDHEU）纤维素反应物的高效液相色谱图

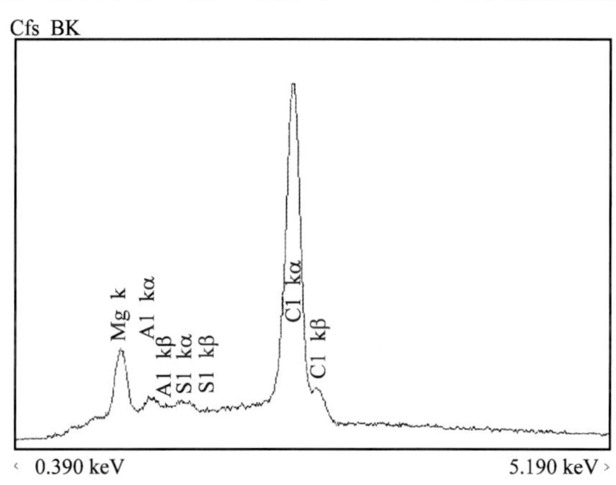

图 11　氯化镁－氯化铝的 X 射线荧光光谱图

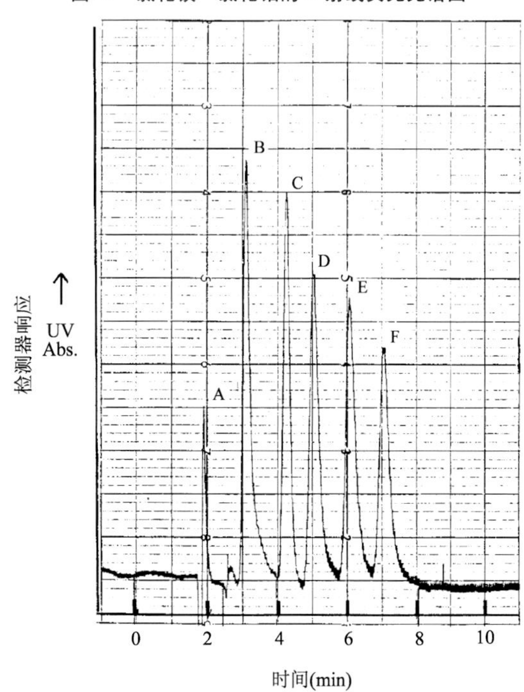

图 12　醛类 2，4—二硝基苯肼（DNPH）的衍生物的分离

（A）溶剂峰　（B）甘油醛 2，4—二硝基苯肼（DNPH）

（C）甲醛 2，4—二硝基苯肼（DNPH）　（D）乙醛 2，4—二硝基苯肼（DNPH）

（E）丙醛 2，4—二硝基苯肼（DNPH）　（F）异丁醛 2，4—二硝基苯肼（DNPH）

AATCC 96 -2009

机织物和针织物(除毛织物外)经商业洗涤后的尺寸变化

AATCC RA42 技术委员会于 1960 年制定，1967 年、1980 年、1988 年（标题更换）、1995 年、1997 年、1999 年、2001 年修订；1972 年、1975 年和 2009 年重新审定；1973 年、1974 年、1975 年、1982 年、1983 年、1984 年、1989 年、1990 年、1991 年、1994 年、2004 年、2005 年、2006 年和 2008 年编辑修订；1984 年技术修正；1993 年编辑修订和重新审定。与 ISO 5077 标准有相关性。

1. 目的和范围

1.1 本测试方法适用于测定机织物和针织物（除毛织物外）经商业洗涤后的尺寸变化。该方法提供了模拟各种商业洗涤类型、从剧烈到温和程度的洗涤程序，规定的五种干燥测试程序涉及目前所用到的干燥技术。

1.2 本测试方法不是快速法，而是经多次洗涤后测定织物的尺寸变化。

2. 原理

机织物和针织物经典型的商业洗涤、干燥和复原等程序后，通过对比洗涤前后标记的基准点距离的变化来确定织物的尺寸变化情况。

3. 术语

3.1 商业洗涤：使用商业洗涤设备对纺织品或样品进行一系列洗涤、漂洗、漂白、干燥和熨烫等操作程序。与家庭洗相比，其特点是洗涤温度和 pH 值更高，且洗涤时间更长。

3.2 尺寸变化：表示在特定条件下织物样品的长度或宽度变化的通用术语（见伸长和收缩）。

3.3 伸长：样品的尺寸变化在长度或宽度方向为增加。

3.4 洗涤：纺织材料的洗涤是使用水溶性洗涤剂溶液去除油污和/或污渍的过程，包括漂洗、脱水和干燥过程。

3.5 收缩：样品的尺寸变化在长度或宽度方向为减少。

3.6 毛：通用术语，绵羊或者羔羊身上的绒毛、安哥拉羊毛或者山羊绒毛、兔毛及骆驼毛、羊驼毛、美洲驼毛和骆马毛等特种绒毛纤维。

4. 安全和预防措施

本安全和预防措施仅供参考。预防措施虽有助于测试，但并不包括所有可能发生的情况。方法使用者有责任在处理材料时采用安全和正确的技术。查阅制造商提供的详尽信息，如材料的安全参数和其他制造商的建议，同时参照并遵守美国职业安全卫生管理局（OSHA）所有的标准和规定。

4.1 遵守良好的实验室规定，在实验室所有区域都应佩戴防护眼镜。

4.2 1993 AATCC 标准洗涤剂和 2003 AATCC 标准液体洗涤剂可能有刺激性，应注意防止其接触到皮肤和眼睛。

4.3 按照制造商的安全建议操作实验室测试仪器。

5. 仪器和材料（见 12.1）

5.1 仪器。

5.1.1 可反转型洗衣机（见 12.2）。

5.1.2 平板熨烫仪。尺寸至少为 60cm × 125cm，或熨烫面积为 55cm² 以上的其他熨烫仪，熨烫温度应不低于 135℃。

5.1.3 滚筒烘干机。装配直径约 75cm、深约 60cm 的圆柱形转筒，旋转速度为 35r/min，烘干温度保持为 60℃ ±11℃。测量烘干温度时，应尽可能靠近滚筒的排气口处。

5.1.4 抽拉式的筛板或者有孔的调湿/干燥架（见 12.3）。

5.1.5 滴干和挂干装置。

5.1.6 脱水机。带孔的滚筒离心甩干机，滚筒深度为 29.0cm，直径为 51.0cm，旋转速度为 1700r/min。

5.1.7 陪洗织物。（92cm ±3cm） × （92cm ±3cm），缝边的纯棉漂白织物（1 型洗涤陪洗织物）或经漂白丝光的 50/50 涤棉平纹机织物（3 型洗涤陪洗织物）（见 12.11）。

5.2 测量装置。

5.2.1 不褪色标记笔（见 12.4）与合适的直尺、卷尺或标记模板（见 12.5）。

5.2.2 直尺或卷尺。刻度最小单位为毫米或更小刻度单位（见 12.5）。

5.2.3 针和缝纫线。用于制作基准标记（见 12.10）。

5.2.4 数字成像系统（见 12.12）。

5.3 材料。

5.3.1 洗涤剂。烷基芳基磺酸盐类洗涤剂或者 1993 AATCC 标准洗涤剂（见 12.6 和 12.11）。

5.3.2 手持式电熨斗。蒸汽或无蒸汽，重量约 1.4 kg。

6. 试样准备

6.1 取样。

6.1.1 制备三块具有代表性的试样。如可能，每个试样含有不同的经、纬纱。

6.1.2 对于洗涤前已严重变形的织物，采用任何洗涤程序洗涤所得到的尺寸变化可能不真实。因此，建议避开这些区域取样。如采用，结果仅作为参考。

6.1.3 争议或诉讼时，试样在测试前，应按照 ASTM D 1776《调湿和测试纺织品的标准方法》预调湿。试样分开放在调湿架上，在温度为 21℃ ±1℃、相对湿度为 65% ±2% 的标准大气中至少放置 4h。

6.2 尺寸、制备和标记。

6.2.1 根据测试织物的类型，试样的尺寸和制备有所不同。

6.2.2 对于幅宽 60cm 以上的机织物和经编针织物，剪取三块 60cm×60cm 的试样，平行于织物的长度方向制作三对距离为 46cm 的基准标记，平行于织物的宽度方向制作三对距离为 46cm 的基准标记，标记距离布边至少 8cm，同一方向的各对标记之间至少距离约 15cm（见图 1）。若样品有限，则剪取三块 40cm×40cm 的试样。如采用该尺寸试样，平行于织物的长度方向制作三对距离为 25cm 的基准标记，平行于织物的宽度方向制作三对距离为 25cm 的基准标记（见 12.7），标记距离布边至少 5cm，同一方向的各对标记之间距离约 12cm（见图 1）。

6.2.3 对于幅宽为 60cm 以下的机织物和经编针织物，剪取三块长度为 60cm、全幅宽的试样。平行于试样的长度方向标注三对距离为 46cm 的基准标记，同一方向各对标记之间至少相距 12cm，标记距离样品布边至少 5cm。宽度方向距离布边 5cm 内标记，同一方向的各对标记之间至少相距 15cm，且距离样品上下边缘至少为 8cm（见图 2）。

6.2.4 平幅和筒状针织物。用于内衣、汗衫、polo 衫等管状针织物应以管状进行测试，剪取三块长度为 60cm 的试样。用于外衣、休闲装、套装等管状针织物应裁开、铺平。织物裁开后，按照 6.2.2 或 6.2.3 剪取三块样品，并按照 6.2.2 或 6.2.3 所示标记样品。对于可能脱边或者抽丝的织

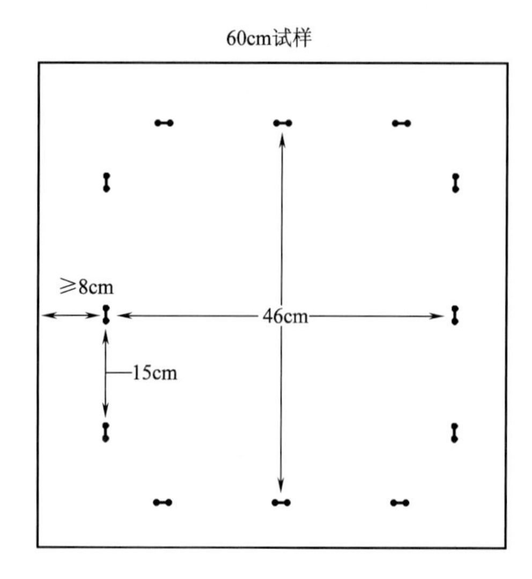

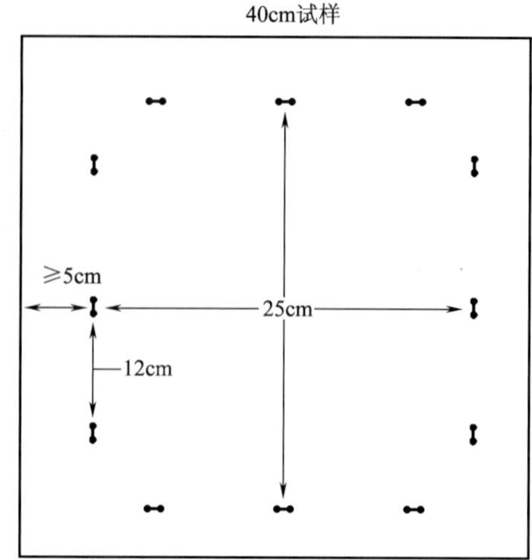

图 1 基准标记（机织物、针织物的幅宽至少为 60cm）

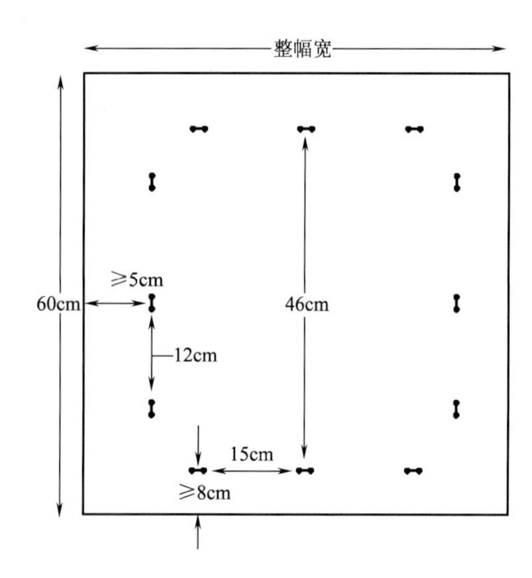

图 2 基准点标记（机织物、针织物幅宽小于 60cm）

物，建议按针法类型 505 进行缝边处理（见 12.10）。

6.3 初始测量。

6.3.1 任选以下方法之一进行测量：

方法 1：用合适的卷尺或直尺测量并记录每对标记之间的距离，以毫米或更小的刻度为单位，此测量值记录为“A”。

方法 2：若直接使用以百分率标注尺寸变化的卷尺或缩水率尺，则无须进行初始测量。对于宽度小于 38cm 的窄幅织物，测量并记录织物宽度。

7. 操作程序

7.1 表 1 列出可选择的洗涤、烘干以及复原等操作程序，洗涤程序的详细内容见表 2。

表 1 商业洗涤、干燥和复原程序

测试方法	洗涤温度（℃）	总时间（min）	干燥类型	复原操作
Ⅰc	41 ± 3	30	A. 滚筒烘干 B. 悬挂晾干 C. 滴干 D. 平铺晾干 E. 平板压烫	0. 无 1. 手持式熨斗 2. 平板熨烫
Ⅱc	51 ± 3	45		
Ⅲc	63 ± 3	45		
Ⅳc	74 ± 3	60		
Ⅴc	99 ± 3	60		
Ⅵc	60 + 3	32		

7.2 洗涤。

7.2.1 将试样和足量的陪洗织物或者其他与试样类似的织物一起放入洗衣机中，以达到测试方法Ⅰc、Ⅱc、Ⅲc、Ⅳc 和Ⅴc 要求的 1.80kg ± 0.07kg 洗涤负载，测试方法Ⅵ要求试样和陪洗织物达到 9.0kg ± 0.2kg 负载量。加入 66g ± 1g 的 AATCC 1993 标准洗涤剂（见 12.6）。在软水质地区，为避免泡沫过量，应适当减少洗涤剂用量。启动仪器并记录时间，立即注入温度为 41℃ ± 3℃ 的水至

18.0cm±1.0cm的水位。当水位达到要求高度时，注入水蒸气，使之升温至表2中B行所示温度，也可使用冷凝水蒸气。

7.2.2 测试方法Ⅰc。洗涤15min（表2中，A行1列）后停机、排水，再次向洗衣机内注入温度为41℃±3℃的水，水位达到22.0cm±1.0cm，然后启动仪器。如有必要，往洗衣机内注入水蒸气以保持漂洗时温度。按表2中C行1列所示时间停机，然后按表2中E行和F行1列所示时间和温度进行第二次漂洗。

表2 洗涤测试的操作条件

项目		测试方法					
		Ⅰc	Ⅱc	Ⅲc	Ⅳc	Ⅴc	Ⅵc
洗涤	（A）皂洗时间（min）	15	30	40	40	40	10
	（B）循环温度（℃）	40±3	52±3	63±3	74±3	98±3	60±3
第一次漂洗	（C）时间（min）	5	5	5	5	5	10
	（D）温度（℃）	41±3	41±3	41±3	41±3	41±3	60±3
第二次漂洗	（E）时间（min）	10	10	10	10	10	3
	（F）温度（℃）	41±3	41±3	41±3	41±3	41±3	49±3
第三次漂洗	（G）时间（min）	无	无	无	无	无	3
	（H）温度（℃）						38±3℃
第四次漂洗	（I）时间（min）	无	无	无	无	无	3
	（J）温度（℃）						38±3
	（K）湿翻滚时间（min）	无	无	无	5	5	3
	（L）总的运转时间（min）	30[a]	45[b]	45[b]	60[b]	60[b]	32[a]

注 a表示机器在两个程序间有停顿。

b表示连续操作。洗衣机从测试启动后连续运行，测试方法Ⅱc、Ⅲc、Ⅳc和Ⅴc中，注水和排水的时间都包括在洗涤和两次漂洗时间内。

7.2.3 测试方法Ⅱc、Ⅲc、Ⅳc和Ⅴc。按照表2中L行所示时间连续洗涤。完成表2中A行所示时间后，排干所有的洗涤溶液。按7.2洗涤程序，测出洗涤时间。再往洗衣机内加入温度为41℃±3℃的水，水位需达到22.0cm±1.0cm。当水位达到要求高度时，注入水蒸气，以保持漂洗时温度。洗衣机启动时间至A行和C行所示时间后排水，立即再向洗衣机内加入温度为41℃±3℃的水，水位达到22.0cm±1.0cm。达到水位后，如有必要，往洗衣机内注入水蒸气，以保持漂洗时温度。洗衣机启动总时间后排水。

7.2.4 测试方法Ⅱc或Ⅲc。排空第二次漂洗水后停机，其中测试方法Ⅳc和Ⅴc需要脱水，洗衣机持续运行60min后停止。上述操作中，排水时间包含总运行时间内，在总运转时间内（L行）完成排水。测试方法Ⅱc、Ⅲc、Ⅳc和Ⅴc中，注水和排水时间包括洗涤和两次漂洗时间内。测试中，仪器从测试开始时就持续运行。

7.2.5 测试方法Ⅵc。按表2中A行6列所示洗涤时间运行10min后，停机并排水。再将温度为60℃±3℃的水重新注入洗衣机内，水位达到22.0cm±1.0cm，启动。如有必要，注入水蒸气，以保持漂洗时温度。当达到表2中C行6列所示漂洗时间后停机。然后按表2中E～J行6列所示时间和温度重复进行第二次、第三次、第四次漂洗。

7.3 干燥。

7.3.1 试样可以任选表1中（见12.8）列出

的五种干燥方式，只有测试方法Ⅵc，干燥方式只能选用滚筒烘干。根据织物的最终用途选择干燥方式。对于滚筒烘干、挂干、平铺晾干和平板压烫的干燥方式，从洗衣机内取出和分离陪洗织物需要在3min内完成。

7.3.2 滚筒烘干。将脱水的试样放入温度为60℃ ±11℃的烘干机中烘干30min，或直到织物干燥。

7.3.3 挂干。挂干时固定试样的两角，织物的长度方向与水平面垂直，悬挂在室温、静止的空气中至干燥。

7.3.4 滴干。滴干时固定滴水试样的两角，织物的长度方向与水平面垂直，悬挂在室温、静止的空气中至干燥。此方法尤其适合于耐久熨压产品。

7.3.5 平铺晾干。试样在水平的网架或打孔架上摊平，去除褶皱，但不要扭曲或拉伸试样，放在室温、静止的空气中至干燥。

7.3.6 平板熨烫。将试样平放并抚平褶皱，同时避免使其扭曲变形或者拉长，按照以下操作步骤在平板熨烫仪上压熨：

（a）抬起压板，喷5s蒸汽；

（b）放下压板，以148℃ ±3℃温度蒸汽热压5s；

（c）空白5s，关闭蒸汽，按压；

（d）空白5s，关闭蒸汽，抬起。

7.4 调湿和复原程序。

7.4.1 完成洗涤和干燥程序后进行预调湿（参见6.1.3），将样品分开放置到调湿架上，在温度为21℃ ±1℃和相对湿度为65% ±2%的环境中至少调湿4h。

7.4.2 手工熨烫。如果样品上有褶皱，且消费者希望熨烫衣服的外观，那么在重新测量基准标记之前，应先熨平样品。

7.4.2.1 由于每个实验人员操作的手工熨烫程序具有极大的可变性（手工熨烫程序没有标准方法），所以手工熨烫后的尺寸变化结果的重现性非常差。因此，当比较洗涤和手工熨烫后的尺寸变化时，建议谨慎使用。需在报告中注明。

7.4.2.2 手工熨烫主要用于评估洗涤后需要熨烫的织物。熨烫织物时，要使用适合于织物中纤维的安全熨烫温度。参见《AATCC 133 测试方法热压法：耐热压色牢度》中表1的安全熨烫温度指南，熨烫中仅需施加必要的压力以去除织物上的褶皱。

7.4.3 平板熨烫，适用测试方法Ⅳc。干燥的试样至少冷却5min，然后用水使其充分润湿，以达到良好的熨平效果。用喷头装置将试样润湿，保持5min，铺平试样，去除皱褶，不要使其变形，然后用平板熨烫仪或者手持式熨斗熨烫试样。设定平板熨烫仪或者手持熨斗的温度为120～150℃，当使用手持熨斗时，不要使熨斗在试样上来回熨烫，而是要模拟平板熨烫仪的操作方式熨烫。

7.4.4 手工熨烫或者平板熨烫后，预调湿试样（参见6.1.3），然后在温度为21℃ ±1℃、相对湿度为65% ±2%的环境中，将试样单独放置抽拉式的筛板或者有孔的调湿/干燥架上，调湿至少4h。

8. 测量和评定

8.1 调湿后，将样品无张力地放置于光滑的水平面上，然后选用以下方法之一测量样品的尺寸变化：

方法1：测量并记录每对基准标记间的距离，测量单位精确到毫米或者更小度量单位，此测量值记录为“B”。

方法2：用标有尺寸变化百分率的量尺进行测量，结果精确到0.5%或者更小，直接记录尺寸变化百分率。

8.2 用量具对织物进行测量时，应将织物上的褶皱充分压平，不致引起测量偏差。

9. 计算

9.1 使用距离测量法。

9.1.1 试样完成第一次和第五次洗涤循环后，或者完成其他指定的洗涤和干燥循环次数后，用以下的公式计算每个试样的尺寸变化，结果精确到0.1%（见12.10）。

$$尺寸变化的百分率 = \frac{B-A}{A} \times 100\%$$

式中：A——试样在长度或宽度方向上的三个初始测量值的平均值；

B——所有洗涤循环完成后，测量试样长度或宽度方向上的三个测量值的平均值。

9.1.2 计算所有试样长度和宽度方向的尺寸变化百分率的平均值。

9.2 使用标有尺寸变化刻度尺。

9.2.1 试样在每个方向上百分率的平均值，精确到0.1%。

9.2.2 所有样品在每个方向上百分率的平均值。

10. 报告

10.1 分别报告试样长度和宽度方向的尺寸变化（见9.1.2）。

10.2 按照表1记录洗涤程序（用罗马数字表示）、干燥程序（用大写字母表示）和恢复程序（用阿拉伯数字表示）。例如，Ⅰ、E、1，表示所选用的是洗涤程序Ⅰ、平板压熨和熨压恢复程序。记录洗涤负载，如1.8 kg。

10.3 记录完整的洗涤和干燥循环次数。

10.4 记录试样在未洗涤前的明显变形。

10.5 记录采用的恢复程序。

10.6 记录任选的试样尺寸和基准标记。

10.7 记录使用的洗涤剂。

10.8 记录对本测试方法的任何修改。

11. 精确度和偏差

11.1 精确度。

11.2 单个实验室的研究。实验室测试6块机织物，采用测试方法Ⅵc、滚筒烘干方式，由同一个操作人员测试三个不同样品的尺寸稳定性。从每种织物中剪取三块样品，并且在每块样品的经向和纬向上测出三个值。分析该实验室得到的数据，作为临时精确度的描述，进行全面的实验室研究。直到全面的研究结束后，建议该测试方法的使用者运用传统的统计经验对测试结果进行对比。经、纬向的数据方差分析如下。

11.2.1 经向。经向数值方差在0.012～0.048范围之间，平均值为0.027%（标准偏差为0.165%）。

11.2.2 纬向。纬向数值方差在0.025～0.0800范围之间，平均值为0.0203%（标准偏差为0.143%）。

如果这些差异等于或者大于表3和表4中所列出的标准差，则认为这两个平均值在95%置信区间。

表3 实验室内的临界差（缩水百分率，95%置信区间）

N	SE	CD
1	0.165	0.462
3	0.095	0.266
5	0.074	0.207
7	0.062	0.174

注 1. N为确定每个平均值时所取测量数值的个数。
2. SE为N个测量值的标准误差。
3. CD＝2.8 SE。

表4 实验室内的临界差（缩水百分率，95%置信区间）

N	SE	CD
1	0.143	0.399
3	0.082	0.230
5	0.064	0.178
7	0.054	0.150

11.3 偏差。从本程序导出值只能定义在该测试方法中，没有单独的、可供参考的测试方法测定偏差，本测试方法没有已知偏差。

12. 注释

12.1 有关适合测试方法的设备信息，请登录 http：//www. aatcc. org/bg。AATCC 提供其企业会员单位所能提供的设备和材料清单。但 AATCC 没有给其授权，或以任何方式批准、认可或证明清单上的任何设备或材料符合测试方法的要求。

12.2 本测试中使用的洗衣机内筒直径为 56cm ± 5cm、深为 56cm ± 5cm。三个以 120°间隔、贯穿整个深度、翼高约 7.5cm 的提升翼均匀地分布于筒壁。洗涤筒以 30r/min ± 5r/min 的速度旋转，先朝着一个方向旋转 5 ~ 10 周，再反向转动。洗涤筒的进/出水口需要足够大，以确保 2min 内能向筒内注入高 0.3cm 水位的水，也可在 2min 内排出等量的水。洗衣机配备一个连接管，用来注入热蒸汽，可以使水位为 19.3cm 的水温在 2min 内从 38℃提高至 60℃。洗衣机还应有一个开口，能插入温度计或者其他测温装置以测量洗涤和漂洗过程中的水温。洗衣机外部还配有一个外置水位计，可显示洗衣机内的水位。

12.3 抽拉式的筛板或者有孔的调湿/干燥架可从以下公司获取：Somers Sheet Metal Inc.，5590N. Church St.，Greensboro NC27405；电话：336/643 - 3477；传真：336/643 - 7443。调湿/干燥架的草图可以从 AATCC 获取，P. O. Box12215，Research Triangle Park NC27709；电话：919/549 - 8141；传真 919/549 - 8933。电子邮箱：orders@aatcc. org。网址：http：//www. aatcc. org/bg。

12.4 不同尺寸笔头的记号笔可以从 AATCC 获取，地址：P. O. Box 12215，Research Triangle Park NC27709；电话 919/549 - 8141；传真 919/549 - 8933。电子邮箱：orders@ aatcc. org。网址：http：//www. aatcc. org/bg。

12.5 以百分率标注尺寸变化的量尺可以从 AATCC 获取，P. O . Box 12215，Research Triangle Park NC 27709；电话：915/549 - 8141；传真：919/549 - 8933；E - mail：orders@ aatcc. org；网址：http：//www. aatcc. org。机械式标记装置和带有尺寸变化的百分率的测量尺可以从 Benchmark Devices Inc.，3305 Equestrian Trial，Marietta GA 30064 购买；电话：770/795 - 0042；传真：770/421—8401；E - mail：bmarkers@ bellsouth. net。

12.6 AATCC 1993 标准洗涤剂可以从 AATCC 获取，P. O. Box 12215，Research Triangle Park NC 27709；电话：915/549 - 8141；传真：919/549 - 8933；E - mail：orders@ aatcc. org；网址：http：//www. aatcc. org。

12.7 标记距离为 50cm 的得到的尺寸变化率与标记距离为 25cm 的标记点得到的尺寸变化率可能不同。

12.8 备选的干燥程序不可用于仲裁实验，具体步骤如下：从洗衣机中取出样品，用手挤掉过多的水分，不可拧、扭或者用浸轧辊挤压。把样品平铺在水平筛网或有孔板上，除去皱褶，同时避免使样品变形或伸长。样品在室温、静止的空气中进行干燥。用水润湿样品，保持 5min，然后按 7.3.6 的要求在平板熨烫仪上压烫样品。

12.9 如果需要了解某个样品或者样品间尺寸变化的差异，则以某个样品上的每对标记点的测量数据为基础进行尺寸变化的计算，或以三对标记点的平均值为基础进行计算。

12.10 ASTM D 6193，标准缝针和缝线可从 ASTM 获取，100 Barr Harbor Dr.，West Conshohocken PA 19428 - 2959；电话：610/832 - 9500；传真：610/832 - 9555；网址：http：//www. aatcc. org。

12.11 AATCC 技术中心做的比较研究。

使用 AATCC 1993 标准洗涤剂、AATCC 标准洗涤剂 124 及两种不同类型的陪洗织物（常用和备选）。所选用的测试条件如下：

洗涤循环：（1） - 标准挡/厚重棉织物挡

洗涤温度：（Ⅴ） - 60℃ ±3℃（140℉ ±5℉）

干燥方法：（A - i） - 滚筒烘干，厚重棉织物挡试验织物：白色斜纹织物（100%棉）；米色斜纹织物（100%棉）；灰色府绸织物（100%棉）；蓝色斜纹织物（50/50涤棉混纺织物）。

研究结果表明：使用不同的洗涤剂或陪洗织物得到的结果没有明显差异。

12.12 如果数字成像系统与手动式测量装置的精确度一致，那么可替代指定的手动测量装置。

AATCC 97－2009

纺织品中的可萃取物含量

AATCC RA34 技术委员会于 1960 年制定；1968 年、1972 年、1975 年、1988 年、1989 年重新审定；1978 年、1982 年（更换标题）、1995 年、1999 年、2009 年（更换标题）修订；1987 年、1993 年编辑修订。

1. 目的和范围

本测试方法主要是测定纤维素纤维或纤维素纤维和其他种类纤维混纺的纤维、纱线或织物中的水、酶和有机溶剂萃取物的总含量。

2. 原理

测试样品中的水和酶这类可溶性非纤维物质，要求在热水中处理，然后依次经淀粉酶溶液处理。油、脂肪和蜡，可用已烷萃取（见 5.11 和 11.1）。

3. 术语

可萃取物：指纺织品中的非纤维素物质，不包括水，可以用水、淀粉酶溶液或专用的溶剂按照规定的方法与纺织品分离。

4. 安全和预防措施

本安全和预防措施仅供参考。本部分有助于测试，但未指出所有可能的安全问题。在本测试方法中，使用者在处理材料时有责任采用安全和适当的技术；务必向制造商咨询有关材料的详尽信息，如材料的安全参数和其他制造商的建议；务必向美国职业安全卫生管理局（OSHA）咨询并遵守其所有标准和规定。

4.1 遵守良好的实验室规定，在所有的试验区域应佩戴防护眼镜。

4.2 所有化学物品应当谨慎使用和处理。

4.3 1，1，1－三氯甲烷可能对眼睛和黏膜有刺激作用，必须在通风良好的通风橱内处理。

4.4 在附近安装洗眼器/安全喷淋装置以备急用。

4.5 本测试法中，人体与化学物质的接触限度只许达到或低于官方的限定值［例如，美国职业安全卫生管理局（OSHA）允许的暴露极限值（PEL），参见 1989 年 1 月 1 日实施的 29 CFR 1910.1000］。此外，美国政府工业卫生师协会（ACGIH）的阈限值（TLVs）由时间加权平均数（TLV－TWA）、短期暴露极限（TLV－STEL）和最高极限（TLV－C）组成，建议将其作为人体在空气污染物中暴露的基本准则并遵守（见 AATCC 103 方法）。

5. 仪器和材料

5.1 精度为 0.1mg 的分析天平。

5.2 循环鼓风烘箱，温度可恒定在 105～110℃（220～230℉）。

5.3 索氏萃取器（方法 1）。

5.4 加速溶液萃取器，22mL。

5.5 带玻璃盖的称量瓶。

5.6 萃取套筒，纤维素。

5.7 300mL 的高型烧杯。

5.8 表面皿，90mm（要能遮盖住 300mL 的高型烧瓶）。

5.9 100 目不锈钢过滤网。

5.10 氯化钙或类似的干燥剂。

5.11 己烷，萃取级（这里的己烷是指己烷同分异构体的混合物。纯度更高的级别，如 HPLS，更昂贵且对于本方法可能不必要）。

5.12 细菌淀粉酶，枯草杆菌，1600 ~ 1800 B. A. U.（见 AATCC 103《退浆中使用的细菌 α - 淀粉酶的分析》）。

6. 试样准备

从每个样品中取 10g 试样，如果材料是机织物，斜向取样以减少松散纤维和纱线。

7. 操作程序

7.1 试样准备。把样品放入已称重的称量瓶中，小心将试样布边折叠，以避免损失疏松纤维或纱线，在 105 ~ 110℃（220 ~ 230℉）循环空气的烘箱中干燥至恒重（见 AATCC 方法 20A，8.1）。在干燥器中冷却称量瓶，准确称重（包括样品和称量瓶），精确到 0.1 mg。

7.2 水萃取。从称量瓶中取出干燥样品，将其放入含有 200mL、82℃ ±3℃（180℉ ±5℉）的蒸馏水烧杯中，用表玻璃盖在烧杯上，保温 2h。然后把水和试样倒入固定在过滤烧瓶上的布氏漏斗中进行过滤，分别用 100mL 的蒸馏水清洗样品两次，用滤网过滤松散纤维并将它们包进试样里，把试样放回称量瓶，如 7.1 将试样烘干至恒重。根据 7.1 和 7.2 中试样重量的不同，用 8.1 中等式可计算出水溶性物质的含量。

7.3 酶萃取。将经水萃取的试样从称量瓶中取出（见 7.2），放进含有 200mL、2% 的细菌性淀粉酶溶液的烧杯中，在 74℃ ±3℃（165℉ ±5℉）下保温 1h，把溶液和样品倒进过滤网，每次用 100mL、82℃ ±3℃（180℉ ±5℉）的蒸馏水连续冲洗共 10 次。将过滤网上的纤维和纱线放回试样，如 7.1 方法烘至恒重。根据 7.2 和 7.3 中试样重量的不同，用 8.1 中等式可计算出酶萃取物的含量。

7.4 油、脂肪和蜡状物质（选择以下方法中的一种）。

7.4.1 方法 1（索氏萃取法），将经过水和酶萃取的试样（见 7.2 和 7.3）放入索氏萃取器。如果试样含有松散纤维物质，则使用萃取套管用己烷萃取 12 ~ 16 次（见 11.1）。将试样从萃取器中取出，在实验室烟雾罩内挥发试样残留的己烷。将试样放回称量瓶，如果使用了萃取套管，将试样从套管中取出放入称量瓶。用 7.1 中的方法将试样烘干至恒重。用 7.3、7.4 中得出的重量用 8.1 中公式可计算出溶剂萃取物的含量。

7.4.2 方法 2（加速溶液萃取过程），在以下条件下用加速萃取器萃取干试样：

萃取仓大小：22mL（见 11.3）
加热：5min
静置：15min
满容量：90%
清洗：90s
纤维素过滤层温度：100℃
压力：1500
溶剂：己烷
循环：3 次
使用玻璃珠

8. 计算

8.1 用下面公式，分别计算用水、酶和溶剂从样品中提取的物质含量，保留两位小数。

$$E = \frac{B - A}{X} \times 100\%$$

式中：E——水、酶溶液或有机溶剂萃取的物质含量，%；
B——萃取前样品的质量，g；
A——萃取后样品的质量，g；
X——第一次萃取前烘干样品的质量，g。

8.1.1 如果三次萃取的任何一次中，萃取的物质少于 0.02%，记录萃取值为“低于 0.02%”。

8.2 试样总的萃取值为水、酶、溶剂三次萃取值的和，如果这三项萃取值中有报告低于0.02%的情况，则按0.01%计算。

9. 报告

报告以下信息：

9.1 使用AATCC 97测试并计算数据。

9.2 报告任何对测试方法的偏离。

9.3 报告萃取器的品牌与型号。

9.4 水萃取物质的百分含量。

9.5 酶萃取物质的百分含量。

9.6 溶剂萃取物质的百分含量。

9.7 报告总萃取量。

10. 精确度和偏差

10.1 实验室间比较。在2005年对该测试方法进行了有限的研究，用于评价索氏萃取法与快速萃取器之间的精确度以及它们之间的偏差。有三个实验室参与，每个实验室出2名操作员、测试3种面料。所使用的面料包括100%棉漂白面料，50/50涤棉混纺灰色面料以及100%棉灰色面料。使用加利福尼亚桑尼维尔Dionex公司生产的加速溶液萃取器。由每个操作者对每种面料用每种方法测试两次。萃取物平均值和标准偏差见表1。基于这些有限数据得出的平均值和标准偏差，用户在使用本测试方法做严格的比较时要考虑这一测试方法的偏差范围。

表1 总含量的平均值（以百分率表示）

方 法	材 料	平均值	标准偏差	*n*
加速法	漂白棉	0.412	0.113	12
索氏萃取法	漂白棉	0.429	0.060	12
加速法	50/50涤/棉	2.615	0.190	12
索氏萃取法	50/50涤/棉	2.669	0.057	12
加速法	100%棉	8.127	0.267	12
索氏萃取法	100%棉	8.066	0.362	12

10.1.1 精确度。这些精确度与偏差的分析基于所有萃取方法和所有面料。这样做的原因是实验量较小以及实验材料的单一性。方差分量用ASTM 290－97、附录1估算。数据的细节可联系AATCC技术中心得到。精确度由根据ASTM 2906－97计算出的临界差表示。ASTM 2906－97（2002）列出的计算方法用于计算两种样品数量之间的单侧临界差。

10.1.2 方差分量。索氏萃取过程。索氏萃取过程的方差分量见表2。这一节里的每一个量度单位都是总萃取量的百分率。

10.1.3 临界偏差（索氏萃取过程）。索氏萃取过程95%临界差见表3。

表2 索氏萃取过程标准偏差的估算分量

方差分量	估算标准偏差
L	0.000
M－L相互作用	0.000
O在L内	0.000
M－O在L内相互作用	0.242
S在M，O和L不同组合内	0.081

L＝实验室
M＝材料（面料）
O＝操作者
S＝试样

表3 索氏萃取过程（95%置信水平临界差）

计算平均值样品数量	单个操作者临界差	实验室内临界差	实验室间临界差
1	0.225	0.706	0.706
2	0.159	0.688	0.688
3	0.130	0.682	0.682
4	0.112	0.679	0.679

10.1.4 加速萃取过程的方差分量见表4。

表4 加速溶液萃取过程标准偏差的估算分量

方差分量	估算标准偏差
L	0.121
M－L互相作用	0.000
O在L内	0.080
M－O在L内相互作用	0.018
S在M，O和L不同组合内	0.134

10.1.5 加速萃取过程的95%临界差见表5。

表5 加速溶液萃取（95%置信水平临界差）

计算平均值样品数量	单个操作者临界差	实验室内临界差	实验室间临界差
1	0.371	0.488	0.591
2	0.263	0.411	0.530
3	0.214	0.382	0.508
4	0.186	0.367	0.496

10.2 偏差。萃取物的含量与所使用萃取方法有关。所以无法依据绝对值来衡量测试过程的绝对偏差。

相对偏差。本次研究获得的数据是用于两种萃取过程之间的相对偏差。这两种萃取过程没有稳定的偏差。但给出了某实验室测定某种面料偏差的实例。在实验室特定的应用与测试条件下，萃取过程之间存在偏差时，应进行自我验证。

11. 注释

11.1 去除油、脂和蜡质时也可选择替代试剂或添加某些试剂替代己烷，然而，其他试剂没有被RA34委员会评估过。所以暂无使用其他试剂的可靠性和重现性的说明。如果使用己烷以外的试剂（或在己烷内加入添加剂），应在报告中注明。10.2对7.1中的干燥条件敏感的合成纤维通过本测试方法不能得出准确的数据。

11.2 资料可以从ACGIH获取，地址：Publications Office，Kemper Woods Center，1330 Kemper Meadow Dr.，Cincinnati OH 45240；电话：513/742－2020；网址：www.acgih.org。11.2有关适合测试方法的设备信息，请登录http：//www.aatcc.org/bg。AATCC提供其企业会员单位所能提供的设备和材料清单。但AATCC没有给其授权，或以任何方式批准、认可或证明清单上的任何设备或材料符合测试方法的要求。

AATCC 98 -2007

过氧化氢漂白浴中碱含量的测定

AATCC RA34 技术委员会于 1960 年制定；1968 年、1972 年、1975 年、1979 年、1988 年、1989 年、2002 年和 2007 年重新审定；1982 年（更换标题）和 1997 年修订；1984 年、1985 年、1987 年编辑修订。

1. 目的和范围

1.1 本测试方法主要是测定过氧化氢漂白浴中的总碱量，包括其他来源的碱。总碱含量用氢氧化钠百分含量表示。

1.2 漂白浴中的碱可能由氢氧化钠、硅酸钠、碳酸钠或者其他碱性物质，包括钾化合物、氨水、石灰或含有碱性盐的过氧化物固体构成。

1.3 漂白浴中的碱含量是确定漂白速率和程度的一个关键参数，也能确定织物受漂白工艺影响的程度。

1.4 本测试方法用于实验室测定和生产过程控制。

2. 原理

用硫酸标准溶液滴定已知重量的漂白液，用酚红指示终点，或者 pH 值计显示范围为 6.8 ~ 8.4，未指示终点，总碱含量用氢氧化钠的百分含量表示，根据漂白浴的重量来计算。

3. 术语

漂白：通过氧化或者还原化学处理，去除基质上有色物质的过程。

4. 安全和预防措施

本安全和预防措施仅供参考。本部分有助于测试，但未指出所有可能的安全问题。在本测试方法中，使用者在处理材料时有责任采用安全和适当的技术；务必向制造商咨询有关材料的详尽信息，如材料的安全参数和其他制造商的建议；务必向美国职业安全卫生管理局（OSHA）咨询并遵守其所有标准和规定。

4.1 遵守良好的实验室规定，在所有的试验区域应佩戴防护眼镜。

4.2 所有化学物品应当谨慎使用和处理。硫酸是一种腐蚀性化学品，在使用纯溶液或浓溶液配置稀溶液时，必须使用护目镜或面罩、专用手套和实验服。务必将酸加入水中。

4.3 在附近安装洗眼器/安全喷淋装置以备急用。

4.4 本测试法中，人体与化学物质的接触限度只许达到或低于官方的限定值［例如，美国职业安全卫生管理局（OSHA）允许的暴露极限值（PEL），参见 1989 年 1 月 1 日实施的 29 CFR 1910.1000］。此外，美国政府工业卫生师协会（ACGIH）的阈限值（TLVs）由时间加权平均数（TLV - TWA）、短期暴露极限（TLV - STEL）和最高极限（TLV - C）组成，建议将其作为人体在空气污染物中暴露的基本准则并遵守（见 10.1）。

5. 仪器和材料

5.1 邻苯二甲酸氢钾（$C_8H_5O_4K$），美国化学会（ACS）规定的试剂级。

5.2 如果没有 pH 计，使用酚红（苯酚磺酞）

或0.06%酚红溶液。

5.3 甲醇（CH_3OH）（如果使用0.06%的酚红溶液则不需要）。

5.4 硫酸（H_2SO_4），美国化学会（ACS）试剂级，95%～98%，或0.1N（见6.1和10.2）。

5.5 氢氧化钠（NaOH），美国化学会（ACS）试剂级。

6. 试剂制备

6.1 配制并标定 $C(\frac{1}{2}H_2SO_4)=0.1mol/L$ 硫酸（见10.2）。

6.1.1 $C(\frac{1}{2}H_2SO_4)=0.1mol/L$ 硫酸溶液配制。称量5.5g±0.001g化学纯硫酸，在搅拌下将其加到盛有500mL±100mL去离子水的烧杯中。盖住溶液并使它降温至20℃±1℃，把该溶液加到1L的容量瓶内，用去离子水稀释到刻度。注意：硫酸的稀释是放热的，要采取适当的安全措施。

6.1.2 称取4.0g±0.01g氢氧化钠，用100mL去离子水将其溶解于250mL的烧杯中，把氢氧化钠溶液转移到1L的容量瓶中，并用去离子水清洗烧杯五次，把清洗液倒入容量瓶，最后用去离子水稀释到刻度。

6.1.3 称量20.4080g±0.0002g邻苯二甲酸氢钾（美国国家标准局样品No.84），用大约100mL去离子水将其溶解于250mL的烧杯中，把溶液转移到1L的容量瓶内，并用去离子水清洗烧杯五次，把清洗液倒入容量瓶，用去离子水稀释到刻度。

6.1.4 用25mL移液管移取25mL邻苯二甲酸氢钾溶液到250mL的锥形瓶内，加入五滴0.06%酚红指示剂，用氢氧化钠溶液滴定至黄绿色，即为终点，或者用pH计测量，终点pH值应为7.6±0.8。

6.1.5 用下面公式计算氢氧化钠溶液的物质的量浓度（N_h），精确到0.001。

$$N_h=\frac{25\times 0.1000}{V}$$

式中：V——耗用的氢氧化钠溶液体积，mL。

6.1.6 使用移液管，将25mL硫酸溶液（见8.1）移入250mL锥形瓶中，滴加五滴0.06%酚红指示剂，用氢氧化钠溶液滴定至黄绿色，即为终点，或者用pH值计测量，终点pH值应为7.6±0.8。

6.1.7 用下面公式计算 $C(\frac{1}{2}H_2SO_4)$ 的浓度，精确到0.001。

$$C(\frac{1}{2}H_2SO_4)=\frac{V\times N_h}{25}$$

式中：$C(\frac{1}{2}H_2SO_4)$——硫酸溶液的 $C(\frac{1}{2}H_2SO_4)$ 浓度；

V——耗用的氢氧化钠溶液体积数，mL；

N_h——氢氧化钠溶液的物质的量浓度。

6.1.8 调整硫酸溶液的当量浓度。

6.1.8.1 如果计算出硫酸溶液的当量浓度小于0.0990，则舍弃该结果并重新配制溶液进行测试。

6.1.8.2 如果 $C(\frac{1}{2}H_2SO_4)$ 大于0.1010，可加入一定量的水来调整浓度，用水量用下面公式计算：

$$V_{H_2O}=\frac{C(\frac{1}{2}H_2SO_4)\times 950}{0.1000}-950$$

式中：950——除去滴定两样品后的硫酸溶液数体积，mL。

6.1.8.3 使用6.1.6和6.1.7中的方法重新标定调整后的硫酸溶液。

6.2 如果指示剂溶液在实验室内制备，制备0.06%的酚红指示剂溶液（见10.2）。

6.2.1 称量1.0g±0.1g酚红溶解到833mL的甲醇中。

6.2.2 加入833mL去离子水。

6.2.3 盖住溶液并用磁力搅拌器搅拌，直到溶液完全透明。

7. 操作程序

7.1 取20mL ±1mL去离子水，倒入250mL的烧杯，并滴加2~3滴酚红指示剂溶液，如果用pH计确定终点，则不用滴加酚红指示剂溶液。

7.2 称量10g ±0.01g漂白液样品，把称量好的溶液加入到烧杯中，并混合均匀（见10.3）。

7.3 用$C\left(\frac{1}{2}H_2SO_4\right)=0.1$mol/L硫酸滴定烧杯内的溶液直到黄绿色，即为终点，若用pH值计测量，终点pH值应为7.6 ±0.8。

7.4 记录所用$C\left(\frac{1}{2}H_2SO_4\right)=0.1$mol/L硫酸的量，精确到0.1mL。

8. 计算

8.1 用下面公式计算总碱含量，以氢氧化钠计，精确到0.1%。

$$\text{以氢氧化钠计的总碱量}=\frac{V\times C\left(\frac{1}{2}H_2SO_4\right)\times 0.040\times 100}{W}$$

式中：V——需要的硫酸溶液体积，mL，如6.4中记录的（译者注：此处“6.4”应为“7.4”）；

0.040——氢氧化钠的当量重量；

W——样品的质量，如6.2中测定的（译者注：此处“6.2”应为“7.2”）。

8.2 也可参考10.4的计算方法。

9. 精确度和偏差

9.1 精确度。

9.1.1 1995年，在五个实验室中进行了一项比较，每个实验室派两名操作员，测定了1.15%的过氧化氢（H_2O_2）的三个不同碱浓度的溶液，每个操作员对每个样品都重复测定三次，实验数据用ASTM Tex-pac程序进行分析（见10.5）。

9.1.2 分析显示三个浓度的保留变量可以合并见表1。

表1 给定条件下两个平均值的临界方差

（95%置信水平，碱浓度）

每个平均值的测试结果数	单材料比较		
	单个操作员精确度	实验室内精确度	实验室间精确度
1	0.013	0.027	0.069
2	0.009	0.025	0.069
3	0.008	0.025	0.068
4	0.007	0.025	0.068

9.2 偏差。

实验室间的比较得到的结果与化学计算的碱浓度相比，回归系数为97.6%，但是，碱浓度的确定可能仅根据一种测试方法来得出，在这样的限制下，本测试方法无法给出已知的偏差来确定其真实值。

10. 注释

10.1 资料ACGIH获取。地址：Publications Office，Kemper Woods Center，1330 Kemper Meadow Dr.，Cincinnati OH 45240，电话：513/742-2020；网址：www.acgih.org。

10.2 很多实验室试剂制造商都提供已经配置好的或一定浓度的标定后的硫酸溶液、氢氧化钠和酚红指示剂，购买的标准化试剂溶液可按照实验步骤6.1.4~6.1.7检验。

10.3 为便于控制实验过程，通常用样品的重量来代替体积，这种情况下，碱含量百分数在漂白浴密度范围内可能会产生偏差，如果结果位于这两种计算方法之间，应使用样品的质量。

10.4 简化和转化。

10.4.1 如果使用$C\left(\frac{1}{2}H_2SO_4\right)=0.1$mol/L

硫酸溶液，溶液的质量取 10. 0g，则见 8. 1 中的计算公式为：

以氢氧化钠计的总碱量 = 0. 04 × V

10. 4. 2 碱度也可能不是按照氢氧化钠百分含量来测定的，为便于转化，使用 $C\left(\frac{1}{2}H_2SO_4\right) = 0.1mol/L$ 的硫酸溶液，溶液质量选用 10. 0g，8. 1 中定义的 V 取值如下：

如果硅酸钠为 10. 5% Na_2O，V（2. 5）= 1b Na_2SiO_3/100gal；如果硅酸钠为 8. 9% Na_2O，V（2. 9）= 1b Na_2SiO_3/100gal；

V（0. 332）= 1b NaOH/100gal

10. 5 资料可从 ASTM 索取。地址：100 Barr Harbor Dr.，West Conshohocken PA 19428；电话：610/832 - 9500，传真：610/832 - 9555；网址：www. astm. org。

AATCC 100 -2004

纺织材料抗菌整理剂的评价

AATCC RA31 技术委员会于 1961 年制定；1965 年、1981 年、1988 年（标题更改）、1993 年和 1999 年修订；1969 年、1971 年、1974 年、1985 年、2009 年、2010 年编辑修订；1977 年、1981 年、1989 年、1998 年、2008 年重新审定；1986 年和 2004 年编辑修订并重新审定。

---

1. 目的和范围

本测试法是一种定量评价抗菌活性程度的方法。纺织材料上抗菌整理剂的评价由这种材料在使用过程中所表现出的抑菌活性（抗菌活性）程度决定。如果仅是测定抑菌活性（抑制繁殖），则可采用定性评价程序，它通过与未经整理，无抗菌活性的试样对比表明其抗菌活性。但如果要测定杀菌活性，则需进行定量评价。定量评价也为如何使用这种整理后的纺织材料提供了更加详细的说明。

2. 原理

试样和纺织材料对照样采用 AATCC 147《纺织材料抗菌活性评价：平行条纹法》进行抗菌活性测试。有抗菌活性的试样进行定量评价。试样和对照样用试验菌接种，经培养后在一定量的中和液中振荡，将细菌从试样上洗脱。测定液体中的细菌数量，计算整理后的试样的细菌减少百分率。

3. 术语

3.1 活性：抗菌整理剂效果的度量。

3.2 抗菌剂：纺织品中任何能够杀死细菌（杀菌剂）或抑制细菌活性、生长、繁殖（抑菌剂）的化学物质。

4. 安全和预防措施

本安全和预防措施仅供参考。本部分有助于测试，但未指出所有可能的安全问题。在本测试方法中，使用者在处理材料时有责任采用安全和适当的技术；务必向制造商咨询有关材料的详尽信息，如材料的安全参数和其他制造商的建议；务必向美国职业安全卫生管理局（OSHA）咨询并遵守其所有标准和规定。

4.1 本测试只能由受过训练的人员操作。参阅美国健康与社会服务部出版的《微生物和生物化学实验室的生物安全》（见 13.1）。

4.2 警告：本测试中所用的某些微生物具有致病性，可能使人感染和和致病。因此，应采取一切必要和合理的措施，消除实验室以及相关环境中人员的这种风险。应穿着防护服，佩戴呼吸器防止细菌侵入。

4.3 遵守良好的实验室规定，在所有的试验区域应佩戴防护眼镜。

4.4 所有化学物品应当被谨慎使用和处理。

4.5 在附近安装洗眼器/安全喷淋装置以备急用。

4.6 所有被污染的样品和测试材料必须经过消毒灭菌后才能丢弃。

4.7 本测试法中，人体与化学物质的接触限度只许达到或低于官方的限定值［例如，美国职业安全卫生管理局（OSHA）允许的暴露极限值（PEL），参见 1989 年 1 月 1 日实施的 29 CFR 1910.1000］。此外，美国政府工业卫生师协会

(ACGIH)的阈限值(TLVs)由时间加权平均数(TLV－TWA)、短期暴露极限(TLV－STEL)和最高极限(TLV－C)组成，建议将其作为人体在空气污染物中暴露的基本准则并遵守(见13.2)。

5. 使用和限制条件

测定纺织材料残余抗菌活性相对快捷和易操作的定性测试法请参见AATCC 147。

6. 试验细菌

6.1 金黄色葡萄球菌(Staphylococcus aureus)，ATCC 6538，革兰氏阳性菌(见13.3)。

6.2 肺炎杆菌(Klebsiella pneumoniae)，ATCC 4352，革兰氏阴性菌(见13.3)。

6.3 根据试样的最终用途，也可使用其他合适的菌种。

7. 培养基

7.1 可采用营养、大豆胰蛋白胨和脑心浸液肉汤/琼脂培养基。

营养肉汤：

蛋白胨(细菌蛋白胨)(见13.4)	5g
牛肉膏(见13.5)	3g
蒸馏水	加至1000mL

7.2 加热至沸腾，使之溶解均匀。用C(NaOH)＝1mol/L的氢氧化钠溶液调节pH值至6.8±0.1(如果使用的是脱水合成培养基，可省略该步骤)。

7.3 取10mL到普通微生物培养管(如125mm×17mm)中，加塞后在103kPa(15磅/平方英寸)条件下灭菌15min。

7.4 营养琼脂。将1.5%的微生物培养琼脂加入营养(或合适的)肉汤中(见7.1)。加热至沸腾。如有需要，测试pH值，并用C(NaOH)＝1mol/L的NaOH溶液将溶液pH值调至7.1±0.1。取15.0mL±1mL到普通微生物培养管中，加塞后在103kPa(15磅/平方英寸)条件下灭菌15min(也可装在1000mL硅硼酸盐玻璃锥形瓶中灭菌，然后倒入平皿)。

7.5 菌悬液培养基(用于疏水织物)(见7.2和7.3)：

氯化钠	8.5g
琼　脂	3.0g
蒸馏水	1000mL

8. 菌种保藏

8.1 用4mm的接种环，将培养物转接到营养肉汤培养基(或合适的培养基)中，保存不超过两星期。两星期后，将保藏的培养物重新转接，在37℃±2℃(99℉±3℉)条件下培养。

8.2 用营养琼脂斜面或合适的琼脂斜面保藏储用培养物。在5℃±1℃(41℉±2℉)条件下保存，每月用新鲜的琼脂培养基转种(见13.6)。

9. 定性测试(筛选或假定测试)

抑菌活性测定应采用AATCC 147，用上述菌种对一块试样和对照样进行测试。杀菌活性测定采用下文的定量测试法。

10. 定量法(标准或确证试验)

10.1 试样制备。以下是对织物试样的说明。非织物形式的纺织材料，经适当改进后也可用于测试。

10.1.1 经抗菌整理的试样大小和形状。从测试织物上剪取(建议用钢制裁样器)直径为4.8cm±0.1cm(19英寸±0.03英寸)的圆形样品。将样品叠放在有螺旋塞的250mL的广口瓶中。根据纤维类型和织物结构确定试样数量，样品应能吸收1.0mL±0.1mL菌液且在瓶中无剩余。例如：四块棉印花织物样品可吸收1mL菌液。每个瓶中的样品数量应在报告中注明。

10.1.2 对照样。与试样纤维类型和结构相同，但不含抗菌整理剂的试样（阴性对照样）。

10.1.3 试样的灭菌。根据纤维类型和整理剂可选择灭菌方法。棉、醋酯纤维和一些人造纤维可在灭菌锅中灭菌；羊毛可用乙烯氧化物灭菌或在流动蒸汽中间歇灭菌（分步灭菌）。后者对某些整理剂的损害最小。如果进行了灭菌，需报告灭菌方法。

10.1.4 每块试样的接种菌液量。适当稀释培养24h的试验菌种的肉汤培养液，取1.0mL ± 0.1mL。未整理的对照试样或整理过的试样在“0”接触时间（接种后迅速涂平板）回收的细菌数量为$1\times10^5\sim2\times10^5$个。应使用营养（或其他合适的）肉汤培养基（见7.1、7.5和13.7）稀释试验菌种。

10.2 试验步骤。

10.2.1 织物的接种。使用金黄色葡萄球菌时，振荡培养24h的培养液，制备接种菌液前静置15~20min。然后分别将试样放入灭菌过的细菌培养皿中，用1mL的移液管接种，确保菌液在试样上均匀分布（见13.8）。在无菌条件下将这些试样转移到瓶中。拧紧瓶塞，防止蒸发。

10.2.2 接种后（“0”接触时间），立即分别向各个装有已接种的未经抗菌整理的控制样、已接种的经过抗菌整理的试样和未接种的经过抗菌整理的试样的瓶中加入100mL ± 1mL的中和溶液。

10.2.3 中和溶液应含有中和特殊抗菌织物整理的成分，同时考虑织物（整理剂、抗菌剂等）对pH值的任何需求。应报告所用的中和液（见13.9）。

10.2.4 用力振荡瓶1min。用水进行连续稀释，并在营养（或合适的）琼脂上涂平板（两个平行样）；通常进行10^0、10^1、10^2倍的稀释。

10.2.5 接触期培养。在37℃ ± 2℃（99℉ ± 3℉）条件下培养装有已接种的未经抗菌整理的控制样的瓶和已接种经过抗菌整理的试样的瓶18~24h。类似的瓶也可培养其他时长（如：1h或6h），以获得在此接触期内抗菌整理的杀菌活性。

10.2.6 接种并培养后的试样的取样。培养后，分别取100mL ± 1mL的中和溶液加进装有未经抗菌整理的对照样和整理过的试样的瓶中。用力振荡瓶1min。进行连续稀释，并在营养（或合适的）琼脂培养基上涂平板（两个平行样）；通常对经整理的试样进行10^0、10^1、10^2倍的稀释。因为培养周期的不同，未经抗菌整理的控制样可能要进行几次不同倍数的稀释。

10.2.7 将所有平板在37℃ ± 2℃（99℉ ± 3℉）或其他最佳温度下培养48h。

11. 评价

11.1 报告的菌落数为每个试样的细菌数，而不是每毫升中和溶液中所含的细菌数。当稀释倍数为10^0的菌落数为0时，报告中表示为“小于100”。

11.2 选择以下一种公式计算试样经抗菌整理后的细菌减少百分率：

$$R=\frac{B-A}{B}\times100\%$$

式中：R——减少率，%；

A——瓶中经抗菌整理的试样接种，定期接触培养后回收得到细菌数；

B——瓶中经抗菌整理的试样接种后立即回收（“0”接触时间）得到的细菌数。

$$R=\frac{C-A}{C}\times100\%$$

式中：C——瓶中未经抗菌整理的控制样接种后立即回收（“0”接触时间）得到的细菌数。

如果B和C差别较大时，取较大值；如果B和C数值差别不大时，取$(B+C)/2$，公式如下：

$$R=\frac{D-A}{D}\times100\%$$

式中：$D=\frac{B+C}{2}$。

11.3 如果未经抗菌整理的控制样不存在，则可以用以下公式。该公式考虑到了可能影响测试的任何本底细菌。

$$B_g = \frac{(B-E)-(A-F)}{B-E} \times 100\%$$

式中：A，B——（见11.2）；

E——未接种的整理过的试样上最初回收的细菌数（存在的本底细菌）；

F——瓶中未接种的经预湿处理的整理过的试样定期接触培养后回收的细菌数（定期接触培养后存在的本底细菌）；

B_g——本底细菌。

11.4 试验有效性判断：

（1）未接种的整理过的试样回收得到“0”个菌落。

（2）接种的未整理的对照试样定期接触培养回收后得到的细菌数比未整理的试样“0”接触时间（接种后立即洗脱）后回收得到的细菌数有明显增加。仅适用于用肉汤培养基进行的稀释（见10.1.4和13.7）。

11.5 报告试样经抗菌整理后的每个试验菌种的细菌减少百分率。

11.6 通过测试的标准由协议双方确定。

11.7 报告选用的稀释培养基。

12. 精确度和偏差

研究（见13.10）指出了标准平板计数法（SPC）试验实验室间的确精度：（a）分析者内变异18%；（b）分析者间变异8%。

13. 注释

13.1 出版物可从U.S. Department of health and Human Services CDC/NIH – HHS获取；出版号（CDC）84 – 8395；网址www.hhs.gov。

13.2 手册可从以下地址获取：ACGIH Publications Office，Kemper Woods Center，1330 Kemper Meadow Dr.，Cincinnati OH 45240；电话：513/742 – 2020；网址：www.acgih.org。

13.3 美国典型微生物菌种保藏中心（ATCC）地址：P.O.1549，Mnassas VA 20108；电话：703/365 – 2700；传真：703/365 – 2701；网址：www.atcc.org。

13.4 细菌蛋白胨可从以下地址获取：Difco Laboratories，920 Henry ST.，Detrit MI 48201。

13.5 牛肉浸膏可从以下地址获取：Baltimore Biological Laboratories，250 Schilling Circle，Cockeyville MD 21030，Difco Laboratories（上述地址）或Oxoid（USA）Ltd.，9017 Red Branch，Columbia MD 20145。

13.6 为确保测试的一致性和准确性，需保证储藏的测试用培养物纯净、无染菌和突变。在接种和转种过程中应采用良好的无菌技术，避免污染；严格坚持每月对保藏培养物转种，防止突变；定期对平板划线，观察具有典型特征的单个菌落，检查菌种的纯度。

13.7 如果织物进行定期接触培养或疏水织物的细菌悬浊液要得到稳定的培养物，可用0.85%的无菌盐水或合适的缓冲液稀释试验菌种。

13.8 可在稀释液中加入表面活性剂，提高疏水织物的润湿性能。表面活性剂需证明不会造成细菌的减少，并报告所使用的表面活性剂及其浓度。

13.9 如果用无菌蒸馏水替代中和液，常会有部分杀菌剂残留。

13.10 《分析者和细菌菌落计数者的重复计数误差》，Peeler J.T.，Leslie J.W.；Messer J.W.，J. Food Protection，Vol.45，1982，p238 – 240。

AATCC 101 -2009

过氧化氢漂白色牢度

AATCC RA34 技术委员会于 1961 年制定；1963 年、1968 年、1972 年、2004 年修订；1975 年、1979 年、1984 年、1999 年重新审定；1985 年、1987 年、1995 年、2001 年、2002 年、2008 年、2010 年编辑修订；1989 年、1994 年、2009 年编辑修订并重新审定（标题更换）；与 ISO 105 - N02 标准有相关性。

1. 目的和范围

本测试方法用于评定各种类型（除含聚酰胺纤维以外）的纺织品耐过氧化氢漂白作用的色牢度。在漂白液中过氧化氢的浓度与纺织品加工过程中的过氧化氢浓度相同。

2. 原理

试样和规定的白色织物结合在一起形成组合试样，组合试样浸入漂白溶液中，漂洗后干燥。评定试样的变色以及贴衬织物的沾色。

3. 术语

色牢度：材料在加工、检测、储存或使用过程中，暴露在可能遇到的任何环境下，抵抗颜色变化或（和）颜色向相邻材料转移的能力。

4. 安全和预防措施

本安全和预防措施仅供参考。本部分有助于测试，但未指出所有可能的安全问题。在本测试方法中，使用者在处理材料时有责任采用安全和适当的技术；务必向制造商咨询有关材料的详尽信息，如材料的安全参数和其他制造商的建议；务必向美国职业安全卫生管理局（OSHA）咨询并遵守其所有标准和规定。

4.1 遵守良好的实验室规定，在所有的试验区域应佩戴防护眼镜。

4.2 在漂白浴液的制备过程中，处理过氧化氢（35%）和氢氧化钠浓溶液时，应使用适当的个人防护设备。涉及以上材料的准备时，应佩戴化学防护眼镜或面罩、橡胶手套和橡胶围裙。

4.3 在附近安装洗眼器/安全喷淋装置以备急用。

4.4 处理热的试样试管时采用适当的防护设备，如手套和金属夹钳。

4.5 本测试法中，人体与化学物质的接触限度不得超过官方的限定值［例如，美国职业安全卫生管理局（OSHA）允许的暴露极限值（PEL），参见 1989 年 1 月 1 日实施的 29 CFR 1910.1000］。此外，美国政府工业卫生师协会（ACGIH）的阈限值（TLVs）由时间加权平均数（TLV - TWA）、短期暴露极限（TLV - STEL）和最高极限（TLV - C）组成，建议将其作为人体在空气污染物中暴露的基本准则并遵守（见 12.1）。

5. 仪器和材料（见 12.2）

5.1 试管或烧杯，直径和长度适合于试样卷，并且保证试样能被漂白溶液浸没。

5.2 适合的漂白浴组分见表 1。

5.3 两块白色贴衬织物，每块的尺寸为 10.2cm×3.8cm（4.0 英寸×1.5 英寸）。第一块贴衬织物中的纤维与待测织物中的纤维相同，第二块贴衬织物的纤维见表 2。白色的多纤维贴衬织物

（见 12.3）可用来代替第二块白色贴衬织物。

5.4 变色灰卡（见 12.7）。

5.5 沾色灰卡（见 12.7）。

5.6 AATCC 沾色彩卡（见 12.7）。

6. 试样准备

6.1 若待测纺织品为织物，取一块尺寸为 10.2cm × 3.8cm（4.0 英寸 × 1.5 英寸）的试样，将试样夹在两块白色贴衬织物中间，然后将四边缝合，制成组合试样（见表 2）。

6.2 若待测纺织品为纱线，将纱线编织织物，制成与 6.1 中样品大小相同的样品或在两块贴衬织物中间平铺一层平行长度相同的待测纱线，然后将四边缝合以固定纱线。

6.3 若待测纺织品为纤维，将纤维梳压成一块大小为 10.2cm × 3.8cm（4.0 英寸 × 1.5 英寸）的小片，然后将其夹在两块贴衬织物之间，缝合四边，制成组合试样。

7. 操作程序（见 12.4）

7.1 对于试验 1、试验 2 和试验 3，将待测组合试样沿长边松松地卷成卷，并放入试管内，将试样浸入适当的漂白溶液中，浸泡温度和时间见表 1。

7.2 对于试验 4，将组合试样在漂白溶液中浸泡到其自身重量的 100% 饱和（见表 1），然后将试样沿长边卷起，并放入 99 ~ 101℃（210 ~ 214℉）的饱和蒸汽（见 12.5）中 1h。

表 1　漂白溶液的组成及使用条件

条件	试验 1（羊毛）	试验 2（蚕丝）	试验 3（棉）	试验 4（棉）
	（每升蒸馏水所需要的量）			
过氧化氢（35%）[a]	15.4mL（17.5g）	8.8mL（10.0g）	8.8mL（10.0g）	8.8mL（10.0g）
硅酸钠（42° Bé）[b]		5.1mL（7.2g）	4.2mL（6.0g）	7.0mL（10.0g）
焦磷酸钠[c]	5.0g			
氢氧化钠[d]			0.5g	0.5g
润湿剂[e]			2.0mL	
pH 值（最初）[f]	9.0 ~ 9.5	10.5	10.5	10.5
时间	2h	1h	2h	1h
温度	49℃（120℉）	82℃（180℉）	88℃（190℉）	100℃（212℉）
浴比	30:1	30:1	30:1	1:1

注　a：质量百分比。

b：42° Bé，SiO_2:Na_2O = 2.5:1，10.6% Na_2O，26.0% SiO_2。

c：$Na_4P_2O_7 \cdot 10H_2O$。

d：化学纯。

e：双硫化蓖麻油。

f：如果需要，用氢氧化钠调节。

7.3 取出组合试样，再用流动的冷自来水漂洗 10min，然后挤干。拆开组合试样的两个长边和一个短边缝线，展开试样，使试样的三个部分仅由一条缝线连接，然后在不高于 60℃（140℉）的温度中干燥。

表 2　贴衬织物的选择

第一块	第二块
羊毛，丝，亚麻，黏胶	棉布或多纤维贴衬织物
棉，醋纤	粘纤或多纤维贴衬织物（见 12.3）

8. 变色的评定方法（色光和强度）

使用变色灰卡（AATCC 印 1）或 AATCC 印 7《仪器评估试样的变色》评定试样的变色。记录与灰卡颜色最接近的级数。为提高测试精确度和准确性，评级人员应为一人以上。

9. 沾色的评价方法

用沾色灰卡（AATCC 印 2）、AATCC 9 级沾色彩卡（AATCC 印 8）或《仪器评估试样的沾色》（AATCC 印 12）评价织物的沾色。记录与所用评级卡颜色最接近的级数（见 12.6）。所用评级卡应在报告中注明。

10. 报告

对测试中所使用的每种白色纤维布应报告如下内容：使用的漂白液（表 1 中的试验号）；变色级数；沾色级数；使用的评级卡（AATCCEP2，EP8，EP12）。

11. 精确度与偏差

11.1 精确度。2000 年一个实验员在一个实验室内完成此项研究。

11.1.1 测试试样含有六块织物，每种三块。按照表 1 所示漂白方案、试验条件、使用仪器评估每种试样的变色和沾色程度。

11.1.2 实验室内标准误差及样本方差见表 3，AATCC 技术中心档案中有数据记载。

11.2 偏差。耐过氧化氢漂白色牢度只能根据某一实验方法予以明确，没有单独的方法用以确定准确数值。作为一种估计这一性质的手段，本测试方法没有已知的偏差。

12. 注释

12.1 资料索取地址：Publications Office，ACGIH，Kemper Woods Center，1330 Kemper Meadow Dr.，Cincinnati OH 45240，电话：513/742 – 2020；网址：www. acgih. org。

12.2 有关适合测试方法的设备信息，请登录 http：//www. aatcc. org/bg。AATCC 提供其企业会员单位所能提供的设备和材料清单。但 AATCC 没有给其授权，或以任何方式批准、认可或证明清单上的任何设备或材料符合测试方法的要求。

12.3 白色贴衬织物的要求：平纹、中等重量、未整理、无残留化学物质和没有化学损伤的纤维。棉和麻织物应经漂白，其他纤维的织物要清洗到通常的白度。一块白色多纤维贴衬织物可代替第二块单纤维贴衬织物。

12.4 根据纤维的使用情况，从表 1 中选择最合适的条件。例如，染色蚕丝用于粗纺毛织物或精纺毛织物的花纹纱，评定色牢度时采用羊毛的试验方法；染色蚕丝用于蚕丝织物中花纹线，评定色牢度时采用蚕丝的试验方法。

12.5 可以通过以下方法制取饱和水蒸气：将约 20mL 水放入一配有扩张玻璃棒的试管底部，玻璃棒应足够长，可始终保持试样位于水面之上。加热至试管充分沸腾，使用回流冷凝器保持液体量不变。将一小片表面玻璃倒置在试样之上，防止冷凝器形成的水滴直接滴在试样上。

12.6 对于非常关键的评定和仲裁情况时，用沾色灰卡对沾色评级。

12.7 可从 AATCC 获取，地址：P. O. Box 12215，Research Triangle Park NC 27709；电话：919/549 – 8141；传真：919/549 – 8933；电子邮箱：orders@aatcc. org；网址：www. aatcc. org。

表3　实验室内标准误差及样本方差

样品识别	测试参数	均　值	标准差	标准误差	样本方差	临界方差
棕色羊毛（试验1）	变色	3.00	0.00	0.00	0.00	0.00
	沾色	4.17	0.29	0.17	0.08	0.50
	多纤维沾色					
	醋纤	4.17	0.58	0.33	0.33	1.01
	棉	4.67	0.29	0.17	0.08	0.50
	锦纶	3.33	0.58	0.33	0.33	1.01
	涤纶	4.67	0.29	0.17	0.08	0.50
	腈纶	5.00	0.00	0.00	0.00	0.00
	羊毛	3.67	0.29	0.17	0.08	0.50
绿色羊毛（试验1）	变色	2.50	0.50	0.29	0.25	0.87
	沾色	1.67	0.29	0.17	0.08	0.50
	多纤维沾色					
	醋纤	3.33	0.29	0.17	0.08	0.50
	棉	3.33	0.29	0.17	0.08	0.50
	锦纶	2.00	0.00	0.00	0.00	0.00
	涤纶	4.50	0.50	0.29	0.25	0.87
	腈纶	4.17	0.29	0.17	0.08	0.50
	羊毛	3.50	0.87	0.50	0.75	1.51
红色蚕丝（试验2）	变色	3.17	0.29	0.17	0.08	0.50
	沾色	2.00	0.00	0.00	0.00	0.00
	多纤维沾色					
	醋纤	1.67	0.29	0.17	0.08	0.50
	棉	3.33	0.58	0.33	0.33	1.01
	锦纶	1.67	0.29	0.17	0.08	0.50
	涤纶	2.83	0.29	0.17	0.08	0.50
	腈纶	4.33	0.29	0.17	0.08	0.50
	羊毛	2.50	0.00	0.00	0.00	0.00
蓝色蚕丝（试验2）	变色	2.00	0.00	0.00	0.00	0.00
	沾色	4.67	0.29	0.17	0.08	0.50
	多纤维沾色					
	醋纤	5.00	0.00	0.00	0.00	0.00
	棉	4.50	0.87	0.50	0.75	1.51
	锦纶	5.00	0.00	0.00	0.00	0.00
	涤纶	5.00	0.00	0.00	0.00	0.00
	腈纶	5.00	0.00	0.00	0.00	0.00
	羊毛	4.33	0.29	0.17	0.08	0.50

续表

样品识别	测试参数	均　值	标准差	标准误差	样本方差	临界方差
紫色棉（试验3）	变色	3.83	0.29	0.17	0.08	0.50
	沾色	4.67	0.29	0.17	0.08	0.50
	多纤维沾色					
	醋纤	4.33	0.29	0.17	0.08	0.50
	棉	4.67	0.29	0.17	0.08	0.50
	锦纶	4.50	0.00	0.00	0.00	0.00
	涤纶	4.50	0.00	0.00	0.00	0.00
	腈纶	4.50	0.00	0.00	0.00	0.00
	羊毛	3.50	0.00	0.00	0.00	0.00
灰色棉（试验3）	变色	3.67	0.29	0.17	0.08	0.50
	沾色	5.00	0.00	0.00	0.00	0.00
	多纤维沾色					
	醋纤	4.50	0.00	0.00	0.00	0.00
	棉	4.83	0.29	0.17	0.08	0.50
	锦纶	4.67	0.29	0.17	0.08	0.50
	涤纶	4.50	0.00	0.00	0.00	0.00
	腈纶	4.50	0.00	0.00	0.00	0.00
	羊毛	3.50	0.00	0.00	0.00	0.00

注　由于实验间测试在少于五个实验室进行，标准误差和样本方差会在很大程度上高估或低估，要谨慎运用。以上数值应作为精确度的最小数据，目前还没有建立适当的置信水平。

AATCC 102 -2007

高锰酸钾滴定法测定过氧化氢

AATCC RA34 技术委员会于 1957 年制定；1962 年、1968 年、1972 年、1975 年、1979 年、2002 年和 2007 年重新审定；1983 年、2010 年进行过编辑修订（更改了标题）；1985 年、1992 年进行编辑修改并重新审定；1987 年（再次更改标题）、1997 年再次修订。

1. 目的和范围

本测试方法测定水溶液中过氧化氢（H_2O_2）的浓度，尤其适用于织物漂白过程中过氧化氢水溶液的测定。

2. 原理

样品经硫酸酸化后用高锰酸钾标准溶液滴定，由达到滴定终点时所消耗的高锰酸钾标准溶液的体积和其当量浓度计算过氧化氢的浓度。

3. 术语

漂白：通过氧化或还原化学处理，除去织物上有色物质的加工工艺。

4. 安全和预防措施

本安全和预防措施仅供参考。本部分有助于测试，但未指出所有可能的安全问题。在本测试方法中，使用者在处理材料时有责任采用安全和适当的技术；务必向制造商咨询有关材料的详尽信息，如材料的安全参数和其他制造商的建议；务必向美国职业安全卫生管理局（OSHA）咨询并遵守其所有标准和规定。

4.1 遵守良好的实验室规定，在所有的试验区域应佩戴防护眼镜。

4.2 所有化学物品应当谨慎使用和处理。草酸钠、高锰酸钾和硫酸等试剂具有腐蚀性，稀释纯或浓的试剂时，请佩戴防化眼镜或面罩、防护手套和防护围裙。切记：永远是酸加于水中。

4.3 在附近安装洗眼器/安全喷淋装置以备急用。

4.4 本测试法中，人体与化学物质的接触限度只许达到或低于官方的限定值［例如，美国职业安全卫生管理局（OSHA）允许的暴露极限值（PEL），参见 1989 年 1 月 1 日实施的 29 CFR 1910.1000］。此外，美国政府工业卫生师协会（ACGIH）的阈限值（TLVs）由时间加权平均数（TLV - TWA）、短期暴露极限（TLV - STEL）和最高极限（TLV - C）组成，建议将其作为人体在空气污染物中暴露的基本准则并遵守（见 11.1）。

5. 仪器

5.1 过滤漏斗：烧结玻璃制，微孔，250mL。

5.2 过滤瓶：2000mL。

6. 试剂

6.1 草酸钠（$Na_2C_2O_4$）晶体，化学纯。

6.2 硫酸（H_2SO_4），95% ~ 98%。

6.3 高锰酸钾（$KMnO_4$），晶体。

7. 试剂制备

7.1 0.100N 草酸钠标准溶液。

7.1.1 在烘箱中将至少 7g 草酸钠烘干。烘干温度105℃ ±1℃，烘干时间4h；然后，在干燥器内冷却。

7.1.2 称量6.7000g ±0.0002g 草酸钠（见7.1.1），在70℃ ±10℃下溶解于250～300mL 蒸馏水或者去离子水中。

7.1.3 上述草酸钠溶液冷却后，定量转移溶液到1L 的容量瓶内并盖上盖子；至少静置12h，然后用蒸馏水或者去离子水稀释至刻度。

7.2 体积浓度约为20%的硫酸溶液（见4中安全和预防措施）。

7.2.1 搅拌下，缓慢地将95%～98%的硫酸200mL 添加至800mL 水中，将溶液冷却到20℃ ±2℃。

7.2.2 加水到1L。

7.3 $C\left(\frac{1}{5}KMnO_4\right)=0.588mol/L$ 高锰酸钾标准溶液配制（见11.2）。

7.3.1 称量18.6g ±0.1g 高锰酸钾，加至900mL 水中。

7.3.2 沸煮溶液15min，然后冷却。

7.3.3 用过滤漏斗（见5.1）将溶液过滤到1L 的容量瓶内，用水稀释到刻度。

7.3.4 储存高锰酸钾溶液于褐色瓶中或保存在避光处。

7.4 标定 $C\left(\frac{1}{5}KMnO_4\right)$ 为0.588mol/L 的高锰酸钾溶液，按以下方法重复标定三次。

7.4.1 用移液管移取 $C\left(\frac{1}{2}Na_2C_2O_4\right)$ 为0.100mol/L 的草酸钠溶液100mL 到250mL 的锥形瓶内，加入20%的硫酸10mL ±1mL。

7.4.2 加热草酸溶液至沸腾。从热源上取下溶液，立即用待标定的高锰酸钾溶液滴定，在滴定开始和接近终点时应逐滴缓慢加入。滴定终点显示为持久的浅弱粉红色。

7.4.3 用下面的公式计算 $C\left(\frac{1}{5}KMnO_4\right)$ 浓度 N_k，精确到0.001。

$$C\left(\frac{1}{5}KMnO_4\right)=\frac{V_0C\left(\frac{1}{2}Na_2C_2O_4\right)}{V_k}$$

式中：V_k——消耗的高锰酸钾溶液体积，mL。

7.4.4 求出三次浓度测定结果的平均值，并使用该平均值进行所有计算。

8. 操作程序

8.1 称量10g ±0.1g H_2O_2 水溶液样品置于250mL 的烧瓶内（见11.3）。

8.2 加入20mL ±1mL，20%的硫酸（见7.2）至烧瓶中，并小心摇晃或搅拌，使瓶内物质充分混合。

8.3 用标定过的高锰酸钾溶液滴定 H_2O_2 水溶液（见7.3和7.4），滴定到溶液出现浅粉红色，并且至少30s 内不褪色为止。记录下所消耗的滴定液体积 V_t，单位为mL。

8.3.1 如果所消耗的滴定液少于2mL，则需用已标定的低当量浓度的高锰酸钾标准溶液重新滴定，或者称取质量比较多的样品重新滴定。

8.4 滴定一个空白样品，并记录下所消耗的滴定液体积 V_b，单位为mL。

9. 计算

9.1 用下面公式计算 H_2O_2 水溶液中 H_2O_2 的浓度，以百分数表示，并精确到0.01%。

假定配制 H_2O_2 水溶液时所用 H_2O_2 原料的浓度为100%，则

$$H_2O_2\text{的浓度}=\frac{N_t\ (V_t-V_b)\ \times 0.017\times 100}{W_s}$$

式中：V_t——消耗的滴定液体积，mL；

V_b——空白试验中消耗的滴定液体积，mL；

N_t——滴定液的浓度；

W_s——样品的质量，g。

9.2 如果用 $C\left(\frac{1}{5}KMnO_4\right)$ 为0.588mol/L 的高锰酸钾标准溶液进行滴定，并且称取样品（假定

H_2O_2原料的浓度为100%）质量为10g，则上式可简化为

$$H_2O_2\text{的浓度}=0.1\ (V_t-V_b)$$

9.3 使用9.2中的条件，当H_2O_2原料的浓度不为100%（如35%或者50%）时，则可由（V_t-V_b）直接乘以因子10/B得到A（译者注：此处B为100g H_2O_2原料中H_2O_2的含有量值，而A为配制100g H_2O_2水溶液所需H_2O_2原料的量值）。例如，当H_2O_2原料的浓度为35%时，则H_2O_2的浓度＝（V_t-V_b）×10/35＝（V_t-V_b）×0.286

10. 精确度和偏差

10.1 精确度。

10.1.1 1993年，由五个实验室（每个实验室两名实验人员）组成的多个实验室对两个不同的过氧化氢水溶液的浓度进行了研究和评价。每个浓度准备了两组试样。每位实验员分别在四种独立场合对每组中的样品做两次的测定，则每位实验员对每个浓度得到了16个（2×4×2）测定结果。所得实验数据用美国材料协会（ASTM）制定的Tex－Pac程序进行分析（见11.4）。

10.1.2 分析结果显示，两个浓度的残差是不同的。因此，列出了每个浓度n次测定结果平均值与总平均值的最大差分表，见表1和表2。

表1 2个平均值的临界差

（95%置信区间过氧化氢浓度测定结果的总平均值为0.65%）

n	单操作员	实验室内	实验室间
1	0.03	0.04	0.05
2	0.02	0.03	0.05
4	0.01	0.03	0.04
8	0.01	0.02	0.04

表2 2个平均值的临界差

（95%置信区间过氧化氢浓度测定结果的总平均值为2.88%）

n	单操作员	实验室内	实验室间
1	0.05	0.06	0.11
2	0.04	0.04	0.11
4	0.03	0.04	0.10
8	0.02	0.03	0.10

10.2 偏差。

水溶液中过氧化氢的浓度可以仅根据一种测试方法定义，在这种局限下，本测试H_2O_2百分比浓度的方法误差未知。

11. 注释

11.1 资料可从ACGIH Publications Office获取，地址：Kemper Woods Center，1330 Kemper Meadow Dr.，Cincinnati OH 45240，电话：513/742－2020；网址：www.acgih.org。

11.2 广泛应用的高锰酸钾标准溶液的当量浓度是0.588N，该浓度溶液和浓度为0.1N溶液可由供货商提供。

11.3 如果过氧化氢水溶液样品的体积为整数体积值，则样品质量可由下式计算得到：样品质量（g）＝样品密度（g/mL）×样品体积（mL）

必须在同一温度下测定样品的整数体积值和密度值。在工厂，当漂白工艺处方不改变时，通常不考虑密度。

11.4 资料可从ASTM获取。地址：100 Barr Harbor Dr.，West Conshohocken PA 19428；电话：610/832－9500，传真：610/832－9555；网址：www.astm.org。

AATCC 103 -2009

退浆中使用的细菌 α - 淀粉酶的分析

AATCC RA41 技术委员会于 1962 年制定；管辖权于 1987 年转让至 RA34 委员会，1993 年又归还 RA41；1965 年、1970 年、1973 年、1976 年、1979 年、1984 年、2004 年、2009 年重新审定；1985 年、1986 年、1991 年、2008 年、2010 年编辑修订；1989 年、1994 年编辑修订并重新审定；1999 年修订。

1. 目的和范围

本测试方法主要用于工业中织物退浆使用的细菌 α - 淀粉酶的分析，不适用于同时含有 α - 淀粉酶和 β - 淀粉酶的产品。

2. 原理

右旋型淀粉酶活性的分析原理是以淀粉基发生色变时的糊精化（水解）时间为依据，试样中淀粉酶的含量，用细菌淀粉酶单位（BAU）表示，可以根据糊精化时间计算（见 13.1）。

3. 术语

细菌性淀粉酶单位（*BAU*）是指在一定条件下，每分钟水解 1mg 淀粉所需淀粉酶的数量。

4. 安全和预防措施

本安全和预防措施仅供参考。本部分有助于测试，但未指出所有可能的安全问题。在本测试方法中，使用者在处理材料时有责任采用安全和适当的技术；务必向制造商咨询有关材料的详尽信息，如材料的安全参数和其他制造商的建议；务必向美国职业安全卫生管理局（OSHA）咨询并遵守其所有标准和规定。

4.1 遵守良好的实验室规定，在所有的试验区域应佩戴防护眼镜。

4.2 使用化学药品时必须小心，碘是一种腐蚀性化学品，在配制碘溶液时，必须使用防护眼镜或面罩、专用手套和实验服。

4.3 在附近安装洗眼器/安全喷淋装置、有机蒸气呼吸器以备急用。

4.4 本测试法中，人体与化学物质的接触限度只许达到或低于官方的限定值［例如，美国职业安全卫生管理局（OSHA）允许的暴露极限值（PEL），参见 1989 年 1 月 1 日实施的 29 CFR 1910.1000］。此外，美国政府工业卫生师协会（ACGIH）的阈限值（TLVs）由时间加权平均数（TLV - TWA）、短期暴露极限（TLV - STEL）和最高极限（TLV - C）组成，建议将其作为人体在空气污染物中暴露的基本准则并遵守（见 13.2）。

5. 使用和限制条件

5.1 本测试方法的校正进一步限制了该方法只能用于细菌性淀粉酶的分析。

5.2 某些表面活性剂对发色会产生干扰，而颜色变化是本测试方法中最重要的一点。因此，本测试方法不适合检验表面活性剂对淀粉酶的作用。

6. 仪器

6.1 比色计（见 13.3）。

6.2 恒温水浴，恒温 30℃ ±0.2℃。

6.3 电子计时器。

6.4 玻璃仪器（见 13.4）。

6.4.1 硅酸盐试管 13mm×100mm，至少要备 72 支。

6.4.2 标准移液管。2mL、5mL、10mL、20mL，1mL 可吹快速移液管，用于试样的水解混合，包括在稀释过程中所需要的相应的移液管。

7. 试剂

7.1 碘（晶体），试剂级。

7.2 碘化钾。

7.3 磷酸二氢钾（一元碱）。

7.4 磷酸氢二钠（二元碱）。

7.5 默克牌线性淀粉。

8. 试剂制备

8.1 试样制备。

8.1.1 根据表 1，选择不同 α－淀粉酶含量的样品稀释到 10mL，使得糊精化时间在 15～35min 内。干样品常含有不溶性物质，但是可不用过滤溶液。

8.1.2 表 1 给出了不同 α－淀粉酶含量样品的重量，如果样品的 α－淀粉酶含量处于两个重量范围中间，首选重量较大的值，这样糊精化时间较长，测试更容易，测量结果也更准确。

表 1　样品重量参照表

α－淀粉酶含量（*BAU*/g）	每 10mL 最终稀释液中样品含量（mg）
70～250	200
125～500	100
300～900	50
600～1800	25
1000～4000	10
3000～9000	5
6000～18000	2.5
12500～50000	1

8.1.3 由于相对密度通常大于 1.0，液态产品应称重。

8.1.4 在任何情况下，样品的称量都必须足量，尽可能减小称量误差。如果有必要，可将测试试样进行二次稀释。

8.2 碘溶液的储存。

8.2.1 使用玻璃称量瓶称量 5.5g 试剂级的碘晶体，加水溶解，再将 11g 试剂级碘化钾溶于最少量的水（10～12mL）中，完全溶解后，稀释到 250mL。

8.2.2 将配制好的溶液保存棕色玻璃塞瓶内，并储存在冰箱中，使用期为三个月。

8.3 碘溶液的稀释。

8.3.1 取 2.0mL 配制好的碘溶液和 20g 试剂级的碘化钾溶解于水中，稀释到 500mL。

8.3.2 稀释的碘溶液可以在冰箱中储存，使用期限为一周，30℃±1℃以下使用（见 9.1）。

8.4 缓冲溶液，pH 值为 6.6。

8.4.1 溶液 A。将 9.078g 磷酸二氢钾溶解于水，稀释到 1L。

8.4.2 溶液 B。将 9.472g 磷酸氢二钠溶解于水，稀释到 1L。

8.4.3 将 600mL 溶液 A 和 400mL 溶液 B 混合，可制得 pH 值为 6.6 的缓冲溶液。

8.5 缓冲淀粉。

8.5.1 将 20g 默克牌线性淀粉（见 7.5）（特别适用于测定糖化力）在 103～104℃下干燥 3h，测定淀粉的干重。在干燥器中冷却后，称量并继续干燥至恒重，称量干重后可计算出失重。

8.5.2 根据 8.5.1 计算相当于 10.00g 干重淀粉的重量，配制 500mL 淀粉溶液。

8.5.3 淀粉应保存在密封的容器内，不能暴露在湿度变化较大的环境中。

8.5.4 准确地把 10.00g（干重）默克牌线性淀粉转移到带有搅拌棒的 1L 烧杯中，烧杯中含有 300mL 沸水，剧烈搅拌，等再次沸腾后，继续搅拌并沸煮 3min。

8.5.5 将 1L 烧杯转移到冷水浴中，持续搅拌，避免表面成膜（表面脱水），冷却至室温。

8.5.6 将上述冷却后的淀粉溶液定量转移到 500mL 的容量瓶内，使用少量的水完成转移过程。

8.5.7 加入 10mL、pH 值为 6.6 的缓冲溶液，并稀释到容量瓶刻度。

8.5.8 用标准 pH 计测定淀粉溶液的 pH 值。

8.5.9 淀粉溶液中不能有结块或者成膜，每天需要重新配制，即使淀粉溶液中含有极少量的酶污物，也不能再使用。

9. 操作程序

9.1 在一系列试管中加入 5.0mL 碘稀释溶液，调整水浴的温度为 30℃ ±1℃。

9.2 将 20.0mL 缓冲淀粉溶液转移到 50mL 的锥形瓶中（或同类的有铅环便于称量的烧瓶）并盖上塞子，放置到 30℃ ±1℃ 水浴中 15min，使烧瓶内的温度一致。

9.3 将新制备的样品溶液按照上述步骤调节温度，用快速移液管加入 10mL 淀粉酶溶液，并开始计时。移液管控水后，塞紧盖子，剧烈摇晃烧瓶，使溶液充分混合。

9.4 在合适的时间内，向 5mL、30℃ ±1℃ 的稀碘溶液中缓慢添加 1mL（用带有棉塞的移液管）淀粉水解混合物，摇晃至完全混合后，转移到 13mm 的精密比色管中，在 Hellige 比色仪内与标准的 α－淀粉酶颜色盘对比，完成对比之后，排空比色管，快速甩干使管内液体尽可能少。比色管还可以用于后续测试。

9.5 在反应开始阶段，在加入稀释后的碘溶液之前，样品不用精确到 1mL，随着接近终点，添加量必须准确。移液管内的溶液要吹进稀碘溶液中，使测量精确。

9.6 在达到终点前后，应每隔 0.5min 取一次样。如果两个样品在 0.5min 间隔内，显示一个比标准颜色深暗，另一个比标准颜色浅，则记录终点应为这两次间隔的中间，即精确到 1/4min。

9.7 应小心操作以避免 1mL 水解产物的移液管与稀释后的碘溶液接触。如果将碘带入，会干扰淀粉酶的水解反应。

10. 计算

10.1 用下面公式计算样品中 α－淀粉酶的含量。

$$BAU = 40 \times \frac{F}{T}$$

式中：BAU——每克样品中细菌淀粉酶单位；

F——稀释因子（总的稀释体积/样品重量）；

T——糊精化时间，min。

10.2 公式说明（见 13.1）。

10.3 前面所述的公式来源于如下。

（1）BAU 定义为 1min 内使 1mg 淀粉糊精化所需要淀粉酶的量；

（2）通常采用糊精化 400mg 淀粉（20mL、2% 的溶液）与 10mL 的淀粉酶溶液之比表示，即：

$$BAU = \frac{400}{T} \times \frac{F}{10} = 40 \times \frac{F}{T}$$

10.4 计算示例。

10.4.1 如果假定被测样品的 BAU 是 800，按表 1，在最终稀释液中，每 10mL 含有 25mg 淀粉酶样品。因此，应该称出 2.5g 样品，并稀释到 1000mL，则稀释因子 F 为：

$$F = \frac{\text{总的稀释体积}}{\text{样品重量}} = \frac{1000}{2.5} = 400$$

10.4.2 如果糊精化时间是 20min，则 BAU 为：

$$BAU = \frac{40F}{T} = 40 \times \frac{400}{20} = \frac{16000}{20} = 800$$

10.4.3 如果 BAU 不在预计范围内，习惯上应进行重新测试，包括重新制备各种样品。应检查试液制备的过程，该过程中的错误可能会导致错误的 BAU 值。

11. 报告

报告样品的细菌淀粉酶含量，以每克细菌淀粉酶单位（*BAU*）计。

12. 精确度和偏差

12.1 精确度。在95%置信水平下，重复测试得出的平均值在真实平均数的±6.5%范围内。这一信息来自实验室之间测试研究。

12.2 偏差。细菌性淀粉酶单位（*BAU*）的数值只能根据一种测试方法来定义，没有独立方法测定真实值。基于现有的信息，本测试方法偏差未知。

13. 注释

13.1 如果已知用于测试的材料的 *BAU* 的近似值或预期值，则可用选定测试时间（*T*）乘以预期 *BAU* 值然后除以 40，得出稀释因素（*F*），即 $F = T \times BAU/40$。

13.2 资料可从 ACGIH，Publications Office 获取，地址：Kemper Woods Center，1330 Kemper Meadow Dr.，Cincinnati OH 45240，电话：513/742－2020；网址：www.acgih.org。

13.3 光源。可以是日光或者是日光色荧光灯，不应使用白炽灯，因为白炽灯会使测定结果偏低。

13.4 所有的玻璃器皿必须清洁干净，尤其是移液管，管头极小液滴都会影响转移溶液体积的准确性。浓硫酸—重铬酸钾洗液是一种高效清洁剂，但必须通过反复冲洗才能去除。

AATCC 104 -2010

耐水斑色牢度

AATCC RA23 技术委员会于 1962 年制定；1966 年、1969 年、1972 年、1975 年、1978 年、1988 年、1989 年、1999 年重新审定；1981 年、1983 年、1994 年、2004 年编辑修订并重新审定；2010 年修订；技术上等效于 ISO 105 - E07。

1. 目的和范围

1.1 本测试方法用于评定染色、印花及其他有色纺织品的耐水斑色牢度。白色织物也可发生颜色变化，如泛黄现象。

1.2 本测试方法不考核该污点是否可去除。

2. 原理

测试样用蒸馏水或去离子水滴湿，评定湿态和干燥后试样的颜色变化。

3. 术语

色牢度：材料在加工、检测、储存或使用过程中，暴露在可能遇到的任何环境下，抵抗颜色变化或（和）颜色向相邻材料转移的能力。

4. 安全和预防措施

本安全和预防措施仅供参考。本部分有助于测试，但未指出所有可能的安全问题。在本测试方法中，使用者在处理材料时有责任采用安全和适当的技术；务必向制造商咨询有关材料的详尽信息，如材料的安全参数和其他制造商的建议；务必向美国职业安全卫生管理局（OSHA）咨询并遵守其所有标准和规定。遵守实验室规定，在所有的试验区域应佩戴防护眼镜。

5. 仪器和材料

5.1 玻璃棒。

5.2 AATCC 变色灰卡（见 11）。

5.3 带刻度的移液管（1mL）。

5.4 蒸馏水或去离子水。

6. 试样准备

有色试样，尺寸大小约为（15.2cm ±0.4cm）×（15.2cm ±0.4cm）[（6 英寸 ±0.16 英寸）×（6 英寸 ±0.16 英寸）]。

7. 操作程序

7.1 在室温下，移液管的端头接触试样，在试样上滴 0.15mL 水。必要时，用圆头玻璃棒帮助试样上水分渗透。

7.2 润湿 2min 并在室温干燥后，用变色灰卡评定水斑周围的变色。

8. 评级

用变色灰卡（AATCC EP1）或 AATCC EP7：仪器评价试样变色来评定试样颜色的变化，记录与灰卡颜色最接近的级数（见 11）。

9. 报告

9.1 报告测试用水的类型以及水的 pH 值。

9.2 报告试样润湿 2min 并在室温下干燥后的变色级数。

10. 精确度和偏差

10.1 精确度。本试验方法的精度还未确立，在其产生之前，应采用标准的统计方法，比较实验室内或实验室之间的测试结果平均值。

10.2 偏差。耐水斑色牢度只能根据某一实验方法予以定义，因而没有单独的方法用以确定真值。本方法作为预测这一性质的一种手段，没有已知偏差。

11. 注释

可从 AATCC 获取：地址：P. O. Box 12215，Research Triangle Park NC 27709；电话：919/549 - 8141；传真：919/549 - 8933；电子邮箱：orders@aatcc. org；网址：www. aatcc. org。

AATCC 106-2009

耐水色牢度：海水

AATCC RA23 技术委员会于 1962 年制定；1967 年、1968 年、1972 年、1981 年、2009 年修订；1975 年、1978 年、1989 年、2007 年重新审定；1985 年、1994 年、2001 年、2005 年、2008 年、2010 年编辑修订；1986 年、1991 年、1997 年、2002 年编辑修订并重新审定；部分等效于 ISO 105-E02。

1. 目的和范围

1.1 本测试方法用于测定各类染色、印花或其他有色纱线和织物的耐海水色牢度。

1.2 本测试方法中采用的是人工海水，因为天然海水成分变化大，且不容易获得。

2. 原理

试样和多纤维贴衬织物组合，在规定的温度以及时间条件下，浸泡在人造海水中，然后放于两块玻璃板或者塑料板之间，并在规定的压力和温度条件下，保持一定的时间。然后评定试样的变色及多纤维贴衬织物的沾色。

3. 术语

色牢度：材料在加工、检测、储存或使用过程中，暴露在可能遇到的任何环境下，抵抗颜色变化或（和）颜色向相邻材料转移的能力。

4. 安全和预防措施

本安全和预防措施仅供参考。本部分有助于测试，但未指出所有可能的安全问题。在本测试方法中，使用者在处理材料时有责任采用安全和适当的技术；务必向制造商咨询有关材料的详尽信息，如材料的安全参数和其他制造商的建议；务必向美国职业安全卫生管理局（OSHA）咨询并遵守其所有标准和规定。

4.1 遵守良好的实验室规定，在所有的试验区域应佩戴防护眼镜。

4.2 所有化学物品应当谨慎使用和处理。

4.3 操作实验室测试仪器时，应按照制造商提供的安全建议。

4.4 遵循染轧机的安全说明，尤其是在夹持点处要确保足够的安全，切勿移动安全说明。

5. 仪器和材料（见 12.1）

5.1 AATCC 耐汗渍色牢度试验仪（仪器配有塑料或玻璃板）（见 12.2）。

5.2 烘箱—对流。

5.3 多纤维贴衬织物 [8mm（0.33 英寸）宽纤维条]，包含醋酯纤维、棉、锦纶、丝、黏胶纤维和羊毛，用于含有丝的试样。多纤维贴衬织物 [8mm（0.33 英寸）宽纤维条]，包含醋酯纤维、棉、锦纶、聚酯纤维、腈纶和羊毛，用于不含有丝的试样。

5.4 AATCC 沾色彩卡（见 12.3）。

5.5 AATCC 变色灰卡及沾色灰卡（见 12.3）。

5.6 小轧车。

6. 试剂（人工海水）

每升溶液中含有：

氯化钠（NaCl），工业级，30g；

无水氯化镁（$MgCl_2$），5g；

用蒸馏水配制成1000mL的溶液。

7. 试样准备

7.1 如果测试样为织物，取一块尺寸为（5cm ±0.2cm）×（5cm ±0.2cm）的多纤维贴衬织物与（6cm ±0.2cm）×（6cm ±0.2cm）的试样贴合，沿一条短边缝合在一起，多纤维贴衬织物贴在试样的正面。

7.2 如果测试样为纱线或散纤维，取约相当于贴衬织物一半质量的纱线或散纤维。将其置于（5cm ±0.2cm）×（5cm ±0.2cm）的多纤维贴衬织物和（6cm ±0.2cm）×（6cm ±0.2cm）的未染色织物之间，并缝合四边。

8. 操作程序

8.1 在室温下将组合试样浸泡在试液中，偶尔搅动以确保试样充分润湿（一般的试样所需时间约15min）（见12.4）。

8.2 将试样从试液中取出，若试样的湿重大于干重的3倍，试样仅需在轧水辊（小轧车）之间通过，从而去掉多余的水分。如可能，使试样湿重为干重的2.5~3.0倍。

8.3 将组合试样放在玻璃板或塑料板之间，放入耐汗渍色牢度试验仪试样架中，调节仪器对试样施加4.5kg（10.0磅）压力（见12.2）。

8.4 在烘箱中对装有试样的汗渍架加热，温度为38℃ ±1℃（100℉ ±2℉），时间为18h。

8.5 从烘箱中取出耐汗渍色牢度仪，取下试样组合，将试样和多纤维贴衬织物拆开，如果使用未染色织物，将试样和未染色织物拆开，将多纤维贴衬织物和试样分别放在金属网上，在大气环境21℃ ±1℃（70℉ ±2℉）、相对湿度65% ±2%的条件下调湿一个晚上。

9. 变色的评级

用变色灰卡（AATCC EP1）或AATCC EP7《仪器评估试样的变色》评定试样的变色。记录与灰卡颜色最接近的级数。

10. 沾色的评级

用《AATCC 沾色灰卡》（AATCC EP2）、《AATCC 9级彩卡》（AATCC EP8）或《仪器评价沾色》（AATCC EP12）评价多纤维贴衬织物（见12.5）的沾色。记录与所使用评级卡颜色最接近的级数。报告所用的评级卡（见12.6）。

11. 精确度与偏差

11.1 精确度。本试验方法的精确度还未确立，在其产生之前，采用标准的统计方法，比较实验室内或实验室之间的试验结果的平均值。

11.2 偏差。耐海水色牢度只能根据某一实验方法予以定义，因而没有单独的方法用以确定真值。本方法作为预测这一性质的手段，没有已知偏差。

12. 注释

12.1 有关适合测试方法的设备信息，请登录http://www.aatcc.org/bg。AATCC提供其企业会员单位所能提供的设备和材料清单。但AATCC没有给其授权，或以任何方式批准、认可或证明清单上的任何设备或材料符合测试方法的要求。

12.2 水平耐汗渍色牢度试验仪器：将所有21块玻璃或塑料板都放进试样架中，而不考虑试样的数量。在最后一块玻璃或塑料板放在最上面后，将带有补偿弹簧的双板放置在规定位置。将一个3.6kg（8.0磅）的重锤放在顶端，加上压板的重量，使总重量达到4.5kg（10.0磅）。拧紧螺栓以锁住压板。取走重锤，将汗渍架侧放进烘箱，以使玻璃板或塑料板和试样竖直。

垂直耐汗渍色牢度试验仪器：玻璃板或塑料板固定在垂直位置，在刻度标尺之间，一端是固定的金属板，另一端是可移动的金属板。通过调整螺丝，移动板可向试样施加压力。当压力在刻度尺上显示为4.5kg（10.0磅）时，用固紧螺栓锁住试样架。然后将试样架从施压的部分撤出。另一试样架可以放入施压部分，重复装载程序。

12.3 可从AATCC获取：地址：P.O. Box l2215，Research Triangle Park NC 27709；电话：919/549-8141；传真：919/549-8933；电子邮箱：orders@aatcc.org；网址：www.aatcc.org。

12.4 或将试样浸在室温下的测试液中，通过轧辊（小轧车），然后再浸入。若有必要，请重复，使试样彻底润湿。

12.5 根据显现出的最严重的沾色纤维评级。

12.6 对于十分关键的评定和仲裁的情况下，评级必须基于沾色灰卡。

AATCC 107 －2011

耐水渍色牢度

AATCC RA23 技术委员会于1962 年制定；1967 年、1968 年、1972 年、1981 年、2009 年修订；1975 年、1978 年、1989 年、2007 年重新审定；1983 年、1985 年、1994 年、2001 年、2005 年、2008 年、2010 年编辑修订；1986 年、1991 年、1997 年、2002 年编辑修订和重新审定；技术等效于 ISO 105 － E01。

1. 目的和范围

1.1 本测试方法是用于测试染色、印花或其他有色纺织纱线和织物的耐水渍色牢度。

1.2 在本试验方法中使用蒸馏水或去离子水，因为自来水的成分是不稳定的。

2. 原理

试样和多纤维贴衬织物贴合形成组合试样，在规定的温度和时间下，将组合试样浸泡在水中，然后放于两块玻璃板或者塑料板之间，并在规定的压力、温度下保持一定的时间。然后评定试样的变色及多纤维贴衬织物的沾色。

3. 术语

色牢度：材料在加工、检测、储存或使用过程中，暴露在可能遇到的任何环境下，抵抗颜色变化或（和）颜色向相邻材料转移的能力。

4. 安全和预防措施

本安全和预防措施仅供参考。本部分有助于测试，但未指出所有可能的安全问题。在本测试方法中，使用者在处理材料时有责任采用安全和适当的技术；务必向制造商咨询有关材料的详尽信息，如材料的安全参数和其他制造商的建议；务必向美国职业安全卫生管理局（OSHA）咨询并遵守其所有标准和规定。

4.1 遵守良好的实验室规定，在所有的试验区域应佩戴防护眼镜。

4.2 操作实验室测试仪器时，应按照制造商提供的安全建议。

4.3 遵守小轧车安全，尤其是在夹持点处要确保足够的安全。切勿移动安全警示。

5. 仪器和材料（见 12.1）

5.1 耐汗渍色牢度试验仪（仪器配套有塑料或玻璃板）（见 12.2）。

5.2 对流式烘箱。

5.3 多纤维贴衬织物［8mm（0.33 英寸）宽纤维条］，包含醋酯纤维、棉、锦纶、丝、黏胶纤维和羊毛，用于含有丝的试样。多纤维贴衬织物［8mm（0.33 英寸）宽纤维条］，包含醋酯纤维、棉、锦纶、聚酯纤维、腈纶和羊毛，用于不含有丝的试样。

5.4 AATCC 沾色彩卡（见 12.3）。

5.5 AATCC 变色灰卡及沾色灰卡（见 12.3）。

5.6 小轧车。

6. 试剂

新鲜煮沸的蒸馏水或取自离子交换器中的去离子水。

7. 试样准备

7.1 如果测试样为织物，取一块尺寸为

(5cm ±0.2cm) × (5cm ±0.2cm) 的多纤维贴衬织物与 (6cm ±0.2cm) × (6cm ±0.2cm) 的试样贴合，沿一条短边缝合在一起，多纤维贴衬织物贴在试样的正面。

7.2 如果测试样为纱线或散纤维，取约相当于贴衬织物一半的质量的纱线或散纤维，将其置于 (5cm ±0.2cm) × (5cm ±0.2cm) 的多纤维贴衬织物和 (6cm ±0.2cm) × (6cm ±0.2cm) 的未染色织物之间，并缝合四边。

8. 操作程序

8.1 在室温下将组合试样浸泡在试液中，偶尔搅动试样，确保试样充分浸湿（对于普通织物一般浸泡时间约 15min）（见 12.4）。

8.2 将试样从试液中取出，若试样湿重大于干重的 3 倍，试样需在轧水辊（小轧车）之间通过，从而挤去多余的水分。只要有可能，使试样湿重为干重的 2.5 ~3.0 倍。

8.3 将组合试样夹在玻璃板或塑料板之间，再放入汗渍试验仪的汗渍架中，然后调节耐汗渍色牢度仪，给试样施加 4.5kg (10.0 磅) 压力（见 12.2）。

8.4 将带有组合试样的汗渍架放入烘箱中加热，在温度为 38℃ ±1℃ (100℉ ±2℉) 下处理 18h。

8.5 取出耐汗渍色牢度仪，取出组合试样，将试样和多纤维贴衬织物拆开，如果使用未染色织物，将试样和未染色织物拆开，并分别放在金属网上，在大气环境 21℃ ±1℃ (70℉ ±2℉)、相对湿度 65% ±2% 的条件下调湿一个晚上。

9. 变色的评级

用变色灰卡（AATCC EP1）或 AATCC EP7《仪器评价试样的变色》评定试样的变色。记录与灰卡颜色最接近的级数。

10. 沾色的评级

用《AATCC 沾色灰卡》(AATCC EP2)、《AATCC 9 级彩沾色卡》（AATCC EP8）或 AATCC EP12《仪器评价沾色》评定多纤维贴衬织物的沾色（见 12.5）。记录与所使用评级卡颜色最接近的级数。报告所用的评级卡（见 12.6）。

11. 精确度和偏差

11.1 精确度。这一测试方法的精确度尚未确定。在该方法的精确度描述建立之前，通常采用标准统计技术来比较同一实验室内测试结果或是不同实验室间测试结果，并取平均值。

11.2 偏差。耐水渍色牢度只是针对一种测试方法而定义，至今仍没有任何一个独立的可供参考的测试方法可以用来确定其真值。作为一种评价这一性能的手段，该实验方法的偏差未知。

12. 注释

12.1 有关适合测试方法的设备信息，请登录 http://www.aatcc.org/bg。AATCC 提供其企业会员单位所能提供的设备和材料清单。但 AATCC 没有给其授权，或以任何方式批准、认可或证明清单上的任何设备或材料符合测试方法的要求。

12.2 水平耐汗渍色牢度试验仪：将所有 21 块玻璃或塑料板放进试样架中，这里不考虑试样的数量。当最后一块玻璃或塑料板放在最高位后，放带有补偿弹簧的双板于此位置。将一个 3.6kg (8.0 磅) 的重锤放在顶端，使压板下承受总压力为 4.5kg (10.0 磅)。旋紧翼形螺钉以锁住压板在此位置。取下重锤，将样品架侧放进烘箱，以使夹板和试样竖立。

垂直耐汗渍色牢度试验仪器：用一端是固定的金属板，另一端是可移动的金属板将试样夹板竖直夹在指示尺之间。调节螺钉，移动板可对试样施加压力。当指示尺上指示所需要的 4.5kg (10.0 磅) 压力时，用定位螺丝锁住试样架中的试样。随后将样品架从施压的一端撤出。另一试样架可以加到施压的那一端，重复装载程序。

12.3 可从 AATCC 获取：地址：P. O. Box l2215，Research Triangle Park NC 27709；电话：919/549 - 8141；传真：919/549 - 8933；电子邮箱：orders@ aatcc. org；网址：www. aatcc. org。

12.4 或在室温下将试样浸泡在试液中，通过轧辊（小轧车），然后再浸泡。若有必要，请重复，使彻底润湿。

12.5 根据显现出的最严重的沾色纤维评级。

12.6 对于十分关键的评定和仲裁的情况下，评级必须基于沾色灰卡。

AATCC 109 -2011

耐低湿大气中臭氧色牢度

AATCC RA33 技术委员会于 1963 年制定；1972 年、1986 年、1987 年修订；1971 年、1975 年、1983 年、1992 年、2002 年、2005 年重新审定；1981 年、1982 年、1983 年、1985 年、1989 年、1995 年、2008 年、2010 年编辑修订；1997 年编辑修订并重新审定；部分等效于 ISO 105 - G03。

1. 目的和范围

本测试方法用于测定在室温和相对湿度不超过 67% 的大气中，纺织品的颜色耐大气中臭氧作用的能力。

2. 原理

纺织品试样和一块控制标样同时暴露在室温［18 ~28℃ (64 ~82℉)］和相对湿度不超过 67% 的含有臭氧的大气中，直到控制标样显示的变色程度达到相应的褪色标准，此暴露时间即作为一个循环。重复此循环，直到试样达到一定的变色或完成规定的循环次数。

3. 术语

色牢度：材料在加工、检测、储存或使用过程中，暴露在可能遇到的任何环境下，抵抗颜色变化或（和）颜色向相邻材料转移的能力。

4. 安全和预防措施

本安全和预防措施仅供参考。本部分有助于测试，但未指出所有可能的安全问题。在本测试方法中，使用者在处理材料时有责任采用安全和适当的技术；务必向制造商咨询有关材料的详尽信息，如材料的安全参数和其他制造商的建议；务必向美国职业安全卫生管理局（OSHA）咨询并遵守其所有标准和规定。

4.1 遵守良好的实验室规定，在所有的试验区域应佩戴防护眼镜。

4.2 操作实验室测试仪器时，应按照制造商提供的安全建议。为对眼睛加强保护，臭氧发生器工作时，请勿直视。

4.3 臭氧是敏感的刺激物，按照制造商的规定，测试箱应向室外通风。臭氧即使在中等浓度的情况下也会损害健康。

4.4 本测试法中，人体与化学物质的接触限度必须达到或低于官方的限定值［例如，美国职业安全卫生管理局（OSHA）允许的暴露极限值（PEL），参见 1989 年 1 月 1 日实施的 29 CFR 1910.1000］。此外，美国政府工业卫生师协会（ACGIH）的阈限值（TLVs）由时间加权平均数（TLV - TWA）、短期暴露极限（TLV - STEL）和最高极限（TLV - C）组成，建议将其作为人体在空气污染物中暴露的基本准则并遵守（见 12.1）。

5. 使用和限制条件

本试验方法尽管适用于一些底布，但不适用于锦纶地毯。对于锦纶地毯，见 AATCC 129《耐高湿大气条件下臭氧的色牢度》。

6. 仪器和材料（见 12.2）

6.1 具备室温和相对湿度不超过 67% 的臭氧箱（见 12.3）。

6.2 变色灰卡（见 12.4）。

7. 试样准备

7.1 每块剪取试样的尺寸至少为 10.0cm × 6.0cm（4.0 英寸 ×2.375 英寸）。为了接下来进行颜色比较，应将未在臭氧中暴露的试样放在密封的容器里，避光防止褪色。

7.2 如果试样是水洗过的或者干洗过的，臭氧的影响评定，应与未在臭氧中暴露的水洗或干洗后试样的颜色比较。可分别参照 AATCC 61《耐洗涤色牢度：快速法》和 AATCC 132《耐干洗色牢度》试验方法准备水洗试样或干洗试样。

8. 操作程序

8.1 将试样（见 12.3）悬挂在臭氧箱内（见 12.3）。测试仪器必须放置在室温为 18 ~28℃（64 ~82℉）、相对湿度不超过 67% 的房间中。对于参考性试验或实验室之间的比对试验，试验应在温度 21℃ ±1℃（70℉ ±2℉）及相对湿度 65% ±2% 标准大气下的房间或测试箱中进行。臭氧浓度 4.5mg/kg ±1mg/kg、4.5h ±1h 为一个周期（见 12.5）。

8.2 一个试验周期结束后，取出结束时颜色发生变化的试样。一般情况下，对臭氧敏感的试样一个试验周期可产生可测量的颜色变化。

8.3 如有必要，再进行同样循环的试验。

9. 评级

9.1 每一循环的试验结束时，立即将试样从臭氧箱取出与保存的原样比较。

9.2 用变色灰卡（AATCC EP1）或 AATCC EP7《仪器评估试样的变色》评定试样的变色。记录与灰卡颜色最接近的级数，并报告试验的周期数（见 12.6）。

10. 报告

报告每个试样的变色级数、试验循环次数和试验时的温度和相对湿度。

11. 精确度和偏差

11.1 精确度。本试验方法的精度还未确立，在其产生之前，采用标准的统计方法，比较实验室内或实验室之间的试验结果的平均值。

11.2 偏差。耐低湿大气中臭氧色牢度只能根据某一实验方法予以定义，因而没有单独的方法用以确定真值。本方法作为预测这一性质的手段，没有已知偏差。

12. 注释

12.1 可从 ACGIH Publication Office 获取，地址：Kemper Woods Center，1330 Kemper Meadow Dr.，Cincinnati OH 45240；电话：513/742 -2020；网址：www.acgih.org。

12.2 有关适合测试方法的设备信息，请登录 http://www.aatcc.org/bg。AATCC 提供其企业会员单位所能提供的设备和材料清单。但 AATCC 没有给其授权，或以任何方式批准、认可或证明清单上的任何设备或材料符合测试方法的要求。

12.3 在室温和相对湿度不超过 67% 的环境下使用的臭氧箱由臭氧发生器、风扇、隔板机构、试样架和试样室构成。任何形式的臭氧发生器都可用以产生所需的臭氧浓度，但是，由水银灯泡或火花隙发生器产生的紫外光应用适当的防护物拦护，以防止照射到架子上的试样。

12.4 灰卡可从 AATCC 获取，地址：P.O. Box 12215，Research Triangle Park NC 27709；电话：919/549 -8141；传真：919/549 -8933；电子邮箱：orders@aatcc.org；网址：www.aatcc.org。

12.5 臭氧浓度测定的有关信息，请参考以下：Schulze，Fernand，"Versatile Combination Ozone and Sulfur Dioxide Analyzer"，Analytical Chemistry 38，pp 748 -752，May 1966。

"Selected Methods of the Measurement of Air Pollutants", Public Health Service Publication, No. 999 - AP - 11, May 1965, Office of Technical Information and Publication(OTIP),Springfield VA. PB 167 - 677。

12.6 一种自动化的电子评级系统也可使用，只要证明它给出的结果重复性和再现性相当于或好于有经验的评级者目测评定的结果。

AATCC 110 - 2011

纺织品的白度

AATCC RA34 技术委员会于 1964 年制定；1983 年权限转到 AATCC RA36 技术委员会；1968 年、1972 年、1975 年、1979 年、2000 年、2005 年、2011 年重新审定；1979 年、1980 年编辑修订；1989 年（标题更改）、1995 年修订；1994 年编辑修订并重新审定；技术上等效于 ISO 105 - J02。

---

1. 目的和范围

1.1 本测试方法规定了测定纺织品白度和色调的方法。

1.2 试验中测定的白度是表示织物表面白色程度的指标。色调，如果不等于零，则表示从主波长为466nm 的蓝色偏红或偏绿的程度。白度和色调的计算公式由 CIE（国际照明委员会）推荐（见 11.1）。

1.3 由于反射率受到纺织品表面特性的影响，所以仅能在同类的纺织品之间进行比较。

1.4 本方法中公式的使用仅限于商业上称为“白色”的试样，且在颜色和荧光度上没有太大差异，并要在基本同一时间内，用同一台仪器测量。在这些限定条件下，本方法中的公式提供的只是相对而不是绝对的白度评定，但对于商业用白度评价已经足够。同时应选择适当的型号及商业性能的仪器进行测试。

2. 原理

2.1 采用反射分光光度计或比色计测定 CIE 三刺激值，再以 CIE 色品坐标为基准，用公式计算白度值和色调值。

2.2 纺织品中的许多杂质会吸收短波长光线，在外观上就出现泛黄现象。所以可以通过测定白度来显示纺织品不含杂质的程度。

2.3 通过白度测定还可以测定纺织品中是否含有蓝光成分或荧光增白剂（FWAS）。

3. 术语

3.1 CIE 色品坐标：三原色三刺激值与三刺激值总和之比（见 11.1）（ASTM E 284）。

3.2 CIE 三刺激值：由 CIE 规定，CIE 1931 标准观察者和 CIE 1964 增补标准观察者，在特定照明条件下，与待测光达到颜色匹配时，需要的红、绿、蓝三原色的量（见 11.1）。

3.3 荧光增白剂（FWA）：一种染料，能将吸收近紫外光发射为紫 - 蓝色可见光，使得本来泛黄的物质看起来更加洁白（ASTM E 284）。

3.4 完全漫反射体：既不吸收也不透射而全反射，各反射角反射率相同的理想反射面，与入射光的角度分布状况无关。

完全漫反射体是反射测量仪器的校正基础。白度和色调值由公式算出，CIE 体系中完全漫反射体的白度为 100.0，色调为 0.0。

3.5 色调：测试白度时，白色材料的色相受发射或反射波长峰值影响。

3.6 白度：判断一物体颜色是否接近指定白色的依据。

4. 安全和预防措施

本安全和预防措施仅供参考。本部分有助于测试，但未指出所有可能的安全问题。在本测试方法

中，使用者在处理材料时有责任采用安全和适当的技术；务必向制造商咨询有关材料的详尽信息，如材料的安全参数和其他制造商的建议；务必向美国职业安全卫生管理局（OSHA）咨询并遵守其所有标准和规定。

4.1 遵守良好的实验室规定，在所有的试验区域应佩戴防护眼镜。

4.2 为保护眼睛，防止紫外光照射，要遵循紫外光制造商的安全防护建议。

4.3 操作实验室测试仪器时，应按照制造商提供的安全建议。

5. 仪器和材料

5.1 测色仪器。反射分光光度计或比色计可以测量或计算 CIE 三刺激值，满足至少一个 CIE 指定的照明/观察条件（45/0、0/45、d/0、0/d）。当用积分球的照明/观察条件来测量荧光试样时，照明系统的光谱功率的分布随试样上反射和发射出的功率而变化。因此最好采用 45/0 和 0/45 的照明/观察条件（见 11.1）。

5.2 参考标准。第一标准是完全反射漫射体（见 3.4），第二参考标准是依据完全漫反射体校正的标准，用于仪器校准。

5.3 UV 紫外光源。用来观测纺织品中是否含有荧光增白剂 FWA。

6. 试样准备

将每块试样在温度 21℃ ±1℃（70℉ ±2℉）、相对湿度 65% ±2% 的条件下恒定几个小时。每个测试样分别放于筛网或有孔的恒温恒湿架上（见 ASTM D 1776《纺织品恒温恒湿和测试的标准操作》和 11.5）。避免弄脏和沾污试样，试样的尺寸由所用反射测试仪器的孔径和测试面料的半透明程度决定。

7. 操作程序

7.1 在测试之前，首先要确定织物是否含荧光增白剂（FWA），可在暗室中的紫外光源（UV）下观察。若织物中含有荧光增白剂（FWA）物质，则会在紫外光的照射下发荧光。

7.1.1 如果纺织面料上有荧光增白剂，必须使用可以用全光谱照明待测织物，并且相对光谱功率分布接近 CIE 规定的 D_{65} 光源（330 ~ 700nm）的仪器（见 11.3）。可咨询仪器制造商选择合适的设备，若仪器使用频闪光源，应核实仪器的适用性。

7.1.2 为了测量荧光增白剂大约相对有效性，可以使用允许在照明光束插入能切断紫外光滤光片的仪器。插入紫外滤光片前后的变化可以说明试样由于添加了荧光增白剂外观白度有所提高。由于光源或紫外过滤片可能有所不同，使用者需注意只在“相对内部”的测试时使用此方法。

7.2 为保证测量标准化，依据 AATCC EP6《颜色的仪器测量》，需根据制造商的说明操作测色仪器。

8. 计算、说明和限制

8.1 取每个试样测量值的平均值。

8.2 对于每个平均的测量，测定 CIE D_{65} 光源和 1964 10°视角下的 CIE 三刺激值 X_{10}、Y_{10} 和 Z_{10}［参考 ASTM 标准测试 E308《根据反射率计算三刺激值》］。测定色品坐标 Y_{10}、x_{10}、y_{10}。如果所用仪器无法测定 CIE D_{65} 光源和 1964 10°视角下的数值，可使用 CIE C 光源和 1931 2°视角，如 11.3 所述。

8.3 任何试样都可以用 8.4 中公式计算白度值（W_{10}），用 8.5 中公式计算色调值（$T_{w,10}$）。由于仪器的局限性和 CIE 白度空间的线性，比较白度和色调值，必须要在基本相同的时间和同一台仪器上测量相似的试样。由于测试要求完全取决于特定用途和被测材料，所以接受或拒绝两个样品相差的程度完全由使用者决定。W_{10} 值越高，白度越白。W_{10} 值相差的程度不能指示视觉白度差异的程度，也不能表示荧光增白剂浓度的差异程度。同样，与

$T_{w,10}$值相差的程度并不能代表视觉上白色偏绿或偏红相差的程度。

8.4 白度（见11.2和11.3）（CIE D_{65}光源和1964 10°视角）。

$$W_{10} = Y_{10} + 800\ (0.3138 - x_{10})\ + 1700\ (0.3310 - y_{10})$$

式中：W_{10}——白度值或白度指数；

Y_{10}，x_{10}，y_{10}——试样的色品坐标；

0.3138和0.3310——对于完全漫反射体，分别代表x_{10}和y_{10}色品坐标。

限制范围：$40 < W_{10} < 5Y_{10} - 280$。

8.5 色调（CIE D_{65}光源和1964 10°视角）。

$$T_{w,10} = 900\ (0.3138 - x_{10})\ - 650\ (0.3310 - y_{10})$$

式中：$T_{w,10}$——色调值；

x_{10}，y_{10}——试样的色品坐标；

0.3138和0.3310——对于完全漫反射体，分别代表x_{10}和y_{10}色品坐标。

限制范围：$-3 < T_{w,10} < +3$。

当$T_{w,10}$为正时，表示偏绿色的色调；$T_{w,10}$为负值时，表示偏红色的色调；为零时，表示为主体波长为466nm的偏蓝色调。

9. 报告

报告白度数值，如果需要，报告色调值。报告测试中用到的光源和视角与所使用的仪器。

10. 精确度和偏差

10.1 精确度。本试验方法的精度还未确立，在其产生之前，采用标准的统计方法，比较实验室内或实验室之间的试验结果的平均值。

10.2 偏差。纺织品的白度和色调值只能根据某一实验方法予以定义，因而没有单独的方法用以确定真值。本方法作为预测这一性质的手段，没有已知偏差。

11. 注释

11.1 要了解CIE色度系统的详细介绍、仪器几何参数及上述白度和色调公式的完整描述，见Publication CIE No.15.2（1986），Colorimetry，Second Edition。可从以下获取：USNC/CIE Publications，联系人：Thomas Lemons，TLA Lighting Consultants，地址：7 Pond St.，Salem MA 01970-4893。

11.2 本测试方法旧版本所用等式如下：

$$W = 4B - 3G\ \text{(AATCC 110-1979)}$$

式中：W——白度；

B——表示CIE C光源和1931 2°视角下的蓝色反射系数；

G——表示CIE C光源和1931 2°视角下的绿色反射系数。

11.3 三刺激色度仪典型的不符合CIE D_{65}光源和1964 10°视角，多数情况下进行CIE C光源和1931 2°视角下的计算。虽然CIE出版物No.15.2认可1931 2°视角下的白度和色调计算值，但不认可CIE C光源下的计算。因此给出以下等式，供受条件限制只能使用三刺激色度仪进行CIE C光源和1931 2°视角下计算的用户。但需注意这些计算只适用于“相对内部”测量和对比。

11.3.1 白度（CIE C光源和1931 2°视角）。

$$W_{C,2} = Y + 800\ (0.3101 - x)\ + 1700\ (0.3161 - y)$$

式中：$W_{C,2}$——白度值或白度指数；

Y，x，y——试样的色品坐标；

0.3101和0.3161——对于完全漫反射体，是x和y色品坐标。

限制范围：$40 < W_{C,2} < 5Y - 280$。

11.3.2 色调（CIE C光源和1931 2°视角）。

$$T_{C,2} = 1000\ (0.3101 - x)\ - 650\ (0.3161 - y)$$

式中：$T_{C,2}$——色调值；

x，y——试样的色品坐标；

0.3101和0.3161——对于完全漫反射体，分别是x和y色品坐标。

限制范围：$-3 < T_{C,2} < +3$。

当 $T_{C,2}$ 为正时，表示偏绿色调；$T_{C,2}$ 为负值时，表示偏红色的调；为零时，表示为主体波长 466nm 的偏蓝色调。

11.4 若希望研究在真实 CIE D_{65} 光源下含荧光增白剂的样本数据，可参考如下资料：F. W. Billmeyer Jr.，Metrology，Documentary Standards，and Color Specifications for Fluorescent Materials，Color Research and Application，19，413 −425，(1994)，and Publication CIE No. 51，A Method for Assessing the Quality of Daylight Simulators for Colorimetry。

11.5 标准测试方法及实践在以下文献中提到：ASTM 颜色和外观测量的标准方法，第四版，1994。可从 ASTM 获取，地址：100 Barr Harbor Dr.，West Conshohocken PA 19428；电话：610/832 −9500；传真：610/832 −9555，网址：www.astm.org。

11.6 获取有关颜色测量的完整描述，见 AATCC EP6《仪器测量颜色》。

AATCC 111 -2009

纺织品耐气候性：暴露在日光和气候条件下

AATCC RA64 技术委员会于 1996 年制定，代替 1964 年最初制定、1990 年最后一次修订并重新审定的 111A - 1990，111B - 1990，111C - 1990 和 111D - 1990；2007 年转至 AATCC RA50 技术委员会；2003 年修订（标题更改）；2007 年和 2008 年编辑修订；2009 年重新审定并编辑修订。

1. 目的和范围

1.1 本测试方法规定了测定纺织品耐气候性的方法。

1.2 本测试方法适用于天然的、染色的、整理过的或未整理过的纤维、纱线、织物及其制成品，包括涂层织物。测试方法如下：

方法 A：在自然光和气候下直接暴晒。

方法 B：经玻璃过滤后的自然光和不直接淋湿的气候下暴晒。

1.3 本测试方法包括以下章节，有助于纺织品耐气候性能不同的测试方法的使用和执行。

2. 原理

将试样和双方协议的参比标准在直接或透过玻璃后的自然气候条件下同时暴晒，达到某一指定的变化程度，如颜色变化或强度损失等，或者达到某一指定的辐射量。暴晒时间以日历的日、月或年计时。但是，该方法在不同时期的相等时间暴晒，结果也可能有较大的差异。采用本标准中推荐的一个或多个操作程序，通过对试样的暴晒部分和对应的未暴晒部分的评定，从而确定材料的耐气候性能。

3. 术语

3.1 AATCC 蓝色羊毛标样：由 AATCC 发布的一组染色羊毛织物，用于确定试样在耐光测试中的暴晒量。

3.2 黑板温度计：测量温度的装置。其感应部分涂有黑漆，吸收耐光测试中接收到的大部分辐射能量。

3.3 断裂强力：试样在拉伸测试中被拉至断裂时作用于试样最大的力。

3.4 宽带通辐射计：相关术语。最大透光率为50%时、带通宽度大于20nm的辐射计，用于测量一定波长的辐照度，如波长300～400nm或300～800nm。

3.5 胀破强力：在特定条件下，以一个垂直于织物表面的力作用于织物，使其破裂所需的压力或压强。

3.6 中心波长：两个半值功率之间所指定的波长的中间值，如340nm±2nm。

3.7 变色：对比试样和相应的未测样品进行识别，不管是亮度、色相或彩度，或任意组合的各种颜色变化。参见AATCC EP1和EP7。

3.8 半功率带宽：在带宽过滤器中，透光率为峰值透过率的50%时波长之间的距离。

注：对于窄带宽过滤器，距离不应超过20nm。

3.9 辐照度：波长的函数，单位面积的辐射功率，表示为瓦特/平方米（W/m^2）。

3.10 辐照量：辐照度的时间积分，表示为焦耳/平方米（J/m^2）。

3.11 实验室样品：取自批样或原材料的一部分作为实验室试样。

3.12 窄带辐射计：当透光率为峰值透光率的50%时，带宽小于或等于20nm的一种辐射计。用于测定某波长的辐照度，如波长为340nm±0.5nm或420nm±0.5nm的辐照度。

3.13 日射强度计：一种辐射计，测量总日辐照度或者半球向日辐照度。

3.14 辐射能：各种波长的光子或电磁波在空间传播的能量。

3.15 辐射暴晒量：辐照度的时间积分。

3.16 辐射通量密度：辐射能通过试样时的流动速度。

3.17 辐射功率：单位时间内发射、转移或接收的辐射能量。

3.18 辐射计：用于测量辐射能的仪器。

3.19 参比织物：用于检查测试仪器和操作条件而选择的一块或多块蓝色羊毛标样。

3.20 试样：取自材料或实验室用于进行试验的部分。

3.21 光谱能量分布：放射出的辐射能在不同波长跨度内的能量变化。

3.22 光谱透射率：波长的函数。辐射能量经过给定的材料后，其中未被材料吸收的能量占总入射能量的百分比。

3.23 纺织品试验用标准大气：空气温度为21℃±1℃，相对湿度为65%±2%。

3.24 撕破强度：将织物上已有的切口完全撕裂时所需要力的平均值。

3.25 紫外辐射量：波长小于可见光、大于100nm的单色光组成的辐射能量。

注：紫外线辐射的光谱范围界定不特别明确，根据使用者而变化。CIE（国际照明委员会）中E.2.1.2委员会在光谱范围400nm和100nm之间进行如下划分：

UV－A：315～400nm

UV－B：280～315nm

UV－C：100～280nm

3.26 可见光辐射量：引起视觉的任何辐射能量。

注：可见辐射光的光谱范围界定不特别明确，根据使用者而变化。波长的下限通常被认为在380～400nm，上限在760～780nm（$1nm=10^{-9}m$）。

3.27 气候：指定地理位置包括日光、雨水、湿度和温度等因素的气候条件。

3.28 耐气候性：材料在气候条件下暴晒，抵抗其性能变差的能力。

4. 安全和预防措施

本安全和预防措施仅供参考。本部分有助于测试，但未指出所有可能的安全问题。在本测试方法中，使用者在处理材料时有责任采用安全和适当的技术；务必向制造商咨询有关材料的详尽信息，如材料的安全参数和其他制造商的建议；务必向美国职业安全卫生管理局（OSHA）咨询并遵守其所有标准和规定。

皮肤和眼睛在日光下长时间暴晒可能比较危险，因此应注意保护这些部位。任何情况下不可直视太阳。

5. 使用和限制条件

5.1 这些方法的使用并不意味是对某特定应用的加速测试。耐气候性测试与实际耐气候性之间的相关程度必须经数学方法确定，以及由协议双方达成一致。

A. 使用说明

5.2 方法A适用于评估纺织品和相关材料、包括涂层织物在淋湿和辐射能量等自然气候条件下暴晒的抗老化程度，和进一步核查材料的耐久性。方法B适用于材料在受到保护的较温和条件下，如在户内未淋湿和由于玻璃使短波长UV辐射能量减少的环境中，评估其暴晒后的耐气候和日光的老化程度。

5.3 选择的测试方法应根据试验材料的最终使用环境条件而定。

5.4 使用本标准时，应使用参比标样。参比标样是经过一定的暴晒后，已知其性能的变化情况。

B. 限制条件

5.5 在相同的光源和环境下，并非所有的材料达到同样的效果。任意一个测试方法得到的结果，并不能代表其他测试方法或者最终应用时所得到的结果，除非协议双方已经对指定的材料或指定的应用情况建立了数学相关性。

5.6 根据以下几个因素解释拟实际日光暴晒所得到的抗老化性测试结果。

5.6.1 材料的固有性能：物理状态、质量和紧密度。

5.6.2 光谱能量的分布以及辐射流的密度（来自太阳）。

5.6.3 暴晒期间，试样周围的空气温度和相对湿度。

5.6.4 添加物如纤维稳定剂，被雨水浸出或老化作用。

5.6.5 大气中的污染物。

5.6.6 有光谱吸收特性的添加整理剂和染料的作用。

5.6.7 残留洗涤剂或干洗化学药品的作用。

5.7 不同纺织材料的相对老化速度并不一定随着这些因素自身的变化而发生相同的变化。因而，在不同使用条件下，使用任一种测试方法都不能预测出纺织品和相关材料的耐久性。因此，常用的做法是将试样在已经全面了解了材料预期性能的不同条件下暴晒，研究其耐久性。

5.8 当操作条件在本标准可接受限制范围内变化，或者在不同的地理位置测试时，得到的结果可能不同。因此，通过该方法得到的结果是没有参考性的，除非按照12中的报告描述具体操作的条件和位置。

6. 设备和材料（见15.1）

6.1 可被大雨淋湿的日光暴晒架（见15.6和ASTM G 24）。

6.2 不会被大雨淋湿、有玻璃罩的日光暴晒箱（见附录A和ASTM G 24，A型）。

6.3 黑板温度计。

6.4 日射强度计。

6.5 紫外辐射计。

6.6 RH传感器。

6.7 蓝色羊毛标样（参见AATCC 16《耐光色牢度》和14.2.1）。

7. 维护和核查

按照制造商的说明书进行维护。对于有玻璃罩的日光暴晒箱，每月应擦洗玻璃内外表面（或如需要，可更频繁），以去掉灰尘和其他污物。

8. 试样制备

8.1 按规定的测试程序准备试样，尺寸至少满足表1中的要求。应用时，按照材料的规格或者合同要求，试样的长边平行于织物的经向或者纬向（见15.4）。

8.1.1 按照表1中的测试方法制备试样（见15.2、15.3和15.4）。

表1 试样的尺寸和制备

项目	测试方法	试样尺寸（cm）
断裂强力：		
条样法	ASTM D 5035	5×20（2英寸×8英寸）
抓样法	ASTM D 5034	13×28（5英寸×7英寸）
单纱	ASTM D 2256	15（6英寸）
胀破强力：		
机织物	ASTM D 3786	15×15（6英寸×6英寸）
非织造布	ASTM D 3786	15×15（6英寸×6英寸）
针织物	ASTM D 3787	15×15（6英寸×6英寸）
撕破强力：		
摆锤法	ASTM D 1424	10×13（4英寸×5英寸）
梯形法	ASTM D 5587	10×18（4英寸×7英寸）
色牢度	AATCC 16	3×6（1.25英寸×2.44英寸）

8.1.2 以上给出的尺寸是通用要求。大多数情况下，足以满足评定的需要。某些材料暴晒后可能尺寸发生变化。设备制造商、物理测试仪器和所需的试样数量都将影响所需的试样尺寸。在任何情况下，应该核查表1中的测试程序，以确保有足够的试样进行各自所需的暴晒。

8.1.3 除非特别说明，试样的最大厚度为25mm（1英寸）。对于厚度超过25mm、成形的或复合而成的试样及组合的试样，需由买卖双方达成一致的特定要求。

8.1.4 若防止试样散边，需将试样的边缘用环氧树脂或者类似的材料封边，也可缝边、剪锯齿边或者熔边。

8.1.5 最好对每个试样进行标记，记录其在不同的辐射暴晒水平下产生的变化。保留一块未暴晒的试样，用于与暴晒的试样进行比较。

8.2 试样安装。

8.2.1 方法A和方法B。

为了更接近特定的最终用途的条件，可以使用箱体的背衬材料：

最终用途	箱的背衬	近似温度
汽车	固体（夹板）	82℃（180℉）
家庭用（装饰用织物等）	金属网	63℃（145℉）
服用和敏感材料	无（开放式）	43℃（110℉）
防护织物	无（开放式）	43℃（110℉）

8.2.2 织物：确保试样平整地、不卷边地固定在框架上。织物可以缝合在纱网背衬上。对于色牢度测试，按照AATCC 16《耐光色牢度》要求安装试样。

8.2.3 纱线：将纱线卷绕到框架上。只有直接面对辐射能的那部分纱线用来测试断裂强力，单纱或多根纱线的断裂强力都这样操作。测试多根纱线的断裂强力时，纱线必须紧密地卷绕到框架上，宽度为2.5cm（1.0英寸）。控制样和暴晒试样的纱线根数必须相同。暴晒结束后，纱线从测试框架取下前，将面对光源的那部分纱线用宽度为2.0cm（0.75英寸）的遮盖物或者其他合适的带子捆在一起，使这些纱线紧密地排列在暴晒架上。

9. 调湿

9.1 暴晒周期结束后，从暴晒架取下试样和控制样放入标准大气环境中（温度为21℃±1℃、相对湿度为65%±2%）进行调湿。

9.2 如果从框架上取下的试样是湿的，将试样置于实验室或者在温度不超过71℃下条件干燥后再调湿。未暴晒的参比标准（参比标样）和保留的未暴晒试样与试样在完全相同的干燥和调湿条件下处理。

9.3 所有的样品、控制试样和试样都需放到标准大气中调湿平衡。试样达到平衡的条件是不少于2h间隔称重，两次连续称重的差异小于后一次称重的0.1%，一般认为“收样”达到工业平衡。

9.3.1 实际应用中，纺织品达到调湿平衡并不是通过不断地称重来确定的。通常采用的方法是（出现争议时不适用）：测试前，试样置于标准大气下放置一段合理的时间，大多数情况下需放置24h。但是对于某些纤维达到湿度平衡的速度比较慢，当出现这种情况时，合同双方可以协商，按照ASTM D 1776《纺织品调湿和测试用标准程序》（见14.1.12）进行预调湿。

9.4 对于试样和控制试样、暴晒和未暴晒试样的每次测试，应参照表1中的测试方法，标记、分开或剪取暴晒试样的中间部分至所规定的尺寸。最好在暴晒后标记、分开或剪取试样，也可以在暴晒前。无须暴晒的控制试样也需同样制备。对于暴晒在潮湿条件下的试样和浸润的控制试样，可在测试前进行无张力干燥。所有的试样、控制试样和试样根据材质需同时在标准大气下至少调湿24h或更长时间，然后同时进行测试。

10. 操作程序

10.1 将适当数量的试样（见8）以及所需数量的参比标样固定在暴晒架上，其数量的选择应考虑平均结果的可变性，且确保结果的准确性。为了避免有阴影，试样安装应避免放在暴晒箱的边上。

10.2 将试样在日光和自然气候环境下暴晒一定时间，记录此期间的辐射能量或者用日照辐射计和UV辐射计测定达到规定量的辐射能（见15.7～15.9）。

10.2.1 方法A。使用附录A中A2部分描述的直接暴晒架，在日光和自然环境下直接暴晒。

10.2.2 方法B。用附录A中A3部分描述的暴晒箱，透过玻璃且不被淋湿的自然光下暴晒。标样和试样的正面与玻璃盖内表面的距离至少为7.5cm（3英寸），且距离玻璃框的边缘至少15cm（6英寸）。

为了满足所需的暴晒条件，暴晒箱的背衬可采用如下条件：

背　衬	暴晒条件
敞开的	低温
金属网	中温
固　体	高温

10.3 标样和试样暴晒以24h为一天，暴晒完成后，取下进行检查或者进行物理性能测试。

10.4 监控暴晒箱或测试架附近的温度和相对湿度。

10.5 适用时，按照14中所列的测试方法进行物理性能测试。

10.5.1 平均各个试样的测试数据，或者用统计方法处理数据。记录暴晒后试样的断裂强力、撕破强力、胀破强力和色牢度，并与原样的强力或色牢度比较。在应力——伸长曲线上的断裂或规定处，记录未暴晒的控制试样和暴晒试样的伸长百分率，这是非常重要的补充信息。

11. 评定

对照下列参比标准，将材料的耐久性或抗老化性进行分等级。

11.1 残余强力百分率或强力损失百分率。经规定的暴晒时间后，记录材料的强力损失百分率或残余强力的百分率（断裂、撕破和胀破强力）。

11.2 残余强力。记录材料的初始和最终的强力值，及上面提到的其他相关数据。

11.3 色牢度。按照AATCC 16《耐光色牢度》中的方法6进行色牢度评级。

11.4 根据协议的参比样或标准。依据以下参数确定试样的耐久性：

材料达到标准中规定的辐射量和/或暴晒时间，说明与参比样相比具有相同的或更好的耐久性；或材料没有达到标准中规定的辐射量和/或暴晒时间，说明与参比样相比具有较差的耐久性。

11.5 为了确定测试材料与协议的参比标样相比的相对耐久性，可使用一个指数 S_nX。其定义为已测试样的残余强力与未测试材料强力的百分率之比。当 S_nX 值为 1 时，说明试样与参比标样具有相同的耐久性；当 S_nX 值大于 1 时，说明试样比参比样具有较好的耐久性；当 S_nX 值小于 1 时，试样比参比样具有较差的耐久性。

注：当记录系列材料与普遍认可标准相比的耐久性时，该指数具有特别价值。实际上用此指数评价材料的耐久性在研究中比常规的商业评定更有用。

12. 报告

12.1 按照以下导则，报告所有适用的信息。

12.2 报告与 AATCC 111 或者参比标样性能的任何偏离。

12.3 按照 12.1 报告试样和参比标样暴晒时的所有相同条件的信息。

12.4 报告 11（见 15.10）中所有适用的评价性能。

12.5 如果试样不是沿经向的，应报告试样的方向。

12.6 根据协议，在一定条件下材料的撕破强力可以代替或补充断裂强力或者胀破强力。可采用湿态断裂强力、撕破强力或胀破强力，代替或者补充在标准测试条件下的测试结果。这些测试条件和以上的数据应在报告中共同注明。

暴晒方法（AB）：____________________

地理位置：____________________

暴晒时间：从__________到__________

辐射能量：____________________

暴晒纬度：____________________

暴晒角度：____________________

透过玻璃暴晒：是__________否__________

如果是，暴晒类型：____________________

每天环境温度：最低__________℃

最高：__________℃，平均：__________℃

每天黑板温度：最低：__________℃

最高：__________℃，平均：__________℃

每天相对湿度（%）：最低：__________

最高：__________，平均：__________

淋湿的时间：下雨____________________

雨水和露水____________________

13. 精确度和偏差

13.1 本标准可用于商业贸易的可接受性测试。但是，必须谨慎，因为实验室间的精确度显示测试结果之间有较大的可变性。多个实验室使用方法 A（日光）测试表明，在一年中不同时期对样品进行暴晒，测试结果表现出很大的可变性。为了使季节性的变化造成影响最小，采取时间与辐照度的比值来测试耐久性的方法，但并不能对所有织物的这种现象进行弥补。对于某些织物来说，将其暴晒一定的辐照度，其测量结果的变异很小。但是对于其他织物来说，暴晒时间和辐照度之间的微小差异在测试结果上都会显现。此外，织物本身的特性、整理剂或涂层和气候都会影响测试结果。因此，为了使结果具有可对比，强烈建议暴晒测试在一年中的同一时期进行，这样可使季节性的影响最小。

13.1.1 当本标准用于商业贸易的可接受性测试时，如果因测试报告的结果中出现了差异而引起了争议，买卖双方则应该进行对比测试来确定是否在实验室间产生了统计偏差。在偏差的调查中建议使用统计分析。至少，双方应该从有争议的某种材料中取出尽可能均一的一组试样。应该将同等数量的试样随机地分给每个实验室进行测试。在测试前，双方应确定一个可接受的置信水平，把两个实验室测试结果的平均值用合适的

t-检验进行对比。如果在对比结果中发现了一个偏差，则找出偏差产生的原因并进行修正，或者买方和卖方达成协议，对有争议的材料的测试结果的解释必须考虑到已知的实验室间的测量偏差。

13.1.2 实验室间的测试数据，断裂强力的确定。在1990年和1991年进行了实验室间的比对测试，按照AATCC 111B标准，从六种材料中随机取样，然后分别在南佛罗里达和亚利桑那的三个地方进行测试。

注：早先的版本的TM 111包括了实际测试中关于精确度和偏差的列表数据。

13.2 实验室间的测试数据的总结。多个实验室间使用方法B（日光）在一年中不同时期对样品进行暴晒，测试结果之间表现出很大的差异。为了使季节性的变化造成影响最小，采取时间与辐照度的比值来测试耐久性的方法，但并不能对所有织物的这种现象进行弥补。对于某些织物来说，将其暴晒一定的辐照度，其测量结果的变异很小。但是对于其他织物来说，暴晒时间和辐照度之间的微小差异在测试结果上都会显现。此外，织物本身的特性、整理剂或涂层和气候都会影响测试结果。当表2和表3中的变异数为零或接近零时，实验室间的测试结果差异很小。由于在一年四季中不同时期的暴晒产生较高的差异，导致表4和5中不同实验室间更高的临界差值。因此，为了得到具有可对比性的结果，无论选择方法A或方法B，都强烈建议在每年的相同时期进行暴晒测试，这样便能使季节性的影响最小，并且变异分量更能由单个操作者的精确度来代表。

表2 ASTM D 5035 耐气候试验后的断裂强力，条样法变异分量，变异系数（%）

织物暴晒地点	总平均		单一操作者分量		实验室内分量		实验室间分量	
	3MO.	75KJ	3MO.	75KJ	3MO.	75KJ	3MO.	75KJ
MIL-C-44103								
亚利桑那	204	203	4.2	5.3	9.2	6.7	0	0
南佛罗里达	201	201	4.0	3.7	3.2	4.7	0	0
MIL-C-7219								
亚利桑那	150	162	4.2	5.4	46.6	31.6	0	0
南佛罗里达	183	182	6.0	6.7	31.4	19.2	0	0
MIL-C43285-B								
亚利桑那	236	244	10.3	6.5	26.6	19.8	0	0
南佛罗里达	246	248	8.5	6.6	18.0	12.2	0	0
MIL-C-4362-7A								
亚利桑那	64	69	4.1	3.9	13.8	14.4	4.8	0
南佛罗里达	79	77	3.6	4.2	4.5	7.4	0.1	0
ALLIED A-609-029-D								
亚利桑那	248	265	10.8	12.7	81.9	55.1	0	0
南佛罗里达	286	284	9.9	17.0	46.2	33.6	0	0
MIL-C-44103								
亚利桑那	210	211	4.6	3.9	7.2	6.8	0	0
南佛罗里达	208	208	4.6	6.0	3.2	4.5	0	0

注 实验室内差异组成表示在四季中暴晒开始时间的差异。

表 3 耐气候试验后仪器的颜色测量，ΔE，(AATCC EP6)

变异分量、标准偏差、测量单位、单个材料对比

织物暴晒地点	总平均		单个操作者分量		实验室内分量		实验室间分量	
	3MO.	75KJ	3MO.	75KJ	3MO.	75KJ	3MO.	75KJ
MIL－C－44103								
亚利桑那	2.00	1.88	0.19	0.14	0.61	0.49	0.15	0.10
南佛罗里达	2.14	2.07	0.09	0.19	0.47	0.43	0.11	0.23
MIL－C－7219								
亚利桑那	8.99	8.40	1.60	1.13	2.56	1.24	0	0.90
南佛罗里达	7.89	8.00	0.78	1.41	1.34	0	0	0
MIL－C43285－B								
亚利桑那	1.45	0.94	0.27	0.47	0.19	0.31	0.13	0
南佛罗里达	2.30	2.25	0.27	0.52	0.39	0	0.08	0
MIL－C－4362－7A								
亚利桑那	5.77	5.77	1.88	1.55	0.94	0.61	0	1.58
南佛罗里达	0.78	0.88	0.17	0.22	0	0	0	0
ALLIED A－609－029－D								
亚利桑那	14.2	13.2	0.78	0.90	5.23	2.28	0.42	0.92
南佛罗里达	11.9	11.8	0.72	0.98	1.94	1.37	0.51	0.80
MIL－C－44103								
亚利桑那	2.99	2.88	0.51	0.83	0.65	0	0	0
南佛罗里达	5.37	5.41	0.72	0.92	1.68	1.48	0	0

注 实验室内差异分量表明在四季中暴晒开始时间不同的差异。

13.3 精确度。对于报告中表 2 和表 3 中的变异分量，如果表 4 和表 5 中的差值等于或超过了临界差值时，则可以认为在 95% 的置信水平下，两组观察值的平均值认为有显著差异。

注 1：这些变异组成的平方根被用来表示变异性，在表 2 中为百分比，在表 3 中为测试单元，而不是这些测量值的平方。用 $Z=1.960$ 计算临界差值。

注 2：由于实验室间的测试在每个地理位置都仅包括了三个实验室，在对实验室间精确度的评估中需要特别地注意。表中所列的临界差异值应该只是一般性的结论，特别是考虑到实验室间的精确度。对于被评估的某种材料，必须从大量的该材料中随机取样并尽量做到均一，然后随机等量分给每个实验室进行测试。在关于两个具体的实验室有一个有意义的结论出来以前，必须根据上述取样方法，将获得的数据通过比较对比建立两实验室间的统计偏差。

13.4 偏差。耐气候性评价只能根据特定的测试方法来定义。在这样的限制下，测试标准 111 中用断裂强力来测量耐气候性的程序没有已知的偏差。

14. 参考文献

14.1 ASTM 标准（见 15.11）

14.1.1 ASTM D 5034 纺织织物断裂强力和断裂伸长率测试方法（抓样法）。

14.1.2 ASTM D 5035 纺织织物断裂强力和断裂伸长率测试方法（条样法）。

14.1.3 ASTM D 2256 单纱拉伸性能的试验

方法。

14.1.4 ASTM D 3787 针织物胀破强力试验方法：等速钢球胀破法（CRT）。

14.1.5 ASTM D 3786 纺织织物液压或气压胀破强力试验方法：膜胀破强力仪法。

14.1.6 ASTM D 1424 织物落锤式撕破强力试验方法（摆锤法）。

14.1.7 ASTM D 5587 织物梯形法撕破强力试验方法。

14.1.8 ASTM E 903 用积分球仪测量材料的太阳能吸收率、折射率及透过率的测试方法。

14.1.9 ASTM E 824 日射强度计的校准测试方法。

14.1.10 ASTM G 24 透过玻璃进行日光暴晒的标准程序。

14.1.11 ASTM D 2905 纺织品样品数量的标准程序。

14.1.12 ASTM D 1776 纺织品的调湿和测试的标准程序。

14.1.13 ASTM G 7 非金属材料暴晒试验大气环境的标准程序。

14.2 AATCC 测试方法（见 15.12）

14.2.1 AATCC 方法 16，耐光色牢度。

14.2.2 AATCC EP1，变色灰卡。

14.2.3 AATCC EP7，仪器评定测试样颜色变化。

15. 注释

15.1 有关适合测试方法的设备信息，请登录 http：//www.aatcc.org/bg。AATCC 提供其企业会员单位所能提供的设备和材料清单。但 AATCC 没有给其授权，或以任何方式批准、认可或证明清单上的任何设备或材料符合测试方法的要求。

15.2 测试箱（见 14.1）的选择参见 ASTM G 24 和 ASTM G 7，窗玻璃（见 14.1）的选择参见 ASTM G 24。

15.3 除非有其他协议，对于指定材料的规格，剪取一定数量的试样，以使用户期望在95%的置信水平下，试样的测试结果不超过该批试样真实平均值的5%。样品数量按照 ASTM D 2905 标准中所规定的标准偏差的单侧极限来确定。

15.4 对于绒头织物如地毯，其纤维有位置移位性；或者一些织物因为面积小很难评价。测试这些材料时，暴晒面积应该不小于 40.0mm（1.6 英寸）×50.0mm（2.0 英寸）。暴晒足够的尺寸或多个试样，使其包含各种颜色。

15.5 一般取样剪取经向，但是在连接处或者代替经向的特殊情况时，也可选用纬向。有时经纱会因织物结构而辐照不到。选用纬向时必须在报告中注明。

15.6 样品框架必须用不锈钢、铝或者适当涂层的钢制成，以避免可能催化或抑制降解产生的金属杂质污染样品。当用订书钉固定样品时，订书钉应有涂层且不含铁以避免腐蚀性产物污染样品。样品架应进行亚光处理，在设计上应避免可能影响材料性能的反光。为了满足某种性能需求，样品框架应该和试样架的曲率相匹配，其尺寸应取决于试样的类型。

15.7 参考 ASTM G 24《辐射计测定总日光辐射的标准程序》（见 14.1）。

15.8 国际上推荐使用测量和报告辐射能量的单位，单位转换的系数，日射强度计/辐射计的说明和分类摘自《气象仪器指南和观察程序指南》，WMO（世界气象组织），No.8 TP.3。

15.9 参考 ASTM G 24《辐射计测定总日光辐射的标准程序》（见 14.1）。

15.10 原样和暴晒试样的遮盖部分之间有一定色差，这表明纺织品受到了除光照以外其他因素的影响，如热量或者大气中的活性气体。尽管引起色差的具体原因还未知，但是出现这种现象时，应该在报告中注明。

15.11 可从 ASTM 获取，地址：100Barr Harbor Dr. , W. Conshohocken PA 19428 -2959；电话：610/832—9500；传真：610/832 -9555。

15.12 可从 AATCC 获取，地址：P. O. Box l2215，Research Triangle Park NC 27709；电话：919/549 - 8141；传真：919/549 - 8933；电子邮箱：orders@ aatcc. org。

表4 ASTM D 5035 耐气候试验后的断裂强力，条样法注明条件的临界差异值，平均值的%

织物暴晒地点	每个试样的平均观察次数	单一操作者组成		一年四次暴晒间组成		实验室间组成	
		3MO.	75KJ	3MO.	75KJ	3MO.	75KJ
MIL - C -44103							
亚利桑那	1	5.7	7.2	13.7	11.6	13.7	11.6
	2	4.1	5.1	13.1	10.4	13.1	10.4
	5	2.7	3.2	12.7	9.7	12.7	9.7
南佛罗里达	1	5.5	5.0	10.5	8.3	10.5	8.3
	2	3.9	3.6	9.8	7.5	9.8	7.5
	5	2.5	2.3	9.3	6.9	9.3	6.9
MIL - C -7219							
亚利桑那	1	7.9	9.2	86.5	54.9	86.5	54.9
	2	5.6	6.5	86.3	54.5	86.3	54.5
	5	3.5	4.1	86.2	54.3	86.2	54.3
南佛罗里达	1	9.0	10.2	48.5	31.0	48.5	31.0
	2	6.4	7.2	48.1	30.1	48.1	30.1
	5	4.0	4.6	47.8	29.6	47.8	29.6
MIL - C -43285 - B							
亚利桑那	1	12.1	7.4	33.5	23.7	33.5	23.7
	2	8.5	5.2	32.3	23.1	32.4	23.1
	5	5.4	3.3	31.7	22.8	31.7	22.8
南佛罗里达	1	9.6	7.4	22.4	15.5	22.4	15.5
	2	6.8	5.2	21.4	14.6	21.4	14.6
	5	4.3	3.3	20.7	14.1	20.7	14.1
MIL - C -4362 -7A							
亚利桑那	1	17.9	15.8	62.7	59.9	66.2	59.9
	2	12.6	11.1	61.4	58.9	65.0	58.8
	5	8.0	7.0	60.7	58.2	64.2	58.2
南佛罗里达	1	12.7	15.2	20.4	30.8	20.4	30.8
	2	9.0	10.8	18.2	28.8	18.3	28.8
	5	5.7	6.8	16.9	27.6	16.9	27.6

续表

织物暴晒地点	每个试样的平均观察次数	单一操作者组成		一年四次暴晒间组成		实验室间组成	
		3MO.	75KJ	3MO.	75KJ	3MO.	75KJ
ALLIED A - 609 - 029 - D							
亚利桑那	1	12.1	13.3	92.3	59.1	92.3	59.1
	2	8.5	9.4	91.9	58.4	91.9	58.4
	5	5.4	6.0	91.7	57.9	91.7	57.9
南佛罗里达	1	9.6	16.6	45.8	36.7	45.8	36.7
	2	6.8	11.7	45.3	34.8	45.3	34.8
	5	4.3	7.4	45.0	33.6	45.0	33.6
MIL - C - 44103							
亚利桑那	1	6.0	5.1	11.3	10.3	11.3	10.3
	2	4.3	3.6	10.4	9.6	10.4	9.6
	5	2.7	2.3	9.9	9.2	9.9	9.2
南佛罗里达	1	6.1	8.0	7.4	10.9	7.4	10.0
	2	4.3	5.6	6.0	8.3	6.0	8.3
	5	2.7	3.6	5.0	7.0	5.0	7.0

表 5　耐气候试验后仪器的颜色测量，ΔE（AATCC EP6）

织物暴晒地点	每个试样的平均观察次数	注明条件的临界差异值，标准偏差，测量单位					
		单一操作者组成		一年四次暴晒间组成		实验室间组成	
		3MO.	75KJ	3MO.	75KJ	3MO.	75KJ
MIL - C - 44103							
亚利桑那	1	0.52	0.40	1.76	1.42	1.81	1.44
	2	0.37	0.28	1.72	1.39	1.77	1.41
	5	0.23	0.18	1.70	1.37	1.75	1.40
南佛罗里达	1	0.25	0.53	1.33	1.30	1.36	1.45
	2	0.18	0.37	1.32	1.25	1.35	1.40
	5	0.13	0.24	1.31	1.21	1.34	1.37
MIL - C - 7219							
亚利桑那	1	4.43	3.14	8.37	4.66	8.37	5.28
	2	3.13	2.22	7.76	4.10	7.76	4.79
	5	1.98	1.40	7.37	3.72	7.37	4.47
南佛罗里达	1	2.17	3.90	4.29	3.90	4.29	3.90
	2	1.53	2.75	4.01	2.75	4.01	2.75
	5	0.97	1.74	3.83	1.74	3.83	1.74
MIL - C - 43285 - B							
亚利桑那	1	0.76	1.32	0.92	1.58	0.99	1.58
	2	0.54	0.93	0.75	1.27	0.83	1.27
	5	0.34	0.59	0.63	1.05	0.72	1.05

续表

织物暴晒地点	每个试样的平均观察次数	注明条件的临界差异值，标准偏差，测量单位					
		单一操作者组成		一年四次暴晒间组成		实验室间组成	
		3MO.	75KJ	3MO.	75KJ	3MO.	75KJ
南佛罗里达	1	0.74	1.44	1.30	1.44	1.32	1.44
	2	0.52	1.02	1.19	1.02	1.21	1.02
	5	0.33	0.64	1.12	0.64	1.14	0.64
MIL-C-4362-7A							
亚利桑那	1	5.20	4.28	5.82	4.60	5.82	6.36
	2	3.68	3.02	4.51	3.46	4.51	5.59
	5	2.32	1.92	3.50	2.55	3.50	5.08
南佛罗里达	1	0.47	0.60	0.47	0.60	0.47	0.60
	2	0.34	0.42	0.34	0.42	0.34	0.42
	5	0.21	0.27	0.21	0.27	0.21	0.27
ALLIED A-609-029-D							
亚利桑那	1	2.16	2.49	14.7	6.79	14.7	7.25
	2	1.52	1.76	14.6	6.56	14.6	7.03
	5	0.96	1.12	14.5	6.41	14.6	6.90
南佛罗里达	1	1.98	2.72	5.72	4.67	5.89	5.17
	2	1.40	1.93	5.55	4.26	5.72	4.79
	5	0.89	1.22	5.44	3.99	5.62	4.56
MIL-C-44103							
亚利桑那	1	1.41	2.30	2.29	2.30	2.29	2.30
	2	1.00	1.63	2.06	1.63	2.06	1.63
	5	0.71	1.03	1.93	1.03	1.93	1.03
南佛罗里达	1	2.00	2.56	5.06	4.83	5.06	4.83
	2	1.41	1.81	4.86	4.48	4.86	4.48
	5	0.89	1.14	4.74	4.26	4.74	4.26

附录 A 仪器设备和材料——日光暴晒

A1. 一般条件，日光暴晒，方法 A 和方法 B

A1.1 试验箱或者试验架应该放在整个白天都能受日光直接照射的地方，并且不会被附近物体的影子所遮挡。当把试验箱或者试验架安放在地上时，箱或架的底部和清洁的地面之间的距离应该足够大，防止在进行地面维护期间（如割草、铺路及锄草等）对试验产生影响。

A1.2 暴晒试验箱或者试验架应该安置在干净的地方，最好是放在一些能代表测试材料将要使用的不同条件的具有气候性差别的地方。主要的气候变化包括亚热带、沙漠、海岸（空气中含盐）、工业大气和一些能够接受到很大比例范围太阳光的地区。试验箱或者试验架的下方和周围的区域应该具有较低的反射率，并且该地表是该气候地区的典型地表。在沙漠地区，地表应该都是沙砾，而在大部分的温带和亚热带地区，地表应该是低草。

A1.3 暴晒期间，测气候数据的仪器放在最接近暴晒箱或暴晒架的区域进行测试。为了表征测试框架周围的条件，仪器应该能够记录：周围的环境温度（日最小值和日最大值）、黑板温度、相对湿度（日最小值和日最大值）、降水时间（雨水）以及总的潮湿时间（包括雨水和露水）。

A1.4 当双方达成一致协议时，也可以使用其他测试辐射的方法。过去使用 kJ/m^2 为单位记录总的紫外辐射能，然而，由于温度的影响、紫外光、可见光和红外光的构成不同，在不同的地方和季节得到给定辐射能产生的相对老化效应也是不一样的。

A2. 方法 A——潮湿环境下日光暴晒

A2.1 暴晒架。合适的暴晒架应该包含相对地面的升降结构，在北半球朝南，而在南半球朝北。暴晒架与水平的角度应该和试验所在位置的角度相同，或者与双方协商一致的任何角度相同，如45°。当试样固定在没有背衬的暴晒架上时，在试样的背面应一直有自由空气流动。

A2.2 在有些情况下，为模拟指定的最终用途条件，需要暴晒带有背衬的试样。报告中应注明使用的背衬，及背衬的类型和其特性。连续暴晒24h为一天，直到达到要求的暴晒量。

A3. 方法 B——非潮湿环境下，透过玻璃的日光暴晒箱和位置

A3.1 日光暴晒箱有一个玻璃面罩，四周用适宜尺寸的金属，木头或者其他满足要求的材料做成，可以保护试样不受到雨水和气候条件的影响，并且保证试样表面有自由的空气流动。玻璃面罩的厚度应该是2.0～2.5mm，用优级的、干净的、平拉制的玻璃做成。为了减少由于玻璃的紫外透射的变化而产生的变化，在将新玻璃安装在暴晒箱之前，应将新玻璃按照所在位置的纬度，面朝赤道，根据 ASTM G 7 规定或者安装在空暴晒箱上，至少暴晒3个月。玻璃必须具有均匀的强度，而且没有气泡或其他瑕疵。一般来说，经过三个月的预老化之后，均匀强度的玻璃在320nm处的透光率为10%～20%，在波长为380nm处的透光率为85%或者更高。如果测量玻璃的透光率，则需要报告被测玻璃样品中至少三块玻璃的测量平均值。使用紫外可见光分光光度计，应按照制造商建议的关于测量固体样品的透光率的说明书测量透光率。如果使用了一个带有积分球的分光光度计，就应该按照ASTM E 903（1996）进行测量（见14.1和15.11）。

A3.2 箱体四周或者是暴晒箱内装有支撑试样的架子，该架子可以使试样与玻璃面罩平行，试样正面距离玻璃面罩表面下方的距离不小于75.0mm（3.0英寸）。制备试样架的材料与试样应该是匹配的。为使试样的背部有较好的通风条件，该固定架可以是敞开式的，也可以为满足条件要求是固体材料的。为了最大限度地减少暴晒箱顶部和侧面的阴影的影响，玻璃下的可用暴晒面积应限制在一定的范围，即暴晒面积比玻璃盖面积缩小了玻璃面罩到试样距离的2倍的范围内。

A3.3 玻璃面罩和试样以一定角度向赤道倾斜，其与水平的角度和测试所在位置的纬度接近。也可以使用其他暴晒角度，如45°，在测试结果报告中必须注明该角度。

A3.4 如果需要显示试验框架内部的条件，测试仪器应该能够记录：玻璃下的环境温度（日最小值和最大值）、玻璃下的黑板温度、与试样同样暴晒角度下的总辐射能量和紫外辐射暴晒（宽带通或窄带通）、相对湿度（日最小值和最大值）。

A3.5 如果需要的话，可以用一个紫外辐射计测量辐照度，并将其连接到积分仪上计算紫外辐射量。紫外辐射计应该安装在与暴晒箱中使用的相同类型的玻璃的后面，或者相同通风条件的封闭环境中，避免仪器过热。装有辐射计的密闭环境应该

和测试箱的方位相同。可以使用以下两种不同的辐射计：

A3.5.1 宽带通紫外辐射计（见 15.7～15.9），能够测量波长在 295nm～385nm 间的辐照度。

A3.5.2 窄带通紫外辐射计（见 15.7～15.9），能够测量波长集中在 340nm + 2nm 的辐照度。

AATCC 112 -2008

织物甲醛释放量的测定：密封广口瓶法

AATCC RR68 技术委员会于 1965 年制定；1968 年、1972 年、1989 年、1998 年、2003 年重新审定；1975 年、1978 年、1982 年、1984 年、1993 年修订；1983 年进行了技术修正；1985 年、1986 年、2010 年、2011 年编辑修订；1990 年、2008 年编辑修订并重新审定（标题更换）。

1. 目的和范围

1.1 本测试方法适用于释放甲醛的纺织品，尤其是适用于用含有甲醛的化学试剂整理过的纺织品。本方法提供了加速存储条件，并用分析方法测定织物在加速存储条件下甲醛释放量的方法（见 5 和 10.1）。

1.2 提供了一种加速的萃取程序供使用选择（见 13.5）。

2. 原理

将已称重的织物试样悬挂在密封广口瓶中的水面上方，然后将密封广口瓶放在烘箱中，并在控制温度条件下加热规定的时间（见 13.5）。然后用比色法测定被水吸收的甲醛量。

3. 术语

甲醛释放：在本方法所述的加速存储条件下，从纺织品中释放出的甲醛量，包括源于未反应的化学试剂或源于整理降解的游离（释放的或吸附的）甲醛。

4. 安全和预防措施

本安全和预防措施仅供参考。本部分有助于测试，但未指出所有可能的安全问题。在本测试方法中，使用者在处理材料时有责任采用安全和适当的技术；务必向制造商咨询有关材料的详尽信息，如材料的安全参数和其他制造商的建议；务必向美国职业安全卫生管理局（OSHA）咨询并遵守其所有标准和规定。

4.1 遵守良好的实验室规定，在所有的试验区域应佩戴防护眼镜。

4.2 当使用冰醋酸制备纳氏试剂时，在操作过程中要使用化学防护眼镜或面罩，防渗透手套和防渗透围裙。浓酸的操作只能在足够通风的通风橱中进行。注意：必须是将酸加入水中。

4.3 甲醛是一种感官刺激物和潜在的激敏物。其慢性毒性尚未完全确定。要在足够通风的通风橱中使用甲醛。避免吸入或与皮肤接触。操作甲醛时，要使用化学防护眼镜或面罩、防渗透手套和防渗透围裙。

4.4 在附近安装洗眼器/安全喷淋装置以备急用。

4.5 本测试法中，人体与化学物质的接触限度只许达到或低于官方的限定值［例如，美国职业安全卫生管理局（OSHA）允许的暴露极限值（PEL），参见 1989 年 1 月 1 日实施的 29 CFR 1910.1000］。此外，美国政府工业卫生师协会（ACGIH）的阈限值（TLVs）由时间加权平均数（TLV - TWA）、短期暴露极限（TLV - STEL）和最高极限（TLV - C）组成，建议将其作为人体在空气污染物中暴露的基本准则并遵守（见 13.7）。

5. 使用和限制条件

本方法适于织物上释放甲醛的范围不超过3500μg/g 的情况。如果在测试的分析部分中使用的纳氏试剂与样品溶液的比例为 1∶1，则检测上限为500μg/g，如果比例为 10∶1，则检测上限为 3500μg/g。本程序能够促进无异味、硫化耐久压烫整理织物经水洗后的甲醛释放（Vail，S. L. and B. A. K. Andrews，Textile Chemist and Colorist，Vol. 11，No. 1，January 1979，P. 48）。因此，本方法不适用于按强制标准或推荐性标准测定空气中的甲醛含量（μg/g）。本方法最初制定是为了测定在湿热环境下树脂整理织物释放过量甲醛的倾向性（Nuessle，，A. C.，American Dyestuff Reporter，Vol. 55，No. 17，1966，p48 –50；以及 Reid，J. D.，R. L. Arcenaux，R. M. Reinhardt 和 J. A. Harris，American Dyestuff Reporter，Vol. 49，No. 14，1960，p29 –34.）。

6. 仪器和材料

6.1 Mason 瓶或类似的广口瓶，0.95L（1 夸脱），带有气体密封盖。

6.2 小型金属丝网篮（或其他可以将试样悬挂在广口瓶内水面上方的工具，见 13.1）。将织物对折两次，然后用双股缝纫线在对折两次的织物中上部形成一个环，用以替代金属网篮，将织物悬挂在水面上。双股缝纫线的两端伸出广口瓶的瓶口，然后用广口瓶的密封盖将其固定牢固。

6.3 恒温控制烘箱。温度 49℃ ±1℃（120℉ ±2℉）（见 13.5）。

6.4 纳氏试剂。由乙酸胺、乙酸、乙酰丙酮和水配置而成（见 7.1）。

6.5 甲醛溶液（浓度约 37%）。

6.6 容量瓶。容量为 50mL、250mL、500mL 和 1000mL。

6.7 移液管，最小刻度值为 0.1mL。5mL、10mL、15mL、20mL、25mL、30mL 和 50mL。经过校准，满足 B 级精度要求和流速需求（见 13.2）。

6.8 量筒。10mL 和 50mL，刻度为 1mL。经过校准，满足 A 级精度要求（见 13.2）。

6.9 光电比色计或分光光度计（见 10.6）。

6.10 试管或比色管（见 13.2）。

6.11 水浴：一般用途，温度可控（见 10.5）。

7. 纳氏试剂的制备

7.1 在 1000mL 容量瓶中，用大约 800mL 的蒸馏水将 150g 醋酸铵溶解，再加入 3mL 冰醋酸和 2mL 乙酰丙酮，用蒸馏水稀释到刻度线并使其充分混合。存储在棕色试剂瓶中。

7.2 纳氏试剂在放置的最初 12h 内，试剂颜色会逐渐变深。因此，试剂应在存放 12h 后才可使用。另外，试剂的有效期为至少 6 ~8 周。但是，试剂的灵敏度在较长一段时间后会产生轻微的变化，因此最好每周作一次校准曲线来对标准曲线进行校正。

8. 标准溶液的制备及标定（小心处置）

8.1 取 3.8mL 试剂级的甲醛溶液（浓度约 37%），用蒸馏水稀释至 1L，以制备浓度约为 1500μg/mL 的甲醛原液。标定之前至少将原液放置 24h。用标准方法（见 13.6 或任何其他适当的方法，例如用 0.1N 盐酸滴定亚硫酸钠。参考资料：J. Frederick Walker，Formaldehyde，3rd Ed. Reinhold Publ. Co.，New York，1964，p486）精确测定甲醛原液中的甲醛浓度。记录这个标定甲醛原液的实际浓度。该溶液有效期至少为 4 周，用于制备标准稀释液。移取 25mL 标定甲醛原液到 250mL 容量瓶中，然后用蒸馏水稀释至刻度线，以此方式制备标定甲醛原液的 1∶10 稀释液。如果甲醛原液被标定后显示浓度不是 1500μg/mL，可以使用下面三种方法准备校准曲线：

8.1.1 计算移取的甲醛原液的体积量，以分别获得 1.5μg/mL、3.0μg/mL、4.5μg/mL、6.0μg/mL 和 9.0μg/mL 的精确浓度（例如，如果

通过标定得出甲醛原液的浓度为1470μg/mL，而不是1500μg/mL，移取5.1mL、10.2mL、15.3mL、20.4mL和30.6mL的147μg/mL的甲醛稀释液到500mL的容量瓶中，加蒸馏水稀释至刻度线）。注：使用刻度移液管很容易产生错误!

8.1.2 移取5mL、10mL、15mL、20mL和30mL的按1:10稀释后的甲醛稀释液到500mL容量瓶中，用蒸馏水稀释至刻度线（例如，如果通过标定得出甲醛原液的浓度为1470μg/mL，计算校准曲线横坐标的新值；即1.47μg/mL、2.94μg/mL、4.41μg/mL、5.88μg/mL、8.82μg/mL）。如果是用微处理分光光度计或计算机来绘图，这种方法是首选的。但是，对于手工绘图来说，这种方法难度比较大。

8.1.3 为每种样品溶液计算浓度修正系数，用这个修正系数修正稀释液的浓度。绘制曲线，假设每个稀释液的浓度刚好为1.5μg/mL、3.0μg/mL、4.5μg/mL、6.0μg/mL和9.0μg/mL。用修正系数计算这些值的校准浓度。例如，如果通过标定得出甲醛原液的浓度为1470μg/mL，那么修正系数（*CF*）为：

$$CF=\frac{\text{实际值}}{\text{名义值}}=\frac{1470}{1500}=0.980$$

8.2 分别从8.1得到的甲醛原液的1:10稀释液中移取5mL、10mL、15mL、20mL和30mL，在500mL的容量瓶中用蒸馏水稀释，则分别得到浓度约为1.5μg/mL、3.0μg/mL、4.5μg/mL、6.0μg/mL和9.0μg/mL的甲醛溶液。准确的记录溶液的浓度。在测试瓶中，基于1g试样和广口瓶中50mL蒸馏水的测试样品中的甲醛浓度是这些标准溶液实际浓度的50倍。

8.3 使用5mL各种浓度的标准溶液，按照步骤10.4~10.7的描述制备校准曲线，在校准曲线中，以甲醛浓度（μg/mL）对吸光度读数进行绘制。

9. 试样准备

剪取1g±0.01g的试样。

10. 操作程序

10.1 在每个广口瓶中加入50mL蒸馏水，用金属网篮或其他方式将试样悬吊在广口瓶的水面上方（见下图）。将瓶密封后置于49℃±1℃（120℉±2℉）的烘箱中放置20h（见13.5）。

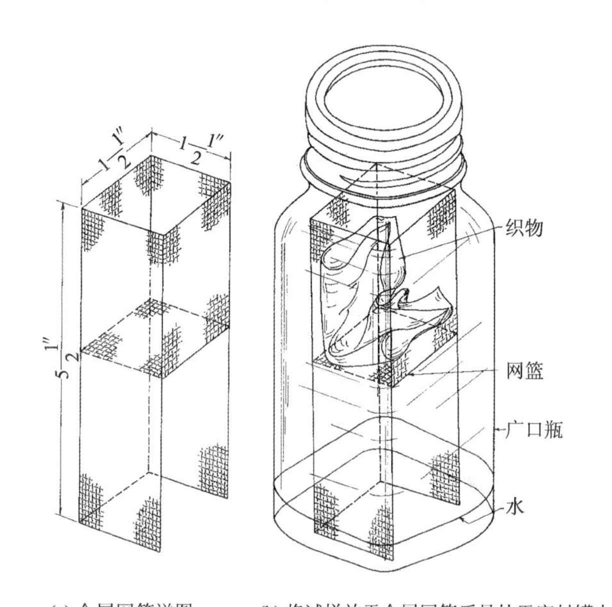

(a) 金属网篮详图　(b) 将试样放于金属网篮后悬挂于密封罐中

广口瓶和金属网

10.2 取出广口瓶，使其冷却至少30min。

10.3 从广口瓶中取出试样和网篮，或其他支撑物。重新盖好瓶盖，摇晃以便将瓶壁上形成的凝聚物溶解。

10.4 移取5mL纳氏试剂到适当大小的试管中，或者小的锥形瓶中（50mL），或其他合适的烧瓶中（可以直接用色度计或分光光度计的比色皿，见13.2）。同时吸取5mL纳氏试剂到另一个（至少一个）试管中作为空白试剂。从每个试样萃取瓶中取5mL萃取液放入试管中，将5mL蒸馏水加到作为空白试剂的试管中。

10.5 混合均匀后将试管放入58℃±1℃的水浴中恒温6min。然后取出冷却。

10.6 用蓝色滤光镜或在波长412nm处，以空白试剂为参照，用色度计或分光光度计测出试样萃取液的吸光度。注意：已显黄色的溶液直接暴露于日光下一定时间会引起褪色。如果显色后试管的读数有明显的延迟，且有强烈阳光存在，则应对试管施加保护措施，如用硬纸盒或类似方式覆盖试管。否则，颜色需要稳定相当长的时间（至少1晚上），读数将延迟。

10.7 使用绘制好的校准曲线，测定甲醛萃取液中的甲醛（HCHO）浓度（见8.3和13.3）。

11. 计算

按照下列公式计算每个试样的甲醛释放量，精确到μg/g：

$$F = C \times \frac{50}{W}$$

式中：F——甲醛浓度，μg/g；

C——由校准曲线读出的萃取液中甲醛浓度；

W——测试试样的质量，g。

12. 精确度和偏差

12.1 精确度。

12.1.1 实验室间的测试。在1990年和1991年，分别对AATCC 112方法进行了实验室间的比对研究（ILS）。在49℃温度下萃取20h，试样萃取液和纳氏试剂的比例为5/5。参加比对的各个实验室中，由一个操作员对每块样品进行三次的重复测试。在第一次实验室间比对研究中，对九个实验室对100～400μg/g低甲醛含量水平的同一块织物得出的测试结果进行了代表方差分析（ANOVA）。在第二次实验室间比对研究中，八个实验室对十种名义上甲醛含量水平为0的织物进行了测试，对结果进行代表方差分析（ANOVA）。分析资料在RA68技术委员会文件进行记载以供参考。

12.1.2 零甲醛织物的临界差值的计算见表1，低甲醛含量织物的临界差值的计算见表2。

12.1.3 当两个或多个实验室希望开展测试结果比对时，建议在比对之前先建立需要比对的实验室之间的实验室水平。

12.1.4 如果在两个实验室之间对同一块织物的甲醛释放水平进行比较，应使用表2中单水平列下的临界差值。

表1 零甲醛织物的临界差值

（平均概率为95%的临界差值，μg/g）

平均测试数量	实验室内	实验室间的单个织物	实验室间的多个织物
1	7.7	12.0	13.8
2	5.5	10.6	12.7
3	4.5	10.2	12.3

表2 低甲醛含量织物的临界差值

（平均概率为95%的临界差值，μg/g）

平均测试数量	实验室内	实验室间的单个织物	实验室间的多个织物
1	21.6	80.3	116.0
2	15.2	78.9	115.0
3	12.4	78.4	114.7

12.1.5 如果在两个实验室之间对一定甲醛释放范围水平内的一系列织物进行比较，应使用表2中多水平列下的临界差值。

12.1.6 每个实验室得出平均值的测试数量也是临界差值的决定因素。

12.2 偏差

12.2.1 织物的甲醛释放只能根据试验方法予以定义。没有单独的方法可以确定其真值。在AATCC 112中，作为在加速存储条件下测定织物释放甲醛量的一种手段，本方法没有已知偏差。

12.2.2 作为一个参考方法，AATCC 112被纺织和服装工业广泛接受。

13. 注释

13.1 放入Mason广口瓶中的简单试样支架可按下述方法构成：将一块尺寸为15.2cm×14.0cm（6.0英寸×5.5英寸）的铝丝网缠绕在边长为3.8cm（1.5英寸）的方形木块上，且扎紧，形成一个两端开口的长方形框。将其中一面自转角处自下朝上剪开直到略过一半，并将剪开部分向内弯折成平面且扎紧。折起的部分形成金属网架的底部，其他三面成为支撑。可以通过或在适当的部分用短段金属丝扎牢。

13.2 纳氏试剂对萃取液的比例，在一定范围内可以调整，以适应个别的吸光度范围及所用光度仪器的取样试管的光学路径长度。例如：虽然以已证明5mL纳氏试剂对5mL试样溶液的比例，对于一些仪器来讲是方便适用的，但是对于其他一些仪器来讲，可能其他1:1的比率，例如2mL纳氏试剂对2mL试样溶液会更适用。测试中，标准溶液与试样溶液所用的纳氏试剂与试样溶液的比例必须相同。如用色度计或分光光度计的比色皿直接显色，可减少试管转移到分光光度计比色皿这一步骤，当测定数量多时可节省许多测定时间。另外，移液管或类似器具可用于试剂配置，Oxford或Eppendorf顶端活动式自动吸管可用于试样溶液。

13.3 本方法第10部分所规定的操作程序适用于织物释放甲醛量约0～500μg/g范围的情况。织物中释放甲醛量如果为500～3500μg/g，建议纳氏试剂与试样溶液的比率为10:1（体积比）。如果使用了这一比率，那么有必要绘制一个标准溶液与纳氏试剂比率为10:1（体积比）的附加校准曲线。方法是分别移取5μg/mL、10μg/mL、15μg/mL和20μg/mL（译者注：应为mL）浓度约为1500μg/mL的标准甲醛原液，用蒸馏水稀释到500mL，得到浓度大约为15μg/mL、30μg/mL、45μg/mL和60μg/mL的甲醛溶液（见8.3）。

13.4 在烘箱内萃取之后，样品瓶内试样溶液的甲醛含量的测定可使用铬变酸色度法代替纳氏试剂。应该注意：铬变酸法没有关于精确度和偏差的说明，该方法的操作程序可参见下述文献：J. Frederick Walker, Formaldehyde, 3rd Edition, Reinhold Publishing Co., NY, 1964, p470。当使用此方法时，从样品瓶中取出的萃取液（见10.2）的数量和用于制备校准曲线（见8.3）的标准甲醛溶液的数量都需改变。注意：铬变酸法须用浓硫酸，应采取适当的防护措施来保护操作人员和分光光度计设备。

13.5 可用65℃±1℃（149℉±4℉）温度下进行萃取4h的萃取条件代替49℃±1℃（120℉±2℉）温度下进行萃取20h的萃取条件（见5.3和10.1）（译者注：应为6.3和10.1）。萃取条件的时间、温度须在报告中注明。在完成4h萃取之后，将广口瓶取出并冷却至少30min，然后从瓶中取出试样，再盖上瓶盖，摇动瓶子以溶解瓶壁上形成的冷凝物。萃取之后，样品的准备程序和显色操作程序按照10.4～10.7的要求进行。

13.6 甲醛原液的标定。一般甲醛原液浓度约1500μg/mL，必须对其进行精确的标定以便在色度分析中精确地按照校准曲线进行计算。

一定量的甲醛原液与过量亚硫酸钠反应，然后以百里酚酞为指示剂，用标准酸溶液进行反滴定。

仪器：10mL、50mL的移液管，50mL的滴定管，150mL的锥形瓶。

试剂：1mol/L亚硫酸钠（126g无水亚硫酸钠/L）、0.1%百里酚酞指示剂、$C(\frac{1}{2}H_2SO_4)$ = 0.02mol/L的硫酸（必须是从制造商购买的标准溶液或用标准NaOH溶液标定的）。不能使用商业标定的硫酸，因为其已经用甲醛进行了稳定。如对硫酸有怀疑，要同化学品制造商进行核对。

溶液的标定步骤：

A. 吸取1mol/L亚硫酸钠溶液50mL至锥形瓶中；

B. 加两滴百里酚酞指示剂；

C. 加数滴标准酸直至蓝色消失（如果必要）；

D. 再在锥形瓶中加入10mL甲醛原液（蓝色再度出现）；

E. 用$C(\frac{1}{2}H_2SO_4)$为0.02mol/L的硫酸滴定至蓝色消失。记录所用$C(\frac{1}{2}H_2SO_4)$为0.02mol/

L 硫酸的体积 [C ($\frac{1}{2}H_2SO_4$) 为 0.02mol/L 硫酸的体积在 25mL 以内]。

$$C = \frac{30030 \times A \times C\ (\frac{1}{2}H_2SO_4)}{10}$$

式中：C——甲醛浓度，μg/mL；

A——使用的硫酸的体积，mL；

C ($\frac{1}{2}H_2SO_4$) ——硫酸溶液的浓度。

重复上述操作程序一次。测试结果取平均值，在色度分析中使用精确的浓度校正曲线。

13.7 可从 AGGIH Publications Office 获取，地址：Kemper Woods Center，1330 Kemper Meadow Dr.，Cincinnati OH 45240；电话：513/742－2020；网址：www. acgih. org。

AATCC 114 -2011

残留氯对强力的损失：多试样法

AATCC RR35 技术委员会于 1965 年制定；1967 年、1971 年、1974 年、1977 年、1980 年、1989 年和 1999 年重新审定；1985 年、1994 年、2005 年、2011 年编辑修订并重新审定；1992 年、2004 年和 2008 年编辑修订；2010 年技术修订。

1. 目的和范围

本测试方法是用多个试样测定氯漂可能造成的潜在损失的简化程序。

2. 原理

试样在家用洗衣机中进行氯漂、漂洗和干燥，然后在热金属板间压烫。残留氯的破坏作用根据压烫前后拉伸强力的变化来计算（见 10.1）。

3. 术语

残留氯：经含氯漂粉漂白的纺织品在洗涤和干燥后残留在材料中的有效氯。

4. 安全和预防措施

本安全和预防措施仅供参考。本部分有助于测试，但未指出所有可能的安全问题。在本测试方法中，使用者在处理材料时有责任采用安全和适当的技术；务必向制造商咨询有关材料的详尽信息，如材料的安全参数和其他制造商的建议；务必向美国职业安全卫生管理局（OSHA）咨询并遵守其所有标准和规定。

4.1 遵守良好的实验室规定，在所有的试验区域应佩戴防护眼镜。

4.2 操作实验室测试仪器时，应按照制造商提供的安全建议。

4.3 在处理碳酸钠溶液和次氯酸钠漂白溶液时，应使用化学防护眼镜、橡胶手套和围裙保护眼睛和皮肤。

4.4 在附近安装洗眼器/安全喷淋装置以备急用。

5. 仪器和试剂（见 10.2）

5.1 自动搅拌式洗衣机。

5.2 自动滚筒烘干机。

5.3 pH 计（见 10.3）。

5.4 加热仪。在一定温度下与试样表面紧密接触，使试样均匀受热。试样受到的压力为 882.9Pa（$9gf/cm^2$）。

5.5 拉伸强力测试仪。

5.6 次氯酸钠溶液，有效氯约为 5%（见 10.4）。

5.7 缓冲液（见 10.5）。

5.8 四磷酸钠（$Na_6P_4O_{13}$）。

5.9 碳酸钠。

5.10 碳酸氢钠。

5.11 棉布，漂白的，作为陪衬织物（见 7.2）。

6. 试样准备

通常只测试经向的拉伸强力。试样的尺寸经向约为 35.6cm（14 英寸），纬向约为 20.3cm（8 英寸）（若测试纬向试样，则相应的尺寸相反）。

7. 操作程序

7.1 洗衣机的准备。如果洗衣机曾用作任何除氯漂以外的其他用途，需用水进行一次完整的洗涤循环，循环开始时加入0.15%的四磷酸钠。当洗衣机内无杂质后，按照以下条件设定洗衣机的参数（见10.9）。

（1）常规循环。

（2）低水位（见10.6）。

（3）洗涤和漂洗的温度为41℃ ±3℃（105℉ ±5℉）。

7.2 氯漂。将洗衣机注水至规定的水位，加入足量的稀次氯酸钠溶液，使其浓度为0.10%（按有效氯的重量计算）。用碳酸钠或碳酸氢钠调节溶液pH值至9.5。加入所有的试样和足量的漂白棉布，浴比为50∶1，启动洗涤程序。

7.3 漂洗。排空第一次洗涤后的水，重新注水，每加仑水加入10mL缓冲溶液（见10.5），继续漂洗循环和脱水循环。如果进行不仅一次漂洗，仅在第一次漂洗时加入缓冲溶液。

7.4 干燥和调湿。将试样放入滚筒烘干机中至烘干（不要挤压），立即将试样移至温度为21℃ ±1℃（70℉ ±2℉）、相对湿度为65% ±2%的大气条件下调湿，然后进行压烫试验和拉伸强力测试。试样在进行压烫试验前，调湿时间至少为4h，但不超过24h；进行拉伸强力测试前，需要的调湿时间至少为16h。

7.5 制备压烫试验的试样。小心地沿着经向剪取五块尺寸约为35.6cm ×3.2cm（14.0英寸 ×1.25英寸）的条形试样。按ASTM D 5035《织物拉伸强力和伸长率测试（条样法）》（见10.7），将宽度为3.2cm（1.25英寸）的试样精确地拆纱至2.54cm（1.0英寸），然后将长度为35.6cm（14英寸）的长边拆纱至30.5cm（12英寸）。将这五块2.54cm ×30.5cm（1英寸 ×12英寸）的试样剪断，分成两组（取自同一组经纱）尺寸为2.54cm ×15.2cm（1英寸 ×6英寸）的试样。将这两组试样分开，一组用于压烫试验，另一组用作对照试样。

7.6 加热装置的准备。预热试验仪使加热板的温度保持为185℃ ±1℃（365℉ ±2℉）。如需要避免空气流动，可以将仪器放在封闭箱内。确保两块加热板干净且调节灵活（即所有点可均匀接触）（见10.8）。将其中一组中的每块尺寸为2.54cm ×15.2cm（1英寸 ×6英寸）的试样放在加热仪上（每次一块），试样的长度方向与加热板的长度方向垂直，使试样的中间加热，压烫时间为30s。试验过程中要不断地检查温度计的读数。测试拉伸强力前，将试样调湿至少16h。

7.7 拉伸强力。测试压烫后和未经压烫试样的拉伸强力，记录单值，并计算出每组试样的平均拉伸强力。

8. 结果计算和报告

8.1 计算公式如下：

$$\text{由残留氯引起的拉伸强力损失百分率} = \frac{T_c - T_{cs}}{T_c} \times 100\%$$

式中：T_c——氯漂后，未经压烫试样的平均拉伸强力；

T_{cs}——氯漂后，经压烫试样的平均拉伸强力。

8.2 报告由于残留氯引起的经向拉伸强力损失的百分率。

8.2.1 如果测试纬向强力损失，则报告纬向拉伸强力损失的百分率。

9. 精确度和偏差

9.1 精确度。制定本测试方法时的标准偏差σ =5.98。根据五块样品的置信区间为C.I. ±5.2，与拉伸强力的损失百分率接近。

9.2 偏差。残留氯对强力的损失：多试样法只能在一个测试方法中定义。没有独立的方法测定其真实值。作为评价这一性能的手段，该方法无已知偏差。

10. 注释

10.1 如果织物或整理剂在压烫时易损失，可用蒸馏水作为对照样仅测试其耐热性，即整个试验中用蒸馏水替代次氯酸盐溶液。由压烫引起的强力损失可用以下的公式计算：

$$\text{仅由压烫试验引起的拉伸强力损失百分率} = \frac{T_w - T_{ws}}{T_w} \times 100\%$$

式中：T_w——经水处理后，未经压烫试样的平均拉伸强力；

T_{ws}——经水处理后，经熨烫试样的平均拉伸强力。

如果强力损失很大，需考虑氯损测试是否适用。通常没有必要测定湿氯处理时对织物的影响，因为计算氯损时不考虑该因素。但需要测定湿氯处理的影响时，可用以下公式计算：

$$\text{湿氯引起的拉伸强力损失百分率} = \frac{T_w - T_c}{T_w} \times 100\%$$

式中：T_w——经水处理后，未经压烫试样的平均拉伸强力；

T_c——经氯化处理后，未经熨烫试样的平均拉伸强力。

10.2 有关适合测试方法的设备信息，请登录 http：//www. aatcc. org/bg，浏览在线 AATCC 用户指导，见 AATCC 企业会员所能提供的设备和材料清单。但 AATCC 未对其授权，或以任何方式批准、认可或证明清单上的任何设备或材料符合测试方法的要求。

10.3 适合测试高 pH 值的标准 pH 计。比色法不适用于次氯酸钠。

10.4 有效氯含量测定：用移液管移取 1.00mL 浓度约为 5% 的次氯酸钠溶液于容量瓶中，加蒸馏水稀释到 100 mL，再加入 6mL 12% 的碘化钾和 20mL 6N 的硫酸，然后用 0.1N 硫代硫酸钠溶液滴定。

计算公式如下：

$$\text{有效氯百分含量} = V_{(\text{硫代硫酸钠})} \times 0.1\text{N} \times 0.0355 \times 100/1\text{mL} \times \text{次氯酸钠溶液的相对密度} \times 100\%$$

10.5 缓冲液。在足量的蒸馏水中加入 290g 四磷酸钠和 93g 一水合磷酸二氢钠制成 1000mL 溶液。

10.6 低水位时，水的体积，用于浴比计算。

10.7 可从 ASTM 获取，地址：100 Barr Harbor Dr，West Conshohocken PA 19428；电话：610/832－9500；传真：610/832－9555；网址：www. astm. org。

10.8 加热板应能施加 255g（9 盎司）或 9gf/cm^2（20 盎司/英寸^2）的压力。用一根细绳将弹簧秤与测试仪的上板连接，通过测定将上下板刚好分开时的力进行校准。如需重新调整，应遵照制造商提供的说明书进行。确保两块加热板干净并且能够调整使各个点均匀接触。

10.9 洗衣机信息和洗涤条件见本技术手册专述中的“标准化家庭洗涤测试条件”（专述的最新版见 http：//www. aatcc. org/testing/mono/msds － mono. htm）。

AATCC 115 -2011

织物静电吸附：织物与金属测试

AATCC RA32 技术委员会于1965 年制定；1969 年、1973 年、2000 年修订；1974 年、1976 年，1977 年、1978 年、1991 年、1999 年、2008 年编辑修订；1977 年、1980 年、1989 年、2005 年、2011 年重新审定；1986 年、1995 年编辑修订并重新审定。

1. 目的与范围

本测试方法用于评价特定织物由于静电荷产生而引起的相对吸附性。该测试与织物的重量、硬挺度、组织结构、表面特性、后整理以及其他影响织物吸附性的织物性能参数有关。

2. 原理

2.1 当带正电荷或负电荷的织物靠近人体表面时，在人体皮肤表面瞬间感应，产生等量的相反电荷，就会出现人体对带电织物的吸附性。物理学的基本定律表明，带有相反电荷的材料相互吸引。当金属平板放在带电荷材料的区域附近，也会与人体一样，产生类似的瞬间电荷感应现象。因此，可以用金属平板来模拟带电服装与人体间产生的吸附问题。有些人比其他人更易于产生静电吸附，而且同一个人在某个时间比其他时间也可能更易于产生静电吸附。所以织物与金属板的吸附时间与织物和不同人体之间的静电吸附并不具有直接相关性。

2.2 在本测试方法中，时间（t_d）为试样上电荷衰减到一定程度所需的时间，即由于电荷衰减而导致试样与金属板之间的静电吸附力小于试样所受重力，从而与金属板分离失去平衡时所用的时间（见 12.1）。

3. 术语

静电吸附：由于一个物质表面或两个物质表面所带的电荷引起的一种物质对另一种物质的吸附性。

4. 安全和预防措施

本安全和预防措施仅供参考。本部分有助于测试，但未指出所有可能的安全问题。在本测试方法中，使用者在处理材料时有责任采用安全和适当的技术；务必向制造商咨询有关材料的详尽信息，如材料的安全参数和其他制造商的建议；务必向美国职业安全卫生管理局（OSHA）咨询并遵守其所有标准和规定。

4.1 遵守良好的实验室规定，在所有的试验区域应佩戴防护眼镜。

4.2 放射棒释放对人体不产生外部伤害的阿尔法（alpha）射线。放射性同位素钋 210 具有毒性，要采取措施防止固体材料摄取或吸入钋 210。不要拆解放射棒或触碰栅板下的放射带。如果不慎触碰或接触到放射带时，应立即彻底洗手。当按照 12.3.1 检测到放射棒的静电消除功能失效时应将仪器送还制造商，当放射棒不再使用时也要将其交还制造商作为处理方法。不要作为废弃物随意丢弃。

5. 使用和限制条件

本测试方法的目的不是用于测定织物在静电火花可能导致火灾或爆炸的危险地区使用的适用性。

5.1 一些特殊织物，尤其是组织结构厚重的织物，在本测试方法条件下不显示具有静电吸附性，但其在某些条件下使用可能会产生静电吸附。

5.2 本测试方法主要用来测试轻质服装面料的吸附性，如用作女式贴身内衣的织物。

6. 仪器和材料（见12.2）

6.1 测试板。

6.1.1 标准测试板。由尺寸为100mm×450mm、厚度为18号、304型的狭长不锈钢板，在距一边150mm宽度处弯曲而成，从而在100mm×150mm底板与100mm×300mm竖板之间的角度为1.22rad±0.04rad（见12.3）。抛光的纹理应该是沿不锈钢片的长度和生产纹理方向呈45°的方向。100mm×300mm竖板的内表面应该经No.4（见12.3）抛光处理，并且始终保持干净和光滑。在距测试板上端230mm处刻一道细线，用以定位试样的下边缘（见12.3）。

6.1.2 可变角度的试验用测试板。此试验的灵敏度取决于金属板的内角度数，灵敏度会随着内角度的减小而降低，反之亦然。一种更通用的测试板是使用25mm×100mm×100mm的铝板构成底板，底板上加工有许多与垂直轴呈不同角度的狭槽（如0.017rad、0.087rad、0.175rad、0.35rad、0.52rad、0.70rad、0.87rad、1.05rad），这些狭槽用于放置固定100mm×360mm的不锈钢板。这种测试板适用于研究工作，其灵敏度易于调节。

6.2 接地板。尺寸为200mm×360mm、厚度为18号、304型的不锈钢平板，用导线（如18号的塑料包覆电线）接地。每块测试板需配一个上述接地板。

6.3 放射棒（见12.4）。

6.4 摩擦块。白色的松木，尺寸约为20mm×50mm×150mm，重65g，在摩擦块的每一端有20mm宽的双面胶，用于粘贴摩擦织物的末端。

6.5 聚氨酯泡沫垫片。尺寸为25mm×100mm×300mm，非刚性的，密度为21kg/m³，按照方法ASTM D 3574进行测试其标准承载偏差（ILD）稳定性为6.8kg（见12.3）。

6.6 夹子。金属材料（如No.3牛角夹或铰接夹，见12.3），边缘的70mm用20mm宽的绝缘胶带包覆，防止剐蹭测试板的表面。

6.7 秒表。精确到0.01min或用其他单位标注的同等精度。

6.8 镊子或钳子。绝缘，象牙镊尖，分析天平用镊子。

6.9 烘箱。强制通风型，能在105℃±2℃的温度下保温。

6.10 恒温恒湿箱。能够提供相对湿度为40%±2%、温度为24℃±1℃的空气循环。

6.10.1 如果测试不是在相对湿度为40%±2%、温度为24℃±1℃的条件下进行，恒温恒湿箱应该可以提供必要的测试条件范围〔例如，20%～65%±2%的相对湿度和（10～30℃）±1℃的温度〕。

6.11 摩擦织物。

6.11.1 锦纶（俗称尼龙）摩擦织物。100%锦纶66短纤织物。

6.11.2 涤纶摩擦织物。100%涤纶短纤织物。

6.12 熨斗。家用手动型，带有适当设置（见表1）。

表1 安全熨烫温度指南

0级	Ⅰ级	Ⅱ级	Ⅲ级	Ⅳ级
121℃以下	121～135℃	149～163℃	177～191℃	204℃及以上
改性腈纶（93～121℃）、聚乙烯纤维（79～121℃）	醋酯纤维、聚乙烯纤维	丙烯酸类、再生蛋白质纤维、锦纶6	锦纶66、涤纶	棉、聚酯碳氟化合物、玻璃纤维、大麻、黄麻、苎麻
橡胶（82～93℃）	丝	聚氨基甲酸乙酯弹性纤维、羊毛		亚麻、人造丝、黏胶纤维
二氯乙烯共聚纤维（66～93℃）				三醋酯纤维（热定型）
维纶（54℃）				

6.13 清洗剂。卤代烃金属清洗剂，在下文中简称 HH 清洗剂。

7. 测试样和摩擦样

7.1 测试织物。取 12 块尺寸为 75mm × 230mm 的测试样，用模板或剪刀剪取六块长度方向平行于经向或直向的试样、六块长度方向平行于纬向或横向的试样（不要用热的烙铁或加热的金属线来剪样品，因为这样会由于纤维和抗静电剂的热降解作用使试样边缘会引起局部静电问题）。

7.2 摩擦织物。需同时准备锦纶和涤纶摩擦织物，用模板或剪刀剪取六块锦纶摩擦织物和六块涤纶摩擦织物，每块尺寸为 75mm × 230mm，摩擦织物的长度方向平行于织物经向或直向。

7.3 尽量不要触碰测试样或摩擦织物，或使其与可污染的材料接触而导致测试样或摩擦织物污染。

7.4 如果测试样或摩擦织物没有完全平展，要用干净、干燥的熨斗将折皱压平，按照表 1 进行适当的设置。不要使用边缘有卷曲的试样。

8. 调湿

8.1 调湿是试样从干燥状态到湿状态的平衡过程，而试样干状态相对于测试箱的湿度具有一定的滞后性。预调湿是使试样从相对干的状态达到测试箱的湿度。为完成这个预调湿过程，将测试样和摩擦织物在强制通风的烘箱中，温度设置为 105℃ ±2℃，烘干 30min 后，立即将试样和摩擦织物转移到恒温恒湿箱中，转移时间不能超过 15s。

8.2 在相对湿度为 40% ±2%、温度为 24℃ ± 1℃的湿度控制箱中，调湿和测试这些试样和摩擦试样至少 16h。如果测试过程在较低的湿度（如 30% ± 2% 或 20% ± 2%）或较高的湿度（如 65% ± 2%）条件下进行，则温度仍需保持在 24℃ ±1℃下进行标准测试。如果使用其他温度条件进行非标准测试，应在报告中注明温度。不管使用何种湿度和温度测试条件，试样和摩擦织物都应该调湿至少 16h（见 12.8）。

9. 操作程序

9.1 在对不同批次的试样进行测试前均要清洗金属测试板。为确保干净，用沾满 HH 清洗剂的面巾纸擦拭洗金属板（戴防护手套进行操作）。使用前，金属板要在测试箱中至少干燥 5min。确保清洗测试板后，在测试箱中没有用于清洗金属板的残留 HH 清洗剂。如果经 No. 4 抛光处理的测试板表面使用后变化显著，则应更换新的测试板。

9.2 仅在有标记的一角操作试样和摩擦织物，以尽量减少试样和摩擦织物其他部分的污染。

9.3 用双面胶带把摩擦块的 20mm 厚的四边全部粘上，用放射棒彻底消除摩擦织物两面的电荷（注意事项见 4.2）。将尺寸为 50mm × 150mm 的木块放置于摩擦织物的中间位置，并使木块的 150mm 长度方向平行于摩擦织物 230mm 长度方向。收拢织物凸出的边缘，用双面胶带将摩擦织物紧紧固定在摩擦块四周，注意摩擦块与摩擦织物的表面之间不能有双面胶带。

9.4 抓取试样的一角使其自由下垂，使用放射棒消除试样两面所带的电荷，放射棒上下移动时，距离试样的距离不应超过 25mm［注意事项见 4 和图 1（a）］。用金属夹子将测试样固定在金属板 1.22rad 内角度那面的长边顶部，测试样正面朝外。试样的下边与金属板上的标志线对齐。

9.5 用导线将接地板与合适的地线连接。将接地板水平放置在测试箱中，将聚氨酯泡沫放在接地板的顶部。

9.6 将装有试样的金属测试板水平放置在聚氨酯泡沫上，金属板的长边完全位于聚氨酯泡沫上，短边靠近操作者，指向外部。夹子应该伸到起支撑作用的聚氨酯泡沫的边缘，使测试板的背部完全受到支撑。

9.7 将附有摩擦织物的摩擦块放在金属板顶

部，使摩擦织物的长轴与试样的长轴保持正确的角度［见图1（b）］。摩擦块上没有露出摩擦织物剪切边的一侧位于下边。保持测试板和摩擦块表面平整，确保测试织物和摩擦织物在电荷产生过程中完全接触。

9.8 将中指放在摩擦块的后部边缘，拖动摩擦组合通过试样的整个长度［见图1（c）］。用拇指和中指夹住摩擦块的末端，从试样上提起摩擦组合，放回到试样顶部的起始位置。重复这一连续过程12次，每个摩擦循环大概用1s的时间。全部12次摩擦循环应该在15s之内完成。要得到恒定的摩擦压力，确保试样上唯一的向下压力来源于摩擦块与摩擦织物的重力。

9.9 将组合摩擦快速地放置在接地板上，呈直立状态。用绝缘镊子夹住试样右下角［见图1（d）］，拉起试样未夹住的部分，使试样完全脱离金属板，直到试样处于垂直位置，保持1s±0.5s［见图1（e）］，然后镊子松开测试样。立即开始用秒表计时［见图1（f）］。

9.10 每30s±2s后，用绝缘镊子夹取试样的右下角，拉起试样，使其从金属板远离，使试样位于垂直位置，保持1s±0.5s，然后镊子放开试样。

9.11 记录织物自动不吸附［见图1（g）］的时间，精确至0.1min。不考虑试样继续向夹钳底部25mm内吸附的倾向。

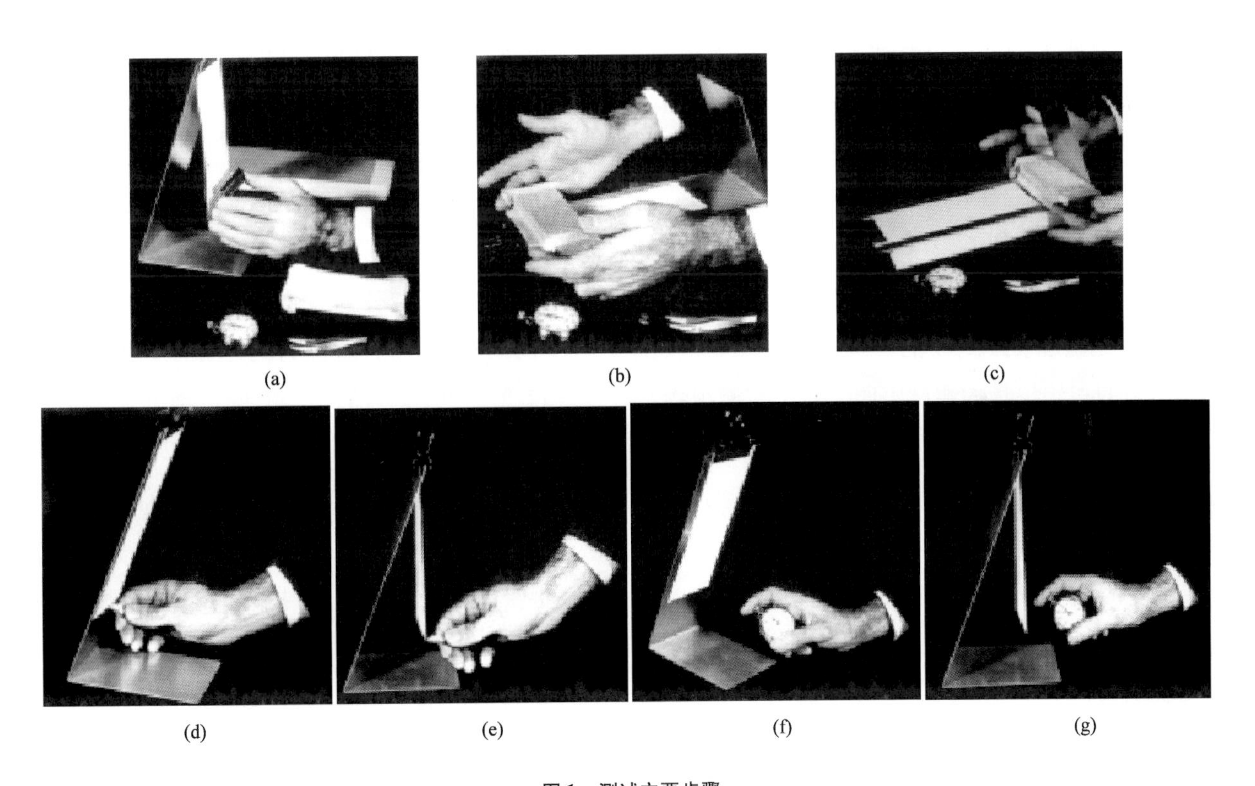

图1 测试主要步骤

9.11.1 如果时间大于10min，停止测试并记录t_d为>10min（大于10min）。在某些情况下，可以选择一个不同的最长吸附时间，此时报告中应报告实际测试所用的最长吸附时间。

9.11.2 如果试样几乎完全不吸附，但是在握持夹钳底部25mm范围之外，还有小面积存在局部吸附，舍弃这个试样，另外多测试一个试样。如果所有试样都存在这种情况，记录并报告这种情况，报告没有确定吸附时间。

9.12 分别以锦纶和涤纶作为摩擦织物，经向（或直向）和纬向（或横向）分别测试三个试样，每次测定使用新的试样和摩擦织物（见12.3）。

10. 报告

10.1 报告测试样在 9.9 和 9.11.2 中描述的脱离金属板的时间（t_d），精确至 0.1min。分别报告三个经向（或直向）试样的单次值和平均值以及三个纬向（或横向）试样的单次值和平均值，并分别报告使用锦纶作为摩擦织物和涤纶作为摩擦织物的时间（t_d）。

10.1.1 如果三个试样中有两个试样的 t_d 值小于 9.11.1 所选择的最大吸附时间，但是第三个试样的 t_d 值大于所选的最大吸附时间，报告小于所选最大吸附时间的两个 t_d 的平均值，舍弃第三个试样的 t_d 值，报告中说明第三个测试样超出了最大吸附时间。

10.1.2 如果三个试样中有两个试样的 t_d 值大于所选的最大吸附时间，t_d 报告为吸附时间大于最大吸附时间，舍弃第三个试样的 t_d 值。

10.2 报告试样测试过程的相对湿度和温度。

11. 精确度和偏差

11.1 精确度。1955 年的一项在多个实验室之间进行的针对机织织物的测试表明，对于被测织物，本测试方法在 95% 置信度区间的误差为 ±0.5min（见 12.1）。

11.2 1975 年进行的一项在多个实验室之间进行的针对经编针织物的测试包括以下变量：

5 个实验室

4 块织物

2 种洗烫水平

2 种织物纹理方向

2 种相对湿度

2 种锦纶摩擦织物和 2 种涤纶摩擦织物

这一研究结果显示，一组的三个测试结果均未超过最大吸附时间 10min，相对湿度 20% 环境下平均不吸附时间的 95% 置信限度为 ±2.0min，相对湿度 40% 环境下为 ±1.7min。

在所有测试的织物中部分测试织物完全不吸附（吸附时间 0min），而部分织物的吸附时间超过最大吸附时间 10min，此时实验中止。在上述多实验室测试中，涉及 576 种不同的实验条件，得出 1728 项不吸附测试结果。其中 469 种实验条件包含至少一个 0 或 10 值，只有 109 种不包含 0 或 10 值。任何包含 0 或 10 值的记录都不能对实验误差进行有效评估（见 12.7）。

11.3 偏差。分散染料的分散性只能从一个测试方法方面进行定义。目前还没有一个独立的方法来确定其真实值。作为一个评估性的方法，本方法没有已知的偏差。

12. 注释

12.1 详细信息可参见 American Dyestuff Reporter 56，p345 – 350（1967）。

12.2 有关适合测试方法的设备信息，请登录 http://www.aatcc.org/bg。AATCC 提供其企业会员单位所能提供的设备和材料清单。但 AATCC 没有给其授权，或以任何方式批准、认可或证明清单上的任何设备或材料符合测试方法的要求。

12.3 可从 AATCC 获取。地址：P.O.Box 12215，Research Triangle Park NC 27709；电话：919/549 – 8141；传真：919/549 – 8933；电子邮箱：orders@aatcc.org；网址：www.aatcc.org。

标准测试板上的 No.4 抛光处理应按照《ASTM 金属手册》第 2 卷第 8 版，599 页（1964）中所述进行。文中指出：先用粗制磨具打磨，之后用经润滑处理的 120 ~ 150 网目砂带研磨抛光。由此形成的 No.4 抛光面粗糙度最大为 1.1μm（45 微英寸）。

12.4 由于放射性元素钋有一定的半衰期（约 6 个月），须定期检查放射棒，确保其仍然能足够有效地彻底移除电荷。检查可通过按照 6 所述对一吸附性能已知的样本进行测试，其吸附时间不得少于 10min。理想的样本为由细度 4.44tex（40 旦）、非抗静电性平针锦纶经编针织物，未经洗涤处理或其他处理，克重为 50 ~ 100g/m²。应使样本织物直接带电，然后用放射棒消除电子。如果实验织物显示出零吸附时间，则说明放射棒充分有效，可完全消除电荷。

12.5 对未经整理、干净的100%纯棉织物用本实验方法所测得的吸附性能结果可作为其他与其相似结构与重量的实验织物抗静电能力测试的参照点。一般认为，这种未经整理、干净的100%纯棉织物做成的衣物在使用中不存在静电吸附问题。

12.6 Gayler，J.，R. E. Wiggins 和 J. B. Arthur，北卡罗来纳州立大学纺织学院纺织工艺专业，"Static Electricity Generation，Measurement，and Its Effect on Textiles"，11－12页（1965年5月）。

12.7 数据分析与相关资料可从AATCC获取。地址：P. O. Box 12215，Research Triangle Park NC 27709；电话：919/549－8141；传真：919/549－8933；电子邮箱：orders@aatcc.org；网址：www.aatcc.org。

12.8 温度一定的条件下，一般来说，相对湿度越低，静电积累作用越大（反之亦然）。例如，在相对湿度40%、温度24℃时显示较弱静电积累的织物，可能在相对湿度25%、温度24℃的条件下静电积累作用严重。而在相对湿度40%、温度24℃的环境中静电积累严重的织物在相对湿度65%、温度24℃时的表现大大减弱。静电积累趋势与相对湿度之间的关系随特定抗静电剂、纤维、织物构造、布面特点等的变化而不同。因此，虽然相对湿度40%和24℃是标准测试条件，但织物可能存在的抗静电性能的重要信息，可能要求在较低相对湿度的条件下进行实验。如相对湿度20%和24℃，这也是目前在装有供暖、空调设备的建筑中比较常见的大气条件。为进行完全测试，也许还需要在较高相对湿度65%、24℃的条件中进行实验。

12.9 在局部小范围内吸附可能表明存在杂质或非常规物质，此时并不能代表试样本所代表的面料批所具有的静电吸附特性。

12.10 一般多个测试可同时进行，因此预备多个测试板和接地板可节省时间。

AATCC 116 -2010

耐摩擦色牢度：旋转垂直摩擦仪法

AATCC RA38 技术委员会于1966 年制定；1969 年、1972 年、1994 年、1996 年、2005 年修订；1974 年、1977 年、1983 年、1988 年、1989 年重新审定；1981 年、1985 年、1986 年、2002 年、2004 年、2008 年、2011 年编辑修订；2001 年和2010 年编辑修订并重新审定；技术等效于 ISO 105 - X16。

1. 目的和范围

1.1 本测试方法用来评定有色纺织品表面因摩擦而发生颜色转移到其他表面的程度。适用于各种纤维制成的各种类型的有色纱线和织物，包括染色、印花和其他方法着色的纱线和织物。尤其适用于面积过小而无法使用标准摩擦仪法（AATCC 8《耐摩擦色牢度：摩擦测试仪法》）进行测试的印花纺织品（见 13.1 和 13.7）。

1.2 本测试方法使用摩擦布，包括干摩擦布、用水润湿的摩擦布或者用本方法范围允许的其他液体润湿的摩擦布。

1.3 由于水洗、干洗、收缩、熨烫、整理等可能对材料颜色的转移程度产生影响，因此可以根据具体要求在上述任何处理前或处理后，或处理前及处理后一并进行试验。

2. 原理

2.1 试样固定在旋转垂直摩擦仪的基座上，在规定条件下与标准摩擦布进行摩擦（见 13.1）。

2.2 通过与沾色灰卡或 AATCC 沾色彩卡进行比较评价颜色转移到标准摩擦布的程度（见 13.2 和 13.3）。

3. 术语

3.1 色牢度：材料在加工、检测、储存或使用过程中，暴露在可能遇到的任何环境下，抵抗颜色变化或（和）颜色向相邻材料转移的能力。

3.2 摩擦脱色：通过摩擦，着色剂从有色纱线或织物表面转移到另一个表面或同一织物的邻近区域。

4. 安全和预防措施

本安全和预防措施仅供参考。本部分有助于测试，但未指出所有可能的安全问题。在本测试方法中，使用者在处理材料时有责任采用安全和适当的技术；务必向制造商咨询有关材料的详尽信息，如材料的安全参数和其他制造商的建议；务必向美国职业安全卫生管理局（OSHA）咨询并遵守其所有标准和规定。

遵守良好的实验室规定，在所有的试验区域应佩戴防护眼镜。

5. 仪器和材料（见 13.4）

5.1 旋转垂直摩擦测试仪（见图 1、13.1 和 13.3）。

5.2 标准摩擦布，51mm ×51mm（2 英寸 ×2 英寸）（见 13.9）。

5.3 AATCC 沾色彩卡（见 13.2）。

5.4 沾色灰卡（见 13.2）。

5.5 AATCC 白色吸水纸（见 13.2）。

6. 校准

6.1 应对试验操作和仪器做定期核查，并保

图1　旋转垂直摩擦测试仪

留对结果的记录。当异常摩擦图影响评级程序时，使用以下的观察和纠正操作对避免错误的测试结果是非常重要的。

6.2　使用实验室内部摩擦织物作为校准试样，进行三次干摩擦测试。

6.2.1　如果摩擦白布因沾色不匀而使沾色图形不圆，则表明摩擦头可能需要重新修复表面。

6.2.2　如果产生重影的细长图形，则表明螺旋金属夹可能松动。

6.2.3　如果试样边缘有磨损痕迹，则表明螺旋金属夹向下安装了，且位置不够高，导致其对试样表面产生摩擦。

6.2.4　含湿量的确认方法（见9.2）。

6.2.5　如果摩擦基座上的摩擦砂纸的摩擦区域用手摸起来与其旁边的区域相比很平滑或者试样发生明显的滑动，则应及时更换摩擦砂纸（见13.5）。

7. 试样准备

试样可以是各种组织结构，面积约大于等于25mm×25mm（1英寸×1英寸）的正方形均可进行测试。

8. 调湿

测试前，按照ASTM D 1776《纺织品测试的调湿程序》的要求对测试试样及摩擦白布进行预调湿和调湿。将每块测试试样或摩擦白布分开放在筛网或调湿用的多孔架上，在温度为21℃ ±1℃（70℉ ±2℉）和相对湿度65% ±2%的大气条件下调湿至少4 h。

9. 操作程序

9.1　干摩擦测试。

9.1.1　抬起仪器上半部，露出仪器基座。将标准摩擦布置于垂直杆的末端，并用弹簧夹固定。

9.1.2　将试样固定于仪器的基座上，固定位置为垂直杆与基座接触的位置。放下仪器的上半部分使其回到操作位置，使位于摩擦杆末端的摩擦布接触试样。将摩擦仪配置的砝码放到垂直杆上，给摩擦头施加11.1N±1.1N（40盎司±4盎司）的向下压力。

9.1.3　用左手使试样固定在基座上，同时右手转动曲柄20圈，使垂直杆反向转动40圈。

9.1.4　抬起仪器上半部，取出试样和摩擦布，进行调湿和评级。

9.2　湿摩擦测试。

9.2.1　准备湿摩擦布（见13.6）。对调湿过的摩擦布进行称重，然后在蒸馏水中彻底浸泡该摩擦布。每次准备一块湿摩擦布。

9.2.2　对干摩擦布进行称重。使用注射器管、刻度移液管或自动移液管，吸取干摩擦布重量0.65倍重（mL）的水。例如，摩擦布重0.24g，则吸取的水量（mL）为0.24×0.65=0.16mL。将摩擦布放在盘子内的白塑料网上。向摩擦布上均匀加水并称量润湿后的摩擦布重量。按照AATCC 8《摩擦色牢度：摩擦测试仪法》和AATCC 116的要求计算含湿率。如有必要，可以调整用来润湿摩擦布的水量，并用一块新的摩擦布重复上述步骤。当达到65% ±5%的含湿率时，记录用水量。用注射器管、刻度移液管或自动移液管吸水润湿摩擦白布时，可使用其当天记录的用水量来进行准备。每天需重复上述过程。

9.2.3 在实际摩擦测试开始前，应防止因水分蒸发引起的含湿量降低到规定范围以下。

9.2.4 按照9.1的要求继续进行测试。

9.2.5 在空气中晾干摩擦白布，在评级前进行调湿（见8.1）。对于拉毛、起绒或磨毛试样，松散纤维可能影响评级，因此在评级前，用透明胶带轻压摩擦白布，以沾去松散的纤维。

10. 评级

10.1 用AATCC沾色灰卡（AATCC EP2），AATCC 9级沾色彩卡评（AATCC EP8）或仪器评价沾色程度（AATCC EP12）评价干摩擦和湿摩擦色牢度，并记录与灰卡或彩卡颜色最接近的级数（见13.2、13.3和13.8）。

10.2 在评级时，用三层未使用过的摩擦布垫于待评摩擦布下面。

10.3 应当注意：一般来说，摩擦布沾色圆形的边缘部分沾色比中心部分要严重。

10.4 对摩擦布沾色圆形的边缘部分进行评级。

10.5 当测试多块试样或一组评级者评定沾色时，取结果的平均值，精确到0.1级。

11. 报告

11.1 报告10.5中得出的评级结果。

11.2 注明是干摩擦测试还是湿摩擦测试。

11.3 注明评级使用的是沾色灰卡还是9级AATCC沾色彩卡（见13.2和13.3）。

12. 精确度和偏差

12.1 精确度。本测试方法的精确度尚未确立。在本方法的精确度确立之前，使用标准统计学方法对实验室内或实验室间的结果平均值进行比对。

12.2 偏差。摩擦色牢度的真值仅能以测试方法进行定义。没有独立的方法可以测得真值。作为色牢度性能的评价方法，本方法无已知偏差。

13. 注释

13.1 旋转垂直摩擦测试仪提供了摩擦头往复旋转运动，摩擦头的压力位指定。

13.2 可从AATCC获取，地址：P. O. Box 12215，Research Triangle Park NC 27709；电话：919/549-8141；传真：919/549-8933；邮箱：orders@aatcc.org；网址：www.aatcc.org。

13.3 使用沾色灰卡还是AATCC沾色彩卡进行评级可能得出不同的等级。因此，报告使用哪种样卡进行评级是很重要的（见11.3）。

13.4 有关适合测试方法的设备信息，请登录http://www.aatcc.org/bg。AATCC提供其企业会员单位所能提供的设备和材料清单。但AATCC没有给其授权，或以任何方式批准、认可或证明清单上的任何设备或材料符合测试方法的要求。

13.5 对于关键性的评级及用于仲裁情况的评级，必须使用沾色灰卡进行。

13.6 一旦确定操作法，测试期间熟练实验员不必重复称量过程。

13.7 两种测试方法得到的结果可能不一致，两种方法之间没有已知的相关性。

13.8 如果可以证明自动电子评级系统能够得到与有经验的评级者视觉评级相同的结果，并具有相同或更好的重现性和再现性，则可以选择使用自动电子评级系统。

13.9 警告：根据对摩擦布的研究，ISO摩擦布与AATCC摩擦布得到的结果/值可能不同。

AATCC 117 - 2009

耐干热色牢度（热压除外）

AATCC RR54 技术委员会于 1966 年制定；1967 年、1971 年、1973 年修订；1981 年、1983 年、1985 年、1988 年、2001 年、2002 年、2008 年、2010 年编辑修订；1976 年、1979 年、1984 年、1989 年重新审定；1994 年、1999 年、2004 年、2009 年编辑修订并重新审定；部分等效于 ISO 105 - P01。

1. 目的和范围

1.1 本测试方法用于评定各种类型及各种形式的纺织品的耐干热（热压除外）色牢度。

1.2 本方法根据温度不同分为几种，可以根据具体需要以及纤维的稳定性来选择使用其中的一种或几种温度方法。

1.3 当使用本测试方法评定染色、印花以及后整理过程中的变色及沾色时，必须认识到其他的化学和物理因素会对测试结果产生的影响。

2. 原理

纺织品试样与规定的未染色贴衬织物相贴，通过与加热至规定温度的介质紧密接触而受干热。用标准灰卡评定试样的变色和贴衬织物的沾色。

3. 术语

色牢度：材料在加工、检测、储存或使用过程中，暴露在可能遇到的任何环境下，抵抗颜色变化或（和）颜色向相邻材料转移的能力。

4. 安全和预防措施

本安全和预防措施仅供参考。本部分有助于测试，但未指出所有可能的安全问题。在本测试方法中，使用者在处理材料时有责任采用安全和适当的技术；务必向制造商咨询有关材料的详尽信息，如材料的安全参数和其他制造商的建议；务必向美国职业安全卫生管理局（OSHA）咨询并遵守其所有标准和规定。

遵守良好的实验室规定，在所有的试验区域应佩戴防护眼镜。

5. 仪器和材料（见 12.1）

5.1 加热装置。在控制温度下通过与试样两面紧密接触将热量均匀传递给试样（见 12.2）。

5.2 两块未染色贴衬织物，其尺寸与加热装置相适应。第一块贴衬织物为与待测试样同纤维成分制成，若试样是混纺产品，则为待测试样的主体纤维制成；第二块贴衬织物由混纺样品的次要纤维制成，或使用由醋酯纤维、棉、锦纶、涤纶、腈纶、羊毛组成的多纤维贴衬布［15mm（0.3 英寸）宽］，或者使用其他特殊要求的织物，需在报告中注明。

5.3 变色灰卡及沾色灰卡（见 12.3）。

5.4 AATCC 沾色彩卡（见 12.3）。

6. 试样准备

6.1 若待测纺织品为织物，则将尺寸与加热装置尺寸相适应的试样置于两块未染色贴衬织物（见 5.2）之间，并沿一边缝合制成组合试样。

6.2 若待测纺织品为纱线，则将其织成织物并按照 6.1 操作。或用大约为未染色贴衬织物总质量一半量的纱线在两块未染色贴衬织物（见5.2）之间铺成平行均匀的薄层，并沿一边缝合以固定纱线，制成组合试样。

6.3 若待测纺织品为散纤维，取大约为未染色贴衬织物总质量一半量的散纤维，将其梳压成需要大小的均匀薄片，将纤维片置于两块未染色贴衬织物之间并沿一边缝合，制成组合试样。

7. 操作程序

7.1 将组合试样置于加热装置中，选择以下温度之一，加热30s。

Ⅰ 150℃ ±2℃

Ⅱ 180℃ ±2℃

Ⅲ 210℃ ±2℃

选用的一种或多种温度必须在报告中注明（见10.1）。试样的压力应为4kPa ±1kPa。

7.2 取出组合试样，将其在试验用标准温湿度条件下放置4h，如温度21℃ ±1℃、相对湿度65% ±2%。

7.3 评定试样的变色以及贴衬织物的沾色（见12.4）。

8. 变色的评级（色光和强度）

用变色灰卡（AATCC EP1）或AATCC EP7《仪器评估试样变色》评定试样的变色。记录与灰卡（见12.3）颜色最接近的级数。

9. 沾色评定方法

9.1 用沾色灰卡（AATCC EP2）、AATCC 9级沾色彩卡（AATCC EP8）或仪器评估试样的沾色（AATCC EP12）评价多纤贴衬织物的沾色。记录与所用评级卡颜色最接近的级数（见12.3）。

10. 报告

10.1 测试温度。

10.2 测试试样的变色级数和采用的AATCC评级程序（EP1或EP7）。

10.3 多纤贴衬布每种纤维的沾色级数（见12.4）。

10.4 采用的AATCC评级程序（EP2、EP8或EP12）（见12.5）。

11. 精确度和偏差

11.1 精确度。本试验方法的精确度尚未确立，在其产生之前，应采用标准的统计方法进行实验室内或实验室间测试结果平均值的比较。

11.2 偏差。耐干热色牢度（热压除外）只能作为一种试验方法进行定义，没有独立的方法可以确定其真值。本方法作为评估这一性能的一种手段，没有已知偏差。

12. 注释

12.1 有关本测试方法的设备信息，请登录http://www.aatcc.org/bg了解。AATCC尽可能提供其合作会员销售的设备和材料清单，但是AATCC并不证明其资格，或以任何方式批准、认可或证明清单上的任何设备或材料符合测试方法的要求。

12.2 干热装置。可以使用以下加热装置中的一种：

（1）一对加热板，在特定范围内可精确控制温度，并且压力可调节到4kPa ±1 kPa，为了获得7.1中所规定的压力，组合试样的总面积应适合和电热板面积间的关系，使电热板四角的弹簧加载销反作用于上加热板的外壳上。这可用一个细棒来实现，如小通用扳手，用细棒将弹簧销伸出的上端向下推过塑料板，然后将它轻轻地移向一侧，以便弹簧销咬合在下面的板上。当四角的弹簧销在正常位置时，给上面的加热板和外壳的重力一个平衡力，使两块板之间的压强为8.8g/cm^2，这也符合AATCC 92的要求。也可使用其他能达到相同试验条件并产生同样结果的装置。

（2）夹持组合试样的夹持装置浸在熔化金属镀液中（见 SDC 杂期刊，1960 年 3 月，158 页）。

12.3 可从 AATCC 获取，地址：P. O. Box 12215，Research Triangle Park NC 27709；电话：919/549 - 8141；传真：919/549 - 8933；电子邮箱：orders@aatcc. org；网址：www. aatcc. org。

12.4 贴衬织物的颜色变化可能是由于染料以外的其他因素引起的。为了确认是否存在这种现象，应对经过相似整理的几块贴衬织物单独进行本实验。

12.5 对于关键性的评定或仲裁情况下的评定，必须使用沾色灰卡进行评级。

AATCC 118 -2007

拒油性：抗碳氢化合物测试

AATCC RA56 技术委员会于 1966 年制定；1972 年、1975 年、1978 年、1983 年、1989 年和 2002 年重新审定；1985 年、1986 年、1990 年、1995 年、2004 年和 2008 年编辑修订；1992 年和 2007 年修订；1997 年编辑修订并重新审定；技术等效于 ISO 14419。

1. 目的和范围

本测试方法通过评定织物对一系列具有不同表面张力的液态碳氢化合物的耐润湿性，来检测织物上氟化合物整理剂或其他可以产生低能表面的化合物的存在。

2. 原理

将包括一系列具有不同表面张力的碳氢化合物标准试液滴在织物的表面，观察润湿、吸附和接触角的情况。拒油等级是不能润湿织物表面的试液的最高编码。

3. 术语

3.1 等级：在纺织品测试中，表示用于质量特性评价的多级参照样卡中的任何一级的质量特征的符号。

等级表示等同于标准相应级别的质量水平。

3.2 拒油性：在纺织品中，纤维、纱线或织物抗油液润湿的特性。

4. 安全和预防措施

本安全和预防措施仅供参考。本部分有助于测试，但未指出所有可能的安全问题。在本测试方法中，使用者在处理材料时有责任采用安全和适当的技术；务必向制造商咨询有关材料的详尽信息，如材料的安全参数和其他制造商的建议；务必向美国职业安全卫生管理局（OSHA）咨询并遵守其所有标准和规定。

4.1 遵守良好的实验室规定，在所有的试验区域应佩戴防护眼镜。

4.2 本方法专用的碳氢化合物属于易燃品，应远离热源、火星与明火。使用时应通风良好，避免在挥发气体中过长呼吸，避免皮肤接触，避免进入体内。

4.3 本测试法中，人体与化学物质的接触限度必须达到或低于官方的限定值［例如，美国职业安全卫生管理局（OSHA）允许的暴露极限值（PEL），参见 1989 年 1 月 1 日实施的 29 CFR 1910.1000］。此外，美国政府工业卫生师协会（ACGIH）的阈限值（TLVs）由时间加权平均数（TLV - TWA）、短期暴露极限（TLV - STEL）和最高极限（TLV - C）组成，建议将其作为人体在空气污染物中暴露的基本准则并遵守（见 12.1）。

5. 使用和限制条件

本试验方法并非织物抗所有油性物质沾污的确定方法。其他一些因素，诸如油性物质的成分和黏度、织物结构、纤维类型、染料和其他整理剂等，也是防油沾污的影响因素。然而，本实验可以获得织物对油性溶液沾污的大致指数，一般情况是，所得拒油等级越高，防油性沾污的性能就越好，尤其对于用液态油性物质。在对指定织物的不同整理效果进行对比时本测试方法尤其有效。

6. 设备和材料（见12.2）

6.1 预制备并按表1进行编码的测试液（见12.3）。

6.2 滴瓶（见12.4）。

6.3 AATCC白色纺织吸水纸（见12.5）。

6.4 实验室手套（普通的即可）。

表1　标准测试液

AATCC拒油级数	成　分
0	无（未通过白矿物油测试）
1	白矿物油
2	白矿物油：正十六烷（体积比为65:35）
3	正十六烷
4	正十四烷
5	正十二烷
6	正癸烷
7	正辛烷
8	正庚烷

7. 试样准备

在每块样品上分别取两块相同尺寸的试样进行测试，试样尺寸应能足够完成全套试液的评定，但每块不应小于20 cm×20cm（8英寸×8英寸），不应大于20cm×40cm（8英寸×16英寸）。各样品的试样应尺寸相同，测试前试样需在21℃ ±1℃（70℉ ±2℉）和相对湿度（65% ±2%）的大气条件下调湿至少4h。（见12.6）

8. 操作程序

8.1 将待测试样平放在白色纺织吸水纸上，白色吸水纸放在一个光滑的水平面上。

8.1.1 当评定稀松组织的轻薄织物时，测试时至少使用两层织物进行测试，否则测试溶液就会润湿吸水纸的表面，而不是润湿实际的测试织物，这样会引起结果差错。

8.1.2 设备、工作台、手套等必须不含硅有机树脂，使用含硅的产品会反向影响拒油等级。

8.2 在滴测试液之前，戴上干净的实验室用手套，用手按照绒毛织物或者线圈织物的自然方向轻抚织物表面以使织物表面状态良好。

8.3 从编号最小的试液（AATCC拒油1级试液）开始，沿试样纬向在5个不同位置小心进行滴液［液滴的直径大约为5mm（0.187英寸）或体积为0.05mL］，液滴之间至少相距4.0cm（1.5英寸）。滴液时，滴管头距织物表面约0.6cm（0.25英寸）。千万不要使滴管头碰到织物。从约45°角的方向观察液滴30s ±2s的时间。

8.4 如果织物没有出现渗透或润湿，液滴周围也没有出现渗透现象，再在邻近位置进行高一号的测试液的测试，观察时间依然是30s ±2s。

8.5 继续这个过程，直到在30s ±2s时间内，试液在织物表面出现明显的润湿及渗透现象。

9. 评定

9.1 织物的AATCC拒油等级是在30s ±2s时间内不能润湿织物的最高编号的试液号码值。如果织物对白矿物油试液的试验都是失败的，则其拒油级别为零（0）级。织物是否润湿一般通过织物与液滴接触的位置颜色变深，或（和）液滴失去接触角度来进行判定。在黑色或深色的织物上进行测试时，润湿现象可通过液滴失去“光亮”来判定。

9.2 试验中，由于整理剂、纤维、结构等原因，可能遇到不同类型的润湿现象。对于某些织物，试验终点很难确定。很多织物对于指定编号的试液具有绝对的抗润湿性（表现为液滴清晰，接触角大，见下图例A），然而用高一级编号的试液进行测试时，会立刻润湿。在这种情况下，测试的终点及面料的拒油等级很明显。然而，有些织物对几种编号的试液都显示出逐步润湿，表现为织物与液滴接触的位置部分变深（见下图例B～D）。对于这种织物，测试的终点应为在 30s ± 2s 的时间内织物与液滴接触的位置完全变深。

9.3 在五滴某一编码试液中有三滴（或以上）表现为完全润湿织物（见下图例 D）或液滴被吸附，失去接触角度（见下图例 C），表明试验没通过；五滴中的三滴（或以上）达到清晰的圆形外观，有大的接触角（见下图例 A），则说明该编号的试液通过。拒油等级以未通过的试液之前的通过测试试液的编码数来表示，以整数表示。当五滴中的三滴（或以上）在织物上显现圆形外观的液滴，其外缘部分变深（见下图例 B），这时定义为测试临界通过，这时的拒水级由临界通过测试时使用的试液编码减 0.5 来表示，并精确到 0.5。

10. 报告

10.1 应报告试验用试样尺寸（见 7）。

10.2 试样的拒油等级应在两块独立的试样上分别测定。如果两个试样所得拒油等级一致，则报告其等级。若两个试样所得拒油等级不同，则需要对第三块试样进行测试，如果第三块试样的结果与之前两块试样中的任何一个所得的结果相同，则报告第三块试样的拒油等级。如果第三块试样的结果与前两块所得的结果均不相同，则报告中间值。例如，如果前两块试样的等级分别为 3.0 和 4.0，第三块试样的等级为 4.5，那么取中间值 4.0。报告精确到 0.5 个拒油等级（见下图）。

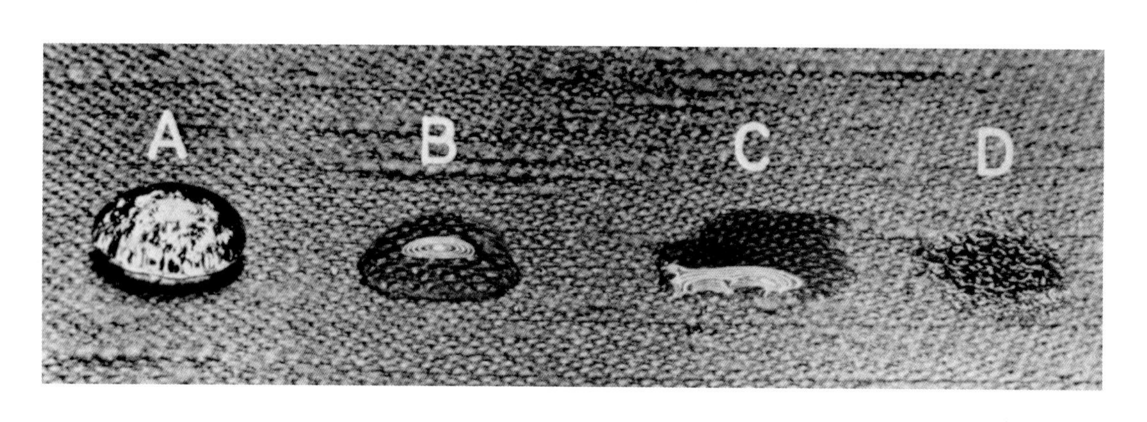

评级示例

A—通过，液滴清晰、饱满　B—临界通过，液滴周围出现局部变暗

C—未通过，毛细吸收和/或完全湿润　D—未通过，完全湿润

11. 精确度和偏差

11.1 概述。于 1990 年 9 月和 1991 年 4 月进行了实验室之间的比对试验，建立了本试验方法的精确度。在 1990 年 9 月的比对试验中，九个实验室中各有两人参加，四块织物，每块织物上取两个试样，参加人员每天对四块织物的所有试样进行评定，进行三天。本次比对等级评定集中在灰卡的 1 ~ 2 级和 4 ~ 5 级。而在 1991 年 4 月的比对试验中，等级结果集中在 2 ~ 3 级和 5 ~ 7 级。在 1991 年 4 月的比对中，七个实验室中各有两人参加，两块织物，每块织物上取两个试样，参加人员每天对两块织物的所有试样进行评定，进行两天（1990 年 9 月的比对分析显示，比对天数并非重要的作用因素）。结合两次比对试验的结果进行精度和偏差的声明。比对中，AATCC 向各实验室提供包括标准测试液在内的全部试验用材料。委员会分会在 AATCC 技术中心整理出的有关评定过程的录像资料以及评定时通过的、临界通过的和未通过的可视资料全部存在备忘录中。比对试验用织物局限于涤/棉产品。测定结果是每天评定的两块（或三块）试样等级的中间值。

11.2 拒油等级的标准方差的偏差构成如表 2

所示。

表2 AATCC 拒油试验

单一实验员	0.27
实验室内的实验员间	0.30
实验室之间	0.39

11.3 临界差。如果在11.2的偏差构成中，两个实验员之间的偏差等于或超过表3所示的临界差，则视为两次观测在95%的置信区间下完全不同。

表3 临界差①

观察次数②	一名实验员	实验室内部	实验室之间
1	0.75	1.12	1.55
2	0.53	0.99	1.45
3	0.43	0.94	1.42

①临界差是用 t － 1.950 计算的，基于无限自由度。

②每次观测结果是指从两块（或三块）试样等级中取的中间值。

11.4 偏差。拒油等级的准确数值是基于本试验方法的数值，因而本试验方法没有已知偏差。

12. 说明

12.1 资料索取地址：Publications Office，ACGIH，Kemper Woods Center，1330 Kemper Meadow Dr.，Cincinnati OH 45240；电话：513/742－2020；网址：www.acgih.org。

12.2 有关适合测试方法的设备信息，请登录http：//www.aatcc.org/bg。AATCC提供其企业会员单位所能提供的设备和材料清单。但AATCC没有给其授权，或以任何方式批准、认可或证明清单上的任何设备或材料符合测试方法的要求。

12.3 标准测试液参数如表4所示。

表4 标准测试液参数

测试液	规定熔点或沸点	N*
正十六烷	17～18℃	27.3
正十四烷	4～6℃	26.4
正十二烷	－10.5～－9℃	24.7
正癸烷	173～175℃	23.5
正辛烷	124～126℃	21.4
正庚烷	98～99℃	19.8
白矿物油	348℃	31.5

注 N* 是在25℃下的表面张力。

12.4 为方便起见，最好将库存的试液转到60mL滴瓶中，瓶外贴上AATCC拒油溶液等级的标签纸。最常用的是滴瓶、吸管和氯丁橡胶球的组合。使用前，球形瓶应在正庚烷液中浸泡若干小时，然后再用新的正庚烷液冲洗去除溶解物。实践中发现，将试液按评级表的顺序放在木台上是很有帮助的。注：试液的纯度对其表面张力存在影响。应仅使用分析等级的测试液。

12.5 可从AATCC获取。地址：P.O.Box 12215，Research Triangle Park NC 27709；电话：919/549－8141；传真：919/549－8933；电子邮箱：orders@aatcc.org；网址：www.aatcc.org。

12.6 AATCC 193《拒水性：抗水/乙醇溶液测试》以及AATCC 118是目前经常同时使用进行测试的，建议用于各个方法的试样尺寸一致。

AATCC 119－2009

平磨变色（霜白）：金属丝网法

AATCC RA29 技术委员会于 1967 年制定；1970 年、1974 年、1977 年、1989 年、1999 年、2004、2009 年重新审定；1979 年、1984 年、1994 年编辑修订并重新审定；1980 年、1985 年、1986 年、1997 年、2010 年编辑修订。

1. 目的和范围

1.1 本测试方法（见 11.1）用于评价染色织物耐平磨导致的颜色变化的能力。本方法适用于所有的染色织物，尤其适用于耐久熨压混纺套染织物的颜色变化，该织物中，一种纤维的磨损速度比另一种纤维快。

1.2 本测试方法以加速的方式使局部变色，这种变色与服装实际穿着时进行相对短期、温和的摩擦产生的变色相似（见 11.2）。

2. 原理

将样品固定在一个泡沫橡胶垫上，使其与安装在负载压头上的金属丝网进行多方向的摩擦。试样的颜色变化用灰卡进行评价。

3. 术语

3.1 磨损：材料的任一部分与另一表面进行摩擦而导致材料任何部位的磨耗。

3.2 霜白：在纺织品中，穿着时局部磨损所引起的织物颜色的变化（含霜白，原纤化）。

霜白可能是由磨损差异，如在多组分混纺织物中纤维的色调不匹配，结构有差异的单纤维磨损或者染料渗透不充分造成的。

4. 安全预防措施

本安全和预防措施仅供参考。本部分有助于测试，但未指出所有可能的安全问题。在本测试方法中，使用者在处理材料时有责任采用安全和适当的技术；务必向制造商咨询有关材料的详尽信息，如材料的安全参数和其他制造商的建议；务必向美国职业安全卫生管理局（OSHA）咨询并遵守其所有标准和规定。

4.1 遵守良好的实验室规定，在所有的试验区域应佩戴防护眼镜。

4.2 操作实验室测试仪器时，应按照制造商提供的安全建议。

5. 仪器和材料

5.1 平磨（霜白）试验仪原理图（见图 1）。

5.2 CSI Stoll—万能耐磨试验仪 CS－22C 型或 CSI 型表面摩擦仪 CS－59 型（见 11.3 和图 2）。

5.3 圆形试样霜白夹持器（见 11.3 和 11.4）。

5.4 橡胶“O”形环（见 11.3）。

5.5 锥形固定器（见 11.3）。

5.6 磨料。16 目不锈钢丝网，金属丝细度 0.23mm（见 11.3）。

5.7 侧边夹持器（见 11.3）。

5.8 变色灰卡（见 11.5）。

6. 试样准备

6.1 距织物布边至少 1/10 处剪取至少两块 127mm×127mm 的试样。

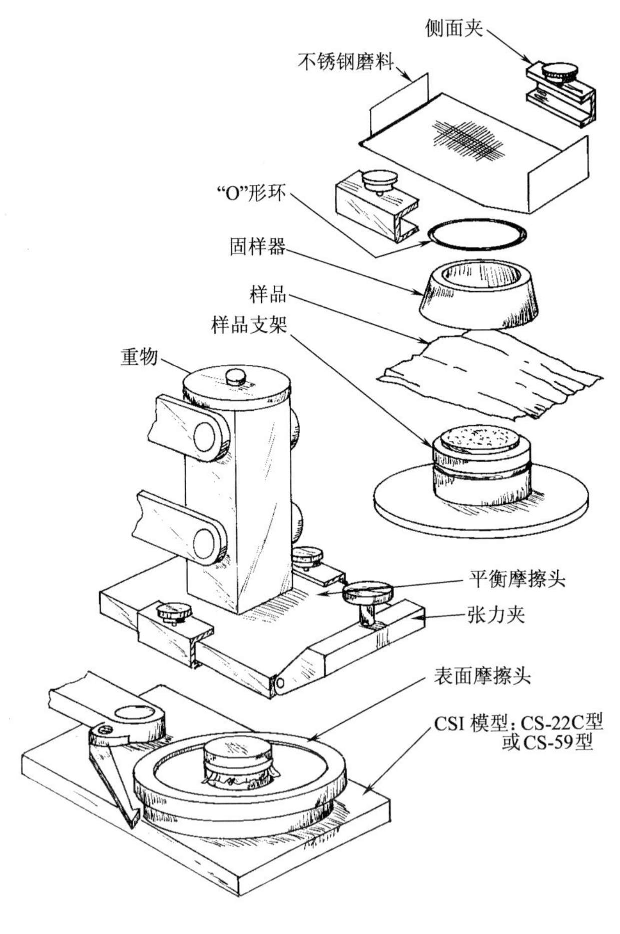

图 1 霜白装置结构图

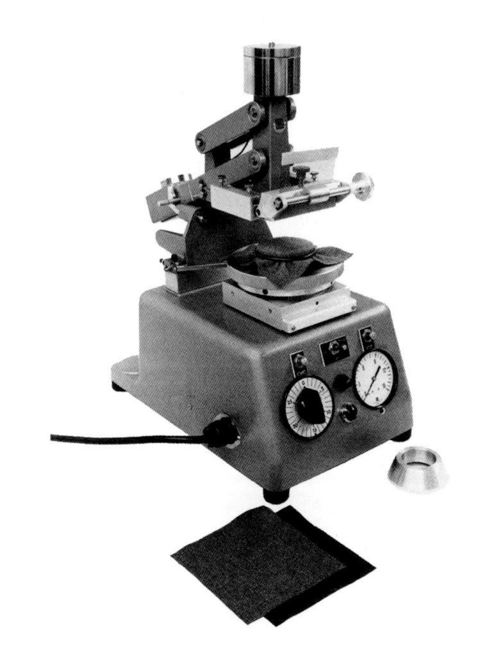

图 2 CSI 霜白测试表面摩擦仪

6.2 将试样在 21℃ ±1℃、相对湿度 65% ±2% 的标准条件下调湿直至平衡。

7. 操作程序（见 11.7 和 11.8）

7.1 纺织品在标准大气条件下进行测试。

7.2 用霜白装置配备的两角扳手取出中心的圆形螺母锁，然后取下平磨试验仪往复运动板上的圆形表面摩擦头。

7.3 将圆形霜白试样夹持器插入表面摩擦头中，用金属"O"形环套在圆形样品夹持器上，并用螺母固定。

7.4 试样面朝上放置在试样夹持器中间，然后把锥形固定器放在试样上。（固定器将试样固定在泡沫橡胶垫上，以便试样上方的橡胶"O"形环插入凹槽。橡胶"O"形环将试样固定，无变形）。将样品上的橡胶"O"形环插入凹槽后，移走固样器。

7.5 将夹持有试样的表面摩擦头放在往复式工作台上。

7.6 把不锈钢丝网（见 11.9）放在磨料板上，用夹子将其两端固定。前张力夹施加张力，侧边夹持器将两边固定。

7.7 将总重为 1134g 的砝码压在平衡摩擦头上（见 11.10）。

7.8 调节电动旋转爪，使表面摩擦头约每 100 次转一圈。

7.9 轻轻放下摩擦头与试样刚好接触，然后启动"开始"按钮。摩擦 1200 次后停止。

7.10 取下有磨损试样的摩擦头，然后取出试样。

7.11 在 38℃ 干净的微温水中用手漂洗试样，除去残屑，然后将试样夹在毛巾间吸掉多余的水分。

7.12 将试样面向下放在两块干净的白棉布之间，然后用温度设置约为 149℃ 的家用熨斗熨烫直至干燥。

8. 评价

8.1 在北光或等效光源下观测磨损的试样，

试样表面的照度至少为 538lx。

8.2 将试样平放在上观测桌面上，用光照射。光源应该充分地发散，当从试样上方观测试样时不产生阴影。试样应该保持固定，观测者选择观测角度。首先，保持视线在经纱方向，从试样上方与试样呈 0.2 ~ 1.57rad（15° ~ 90°）观测试样，然后转动试样，再沿纬向观测。

8.3 用变色灰卡（AATCC EP1）或 AATCC EP7《仪器评定试样变色》评定试样的变色。记录与灰卡（见 11.5）颜色最接近的级数。

9. 报告

报告试样的数量和测试结果的平均值，以及所采用的 AATCC 评级程序（EP1）。

10. 精确度和偏差（见 11.11）

10.1 实验室内的测试数据。在 1966 年和 1967 年进行了实验室内比对测试，在该试验中，五个实验室均对八块织物进行了两次比对观测。方差成分用标准差表示，计算结果为：实验室内灰色样卡 0.3 级，实验室间为灰色样卡 0.5 级。

10.2 精确度。对于 10.1 中所述的偏差成分，如果差异等于或大于表 1 中列出的临界差，应认为测得的两个平均值在 95% 置信区域内有显著差异。

表 1 临界差，灰卡单位，条件注释*

每个平均值观测的次数	实验室内精确度	实验室间精确度
2	0.4	1.4
4	0.3	1.4
8	0.2	1.4

注 *临界差用基于无限自由度的 $t = 1.960$ 计算。

表中列出的临界差应该认为为是一般说明，尤其在实验室间的精确度方面。在两个特定试验室给出有意义的说明之前，两个实验室之间的统计误差（如果有）比较必须建立在该材料一个样品上的随机试样最近得到的数据上。

10.3 偏差。因为用独立的方法得不到真实值，所以无合理的偏差报告。

11. 注释

11.1 本测试法由一个工业委员会制定，即著名的工业测试委员会。关于本测试的更多信息详见 A proposed test method to evaluate Frosting Potential Caused by Abrasive Wear，American Dyestuff Reporter，Vol. 54，No. 24，42 – 9，1965。

11.2 模拟相对剧烈摩擦见 AATCC 120《平磨变色（霜白）：金刚砂法》。

11.3 该仪器可从 SDL Atlas L. L. C. 公司获取，地址：1813A Associate Lane，Charlotte NC 28217；电话：704/329 – 0911；传真：704/329 – 0914；电子邮箱：info@sdlatlas.com；网址：www.sdlatlas.com。不锈钢丝网应从该标准处购买，因为其他来源的钢丝网可能有差异。

11.4 当拿到带有泡沫橡胶垫的试样夹持器时，或者当该夹持器多次使用后，橡胶头表面的平面可能与摩擦板接触不良，导致磨损方式变差或不均匀。用“O”形砂布在 1134g 的砝码作用下摩擦橡胶表面（不装样品），可以对上述情况进行校正。

11.5 可从 AATCC 获取，地址：P. O. Box 12215，Research Triangle Park NC 27709；电话：919/549 – 8141；传真：919/549 – 8933；电子邮箱：orders@aatcc.org；网址：http://www.aatcc.org。

11.6 对于试样的最佳数量，除非另有协议（如可用的材料规格），测试的试样数量要求确保在 95% 的置信区域内的试验结果平均值的精度为灰卡的 ±0.5 级，计算如下：

$$n = 15.4\sigma^2$$

式中：n——试样的数量；

σ——个别试样的结果标准偏差，由类似材料已有的大量结果确定。

测定精确度或概率需要试样数量（非上述数量）可按 ASTM D 2905《测定纺织品平均数量需要的试样数》。

如果 σ 未知，实验室内测试取四块试样，实验室间测试九块试样。

上述规定的试验次数基于单个实验室单个试验员结果 $\sigma=0.5$ 级，实验室间的结果 $\sigma=0.75$ 级，σ 值比期望值略偏高的情况实际上经常出现。因此，为得到正确的 σ 值，可能允许测试的试样数比上述规定的少。

11.7 为了获得与织物在实际应用中的性能相关的信息，有时需要在霜白试验前对试样进行预处理，如洗涤。

11.8 定期用一个或多个已知霜白特性的标准织物检查霜白试验仪的运行情况。AATCC RA 29 耐磨性能研究委员会还没有找到满意的校准试样。

11.9 摩擦网的经线必须与上压头往复运动方向平行。新摩擦网在刚开始用时应进行清洗，除去油污。建议每次试验后，用带保险喷嘴的高压空气枪除去不锈钢摩擦网上的残屑；定期用温和洗涤剂清洗摩擦网，去除空气枪无法吹走的聚集物。破损或有残疵的钢丝网磨料应该迅速换掉。

11.10 没有施加载荷的平衡压头，既不向前倾，也不向后斜。压头不平衡会导致金属网和织物之间的摩擦压力发生变化。

11.11 本测试方法的精度取决于试验材料、测试方法自身以及采用的评级程序的变异性。

11.11.1 10 中的精度说明是基于目光评级（AATCC EP2 或 EP8）结果得出的。

11.11.2 采用仪器评级（AATCC EP12）的精度预计比目光评级的精度更高。

AATCC 120 -2009

平磨变色（霜白）：金刚砂法

AATCC RA29 技术委员会于 1967 年制定；1970 年、1974 年、1977 年、1989 年、1999 年、2004 年重新审定；1980 年、1984 年、1994 年、2004 年编辑修订和重新审定；1986 年、1997 年、2010 年编辑修订。

1. 目的和范围

1.1 本测试方法（见 10.1）用于评价染色织物耐平磨导致的颜色变化的能力。本方法适用于所有染色织物，尤其适用于染色渗透不良的纯棉织物和同色混纺织物由于摩擦导致的颜色变化。

1.2 本测试方法以加速的方式使局部变色，这种变色与服装长期实际穿着时进行相对剧烈的摩擦产生的变色相似（见 10.2）。

2. 原理

将样品固定在施加一定空气压力的隔膜上，使其与安装在负载压头上的金刚砂磨料表面进行多方向的摩擦。试样的任何颜色变化用灰卡进行评价。

3. 术语

3.1 磨损：材料的任一部分与另一表面进行摩擦而导致材料任何部位的磨耗。

3.2 霜白：纺织品穿着时局部磨损所引起的织物颜色变化（同磨损差异、原纤化）。

霜白可能是由磨损差异，如在多组分混纺织物中纤维的色调不匹配，结构有差异的单纤维磨损或者染料渗透不充分造成的。

4. 安全和预防措施

本安全和预防措施仅供参考。本部分有助于测试，但未指出所有可能的安全问题。在本测试方法中，使用者在处理材料时有责任采用安全和适当的技术；务必向制造商咨询有关材料的详尽信息，如材料的安全参数和其他制造商的建议；务必向美国职业安全卫生管理局（OSHA）咨询并遵守其所有标准和规定。

4.1 遵守良好的实验室规定，在所有的试验区域应佩戴防护眼镜。

4.2 操作实验室测试仪器时，应按照制造商提供的安全建议。

5. 仪器和材料

5.1 CSI Stoll 万能耐磨试验仪，型号 CS－22C，或 CSI 表面摩擦仪，型号 CS－59（见 10.3）。

5.2 无电接触点的橡胶隔膜（见 10.3）。

5.3 “O”形金刚砂抛光纸，3.8cm×22.8cm（见 10.4）。

5.4 吸尘器。

5.5 变色灰卡（见 10.5）。

6. 试样

6.1 距织物布边至少 1/10 处剪取两块直径大约为 10.8cm 的圆形试样。

6.2 将试样在 21℃ ±1℃、相对湿度 65% ±2% 的标准条件下调湿直到达到平衡。

7. 操作程序（见 10.6 和 10.7）

7.1 纺织品在标准大气条件下进行测试。

7.2 将未使用过的“O”形金刚砂纸条放在摩擦盘下，夹紧两端。施加尽量小的张力使砂纸平放在摩擦盘较低的表面上。

7.3 将试样（面朝上）放置在橡胶膜上（没有电接触），这样织物不会起皱。用夹环将试样固定在橡胶膜上，注意不要使织物扭曲。

7.4 将橡胶膜上的空气压力设置为20.68kPa，并在平衡压头上施加1361g的载荷（见10.8）。

7.5 使样品夹钳的旋转机构对试样进行多向摩擦。

7.6 轻轻放下有“O”形砂纸的上摩擦头与试样接刚好接触，然后启动“开始”按钮（下摩擦头运动速度应约为120圈/min）。

7.7 摩擦头连续运动100圈后停止。

7.8 从仪器上取下试样，并用吸尘器清除试样上的纤维和磨料残渣。

7.9 在38℃的干净的微温水中用手漂洗试样，除去残屑。将试样夹在毛巾间吸掉多余的水分。

7.10 将试样面向下放在两块干净的白棉布之间，然后用温度设置约为149℃的家用熨斗熨烫直至干燥。

7.11 如果试样从夹钳中滑出、空气压力没有保持恒定或磨损图形不正常，应舍弃该试样，再取一块试样重测（见10.7）。

8. 评价

8.1 在北光或等效光源下观测磨损的试样，试样表面的照度至少为538lx。

8.2 将试样平放在上面有光照的观测桌面上。光源应该充分地扩散，这样观测试样时不会产生影子。试样应保持固定，观测者要估测观测角度。首先，保持视线在经纱方向，从0.2～1.57rad（15°～90°）转动观测试样，并在纬向重复观察。

8.3 用变色灰卡（AATCC EP1）或AATCC EP7《仪器评定试样变色》评定试样的变色。记录与灰卡（见10.5）颜色最接近的级数。

8.4 报告两块试样的平均值和所采用的AATCC评级程序（EP1或EP7）。

9. 精确度和偏差

9.1 精确度。本试验方法的精确度尚未确立，在其产生之前，采用标准的统计方法比较实验室内或实验室之间的试验结果的平均值。

9.2 偏差。由平磨、霜白和金刚砂法产生的变色只能在一个测试方法中定义。没有独立的方法测定其真实值。作为评价这一性能的手段，该方法无已知偏差。

10. 注释

10.1 本测试法根据塞拉尼斯公司的测试方法APD；EL9C，即著名的塞拉尼斯测试法制定。

10.2 模拟相对温和的摩擦效果试验参见AATCC 119《平磨变色（霜白）：金属丝网法》。

10.3 该仪器可从SDL Atlas SDL Atlas L. L. C. 公司获取，地址：1813A Associate Lane，Charlotte NC 28217；电话：704/329－0911；传真：704/329－0914；电子邮箱：info@sdlatlas.com；网址：www.sdlatlas.com。

10.4 为了尽量减小测试结果的变异，建议使用Behr－Manning公司的“O”形金刚砂纸。可从SDL Atlas L. L. C. 公司获取，地址：1813A Associate Lane，Charlotte NC 28217；电话：704/329－0911；传真：704/329－0914；电子邮箱：info@sdlatlas.com；网址：www.sdlatlas.com。

10.5 可从AATCC获取，地址：AATCC，P. O. Box 12215，Research Triangle Park NC 27709；电话：919/549－8141；传真：919/549－8933；电子邮箱：orders@aatcc.org；网址：www.aatcc.org。

10.6 为了获得与织物在实际应用中的性能相关的信息，有时需要在霜白试验前对试样进行预处理，如洗涤。

10.7 定期用一个或多个已知霜白特性的标准织物检查霜白试验仪的运行情况。AATCC RA29 耐磨性能研究委员会还没有找到满意的校准试样。

10.8 没有施加载荷的平衡压头，既不向前倾，也不向后斜。压头不平衡会导致金属网和织物之间的摩擦压力发生变化。

AATCC 121－2010

地毯沾污：目光评级法

AATCC RA57 技术委员会于 1967 年制定；1970 年、1973 年、1976 年、1979 年、1982 年、1989 年、2000 年、2005 年、2010 年重新审定；1986 年、1991 年、2008 年编辑修订；1987 年编辑修订并重新审定；1995 年修订。

1. 目的和范围

1.1 本测试方法用于评价绒头地毯从无沾污到中度沾污范围内的清洁程度，还可以用于评价污垢的积累程度或者清洗程序的去污能力。本方法适用于任何颜色、样式、组织结构及纤维成分的绒头地毯。

1.2 本方法不适用于评价地毯结构外观的变化（见 14.1）。

2. 原理

原样或清洁样与测试样在清洁度上的差异主要采用呈逐级深浅变化的灰色样卡对色差的目光评定。

3. 术语

3.1 地毯。所有纺织材料制成的地板覆盖物。

3.2 清洁度。在地毯沾污测试中，清洁度特指被测样品与原始未沾污样品之间的接近程度，被测样品经过沾污试验后未产生明显的外观变化说明清洁度好。

清洁度与地毯在踩踏或清洁程序处理过程中所引起的物理结构变化无关。

3.3 沾污。污垢、油污或者其他通常不应附着在纺织材料上的物质。

3.4 污染。在纺织品中，纺织材料被污垢比较均匀地覆盖或浸渍的过程。

3.5 纺织地毯。使用表面由纺织材料构成，通常用来覆盖地板的物品。

3.6 使用面。纺织地毯上，人脚踩踏的那一面。

4. 安全和预防措施

本安全和预防措施仅供参考。本部分有助于测试，但未指出所有可能的安全问题。在本测试方法中，使用者在处理材料时有责任采用安全和适当的技术；务必向制造商咨询有关材料的详尽信息，如材料的安全参数和其他制造商的建议；务必向美国职业安全卫生管理局（OSHA）咨询并遵守其所有标准和规定。

遵守良好的实验室规定，在所有的试验区域应佩戴防护眼镜。

5. 使用与限制

由于地毯织物表面结构复杂，毛圈或绒头的高度以及地毯织物的可压缩性，很难指定一种方法适用于评价所有类别的地毯织物的反射率，或者满足所有不同地毯织物之间的比较。对于反射率差异的解释，尤其是对于不同颜色或不同原始反射率的材料之间，尚无定论。本测试方法通过评价一种差异，即借助能够反映反射率差异的标准灰卡通过目光感观色差判定未沾污与已沾污试样的差异，借此规避了上述难点。

6. 仪器与材料

变色评级灰卡（见 14.2）。

7. 灰卡的校验

7.1 目光校准。对灰卡进行检查，每对连续的小卡片间应有可辨的、质地均匀的、明显的观感色差。如果灰卡间具有明显的逐级过渡的色差观感，那么该灰卡就是合格的。要确保灰卡清洁以便正常评级。

7.2 反射率测定。如果操作者对目光校准有质疑，也可以通过测反射率来检查灰卡。可使用适用于小卡片尺寸为（10mm×38mm）的任何反射率测试仪。灰卡中两组中的每个级别的小卡片所测得的反射率结果平均值的差异应该小于九级灰卡（包括半级）中四级中两个小卡片反射率差异的一半。用灰卡上每一对小卡片的反射率的差值对其对应的级数或半级数在坐标纸上标绘，应该得到一条直线。灰卡上 4～5 级的一对小卡片的反射率的差值应该也能够对应在直线上，因为其差值是以 5 级的变化为基准的。如果其他级别的每一对小卡片的反射率差值形成逐级系列，那么 4～5 级的结果就没有那么重要了。

8. 试样准备

8.1 洁净参照试样。从原始试样或者洁净的地毯上取一块足够大的试样，所取参照试样的大小应使试样的图案及颜色结构具有代表性。如果地毯上同时包含深色和浅色，取样时应该以浅色部分为参照试样的边缘。参照试样边缘应剪切齐整。

8.2 将整块已经沾污的地毯或者是经过清洗处理的地毯放置于地上，或者将上述地毯裁剪成易于处理的试样。如果试样是剪切下来的，需要剪切具有代表性的部分，包括沾污过程或者清洗过程的代表性，同时地毯的图案花型也要具有代表性并包含地毯的浅色部分。

9. 调湿

使用常规的室内条件调湿。如果试样是经过就地清洗方法处理的，那么必须确认地毯已经干燥，回潮率在正常范围内。

10. 操作程序

10.1 将干净的参照试样置于被测试样上面，或者置于被测试样旁边，两个试样之间不留缝隙。调整两个试样的位置使试样的图案和结构方向一致。使用标准的光源系统，包括日光及人造光源。所使用的其他任何光源也要尽量满足目光评级的标准条件。

10.2 将灰卡上每对小灰卡与被测试样和参照试样组进行对比，直到参照样和测试样之间的观感色差与灰卡上某个级别的观感色差基本一致为止。使用黑色套卡来保证每次只露出灰卡中的某个级别的对比部分。

10.3 记录与试样之间清洁度差异的观感色差最匹配的灰卡级数并包括半级级数。要注意比较的是试样间清洁度的差异程度而不是试样的灰度。

10.4 要求至少四个评级者参与评级。如果想提高评级的精确度，可以由五个或者六个评级人员评级。评级人员之间独立进行评级。如果评级人员没有使用本方法进行评级的经验，则需要在正式进行评级并记录数据之前，进行相应的评级练习，可以通过三组或更多的比对训练进行练习，比对训练应包括灰卡的所有级别，练习中无须记录结果。

11. 结果计算

取四个或者多个评级人员评级结果的平均值，结果精确到 0.1 级。

12. 报告

报告清洁度的平均级数，报告评级人员数量，从 5 级（即与洁净参照试样无差异）到 1 级（即与参照试样差异最大）。

13. 精确度与偏差

13.1 不同评级人员对相同试样的评级结果差异（标准方差）应在0.2（有经验的评级人员）～0.5（初学者）之间，通常在0.3～0.4之间。因此需要4～6个评级者进行评级来保证在置信水平为95%或90%的前提下与另一组评级者所报告的评级差异在0.5以内。

13.2 不同实验室之间的评级差异的信息比较有限，但是通常情况下出现的差异在0.2～0.5之间。

13.3 可以通过本测试方法的定义，即通过采用色差呈逐级深浅变化的灰色样卡来对清洁度进行主观评定的测试方法，来理解测试方法的偏差程度。结果显示本方法对于不同组织结构、花型图案及颜色的地毯均有效，如果地毯的初始反射率高，测试结果与反射率之间具有一定的关联。对于较深颜色的地毯来说，目光评级与反射率的变化无关。

14. 注释

14.1 对于地毯由于踩踏而引起的结构方面的变化的确定程序可以参见ASTM D 2401，地毯织物使用外观变化的测定。该标准可以通过如下方式获取，地址：100 Barr Harbor Dr.，West Conshohocken PA 19428；电话：610/832－9500；传真：610/832－9555；网址：www.astm.org。

14.2 相关信息可从AATCC获取，地址：P.O.Box 12215，Research Triangle Park NC 27709；电话：919/549－8141；传真：919/549－8933；电子邮箱：orders@aatcc.org；网址：www.aatcc.org。

AATCC 122 -2009

地毯沾污：实地沾污法

AATCC RA57 技术委员会于 1967 年制定；1970 年、1973 年、1976 年、1979 年、1982 年、1989 年、2000 年重新审定；1985 年、1990 年编辑修订；1987 年、1995 年编辑修订并重新审定；2009 年修订。

1. 目的和范围

本测试方法用来评价纺织地毯在实际使用中的沾污性能。

2. 原理

将地毯试样和选定的对照样品在可控的测试区域内进行实际踩踏，根据不同的沾污程度，在规定的时间间隔移走试样并进行沾污评级。

3. 术语

3.1 地毯：所有纺织材料制成的地板覆盖物。

3.2 沾污：污垢、油污或者其他通常不应附着在纺织材料上面的物质。

3.3 污染：在纺织品中，纺织材料比较均匀地覆盖或浸渍污垢的过程。

3.4 纺织地毯：使用表面由纺织材料构成，通常用来覆盖地板的物品。

3.5 使用面：纺织地毯上，人脚踩踏的那一面。

4. 安全和预防措施

本安全和预防措施仅供参考。本部分有助于测试，但未指出所有可能的安全问题。在本测试方法中，使用者在处理材料时有责任采用安全和适当的技术；务必向制造商咨询有关材料的详尽信息，如材料的安全参数和其他制造商的建议；务必向美国职业安全卫生管理局（OSHA）咨询并遵守其所有标准和规定。

遵守良好的实验室规定，在所有的试验区域应佩戴防护眼镜。

5. 沾污场所

5.1 沾污测试的场所应该充分远离街道或其他户外场所，以保证试样不被湿踩踏。建议测试场所离街道或者户外场所的距离至少为 15m（50 英尺）。

5.2 沾污测试场所应完全与工业性油脂、油污等污垢隔离。

5.3 沾污测试区域的踩踏方式应该能够使所有试样都经过类似在一个狭窄通道或只有一个方向有出口的出入口处的情况下进行的踩踏。如果不能在狭窄通道定向踩踏，那么也可以进行随机踩踏，但是要保证试样的沾污程度与上述条件产生的沾污程度一致。

5.4 如果是以一个狭长通道的形式进行踩踏测试，即从通道的两个相对的方向行走，那么需要在测试区域两端各放置一块 2m（6.5 英尺）长的地毯起到缓冲作用。对于其他情况，或者测试以随机踩踏的形式进行，则缓冲地毯应该放置在测试试样的周围，其大小根据测试样的边长按比例进行适当的调节，但是任何情况下缓冲地毯各个方向上的长度都不得小于 2m（6.5 英尺）。缓冲地毯的纤维成分和组织结构不限，但颜色要求为浅色，以避免缓冲地毯上的纤维或者染料被带到被测试样上面。

6. 地毯试样

6.1 试样尺寸。测试试样的最小尺寸应为30cm×30cm（12英寸×12英寸）。

6.2 试样安装。地毯试样的安装固定方式应以易于移走为准。譬如使用双面胶或者用12mm（0.5英寸）宽的夹板和订书钉固定试样。

7. 试样的安置与旋转调整

7.1 试样安置与旋转的要求与待测沾污区域的规格和踩踏方式有关。因此，不可能找到一个普遍适用的操作程序。但是试样的旋转是必需的，以获得均匀的沾污效果。

7.2 为了给每个特定的沾污区域找到合适的旋转方式，可以选择一个沾污程度已知的材料（如对照样）。在沾污区域内安装正确数量的试样以保证所有空间均被使用。对指定试样进行沾污到预期程度，然后旋转样品以使所有试样都能达到均匀一致的沾污。一旦旋转方式确定下来，需要对旋转顺序进行记录以备后用。

8. 沾污程度

8.1 对照地毯沾污程度。

8.1.1 在开始进行沾污测试之前一定要确定标准沾污程度。在本测试的一般用途下，沾污间隔相当于一个任意选取的地毯对照样达到轻度、中度或重度沾污程度（见13）所需要的时间。每个实验室选择或准备的沾污对照样应当与本实验室的条件要求一致。如果测试涉及两个或者多个实验室，则每个实验室要使用相同的对照样。

8.1.2 根据不同的沾污程度，需要在指定的时间间隔将测试试样和对照样从测试区域中移走。

8.1.3 当测试样达到已沾污对照样（一级沾污水平）的沾污程度时，将所有相应的试样从第一组中移走。此操作无须考虑此时其他试样的表面状态。

8.1.4 在测试样（依次分别）达到二级或三级沾污水平时，分别依次如上述将相应的试样移走。

8.1.5 当达到某一级沾污程度水平后，用新的一组测试样和对照样重新置于撤走上一组试样空出的区域进行新的测试，缓冲地毯的位置不变。

8.2 以踩踏为基础的沾污程度。

上述方法的替代方法是对各级沾污水平测试的所有试样进行特定次数的踩踏。实验室应该在试验开始前确定具体的踩踏次数，在达到相应的踩踏次数后从试验区域移走试样。

9. 评估

9.1 将试样移出后，应尽快将经真空吸尘器处理后的试样与沾污对照样进行对比。一旦确定要移走一组试样应先用吸尘器处理该批试样。每天转换一次沾污位置以继续沾污试验。

9.2 保存踩踏次数和试验周期的记录。

10. 维护

每日用往复式电动刷真空吸尘器清洁待测试样。

正确的清洁方法应该包括吸尘器在指定的地毯区域内经过四次。吸尘器第一次运行朝着远离操作者的方向清扫，然后第二次返回操作者的位置。最后一次清扫方向应该是沿着回到操作者的位置的方向（即往复各两次）。在清洁试样的下一个相邻位置时，吸尘器第一次运行还是朝着远离操作者的方向。由于试样宽度并非吸尘器清扫宽度的倍数，因此所造成的部分重复清洁可以忽略。

11. 评级

试样沾污程度的差异可以通过目光评级来确定（见AATCC 121《地毯沾污：目光评级法》）。

12. 精确度和偏差

12.1 精确度。本测试方法的精确度尚未确立。在本测试方法的精确度声明确立之前，可以使用标准的统计技术来对实验室内部或者实验室之间的测试结果进行比对分析。

12.2 偏差。地毯沾污（实地沾污法）只能从一个测试方法方面进行定义。目前还没有一个独立的方法来确定其真实值。作为一个评估性的方法，本方法没有已知的偏差。

13. 注释

RA 57 技术委员会将沾污程度定义为将锦纶割绒地毯样品沾污至三个不同水平（轻度、中度、重度）（见附录 A　人造污垢准备）。

附录 A　人造污垢准备

人造污垢配方

配料	重量（%）
泥煤苔（深色的）	38
硅酸盐水泥	17
瓷土	17
硅石（200 目）	17
黑烟末（灯黑或者炉黑）	1.75
红色氧化铁	0.50
矿物油（医用级别）	8.75

A1 泥煤苔应为干燥的，且不含有结块。

A2 硅酸盐水泥应为干燥的，如果含有结块，则将结块拣出。

A3 将所有干燥的配料彻底混合后再加入矿物油。在 50℃（122℉）下干混合 6 ~ 8h。

A4 将干的混合物放入球磨机并加入氧化铝珠。开启球磨机运行大概 24h。

A5 将混合物连同干燥剂放入密封容器。

AATCC 124 - 2011

织物经多次家庭洗涤后的外观平整度

AATCC RA61 技术委员会于 1967 年制定；1969 年、1975 年、1982 年、1989 年（标题更换）、1992 年、1996 年、2005 年、2006 年、2009 年（标题修改）、2010 年、2011 年修订；1974 年、1983 年、1985 年、1988 年、1991 年、1997 年、2004 年和 2008 年编辑修订；1973 年重新审定；1978 年、1984 年、2001 年编辑修订和重新审定；技术上等效于 ISO 7768。

1. 目的和范围

1.1 本测试方法是用来评价织物经反复家庭洗涤后的外观平整度。

1.2 任何可水洗的织物都可以使用这个方法评定外观平整度。

1.3 任何结构的织物，包括机织物、针织物、非织造布，都可以按照这个方法评定。

2. 原理

样品经过标准的实际家庭洗涤，可以是手洗或机洗，洗涤循环和温度以及干燥条件可以选择，然后在标准光源和观测区域内将试样与一套参考标准样照比较，根据视觉印象评定试样外观的平整程度。

3. 术语

3.1 陪洗织物：在织物测试过程中使用的、可以将织物的总重或体积规范达到规定数量的材料。

3.2 耐久压烫：在使用中、洗涤或干洗后，一种可以保持原有形态、平整缝线、原有压烫折痕和平整外观的织物特性。

3.3 洗涤：纺织材料的洗涤是指一种使用水溶性洗涤剂溶液去除污渍的过程，通常包括漂洗、脱水和干燥。

3.4 洗后折痕：洗涤或干燥后样品上明显的折皱或杂乱无序的褶线。洗后折痕是样品在洗涤和干燥中造成的非故意结果。

3.5 外观平整度：将试样与一套参考标准样照比较，根据视觉印象评定试样的外观平整度。

4. 安全和预防措施

本安全和预防措施仅供参考。本部分有助于测试，但未指出所有可能的安全问题。在本测试方法中，使用者在处理材料时有责任采用安全和适当的技术；务必向制造商咨询有关材料的详尽信息，如材料的安全参数和其他制造商的建议；务必向美国职业安全卫生管理局（OSHA）咨询并遵守其所有的标准和规定。

4.1 遵守良好的实验室规定，在所有的试验区域应佩戴防护眼镜。

4.2 1993 年 AATCC 标准洗涤剂 WOB 可能会引起对人体的刺激，应注意防止其接触到皮肤和眼睛。

4.3 所有化学物品应当谨慎地使用和处理。

4.4 操作实验室测试仪器时，应按照制造商提供的安全建议。

5. 使用和限制条件

5.1 本测试方法仅用来评价可水洗织物经反复家庭洗涤后织物的外观平整度。

5.2 本测试方法为反映消费者所使用的家庭

洗涤设备的能力而设计。通常，在相对严格的洗涤条件下进行测试更好。

5.3 纺织制品上的印花和图案可能会使折皱模糊，评级程序是以试样的视觉外观平整度为基础的，也包括这样的影响。

5.4 使用小样品测试偶尔会引起折皱和折痕（干燥折痕），这种非正常的折皱和折痕在织物的使用性能中不用考虑。本方法中给出了预防措施以避免产生干燥折痕。

5.5 实验室间对于本测试方法的结果重现性与标准使用者采用的洗涤和干燥条件（在8.1中列出）有关。

6. 仪器和材料（12.1）

6.1 全自动洗衣机（见12.2）。

6.2 全自动滚筒烘干机（见12.2）。

6.3 滴干和挂干的设备。

6.4 容积9.5L（10.0夸脱）的桶。

6.5 洗涤剂。

6.5.1 1993年AATCC标准洗涤剂。粉末状（见12.3和12.8）。

6.5.2 2003年AATCC液体洗涤剂。液状（见12.3）。

6.6 陪洗织物，尺寸为（92cm ± 3cm）×（92cm ±3cm）[（36英寸 ±1英寸）×（36英寸 ±1英寸）]，缝边的漂白棉布（第一种陪洗织物）或50/50涤/棉平纹织物（第三种陪洗织物）（见表1）。

表1 洗涤用的陪洗织物（织物规格）

项 目	第一种陪洗织物（100%棉）	第三种陪洗织物（50 ±3/503 涤/棉）
织物纱线	16/1 环锭纱	16/1 或 30/2 环锭纱
织物结构	(52 ±5) × (48 ±5)	(52 ±5) × (48 ±5)
织物重量（g/m^2）	155 ±5(4.55 盎司/码^2 ± 0.15 盎司/码^2)	155 ±5(4.55 盎司/码^2 ± 0.15 盎司/码^2)
每块尺寸（cm）	(92.0 ±3) × (92.0 ±3) [(36.0 英寸 ±1 英寸) × (36.0 英寸 ±1 英寸)]	(92.0 ±3) × (92.0 ±3) [(36.0 英寸 ±1 英寸) × (36.0 英寸 ±1 英寸)]
每块重量(g)	130 ±10	130 ±10

6.7 照明和评级区。在暗室内使用摆放的悬挂式照明设备（见12.4），如图1所示。观测板旁边的墙对光线的反射可能会影响评级的结果。建议周围的墙都涂成无光泽的黑色（85°测量反光小于5个单位）或暗幕（遮光的布）装在观测板的两边，以消除反射的影响。

6.8 标准AATCC三维外观平整度评级样照一套6张（见图2和12.2）。

6.9 带有温度调节的蒸汽熨斗或普通熨斗。

6.10 洗涤剂（用于手洗程序）。

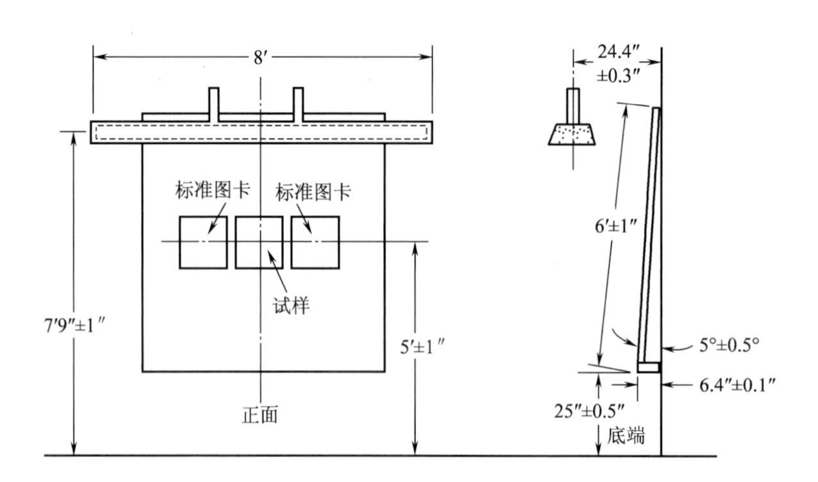

图1 观测试样的照明设备

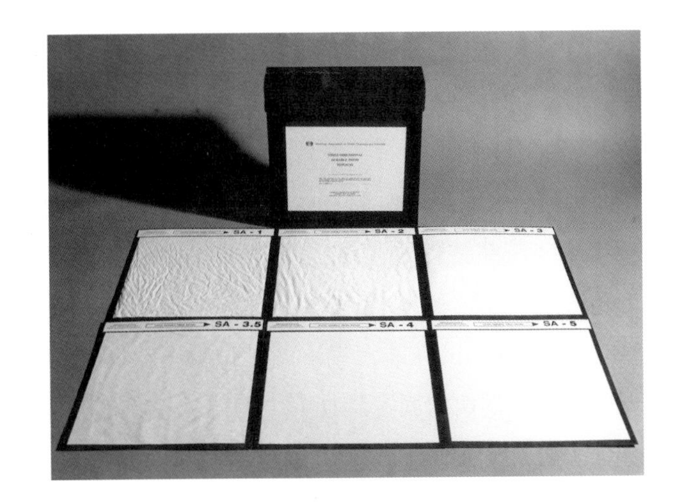

图2 AATCC三维外观平整度评级样照

6.11 天平或台秤，量程至少为5kg或10磅。

6.12 数字成像系统（见12.9）。

7. 试样准备

取3块具有代表性的试样，平行于长度方向和宽度方向，样品尺寸为38cm×38cm（15英寸×15英寸）。如果可能，每个试样均应含有不同的经纱和纬纱。试样上应标记好长度方向。洗涤中试样可能出现散边，见12.5。

8. 操作程序

8.1 表2中列出了可选择洗涤、漂洗及干燥条件并进行设定。对于仪器和洗涤条件的其他信息见《AATCC技术手册》中的专题论文“家庭洗涤测试条件的标准化”或其他技术手册，在网站 http：//www.aatcc.org/testing/mono/msds－mono.htm上可获得专题论文的最新版本。

建议特殊的循环条件或特征也可以通过当前的洗衣机和烘干机实现，以改进某些项目；即搅动较少的轻柔循环和耐久压烫循环，可以保护轻薄织物的结构，如果有冷漂洗和减少旋转速度，那么折皱最少。然而，在评价缝线外观时，建议使用更加剧烈的标准/厚重棉织物挡更合适。如果修改了使用的任何循环挡（见8.2），必须在结果中报告出来（见第10部分）。

8.2 标准洗涤。

8.2.1 手洗（见12.6）。

在9.5L（10.0夸脱）的桶里，将20.0g±0.1g的1993年AATCC标准洗涤剂或30.3g的2003年AATCC标准液体洗涤剂溶解在41℃±3℃（105℉±5℉）的7.57L±0.06L（2.00加仑±0.02加仑）的水中。然后加入三块测试样品，洗涤2.0min±0.1min，试样不要扭或拧。用41℃±3℃的7.57L±0.06L（2.00加仑±0.02加仑）的水清洗一次。取出试样，按照程序C滴干（见8.3.3）。

8.2.2 机洗。按照规定的水位、选择的水温进行洗涤，清洗的水温要低于29℃（85℉）。如水温与要求不符，需记录实际的清洗温度。

8.2.3 加入66g±0.1g的1993年AATCC标准洗涤剂或者100g±0.1g的2003年AATCC标准液体洗涤剂。在软水中要减少标准洗涤剂的用量，避免产生过多的泡沫，在这种情况下，在报告中注明实际用量。

8.2.4 加入试样和足够的陪洗织物，使其负荷为1.8kg±0.06kg（4.00磅±0.13磅）。也可选择3.6kg±0.1kg（8.00磅±0.25磅）的载荷。该载荷条件与1.8kg载荷相比，得到的洗后外观结果不具有可比性。载荷相比设定洗衣机的洗涤程序和时间（见表2和8.1），推荐采用常规或厚重棉织物挡程序。对于严格的评级和仲裁试验，每次洗涤仅可以洗涤从一个样品中取下的试样。

8.2.5 对于滚筒烘干（A）、挂干（B）、平铺晾干（D），是使洗涤程序自动进行到最后的脱水循环完成。在最后的脱水循环完成后立即取出试样，将缠在一起的试样轻轻分开，再按照程序A、B或D（见表2和8.1）干燥。

8.2.6 若选择程序C滴干，必须在最后一次清洗后、脱水前取出试样，即在样品完全浸湿的情况下取出样品。

表 2 洗涤和干燥程序

洗涤循环	洗涤温度（℃）	干燥条件
手洗，桶内 （1）标准挡/厚重棉织物挡 （2）轻柔挡 （3）耐久压烫挡	（Ⅲ）41 ±3 （105℉ ±5℉） （Ⅳ）49 ±3 （120℉ ±5℉） （Ⅴ）60 ±3 （140℉ ±5℉）	（A）滚筒烘干 （ⅰ）标准挡 （ⅱ）轻柔挡 （ⅲ）耐久压烫挡 （B）悬挂晾干 （C）滴干 （D）平铺晾干

8.2.7 洗涤折痕。试样在洗涤后可能是折叠或折皱的状态。这样的折叠或折皱在干燥前应用手去除。

8.3 干燥方式。

8.3.1 滚筒烘干（A）。将洗涤负荷（试样与陪洗织物）一起放入滚筒烘干机中，根据《AATCC 技术手册》中的专题论文“家庭洗涤测试条件的标准化”（见 8.1）设置温度进行烘干程序。对于热敏纤维，按照制造商的建议降低温度，并进行记录。启动烘干机，直到试样和陪洗织物烘干。烘干机停止后，立即取出试样以避免过干现象。静止黏附容易造成织物过干，尤其是轻薄织物容易黏附在烘干机中，织物的静止黏附使得试样不能自由翻滚。

8.3.2 挂干（B）。挂干是通过固定织物的两角，使织物的长度方向与水平面垂直，悬挂在室温下的静止空气中至干燥。

8.3.3 滴干（C）。滴干是通过固定织物的两角，使织物的长度方向与水平面垂直，悬挂在室温下的静止空气中直至干燥。

8.3.4 平铺晾干（D）。将试样摊平放在水平的或打孔的晾衣架上，去除折痕，但不要扭曲或拉伸试样。放置在室温下的静止空气中至干燥。

8.3.5 洗后折痕。如果试样经过最后一次干燥循环以外的任何干燥循环后出现折痕或折皱，试样应在进行下一次洗涤和干燥循环之前再润湿，用手工熨烫以适合的温度去除折皱。若是最后一次干燥循环后，不可用手工熨烫来去除试样上的折痕或折皱。

8.4 再重复四次选择的洗涤和干燥程序或协议的循环次数。

8.5 评级前，根据 ASTM D1776 调湿和测试纺织品的标准条件（见 12.7）预调湿样品。在温度为 21℃ ±1℃（70℉ ±2℉）和相对湿度 65% ±2% 的纺织品测试标准大气下调湿试样至少 4h，调湿时将试样的两角固定悬挂，织物的长度方向与水平面垂直避免扭曲。

9. 评级

9.1 三个经过培训的观测者单独为每个试样评级。

9.2 悬挂的荧光灯是观测板的唯一光源。房间中其他的光源都要关掉。

9.3 观测者站在试样的正前方距离观测板 120cm ±3cm（40 英寸 ±1 英寸），观测者的观测高度在 1.5m（50 英寸）左右对评级结果无显著影响。

9.4 将试样放在评级板上，如图 1 所示，织物的长度方向与水平面垂直。将最接近的外观平整度标准样照放在试样的旁边，方便评级。

9.5 尽管 3－D 外观平整度（SA）样照是根据机织物制成的，但这些折皱表面不可能复制所有可能的织物表面。对于不同水平的织物平整度，样照具有代表性。观测者应根据平整度 SA 样照并结合试样上的折皱程度，确定平整度等级，见表 3。

表 3 样照相对应的织物平整度等级

等 级	描 述
SA－5	相当于 SA－5 样照
SA－4	相当于 SA－4 样照
SA－3.5	相当于 SA－3.5 样照
SA－3	相当于 SA－3 样照
SA－2	相当于 SA－2 样照
SA－1	相当于 SA－1 样照

9.6 给出与试样外观平整度最接近的标准评级样照的数字级数。有的整数评级样照没有中间等级的样照，也可以评半级（SA - 1.5、SA - 2.5、SA - 4.5）。

9.7 外观等级 SA - 5 相当于 SA - 5 标准样照，表示平整度是最好的；外观等级 SA - 1 相当于 SA - 1 标准样照，表示平整度是最差的。

9.8 如果在评级的试样上有洗后折痕，请细心评级试样。某些洗后折痕可以忽略。当带有洗后折痕的试样与其他试样的等级相差一级以上时，应重新取样重新测试，一定要小心以避免产生干燥折痕。

9.9 可以用数字成像系统评级（12.9）。

10. 报告

10.1 平均每个样品的九个评级结果（三个观测者对三个试样评级）。报告平均值，精确到 0.1 级。平均值是这个测试方法测量的结果。

10.2 洗涤程序

10.2.1

（1）采用的洗涤方式（循环和温度）和干燥程序（循环和温度）。

（2）载荷重量：1.8kg（4 磅）或 3.6kg（8 磅）。

（3）完整的洗涤和干燥循环次数。

（4）织物是否产生扭曲或褶裥。

（5）织物是否进行了手工熨烫。

（6）织物是否进行了护理以及护理方法。

（7）洗涤剂。

（8）陪洗布。

10.2.2 举例：平整度等级 - 3.8（SN）[1 - Ⅳ - A（ⅰ）]，1993 年 AATCC 标准洗涤剂，1.8kg，陪洗布 3 或 5 个循环。

——外观平整度等级为 3.8。

——试样洗涤温度为 49°C（120℉），洗涤剂为 1993 年 AATCC 标准洗涤剂。

——试样用标准挡/厚重棉织物程序翻滚烘干。

——负荷为 1.8kg。

——采用陪洗布 3。

11. 精确度和偏差

11.1 实验室间研究。1980 年进行了外观平整度试验，八个实验室采用相同的洗涤和干燥条件来评定四块织物，条件为 AATCC 124 中的 1 - Ⅲ - A 和 1 - Ⅳ - A。由于这个数据组的分布是非正常的，并且评级样照存在有限性和不连续性，因而方差分析的方法不适用。由每一个试样级别的分布计算实验室测试结果的预期值，用此方法进行数据分析，这项分析的数据在 RA61 技术委员会的文件中有留存。

11.2 观测者的评级再现性。从单个观测者评级三块试样确定的频数如下：

三块试样与相同样照一致，频数为 0.55。

两块试样与相同样照一致，另一个不同，频数为 0.40。

三块试样均不同，频数为 0.05。

很少有试样的等级差异超过相邻样照等级之差。这表示观测者评定外观平整度时的再现性程度很高。

11.3 实验室测试结果的分布（实验室内的再现性）。从观测评级的分布上可以看到，实验室测试结果的分布在每个评级样照等级上都会有半级的差异。在整个 SA 样卡范围内，精确度水平都有提高。

11.4 精确度。从实验室测试结果的频数分布上，计算两个相同水平的实验室之间测试结果的临界差 D：

临界差置信区间	置信水平
$D > 0.17$	$P \geq 0.95$
$D \geq 0.25$	$P \geq 0.99$

当两个或两个以上的实验室参与比较测试结果时，建议在开始进行比对试验前，确定实验室的水平。这时，可以使用已知性能的织物来确定。

实验室测试结果之间的差异（在相同的洗涤和

干燥条件下，测试相同的织物）≥1/4 的样照单位等级时，统计上显著在 $P \geq 0.99$。这个数据较大或变大表明了不同的实验室水平，说明实验室间的水平需要比较。

11.5 偏差。耐久压烫织物经重复家庭洗涤后，外观平整度的真实值仅可以根据一个测试方法确定。没有单独的方法确定真实值。作为这个性能的评估方法，这个测试方法没有已知的偏差。

12. 注释

12.1 有关适合测试方法的设备信息，请登录 http：//www.aatcc.org/bg，浏览在线 AATCC 用户指导，见 AATCC 企业会员单位提供的设备和材料清单。但 AATCC 未对其授权，或以任何方式批准、认可或证明清单上的任何设备或材料符合测试方法的要求。

12.2 建议的洗衣机和烘干机的型号和来源，可以联系 AATCC 获取，P. O. Box 12215，Research Triangle Park NC 27709；电话：919/549－8141；传真：919/549－8933；电子邮箱：orders@aatcc.org；网址：www.aatcc.org。也可以使用任何已知得到对比结果的洗衣机和烘干机。在专题论文"家庭洗涤测试条件的标准化"中列出了当前指定型号的洗衣机的实际速度和时间。其他洗衣机可能与其有一个或更多的设置不同。在专题论文"家庭洗涤测试条件的标准化"中列出了当前指定型号的烘干机的实际温度和冷却时间。其他烘干机可能与其有一个或多个不同设置。

12.3 可以从 AATCC 获取，P. O. Box 12215，Research Triangle Park NC 27709；电话：919/549－8141；传真：919/549－8933；电子邮箱：orders@aatcc.org。网址：www.aatcc.org。

12.4 使用这个方法中规定的 8 英寸的装置来观测洗后试样。建议如果实验室中的实际位置不能满足使用 8 英寸的装置，可以使用 4 英寸的光源。但从观测板的正前方观测评级样照 SA－4、SA－3 和 SA－1 应始终放在评级板的左边。评级样照 SA－5、SA－3.5 和 SA－2 应始终放在评级板的右边。

12.5 如果在洗涤过程中产生过多的散边，试样的边应经过适当的剪切或缝合。如果洗后试样的边出现扭曲，在评级前必须进行修剪。

12.6 与其他手洗程序相似，这个程序有固有的局限性。例如，由于人的原因限制了动作形式的重现性。

12.7 ASTM 标准可以从 ASTM 获取，地址：100 Barr Harbor Dr.，West Conshohocken PA 19428；电话：610/832－9500；传真：610/832－9555 获取。网址：www.astm.org。

12.8 AATCC 技术中心做了以下研究：使用 1993 年 AATCC 标准洗涤剂和 AATCC 标准洗涤剂 124 以及两种不同类型的陪洗织物（常用和备选）所得到不同的结果。

所选用的测试条件如下：

洗涤循环：（1）——标准/厚重棉织物挡

洗涤温度：（Ⅴ）——60℃ ±3℃（140℉ ±5℉）

干燥程序：（A－ⅰ）——滚筒烘干，厚重棉织物挡

试验织物：白色斜纹织物（100%棉）
米色斜纹织物（100%棉）
灰色府绸织物（100%棉）
蓝色斜纹织物（50/50 涤/棉）

研究结果表明：使用不同的洗涤剂或陪洗织物所得到的结果没有明显差异。

12.9 若用户已证明数字成像系统的精度相当于视觉评定，则其可以代替视觉评定。

AATCC 125 - 2009

耐汗光色牢度

由AATCC RA23技术委员会于1967年制定；1996年转至AATCC RA50技术委员会；1971年、1974年、1978年、1989年和1991年重新审定；1982年和2004年（更换标题）修订；1986年和2009年编辑修订并重新审定；1990年、1993年、1996年、2005年、2010年编辑修订；部分等效于ISO 105 B07。

---

1. 目的和范围

本方法适用于测定有色纺织样品在汗渍溶液和光暴晒的共同作用下的色牢度。因此，本方法中仅使用汗渍溶液。

2. 原理

有色测试样品先在汗渍溶液中浸泡规定的时间，然后立即放入褪色仪器中暴晒一定时间。

褪色仪器采用AATCC 16《耐光色牢度》中的氙弧灯耐光色牢度测试仪。

3. 术语

3.1 色牢度：材料在加工、检测、储存或使用过程中，暴露在可能遇到的任何环境下，抵抗颜色变化或（和）颜色向相邻材料转移的能力。

3.2 光牢度：材料的性能，通常以确定的数字表示。描述材料暴晒在日光或人造光源下引起的颜色特性的等级变化。

3.3 汗液：汗腺分泌的盐溶液（本方法使用人工汗液）。

4. 安全和预防措施

本安全和预防措施仅供参考。本部分有助于测试，但未指出所有可能的安全问题。在本测试方法中，使用者在处理材料时有责任采用安全和适当的技术；务必向制造商咨询有关材料的详尽信息，如材料的安全参数和其他制造商的建议；务必向美国职业安全卫生管理局（OSHA）咨询并遵守其所有标准和规定。

遵守良好的实验室规定，在所有的试验区域应佩戴防护眼镜。

5. 仪器、材料和测试溶液

5.1 氙弧灯耐光色牢度测试仪（见AATCC 16方法3）。

5.2 天平，精度为0.01g。

5.3 pH计，精度为0.01。

5.4 纸板：41kg（91磅），白色，Bristol Index（有色试样的暴晒区域无须背衬材料）。

5.5 酸性汗渍液。

5.6 AATCC变色灰卡（见12.1）。

5.7 吸水纸（见12.1）

6. 试剂的制备

6.1 制备酸性溶液。在1L容量瓶内先加入一半蒸馏水，然后加入以下的化学试剂，充分混合确保所有的化学试剂完全溶解后，再加入蒸馏水至1L。

10g ±0.01g 氯化钠（NaCl）

1g ±0.01g 乳酸，USP 85%

1g ±0.01g 无水磷酸氢二钠（Na_2HPO_4）（见12.2）

0.25g ±0.001g L－组氨酸（$C_6H_9N_3O_2 \cdot HCl \cdot H_2O$）

6.2 用 pH 计测试汗渍溶液的 pH 值，如果该溶液的 pH 值不是 4.3 ±0.2，则需重新制备溶液。因此应精确地称量所有的试剂，建议不要使用缺乏精确度的 pH 试纸。

6.3 使用的汗渍溶液不能超过 3 天（见 12.3）。

7. 测试样品

从有色织物上剪取试样尺寸为 5.1cm ×7.0cm（2.0 英寸 ×2.75 英寸）。

8. 测试程序

8.1 称量试样，允差为 ±0.01g。

8.2 将每个试样（按 7 中要求制备）放入直径为 9cm、高度为 2cm 的培养皿中，加入新配制的汗渍溶液至 1.5cm。试样在汗渍液中浸泡 30min ± 2min，偶尔搅动挤压，使其完全浸湿。对于不易润湿的试样，可反复将润湿的试样用实验室小轧车浸轧，直到试样被汗渍溶液完全浸透。

8.3 从汗液中取出试样，去除试样上多余的溶液，使其含液率为 100% ±5%。

8.4 将浸透的、无背衬的试样装在暴晒架上，或装在防水背衬和白纸板上。

8.5 按照 AATCC 16 的方法 3，在耐光色牢度测试仪内暴晒试样至 20 AFUs。

8.6 暴晒后，取出试样。

9. 评级

9.1 评定试样的颜色变化。

9.2 变色程度也可以定量地测定。采用合适的、装有软件的比色计或分光光度计（见 AATCC EP7《仪器评级试样变色》）测定原样和试样之间的色差。

9.3 为了提高结果的精确性和准确性，评定试样的人员应至少为两人。

10. 测试报告

10.1 报告试样的变色。

10.2 报告所使用的耐光色牢度测试仪。

11. 精确度与偏差

11.1 精确度。2002 年，一家实验室用一名操作人员对本测试方法的精确度进行研究。此研究的目的是通过变异表来提供测试结果不确定度的某些说明。近年来，实验室间也开始研究精确度和偏差，表内的数据没有反映出不同试验材料的结果，也没有表明实验室间的不确定度。在考查不确定度的问题时，应特别关注和考虑使用报告结果的偏差。

11.1.1 有四种样品，分别剪取三块试样。色牢度暴晒条件按照 AATCC 16 1998 年的方法 E 进行，每块试样用仪器评定三次后得出其平均值，数据见表 1。

表 1　ΔE

项目	棕色 1#	棕色 2#	绿色	蓝色
试样 1	1.26	4.37	6.25	7.83
试样 2	0.95	4.89	8.18	6.42
试样 3	1.17	5.78	5.23	4.87
平均值	1.127	5.013	6.553	6.373

11.1.2 实验室间。表 2 显示标准误差和不同试样的变异系数。

表 2　实验室间标准误差和试样变异系数

项目	标准偏差	标准误差	试样变异	95%置信水平
棕色 1#	0.159	0.092	0.025	0.396
棕色 2#	0.713	0.412	0.508	1.771
绿色	1.498	0.865	2.245	3.722
蓝色	1.481	0.855	2.192	3.678

注　由于参与的实验室少于 5 家，标准偏差和试样的变异系数可能高估或低估，应小心采用这些数据。考虑精确度时这些值应被视为最小的数据，没有建立置信区间。

11.2 偏差。耐自然光和人造光源的色牢度仅在某一方法中被定义，目前没有其他独立的方法来测定其真值。作为评估该性能的方法，本方法没有已知的偏差。

12. 注释

12.1 可从 AATCC 获取，地址：P. O. Box 12215，Research Triangle Park NC 27709；电话：919/549－8141；传真：919/549－8933；电子邮箱：orders@ aatcc. org；网址：www. aatcc. org。

12.2 也可使用无水磷酸钠。

12.3 AATCC RA52 汗渍色牢度技术委员认为酸性汗渍溶液会滋生真菌，汗液在室温下，即使是密封的条件下保存3天，该溶液的pH值也会升高。

AATCC 127 -2008

抗水性：静水压法

AATCC RA63 技术委员会于 1968 年制定；1971 年、1974 年、1977 年、1980 年、1989 年、2003 年重新审定；1982 年、1986 年、2006 年编辑修订；1985 年、2008 年进行了编辑修订和重新审定；1995 年、1998 年进行了修订；参考 ISO 811。

1. 目的和范围

1.1 本测试方法用于测定织物在静水压下抗水渗透的性能，它适用于所有类型的织物，包括防水整理织物和拒水整理织物。

1.2 抗水性取决于纤维、纱线以及织物结构对水的抵抗性能。

1.3 用本方法测得的结果与 AATCC 雨淋或水喷淋方法测得的结果不同。

2. 原理

在试样的一面施加以恒定速率增加的水压，直至试样的另一面出现三处渗水为止，水压可以从试样的上面或下面施加。

3. 术语

3.1 静水压：通过水将压力分布在某一外露的区域上。

3.2 抗水性：抗湿和抗水渗透的性能。

3.3 拒水性：在纺织品中，纤维、纱线或织物的抗湿性。

4. 安全和预防措施

本安全和预防措施仅供参考。本部分有助于测试，但未指出所有可能的安全问题。在本测试方法中，使用者在处理材料时有责任采用安全和适当的技术；务必向制造商咨询有关材料的详尽信息，如材料的安全参数和其他制造商的建议；务必向美国职业安全卫生管理局（OSHA）咨询并遵守其所有标准和规定。

4.1 遵守良好的实验室规定，在所有的试验区域应佩戴防护眼镜。

4.2 操作实验室测试仪器时，应按照制造商提供的安全建议。

5. 仪器和材料（见 11.1）

5.1 静水压测试仪。

5.1.1 选项 1，静水压测试仪（见 11.2）。

5.1.2 选项 2，静压头测试仪（见 11.3）。

5.2 蒸馏水或去离子水。

6. 试样准备

6.1 在织物上沿幅宽的对角线方向至少取三块有代表性的测试试样，每块试样尺寸至少为 200mm × 200mm。

6.2 尽可能少地触摸样品，避免测试区域被折叠或沾污。

6.3 测试前将试样放置在温度为 21℃ ±2℃（70℉ ±5℉）和相对湿度为 65% ±2% 的环境中调湿至少 4h。

6.4 必须指明与水接触的织物表面，因为正面和反面测试的结果可能不同。在每块试样的角上标明正反面。

7. 操作程序

7.1 检查与测试样品接触的水的温度是否为21℃ ±2℃（70℉ ±5℉）（见 11.4）。

7.2 擦干夹具的表面。

7.3 试样的测试面对着水，夹紧试样（见 11.6）。

7.4 操作。

7.4.1 选项 1，静水压测试仪（见 11.2）。

7.4.1.1 启动发动机，按住控制杆，水流升高速率为 10mm/s，当水流出时关闭通风孔。

7.4.2 选项 2，静压头测试仪（见 11.3）。

7.4.2.1 选择梯度 60 mbar/min（译者注：即 6kPa/min = 100Pa/s，1kPa = 10mbar），按下开始按钮（见 11.5）。

7.5 忽略邻近夹具边缘 3mm 以内的水珠，当水珠在三个不同位置渗出时，记录此时的静水压。

8. 计算

计算每块试样的平均静水压。

9. 报告

9.1 报告每块试样的结果和每个样品的平均值。

9.2 测试的材料和测试面。

9.3 水的温度和水的类型。

9.4 梯度（水压增加的速率）。

9.5 所用的测试仪类型。

9.6 测试方法的任何修改。

10. 精确度和偏差

10.1 精确度。测试结果与测试仪有关。每个测试仪精确度的说明在 10.2 和 10.3 中给出。

10.2 静水压测试仪（Suter）（选项 1）。

10.2.1 1993 年完成了一个有限的实验室内的研究，包括六个实验室，每个实验室两名操作人员，测试两个样品的三块试样。之前没有评定参与的实验室在测试方法上的相关性。

10.2.2 两个样品的拒水性不同（样品 1 约 810mm H_2O，样品 2 约 340mm H_2O），两个样品的剩余方差不同。因此，分别报告每个样品的精确度。

10.2.3 鉴于这项研究本身的局限性，建议使用该方法的用户，在应用这些结论时要保持应有的谨慎。

10.2.4 分析每个样品的数据组，得出方差的组成和临界差，如表 1 ~ 表 3 所示。两个平均值之间的差异，对于合适的精确度参数，应当达到或超过表中统计学的显著水平 95% 置信水平上的值。

表 1　两个织物方差的组成（选项 1 测试仪）

组　成	织物 1 的方差	织物 2 的方差
实验室	13.450	7.323
操作者	3.127	2.145
试　样	30.253	5.382

表 2　织物 1—临界差—95%置信水平（选项 1 测试仪）

数据平均（*N*）	单个操作者	实验室内部	实验室之间
1	15.25	16.02	18.97
2	10.78	11.84	15.61
3	8.80	10.08	14.31
4	7.62	9.06	13.62
5	6.82	8.04	13.19

表 3　织物 2—临界差—95%置信水平（选项 1 测试仪）

数据平均（*N*）	单个操作者	实验室内部	实验室之间
1	6.43	7.61	10.68
2	4.55	6.10	9.67
3	3.71	5.50	9.30
4	3.22	5.18	9.12
5	2.88	4.98	9.00

10.3 Textest FX3000 静压头测试仪（选项 2）。

10.3.1 在单个实验室的研究中，六个不同的实验室技术人员对五种材料的三个样品进行测试。

10.3.2 五种材料大约在不同的水平上：A = 103，B = 33，C = 37，D = 12，E = 77。在这个研究

中得到的数据以 mbar（SI 标准）为单位记录。五种材料的剩余方差是不同的，因此要分别报告每个的精确度。

10.3.3 对每种材料数据组的分析，产生的临界差见表 4 ~ 表 8。两个平均值之间的差异，对于合适的精确度参数，应达到或超过表中统计学显著的 95% 置信水平的值。

表 4 材料 A—临界差—95% 置信水平（选项 2 测试仪）

数据平均（N）	单个操作者	实验室内部
1	72.49	72.49
2	51.26	51.26
3	41.85	41.85
4	36.25	36.25
5	32.42	32.42

表 5 材料 B—临界差—95% 置信水平（选项 2 测试仪）

数据平均（N）	单个操作者	实验室内部
1	10.08	12.85
2	7.13	9.09
3	5.82	7.42
4	5.04	6.43
5	4.51	5.75

表 6 材料 C—临界差—95% 置信水平（选项 2 测试仪）

数据平均（N）	单个操作者	实验室内部
1	16.13	16.13
2	11.40	11.40
3	9.31	9.31
4	8.06	8.06
5	7.21	7.21

表 7 材料 D—临界差—95% 置信水平（选项 2 测试仪）

数据平均（N）	单个操作者	实验室内部
1	2.88	3.50
2	2.04	2.47
3	1.66	2.02
4	1.44	1.75
5	1.29	1.57

表 8 材料 E—临界差—95% 置信水平（选项 2 测试仪）

数据平均（N）	单个操作者	实验室内部
1	15.04	16.55
2	10.63	11.70
3	8.68	9.55
4	7.52	8.27
5	6.72	7.40

10.3.4 对于这个选项的仪器，还没有建立实验室之间的精确度。直到可以得到这样的精确度信息，这个测试方法的使用者才能用标准的统计学方法对实验室之间测试结果的平均值进行比较。

10.4 偏差。

织物的抗水性仅可以根据一个测试方法来定义。没有单独的方法确定真实值。作为这个性能的评估方法，这个测试方法的偏差未知。

11. 注释

11.1 有关适合测试方法的设备信息，请登录 http：//www.aatcc.org/bg。AATCC 提供其企业会员单位所能提供的设备和材料清单。但 AATCC 没有给其授权，或以任何方式批准、认可或证明清单上的任何设备或材料符合测试方法的要求。

11.2 静水压测试仪（Suter）。

11.2.1 这个仪器由一个倒锥形的井喷装置组成，带有环形夹可以固定织物试样。这个仪器在直径为 114mm 的区域，以 10.0mm/s ±0.5mm/s 的速度从试样的上面引出水。在试样的下面附上一个镜子，可以帮助操作者来确定有水滴渗透试样。在这个井喷装置中，有一个阀门可以通风。

11.2.2 这个型号的静水压测试仪已经停售。

11.3 静压头测试仪。用一个电子控制泵将织物下面的静水压控制在 60mbar/min（可选择）。一个带有 $100cm^2$ ±$5cm^2$（直径大于 4.5 英寸）圆形测试面积的蓄水池，盛有作用于织物表面的蒸馏水或去离子水。用一个同轴的环形夹固定织物试样，并配有观测灯，帮助操作者观察水滴的渗透。数字显示压力。一个 RS232 的数字接口，可以将测试结果转移储存和统计分析。

11.4 有些实验室使用室温下的水。如果测试用水不是 21℃ ±2℃，要说明。

11.5 1mbar = 1.02cm 水柱。

11.6 侧面水的渗漏可能会减弱夹钳区域石蜡对织物的密封。

AATCC 128 -2009

织物折皱回复性：外观法

AATCC RR6 技术委员会于 1968 年制定；1995 年权限转移到 AATCC RA61 技术委员会；1969 年、1985 年、1994 年、2004 年、2009 年重新审定和编辑修订；1970 年、1974 年修订；1977 年、1980 年、1989 年、1999 年重新审定；1988 年、1990 年、1992 年、1995 年和 2010 年编辑修订；技术上等效于 ISO 9867。

1. 目的和范围

1.1 本测试方法测定纺织品经压皱后的外观，适用于由任何纤维或混纺制成的织物。

1.2 本方法可评定原样、未洗涤或经家庭洗涤后的织物。

2. 原理

在标准大气条件下，标准压皱装置在试样上施加预定压力，并保持规定的时间。再将调湿后的试样与三维参考样照对比，评定其外观。

3. 术语

3.1 外观平整度：将试样与一套参考样照对比，根据视觉评定外观平整度的级数。

3.2 折皱回复性：使织物从折皱变形中回复的性能。

4. 安全和预防措施

本安全和预防措施仅供参考。本部分有助于测试，但未指出所有可能的安全问题。在本测试方法中，使用者在处理材料时有责任采用安全和适当的技术；务必向制造商咨询有关材料的详尽信息，如材料的安全参数和其他制造商的建议；务必向美国职业安全卫生管理局（OSHA）咨询并遵守其所有标准和规定。遵守良好的实验室规定，在所有的试验区域应佩戴防护眼镜。

5. 仪器和材料

5.1 AATCC 折皱测试仪（见图 1 和 11.1、11.2）。

图 1 AATCC 折皱测试仪

5.2 AATCC 折皱回复的三维标准样照（见图 2 和 11.3）。

5.3 标准恒温恒湿室，温度为 21℃ ±1℃（70℉ ±2℉）、相对湿度 65% ±2%。

5.4 带有夹子的衣架。

5.5 暗室。悬挂式照明和评级区域，见图 3。

5.6 数字成像系统（见 11.8）。

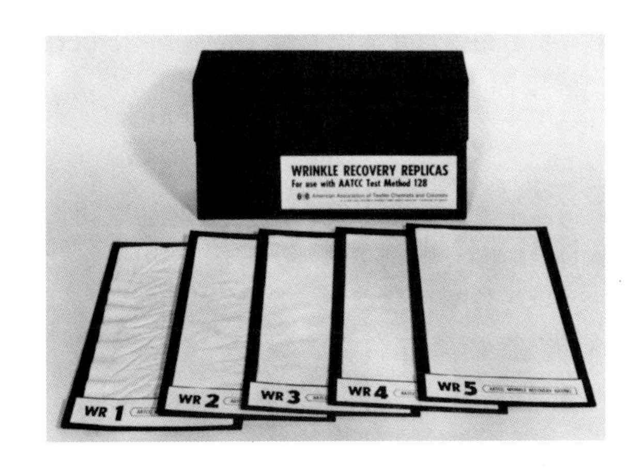

图2 AATCC 折皱回复样照

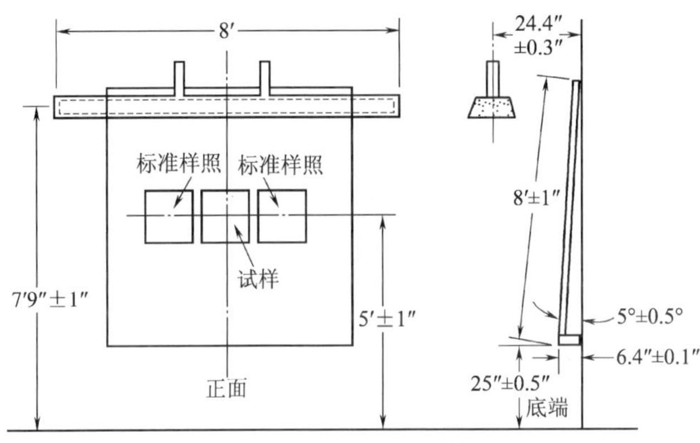

图3 观察试样的照明装置

注 (a) 两只长度为8英寸的F96 CW（冷白光）预热荧光灯（无挡板和玻璃）。

(b) 一只白色瓷漆反射罩（无挡板和玻璃）。

(c) 有弹簧的、轻金属板材（22ga.）制成的样品固定架。

(d) 厚度为1/4英寸的评级板，漆成与AATCC沾色评级卡2级接近的灰度。

6. 试样准备

6.1 从被测织物上剪取三块试样，长度沿机织物的经向或针织物的纵向（见11.4），试样尺寸为15cm×28cm（6英寸×11英寸），在每块试样的边缘标记试样的正面。

6.2 在温度为21℃±1℃（70℉±2℉）、相对湿度为65%±2%的条件下调湿试样至少8h。

7. 操作程序

7.1 所有的测试步骤须在21℃±1℃（70℉±2℉）、相对湿度65%±2%的大气条件下完成。

7.2 抬起测试仪上部的法兰盘，并用锁销将其固定在测试仪上端。

7.3 用长边为28cm（11英寸）、正面朝外的试样，沿着AATCC折皱测试仪的上法兰盘缠绕，然后用钢弹簧夹子夹紧试样，整理试样末端，使它们对着弹簧夹子的开口。

7.4 将试样的另一端长边沿着下部法兰盘缠绕，用上述方法夹紧试样。

7.5 调整试样的底边，使其在上下法兰盘间平整而没有松垂。

7.6 打开锁销，用一只手轻轻放下上法兰盘，直至它停止移动。

7.7 立即在上法兰盘上放置总重为3500g的砝码，并记录准确时间。

7.8 20min后去除砝码，取下弹簧夹具，提起上法兰盘，轻轻地从测试仪上取下试样，以免形成任何其他折皱（见11.5）。

7.9 用最轻的操作手法，用衣架的夹子夹住试样15cm（6英寸）的一边，使试样长度方向垂直悬挂。

7.10 放在标准大气中24h后，小心地将夹有试样的衣架放到评级区域（见11.6）。

8. 评级

8.1 三名经过培训的观测者应单独对每块试样进行评级（见11.7）。

8.2 按图3所示将试样固定在观测板上，经向垂直地面，将三维塑料样照放在试样的两边，以便对比评级。

8.2.1 应关掉室内所有其他灯，悬挂的荧光灯是观测板的唯一光源。

8.2.2 根据观测者的经验表明，靠近评级板的侧墙反射的光可能会影响评定结果。建议将侧墙漆成黑色，或者在评级板的两侧装上不透光的窗帘，以消除反射干扰。

8.3 观测者应站在距离评级板4英尺的试样正前方。已发现，观测者的高度在视平线的5英尺范围内对评定结果无显著影响。

8.4 确定最接近试样外观的样照的级数。

级数为5级相当于WR-5标准样照，表示外观最平整，与原外观相比保持性最好。而1级相当于WR-1标准样照，表示外观最差，与原外观相比保持性最差（见下表）。

织物平整度评级

级 数	平整度外观
5	相当于WR-5标准样照
4	相当于WR-4标准样照
3	相当于WR-3标准样照
2	相当于WR-2标准样照
1	相当于或低于WR-1标准样照

8.5 同样观测者独立地对另两块试样进行评级。其他两名观测者也独立评级。

8.6 可使用数字成像系统（见11.8）。

9. 计算和报告

9.1 计算每块试样的九个观测结果的平均值（三名观测者对每组三块试样的评定结果）。

9.2 报告平均值，并精确到0.1。

10. 精确度和偏差

10.1 精确度。该测试方法的精确度还未确立。在该方法的精确度描述产生之前，采用标准统计方法，比较实验室内部或实验室之间试验结果的平均值。

10.2 偏差。织物折皱回复性（外观法）只根据某一实验方法进行定义，因而没有独立的方法确定其真值。本方法作为预测该特性的手段，没有已知偏差。

11. 注释

11.1 AATCC折皱测试仪是用来在可控的条件下对试样压皱，该仪器是基于ENKA/AKU的研究而研制的。可以从AATCC获取，地址：P. O. Box 12215，Research Triangle Park NC 27709；电话：919/549-8141；传真：919/549-8933；电子邮箱：orders@aatcc.org；网址：www.aatcc.org。

11.2 该测试仪配备三种测试砝码（500g、1000g和2000g）。顶部法兰盘组合重500g，比AKU折皱测试仪的负荷重200g。使用AKU折皱测试仪做此试验时，可在顶部法兰盘上加200g负荷。

11.3 可以从AATCC获取，地址：P. O. Box 12215，Research Triangle Park NC 27709；电话：919/549-8141；传真：919/549-8933；电子邮箱：orders@aatcc.org；网址：www.aatcc.org。

11.4 应从织物无折皱处剪取试样。如果试样上无法避开折皱，那么调湿前应用蒸汽熨斗轻轻地熨平折皱。

11.5 如果试验正常进行，那么应有一条斜的折皱穿过试样中心位置。

11.6 评级区域也应在温度21℃±1℃（70℉±2℉）、相对湿度65%±2%的环境中。

11.7 以前的试验已证明，几小时内试样外观会发生改变，所以当三个观测者对试样进行评级时，观测次数和使用最少时间是很重要的。由于这些变化的条件，所以用此方法评级前的回复时间规定为24h。

11.8 如果已确定数字成像系统的精确度与视觉相当，那么可替代视觉评级。

AATCC 129 -2011

耐高湿大气中臭氧色牢度

AATCC RA33 技术委员会于 1962 年制定；1973 年、1974 年、1981 年、1989 年、1997 年、2008 年编辑修订；1972 年、1975 年、1985 年、2005 年、2011 年修订；1990 年、2001 年重新审定；1996 年、2010 年编辑修订并重新审定；部分等效于 ISO 105 - G03。

1. 目的和范围

本方法用于测定在高温度且相对湿度高于85%的大气中各种纺织品的颜色耐大气中臭氧作用的能力。

2. 原理

2.1 纺织品试样和一块控制标样同时暴露在相对湿度恒定为 87.5% ±2.5%、温度为 40℃ ±1℃（104℉ ±2℉）的含有臭氧的大气环境中，直到控制标样显示的变色程度达到相应的褪色标准。不断重复此循环，直到试样达到一定的变色，或完成规定的循环次数。

2.2 对于某些纤维在低于 85% 的湿度中，染料不容易褪色。这就需要在更高的湿度下测试以产生颜色变化，以预测其在温暖、潮湿环境中使用时的褪色情况（见 11.1）。

3. 术语

色牢度：材料在加工、检测、储存或使用过程中，暴露在可能遇到的任何环境下，抵抗颜色变化或（和）颜色向相邻材料转移的能力。

4. 安全和防范措施

本安全和预防措施仅供参考。本部分有助于测试，但未指出所有可能的安全问题。在本测试方法中，使用者在处理材料时有责任采用安全和适当的技术；务必向制造商咨询有关材料的详尽信息，如材料的安全参数和其他制造商的建议；务必向美国职业安全卫生管理局（OSHA）咨询并遵守其所有标准和规定。

4.1 遵守良好的实验室规定，在所有的试验区域应佩戴防护眼镜。

4.2 臭氧是敏感的刺激物，按照制造商的规定，测试箱应向室外通风。

4.3 本测试法中，人体与化学物质的接触限度不得超过官方的限定值［例如，美国职业安全卫生管理局（OSHA）允许的暴露极限值（PEL），参见 29 CFR 1910.1000，最新版本见网址：www.osha.gov］。此外，美国政府工业卫生师协会（ACGIH）的阈限值（TLVs）由时间加权平均数（TLV - TWA）、短期暴露极限（TLV - STEL）和最高极限（TLV - C）组成，建议将其作为人体在空气污染物中暴露的基本准则并遵守（见 11.2）。

5. 仪器和材料

5.1 臭氧箱。高温，相对湿度超过 85%（见 11.4）。

5.2 高湿度下的控制标样 No. 129（见 11.5、11.7 和 11.8）。

5.3 高湿度下的褪色标准 No. 129（见 11.6、11.7 和 11.8）。

5.4 变色灰卡（见 11.7）。

6. 测试样准备

6.1 剪取试样，每块尺寸至少为 100mm × 60mm（4.25 英寸 ×2.375 英寸）。为了接下来的颜色对比，应将未暴露的试样放在避光密封的容器里，防止产生变色。

6.2 如果测试样是经水洗过或干洗过的，则会影响臭氧的评定，应与水洗或干洗后的试样进行比较。对于洗涤试样或干洗试样的准备，可分别参照 AATCC 61《耐洗涤色牢度：快速法》和 AATCC 132《耐干洗色牢度》。

7. 操作程序

7.1 将测试试样和控制标样（见 11.5 和 11.7）悬挂在接触箱内（见 11.4），箱内相对湿度恒定为 87.5% ±2.5%、温度为 40℃ ±1℃（104℉ ±2℉）。臭氧浓度应控制在 0.1 ~0.35mg/kg，使得一个褪色循环为 3 ~28h。

7.2 定期检查控制标样，直到其颜色变化与褪色标准（见 11.6 和 11.7）一致，即构成一个循环。当比较时，采用从一般光线到轻微偏蓝的北部地区光线的日光或与其等同的人造光源（见 11.9）。

7.3 取出一次循环结束时颜色发生变化的试样。对臭氧敏感的试样一般一次循环可以产生可测出的变色。

7.4 悬挂一块新的控制标样和剩余的试样继续进行第二次循环试验。

7.5 如有必要，追加同样循环。

8. 评级

8.1 每一循环的试验结束时，立即将从试样接触箱取出的试样与保存的原样比较。

8.2 试样在规定的暴晒循环后，用变色灰卡（AATCC EP1）或 AATCC EP7《仪器评定试样变色》评定试样颜色的变化，记录与灰卡颜色最接近的级数，并报告试验循环次数（见 11.10 和 11.11）。

9. 报告

报告试样变色的级数、测试循环次数和测试所采用的温度及相对湿度。

10. 精确度与偏差

10.1 精确度。

10.1.1 实验室间研究：四家实验室参加了这项研究。21 块地毯试样在该测试方法的条件下进行了色牢度评价。每家实验室每种材料分配四块试样。将三块试样暴露在臭氧—湿度箱中，一块放在原条件下，用 AATCC EP1 评定色牢度。该项研究包含以下要素：四家实验室，21 种材料，三块试样，每块试样一个评定结果，每家实验室用 AATCC EP1 对试样评级。

10.1.2 方差分量。方差分量由地毯材料（*VF*）、实验室（*VL*）、相互作用（*VFL*）和残留物（*V*）构成。对于单个地毯材料进行的测试，分量 *VL* 和 *V* 需计算准确度估计值，见表 1，方程如下：

表 1　方差分量

协方差矩阵	方差单位
VL	0.038
V	0.026

$$\text{实验室内 95\% 置信区间临界差} = 28.3\,\frac{\frac{V}{3}}{0.5}$$

$$\text{实验室内 95\% 置信区间临界差} = 28.3\,\frac{\frac{V}{3}+VL}{0.5}$$

在电子表注释中有说明。这些方程给出了期望的临界差（1）每个实验室每个地毯材料不超过两个测试结果，或（2）当临界差不大时，两个实验室每个地毯材料不超过 1 个测试结果。

10.1.3 准确度估计值：表 2 为临界差，其值是在 95% 置信条件下计算得到的。该项研究使用了三块试样（黑体标明）。其他试样的测试值表明了试样数量平均值对临界差的影响。

表 2 临界差

试样平均数	实验室内 95%置信区间	实验室间 95%置信区间
1	0.46	0.70
3	0.26	0.61
5	0.20	0.40

10.2 偏差。

本试验方法的精确度还未确立，在其产生之前，采用标准的统计方法来比较实验室内或实验室之间的试验结果的平均值。

11. 注释

11.1 在高湿度条件下，少量纤维（如锦纶）由于臭氧而褪色的现象会随着相对湿度的微小波动而发生很大变化。所以为了获得重现性和较好的实验室间测试结果的相关性，必须严格控制温度和相对湿度。

11.2 可从 ACGIH Publications Office 获取，地址：1330 Kemper Meadow Dr.，Cincinnati OH 45240；电话：513/742 - 2020；网址：www.acgih.org。

11.3 有关适合测试方法的设备信息，请登录 http://www.aatcc.org/bg。AATCC 提供其企业会员单位所能提供的设备和材料清单。但 AATCC 没有给其授权，或以任何方式批准、认可或证明清单上的任何设备或材料符合测试方法的要求。

11.4 对于高温和相对湿度到85%以上的臭氧接触箱，只要可以提供相对湿度为87.5% ±2.5%、温度为40℃ ±1℃（104℉ ±2℉），并且臭氧浓度可以控制在0.1 ~0.35mg/kg，其结构都可以变化。

11.4.1 适当仪器的图纸可从 AATCC 获取，地址：P.O.Box 12215，Research Triangle Park NC 27709；电话：919/549 - 8141；传真：919/549 - 8933；电子邮箱：orders@aatcc.org；网址：www.aatcc.org。

11.4.2 臭氧浓度测定的有关信息，请参考以下：Schulze，Fernand，“Versatile Combination Ozone and Sulfur Dioxide Analyzer”，Analytical Chemistry，Vol.38，p748 - 752，May 1966。

“Selected Methods of the Measurement of Air Pollutants”，Public Health Service Publication No.999 - AP - 11，May 1965，Office of Technical Information and Publication（OTIP），Springfield VA，PB 167 - 677。

11.5 放置在高温且相对湿度超过85%的环境中测试用的控制标样是三拼色的暗绿色织物。其采用 Y 形截面且未经过高压蒸汽处理的锦纶 6 为原料，织成管状针织物，参照织物重量按以下配方染色制成：0.15% C.I. 分散红 4，0.63% C.I. 分散黄 3，0.25% C.I. 分散蓝 3。

11.6 放置在高温且相对湿度超过85%的环境中测试用的褪色标准，是采用相同 Y 形纤维截面且未经过高压处理的锦纶 6 为原料染色，织成管状针织物，参照织物重量按以下配方染色而成：0.557% C.I. 酸性黄 79，0.081% C.I. 酸性红 361 和 0.102% C.I. 酸性蓝 227。

11.7 可从 AATCC 获取，地址：P.O.Box 12215，Research Triangle Park NC 27709；电话：919/549 - 8141；传真：919/549 - 8933；电子邮箱：orders@aatcc.org；网址：www.aatcc.org。

11.8 警告：控制标样和褪色标准都必须放在不透气的容器里，以免正常的大气条件下使其变色。此外，控制标样对其他大气成分也很敏感，如氮的氧化物。在不同的湿度和温度条件下，其褪色速率差异很大，不推荐将其正常使用或最终用于臭氧的接触试验。由此产生的变色反映了大气污染、温度和湿度变化的共同作用，而不仅仅是暴露在臭氧中的效果。

11.9 确定一次褪色循环终止的另一种方法是：当控制标样 129 采用 Lot No.10（见 11.10）对色系统其颜色变化相当于（22.5 ±1.4）CIELAB 时终止。

11.10 使用带有镜面组件的比色计或分光光度计，采用 CIE 1964 10°视场和 D65 光源测定控制标样 129，计算比色值。其色差采用 CIELAB 单位来表示。

11.11 如果事实证明，与有经验的评级者目测评定相比，自动电子评级系统可以提供相同结果并表现出相当或更高的重复性和再现性，也可使用该系统进行评级。

AATCC 130 -2010

去污性：油渍清除法

AATCC RA56 技术委员会于 1969 年制定；1970 年、1974 年和 1977 年重新修订；1978 年、1983 年、1986 年、1997 年、2004 年、2005 年、2008 年和 2010 编辑修订；1981 年、1990 年和 1995 年和 2010 年修订；2000 年编辑修订和重新审定。

1. 目的和范围

1.1 本试验方法用于测定织物在家庭洗涤过程中释放油污的能力。

1.2 本试验方法主要用来评定去污整理剂在实际使用中的性能（见 12.1）。如果本方法是买卖双方合同中的一部分，或用于实验室之间的对比试验，双方应采用相同的陪洗布和洗涤剂。如果仲裁或在要求有标准应用的情况下，那么则应采用 1993 年 AATCC 标准洗涤剂或 2003 年 AATCC 标准液体洗涤剂 WOB（见 12.8 和 12.13）。

1.3 本试验方法也适用于服装。

2. 原理

先用油污处理试样，然后用指定重物压在试样上，以使油污渗入织物。按照规定的方式洗涤已沾污的试样，洗涤结束后将试样上残留油污与级别为 5 级到 1 级的油污样照对比并评级。

3. 术语

3.1 污物：脏污、油污或其他不希望出现在纺织品的物质。

3.2 去污性：已沾污的基质经过特定的处理过程后接近其本来、未沾污外观的程度。

3.3 污渍：在基质上的污物或变色，在干洗和水洗过程中具有一定的耐去除性。

4. 安全和预防措施

本安全和预防措施仅供参考。本部分有助于测试，但未指出所有可能的安全问题。在本测试方法中，使用者在处理材料时有责任采用安全和适当的技术；务必向制造商咨询有关材料的详尽信息，如材料的安全参数和其他制造商的建议；务必向美国职业安全卫生管理局（OSHA）咨询并遵守其所有标准和规定。

4.1 遵守良好的实验室规定，在所有的试验区域应佩戴防护眼镜。

4.2 1993 年 AATCC 标准洗涤剂和 2003 年 AATCC 标准液体洗涤剂 WOB 可能会引起对人体的刺激，应注意防止其接触到皮肤和眼睛。

4.3 操作实验室测试仪器时，应按照制造商提供的安全建议。

5. 仪器和材料（见 12.1 和 12.2）

5.1 AATCC 白色吸水纸（见 12.3）。

5.2 玉米油（见 11.1 和 12.4）。

5.3 玻璃纸或类似材料（见 12.5）。

5.4 计时器。

5.5 重物。直径为 6.4cm（2.5 英寸），重为 2.268kg ± 0.045kg（5.0 磅 ± 0.1 磅）的圆柱形（最好是不锈钢的）物体。

5.6 带有滴管的滴瓶（见 12.6）。

5.7 全自动洗衣机（见 12.7）。

5.8 全自动烘干机（见 12.7）。

5.9 粒状的商业洗剂，家庭洗剂，1993 年 AATCC 标准洗涤剂或 2003 年 AATCC 标准液体洗涤剂 WOB（见 1.2，12.8 和 12.13）。

5.10 陪洗织物。第一种：（92cm ±3cm）×（92cm ±3cm）[（36 英寸 ±1 英寸）×（36 英寸 ±1 英寸）] 缝边的漂白棉布；第三种：50/50 涤/棉漂白丝光平纹织物（见 12.9）。

5.11 照明和评级区域（见 12.10）。

5.12 无光泽的黑色桌子。桌面 61cm ×92cm（24 英寸 ×36 英寸），高 89cm ±3cm（35 英寸 ±1 英寸）。

5.13 去污评级样照或 3M 去污评级样照（见 12.11）。

5.14 温度计（见 12.12）。

5.15 适用的天平或台秤。

6. 试样准备

每次测试剪取两块（38cm ± 1cm）×（38cm ±1cm）[（15.0 英寸 ±0.4 英寸）×（15.0 英寸 ±0.4 英寸）] 试样。试样在处理油污前，将其置于温度为 21℃ ±1℃（70℉ ±2℉）和相对湿度为 65% ±2% 的标准大气下，调湿时间至少为 4h。

7. 测试程序

7.1 在光滑的水平面上（见 12.3），将一块干净的试样放在单层 AATCC 白色吸水纸上。

7.2 用滴管将五滴（约 0.2mL）玉米油（见 12.4）滴在试样的中间区域。

7.3 将一块 7.6cm ×7.6cm（3 英寸 ×3 英寸）的玻璃纸放在油污位置。

7.4 将重物（见 5.5）直接压在玻璃纸上。

7.5 压重物的持续时间为 60s ±5s，然后移走重物，去掉玻璃纸。

7.6 避免弄污的试样互相接触转移污渍，试样应在弄污后的 20min ±5min 内进行洗涤。

8. 洗涤程序

8.1 将洗衣机注入 68.1L ±3.8L（18 加仑 ±1 加仑）水，从表 1 中选择温度，并用温度计检查水的温度。

表 1　洗涤温度的选择

程　序	温度（℃）
Ⅱ	27 ±3（80℉ ±5℉）
Ⅲ	41 ±3（105℉ ±5℉）
Ⅳ	49 ±3（120℉ ±5℉）
Ⅴ	60 ±3（140℉ ±5℉）

8.2 往洗衣机加入商业洗涤粉、100g ± 1g 1993 年 AATCC 标准洗涤剂或 100g ±1g 的 2003 年 AATCC 标准液体洗涤剂 WOB。

8.3 水开始搅动时，放入陪洗布和试样，其总重为 1.8kg ±0.07kg（4.00 磅 ±0.15 磅）。洗衣机每次最多装 30 块试样，每块试样有一处污渍。

8.4 设置洗衣机标准挡，洗涤 12min，直至完成全部洗涤过程（包括洗涤和漂洗）。

8.5 最后一次脱水完成后，将陪洗织物和试样一起放进烘干机。

8.6 滚筒烘干机设置标准挡/厚重织物挡，时间为 45min 或至烘干为止。有的烘干机在标准/厚重织物挡位烘干后自动冷却 5min。无此功能的烘干机可设置高位挡烘干 45min ±5min，再调至低温挡运行 5min。烘干机出口排风最高温度为 65℃ ±6℃（150℉ ±10℉）。

8.7 烘干后立即取出试样平铺，防止试样起皱而影响去污的评级效果。评级过程在烘干后的 4h 内完成。

9. 评级

9.1 将评级样照放在观测板上，中心距离地面 114cm ±3cm（45 英寸 ±1 英寸）。

9.2 将试样正面朝上平放在无光泽、黑色桌子的中间，桌子的一边与观测板接触。可旋转试样至可观测到的最低等级的方向。

9.3 观测者在试样的正前方，距离观测板76cm±3cm（30英寸±1英寸），观测高度（眼睛）距离地面157cm±15cm（62英寸±6英寸）。不同观测的角度会影响一些织物的评级。

9.4 观测者要独立评级，按表2评定每个试样，并精确至0.5级。

表2　去污等级

5级	污渍等同于5级标准样照
4级	污渍等同于4级标准样照
3级	污渍等同于3级标准样照
2级	污渍等同于2级标准样照
1级	污渍等同于1级标准样照

注　5级表示去污性最好，1级表示去污性最差。

10. 报告

10.1 计算每块织物四个结果的平均值（两个试样各做两次评定），精确到0.1。

10.2 报告使用的是去污评级样照还是3M去污评级样照。

10.3 按照表1中罗马数字报告所用的水洗程序。

10.4 若所用污渍不是玉米油，报告污渍类别及评定结果（见12.14）。

10.5 报告洗涤过程中所使用的水的硬度，以百万分比浓度表示。

10.6 报告所用陪洗布的类型。

10.7 报告使用的洗涤剂种类，及其容器外包装注明的含磷量（见12.8和12.13）。

10.8 报告洗衣机和烘干机的制造商和型号。

11. 精确度和偏差

11.1 摘要。实验室间的比对试验于1987年的夏天进行，以确立本试验方法的精确度。五个实验室各有一名实验员，使用一台洗衣机和烘干机，对五块织物的两个试样连续三天进行试验。含有9.8%磷（见12.8）洗剂因其在美国应用广泛而在试验中得以采用。所用参考植物油是Mazola牌玉米油（见12.4），这是由于其易购买且颜色及质量稳定。两名评级员用去污样照和3M去污评级样照独立评定试样。测定结果为每天试验两个试样评定等级的平均值。所用织物仅限于涤纶和涤/棉织物，且大部分采用了去油污整理。

11.2 形成方差的去污等级标准偏差的各个偏差值计算如下：

	去污样照	3M去污评级卡
单人操作/洗涤	0.30	0.44
实验室之间	0.23	0.37

11.3 临界差。

对于11.2中提到的各偏差，如果偏差等于或超过表3所示的临界差，两次观测的平均值应考虑在95%置信区间。

表3　特定条件①的临界差

（观测结果＝两块试样的两个等级的平均值）

观测次数	单人操作/洗涤		实验室之间	
	去污样照	3M去污评级样照	去污样照	3M去污评级样照
1	0.82	1.20	1.04	1.58
2	0.58	0.85	0.86	1.33
3	0.47	0.70	0.79	1.23

①用t－1.950计算临界差值，基于无限自由度。

11.4 偏差。去污性等级的准确数值只能根据某一试验方法进行确定，因而本测试方法没有已知的偏差值。

11.5 AATCC实验室的研究结果表明：新的1993年AATCC标准洗涤剂和AATCC标准参考洗涤剂124之间存在95%置信区间的统计差异。实验室间将进行比对研究以证实这种差异的存在，并在对比研究中采用第三种新型陪洗织物建立本试验方法的精确度（见12.1）。

12. 注释

12.1 本试验方法于1995年的修订，反映了参考洗涤剂配方的变化，同时增加了陪洗布的选择类型，从而能更准确地评定去油污整理剂在实际使用中的性能。玉米油一直作为参考油污。采用新型参考洗涤剂和第三种新陪洗织物的初步对比研究由AATCC实验室进行。对于第三种新陪洗织物，未发现95%置信区间的统计差异。但早期的结果说明，新的1993年AATCC标准洗涤剂和AATCC标准洗涤剂124之间存在统计差异，新型洗涤剂有较弱的油污去除能力。

12.2 关适合测试方法的设备信息，请登录http：//www.aatcc.org/bg，浏览在线AATCC用户指导，见AATCC企业会员提供的设备和材料清单。但AATCC未对其授权，或以任何方式批准、认可或证明清单上的任何设备或材料符合测试方法的要求。

12.3 可从AATCC获取，地址：P.O.Box 12215，Research Triangle Park NC 27709；电话：919/549-8141；传真：919/549-8933；电子邮箱：orders@aatcc.org；网址：http：//www.aatcc.org。

12.4 Mazola商标属于Best Foods，CPC International Inc，General Offices，Englewood Cliffs NJ 07632，是纯玉米油，在任何地方都能买到。包装瓶的标签上印有保质期，过期不得使用。

12.5 Rhinelander“Blu-White”透明窗口信封玻璃纸—61cm×91cm—25#/500。长×宽为46m×30cm（150英尺×1英尺）卷装宽玻璃纸可从AATCC获取，地址：P.O.Box 12215，Research Triangle Park NC 27709；电话：919/549-8141；传真：919/549-8933；电子邮箱：orders@aatcc.org；网址：www.aatcc.org。

12.6 滴瓶应能保护玉米油不发生降解。

12.7 推荐的洗衣机和烘干机的型号和制造商信息可联系AATCC获取。任何其他洗衣机和烘干机只要能起到相同的作用均可使用。

12.8 使用在当地能找到的洗涤剂。本方法使用含9.8%磷的汰渍（Tide）洗涤剂，这是因为它在美国应用范围广。但含磷洗涤剂已经停止使用。1995年以后，本标准规定采用不含磷洗衣粉。在需要仲裁的情况下，或需参照标准时，应使用1993年AATCC标准洗涤剂（地址：P.O.Box 12215，Research Triangle Park NC 27709；电话：919/549-8141；传真：919/549-8933；电子邮箱：orders@aatcc.org；网址：http：//www.aatcc.org）。本标准操作无强制洗涤剂。请参见本手册关于“家庭洗涤测试条件的标准化”专论。

12.9 由于整理剂和/或存积在陪洗织物上的油污可能向试样转移，若认为该转移现象可能严重影响去污性结果时，或采用新整理剂获取关键结果时，应使用新的陪洗布。陪洗布有明显磨损时应及时更换。

12.10 按照AATCC 124《织物经多次家庭洗涤后的外观平整度》使用照明、评级区以及照明设备，通过悬挂光源照明观察试样。放置在黑面桌子，89cm（35英寸）长度的一边接触观测板。

12.11 由Milliken & Co开发的去污样照可以从AATCC获取，P.O.Box 12215，Research Triangle Park NC 27709；电话：919/549-8141；传真：919/549-8933；电子邮箱：orders@aatcc.org；网址：http：//www.aatcc.org。

12.11.1 3M去污评级样照在协议方达成一致的情况下可以使用。制造商：3M Co，Bldg263-2C-13，St Paul MN 55144；电话：800/561-5174；传真：651/736-0238；网址：http：//www.3m.com。

12.11.2 去污样照应每12个月更换一次，并存放在暗处以防止褪色。

12.12 使用刻度读数为0～180℉，每分区2℉的刻度温度计。刻度读数为0～100℃，每分区1℃的温度计也可以使用。适用的温度计有不同的制造商。

12.13 测试方法2010年的修订使负载、洗涤剂类型和洗涤剂用量符合 AATCC 专论“家庭洗涤测试条件的标准化程序”和其他 AATCC 测试方法。2007/2008 年的五个实验室间的研究表明：

（1）尽管不同的负载得出的实验结果有差异，但没有明确迹象表明某种负载会比其他的更稳定。

（2）尽管不同的洗涤剂用量得出的实验结果有差异，但没有明确迹象表明某种洗涤剂用量会比其他的更稳定。要注意粉末洗涤剂和液体洗涤剂的结果也会不同。

（3）同一个实验室的评价者通常可以保持一致，重复的实验也可以保持一致的结果，这些要素的方差分析也证明了这些结果与以前所用的测试方法的结果是一致的。

12.14 在 ASTM D 4265 的附录《家庭洗涤去污性能评估指南》中的清单，列出了推荐的污渍材料。制造商：ASTM，100 Barr Harbor Dr.，West Conshohocken PA 19428；电话：610/832 - 9500；传真：610/832 - 9555；网址：www. astm. org。

AATCC 131 – 2011

耐褶裥色牢度：蒸汽褶裥

AATCC RR53 技术委员会于 1969 年制定；1970 年、1971 年、1974 年、1977 年、1980 年、1985 年、1990 年、2005 年、2011 年重新审定；1981 年、1988 年、2004 年、2008 年编辑修订；1995 年、2000 年编辑修订并重新审定；技术上等效于 ISO 105 – P02。

1. 目的和范围

1.1 本试验方法适用于评价各种纺织品在经汽蒸产生褶裥加工过程中的颜色坚牢度。试验中不对试样进行褶裥处理。注意本试验不适用于评定褶裥工艺的质量（见 11.1）。

1.2 该标准包括三种不同剧烈程度的测试方法；根据需要可采用一种或多种方法。

1.3 剧烈测试方法主要是针对纯化纤产品，如聚酰胺纤维和聚酯纤维产品。该测试方法不适用于含羊毛的纺织品。

2. 原理

将试样与标准贴衬织物接触，在一定的压力和时间条件下汽蒸，然后干燥。用标准灰卡评定试样变色以及标准贴衬织物的沾色。

3. 术语

3.1 色牢度：材料在加工、检测、储存或使用过程中，暴露在可能遇到的任何环境下，抵抗颜色变化或（和）颜色向相邻材料转移的能力。

3.2 褶裥：根据需要，将织物对折后形成一个或多个折痕的加工工艺。

4. 安全和预防措施

本安全和预防措施仅供参考。本部分有助于测试，但未指出所有可能的安全问题。在本测试方法中，使用者在处理材料时有责任采用安全和适当的技术；务必向制造商咨询有关材料的详尽信息，如材料的安全参数和其他制造商的建议；务必向美国职业安全卫生管理局（OSHA）咨询并遵守其所有标准和规定。

4.1 遵守良好的实验室规定，在所有的试验区域应佩戴防护眼镜。

4.2 操作实验室测试仪器时，应按照制造商提供的安全建议。

5. 仪器和材料（见 11.2）

5.1 试样夹持器（见图 1 和 11.3）。

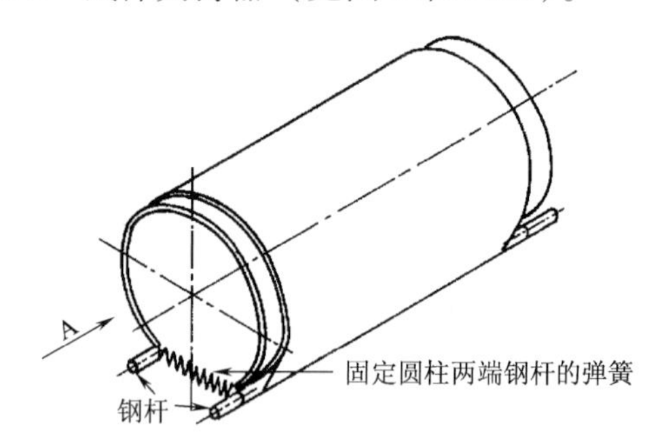

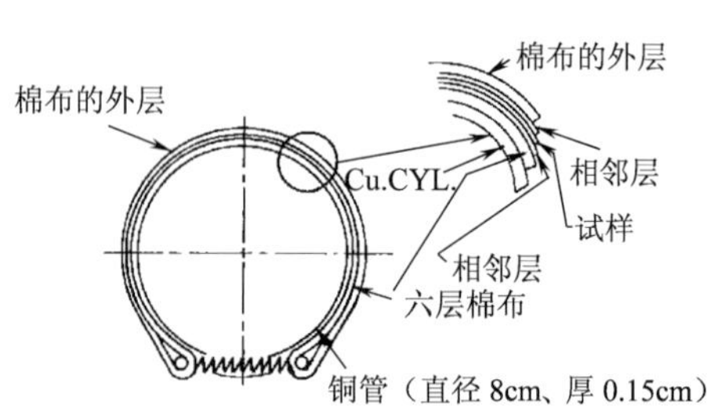

沿箭头“A”方向的侧视图

图 1　试样夹持器：钢杆

5.2 带套层的汽蒸锅（见11.4）或压力锅（见11.5）。

5.3 两块煮练过的未染色布样，每块尺寸为5cm×4cm（2.0英寸×1.6英寸），用所试纺织品同类纤维制成或另有规定。如属于混纺，则需用两块煮练过的未染色布样，按试样的两种主要纤维制成（见11.6）。

5.4 变色灰色和沾色灰卡（见11.7）

6. 试样

6.1 如果试样为织物，剪取5.0cm×4.0cm（2.0英寸×1.6英寸）的试样放在两块标准贴衬织物中间（见5.3），沿一边缝合形成一个组合试样。

6.2 如果试样是纱线，剪取质量约为标准贴衬织物总质量的一半的纱线织成织物，并按6.1进行处理，或制成平行的纱线层夹于标准贴衬织物间（见5.3）。沿一边将纱线缝合固定，形成组合试样。

6.3 如果试样为散纤维，取约为标准贴衬织物质量一半的纤维试样，梳理成大小为5.0cm×4.0cm（2.0英寸×1.6英寸）的片状（见5.3）。然后将其置于两块标准贴衬织物中间，沿四边缝合形成组合试样。

7. 操作程序

7.1 将组合试样放在夹持器的两块未染色布样（见5.3）间，如图1所示。

7.2 将夹持器连同组合试样放进带套层的汽蒸箱（见11.4）或者压力锅中（见11.5）。

7.3 按表1所列的条件之一进行汽蒸。

7.4 汽蒸结束后2min内释放压力。

表1 汽蒸条件

测试条件	持续时间	压力(计)	温度(℃)
Ⅰ温和	5min	0.35kgf/cm²(5磅/平方英寸)	108(226℉)
Ⅱ中等	10min	0.7kgf/cm²(10磅/平方英寸)	115(239℉)
Ⅲ剧烈	20min	1.76kgf/cm²(25磅/平方英寸)	130(266℉)

7.5 展开组合试样，使两块或三块试样仅一边与缝合线相连，在温度不超过60℃（140℉）的空气中干燥；然后在20℃±2℃（68℉±3℉），相对湿度65%±2%的条件下调湿4h。

7.6 在汽蒸褶裥条件下释放甲醛的试样，应单独测试。

8. 评价

8.1 试样经调湿后，用变色灰卡评定变色程度（见7.5）。

8.2 用沾色灰卡评定标准贴衬织物的沾色。

9. 报告

9.1 测试条件（Ⅰ、Ⅱ、Ⅲ）（见7.3）。

9.2 试样变色级数，注明试样的成分。

9.3 未染色布样沾色，注明未染色布的成分。如果两块布样相同，但沾色程度不同，仅报告较严重的沾色。

10. 精确度和偏差

10.1 精确度。本试验方法的精确度尚未确立，在其产生之前，采用标准的统计方法，比较实验室内或实验室之间的试验结果的平均值。

10.2 偏差。耐褶裥色牢度只能在一个测试方法中定义。没有独立的方法测定其真实值。作为评价这一性能的手段，该方法无已知偏差。

11. 注释

11.1 必须注意商业用褶裥纸片往往含有还原剂，与某些着色物质一起会产生较测试条件下大很多的变色。

11.2 有关适合测试方法的设备信息，请登录http://www.aatcc.org/bg。AATCC提供其企业会员单位所能提供的设备和材料清单。但AATCC没有给其授权，或以任何方式批准、认可或证明清单上的任何设备或材料符合测试方法的要求。

11.3 试样夹持器是由一个外径为8cm（3英寸）的铜管组成，管壁厚为0.15cm（0.06英寸）。该铜管用六层克重为125g/m²（3.7盎司/码²）漂白棉布包裹。外层再用克重为186g/m²（5.5盎司/码²）的漂白棉布包裹。将外包裹层边缘向后折合并缝合，以便插入钢杆。布两端的钢杆是由直径为0.6cm（0.25英寸）的低碳钢制成。弹簧强度没有规定，但必须足以将外布层紧紧地固定在铜管上。弹簧的一端固定于一根钢杆上，另一端应能很容易钩住另一根钢杆（见图2）。建议试样夹持器长度为15.2cm（6英寸）。

11.4 可采用夹层蒸锅，只要可以精确测压，并且测试中不会有水溅到试样上即可。

11.5 可采用家用压力锅代替带夹层汽蒸箱。为避免在测试过程中水滴溅到试样上，压力锅尺寸应足够大；建议最小尺寸应为直径23cm（9英寸），高26cm（10英寸）。该压力锅必须配备有精确的压力表。如果使用了家用压力锅，应将试样夹持器用一层聚酯薄膜松弛地包缠，但薄膜需超出每端1cm（0.5英寸），且不将筒端封住。然后将该试样夹持器（见图2）放置于一个长方形金属容器中，该容器中有10个0.1cm（0.06英寸）小孔等距排列在底部中间。容器深度应以试样夹持器顶部能露出0.1cm为宜。容器的底部应稍微下凹以保证冷凝水能快速排出。将容器放置于平台上，使其距水面5cm（2英寸）。压力锅的水量不做严格规定，建议水深为3cm（1英寸）。加压之前，压力锅需排气2min。

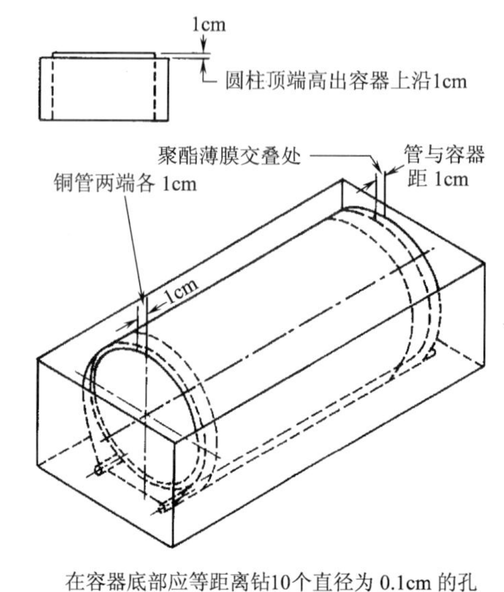

图2 容器中的试样夹

11.6 如果羊毛也作为其中一种贴衬布使用（见5.3），可能会对试样的染料有副作用，特别是在碱性条件下。

11.7 可从AATCC获取，地址：AATCC，P. O. Box 12215，Research Triangle Park NC 27709；电话：919/549－8141；传真：919/549－8933；电子邮箱：orders@aatcc.org；网址www.aatcc.org。

AATCC 132 -2009

耐干洗色牢度

AATCC RA43 技术委员会于 1969 年制定，替代 AATCC 85 - 1968；1973 年、1976 年、1979 年、1989 年、1998 年、2003 年重新审定；1981 年、1986 年、1990 年、1995 年、2001 年、2002、2008 年、2010 年编辑修订；1985 年和 2009 年编辑修订并重新审定；1993 年和 2004 年修订；技术等同于 ISO 105 - D01。

1. 目的和范围

1.1 本测试方法适用于测定纺织品耐各种干洗的色牢度。

1.2 本方法不适用于评价纺织品整理剂的耐久性，也不适用于评价干洗店的去污程序中颜色的耐久性（见 11.1）。

1.3 本方法提供三次商业干洗所得的测试值。

2. 原理

2.1 试样与棉织物、多纤维样品接触，与不锈钢片一同在四氯乙烯（见 11.2）中搅动，然后在空气中干燥，用变色灰卡评定试样的变色。

2.2 用沾色灰卡或沾色彩卡评定沾色。

3. 术语

3.1 色牢度：材料在加工、检测、储存或使用过程中，暴露在可能遇到的任何环境下，抵抗颜色变化或（和）颜色向相邻材料转移的能力。

3.2 干洗：用从石油提炼出的溶剂、四氯乙烯或碳氟化合物等有机溶剂清洁织物。

此过程包括添加洗剂，使溶剂润湿。最高相对湿度为 75%，滚筒烘干温度至 71℃（160℉）。

4. 安全和预防措施

本安全和预防措施仅供参考。本部分有助于测试，但未指出所有可能的安全问题。在本测试方法中，使用者在处理材料时有责任采用安全和适当的技术；务必向制造商咨询有关材料的详尽信息，如材料的安全参数和其他制造商的建议；务必向美国职业安全卫生管理局（OSHA）咨询并遵守其所有标准和规定。

4.1 遵守良好的实验室规定，在所有的试验区域应佩戴防护眼镜。

4.2 所有化学物品应当被谨慎使用和处理。

4.3 四氯乙烯是有毒物质，皮肤反复接触以及食入四氯乙烯会引起中毒。仅限在通风效果良好的环境中使用。通过实验室动物的四氯乙烯毒理学的研究发现：大鼠和小鼠长时间接触浓度为 100 ~ 400mg/kg 的四氯乙烯蒸气后有癌变迹象。因此，用四氯乙烯浸透的织物应在通风合适的通风橱内干燥。处理四氯乙烯时，应该使用化学护目镜或面罩、防渗透手套和防渗透围裙。

4.4 在附近安装洗眼器/安全喷淋装置以备急用。

4.5 本测试法中，人体与化学物质的接触限度不得超过官方的限定值。例如，美国职业安全与卫生条例管理局（OSHA）允许的暴露极限值（PEL），参见 1989 年 1 月 1 日实施的 29 CFR 1910.1000。此外，美国政府工业卫生师协会（ACGIH）的阈限值（TLVs）由时间加权平均数（TLV - TWA）、短期暴露极限（TLV - STEL）和最高极限（TLV - C）组成，建议将其作为人体在空气污染物中暴露的基本准则并遵守（见 11.3）。

4.6 操作实验室测试仪器时，应按照制造商提供的安全建议。

4.7 任何残留的四氯乙烯务必送至被许可的废物管理处，按照各地区的规定处理。

5. 仪器和材料（见 11.4）

5.1 水洗牢度测试仪，使密封杯以 40r/min ± 2r/min 的转速在控温的水浴中旋转。

5.2 不锈钢的标准水洗杯，直径 × 高为 7.5cm × 12.5cm（3 英寸 ×5 英寸），容量约 500mL（1 品脱），配备耐溶剂的密封圈。

5.3 耐腐蚀钢片。直径 30.0mm ± 2.0mm（1.18 英寸 ± 0.08 英寸），厚 3.0mm ± 0.5 mm（0.12 英寸 ± 0.02 英寸），光滑无毛边，质量为 20.0g ± 2.0g（0.7 盎司 ± 0.07 盎司）。

5.4 未染色的全棉斜纹布。平方米重量为 270g/m^2 ±70g/m^2（8 盎司/码^2 ±2 盎司/码^2），不含整理剂，剪成尺寸为 12.0cm × 12.0cm（4.75 英寸 ×4.75 英寸）的样品。

5.5 多纤维贴衬织物［纤维条宽 8mm（0.33 英寸）］，包含醋酯纤维、棉、锦纶、丝、黏胶和羊毛；多纤维贴衬织物［纤维条宽 8mm（0.33 英寸）］，包含醋酯纤维、棉、锦纶、涤纶、腈纶和羊毛（见 11.5）。

5.6 四氯乙烯，商业干洗剂。

5.7 AATCC 变色灰卡（见 11.6）。

5.8 AATCC 沾色灰卡或彩卡（见 11.6）。

5.9 比色计或分光光度计。

5.10 摩擦测试织物。

5.11 洗涤剂（Perk – Sheen）（见 11.7）。

6. 试样

6.1 如待测物为织物，剪取三块试样，尺寸为 10cm ×5cm（4 英寸 ×2 英寸）；长边平行于织物的经向或纵向。

6.2 如待测物为纱线，将其织成针织物，剪取三块试样，尺寸为 10cm ×5cm（4 英寸 ×2 英寸），长边平行于织物的纵向。

6.3 试样准备。

6.3.1 白色棉织物或纤维条宽为 8mm（0.33 英寸）合适的多纤维织物。

剪取尺寸为 5cm ×5cm（2 英寸 ×2 英寸）多纤维织物或白色棉织物（若需要），沿试样 5cm（2 英寸）的一边缝制、装订或其他合适的方式使其与试样正面接触。使用多纤维织物时，六种纤维条沿试样 5cm（2 英寸）边分布，羊毛纤维条在右边，纤维条平行于试样的长度方向。

6.3.2 纤维条宽为 15mm（0.6 英寸）的多纤维贴衬织物。

剪取尺寸为 5cm × 10cm（2 英寸 ×4 英寸）的长方形多纤维贴衬织物，沿试样的 10cm（4 英寸）的一边缝制、装订或其他合适的方法使其与试样正面接触。六种纤维条平行于试样的宽度方向，且羊毛纤维条固定在试样上端，以防止试样脱散。

6.3.3 建议针织物沿四边缝制或装订在同尺寸的 80cm ×80cm 漂白棉布上以防止卷边，使整个试样表面得到一致的测试结果。

6.3.4 对于具有绒头方向的绒类织物，多纤维贴衬织物附在试样的上端，且绒头方向背离试样上端。

6.3.5 被测物为纱线时，试样按以下两种方式之一来制备。

6.3.5.1 方法 1。

在合适的针织机上编织成针织物，按照 6.1 ~ 6.3 制备试样和多纤维织物。每个样品保留一块针织试样作为原样。

6.3.5.2 方法 2。

将每种纱样制备成四束长 120 码的纱束，折叠纱束使其宽为 5.08cm（2 英寸），且纱量均匀，长度适合本测试。每种样品保留一束纱样作为原样。将折叠的摩擦白布分别缝制或装订在纱束两端，并在一端附上多纤维贴衬织物。

7. 操作程序

7.1 每块试样用未染色纯棉斜纹布（见5.4）缝制一个口袋。沿两块棉布的三边缝合，使其内部尺寸为10cm×10cm（4英寸×4英寸），然后将试样和12块不锈钢片（见5.3）放入袋内，采取任何便利的方法封上袋口，如缝合。

7.2 在通风橱内，制备四氯乙烯/洗剂溶液。在1000mL的容量瓶中加入部分四氯乙烯，然后加入10mL的洗涤剂（Perk - Sheen 324），摇匀或搅拌，再加入四氯乙烯至1000mL刻度，最后加入0.6mL的水，再摇匀或搅拌至溶液无混浊为止。该混合物在相对湿度为75%时的体积比浓度为1%。

7.3 在通风橱中内将封好的口袋放入500mL（1品脱）不锈钢杯中，加入200mL、温度为30℃±2℃（86℉±4℉）的四氯乙烯洗剂溶液，密封不锈钢杯。在快速水洗牢度测试仪内在30℃±2℃（86℉±4℉）的条件下搅拌30min。

7.4 将钢杯放在足够通风的通风橱中，从杯中拿出布袋，取出试样。为了去除多余的溶液，把试样放在吸水纸或布之间，然后放在通风橱内，在温度不超过65℃（149℉）的空气中干燥试样。

7.5 评级前，试样在温度为21℃±1℃(70℉±2℉)，相对湿度为65%±2%的环境中调湿1h。

7.6 试样和贴衬织物评级前，应修剪脱散的纱线，并轻轻地刷掉试样表面的散纤和散纱。按要求的方向刷绒头试样，使试样尽可能恢复到未处理前的绒头角度。试样上若有褶皱，应将其整理平整。为了方便评定，将试样装在纸卡上。装订试样不要影响用AATCC EP1《变色灰卡》、EP2《沾色灰卡》和EP8《沾色彩卡》中所述方式进行评级。用*Y*刺激值至少为85%的白色纸卡作为统一的背衬材料。

绞纱试样在与未洗的原样比较之前，应将其进行梳顺理直。原样也需梳理以使外观一致。

8. 评定

8.1 变色评定。

8.1.1 用变色灰卡（AATCC EP1）或AATCC EP7《仪器评定试样变色》评定试样的变色。记录与灰卡颜色最接近的级数。为了提高结果的精确性和准确性，评定人员应至少为两人。

8.1.2 变色程度也可定量地评定。通过采用合适的、装有软件的比色计或分光光度计（见AATCC EP7《仪器评定试样变色》）测出原样和试样之间的色差。

8.2 沾色评定。

8.2.1 用沾色灰卡（AATCC EP2）、AATCC9级沾色彩卡（AATCC EP8）或“仪器评定试样的沾色”（AATCC EP12）评价多纤贴衬织物的沾色。记录与所用评级卡颜色最接近的级数。所用评级卡应在报告中注明。

8.2.2 转移到6.3.1所述的多纤维贴衬织物或白棉织物上的颜色可以定量地评定，通过测定原样和沾色样之间的色差确定。多纤维织物［纤维条宽15 mm（0.6英寸）］应有足够宽度的纬向纤维条，以满足多数比色计或分光光度计的孔径要求。

8.3 计算。

平均每个样品观察到的结果（3块试样的判定结果的平均值）。

9. 计算和结果报告

9.1 每个试样观察到结果的平均值（3块试样的判定结果的平均值），报告平均值，精确到0.1。

9.2 报告本测试方法编号。

9.3 报告9.1确定的变色等级和9.2确定的多纤维织物和/或沾色织物的沾色等级。

9.4 注明评定沾色使用的沾色卡、沾色灰卡或沾色彩卡（见11.8）。

9.5 注明使用的多纤维贴衬织物的类型，且为防止针织试样卷边，是否使用了棉布。

10. 精确度和偏差（见 11.9）

10.1 精确度。一块织物，两名试验人员分别对三块试样进行三次试验。两名评定人员和三块试样的平均值为本试验方法的测定结果。

10.2 变色级数的标准差作为偏差分量如下：

一名试验员	0.03
实验室内部	0.11

10.3 偏差。变色真值仅在本测试法中指明，故在这个范围内没有已知的偏差值。

11. 注释

11.1 本试验方法仅限于干洗色牢度。它不包括对水斑、溶剂斑以及商业干洗操作中使用的蒸汽压烫的影响。对印花图案及整理剂耐久性的测试，参见 AATCC 86《印花图案及整理剂的干洗耐久性》。

11.2 在本方法中应用四氯乙烯的原因有如下两点：

（1）在美国商业干洗中使用最多的溶剂。

（2）作用比石油产品稍微剧烈一些。不受四氯乙烯影响的颜色也不会受到石油类溶剂的影响，反之则不一定。

11.3 可从 ACGIH Publications Office 获取，地址：Kemper Woods Center, 1330 Kemper Meadow Dr., Cincinnati OH 45240；电话：513/742 – 2020。

11.4 有关适合测试方法的设备信息，请登录 http://www.aatcc.org/bg。AATCC 提供其企业会员单位所能提供的设备和材料清单。但 AATCC 没有给其授权，或以任何方式批准、认可或证明清单上的任何设备或材料符合测试方法的要求。

11.5 棉漂白测试织物，织物组织密度（经×纬）为 32 根/cm×32 根/cm（80 根/英寸×80 根/英寸），平方米重量为 136 g/cm^2 ±10 g/cm^2（4.0 盎司/码^2 ±0.3 盎司/码^2），无荧光增白剂。

11.6 可从 AATCC 获取，地址：P.O. Box 12215, Research Triangle Park NC 27709；电话：919/549 – 8141；传真：919/549 – 8933；电子邮箱：orders@aatcc.org。

11.7 可从 Adco Inc. 获取，地址：900 W. Main St., P.O. Box 999, Sedalia MO 65301；电话：660/826 – 3300 或 800/821 – 7556；传真：660/826 – 1361；电子邮箱：sales@adco – inc.com。

11.8 对于关键性或仲裁情况下的评定，必须使用沾色灰卡进行评级。

11.9 本测试方法的精度取决于试验材料、测试方法自身以及采用的评级程序的变异性。

11.9.1 第 10 部分中的精度说明是基于目光评价（AATCC EP1 变色和和 EP2、EP8 沾色）结果得出。

11.9.2 采用仪器评价（AATCC EP7 和 EP12）的精度预计比目光评级的精度更高。

AATCC 133 - 2009

耐热色牢度：热压

AATCC RR54 技术委员会于 1969 年制定；1973 年修订，替代 AATCC 5 - 1962；1976 年、1979 年、1984 年、1989 年重新审定；1981 年、1985 年、1986 年、1991 年、2001 年、2002 年、2008 年编辑修订；1994 年、1999 年、2004 年、2009 年编辑修订并重新审定；2010 年编辑修订；技术等同于 ISO 105 - X11。

1. 目的和范围

本测试方法用来测定各种类型和各种形式的纺织品在热压条件下抵抗变色和沾色的能力。本热压测试可以在织物的干态、潮态及湿态下进行，具体采用哪种状态进行测试，需要根据纺织品的最终用途确定。

2. 原理

2.1 干压。用特定温度及重量设定的加热装置对干燥试样加压一定时间。

2.2 潮压。将干燥试样用一块润湿的未染色棉布覆盖，并用特定温度及重量的加热装置加压一定时间。

2.3 湿压。将湿态试样用一块润湿的未染色棉布覆盖，并用特定温度及重量的加热装置加压一定时间。

3. 术语

3.1 色牢度：材料在加工、检测、储存或使用过程中，暴露在可能遇到的任何环境下，抵抗颜色变化或（和）颜色向相邻材料转移的能力。

3.2 热压：在干热条件或湿热条件下，通过机械压力使纺织品光滑平整或者塑形的过程。

4. 安全和预防措施

本安全和预防措施仅供参考。本部分有助于测试，但未指出所有可能的安全问题。在本测试方法中，使用者在处理材料时有责任采用安全和适当的技术；务必向制造商咨询有关材料的详尽信息，如材料的安全参数和其他制造商的建议；务必向美国职业安全卫生管理局（OSHA）咨询并遵守其所有标准和规定。

遵守良好的实验室规定，在所有的试验区域应佩戴防护眼镜。

5. 仪器和材料（见 12.1）

5.1 加热装置。紧贴试样以某一控制的温度（见 7.1，12.2 和 12.5）从试样顶部为试样提供均匀的热传递，并对试样施予 $40g/cm^2 \pm 10g/cm^2$ 的压力（见 12.4）。

5.2 一块平整的耐热片（见 12.3）。

5.3 羊毛法兰绒，约 $260g/m^2$（见 12.4）。用两层这种材料合成一块厚度大约为 3mm 的衬垫。同样，也可以使用平整的羊毛布或毛毡来合成厚度约为 3mm 的衬垫。

5.4 未染色、漂白且未经丝光处理的棉布。表面光滑，克重为 $100 \sim 130g/m^2$。

5.5 变色灰卡（见 12.7）。

5.6 沾色灰卡（见 12.7）。

5.7 AATCC 沾色彩卡（见 12.7）。

6. 试样准备

6.1 若待测纺织品为织物，取样尺寸为12cm×4cm。

6.2 若待测纺织品为纱或线，则将其织成织物并取13cm×4cm大小的试样进行测试，或将其缠绕于尺寸为12cm×4cm的薄的惰性材料上来得到需要的测试面积。

7. 操作程序

7.1 使用的测试温度有如下几种（见12.2）：

110℃ ±2℃

150℃ ±2℃

200℃ ±2℃

如有必要，也可使用其他测试温度，但必须在报告中明确注明（见下表）。

安全熨烫温度指南

0级 121℃以下	Ⅰ级 121~135℃	Ⅱ级 149~163℃	Ⅲ级 177~191℃	Ⅳ级 204℃及以上
改性腈纶（93~121℃）	醋酯纤维	腈纶纤维	锦纶66	棉
烯烃类（聚乙烯）（79~121℃）	烯烃类（聚丙烯）	再生蛋白纤维	聚酯	碳氟化合物
橡胶（82~93℃）	丝	锦纶6	—	玻璃纤维
萨纶（66~93℃）	—	氨纶	—	大麻、黄麻、苎麻、亚麻
维纶（54℃）	—	羊毛	—	人造丝、黏胶纤维、三醋酯纤维（热定型）

7.2 在实验前，经过热处理或干燥处理的试样材料必须进行调湿（在相对湿度为65% ±2%及温度21℃ ±1℃的条件下）。

7.3 加热装置的底板依次由耐热片（见5.2，12.3）、羊毛法兰绒（见5.3，12.3）和干燥的未染色棉布（见5.4，12.3及12.4）覆盖。

7.4 干压。将干态试样置于覆盖在羊毛法兰绒衬垫（见7.3，12.3）上的棉布上，将加热装置的上板放下，在规定的热压温度下对试样加热15s。

7.5 潮压。将干态试样置于覆盖在羊毛法兰绒衬垫（见7.3，12.3）上的棉布上，将一块12cm×4cm的未染色棉布浸泡在蒸馏水中，然后对棉布进行挤压使其含水量与自身重量相等，将该潮湿棉布置于干态试样上，放下加热装置的上板，在规定的热压温度下对试样加热15s。

7.6 湿压。将染色试样及一块12cm×4cm（见5.4）的未染色棉布浸泡在蒸馏水中，然后进行挤压，使它们的含水量与自身重量相等。将湿态试样置于覆盖在羊毛法兰绒衬垫（见7.3，12.3）上的棉布上，并将未染色的湿棉布置于试样上，放下加热装置的上板，在规定的热压温度下对试样加热15s。

8. 变色的评定方法（色光和强度）

变色灰卡（AATCC EP1）或AATCC EP7《仪器评定试样变色》评定试样的变色。记录与灰卡（见12.7）颜色最接近的级数。

9. 沾色评定方法

用沾色灰卡（AATCC EP2）、AATCC 9级沾色彩卡（AATCC EP8）或“仪器评估试样的沾色”（AATCC EP12）评价多纤贴衬织物的沾色。记录与所用评级卡颜色最接近的级数（见12.7和12.8）。

10. 报告

10.1 报告测试步骤（干态、潮态及湿态）以及加热装置的温度。

10.2 报告测试完成后即时评定的试样变色级数和试样在相对湿度 65% ±2% 及温度 21℃ ±1℃ 的大气条件中调湿 4h 后评定的变色级数；所用的 AATCC 评级程序（EP1 或 EP7）。

10.3 报告未染色棉布的沾色级数，所用的 AATCC 评级程序（EP2、EP8 或 EP12）。

11. 精确度和偏差

11.1 精确度。本试验方法的精确度尚未确立，在其产生之前，应采用标准的统计方法进行实验室内或实验室间测试结果平均值的比较。

11.2 偏差。耐热压色牢度只能作为一种试验方法进行定义，没有独立的方法可以确定其真值。本方法作为评估这一性能的一种手段，没有已知偏差。

12. 注释

12.1 有关本测试方法的设备信息，请登录 http：//www.aatcc.org/bg 了解。AATCC 尽可能提供其合作会员销售的设备和材料清单，但是 AATCC 并不证明其资格，或以任何方式批准、认可或证明清单上的任何设备或材料符合测试方法的要求。

12.2 热压的温度很大程度上取决于纤维类型和织物或服装的组织结构。在混纺的情况下，建议采用抗热能力最低纤维适合的温度。本热压温度的确定方法适用于普遍应用的三种热压条件。

12.3 平滑的隔热片是用来绝热的，应该是平整并没有弯曲的。最好在隔热片上完成组合试样，然后再将组合试样放置在加热装置上。每个试验之间，隔热片应冷却，并使湿的羊毛衬垫干燥。无论底部实验板是否加热，均应使用绝缘材料以防止底板传热或吸热。

12.4 为了使单位面积的压力达到 $40g/cm^2 \pm 10g/cm^2$，羊毛法兰绒衬垫的尺寸应与上加热板的质量具有一定的关联性。如果待测织物的厚度比较厚，则有必要增加测试试样的面积，或者用与试样相同的材料制成的合适的模板来增大受力面积。如果加热装置的加热板比试样尺寸小，则压力大小取决于试验设备的设计（上板的重量和面积的比率）。

12.5 在加热装置加热期间和实际试验操作期间，加热装置的加热板应该保持与试样接触以确保均匀加热。

12.6 对于不太严格的测试，可使用家用电熨斗进行测试。但应用高温指示计或热敏纸测量熨斗的温度。应称量电熨斗的重量，使其面积和总重量可以控制在合适的比例，以使测试压力接近 $40gf/cm^2 \pm 10gf/cm^2$。但是，由于电熨斗表面的温度受加热开关控制影响会发生变化，因此其测试的精确度和重现性是有限的。若使用手动电熨斗，则必须在报告中注明。

12.7 相关资料可从 AATCC 获取，地址：P. O. Box 12215，Research Triangle Park NC 27709；电话：919/549 -8141；传真：919/549 -8933；电子邮箱：orders@aatcc.org；网址：www.aatcc.org。

12.8 对于非常关键或仲裁的评定，必须使用沾色灰卡进行评级。

AATCC 134 -2011

地毯的静电倾向

AATCC RA32 技术委员会于 1969 年制定；2007 年权限移交给 AATCC RA57 技术委员会；1975 年、1979 年、1991 年、2001 年、2011 年修订；1986、1996 年重新审定；2006 年重新审定和编辑修订；2007 年、2008 年编辑修订；与 ISO 6356 有相关性。

1. 目的和范围

1.1 本测试方法是用来评价当人走过地毯时的静电倾向。本方法采用受控的实验条件来模拟实际情况。主要模拟由经验得来的可能有助于积聚大量静电的各种影响因素。

1.2 本测试方法不包括性能评价标准。性能评价标准和具体的产品有关，随具体的使用要求有很大不同。操作员应该注意本方法第 11 部分描述的有关方法的差异。

2. 原理

2.1 在相对湿度较低的条件下，一个人走过地毯时会产生静电荷。此种情况已成为典型的摩擦带电效应的例子，这是两个互相接触的不同材料的物体表面被分开时产生电荷分离造成的。电荷分离的程度和人体电压高低受许多因素影响。本试验中最重要的影响因素有：

（1）互相接触、摩擦和分离的两种材料的化学和物理性能，如鞋底和地毯。

（2）一种或两种材料表面受污染程度。

（3）摩擦和/或分离的性质，如走路的方法，包括鞋离地毯的高度。

（4）环境条件（特别是相对湿度）。

2.2 地毯在规定的温湿度条件下达到湿度平衡，试验人员按照规定方式从地毯上走过，其鞋底和鞋跟都有特殊要求。电压显示器会连续记录和监控操作员身上产生的静电荷。

2.3 在试验阶段所测得的试验人员身上由于电荷积聚所产生的最大电压，称为在本试验条件下地毯的静电产生倾向。

3. 术语

静电倾向：产生和积聚静电荷的能力。

对于本试验来说，静电倾向是指一个人按规定的方式从纺织地毯上走过时产生的总电压，它源自人身上积聚的静电荷。

4. 安全和预防措施

本安全和预防措施仅供参考。本部分有助于测试，但未指出所有可能的安全问题。在本测试方法中，使用者在处理材料时有责任采用安全和适当的技术；务必向制造商咨询有关材料的详尽信息，如材料的安全参数和其他制造商的建议；务必向美国职业安全卫生管理局（OSHA）咨询并遵守其所有标准和规定。

4.1 遵守良好的实验室规定，在所有的试验区域应佩戴防护眼镜。

4.2 所有化学物品应当谨慎使用和处理。

4.3 异丙醇是一种易燃液体，应该少量存储在小容器内，远离热源、明火和火花。

4.4 操作实验室测试仪器时，应遵循制造商提供的安全建议。

4.5 所有的电器设备都要接地。

4.6 高压电源应该至少有 $1 \times 10^{8}\,\Omega$ 的内部电

阻（或者最大输出电流不超过 1mA），以避免在校正检测系统时有触电的危险。

5. 仪器和材料

5.1 实验室需要保持在温度 21℃ ±1℃ 和相对湿度 20% ±2% 的条件下，拥有监控温湿度条件的适宜手段。一些最终用途的产品存在特殊的温湿度要求，此时需要提供其他的测试条件（如航空领域或者受限湿度下的环境），实验室应该也可以达到和保持这些特殊的试验条件。

房间的大小和布置要能让操作员在试验过程中距外部接地和带电表面（如墙或者工作台）至少约 600mm，而且应该装配开放的绷架、行李架或者水平杆，方便挂起地毯试样调湿，使样品表面的空气能自由流动，达到湿度平衡。

5.2 试验便鞋仅限用于测试地毯。新的试验便鞋应该按 8.7.1 的要求进行清洁。鞋底应该用胶合剂和/或缝线与鞋子固定。不能用大头针或铆钉。

5.2.1 一双是用 XS 664 P – HK 耐欧莱特鞋底制成的 AATCC 134 便鞋（见 12.1）。另一双耐欧莱特试样鞋或便鞋，是鞋底上连有自粘（可替换的）绒面皮革。第二双耐欧莱特试样鞋或便鞋必须是专用的。

5.2.2 分析纯等级的异丙醇及粗棉布。

5.3 能检测和记录静电电压至少在 20kV 以上的设施（见 12.2 和 12.3）。

该系统应有高输入阻抗，以便当输入接地时，记录仪或仪表显示的 3000V 电压通常能在 1.4 ~ 4.3s 时间内衰减到 1500V。要得到合理精确值，包括引入线在内的输入电容量不应该超过 30pV（参看有关阻尼测试附加信息的附录 A 和有关阻尼技术信息的附录 B）。

5.4 一个大约 1200mm × 1200mm 的接地金属板。

5.5 一块涂有橡胶的标准黄麻/毛垫子（克重 1350g/m^2，不小于 1200mm × 1200mm，见 12.1）。其垂直阻抗不低于 $10^{12}\Omega$（见 12.6）。

5.6 一套 AATCC TM 134 的 AATCC 静电对照地毯（见 12.1），包括无静电保护和静电保护两类。

5.7 一个任选的节拍器。

5.8 一个任选的手持吹风机式的平稳离子发生器（见 12.4）。

6. 试样准备

每块地毯试样大小约为 900mm × 900mm 或 1000mm × 1000mm。如果试验样品小于这个尺寸，则将多块样品拼合以达到要求的尺寸。

7. 调湿

试验之前，要求将试样在温度为 21℃ ±1℃ 和相对湿度为 20% ±2% 的条件下至少放置 48h。以便试样的湿度调节至试验条件。在调节阶段，应该自动记录或定期观察和记录温湿度。

将试样挂起或平放，确保其两面空气能自由流动，以便达到湿度平衡。

8. 操作程序

8.1 每个试验的开始阶段，首先测试不带衬垫物（以避免衬垫物带电）的 AATCC 134 无静电保护标准对照地毯和静电保护标准对照地毯。如果结果在实验室的控制图的控制范围之外，那么就应寻找偏差的产生原因并纠正错误。检查相对湿度和温度（试样调湿阶段的当前值和记录值）（见 5.1）。如果可能，测试备用标准对照地毯（见 5.6），再次清洁鞋底（见 8.7）并核查仪器的校准。在试验期间和测试之前，用手持吹风机式的平稳高压离子发生器中和衬垫物上的所有电荷，在衬垫物的上方 100 ~ 200mm 处，全方位地缓缓移动，持续至少 1min。

8.2 每天对样品进行一次测试，直到测试值重现为止。当连续试验结果差别在 10% 或 0.5kV

以内时，可以认为电压的测试值重现。将试样在实验箱放置一晚，使其上的所有静电荷消散。用手持吹风机式的平稳高压离子发生器中和所有电荷，这样可以加速消除电荷。如果用离子发生器完全中和试样（在试样的上方100～200mm处全方位地缓缓移动，持续1～2min），则该试样可以即刻进行重复测试。

8.3 测试放在标准垫子（见5.5）上的试样，标准垫子放在接地金属板上。

8.3.1 试样和标准垫子上的残余静电荷是测试误差的主要来源。残余静电荷应该在几小时内自然衰退。试样应无干扰地挂起4h以上，或如上所述试验前用手持吹风机式的平稳高压离子发生器完全中和电荷。

8.3.2 将标准垫子放在接地金属板上，涂胶面朝上。不要拖拽衬垫物或避免它们之间的任何摩擦。

8.3.3 用手持吹风机式的平稳高压离子发生器，在垫子的上方100～200mm处全方位地缓缓移动，这样可以中和来自操作的所有电荷。

8.3.4 小心地将试样放在垫子上，避免它们之间出现不必要的摩擦。

8.3.5 用一个手持吹风机式的平稳高压离子发生器，在距试样表面100～200mm处慢慢地和全方位地移动，这样可以中和来自操作的所有电荷。

8.3.6 仪器调零，将干净的试样便鞋（见8.7）放在试样上，试验操作员避开试样，抓住探测器，脚穿袜子着地，这时确保读数为“0”。然后试验操作员直接踩入试样上的试验便鞋内，抓住探测器，小心不要移动便鞋。

8.4 在完成8.3的步骤后，显示的电压应该非常低。如果电压较高，超过200V，说明存在过量的初始电荷，必须重复操作步骤8.2和8.3，以避免可能的显著误差。因为这种初始电荷对最终试验结果有较大的影响，因此简单地让试验材料重新接地是不够的，虽然它能明显地得到一个新的零值。

8.5 如果被测地毯下不用标准黄麻/毛垫子，可以在不装垫子的情况下测试样品。这种情况下，记录试样是直接放在接地金属板上的。否则，就要按8.3的步骤进行操作。

8.6 按8.6.1的描述继续试验。注：确保为耐欧莱特和绒面皮革试验提供单独的便鞋；不要拿掉皮革而仅用下层的耐欧莱特进行测试，因为它可能被胶黏剂污染。请注意，在重复试验或改变试验类型或变换试验鞋底时，试样和垫子必须重新放电，以避免误差。经过4h或一夜就可以达到自然放电，或如上所述用手持吹风机式的平稳高压离子发生器对电荷进行中和。

8.6.1 试验。

试验Ⅰ——步行试验/耐欧莱特鞋底

试验Ⅱ——拖步走试验/耐欧莱特鞋底（可选）

试验Ⅲ——步行试验/自黏合—绒面皮革鞋底（可选）

试验Ⅳ——拖步走试验/自黏合—绒面皮革鞋底（可选）

8.6.2 步行试验程序。抓住手持式探测器，以简单的方步，便鞋尽量离试样上方80mm，按每分钟120步±10步的步速在试样上步行（可以用一个节拍器）。始终保持鞋底与试样平行。步行时，不要在试样上拖或擦。要在整个试样表面上步行，持续1min或直到每次步伐电压峰值一致。用手持探测器接触地面使身体电压归“0”。每次试验前都要对地毯和垫子进行电荷中和。

8.6.3 拖步走试验程序。抓住探测器，拖步动作就像从两鞋底擦掉口香糖一样。这种拖步动作总是向后运动的。如上所述，便鞋尽量达到试样上方80mm处，并与试样平行。按每分钟60步±5步的步速在试样上拖步行走，在整个试样表面上拖步行走1min。用手持探测器接触地面使身体电压归“0”。每次试验前都要对地毯和垫子进行电荷中和。

8.7 移走并清洁便鞋。将试样挂在或平放在调节架上。8.7.1 和 8.7.2 中的程序通常足以清洁便鞋。必须非常小心地清洁在试样上使用过的便鞋，因为试样表面经过（局部喷涂）抗静电处理（见 12.7）。如果清洁不彻底，会导致之前试样上的物质沾到另一个试样上。

8.7.1 用一块用异丙醇打湿的新粗棉布或纸巾清洁耐欧莱特便鞋底面。如果污染较为严重，重复这个操作，并用细砂纸打磨鞋底，以露出新材料并再次清洁。

8.7.2 绒面皮革底面一旦污染，就很难清洁。打磨底面可能可以除去污染物。其他清理方法可能污染皮革或者改变它的电特性（如吸收来自异丙醇清洁液的水分）。如果打磨不容易除去污染，就换掉这些鞋底。

8.7.3 将试验便鞋存放在试验区相对湿度能控制的地方。

8.8 记录试验参数，包括试样信息、试样是按原样测试的还是清洁后测试的、日期、温度、相对湿度、便鞋鞋底和行走的方式（步行还是拖步）。

8.9 为保证试验条件的一致性，须在试验过程中及试验结束后对 AATCC 静电标准对照地毯进行测试，以确保试验条件没有改变。如果标准对照地毯的测试结果显著不同（在实验室为控制样品建立的控制极限之外），则试样的测试结果不可靠。

9. 结果分析

9.1 图表中的描绘线是试验的永久记录并表现了地毯的静电倾向。电压的最大值（每步的最高点）、电压信号和电压的增速率是描记线图所特有的，并且证明它们与地毯在实验条件类似的使用环境下的地毯性能有关。

9.2 步行和拖步的最大电压，几个连续的步伐所得到的最大值被定义为最大电压。图 1 为一个示例。

报告步行和拖步电压增速率。电压的平均增速率是最大电压除以测试行走开始至到达最高电压所需的时间，单位是 kV/s。

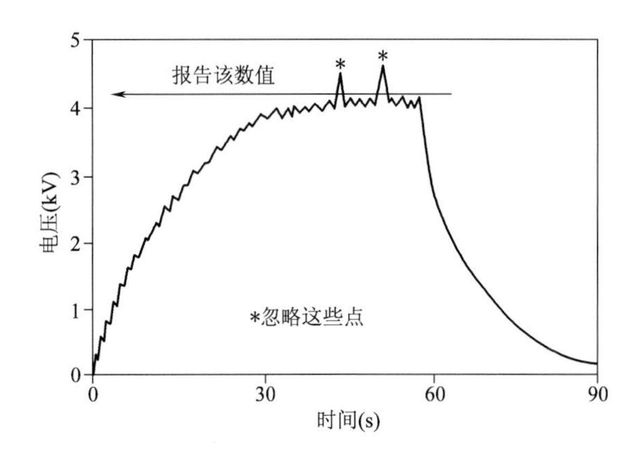

图 1　能显示最高电压的典型图表描记线

9.3 污染效应。被散落物和污物污染过的地毯，与其他地毯接触过或与含有可转移化学成分物质接触污染过的地毯，与干净地毯的测试结果会有差异。由于摩擦带电作用取决于地面和鞋子，因此这些污染物的存在可能增加或降低测得的静电倾向。同样，不持久的局部处理也将影响测试结果；测试申请者应考虑到这种处理时间和清洁性对测试结果的影响。如果需要去除污染，建议采用热水抽吸的办法，如 AATCC 171《地毯去污：热液抽吸法》。

9.4 鞋底材料的影响。使用不同的鞋底材料会导致在实验室里测试的结果和在户外使用情况的差别很大。主要影响因素是材料的摩擦带电、表面粗糙度和导电率。较高导电率的鞋底将抑制人体上的电荷积聚，特别是在测试含静电控制长丝的地毯时。

9.4.1 因为耐欧莱特 XS 664 P – HK 的静电特性很像许多一般鞋底的特性，所以它是首先选用的材料。它便于清洁而且物理和化学特性都很均匀。它的摩擦带电性质与锦纶截然不同，锦纶是主要的地毯用纤维聚合物。其他类型的地毯可以是次要选用的材料，以获得地毯静电倾向更完整的描述。

9.4.2 绒面皮革是次要选用材料，因为它是一种皮革的典型代表物，该皮革的摩擦带电性质与耐欧莱特鞋底明显不同，它倾向于针对丙烯、聚酯和聚丙烯地毯产生较高电压值。

9.4.3 在有些情况下，可能需要或有必要用特殊鞋子表征地毯的特性，如ESD（静电释放）控制鞋类。与之相关的鞋底材料或鞋子也可以运用同样的测试程序，但这种试验结果仅供参考。

10. 报告

10.1 对于步行试验法或其他每个试验方法，应该报告两个有重复结果的电压值和它们的平均值（见8.2），包括正、负极性（极性不会影响人或设备上的静电积聚，目的是判别特征。当与地毯静电控制标准要求相比时，仅考虑其数值的大小）。为了进行对比，拖步试验法也应该报告；与步行试验法相比，拖步实验法在同一实验室的内部和不同实验室之间进行测试所得的结果变化较大。如果这两种试验方法得出的结果相差超过2.5kV，报告应该注明试样可能经过局部处理或上面有污染物。

10.2 报告和试样同一天测试的AATCC静电控制标准地毯的试验结果、实验室控制上下极限、实验室为每个控制标准和每种类型试验建立的标准偏差。（见12.5）

10.3 试验报告应该报告试验条件（相对湿度和温度）、试验方法和版本、所有观测资料或者明显的异常情况。

10.4 报告应该说明试验前是否用离子发生器中和试样上的电荷。如果测试试样时没使用标准垫子，也应注明。

10.5 报告应声明地毯是按原始状态测试的还是在采用何种处理之后测试的（如“用AATCC 171规定的方法清洁”）。AATCC 134警示语为“本试验结果与地毯试样有关。其静电性能在使用过程中随磨损、污染、清洁、温度及相对湿度等条件而变化”。

11. 精确度和偏差

AATCC 134测试结果的使用者应该明白，不同实验室之间和同一实验室内部的试验结果都存在很大的偏差。一系列试验结果（0～6kV）的初步评估表明小于0.5kV的偏差是不显著的，在进行比较试验和与标准要求相比较时必须考虑到这一点。对AATCC 134静电保护控制标准地毯和配XS 664 P－HK耐欧莱特鞋底（不是AATCC 134便鞋）的鞋子的最初研究，得出了步行试验法，其平均电压为2.7kV，标准偏差为0.3kV，这是对七个试验场所数据的分析结果。

12. 注释

12.1 符合AATCC TM134标准的不同尺寸的便鞋，涂有橡胶的标准黄麻/毛垫子，无静电保护标准控制地毯和有静电保护标准控制地毯可以从AATCC，P. O. BOX 12215，Research Triangle Park NC 27709处得到。

12.2 合适的静电计（数字式或模拟式），1000:1的分压器探针。该设备可能需要稍作改进才能符合5.3.1的要求。

12.3 附录A是两种系统阻尼试验方法的概述。

12.4 手持式吹风机，平稳高压离子发生器是典型四风扇型的，带完整电子和高压离子发射点。

12.5 实验室必须保存一份AATCC静电控制标准地毯测试结果的记录，并制作合适的控制图。通过分析得出控制上下限值，如果没有超出分析得出的控制上下限，说明所有的试验条件和仪器参数处在期望的范围内。在控制标准地毯读数出现有规律的长片断偏离时，查明变化的根本原因，并采取纠正措施。

12.6 如果需要，用国家防火协会测试方法99或者ESD/EOS STM 7.1测试电阻。对于要安装在静电释放敏感区域（如电子元件生产和集装区域）的产品，由静电释放协会（ESD协会）制定的试验方法可能合适（ESD/EOS标准试验方法）。

12.7 如果鞋底或后跟长期受抗静电剂或纱线

被磨光的试验地毯污染，必须更换鞋底或立刻丢弃。方法中所说的标准参照地毯在确定鞋底或鞋后跟受污染时非常有用，但是标准参照地毯也会被脏的鞋污染。应有备用的参考地毯，用来测试鞋底条件。

附录A 阻尼测试

A.1 两种测试阻尼的方法如下。

A.1.1 至少能提供3000V电压的高压电源。

（1）将电压表（和记录仪，如有）调到3kV以上的量程挡（最好10kV）。

（2）将电源高压输出端连到电压表的输入端。

（3）核查电源接地线，如果有怀疑，从电压表和电源接地端各接一根线进行接地。

（4）使电压表和电源供应设备按制造商要求预热后，调整电源输出，使电压表达到3kV的稳定读数。

（5）切断电源一会儿，观察电压表的反应。大部分商业高压元件当因为安全原因关闭时，会有一个输出内置式接地。当切断供电时，所用的元件没有显示接地，那么一个合适的屏蔽单电电极，双掷开关，必须与电压表输入端连接，这样可以使它快速地从高压转到接地状态。

（6）当电压表（和记录仪）上显示稳定的3kV读数时，将电压表的输入转换至接地（见第5部分），并测量电压读数跌到1.5kV时所用的时间。应该在1～3s之间。

A.1.2 没有高压电源的电压表。

（1）将电压表调至适合标准地毯测试的量程挡，标准试样能产生5kV及以上的电压（AATCC 134静电无保护控制标准地毯）。

（2）让操作员按正常步行（或拖步）法试验，并观察电压表的读数。

（3）当读数达到5kV及以上时，操作员应该停止移动，在不碰到任何物体的情况下观察读数。

（4）当电压泄漏降至读数为3kV，操作员将把电压表输入接地（用一个跨接线或一个电线和开关组合让探测器的顶端接触地）。记录读数降至1.5kV所用的时间。

（5）这个步骤应该重复五次或以上，试验结果取平均值，以消除读数误差。

A.2 选择原始信号衰减到50%作为简化电压表和记录仪读数（过程）的一种捷径。1～3s的衰减对应于1.4～4.3s的一个时间常数（$t=1/e$）。

附录B 阻尼操作技术

B.1 对于带记录仪的电压表，调整响应时间较好的方式是在电压表和记录仪之间安装一个滤波电路。相关的细节可以在电子手册的低通滤波器标题下找到。

B.2 带有模拟显示器的电压表在期望极差范围内常有必要的反应。如要对一个不合用的单元进行更改，应咨询制造商或电子工程师。

AATCC 135 -2010

织物经家庭洗涤后尺寸变化的测定

AATCC RA42 技术委员会于 1970 年制定；1973 年、2000 年重新审定；1978 年、1987 年、1995 年、2001 年、2003 年（标题更换）、2004 年、2010 年修订；1982 年、1985 年、1989 年、1990 年、1991 年、1996 年、1997 年、2006 年和 2008 年编辑修订；1992 年编辑修订和重新审定；与 ISO 3759 有相关性。

1. 目的和范围

本测试方法是为了评价织物经家庭洗涤后的尺寸变化。本测试方法提供的四种洗涤温度、三种搅动循环、两种漂洗温度和四种干燥方式涵盖了消费者目前所能使用的洗衣机进行普通家庭水洗以及护理的全部程序。

2. 原理

通过在洗涤前标记的几对记号来考核织物样品经过家庭洗涤和护理后的尺寸变化率。

3. 术语

3.1 尺寸变化：表示在特定条件下织物样品的长度或宽度方向变化的通用术语，通常用相对于原始尺寸变化的百分比来表示。

3.2 伸长：样品的尺寸变化结果在长度或宽度方向是增加的。

3.3 洗涤：使用水溶性洗涤剂溶液去除纺织材料上的污渍和/或沾污的过程，通常包括漂洗、脱水和干燥等程序。

3.4 收缩：样品的尺寸变化结果在长度或宽度方向是减少的。

4. 安全和预防措施

本安全和预防措施仅供参考。本部分有助于测试，但未指出所有可能的安全问题。在本测试方法中，使用者在处理材料时有责任采用安全和适当的技术；务必向制造商咨询有关材料的详尽信息，如材料的安全参数和其他制造商的建议；务必向美国职业安全卫生管理局（OSHA）咨询并遵守其所有标准和规定。

4.1 遵守良好的实验室规定，在所有的试验区域应佩戴防护眼镜。

4.2 1993 AATCC 标准洗涤剂 WOB 可能会引起对人体的刺激，应注意防止其接触到皮肤和眼睛。

4.3 操作实验室测试仪器时，应按照制造商提供的安全建议。

5. 仪器和材料（见 12.1）

5.1 全自动洗衣机（见 12.2）。

5.2 全自动滚筒烘干机（见 12.3）。

5.3 放置/干燥样品的架子，打孔搁架或可推拉筛网（见 12.4）。

5.4 滴干和挂干时使用的装置。

5.5 1993 AATCC 标准洗涤剂（见 12.10 和 12.11）。

5.6 陪洗织物。尺寸为 920mm × 920mm（36 英寸 ×36 英寸），第一种为缝边的漂白棉布，第三种为 50/50 涤/棉漂白平纹织物（见 12.11）。

5.7 专用持久性记号笔（见 12.5），适合的直尺、卷尺、标记模板或其他用来做标记的装置

（见 12.6）。也可用缝线的方式做标记。

5.8 测量工具。

5.8.1 卷尺或直尺。刻度为毫米（mm）、1/8 英寸或 1/10 英寸。

5.8.2 卷尺或直尺模板。可以直接得到尺寸变化百分比，刻度为 0.5% 或更小（见 12.6）。

5.8.3 数字成像系统（见 12.7）。

5.9 天平或台秤。量程至少为 5kg 或 10 磅。

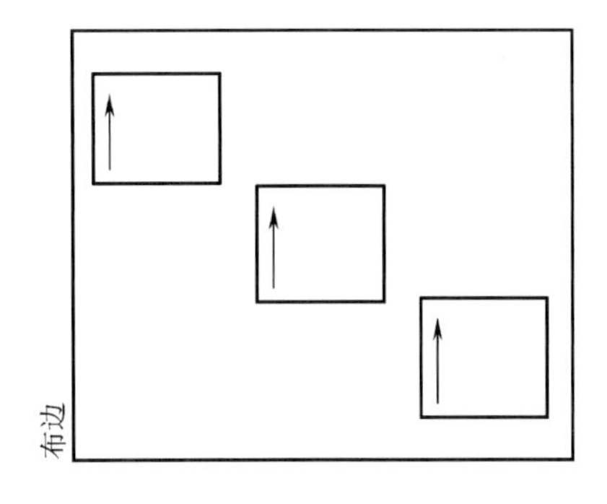

取样

6. 试样准备

6.1 取样与准备。

6.1.1 所取的测试样品要能代表样本的各个过程阶段：整理阶段、研究实验阶段、堆积阶段、批样或成品阶段。

6.1.2 织物如果在洗涤前已经破损，那么洗涤后的尺寸变化结果是不真实的。对于这种情况，建议样品在取样时尽量避开破损区域。

6.1.3 筒状针织样品要剪开使用单层，只有用紧身织机生产的用于制作无侧缝服装的圆形针织物才采用筒状测试。紧身圆形针织服装和无缝服装（织可穿）应该依据 AATCC 150《服装经家庭洗涤后尺寸变化的测定》。

6.1.4 如果在洗涤的过程中样品发生了脱边，请参见 12.8。

6.1.5 标记前，按 ASTM D 1776《纺织品调湿和测试标准方法》先对样品进行预调湿，将每个试样放在温度 21℃ ±1℃（70℉ ±2℉）、相对湿度 65% ±2% 的环境中，平铺在筛网或打孔架子上至少 4h。

6.1.6 把样品放在一个平面上，避免样品超出工作台面而悬在台面边缘。使用模板来选择测试尺寸，平行于织物长度方向或边缘来标记样品。取样时应在距离幅宽 1/10 以上处进行，且样品应包含不同长度和宽度方向上的纱线（下图）。裁剪试样时标明样品的长度方向。每个织物测试三个样品。若织物不够，则测试一个或两个样品。

6.2 标记。

6.2.1 选项 1：250mm（10 英寸）标记。取面积大小为 380mm × 380mm（15 英寸 × 15 英寸）的试样，平行于织物长度和宽度方向分别做三对 250mm（10 英寸）的标记点。每一标记点距布边至少 50mm（2 英寸）。同一方向的标记线距离至少 120mm（5 英寸）。

6.2.2 选项 2：460mm（18 英寸）标记。取面积大小 610mm × 610mm（24 英寸 × 24 英寸）的试样，平行于织物长度和宽度方向分别做三对 460mm（18 英寸）的标记点。每一标记点距布边至少 50mm（2 英寸），同一方向的标记线距离至少 250mm（10 英寸）。其他标记应在报告中注明。

6.2.3 窄幅织物。

6.2.3.1 宽度大于 125mm（5 英寸）小于 380mm（15 英寸）的窄幅织物，取全幅织物，长度剪成 380mm（15 英寸）。按 6.2.1 标记长度方向，宽度方向标记尺寸可自行选择。

6.2.3.2 对于宽度为 25 ~ 125mm（1 ~ 5 英寸）的织物样品，取全幅织物，长度剪成 380mm（15 英寸）。只使用两对平行于长边的标记，宽度方向的标记尺寸可自行选择。

6.2.3.3 对于宽度小于 25mm 的织物样品，取全幅织物，长度剪成 380mm（15 英寸）。只使用一对平行于长边的标记，宽度方向的标记尺寸可自行选择。

6.3 原始测量和样品尺寸。

6.3.1 样品尺寸和标记的距离要在报告中注明。

6.3.2 若测试时所采用的样品尺寸、标记距离、样品数量或标记数量不同，则样品的尺寸变化结果之间没有任何可比性。

6.3.3 为提高计算样品尺寸变化的准确性和精确度，依照6.2对织物样品进行标记。用适合的直尺或卷尺（刻度为mm）测量每对标记的距离并做好记录，其测量结果为A。对于幅宽小于380mm（15英寸）的织物，若使用了宽度方向标记，则也要测量并记录。若使用校准后的缩水率尺来直接标记和测量尺寸变化率，则不需要原始测量。

7. 操作程序

7.1 下表中列出了可选择的洗涤、漂洗程序及干燥方式，并据此进行设定。仪器和洗涤条件的其他信息见《AATCC技术手册》中的专题论文“家庭洗涤测试条件的标准化”或其他技术手册，在网站 http://www.aatcc.org/testing/mono/msds-mono.htm 上可获得专题论文的最新版本。

洗涤和干燥程序

洗涤循环	洗涤温度（℃）	干燥程序
(1) 标准/厚重棉织物挡 (2) 轻柔挡 (3) 耐久压烫挡	(Ⅱ) 27±3 (80℉±5℉) (Ⅲ) 41±3 (105℉±5℉) (Ⅳ) 49±3 (120℉±5℉) (Ⅴ) 60±3 (140℉±5℉)	(A) 滚筒烘干 (ⅰ) 厚重棉织物挡 (ⅱ) 轻柔挡 (ⅲ) 耐久压烫挡 (B) 悬挂晾干 (C) 滴干 (D) 平铺晾干

7.2 洗涤。

7.2.1 称取试样和陪洗织物使其总负荷为1.8kg±0.1kg（4.00磅±0.25磅）。另一可供选择的总负荷是3.6kg±0.1kg（8.00磅±0.25磅）。用1.8kg（4磅）负荷得到的尺寸变化结果不一定等于用3.6kg（8磅）负荷得到的尺寸变化结果，两者没有可比性。

7.2.2 选择水位和洗涤循环需要的温度，漂洗的水温应低于29℃（85℉），若温度高于29℃，报告中需注明实际水温。水位选择18加仑±0.5加仑，选择另外一种负荷时使用22.0加仑±0.5加仑。

7.2.3 使用18加仑±0.5加仑水位时加入66g±1g的1993 AATCC标准洗涤剂，对于使用22.0加仑±0.5加仑水位时则加入80g±1g的1993 AATCC标准洗涤剂。开动洗衣机搅动使洗涤剂溶解，然后停止。在使用软水的地区，标准洗涤剂用量可适当减少，以避免出现泡沫过多的现象。同时，在报告中注明实际用量。

7.2.4 将试样和陪洗织物放入洗衣机，并设定好洗涤程序及时间（上表和7.1）。

7.2.5 当试样选用程序A、程序B或程序D进行干燥时，应使其进行洗涤后的脱水程序。经过脱水后，立即将试样取出，并将缠在一起的试样分开。注意要将扭曲变形减到最小，然后按照程序A、程序B或程序D进行干燥（上表和7.1）。

7.2.6 当试样选择上表中程序C进行干燥时，必须在最后一次漂洗结束将要开始排水之前停止洗衣机，取出湿透的试样。

7.3 干燥。

7.3.1 对于选择干燥程序B、程序C或程序D的样品不能直接对其吹风，以避免样品变形。

7.3.2 （A）滚筒烘干。将洗涤负荷（试样与陪洗织物）一起放入滚筒烘干机中，根据《AATCC技术手册》中的专题论文“家庭洗涤测试条件的标准化”设置温度控制进行烘干程序。对于热敏纤维，按照制造商的建议降低温度，并进行记录。运行烘干机，直到全部负载烘干。烘干机停止后，立即取出试样。

7.3.3 （B）悬挂晾干。通过固定样品两角，使织物的长度方向与水平面垂直。悬挂在室温下的静止空气中至干燥，室温不高于26℃（78℉）。

7.3.4 （C）滴干。通过固定滴水样品的两角，使织物的长度方向与水平面垂直，悬挂在室温下的静止空气中至干燥，室温不高于26℃（78℉）。

7.3.5 （D）平铺晾干。摊平样品在水平的网架或打孔架子上，去除褶皱，但不要扭曲或拉伸样品。放置在室温下的静止空气中至干燥，室温不高于26℃（78℉）。

7.3.6 根据选择的洗涤和干燥程序再重复两次或协议要求的循环次数。

7.4 调湿和修复。

7.4.1 在完成洗涤和干燥程序后，样品平铺在网架或打孔的架子上，在温度21℃ ±1℃（70℉ ±2℉）、相对湿度65% ±2%的环境中放置至少4h（见6.1.5）。

7.4.2 对于一些最终要做成合身服装的织物，在测量尺寸变化之前有时会使用一些技术性的修复。这些修复的技术是没有标准的（在长度和宽度方向多个位置上用力拉伸样品）。如果使用修复技术，在报告中需予以注明，同时需注明测试结果是进行修复后所得。

7.4.3 对于褶皱现象非常严重且消费者一般会对此类织物做成的成衣进行熨烫的样品，在再次测量标记前应对其进行熨烫。参见AATCC 133《耐热色牢度：热压》熨烫法中的上表安全熨烫温度指南来选择合适的熨烫温度。熨烫中仅需施加必要的压力以去除样品上的褶皱。

7.4.3.1 由于每个操作者进行手工熨烫时会出现非常高的可变性（人工熨烫没有标准方法），导致烫后的尺寸变化重现性非常差。因此，应谨慎对待由不同操作者得到的测试结果。

7.4.3.2 由于消费者在穿着服装前会熨烫以消除上面的折痕，因此对于最终要做成衣的织物样品可进行手工熨烫。具体可参见AATCC 133《耐热色牢度：热压》熨烫法中的上表安全熨烫温度指南来选择合适的熨烫温度。熨烫中仅需施加必要的压力以去除样品上的褶皱。

7.4.3.3 熨烫后，样品应该分开平放在网架或打孔的架子上，在温度21℃ ±1℃（70℉ ±2℉）、相对湿度为65% ±2%的环境中放置至少4h。

8. 测量

8.1 调湿后，把样品无张力地放在一个光滑水平面上。测量并记录每对标记间的距离，精确到毫米，测量值为B。如果使用缩水率尺，测量每对标记，直接从尺上读出尺寸变化率值，精确到0.5%或更小的刻度。

8.2 在测量时，样品在测量仪器的压力下折痕变平，以避免引起测量结果的偏差。

9. 计算与说明

9.1 计算。

9.1.1 若测量结果是直接读取尺寸变化率，则取第一次、第三次或其他洗涤干燥次数后的每个方向上三个结果的平均值，分别计算长度和宽度方向的平均值，精确到0.1%。

9.1.2 若测量结果是长度（mm），则按以下公式计算第一次、第三次或其他洗涤干燥次数后的尺寸变化。

$$DC = \frac{100(B - A)}{A} \times 100\%$$

式中：DC——平均尺寸变化；

A——平均原始尺寸；

B——平均洗后尺寸。

平均原始尺寸和平均洗后尺寸都是所有样品各个方向测量值的平均值，分别计算长度和宽度方向的平均值，精确到0.1%（见12.9）。

9.1.3 若最终测量的尺寸小于原始尺寸，表示织物收缩；若最终测量的尺寸大于原始尺寸，表示织物伸长。

9.2 说明。

9.2.1 洗涤干燥一次后按照9.1进行尺寸变化计算，需要时可以熨烫。如果结果在预定的要求范围内，按照7.2～7.4操作直到预定的循环全部完成。

9.2.2 洗涤干燥一次后按照9.1进行尺寸变化计算，需要时可以熨烫。如果结果超出了预定的要求范围，则停止测试。

10. 报告

每个样品需要报告：

（1）分别报告长度和宽度方向上的尺寸变化值，精确到0.1%，（－）表示缩短，（＋）表示伸长（见9.1.3）。

（2）洗涤程序（包括洗涤类型、循环和温度）和干燥程序（包括干燥类型、循环和温度）。

（3）样品和标记的尺寸。

（4）负荷的重量，1.8kg（41磅）或3.6kg（81磅）。

（5）洗涤和烘干循环次数。

（6）样品原状态是否有扭曲或褶皱。

（7）织物是否经过熨烫。

（8）织物是否经修复和修复技术的描述。

11. 精确度和偏差

11.1 精确度。本测试方法没有建立精确度，方法精确度的描述是用标准统计学技术来比较实验室内部或实验室间的测试结果的平均值而进行的。

11.2 偏差。织物经自动家庭洗涤后的尺寸变化仅仅是按照测试方法进行定义。没有独立的方法评价其真值。作为评估该项性能的一种手段，本方法没有已知的偏差。

12. 注释

12.1 有关适合测试方法的设备信息，请登录http：//www.aatcc.org/bg，浏览在线AATCC用户指导，见AATCC企业会员提供的设备和材料清单。但AATCC未对其授权，或以任何方式批准、认可或证明清单上的任何设备或材料符合测试方法的要求。

12.2 建议的洗衣机和烘干机的型号和来源，可以联系AATCC获取，P. O. Box 12215，Research Triangle Park NC 27709；电话：919/549－8141；传真：919/549－8933；电子邮箱：orders@aatcc.org；网址：www.aatcc.org。也可以使用任何已知得到对比结果的洗衣机和烘干机。在专题论文“家庭洗涤测试条件的标准化”中列出了当前指定型号的洗衣机的实际速度和时间。其他洗衣机可能与其有一个或更多的不同设置。

12.3 通用的推荐干燥设备和型号可以从AATCC获取，P. O. Box 12215，Research Triangle Park NC 27709；电话：919/549－8141；传真：919/549－8933；电子邮箱：orders@aatcc.org；网址：www.aatcc.org。也可使用其他已知的能得出可比结果的设备。在专题论文“家庭洗涤测试条件的标准化”中列出了推荐型号的干燥设备的实际温度和冷却时间。其他设备可能会改变一个或更多的设置。

12.4 网架或打孔的晾置/干燥架子可以从下面公司获取：Somers Sheet Metal Inc，5590 N. Church St，Greensboro NC 27405；电话：336/643－3477；传真：336/643－7443。架子的草图可以从AATCC获取，地址：P. O. Box 12215，Research Triangle Park NC 27709；电话：919/549－8141；传真：919/549－8933；电子邮箱：orders@aatcc.org；网址：www.aatcc.org。

12.5 不同尺寸笔头的记号笔可以从AATCC获取，地址：P. O. Box 12215，Research Triangle Park NC 27709；电话：919/549－8141；传真：919/549－8933；电子邮箱：orders@aatcc.org；网址：www.aatcc.org。

12.6 测量缩水率尺可以从AATCC获取，地址：P. O. Box 12215，Research Triangle Park NC

27709；电话：919/549 - 8141；传真：919/549 - 8933；电子邮箱：orders@ aatcc . org。网址：http：//www. aatcc. org。机械标记装置和测量缩水率卷尺可以从此购买：Benchmark Devices Inc，3305 Equestrian Trail，Marietta GA 30064；电话：770/795 - 0042；传真：770/421 - 8401；电子邮箱：bmarkers@ bellsouth. net。

12.7 若数字成像系统的精度可以等同于指定的测量装置，则可使用数字成像系统替代指定的装置进行测量。

12.8 若在洗涤过程中出现严重脱边，样品应该剪成锯齿边或边缘斜剪，不推荐缝边或包边，因为那样可能会影响实际测试结果。但是当同一块样品既做方法 AATCC 124《织物经多次家庭洗涤后的外观平整度》又做方法 AATCC 135 时，对于一些机织织物，为防止其在洗涤和干燥过程中散边纠缠而影响尺寸变化和平整度的评定，要求样品要缝边或包边。

12.9 若想得到样品本身和样品之间尺寸变化的可变性相关信息，样品本身的数据是计算每对单独标记的尺寸变化，或者计算样品间三对标记样品的平均值。

12.10 可从 AATCC 获得相应信息，P. O. Box 12215，Research Triangle Park NC 27709；电话：919/549 - 8141；传真：919/549 - 8933；电子邮箱：orders@ aatcc. org；网址：www. aatcc. org。

12.11 AATCC 技术中心做了以下研究：使用 1993 AATCC 标准洗涤剂和 AATCC 标准洗涤剂 124 以及两种不同类型的陪洗织物（常用和备选）得到不同结果。

所选用的测试条件如下：

机洗循环：（1）——标准挡/厚重棉织物挡

洗涤温度：（V）——60℃ ±3℃（140℉ ±5℉）

干燥程序：（A - ⅰ）——滚筒烘干，标准挡

测试织物：白色斜纹织物（100% 棉）

米色斜纹织物（100% 棉）

灰色府绸织物（100% 棉）

蓝色斜纹织物（50/50 涤/棉）

研究结果表明：使用不同的洗涤剂或陪洗织物所得到的结果没有明显差异。

AATCC 136 -2009

黏合和层压织物的黏合强度

AATCC RA79 技术委员会于1972年制定；1980年、1985年、1995年和2009年编辑修订和重新审定；1988年、1990年、1997年、2008年、2010年编辑修订；1989年重新审定；2003年修订。

1. 目的和范围

本测试方法提供了一种表述黏合和层压织物的黏合强度特性的步骤。有关黏合强度的测试可以在黏合或者层压的织物以及经过规定循环次数的干洗和/或水洗后的织物上进行。

2. 原理

黏合强度测试可以在黏合或者层压的织物上进行，也可以在黏合或者层压织物经规定循环次数的干洗或者水洗和干燥，或者干洗、水洗和干燥都经过之后进行。测试经干洗和水洗后的样品可以确定其黏合强度。

3. 术语

3.1 黏合强度：在黏合和层压织物中，以g/cm（或盎司/英寸）宽度表示的拉伸强力需要在特定条件下分离织物的组合层。

3.2 黏合织物：是一个多层的织物结构，其表面或者表层织物在黏合剂的作用下与底层织物黏合在一起，而且该黏合剂不会显著增加组合织物的厚度。

在这种背景下，当气囊结构被火焰完全破坏时，露出的一层泡沫薄层被看作是黏合剂。

正常情况下，底层织物可以是经编织物或者是非织造布，但也不完全如此。

3.3 泡沫层开裂：在层压织物中存在的一种情况，就是织物上的泡沫层在黏合失效前开裂的现象。

3.4 层压织物：一种多层织物结构，其表层或外层织物与一种连续的薄片材料结合，在结合过程中，连续薄片材料保持其原有的特性。

火焰层压或黏合剂层压都可以使用。

通常，薄片状材料与一种底层织物相结合，但也不完全如此。

通常，底层织物是经编织物或者是非织造布，而薄片状材料是聚氨酯，但也不完全如此。

3.5 批次：在黏合或者层压织物中，指在黏合或者层压机器上进行的一个单独的连续加工过程，整个过程不停机也不改变任何工艺条件，它可以由一个单独的染色批次或者一个单独坯布产品批次构成。

4. 安全和预防措施

本安全和预防措施仅供参考。本部分有助于测试，但未指出所有可能的安全问题。在本测试方法中，使用者在处理材料时有责任采用安全和适当的技术；务必向制造商咨询有关材料的详尽信息，如材料的安全参数和其他制造商的建议；务必向美国职业安全卫生管理局（OSHA）咨询并遵守其所有标准和规定。

4.1 遵守良好的实验室规定，在所有的试验区域应佩戴防护眼镜。

4.2 所有化学物品应当谨慎使用和处理。

4.3 四氯乙烯是有毒物质，皮肤反复接触以及食入四氯乙烯会引起中毒。仅限在通风效果良好的环境中使用。通过实验室动物的四氯乙烯毒理学的研究发现：大鼠和小鼠长时间接触浓度为100～400mg/kg的四氯乙烯蒸气后有癌变迹象。因此，用四氯乙烯浸透的织物应在通风合适的通风橱内干燥。处理四氯乙烯时，应该使用化学护目镜或面罩、防渗透手套和防渗透围裙。

4.4 在附近安装洗眼器/安全喷淋装置以备急用。

4.5 干洗仪器应该按照制造商提供的使用说明接室外通风。

4.6 操作实验室测试仪器时，应按照制造商提供的安全建议。

4.7 本测试法中，人体与化学物质的接触限度必须达到或低于官方的限定值［例如，美国职业安全卫生管理局（OSHA）允许的暴露极限值（PEL），参见1989年1月1日实施的29 CFR 1910.1000］。此外，美国政府工业卫生师协会（ACGIH）的阈限值（TLVs）由时间加权平均数（TLV－TWA）、短期暴露极限（TLV－STEL）和最高极限（TLV－C）组成，建议将其作为人体在空气污染物中暴露的基本准则并遵守（见14.1）。

5. 使用和限制条件

本测试方法是用来评估黏合物的黏合耐久性和强度的，以满足人们希望了解由黏合织物和层压织物制成的服装在水洗或者干洗后这方面性能的需求。

6. 仪器和材料（见14.2）

6.1 干洗机。独立装置，投币操作型，可以利用四氯乙烯提供全自动的从干洗到干燥的循环过程。参考AATCC 158《四氯乙烯干洗后尺寸变化：机洗法》。

6.2 干洗试验机。不锈钢滚筒，筒深约33cm（13英寸），直径约22cm（8.75英寸），垂直固定在偏离中心线50°轴线上，旋转速度为45～50r/min。

6.3 家用自动洗衣机。上方装料式、离心甩干型（见14.3）。

6.4 家用自动滚筒式干衣机。前方装料型（见14.3）。

6.5 平板式蒸汽熨烫机。熨烫板面积大约为60cm×127cm（24英寸×50英寸），或者更大一些，熨烫时可提供413～482kPa（60～70磅/英寸^2）的蒸汽压力。任何一种熨烫板只要尺寸能足够压住一个边长为38cm×38cm（15英寸×15英寸）的样品均可使用。

6.6 拉伸试验机。等速横动试验机或者等速伸长试验机，配备76mm（3英寸）的夹具，并且最好用千克重砝码进行校准，符合ASTM D76《纺织品拉伸试验机标准规范》（见14.4）。

6.7 四氯乙烯。商业级。

6.8 干洗清洁剂。石油磺酸盐型。

6.9 模板。25mm×152mm（1英寸×6英寸）或者76mm×152mm（3英寸×6英寸）。

7. 样品的制备

7.1 在没有任何适用的材料规格说明时，从每个被测批次上随机取1m（1.1码）全幅样品。如果一个批次中由两匹以上的面料组成，则不能从第一匹或者最后一个匹中取样。如果一个批次中仅包括两匹面料，分别从两匹面料取样，取样位置应靠近两匹面料的连接处。无论如何，不要从距任何一匹面料的头、尾约0.5m（19.7英寸）内取样。

7.2 如果这样尺寸的样品不允许整批取样，可使用其他取样程序。

8. 调湿

样品中需要进行干黏合强度测试的试样，应在相对湿度为 65% ±2%，温度为 21℃ ±1℃ 的条件下调湿至少 4h，直至达到平衡。

9. 试样准备和试样数量

9.1 测试条件。

黏合强度的测试可以在黏合或层压织物上进行，也可以在黏合或层压织物经过规定循环次数的干洗或水洗后进行。这些测试可以在干的样品上进行（要在测试纺织品的标准大气环境下至少调湿 4h），也可以在水洗后在室温下含水量处于饱和状态的湿样上进行。

9.2 水洗和干洗试样。

从每个样品中取四块试样，其中两块距一侧布边大约 1/3 幅宽的距离，另两块距另一侧布边大约 1/3 幅宽的距离，每块试样大小为 38cm × 38cm（15 英寸 ×15 英寸）。从每侧取的两块试样中各取一块进行干洗，剩下的两块进行水洗。

9.3 黏合强度测试试样。

准备三块试样，每块试样宽度为 25mm（1 英寸）、长度为 152mm（6 英寸），或者宽度为 76mm（3 英寸）、长度为 152mm（6 英寸），试样的长度要与每块织物适于测试的长度方向一致。取样时，距布边的距离至少相当于幅宽的 20%。

10. 干洗和水洗

10.1 干洗程序。

10.1.1 投币操作干洗机。按照 ASTM D 2724《黏合、热熔、层压服用织物的标准测试方法》中描述的程序进行（见 14.4）。

10.1.2 干洗滚筒。采用 AATCC 158《四氯乙烯干洗的尺寸变化：机洗法》中描述的循环次数进行。

10.2 水洗程序。采用 AATCC 124《织物经重复家庭洗涤后的外观平整度》中描述的循环次数进行。

11. 黏合强度

11.1 测试条件。黏合强度的测试可以在黏合或者层压的织物上进行，也可以在黏合或者层压织物经过规定循环次数的干洗或者水洗后进行。这些测试可以在干的试样上进行（要在测试纺织品的标准大气环境下至少调湿 4h），也可以经水洗后在室温下含水量处于饱和状态的湿样上进行（见第 4 部分）。

另有一种供选择的程序是对洗涤过但未干燥的试样进行测试。

11.2 黏合织物的测试程序。

11.2.1 从每个试样的窄幅一侧，用手沿试样的长度方向将织物的两层分开约 25mm（1 英寸）的距离。

11.2.2 将拉伸试验机的上、下夹具的夹持距离设定为 25mm（1 英寸），使试样纵轴与闭合夹钳表面呈直角。把分离后的底层织物固定于下夹钳的中央，使试样的纵轴与下夹具的闭合夹钳呈直角。

11.2.3 如果机器上的指示刻度装有止动爪或和棘轮装置，当机器运行时，应将该装置解脱，以便可以读取变化的力值。

11.2.4 采用等速横动试验机进行试验时，拉伸速度设为 305mm/min ±13.0mm/min（12 英寸/min ±0.5 英寸/min）。

11.2.5 采用等速伸长试验机进行试验时，要遵照 ASTM D 76 标准描述的程序进行。

11.2.6 当显示剥离距离为 102mm（4 英寸）时，从记录装置中可以直接读取平均黏合强力，单位为 g/25mm（盎司/英寸）；当要从图表记录器中读取剥离距离为 102mm（4 英寸）时的剥离强度时，取每 25mm（1 英寸）内抗负荷的至少五个最高值和五个最低峰值求平均值。

11.2.7 对其余每个待测试样，重复 11.2.1 ~ 11.2.6 中所描述的操作步骤。

11.2.8 以三个试样的平均强度，报告黏合强度［g/cm（或盎司/英寸）］。

11.3 层压织物和泡沫材料的测试程序。

11.3.1 从试样窄幅的一侧，用手沿每个试样的长度方向，把表面织物从泡沫材料上撕开约25mm（1英寸）的距离。

11.3.2 将上、下夹具的夹持距离设定为25mm（1英寸），把分离后的表层织物固定于拉伸试验机的上夹具上，使试样的纵轴与闭合夹钳表面呈直角。把分离后的泡沫或泡沫及底层织物固定于下夹钳的中央，使试样的纵轴与下夹具的闭合夹钳呈直角。

11.3.3 按照11.2.3～11.2.8的步骤进行试验。

11.3.4 如果泡沫材料是黏合在底布上的，保留11.3.3中确定表面织物与泡沫材料之间的黏合力之后的每个试样。按照11.3.1中所述方法用手将底布和泡沫材料撕开，与11.3.1不同的仅是分离试样的对边。

11.3.5 设定拉伸试验机的上下夹具的夹持距离为25mm（1英寸），将分离后的泡沫材料或者泡沫及表面织物固定在拉伸试验机的上夹钳上，使试样的纵轴与夹具闭合后的钳口平面呈直角。将分离后的底布固定在拉伸试验机的下夹具上，使试样的纵轴与下夹具的闭合钳呈直角。

11.3.6 按照11.2.3～11.2.8的步骤进行试验。

11.3.7 黏合强度测试后，检查试样上泡沫材料的两面。确认在剥离时，是否有部分泡沫材料发生了破裂，使得泡沫材料附着在织物表面的任一面上。如果发生了泡沫材料破裂现象，在试样发生泡沫断裂现象的一面或者两面标注“泡沫破裂”。如果泡沫破裂仅仅发生在一块试样的一面，则舍去该测试结果，只报告另外两块试样该面的黏合强度的平均值。如果泡沫材料断裂发生在两块或者三块试样的同一面，那么报告该面的黏合强度为泡沫断裂。

11.3.8 如果按照11.3.1和11.3.4所述方法，在泡沫不断裂的情况下，用手无法从表面织物或底布分离泡沫材料，则报告发生这种情况的一面或两面的黏合强度为“泡沫断裂”。

12. 报告

12.1 声明采用AATCC 136测试方法进行测试。

12.2 报告如下信息。

12.2.1 试样尺寸和数量。如果不是按照7.1的规定，则要报告采用的取样方法。

12.2.2 在黏合织物或者层压织物以及在经过水洗或者干洗后的该类织物上进行测试的测试条件，以及应用的水洗或者干洗程序。参考AATCC专论“关于家庭洗涤测试条件”以及AATCC 158方法［注：其他的干洗方法（见10.1.2）可能会产生不同于投币操作干洗机的方法（见10.1.1）的测试结果］。

12.2.3 测试前所进行的干洗或者水洗次数。

12.2.4 按照11.1中描述的待测试样的干湿状态。

12.3 按照在11中的黏合强度［g/cm（或盎司/英寸）］。

12.4 泡沫层压织物的撕开是否是“泡沫破裂”。

13. 精确度和偏差

13.1 精确度。

对黏合和层压织物黏合强度精确度的说明是基于六个实验室对两种织物黏合强度测试结果的统计学分析。每个实验室收到每种织物的20个试样，第一天测试10个试样，第二天测试另外10个试样。这些试样由一个实验室准备，并随机发送。测试结果使用ASTM E 691《实验室间研究精度分析标准方法》进行统计分析。第一天和第二天之间没有进行统计对比，而是把每组织物作为一个独立试验材料进行对待。使用这种方法，本研究的实验室数量、材料数量以及测试数量均满足 ASTM E 691 进行精度分析的最低要求。其中有四个实验室使用了旧方法来测定黏合强度，两个实验室采用了较新的方法，即直接从设备上读出测试结果。由于实验室数量不同，没有确定两种方法结果是否有差异。两种采集数据的方法之间没有明显差异。AATCC 136《黏合和层压织物的黏合强度》对精确度的描述见下表。

黏合强度方差（g/英寸）

材料	1	2	3	4
平均值	209	199	660	615
重复性				
Sr	22	24	77	72
r	61	67	214	201
再现性				
SR	26	27	85	76
R	71	77	238	212

注 *Sr* = 重复性的标准偏差；*r* = 95% 的可重复性；*SR* = 再现性的标准偏差；*R* = 95% 的再现性。

在实验室内部，层压织物的平均重复性为平均黏合强度的 32%。

在实验室间，平均再现性稍微高一点，为平均黏合强度的 36%。

13.2 偏差。黏合织物和层压织物的粘结强度仅能够根据试验方法进行定义。因而没有单独的方法用以确定真值。本方法作为确定这一特性的手段，没有已知偏差。

14. 注释

14.1 可从 ACGIH Publications Office 获取，地址：Kemper Woods Center，1330 Kemper Meadow Dr.，Cincinnati OH 45240；电话：513/742－2020；网址：www. acgih. org。

14.2 有关适合测试方法的设备信息，请登录 http：//www. aatcc. org/bg。AATCC 提供其企业会员单位所能提供的设备和材料清单。但 AATCC 没有给其授权，或以任何方式批准、认可或证明清单上的任何设备或材料符合测试方法的要求。

14.3 通过联系 AATCC 获取被认可的洗衣机和干衣机的型号和来制造商，地址：P. O. Box 12215，Research Triangle Park NC 27709；电话：919/439－8141；传真：919/549－8933；电子邮箱：orders@ aatcc. org。其他类型的洗衣机或者干衣机只要测试结果具有可比性也可以使用。

14.4 可以从 ASTM 标准手册获取，地址：100 Barr Harbor Dr.，West Conshohoken PA 19428；电话：610/832－9500；传真：610/832－9555；网址：www. astm. org。

AATCC 137 -2007

小地毯背面对乙烯地板的沾色

AATCC RA57 技术委员会于 1972 年制定；1973 年、1989 年、2000 年、2007 年重新审定；1974 年、1986 年、1991 年、2001 年、2010 年编辑修订；1983 年、2002 年修订；1995 年编辑修订并重新审定。

1. 目的和范围

1.1 本测试方法用来评价染色小地毯背面或者正面对乙烯地板的沾色程度。

1.2 本方法中的湿测试法用于加快测试，已证明其与实际使用中的干湿度有关联性。

2. 原理

2.1 将小地毯试样完全润湿，然后放在两块地板之间，在室温下用一定负荷压 24h。

2.2 通过与 AATCC 彩色沾色样卡或者沾色灰卡对比来评估试样对地板的颜色转移程度。

3. 术语

3.1 沾色：由于下述原因导致的非故意被沾色。

（1）置于有色的或被污染的液体介质中。

（2）直接与染色的或有颜色的物质接触，由于升华作用或机械运动（如摩擦）而导致染料转移。

3.2 小地毯：整块的小面积铺地地毯，主要用于覆盖地板的有限区域或地板覆盖物的部分区域。

3.3 小地毯背面：

（1）指小地毯与地板接触的那面。

（2）小地毯的下面，与小地毯使用面相对的那面。

4. 安全和预防措施

本安全和预防措施仅供参考。本部分有助于测试，但未指出所有可能的安全问题。在本测试方法中，使用者在处理材料时有责任采用安全和适当的技术；务必向制造商咨询有关材料的详尽信息，如材料的安全参数和其他制造商的建议；务必向美国职业安全卫生管理局（OSHA）咨询并遵守其所有标准和规定。

4.1 遵守良好的实验室规定，在所有的试验区域应佩戴防护眼镜。

4.2 注意轧车的使用安全，尤其是它的辊间夹持点。遵循轧车制造商提供的安全建议。

5. 仪器和材料

5.1 两块实心白色、表面光滑的 76mm × 76mm（3 英寸 ×3 英寸）纯乙烯地板（见 11.1）。

5.2 实验室用轧车。

5.3 重锤，质量为 0.91kg（2.0 磅）（见 11.3）。

5.4 评级卡。

5.4.1 AATCC 彩色沾色样卡（见 11.3）。

5.4.2 沾色灰卡（见 11.3）。

5.5 蒸馏水。

5.6 AATCC 洗涤剂 171#（见 11.5）。

6. 试样准备

从一块具有代表性的小地毯样品上取下一块

51mm×51mm（2英寸×2英寸）的试样，将边缘或饰边进行捆扎。对于含有多种颜色或多纤维组分的试样，建议对每种颜色或代表性纤维部分均进行测试。

7. 操作程序

7.1 按照说明（见11.5.1）准备好AATCC洗涤剂171#，用该洗涤剂对地板块进行预清洗，然后用毛巾擦干。

7.2 用蒸馏水将试样完全润湿。

7.3 用轧辊（轧车）对试样进行轧液使其含水率为40%～60%。

7.4 将小地毯试样背面朝下铺在其中一块地板的正面上。

7.5 将另一块地板正面朝下盖在小地毯试样的正面上。

7.6 将一个0.91kg（2.0磅）的重锤放到组合试样上（见11.2）。

7.7 在室温条件下让组合试样静置24h。

7.8 在加放重锤后，应避免小地毯试样或地板块移动，以免影响测试结果。

7.9 将重锤和小地毯试样移开，让两块地板块正面向上在室温下调湿30min。

7.10 用AATCC洗涤剂171#溶液清洗地板，然后用毛巾擦干。

8. 评级

8.1 用沾色灰卡（AATCC EP2）、AATCC 9级沾色彩卡（AATCC EP8）或“仪器评估试样的沾色”（AATCC EP12）评价小地毯背面或者正面纤维的颜色转移到乙烯地板上的程度，并记录与之颜色最接近的级数。

当边缘或饰边也有颜色沾到地板块上时，可以对组合试样最上层地板块的沾色进行评估。

8.2 评级时，选择地板块上颜色转移最明显的部位进行评级。

9. 报告

9.1 报告8.1中评定的级数。

9.2 分别报告小地毯背面和正面颜色转移的级数。作为选择，也可对边缘或饰边的颜色转移进行报告。

9.3 注明沾色评级时使用的是AATCC彩色沾色样卡还是沾色灰卡（见11.4）。

10. 精确度和偏差（见11.6）

10.1 精确度。1999年对本方法的实验室内精确度进行了初步研究，使用四种材料分别进行测试，每种材料测试八次。本方法的实验室内精确度可参照下表。

精确度参数综述

材料*	各试样测试次数	总平均值	再现性标准偏差（实验室内）	95%再现性极限值（实验室内）
A	8	3.4	0.42	0.35
B	8	4.1	0.35	0.30
C	8	3.4	0.32	0.27
D	8	2.9	0.32	0.27

*材料A为黄褐色棉织小地毯，B为粉红色棉织小地毯，C为蓝色锦纶小地毯，D为红色锦纶小地毯。

10.2 偏差。小地毯背面对乙烯地板的沾色的偏差只能从一个测试方法方面进行定义。目前还没有一个独立的方法来确定其真实值。作为一个评估性的方法，本方法没有已知的偏差。

11. 注释

11.1 乙烯地板137－2可通过AATCC获取。地址：P.O.Box 12215，Research Triangle Park NC 27709；电话：919/549－8141；传真：919/549－8933；邮箱：orders@aatcc.org；网址：www.aatcc.org。

11.2 需装满水的实验室烧杯。

11.3 可从AATCC获取，地址：P.O.Box 12215，Research Triangle Park NC 27709；电话：

919/549 – 8141；传真：919/549 – 8933；电子邮箱：orders@ aatcc. org；网址：www. aatcc. org。

11.4 评级时使用AATCC彩色沾色样卡或者沾色灰卡的不同会直接导致评级结果的不同，因此结果中报告所使用的评价参照卡的类别十分重要。

11.5 AATCC洗涤剂171#可从AATCC获得，地址：P. O. Box 12215，Research Triangle Park NC 27709；电话：919/549 – 8141；传真：919/549 – 8933；电子邮箱：orders@ aatcc. org；网址：www. aatcc. org。

11.5.1 稀释液：3.0 ~4.5g/L。

11.5.2 洗涤剂的成分：

（1）五水合硅酸钠。

（2）硬脂酸钠。

（3）十二烷基苯磺酸盐。

（4）碳酸氢钠（小苏打）。

（5）磷酸三钠。

11.6 本测试方法的精度取决于试验材料、测试方法自身以及采用的评价程序的变异性。

11.6.1 10中的精度说明是基于目光评价（AATCC EP2或AATCC EP8）结果得出。

11.6.2 采用仪器评定（AATCC EP12）的精度预计比目光评定的精度更高。

AATCC 138 –2010

去污：纺织地毯的清洗

AATCC RA57 技术委员会于 1972 年制定（作为洗涤剂洗涤程序）；1978 年、1982 年、1995 年（标题更为洗涤程序）、2000 年分别修订；1986 年、1988 年、2008 年编辑修订；1987 年编辑修订并重新审定；2005 年、2010 年重新审定。

1. 目的和范围

1.1 本测试方法是一个实验室程序，用来模拟纺织地毯织物在清洗过程中所发生的变化。

1.2 本测试方法仅适用于小规格试样，其尺寸在普通实验室所用设备容量允许的范围内。

1.3 本测试方法适用于已沾污或未沾污的纺织地毯。

1.4 本湿洗程序可以用来评价如下性能：

（1）地毯的耐湿洗性能和抗微生物的耐久性能。

（2）地毯的色牢度性能。

（3）地毯在制造前、中、后其绒头的耐整理性能。

（4）易清洁性能。

（5）尺寸稳定性。

1.5 本程序还可以用于去除纺织地毯试样上的污垢或者杂质，以备测试使用。

2. 原理

用洗涤剂对试样进行手工刷洗、漂洗及晾干。

3. 术语

3.1 地毯：所有纺织材料制成的地板覆盖物。

3.2 纺织地毯：使用面由纺织材料构成，通常用来覆盖地板的物品。

3.3 使用面：纺织地毯上，人脚踩踏的那一面。

3.4 洗涤：在纺织地毯测试中，使用洗涤剂和刷洗工具来去除地毯上的污垢以及绒头纤维中残留杂质的特殊洗涤程序。

4. 安全和预防措施

本安全和预防措施仅供参考。本部分有助于测试，但未指出所有可能的安全问题。在本测试方法中，使用者在处理材料时有责任采用安全和适当的技术；务必向制造商咨询有关材料的详尽信息，如材料的安全参数和其他制造商的建议；务必向美国职业安全卫生管理局（OSHA）咨询并遵守其所有标准和规定。

4.1 遵守良好的实验室规定，在所有的试验区域应佩戴防护眼镜。

4.2 所有化学物品应当谨慎使用和处理。

4.3 在混合、处理及使用洗涤剂和洗涤剂溶液时应使用眼部防护装置。

4.4 在处理洗涤剂及溶液时建议使用手套或者具有防护作用的护手膏。

4.5 使用离心脱水机时遵循制造商提供的操作规程及预防措施。液体在压力及高度真空下会导致液体溢出和/或水头胶管脱落。

4.6 使用轧车时，在其夹压点要尤其注意，严格按照制造商的安全手册操作。

5. 仪器和材料（见 10.1）

5.1 清洁剂：十二烷基硫酸钠型表面活性剂。

也可以使用AATCC标准洗涤剂（见AATCC 171）。该表面活性剂浓度为1.0%的溶液pH值应为8.0±0.5（见10.2）。

5.2 毛刷：刷子由长约25mm的锦纶或丙纶短毛构成。刷子的宽度应为50mm；长度最好不小于试样的测试长度，即200mm。

5.3 脱水设备：实验室用扭绞机、轧车或者离心脱水机。

5.4 干燥设备：推荐使用循环气式烘箱。

6. 测试试样

底面经过涂层处理的纺织地毯样品，尺寸约为200mm×200mm的正方形。

7. 程序

7.1 将各试样放在干净、温度为50℃±3℃的自来水中浸渍1min，使其完全润湿。然后用实验室轧车或者脱水机去除多余水分。

7.2 将试样用适当方法（双面胶）或者用刷洗板（见下图）固定在地板上以保证在手工刷洗的过程中试样的稳固性。

7.3 每645mm²的地毯绒头表面使用0.30mL、预热到50℃±3℃、浓度为1.0%的十二烷基硫酸钠溶液。例如，一块200mm×200mm的试样需要大概20mL的上述溶液。用毛刷手工刷洗地毯试样的整个绒面，每个方向刷洗5次，这里的每次包含往返刷洗各一次。沿着试样一个方向刷洗5次，然后沿另一个方向刷洗5次。

7.4 用温度为50℃±3℃的自来水彻底冲洗每一块试样。用实验用轧车或者脱水机对试样进行脱水。

7.5 将每块试样放入温度设置为105℃±5℃的烘箱中（见5.4），直到试样烘干后将其取出。

7.6 在进行测试之前需将烘干的试样冷却。建议在标准大气温湿度条件下对试样进行调湿。在手工刷洗的过程中可以使用刷洗夹板来固定试样（见10.3和下页图）。

8. 评定

本清洗程序无须进行评价。

经本程序清洗过的试样适用于评价洗涤对试样的色牢度、易清洁性、尺寸稳定性以及后整理、局部整理、抗微生物整理的耐久性的影响。请注明试样按照AATCC 138方法进行洗涤。报告洗涤次数（见7.1～7.4）。

9. 精确度和偏差

由于本测试方法不产生数据，不采用精确度和偏差。

10. 注释

10.1 有关适合测试方法的设备信息，请登录http：//www.aatcc.org/bg。AATCC提供其企业会员单位所能提供的设备和材料清单。但AATCC没有给其授权，或以任何方式批准、认可或证明清单上的任何设备或材料符合测试方法的要求。

10.2 在选择清洗剂时可使用AATCC标准清洗剂171获取，地址：P.O.Box 12215，Research Triangle Park NC 27709；电话：919/549－8141；传真：919/549－8933；电子邮箱：orders@aatcc.org；网址：www.aatcc.org。

10.3 一些实验室在刷洗过程中需要使用特别的夹具来固定200mm×200mm的正方形试样。下页图是设计的在刷洗过程中用来固定地毯试样的刷洗夹板的示意图。

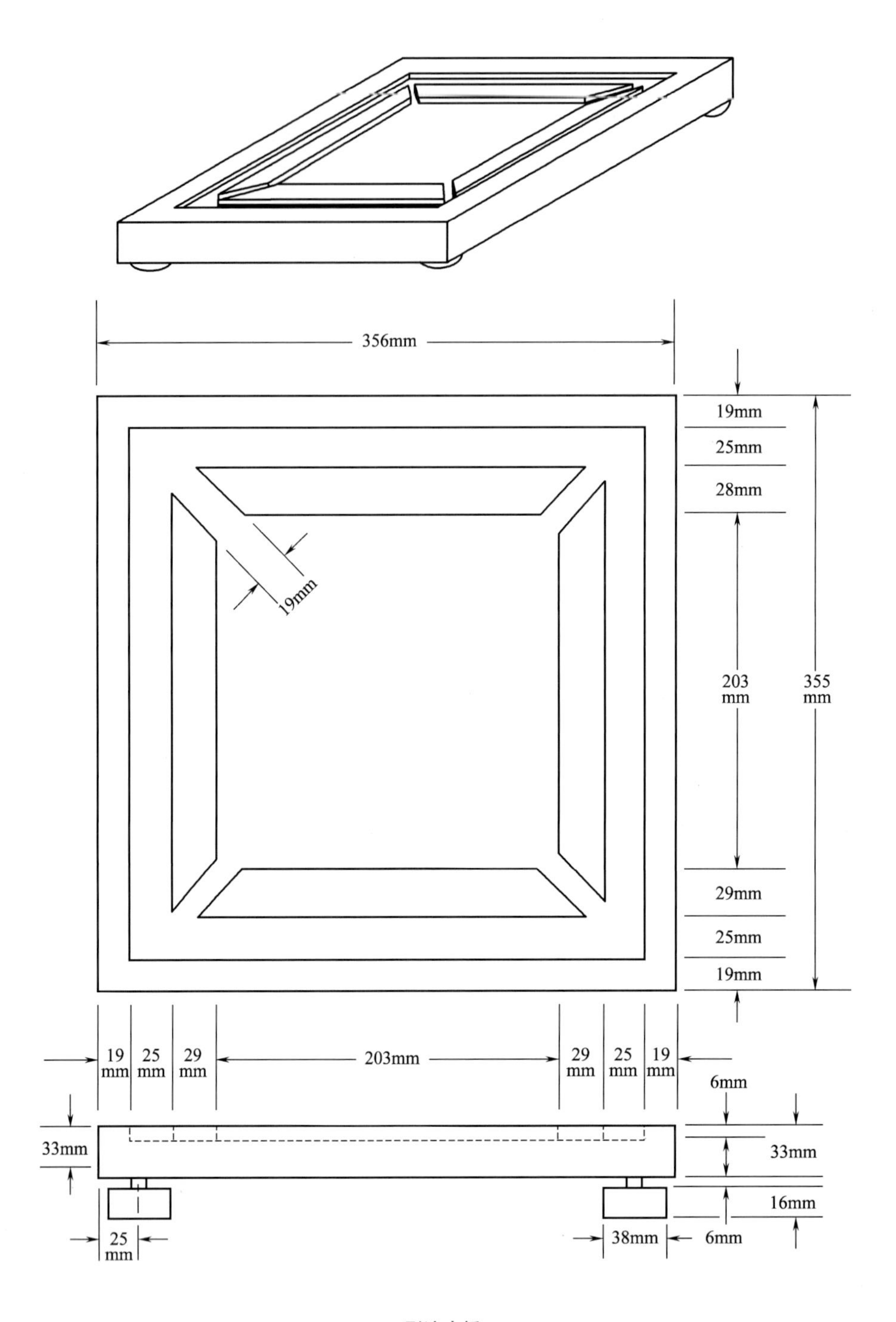
356mm
19mm
25mm
28mm
19mm
203
mm
355
mm
29mm
25mm
19mm
19
mm
25
mm
29
mm
203mm
29
mm
25
mm
19
mm
6mm
33mm
33mm
16mm
25
mm
38mm
6mm

刷洗夹板

AATCC 140 -2011

染料和颜料在浸轧烘干过程中泳移性的评价

AATCC RA87 技术委员会于 1974 年制定；1976 年、1977 年、1980 年、2006 年和 2011 年重新审定；1985 年、1990 年、2001 年编辑修订并重新审定；1987 年、1991 年、1998 年、2010 年编辑修订；1992 年（标题更换）、1996 年（标题更换）修订；与 ISO 105 - Z06 技术等效。

1. 目的和范围

1.1 本测试方法适用于评价带有染料或涂料的浸轧液系统中染料或者涂料的泳移性。后来被推荐用于着色剂，其中可能含有不同种类和数量的防泳移剂。

1.2 当烘干条件不稳定或不统一时，可能发生不均匀的泳移现象，导致染色过程中的颜色变化，或者是织物的正反面色差或者是边缘与中心部分之间的色差。

2. 原理

织物用含有着色剂或含有着色剂与助剂的工作液浸轧，烘干，烘干时用表面皿盖住织物的一部分，允许产生不同步的干燥，这种情况下就会发生泳移现象。之后通过目光评定或者测定覆盖部分和未覆盖部分的反射值来评价泳移程度。

3. 术语

3.1 着色剂：一种应用于基质以后用以改变基质对可见光的透射比或反射比的物质材料。

染料、颜料、水彩和荧光增白剂是着色剂；泥土不是着色剂。

3.2 着色：着色剂通过分子分散状态应用于基材或者附着于基材，这种附着具有一定的长久性特征。

3.3 移染：指在纺织品生产、测试、储存和使用过程中，化学品、染料或者颜料由于毛细作用而在同一基材的纤维间或者不同基材的纤维间的移动的现象（参见转移）。

3.4 颜料：一种特殊形式的着色剂，不溶于基材，但是可以分散在基材中并改变基材颜色。

4. 安全和预防措施

本安全和预防措施仅供参考。本部分有助于测试，但未指出所有可能的安全问题。在本测试方法中，使用者在处理材料时有责任采用安全和适当的技术；务必向制造商咨询有关材料的详尽信息，如材料的安全参数和其他制造商的建议；务必向美国职业安全卫生管理局（OSHA）咨询并遵守其所有标准和规定。

4.1 遵守良好的实验室规定，在所有的试验区域应佩戴防护眼镜。

4.2 注意浸轧机使用安全。浸轧机上的常规安全防护应保留，确保压辊夹持点足够安全。推荐使用脚踏开关。

4.3 所有化学物品应当被谨慎使用和处理。当用浓酸和氢氧化钠制备缓冲模拟染浴时，使用化学防护眼镜或者面罩，佩戴防水手套和围裙。

4.4 在附近安装洗眼器/安全喷淋装置，自给式呼吸设备以备急用。

4.5 本测试法中，人体与化学物质的接触限度不得超过官方的限定值。例如，美国职业安全与卫生条例管理局（OSHA）允许的暴露极限值（PEL），参见 1989 年 1 月 1 日实施的 29 CFR 1910.1000。此外，美国政府工业卫生师协会（ACGIH）的阈限值（TLVs）由时间加权平均数（TLV－TWA）、短期暴露极限（TLV－STEL）和最高极限（TLV－C）组成，建议将其作为人体在空气污染物中暴露的基本准则并遵守（见 13.1）。

5. 使用和限制条件

5.1 本测试方法提供两个备选的程序：

5.1.1 程序 A，织物与玻璃的组合样（见 8.2）可以在室温下干燥。这一程序操作很简单，但是比较耗时（隔夜）。

5.1.2 程序 B，织物与玻璃的组合样（见 8.3）在实验室用烘干机或者烘箱内干燥，既可有空气循环，也可没有空气循环。这一程序比较节省时间，但是稍微复杂一些。

5.2 本测试方法可用于比较染料的泳移性，以及不同类型的防泳移剂、增稠剂和电解质对泳移性能的影响。

5.3 本测试方法可用于评价浸轧液，此浸轧液在连续染色过程中发生移染。可以通过改变移染抑制剂的用量或类型来改变浸轧液的组成，调整后的浸轧液在应用于染色工艺前可以在实验室内进行测试。在实验室内测试时，使用的着色剂的浓度、基材和带液率应与应用在染色工艺中的相同，这样才有可能把测试结果和实际应用中的工艺改进相关联。

6. 仪器和材料

6.1 实验室用轧车。

6.2 玻璃板。600mm×350mm（程序 A）。

6.3 表面皿（90mm），22mm 拱形。

6.4 铝环。外径 110mm、内径 80mm、厚度 1mm（程序 B）。

6.5 夹子（程序 B）。

6.6 实验室用烘干机或烘箱（程序 B）。

6.7 变色灰卡（用于目光评定，见 13.2）。

6.8 分光光度计（用于反射率测定）。

6.9 织物样品（见 13.3 和 8.2.1 或 8.3.1）。

7. 试样准备

7.1 所需浓度的着色剂。

7.2 防泳移剂、增稠剂和其他助剂（如活性染料染色用的电解质溶液）可适当使用。

8. 操作程序

8.1 轧液准备。

制备含有着色剂和含有着色剂与防泳移剂的浸轧染色工作液。

8.2 程序 A：室温晾干。

8.2.1 将一块 150mm×300mm 的织物样品在 20℃±2℃（68℉±4℉）的温度下进行浸轧。也可以使用其他浸轧温度，但必须在报告中注明。通常使用60%的带液率，有必要时也可以适当调整特定织物的带液率以适应特殊的染色工艺（见 13.4）。

8.2.2 浸轧后，立即把织物放到玻璃平板上。如图 1 所示，把表面皿放到织物上，让织物在室温下干燥。记录干燥过程中的室内温度和相对湿度。

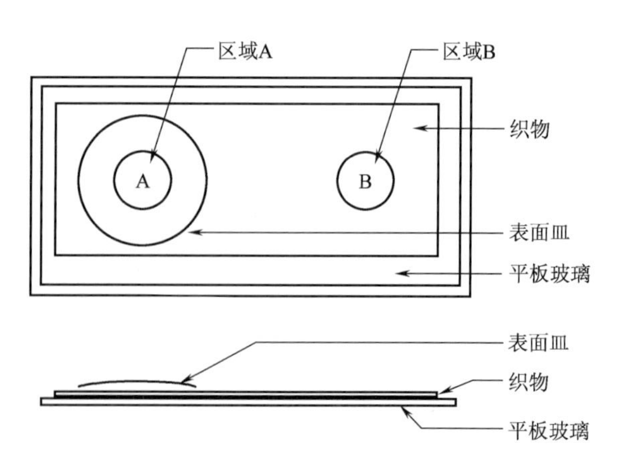

图 1 程序 A 测染料移染的测试装置

8.2.3 取下表面皿。

8.3 程序 B：针板式烘箱干燥。

8.3.1 将一块 110mm×220mm 的织物样品在 20℃±2℃（68℉±4℉）的温度下进行浸轧。可以使用其他的浸轧温度，但必须在报告中注明。通常使用60%的带液率，有必要时也可以适当调整特定织物的带液率以适应特殊的染色工艺（见 13.4）。

8.3.2 浸轧后，立即将织物样品两端拉紧固定在针板上，并将其夹在两块表面皿之间，一块表面皿在织物的正面上，另一块在织物反面的下面。如图 2 所示，用两个铝环和夹子使表面皿固定。

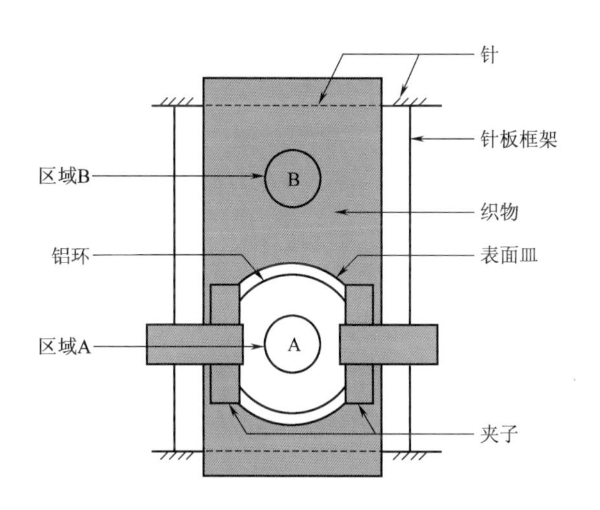

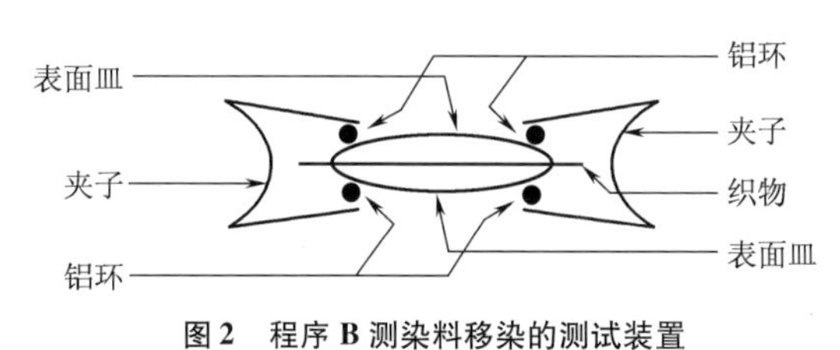

图 2 程序 B 测染料移染的测试装置

8.3.3 试样水平放置放在实验室烘干机或者烘箱中，在 100℃±2℃的条件下烘干约 7min（或者直到干燥）。此过程中可以鼓风也可以不鼓风。

8.3.4 取下表面皿。

9. 评级

9.1 目测评级。

比较织物上被表面皿覆盖的部分（区域 A）和未被表面皿覆盖的部分（区域 B）颜色的深浅差异，参照变色灰卡（见 13.5）得出移染级别（见 10.4）（参见 AATCC EP1《变色灰卡》和 AATCC EP7《试样变色的仪器评定》）。

9.2 用测量反射率进行评级。

9.2.1 用分光光度计测定织物上被表面皿覆盖的区域 A 和未被表面皿覆盖的区域 B 的反射率（见 13.5 和 13.6）。

9.2.2 利用公式（1）把反射率值转换为 *K/S* 值，保留 4 位有效数字。用公式（2）计算染料移染的百分比，精确到 1%（参见 AATCC 评定程序 6，仪器测色 4.3 和 4.5）。

$$K/S = \frac{(1-R)^2}{2R} \quad (1)$$

式中：*R*——最大吸收波长下的反射系数（应测定区域 B 的最大吸收波长并用作两次测量）。

$$M(\%) = 100\left[1 - \frac{(K/S)_A}{(K/S)_B}\right] \quad (2)$$

式中：$(K/S)_A$——区域 A 的 *K/S* 值（样品）；

$(K/S)_B$——区域 B 的 *K/S* 值（参照物）。

10. 报告

10.1 报告基材、浸轧液成分。包括染料、化学品、助剂等以及带液率。

10.2 对于程序 A，报告干燥过程中的室温和相对湿度。

10.3 对于程序 B，报告干燥时是否使用空气循环。

10.4 对于目测评定，参考变色灰卡的 1～5 级进行评级：

5 级——没有发生泳移；

4 级——轻度泳移；

3 级——中度泳移；

2 级——严重泳移；

1 级——很严重泳移。

10.5 对于反射率测量，报告使用外部染色区作为参照的移染百分比。

11. 精确度和偏差

本测试方法的精确度还未确定。在本测试方法的精确度声明确立之前，使用标准的统计技术来对实验室内部或者实验室之间的测试结果进行比对分析。

12. 参考文献

12.1 Etters, J. N., Textile Chemist and Colorist, Vol. 4, 1972, No. 6, p160.

12.2 Etters, J. N., Modern Knitting Management, Vol. 51, 1973, No. 2, p24.

12.3 Gerber, H., Melliand Texblberichte, Vol. 53, 1972, No. 3, p335.

12.4 Lehmann, H., and Somm, F., Textile Praxis International, Vol. 28, 1973, No. 1, p52.

12.5 Northern Piedmont Section, AATCC, Textile Chemist and Colorist, Vol. 7, 1975, No. 11, p192.

12.6 Urbanik, A., and Etters, J. N., Textile Research Journal, Vol. 43, 1973, p657.

13. 注释

13.1 相关资料可从 ACGIH Publication Office 获取，Kemper Woods Center, 1330 Kemper Meadow Dr., Cincinnati OH 45240；电话：513/742－2020；网址：www.acgih.org。

13.2 相关资料可以从 AATCC 获取，P.O. Box 12215, Research Triangle Park NC 27709；电话：919/549－8141；传真：919/549－8933；电子邮箱：orders@aatcc.org；网址：www.aatcc.org。

13.3 对于分散染料、还原染料和颜料，一般首选 65/35 的涤/棉华达呢面料或厚斜纹面料，经热定形、漂白和丝光处理。对于与纤维素具有亲和力的可溶性染料（如活性染料）应使用经漂白和丝光处理的 100% 棉华达呢或者厚斜纹布。当然也可以使用其他染色工艺中需要使用的织物。

13.4 带液率大小可以通过调整浸轧辊咬合点的压力进行调整。带液率是指浸轧后织物的重量增加量。

$$带液率 = \left(\frac{A}{B} - 1\right) \times 100\%$$

式中：A——浸轧后的重量；

B——浸轧前的重量。

13.5 如果在目光评定或仪器测试前对织物上的染料用相对传统的方法进行固色，则可以得到更加精确的测试结果。处理方法如，分散染料用热熔法固色，还原染料和活性染料用轧蒸法固色。（树脂焙烘处理方法不能对颜料的上色产生明显的效果）。

13.6 AATCC EP6《仪器测量颜色》（见 13.2）。

AATCC 141 - 2009

腈纶用碱性染料的配伍性

AATCC RA87 技术委员会于 1974 年制定（见 10.1）；1976 年、1977 年、1980 年、1989 年和 2009 年重新审定；1984 年修订；1985 年、1988 年、2008 年、2010 年编辑修订；1987 年、1994 年、1999 年和 2004 年编辑修订并重新审定；技术上等效于 ISO 105 - Z03。

1. 目的和范围

1.1 用碱性染料染腈纶的过程中，一些典型参数，如个别染料的半染时间，不能给出其与其他碱性染料混合染色时真实的染色性能。

正常的染色条件下，碱性染料在腈纶染色中不会发生移染。因此配伍性成为选择染料组成匀染性最佳的染料组合时最重要的指标（见 10.2）。

1.2 本测试方法测定在腈纶染色时，染料间的配伍性（见 10.3 ~ 10.5）。

2. 原理

配伍性的评定可以选择如下两种五级色卡中的一种进行评定，即黄色色卡和蓝色色卡。在选择时，应该选用与所测染料色调差异较大的色卡进行评价。

2.1 染料的配伍值可以通过测定该染料与评级色卡相对应的标准染料结合使用时所表现出来的染色特性来进行评定。

2.2 选择推荐标准染料的原因：

（1）它们可以形成两种系列，包含与所有推荐用于腈纶染色的碱性染料相近的配伍性。

（2）系列染料的排列间隔使其能产生基本相同的视觉效果。

（3）与两种色卡对应的标准染料之间具有配伍性。

3. 术语

3.1 碱性染料：一种能在水性介质中分离释放出与含有羧酸基团的纤维具有亲和力的、带正电的颜色离子（阳离子）的染料。

3.2 配伍性：在纺织品染色过程中，混合染料中的各个染料组分以相同的上染速率染至竭染时，所呈现的色泽提升的倾向，保持整个染色过程中色相的变化一致或基本一致。

4. 安全和预防措施

本安全和预防措施仅供参考。本部分有助于测试，但未指出所有可能的安全问题。在本测试方法中，使用者在处理材料时有责任采用安全和适当的技术；务必向制造商咨询有关材料的详尽信息，如材料的安全参数和其他制造商的建议；务必向美国职业安全卫生管理局（OSHA）咨询并遵守其所有标准和规定。

4.1 遵守良好的实验室规定，在所有的试验区域应佩戴防护眼镜。在处理粉末状染料时使用一次性的防尘呼吸器。

4.2 所有化学物品应当谨慎使用和处理。

4.3 处理浓醋酸时，使用化学防护眼镜或者面罩、防水手套和防水围裙。

4.4 在附近安装洗眼器/安全喷淋装置以备急用。

4.5 本方法所列出的碱性染料属于以下类型：

C. I. 碱性橙 42——希夫碱

C. I. 碱性黄 29——甲碱

C. I. 碱性黄 28——单偶氮

C. I. 碱性黄 15——单偶氮

C. I. 碱性橙 48——偶氮

C. I. 碱性蓝 69——甲碱

C. I. 碱性蓝 45——蒽醌

C. I. 碱性蓝 47——蒽醌

C. I. 碱性蓝 22——蒽醌

C. I. 碱性蓝 77——三芳基甲烷

4.6 本测试法中，人体与化学物质的接触限度只允许达到或低于官方的限定值［例如，美国职业安全卫生管理局（OSHA）允许的暴露极限值（PEL），参见 1989 年 1 月 1 日实施的 29 CFR 1910.1000］。此外，美国政府工业卫生师协会（ACGIH）的阈限值（TLVs）由时间加权平均数（TLV－TWA）、短期暴露极限（TLV－STEL）和最高极限（TLV－C）组成，建议将其作为人体在空气污染物中暴露的基本准则并遵守（见 10.6）。

5. 标准染料（见 10.7）

本测试中使用的色卡的组成及推荐标准染料的用量参见表 1。

表 1 色卡的组成及推荐标准染料的用量

标准染料的量［%（owf）］	C. I. 碱性	配伍值
黄色色卡		
0.45	橙 42	1.0
0.25	黄 29（200%）*	2.0
0.15	黄 28（200%）*	3.0
0.75	黄 15	4.0
0.65	橙 48	5.0
蓝色色卡		
0.55	蓝 69	1.0
2.7	蓝 45	2.0
0.6	蓝 47（200%）*	3.0
0.6	蓝 77	4.0
1.2	蓝 22（200%）	5.0

注 owf 表示“对织物重”，标有 * 的染料力份是 200%（见 10.9）。

表中给出的染料百分比是以腈纶染成 1/1 标准深度的 1/2 的染色效果为基础。

6. 仪器和材料

6.1 30 个相同质量的腈纶样品（一束一份）。

6.2 可以在所需的恒定温度下，以 40∶1 的浴比进行染色的任何染色设备。

6.3 标准染料。

6.4 冰醋酸（结晶状）。

6.5 醋酸钠晶体（$CH_3COONa \cdot 3H_2O$）。

6.6 去离子水或者蒸馏水，其沸腾状态下的 pH 值不会产生明显变化。

7. 操作程序

7.1 让测试材料样品在含有 1%（owf）醋酸（结晶状）和 1%（owf）醋酸钠晶体的溶液中于 95℃进行预处理 10min。溶液 pH 值为 4.5 ± 0.2，浴比为 40∶1。然后轻轻地挤压试样，保持试样润湿以备用。

7.2 配制五个染浴，每种标准染料一个染浴，温度为 95℃，浴比为 40∶1，pH 值为 4.5 ± 0.2，包括：

X% 标准染料（蓝色或者黄色）

Y% 待测染料

1% 冰醋酸（结晶状）

1% 醋酸钠晶体（$CH_3COONa \cdot 3H_2O$）

Y% 是指能够将所选腈纶纤维染成大约 1/1 标准染色深度的 1/2 的染色效果所需的染料量。*X*% 已在 5 中给出。

百分比和浴比需要参考单个样品的重量。例如，是指特定的一束或一片样品，而不是每一染色系列需要的六个样品的总重量。

7.3 每个染色浴需要 4～6 个样品。各个制备好的染色浴的操作过程如下：

在要求的温度（见 10.2）下，将第一个样品放入染色浴中，并在该温度下染色一定时间。取出这个样品，再放入第二个样品，在相同条件下处理相同的时间。用余下的2~4块样品重复该过程，直到最后一个样品染至染料完全吸尽后再取出。

7.4 从染色浴中取出样品后，立即进行水洗并干燥，然后每个染色样品按染色的顺序放置。

8. 评级

8.1 所测染料的配伍值是指当该染料与哪个标准染料混合使用能够产生同色调染色效果，则此标准染料对应的配伍值就是被测染料的配伍值。评价一个蓝色染料的配伍值所得到的结果的典型例子参见表2。

8.2 染料的配伍值可能介于两种相邻的标准染料之间，可能是1.5、2.5、3.5或4.5。在这些情况下，使用标准染料将无法实现同一色调的染色。

表2 一个蓝色染料的配伍值

黄色标准染料的配伍值	对应样品的表观
1.0	渐增的，更蓝
2.0	渐增的，较蓝
3.0	一个色调
4.0	渐增的，较黄
5.0	渐增的，更黄

由表2可知，蓝色标准染料的配伍值是3.0。

8.3 如果某种染料的配伍值落在色卡范围之外，即低于1或者高于5，则只要是适宜的，均可以作为结果。

9. 精确度和偏差

9.1 精确度。本测试方法的精确度尚未确立。在精确度综述产生之前，用标准统计学技术进行实验室内部或不同实验室之间测试结果的对比。

9.2 偏差。腈纶用碱性染料的配伍性的偏差仅能依据一种测试方法进行定义。尚没有独立的方法确定其真值。作为这一特性的一种评价手段，本方法没有已知偏差。

10. 注释

10.1 本测试方法可参见“the Society of Dyers and Colourists”，JSDC，Vol.88，1972年6月，p220-222。

10.2 腈纶纤维在染色特性上的变化范围很大。本测试方法是将染色浴里面所有的染料都以平分的方式吸附到各个测试样品上。为达到这一效果，染色温度可以在90~100℃之间，每个试样的染色时间可以在5~10min范围内进行适当调整。对于某些典型的纤维推荐使用的染色温度和时间如下：

阿克利纶16：93℃，染色时间5min。

阿克利纶SEF：96℃，染色时间5min（除了蓝C-1和黄C-2标准染料，使用93℃）。

奥纶75：96℃，染色时间10min（除了C-1标准染料，使用5min时间）。

克列丝纶：88℃，染色时间5min。

10.3 本测试方法仅在规定条件下有效。配伍值可能会由于染色浴中存在阴离子物质而受到一定影响，如染浴中的阴离子表面活性剂或阴离子染料。

10.4 配伍值为2.0的黄色或蓝色标准染料在混合使用时并非完全配伍。如果使用湿纺腈纶，则得到的结果的差异会很大。

10.5 本测试方法仅是一种配伍性的评估方法。并不能用来对碱性染料混合用于腈纶染色时由于染料的不配伍性而引起的染色不均匀进行评价。

10.6 相关资料可从ACGIH Publications Office获取，Kemper Woods Center，1330 Kemper Meadow Dr.，Cincinnati OH 45240；电话：513/742-2020；网址：www.acgih.org。

10.7 10种标准碱性染料（5种蓝色和5种黄色），每瓶50g装，可以从AATCC获取。地址：P.O. Box 12215，Research Triangle Park NC 27709；

电话：919/549－8141；传真：919/549－8933；电子邮箱：orders@ aatcc. org；网址：www. aatcc. org。

10.8 为了便于目光评定，推荐使用能够适使大多数腈纶纤维达到 1/1 标准深度的 1/2 染色效果的染料和标准染料。请参见 AATCC EP4《用来确定深度的标准深度色卡》。我们必须理解，并不是必须用标准深度来评价染料的配伍性，因为在不同的标准染料和测试染料配合的比例下，在不同的颜色深度下也能得到相同的配伍值。

10.9 上述的 200% 的染料力份已经在 1984 年 8 月对表示的力份进行了更改。现在使用的（% owf）是之前所表示的 1/2。例如，0. 25% 的 C. I. 碱性黄 29（200%）对应 0. 5% 的 C. I. 碱性黄 29（100%）。

AATCC 142 - 2011

植绒织物多次家庭洗涤和(或)投币式干洗后的外观

AATCC RR81 技术委员会于 1975 年制定；1978 年、1989 年、2000 年、2011 年重新审定；1983 年、1994 年、2005 年编辑修订并重新审定；1985 年、1986 年、1988 年、1991 年、1993 年、1996 年、2004 年、2008 年、2010 年编辑修订。

1. 目的和范围

本测试方法通过测试模拟裤腿试样的掉绒率和折边部位的外观变化来评价植绒织物对家庭洗涤或投币式干洗的耐久性。

2. 原理

按 6.1 所述准备模拟裤腿试样，按 7.1 和 7.2 所述进行洗涤或者干洗，按 8 所述进行外观和耐久性评价。

3. 术语

3.1 干洗：使用石油溶剂、四氯乙烯或者碳氟化合物等有机溶剂对织物进行洗涤的方法。

该过程也包括在溶剂中添加洗涤剂和湿气，最高相对湿度可达 75%，并且在 71℃（160℉）下高温滚筒烘干。

3.2 水洗：使用水性洗涤剂对纺织材料进行处理（洗涤），以去除污物和（或）污点的方法，通常包括后续的漂洗、甩干和烘干等程序。

4. 安全和预防措施

本安全和预防措施仅供参考。本部分有助于测试，但未指出所有可能的安全问题。在本测试方法中，使用者在处理材料时有责任采用安全和适当的技术；务必向制造商咨询有关材料的详尽信息，如材料的安全参数和其他制造商的建议；务必向美国职业安全卫生管理局（OSHA）咨询并遵守其所有标准和规定。

4.1 遵守良好的实验室规定，在所有试验区域应佩戴防护眼镜。

4.2 所有化学物品应当谨慎使用和处理。

4.3 1993 AATCC 标准洗涤剂 WOB 可能会引起对人的刺激，应注意防止其接触到皮肤和眼睛。

4.4 四氯乙烯是有毒物质，皮肤反复接触以及食入四氯乙烯会引起中毒。仅限在通风效果良好的环境中使用。通过实验室动物的四氯乙烯毒理学的研究发现：大鼠和小鼠长时间接触浓度为 100 ~ 400mg/kg 的四氯乙烯蒸气后有癌变迹象。

因此，用四氯乙烯浸透的织物应在通风合适的通风橱内干燥。处理四氯乙烯时，应该使用化学护目镜或面罩、防渗透手套和防渗透围裙。

4.5 在附近安装洗眼器/安全喷淋装置以备急用。

4.6 本测试法中，人体与化学物质的接触限度必须达到或低于官方的限定值［例如，美国职业安全卫生管理局（OSHA）允许的暴露极限值（PEL），参见 1989 年 1 月 1 日实施的 29 CFR 1910.1000］。此外，美国政府工业卫生师协会（ACGIH）的阈限值（TLVs）由时间加权平均数（TLV - TWA）、短期暴露极限（TLV - STEL）和最高极限（TLV - C）组成，建议将其作为人体在空气污染物中暴露的基本准则并遵守（见 11.1）。

5. 仪器和材料（见 11.2）

5.1 模拟裤腿模板是由 3mm（0.125 英寸）热处理硬质纤维板或其他合适的材料制成。如图 1 所示模板尺寸。

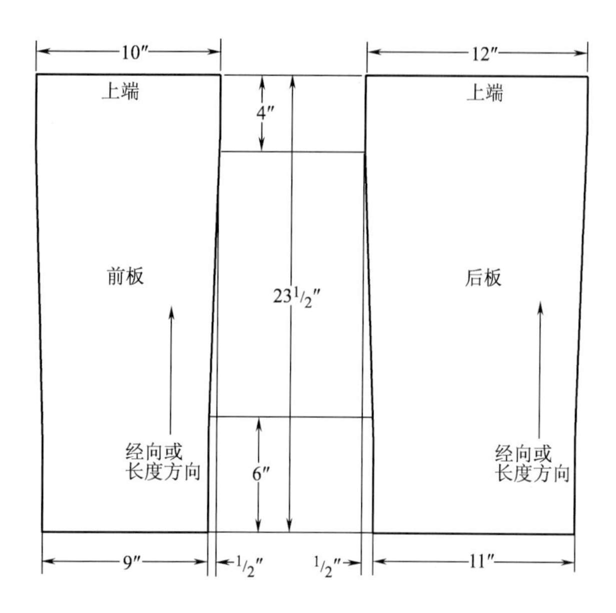

图 1 模拟裤腿模板

5.2 缝纫机。家用型，301 平针，每 25mm（10 英寸）为 8 ~ 10 针。

5.3 缝纫线。高质量的普通棉线。

5.4 自动洗衣机或类似设备（见 11.5）。

5.5 自动干燥机或类似设备（见 11.5）。在干燥过程的最后 5min 进行翻滚冷却。

5.6 洗涤剂是低起泡的，AATCC 1993 标准洗涤剂（见 11.4）。

5.7 （920mm ± 30mm）×（920mm ± 30mm）[（36 英寸 ± 1 英寸）×（36 英寸 ± 1 英寸）] 的漂白棉布陪洗织物（第 1 类洗涤陪洗织物）。

5.8 投币式干洗机或类似装置（见 11.6）。

5.9 AATCC 对比样照，5 个级别（见图 2 和 11.3）。

6. 试样准备

6.1 按如下要求准备两份模拟裤腿样品（分别用于家庭洗涤和干洗）。

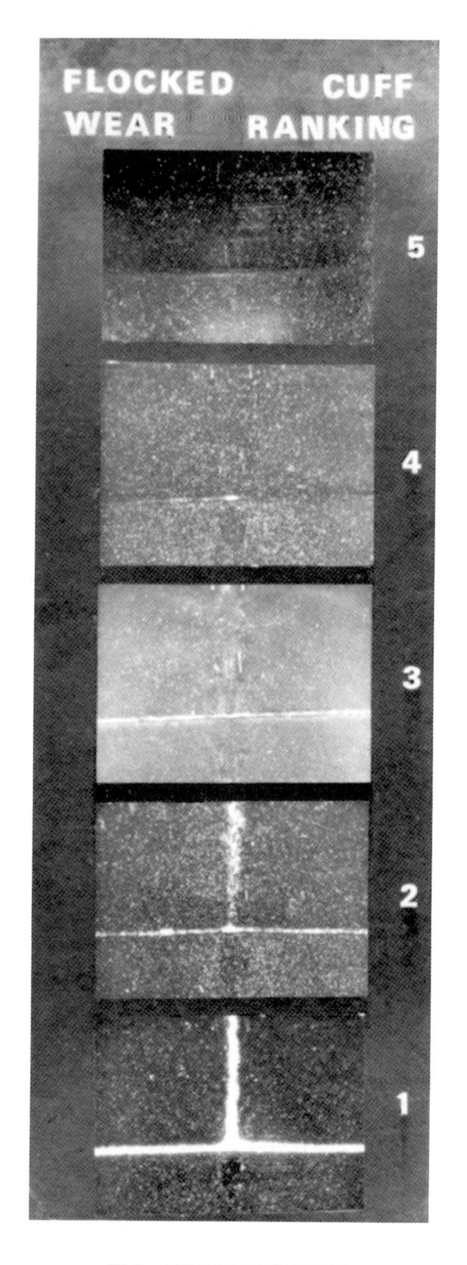

图 2 植绒织物裤边评级图

6.2 按照模拟裤腿的模板，沿织物的长度方向裁减样品的前、后片，长度为 600mm（23.5 英寸）。将裁好的前片沿裁剪的长边方向叠放到后片上，使两样品正面相贴。沿着 600mm（23.5 英寸）长度方向，将这两试样在离切边 16mm（0.625 英寸）处，使用 301 号针、00 - 3 型缝纫线，每 25mm（1.0 英寸）8 ~ 10 针进行缝合。接着，在与此平行的另一切边，按照以上相同的方法将其缝合。将管状的试样内侧翻转到外侧，使得试样的正面朝外。对于没有翻边的裤腿试样，将顶部和底部的边缘卷起以形成 51mm（2 英寸）的折边，距边 6mm（0.25 英寸）处进行缝合。在这些地方进行缝合前一定要确保侧缝是打开的（缝的两边没有压在一起）。模拟裤腿的试样允许在底端有折边。对于这种裤腿，按照上述方法将顶部的边缘翻边并进行缝合。底部处，在 76mm（3 英寸）长度上按照如上方法进行翻边并缝合，然后卷起翻边做一个 38mm（1.5 英寸）的折边并且在两边的接缝处粗缝。

分别准备水洗和干洗的试样。

通常植绒织物的模拟裤腿试样上无压痕。若植绒织物的试样需要压制折痕，则采用的压制工艺应选择可代表制造商的生产工艺。

7. 操作程序

7.1 水洗。试样应与配重织物一起洗涤，试样与陪洗织物的总重量为 1.82kg（4 磅），洗涤温度为 49℃（120℉），满水水位，12min 循环皂液洗涤，使用容易清除泡沫的低泡洗涤剂，普通搅动，40℃（105℉）漂洗，包括最后甩干的全自动过程。洗涤过程结束以后，将试样和压载物从洗衣机中取出，各自分开，将洗涤负荷物（包括试样和陪洗织物）放入烘干机和滚筒中，在中温条件［出风口温度为 60～71℃（140～160℉）］下进行烘干（约 35min）。烘干工序结束后，将负荷物从烘干机中取出，并各自分开。

按照一定水洗/干燥循环次数重复以上的水洗和烘干工序。在每次烘干和水洗过程中间应有 30min 的间歇时间。

7.2 投币式干洗。试样应与可干洗的陪洗织物一同干洗，试样与陪洗织物的总重量为 1.82kg（4 磅）。含有四氯乙烯（大约负荷系统的 1%）的干洗机，包括滚筒烘干过程在内的全过程中都不能停止。在每次干洗过程结束时，将负荷物从洗衣机中取出，并分开陪洗织物和试样。上面提到的干洗过程可依照特殊要求重复多次进行。在每次干洗过程中间应有 30min 的间歇时间。

8. 评级

8.1 在进行需要的水洗或干洗次数后，打开试样，将其摊开，使缝合部位在观察区域的中间。

8.2 将按上面方法准备好的折边的边缘、翻边以及接缝试样与 AATCC 对比样照进行比较，利用下面的分级标准进行评级：

5——没有

4——轻微

3——明显

2——非常明显

1——严重

务必小心以确保评级是基于绒毛脱落情况进行的，而不是基于绒毛的平整度。因为后者可通过刷毛等方法进行修复。通常需要利用放大镜对结果做出判定。

9. 报告

依据 8.2 所述，报告最终确定的等级以及得到该等级结果所对应经过的水洗和（或）干洗次数。

10. 精确度和偏差

10.1 精确度。

水洗——实验室内的可再现性 σ ±0.20 等级

水洗——实验室间的可再现性 σ ±0.30 等级

干洗——实验室内的可再现性 σ ±0.25 等级

干洗——实验室间的可再现性 σ ±0.60 等级

10.2 偏差。经重复家庭洗涤和（或）商业干洗后的植绒织物的外观，仅可按照一种测试方法进行评定。没有独立的方法来确定其真值。作为一种特性的评定方法，本测试方法没有已知的偏差。

11. 注释

11.1 可从美国政府工业卫生师协会（ACGIH）获取，Kemper Woods Center，1330 Kemper Meadow

Dr.，Cincinnati OH 45240；电话：513/742 - 2020。网址：http：//www. acgih. org。

11. 2 有关适合测试方法的设备信息，请登录 http：//www. aatcc. org/bg。AATCC 提供其企业会员单位所能提供的设备和材料清单。但 AATCC 没有给其授权，或以任何方式批准、认可或证明清单上的任何设备或材料符合测试方法的要求。

11. 3 可从 AATCC 获取相应信息，P. O. Box 12215，Research Triangle Park NC 27709；电话：919/549 - 8141；传真：919/549 - 8933；电子邮箱：orders@ aatcc. org；网址：http：//www. aatcc. org。

11. 4 可以使用 AATCC 1933 标准洗涤剂，也可按照低泡、良好的洗涤效果以及便于漂洗的原则选择其他同类洗涤剂。

11. 5 通用的推荐洗衣机和烘干机的设备和型号请联系 AATCC，P. O. Box 12215，Research Triangle Park NC 27709；电话 919/549 - 8141；传真：919/549 - 8933；电子邮箱：orders@ aatcc. org。网址：http：//www. aatcc. org。也可使用其他结果可比的设备。

11. 6 投币式干洗机或等同的干洗机，其参数如下：

容量：4. 5kg（10 磅）

圆桶直径：66cm（26 英寸）

圆桶深度：41cm（16 英寸）

叶片：4 片

洗涤速度（r/min）：46

旋转速度（r/min）：162/325

AATCC 143 - 2011

服装及其他纺织制品经多次家庭洗涤后的外观

AATCC RA61技术委员会于1975年制定；1982年、1989年、1992年、1996年、2006年、2010年、2011年修订；1984年、2001年编辑修订和重新审定；1986年、1991年、1997年、2004年、2005年和2008年编辑修订；技术上等效于ISO 15487。

1. 目的和范围

1.1 本测试方法是用来评价经多次家庭洗涤后服装及其他纺织制品的外观平整度、缝线平整度和褶裥保持性。

1.2 任何可水洗的服装及其他纺织品都可以使用这个方法评定外观平整度、缝线平整度和褶裥保持性。

1.3 纺织制品包括任何结构的织物，如机织物、针织物、非织造布，都可以按照此方法评定。

1.4 本标准中没有列出制造缝线和褶裥的方法。因为本标准主要是评定由生产厂商提供的或已经准备好的样品。

2. 原理

纺织制品经过标准的实际家庭洗涤，可以用手洗或机洗，可以改变机洗的循环和温度以及干燥条件。然后在标准光源和观测区域内将试样与一套参考标准样照比较，根据视觉印象评定试样的外观。

3. 术语

3.1 纺织制品的外观：纺织制品外观的整体视觉印象，由成品外观的各个组成要素与合适的参考标准样照相比较评定的视觉印象。

3.2 陪洗织物：在织物测试过程中使用，可以将织物的总重和体积规范为规定数量的材料。

3.3 褶裥保持性：将试样与一套参考标准样照比较，根据视觉印象评定试样的褶裥保持性。

3.4 耐久压烫：织物在使用中以及洗涤或干洗后，一种可以保持原有形态、平整缝线、原有压烫折痕以及平整外观的特性。

3.5 洗涤：纺织材料的洗涤是指一种使用水溶性洗涤剂溶液去除污渍的过程，通常包括漂洗、脱水和干燥。

3.6 洗后折痕：洗涤或干燥后样品上明显的褶皱或杂乱无序的褶线。洗后折痕为样品在洗涤和干燥中造成的非故意结果。

3.7 缝线平整度：将试样与一套参考标准样照比较，根据视觉印象评定试样的缝线平整度。

3.8 外观平整度：将试样与一套参考标准样照比较，根据视觉印象评定试样的外观平整度。

4. 安全和预防措施

本安全和预防措施仅供参考。本部分有助于测试，但未指出所有可能的安全问题。在本测试方法中，使用者在处理材料时有责任采用安全和适当的技术；务必向制造商咨询有关材料的详尽信息，如材料的安全参数和其他制造商的建议；务必向美国职业安全卫生管理局（OSHA）咨询并遵守其所有标准和规定。

4.1 遵守良好的实验室规定，在所有的试验区域应佩戴防护眼镜。

4.2 1993 AATCC标准洗涤剂和2003 AATCC标准液体洗涤剂可能会引起对人的刺激，应注意防止其接触到皮肤和眼睛。

4.3 所有化学物品应当谨慎使用和处理。

4.4 操作实验室测试仪器时，应按照制造商提供的安全建议。

4.5 评定褶皱保持性时，泛光灯附上防护罩可防止因灯的发热而发生灼伤情况。

5. 使用和限制

5.1 本测试方法用来评价由可水洗织物制成的服装或其他纺织制品经反复家庭洗涤后的织物外观平整度。

5.2 本测试程序为反映一般消费者所使用的家庭洗涤设备的能力而设计。通常，在相对严格的洗涤条件下进行测试更好。

5.3 织物的印花和图案可能会遮掩褶裥外观，因为评定程序是基于试样的视觉外观，故包括了这样的影响。

5.4 实验室间对于本测试方法的结果重现性与标准使用者采用的洗涤和干燥条件（在 8.1 中列出）有关，与 9.7.1 中描述的外观组成要素所使用的权重因数也有关。

6. 仪器和材料（见 12.1）

6.1 全自动洗衣机（见 12.2）。

6.2 全自动滚筒烘干机（见 12.2）。

6.3 滴干和挂干的设备。

6.4 容积 9.5L（10.0 夸脱）的桶。

6.5 1993 AATCC 标准洗涤剂或 2003 AATCC 标准液体洗涤剂（见 12.3 和 12.7）。

6.6 陪洗织物（见表 1）。尺寸为（92cm ± 3cm）×（92cm ± 3cm）［（36 英寸 ±1 英寸）×（36 英寸 ±1 英寸）］，缝边的漂白棉布（第一种陪洗织物）或涤/棉（50/50）平纹织物（第三种陪洗织物）（见表 1）。

表 1 洗涤用的陪洗织物（织物规格）

项目	第一种陪洗织物（100%棉）	第三种陪洗织物（50%/50% ±3%涤/棉）
织物纱线	16/1 环锭纱	16/1 或 30/2 环锭纱
织物结构(cm)	(52 ±5)×(48 ±5)	(52 ±5)×(48 ±5)
织物重量 (g/m²)	155 ±5(4.55 盎司/码² ±0.15 盎司/码²)	155 ±5(4.55 盎司/码² ±0.15 盎司/码²)
每块尺寸 (cm)	(92.0 ±3)×(92.0 ±3) [(36.0 英寸 ±1 英寸)×(36.0 英寸 ±1 英寸)]	(92.0 ±3)×(92.0 ±3) [(36.0 英寸 ±1 英寸)×(36.0 英寸 ±1 英寸)]
每块重量(g)	130 ±10	130 ±10

6.7 照明和评级区。在暗室内使用如图 1 所示摆放的悬挂式照明设备（见 12.4）。观测板旁边的墙

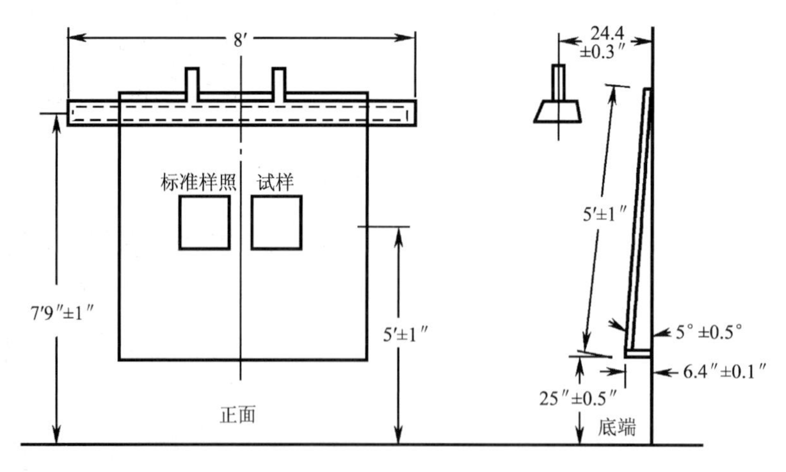

图 1 观察试样的照明装置

注 (a) 两只长度为 8 英寸的 F96 CW（冷白光）预热荧光灯（无挡板和玻璃）。

(b) 一只白色瓷漆反射罩（无挡板和玻璃）。

(c) 有弹簧的、轻金属板材（22ga.）制成的样品固定架。

(d) 厚度为 1/4 英寸的评级板，漆成与 AATCC 沾色评级卡 2 级接近的灰度。

对光线的反射可能会影响评级结果。建议周围的墙都涂成无光泽的黑色（85°光泽小于5个单位）或用暗幕（遮光布）装在观测板的两边，以消除反射的影响。

6.8 500W DXC（RFL－2）的泛光灯带有反射镜和防护罩（见12.3），放置如图2所示，用于评定褶裥保持性。

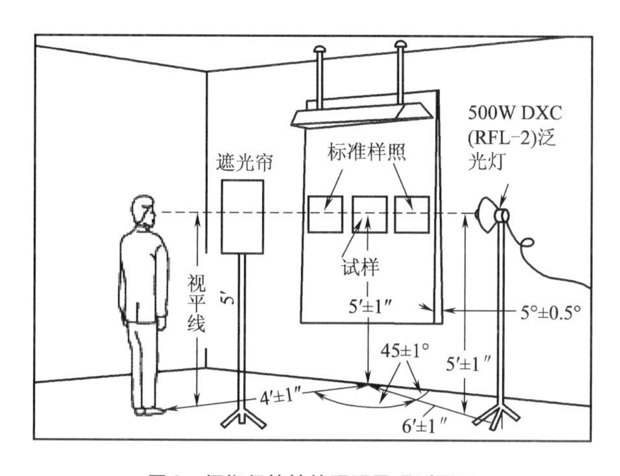

图2 褶裥保持性的照明及观测图示

6.9 标准AATCC三维平整度样照，一套六个（见图3和12.3）。

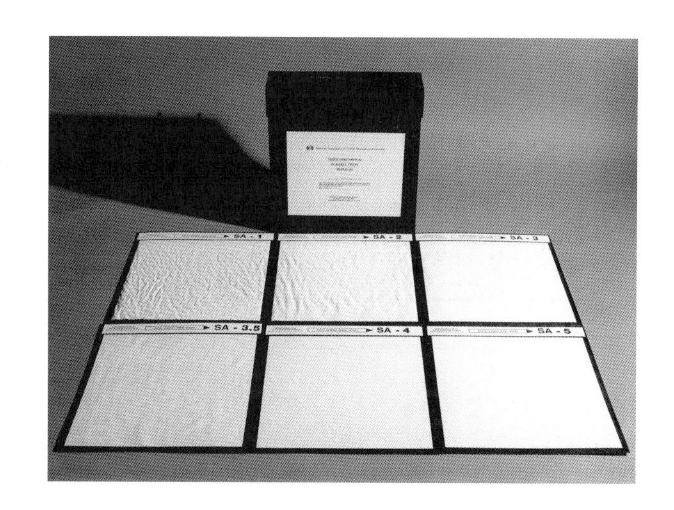

图3 AATCC三维外观平整度样照

6.10 标准AATCC缝线平整度样照，有单缝和双缝两种（见图4和12.3）。图4所示样照的复制品不能用于评级。

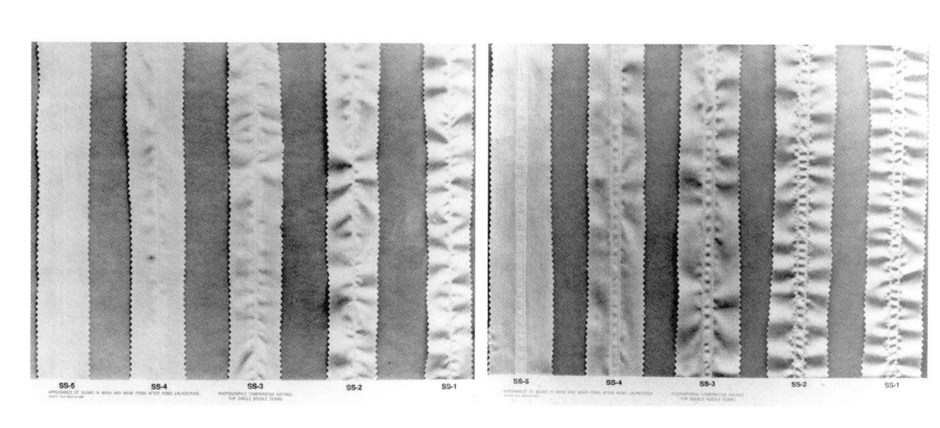

图4 AATCC缝线平整度样照

6.11 标准AATCC三维褶裥保持性样照，一套5个图卡（见图5和12.3）。

6.12 带有温度调节的蒸汽熨斗或普通熨斗。

6.13 洗涤剂（用于手洗程序）。

6.14 台秤或天平，量程至少为5kg或10磅。

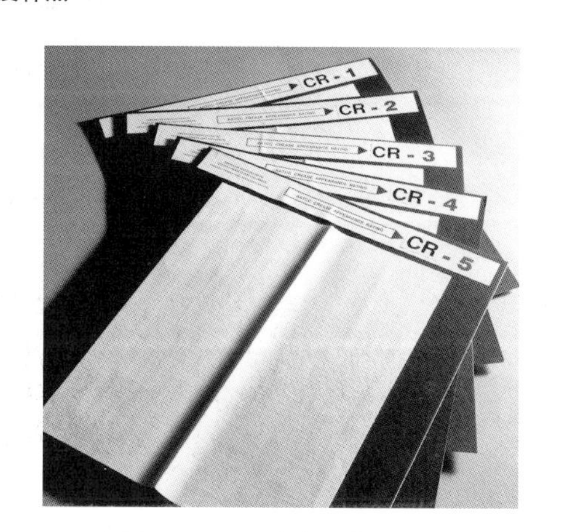

图5 AATCC褶裥保持性样照

7. 测试样品

对于纺织制品，取三个用于测试。

8. 测试程序

8.1 表 2 中列出了可选择的洗涤和干燥条件及设置。对于仪器和洗涤条件的其他信息见《AATCC 技术手册》中的专题论文“家庭洗涤测试条件的标准化”或其他技术手册，在网站 http：//www. aatcc. org/testing/mono/msds - mono. htm 上可获得专题论文的最新版本。

表 2　洗涤和干燥程序（见 8.1）

机洗循环	洗涤温度（℃）	干燥条件
手洗，桶内 （1）标准挡/厚重棉织物挡 （2）轻柔挡 （3）耐久压烫挡	（Ⅲ）41 ±3 （105℉ ±5℉） （Ⅳ）49 ±3 （120℉ ±5℉） （Ⅴ）60 ±3 （140℉ ±5℉）	（A）滚筒烘干 （ⅰ）厚重棉织物挡 （ⅱ）轻柔挡 （ⅲ）耐久压烫挡 （B）悬挂晾干 （C）滴干 （D）平铺晾干

当前的洗衣机和烘干机上均具有特殊的循环条件可供选择，用以使特殊产品获得更好的外观。比如减少搅动的轻柔循环可以保护轻薄织物的结构，带有冷却或冷漂洗及降低旋转速度可以将褶皱减到最少。然而，在评价缝线外观时，建议使用更加剧烈的常规或厚重织物循环。如果使用的循环（见 8.2）做了任何修改，必须在结果中报告出来（第 10 部分）。

8.2 标准洗涤。

8.2.1 手洗（见 12.7）。在 9.5L（10 夸脱）的桶里，将 20.0g ±0.1g 的 1993 AATCC 标准洗涤剂或 30.3g ±0.1g 的 2003 AATCC 标准液体洗涤剂溶解在 41℃ ±3℃（105℉ ±5℉）的 7.57L ±0.06L（2.00 加仑 ±0.02 加仑）的水中。然后加入三块测试样品，洗涤 2.0min ±0.1min，试样不要扭或拧。用 41℃ ±3℃（105℉ ±5℉）的 7.57L ±0.06L（2.00 加仑 ±0.02 加仑）的水清洗一次。取出试样，按照程序 C 滴干（见 8.3.3）。

8.2.2 机洗。按照规定的水位、选择的水温进行洗涤，清洗的水温要低于 29℃（85℉）。如水温与要求不符，需记录实际的清洗温度。

8.2.3 加入 66g ±0.1g 的 1993 AATCC 标准洗涤剂或 100g ±0.1g 的 2003 AATCC 标准液体洗涤剂。在使用软水的地区，标准洗涤剂用量可适当减少，以避免出现泡沫过多的现象。同时在报告中注明实际用量。

8.2.4 加入样品和足够的陪洗织物，使其总重为 1.8kg ±0.06kg（4.00 磅 ±0.13 磅）。评定厚重的纺织制品时，可能需要加入的陪洗织物将超过 1.8kg 的限定以平衡总负荷。这时，可以采用 3.6kg ±0.1kg（8.00 磅 ±0.25 磅）的重量限定。1.8kg 载荷条件下测得的结果可能与 3.6kg 载荷条件下测得的结果不同，两者之间没有可比性。设定洗衣机的洗涤程序和时间。推荐采用常规挡（Normal）或厚重织物（Cotton Sturdy）挡程序。在重要的（表 2 和 8.1）评级和仲裁评定中，每次仅可以洗涤从一个样品中取下的试样。

8.2.5 程序 A（转筒烘干）、程序 B（挂干）、程序 D（平铺晾干）是使洗涤程序自动进行到最后的脱水循环。在最后的脱水循环完成后立即取出试样，将缠在一起的试样轻轻分开，尽量减少扭曲，再按照程序 A、B 或 D（表 2 和 8.1）干燥。

8.2.6 若选择程序 C（滴干），必须在最后一次清洗后和脱水前取出湿透的试样。

8.2.7 洗涤折痕。试样在洗涤后可能是折叠或褶皱状态。这样的折叠或褶皱在干燥前应用手去除。

8.3 干燥方式。

8.3.1 （A）滚筒烘干。将洗涤负荷（试样与陪洗织物）一起放入滚筒烘干机中，根据《AATCC 技术手册》中的专题论文“家庭洗涤测试条件的标准化”设置温度控制进行烘干程序（见 8.1）。对于热敏纤维，按照制造商的建议降低温度，并进行记录。启动烘干机，直到试样和陪洗织物烘干。烘干机停止后，立即取出试样以避免过干现象。静止黏附容易造成过干，尤其是轻薄织物容易黏附在烘干机中使织物静止而不能自由翻滚。

8.3.2 (B) 悬挂晾干。挂干是通过固定样品两角，使织物的长度方向与水平面垂直。悬挂在室温下的静止空气中至干燥。

8.3.3 (C) 滴干。按照 8.3.2 的描述，悬挂纺织制品。试样悬挂在室温下的静止空气中直至干燥。

8.3.4 (D) 平铺晾干。将试样摊平放在水平或打孔的晾衣架上，去除折痕，但不要扭曲或拉伸试样。放置在室温下的静止空气中直至干燥。

8.3.5 干燥折痕。如果试样经过非最后一次干燥循环以外的任何干燥循环后出现了折痕或褶皱，应在进行下一次洗涤和干燥循环之前将试样再润湿，用手工熨烫以适合的温度去除褶皱。若是最后一次干燥循环后出现了折痕或褶皱，不可用手工熨烫来去除试样上的折痕或褶皱。

8.4 根据选择的洗涤和干燥程序再重复四次或按协议要求的循环次数。

8.5 评级前，根据 ASTM D 1776 调湿和测试纺织品的标准条件（见 12.6）预调湿样品。在温度 21℃ ±1℃ （70℉ ±2℉） 和相对湿度 65% ±2% 纺织品测试的标准大气下调湿试样至少 4h，调湿时按照 8.3.2 中的描述悬挂纺织制品。

9. 评级

9.1 三个经过培训的观测者单独为每个试样评级。

9.2 悬挂的荧光灯是观测板的唯一光源。除评级褶裥外观时，房间中其他的光源都要关掉。评定褶裥外观时，还需要带有反射镜和防护罩的泛光灯，放置位置如图 2 所示。

9.3 观测者站在试样的正前方距离观测板 120cm ±3cm （4 英尺 ±1 英寸），观测者的观测高度在 1.5m （5.0 英尺） 左右对评级结果无显著影响。

9.4 外观平整度。

9.4.1 将试样放在评级板上（如图 1），织物的长度方向与水平面垂直。将最接近的外观平整度标准样照放在试样的旁边，以方便评级。

9.4.2 尽管 3 - D 外观平整度（SA）样照是根据机织物制成的，但这些褶皱表面不可能复制所有可能的织物表面。样照代表了不同水平的织物平整度。观测者应根据平整度 SA 样照并结合试样上的褶皱程度确定平整度等级（见表 3）。

表 3 样照相对应的织物平整度等级

等级	描述
SA - 5	相当于 SA - 5 样照
SA - 4	相当于 SA - 4 样照
SA - 3.5	相当于 SA - 3.5 样照
SA - 3	相当于 SA - 3 样照
SA - 2	相当于 SA - 2 样照
SA - 1	相当于 SA - 1 样照

9.4.3 给出与试样外观平整度最接近的标准评级样照的数字级数，尽管有的整数评级样照没有中间等级的样照，但也可以评半级（SA - 1.5、SA - 2.5、SA - 4.5）。

9.4.4 外观等级 SA - 5 相当于 SA - 5 标准样照，表示平整度是最好的；外观等级 SA - 1 相当于 SA - 1 标准样照，表示平整度是最差的。

9.4.5 如果在评级的试样上有洗后折痕，细心评级试样。这样的洗后折痕可以忽略。当带有洗后折痕的试样与其他试样的等级相差一级以上时，应重新取样，重新进行测试，一定要小心，以避免产生干燥折痕。

9.5 缝线外观。

9.5.1 将试样放在评级板上，缝线与水平面垂直。将适合的单缝或双缝标准样卡（SS）放在试样旁边，以方便评级。

9.5.2 评级时要注意缝线区域，不要受周围织物外观的影响。

9.5.3 给出与缝线外观最接近的标准评级样

照的数字级数。

9.5.4 缝线外观等级 SS－5 相当于标准样照的 No.5，5 级缝线平整度是最好的；缝线外观等级 SS－1 相当于标准样照的 No.1，1 级缝线平整度是最差的。

9.6 褶裥外观。

9.6.1 将试样放在评级板上，褶裥与水平面垂直。将最接近的三维褶裥保持性样照（CR）放在试样的旁边，以方便评级。1、3、5 级评级样照放在试样的左边，2、4 级评级样照放在试样的右边。

9.6.2 带有反射镜和防护罩的泛光灯如图 2 所示放置在评级区域，在这个评级过程中要使用。

9.6.3 评级时要注意褶裥本身不要受周围织物外观的影响。

9.6.4 给出与褶裥外观最接近的标准评级样照的数字级数。

9.6.5 褶裥外观等级 CR－5 相当于标准样照的 No.5，5 级褶裥外观是最好的；褶裥外观等级 CR－1 相当于标准样照的 No.1，1 级褶裥外观是最差的。

9.7 纺织制品的外观。

9.7.1 分别评定各项外观，将评级结果填入评级图表中（见图6）。

9.7.2 如果要指定各项外观对整体外观影响的重要程度，将权重因数填入评级图表中。

9.7.3 各项外观权重因数的意义是：

3——对整体外观非常重要

2——对整体外观中等重要

1——对整体外观轻微重要

9.7.4 将样品放在评级板上，这样评级区域的中心距离地面大约 1.5m（5.0 英尺），如图 1 所示。在适当的位置放置合适的三维标准样照，以利于比较评级（参考 9.4、9.5 或 9.6）。

9.7.5 如果样品非常大，如床单、羊毛围巾、床罩、窗帘或帷幕，沿长度方向折叠样品，这样形成的样品为原始宽度的一半。将折叠后的样品放在一个杆子上，这样织物的长度方向是垂直的，折叠样品位于 1/4 处。杆子应足够长，保证容纳一半宽度的样品。将装有大试样的杆子放在评级板上，距离地面 1.8m（6.0 英尺）。标准样照放置在利于比较评级的位置。在整个宽度范围上评级样品，评级时样品与样照在同一视觉水平线上。以相同的方式评级样品的四个部分，报告各项评级的结果平均值。

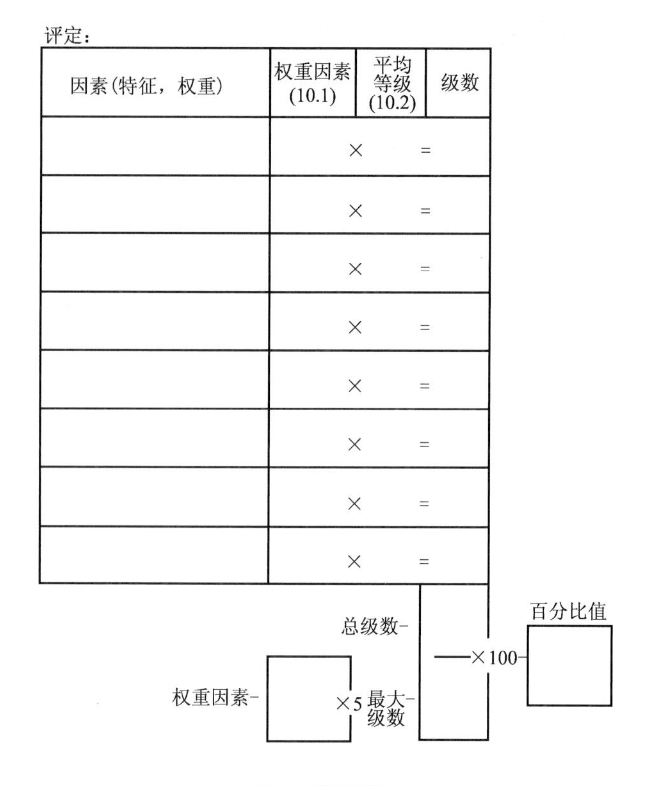

图6 评级图表

10. 报告

10.1 选项 1。采用权重因数在评级图表（见图6）中将指定的各项外观的权重因数相加，并乘以 5。这样给出了这个样品可以得到的最大值。用指定的各项权重因数乘以各项外观评级结果的平均值。合计这些值，得到这个样品的实际值。用实际值除以最大值，再乘以 100，报告这个百分比数值。这个值是这个测试方法的度量单位。

10.2 选项 2。在评级图表级数纵列分别报告各项外观评级结果的平均值。

10.3 洗涤程序。

10.3.1 报告洗涤要素。

(1) 采用的洗涤方式（循环和温度）和干燥程序（循环和温度)。

(2) 载荷重量：1.8kg (4 磅) 或3.6kg (8 磅)。

(3) 完整的洗涤和干燥循环次数。

(4) 织物是否产生扭曲或褶裥。

(5) 织物是否进行了手工熨烫。

(6) 织物是否进行了护理以及护理方法。

(7) 洗涤剂。

(8) 陪洗布。

10.3.2 举例。平整度等级 -3.8 (SN) [1 - Ⅳ - A (ⅰ)]，1993 AATCC 标准洗涤剂，1.8kg，陪洗布 3、5 个循环。

——外观平整度等级为 3.8。

——褶裥保持性能等级为 3.8。

——服装洗涤温度为 49°C (120℉)，洗涤剂为 1993 AATCC 标准洗涤剂。

——服装用标准挡/厚重棉织物程序翻滚烘干。

——负荷为 1.8kg。

——采用陪洗布 3。

——5 次完整的洗涤和干燥循环（其他要素按类似方法在报告中注明)。

10.4 如果洗涤过程中，在缝线或产品中的其他位置发生散边，应注明散边的位置和数量。

11. 精确度和偏差

11.1 精确度。这个测试方法的精确度还没有确立。方法精确度的描述是用标准统计学技术比较实验室内部或实验室间的测试结果的平均值而产生的。

11.2 偏差。服装和其他纺织制品经多次家庭洗涤后的外观，仅仅是根据测试方法确定。没有确定真实值的独立方法。作为评定这个性能的方式，本方法没有已知的偏差。

12. 注释

12.1 有关适合测试方法的设备信息，请登录 http://www.aatcc.org/bg，浏览在线 AATCC 用户指导，见 AATCC 企业会员提供的设备和材料清单。但 AATCC 未对其授权，或以任何方式批准、认可或证明清单上的任何设备或材料符合测试方法的要求。

12.2 经推荐的洗衣机和烘干机的型号和来源，可以联系 AATCC，地址：P.O.Box 12215，Research Triangle Park NC 27709；电话：919/549 - 8141；传真：919/549 - 8933；电子邮件：orders@aatcc.org。也可以使用任何给出对比结果的其他知名的洗衣机和烘干机，在专题论文“家庭洗涤测试条件的标准化”中给出的洗涤条件表示从当前指定型号的洗衣机可以得到的实际速度和时间。其他洗衣机在这些设置上可能会有一个或更多不同。在专题论文“家庭洗涤测试条件的标准化”中给出的条件表示从当前指定型号的烘干机可以得到的实际温度和冷却时间。其他烘干机在这些设置上可能会有一些不同。

12.3 可从 AATCC 获得，地址：P.O.Box 12215，Research Triangle Park NC 27709；电话：919/549 - 8141；传真：919/549 - 8933；电子邮箱：orders@aatcc.org；网址：www.aatcc.org。

12.4 使用这个方法中规定的 8 英尺的装置来观测洗后试样。建议，如果实验室中的实际位置不能满足使用 8 英尺的装置，可以使用 4 英尺的光源。但评级样照 SA -4、SA -3 和 SA -1 应始终放在评级板的左边，从观测板的正前方观测。评级样照 SA -5、SA -3.5 和 SA -2 应始终放在评级板的右边，从观测板的正前方观测。

12.5 与其他手洗程序相似，这个程序有其固有的局限性。例如，由于人为原因限制了动作形式的重现性。

12.6 ASTM 标准可以从 ASTM 获取，地址：100 Barr Harbor Dr.，West Conshohocken PA 19428；

电话：610/832 - 9500；传真：610/832 - 9555；网址：www. astm. org。

12.7 AATCC 技术中心做了以下研究：使用 1993 AATCC 标准洗涤剂和 AATCC 标准洗涤剂 124 及两种不同类型的陪洗织物（通用和备选）得到不同结果。所选用的测试条件如下：

洗涤循环：(1) —— 标准挡/厚重棉织物挡

洗涤温度：(V) —— 60℃ ±3℃ (140°F ±5°F)

干燥方法：(A - i) ——滚筒烘干，厚重棉织物挡

试验织物：白色斜纹织物（100% 棉）

米色斜纹织物（100% 棉）

灰色府绸织物（100% 棉）

蓝色斜纹织物（50/50 涤/棉）

研究结果表明：使用不同的洗涤剂或陪洗织物所得到的结果没有明显差异。

AATCC 144－2007

纺织品湿加工过程中的总碱含量

AATCC RA34 技术委员会于 1975 年制定，1977 年、1980 年、1986 年、1992 年、2002 年和 2007 年重新审定；1985 年、1990 年、2010 年编辑修订；1987 年、1997 年修订（标题更换）。

1. 目的和范围

本测试方法用来测定纺织品湿加工过程中的总碱含量。总碱含量可用于确定织物经湿加工后，特别是在漂白后的洗涤和/或中和的效率，也可以用于评价前处理后的纺织品是否适合于后续染色和整理。

2. 原理

将样品浸在蒸馏水或去离子水中，然后用标准酸滴定溶液到预先确定的终点，通过滴定所耗用酸的体积和样品的重量，计算碱的百分含量。

3. 术语

3.1 漂白：通过氧化或者还原化学处理，去除基质上不想要的有色物质的过程。

3.2 pH 值：以克当量每升表示的氢离子活度的负对数，值在 0～14 之间，可表示酸性和碱性，7 代表中性，越小于 7 表示酸性越强，越大于 7 则表示碱性越强。

3.3 总碱量：在纺织品加工过程中，经过湿加工的织物中残留的碱性物质量，用氢氧化钠对织物干重的百分数来表示。

3.4 湿处理：在纺织品加工过程中，有一整套加工工序，包括前处理、染色、印花和整理工艺，在这些过程中通常都是使用液体，如用水、或溶液中或分散液中的化学品来对纺织品进行处理。

4. 安全和预防措施

本安全和预防措施仅供参考。本部分有助于测试，但未指出所有可能的安全问题。在本测试方法中，使用者在处理材料时有责任采用安全和适当的技术；务必向制造商咨询有关材料的详尽信息，如材料的安全参数和其他制造商的建议；务必向美国职业安全卫生管理局（OSHA）咨询并遵守其所有标准和规定。

4.1 遵守良好的实验室规定，在所有的试验区域应佩戴防护眼镜。

4.2 所有化学物品应当谨慎使用和处理。

4.3 如果用浓硫酸稀释制备 $C\left(\frac{1}{2}H_2SO_4\right)=0.1mol/L$ 硫酸（见 6.5），要使用化学护目镜或者面罩、防渗透手套和围裙，处理浓酸时必须在通风良好的通风橱中进行。需要注意的是，配置酸液时，应总是向水中滴加酸。

4.4 在附近安装洗眼器/安全喷淋装置以备急用。

4.5 本测试法中，人体与化学物质的接触限度只许达到或低于官方的限定值［例如，美国职业安全卫生管理局（OSHA）允许的暴露极限值（PEL），参见 1989 年 1 月 1 日实施的 29 CFR 1910.1000］。此外，美国政府工业卫生师协会（ACGIH）的阈限值（TLVs）由时间加权平均数（TLV－TWA）、短期暴露极限（TLV－STEL）和最高极限（TLV－C）组成，建议将其作为人体在空气污染物中暴露的基本准则并遵守（见 13.1）。

5. 使用和限制条件

5.1 用本测试方法测定织物上所含碱的总量，所有测得的碱性物质（包括氢氧化钠、碳酸钠、碳酸氢钠以及其他碱盐）均换算为氢氧化钠进行计算，试验结果报告为总碱量，用氢氧化钠表示。

5.2 因为蒸馏水或去离子水可能含有二氧化碳，所以使用之前必须煮沸以去除二氧化碳。

6. 仪器和试剂

6.1 pH 计。最小刻度 0.1。

6.2 玻璃烧杯。600mL。

6.3 玻璃滴定管。10mL，最小刻度 0.10mL。

6.4 缓冲溶液。pH 值为 4.0 ~ 7.0。

6.5 硫酸（H_2SO_4）。$C\left(\frac{1}{2}H_2SO_4\right) = 0.10mol/L$（见 13.2）。

7. 校准

根据产品使用说明，用 pH 值为 4.0 的缓冲溶液校准 pH 计，二点校准 pH 计应使用 pH 值为 4.0 和 7.0 的缓冲溶液分别校正。

8. 试样准备

8.1 在干态或湿态下取样均可。

8.2 干态织物。选择两块或更多块具有代表性的干织物试样，将其放入烘箱内，在 100℃（212℉）下干燥 1h，在干燥器中冷却并称量，精确到 0.1g，试样总重量应为 5 ~ 10g。

8.3 湿态织物。选择两块或者更多块具有代表性样品，湿态下总重 10 ~ 20g。

9. 操作程序

9.1 室温下，将每个样品分别放入盛有 450 ~ 500mL 蒸馏水或者去离子水的 600mL 烧杯中，剧烈搅拌 1min，盖上盖子，浸渍样品 15min。最后，再次搅拌样品溶液，插入 pH 计电极，注意要避免 pH 计与样品接触。

9.2 用 $C\left(\frac{1}{2}H_2SO_4\right) = 0.10mol/L$ 的硫酸滴定水和样品溶液，到 pH 值为 3.9 作为终点并稳定 10s，随着一滴滴地滴定，轻轻搅动试样，注意搅动时不要接触到电极，读取滴管上最接近的刻度值（见 13.3）。

9.3 如果从湿样品上剪取试样，按 8.2 中方法清洗并烘干已滴定试样至恒重（精确到 0.1g），小心收集在滴定过程中可能散开的任何线头。

9.4 重复 9.2 步骤，滴定不放试样的空白水样。

10. 计算

10.1 按照下面公式用滴定量计算总碱含量的百分数：

$$X = \frac{(A - B) \times 0.04 \times N}{W} \times 100\%$$

式中：X——以氢氧化钠表示的总碱量的重量百分数，%；

A——滴定试样溶液耗用酸的体积，mL；

B——滴定空白水样耗用酸的体积，mL；

N——硫酸的当量浓度，0.10N；

W——试样的质量。

10.2 使用下面公式计算样品的平均值：

$$x = \frac{x_1 + x_2 + \cdots + x_n}{n}$$

11. 评级

11.1 总碱含量的重要性在于它会影响到纺织品的后续加工工艺。所以试验结果通常是用总碱含量和纺织品中萃取液的 pH 值共同表示，详见 AATCC 81《湿处理纺织品水萃取液 pH 值的测定》。

11.2 只要试样中含有碱，那么总碱量表示单位质量试样中残余碱的量。

12. 精确度和偏差

12.1 精确度。

12.1.1 实验室间的研究于1993年完成，共有五个实验室参与，每个实验室有两名操作员对四块织物样本进行试验，每个织物样品进行三次测定。预先没有对参与的实验室在试验方法操作上的相对水平进行评估。

12.1.2 对数据组（5×2×3×4=120）进行分析可得到偏差构成如下：

偏差构成	偏差
实验室间偏差	0.000245
同一实验室内操作员间的偏差	0.000061
同一材料、同一实验室和同一操作员的试样间的偏差	0.000047

12.1.3 下表（临界差）是使用12.1.2中的值计算的。

给定条件下两个平均值的临界方差（95%置信水平）

测试次数（N）	纺织品湿加工过程中的总碱度（以氢氧化钠计的总碱量的百分数）		
	单操作员精度	实验室内精度	实验室间精度
1	0.0190	0.0288	0.0509
2	0.0134	0.0230	0.0491
4	0.0095	0.0209	0.0481
8	0.0067	0.0198	0.0477

12.1.4 在合适的精度参数下，N次测定值中的两个平均值间的方差，应达到或超过表中的以95%的置信水平下统计的值。

12.2 偏差。

纺织品湿加工过程中的总碱含量的测试方法的偏差只能作为一种测试方法进行定义。本方法没有已知偏差。在研究中，没有单独的、参考性的统计方法可以确定本方法是否存在偏差。

13. 注释

13.1 相关资料可从ACGIH Publications Office获取，Kemper Woods Center，1330 Kemper Meadow Dr.，Cincinnati OH 45240；电话：513/742-2020；网址：www.acgih.org。

13.2 标准酸的制备方法参考W. W. Scott，Standard Methods of Chemical Analysis，6th Ed.，Van Nostrand，New York，1962，p1343。

13.3 滴定的过程中可以使用合适的比色指示剂，比如甲基橙（pH=3.1~4.4）指示剂，用指示剂得到的结果要比用pH计测得结果的精度低。

AATCC 146 – 2011

分散染料的分散性：过滤测试法

AATCC RA87 技术委员会于 1975 年制定；1976 年、1977 年、1989 年和 2006 年重新审定；1979 年、1996 年、2011 年修订；1980 年、1983 年、1985 年、1987 年、1995 年、2001 年、2004 年、2008 年、2010 年编辑修订；1984 年和 1994 年编辑修订并重新审定；与 ISO 105 – Z04 技术等效。

1. 目的和范围

1.1 本测试方法是通过在标准条件下，分散染料在水溶性介质中分散染料的过滤时间和过滤残留量来评价分散染料的分散性能。有关影响本测试方法的精确度和可重现性的因素请参见 10。

1.2 本测试方法仅适用于评价在水溶性介质中及在特定条件下分散染料的分散性。

2. 原理

2.1 先对一定量的分散染料进行稀释，加热并用特定的微米级尺寸的滤纸过滤，记录染料扩散通过滤纸的时间。

2.2 根据预期的染料应用情况列出三个测试方法（见 10.5 和下表）。

应用测试方法的选择

测试方法值	Whatman 滤纸组合	应　用	所用染液 pH 值
Ⅰ	2#放在 4#上	涤纶的筒子纱染色	4.5～5.0
Ⅱ	2#放在 4#上	涤纶的绳状染色	4.5～5.0
Ⅲ	2#放在 4#上	锦纶地毯和成衣染色	9.0～10.0

3. 术语

3.1 分散染料：一种非水溶性染料，在被适当分散时，对聚酯、聚酰胺及其他合成纤维具有亲和力。

3.2 分散性：颗粒被分解到最小粒子尺寸的程度，该极微小的粒子能通过标准滤纸间隙。

4. 安全和预防措施

本安全和预防措施仅供参考。本部分有助于测试，但未指出所有可能的安全问题。在本测试方法中，使用者在处理材料时有责任采用安全和适当的技术；务必向制造商咨询有关材料的详尽信息，如材料的安全参数和其他制造商的建议；务必向美国职业安全卫生管理局（OSHA）咨询并遵守其所有标准和规定。

4.1 遵守良好的实验室规定，在所有的试验区域应佩戴防护眼镜。在处理粉末状染料时需佩戴单次使用的防尘呼吸器。

4.2 所有化学物品应当谨慎使用和处理。在遵守良好的实验室规范的前提下，本测试方法中所使用的特定浓度的化合物并不存在严重危害性。

4.3 如果需要将浓醋酸稀释以制备 10% 的醋酸溶液，在制备过程中需使用化学护目镜或者防护面罩，防护手套和防水护围裙。浓酸处理只能在充分通风的通风橱内进行。需要注意的是，应总是向水中滴加酸。

4.4 在附近安装洗眼器/安全喷淋装置以备急用。

4.5 本测试法中，人体与化学物质的接触限度必须达到或低于官方的限定值［例如，美国职业安全卫生管理局（OSHA）允许的暴露极限值

(PEL)，参见 1989 年 1 月 1 日实施的 29 CFR 1910.1000]。此外，美国政府工业卫生师协会（ACGIH）的阈限值（TLVs）由时间加权平均数（TLV - TWA）、短期暴露极限（TLV - STEL）和最高极限（TLV - C）组成，建议将其作为人体在空气污染物中暴露的基本准则并遵守（见 10.15）。

5. 仪器和材料

5.1 布氏漏斗。表面光滑、陶瓷制，直径为 110mm（见 10.2）。

5.2 滤纸。Whatman 2#，直径为 110mm；Whatman 4#，直径为 110mm 或者其他等效滤纸（见 10.4）。

5.3 放置滤纸的不锈钢环。大概尺寸为内径 103mm（4.05 英寸），外径 111mm（4.33 英寸），高 8mm（0.32 英寸）（见 10.6 和 10.12）。

5.4 带有支管的过滤烧瓶，容量为 1000mL。

5.5 压力计。用来测量真空度（压力下降）。

5.6 真空泵或者吸水器。以获得 560mm ± 100mm 汞柱（22 英寸 ±4 英寸汞柱）。

5.7 真空控制阀。

5.8 抽真空用橡胶管。

5.9 秒表。

5.10 烧杯。400mL 或者更大容积。

5.11 分析天平。

5.12 乙二胺四乙酸四钠盐（EDTA），25% 溶液。如 Cheelox BF - 12 或等效溶液。

5.13 无水焦磷酸钠（TSPP）（$Na_4P_2O_7$），10% 溶液。

5.14 醋酸（CH_3COOH）。10% 溶液。

5.15 过滤残留样卡（见图 1 和 10.12）。

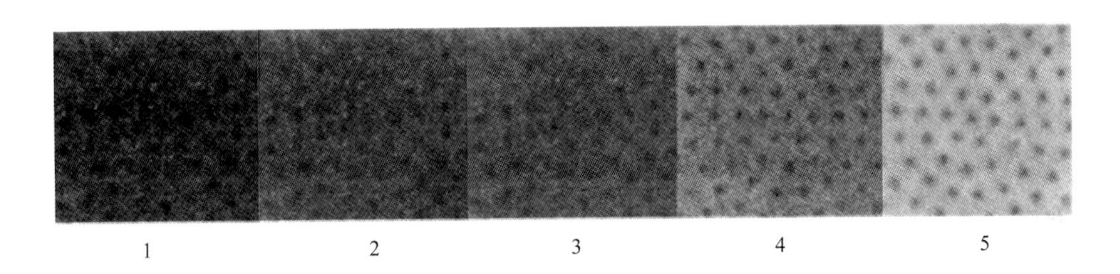

图 1 过滤残留卡

5.16 蒸馏水或者去离子水，加热时 pH 值不会有太大改变。根据 5.12 所述，用 0.25g/L 的螯合剂（EDTA）对蒸馏水或者去离子水进行处理。

5.17 染料样品（见 6.2）。

5.18 搅拌器。实验室用磁力搅拌。

5.19 刻度量筒。250mL。

5.20 pH 计。

6. 操作程序

6.1 水的制备。

6.1.1 将 400mL 水预热至 71℃（160℉），使漏斗的温度在试验前预热（见 10.7 和 6.6）。

6.1.2 染料分散专用水制备。在蒸馏水或者去离子水中加入 0.25g/L EDTA（见 5.12）。

6.2 染料的称重。

6.2.1 称出 2.0g ±0.1g 待测粉末状染料，或 4.0g ±0.2g 的 50% 待测染料样品溶液，同时称出等量的标准染料（见 10.3）。

6.2.2 如果染料着色强度高，其重量可减少到 1g/200mL，但报告中应注明仅使用了 1g。（见 10.8）

6.2.3 在对两种色度相近，但着色强度不同的两种同染料进行评价时，选择其中一种作为标准品，另一样品同样按 1g/200mL 进行试验。在对同种染料的两个样品进行评价时，标准品由各自的制造商提供。在对两个来自不同制造商的同种染料进行评价时，如果两种产品的着色强度相同，试验前应确定一种作为标准品。如果着色强度已知，这两种产品应按 6.2.1 和 6.2.2 进行评价。

6.3 在 400mL 烧杯中加入 200mL 经特殊处理的 43～49℃（110～120℉）的水（见 5.16），用磁力搅拌器强力搅拌，然后将称量的染料（见 6.2.1）全部缓慢加入 200mL 水中。按照下述方法调节 pH 值。

6.3.1 测试方法Ⅰ和Ⅱ。用 10% 醋酸（见 5.13 和 10.14）调节 pH 值至 4.5～5.0。

6.3.2 测试方法Ⅲ。用 TSPP（见 5.13 和 10.14）调节 pH 值至 9～10。

6.4 将溶液加热 5～10min，升温至 71℃（160℉）。升温过程中用磁力棒进行搅拌以避免局部性受热（见 10.1 和 10.10）。

6.5 把 200～300mL 的 71℃（160℉）的水倒入一个不带滤纸的 110mm 的漏斗中（见 10.9），等待 25s ± 10s。打开真空泵，直到水全部流过漏斗。

6.6 关闭真空泵，立即将滤纸放入布氏漏斗中（见 10.5、10.6、10.8 和上表）。

测试方法Ⅰ：Whatman 2#滤纸在上
Whatman 4#滤纸在下

测试方法Ⅱ：Whatman 4#滤纸在上
Whatman 4#滤纸在下

测试方法Ⅲ：Whatman 4#滤纸在上
Whatman 4#滤纸在下

6.7 将不锈钢环放到漏斗中的滤纸上，并打开真空泵，使真空度为 560mm ± 100mm（22 英寸 ±4 英寸）（见 10.7）。用标准真空泵或吸尘器可达到所需的真空度。采用吸水器时，当液体吸入到该系统中时才能达到所需的真空度。这种情况下，将染料分散液注入到漏斗中，静置 10～13s 后再抽真空，继续试验。

6.7.1 真空泵保持开启状态，立即将已经加热到 71℃（160℉）的染料分散液倒入布氏漏斗中（见 6.4），并开始计时。记录时间最长为 120s，精确到秒。当滤纸的表面由湿态转为干态时为计时终点。

6.7.2 为了提高实验结果的再现性，尤其是 3 级或更低级别的再现性，建议在干燥前用 10～15mL 的专用水（见 6.12）冲洗漏斗中的滤纸。

6.8 干燥滤纸，并按照 7 的要求进行评定。

7. 评定

7.1 记录过滤时间，并根据如下要求评级：

A 级——0～24s

B 级——25～49s

C 级——50～74s

D 级——75～120s

E 级——大于 120s

7.2 对照过滤残留样卡（标准照片的复制品）（见 10.13、10.14）检查滤纸上的残留物，同时也要检查任何可见的粗的或颗粒状的物质（见 10.13）。如果出现上述残留物，则结果直接评为 1 级。如果没有上述残留物出现，则按如下进行评级：

5 级——优异

4 级

3 级——中间值

2 级

1 级——较差

8. 报告

分类并报告如下：

8.1 测试方法（见 10.6 和上表）。

8.2 根据过滤速度所得的评级结果（见 7.1）。

8.3 根据过滤残留物所得的评级结果（见 7.2）。

例：Ⅰ-A-3，这里Ⅰ表示测试方法（Whatman 2# 放在 Whatman 4# 上面)；A 表示过滤时间 (0～24s)；3 代表与标准过滤残留样卡比较所得的滤纸上残留物的量。

9. 精确度和偏差

9.1 精确度。本测试方法的精确度尚未确立。在本测试方法的精确度声明确立之前，可以使用标准的统计技术来对实验室内部或者实验室之间的测试结果进行比对分析。

9.2 偏差。分散染料的分散性只能从一个测试方法方面进行定义。目前还没有一个独立的方法来确定其真实值。作为一个评估性的方法，本方法没有已知的偏差。

10. 注释

10.1 除非实验过程严格按照本方法所规定的条件进行，否则测试结果可能差异很大。测试条件的任何变化可能导致测试无效。当满足方法所要求的测试条件时，已证明不同实验室间的测试结果具有可重现性。

10.2 过滤漏斗直径、表面积的不同，可能导致测试结果的偏差。

10.3 采用标准染料，可以将操作员的操作对测定结果的影响降低到最低程度。

10.4 Whatman 滤纸是专用的，因为在改进本测试方法过程中，所有过程均使用这一滤纸。能证明具有等效过滤结果的任何其他滤纸也可以使用。过程中使用两层滤纸可保证过滤表面具有更加一致的真空度。滤纸通常是装在盒子中，光滑的一面向上，以避免由于粗糙面的质地不同而引起变化。粗糙的滤纸应一直位于底部。其他滤纸如果品质和微孔确保与 Whatman 滤纸完全一致，也可以使用。

Whatman 2#——过滤颗粒 8 μm 以上。

Whatman 4#——过滤颗粒 25 μm 以上。

10.5 测试方法Ⅰ、Ⅱ和Ⅲ定义如下：

测试方法Ⅰ——Whatman 2#滤纸放在 Whatman 4#滤纸上面。这个测试方法用于评价高分散性要求的染料，如用于涤纶的筒子纱染色。

测试方法Ⅱ——Whatman 4#滤纸放在 Whatman 4#滤纸上面。这个测试方法用于评价高浴比染色（如绳状染色）染料的分散性。

测试方法Ⅰ和Ⅱ在 pH 值为 4.5～5.0 的酸性环境中进行，以反映出常规涤纶用分散染料进行染色的过程。

测试方法Ⅲ——Whatman 4#滤纸放在 Whatman 4#滤纸上面。这个测试方法用于评价用于锦纶产品（如锦纶地毯和成衣染色）的染料的分散性。本测试方法的 pH 值为 9～10，能够反映工业中锦纶染色的实际环境。

10.6 由于 Whatman 滤纸是天然纤维素纤维，润湿后很容易膨胀。因此，如果滤纸进行了预润湿，过滤时间将随着润湿温度或润湿滞后而变长，而且滤纸的微孔保持力也将下降，因此必须保证测试前滤纸不被润湿。这也是为什么用来固定滤纸的不锈钢环也不能润湿的原因。对于颗粒很细小的染料，过滤速度将不会随真空度改变而产生显著的变化。但是，对于颗粒较大的染料，即使抽吸力没有那么大，降低真空度会缩短过滤时间。对于颗粒较大的染料，增大真空度会造成滤纸过滤阻碍，降低过滤速率，进而滤纸膨胀会更厉害。这将导致过滤时间变长以及滤纸上残留的染料量更多。

10.7 漏斗应用 200～300mL 的温度为 71℃ (160℉) 的水进行预热，而后擦干，这样分散染料溶液的温度不会因为接触到冷的漏斗而降低。漏斗的预热过程应该在准备放滤纸进行测试前进行。

10.8 在染料的常规应用中以浓度 2g/200mL 作为浓度的上限。对于高着色力的染料，这一浓度可以降低到 1g/200mL，这一浓度应该在报告中进行明示。

10.9 使用 43～49℃ (110～120℉) 的水是很重要的。如果开始使用 71℃ (160℉) 的水，对于个别的染料可能会导致很大的结果差异。在类似于工厂生产条件的情况下，特定的步骤允许染料打湿。

10.10 过长的时间延迟和保持温度可能影响测试结果。测试应该在 15min 内完成。

10.11 过滤残留样卡由代表五个等级的过滤残留量状态的照片组成，作为评价部分使用（见 7.2）。

10.12 相关资料可以从 AATCC 获取。P. O. Box 12215，Research Triangle Park NC 27709；电话：919/549－8141；传真：919/549－8933；电子邮箱：orders@aatcc.org；网址：www.aatcc.org。

10.13 在滤纸干燥前，用 10～15mL 的专用制备的水清洗滤纸。这样有助于去除比所用滤纸孔径更小的微米级的染料。

10.14 调节 pH 值是必需的，因为不同的染料自身会有很大的 pH 值变化范围。例如，浆状染料的分散液的 pH 值通常比其相应粉末的分散液具有更强的碱性。

10.15 相关资料可从 ACGIH Publication Office 获取，Kemper Woods Center，1330 Kemper Meadow Dr.，Cincinnati OH 45240；电话：513/742－2020；网址：www.acgih.org。

附录 A　AATCC 146 方法的流程图

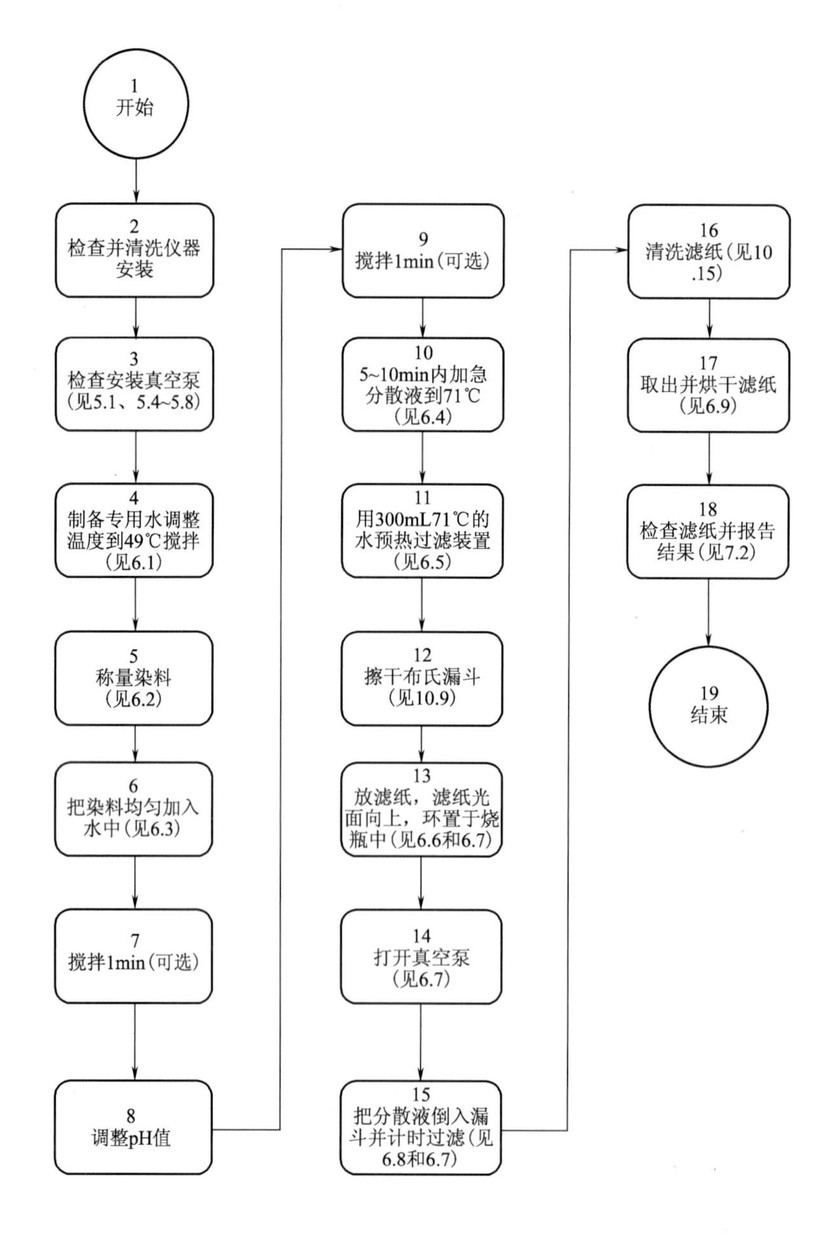

AATCC 147－2011

纺织材料抗菌活性评价：平行条纹法

AATCC RA31 技术委员会于 1976 年制定；1977 年、1982 年、1998 年重新审定；1980 年、1982 年、1983 年和 1986 年编辑修订；1987 年、1988 年（标题更改）、1993 年、2011 年修订；2004 年编辑修订并重新审定。

前言

平行划线法满足了对经抗菌整理的纺织材料中可扩散抗菌剂抗菌活性进行相对快捷和易操作的定性检测的需求。

AATCC 测试方法 100《纺织材料抗菌整理剂的评价》是一种十分灵敏的定量方法，但是对日常质量控制和筛检而言过于繁琐、耗时。因此，当要用抗菌剂在琼脂中的扩散来表明抑菌活性时，AATCC 147 可以满足这种要求。试验采用平行条纹法在琼脂表面接种，因此更易区分试验菌种和未灭菌样品可能带入的污染菌。平行条纹法在评价抗革兰氏阳性菌和抗革兰氏阴性菌活性上的多年应用证明该方法有效。

1. 目的和范围

旨在检测纺织材料的抑菌活性。RA31 技术委员会根据多家实验室对经多次标准洗涤后织物上残留的抗菌剂（用化学分析法测定）进行的测试，证实了该方法的可重现性。随着从条纹的一端到另一端以及相邻两条纹之间接种微生物繁殖量的逐渐减少，其灵敏度在不断增加，所以本方法可测定这种活性的粗略值。通过抑菌区的大小以及抗菌剂导致的线条变窄，可以评价经过多次洗涤后残留的抗菌活性。

2. 原理

将测试材料的试样，包括相应的未经抗菌整理的同样材料的控制样，紧贴在营养琼脂上（见 7.1 和 7.4），营养琼脂预先用测试菌种划线接种。经过培养，试样下以及周围的无菌区表明试样的抑菌活性。测试材料对使用的标准菌株有规定。如果没有特殊要求，革兰氏阳性菌可以金黄色葡萄球菌为代表。其他建议使用的菌种在下文 6 中列出。

3. 术语

3.1 活性：抗菌整理剂效果的度量。

3.2 抗菌剂：纺织品中，任何能够杀死细菌（杀菌剂）或抑制细菌活性、生长、繁殖（抑菌剂）的化学物质。

3.3 抑菌区：与琼脂培养基表面直接接触的试样附近，无已接种在培养基表面的微生物生长的区域。

抑菌区是由于试样上抗菌剂的扩散造成的。

4. 安全和预防措施

本安全和预防措施仅供参考。本部分有助于测试，但未指出所有可能的安全问题。在本测试方法中，使用者在处理材料时有责任采用安全和适当的技术；务必向制造商咨询有关材料的详尽信息，如材料的安全参数和其他制造商的建议；务必向美国职业安全卫生管理局（OSHA）咨询并遵守其所有标准和规定。

4.1 本测试只能由受过训练的人员操作。参阅美国健康与社会服务部出版的《微生物和生物化学实验室的生物安全》（见 12.1）。

4.2 本测试中所用的某些微生物具有致病性，可能使人感染和产生病菌。因此，应采取一切必要和合理的措施，消除实验室以及相关环境中人员的风险。应穿着防护服、佩戴呼吸器防止细菌侵入。

4.3 遵守良好的实验室规定，在所有的试验区域应佩戴防护眼镜。

4.4 所有化学物品应当谨慎使用和处理。

4.5 在附近安装洗眼器/安全喷淋装置以备急用。

4.6 所有污染的样品和测试材料必须经过消毒灭菌后才能处理。

4.7 本测试法中，人体与化学物质的接触限度必须达到或低于官方的限定值［例如，美国职业安全卫生管理局（OSHA）允许的暴露极限值（PEL），参见 1989 年 1 月 1 日实施的 29 CFR 1910.1000］。此外，美国政府工业卫生师协会（ACGIH）的阈限值（TLVs）由时间加权平均数（TLV－TWA）、短期暴露极限（TLV－STEL）和最高极限（TLV－C）组成，建议将其作为人体在空气污染物中暴露的基本准则并遵守（见 12.2）。

5. 使用和限制

本方法不适用于胶囊化抗菌剂，并阻碍其扩散，或含有抗菌中和物质的材料。

6. 试验细菌

6.1 试验菌种。

6.1.1 金黄色葡萄球菌（Staphylococcus aureus），ATCC 6538，CIP4.83，DSM799，NBRC13276，NCIMB9518 或等效菌种。（见 12.3）

6.1.2 肺炎杆菌（Klebsiella pneumoniae），ATCC 4352，革兰氏阴性菌 ATCC 6538，CIP 104216，DSM 789，NBRC 13277，NCIMB 10341 或等效菌种。（见 12.3）。

6.1.3 根据试样的最终用途，也可使用其他合适的菌种。

6.2 应按良好的实验室操作规范保藏菌种。（见 12.4）

6.3 如果条件允许，可用一块已知抗菌活性的标准对照样（阳性对照样）测试所使用的培养物的活性。

6.4 为了确定抗菌活性是否是抗菌剂所致，可对相同材料的，任何其他整理剂（抗菌整理剂除外）进行同样整理的试样进行测试。许多标准织物整理剂，尤其是抗皱剂和免烫剂，即使在经过多次洗涤之后仍具有强抗菌性。

7. 培养基

7.1 培养基和试剂。以下肉汤和琼脂培养基是合适的：

7.1.1 营养肉汤/琼脂。

7.1.2 大豆胰蛋白胨肉汤/琼脂。

7.1.3 脑心浸液肉汤/琼脂。

7.1.4 Müller－Hinton 肉汤/琼脂。

7.1.5 根据测试菌种的需要，可选用其他肉汤/琼脂。

7.2 材料。

7.2.1 培养箱温度保持在 37℃ ± 2℃（99℉ ±4℉）。

7.2.2 接种环。

7.2.3 煤气喷灯或等同物。

7.2.4 水浴温度保持在 45～50℃（113～122℉）。

7.2.5 1mL 无菌移液枪。

7.2.6 具塞试管。不小于 10mL。

7.2.7 无菌皮氏培养皿。直径×深（100mm×15mm）。

7.2.8 无菌镊子。

7.2.9 立式显微镜。放大倍数不低于 40 倍。

7.2.10 直尺。

8. 试样

用手或裁样器裁剪试样（未灭菌）。试样尺寸合适即可。建议将试样剪成25mm×50mm的长方形。长50mm的试样可使试样与五条平行的接种线垂直相交，接种线从8～4mm依次递减。

9. 试验步骤

9.1 将灭菌的营养（或合适的培养基）琼脂培养基［冷却至47℃±2℃（117℉±4℉）］注入标准平底皮氏培养皿（15mm×100mm）中，每个平板注入15mL±2mL，待凝固后用于接种。

9.2 菌液制备。取1mL±0.1mL培养24h的肉汤培养物放进装有9.0mL±0.1mL灭菌蒸馏水的试管或小锥形瓶装中，适当搅拌混合均匀。

9.3 用4mm的接种环取一环稀释后的菌液，在灭菌琼脂表面划五条大约60mm长的线，每条线间隔10mm，线条应处在标准皮氏培养皿的中部（见10.1），划线过程中不再取菌液，操作时需注意避免划破琼脂表面。

9.4 轻轻按压垂直横放在5条接种线上的试样，使其与琼脂表面紧密接触。为了便于操作，也可用生物移片器或刮勺使试样紧贴在琼脂表面，生物移片器或刮勺应先用火焰灼烧灭菌，并速在空气中冷却后使用。

9.5 如果试样卷曲，不能与接种表面紧密接触，可用一个灭菌的玻片压在试样两端将其固定。

9.6 在37℃±2℃（99℉±4℉）的条件下培养18～24h。

10. 评价

10.1 观察经过培养的平板中试样下的接种线上细菌生长间断情况及试样边缘外的抑菌区。试样每边沿接种线的平均抑菌区宽度按照以下公式计算：

$$W=\frac{T-D}{2}$$

式中：W——抑菌区的宽度，mm；

T——试样以及抑菌区的总宽度，mm；

D——试样的直径，mm。

10.2 抑菌区的大小不能用于抗菌活性的定量评价。经过抗菌整理的材料应与相应的未经抗菌整理的材料以及已知抑菌活性的试样进行比较。应报告对抑菌区和试样正下方细菌生长情况观察的结果。通过测试的标准应该由协议双方商定。试样正下方与琼脂接触的区域必须无菌落生长，才能认为该试样有抗菌性。

11. 精确度和偏差

精确度。本试验方法的精确度尚未建立，在建立之前，采用标准的统计方法比较实验室内或实验室之间的试验结果的平均值。

12. 注释

12.1 出版物可从U. S. Department of Health and Human Services CDC/NIH－HHS获取；出版号（CDC）84－8395；网址www. hhs. gov。

12.2 手册可从以下地址获取：ACGIH Publications Office，Kemper Woods Center，1330 Kemper Meadow Dr.，Cincinnati OH 45240；电话：513/742－2020；网址：www. acgih. org。

12.3 美国典型菌种保藏中心（ATCC）地址：P. O. 1549，Manassas VA 20108；电话：703/365－2700；传真：703/365－2701；网址：www. atcc. org。CIP为法国巴斯德研究所保藏中心；DSM为德国微生物和细胞培养物保藏中心；NBRC为日本技术评价研究所生物资源中心；NCIMB为英国国家工业微生物菌保藏中心。经利益相关方商议，可选用世界培养物保藏联合会（WFCC）的同等菌株。试验使用的菌株应有溯源文件。

12.4 为确保测试的一致性和准确性，需保证储藏的测试用培养物纯净、无污染和突变。在接种和转种过程中应采用良好的无菌技术，避免污染；严格坚持每月对保藏培养物转种，防止突变；定期对平板划线，观察具有典型特征的单个菌落，检查菌种的纯度。

AATCC 149 - 2007

螯合剂：氨基多元羧酸及其盐类的螯合值测定——草酸钙法

AATCC RA90 技术委员会于 1976 年制定，1977 年、1985 年（标题更改）、1997 年编辑修订和重新审定；1980 年、2002 年、2007 年重新审定；1984 年、1986 年、1988 年（标题更改）、2010 年编辑修订；1992 年修订。

1. 目的和范围

乙二胺四乙酸（EDTA）、*N* - 羟基乙二胺三乙酸（HEDTA）和二乙烯三胺五乙酸（DTPA）及其盐类的有效成分含量通常用钙螯合值（CaCV）来表示，该值表示已知重量的螯合剂所能螯合的钙离子（以碳酸钙计）的数量。

2. 原理

螯合值是用已知浓度的钙离子溶液来滴定已知重量的螯合剂试样来测定的。滴定中，钙离子能与溶液中存在的负离子（草酸根）反应生成沉淀。随着钙离子溶液的加入，钙离子首先与螯合剂发生螯合反应，只要有游离的螯合剂存在，就不会形成沉淀物，钙离子加入量超过某一值后，稍微过量的钙离子就能与草酸根负离子反应，形成絮状沉淀物，此时即为反应终点。钙螯合值（CaCV）表示已知重量的螯合剂螯合的钙离子（以碳酸钙计）的数量，其单位为每克螯合剂能够螯合的碳酸钙的毫克数（mg 碳酸钙/g 螯合剂）

3. 术语

螯合剂：在纺织化学中，能使金属离子失去活性形成水溶性络合物的化学物质，同义词：络合剂。

4. 安全和预防措施

本安全和预防措施仅供参考。本部分有助于测试，但未指出所有可能的安全问题。在本测试方法中，使用者在处理材料时有责任采用安全和适当的技术；务必向制造商咨询有关材料的详尽信息，如材料的安全参数和其他制造商的建议；务必向美国职业安全卫生管理局（OSHA）咨询并遵守其所有标准和规定。

4.1 遵守良好的实验室规定，在所有的试验区域应佩戴防护眼镜。

4.2 所有化学物品应当谨慎使用和处理。

4.3 在准备过程中，配制和处理盐酸和氢氧化钠时要使用化学护目镜或者面罩、专用手套和试验服。浓酸和浓碱处理一定要在通风性能良好的通风橱内进行。需要注意的是，应总是向水中滴加酸。

4.4 盐酸二乙胺会刺激眼睛、皮肤和呼吸系统，必须在通风良好的通风橱内处理。

4.5 在附近安装洗眼器/安全喷淋装置以备急用。

4.6 本测试法中，人体与化学物质的接触限度只许达到或低于官方的限定值［例如，美国职业安全卫生管理局（OSHA）允许的暴露极限值（PEL），参见 1989 年 1 月 1 日实施的 29 CFR 1910.1000］。此外，美国政府工业卫生师协会（ACGIH）的阈限值（TLVs）由时间加权平均数

(TLV - TWA)、短期暴露极限（TLV - STEL）和最高极限（TLV - C）组成，建议将其作为人体在空气污染物中暴露的基本准则并遵守（见14.1）。

5. 使用和限制条件

5.1 通过该方法的分析得到的CaCV值，包括部分取代的EDTA、HEDTA和DTPA以及氮川三乙酸（NTA）、亚氨基二乙酸（IDA）、羟乙酸盐及其他弱螯合剂的螯合值，这些化合物在商品中可能会同时存在。

5.2 AATCC 168测试方法可以代替该方法，该方法测定的值不包括上述部分取代螯合剂和弱螯合剂的CaCV。

6. 试剂

6.1 碳酸钙（$CaCO_3$）。

6.2 草酸钠（$Na_2C_2O_4$）。

6.3 盐酸二乙胺［（C_2H_5）$_2$NH · HCl］。

6.4 氢氧化钠溶液（NaOH），50%（质量分数）。

6.5 浓盐酸（HCl）。

7. 取样

每次测试应重复三次。例如，一个试样应取出三份进行分析测定。

8. 测试条件

8.1 如果要测定固态螯合剂，取2g试样在适当的温度下干燥2h以上，在干燥器内冷却后称重。

8.2 游离酸型螯合剂需在120℃下干燥。

8.3 盐型螯合剂需在80℃下干燥。

9. 试样准备

9.1 不能使用铝制的或金属称量盘。

9.2 固态EDTA、HEDTA和DTPA（无论是游离酸型还是盐型）的分析。称量0.49～0.51g干燥后的螯合剂试样，精确到0.01g。

9.3 分析9.2中螯合剂盐的商品溶液时，称取1.00～1.20g溶液样品，精确到0.01g。

10. 试剂配制

10.1 钙滴定标准溶液（0.250mol/L）。称取25.0g碳酸钙，精确到0.1g，放入600mL的烧杯中，加入300mL水，并在磁力搅拌器上搅拌，缓慢加入43mL浓盐酸使其溶解，避免产生大量的气泡和溶液飞溅，碳酸钙溶解后（溶液变澄清），将溶液加热至沸，沸腾5min以排出二氧化碳气体，冷却至室温，转移到1L的容量瓶中并稀释到刻度，使用期限为一个月。

10.2 草酸钠指示剂。将5g草酸钠溶于250mL水中，使用期限为一个月。

10.3 氢氧化钠（50%）。大多数实验室供应商出售的50%（质量分数）的氢氧化钠溶液都可以使用。也可以在聚乙烯瓶中用100mL水溶解100g氢氧化钠固体来制备，静置一周使未溶解的碳酸钠沉淀分离。

10.4 pH值为12.0的缓冲溶液。将41.0g盐酸二乙胺溶解于400mL水中，加入40mL、50%的氢氧化钠并稀释到500mL，储存于聚乙烯瓶内，保质期为一个月。

11. 操作程序

11.1 把试样倒进250mL的锥形瓶内，加入85mL水，将称量纸或称量盘上残留的螯合剂也倒入锥形瓶内。

11.2 在锥形瓶内加入5滴50%的氢氧化钠溶液（如果有以游离酸形式的螯合剂存在时，加入10滴），搅拌使螯合剂溶解并且（或）混合均匀。

11.3 加入1mL、pH值为12.0的缓冲溶液，搅拌混合。

11.4 加入10mL草酸钠溶液，搅拌混合均匀。

11.5 使用10mL滴定管，用钙离子滴定溶液直至产生轻微混浊现象，保持30s不变时，滴定到达终点（见14.2）。

12. 计算

利用下面公式计算试样的钙螯合值（CaCV），取三位有效数字。

$$CaCV = \frac{100.1 \times 0.250 \times V}{W}$$

式中：CaCV——钙螯合值，$CaCO_3$/g 螯合剂，mg；

100.1——$CaCO_3$ 平均分子量，mg/mmol；

0.250——钙离子滴定溶液的（体积）摩尔浓度，mmol/mL；

V——耗用的钙离子滴定溶液的体积，mL；

W——试样的质量，g。

13. 精确度和偏差

13.1 总结。为证明该测试方法的精度，1990年3月在实验室间进行了比较，使用四种螯合剂（EDTA，四钠盐；EDTA，40%四钠盐溶液；DTPA，游离酸；DTPA，40%溶液）进行测试，六个实验室没有严格地遵守上述程序，其结果没有被采用。

13.2 精确度。CaCV的标准偏差的方差分量计算如下：

单个操作者分量	1.46
实验室间分量	0.00

13.3 临界偏差。13.2中所报告的方差分量，如果偏差等于或者超过下面的临界偏差，测定值的两个平均值的统计置信水平为95%：

单个操作者分量	4.04
实验室分量	4.04

13.4 偏差。这项实验室研究中使用的四种材料的理论钙离子螯合值，五个实验室的平均偏差为2.24%，四种材料和五个实验室的单个偏差范围为2.50%～4.25%。

14. 注释

14.1 可向ACGIH Kemper Woods Center获取，地址：1330 Kemper Meadow Dr.，Cincinnati；邮编：45240；电话：513/742－2020；网址：www.acgih.org。

14.2 在容量瓶的下面或者后面放一张黑纸时，很容易观察滴定过程，容量瓶旁边白色的荧光灯会影响滴定过程。逐滴加入钙离子滴定液直到出现混浊，并保持2～3s，滴定终点是混浊现象出现并保持30s以上，如果不确定是否有轻微的混浊现象产生，可以与盛有清水的容量瓶进行比较。

AATCC 150 -2010

服装经家庭洗涤后尺寸变化的测定

AATCC RA42 技术委员会于 1977 年制定；1979 年、1984 年、1992 年编辑修订并重新审定；1983 年、1985 年、1989 年、1990 年、1991 年、1996 年、1997 年、2004 年、2005 年、2006 年和 2008 年编辑修订；1987 年、1995 年、2001 年、2003 年（标题更换）、2010 年修订；2000 年重新审定；与 ISO 3759 有相关性。

1. 目的和范围

1.1 本测试方法用来评价消费者使用家庭洗涤程序后服装的尺寸变化率。包括四种洗涤温度、三种搅动循环、两种漂洗温度和四种干燥方式，涵盖了消费者用当前的洗衣机进行洗涤及护理的程序。

1.2 成衣洗后的尺寸变化是通过测量成衣指定部位几个基准点经反复家庭水洗护理后的尺寸变化来计算。成衣洗后尺寸变化除了受织物尺寸变化影响外，还受成衣的结构、成衣的张力、使用的缝纫线或辅料的影响。

1.3 织物的尺寸变化也可以用在成衣布面上标注基准点的方法来确定洗后尺寸的变化。布面不包括成衣的缝线或缝制的部分。

1.4 此方法不适用于弹性面料制成的服装。

2. 原理

通过在洗涤前标记的几个基准点来确定服装样品经过家庭洗涤和护理后的尺寸变化。

3. 术语

3.1 尺寸变化：织物样品在规定条件下长度或宽度的变化。通常用与原样品尺寸变化的百分比来表示。

3.2 服装：用于遮盖人类身体的服用纺织织物或其他柔软材料制成的成形商品。

3.3 伸长：样品长度或宽度的增加而引起的尺寸变化。

3.4 洗涤：使用洗涤剂溶液清除织物上的尘垢和油污的过程，通常包括漂洗、脱水和干燥等程序。

3.5 收缩：织物长度或宽度的缩小而引起的尺寸变化。

4. 安全和预防措施

本安全和预防措施仅供参考。本部分有助于测试，但未指出所有可能的安全问题。在本测试方法中，使用者在处理材料时有责任采用安全和适当的技术；务必向制造商咨询有关材料的详尽信息，如材料的安全参数和其他制造商的建议；务必向美国职业安全卫生管理局（OSHA）咨询并遵守其所有标准和规定。

4.1 遵守良好的实验室规定，在所有的试验区域应佩戴防护眼镜。

4.2 1993AATCC 标准洗涤剂 WOB 可能会引起对人的刺激，应注意防止其接触到皮肤和眼睛。

4.3 操作实验室测试仪器时，应按照制造商提供的安全建议。

5. 仪器和材料（见 12.1）

5.1 全自动洗衣机（见 12.2）。

5.2 全自动滚筒式干衣机（见 12.3）。

5.3 放置/干燥样品的架子、打孔架子或可拉筛网（见 12.4）。

5.4 滴干和挂干时使用的装置。

5.5 1993 AATCC 标准洗涤剂（见 12.8 和 12.9）。

5.6 陪洗织物。尺寸为 920mm × 920mm（36 英寸 × 36 英寸），第一种为缝边的漂白棉布，第三种为 50/50 涤/棉漂白平纹织物（见 12.9）。

5.7 专用持久标记笔（12.5），适合的直尺、卷尺、标记模板或其他用来做标记的装置（见 12.6）。也可用缝线的方式来做标记。

5.8 测量工具

5.8.1 卷尺或直尺。刻度为 mm、1/8 英寸或 1/10 英寸。

5.8.2 卷尺或直尺模板。直接标注尺寸变化百分比，刻度为 0.5% 或更小（见 12.6）。

5.9 台秤或天平。至少 5kg（10 磅）的量程。

6. 测试样品

6.1 取样与准备。

6.1.1 每件服装为一个样品，作为测试样品的服装能代表一批样品的性能。如果可能，使用三件测试。如果服装不够也可以只使用一个或两个样品。

6.1.2 如果衣服在没有水洗之前就已经由于错误的布面整理、服装的拼接或包装引起扭曲变形，则得出的尺寸变化不真实。对于这种情况，需要另取衣服进行检测。或在检测结果中注明情况，仅供参考用。

6.1.3 在标记前，按 ASTM D 1776《纺织品试验调湿方法》先对样本进行预调湿，样品在温度 21℃ ±1℃（70℉ ±2℉）、相对湿度 65% ±2% 的环境中使用合适的衣架悬挂放置至少 4h。对于通常不采用悬挂的衣服，把每件衣服分开铺放在网架或打孔的晾置架上放置。

6.2 标记。

6.2.1 按照表 1 在衣服的选定区域标记测量点。每件衣服至少需要在长度和宽度上有三组标记。标记所做的区域是买卖双方认可的。如果衣服足够大，标记的距离使用 460mm（18 英寸）。根据衣服的尺寸来确定使用的标记距离。对于一些衣服，特别是童装，需要使用较短的标记距离，如 250mm（10 英寸）的印记或更短。所有的印记必须离样本的边缘或缝线 25mm（1 英寸）以上。

表 1 测量的部位举例

成衣类型	测 量 部 位
衬衫	衣领、领基、身长、袖长、胸围、袖口
裤子	前裆、后裆、裤管、内缝、外缝、腰围、臀围
连体工作服	身长、前裆、后裆、裤管、内缝、腋下长度、袖长、肩宽、腰围、胸围、臀围
平脚裤	总长、前裆、后裆、腰围
睡衣	身长、袖长、下摆、胸围
睡裤	内缝、裤长、腰围、臀围
短裤	裤长、前裆、后裆、短裤、腿宽、内缝、臀围、腰围
套头衫	长度、袖长、肩宽、胸围、腰围
衬裙	长度、下摆、腰围、臀围
女式罩衫	长度、袖长、肩宽、胸围、腰围
女裙	长度、下摆、臀围、腰围
制服/套装	大身长度、裙长、袖长、肩宽、胸围、腰围、臀围、下摆
工作服	长度、外缝、前裆、后裆、裤管、内缝、腰围、臀围

6.2.2 标记也可以在成衣的不同拼接面上，如侧缝到侧缝、衣服的全长或全宽、或其他选定的区域。对于这类标记，需要在成衣上清楚标明测量点。

6.2.3 不同尺码、不同型号的成衣或不同长度标记的尺寸变化结果不具可比性。

6.2.4 标记点间距离应写入报告。

6.3 原始测量。

为提高尺寸变化计算的准确度和精确度，使用适当的直尺或卷尺按 6.2 中所做标记测量距离，所用单位为 mm 或 1/8 英寸或 1/10 英寸，记为测量值 *A*。

7. 测试步骤

7.1 表2中列出了可选择的洗涤和干燥条件及设置。对于仪器和洗涤条件的其他信息见《AATCC 技术手册》中的专题论文“家庭洗涤测试条件的标准化”或其他技术手册，在网站 http://www.aatcc.org/testing/mono/msds - mono.htm 上可获得专题论文的最新版本。

表2 洗涤及干燥程序（见7.1）

机洗循环	洗涤温度	干燥程序
（1）标准/棉织物挡	（Ⅱ）27℃ ±3℃（80℉ ±5℉）	（A）滚筒烘干 （ⅰ）棉织物挡
（2）轻柔挡	（Ⅲ）41℃ ±3℃（105℉ ±5℉）	（ⅱ）轻柔挡
（3）免烫挡	（Ⅳ）49℃ ±3℃（120℉ ±5℉）	（ⅲ）免烫挡
	（Ⅴ）60℃ ±3℃（140℉ ±5℉）	（B）挂干 （C）滴干 （D）平铺晾干

7.2 洗涤。

7.2.1 称取衣服测试样和陪洗布使其总负荷为1.8kg ±0.1kg（4.00磅 ±0.25磅），另一可供选择的负荷是3.6kg ±0.1kg（8.00磅 ±0.25磅）。用1.8kg（4磅）负荷得到的尺寸变化结果不一定等于用3.6kg（8磅）负荷得到的尺寸变化结果，两者没有可比性。

7.2.2 选择水位和洗涤循环需要的温度，漂洗的水温应低于29℃（85℉），若温度不是29℃，报告中需记录实际水温。水位选择81.8L ±2.3L（18加仑 ±0.5加仑），选择另外一种负荷时使用100.0L ±2.3L（22.0加仑 ±0.5加仑）。

7.2.3 使用81.8L ±2.3L（18加仑 ±0.5加仑）水位时加入66g ±1g的1993 AATCC标准洗涤剂，使用100.0L ±2.3L（22.0加仑 ±0.5加仑），水位时加入80g ±1g的1993 AATCC标准洗涤剂。开动洗衣机搅动使洗涤剂溶解，然后停止。需要注意在软水区域，洗涤剂用量可以适当减少，从而避免出现过量的泡沫。

7.2.4 加入衣服测试样和陪洗布，按照选择的洗涤循环和时间设定洗衣机（见表2和7.1）。

7.2.5 样品使用程序A、B、D干燥的，应完成整个洗涤程序。在最后程序完成后立即取出试样，将缠在一起的试样轻轻分开，小心不要扭曲样品，再按照程序A、B、D干燥（见表2和7.1）。

7.2.6 若选择程序C进行干燥，当洗涤进行到最后一个漂洗程序时，在最后一个漂洗程序开始排水前把湿透的衣服测试样拿出来。

7.3 干燥方式。

7.3.1 在进行干燥程序B、C和D时，不能直接对着样品吹风，因可能导致衣服上的布面区域变形。

7.3.2 （A）滚筒烘干。将洗涤负荷（试样与陪洗织物）一起放入滚筒烘干机中，根据《AATCC 技术手册》中的专题论文“家庭洗涤测试条件的标准化”设置温度控制进行烘干程序（见7.1）。对于热敏纤维，按照制造商的建议降低温度，并进行记录。启动烘干机，直到试样和陪洗织物烘干。烘干机停止后，立即取出试样。

7.3.3 （B）悬挂晾干。用合适的衣架把衣服挂起来，使布面和缝线平整光滑。悬挂在室温下的静止空气中至干燥，室温不高于26℃（78℉）。

7.3.4 （C）滴干。用合适的衣架把湿漉漉的衣服挂起来，使布面和缝线平整光滑。衣服悬挂在室温下的静止空气中至干燥，室温不高于26℃（78℉）。

7.3.5 （D）平铺晾干。摊平每件衣服样品在水平的网架或打孔架子上，去除褶皱，但不要扭曲或拉伸样品。放置在室温下的静止空气中至干燥，室温不高于26℃（78℉）。

7.3.6 再重复选择洗涤和干燥程序两次或协议的循环次数。

7.4 调湿和修复。

7.4.1 衣服完成最后一次洗涤和干燥程序后，在测量前必须调湿。所有的衣服在调湿前都是完全干燥的。用衣架把完全干燥的衣服挂起来或把每件完全干燥的衣服分开铺放在网架或打孔的晾置架上放置至少 4h（见 6.1.3）。环境为温度 21℃ ±1℃（70℉ ±2℉）、相对湿度 65% ±2%。

7.4.2 对于某些紧身的衣服，需要在测量前做一些技术性的修复。但这种修复是没有标准的（只是用手沿成衣的长度和宽度方向拉伸）。如果使用了技术性的修复，就必须在报告中描述修复的详细情况，并且检测结果必须写明为修复后的尺寸变化。

7.4.3 如果成衣非常皱，消费者在穿着前要熨烫的，那么在测量尺寸变化前需要熨烫衣服。根据所要熨烫面料的成分来选择适当的熨烫温度。可以参考 AATCC 133《耐热色牢度：热压》中的表“安全熨烫温度指南”。在熨烫时仅使用能够去除样品褶皱的压力即可。

7.4.3.1 因为熨烫效果因人而异（目前没有一个标准的熨烫程序可供参考），所以熨烫后的尺寸变化结果的重现性较差。因此，在比较不同操作者在操作洗涤和手工熨烫后的尺寸变化时应格外注意。

7.4.3.2 手工熨烫。一般对于最终要做成衣的织物进行手工熨烫，因为在穿着衣服前要熨烫去除折痕。根据织物纤维类型选择安全的熨烫温度，可以参考 AATCC 133《耐热色牢度：热压》中的表“安全熨烫温度指南”。在熨烫时使用能够去除样品褶皱的压力即可。

7.4.3.3 熨烫后，用衣架把衣服挂起来或把每件衣服分开铺放在网架或打孔的晾置架上放置至少 4h。环境为温度 21℃ ±1℃（70℉ ±2℉）、相对湿度 65% ±2%。

8. 测量

样品经调湿后，不施张力的平铺在一个光滑平面上。测量打印标记间的距离或成衣上标记间的距离，如侧缝到侧缝、成衣的总长或总宽、或其他选定的区域，记做测量值 B。精确到毫米或 1/8 英寸或 1/10 英寸。如果使用尺寸变化率标尺，要求精确到 0.5% 或更小的标尺精度，直接记录尺寸变化率。

9. 计算和说明

9.1 计算。

9.1.1 若测量结果直接是尺寸变化率，取第一次、第三次或其他洗涤干燥次数后的测试衣服的每个区域的平均值。

9.1.2 若测量结果是长度（mm、1/8 英寸或 1/10 英寸）的值，则按照下面计算第一次、第三次或其他洗涤干燥次数后的尺寸变化。

$$DC = \frac{B - A}{A} \times 100\%$$

式中：DC——平均尺寸变化；

A——平均原始尺寸；

B——平均洗涤后尺寸。

整个衣服每个测量区域的平均尺寸变化，如果需要，则分别计算长度和宽度方向的平均值，精确到 0.1%（见 12.7）。

9.1.3 如果最终测量的尺寸小于原始尺寸，表示缩小；如果最终测量的尺寸大于原始尺寸，表示伸长。

9.2 说明。

9.2.1 洗涤干燥一次后按照 9.1 计算尺寸变化，需要时可以熨烫。如果结果在预定的要求范围内，按照 7.2 ~ 7.4 操作，直到预定的循环全部完成。

9.2.2 洗涤干燥一次后按照 9.1 计算尺寸变化，需要时可以熨烫。如果结果超出了预定的要求范围，停止测试。

10. 报告

每个样品需要报告以下内容。

（1）报告成衣各个部位的尺寸变化值（如身长、袖长、身宽、领宽），精确到0.1%，（–）表示缩短，（+）表示伸长（见9.1.3）。

（2）报告洗涤和干燥程序（包括洗涤和干燥的类型、使用的挡位、温度等）。

（3）使用的负荷重量，1.8kg（4磅）或3.6kg（8磅）。

（4）洗涤烘干循环次数（见9.2.1）。

（5）成衣是否经熨烫。

（6）成衣是否经过护理及护理方法。

11. 精确度和偏差

11.1 精确度。这个方法没有建立精确度，方法精确度的描述是用标准统计学技术，比较实验室内部或实验室间的测试结果的平均值而产生的。

11.2 偏差。服装经自动家庭洗涤后尺寸变化的定义，仅适用于本测试方法。没有独立的方法评价它的真值。作为评估性能的手段，本方法没有已知的偏差。

12. 注释

12.1 有关适合测试方法的设备信息，请登录http：//www.aatcc.org/bg。AATCC提供其企业会员单位所能提供的设备和材料清单。但AATCC没有给其授权，或以任何方式批准、认可或证明清单上的任何设备或材料符合测试方法的要求。

12.2 经推荐的洗衣机的型号和来源，可以联系AATCC，地址：P.O.Box 12215，Research Triangle Park NC 27709；电话：919/549 – 8141；传真：919/549 – 8933；电子邮件：orders@aatcc.org。网址：http：//www.aatcc.org。也可以使用任何给出对比结果的其他知名的洗衣机，在专题论文“家庭洗涤测试条件的标准化”中给出的洗涤条件表示从当前指定型号的洗衣机可以得到的实际速度和时间。其他洗衣机在这些设置上可能会有一个或更多不同。

12.3 经推荐的洗衣机和烘干机的型号与来源，可以联系AATCC，地址：P.O.Box 12215，Research Triangle Park NC 27709；电话：919/549 – 8141；传真：919/549 – 8933；电子邮件：orders@aatcc.org；网址：http：//www.aatcc.org。也可以使用任何给出对比结果的其他知名烘干机，在专题论文“家庭洗涤测试条件的标准化”中给出的条件表示从当前指定型号的烘干机可以得到的实际温度和冷却时间。其他烘干机在这些设置上可能会有一些不同。

12.4 网架或打孔的晾置/干燥架子获取，地址：Somers Sheet Metal Inc.，5590N，Church St.，Greensboro NC 27450；电话：336/643 – 3477；传真：336/643 – 7443。架子的草图可从AATCC获得，P.O.Box 12215，Research Triangle Park NC 27709；电话：919/549 – 8141；传真：919/549 – 8933；电子邮箱：orders@aatcc .org；网址：www.aatcc.org。

12.5 可从AATCC获取，地址：P.O.Box 12215，Research Triangle Park NC 27709；电话：919/549 – 8141；传真：919/549 – 8933；电子邮箱：orders@aatcc.org；网址：www.aatcc.org。

12.6 标记尺寸变化率的尺子可以从AATCC获取，地址：P.O.Box 12215，Research Triangle Park NC 27709；电话：919/549 – 8141；传真：919/549 – 8933；电子邮箱：orders@aatcc.org；网址：www.aatcc.org。机械打印装置和测量尺寸变化率尺可从以下获取：Benchmark Devices Inc.，3305 Equestrian Trail，Marietta GA 30064；电话：770/795 – 0042；传真：770/421 – 8401；电子邮箱：bmarkers@bellsouth.net。

12.7 如果想得到样品之间尺寸变化的可变性信息，则要单独计算衣服上每个标记的尺寸变化。

12.8 可从AATCC获取，地址：P.O.Box 12215，Research Triangle Park NC 27709；电话：919/549 – 8141；传真：919/549 – 8933；电子邮

箱：orders@ aatcc. org；网址：www. aatcc. org。

12.9 AATCC 技术中心做了一个研究，比较1993 AATCC 标准洗涤剂和 AATCC 标准洗涤剂 124 以及两种不同类型的陪洗织物（通用的和备选的），使用下面的测试条件：

机洗循环：（1）标准/棉织物挡

洗涤温度：（Ⅴ）60℃ ±3℃（140℉ ±5℉）

干燥程序：（A－ⅰ）滚筒烘干，棉织物挡

测试织物：白色斜纹（100%棉）

米色斜纹（100%棉）

灰色府绸（100%棉）

蓝色斜纹（50/50 涤/棉）

结果显示，使用不同洗涤剂和陪洗布的结果没有很大的区别。

AATCC 154 -2011

分散染料的热固色性能

AATCC RA87 技术委员会于 1978 年制定；1981 年、2006 年、2011 年重新审定；1986 年、1991 年、1996 年和 2001 年编辑修订并重新审定；2008 年和 2010 年编辑修订。

1. 目的和范围

本测试方法适用于测定在特定固色条件下，分散染料在涤纶/纤维素纤维混纺织物上的固色性能。本测试方法中的变量是温度。当然，也可以使用本方法来研究时间和/或染料和/或助剂浓度的变化影响。

2. 原理

2.1 染料以一定浓度浸轧到混纺织物上，烘干织物，染料在一定的温度和时间条件下被固着在织物上。混纺织物中棉纤维组分被浓硫酸溶解，然后进行中和与彻底清洗。

2.2 用分光光度计测量在不同固色条件下染色织物的反射率，用库贝尔卡—蒙克函数（*K/S*）计算相对于最深染色（为 100%）时的染料浓度。用这些结果评价不同染色条件下相应的染料固色性。备选方法：用适当的溶剂萃取织物上的染料，通过透射分光光度计法测定染料的浓度。将得到的染料浓度与相应浸轧过程中未固色的样品的染料浓度相比较来得到真正的染料固色值。

3. 术语

3.1 分散染料：一种非水溶性染料，在被适当分散时，对聚酯、聚酰胺及其他合成纤维具有亲和力。

3.2 热固色：当用着色剂对纺织材料进行染色时，使用干热方法以得到永久着色的过程。

4. 安全和预防措施

本安全和预防措施仅供参考。本部分有助于测试，但未指出所有可能的安全问题。在本测试方法中，使用者在处理材料时有责任采用安全和适当的技术；务必向制造商咨询有关材料的详尽信息，如材料的安全参数和其他制造商的建议；务必向美国职业安全卫生管理局（OSHA）咨询并遵守其所有标准和规定。

4.1 遵守良好的实验室规定，在所有的试验区域应佩戴防护眼镜。

4.2 所有化学物品应当谨慎使用和处理。

4.3 使用 70% 的硫酸在通风橱内进行溶解操作（见 7.3）。在准备、配制和处理硫酸时，应使用化学防护镜或者面罩、防水手套和防水围裙。浓酸处理只能在充分通风的通风橱内进行。需要注意的是，应总是向水中滴加酸。

4.4 在准备、配制及处理氢氧化铵时，使用化学防护镜或者面罩、防水手套和防水围裙。配制、混合以及处理氢氧化铵只能在充分通风的通风橱内进行。

4.5 氯苯的萃取步骤应在充分通风的通风橱内进行（见 8.2）。需要注意的是，氯苯蒸气有毒且易燃。

4.6 氯苯是一种易燃液体，只能用小容器少量储存在实验室中，并远离热源、明火和火花。

4.7 在附近安装洗眼器/安全喷淋装置以备急用。

4.8 本测试法中，人体与化学物质的接触限度必须达到或低于官方的限定值［例如，美国职业安全卫生管理局（OSHA）允许的暴露极限值（PEL），参见1989年1月1日实施的29 CFR 1910.1000］。此外，美国政府工业卫生师协会（ACGIH）的阈限值（TLVs）由时间加权平均数（TLV－TWA）、短期暴露极限（TLV－STEL）和最高极限（TLV－C）组成，建议将其作为人体在空气污染物中暴露的基本准则并遵守（见11.1）。

5. 使用和限制条件

5.1 由于 *K/S* 函数在染料浓度较高的条件下是非线性的，因此通过测量反射率的方法仅限于染料浓度相对较低的情况（见11.2）。

5.2 由于染料在纤维内的分布不同，因此通过测量反射率得到的固色值与通过萃取技术得到固色值可能不同（见11.2）。

5.3 在浸轧、染色和固色过程中，应尽一切努力避免正反面色差。如果确实产生明显的正反面色差，则推荐使用萃取法来对热熔固色进行测试。

6. 仪器和材料（见11.3）

6.1 实验室轧车。

6.2 热风固色组件（见11.4）。

6.3 分析天平。

6.4 分光光度计（见11.5）。

6.5 定容的移液管和烧瓶。

6.6 65/35的涤/棉织物，经过充分煮练等染前处理。

6.7 硫酸，浓度70%。

6.8 氯苯。

6.9 氨水，浓度5%。

6.10 醋酸，浓度56%。

7. 操作程序

7.1 浸轧涤/棉织物，带液率50%～60%，浸轧液组成如下：

10g/L——分散染料

20g/L——防泳移剂（见11.6）

用醋酸（56%）调节pH值为5.5～6.0

测试中，所有的染色都使用相同的浸轧液。

7.2 在移染最轻的条件（见11.5）下，干燥每个样品。然后用经校准的烘箱分别在196℃（385℉）、205℃（400℉）、213℃（415℉）和221℃（430℉）温度下对样品进行热熔固色90s（见11.4）。

7.3 用70%的硫酸在55℃（130℉）的条件下对试样处理3～4min，以溶解混纺织物中的棉组分。然后用冷自来水冲洗样品，用5%的氨水溶液中和处理1min，然后再用冷水冲洗。

7.4 在某些情况下，在棉组分溶解过程中会使分散染料颜色发生变化，此时可以采取以下步骤：将一块100%涤纶的面料与混合面料贴合放到一起，然后按照7.1中所述的方法对组合样进行浸轧染色；按照7.3中所述的方法对100%涤纶面料进行溶解处理，评价在溶解过程中发生的任何变化。

8. 评级

8.1 在光谱（见11.2）的可见光范围内测量反射率，以得到经过溶解、在221℃（430℉）下最深染色固色的100%涤纶的相对力份。

用Kubelka－Munk公式求得最小反射率的*K/S*值：

$$K/S=\frac{(1-R)^2}{2R}$$

式中：*K/S*——吸收函数；

R——最小反射率值（见11.2）。

使用下面公式计算与最深染色比较的相对固色值：

$$C_i = 100 \times \frac{(K/S)_i}{(K/S)_{max}}$$（见 11.2）

式中：C_i——染料在试样 i 上固着的百分比；

$(K/S)_i$——染色样 i 的吸收系数；

$(K/S)_{max}$——染色最深样的吸收系数。

8.2 作为备选的测试方法，准确称量试样（250mg），将试样分成几个小部分，分别在沸腾（132℃或 270℉）的氯苯中进行萃取。当染料从面料上完全被萃取出来后，把萃取液转移到一个容量瓶中，并加氯苯稀释（见 11.7）。在色谱的可见光范围内，测定上述萃取液最小透光处的透射率或最大吸收点处的透射率，与浸轧过程中未固色试样（为 100%）的浸轧液的透射率相比。透射率可通过转换表（见 11.8）转换成吸收值或者按照以下的公式转换：

$$A = \lg \frac{1}{T}$$

式中：A——吸收值；

T——透射值。

通过下面公式计算固色值：

$$C_i = 100 \times \frac{A_i}{A_u}$$（见 11.9）

式中：C_i——在试样 i 上染料固着的百分比；

A_i——染色固色样 i 的萃取液吸收值；

A_u——未固色样萃取液吸收值。

9. 报告

通过以上方法得到的固色值，可以用固色百分比—温度的图表或者列表形式表示。考虑到特定研究的客观性，时间和/或染料浓度的影响可以在同一曲线中表示出来。

10. 精确度和偏差

10.1 精确度。本测试方法的精确度尚未确立。在本测试方法的精确度声明确立之前，可以使用标准的统计技术来对实验室内部或者实验室之间的测试结果进行比对分析。

10.2 偏差。分散染料的热固色性能只能根据某一个测试方法进行定义。目前还没有一个独立的方法来确定其真实值。作为一个评估性的方法，本方法没有已知的偏差。

11. 注释

11.1 相关资料可从 ACGIH Publication Office 获取，Kemper Woods Center，1330 Kemper Meadow Dr.，Cincinnati OH 45240；电话：513/742－2020；网址：www.acgih.org。

11.2 参照 AATCC EP6《仪器测色》，4.3 节用反射率测量得到颜色强度值和 4.5 节相对强度。相关资料可以从 AATCC 获取。P.O.Box 12215，Research Triangle Park NC 27709；电话：919/549－8141；传真：919/549－8933；电子邮箱：orders@aatcc.org；网址：www.aatcc.org。

11.3 有关适合测试方法的设备信息，请登录 http://www.aatcc.org/bg。AATCC 提供其企业会员单位所能提供的设备和材料清单。但 AATCC 没有给其授权，或以任何方式批准、认可或证明清单上的任何设备或材料符合测试方法的要求。

11.4 本方法所涉及的设备需要认真校准，包括温度、时间、气流的统一等，并需在书面报告中体现。

11.5 连续或者间断的反射率分光光度计适合于最大吸收波长（最小反射率）处的测量。

11.6 针对这一目的，有大量的胶类适合此方法，如天然橡胶、海藻酸盐和合成丙烯酸聚合物。在浸轧液中避免使用电解液，这是由于其导致的结块现象很难控制。

11.7 某些分散染料可能会在萃取过程中部分分解，这些分散染料不适用萃取方法。

11.8 参照 AATCC EP6《仪器测色》，4.4 节用透射率测量得到颜色强度值和 4.5 节相对强度。

相关资料可以从 AATCC 获取。P. O. Box 12215, Research Triangle Park NC 27709；电话：919/549 - 8141；传真：919/549 - 8933；电子邮箱：orders@aatcc. org；网址：www. aatcc. org。

11.9 有关透射率测试的通用指南，参照“分光光度透射测量方法测定染料相对强度的一般程序”。Textile Chemist and Colorist, Vol. 4, No. 5, p43, 1972（5）。

AATCC 157 - 2010

耐溶剂斑色牢度：四氯乙烯

AATCC RR92 技术委员会于 1978 年制定；1981 年、1985 年、1995 年、2010 年编辑修订并重新审定；1986 年、2001 年、2002 年编辑修订；1990 年、2000 年和 2005 年重新审定。

1. 目的和范围

1.1 本测试方法用于测定织物被干洗溶剂沾污后的颜色转移程度。

1.2 本方法中使用四氯乙烯，因为它是一种常见的干洗溶剂。

2. 原理

试验在室温条件下，将一张白色吸水滤纸置于玻璃制的表面皿上，再把试样放在滤纸上，然后将四氯乙烯滴在试样的中心。最后评价滤纸的沾色程度。

3. 术语

3.1 色牢度：材料在加工、检测、储存或使用过程中，暴露在可能遇到的任何环境下，抵抗颜色变化或（和）颜色向相邻材料转移的能力。

3.2 迁移：染料、颜料、整理剂或其他物质从材料的某一部分向另一部分不均匀地转移和分散。

3.3 斑渍：在清洁过程中产生的局部区域污渍。这种局部斑渍是在材料上使用溶剂或溶液去除或消除局部污物或污垢时产生的。一般出现在商业洗涤、家庭洗涤或干洗程序前后。

4. 安全和预防措施

本安全和预防措施仅供参考。本部分有助于测试，但未指出所有可能的安全问题。在本测试方法中，使用者在处理材料时有责任采用安全和适当的技术；务必向制造商咨询有关材料的详尽信息，如材料的安全参数和其他制造商的建议；务必向美国职业安全卫生管理局（OSHA）咨询并遵守其所有标准和规定。

4.1 遵守良好的实验室规定，在所有的试验区域应佩戴防护眼镜。

4.2 所有化学物品应当谨慎使用和处理。

4.3 四氯乙烯是有毒物质，皮肤反复接触以及食入四氯乙烯会引起中毒。仅限在通风效果良好的环境中使用。通过实验室动物的四氯乙烯毒理学的研究发现：大鼠和小鼠长时间接触浓度为 100 ~ 400mg/kg（ppm）的四氯乙烯蒸气后有癌变迹象。因此，用四氯乙烯浸透的织物应在通风合适的通风橱内干燥。处理四氯乙烯时，应该使用化学护目镜或面罩、防渗透手套和防渗透围裙。

4.4 在附近安装洗眼器/安全喷淋装置、防有机蒸气呼吸器以备急用。

4.5 本测试方法中，人体与化学物质的接触限度不得超过官方的限定值［例如，美国职业安全卫生管理局（OSHA）允许的暴露极限值（PEL），参见 29 CFR 1910.1000，最新版本见网址 www.osha.gov］。此外，美国政府工业卫生师协会（ACGIH）的阈限值（TLVs）由时间加权平均数（TLV - TWA）、短期暴露极限（TLV - STEL）和最高极限（TLV - C）组成，建议将其作为人体在空气污染物中暴露的基本准则并遵守（见 10.1）。

5. 仪器、材料和试剂

5.1 移液管，量程为 1.5mL。

5.2 表面皿。

5.3 AATCC 评定沾色用彩色样卡（见 10.2）。

5.4 AATCC 白色织物吸水纸（见 10.2）。

5.5 四氯乙烯，工业级或商业级均可。

6. 试样

一块 25mm × 25mm（1 英寸 × 1 英寸）染色织物。

7. 操作程序

7.1 将试样放在一块 150mm × 150mm（6 英寸 ×6 英寸）白色吸水滤纸的中央。确保试样平展贴服在吸水滤纸上。如果需要，可将织物的边缘固定，使其平铺贴服于吸水纸上。

7.2 将放有试样的吸水滤纸平放在玻璃制的表面皿上。

7.3 吸取 1.5mL 的四氯乙烯（用移液管），滴在试样中心。

7.4 在空气中晾干后评定吸水滤纸上的沾色。

8. 沾色评定方法

8.1 用 AATCC 9 级沾色彩卡（AATCC EP8）或仪器评定沾色程度（AATCC EP12）评定吸水纸的沾色程度，记录与沾色彩卡颜色最接近的级数。

8.2 比较试样在整理（柔软剂、树脂等）前后的沾色程度。

9. 精确度和偏差

9.1 精确度。本测试方法的精确度尚未确立。在其声明确立之前，采用标准的统计方法比较实验室内或实验室之间的试验结果的平均值。

9.2 偏差。耐溶剂斑（四氯乙烯）色牢度只能在一个测试方法中定义。没有独立的方法测定其真实值。作为评价这种性能的手段，该方法无已知偏差。

10. 注释

10.1 可从 Publications Office 获取，地址：ACGIH，Kemper Woods Center，1330 Kemper Meadow Dr.，Cincinnati OH 45240；电话：513/742 - 2020；网址：www. acgih. org。

10.2 可从 AATCC 获取，地址：P. O. Box 12215，Research Triangle Park NC 27709；电话：919/549 - 8141；传真：919/549 - 8933；电子邮箱：orders@ aatcc. org；网址：www. aatcc. org。

AATCC 158－2011

四氯乙烯干洗的尺寸变化：机洗法

AATCC RA43技术委员会于1978年制定；1979年、1985年、1995年、2011年编辑修订并重新审定；1986年、1991年、1993年、2004年、2008年、2010年编辑修订；1990年、2000年、2005年重新审定；部分等效于ISO 3175。

前言

干洗，是通过使用有机溶剂溶解油和脂肪、分散微粒状污垢来清洗纺织品，并避免纺织品在水洗或湿洗过程中产生的织物膨胀和起皱。为了更有效地去除油渍和污渍，需向溶剂中加入少量的水和表面活性剂。对于一些对湿度敏感的织物，在有机溶剂中则最好不要加入水，但可以加入表面活性剂，以使污垢容易清除并防止面料泛灰变色。干洗可以使用多种溶剂，但目前各国普遍使用的是四氯乙烯（全氯乙烯）。因此，本方法中使用四氯乙烯作为溶剂。一般在干洗后都要进行恢复性整理，大多是采用蒸汽处理和/或压烫处理。干洗尺寸在经过蒸汽处理和/或压烫处理后会持续变化。在某些情况下，单独一次整理带来的尺寸变化很小，而重复多次整理后尺寸变化才会明显。通常情况下，经3～5次干洗及恢复整理后，织物潜在的尺寸变化特性能够得到释放。

1. 目的和范围

1.1 本测试方法规定了使用商业用干洗机的干洗程序，以确定经过全氯乙烯干洗后织物和服装的尺寸稳定性。本方法包括普通材料和敏感材料的干洗程序（见13.1）。

1.2 高敏感度的材料，需要在采取特别预防措施下进行清洗，本方法不适用于这种材料（见13.1）。

1.3 本测试方法只用于试样经过一次干洗和整理后的尺寸变化的评定。如果要评定多次干洗和整理后的尺寸变化，可重复本方法的操作程序，但通常重复次数不应超过5次。

2. 原理

在经过调湿的织物或服装上做出标记并进行测量，然后进行一次干洗程序，并经过适当整理后，再次进行调湿和测量。尺寸变化以百分率表示。

3. 术语

3.1 尺寸变化：织物或服装经过特定处理条件后，长度或宽度发生变化的通用术语。

3.2 干洗：用石油溶剂、全氯乙烯或碳氟化合物等有机溶剂清洗纺织织物。

此过程包括向有机溶剂中添加净洗剂和加湿，使其达到75%的相对湿度及71℃（160℉）下滚筒烘干。

4. 安全和预防措施

本安全和预防措施仅供参考。本部分有助于测试，但未指出所有可能的安全问题。在本测试方法中，使用者在处理材料时有责任采用安全和适当的技术；务必向制造商咨询有关材料的详尽信息，如材料的安全参数和其他制造商的建议；务必向美国职业安全卫生管理局（OSHA）咨询并遵守其所有标准和规定。

4.1 遵守良好的实验室规定，在所有的试验区域应佩戴防护眼镜。

4.2 所有化学物品应当被谨慎使用和处理。

4.3 四氯乙烯是有毒物质，皮肤反复接触以及食入会引起中毒。仅限在通风效果良好的环境中使用。对实验室动物进行四氯乙烯毒理学研究发现：长时间接触浓度为100～400mg/kg（ppm）的四氯乙烯蒸气后，大鼠和小鼠有癌变迹象。因此，用四氯乙烯浸透的织物应在通风合适的通风橱内干燥。处理四氯乙烯时，应该使用化学护目镜或面罩、防渗透手套和防渗透围裙。

4.4 在附近安装洗眼器/安全喷淋装置、有机蒸气防毒面具以备急用。

4.5 干洗设备应在制造商的指导下与室外大气实现通风。

4.6 本测试方法中，人体与化学物质的接触限度必须达到或低于官方的限定值［例如，美国职业安全卫生管理局（OSHA）允许的暴露极限值（PEL），参见29 CFR 1910.1000，最新版本见网址www.osha.gov］。此外，美国政府工业卫生师协会（ACGIH）的阈限值（TLVs）由时间加权平均数（TLV－TWA）、短期暴露极限（TLV－STEL）和最高极限（TLV－C）组成，建议将其作为人体在空气污染物中暴露的基本准则并遵守（见13.2）。

5. 试剂

5.1 四氯乙烯（商业用），干洗级。

5.2 失水山梨糖醇单油酸酯（典型的化学品是Span 80）。

6. 仪器和材料

6.1 干洗机。转笼型全封闭式，以便使用全氯乙烯。转笼直径不小于600mm，不大于1080mm，深度不小于300mm，配有3～4个提升片。转笼的回转速度在干洗时的*g*因子（见13.3）在0.5～0.8之间，脱液时*g*因子在35～120之间。机器上应安装有温度计，以便测量溶剂的温度。机器应备有适当装置，使乳液能够慢慢加入内、外笼之间的溶剂液面之下。干洗机可以是洗涤/干燥一体机，也可以另外配独立的烘干机。不论什么类型的烘干机，都必须配备一个温度控制器，可以在烘干过程中控制进风口或出风口的温度（关于溶剂的回收，见13.4）。独立烘干机转笼的尺寸应该和干洗机一致。

6.2 试样整理所需的适用设备。

6.3 能提供试验用标准大气环境的设备。

6.4 作为陪洗物的干净织物或服装，白色或浅色，成分为80%羊毛和20%棉或粘纤。

6.5 笔、墨水（不褪色的）或其他做标记的适当工具。

6.6 适用于试样测量用的直尺，最小刻度是毫米（mm）。

6.7 测试平台，尺寸足够使试样平铺在上面进行测量。

7. 试验样品

7.1 成衣，按照原样进行测试。

7.2 织物的剪样尺寸不小于500mm×500mm，四边用涤纶线包好边，防止脱边。

7.3 弹力圆筒形针织物应小心顺着罗纹剪开，这样不会造成扭曲。按照8所述做标记和测量后，将剪开的边重新缝合，恢复成圆筒形。试验完成后，再沿缝线剪开，在打开的状态下确定标记间的距离。

8. 试样准备

8.1 将干燥状态的试样放入温度21℃±1℃（70℉±2℉）、相对湿度65%±2%的标准大气下调湿。试样铺开放在平坦、光滑的台面上，放置时间不小于24h。

8.2 做标记时，将试样在无外力状态下自然平放在一个平坦、光滑的平面上。注意试样上应看不到有褶皱或折痕。长度和宽度方向各做三对标记，每对标记相隔至少250mm。如果样品是服装，可以分别在服装面料和里料的不同部位做标记和测量。

9. 操作程序

9.1 一般材料的试验程序。

9.1.1 内笼全部盛载量按 $50kg/m^3 \pm 2kg/m^3$ 装样量计算。保证每次洗涤试样重量不超过总重量的10%，除了有些成衣本身重量已经超过了总重量的10%。不足的重量用陪洗物补充。

在把试样放入干洗机之前，需要把试样和陪洗物放在标准试验环境中调湿。一般是放置24h后进行测试。

9.1.2 将调湿后的试样和陪洗物放入干洗机，加入含失水山梨糖醇单油酸酯的全氯乙烯，失水山梨糖醇单油酸酯在全氯乙烯中的含量为1g/L，根据内笼和外笼溶剂的容积量计算，装载量的液比是0.65L/kg±0.5L/kg（相当于内笼直径约30%的溶剂液位），在干洗过程中保持溶剂温度30℃±3℃（86℉±5℉）。

9.1.3 准备乳状液，按照体积计算，用一份失水山梨糖醇单油酸酯加三份全氯乙烯，然后加两份水（搅拌）。启动干洗机，关闭过滤，缓慢地（不短于2min、不长于12min）将一定量（相当于按承载量计算的含水量2%的乳液量）的乳液加至干洗机的内、外笼之间的溶剂液面之下。

9.1.4 启动机器后，保持机器运转15min，除了在按9.1.2加溶剂时，在整个机器运行期间，不得使用过滤器通道。

9.1.5 排放溶剂。离心脱液2min，除去盛载物中的溶剂（全速离心脱液至少1min）。

9.1.6 以同样的浴比（见9.1.2）加入纯干洗溶剂漂洗5min，排水和脱水3min（全速脱水至少2min）。

9.1.7 在干洗机或单独的转笼烘干机中，转笼在循环的热风中翻滚适当时间以烘干洗涤物，最好使用自动的溶剂干燥控制装置。烘干时出风口温度不超过60℃（140℉），或进风口温度不超过80℃（176℉）（见13.5）。烘干后，室温下对正转动的洗涤物吹风3～5min。

9.1.8 立即把样品取出。成衣试样分开挂在衣架上，织物试样平放在平面上，整理前至少放置30min。

如果需要测试仅进行干洗的尺寸稳定性，此时可以对试样进行调湿和测量，并在报告中详细记录此过程。

9.1.9 根据织物或成衣选择适当的方法进行整理。大多数情况是在成衣压烫机上用蒸汽对试样进行压烫，蒸汽压力370～490kPa（3.8～$5kgf/cm^2$）（炉压）或在成衣汽蒸模具上汽蒸5～20s，接着用暖空气干燥5～20s。

9.1.10 按照8.1所述调湿试样，按照8.2来测量原标记间的距离。

9.2 敏感材料测试程序。

9.2.1 按照9.1.1进行，但内笼盛载量计算方法为 $33kg/m^3 \pm 2kg/m^3$。

9.2.2 按照9.1.2进行，但盛载物所用溶剂量增至10L/kg±1L/kg（溶剂的液位与9.1.2的大致相同）。

9.2.3 按照9.1.3进行，但溶剂相对湿度为63%±2%，即不需要加乳液。

9.2.4 按照9.1.4进行，但运行时间减少到10min。

9.2.5 按照9.1.5～9.1.10进行，但全速甩干时间减少到1min。

9.2.6 按照8.2把样品平铺，测量标记间的距离，精确到毫米。测量成衣的全部尺寸，精确到±2mm。所有测量都要在8.1说明的调湿和试验用标准大气下进行。

10. 计算和结果表示

计算织物长度和宽度方向的尺寸变化率及成衣

主要部位的尺寸变化率。结果取尺寸变化百分率的平均值，数值修约到0.2%，用“－”表示缩短，用“＋”表示伸长。

11. 报告

注明试验按照本方法进行，报告如下内容。

（1）测试中任何可选或附加条件的详细记录。

（2）遵照的是9.1或9.2中的程序。

（3）根据10计算得出结果。

（4）试样在洗涤材料中的质量百分比以及陪洗布的材料类型。

（5）烘干过程中进风口或出风口的最高温度。

（6）整理方法的详细描述。

（7）整理的次数。

（8）本方法要求的织物或服装试样的尺寸描述。

12. 精确度和偏差

12.1 精确度。本测试方法的精确度尚未确立。在本方法的精确度确立之前，应使用标准统计方法进行实验室内或实验室间的结果比对。

12.2 偏差。全氯乙烯机械干洗的尺寸变化只能按照测试方法对其进行定义，没有独立的方法可以确定其真值。本方法作为判断这一性能的手段，没有已知偏差。

13. 注释

13.1 敏感材料包括毛针织品、毛皮织物、绉绸、稀经稀纬及松捻毛织物、原纱漂白织物、珠皮呢、经条灯芯绒、马裤呢、拉舍尔织物、雪尼尔、凸纹针织物、真丝织物等。

13.2 相关信息可从ACGIH获取，地址：Kemper Woods Center，1330 Kemper Meadow Dr.，Cincinnati OH 45240；电话：513/742－2020；网址：www.acgih.org。

13.3 根据下面的公式计算系数g因子：

$$g = \frac{5.6n^2d}{10000000}$$

式中：n——转速，r/min；

d——转笼的直径，mm。

13.4 使用商业干洗设备时，应注意官方的有关安全规定和通常采用的预防措施。

13.5 由热敏感纤维织成或含有热敏感纤维的纺织品，如变性聚丙烯腈纤维，烘干时出风口温度不应超过40℃（104℉）［入风口温度达到60℃（140℉）］。对热非常敏感的纺织品，如含有聚氯乙烯纤维的产品，脱液后应离开设备，在室温下干燥。

AATCC 159 - 2011

酸性染料和金属络合酸性染料在锦纶上的移染

AATCC RA87 技术委员会于 1979 年制定；1984 年、1989 年（标题更换）、1994 年和 1999 年编辑修订并重新审定；1985 年、1987 年、1997 年、2004 年、2010 年编辑修订；2006 年重新审定；2011 年修订。

1. 目的和范围

本测试方法评价在模拟染色浴的条件下，酸性（阴离子）染料或金属络合染料从染色的锦纶织物对未染色锦纶织物的移染。为了保证染色过程的一致性，本方法采用酸性染料对锦纶的染色方法。

2. 原理

2.1 将锦纶织物用待测染料染成 1/1 的标准深度。将染色后的锦纶织物的一部分与相同重量的未染色锦纶织物一起放入模拟染色浴中进行移染测试。

2.2 移染测试分别在 pH 值为 4.5、6.0 和 7.5 的条件下及 95℃的温度下进行。

3. 术语

3.1 酸性染料：一种阴离子染料，对含有阳离子基团的纤维具有直接性，通常在酸性或中性染浴中进行染色。

3.2 金属络合酸性染料：一种酸性染料，由等量的金属离子与等量的染料（1∶1 金属络合酸性染料）或两倍量的相同或不同的染料（1∶2 金属络合酸性染料）反应制成，具有螯合金属的能力。

3.3 移染：在纺织品加工、测试、储存和使用过程中，化学品、染料或颜料在一个基材的纤维间或不同基材的纤维间迁移的现象。

4. 安全和预防措施

本安全和预防措施仅供参考。本部分有助于测试，但未指出所有可能的安全问题。在本测试方法中，使用者在处理材料时有责任采用安全和适当的技术；务必向制造商咨询有关材料的详尽信息，如材料的安全参数和其他制造商的建议；务必向美国职业安全卫生管理局（OSHA）咨询并遵守其所有标准和规定。

4.1 遵守良好的实验室规定，在所有的试验区域应佩戴防护眼镜。

4.2 所有化学物品应当谨慎使用和处理。当用浓酸和氢氧化钠制备缓冲模拟染浴时，使用化学护目镜或面罩，佩戴防水手套和围裙。

4.3 在附近安装洗眼器/安全喷淋装置、防有机蒸气全面罩型防毒面具以备急用。

4.4 本测试方法中，人体与化学物质的接触限度不得超过官方的限定值［例如，美国职业安全卫生管理局（OSHA）允许的暴露极限值（PEL），参见 29 CFR 1910.1000，最新版本见网址 www.osha.gov］。此外，美国政府工业卫生师协会（ACGIH）的阈限值（TLVs）由时间加权平均数（TLV - TWA）、短期暴露极限（TLV - STEL）和最高极限（TLV - C）组成，建议将其作为人体在空气污染物中暴露的基本准则并遵守（见 9.1）。

5. 仪器和材料

5.1 染色的锦纶。

5.2 未染色的锦纶（与染色锦纶材料相同）。

5.3 非离子表面活性剂。

5.4 碳酸钠（Na_2CO_3）。

5.5 磷酸（H_3PO_4）（通常 85%）。

5.6 醋酸（CH_3COOH），结晶状。

5.7 硼酸（H_3BO_3）。

5.8 氢氧化钠（NaOH）。

5.9 醋酸（CH_3COOH），56%。

5.10 乙二胺四乙酸四钠盐（EDTA）。100% 粉末。

6. 操作程序

6.1 织物准备。

6.1.1 将未染色的锦纶织物在含有 1.5g/L 的非离子表面活性剂（见 5.3）和 1.5g/L 碳酸钠的 50～60℃溶液中精炼 30min。

6.1.2 充分水洗。

6.1.3 用 1mL/L 的 56% 醋酸进行中和。

6.1.4 然后用水冲洗。

6.1.5 晾干。

6.2 染色程序。

6.2.1 浴比为 30∶1、染色温度为 38℃（100℉）、X.XX% 染料、0.25% 的 EDTA 螯合剂（在中性金属络合染料中染色时）和 2.00% 的醋酸（56%）。

6.2.2 在 38～48℃下加入锦纶材料（织物、纱线、散纤维）。

6.2.3 将染浴以 1.5℃/min 的速度升温到沸腾。

6.2.4 沸染或在沸点附近染色 45min。

6.2.5 如果有必要，再添加 1.0% 的醋酸（56%）至竭染。

6.2.6 再染色 15min。

6.2.7 先用 80～90℃的热水清洗，再用 38℃的温水清洗。

6.2.8 晾干。

6.3 移染浴制备（见附录Ⅰ）。

6.3.1 按照附录Ⅰ中所述，制备 200mL 的 pH 值分别为 4.5、6.0 和 7.5 的模拟染色浴（每个待测的染料样品用一个染色浴）。

6.3.2 分别把一片 5g 的染色织物和一片 5g 的未染色织物放到模拟染色浴内；*B/F*（浴比）为 20∶1。

6.3.3 搅拌程度是影响染料进出基材扩散速率的重要因素。对于所有对比测试，搅拌速率应一致。

6.3.4 以 2℃/min 的速率将染浴升温至 95℃，在搅拌下运行 50min。保存染色浴（见 6.3.6）。

6.3.5 取出两片织物，水洗并晾干。

6.3.6 测量室温下移染浴的 pH 值，并在表格中记录。

6.3.7 把一片未染色的锦纶放到移染浴中，并按照 6.3.4 所述条件染色至尽染，调节 pH 值至 4.5。在表格中记录 pH 值。

7. 结果评价和报告

7.1 当 pH 值为 4.5 时，比较染料。

7.1.1 为了得到最佳观察效果，样品应如图 1 所示并排放在白板上。

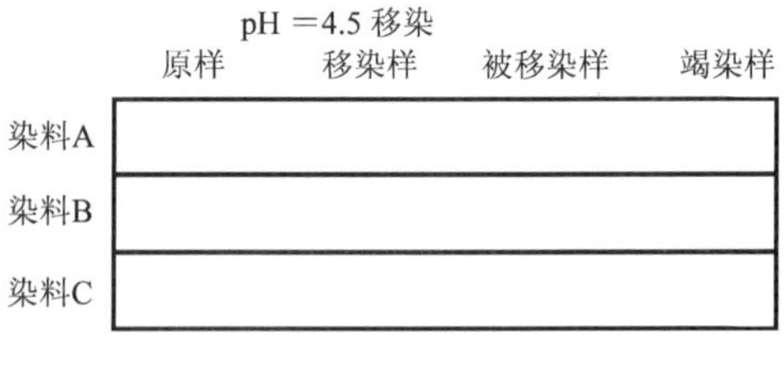

	pH =4.5 移染 原样	移染样	被移染样	竭染样
染料A				
染料B				
染料C				

图 1

7.1.2 将 pH 值分别为 6.0 和 7.5 的样品用类似的方法放置。

7.2 在 pH 值为 4.5、6.0 和 7.5 时比较染料 A。

7.2.1 如图 2，把样品放置在白板上。

7.2.2 染料 B 和染料 C 的样品用同样的方法放置。

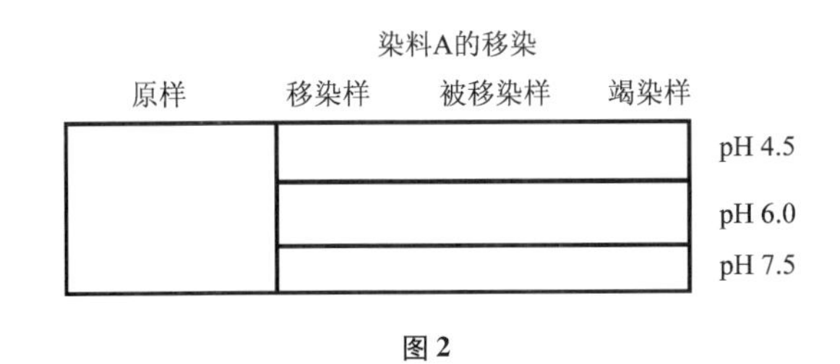

图 2

7.3 颜色比较。

7.3.1 比较并记录竭染样品与原样在深度和颜色上的差异。使用 AATCC EP1《变色灰卡》评价色差（见 9.2）。

7.3.2 用分光光度法比较颜色变化，使用 AATCC EP7《测试样品颜色变化的仪器评价》进行比较。

7.4 竭染样品的评价。

7.4.1 注意竭染样品上的沾色量。评价时，使用 AATCC EP2《沾色灰卡》评价沾色（见 9.2）。

7.4.2 使用分光光度法评价竭染样品的沾色，也可以用 AATCC EP12《沾色的仪器评价》进行。

7.5 在所有的测试记录中记录锦纶的类型和制造商。

8. 精确度和偏差

8.1 精确度。本测试方法的精确度尚未确立。在其声明确立之前，用标准统计学技术进行实验室内部或不同实验室之间测试结果的对比。

8.2 偏差。酸性染料和金属络合酸性染料在锦纶上的移染仅能依据一种测试方法来定义，尚没有独立的方法确定其真值。作为这一特性的一种评价手段，本方法没有已知偏差。

9. 注释

9.1 资料可从 ACGIH 获取，Kemper Woods Center，1330 Kemper Meadow Dr.，Cincinnati OH 45240；电话：513/742 - 2020；网址：www. acgih. org。

9.2 资料可从 AATCC 技术中心获取，P. O. Box 12215，Research Triangle Park NC 27709；电话：919/549 - 8141；传真：919/549 - 8933；电子邮箱：orders@ aatcc. org；网址：www. aatcc. org。

附录 I 模拟缓冲染色浴的制备

使用蒸馏水（如果没有蒸馏水，也可以使用自来水）制备如下两种溶液。

溶液 A：5g 磷酸（100%）、2.4g 醋酸（100%）、1.76g 硼酸（HBO_2，100%），制成 1L 溶液。

溶液 B：8g 氢氧化钠，制成 1L 溶液。

按照右表使用 pH 计制备模拟染色浴。为达到所需的 pH 值，溶液 B 的量可能会有轻微调整。向溶液 A 中加入溶液 B，用 pH 计测定最终的 pH 值。用去离子水稀释到 600mL。足够用于制备每个 pH 值下的三个模拟染色浴。

制备模拟染色浴

pH 值	溶液 A	溶液 B	溶液 C
pH = 4.5	100mL	ca. 35mL	600mL
pH = 6.0	100mL	ca. 50mL	600mL
pH = 7.5	100mL	ca. 10mL	600mL

AATCC 161 -2007

螯合剂：由金属引起的分散染料色变及对比

AATCC RA90 技术委员会于 1983 年制定；1985 年、1988 年（标题更换）；2004 年、2008 年、2010 年编辑修订；1986 年、1987 年、1992 年、2002 年编辑修订并重新审定；2007 年重新审定。

1. 目的和范围

本测试为实验室提供以下测试方法：

1.1 确定螯合剂在分散染浴中螯合重金属离子的有效性（重金属离子会引起分散染料色变）。

1.2 本测试可用来评价染色过程中分散染料对能够产生色变的金属离子的敏感程度。

2. 原理

2.1 螯合剂在分散染浴中螯合金属离子，阻止分散染料受金属离子诱导发生色变，螯合剂的有效性可按图 1 中的方法来确定。

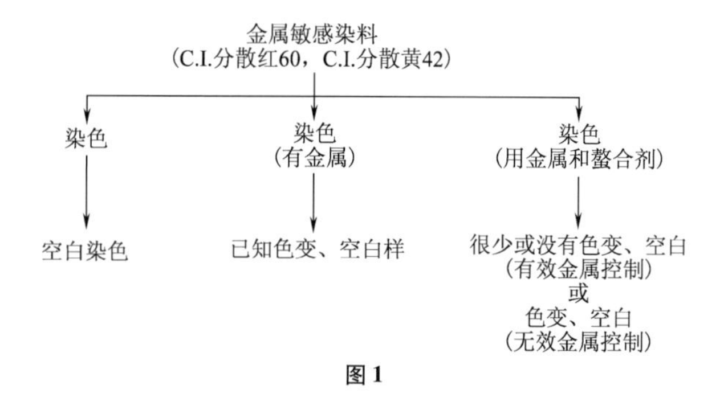

图 1

2.2 分散染料对金属离子的敏感程度，可通过参照染料与待测染料的比对来测定，可按图 2 中所示的方法测试。

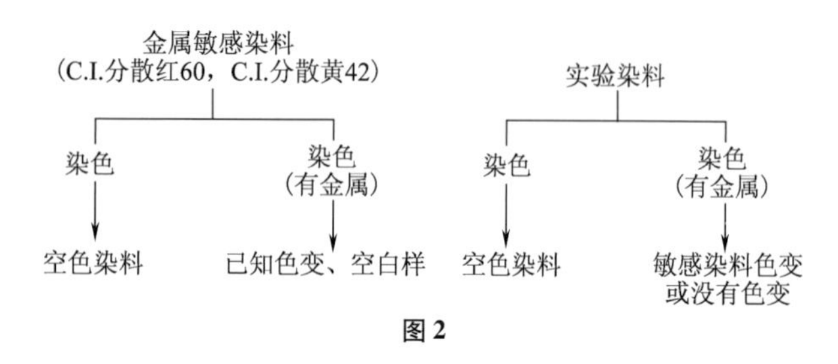

图 2

3. 术语

3.1 螯合剂：在纺织化学中，能使金属离子形成水溶性络合物而失活的化学物质。同义词：络合剂。

3.2 金属敏感程度：在有特定金属离子存在的情况下，染料在织物上产生变色的趋势。

3.3 色变：织物颜色与正常颜色或预期颜色之间的变化。

4. 安全和预防措施

本安全和预防措施仅供参考。本部分有助于测试，但未指出所有可能的安全问题。在本测试方法中，使用者在处理材料时有责任采用安全和适当的技术；务必向制造商咨询有关材料的详尽信息，如材料的安全参数和其他制造商的建议；务必向美国职业安全卫生管理局（OSHA）咨询并遵守其所有标准和规定。

4.1 遵守良好的实验室规定，在所有的试验区域应佩戴防护眼镜。

4.2 某些染色需要高压染色设备，使用该设备的操作人员必须经过培训，严格遵守设备生产厂家提供的说明和安全注意事项。

4.3 所有化学物品应当谨慎使用和处理。

4.4 准备过程中，配制和处理醋酸和磷酸时必须使用化学护目镜或面罩、专用手套和围裙，处理浓酸时必须在通风良好的通风橱中进行。需要注意的是，应总是向水中滴加酸。

4.5 不同载体的毒性也不同，要仔细阅读商家的技术资料，物质安全资料表（MSDS）及商品标签的内容以及美国职业安全卫生管理局（OSHA）的危险品分类等级。

4.6 在附近安装洗眼器/安全喷淋装置以及高效的全面罩型防护口罩以备急用。

4.7 本测试方法中，人体与化学物质的接触限度不得超过官方的限定值［例如，美国职业安全卫生管理局（OSHA）允许的暴露极限值（PEL），参见29 CFR 1910.1000，其最新版本的信息见网址www.osha.gov］。此外，美国政府工业卫生师协会（ACGIH）的阈限值（TLVs）由时间加权平均数（TLV－TWA）、短期暴露极限（TLV－STEL）和最高极限（TLV－C）组成，建议将其作为人体在空气污染物中暴露的基本准则并遵守（见12.1）。

5. 使用和限制条件

5.1 精确的测定结果和预期的色变，依靠所有的染色工艺参数的精确控制以及所用特殊金属染料和载体。

5.2 外来金属污染物可能导致错误的结果。测试过程中，必须使用干净的织物和蒸馏水，先用10%磷酸溶液清洗染色容器，然后用蒸馏水充分清洗。

5.3 为避免得出错误的结论，必须根据已知的金属敏感性的染料确立测试条件，以确认可以获得预期的色变。特定的参照染料或载体、或特定的染色条件，可能不会产生预期的色变。

5.4 本测试方法不适用于分散染料和其他染料混合时的测试，因为其他染料中可能含有金属络合物，存在潜在的被螯合剂破坏的可能性。

6. 仪器和材料

6.1 测试织物。干净的纯聚酯织物（长丝或短纤）经过退浆（按需要）和精炼处理（见12.2）。

6.2 参照染料（C.I. 分散红60和C.I. 分散黄42）（见12.3）。

6.3 待测染料。

6.4 美国化学协会（ACS）规定的试剂纯硫酸铜（$CuSO_4$）平均相对分子质量为159.606。

6.5 美国化学协会（ACS）规定的试剂纯硫酸亚铁铵［$Fe(NH_4)_2(SO_4)_2 \cdot 6H_2O$］平均相对分子质量为392.158。

6.6 载体（如果使用）。

6.7 螯合剂（见12.18）。

6.8 蒸馏水。

6.9 美国化学协会（ACS）规定的试剂纯醋酸（CH_3COOH），浓度为99.7%。

6.10 美国化学协会（ACS）规定的试剂纯磷酸（H_3PO_4），浓度为85%。

6.11 具有良好搅拌和温控功能的染色设备。

6.12 评价变色用灰卡（见12.19）。

7. 试样准备

对于每一次测试，准备适当数量、质量相等的聚酯织物样品。通常情况下，每个样品的质量是10g。

8. 操作程序

8.1 精确称量2.0g待测染料和参照染料。

8.2 量取100mL蒸馏水，加热到49～60℃（120～140℉）。向8.1中称量的染料中添加少量的热蒸馏水，搅拌均匀，直到染料完全分散开。然后加入部分蒸馏水，继续搅拌，最后用蒸馏水稀释到1000mL，得到2.0g/L的染料分散液。

8.3 精确称量2.51g硫酸铜和7.02g磷酸亚铁铵。

8.4 将8.3中称量的每种金属盐用1000mL蒸馏水溶解，制得1.0g/L的金属盐溶液（见12.4和12.5）。

8.5 如果需要，精确称量载体（见12.6）。

8.6 使用蒸馏水制备 50.0g/L 的载体溶液。

8.7 精确称量螯合剂（见 12.7）。

8.8 使用蒸馏水制备 10.0g/L 的螯合剂溶液。

8.9 在开始染色前，先用 10% 磷酸溶液清洗所有的染色容器，然后再用蒸馏水充分清洗。

8.10 根据下表制备染色浴（如果评价待测染料，使用待测染料的量应与 C.I. 分散黄 42 染料的染色深度相对应）。

染色浴成分及用于评估分散染料色变的螯合剂的使用条件

参数	常压染色及金属离子		高温高压染色［130℃（265℉）］及金属离子		
	二价铜离子 C.I. 分散红 60	亚铁离子 C.I. 分散红 60	二价铜离子 C.I. 分散红 60	二价铜离子 C.I. 分散黄 42	亚铁离子 C.I. 分散红 60
织物质量（g）	10	10	10	10	10
水体积（mL）（见 12.11）	251	176	267	267	184
螯合剂用量	0.5%（5mL）	0.5%（5mL）	0.5%（5mL）	0.5%（5mL）	0.5%（5mL）
金属离子用量	10mg/kg（ppm）（3mL）	10mg/kg（ppm）（3mL）	10mg/kg（ppm）（3mL）	10mg/kg（ppm）（3mL）	10mg/kg（ppm）（3mL）
载体用量（见 12.12 和 12.13）	8.0%（16mL）	8.0%（16mL）	没有载体	没有载体	4.0%（8mL）
染料用量（见 12.14）	0.5%（25mL）	2.0%（100mL）	0.5%（25mL）	0.5%（25mL）	2.0%（100mL）
醋酸调节 pH 值	5.0	5.0	5.0	5.0	5.0
浴比（见 12.16）	30∶1	30∶1	30∶1	30∶1	30∶1
染色温度	沸腾	沸腾	130℃（265℉）	130℃（265℉）	130℃（265℉）
染色时间（min）	60	60	30	30	30

注 除了以上所列的配方外，所需的染色包括：

（a）对比染色：取消微量金属和螯合剂并增加 8mL 水。

（b）含金属离子染色：取消螯合剂并增加 5mL 水。

染液组成：染料 2g/L、二价铜离子或亚铁离子 1g/L、螯合剂 10g/L、载体 50g/L。

8.11 将试样预先在蒸馏水中润湿，挤压除去多余水分，放入带有搅拌的染色浴中。

8.12 用醋酸调节含有样品的染色浴 pH 值，使用 pH 计测定染浴的 pH 值为 5.0（见 12.8 和 12.9）。

8.13 把压力染色容器放入相应的染色机中，把常压染色容器放入配套的染色设备内。

8.14 以 2.2℃（4℉）/min 的速度升温，常压染色在沸腾状态下保温 60min；高温高压染色在 130℃（265℉）下保温 30min。

8.15 冷却后取出染色容器。

8.16 试样后处理（见 12.17）。

1.0%（owf）非离子表面活性剂

2.0%（owf）碳酸钠

71℃（160℉）煮练（最好用蒸馏水）10min→清洗→用醋酸中和至 pH 值为 7 ±0.5→清洗

8.17 干燥。

9. 评级

9.1 把试样边靠着边摆放整齐，面朝上并使经纱方向一致。

9.2 使用变色灰卡（AATCC EP1《变色灰卡》及 AATCC EP7《测试样品颜色变化的仪器评定》）评定待测染色样品与参照染色样品的颜色

变化。

10. 报告

10.1 报告变色灰卡评定的变色级数。

10.2 报告仪器评定的数据。

11. 精确度和偏差

11.1 精确度。本方法的精确度尚未确定，在其声明确立之前，应使用标准统计分析技术对任何实验室内或实验室之间的测试结果平均值进行比较。

11.2 偏差。由金属离子引起的分散染料变色的真实值，仅能根据测试方法的方式进行定义，因此本方法没有已知偏差。

12. 注释

12.1 可从 ACGIH Publications Office 获取，地址：Kemper Woods Center，1330 Kemper Meadow Dr.，Cincinnati OH 45240；电话：513/742 - 2020；网址：www.acgih.org。

12.2 推荐使用工厂的大货织物。

12.3 不同厂家生产的 C.I. 分散红 60 和 C.I. 分散黄 42 染料可能产生不同的结果，有必要使用参照染料证明在测试染色条件下可能产生的变色。如果染色后不发生色变，应该进行重复测试。

12.4 亚铁盐溶液不稳定，在储存过程中容易产生沉淀，每天需要新制备溶液。

12.5 使用前，应该仔细检查金属溶液，不要使用有任何絮状沉淀或沉降物的溶液。

12.6 对于 C.I. 分散红 60 和亚铁离子，某些载体破坏染料分散体系，可能引起色变。分散体系破坏中典型的例子就是分散液呈现不均衡的、很弱的蓝红色。

12.7 在含有二价铜离子或亚铁离子的 C.I. 分散红 60 和 C.I. 分散黄 42 染色浴内加入足够量的 EDTA 螯合剂，可得到预期的没有金属离子产生色变的试样。

12.8 使用美国化学协会（ACS）试剂级化学品，以降低金属杂质含量。

12.9 在测定染浴 pH 值前，要用标准的 pH 值为 4.0 和 7.0 的缓冲溶液校准 pH 计。

12.10 在一些染色条件下，表 1 中所列出的条件除外，C.I. 分散红 60 或 C.I. 分散黄 42 的色变是不可预计的。例如，常压染色时，即使染浴中含有铁或铜离子，C.I. 分散黄 42 也无明显色变；而在高温高压染色时，C.I. 分散黄 42 在铁离子存在的条件下产生色变。

12.11 为得到精确的结果，需要使用蒸馏水，在后处理时尽量不要使用自来水。

12.12 如果可能，测试应在没有载体的情况下进行；如果染色时必须使用载体，则引入载体。

12.13 选择合适的载体及其用量，必要时可调整蒸馏水的量。

12.14 选择变色最大的染料浓度。

12.15 使用上表中推荐的染料用量，使其产生与 C.I. 分散红 60 或 C.I. 分散黄 42 相当的染色深度。

12.16 为实验室操作方便，选择浴比为 30:1。以前的评价结果表明：采用 10:1、20:1 和 30:1 的浴比，染色样品之间没有明显的差别。

12.17 所有的百分比都基于纤维质量。

12.18 在本测试方法的建立过程中，EDTA 作为螯合剂，其他的螯合剂商品也可能有效，它们的有效性可用本测试方法评价。

12.19 可从 AATCC 获取，地址：P.O. Box 12215，Research Triangle Park NC 27709；电话：919/549 - 8141；传真：919/549 - 8933；电子邮箱：orders@aatcc.org；网址：www.aatcc.org。

AATCC 162 –2011

耐水色牢度：氯化游泳池水

AATCC RA23 技术委员会于 1984 年制定，取代 AATCC 105 –1975 试验方法；1985 年、1995 年、2008 年、2010 年编辑修订；1986 年、1997 年编辑修订并重新审定；1991 年、2002 年、2009 年重新审定；2011 年编辑修订；与 ISO 105 – E03 有相关性。

1. 目的和范围

本测试方法用以评定染色、印花或其他各类有色纱线和织物的耐氯化游泳池水色牢度。

2. 原理

纱线或织物试样在规定的温度、时间、pH 值及硬度条件下，在稀释的含氯溶液中以一定的速率搅拌，评定干燥后被测试样的变色。

3. 术语

3.1 色牢度：材料在加工、检测、储存或使用过程中，暴露在可能遇到的任何环境下，抵抗颜色变化或（和）颜色向相邻材料转移的能力。

3.2 游泳池水：向其中加入各种化学品以保持水的纯度、清晰度，通常是游泳池用水。

4. 安全和预防措施

本安全和预防措施仅供参考。本部分有助于测试，但未指出所有可能的安全问题。在本测试方法中，使用者在处理材料时有责任采用安全和适当的技术；务必向制造商咨询有关材料的详尽信息，如材料的安全参数和其他制造商的建议；务必向美国职业安全卫生管理局（OSHA）咨询并遵守其所有标准和规定。

4.1 遵守良好的实验室规定，在所有的试验区域应佩戴防护眼镜。

4.2 所有化学物品应当谨慎使用和处理。

4.3 在使用 6N 的硫酸和醋酸时，应使用化学防护眼镜或面罩，戴防水手套和围裙。浓酸只能在充分通风的通风橱中操作，总是将酸加入水中。

4.4 在附近安装洗眼器/安全喷淋装置以备急用。

4.5 在操作实验室测试设备时，应按照制造商提供的安全建议操作。

4.6 遵循染轧机的安全说明。在夹持点要足够小心，切勿移动安全保护设施。推荐使用脚踏开关。

4.7 本测试方法中，人体与化学物质的接触限度只许达到或低于官方的限定值［例如，美国职业安全卫生管理局（OSHA）允许的暴露极限值（PEL），29 CFR 1910.1000，最新版本见网址 www.osha.gov］。此外，美国政府工业卫生师协会（ACGIH）的阈限值（TLVs）由时间加权平均数（TLV – TWA）、短期暴露极限（TLV – STEL）和最高极限（TLV – C）组成，建议将其作为人体在空气污染物中暴露的基本准则并遵守（见 11.1）。

5. 仪器和材料（见 11.2）

5.1 仪器。

5.1.1 选择 1：加速洗涤设备（见 7.1 和 11.3）。

5.1.2 不锈钢杠杆锁小罐，型号2，1200mL，90mL×200mL（3.5英寸×8.0英寸）。

5.2 选择2：干洗设备（见7.2和11.4）。

5.3 小轧车。

5.4 变色灰卡（见11.6）。

5.5 测试用控制织物162#（见11.5）。

5.6 试剂。

5.6.1 家用次氯酸钠（NaClO）溶液，含有效氯约为5%（见11.5）。

5.6.2 无水氯化钙（$CaCl_2$）。

5.6.3 氯化镁六水合物（$MgCl_2 \cdot 6H_2O$）。

5.6.4 硫酸（H_2SO_4），当量浓度为6N。

5.6.5 碘化钾（KI），12%。

5.6.6 淀粉溶液，1%。

5.6.7 硫代硫酸钠（$Na_2S_2O_3$），当量浓度为0.01N（见11.7）。

5.6.8 蒸馏水或去离子水。

5.6.9 碳酸钠（Na_2CO_3）。

5.6.10 醋酸（CH_3COOH）。

6. 试剂制备

在去离子水或蒸馏水中加入5mg/kg氯和100mg/kg盐（硬度浓缩液）；调整到21℃（70℉），用碳酸钠或醋酸调整pH值到7.0。

7. 试样准备

7.1 选择1：加速洗涤设备。

7.1.1 试样尺寸5cm×5cm，控制面料尺寸5cm×5cm。试样和控制面料总重为1.0g±0.05g。可以同时测试相同样品上的多个试样，以获得1.0g的重量。

7.2 选择2：干洗设备。

7.2.1 有色试样尺寸约为6cm×6cm，总重为5.0g±0.25g。如果试样不足5.0g，可加入多块试样使总重为5.0g，包括试验用控制织物。不同颜色的试样可同时试验，以达到5.0g的负载。

8. 操作程序

8.1 溶液制备。

8.1.1 将800mL去离子水或蒸馏水倒入1L的容量瓶中，加入8.24g的氯化钙和5.07g的氯化镁，同时搅动使之溶解。再加水达到1L容量。所得到的溶液为“硬度浓缩液”，可保留使用30天。

8.1.2 用去离子水或蒸馏水稀释51mL硬度浓缩液到5100mL，加入0.5mL家用次氯酸钠溶液（储存天数不超过60天），通过滴定确定实际的有效氯含量，调节到5mg/kg（见11.7）。

8.1.3 0.01N硫代硫酸钠可以直接购买或将0.1N溶液按10倍体积稀释。

8.1.4 必要时，用碳酸钠或醋酸调整溶液pH值到7.0。

8.2 选择1：加速洗涤测试设备。

8.2.1 向加速洗涤设备的小罐中加入1000mL溶液（8.1中配置的），调整温度至21℃（70℉）。

8.2.2 将测试试样和控制织物放入加好溶液的小罐中，试样尺寸5cm×5cm，控制织物尺寸5cm×5cm，试样和控制织物总重为1.0g±0.05g，可以同时测试相同样品上的多个试样，以获得1.0g的重量。将带有垫圈的盖子盖好并锁紧。将小罐倒置以检查是否泄漏。

8.2.3 将盖好的小罐安装到测试设备上，测试试样和控制织物的温度为21℃。本测试中每个试样及其控制织物分别进行测试，然后使试样在溶液中翻滚60min。注意，测试过程中不加入钢珠。

8.3 选择2：干洗测试设备。

8.3.1 清洗干洗设备缸体，将5000mL去离子水及0.5mL家用次氯酸钠溶液加入其中（见11.5）。关闭缸体，运转10min（只有在干洗设备的缸体中用了氯化游泳池水以外的其他测试情况下，才有必要对缸体进行清洗），倒掉溶液。

8.3.2 将5000mL溶液（8.1中制备的）加入缸体，调节温度到21℃（70℉）。

8.3.3 将测试试样以及控制织物放入缸体，关闭缸体并运转60min。

8.4 对于上述两种选择，取出试样，用小轧车去除多余的溶液。用蒸馏水或去离子水彻底漂洗。再次轧水，放在漂白纸巾上并在室温下干燥。

9. 变色的评定方法

9.1 用变色灰卡（AATCC EP1）或用 AATCC EP7 试样变色的仪器评定方法评定“试验用控制织物162#”的变色级数。如果评价级数不是2~3级或3级，则认为试验是无效的。若是2~3级或3级，则进行9.2。

9.2 用变色灰卡（AATCC EP1）或用 AATCC EP7 试样变色的仪器评定方法评定试样的变色，记录评定的变色级数（见11.6和11.8）。

10. 精确度和偏差

10.1 实验室间的精确度研究通过5个实验室、8块不同颜色的试样、两种测试方法（干洗设备方法和加速洗涤设备方法）以及两种评定程序（人工评级和光度计方法）进行研究，得到本测试方法的统计参数。5个实验室均对8块试样分别使用不同的测试方法和不同的评定程序进行了测试，得到的主要数据见下表。

10.1.1 干洗设备得到的色牢度的平均值为3.483，加速洗涤设备得到的平均结果为3.3213。两者在95%置信区间内的差异不显著。

10.1.2 人工评级得到的色牢度的平均值为3.24，设备评级得到的平均结果为3.23。两者在95%置信区间内的差异不显著。

10.1.3 在5个实验室中，3个实验室的评级结果非常接近，分别为3.249、3.229和3.261。其他两个实验室的评级结果分别是3.415和3.055。

10.2 偏差。耐氯化游泳池水色牢度的真值只能以一种测试方法对其进行定义，由于这种局限性，本测试方法没有已知偏差。

色牢度评级精确度的计算值

试样数量	实验室内	实验室间
3	0.207	0.397
2	0.256	0.487
1	0.357	0.689

11. 注释

11.1 可从 ACGIH Publications Office 获取，地址：Kemper Woods Center, 1330 Kemper Meadow Dr., Cincinnati OH 45240；电话：513/742-2020；网址：www.acgih.org。

11.2 有关适合测试方法的设备信息，请登录 http://www.aatcc.org/bg。AATCC 提供其企业会员单位所能提供的设备和材料清单。但 AATCC 没有给其授权，或以任何方式批准、认可或证明清单上的任何设备或材料符合测试方法的要求。

11.3 选择1，加速洗涤设备以40r/min ± 2r/min的速度对恒温密闭的小罐进行翻转。

11.4 选择2，干洗设备，其不锈钢缸体高约33cm（13英寸），直径约22cm（8.75英寸）。缸体以垂直方向安装于倾斜50°的轴上，旋转速度为45~50r/min。

11.5 家庭用次氯酸钠溶液。如购买，则浓度约为5.25%或稍高浓度。所有的次氯酸钠溶液浓度都会随时间而降低，尤其暴露在光和热下，浓度损耗得更快。购买60天后，不应再使用。

11.6 可从 AATCC 获取，地址：P.O.Box 12215, Research Triangle Park NC 27709；电话：919/549-8141；传真：919/549-8933；电子邮箱：orders@aatcc.org；网址：www.aatcc.org。

11.7 取100mL（测定体积的）溶液样品，加入20mL的 $C\left(\frac{1}{2}H_2SO_4\right)=6N$ 硫酸，6mL的12%碘化钾和3滴1%的淀粉溶液，充分混合，溶液呈褐蓝色。用0.01N的硫代硫酸钠反滴定，直到蓝色淀粉指示颜色刚刚消失。用下列公式计算有效氯的含量：

有效氯含量 =

$$\frac{\text{硫代硫酸钠（mL）}\times 0.01N\times 0.0355}{100mL\times \text{次氯酸钠溶液的相对密度}}\times 100\%$$

家庭用的次氯酸钠的相对密度为 1.08，按上式，反滴定中使用 1.6mL 硫代硫酸钠溶液，对应的有效氯含量为 0.0005%，即 5.0mg/kg。

11.8 本测试方法的精确度取决于测试材料、所用测试方法以及评定程序的不同组合方式。

本方法 10 中的精确度是通过视觉评定以及仪器评定方式得出的（AATCC EP1 和 AATCC EP7）。

AATCC163 -2007

色牢度：储存中织物间的染料转移

AATCC RR92 委员会于1985 年制定；1986 年、1992 年、1997 年、2002 年编辑修订并重新审定；1987 年、2007 年重新审定；1995 年、2001 年、2008 年、2010 年、2011 年编辑修订。

1. 目的和范围

1.1 多种颜色的服装部件组成的服装在储存中，染料有时会由一个区域转移到另一个区域，通常是较深的颜色向较浅的颜色转移。这种现象与升华不同，因为染料转移发生在温度低于染料的升华温度和非升华染料情况下。

1.2 当服装折叠起来，不同颜色相互紧密接触时，染料会发生转移。通常潮湿条件下的染料转移量会增加，因此在湿热天气或服装在汽蒸后立即进行储存时，问题会更严重。用塑料袋储存可保持服装环境最初的相对湿度，是否会加重或减轻染料转移取决于服装入袋时的条件。

1.3 本测试方法旨在评价服装在长时间储存过程中，颜色是否会发生转移。如果在7（操作程序）中规定条件下，颜色没有发生转移，那么一般在正常储存或超期储存的条件下就不会发生颜色转移。

1.4 本方法也可以用于评价与织物后整理有关的颜色转移问题。有些染料本身就比其他染料更易发生转移，一些化学整理剂和后整理条件也会使转移加快。

2. 原理

将经过染色和后整理的试样夹在预先润湿的多纤维贴衬织物和另一选定的织物中间，在室温下置于汗渍架中放置48h，然后进行干燥和评级。

3. 术语

3.1 色牢度：材料在加工、检测、储存或使用过程中，暴露在可能遇到的任何环境下，抵抗颜色变化或颜色向相邻材料转移的能力。

3.2 染料：用于基布或在基布中出现的染料，通过分子扩散表现出某种程度的性能。

3.3 转移：纺织品在加工、测试、储存以及使用过程中，化学物质、染料或颜料在基布间或基布内纤维间的移动。

4. 安全和预防措施

本安全和预防措施仅供参考。本部分有助于测试，但未指出所有可能的安全问题。在本测试方法中，使用者在处理材料时有责任采用安全和适当的技术；务必向制造商咨询有关材料的详尽信息，如材料的安全参数和其他制造商的建议；务必向美国职业安全卫生管理局（OSHA）咨询并遵守其所有标准和规定。

4.1 遵守良好的实验室规定，在所有的试验区域应佩戴防护眼镜。

4.2 操作实验室测试仪器时，应按照制造商提供的安全建议。

4.3 注意小轧车的使用安全。确保咬入点处的充分防护，勿移除小轧车上的正常安全装置，建议使用脚踏开关。

5. 仪器和材料（见11.1）

5.1 AATCC耐汗渍测试仪。

5.2 塑料袋。由聚乙烯制成并能装下汗渍测试仪。

5.3 多纤维贴衬织物［8mm（0.33英寸），条宽］，由醋酯纤维、棉、锦纶、涤纶、腈纶和羊毛组成。

5.4 与试样成分相同的白色织物。如果没有，可使用AATCC 8《耐摩擦色牢度：摩擦测试仪法》中规定的棉布。

5.5 蒸馏水或去离子水。

5.6 能装下50mL水的蒸发皿或烧杯。也可用湿海绵。

5.7 评定沾色用彩色样卡（见11.2）。

5.8 评定沾色用灰色样卡（见11.2）。

6. 试样

6.1 剪取尺寸为5.7cm×5.7cm（2.25英寸×2.25英寸）的试样。

6.2 准备5.7cm×5.7cm（2.25英寸×2.25英寸）的多纤维贴衬织物及同样大小的白色织物试样。

7. 操作程序

7.1 方法Ⅰ。

7.1.1 将多纤维贴衬织物和另一选定织物浸入24℃±3℃（75℉±5℉）的蒸馏水或去离子水中（见5.5），使两者含水率在100%～110%内（见11.3）。在试验前不要将测试试样浸湿，以防止染料或整理剂过早发生转移。

7.1.2 将印染试样夹在预先润湿的多纤维贴衬织物和白色织物之间，制成组合试样。

7.1.3 将组合试样（按7.1.2制备）夹在耐汗渍色牢度测试装置的两块干净的板材之间。按AATCC 15中的9.4操作耐汗渍色牢度测试装置，但不要将此装置置于烘箱中。

7.1.4 将耐汗渍色牢度测试装置与至少装有50mL蒸馏水或去离子水的蒸发皿（见5.6）一同放入聚乙烯袋中，以保持袋中较高的相对湿度。如果不使用拉锁袋，则应用绳索或胶带将袋口封住（见5.2）。在室温（24℃±3℃）下放置48h。注意耐汗渍色牢度测试仪不要掉到有水的蒸发皿里。

7.1.5 拆下耐汗渍色牢度测试仪的盖板，取下组合试样并将各组合部分分开。将样品置于室温下干燥。

7.2 方法Ⅱ。

这是一种已被使用的快速试验方法，用本方法对一些染色或整理过的织物进行测试所得到的结果与方法Ⅰ几乎一致。该方法将试验装置（见7.1.4）置于具有强制通风的烘箱中，烘箱温度为38℃±1℃（100℉±2℉），放置4h（见11.4）。

8. 评级

试样干燥后，检查多纤维贴衬织物及白色织物的沾色情况。用AATCC沾色灰卡（AATCC EP2）、AATCC 9级沾色彩卡（AATCC EP8）或沾色仪器评价方法（AATCC EP12）对多纤维贴衬织物中的每种纤维部分以及组合试样另一面的样布进行评级。记录评定的级数（见11.4）和所使用的评级样卡。

9. 报告

9.1 记录组合试样中使用的白色织物（见5.4和11.6）。

9.2 如果含水率不是100%～110%，则记录含水率（见11.3）。

9.3 报告使用的评级样卡。

9.4 报告多纤维贴衬织物每种纤维的沾色级数及白色样布的沾色级数作为染料转移等级。

10. 精确度和偏差（见11.7）

10.1 实验室间的数据。实验室之间的比对试验于1982年进行，四家验室分别对两种不同纺织材料的样品进行了测试，每种材料有五种不同的整理剂。均使用了 AATCC 沾色彩卡和沾色灰卡评定，并在实验室间建立了一级内的相关性。

10.2 精确度。根据 10.1 中的评定方法和商业惯例，当对取自批样或托运货物的试样染料转移进行测试并用沾色灰卡进行评定时，如果评级结果低于规定的级数超过 1 级，那么一般认为批样或托运货物的染料转移性能比规定的等级明显较差。

10.3 偏差。染料转移的真实值只能以一种测试方法对其进行定义，因此本方法无已知偏差。

11. 注释

11.1 有关适合测试方法的设备信息，请登录 http://www.aatcc.org/bg。AATCC 提供其企业会员单位所能提供的设备和材料清单。但 AATCC 没有给其授权，或以任何方式批准、认可或证明清单上的任何设备或材料符合测试方法的要求。

11.2 可从 AATCC 获取，地址：P.O. Box 12215, Research Triangle Park NC 27709；电话：919/549－8141；传真：919/549－8933；电子邮箱：orders@aatcc.org；网址：www.aatcc.org。

11.3 某些织物和结构在 100% 含水率时有水滴下。对于此类材料，可将其悬挂直至没有水滴下时再使用，此时含水率为最高含水率。

11.4 如果使用的温度和/或时间与 7.2 中规定的不同，同样要报告并说明原因。

11.5 对于非常关键的评价和仲裁，必须使用沾色灰卡评级。

11.6 测试中所有材料受到的影响不尽相同。任何一种测试方法获得的结果都不能代表另一测试方法测得的结果，除非已知给定材料的定量相关度。在任何情况下，材料说明中应注明测试方法。

11.7 本测试方法的精确度取决于被测材料、所用测试方法和所用评价方法的不同组合方式。

11.7.1 本方法 10 中的精确度是通过视觉评级方法得到的（AATCC EP2 和 AATCC EP8）。

11.7.2 使用仪器评价方法（AATCC EP12）可能会得到比视觉评价方法更高的精确度。

AATCC 164 -2006

耐高湿大气中二氧化氮色牢度

AATCC RA33 技术委员会于 1985 年制定；1986 年、1997 年编辑修订并重新审定；1987 年、1992 年、2001 年、2006 年重新审定；1989 年、1995 年、2004 年、2008 年、2010 年编辑修订；技术上等效于 ISO 105 - G04。

1. 目的与范围

1.1 本测试方法用来测定有色纺织品在较高的温度及相对湿度高于85%的大气中，耐二氧化氮的色牢度。

1.2 某些纤维，在低于 85% 的相对湿度中，不容易褪色。这就需要在更高的相对湿度下测试，使其产生颜色变化，以预测其在温暖、潮湿环境中使用时的褪色性能（见 11.1）。

2. 原理

在恒定的相对湿度为 87.5% ±2.5%、温度为 40℃ ±1℃（104℉ ±2℉）的条件下，试样和控制标样同时暴露于二氧化氮中，直到控制标样褪色到和褪色标准的颜色相同时。可重复此循环，直到试样变色达到预定的程度或至预定的循环次数。

3. 术语

色牢度：材料在加工、检测、储存或使用过程中，暴露在可能遇到的任何环境下，抵抗颜色变化或（和）颜色向相邻材料转移的能力。

4. 安全和预防措施

本安全和预防措施仅供参考。本部分有助于测试，但未指出所有可能的安全问题。在本测试方法中，使用者在处理材料时有责任采用安全和适当的技术；务必向制造商咨询有关材料的详尽信息，如材料的安全参数和其他制造商的建议；务必向美国职业安全卫生管理局（OSHA）咨询并遵守其所有标准和规定。

4.1 高浓度的二氧化氮对身体有害，必须将它排到大气中，或收集在水中，并用10%的氢氧化钠溶液或碳酸氢钠溶液中和。工作场所中的二氧化氮最高浓度不得超过 5mg/kg。

4.2 把气罐用链或夹子固定在墙上或其他合适的位置，以防翻倒或被碰倒。

4.3 本测试方法中，人体与化学物质的接触限度不得超过官方的限定值［例如，美国职业安全卫生管理局（OSHA）允许的暴露极限值（PEL），参见 29 CFR 1910 1000，最新版本见网址 www. osha. gov］。此外，美国政府工业卫生师协会（ACGIH）的阈限值（TLVs）由时间加权平均数（TLV - TWA）、短期暴露极限（TLV - STEL）和最高极限（TLV - C）组成，建议将其作为人体在空气污染物中暴露的基本准则并遵守（见 11.2）。

5. 仪器和材料

5.1 接触室。适于容纳二氧化氮并可以保持恒定的升高温度和相对湿度（见 11.3）。

5.2 控制标样 No. 1（见 11.4）。

5.3 褪色标准（控制标样 No. 1）（见 11.4）。

5.4 变色灰卡（11.5）。

5.5 罐装二氧化氮（见 11.6）。

6. 试样准备

6.1 剪取试样，每块试样尺寸至少为60mm×60mm。为了后续的颜色对比，应将未暴露的试样放在避光密封容器里，以防变色。

6.2 如果测试经水洗或干洗的材料，则试样和控制标样要同时进行水洗或干洗。水洗或干洗试样的制备，请按照AATCC 61《耐洗涤色牢度：快速法》和/或AATCC 132《耐干洗色牢度》中的规定进行。

7. 操作程序

7.1 将试样和控制标样No.1悬挂在接触室中，接触室保持相对湿度在87.5%±2.5%、温度40℃±1℃（104℉±2℉）。为使得5～15h的暴露作为一个褪色循环，接触室内二氧化氮浓度须在4～6mg/kg范围内。

7.2 定期观察仓内控制标样No.1，直至它变色至和褪色标准的颜色一致时为止，即完成一次循环。做颜色比较时，一般采用微弱的天然日光或与其等同的人造光源。

确定一个褪色周期的另一个方法是当控制标样Lot 16的No.1色差为（16.5±1.5）CIELAB时，终止暴露循环（见11.7）。

7.3 将在一个周期终止后出现明显变色的试样取出。一般来说，对二氧化氮敏感的试样，一个周期后就会发生可测量出的变色。

7.4 在每个追加的褪色周期中都要悬挂一块没有被二氧化氮暴露过的控制标样No.1，直到完成需要的全部周期。

7.5 供选择的后处理。

暴露于二氧化氮中的试样从接触室中取出后，可能会继续变色。将试样置入尿素缓冲溶液（见11.8）中浸泡5min，可能会稳定其颜色。然后挤干试样，在净水中彻底冲洗，并在不超过60℃（140℉）的空气中干燥。注意：对于任何还需要放回接触室中继续暴露的试样，都不要用尿素溶液处理。

8. 评级

8.1 每次褪色循环结束后，从接触室中取出试样，立即与相应的保存原样比较。

8.2 规定循环次数结束后，用变色灰卡（AATCC EP1）或用AATCC EP7“测试试样颜色变化的仪器评价方法”评定试样的颜色变化，记录评定的级数，并报告试验循环次数。

9. 报告

报告试样变色的级数、试验循环次数以及试验时的温度和相对湿度。

10. 精确度与偏差

10.1 精确度。这一测试方法的精确度尚未确定。在其精确度声明确立之前，应用标准的统计学方法来对同一实验室内的测试结果或是不同实验室间的测试结果的平均值进行比对。

10.2 偏差。在高湿度环境下，耐二氧化氮的色牢度只是基于一种测试方法进行定义的。目前没有任何一个独立的可供参考的测试方法可以用来确定其真值。作为一种评估这些性能的手段，本方法没有已知偏差。

11. 注释

11.1 测试湿度。对于某些纤维，诸如锦纶和醋酸纤维，在高湿度环境的二氧化氮作用下，其褪色随相对湿度的微小波动会发生很大变化。因此要严格控制温度和相对湿度。

11.2 资料可从ACGIH获取，地址：Publications Office，Kemper Woods Center，1330 Kemper Meadow Dr.，Cincinnati OH 45240；电话：513/742－2020；网址：www.acgih.org。

11.3 接触室。保持较高温度和相对湿度85%以上的二氧化氮接触室应由不锈钢制成，内壁涂耐受性涂料。接触室须保持相对湿度87.5% ±2.5%、温度40℃ ±1℃（104℉ ±2℉），并保持二氧化氮浓度在4~6mg/kg范围内。

11.3.1 配套设备的设计图纸可从AATCC获取，地址：P. O. Box 12215，Research Triangle Park NC 27709；电话：919/549-8141；传真：919/549-8933；电子邮箱：orders@aatcc.org；网址：www.aatcc.org。

11.3.2 测量二氧化氮浓度设备的制造商信息，可参见如下地址：Beckman Instruments Ins.，2500 Harbor Blvd.，Fullerton CA 92634；Mast Development，2212 East 12 St，Davenport IA 52803。

11.4 测试控制布与褪色标准。

11.4.1 测试控制布——控制标样No.1，是由0.400%的C.I.分散蓝3染料在次级醋酸纤维缎上染色而成。选用Celliton Blue FFRN（分散蓝3）染料，是因为其广为人知的褪色性能，其他C.I.分散蓝3染料有不同的褪色性能，并且着色力也不同。

11.4.2 控制标样No.1褪色标准是在黏胶纤维缎上以织物质量为基础，按如下配方染色而成的：0.300%的C.I.直接蓝80和0.015%的C.I.直接紫47。

11.4.3 控制标样和褪色标准都必须置于合适的容器内或包装起来，以防止运输和储存过程中由于空气中的二氧化氮和其他可能存在的污染物而导致其变色。

11.4.4 控制标样也对空气中其他污染物敏感，诸如臭氧。其褪色程度在不同湿度和温度下变化相当大，因此建议不能再将其正常使用或最终用于二氧化氮测试。这些控制标样颜色的改变不仅反映了它会受到二氧化氮的影响，大气污染物、温度和湿度的变化综合因素也不可忽略。

11.4.5 由18m（20码）长、50mm（2英寸）宽并注明批号的控制标样No.1和其相应的褪色标样组成的一个密封包装，可从以下公司购买：Testfabrics Inc.，P. O. Box 26，415 Delaware St.，W. Pittston PA 18643；电话：570/603-0432；传真：570/603-0433；电子邮箱：testfabric@aol.com；网址：www.testfabrics.com。

11.5 可从AATCC获取，地址：P. O. Box 12215，Research Triangle Park NC 27709；电话：919/549-8141；传真：919/549-8933；电子邮箱：orders@aatcc.org；网址：www.aatcc.org。

11.6 使用瓶装的气体，带适当减压阀的罐中装有约含1%氮的二氧化氮。

11.7 采用光学组件组成的色度计或分光光度计，以D_{65}光源，采用CIE 1964 10°测定控制标样No.1，其结果参照AATCC EP6《仪器测色方法》来表示变色。

11.8 尿素后处理。

11.8.1 本项处理完全是可选的。经验表明，试样从接触室中取出后的变色是可以忽略的。尿素处理本身常会造成变色。因此，如果使用此步骤，重要的是暴露的和未暴露的控制试样都要以同样的方法处理。

11.8.2 尿素溶液：每升水中含有10g尿素（$NH_2—CO—NH_2$），加入0.4g磷酸二氢钠二水合物（$NaH_2PO_4 \cdot 2H_2O$）、2.5g磷酸氢二钠十二水合物（$Na_2HPO_4 \cdot 12H_2O$）和不多于0.1g的快湿表面活性剂，例如二辛磺基丁二酸钠，使得溶液的pH值为7。

AATCC 165－2008

耐摩擦色牢度：铺地纺织品——摩擦测试仪法

AATCC RA57技术委员会于1986年制定；1987年、1988年重新审定；1993年、2008年（标题更换）编辑修订并重新审定；1999年（标题更换）修订；1996年、2001年、2002年、2004年、2009年、2010年、2011年编辑修订；部分等效于ISO 105－X12。

1. 目的和范围

1.1 本测试方法用来评定铺地纺织品表面因摩擦而发生颜色转移到其他表面的程度。目的是尽量模拟各种铺地纺织品在实际使用中的情况，包括染色的、印花的以及其他着色方法的铺地纺织品。

1.2 测试程序中使用摩擦白布，包括干燥的和用水湿润的。

1.3 由于铺地纺织品的表面在实际使用中可能受到不同情况的影响，如沾污、沾色、清洁、洗涤剂洗涤以及进行化学整理，如防污整理、抗静电整理和抗菌整理等，因此可在上述各种处理前或处理后进行试验，或处理前及处理后一并进行试验。

2. 原理

2.1 在规定条件下，固定在摩擦仪基座上的有色试样与摩擦白布进行摩擦。

2.2 通过与沾色灰卡或AATCC沾色彩卡进行比较，评价颜色转移到摩擦白布的程度，并确定沾色级数。

3. 术语

3.1 地毯：所有纺织材料制成的地板覆盖物。

3.2 色牢度：材料在加工、检测、储存或使用过程中，暴露在可能遇到的任何环境下，抵抗颜色变化或（和）颜色向相邻材料转移的能力。

3.3 摩擦脱色：通过摩擦，着色剂从有色纱线或织物表面转移到另一个表面或同一织物的邻近区域。

3.4 小地毯：自成一块的小面积铺地地毯，主要用于覆盖地板的部分区域或覆盖其他地板覆盖物的部分区域。

3.5 纺织地毯：使用表面由纺织材料构成，通常用来覆盖地板的物品。

3.6 使用面：纺织地毯上，人脚踩踏的那一面。

4. 安全和预防措施

本安全和预防措施仅供参考。本部分有助于测试，但未指出所有可能的安全问题。在本测试方法中，使用者在处理材料时有责任采用安全和适当的技术；务必向制造商咨询有关材料的详尽信息，如材料的安全参数和其他制造商的建议；务必向美国职业安全卫生管理局（OSHA）咨询并遵守其所有标准和规定。

遵守良好的实验室规定，在所有的试验区域应佩戴防护眼镜。

5. 仪器和材料（见13.1）

5.1 摩擦色牢度仪（见13.2和13.3）。

5.2 摩擦头（见13.3）。

5.3 摩擦白布（见13.4）。

5.4 AATCC沾色彩卡（见13.5）。

5.5 沾色灰卡（见 13.5）。

5.6 AATCC 白色纺织吸水纸（见 13.5）。

6. 试样准备

6.1 需要两块试样，一块用于干摩擦测试，一块用于湿摩擦测试。

为了提高结果平均值的精确度，可增加试样数量。

6.2 铺地材料：试样尺寸至少为 50mm × 150mm。如果绒毛倒伏方向清晰可辨，则取样时长边方向为绒毛倒伏方向。

当需要进行多个测试以及进行产品的生产测试时，可以使用更大的或全幅的实验室样品，而不必裁剪单独的试样。

7. 核查

7.1 应对试验操作和仪器做定期核查，并保留对核查结果的记录。当产生异常摩擦效果并对评级程序产生影响时，使用以下的观察和纠正操作对避免错误的测试结果是非常重要的。

7.2 用实验室内部一块色牢度较差的地毯或小地毯作为核查试样，进行三次干摩擦测试。

7.2.1 如果产生重影的细长图形，则表明卡套可能松动。

7.2.2 如果产生拉长的条纹图形，则表明摩擦试样安装可能倾斜。

7.2.3 如果测试布上的摩擦区域出现弧状凹形痕迹，则表明摩擦头安装不当，最有可能的情况是摩擦头与某一具体位置垂直了（见 13.3）。

7.3 如果摩擦基座上摩擦砂纸的摩擦区域用手摸起来与其旁边的区域相比很平滑或试样发生明显的滑动，则应及时更换摩擦砂纸。

8. 调湿

测试前，按照 ASTM D 1776《纺织品调湿和测试标准方法》的要求对测试试样及摩擦白布进行预调湿和调湿。将每块测试试样或摩擦白布分开放在筛网或调湿用多孔架上，在温度为 21℃ ±1℃ 和相对湿度 65% ±2% 的大气条件下调湿至少 4h。

9. 操作程序

9.1 干摩擦测试。

9.1.1 将试样平放在铺有砂纸的摩擦测试仪基座上，使其长度方向沿摩擦方向（见 13.5）。如果绒头的倒伏方向清晰可辨，绒毛倒伏方向应指向耐摩擦测试仪的尾部。

9.1.2 将一块 25mm × 100mm 的白色棉摩擦布样品覆盖在摩擦头的摩擦面上。固定时，应使其长边方向与试验时摩擦头移动的长度方向一致。进行这步操作时，可以用 Allen 圆柱头内六角螺栓（见 13.6）将摩擦头固定在摩擦仪的压力臂上或将摩擦头从压力臂上拆下，更换一个合适的摩擦头夹持器（见 13.3 和 13.7）。用一个长方形卡套将白摩擦布固定在摩擦头上，卡套可在覆盖着棉白布的摩擦头上滑移。准备好测试时，使装有摩擦白布的摩擦头从摩擦仪臂向下移动。

注意：不要让摩擦头掉下，否则摩擦面上的凹痕或划痕可能无法修复。请小心轻放。

9.1.3 轻轻放下摩擦头到试样表面。用左手的拇指和食指紧按试样，并以 1 圈/s 的速度转动手柄，运转 10 圈。

9.1.4 取下摩擦白布，调湿（见 8.1），并按照本方法中第 10 部分的规定进行评级。对于拉毛、起绒或磨毛试样，松散纤维可能影响评级，因此在评级前，用透明胶带轻压摩擦白布，以粘去松散的纤维。

9.2 湿摩擦测试。

9.2.1 将摩擦白布在蒸馏水中彻底润湿。

9.2.2 在测试前，使用任何易于操作的方法，如将摩擦布夹在滤纸之间、用轧车进行轧液，以使摩擦布的含湿量控制在 65% ±5%。这一含湿量的计算是以干摩擦布在标准大气条件下（温度为 21℃ ±1℃，相对湿度 65% ±2%）的调湿重量为基础进行的（见 13.8）。

9.2.3 在实际摩擦测试开始前，应小心处置，以防止因水分蒸发引起的含湿量降低到规定范围以下。

9.2.4 按照 9.1 的要求继续进行测试。

9.2.5 评级前，在空气中晾干摩擦白布。对于拉毛、起绒或磨毛试样，松散纤维可能影响评级，因此在评级前，用透明胶带轻压摩擦白布，以粘去松散的纤维。

10. 评级

10.1 用 AATCC 沾色灰卡（AATCC EP2），9 级沾色彩卡（AATCC EP8）或沾色仪器评价方法（AATCC EP12）评定试验后颜色从试样转移到摩擦白布上的程度，并记录评定的级数（见 13.5 和 13.9）。

10.2 在评级时，用三层未使用过的摩擦白布垫于待评摩擦白布的下面。

10.3 对干摩擦色牢度和湿摩擦色牢度进行评级。使用沾色灰卡或 AATCC 沾色彩卡进行评级，可能会得出不同的评级结果。因此，在报告中注明使用哪种样卡进行评级是非常重要的。对于关键性的评级或用于仲裁的评级，必须使用沾色灰卡。

11. 报告

11.1 对测试试样进行描述。

11.2 报告 10.3 中确定的沾色级数。

11.3 注明是干摩擦测试还是湿摩擦测试。

11.4 注明评级时使用的是 AATCC 沾色彩卡还是沾色灰卡（见 10.3）。

11.5 如果地毯或地垫涉及 1.3 中描述的情况，则应在报告中对此加以说明。

12. 精确度和偏差（见 13.9）

12.1 精确度。1997 年进行了实验室间的比对试验，以确定本测试方法的精确度。各实验室的比对测试均在常规大气条件下进行，不必在 ASTM 标准大气条件下进行。四个实验室参加本次比对测试，每个实验室有两位操作员参加，在连续两天当中，对六块试样进行了干摩擦色牢度和湿摩擦色牢度的评价。使用 AATCC 沾色彩卡和沾色灰卡分别进行评级。

12.1.1 从每个实验室中选出一位操作者，对其比对测试结果进行了代表方差分析（ANOVA）。偏差构成如表 1 所示。

表 1 偏差构成

项目	干摩擦		湿摩擦	
	沾色灰卡	沾色彩卡	沾色灰卡	沾色彩卡
实验室内	0.0312	0.0417	0.125	0.0938
相互影响	0.0135	0.0403	-0.0201	-0.0031
实验室间	0.0264	0.0101	0.0028	0.0031

12.1.2 临界差如表 2 所示。

表 2 临界差

单种织物					
项目	观测数量	干摩擦		湿摩擦	
		沾色灰卡	沾色彩卡	沾色灰卡	沾色彩卡
实验室内	1	0.49	0.56	0.98	0.85
	3	0.28	0.33	0.68	0.49
	5	0.22	0.25	0.44	0.38
实验室间	1	0.66	0.63	0.99	0.86
	3	0.53	0.43	0.58	0.51
	5	0.50	0.38	0.46	0.41
多种织物					
项目	观测数量	干摩擦		湿摩擦	
		沾色灰卡	沾色彩卡	沾色灰卡	沾色彩卡
实验室内	1	0.59	0.79	0.98	0.85
	3	0.43	0.64	0.68	0.49
	5	0.39	0.61	0.44	0.38
实验室间	1	0.74	0.84	0.99	0.86
	3	0.62	0.70	0.58	0.51
	5	0.60	0.67	0.46	0.41

12.1.3 使用一个评级者和沾色彩卡来确定实

验室间差异的示例如表3所示。

表3 摩擦测试结果

项 目	干摩擦	湿摩擦
实验室A	4.0	4.0
实验室B	3.5	3.0
差异	0.5	1.0

说明：对于干摩擦测试，由于实验室间的结果差值小于12.1.2（0.63）中所述的临界差值，因此结果之间的差异不显著。对于湿摩擦测试，由于实验室间的结果差值超过了临界差值（0.86），因此结果之间的差异很显著。

12.2 偏差。摩擦色牢度的真值只能以试验方法进行定义。因此本方法没有已知偏差。

对表1所示的偏差构成，如果两个平均值之间的差值等于或大于下述的临界差值，则视为其在95%置信区间下显著不同。

13. 注释

13.1 有关适合测试方法的设备信息，请登录http：//www.aatcc.org/bg。AATCC提供其企业会员单位所能提供的设备和材料清单，但AATCC没有给其授权或以任何方式批准、认可或证明清单上的任何设备或材料符合测试方法的要求。

13.2 AATCC摩擦测试仪提供了一个模拟人手指和前臂动作的往复摩擦运动。需要进行长时间的摩擦时，计数器会很有帮助。计数器可另行购买。

13.3 摩擦测试仪的设计使摩擦头可以在19.0mm×25.4mm的长方形摩擦面上往复运动，在9N的向下压力下，曲柄每转一圈，摩擦头沿100mm的直线动程在铺地纺织品试样的表面做一次往复运动。摩擦头安装的方向固定。曲柄边上的切口可以安装螺丝将摩擦头固定在往复臂上。平头螺钉可以用Allen圆柱头内六角螺栓（见13.6）或其他类似的可以用手拧紧或拧松的装置代替。摩擦头夹持器也可以用来协助安装棉摩擦白布。注：当摩擦头还在摩擦仪的压力臂上时，利用摩擦头夹持器的长方形滑动套筒，可轻松快捷地将摩擦布装到摩擦头上。

13.4 摩擦白布应满足下述条件：

纤维：10.3～16.8mm100%精梳棉原纤，退浆、漂白、不含荧光增白剂或整理剂。

纱线：15tex（40/1英支）棉纱，5.9捻/cm，“Z”捻向。

密度：经密32根/cm±5根/cm，纬密33根/cm±5根/cm。

组织：1/1平纹。

pH值：7±0.5。

平方米重量：100g±3g（整理后）。

白度：W=78±3（AATCC 110）。

注意：根据对摩擦棉布的研究，ISO摩擦白布的测试结果与AATCC摩擦白布的测试结果不等效。

13.5 AATCC沾色彩卡、沾色灰卡和白色AATCC纺织吸水纸可从AATCC获取，地址：P.O. Box 12215，Research Triangle Park NC 27709；电话：919/549－8141；传真：919/549－8933；电子邮箱：orders@aatcc.org；网址：www.aatcc.org。

13.6 Allen圆柱头内六角螺栓，螺纹10～32，长20mm。

13.7 摩擦头夹持器是一个顶部中心带有小孔的重块，可安装直径为16mm的摩擦头杆，摩擦头杆可以带动摩擦白布运动。

13.8 一旦确定操作方法，在测试过程中，有经验的操作者不必重复称量过程。

13.9 本测试方法的精确度与被测试样、测试方法本身以及所采用的评级程序等综合相关。

13.9.1 本方法第12部分所述精确度是采用目光评级（AATCC EP2和EP8）方法得到的。

13.9.2 使用仪器评价方法（AATCC EP12）可得到比目光评级更高的精确度。

AATCC 167－2008

分散染料的起泡性

AATCC RA87 技术委员会于 1986 年制定；1987 年、1988 年、1993 年、1998 年和 2003 年重新审定；1989 年、1991 年、1997 年、2010 年编辑修订；2008 年编辑修订并重新审定。

1. 目的和范围

1.1 喷射染色机等染色设备，染液都是在低浴比、高循环和高搅动下运行的，因此在运行过程中必须要控制泡沫的产生。

1.2 本测试方法提供了在可控条件下评价分散染料起泡性能的标准方法，并可以评估某一单一分散染料对染浴起泡的作用。

2. 原理

稀释一定量的分散染料，预加热并放入常规厨房用搅拌机（见 12.1）内。在预设的搅拌速度下对染液搅拌一定时间后，将染液转移到带有刻度的量筒中，读取泡沫和液体的高度。

3. 术语

泡沫：气体分散在液体或固体中所产生的分散体系（见 12.2）。

4. 安全和预防措施

本安全和预防措施仅供参考。本部分有助于测试，但未指出所有可能的安全问题。在本测试方法中，使用者在处理材料时有责任采用安全和适当的技术；务必向制造商咨询有关材料的详尽信息，如材料的安全参数和其他制造商的建议；务必向美国职业安全卫生管理局（OSHA）咨询并遵守其所有标准和规定。

4.1 所有化学物品应当被谨慎使用和处理。在使用本方法中涉及的化学品时使用化学护目镜或防护面罩、防护手套及防护围裙。在附近安装洗眼器/安全喷淋装置以备急用。

4.2 在处理粉状染料时需戴防护眼镜及防尘面罩。

4.3 如果需要用浓醋酸稀释制备醋酸用于调节 pH 值（7.1.4），在制备过程中需使用化学护目镜或防护面罩、防护手套和防水围裙。浓酸处理只能在充分通风的通风橱内进行。应该在附近安装洗眼器/安全喷淋装置以备急用。总是向水中滴加酸。

4.4 本测试方法中，人体与化学物质的接触限度必须低于或达到官方的限定值［例如，美国职业安全卫生管理局（OSHA）允许的暴露极限值（PEL），可在 29 CFR 1910.1000 中获取，最新版本见网址 www.osha.gov］。此外，美国政府工业卫生师协会（ACGIH）的阈限值（TLVs）由时间加权平均数（TLV－TWA）、短期暴露极限（TLV－STEL）和最高极限（TLV－C）组成，建议将其作为人体在空气污染物中暴露的基本准则并遵守（见 12.3）。

5. 使用和限制条件

5.1 本测试方法提供了一个通过与相应的染料标准参考样进行对比来评价染料批次与批次间起泡性的差异。

5.2 本测试过程并不复杂，使用现有设备即可得到与更精确的实验室仪器相同的测试结果。

5.3 本测试方法提供了一套特定的测试程序及实验条件，有助于单个实验室内进行对比研究。不同的实验室由于所用设备和操作人员的不同会产生细微的测试结果差异，但还是可以将染料区分为低起泡性、中起泡性和高起泡性分散染料。

5.4 影响测试准确性和重现性的因素参见注释（见12.5、12.6和12.7）。

6. 仪器和材料

6.1 仪器。

6.1.1 500mL带刻度的玻璃量筒。

6.1.2 厨房用搅拌器（见12.1）。

6.1.3 玻璃搅拌容器。

6.1.4 秒表。

6.1.5 pH计。

6.2 材料。

6.2.1 蒸馏水。

6.2.2 醋酸，10%溶液。

6.2.3 1993 AATCC标准洗涤剂WOB（见12.4）。

7. 制备

7.1 染料分散液的制备。

7.1.1 称量5g、100%力份的染料（对于其他浓度的染料，称量重量需要相应调整。如200%力份的染料称量2.5g）。

7.1.2 在一个400mL的烧杯中用25mL的蒸馏水把染料调成糊状。

7.1.3 用175mL蒸馏水进一步稀释染料分散液，边搅拌边将染液加热到50℃（122℉）。

7.1.4 用蒸馏水将染料分散液稀释至1L。用醋酸将染液的pH值调整到5.5±0.2（见12.5），使用pH计测量。最终待测染液的温度应为30℃（86℉）。

7.2 洗涤剂溶液的制备。

用30℃（86℉）的自来水制备浓度为0.5g/L的1993 AATCC标准洗涤剂WOB溶液，用来检查搅拌器内任何阻碍起泡的污染物。

7.3 检查搅拌器内是否含有污染物。

7.3.1 将200mL洗涤剂溶液倒入容量为1.4L（1.5夸脱）的干净的搅拌器容器内。

7.3.2 让搅拌器在其最高速度下运行30s，然后停止，让溶液静置30s。此时在溶液的上部应至少出现2.5cm高的泡沫。如果出现的泡沫高度小于2.5cm，则对搅拌器容器进行清洗并重复上述操作，直到产生的泡沫达到要求（见12.6）。

7.3.3 彻底清洗搅拌器容器，然后向里面加入200mL蒸馏水。

7.3.4 让搅拌器在其最高速度下运行30s，然后停止，静置30s，此时应该无泡沫产生。如果有泡沫产生，则再次清洗搅拌器容器并重复上述操作，直到没有泡沫产生为止。

8. 泡沫测试

8.1 向搅拌器容器中倒入200mL染料分散液，盖上盖子。

8.2 选择产生14000～15000r/min叶片速度的搅拌速度，通常是搅拌器的最高转速（见12.1）。

8.3 启动搅拌器，同时按下秒表。扶住搅拌器容器（不包括盖子），以防止溶液溢出。

8.4 30s后，停止搅拌器，秒表继续运行。

8.5 立即将搅拌器内的液体倒入一个干燥的500mL刻度的量筒内。在倾倒时，仅倾斜容器一次，让染料分散液和泡沫自然地流到量筒内，保持容器在量筒上方倾斜的状态，直到秒表显示值达60s，然后将容器移开。

8.6 150s后，读取量筒中泡沫和液体水平面的凹面对应的刻度。如果把沾到量筒壁的泡沫顶部的读数作为泡沫高度，那么读数将是错误的（见12.8）。

8.7 分别记录泡沫和液体刻度值，用泡沫的刻度值减去液体的刻度值，得到产生泡沫的体积数（mL）。

9. 评级

根据下述分级对染料起泡性进行评定。

级别 A：0～30mL——超低泡沫

级别 B：31～60mL——低泡沫

级别 C：61～90mL——中度泡沫

级别 D：91～120mL——高泡沫

级别 E：大于 120mL——超高泡沫

10. 报告

10.1 报告所测染料的起泡级别（见 9）。

10.2 如果测试是用于染料批次间的比较，那么相同产品的标准样、控制样品或参考样也应该在相同的条件下进行测试并报告相应起泡级别。

11. 精确度和偏差

11.1 实验室间的精确度。1982 年，五个实验室对 14 种染料进行实验室测试，每个实验室用一个操作员对每种染料进行两次测试。上述实验室研究计算得出的标准偏差为 7.8，但是个别实验室得出的数据与其他实验室差别很大。搅拌器转速是造成测试结果不同的主要因素。搅拌器转速会因搅拌器的型号和线路电压的不同而不同。即使相同厂商生产的搅拌器，搅拌速度也会有 10%～15% 的差异。因此，不建议用本测试方法进行实验室间的比对，因为误差会比预期要大。

11.2 实验室内的精确度。通过对每种染料的五种分散液分别进行五次测试，由一个操作员进行操作，得到低泡、中泡和高泡染料的标准偏差。利用邓肯多组级差检验方法对变量值进行分析，大约总变量的 0.1% 是由分散液制备引起的，大约总变量的 1.2% 是由测试本身产生的，总变量的 98.7% 是由染料的起泡水平引起的。本测试对低泡、中泡和高泡分散染料测试间的置信水平达到 95% 或以上。通常，不必对相同分散染料的多种分散液进行测试，除非测试结果与预期结果差异很大。以下列出的是低泡、中泡和高泡分散染料的标准偏差。

染料类型	标准偏差（泡沫的 mL 数）
低泡	2.04
中泡	4.85
高泡	9.16

11.3 偏差。由于任何单一方法不能得出测试的真值，因此本方法没有关于偏差的声明。

12. 注释

12.1 标准的厨房用搅拌器可以选叶片速度为 14000～15000r/min。选择叶片速度可以咨询制造商，通常情况下就是搅拌器的最高速度。

12.2 用常规厨房用搅拌器对染料分散液进行搅拌所产生的泡沫的质量与染色工人观察到的高速搅拌下的染缸内所产生的泡沫十分相似。

12.3 可以从 ACGIH 获取，地址：Kemper Woods Center，1330 Kemper Meadow Dr.，Cincinnati OH 45240；电话：513/742－2020；网址：www.acgih.org。

12.4 可以从 AATCC 获取，地址：P.O.Box 12215，Research Triangle ParkNC 27709；电话：919/549－8141；传真：919/549－8933；电子邮箱：orders@aatcc.org；网址：www.aatcc.org。

12.5 用 pH 计测量 pH 值，而不是用 pH 试纸或液体指示剂。对于一些分散染料，加入过量的醋酸使 pH 值在 3.5～4.5 之间，这将大大增加某些分散染料产生的泡沫。

12.6 在搅拌器新的螺旋组件中，搅动叶片轴承中过量的硅润滑剂有消泡作用。在这种情况下，应在适当的溶剂中清洗这些组件以去除含硅润滑剂。

12.7 最好在搅拌完成后的 120～180s 间隔内读取起泡的刻度，而不是在 60s 或更短的时间后读取，以得到更具重现性的结果。60s 的读数很容易变化，因为某些染料与其他染料相比，需要更长的泡沫—液体的分离时间。

12.8 关于本方法发展过程的详细叙述可参见 1982 年 AATCC 区域技术论文竞赛文选中来自 Piedmont 赛区的论文，论文题目为：A method for Measuring the Foam Propensity of Disperse，Textile Chemist and Colorist，1983 年 1 月，Vol. 15 No. 1 第 21 页。

AATCC 168 -2007

螯合剂:聚氨基多元羧酸及其盐类活性成分含量分析——潘酚(PAN)铜法

AATCC RA90 委员会于 1987 年制定；1988 年（标题更换）、2002 年重新审定；1989 年、1997 年、2007 年编辑修订并重新审定；1992 年修订；2010 年编辑修订。

1. 目的和范围

1.1 本测试方法可以与 AATCC 149《螯合剂：氨基多元羧酸及其盐类的螯合值测定—草酸钙法》替代使用。

1.2 乙二胺四乙酸（EDTA），N-羟基乙二胺三乙酸（HEDTA）和二乙烯三胺五乙酸（DTPA）及其盐类的活性成分含量通常用钙螯合值（CaCV）来表示。使用草酸或染色指示剂的钙离子滴定，如 AATCC 149 中一样，可以得到包含在一些商品中发现的 EDTA、HEDTA、DTPA、氮川三乙酸（NTA）、亚氨基二乙酸（IDA）、羟乙酸盐及其他弱螯合剂在内的螯合值。本测试方法排除了上述物质的影响，可提供更为严格的测试值。

2. 原理

2.1 钙离子螯合值是在潘酚［1-（2-吡啶偶氮）-2-萘酚］存在的条件下，用已知浓度的硝酸铜溶液滴定已知重量的样品。最初，由于游离指示剂的存在，溶液的颜色为黄绿色，当所有的螯合剂都与硝酸铜反应后，溶液的颜色变为永久的紫色，即滴定的终点。

2.2 钙螯合值（CaCV）。被已知重量的螯合剂螯合的钙离子（以碳酸钙形式存在）的数量，可描述为每克螯合剂螯合的碳酸钙的毫克数（mg 碳酸钙/g 螯合剂）。

3. 术语

螯合剂：在纺织化学中，能使金属离子失活、形成水溶性络合物的化学物质。同义词：络合剂。

4. 安全和预防措施

本安全和预防措施仅供参考。本部分有助于测试，但未指出所有可能的安全问题。在本测试方法中，使用者在处理材料时有责任采用安全和适当的技术；务必向制造商咨询有关材料的详尽信息，如材料的安全参数和其他制造商的建议；务必向美国职业安全卫生管理局（OSHA）咨询并遵守其所有标准和规定。

4.1 遵守良好的实验室规定，在所有的试验区域应佩戴防护眼镜。

4.2 所有化学物品应当谨慎使用和处理。本方法中用到的很多化学品都具有腐蚀性或强烈的刺激性。

4.3 在准备过程中，配置和处理冰醋酸和氢氧化钠时要使用化学护目镜或面罩、专用手套和试验服。浓酸和浓碱处理一定要在通风性能良好的通风橱内进行。总是将酸加入水中。

4.4 2.5 水合硝酸铜对眼睛、皮肤有腐蚀性，如果吸入，会伤害呼吸系统。2.5 水合硝酸铜也是一种氧化剂，可与有机物发生反应，应在通风性能良好的通风橱内处理。

4.5 如果吸入或吞食甲醇是有害的。甲醇是一种可燃性液体，在实验室中必须储存在远离热源、明火和火花的容器内，这种化学品不能在明火附近使用，应在通风性能良好的通风橱内使用。

4.6 在附近安装洗眼器/安全喷淋装置以备急用。

4.7 本测试方法中，人体与化学物质的接触限度只许达到或低于官方的限定值［例如，美国职业安全卫生管理局（OSHA）允许的暴露极限值（PEL），参见 29 CFR 1910.1000，最新版本见网址 www.osha.gov］。此外，美国政府工业卫生师协会（ACGIH）的阈限值（TLVs）由时间加权平均数（TLV－TWA）、短期暴露极限（TLV－STEL）和最高极限（TLV－C）组成，建议将其作为人体在空气污染物中暴露的基本准则并遵守（见 13.1）。

5. 仪器、材料

5.1 醋酸（CH_3COOH），1.0N。

5.2 2.5 水合硝酸铜［$Cu(NO_3)_2 \cdot 2.5H_2O$］。

5.3 乙二胺四乙酸（游离酸型）（EDTA，$C_{10}H_{16}O_8N_2$）。

5.4 甲醇。

5.5 1－（2－吡啶偶氮）－2－萘酚（PAN，$C_{15}H_{11}ON_3$）。

5.6 三水合乙酸钠（$CH_3COONa \cdot 3H_2O$）。

5.7 氢氧化钠（NaOH），1.0N。

6. 试验条件

6.1 测定固态螯合剂。取 2g 试样在适当的温度下干燥 2h 以上，在干燥器内冷却后称重。

6.2 游离酸型螯合剂需在 120℃下干燥。

6.3 盐型螯合剂需在 80℃下干燥。

7. 取样

每次测试应重复三次。例如，一个试样应取出三份进行分析测定。

8. 试样准备

8.1 不能使用铝制或其他金属称量盘。

8.2 固态 EDTA、HEDTA 和 DTPA（无论是游离酸型还是盐型）的分析。称量 0.24～0.26g 干燥后的螯合剂试样，精确到 0.01g。

8.3 分析 8.2 中商品型螯合剂的盐溶液时，称取 0.49～0.51g 溶液样品，精确到 0.01g。

9. 试剂配制

9.1 硝酸铜溶液。称取 23.30g 的 2.5 水合硝酸铜，在容量瓶内溶解并稀释到 1.000L，计算该硝酸铜溶液的物质的量浓度（见 11）。

9.2 潘酚指示剂。溶解 0.025g 的 1－（2－吡啶偶氮）－2－萘酚于 50mL 甲醇中，密封后，储存于冰箱中，使用期限为一周。

9.3 醋酸缓冲溶液（pH＝4.65）。溶解 34.0g 三水乙酸钠于 500mL 水中，并添加 15mL 冰醋酸，混合均匀后，储存于密闭的容器内。

9.4 硝酸铜溶液的标定。称取 0.5g 乙二胺四醋酸（EDTA）试剂，精确到 0.0001g，分别放入三个 250mL 的锥形瓶中，加入 150mL 蒸馏水和 6.5mL 1.0N 的氢氧化钠溶液（或五滴 50% 的氢氧化钠溶液），搅拌均匀直到乙二胺四醋酸溶解，然后加入 25mL 乙酸钠缓冲溶液，如果需要，用 1.0N 的醋酸溶液或 1.0N 的氢氧化钠溶液调节 pH 值到 4.5～5.5，再加入 1mL 潘酚指示剂并立即用硝酸铜滴定到紫色，即为终点。铜的物质的量浓度计算如下：

$$M = \frac{W \times P \times K}{V}$$

式中：M——硝酸铜的物质的量浓度，mol/L；

W——乙二胺四醋酸的质量，g；

P——乙二胺四醋酸的百分比浓度；

V——硝酸铜溶液的体积，mL；

$$K = \frac{1000\text{mL/L}}{100 \times 232.59\text{g/mol}} = 0.042994\ \frac{\text{mol} \times \text{mL}}{\text{g} \times \text{L}}$$

10. 操作程序

10.1 把试样定量转移到500mL的锥形瓶中，加入150mL水（见8.1～8.3），将称重纸或称量盘上任何残留的螯合剂全部转移到锥形瓶中，并搅拌均匀（溶解）。

10.2 在锥形瓶中加入25mL、pH值为4.65的醋酸缓冲溶液并搅拌均匀，测试pH值，如果需要，用1.0N的醋酸溶液或1.0N的氢氧化钠溶液调节pH值至4.5～5.5。

10.3 在锥形瓶中加入1mL潘酚指示剂并搅拌均匀。

10.4 用0.1000mol/L的硝酸铜溶液滴定样品溶液至紫色，紫色至少维持1min即为终点。

11. 计算

利用下面公式计算每个试样的钙螯合值（*CaCV*），取三位有效数字：

$$CaCV = \frac{100.1 \times V \times M}{W}$$

式中：*CaCV*——钙螯合值，mg碳酸钙/g螯合剂；

V——硝酸铜溶液的体积，mL。

M——硝酸铜的物质的量浓度，mol/L；

W——试样的质量，g；

100.1——$CaCO_3$ 平均分子质量，mg/mmol。

12. 精确度和偏差

12.1 精确度。在实验室内，同样的操作人员、同一仪器、同一时间测试方法的标准偏差为±2（1.60）。实验室之间（至少五个实验室），本测试方法的标准偏差为±1（0.54）。

12.2 偏差。本测试方法的偏差正在确定。

13. 注释

资料索取地址：Publications Office，ACGIH，Kemper Woods Center，1330 Kemper Meadow Dr.，Cincinnati OH 45240；电话：513/742－2020；网址：www.acgih.org。

AATCC 169－2009

纺织品的耐气候性：氙弧灯暴晒

AATCC RA64 技术委员会于 1987 年制定；2007 年权限转给 RA50 技术委员会；1988 年、1989 年重新审定；1990 年、2003 年修订；1995 年、2009 年编辑修订并重新审定；2007 年、2008 年编辑修订。

1. 目的和范围

1.1 本测试方法提供了一种程序，将各种纺织材料，包括涂层织物及其产品，在可控测试条件的人工气候设备中进行暴晒。本测试方法包括了可控湿态试样和干态试样的测试程序。

1.2 耐退化性的测定可以在标准纺织测试条件下评定暴晒后材料的强力损失百分率、残余强力百分率（断裂、撕破或胀破）和/或材料的色牢度来表示。

2. 原理

将待测的纺织材料样品和参照标准在规定条件下同时暴晒于氙弧灯下，通过与参照标准对比，评定测试材料的性能耐退化性。

3. 术语

3.1 断裂强力：试样在拉伸测试中被拉至断裂时作用于试样上的最大力。

3.2 胀破强力：在规定条件下，以一个垂直于织物表面的力作用于织物，使其破裂所需的压力或压强。

3.3 色牢度：材料在加工、检测、储存或使用过程中，暴露在可能遇到的任何环境下，抵抗颜色变化或颜色向相邻材料转移的能力。

3.4 辐照度：波长的函数，单位面积的辐射功率，单位为瓦特每平方米（W/m^2）。

3.5 辐射量：辐照度对时间的积分，单位为焦耳每平方米（J/m^2）。

3.6 辐射能量：以各种波长的光子或电磁波形式在空间传播的能量。

3.7 辐射通量密度：通过试样的辐射能的流动速率。

3.8 辐射功率：每个单位时间放射、转移或接受的辐射能量。

3.9 光谱能量分布：放射的辐射能量在不同波长范围内的能量变化。

3.10 光谱透射率：波长的函数，辐射能经过给定的材料后，其中未被材料吸收的能量占总入射能量的百分比。

3.11 纺织品测试用标准大气：温度保持在21℃±1℃（70℉±2℉）、相对湿度保持在62%±2%的空气环境。

3.12 撕破强力：将织物上已有的切口完全撕裂时所需要的力的平均值。

3.13 总辐照度：在一个时间点上，所有波段里辐射功率的总和，单位为瓦特每平方米（W/m^2）。

3.14 气候：给定地理位置的气候条件，包括日光、雨水、湿度和温度等因素。

3.15 耐气候性：材料暴晒在气候条件下抵抗其性能退化的能力。

4. 安全和预防措施

本安全和预防措施仅供参考。本部分有助于测试，但未指出所有可能的安全问题。在本测试方法

中，使用者在处理材料时有责任采用安全和适当的技术；务必向制造商咨询有关材料的详尽信息，如材料的安全参数和其他制造商的建议；务必向美国职业安全卫生管理局（OSHA）咨询并遵守其所有标准和规定。

4.1 仔细阅读并理解供应商提供的操作说明后再操作实验室测试仪器，仪器的使用者有责任遵守设备的安全操作指南。

4.2 测试仪器内有高强度光源，当仪器运转时，其门必须保持关闭状态。

4.3 维修氙弧灯前，必须关闭测试仪器并冷却一段时间。

4.4 当维修仪器时，关闭“off”开关。如果适用，拔去电源插座，确保机器前置面板上的主电源指示灯是熄灭的。

5. 使用和限制条件

5.1 本测试方法得到的结果并不等同于户外环境得到的结果，除非对某一给定材料建立了数学相关性且协议双方达成一致。户外环境因季节、地理位置和地形不同而不同，因此，户外环境下暴晒的结果也会相应的改变。在相同的环境下不是所有材料都会受到相同的影响。本测试方法中描述的耐气候性测试仪器是令人满意的，它们被广泛应用于纺织材料的商业验收测试中。买卖双方应根据以前的数据和经验来决定选用哪一种类型的仪器。不同制造商提供的耐气候测试仪器的光谱分布、喷水、空气和湿度传感器的位置、测试箱的尺寸可能会有明显的不同，这会导致测试结果的不同。因此，不同制造商生产的仪器，不同尺寸的测试箱和不同的氙弧灯得到的数据不能互换，除非确定了它们之间的某种数学相关性并达成一致。AATCC RA50 委员会目前没有在不同测试仪器之间做对比测试。

5.2 当使用本测试方法时，协议双方应结合光源、湿度和润湿效果，对合理的测试程序达成一致。所选择的循环程序要反应出材料使用的季节、地理位置和地形等预期的环境条件（见 7.2.1 中的方法 1）。

5.3 当使用本测试方法时，要选用一个参照标准，其在规定的暴晒后特征值的变化是已知的。

5.4 协议双方达成一致时，也可采用其他耐退化性的测试程序。

6. 仪器（见 16.1）

6.1 可使用不同型号的氙弧测试仪器，但测试仪器必须是由耐腐蚀材料制造的，并能自动控制辐射度、湿度、箱体空气温度和黑板温度计或黑板标准温度计的温度。氙弧测试仪器可以是水冷却或空气冷却的（见 16.2）。

6.2 氙弧灯光源。氙弧灯测试仪使用长石英，内置氙弧灯作为辐射源，发出从低于 270nm 的紫外光谱到可见光谱，再到红外光谱的辐射。当氙弧灯为同样的通用类型时，在某些不同尺寸和类型的仪器中，要使用不同功率范围的不同尺寸的氙弧灯。在不同的型号中，试样架根据氙弧灯的尺寸和功率范围而变化，以使在 340nm 下测得的放在标准试样夹中的试样表面的辐照度为 0.35W/m^2。根据测试循环方法 1～4（见 7.2.1～7.2.4），选择其中的一个测试程序来操作氙弧灯测试仪。

6.2.1 滤光片。为使氙弧灯能模拟地球日光，必须使用滤光片过滤短波长的紫外光 UV 辐射。此外，也可以使用滤光片滤去红外光辐射，防止对试样产生不存在的加热，这种加热可能导致热退化，而且在户外暴晒中是没有的。

氙弧灯仪器应配备日光滤光片，以提供适当的光谱。日光滤光片应该满足附录 A 所规定的相对光谱能量分布的要求。

6.2.2 遵守氙弧测试仪制造商的保养说明。除非有其他规定，控制辐照度，使得在 340nm 处的辐照度为 0.35W/m^2 ± 0.01W/m^2，或在 300～400nm 处的辐照度为 40W/m^2 ± 1.5W/m^2。根据选择的测试循环方法 1 ~4（见 7.2.1 ~7.2.4），选择其中的一个测试程序来操作氙弧灯测试仪。

7. 测试循环的确定

7.1 测试循环的确定是由最终使用的影响因素，尤其是气候条件影响因素来确定的。但并非所有材料在相同环境下受到的影响都是相同的。任一测试循环得到的结果不能代表其他测试循环或其他户外气候测试的结果。对某一地理位置获得的加速测试因子不一定适用于任何其他地理位置。然而，可以用特定的测试循环将与被测试循环相关的相似气候条件进行归类。

7.2 测试材料的特性有助于选择合适的测试循环，包括紫外暴晒、润湿、润湿时间和温度。仪器必须配备连续光谱监控装置，控制在 340nm 处的辐照度为 $0.35W/m^2 \pm 0.01W/m^2$，或 300 ~400nm 处的辐照度为 $40W/m^2 \pm 1.5W/m^2$，除非有其他规定。对于纺织材料，可以选择以下测试循环方法。

7.2.1 方法 1。这一测试循环用于模拟亚热带气候，比如南佛罗里达州，120min 循环，仅 90min 暴晒，相对温度 70% ±5%，交替 30min 的光照和喷水，黑板温度 77℃ ±3℃（170℉ ±5℉）。

7.2.2 方法 2。这一测试循环用于模拟亚热带气候，比如南佛罗里达州，当供水系统受到限制时，循环时间为 120min，其中暴晒 60min，相对湿度 70% ±5%；黑暗 60min，黑板温度 77℃ ±3℃（170℉ ±5℉），不喷水。

7.2.3 方法 3。这一测试循环用于模拟半干旱气候，比如亚利桑那州的菲尼克斯，连续光暴晒，无喷水，黑板温度 77℃ ±3℃（170℉ ±5℉），相对湿度 27% ±3%。

7.2.4 方法 4。这一测试循环用于模拟温和的气候，比如俄亥俄州的哥伦布，120min 循环，仅 102min 暴晒，相对湿度 50% ±5%，交替 18min 的光照和喷水，黑板温度 63℃ ±3℃（145℉ ±5℉）。

7.3 使用这些循环并不意味着是一种加速气候测试方法。本测试方法不局限于使用这些循环方法。

8. 参照标样

8.1 参照标样必须确定并由协议双方达成一致。只要已知其强力老化速度或颜色变化，任何合适的织物材料均可作为参照标样。参照标样必须与测试样同时暴晒。对于采用喷水的测试循环方法，参照标样不能显示出任何由于喷水引起的性质变化。采用参照标样来测定计时的仪器和测试程序的偏差。如果暴晒参照标样的测试结果与已知的标准数据相比，差异超过 10%，则需彻底检查仪器的操作条件，并纠正任何故障及缺陷，然后重新测试。如果数据偏差仍超过 10% 而又无明显的仪器故障，那么有可能参照标样出了问题，应对参照标样重新评定。

8.2 如果色牢度是唯一的评级标准，则 AATCC 16《耐光色牢度》中规定的蓝色羊毛标样对无喷水的测试循环方法是可以接受的。但是，由于任何一种方法与其他方法测得的蓝色羊毛标样的褪色级数可能不一致，所以必须谨慎使用。

8.3 目光评定。等同于 4 级变色灰卡或 L4 蓝色羊毛标样。

8.4 仪器的颜色测量。对于第 5 批次的 AATCC 蓝色羊毛标样 L4，按照 AATCC EP6《仪器测色方法》测得其变色值为（1.7 ±0.3）CIELAB 单位。对于其他批次的 AATCC 蓝色羊毛标样 L4，按照 AATCC EP6 测得的变色 CIELAB 值等于该蓝色羊毛标样校准证书中的值。

AATCC 的褪色单元（AFU）和 AATCC 蓝色羊毛标样等量的暴晒量见表 1。

表 1 AATCC 的褪色单元（AFU）和 AATCC 蓝色羊毛标样等量的暴晒量

AATCC 蓝色羊毛标样	AATCC 褪色单元	氙弧灯的辐照度（kJ/m^2）	
		420nm	300 ~400nm
L2	5	21	864
L3	10	43	1728

续表

AATCC 蓝色羊毛标样	AATCC 褪色单元	氙弧灯的辐照度（kJ/m²）	
		420nm	300~400nm
L4[a]	20	85[b]	3456
L5	40	170	6912
L6	80	340[b]	13824
L7	160	680	27648
L8	320	1360	55296
L9	640	2720	110592

a. 变色为（1.7±0.3）CIELAB 褪色单位或 AATCC 变色灰卡的4级。

b. 用透过玻璃的日光法和连续光照的氙弧灯法进行试验确认的值，其他的数据可以计算得出（见 AATCC TM16 的注释32.18）。

9. 试样准备

9.1 试样数量。被测材料和确保精确度的参照标样都应使用重复抽样的样品（见16.3）。

9.2 织物试样尺寸（原始状态）。这些给出的尺寸作为通用指导，在大多数情况下，足以满足评定的需要。某些材料暴晒后可能表现出尺寸变化。仪器制造商、物理测试仪器和所需要的重复试样的数量将影响所需的样品尺寸。应该核查13.3中规定的测试程序，以确保有足够数量的试样进行各自所需的退化测试（见16.4）。为了尽可能地减少样品差异的影响，从样品中随机抽取两个试样，一个用来暴晒，另一个用于控制测试（不暴晒）。用于经向测试的每一对试样含有相同的经纱；用于纬向测试的每一对试样含有相同的纬纱。平行于经向剪取的两对试样不含有相同的经纱；平行于纬向剪取的两对试样不含有相同的纬纱。按照以下测试程序剪取试样：

9.2.1 断裂强力。当使用条样法测试断裂强力时，剪取试样大小至少为5cm×20cm（2英寸×8英寸），长边平行于经向或机器方向，除非另有说明；当使用抓样法测试断裂强力时，剪取试样大小至少为13cm×18cm（5英寸×7英寸）（见16.5）。

9.2.2 胀破强力。剪取试样大小至少为15cm×15cm（6英寸×6英寸）。

9.2.3 舌形法撕破强力。剪取试样大小至少为10cm×23cm（4英寸×9英寸），短边平行于经向或机器方向，除非另有说明（见16.5和16.6）。

9.2.4 埃尔门道夫撕破强力。剪取试样大小至少为10cm×13cm（4英寸×5英寸），长边平行于经向或机器方向，除非另有说明（见16.4和16.5）。

9.2.5 梯形法撕破强力。剪取试样大小至少为10cm×18cm（4英寸×7英寸），长边平行于经向或机器方向，除非另有说明（见16.5和16.6）。

9.2.6 色牢度。剪取试样大小至少为3cm×6cm（1.2英寸×2.4英寸），确保测试暴晒面积不小于3cm×3cm（1.2英寸×1.2英寸），并且与未暴晒区域具有相同的面积。

9.2.7 为防止试样散边，可以在试样的边缘涂上环氧树脂或类似的树脂。

9.2.8 对每一试样做好标记，标记要使用能抵抗测试环境条件影响的材料。

9.3 安装。

9.3.1 将试样安装在开放的试样夹上，试样夹置于箱体中，箱体背面没有背衬，除非另有说明（见16.7）。

9.3.2 织物。确保试样平整地固定在试样夹上，无卷边，试样可以缝合在一个纱网背衬上。

9.3.3 纱线。将纱线卷绕到一个长度至少为15cm（6英寸）的框架上，只有直接面对辐射能的那部分纱线用来测试断裂强力，可以测试单纱或绞纱。当测试绞纱时，纱线必须紧密卷绕到框架上，宽度为2.54cm（1.0英寸）。控制样的纱线根数和暴晒试样的纱线根数须相同。暴晒结束后，在拆开测试纱之前，用一个宽2.0cm（0.75英寸）的遮盖物或其他合适的胶带，将面对光源的那部分纱线捆在一起，使这些纱线紧密地排列在样品架上。

10. 调湿

10.1 暴晒结束后，将所有试样，包括测试样和控制样，一起放置于 ASTM D 1776《纺织品调湿和测试标准方法》规定的条件下直至调湿平衡。一般认为在不超过 2h 的时间间隔内，样品连续称重，其质量变化不超过 0.1% 时为达到了调湿平衡状态。通常在一般应用中，以接收到的原样开始进行调湿至达到平衡。

10.2 在实际测试中，一般不会频繁地称重来确定纺织材料是否已达到调湿平衡。有一种程序，除了出现争议时不能使用，但是日常的测试是足够的，即在测试前将试样置于标准大气下放置一段合理的时间。在大多数情况下，24h 一般是可以被接受的，然而，有些纤维或整理可能从接收到的原样开始调湿时表现出缓慢的调湿平衡速率。当已知这种情况时，经协议双方同意可按照 ASTM D 1776 规定的程序进行预调湿。

11. 仪器的准备、维护和校准

11.1 将测试仪器安装在温度和相对湿度可以得到控制的房间里，这样会尽可能地减少由于空气变化产生的影响。

11.2 在开始进行每一次测试前，确保测试仪器已经校准，并在制造商要求的范围内。与仪器相连的暴晒装置（即光监控系统、黑板温度计、箱体空气传感器、湿度控制系统、紫外线 UV 传感器和辐射计）需要进行周期性的校准。只要可能，校准应溯源至国家或国际标准。校准时间表和程序应参照制造商的说明。

11.3 氙弧燃烧器或滤光片的老化可能导致光源光谱的改变。燃烧器内部或外壳的灰尘及其他残留物的堆积，也会造成光源光谱的改变。

11.4 当滤光片出现裂痕、碎片、颜色变化或成为乳白色时，应更换。根据制造商建议的时间周期更换氙弧灯管和滤光片。

11.5 黑板传感器元件显示的是吸收辐照度减去通过传导和对流发散的热量。要使黑板的正面处于良好的条件下。尽管其表面涂有高质量的整理剂，但当暴晒在耐气候装置中时也会老化。因此，应使用高级汽车蜡定期进行清洁并擦亮。保留一块备用的对比黑板单元以周期性校准所使用的黑板单元。当使用的黑板单元与对比单元进行对比，超出测试程序设定的极限值时，应重新抛光或更换。

11.6 对于带有喷水的测试程序，使用总固体含量小于 17mg/kg 的去离子水或去除矿物质水或蒸馏水，固体含量最好在 6～8mg/kg，以尽可能减少在试样上的沉淀物。水的 pH 值保持在 7±1。采用不锈钢或其他可接受的水传送装置，不会对水造成污染。进入测试箱体的水温保持在 16℃±5℃（60℉±9℉）。

11.7 确保测试过程中水、电供应达到仪器制造商所规定的详细说明。确保能达到设定的黑板温度和相对湿度。

11.8 按照所选择的测试方法控制测试环境。

11.9 编程序或调节仪器使其提供连续的日光测试。用装有材料的试样夹和黑板温度计装满试样区域。材料是用来模拟暴晒测试中测试箱体内的气流运动，而不包含实际的测试样。用与材料同样的摆放方式将黑板温度计置于试样转筒或样品架上。按照制造商的说明操作和控制测试仪器。依照这种方式操作仪器并调节箱体的温度和相对湿度，以达到所需的温度和相对湿度。

11.10 在可控条件下仪器运转 60min 后关闭测试仪器，并从试样架上取出测试材料。

12. 操作程序

12.1 按照 7.2 的规定给氙弧灯测试仪器编程，以获得规定的测试条件。

12.2 根据仪器制造商的建议，将已装好试样的试样夹置于样品架上。确保所有的材料都有足够的支撑并垂直同轴排列。材料任何靠近或远离光源的距离即使很小，也可能会导致试样之间颜色的差异。试样架必须填满，当测试样的数量不足以填满试样架时，可使用其他的材料填满试样架。

对于单股试样，其长度超过 23cm（9 英寸）时，应将其置于暴晒区的中央位置。

12.3 不论机织物、针织物或非织造织物，都要确保测试样通常使用的正面直接暴晒在光源下。如果由于某些原因，没有暴晒材料的正面，要在报告中注明。

12.4 对于采用喷水的测试循环程序，确保喷出的水流细而且能均匀分布在试样暴晒面上。

12.5 用合适的记录仪监控暴晒测试箱体内的条件（可选择）。

12.6 连续操作测试仪器直至所选择的暴晒测试完成，当需要更换灯管或滤光片时，要避免不必要的延误，保持连续的暴晒时间，因为这种延误会导致结果的变化或造成错误的结果。

12.7 为确保测试样表面接受的辐射量一致，需重新依次排列试样，使得每一试样在每一位置都能获得同样的暴晒时间。当暴晒间隔不超过 24h 时，将每一试样摆放在离氙弧灯轴心等距离的位置。每暴晒 250h 后旋转测试样。如果协议双方同意，也可采用其他的测试方法以达到均匀一致的暴晒。

12.8 根据仪器制造商的建议更换滤光片，或当滤光片有明显变色或出现乳白色时更换滤光片，无论哪种现象先发生都要更换。

12.9 每一次暴晒测试，仪器至少需循环运转 7 天。

12.10 当暴晒循环结束后，从样品架上取出参照标样和测试样，将它们转移至纺织品测试标准大气下调湿，进行协议要求的物理性测试。

如果试样从试样架上取下时是湿的，那么先在周围实验室条件下或在温度不超过 71℃（160℉）的环境下将试样在无张力状态下干燥，然后再转移至调湿的大气中。在物理测试或色牢度评定前，浸湿未曝光的参照标样和保留的未曝光原样。用与测试样相同的干燥和调湿条件进行处理。

13. 评级

13.1 通过以下的一种或多种步骤，参照参照标准，评定材料的耐久性或耐退化性。

13.1.1 剩余或损失强力百分率。经规定的暴晒时间后，记录材料的剩余或损失强力百分率（断裂、撕破或胀破强力）。

13.1.2 残余强力。记录材料的初始和最终的强力值以及所有其他相关的数据。

13.1.3 根据协议一致认可的参照标样或标准：

（1）满意。在材料标准规定的暴晒时间下，与参照标样相比具有相同的或更好的耐久性。

（2）不满意。在材料标准规定的暴晒时间下，比参照标样更差的耐久性。

13.2 可以在暴晒前准备测试样，但最好是在暴晒以后准备测试样（见 16.8）。对每一次测试样和控制样以及暴晒的和未暴晒的试样，通过标记、拆纱或裁切每个暴晒试样的中心部分等方法，按照各自测试程序中规定的尺寸准备试样（见 13.3）。

13.3 物理性能。用以下一种或多种测试方法，测试织物性能的变化。

13.3.1 按照 ASTM D 5035《纺织品的断裂强力和伸长率（条样法）》，采用规定的合适程序测试织物的断裂强力。

13.3.2 按照 ASTM D 2256《单纱断裂强力和伸长率测试方法》来测定纱线的断裂强力。

13.3.3 按照 ASTM D 3787《针织物胀破强力试验方法——等速钢球胀破法（CRT）》来测定织物的弹子顶破强力。

13.3.4 按照 ASTM D 3786《针织物或非织造布的液压胀破强度——膜片胀破强度测试仪法》来测定织物的膜片胀破强度。当胀破强度小于或等于 200psig 时，选用 C 型测试仪；当胀破强度大于 200psig 时，选用 A 型测试仪。

13.3.5 按照 ASTM D 2261《舌形法（单舌法）测试织物撕破强力（CRE 拉伸测试仪）》来测

定单舌撕破强力。

13.3.6 按照 ASTM D 1424《落锤式撕裂仪测试织物的撕破强力》来测定埃尔门多夫撕裂强力。

13.3.7 按照 ASTM D 5587《梯形法测试织物撕破强力》来测定梯形撕破强力。

13.3.8 按照 AATCC EP6《仪器测色方法》来评定 AATCC 耐光色牢度标准的颜色变化。

13.3.9 对不同的重复试样的数据计算其平均值，或进行适当的统计处理。如果可能，相对于原来的强力和颜色，记录暴晒后的断裂、撕破或胀破强力的保留值的有效值或色牢度值。适当记录未暴晒控制样和暴晒试样在断裂点或在力—伸长率曲线上的某一点的伸长率特性，这些时常是重要的辅助信息（见 16.9）。

14. 报告

14.1 测试报告中说明测试仪器的类型，包括型号、系列号和制造商名称、暴晒程序、暴晒时间、样品旋转时间表、辐照度、黑板温度、箱体空气温度、相对湿度，黑板温度是否由环境（箱体空气）或黑板控制，以及供应水的类型。

14.2 报告测试织物强力仪器的型号、材料组成（纤维类别）、织物的暴晒面（织物正反面纤维不同时）、织物重量［用 g/m^2（oz/yd^2）表示］。如果知道，还应报告织物整理剂的性质。

14.3 报告与本测试方法或参照标样性能的任何偏离。

14.4 报告每一性能的评级和相关数据。

14.5 报告仪器测试的操作时间表。

15. 精确度和偏差

15.1 精确度。

15.1.1 CIE ΔE 颜色变化测试（见表 2）。四种涂层织物样品（土工布样品），每种取 5 个重复试样，依据 AATCC TM 169 - 1991，采用 Ci65 气候测试仪进行测试。测试周期包括 90min 的光照，然后进行 30min 的光照和水喷淋，黑板温度 70℃ ± 3℃、相对湿度 55% ±5%，测试样不旋转。

表 2 CIE ΔE 颜色变化测试 CIE ΔE*

样品 ID	409.5kJ		819kJ		1638kJ	
2 - 1	4.02		8.15		20.83	
2 - 2	2.40		9.18		20.43	
2 - 3	3.26		8.49		18.75	
2 - 4	3.42		5.08		18.23	
2 - 5	1.72		5.69		17.72	
Avg2	2.96	0.91	7.32	1.82	19.19	1.37
3 - 1	9.62		6.51		7.80	
3 - 2	9.26		6.04		6.79	
3 - 3	9.65		6.55		6.88	
3 - 4	9.61		6.68		6.85	
3 - 5	9.47		6.54		7.41	
Avg3	9.52	0.16	6.46	0.25	7.15	0.44
4 - 1	1.14		0.60		1.07	
4 - 2	1.39		0.52		0.95	
4 - 3	1.23		0.62		0.97	
4 - 4	1.41		0.64		0.92	
4 - 5	1.52		1.05		0.88	
Avg4	1.34	0.15	0.69	0.21	0.96	0.07
5 - 1	6.65		11.50		25.34	
5 - 2	6.64		11.86		26.56	
5 - 3	6.55		12.80		26.30	
5 - 4	6.64		12.23		26.23	
5 - 5	7.32		13.13		27.09	
Avg5	6.76	0.32	12.30	0.67	26.30	0.64

15.1.2 拉伸强力测试。样品暴晒之前或之后对样品进行拉伸测试，在 340nm 下，暴晒量分别为 409.5kJ/m^2、819kJ/m^2 和 1228kJ/m^2（325h、650h 和 975h）。测试方法为 ASTM D 1682，5.0cm（2 英寸）条样法测试。

测试仪器：Instron Model 1000，量程为 1000 磅。

满刻度负荷：100 磅、200 磅、500 磅、1000 磅，十字头速度为 30.5cm/min（12 英寸/min）。

隔距长度：7.6cm（3 英寸），每个样品每个方向各取 5 个试样。

测试方向：仪器方向。

15.2 偏差。没有一个可以测定纺织品材料耐气候性真值的仲裁方法。用于验收氙弧灯暴晒的偏差是不能测定的，因此这种方法没有已知偏差。

16. 注释

16.1 对于用于这个测试的其他设备的资料，请登录 http：//www.aatcc.org/bg，访问在线的 AATCC 买家指南。AATCC 提供了其公司会员的设备和物品清单，但 AATCC 并不限制或以任何方式推荐、认可或证明设备清单中的任何设备或物质满足这个测试方法的要求。

16.2 参考 ASTM G 151《用实验室光源的加速测试设备测试暴晒非金属材料的标准程序》和 G 155《操作氙弧灯设备暴晒非金属材料的标准程序》，作为这个方法中规定的仪器要满足设计和性能要求的指导。

16.3 当规定了合适材料的技术要求后，取一定数量的试样，以使用户期望在 95% 的置信水平下，试样的测试结果不超过该批试样真实平均值的 5.0%，除非达成其他协议。试样数量根据 ASTM D 2905《测定纺织品平均质量所需要的试样数量》标准中所规定的标准偏差的单侧极限来确定。

16.4 材料的说明书可以更进一步说明以下的使用要求：湿态断裂、撕破或胀破强力测试，以代替或补充标准纺织测试条件下的测试。与测试数据一起要报告测试条件。

16.5 通常情况下采用经向，但当指定时，可以采用纬向来补充或代替经向。由于织物自身的结构，经向纱线在接受辐射能时有可能会受到保护。若采用纬向，则必须在报告中注明。

16.6 在某些条件下，交易双方达成协议，材料的撕破强力可取代或补充断裂强力或胀破强力。

16.7 试样夹必须由不锈钢或适当涂层的钢材制成，以避免金属杂质污染试样，因为杂质可能会加快或阻止试样的退化。当用订书钉固定试样时，应该使用不含铁涂层的钉子，以避免腐蚀性物质污染试样。金属夹应该有一层惰性漆且不反射，反射可能会影响材料的性能。试样夹应该和样品架的曲率相匹配，其大小由试样类型决定，试样的种类须满足每个性能的要求。

16.8 从暴晒材料中准备试样时，必须考虑合适的样品部位和使用的测试仪器类型。

16.9 如果是一些混纺织物，有些纤维组分可能会受到严重破坏，但是合成纤维组分的高强度特性会遮盖住相当大的强力损失。在这些情况下，在某些测试方法中可通过质量损失来评估退化的影响，如 ASTM D 3884《纺织品的抗磨损性（旋转台，双头法）》或依照 ASTM D 3512《纺织品抗起球和其他相关的表面变化测试：乱翻式测试仪方法》。

断裂强力测试见表 3。

表 3 断裂强力测试

409.5kJ/m²	断裂强力（磅）							
样品序号	单个值					平均值	标准偏差	强力损失（%）
2	620	588	550	650	643	610	41.45	
	396	424	398	428	426	414	15.96	32.1
3	459	515	508	430	425	467	42.37	
	498	430	435	473	487	465	30.66	0.6
4	229	221	220	213	222	221	5.70	
	162	169	152	154	156	159	6.91	28.2
5	728	823	832	842	871	819	54.08	
	527	571	562	563	584	561	21.15	31.5

续表

819kJ/m²	断裂强力（磅）							
样品序号	单个值					平均值	标准偏差	强力损失（%）
2	620	588	550	650	643	610	41.45	
	324	328	330	297	322	320	13.35	47.5
3	459	515	508	430	425	467	42.37	
	333	349	338	344	322	337	10.43	27.9
4	229	221	220	213	222	221	5.70	
	105	98	101	96	98	100	3.51	54.9
5	728	823	832	842	871	819	54.08	
	432	447	391	443	427	428	22.20	47.8
1228kJ/m²	断裂强力（磅）							
样品序号	单个值					平均值	标准偏差	强力损失（%）
2	620	588	550	650	643	610	41.45	
	214	211	216	221	207	214	5.26	65.0
3	459	515	508	430	425	467	42.37	
	174	180	175	174	171	175	3.27	62.6
4	229	221	220	213	222	221	5.70	
	55	49	56	52	49	52	3.27	76.4
5	728	823	832	842	871	819	54.08	
	200	201	212	206	209	206	5.13	74.9

注 1磅≈0.4536kg。

附录A 氙弧灯光谱

氙弧灯测试仪器必须配备日光滤光片，以提供合适的光谱。日光滤光片与相对光谱能量分布的需求相一致，见下表和下图。

带有日光滤光片氙弧灯的相对光谱能量分布

波长带通（nm）	相对辐射的百分数（%）①		
	最小	最大	CIE No. 85，表4
<290	0.14		
290～320	1.0	7.8	5.4
320～360	27.6	42.8	38.2
360～400	47.3	71.7	56.4

①表示为<400nm的总辐射的百分数。

紫外UV辐射（290～400nm）为11%，可见光VIS辐射（400～800nm）为89%，作为从290～800nm（CIE No. 85，表4）的总辐射百分数。由于试样的数量和反射性，测试时仪器中试样表面测得的数值可能会不同。

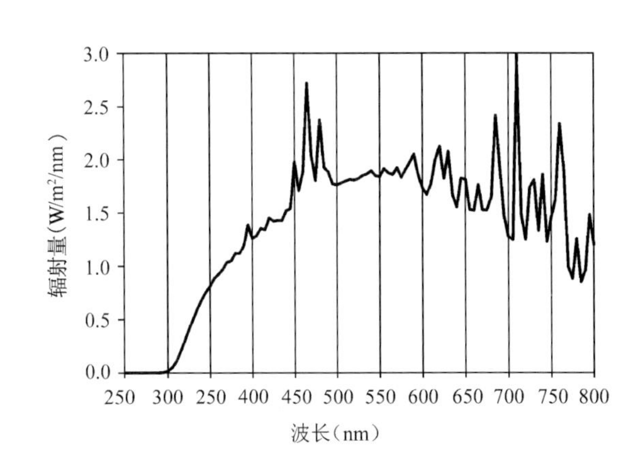

带有日光滤光片的氙弧灯光谱能量分布图

AATCC 170 -2011

粉末状染料粉尘化倾向的评定

AATCC RA87 技术委员会于 1987 年制定；1988 年、1989 年（标题更换）和 1996 年进行了编辑修订并重新审定；1992 年、2004 年和 2008 年编辑修订；2001 年、2006 年、2011 年重新审定。

---

1. 目的和范围

1.1 本测试方法适用于粉末状染料粉尘化倾向的评定。

1.2 本测试方法可用量化等级描述粉末状染料粉尘化倾向的程度；反之，非粉尘化倾向的程度也可用量化等级来评定。

1.3 本测试方法不可用于定量测定粉尘化。在引起等量粉尘的前提下，水溶性染料的评级结果可能比分散染料差，深入的研究表明并非所有的因素（如相对湿度）均可精确控制。本测试方法也无法区分快速和慢速沉降粉尘。

2. 原理

2.1 称量 10g 粉状染料，将其分成大致相等的三份样品，持续、迅速地倒入固定在量筒上的漏斗中，漏斗颈部有湿滤纸，任何升起的粉尘都会沉降在预湿的滤纸环上。

2.2 滤纸上的沾色结果与一系列五级标准比较，得到量化等级评定。

3. 术语

3.1 粉尘化：当粉末被加工或搅动时，足够小质量的颗粒形成空气传播的倾向。

3.2 染料：应用于基材或在基材上形成的着色剂，表现某种持久性、分子级的分散状态。

4. 安全和预防措施

本安全和预防措施仅供参考。本部分有助于测试，但未指出所有可能的安全问题。在本测试方法中，使用者在处理材料时有责任采用安全和适当的技术；务必向制造商咨询有关材料的详尽信息，如材料的安全参数和其他制造商的建议；务必向美国职业安全卫生管理局（OSHA）咨询并遵守其所有标准和规定。

遵守良好的实验室规定，在所有的试验区域应佩戴防护眼镜，并且在处理粉尘时戴上单独使用的呼吸器。

5. 仪器和材料

5.1 漏斗。不锈钢制，厚度为 1.5mm，直径为 110mm，颈长为 230mm，颈径为 15mm（见图 1）。

5.2 量筒。不锈钢制，直径为 50mm，总高度为 355mm（容量约为 500mL），接地以避免静电（见 11.1）。

5.3 滤纸。Whatman #2，外径为 39mm，中心环的内径为 16mm（见 11.1 和 11.2）。

5.4 移液管。Pasteur。

5.5 烧杯。Griffin，50mL。

5.6 评级样照（见 11.3，图 2）。

6. 制备和组装

6.1 把滤纸环移到距离漏斗颈底部的 100mm 处。

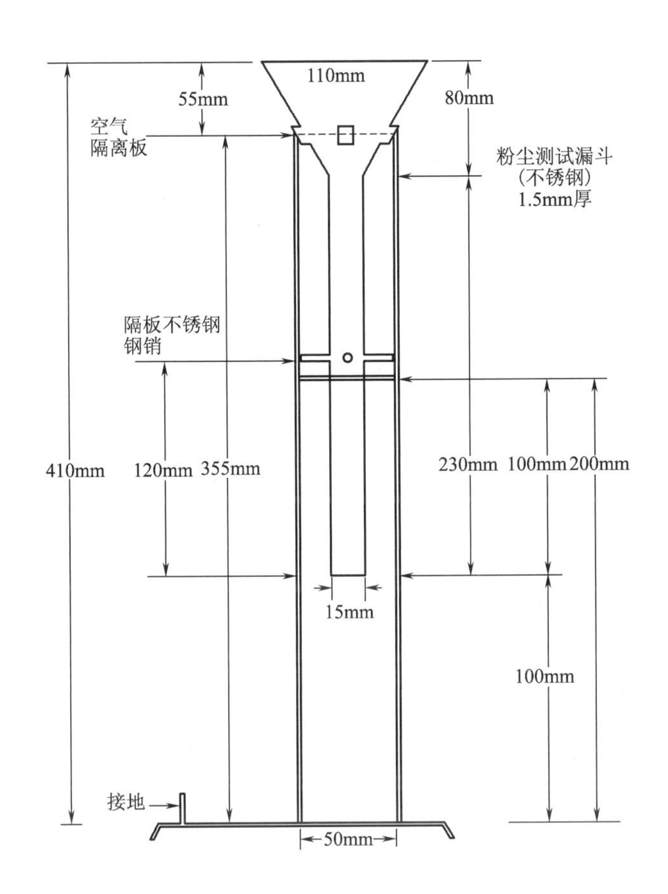

图1 粉尘测试漏斗

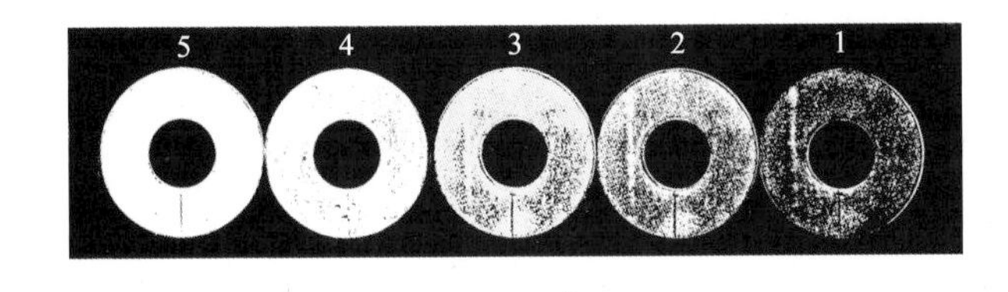

图2 粉尘评级样照

6.2 在漏斗颈约等距的位置用3滴蒸馏水湿润滤纸环。注意避免水沿着漏斗颈流下。

6.3 把带有湿滤纸环的漏斗放进不锈钢量筒内，使量筒接地（见11.4）。滤纸环距离不锈钢量筒底部200mm处。

7. 操作程序

7.1 称取10g粉状染料，分成每份3.3g样品，分别放入50mL的烧杯中。

7.2 每隔约2~3s，将这三份染料沿着漏斗边缘倒入。

7.3 使装置静置3min，以避免由于量筒中的空气等任何外部因素影响导致错误结果。

7.4 取下漏斗，用剪刀由外到内剪开滤纸环，以便取出滤纸环。将滤纸环放在远离可能“飞来”的空气或污物源的滤纸上干燥。

8. 评级

8.1 比较评级样照和试样（见11.3），并得到合适的量化等级，例如，可评定为4~5级。

8.2 匹配的标准为粉尘化程度建立了一种量化等级。1级表示染料的严重粉尘化，而5级表示染料的非粉尘化或轻微粉尘化。

8.3 可进行两次或三次测试，并记录平均值。

9. 报告

报告粉尘化程度的量化等级。

10. 精确度和偏差

10.1 精确度。本方法的精确度没有确定，在本方法的精确度建立之前，应采用标准的统计学技术对实验室内或实验室间检测结果的平均值进行比较。

10.2 偏差。粉尘化倾向仅根据一种测试方法定义，没有独立的方法可测定其真值。作为评价该性能的方法，本测试方法没有已知偏差。

11. 注释

11.1 不锈钢漏斗、量筒和滤纸环可从AATCC获取，地址：P. O. Box 12215，Research Triangle Park NC 27709；电话：919/549 - 8141；传真：919/549 - 8933；电子邮箱：orders@ aatcc. org；网址：www. aatcc. org。

11.2 本测试方法中使用的滤纸环可以用一系列不同的方法制备。

较大的滤纸环可以使用冲模裁剪或剪刀手工剪

成要求的尺寸，中间的孔洞可以用6号软木塞打孔器轻轻地打出。

11.3 本测试方法中关于粉尘评级样照的说明不够充分，可使用的标准评样照（相片的复制品）可以从AATCC获取。地址：P. O. Box 12215，Research Triangle Park NC 27709；电话：919/549－8141；传真：919/549－8933；电子邮箱：orders@aatcc. org；网址：www. aatcc. org。

11.4 不锈钢量筒接地，把铜导线（No. 14实心线）的一端与量筒底部的地脚螺丝相连接，另一端与金属（非塑料）水管或其他任何金属导电管道连接。

11.5 不要使用剪刀把滤纸环从漏斗的颈部推出，因为可能引起“刮板”效应导致错误的结果。

AATCC 171－2010

地毯去污：热水抽吸法

AATCC RA57 技术委员会于 1987 年制定；1988 年、1989 年、2000 年、2005 年重新审定；1991 年、1997 年、2008 年编辑修订；1995 年修订（标题更换）；2010 年编辑修订并重新审定。

序言

在各种清洗地毯技术出现时，AATCC RA57 技术委员会（地毯技术委员会）就对各项技术进行了评估。通过与专业地毯清洗机构的沟通，本标准选择了最有代表的地毯实际清洗技术作为测试方法。

1. 目的和范围

1.1 本测试方法提供了用热水萃取法清洗地毯的实验室操作程序，有时也被误称为“蒸汽去污”。

1.2 本测试方法可用于地毯清洗，所述方法是最常用的实际地毯清洗方法（70% 的实际使用率）。

1.3 本测试方法制备的试样也可用于其他测试，如色牢度、尺寸稳定性、整理耐久性、易清洗性测试等。

2. 原理

将地毯试样正面朝上固定在地板或样板上，试样的各部分用抽吸清洁头清洗，然后用刷子或起绒耙使绒头竖立。试样在室温下干燥。

3. 术语

3.1 地毯：所有纺织材料制成的地板覆盖物。

3.2 地毯绒头刷：一种手动的刷子，有中等硬度的长刷毛，专用于使地毯小范围内的绒头竖立（参见起绒器）。

3.3 清洁头：经改装的带有可以使用清洗溶液喷雾嘴的吸尘器头。有些清洁头带有动力驱动的刷子，以便润湿试样和去除污垢。

3.4 热水抽吸：一种清洗地毯的方法。将加热的清洗溶液注入地毯的绒头中，然后真空快速地吸走溶液以及污垢（参见蒸汽去污）。

注：热水抽吸法通常被误称为“蒸汽去污”。热水的温度为 60℃ ±3℃（140℉ ±5℉），远低于蒸汽温度 100℃（212℉）。

3.5 拉绒：参见起绒。

3.6 起绒器：一种带有电动旋转刷子的真空清洁装置，用来搅动地毯绒头并使绒头竖立，便于去除污垢（参见地毯绒头刷）。

3.7 起绒：清洗后用地毯绒头刷、起绒器或起绒耙使地毯上的绒头竖立，这样更易去除地毯里的污垢，地毯绒头竖立保持其完整外观，又叫拉绒。

3.8 起绒耙：一种用来起绒的手动工具，带有环形排列的塑料齿。

3.9 小地毯：小面积的铺地地毯，主要用于覆盖部分地板。

3.10 蒸汽去污：参见热水抽吸。

3.11 纺织地毯：表面由纺织材料构成，通常用来覆盖地板的物品。

3.12 使用面：纺织地毯人脚踩踏的一面。

3.13 清洗棒：用来将清洗液注入地毯的工具，然后真空去除清洗液。

注：清洗棒通常由伸长手柄和清洁头构成，它可分为轻型、重型和动力型。动力型清洗棒带有电动旋转或振动部件，以便于去除污垢。

4. 安全和预防措施

本安全和预防措施仅供参考。本部分有助于测试，但未指出所有可能的安全问题。在本测试方法中，使用者在处理材料时有责任采用安全和适当的技术；务必向制造商咨询有关材料的详尽信息，如材料的安全参数和其他制造商的建议；务必向美国职业安全卫生管理局（OSHA）咨询并遵守其所有标准和规定。

4.1 遵守良好的实验室规定，在所有的试验区域应佩戴防护眼镜。

4.2 所有化学物品应当谨慎使用和处理。

4.3 在混合、处理和使用洗涤剂及其溶液时应使用眼部防护装置。

4.4 在处理洗涤剂及其溶液时，建议使用手套或具有防护作用的护手膏。

4.5 使用离心脱水机时，应遵循制造商提供的操作规程及预防措施。液体在压力及高度真空下会导致液体溢出及/或水头胶管脱落。

5. 仪器和材料

5.1 AATCC 洗涤剂#171，适用于所有合成纤维地毯（见 11.1）。

5.2 热水萃取装置（见 11.2）。

5.3 地毯刷或起绒耙。

5.4 试样板（见 11.3）。

6. 试样准备

6.1 试样尺寸不小于 30cm×70cm（12 英寸×27 英寸），地毯绒头排列方向沿 70cm（27 英寸）方向（见 11.4）。

6.2 如果整个试样需要均匀清洗，则需要使用与试样厚度基本一致的地毯放在试样周围，以保证清洗液能均匀地被吸走。

7. 操作程序

7.1 将试样用订书钉、大头钉或其他方式固定在地板或试样板上（见 11.4）。

7.2 按照说明书制备清洗液（见 11.1）。

7.3 每次开始清洗前，清除设备内的冷清洗液。

7.4 将 8L（2 加仑）或更多的预热温度为 60℃（140 ℉）的清洗液注入空的热水萃取装置的溶液罐中。

7.5 启动喷液装置及真空装置，将清洁头置于地毯表面，沿着逆地毯绒头排列的方向移动清洁头使其经过地毯表面。保持地毯位置不变，关掉喷液装置，真空开启，按照起点和路径重复操作，由两个步骤组成一次清洁循环。大多数情况下，为了得到明显的结果，一般需要两次清洁循环。清洁循环的次数可以根据地毯的沾污程度及测试目的适当增加。

7.6 清洗棒的移动速度大概为 46.0cm/s（1.5 英尺/s），清洗液的喷射速度为 0.4～0.6L/m^2（0.10～0.14 加仑/平方码），回吸溶液时应保持移动速度与上述基本一致，也可以适当放慢速度以保证液体能够被充分回吸。

提示：一些喷嘴大小和喷嘴高度的组合可能会引起过大的液压而导致地毯绒头变形（见 11.5）。

根据纤维的吸收率不同，应使用回吸率 90%～95% 的高效、专业装置。正确操作真空装置时，地毯试样中不应超过 40.0g/m^2（1.2 盎司/平方码）液体残留量（即超过地毯试样的实际回潮率）。

7.7 如果需要清洗较大的面积，完成一次清洁循环后还有较大的面积需清洗，则应重新定位清洁头位置，以使下一次清洗循环中清洁头能够覆盖已清洗过的区域，大概 5cm（2 英寸）。

7.8 用地毯刷或起绒耙将试样的绒头沿逆绒头方向使其竖立。

7.9 从试样板或地板上取下试样，在室温下水平放置干燥。

8. 评价

经过本测试方法清洗过的试样可用于进行多种性能的测试，如色牢度、尺寸稳定性、整理耐久性、易去污性等。

9. 报告

9.1 注明试样按照本测试程序进行清洗。

9.2 报告清洁循环的次数。

9.3 按照制造商提供的说明制备清洗液，报告其 pH 值。

9.4 报告评估数据以及性能测试所引用的测试方法。

10. 精确度和偏差

精确度和偏差声明在此处不适用，因为本测试方法没有数据。

11. 注释

11.1 AATCC 洗涤剂#171 可以从 AATCC 获取，地址：P. O. Box 12215，Research Triangle Park NC 27709；电话：919/549－8141；传真：919/549－8933；电子邮箱：orders@aatcc.org；网址：www.aatcc.org。

稀释液。

美国，11～17g/加仑自来水。

英国，13～18g/加仑（英制）。

公制，3.0～4.5g/L。

11.2 专业商用热水抽吸设备通常为便携式或装在手推车或搬运车上。一般小型改造的装置很难满足要求，主要是液罐容量不够、输出压力及液体回吸达不到要求。

所用装置性能应至少满足如下要求：

溶液罐应可维持液体温度为60℃±3℃（140℉±5℉），并有温度计进行测量。

液体喷射装置的液压至少为207kPa（30磅/英寸^2），液体喷射速度至少为3L/min（0.75加仑/min）。

液体回吸真空泵应具备至少250mm（100英寸）的密闭吸收能力，并带有流动速度为43L/s（90cfm）的开孔。

标准地板清洁棒的宽度为25cm（10英寸）。

11.3 试样板应用1.27cm（0.5英寸）的CD级外用胶合板或更好的材料制成，尺寸应为78.7cm×96.5cm（31.0英寸×38.0英寸）。

11.4 试样和试样板的尺寸可以根据其他测试的要求进行相应的调整。如AATCC 122《地毯沾污：实地沾污法》或AATCC 134《地毯的静电效应》。

11.5 喷雾嘴的喷液速度为3.0～4.0L/min（0.75～1.0加仑/min），管路压力为207kPa（30磅/英寸^2）。喷液装置应在清洗棒的宽度内均匀喷射。喷射后试样表面不应有深浅条痕，不要使地毯绒头纠结或变形。为了保证液体喷射均匀，应适当调整喷孔大小及与地毯表面的距离，以避免绒头变形或纠结。如果喷射面太窄，绒头绒毛纠结，则适当增加喷射高度；如果喷射装置足够宽，但绒头绒毛仍会纠结，就要增加喷射头的尺寸。

AATCC 172 -2010

家庭洗涤中耐非氯漂色牢度

AATCC RA60 技术委员会于 1988 年制定；1989 年、1995 年和 2002 年重新审定；1990 年、1996 年、1997 年、2003 年、2007 年（更换标题）、2010 年修订；1994 年、2004 年、2005 年和 2008 年编辑修订。

1. 目的和范围

1.1 本测试方法用于评价纺织品在家庭洗涤中耐无氯漂白粉的色牢度，评价织物在五次家庭洗涤后，由于无氯漂白粉、洗涤溶剂及摩擦作用而产生的颜色变化情况。

1.2 首先用无氯漂白粉建立性能标准，若发现用无氯漂白粉处理后的织物性能已受影响，则仅用洗涤溶剂重新测试。有必要仅用水进行洗涤，以区分其他因素如硬度、pH 值或含氯成分等对结果造成的影响。

1.3 由于目前可得到的无氯漂白粉中，除了有无氯漂白粉外，还有其他成分，如荧光增白剂、靛青漂白粉等。因此本测试方法评定的是所有这些化学成分对颜色变化的总体影响。

2. 原理

试样在一定的温度、洗涤溶剂、无氯漂白粉溶剂及摩擦作用条件下进行五次家庭洗涤后，评定其颜色的变化情况。

3. 术语

3.1 漂白剂：在家庭洗涤中，一种可以通过氧化作用对纺织材料进行清洁、增白、增亮并帮助去除油渍及污点的产品，包括含氯和无氯两种。

3.2 色牢度：材料在加工、检测、储存或使用过程中，暴露在可能遇到的任何环境下，抵抗颜色变化或（和）向相邻材料转移的能力。

3.3 洗涤：相对于纺织材料而言，洗涤是指织物通过用含有洗涤剂的水溶液进行处理（洗涤），以去除其上的污物或污渍的过程，通常还包括漂洗、脱水和干燥等程序。

3.4 无氯漂白剂：在溶液中不释放次氯酸离子的产品，例如过硼酸钠、过碳酸钠。

3.4.1 无氯漂白液：以过氧化氢作为活性成分的产品。

3.4.2 无氯漂白粉：以过硼酸钠或过碳酸钠作为活性成分的产品。

4. 安全和预防措施

本安全和预防措施仅供参考。本部分有助于测试，但未指出所有可能的安全问题。在本测试方法中，使用者在处理材料时有责任采用安全和适当的技术；务必向制造商咨询有关材料的详尽信息，如材料的安全参数和其他制造商的建议；务必向美国职业安全卫生管理局（OSHA）咨询并遵守其所有标准和规定。

4.1 遵守良好的实验室规定，在所有的试验区域应佩戴防护眼镜。

4.2 1993 AATCC 标准洗涤剂 WOB 以及 2003 AATCC 标准液体洗涤剂 WOB 可能会引起对人的刺激，应注意防止其接触皮肤和眼睛。

4.3 操作实验室测试仪器时，应按照制造商提供的安全建议。

4.4 所有化学物品应当谨慎使用和处理。

4.5 13.7 中所述活性氧百分含量的测定过程必须在通风条件足够的通风橱中进行。在准备、调配和操作试剂过程中，要使用化学护目镜、防渗透手套和防渗透围裙。

4.6 应在附近设置洗眼器/安全淋浴装置和有机蒸气防毒面具，以备紧急情况时使用。

4.7 本测试方法中，人体与化学物质的接触限度只许达到或低于官方的限定值［例如，美国职业安全卫生管理局（OSHA）允许的暴露极限值（PEL），参见 29 CFR 1910.1000，最新版本见网址 www.osha.gov］。此外，美国政府工业卫生师协会（ACGIH）的阈限值（TLVs）由时间加权平均数（TLV - TWA）、短期暴露极限（TLV - STEL）和最高极限（TLV - C）组成，建议将其作为人体在空气污染物中暴露的基本准则并遵守（见 13.1）。

5. 使用和限制条件

无氯漂白剂有粉末状和液体状两种不同的形式。本方法仅评价在家庭洗涤中纺织品耐无氯漂白粉的色牢度。由于活性成分不同，本方法的结果不能代表家庭洗涤中使用无氯漂白液的结果。

6. 仪器和材料（见 13.2）

6.1 全自动洗衣机（见 13.3）。

6.2 全自动滚筒式烘干机（见 13.4）。

6.3 有可推拉筛网或打孔搁板的调湿或干燥架（见 13.5）。

6.4 尺寸为（92cm ± 3cm）×（92cm ± 3cm）［（36 英寸 ±1 英寸）×（36 英寸 ±1 英寸）］的缝边漂白棉陪洗织物（第一种）或 50/50 涤/棉漂白平纹织物（第三种）。

6.5 1993 AATCC 标准洗涤剂 WOB 或 2003 AATCC 标准液体洗涤剂 WOB（见 13.6）。

6.6 滴干和悬挂晾干的装置。

6.7 量程至少为 5kg（20 磅）的天平或台秤。

6.8 无氯漂白粉（见 13.7 和 13.8）。

7. 试样

试样重量会影响测试结果，一次只能洗涤一个试样。为方便对织物称重，试样的重量应为 110.0g ± 10.0g（0.25 磅 ± 0.02 磅）。若测试样品是成衣，则一次测试一件成衣。若成衣的重量超过规定的 1.8kg（4 磅）的加载重量，则应在报告中注明总重量。标准规定的具体负载重量详见 8.2.2。

8. 操作程序

8.1 表 1 列出了测试使用的洗涤和干燥条件。洗衣机及洗涤条件的相关信息参见在本技术手册中家庭洗涤测试条件的标准化专题。专题最新版参见 http://www.aatcc.org/testing/mono/msdsmono.htm。

8.2 洗涤。

8.2.1 将洗衣机设定为标准挡，注入规定体积和温度的水。每次测试都要测量并记录水的硬度。

8.2.2 加入 66g ±1g 1993 AATCC 标准洗涤剂 WOB 或 100g ± 1g 2003 AATCC 标准液体洗涤剂 WOB，然后加入制造商推荐用量的无氯漂白粉，再加入试样和足够量的陪洗织物，使洗涤负载量达到 1.8kg ±0.1kg（4.00 磅 ±0.25 磅）。设定选择好的洗涤程序和洗涤时间（见表 1 和 8.1）。开始洗涤，独立记录洗涤的时间以便得到可重现的结果。洗涤结束后，用低于 29℃（85°F）的水漂洗。若不能达到该漂洗温度，则记录漂洗所用水的实际温度。

表 1 洗涤及干燥程序

机洗循环	洗涤温度℃	干燥程序
（1）标准/厚重棉织物挡 （2）轻柔挡 （3）免烫挡	（Ⅱ）27℃ ±3℃（80°F ±5°F） （Ⅲ）41℃ ±3℃（105°F ±5°F） （Ⅳ）49℃ ±3℃（120°F ±5°F） （Ⅴ）60℃ ±3℃（140°F ±5°F）	（A）滚筒烘干 （i）标准挡 （ii）轻柔挡 （iii）耐久压烫挡 （B）悬挂晾干 （C）滴干 （D）平铺晾干

8.2.3 当试样选用表 1 中程序 A、程序 B 或程序 D 进行干燥时，应使其进行洗涤后的脱水程序。经过脱水后，立即将试样取出，并将缠在一起的试样分开。注意要将扭曲变形减到最小，然后按照程序 A、程序 B 或程序 D 进行干燥（见表 1 和 8.1）。

8.2.4 当试样选择表 1 中程序 C 进行干燥时，必须在最后一次漂洗结束将要开始排水之前停止洗衣机，取出湿透的试样。

8.3 干燥方式。

8.3.1 滚筒烘干。将洗涤负荷（试样与陪洗织物）一起放入滚筒烘干机中，根据"AATCC 家庭洗涤测试条件的标准化"专题（见 8.1）设置相应温度进行烘干程序。对于热敏纤维，按照制造商的建议降低温度，并进行记录。运行烘干机，直到全部负载烘干。烘干机停止后，立即取出试样。

8.3.2 挂干。通过固定样品两角，使织物的长度方向与水平面垂直。悬挂在室温下的静止空气中至干燥。

8.3.3 滴干。通过固定滴水样品的两角，使织物的长度方向与水平面垂直，悬挂在室温下的静止空气中至干燥。

8.3.4 平铺晾干。摊平样品在水平的网架或打孔架子上，去除褶皱，但不要扭曲或拉伸样品。放置在室温下的静止空气中至干燥。

8.4 按 8.2 和 8.3 重复洗涤、干燥 5 次。

8.5 干燥后，在评定颜色改变之前，将试样分别平放在调湿架的筛网上或打孔搁板上，在温度 21℃ ±1℃（70°F ±2°F）、相对湿度 65% ±2% 的条件下至少调湿 4h。

9. 评级

用变色灰卡（AATCC EP1）或仪器评定试样变色（AATCC EP7），评定试样颜色的变化，记录与灰卡颜色最接近的级数。

10. 结果的解释

10.1 本测试方法说明了在家庭洗涤中，1993 AATCC 标准洗涤剂 WOB 或 2003 AATCC 标准液体洗涤剂 WOB 和无氯漂白粉对纺织材料的影响，是一个令人满意的最终用途测试方法。

10.2 若观察到显著的颜色变化，则要对一个未经处理的相同样品再次进行测试。使用本方法但仅用洗涤剂，或用 AATCC 61《耐洗涤色牢度：快速法》中的 2A 测试法，不添加无氯漂白粉，这将能确定颜色变化是由于染料的不稳定还是漂白所造成的。

11. 报告

11.1 报告试样的平均变色级数。

11.2 报告洗涤程序（表 1 中的阿拉伯数字和罗马数字）和干燥程序（表 1 中的大写字母）。例如 -（1）- Ⅲ - A - ⅲ表示：洗涤程序为标准挡，洗涤温度为 41℃ ±3℃，滚筒烘干（耐久压烫挡）。

11.3 报告所用洗涤剂的类型和用量。

11.4 记录无氯漂白粉的品牌和用量。

11.5 报告有效氧百分率。

11.6 报告试样或成衣的重量。

12. 精确度和偏差

12.1 实验室之间的测试数据。1986 年在多个实验室进行研究，以确立本测试方法的精确度。对四种材料分别在五个实验室重复进行了五次家庭洗涤，使用了同一个品牌的无氯漂白粉。洗涤结束后，三个评级员使用变色灰卡独立地对每种织物的每个试样颜色变化进行了评级。洗涤和干燥条件为（1）- Ⅳ - A（代码解释见表 1）。每块试样的尺寸为 60cm ×60cm（24 英寸 ×24 英寸），重量为 72 ~ 97g（0.16 ~ 0.21 磅）。织物为 100% 棉和涤/棉，染料为直接分散染料。三个评级员评定的五个实验室结果的颜色变化平均等级为 3.33 ~ 3.93。

12.2 精确度。作为色牢度级数标准偏差的方差要素组成如下所述：

单一操作员　　0.22

实验室内　　0.21

实验室间　　0.00

对于以上报告的差异组成，若它们的差异等于或大于表2所列的临界差异，则两个颜色变化等级的平均值应该被认为在95%的置信水平上差异显著。

表2　注释条件的临界差评级①

得到平均值的观测数	单个操作员精确度	实验室内精确度	实验室间精确度
1	0.61	0.85	0.85
3	0.35	0.69	0.69
5	0.27	0.65	0.65

①用以无限自由度为基础的 $t = 1.950$ 来计算临界差。

12.3　偏差。对于家庭洗涤中无氯漂白粉色牢度的真正数值，只能用一个测试方法来定义。因此，本测试方法没有已知偏差。

13. 注释

13.1　从ACGIH（美国政府工业卫生师协会）出版部获取，地址：Kemper Woods Center，1330 Kemper Meadow Dr ，Cincinnati OH 45240；电话：513/742 - 2020；网址：www. acgih. org。

13.2　有关适合测试方法的设备信息，请登录http：//www. aatcc. org/bg。AATCC提供其企业会员单位所能提供的设备和材料清单。但AATCC没有给其授权，或以任何方式批准、认可或证明清单上的任何设备或材料符合测试方法的要求。

13.3　通用的推荐洗涤设备和型号可从AATCC获取，地址：POBox12215，Research Triangle Park NC27709；电话：919/549 - 8141；传真：919/549 - 8933；电子邮箱：orders@ aatcc. org。也可使用其他结果可比的设备。AATCC专论“家庭洗涤测试条件的标准化程序”中给出了推荐型号洗涤设备的实际转速和洗涤时间。使用其他设备可能要改变一个或多个设置。

13.4　通用的推荐干燥设备和型号可从AATCC获取，地址：POBox12215，Research Triangle Park NC27709；电话：919/549 - 8141；传真：919/549 - 8933；电子邮箱：orders@ aatcc. org；网址：http：//www. aatcc. org/bg。也可使用其他结果可比的设备。AATCC专论“家庭洗涤测试条件的标准化程序”中给出了推荐型号的干燥设备的实际转速和洗涤时间。使用其他设备可能要改变一个或多个设置。

13.5　网架或打孔的晾置/干燥架子可以从下面公司获取，地址：Somers Sheet Metal Inc，5590N Church St，Greensboro NC27405；电话：336/643 - 3477；传真：336/643 - 7443。架子的草图可以从AATCC获取，地址：POBox12215，Research Triangle Park NC27709；电话：919/549 - 8141；传真：919/549 - 8933；电子邮箱：orders@ aatcc. org；网址：www. aatcc. org/bg。

13.6　所有洗涤剂可从AATCC获取，地址：P. O. Box 12215，Research Triangle Park NC 27709；电话：919/549 - 8141；传真：919/549 - 8933：电子邮箱：orders@ aatcc. org；网址：www. aatcc. org。AATCC标准洗涤剂WOB已经改成不含磷配方，称作1993 AATCC标准洗涤剂WOB。使用AATCC标准洗涤剂WOB进行的用于标准对比的关键评估应使用1993 AATCC标准洗涤剂WOB重新进行。

13.7　在超市中有大量不同品牌的无氯漂白粉可以使用。不同品牌的漂白粉含有不同的成分，即使成分相同，含量也可能不一样，因此要遵循制造商推荐的使用说明。在使用这些材料进行测试时，由于它们是不同颗粒尺寸和密度材料的混合物，所以强烈推荐准备充足的产品同时做一组实验，在使用前和使用中，将其进行彻底地混合，并存放在密封的容器中。用于本方法的产品是Clorox 2。

13.8　为了测定无氯漂白粉或合成洗涤剂中存在的有效氧含量，需在称量前将颗粒在韦林氏搅切器中碾成粉末。使用精度为 0.002g 的分析天平，称量 3.000g ±0.001g 样品，倒入 250 ~300mL 的锥形瓶中。将样品放入一个用纸板箱做避光保护的磁力搅拌器中。在纸箱的顶部开一个小孔，并通过这个小孔用漏斗加入化学药品，用一个环和架子来支撑漏斗。使用涂有特氟龙的搅拌棒。加入 $C\left(\frac{1}{2}H_2SO_4\right)$ 为 1.5mol/L 的硫酸（H_2SO_4）100mL、15.0% 的碘化钾（150g/L）15.0mL 和 10.0mL 二氯甲烷（CH_2Cl_2）。在纸板箱形成的暗处下搅拌至少 15min，注意不要超过 30min。使用非直接光，用 0.1mol/L 的硫代硫酸钠（$Na_2S_2O_3$）缓慢而稳定地滴定，不停地搅动，直到溶液呈淡黄色。加入约 2.0mL 的淀粉指示剂（5.0% 溶液），继续滴定，一次一滴，直到淀粉碘的蓝色消失。

计算公式如下：

$$有效氧含量 = \frac{0.008 \times V \times C\ (Na_2S_2O_3)}{n} \times 100\%$$

式中：V——硫代硫酸钠的体积；

$C\ (Na_2S_2O_3)$——硫代硫酸钠的浓度；

n——样品数量。

在产品测试中，可接受的有效氧百分含量的误差是 ±3%。

13.9 本测试方法的精确度取决于试验材料、试验方法及使用的评级程序的不同组合方式。

13.9.1 第 12 部分中的精确度说明是根据目光评级（AATCC EP1）得出的。

13.9.2 使用仪器评级（AATCC EP7）可能会得到比目光评级更高的精确度。

AATCC 173 - 2009

CMC：可接受的小色差计算

AATCC RA36 技术委员会于1989年制定，1990年重新审定；1991年、2005年编辑修订并重新审定；1992年修订并重新审定；1998年、2009年修订；2006年编辑修订；与ISO 105 - J03部分相关。

1. 目的和范围

1.1 CMC（l:c）公式是对CIELAB色差公式的修正，色差符号用ΔE_{cmc}表示。尽管CIE 1976 $L^* a^* b^*$（CIELAB）公式的使用为行业提供了一种按行业标准得出色差的标准计算和表达方法（见8.1），但普遍认为CIELAB色差值（ΔE^*）与目测评价相关性较差。相关性的缺乏是由于CIELAB的色度空间不均质造成的（见图1）。采用CMC（l:c）色差公式可以有效提高目测和仪器测定色差间的相关性（见7.1～7.3）。由CMC（l:c）公式得到的目测和仪器测定色差报告之间相关性的提高，无论是由此进行的任何试验标准颜色还是色差都将可以用单独数字允差来判定大多数情况下的配色可接受程度。也已考虑另一个公式CIE 94，但是它没有表现出比CMC更有效的提高（见8.2）。

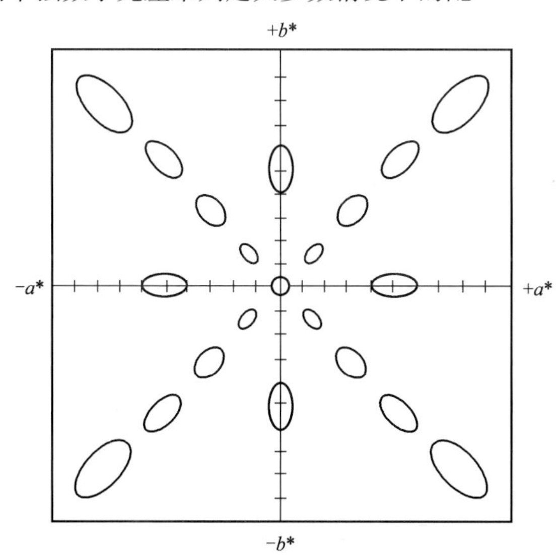

图1　CIELAB $a^* b^*$ 图中CMC（l:1）单位椭圆交叉分布

（如果CLELAB是均匀的，这些部分将是相同大小的圆。）

1.2 CMC（l:c）公式保留了CIELAB色差公式中已有的将总色差分为明度偏差、色相偏差和彩度偏差（见图2）的部分，但进行了修改。使用椭圆球体半轴（lS_L，cS_C和S_H）使CMC（l:c）公式具有更广泛的使用范围。

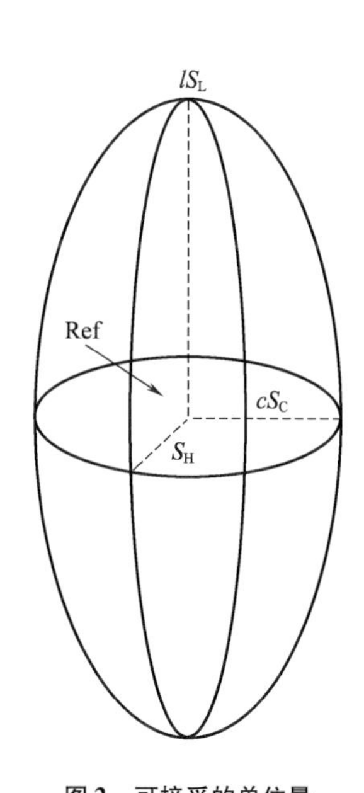

图2　可接受的单位量

［从标准到表面的距离是一个CMC（l:1）单位］

2. 原理

CMC（l:c）对CIELAB的改进提供了一种关于标准颜色的可接受量的测量单位。这一量呈椭圆球体，它的半轴是lS_L、cS_C和S_H，在CIELAB颜色空间中，分别对应于明度、色相和彩度的偏差。根据等同长度与等同可视色差原理，CMC（l:c）公式在整个 CIELAB 颜色空间，按照等同长度对应等同可视色差原则，系统性地改变了三个半轴的长度比率，无论是用此进行的参照颜色测试还是色差测试。围绕着给定的标准颜色，不管试验的最终用途，S_L：S_C：S_H 的比率都是固定不变的。

3. 术语

3.1 CIE 1976 $L^* a^* b^*$ 公式：一个通用的公式，它把 CIE 三刺激值转换成三个尺寸相对应的颜色空间，通常简写为 CIELAB（见 8.1）。

3.2 CMC 单位：在色差评价中，根据 ΔE_{cmc} = 1.0 的 CMC 可接受度椭圆球体边界表示的可接受程度的尺度。

3.2.1 CMC：英国染色家和化学家协会（SDC）的测色委员会缩写。CMC（l:c）公式的开发主要由此部门负责。

3.3 商业因数（cf）：色差评价中的一种允差（特指 ΔE_{cmc}单位），它相应调整 CMC 单位的所有轴长，以创造一种商业应用可接受的量。

3.4 ΔE_{cmc}：在色差评价中，用一个单独数字，以 CMC 单位来定义试样与标准之间的总色差。

3.5 半轴（lS_L、cS_C 和 S_H）：在色差评价中，CMC 量的独立尺度，它通常用于计算 ΔE_{cmc}值。

3.6 可接受量：在色差评价中，当每个半轴（lS_L、cS_C 和 S_H）乘以 cf 时得到的椭圆球体的量，即创造一个公认的量，它描述了一个标准的色差的商业可接受度极限。

4. 计算程序

4.1 CIELAB 值的计算。

4.1.1 按下面公式（1）~公式（4），用每个试样的 CIE 三刺激值 X、Y、Z 计算 CIELAB 的 L^*、C^*_{ab}和 h_{ab}值。

$$L^* = 116(Y/Y_n)^{1/3} - 16 \quad (1)$$

如果：

$$Y/Y_n > 0.008856$$

则：

$$L^* = 903.3\ (Y/Y_n) \quad (2)$$

如果：

$$Y/Y_n \leqslant 0.008856$$

$$a^* = 500[f(X/X_n) - f(Y/Y_n)]$$

$$b^* = 200[f(Y/Y_n) - f(Z/Z_n)]$$

式中：

$$f(X/X_n) = (X/X_n)^{1/3}$$

如果：

$$X/X_n > 0.008856$$

则：

$$f(X/X_n) = 7.787(X/X_n) + 16/116$$

如果：

$$X/X_n \leqslant 0.008856$$

$$F(Y/Y_n) = (Y/Y_n)^{1/3}$$

如果：

$$Y/Y_n > 0.008856$$

则：

$$f(Y/Y_n) = 7.787(Y/Y_n) + 16/116$$

如果：

$$Y/Y_n \leqslant 0.008856$$

$$f(Z/Z_n) = (Z/Z_n)^{1/3}$$

如果：

$$Z/Z_n > 0.008856$$

则：

$$f(Z/Z_n) = 7.787(Z/Z_n) + 16/116$$

如果：

$$Z/Z_n \leqslant 0.008856$$

$$C^*_{ab} = (a^{*2} + b^{*2})^{1/2} \quad (3)$$

$$h_{ab} = \arctan b^*/a^* \quad (4)$$

在0°~360°的范围内，$+a^*$轴为0°，b^*轴为90°。

4.1.2 对于这些公式，X_n、Y_n 和 Z_n 是针对选定的光源和观察角度的 CIE 三刺激值。首选的组合是 CIE 标准 D_{65}光源和 CIE 1964 增补标准（10°视角观察）。下表给出了这一组合值和某些其他值。下表中没有包含的组合值可参考 ASTM E 308（见 8.3），仅当 ASTM E 308 中也没有所需组合值时，可参考 CIE 15.2（见 8.1）。

四种光源—观察角度组合的三刺激值

光源—观察角度组合	三刺激值		
	X_n	Y_n	Z_n
D_{65}/10°	94.811	100.000	107.304
D_{65}/2°	95.047	100.000	108.883
C/10°	97.285	100.000	116.145
C/2°	98.074	100.000	118.232

4.2 CIELAB 色差值的计算。

4.2.1 CIELABΔL^*、ΔC^*_{ab}和 ΔH^*_{ab}色差值的计算如下，这里 S 和 R 分别代表试样 CIELAB 值和参考 CIELAB 值：

$$\Delta L^* = L^*_S - L^*_R$$

$$\Delta a^* = a^*_S - a^*_R$$

$$\Delta b^* = b^*_S - b^*_R$$

$$\Delta C^*_{ab} = C^*_{ab,S} - C^*_{ab,R}$$

$$\Delta E^*_{ab} = [(\Delta L^*)^2 + (\Delta a^*)^2 + (\Delta b^*)^2]^{1/2}$$

$$\Delta H^*_{ab} = pq[(\Delta E^*_{ab})^2 - (\Delta L^*)^2 - (\Delta C^*_{ab})^2]^{1/2}$$

式中：$m = h_{ab,S} - h_{ab,R}$。

当 $m \geq 0$ 时，$p = 1$；当 $m < 0$ 时，$p = -1$。

且当 $|m| \leq 180$ 时，$q = 1$；当 $|m| > 180$ 时，$q = -1$。其中的 $|\cdots|$ 表示无论两竖线内表达式的符号如何，都取正值。

4.2.2 ΔH^*_{ab}的计算。

$$\Delta H^*_{ab} = t[2C^*_{ab,S}C^*_{ab,R} - a^*_S a^*_R - b^*_S b^*_R]^{1/2} \quad (5)$$

式中：当 $a^*_S b^*_R \leq a^*_R b^*_S$ 时，$t = 1$；当 $a^*_S b^*_R > a^*_R b^*_S$ 时，$t = -1$。

4.3 ΔE_{cmc}的计算。

4.3.1 用公式（6）计算 CMC（l:c）单位中的色差：

$$\Delta E_{cmc} = [(\Delta L^*/lS_L)^2 + (\Delta C^*_{ab}/cS_c)^2 + (\Delta H^*_{ab}/S_H)^2]^{1/2} \quad (6)$$

式中：

对于 $L^*_S > 16$：

$$S_L = 0.040975L^*/(1 + 0.01765L^*)$$

对于 $L^*_S \leq 16$：

$$S_L = 0.511$$

$$S_C = [0.0638C^*_{ab}/(1 + 0.0131C^*_{ab})] + 0.638$$

$$S_H = (FT + 1 - F)S_C$$

式中：

$$F = [(C^*_{ab})^4/(C^*_{ab})^4 + 1900]^{1/2}$$

$$T = 0.36 + \text{abs}[0.4\cos(35 + h_{ab})]$$

除非 h_{ab}在 164°～345°之间，否则：

$$T = 0.56 + \text{abs}[0.2\cos(168 + h_{ab})]$$

对于最后两个公式，“abs”表示方括号内的值取绝对值，也就是说，取正值。

如果需要，CMC（l:c）色差构成（ΔL_{cmc}，ΔC_{cmc}和 ΔH_{cmc}）可能使用上面公式（6）中圆括号内的定义计算，即：

$$\Delta L_{cmc} = \Delta L^*/lS_L$$

$$\Delta C_{cmc} = \Delta C^*_{ab}/cS_c$$

$$\Delta H_{cmc} = \Delta H^*_{ab}/S_H$$

当 $l = 2.0$ 时，公式固定了三个与典型织物样品目测评定相关量（S_L：S_C：S_H）的比率。当表面特征有显著差异时，可能会用到其他取值。例如，被测试样颜色很深时，可能需要用到其他值，但是使用者应该假设 $l = 2.0$，直到实际结果说明有必要调整值。实际上，“c”总是设置为一致的并且可以从公式中忽略不计的值。

4.3.2 单位量/公差的概念。对于 $\Delta E_{cmc} \leq 1.0$，公式描述了一个椭圆球体的量，轴向分别为一个标准的明度、彩度和色相方向。椭圆球体半轴 lS_L，cS_C和 S_H 长度根据给定的标准计算，该标准描述所有样品可接受的单位量低于 1.0 个 ΔE_{cmc}单位。

图 2 中所示图标尺寸和方向的变化依赖于颜色空间中的标准定位，并且在这里用其作为半轴定义的一种方法。

4.3.2.1 在给定商业条件下，当在所有维度使用商业因数（*cf*）来确定适宜的可接受量时，应以单位量与椭圆球体半轴的尺寸及比率为基数。

4.3.2.2 可接受量是根据 $\Delta E\text{cmc} \leq cf$ 定义的。

4.4 结果报告。推荐用 D_{65} 光源和 10°观察角以及（*l*:*c*）为 2:1 的比率作为计算值的标准。如果其他的光源、观察角度或 CMC（*l*:*c*）比率被使用，它们必须作为结果值的一部分专门声明［例如 ΔE_{cmc}（1.37:1），$C/2° = 1.56$，表示使用 1.37:1（*l*:*c*）比率，用 C 光源/2°观察视角计算的 CIELAB 值］。

5. 实验结果的解释

5.1 ΔE_{cmc} 是一个单独的数字，它代表用标准方法试验的 CMC 色差单位的数值。任何与其标准相比较的试验方法都可以归为以下三类：

5.1.1 如果 ΔE_{cmc} 小于公认的商业因数，判定为是可以接受的。

5.1.2 如果 ΔE_{cmc} 接近公认的商业因数，判定为是临界情况。

5.1.3 如果 ΔE_{cmc} 大于公认的商业因数，判定为是不可以接受的。

5.2 半轴 lS_L，cS_C 和 S_H 提供了一种描述可接受度的方法，这种可接受度是每一维度下，用 CMC 单位表示的色差（明度、彩度和色相）。

在需要临界差内评级应用时，可能会产生由代表不同色差等级的椭圆球体组成的多个等级。当与预先定义的一系列术语相关时，将导致一系列的同心量/允差，这提供了一个统一的级别系统。

6. 精确度和偏差

由于本测试方法不产生数据，故不做精确度和偏差的说明。

7. 参考文献

7.1 BS 6923：1988，《计算小色差的标准方法》，地址：British Standards Institution，2 Park Street，London W1A 2BS，England；网址：www.bsigroup.com。

7.2 Clarke，F. J. J.，R. McDonald and B. Rigg.，Modification to the JPC79 色差公式，SDC 杂志，Vol，100，1984，p128～132，p281～282。

7.3 McDonald R.，用 CMC 色差公式测定的可接受性和可观测性，纺织化学家和染色家，Vol. 20，No. 6，1988，p31～37，and Errata，Vol. 20，No. 8，1998，p10。

8. 注释

8.1 CIE 出版号 15.2，色度学，第二版，1986 年。地址：U. S. National Committee，CIE c/o Mr. Robert A. McCully，Philips Lighting Co.，P. O. Box 6800，Somerset NJ 08875～6800。

8.2 McDonald，Roderick 和 Kenneth J. Smith，“CIE 94——新色差公式”，SDC 杂志，1995，111（12）：p376。

8.3 ASTM E 308，《用 CIE 系统对物体颜色的计算机应用》，可以向宾夕法尼亚州 West Conshohocken，100 Barr 港口；网址：www.astm.org。

8.4 Simon，F. T.，die Farbe，1961，10：p225。

8.5 Harold，R. W.，纺织化学家和染色家，1987，19（12）：p23。

8.6 公式中常量 $c = 1.0$ 是 AATCC 173 强制规定的。在 ISO 测试方法 105－J03 中仅建议采用但不是强制规定。AATCC 已经向的 ISO 申请将其强制化。如果这样，那么这两种测试方法就可被认为是技术等同的。

AATCC 174－2011

新地毯抗菌活性的评价

AATCC RA31 技术委员会于 1991 年制定；1992 年、2011 年（更换标题）修订；1993 年编辑修订并重新审定；1998 年重新审定；2004 年、2010 年编辑修订。

1. 目的和范围

本测试方法用于新地毯材料抗菌活性的评定，由三种测试方法组成：定性的抗菌评价、定量的抗菌评价和定性的抗真菌评价。本测试方法也可用于评价洗涤程序（由协议双方确定）对地毯抗微生物活性的影响。

2. 原理

本测试方法由三种测试方法组成，方法Ⅰ、方法Ⅱ和方法Ⅲ。根据产品抗菌活性的程度以及最终使用者的要求，三种方法可以单独使用，也可以组合使用。方法Ⅰ是抗菌性能的定性评价方法，使用革兰氏阳性以及革兰氏阴性菌种使其在 24h 内产生效果。方法Ⅱ用来定量的比较和评价地毯样品在暴露于测试菌种 24h 后的抗菌活性，然后将细菌从地毯试样中洗脱，并计算地毯上的细菌减少百分率。方法Ⅲ是地毯抵抗普通真菌的定性评价方法。

3. 术语

3.1 活性：抗菌整理剂效果的度量。

3.2 抗菌剂：能够杀死细菌（杀菌剂）或抑制细菌活性、生长、繁殖（抑菌剂）的化学药品。

3.3 抗真菌剂：能杀死或抑制真菌生长的化学药品。

3.4 抗微生物剂：能杀死或抑制微生物生长的化学药品。

3.5 抗菌：纺织品防止可见的细菌繁殖并伴有臭味产生的能力，这种臭味有别于霉菌的臭味，它是由纤维上细菌的降解或污物产生。

3.6 防霉：地毯材料暴露在适合微生物繁殖的条件下时，防止不可见真菌繁殖并产生令人不愉快、发霉气味的能力。

3.7 防腐：抵抗地毯材料里面或外面因真菌生长而导致腐烂的能力。

3.8 抑菌区：与琼脂培养基表面直接接触的试样附近，无已接种在培养基表面的微生物生长的区域。

抑菌区是由试样上抗菌剂的扩散造成的。

4. 安全和预防措施

本安全和预防措施仅供参考。本部分有助于测试，但未指出所有可能的安全问题。在本测试方法中，使用者在处理材料时有责任采用安全和适当的技术；务必向制造商咨询有关材料的详尽信息，如材料的安全参数和其他制造商的建议；务必向美国职业安全卫生管理局（OSHA）咨询并遵守其所有标准和规定。

4.1 本测试只能由受过训练的人员操作。参阅美国健康与社会服务部出版的《微生物和生物化学实验室的生物安全》（见 25.1）。

4.2 本测试方法中所用的某些微生物具有致病性，可能使人感染和产生病菌。因此，应采取一切必要和合理的措施，消除实验室以及相关环境中人员的这种风险。应穿着防护服、佩戴呼吸器，防止细菌侵入。

4.3 遵守良好的实验室规定，在所有的试验区域应佩戴防护眼镜。

4.4 所有化学物品应当谨慎使用和处理。

4.5 在附近安装洗眼器/安全喷淋装置以备急用。

4.6 所有污染的样品和测试材料必须经过消毒灭菌后才能丢弃。

4.7 本测试方法中，人体与化学物质的接触限度只许达到或低于官方的限定值［例如，美国职业安全卫生管理局（OSHA）允许的暴露极限值（PEL），参见 29 CFR 1910.1000，最新版本见网址 www.osha.gov］。此外，美国政府工业卫生师协会（ACGIH）的阈限值（TLVs）由时间加权平均数（TLV－TWA）、短期暴露极限（TLV－STEL）和最高极限（TLV－C）组成，建议将其作为人体在空气污染物中暴露的基本准则并遵守（见 25.2）。

5. 使用和限制条件

本测试方法只适用于新地毯，不适用于使用过的地毯。

Ⅰ 地毯抗菌性的定性评价：单线法

6. 原理

将测试材料试样，包括相应的未经抗菌整理的同样材料的控制样（如果有，但非必须）紧贴在琼脂上，琼脂预先用测试菌种划线接种。经过培养，试样下以及周围的无菌区显示试样的抑菌活性。标准菌种为具有代表性的金黄色葡萄球菌（革兰氏阳性菌）和肺炎杆菌（革兰氏阴性菌）。

7. 测试菌种

7.1 金黄色葡萄球菌，ATCC 6538，CIP 4.83，DSM 799，NBRC 13276，NCIMB 9518 或相当的菌种（见 25.3 和 25.4）。

7.2 肺炎杆菌，ATCC 4352，CIP 104216，DSM 789，NBRC 13277，NCIMB 10341 或相当的菌种（见 25.3 和 25.4）。

7.3 根据测试试样的最终用途，也可以使用其他合适的菌种。

8. 材料、培养基和试剂

8.1 培养基和试剂。适用的肉汤/琼脂培养基包括：

8.1.1 营养肉汤/琼脂培养基。

8.1.2 大豆胰蛋白胨肉汤/琼脂培养基。

8.1.3 脑心浸液（BHI）肉汤/琼脂培养基。

8.1.4 Muller－Hinton 肉汤/琼脂培养基。

8.2 设备和材料。

8.2.1 恒温培养箱，温度保持在 37℃ ±2℃。

8.2.2 接种环。

8.2.3 煤气灯（本生灯）或其他相当设施。

8.2.4 恒温水浴，温度保持在 45～50℃。

8.2.5 吸液管，1mL，无菌的或采取相应措施。

8.2.6 带盖的培养管，至少 10mL 容量。

8.2.7 培养皿，直径 100mm，深度 15mm，无菌的。

8.2.8 培养针，无菌的。

8.2.9 立体显微镜，至少 40 倍放大率。

8.2.10 直尺。

9. 试样准备

9.1 用手或裁样器裁剪试样（未灭菌）。虽然建议将试样剪成 25mm × 50mm 的长方形，但实际上试样尺寸适当即可。

9.2 如可能，可用相同的方法测试一个同样材料、使用其他相同助剂整理的试样（但未经抗菌整理剂整理）进行测试。不过，确定试验的有效性并不是必须这样做。许多标准整理剂，即使经过多次洗涤之后仍具有很强的抗菌活性。

10. 试验步骤

10.1 如果需要耐久性数据，必须对洗涤前后的地毯试样进行测试，洗涤方法由协议双方商定。

10.2 将已灭菌（使用合适方式）并冷却到

45℃ ± 2℃ （117℉ ± 4℉） 的琼脂注入每个标准（15mm × 100mm）的平底皮氏培养皿中，每个培养皿中注入 15.0mL ± 2.0mL，待凝固后用于接种。

10.3 菌液制备。取 1mL ± 0.1mL 培养 24h 的肉汤培养物到装有 9.0mL ± 0.1ml 灭菌蒸馏水的试管或小锥形瓶中，适当搅拌混合均匀。

10.4 用 4mm 的接种环取一环稀释后的菌液，在灭菌琼脂中间表面划一条大约 75mm 长的线，操作时应避免划破琼脂表面。

10.5 轻轻按压垂直横放在接种线上的试样，使其与琼脂表面紧密接触。为了便于操作，也可用生物移片器或刮勺使试样紧贴在琼脂表面，生物移片器或刮勺应先用火焰灼烧灭菌，并迅速在空气中冷却后使用。分别用琼脂平板对地毯的绒面（正面纤维）和反面进行测试。

10.6 将平板在 37℃ ± 2℃（99℉ ±3℉）下培养 18 ~24h。

11. 评价和报告

11.1 观察经过培养的平板中，试样下的接种线上的细菌生长间断情况及试样边缘外的抑菌区。试样每边沿接种线的平均抑菌区宽度按照以下公式计算：

$$W = \frac{T - D}{2}$$

式中：W——抑菌区的宽度，mm；

T——试样以及抑菌区的总宽度，mm；

D——试样的宽度，mm。

11.2 评价测试结果的标准应该由协议双方商定。试样正下方与琼脂接触的区域必须无菌落生长，才能认为该试样有抗菌性。

11.3 报告洗前和洗后的测试结果，洗涤次数由协议双方商定。

11.4 抑菌区的大小不能用于抗菌活性的定量评价。报告应包括对抑菌区和试样下细菌生长观察的结果。

12. 精确度和偏差

本测试方法的精确度和偏差尚未确立。在本方法的精确度确立之前，应使用标准统计方法对实验室内和实验室间的检测结果的平均值进行比较。

Ⅱ 地毯抗菌活性的定量评价

13. 原理

13.1 本部分是一种定量评价抗菌活性的方法。

13.2 在地毯试样上接种测试菌种，接种后，在一定量的中和液中振荡试样，将细菌从试样中洗脱。测定液体中的细菌数量，计算细菌减少百分率（见 25.5）。

14. 试验细菌

见第 7 部分。

15. 材料、培养基和试剂

见第 8 部分。

16. 试样

16.1 从测试织物上剪取（建议用钢制裁样器）直径约为 4.8cm 的圆形试样。将试样放入 250mL 的螺旋盖塞广口玻璃瓶中。试样应平放在瓶底部。

16.2 可用一块未经接种但经过整理的地毯来测定地毯上底布微生物的数量。

16.3 测试之前不要将地毯试样灭菌。

17. 试验步骤

17.1 如果需要耐久性数据，必须对洗涤前和洗涤后的地毯试样进行测试，洗涤方法由协议双方商定。

17.2 将培养 18 ~24h 的肉汤菌液浓度调节到 $1 \times 10^5 \sim 2 \times 10^5$CFU，取 0.1 ~0.5mL 接种到预湿的地毯纤维上。如果要使接触期内的培养物保持稳定，可用已灭菌的 0.85% 的盐水或合适的缓冲液稀释试验菌种。但如果要在地毯使用时的条件下进行测试，则用营养肉汤作为稀释液。地毯试样可以预先浸入已灭菌的去离子水或含有0.05%非杀菌润湿剂（见25.6）的水中预湿，然后用滤纸快速吸干。

17.3 用无菌移液管均匀地对地毯纤维接种，然后将接种的试样放入广口玻璃瓶，拧紧瓶塞，防止蒸发。

17.4 接种后（“0”接触时间），立即向广口瓶中加入100mL±1mL的中和溶液（见25.7）。

17.5 用手或机械振荡器用力振荡广口瓶1min，进行梯度稀释。然后涂在营养（或合适的）琼脂基平板上（两个平行样）。一般稀释10^0、10^1和10^2倍较为合适。

17.6 所使用的中和溶液中应含有能够中和特殊抗菌整理剂的成分，并能调整pH值为6～8。报告所使用的中和溶液。

17.7 定期接触培养。将另外装有接种地毯样品的广口瓶在37℃±2℃（99℉±3℉）条件下培养6～24h，也可以培养其他不同的时间（比如1h或6h），以获得在此接触期内抗菌整理剂的杀菌活性。

17.8 接种并培养后样品的取样。培养后，取100mL±0.1mL的中和溶液到装有整理过的地毯试样的广口瓶中，用力振荡1min，进行梯度稀释。然后涂在营养（或合适的）琼脂培养基平板上（两个平行样）。通常对经整理的试样进行10^0、10^1、10^2倍的稀释比较合适。未经整理的对照试样，可根据培养时间进行不同倍数的稀释。

17.9 将平板在37℃±2℃（99℉±3℉）条件下培养18～24h。

18. 评价和报告

18.1 报告的菌落数为每个试样的细菌数，而不是每毫升中和溶液中所含的细菌数。当稀释倍数为10^0的菌落数为0时，报告中表示为“小于100”。

18.2 用以下一种公式计算试样整理后细菌的减少百分率。

$$(1)\ R=\frac{B-A}{B}\times 100\%$$

$$(2)\ R=\frac{C-A}{C}\times 100\%$$

$$(3)\ R=\frac{D-A}{D}\times 100\%$$

式中：A——瓶中整理过的地毯试样接种，定期接触培养后回收得到的细菌数；

B——瓶中整理过的地毯试样接种后立即回收（“0”接触时间）得到的细菌数；

C——瓶中未整理的地毯对照样接种后立即回收（“0”接触时间）得到的细菌数，如果B和C差别较大，则取其中的较大值；如果B和C数值差别不大，则取$D=\frac{B+C}{2}$；

R——试样整理后，细菌减少的百分率,%。

18.3 如果没有未经整理的对照样，则可用以下公式。该公式考虑到了任何可能影响测试的底布细菌因素。

$$B_g=\frac{(B-E)-(A-F)}{B-E}\times 100\%$$

式中：A、B含义见18.2；

E——未接种的整理过的试样上最初（“0”接触时间）回收的细菌数（存在底布细菌）；

F——瓶中未接种的经预湿处理且整理过的试样，定期接触培养后回收的细菌数（定期接触培养后存在的底布细菌）；

B_g——底布细菌百分含量,%。

18.4 测试结果的评价标准由协议双方确定。

18.5 报告使用的稀释培养基。

18.6 报告地毯洗涤前后的测试结果，洗涤次数由协议双方确定。

19. 精确度和偏差

研究（见25.8）指出了如下实验室内标准平

板计数法（SPC）的精确度：

（1）相同分析者偏差 18%。

（2）分析者间偏差 8%。

Ⅲ 地毯材料抗真菌活性的评价：地毯材料的防霉和防腐

20. 原理

将地毯置于有普通真菌生长的琼脂培养基上。

21. 试样

21.1 从试样上取直径为 38.0mm ±1.0mm（1.5 英寸 ±0.04 英寸）的圆片。根据预计的抑菌区尺寸，试样可采用其他形状和大小。

21.2 对于主要基底材料的评价，需要使用另外一块地毯圆片。参见 ASTM E 2471－05（见 25.9），用剪刀将地毯的面部绒毛剪至 3mm ±1mm 长（见 25.10），使真菌孢子接种体直接接触到基底纤维/主要基底。必须在报告中注明相关信息。

22. 试验步骤

22.1 如果需要耐久性数据，必须对洗涤前和洗涤后的地毯试样进行测试，洗涤方法由协议双方商定。

22.2 菌种。黑曲霉，ATCC 6275，DSM1957，NRRL 34，CBS 769.97 或 131.52，CCUG 26806（见 25.3）。

22.3 培养基。沙氏琼脂培养基（见 25.11）。

22.4 接种液。向培养了 7～10 天的琼脂培养基中加入 10mL 无菌的含有 0.05% 无真菌润湿剂（见 25.6）的 0.9% 盐溶液，并轻刮培养基的表面以获得孢子，得到黑曲霉分生孢子悬浊液。从生长成熟的（培养了 7～10 天）、长满孢子的（如 22.3 中所述的）培养基上刮取细菌，加入到装有 50mL ±1mL 无菌的含有 0.05% 无真菌润湿剂（见 25.6）的 0.9% 盐溶液和玻璃珠的无菌锥形瓶中。充分震荡以分散孢子群，然后用薄层棉絮或玻璃绒过滤。孢子悬浊液在 6℃ ±4℃（43℉ ±7℉）的温度下可以储存 4 周。测试用的接种液应用无菌的 0.9% 盐溶液将接种菌液稀释到每毫升含 $8.0 \times 10^5 \sim 1.2 \times 10^6$ 个分生孢子。用该孢子悬浊液进行接种。

22.5 接种。将 1.0mL ±0.1mL 接种液均匀涂在琼脂平板表面。将地毯圆片浸入灭菌去离子水或含有 0.05% 非离子润湿剂（见 25.6）的水中预湿，然后迅速用滤纸吸干。用无菌移液管取 0.2mL 真菌孢子接种液，使其均匀分散在每块圆片上。分别将地毯试样正面纤维朝上和正面纤维朝下放入单独的皮氏培养皿中接种，如果测试地毯是经过剪毛处理的，则分别将剪过绒毛面朝上和朝下放入单独的皮氏培养皿中接种，接种后的平板在 28℃ ±1℃（82℉ ±2℉）条件下培养 7 天（也可延长培养时间），评价抗真菌活性程度。

23. 评价和报告

23.1 按照以下步骤评价地毯的抗真菌活性。

23.1.1 对于试样绒头朝下、反面朝上的平板，观察并测量绒头纤维产生的抑菌区尺寸（mm），对于将表面绒毛剪掉的试样也做相同的处理。同时，在同样的平板上，按照下文的方法评价反面真菌的生长情况。

23.1.2 对于另一块试样反面朝下、绒头或剪掉绒毛的面朝上的平板，观察并测量反面产生的抑菌区尺寸（mm），同时，按照上文的方法评价起绒面或剪掉绒毛面真菌的生长情况。

23.1.3 评价方法。观察试样上真菌生长情况：

0 = 无真菌生长（如果存在生长，报告生长区域的大小，单位 mm）

1 = 微观生长（只能在显微镜下观察到）

2 = 宏观生长（肉眼可见）

如果观察到肉眼可见的生长，则按照如下方式报告生长状态：

微量生长（<10%）、轻微生长（10% ～30%）、中度

生长（30% ~60%）、严重生长（60%到全部覆盖）。

24. 精确度和偏差

本测试方法的精确度和偏差尚未确立。在本方法的精确度确立之前，应使用标准统计方法对实验室内和实验室间的检测结果的平均值进行比较。

25. 注释与参考资料

25.1 出版物可从 U. S. Department of health and Human Services CDC/NIH – HHS 获取；出版号：（CDC）84 – 8395；网址：www. hhs. gov。

25.2 手册可从以下获取，地址：ACGIH Publications Office, Kemper Woods Center, 1330 Kemper Meadow Dr. , Cincinnati OH 45240；电话：513/742 – 2020；网址：www. acgih. org。

25.3 ATCC 是美国典型微生物菌种保藏中心（美国），CIP 是巴斯德保藏研究院（法国），DSM 是德国微生物和细胞培养物保藏中心（德国），NBRC 是 NITE 生物资源中心（日本），NRRL 是北部区域研究实验室（美国），NCIMB 是工业细菌国家保藏中心（英国），CUG 是 Gothenburg 菌种保藏大学（瑞典）。根据双方协议也可以使用从世界菌种保藏联合会（WFCC）获取的同等的菌种。所使用的菌种应注明其来源。

25.4 为确保测试的一致性和准确性，需保证贮藏的试验用培养物纯净、无污染和无突变。在接种和转种过程中应采用良好的无菌技术，避免污染；严格坚持每月对保藏培养物转种，防止突变；定期进行平板划线，观察具有典型特征的单个菌落，检查菌种的纯度。

25.5 某些正面纤维没有处理的地毯，反面抗菌剂和/或单体的存在对定量抗菌测试法的结果有影响。本方法得到的肯定的、好的测试结果不足以认定地毯具有抗菌性。在做出抗菌报告之前，地毯的某些部分必须使用 U. S. EPA 注册的杀菌剂。

25.6 Triton™ X – 100（VWR International, Inc. 1050 Satellite Blvd. NW, Suwanee, GA 30024，电话：800/93 – 5000 或 Fisher Scientific 3970 John' s Creek Ct. Ste. 500, Suwanee, GA 30023，电话：（770/871 – 4500）是一种好的润湿剂。也可用琥珀磺酸二辛钠或 N – 甲基牛磺酸衍生物或聚山梨醇酯 80 代替。

25.7 以下是成分及其浓度的例子，它们可以加入到培养基中以中和试样中存在的抑制物：大豆卵磷脂，0.5%；聚山梨醇酯™ 20 和 80，4.0%（ICI Americas Inc. , Concord Pike and New Murphy Rd. , Wilmington DE 19897；电话：800/456 – 3669；传真：302/652 – 8836）。

25.8 《分析者和细菌菌落计数者的重复计数误差》，Peeler J. T. 、Leslie 和 J. W. ；Messer J. W. , Journal of Food Protection , Vol. 45, 1982, p238 – 240。

25.9 ASTM E 2471 – 2005 标准，“用已接种琼脂评价地毯抗菌活性的测试方法”ASTM International, West Conshohocken PA, 2003, DOI：10. 1520/C0033 – 03, www. astm. org。

25.10 用来降低地毯绒毛长度的电动剪毛机可从 Oster Professional Products 处购买，150 Cadillac Lane , McMinnville TN 37110 – 8653 或当地宠物经销店购买。

25.11 脱水琼脂可以从 Difco 实验室获取，地址：920 Henry ST. , Detroit MI 48201。脱水琼脂和肉汤可以根据 Baltimore Biological 实验室要求，按传统方法配制，地址：250 Schilling Cir. , Cockeysville MD 21030。

AATCC 175 -2008

耐沾污性：绒毛地毯

AATCC RA57 技术委员会于 1991 年制定；1992 年重新审定；1993 年、1998 年、2003 年编辑修订并重新审定；2006 年编辑修订；2008 年编辑修订（包括技术性调整）并重新审定。

---

1. 目的和范围

本测试方法用来评价绒毛地毯对酸性食品颜色的耐沾污性能。

2. 原理

将食品、药品和化妆品（FD&C）用的红 40 的稀释水溶液调节至酸性，用少许该溶液对绒毛地毯试样进行沾污。将沾污后的试样在一定条件下放置 24h ± 4h，然后用清水进行漂洗，去除未被吸附的染料溶液。干燥后对试样上残留的污渍进行评估。

3. 术语

3.1 防污整理剂：一种化学品，用于纺织品后可以使纺织品具有部分或完全的抗污能力。

3.2 沾污：对于绒毛地毯来说，是指由于食品或液体等着色物质使地毯沾污，该污渍是用标准清洗方法难以去除的。

4. 安全和预防措施

本安全和预防措施仅供参考。本部分有助于测试，但未指出所有可能的安全问题。在本测试方法中，使用者在处理材料时有责任采用安全和适当的技术；务必向制造商咨询有关材料的详尽信息，如材料的安全参数和其他制造商的建议；务必向美国职业安全卫生管理局（OSHA）咨询并遵守其所有标准和规定。

4.1 遵守良好的实验室规定，在所有的试验区域应佩戴防护眼镜。

4.2 所有化学物品应当被谨慎使用和处理。

5. 仪器和材料

5.1 AATCC 沾污杯和直径为 50mm（2.0 英寸）的沾污环（见 12.1 和图 1）。

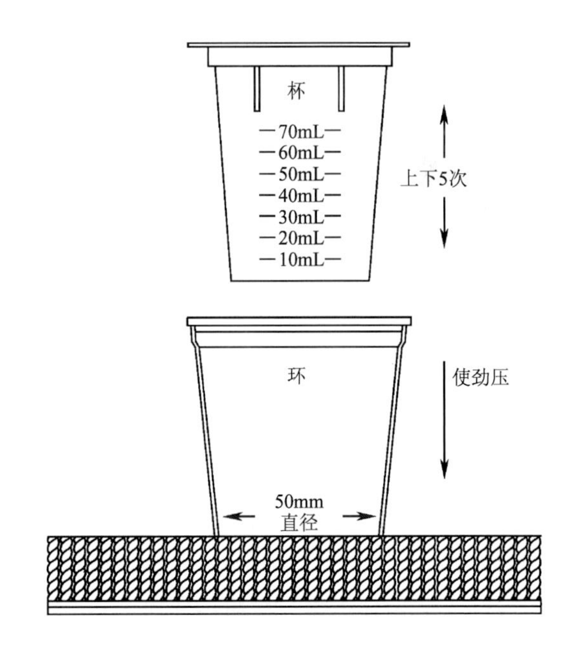

图 1 AATCC 沾污杯和沾污环

5.2 AATCC 红 40 沾色样卡（见 12.1）。

5.3 FD&C 红 40（C.I. 食品红 17）（见 12.1）。

5.4 柠檬酸（工业级或更高）。

5.5 去离子水或蒸馏水。

5.6 pH 计。

5.7 缓冲溶液，pH 值为 2.0 和 4.0。

6. 沾污溶液

6.1 称取 100mg ±1mg 的 FD&C 红 40，将其溶解在 1L ±0.01L、温度为 24℃ ±3℃（75℉ ±2℉）的蒸馏水或去离子水中。

6.2 用柠檬酸（约 3.2g）将该溶液的 pH 值调节至 2.8 ±0.1。用经 pH 值为 2.0 和 4.0 的缓冲溶液校正过的 pH 计测试该溶液的 pH 值。由于 pH 值试纸的精度不够高，所以不要使用 pH 值试纸测试溶液的 pH 值。如果制备的沾污溶液的 pH 值低于 2.7，则废弃该溶液，重新制备。

7. 试样准备

7.1 每次测试都需要准备一块边长为 150mm（6 英寸）的正方形试样。

7.2 用刷子或吸尘器去掉试样表面的所有杂质。

8. 操作程序

8.1 在标准大气条件下［温度为 21℃ ±1℃（70℉ ±2℉）、相对湿度为 65% ±2%］，对所有试样进行调湿 24h。调湿时，试样需放置在不吸湿材料上面，绒毛面朝上。应避免试样与其他物质接触（见 12.2）。

8.2 将直径为 50mm（2 英寸）的沾污环放到试样的中央。一边向下压紧沾污环，一边将 20mL 的沾污溶液倒入沾污环正中。在沾污环内用沾污杯的底部对地毯绒毛进行挤压，上下移动沾污杯 5 次，以使地毯绒毛彻底润湿。不要旋转或扭动沾污杯，以避免由于杯底与地毯的摩擦使地毯表面的防污整理剂脱落。移开沾污杯和沾污环的时候要小心处理。

8.3 在标准大气条件下［温度为 21℃ ±1℃（70℉ ±2℉）、相对湿度为 65% ±2%（见 12.2）］，对沾污后的试样再次进行调湿 24h ±4h。调湿时试样平放，绒毛面朝上。应避免空气流动而导致地毯沾污表面的加速干燥。

8.4 用温度为 21℃ ±6℃（70℉ ±10℉）的流水冲洗沾污试样，直到冲洗后的水变干净，表明未被吸附的红色染料已经完全被去除。试样的反面也需要进行彻底冲洗，以保证未被吸附的红色染料被彻底清除。在冲洗时，挤压试样有助于去除未吸附的红色染料。

8.5 用离心机或吸水机去除试样中过多的水分。

8.6 用烘箱在温度 100℃ ±5℃（212℉ ±9℉）条件下对试样进行烘干。烘干时间不超过 90min，烘干时试样平放，绒毛面朝上。或在空气中将其晾干。注意：烘干时间过长会导致试样变色。

8.7 如果在干燥的过程中有红色染料析出，请重复 8.4 ~8.6 程序。

9. 结果评级

9.1 用 AATCC 红 40 沾色样卡对测试试样的耐沾污性进行评级。10 级表示无沾污，1 级表示严重沾污（见 12.3）。

9.2 旋转试样或用刷子轻刷试样绒毛，尽可能以最佳角度展示试样的沾污效果。将红 40 沾色样卡放到试样上面，使试样的沾污部分位于两个参考框之间，而试样未沾污部分（原始部分）位于带有编号的沾色样卡下面。

9.3 用北光或相当于 538lx（50 流明/英尺^2）的光源照射试样表面。入射光源与试样表面呈 45° ±5°，观测者视线与试样水平面呈 90° ±5°（见图 2）。入射光源和视线角度应能使沾色样卡对光线的反射量降到最低。如有必要，可适当调节入射光源角度，以减轻沾色样卡的光反射（见 12.4）。

9.4 将试样的沾色部分与标有编号的沾色样卡进行对比。当试样沾色深度介于沾色样卡两个级别之间时，评级者可以使用最为接近的 1/2 级表示

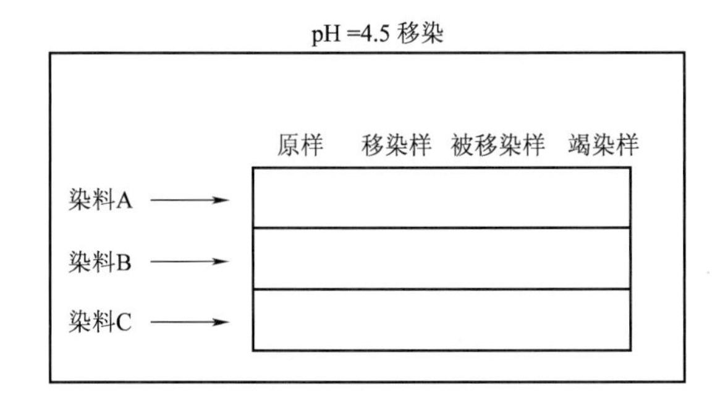

图 2　试样评级时光源和观察角度

* 调整角度以避免沾色样卡的反光

评级结果（见 12.3）。

10. 报告

10.1　报告根据本方法中第 9 部分得出的耐沾污级数。

10.2　报告地毯底部的沾污外观。

10.3　报告测试过程中任何对本方法的偏离，如光源条件、评级视角、温度、相对湿度等。

11. 精确度和偏差

11.1　1989 年和 1990 年进行了三次实验室内部比对测试，结果显示本方法的实验室内部偏差为 0.5 个沾色级。实验室内部 95% 置信区间的精确度为 ±1 级。由于所使用的沾污试剂的不同，实验室间的结果差异十分明显，因此，本方法的总精确度的西格玛值（同时包括实验室内、外部因素）是 1。本方法实验室间 95% 置信区间的精确度为 ±2 级。

11.2　由于没有任何一个方法可以得到耐沾污的真实值，因此本测试方法无已知偏差。

12. 注释

12.1　AATCC 红 40 沾色样卡可从 AATCC 获取，地址：P. O. Box 12215，Research Triangle Park；邮编：NC 27709；电话：919/549 - 8141；传真：919/549 - 8933；电子邮箱：orders@ aatcc. org；网址：www. aatcc. org。

12.2　强碱蒸汽和强碱烟（如氨气等）存在于测试环境中，会加剧试样的沾色。

12.3　本技术手册的其他章节对级数低于 1 级的主观评级方法做出了规定。对于测试试样的沾色或对比度变化明显大于 1 级的可评为 0 级。

12.4　沾色样卡表面的突然反光会对正常评级造成影响，这种情况通常发生于光源距离沾色样卡太近或光源强度太强，因此应避免上述情况的发生。

AATCC 176 –2011

染料分散液色斑现象的评定

AATCC RA87 技术委员会于 1992 年制定；1993 年、2006 年重新审定；1994 年、2004 年、2008 年、2009 年、2010 年编辑修订；1995 年、1996 年（标题更换）修订；2001 年、2011 年编辑修订并重新审定；技术上等同于 ISO 105 – Z11。

1. 目的和范围

1.1 在连续染色（轧染）或者印花织物上，特别是加工浅色和不饱和色时，染料分散液中产生的凝聚现象会在织物上形成明显的色斑。

1.2 本测试方法用于测定染色斑点现象，主要适用于分散染料、还原染料和颜料分散液。

2. 原理

2.1 染料的分散液用涤/棉织物过滤。

2.2 通过目测评价产生色斑现象的程度。

3. 术语

3.1 分散染料：一种非离子染料，它微溶于水，当完全分散时可直接用于聚酯、聚酰胺和其他的再生聚合物纤维的染色。

3.2 分散液：织物湿加工过程中，在液相中存在细小微粒的悬浮液。

3.3 颜料：一种微粒状的染料，不溶于被染物，但是可以分散在被染物中以改变其颜色。

3.4 斑点：一种很小的微粒，例如在液体分散液中的凝聚物或在染色的被染物（底布）上很小的深色点。

3.5 色斑现象：在纺织品染色和印花中，带有斑点的特性或状态。

3.6 还原染料：一种非水溶性染料，通常含有酮类基团，用于纤维染色，在碱性溶液中经还原剂还原成可溶性的隐色体钠盐而被纤维素纤维吸着，再经过氧化成为不溶性染料。

4. 安全和预防措施

本安全和预防措施仅供参考。本部分有助于测试，但未指出所有可能的安全问题。在本测试方法中，使用者在处理材料时有责任采用安全和适当的技术；务必向制造商咨询有关材料的详尽信息，如材料的安全参数和其他制造商的建议；务必向美国职业安全卫生管理局（OSHA）咨询并遵守其所有标准和规定。

4.1 遵守良好的实验室规定，在所有的试验区域应佩戴防护眼镜。

4.2 所有化学物品应当谨慎使用和处理。

4.3 当使用热烘箱或热定形仪器时要戴上隔热手套。

4.4 本测试法中，人体与化学物质的接触限度必须达到或低于官方的限定值［例如，美国职业安全卫生管理局（OSHA）允许的暴露极限值（PEL），参见 29 CFR 1910.1000，最新版本见网址 www.osha.gov］。此外，美国政府工业卫生师协会（ACGIH）的阈限值（TLVs）由时间加权平均数（TLV – TWA）、短期暴露极限（TLV – STEL）和最高极限（TLV – C）组成，建议将其作为人体在空气污染物中暴露的基本准则并遵守（见 12.1）。

5. 仪器和材料

5.1 过滤布。65/35 的涤/棉织物、漂白的机织精细棉布（克重类似衬衫面料），尺寸约为 240mm × 240mm。相似结构的其他混纺比的织物也可以使用，但是必须在报告中注明。

5.2 布氏漏斗。聚丙烯，直径为 110mm。用刀或其他合适的工具光滑地将打孔的底部切下，并使边缘部分保持平坦光滑。上下两部分都用于测试。

5.3 过滤烧瓶。厚壁且一边带有刻度，2L。

5.4 橡胶塞。带有一个用于安装过滤烧瓶的孔。

5.5 搅拌器。小螺旋桨型，直径约为 20mm，转速为 2200r/min。

5.6 蒸发用器皿。玻璃或陶瓷的，1L（直径大约为 150mm），3 个，用于测试还原染料。

5.7 烘箱。

5.7.1 干燥装置，不带空气循环。

5.7.2 热定形装置。

6. 试剂（仅用于测试还原染料）

6.1 氢氧化钠（NaOH），30%。

6.2 连二亚硫酸钠浓缩粉末（$Na_2S_2O_4$）。

6.3 双氧水（H_2O_2），30%。

6.4 醋酸（CH_3COOH），80%。

7. 分散液制备

储存时间过长后，分散液有沉淀的趋势，并且可能或多或少产生黏性沉淀物。在进行测试前，必须确保分散液完全均匀。使用诸如螺旋搅拌器或者高速搅拌器等机械装置，彻底混合分散液。在对分散液进行取样准备测试前，必须确保混合的液体已经调匀，没有沉淀和结块。彻底摇动分散液样品以确保所有附着在盖子和壁上的未溶材料完全溶入液体中。然后取下盖子，机械或手动搅拌样品直到所有的沉淀和结块完全分散开。重新盖上盖子并再次摇动分散液样品以确保完全均匀。摇匀后立即测试样品。当储存样品以备将来用时，密封前彻底清洗盖子和容器的边缘部分。

8. 操作程序

8.1 将每块过滤布在其一角的位置标注上试验编号或者样品编号，并确定过滤布上面没有外来的干扰斑点。

8.2 清洗并干燥漏斗。准备漏斗组合，把漏斗的顶部倒置在一个干净的平面上，尽可能平整地将过滤布放置于漏斗表面，使过滤布带有标记的一面向下，朝着平面。在过滤的过程中，过滤布上带标记的一面向上，以方便用于随后的评级（见 9）。迅速挤压漏斗的下半部分，使织物在漏斗上形成紧绷的、光滑的过滤层表面。

8.3 把装配好的漏斗组合直接放到过滤烧瓶上，使用橡胶塞以确保漏斗组合在过滤和清洗的过程中保持垂直（过滤布保持水平）。

8.4 在室温下，用称量瓶称量 7.5g ± 0.075g 的 100% 的粉末或者 15.0g ± 0.15g 的 50% 的液体（或者其他浓度的相应重量），将所称量粉末或者液体转移到一个装有大约 200mL 室温去离子水或蒸馏水的 400mL 烧杯中。用喷水瓶清洗称量瓶。

8.5 对于粉末状和粒状，可用螺旋式搅拌器在容器底部上方的中间位置搅拌 3min。调整搅拌的方式和速度，使形成的漩涡保持在螺旋桨的顶部。

8.6 对液态，可按照 8.5 所述搅拌 30s。

8.7 搅拌后，将分散液转移到 1L 的烧杯中。用 200mL 室温去离子水或者蒸馏水清洗 400mL 的烧杯，并把清洗液倒入 1L 的烧杯内。进一步稀释分散液到 800mL。

8.8 用 200mL 水预润湿过滤器上的过滤布。

8.9 搅拌烧杯内的分散液大约 30s，并把它倒进漏斗。

8.10 用200mL水清洗烧杯，并把清洗液倒入漏斗。

8.11 再用200mL水清洗漏斗，并让其静置1min，直到液滴完全流下。

8.12 仔细从漏斗中取出过滤布，并将其放在一张吸水纸上以除去多余的水分。

8.13 对于分散染料。

8.13.1 用烘箱烘干织物，温度为80℃±5℃，无空气循环。

8.13.2 在210～220℃下热定形处理60s。

8.14 对于还原染料。

8.14.1 在蒸发皿中制备60～70℃的400mL新鲜还原溶液，含15.7mL/L的50%氢氧化钠以及20g/L连二亚硫酸钠浓缩粉末（88%～92%）。

8.14.2 把过滤布全部浸入蒸发皿的还原溶液中保持5min。在此过程中，不要移动过滤布。

8.14.3 把过滤布浸入含有15～25℃去离子水或者蒸馏水的蒸发皿中1min。

8.14.4 在蒸发皿中准备40～50℃的100mL氧化溶液，含10mL/L的30%双氧水。

8.14.5 把过滤布全部浸入蒸发皿的氧化溶液中2min。在此过程中，不要移动过滤布。

8.14.6 在400mL烧杯中，用15～25℃的200mL/L醋酸（80%）溶液中和过滤布2min。

8.14.7 在冷的自来水中清洗大约30s。

8.14.8 在烘箱中烘干织物，温度为80℃±5℃。

8.15 对于颜料。

在烘箱中烘干织物，温度为80℃±5℃，无空气循环。

9. 评级

目光评定织物上有标记那面的染色斑点，数出单独的斑点数。基于使用者可接受的程度评为可接受的、不可接受的和介于两者之间的。

10. 报告

报告测试的染料和使用的重量、斑点的数量和色斑现象的评级结果。

11. 精确度和偏差

11.1 精确度。本测试方法的精度尚未确立。在精度综述产生之前，用标准统计学方法进行实验室内部或不同实验室之间测试结果的对比。

11.2 偏差。染料分散液色斑现象评定方法的偏差仅能以一种测试方法进行定义，尚没有独立的方法可以确定其真值。作为这一特性的评价手段，本方法无已知偏差。

12. 注释

12.1 资料可从ACGIH获取，地址：Kemper Woods Center，1330 Kemper Meadow Dr.，Cincinnati OH 45240；电话：513/742-2020；网址：www.acgih.org。

12.2 还原染料的还原和氧化使用蒸发皿的原因是为了保持织物平整和不产生搅动，以防止任何在溶解和匀染时形成的斑点。

AATCC 178－2004

横档的目光评定和评级

AATCC RR97 技术委员会于 1992 年制定；1993 年、1994 年修订；1995 年、1997 年编辑修订；1999 年、2004 年重新审定。

1. 目的和范围

横档是指纱线中存在的物理的或染色的差异、织物结构中存在的几何差异或者这些差异的任何组合而形成的一种视觉效果。本测试方法提供了一个通过将试样与均匀度标准样卡进行视觉对比来评价样品横档程度的标准操作程序，并使用标准的专业术语对横档形式进行描述。

本方法普遍适用于针织物、机织物及服装。标准的专业术语无论在口头上还是书面交流中都非常有效果。

2. 原理

2.1 在一定条件下，对检验台上连续长度的织物、单件服装或织物试样进行观察，对横档程度进行评级、评价横档的形式特征，并且得出一个总的等级。等级评定内容包括以下几项：

2.1.1 用 9 到 1 级均匀度标准样卡对样品的横档程度进行评定的方法参见图 1［从无横档（9）到严重横档（1）］（见 11.1）。

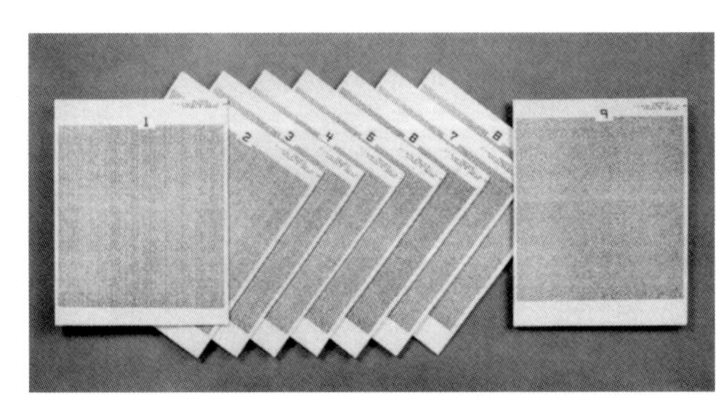

图 1 均匀度标准样卡的图释

2.1.2 把横档形式描述为“简单的”、“复杂的”或“条状的”的定义参见 3 术语。

2.1.3 对纱线的描述，对照通常情况，如“浅色纱”、“粗纱”等，参见 3 术语。

2.1.4 对每个花式循环中含有横档纱线的百分比的估计值。

2.2 当织物在检验台上移动时，对于织物横档只进行检验，不进行评级。检验台与水平方向成 45°±5°（见图 2 及 7.1.1 和 7.1.2）或按照买卖双方的协议进行评定。

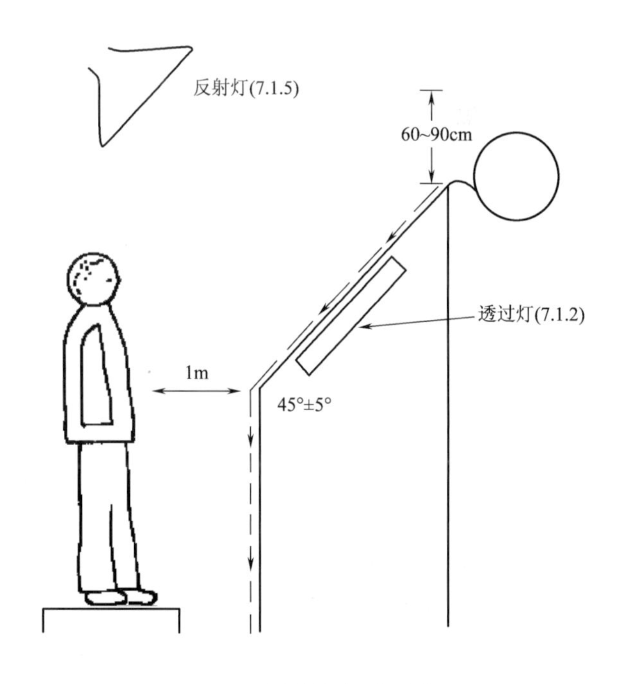

图 2 观测连续长度织物的装置

2.3 对于服装的评价需要将服装垂直悬挂在照明设备正下方进行（见图 3 和 7.2.1～7.2.8）

或按照买卖双方的协议进行评定。

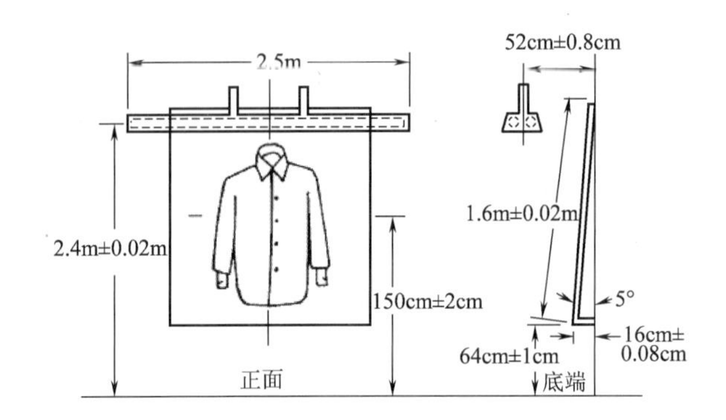

图3 观测服装或短长度织物的装置

2.4 通过与均匀度标准样卡进行视觉比较来对样品的横档程度进行评级。

3. 术语

3.1 定义。

横档：非有意的、重复的、并且可见的连续的条状和带状，通常平行于机织物的纬向或圆机针织物的横向。

注：术语横档有时作为“纬档”的同义词。经编针织物中的横档更多地被称为“经向条花”。

3.2 横档形式的描述术语与字母编码。

3.2.1 简单的：由不超过两种对比纱线组成，如浅色的、深色的，细的、粗的，间歇的、连续的等，对比纱线以有规律的间隔出现，字母编码为 A。

3.2.2 条状的：一种简单的形式，即对比纱线以等宽间隔交替出现，字母编码为 B。

3.2.3 复杂的：由两种或多种散布的简单形式组成，字母编码为 C。

3.3 纱线外观的描述术语与字母编码。

3.3.1 单异纱：与相邻纱线有反差的一根纱线，字母编码为 D。

3.3.2 多股异纱：与相邻纱线有反差的两根或多根纱线，字母编码为 E。

3.3.3 细纱：与常规的纱线相比具有较小直径的纱线，字母编码为 F。

3.3.4 粗纱：与常规的纱线相比具有较大直径的纱线，字母编码为 G。

3.3.5 浅色纱：与常规的纱线相比颜色浅一些的纱线，字母编码为 H。

3.3.6 深色纱：与常规的纱线相比颜色深一些的纱线，字母编码为 I。

3.3.7 间歇纱：沿长度方向颜色深浅以一定形式变化或交替出现的纱线，字母编码为 J。

3.3.8 闪光纱：一种间歇纱，沿长度方向每 2.5cm（1.0 英寸）或更小间隔深、浅相间，字母编码为 K。

4. 安全和预防措施

本安全和预防措施仅供参考。本部分有助于测试，但未指出所有可能的安全问题。在本测试方法中，使用者在处理材料时有责任采用安全和适当的技术；务必向制造商咨询有关材料的详尽信息，如材料的安全参数和其他制造商的建议；务必向美国职业安全卫生管理局（OSHA）咨询并遵守其所有标准和规定。

4.1 遵守良好的实验室规定，在所有的试验区域应佩戴防护眼镜。

4.2 织物在检验台上移动时，切忌用手接触检验台。

4.3 当用均匀度标准样卡对织物试样进行评级时，务必保证关闭检验台电源。

5. 仪器和材料

5.1 均匀度标准样卡（见 11.1）。

5.2 验布台。

5.3 如图 2 所示设置一个评级区，使用两支长为 244cm（8 英尺）、型号为 F96CW（冷白色）、预加热且快速启动的荧光灯（无挡板或玻璃）和一个白色的具有不低于 100lx 的已知照度的搪瓷反射罩（无挡板或玻璃）。

5.4 另一个暗室内的评级区，使用悬挂的照明装置，如图 3 所示。

5.5 观察试样的照明设备由两支长为 244cm（8 英尺）、型号为 F96CW（冷白色）、预加热且快速启动的荧光灯（无挡板或玻璃），一个白色的搪瓷反射罩（无挡板或玻璃）和一个普通型的弹簧载样板组成。载样板用规格为 22 的金属板制成，一个 0.6cm（1/4 英寸）厚的夹层安装板，外形尺寸为 183cm × 122cm（6 英尺 × 4 英尺），漆成与 AATCC 沾色灰卡 2 级一致的灰色。

6. 试样准备

6.1 每种待测纺织品至少取三个试样进行评价，并得出三个试样的横档等级的平均级别。

6.2 对于织物来说，全幅的一整卷织物构成一个试样。如织物少于三卷，按照长度将织物分为三个或更多个大小大致相同的不同区域，清楚标出每个区域的长度，以便评定和评级，此时每个区域构成一个试样。

6.3 对于服装而言，一件服装即为一个试样。

7. 操作程序

7.1 测量织物长度。

7.1.1 观察验布台上移动的单层织物，验布台与观测者成 45° ± 5°（0.79 ± 0.09 弧度）放置；观测者应位于距验布台底部边缘大约 1m（1 码）远的位置（见图 2）。

7.1.2 每个试样应由至少三个经过培训的观测者进行评定。

7.1.3 评定等级以全幅织物的宽度为基础。

7.1.4 安置光源，使光源中心距与织物平行的验布台边缘顶部 60 ~ 90cm（2 ~ 3 英尺），光源位于观测者的上前方，使光线与织物呈 90°（见图 2）。

7.1.5 使用反射光对织物进行评价（见 11.2）。

7.1.6 停止验布台，把均匀度标准样卡放在验布台架上，且与待评织物相邻，使样卡的长度方向与织物长度方向平行。

7.1.7 对织物进行评级并按照本标准 8 中规定，得出适当的等级。

7.2 服装。

7.2.1 确定对于评定横档重要的服装部分。

7.2.2 应由至少三个经过培训的观测者独立地对每个部分进行评级。

7.2.3 在有光的评级区展开衣服，把检验部位固定在观测板上，使待评价的区域或部件离地面 150cm（5 英尺），如图 3 所示；把均匀度标准样卡放于待评价的部分旁边，使样卡的长度方向与被评价部分的长度方向平行。

7.2.4 悬挂的荧光灯应该是观测板的唯一光源，室内其他所有的灯都应关掉。

7.2.5 观测板附近墙壁上反射过来的光会干扰评定结果，因此，观测板两边的墙壁应该粉刷成黑色或装上黑色窗帘，以消除反射干扰。

7.2.6 观测者应该直接站在试样正前方，距离观测板 120cm（4 英尺）；观测高度 150cm（5 英尺）左右的视线范围内的正常变化对评定结果无显著影响。

7.2.7 分别评定服装的每个指定部分的横档，且按照本标准第 8 部分的规定确定其合适的等级。

7.2.8 同样的，观测者应独立评定其他每一个试样，另两名观测者以同样的方式分别进行独立评级。

7.3 织物试样。

7.3.1 把织物试样平放在平台上，使用尽可能大的织物，观测织物的正面，即消费者将会作为服装正面的那面。

7.3.2 用照度不小于 100lx 的荧光灯照射织物（见 5.3）。

7.3.3 将一个或多个均匀度标准样卡放到织物上面或旁边，使样卡的长度方向与织物条纹方向平行。

7.3.4 观测者不应该固定站在同一位置，而是可以在平台周围自由移动，如有必要也可以适当远离平台，以达到从不同角度观测织物的目的。

7.3.5 以观测横档最严重的角度对织物进行评定，并且按照 8 中规定，确定其等级。

7.3.6 如果不止一个观测者参加评定，则每个观测者重复评级过程，然后根据8中规定，报告评级结果。

8. 评级

8.1 确定最接近试样横档程度的均匀度标准样卡的级数作为样品级数，如果试样横档程度介于均匀度标准样卡的两个整数级之间，则以两个级别的中间级作为样品级数。

8.2 确定代表试样横档式样的字母编码 A、B 或 C。

8.3 确定纱线外观描述的字母编码 D、E、F、G、H、I、J 和（或）K，包括所有观测的纱线外观。

8.4 估计试样中横档在整体上的覆盖百分率。

8.5 例：等级为“3、C、10%、F、I”表示这种织物横档程度评定为 3 级、复杂样式（C）、试样上 10% 的纱线外观是细纱（F）（低蓬松纱）或者是深色纱（I）。

9. 报告

9.1 报告平均级数，精确到 0.1。如果异常，注明所有观测者对所有试样评定的字母级别。

9.2 报告中应注明评定的是连续长度的织物、服装还是织物样品。

均匀度标准样卡系统的使用方法

本描述方法由四部分构成，利用它们可以将横档描述得尽可能详细。四部分分别是：

（1）横档程度的评价，按照 9 级到 1 级的均匀度标准样卡进行评价。

（2）横档形式的描述，例如：“简单的”、“复杂的”等。

（3）估计每个式样重复单元中所包含的横档纱的百分比。

（4）对有异于常规纱线的那些纱线的描述，比如“浅色的”、“粗的”等。

例子：

例 1：3，C，10%，F，I

表示这种织物横档程度评定为 3 级，复杂形式，10% 的纱线外观是细纱（低蓬松纱）或者是深色纱。

例 2：4，B，50%，H

表示这种织物横档程度评定为 4 级，条状式样，50% 的纱线聚合在一起，与标准色相比要浅一些。

例 3：4，A，2%，D，I

表示这种织物横档程度评定为 4 级，简单形式，有一根深色单纱。

例 4：4，C，20%，E，F，K

表示这种织物横档程度评定为 4 级，复杂形式，包括低蓬松纱和长度小于 2.5cm 的深浅相间的纱线。

10. 精确度和偏差

10.1 精确度。1991～1992 年进行的实验室间的测试，目的是为了确定测试方法的精确度。16 个来自实验室 A 的评级员和 15 个来自实验室 B 的评级员，使用十个均匀度标准样卡，再加上一个复制标准样卡和五块织物板，在 4×4 独立的相同格子空间内及适宜的灯光下进行评定。五个实验室 A 的评级员在实验室 B 作评定，五个实验室 B 的评级员在实验室 A 作评定；八个实验室 A 的评级员在实验室 A 再重复评定。没有受到显著的位置和时间影响。对于 10 级到 1 级的均匀度标准样卡，由一个评级员单次评级的标准偏差为 0.73（见 11.3）。

10.2 偏差。由于测试方法的局限性，该实验方法的偏差未知。

11. 注释

11.1 相关资料可从 AATCC 获取，地址：

P. O. Box 12215，Research Triangle Park NC 27709；电话：919/549 - 8141；传真：919/549 - 8933；电子邮箱：orders@ aatcc. org；网址：www. aatcc. org。Du Pont 公司拥有这种评级卡版权，基于 1990 年 8 月 28 日 4984181 美国专利《用计算机模拟织物外观特征的方法》，已由 Harvey L. Kliman 和 Royden H. Pike 转让给 E. I. Du Pont 公司，Wilmington，DE。

11. 2 如果对物理横档有疑义，可以用入射光代替反射光进行观测。

11. 3 本试验方法未使用 10 级标样。

AATCC 179 -2010

经家庭洗涤后的织物纬斜和成衣扭曲性能

AATCC RA42 技术委员会于 1994 年制定；1995 年、2004 年、2010 年修订；1996 年重新审定；2001 年编辑修订和重新审定；2005 年、2008 年和 2009 年编辑修订；与 ISO 16322 -1、16322 -2 和 16322 -3 有相关性。

1. 目的和范围

1.1 本测试方法用于测定织物经重复的家庭自动洗涤后，针织物、机织物的纬斜和成衣的扭曲。本标准规范了用于缩水率测试的洗涤和干燥程序以及其他的家庭洗涤程序。

1.2 对于成衣、织物的扭曲程度不仅仅取决于未缝纫状态的特性，还取决于成衣缝制的方式。

2. 原理

通过测量试样洗前做好的标记来测定经典型的家庭洗涤程序引起的织物纬斜和成衣扭曲。

3. 术语

3.1 成衣扭曲：洗涤过程中，成衣的不同布块之间发生的旋转现象。这是由于制成服装的机织物或针织物在洗涤过程中潜在应力的释放所致。扭曲通常还称为扭转或旋转。

3.2 洗涤：使用水溶性洗涤剂溶液清除织物上污渍或沾污的过程，通常包括漂洗、脱水和干燥等程序。

3.3 纬斜：纬纱或针织横向线圈从垂直于两布边的线上产生一定角度偏移的现象。

4. 安全和防范措施

本安全和预防措施仅供参考。本部分有助于测试，但未指出所有可能的安全问题。在本测试方法中，使用者在处理材料时有责任采用安全和适当的技术；务必向制造商咨询有关材料的详尽信息，如材料的安全参数和其他制造商的建议；务必向美国职业安全卫生管理局（OSHA）咨询并遵守其所有标准和规定。

4.1 遵守良好的实验室规定，在所有的试验区域应佩戴防护眼镜。

4.2 1993 AATCC 标准洗涤剂 WOB 可能会引起对人的刺激，应注意防止其接触到皮肤和眼睛。

4.3 操作实验室测试仪器时，应按照制造商提供的安全建议。

5. 仪器和材料（见 12.1）

5.1 不褪色记号笔（见 12.2）。

5.2 直角三角尺、L 直角尺或标记模板（见 12.4）。

5.3 测量用的直尺或卷尺，最小刻度为 1mm 或更小。

5.4 放置/干燥样品的架子、打孔架子或可拉筛网（见 12.8）。

5.5 全自动家用洗衣机（见 12.3）。

5.6 1993 AATCC 标准洗涤剂 WOB（见 12.6 和 12.14）。

5.7 台秤或天平。量程至少 5kg（10 磅）。

5.8 陪洗织物。尺寸为（920mm ±30mm）×（920mm ±30mm）[（36 英寸 ±1 英寸）×（36 英寸 ±1 英寸）]，第一种为缝边的漂白棉布，第三种

为50/50涤/棉漂白平纹织物（见12.14）。

5.9 全自动烘干机（见12.7）。

5.10 滴干和挂干时使用的装置。

5.11 数字成像系统（见12.15）。

6. 试样准备

6.1 取样和准备。

6.1.1 标记前，按ASTM D 1776《纺织品调湿和测试标准方法》对样品进行预调湿，将试样分开放置在温度21℃ ±1℃（70℉ ±2℉）、相对湿度65% ±2%环境中的筛网或打孔架子上至少4h。若是常采用衣架悬挂的衣物，调湿时需挂在衣架上。

6.1.2 若织物或成衣在洗涤前，已经在织物整理过程或成衣拼接过程中受到变形破坏，那么洗涤后得到的结果是不真实的，建议不使用这种样品。如果使用，其结果仅作参考。

6.2 从织物样品上取样。

6.2.1 为增加测试结果的准确性，每块样布取三块试样。

6.2.2 取样时，尽量使试样包含不同长度和宽度方向的纱线，识别试样的正面，在试样长度方向做标记。

6.2.3 若想了解织物在每一个部位纬斜变化的不同，可在需要的每一个区域准备三套样品，即样品的左边、中间或右边分别备样。

6.2.4 当选用方法1标记样品时，可按AATCC 124《织物经多次家庭洗涤后的外观平整度》、AATCC 135《织物经家庭水洗后尺寸变化的测定》准备样品（见12.9）。

6.3 从服装上取试样。

6.3.1 为增加测试结果的准确性，测试三件成衣样品或两件成衣的三个部位。使用成衣上最大的区域进行测试。

6.3.2 当选用方法1标记试样时，可以按AATCC 143《服装或其他纺织制品经多次家庭洗涤后的外观》、AATCC 150《成衣经家庭洗涤后尺寸变化的测定》准备样品。

6.4 试样的标记。

6.4.1 标记方法1（见12.10）。

6.4.1.1 在380mm×380mm（15英寸×15英寸）测试样品或服装区域上的平行长度方向和垂直长度方向各做两对250mm（10英寸）标记，通过相邻四个标记的每个标记划直线，形成一个正方形。顺时针从左下角开始标注*A*、*B*、*C*、*D*（见图1）。任何其他的样品尺寸和标记方法，需在报告中注明（见12.11和12.12）。

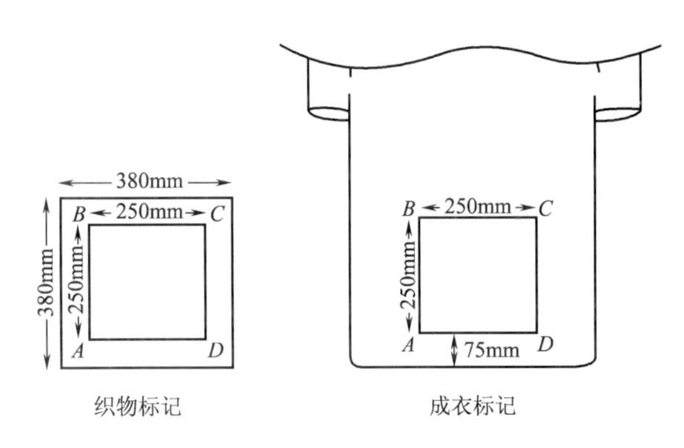

图1 方法1：正方形标记

6.4.1.2 平幅和圆筒针织物：内衣、汗衫、马球衫等最终是筒状的针织物，在筒状状态下测试；礼服、裤子和套装等最终要裁开的针织物，应该裁开，展开平幅处理。

6.4.2 标记方法2。

在380mm×660mm（15英寸×26英寸）测试样品或服装区域上，用一个合适的工具沿着试样的宽度方向画一条线*YZ*（见图2），*YZ*距离底边（或服装的缝线边）大约75mm（3英寸）。如果底边或服装的缝线边不是直的，则这条线应该垂直于样品的对称垂直轴。在*YZ*中间并垂直*YZ*标记*A*。直角标记装置的一个直角边与*YZ*对齐，另外一个直角边在*A*点成垂直状态。在*A*点上方且距离*YZ*线500mm（20英寸）处画一条平行线，再从距离*A*点480mm（19英寸）处画另外一对标记，并且垂直于*YZ*与先前的一对标记交叉，交点作为*B*。如果试样的尺寸不够标记500mm，那么距离试样的上边最少 75mm 处做标记，使可以利用到的标记尺寸最大化。任何其他的试样尺寸和标记，需在报告中注明。

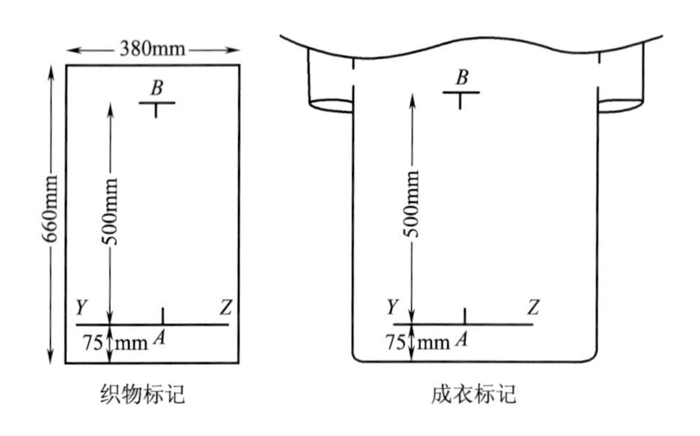

图 2 方法 2：倒 T 形标记

7. 操作程序

7.1 下表是可供选择的洗涤和干燥条件及设置，关于仪器及洗涤条件的信息可以在技术手册的专著上查阅。关于家庭洗涤测试条件标准化的专著的最新版本请参见 http：//www. aatcc. org/testing/mono/msds – mono. htm。

洗涤和干燥程序

洗涤循环	洗涤温度	干燥程序
(1) 标准挡/厚重棉织物挡 (2) 轻柔挡 (3) 耐久压烫挡	(Ⅱ) 27℃ ±3℃(80℉ ±5℉) (Ⅲ) 41℃ ±3℃(105℉ ±5℉) (Ⅳ) 49℃ ±3℃(120℉ ±5℉) (Ⅴ) 60℃ ±3℃(140℉ ±5℉)	(A) 滚筒烘干 (ⅰ) 标准挡 (ⅱ) 轻柔挡 (ⅲ) 耐久压烫挡 (B) 悬挂晾干 (C) 滴干 (D) 平铺晾干

7.2 洗涤。

7.2.1 设定水位并注水，选择的洗涤温度、漂洗温度应低于 29℃。若漂洗温度达不到要求，则记录实际温度。

7.2.2 加入 66g ±1g 的 1993 AATCC 标准洗涤剂，在水质较软的地区可适当减少用量，以避免产生过多的泡沫。

7.2.3 加入测试样和陪洗织物，使总负载为 1. 8kg ±0. 1kg（4. 00 磅 ±0. 25 磅），也可以选用 3. 6kg ±0. 1kg（8. 00 磅 ±0. 25 磅）（见 12. 13）。选择洗涤循环和时间（见上表和 7. 1）。

7.2.4 当试样选用上表中程序 A、程序 B 或程序 D 进行干燥时，应使其进行洗涤后的脱水程序。经过脱水后，立即将试样取出，并将缠在一起的试样分开。注意要将扭曲变形减到最小。然后按照程序 A、程序 B 或程序 D 进行干燥。

7.2.5 当试样选择表 1 中程序 C 进行干燥时，必须在最后一次漂洗结束将要开始排水之前，停止洗衣机，取出湿透的试样。

7.3 干燥程序。

7.3.1 （A）滚筒烘干。将洗涤负荷（试样与陪洗织物）一起放入滚筒烘干机中，根据《AATCC 技术手册》中的专题论文“家庭洗涤测试条件的标准化”设置温度进行烘干程序。对于热敏纤维，按照制造商的建议降低温度，并进行记录。运行烘干机，直到全部负载烘干。烘干机停止后，立即取出试样，小心用手抚平折痕，然后调湿。

7.3.1.1 试样滚筒烘干后需摊平。

7.3.1.2 对于成衣，烘干后根据成衣的类型选择摊平或用衣架悬挂。

7.3.2 （B）悬挂晾干。

7.3.2.1 悬挂试样的两角，织物的长度方向为垂直方向。

7.3.2.2 裤子和裙子要固定腰部的边缝处，成衣需挂在合适的衣架上，布面平整。

7.3.2.3 悬挂在室温下的静止空气中至干燥。

7.3.3 （C）滴干。

7.3.3.1 悬挂试样的两角，织物的长度方向为垂直方向。

7.3.3.2 裤子和裙子要固定腰部的边缝处，湿的成衣需挂在合适的衣架上。

7.3.3.3 悬挂在室温下的静止空气中至干燥。

7.3.4 （D）平铺晾干。

7.3.4.1 在水平架上摊平试样或成衣，不要拉伸样品。

7.3.4.2 放在室温下的静止空气中至干燥。

7.3.5 根据选择的洗涤和干燥程序再重复两次或协议要求的循环次数。

7.4 试样调湿。

7.4.1 洗涤和干燥程序结束后，把每一块试样打开平铺在水平的网架或打孔的隔板或干燥架上，在温度 21℃ ±1℃、相对湿度 65% ±2% 的环境中调湿至少 4h（见 ASTM D 1776）。

7.4.2 如果服装通常是挂在衣架上，则需要悬挂在衣架上进行调湿。

8. 测量

8.1 调湿后，将试样在无张力状态下铺在光滑的水平面上。

8.1.1 测量时，使用测量装置的压力将织物上的折痕变平，以免引起测量误差。

8.1.2 计算时，标记方法 1 可采用测量方法 1 或测量方法 2 测量计算，标记方法 2 可采用测量方法 3 测量计算。

8.2 选用测量方法 1 测量方形标记。

8.2.1 测量并记录斜线 *AC* 和 *BD* 的距离，精确到 1mm 或更小的刻度，见图 3（a）。

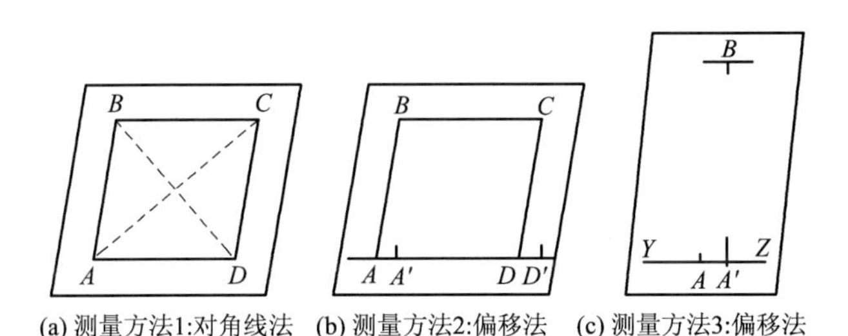

(a) 测量方法1:对角线法 (b) 测量方法2:偏移法 (c) 测量方法3:偏移法

图 3 特定计算方法的试样标记

8.3 选用测量方法 2 测量方形标记。

8.3.1 沿宽度方向延长线 *AD*，从 *B* 点向下做垂线与 *AD* 的交点定为 *A′*，从 *C* 点向下做垂线与 *AD* 的延长线的交点定为 *C′*，测量并记录线 *AA′*、*DD′*、*AB*、*CD* 的长度，精确至 1mm 或更小的刻度，见图 3（b）。

8.3.2 当纬斜发生时，要记录平行四边形的底部是向左还是向右移动。

8.4 选用测量方法 3 测量倒 T 形标记。

8.4.1 从 *B* 点做一条垂直于 *YZ* 的直线与 *YZ* 的交点定为 *A′*，测量并记录 *AA′*、*AB* 的长度，精确至 1mm 或更小的刻度。

8.4.2 指出 *A* 是向左移还是向右移。

8.5 测量方法 2 和测量方法 3 中的 *A′* 点与测量方法 2 中的 *D′* 点是五次或协商洗涤次数后的点。再经洗涤得到的点应标明洗涤次数，或用其他的方式区分开。

9. 计算和说明

9.1 计算纬斜变化。

9.1.1 测量方法 1，见图 3（a）。

9.1.1.1 计算纬斜变化率 *X*，精确到 0.1%。

$$X = \frac{2(AC - BD)}{AC + BD} \times 100\%$$

9.1.1.2 正值表示向左纬斜，负值表示向右纬斜。

9.1.2 测量方法 2，见图 3（b）。

计算纬斜变化率 *X*，精确到 0.1%。

$$X = \frac{AA' + DD'}{AB + CD} \times 100\%$$

9.1.3 测量方法 3，见图 3（c）。

计算纬斜变化率 *X*，精确到 0.1%。

$$X = \frac{AA'}{AB} \times 100\%$$

9.1.4 测量方法 1 的计算与测量方法 2、测量方法 3 的计算在数学基础上有一点关联，但当比较实验室间的数据时，最好采用相同的测量方法进行计算。

9.1.5 计算以上测试结果的平均值。

9.1.6 若测试的是不同区域（如 6.2.3），则分别计算每个区域的平均值。

9.2 纬斜变化的解释。

9.2.1 如果经一次洗涤和干燥程序后，试样或服装的纬斜和扭曲在规定要求内，则应继续测试到规定次数。

9.2.2 如果纬斜或扭曲超过规定的值，则中止测试。

10. 报告

10.1 每个测试试样需报告下面的内容。

10.2 织物的纬斜或成衣的扭曲变化率。

10.3 报告洗涤程序、干燥程序，从上表中选择，如（1）Ⅲ A（ⅲ）表示标准洗涤循环、洗涤温度41℃ ±3℃、转筒烘干（耐久压烫档）。同时需指出负荷重量，如 1.8kg（4.0 磅）或 3.6kg（8.0 磅）。

10.4 洗涤和干燥的循环次数（见 9.2.1）。

10.5 报告织物发生纬斜或成衣扭曲的方向。

10.6 报告所使用的变动的试样尺寸或标记。

11. 精确度和偏差

本测试方法没有建立精确度。在本方法精确度确立之前，应使用标准统计学技术对实验室内部或实验室间的测试结果的平均值进行比较。

12. 注释

12.1 有关适合测试方法的设备信息，请登录 http：//www.aatcc.org/bg，浏览在线 AATCC 用户指导，见 AATCC 企业会员提供的设备和材料清单。但 AATCC 未对其授权，或以任何方式批准、认可或证明清单上的任何设备或材料符合测试方法的要求。

12.2 记号笔可从 AATCC 获取，地址：P.O. Box12215，Research Triangle Park NC27709；电话：919/549 - 8141；传真：919/549 - 8933；电子邮箱：orders@ aatcc.org；网址：http：//www.aatcc.org/bg。

12.3 通用的推荐洗涤设备和型号可从 AATCC 获取，地址：P.O. Box12215，Research Triangle Park NC27709；电话：919/549 - 8141；传真：919/549 - 8933；电子邮箱：orders@ aatcc.org。也可使用其他结果可比的设备。在专题论文《家庭洗涤测试条件的标准化》中列出了推荐型号的能满足洗涤条件的洗涤设备的实际转速和洗涤时间。使用其他设备可能需要改变一个或更多的设置。

12.4 测量缩水率尺可从 AATCC 获取，地址：POBox12215，Research Triangle Park NC27709；电话：919/549 - 8141；传真：919/549 - 8933；电子邮箱：orders@ aatcc.org；网址：www.aatcc.org。

12.5 可以由办公室供应或绘图设备制造商提供。

12.6 1993 AATCC 标准洗涤剂可从 AATCC 获取，地址：P.O. Box 12215，Research Triangle Park NC 27709；电话：919/549 - 8141；传真：919/549 - 8933；电子邮箱：orders@ aatcc.org；网址：www.aatcc.org。

12.7 通用的推荐干燥设备和型号可从 AATCC 获取，地址：POBox12215，Research Triangle Park NC27709；电话：919/549 - 8141；传真：919/549 - 8933；电子邮箱：orders@ aatcc.org；网址：http：//www.aatcc.org/bg。也可使用其他结果可比的设备。在专题论文“家庭洗涤测试条件的标准化”中列出了推荐型号的能满足洗涤条件的干燥设备的实际温度和冷却时间。使用其他设备可能需要改变一个或更多的设置。

12.8 网架或打孔的晾置/干燥架子可从以下面公司获取：Somers Sheet Metal Inc，5590NChurch St，Greensboro NC27405；电话：336/643 - 3477；传真：336/643 - 7443；架子的草图可从 AATCC 获得，地址：POBox12215，Research Triangle Park NC27709；电话：919/549 - 8141；传真：919/549 - 8933；电子邮箱：orders@ aatcc.org；网址：www.aatcc.org。

12.9 当使用 AATCC 135 的样品时，延长边线以形成直角。

12.10 对于某些受成衣组成部位尺寸限制的，一般采用测试方法 2。

12.11 对于一般的织物样品，通常采用460mm（18英寸）的标记，从而获得更好的测量精度（见12.9）。

12.12 如果使用其他尺寸的样品和标记尺寸，得到的织物的纬斜或成衣的扭曲可能不等同于250mm（10英寸）标记的结果。

12.13 使用1.8kg（40磅）洗涤负荷所得到的织物的纬斜或成衣的扭曲结果可能不等同于使用3.6kg（80磅）的结果。

12.14 AATCC技术中心做了以下研究：使用1993 AATCC标准洗涤剂和AATCC标准洗涤剂124及两种不同类型的陪洗织物（常用和备选）可得到不同的结果。所选用的测试条件如下：

洗涤循环：(1）标准挡/厚重棉织物挡

洗涤温度：(Ⅴ) 60℃ ±3℃（140°F ±5°F）

干燥方法：(A－ⅰ) 滚筒烘干，厚重棉织物挡

试验织物：白色斜纹织物（100%棉）

米色斜纹织物（100%棉）

灰色府绸织物（100%棉）

蓝色斜纹织物（50/50涤/棉）

研究结果表明：使用不同的洗涤剂或陪洗织物，所得到的结果没有明显差异。

12.15 若用户已证明数字成像系统的精度相当于视觉评定，则其可以代替视觉评定。

AATCC 182－2011

染料在溶液中的相对着色力

AATCC RA98 技术委员会于 1998 年制定，后移交给 AATCC RA36 技术委员会；1999 年、2005 年重新审定；2000 年、2011 年编辑修订并重新审定；2010 年编辑修订；技术上等效于 ISO 105－Z10。

1. 目的和范围

1.1 本测试方法通过使用分光光度计测量染料样品与对应参照染料的透光率来确定染料样品的着色力。本方法得出的结果是染料样品在给定溶液中的相对着色力，这一结果与染料应用于纺织基材时所体现的着色力是否具有相关性尚不确定。

1.2 为了使本测试方法成为纺织用染料相对着色力测试的有效方法，必须进行附加测试以证明染料在给定溶液中的相对着色力与应用于纺织品时表现出的相对着色力一致（见 5.4）。

1.3 本测试方法具有快速操作及结果再现性的特点，因此被广大染料制造商和使用者所采用。

2. 原理

被测染料和参照染料的溶液按已知浓度进行制备，并用分光光度计分别测量它们的透射比。然后用吸光率和溶液浓度计算得出被测染料的相对着色力。

3. 术语

3.1 吸光率：以 10 为底，透射比倒数的对数值。

吸光率与分光光度计比色皿路径长度上吸收材料的质量成正比（合成词：吸光光度值）。

3.2 着色力：用来衡量染料将颜色转移至其他材料上的能力。

着色力用光谱可见光区域内的光吸收量来衡量（见 13.1）。

3.3 相对着色力：指在染料的分光光度计测试中，将参照染料的着色力作为 100%，被测染料的着色力相对于参照染料着色力的百分比（见 10.2）。

3.4 透光率：部分特定波长的入射光既不能被物质反射也不能被吸收，但是可以穿过物质。

在本测试方法中，材料的透光率是用分光光度计进行测量的，并用纯溶液相同路径长度下的透光率对其进行校正，得到材料的透光率。

4. 安全和预防措施

本安全和预防措施仅供参考。本部分有助于测试，但未指出所有可能的安全问题。在本测试方法中，使用者在处理材料时有责任采用安全和适当的技术；务必向制造商咨询有关材料的详尽信息，如材料的安全参数和其他制造商的建议；务必向美国职业安全卫生管理局（OSHA）咨询并遵守其所有标准和规定。

4.1 遵守良好的实验室规定，在所有的试验区域应佩戴防护眼镜。

4.2 所有化学物品应当谨慎使用和处理。

4.3 在分散和混合酸、碱以及有机溶剂的过程中，要使用化学护目镜或者面罩、防水手套和防水围裙。浓酸和浓碱处理一定要在足够通风的通风橱内进行。总是向水中滴加酸。

4.4 丙酮、甲醇和乙醇都是极易挥发的液体，在实验室中仅能储存在远离热源、明火和火花的小容器内。这种化学品不能在明火附近使用。

4.5 纤维素溶剂（2－苯乙醚）是易爆物质，并且具有复制性。人体吞食或者吸入会造成致命危害，应只在绝对必要的情况下才使用。

4.6 在附近安装洗眼器/安全喷淋装置以备急用。

4.7 试验用化学品的存量必须控制在符合或低于政府部门限定的水平［例如，美国职业安全卫生管理局（OSHA）允许的存量限定（PEL），参见29 CFR 1910.1000，最新版本见网址 www.osha.gov］。此外，由美国政府工业卫生师协会（ACGIH）规定的由时间加权平均值（TLV－TWA）、短期暴露极限（TLV－STEL）和最高极限（TLV－C）组成的阈限值（TLVs），推荐作为空气污染物暴露限值的通则（见14.1）。

5. 使用和限制条件

5.1 本测试方法并非适用于所有的染料，如不适用于颜料，主要由于其溶解性和（或）其他限制。常规适用的染料包括酸性染料、碱性染料、直接染料和分散染料，很多活性染料很难用本测试方法进行测量（见5.4）。

5.2 本测试方法的基本要求是所测染料溶液不散射，并且遵守 Lambert－Beer 或者 Beer－Bouguer 定律，且在光谱的可见光区域，染料样品与参照染料具有相同的或者相似的吸收曲线（见13.9）。

5.3 如果测试目的是对相同染料的不同批次进行生产控制，通常可以得到相同或者相似的染料吸收曲线。本测试方法不适用于对色调或力度或化学成分完全不同的染料进行测试。

5.4 在实际生产过程中，如染色，本测试方法可以用来预测染料的相对着色力。通常认为本方法得到的染料溶液的结果与染料实际应用中的效果具有一定的关联性。但是当染料样品和参照染料在染色中竭染过程或者未固色的量上有显著差异时，会发生例外情况，如活性染料。对于某些在其水解后和水解前颜色差异明显的活性染料，也会产生例外情况（见8.3.3中活性染料的附加注意事项）。

5.5 由于相对着色力是通过与参照染料进行比较来确定的，需假定参照染料保持恒定，因此，确保参照染料的仔细储存及良好控制非常重要。很多染料是易水解和易氧化的，因此应将参照染料储存于坚固密封的不易受潮的容器中，并避免暴露在光照下。

6. 仪器和材料

6.1 烧瓶，测定容量级别A。

6.2 移液管，测定容量级别A。

6.3 分析天平，精确称量到0.0005g。

6.4 分光光度计用比色皿。5mm 或者 10mm 的路径长度，分析级或者光学质量。可以是透明小容器或者溢流道比色皿。

6.5 分光光度计。

7. 试剂

7.1 硫酸（H_2SO_4）。

7.2 醋酸（CH_3COOH）。

7.3 氢氧化钠（NaOH）。

7.4 碳酸钠（Na_2CO_3）。

7.5 缓冲溶液。

7.6 溶剂（见13.3）。

7.6.1 对于水溶性染料，用水，去矿物质。

7.6.2 对于非水溶性染料。

7.6.2.1 甲醇（CH_3OH），无水。

7.6.2.2 丙酮（CH_3COCH_3）。

7.6.2.3 *N*－甲基－2－吡咯烷酮。

7.6.2.4 乙二醇—甲醚（乙二醇单乙醚，纤维素溶剂）。

7.6.2.5 以上溶剂的混合物以及其他适合于

测试染料的溶剂。

8. 染料溶液的制备

8.1 染料的储存。

把染料样品储存于密封的容器中，以避免染料受潮导致结果错误。按照 ASTM D 49 所述，在可控的大气条件下对粉末状染料样品调湿 4h。

8.2 储备溶液的配制。

8.2.1 称量重量不少于 0.5g，精确至 0.0005g，以避免因微观不匀所至的误差（见 13.4 和 13.8）。

8.2.2 把称量好的染料倒入盛有溶剂的容量瓶中，容量瓶中的溶剂量大约为容量瓶总容积的 1/3，然后进行溶解或分散。通常用 20mL 选定的溶剂对染料进行预溶解或分散，可能会用到混合溶剂或者添加剂。

水溶性染料可能需要加热以达到较好的溶解效果。如果被加热，溶解的或分散的混合物需要冷却到室温（见 13.5）。

8.2.3 将溶液稀释至容量瓶的刻度线，并通过搅拌或者翻转容量瓶使溶液或分散液均匀。

8.3 溶液测试。

8.3.1 按要求（见 13.6）对高浓度的储备溶液进行稀释，以使试液在 10% ~60% 的透光率范围（见 13.5）内获得最大的吸收值（在最低点的最小透光率）。用来制备高浓度储备溶液的溶剂并不适用于稀释过程。例如，很多分散染料用水进行分散制成储备溶液，然后将其吸入溶剂与水的混合液进行稀释。

8.3.2 建议使用某些添加剂以提高稳定性和重现性。

8.3.3 为调节水溶性染料溶液的 pH 值，可以使用酸（如醋酸或者硫酸）、碱（如碳酸钠或者氢氧化钠）或者缓冲溶液。但碳酸钠或者氢氧化钠不能用于活性染料。

8.3.4 使用螯合剂来减小未知金属离子的影响。

8.3.5 为避免染料在水中结块，可使用表面活性剂如脂肪醇聚氧乙烯醚。

8.3.6 如果适用，则可使用分散剂或者抗氧化剂。

8.3.7 容器和溶剂均应处于室温下。

9. 操作程序

9.1 当首次对某种染料样品进行测试时，建议在选定的条件（浓度、溶剂）下，在浓度范围相当于实际使用浓度的 1/2 和两倍范围内进行试验来确定有效关联性（比耳定律）。

9.2 测定最小透光率下的波长（λ）。被测试样和参考试样的最小透光率下的波长应相同。

9.3 完成溶液制备后尽快开始测试，以避免溶液变化对测试造成影响。

9.4 对光敏感的溶液要采用适当的措施，例如，使用深色的烧瓶或者在比较暗的环境下操作（见 13.7）。

9.5 在具有明确路径长度（通常是 5mm 或者 10mm）的分光光度计比色皿（透明小容器或者溢流道比色皿）内，测定溶液的透光率。

9.5.1 被测染料和参照染料之间的吸光度差异不应超过 20%，以降低分光光度计在相对宽的浓度范围内测试时可能产生的偏差。

9.5.2 单光束分光光度计和双光柱分光光度计测得染料溶液的透光率值（T）不同，但是最后计算得到的结果是相同的。如果用双光束分光光度计进行测试，则应该将盛有纯溶剂的比色皿放在参照光柱下，盛有染料样品溶液的比色皿放在样品光柱下，同时进行测量。对于单光束分光光度计，首先要用纯溶剂对分光光度计进行校准，然后，染料样品在同一个比色皿内进行测量。

9.5.3 用来测定染料着色力的某些窄光谱通带（0.5 ~2.0nm）分析用分光光度计，可以直接测量透光率和吸光度。在这种情况下，系统或者使用者不用再对吸光度进行计算。

10. 计算

10.1 以比耳定律为基础，使用下面公式对结果进行计算：

$$A = \lg \frac{1}{T_{\lambda}}$$

10.1.1 A 是最小透射率对应波长下的吸光度（见 13.2）。

10.1.2 T_{λ} 是最小透光率对应波长下的透光率（在小数形式下，100% =1.0）。

10.2 使用下面公式计算相对着色力，精确到0.1%：

$$F_{s} = \frac{A_2 C_1}{A_1 C_2} \times 100\%$$

式中：F_s——相对着色力,%；

C——染料溶度；

C_1——参照染料的浓度；

C_2——被测染料的浓度。

10.2.1 假设 $C_1 = C_2$，可以得到下面简化的公式：

$$F_{s} = \frac{A_2}{A_1} \times 100\%$$

11. 报告

11.1 被测染料名称。

11.2 染料质量。

11.3 使用的溶剂（如果溶剂系统对光敏感，则注明光照条件）。

11.4 溶解条件（如温度，也包括使用的用来改善稳定性和重现性的任何添加剂的名称和浓度，见 8.4）。

11.5 稀释系数。

11.6 测试液的浓度和温度。

11.7 测量仪器（如类型和光谱通带宽度）。

11.8 比色皿厚度。

11.9 分析波长，也要说明通带宽度和分光光度计读数时间间隔。

11.10 相对着色力。

11.11 染料储存的条件。

12. 精确度和偏差

12.1 精确度。

12.1.1 在 1987 年，进行了一项十个实验室参与的实验室间研究。利用水溶液能见度分光镜测量吸光度，用一组循环测试得出了测试结果。试验中使用了几种不同类型的分光光度计，以用来确定测定仪器产生的偏差以及实验室之间的偏差。其中，水溶性染料和溶剂与水溶液溶解性染料（分散染料）使用的样品制备方法与本测试方法有所不同。具体数据请查阅 AATCC 技术中心的文件。

12.1.2 实验室内的偏差。变异系数百分数（*C.V.*）的最大值计算如下：

$$C.V. = \frac{S}{\text{平均值}} \times 100\%$$

对于任何给定的实验室，分散蓝 56 的 *C.V.* 值为 5.20%。

12.1.3 在充分溶解的前提下，水溶性染料的代表性 *C.V.* 值通常低于 1%。本测试方法得到的酸性染料的代表性 *C.V.* 值是 2.0%。参与这项研究的很多实验室表示他们日常的和实验室内偏差的内部标准是 ±0.5%。

12.1.4 实验室间的偏差：对于分散蓝 56，实验室间分析得到的最大 *C.V.* 值是 6.55%。对于水溶性染料的代表性 *C.V.* 值通常低于 5%，前提是染料需充分溶解。

12.1.5 分散染料在水与溶剂混合液内溶解得到的光谱测量值的精度通常比水溶性染料的精度差，在很大程度上是由于分散染料可溶性的差异造成的。随着染料可溶性的降低，光散射增加，这将导致更高的误差水平。因此，对于给定染料，其溶解度越高，测试结果越具有说明性。

12.1.6 误差的主要来源之一是不同分光光度计的使用。在几项研究中，没有一个最大吸收率的波长（最小透光率）可以适用于任何染料。误差的其他可能的来源包括：初始溶解后的时间偏差；染料的吸光度从初始稀释起会不断增大，直到达到最大值；溶液的温度和同分异构现象也可能引起偏差。建议实验室建立仪器偏差和实验室间偏差的修正系数（相关模型），以减小测试偏差。

12.1.7 表1列出了分散染料研究得到的实验室内和实验室间偏差（所示数据为最差的情况）。研究中得出的部分数据不满足1.5 IQR匹配测试，因此在分析时舍弃该部分数据。

表1 实验室间和实验室内的偏差

分散染料	黄54	红60	蓝56
实验室内最大 *C.V.* 值（%）	0.75	1.27	5.20
实验室间最大 *C.V.* 值（%）	1.07	1.42	6.55

12.2 偏差。

没有单独的分析方法可以确定这一性能的真值。本测试方法不存在已知偏差。

13. 注释

13.1 着色力是一种传统的色度概念，它主要是基于目测。因此，仪器测定着色力不与目测结果矛盾。如果用于比较的样品的吸光率仅因为浓度的不同而不同，一般不会出现这种矛盾。

例如，当吸光曲线的强度相等时，在可见光区域，它们的吸收曲线是相同的或者仅显示出微小差异。

13.2 如果吸光度曲线明显不同（色调或者色度的差异），或在可见光区域使用最重的着色力，最好引入目光评定。

13.3 选择溶剂时，以下几方面是很重要的：

13.3.1 染料的溶解性。

13.3.2 溶液的稳定性。

13.3.3 测试的重现性。

13.3.4 结果对于其他媒介具有适用性或具有实际应用价值。

13.4 确保在称量过程中染料样品吸湿不会导致误差。

13.5 确保在随后的冷却过程中不会出现超过溶解度极限的析出现象。染料溶解度参数可以从染料制造商处获悉。

13.6 为避免稀释过程中的误差，不应使用容积小于5mL的移液管及容积小于100mL的容量瓶。

13.7 在特定的情况下，待测溶液可能受到测量仪器中光能的不利影响（例如，热敏或光敏产品）。如果是这样，应使用单色光源、快门或者闪光灯。

13.8 当测量液态染料样品时，在均分试样前把样品完全混合是很重要的。如果样品留备将来使用，必须储存在避光避潮的密封容器内。

13.9 一种简单的测定固体染料/分散剂在澄清溶液中的含量的方法：将染料溶液用亚微光级过滤器过滤，就如在HPLC中使用的那种简单的过滤器，并分别测定过滤前后的吸光度。

14. 参考文献

14.1 资料可从ACGIH获取，地址：Kemper Woods Center，1330 Kemper Meadow Dr.，Cincinnati，OH 45240；电话：513/742－2020；网址：www.acgih.org。

14.2 用光谱透射率测定染料的相对力度的总程序（report of the ISCC），R. G. Kuehni著，纺织化学家和染色家，Vol.4，1972，p133。

14.3 “精确测定力份时制备染料溶液的难题”，T. R. Commerford，Textile Chemist and Colorist，Vol.6，1974，p14。

14.4 “用光谱透射率评估染料力份的重现性”（report of the ISCC），C. D. Sweeny，Textile Chemist and Colorist，Vol.8，1976，p31。

14.5 ISO105－Z10，94/341270。

14.6 AATCC（RA98 技术委员会）培训录像带“确定染料力份时溶液处理的技术”，1995 年 AATCC RA98 技术委员会，染料着色力和色变的测试方法。

14.7 “测定酸性染料力份的可能测试方法”，B. L. McConnell 编著，纺织化学家和染色家，Vol. 24，No. 2，1992 年 2 月，p23。

14.8 “是否可制定测定分散染料力份的标准方法?”，M. D. Hurwitz，纺织化学家和染色家，Vol. 25，No. 9，1993 年 9 月，p71。

AATCC 183 -2010

紫外线辐射通过织物的透过或阻挡性能

AATCC RA106 技术委员会于 1998 年制定；1999 年、2000 年重新审定；2004 年和 2010 年修订。

1. 目的和范围

1.1 本测试方法用来评价防紫外线辐射纺织品阻碍或透过紫外线辐射的能力。

1.2 本测试方法可以用来测试试样在干态和湿态下的防紫外线辐射性能。

1.3 纺织产品标签标注防紫外线功能的要求参见 ASTM D 6603《防紫外线纺织品标签的标准指南》，参照 TM 183 附录 B 关于方法的综述。

2. 原理

2.1 用分光光度计或已知波长范围的分光辐射度计测定穿过试样的紫外线 UV－R。

2.2 紫外线防护系数 UPF 是穿过空气时计算出的紫外线辐射平均效应 UV－R 与穿过试样时计算出的紫外线辐射平均效应 UV－R 之间的比值。

2.3 无试样时，探测器处的红斑加权紫外线辐射 UV－R，等于测量出的光谱辐射在所测量波长范围内的辐射量总和，乘以相应的相对红斑作用的光谱效能，再乘以相应的太阳光谱辐射能，再乘以相应的紫外线光波长度间距。

2.4 放置试样时，探测器处的红斑加权紫外线辐射 UV－R 等于测量的光谱辐射在所测量波长范围内的辐射量总和，乘以相应的相对红斑作用的光谱效能，再乘以试样的紫外线辐射能，再乘以相应的紫外线光波长度间距。

2.5 UV－A 和 UV－B 辐射的阻隔百分率也需要计算。

3. 术语

3.1 红斑：由于毛细管充血而引起皮肤反常的发红。

3.2 UV 的阻隔率：100 减去 UV 的透过率。

3.3 紫外线防护系数（UPF）：穿过空气时计算出的紫外线辐射平均效应与穿过试样时计算出的紫外线辐射平均效应的比率。

3.4 紫外线辐射：单色组分波长小于可见光又大于约 100mm 波长范围内的辐射能量。

目前，对紫外线光谱范围的限定还没有一个完善的定义，可根据使用者的需要而调整。国际照明协会（CIE）（见 15.4）的 E－2.1.2 委员会对 400～100nm 的光谱范围做了区分：

UV－A	315～400nm
UV－B	280～315nm
UV－R	280～400nm

4. 安全和预防措施

本安全和预防措施仅供参考。本部分有助于测试，但未指出所有可能的安全问题。在本测试方法中，使用者在处理材料时有责任采用安全和适当的技术；务必向制造商咨询有关材料的详尽信息，如材料的安全参数和其他制造商的建议；务必向美国职业安全卫生管理局（OSHA）咨询并遵守其所有标准和规定。

4.1 在任何情况下，都不要直视仪器或可能增加光强度的材料，如镜子。

4.2 遵守良好的实验室规定，在所有试验场所要佩戴防护镜。

5. 使用和限制条件

本方法同样可用于测定试样在拉伸状态下的UPF，但是拉伸试样的技术方法不包括在此标准中，而是有一个单独的测试程序。需要注意的是，试样在被拉伸后UPF性能可能改变。

6. 仪器和材料

6.1 分光光度计或配备积分球的分光辐射度计（见15.1，另外关于设备的更多描述见附录A）。

6.2 滤光片、Schott玻璃UG11（见15.2）。

6.3 干净的塑料食物保鲜膜（聚偏氯乙烯或聚氯乙烯），做湿试样时使用。

6.4 AATCC吸水纸（见15.5）。

7. 仪器测定和校正

7.1 校准。按照厂商的说明校准分光光度计或分光辐射度计。推荐使用物理标准来确认光谱透射率的测量。

当测试湿试样时，把塑料膜覆盖在观测口上，并重新校正。

7.2 波长标度。用水银蒸气放电器发射的辐射谱线来校准分光光度计或分光辐射度计上的波长标度，也可用氧化钬玻璃滤光片的吸收光谱来校准。ASTM E 275《说明和测量紫外线、可见和近红外线分光光度计性能的标准操作规范》提供了水银灯发射光谱参考波长和氧化钬吸收光谱参考波长。

透射比比例。当光路上没有放置试样时，将透射比比例设置为100%，这是相对于空气的透射。零透射比比例可通过用不透光的材料挡住光路的方法来校准。可用仪器生产商或标准化实验室提供的中性滤光片或校准多孔板筛来确认透射比比例的线性。

8. 试样准备

8.1 每块样品至少要准备两个试样，以备干态与湿态测试。每个试样的尺寸至少为50mm × 50mm（2.0英寸 ×2.0英寸）或直径为50mm的圆。在准备和处理试样时，注意不要使试样扭曲。

如果样品包括不同的颜色和组织结构，则要测试每种颜色和组织结构，试样的尺寸应足够覆盖测试点。

8.2 带荧光的试样，请参考附录A中第5部分的说明。

9. 调湿

9.1 对于干燥试样。

9.2 在测试前，要根据ASTM D 1776所述对试样进行预处理和调湿，每个试样要在标准ASTM D 1776规定的温度21℃ ±1℃、相对湿度65% ±2%的标准大气环境下放置至少4h，每个试样都单独放在有孔的筛网架上或放置架上。

10. 操作程序

10.1 干态测试。

10.1.1 把试样直接放在积分球的试样传输端上。

10.1.2 先对试样在任意方向进行紫外线测定，然后旋转45°再进行测定，接着再旋转45°进行测定。分别记录每个结果。

10.1.3 在有多种颜色的试样上，要检测紫外线透过最高的区域，并且在此区域要测定三个值。

10.2 湿态测试。

10.2.1 把试样平铺在烧杯或培养皿底部，然后倒入蒸馏水，使试样整个浸在水中，浸泡30min，并不时挤压试样，使试样润湿均匀、完全。最好每次只做一个试样。

10.2.2 把湿试样夹在两张吸水纸（见6.4）中间，然后在轧车或类似装置中挤压，使其含湿率为 140% ±5%。如果试样含湿率不够，则需要重新润湿试样并挤压，以达到要求的含湿率。但需要注意，一些合成纤维紧密组织的机织面料可能达不到要求的含湿率。根据双方协议，也可以使用其他的含湿率。

10.2.3 用塑料膜挡在观测口前，防止仪器沾水。

10.2.4 按照 10.1 进行测试，需要注意保证试样的含湿率。

11. 计算

11.1 计算每个试样三个测试值的平均光谱透过率。

11.2 用下面公式（1）计算每个试样的紫外线防护系数 UPF。

$$UPF = \frac{\sum_{280nm}^{400nm} E_\lambda \times S_\lambda \times \Delta_\lambda}{\sum_{280nm}^{400nm} E_\lambda \times S_\lambda \times T_\lambda \times \Delta_\lambda} \quad (1)$$

式中：E_λ——相对红斑的光谱效能（见表 1）；

S_λ——太阳光谱辐照度（见表 2）；

T_λ——试样的平均光谱透过率（测得）；

Δ_λ——检测的波长间隔，nm。

注：虽然 *UPF* 值是表示从 280nm 到指定波长的综合值，但 280 ~ 290nm 波长的光谱作用很小或几乎没有。

表 1 相对的红斑光谱效应（E_λ）

波长(nm)	E_λ	波长(nm)	E_λ	波长(nm)	E_λ
280	1.00e+00	296	1.00e+00	312	4.83e-02
282	1.00e+00	298	1.00e+00	314	3.13e-02
284	1.00e+00	300	6.49e-01	316	2.03e-02
286	1.00e+00	302	4.21e-01	318	1.32e-02
288	1.00e+00	304	2.73e-01	320	8.55e-03
290	1.00e+00	306	1.77e-01	322	5.55e-03
292	1.00e+00	308	1.15e-01	324	3.60e-03
294	1.00e+00	310	7.45e-02	326	2.33e-03

续表

波长(nm)	E_λ	波长(nm)	E_λ	波长(nm)	E_λ
328	1.51e-03	354	5.96e-04	380	2.43e-04
330	1.36e-03	356	5.56e-04	382	2.26e-04
332	1.27e-03	358	5.19e-04	384	2.11e-04
334	1.19e-03	360	4.84e-04	386	1.97e-04
336	1.11e-03	362	4.52e-04	388	1.84e-04
338	1.04e-03	364	4.22e-04	390	1.72e-04
340	9.66e-04	366	3.94e-04	392	1.60e-04
342	9.02e-04	368	3.67e-04	394	1.50e-04
344	8.41e-04	370	3.43e-04	396	1.40e-04
346	7.85e-04	372	3.20e-04	398	1.30e-04
348	7.33e-04	374	2.99e-04	400	1.22e-04
350	6.84e-04	376	2.79e-04		
352	6.38e-04	378	2.60e-04		

①表中的波长间隔为 2nm。以“5”为波长尾数对应的紫外线传播数据，可使用那些以“4”和“6”为波长尾数对应数据的内插值。

②数据来源于 CIE 出版物 106/4，获取地址：CIE National Committee of USA, c/o TLA – Lighting Consultants Inc, 7 Pond St., Salem, MA 01970。

表 2 正午太阳光分光辐照度（S_λ）

（中午，7 月 3 日，阿尔伯克基市）

波长(nm)	S_λ [W/(cm² · nm)]	波长(nm)	S_λ [W/(cm² · nm)]	波长(nm)	S_λ [W/(cm² · nm)]
280	4.12e-11	308	9.68e-06	336	5.04e-05
282	2.37e-11	310	1.34e-05	338	4.99e-05
284	3.14e-11	312	1.75e-05	340	5.39e-05
286	4.06e-11	314	2.13e-05	342	5.59e-05
288	6.47e-11	316	2.43e-05	344	5.35e-05
290	3.09e-10	318	2.79e-05	346	5.34e-05
292	2.85e-09	320	3.14e-05	348	5.37e-05
294	2.92e-08	322	3.32e-05	350	5.59e-05
296	1.28e-07	324	3.61e-05	352	5.89e-05
298	3.37e-07	326	4.45e-05	354	6.13e-05
300	8.64e-07	328	5.01e-05	356	6.06e-05
302	2.36e-06	330	5.32e-05	358	5.38e-05
304	4.35e-06	332	5.33e-05	360	5.64e-05
306	7.19e-06	334	5.23e-05	362	6.00e-05

续表

波长 (nm)	S_λ [W/(cm²·nm)]	波长 (nm)	S_λ [W/(cm²·nm)]	波长 (nm)	S_λ [W/(cm²·nm)]
364	6.48e-05	378	7.46e-05	392	7.16e-05
366	7.18e-05	380	7.54e-05	394	6.55e-05
368	7.62e-05	382	6.42e-05	396	6.81e-05
370	7.66e-05	384	5.85e-05	398	8.01e-05
372	7.50e-05	386	6.26e-05	400	1.01e-04
374	6.61e-05	388	6.72e-05		
376	6.66e-05	390	7.57e-05		

①表中的波长间隔为2nm。以“5”为波长尾数对应的紫外线传播数据，可使用那些以“4”和“6”为波长尾数对应数据的内插值。

②引自如下文献：Sayre, RM, et al.,“Spectral Comparison of Solar Simulators and Sunlight”, Photodermatol Photoimmunol, Photomed, 7, 159-165 (1990)。

11.3 用下面公式（2）计算UV-A的紫外线平均透射率。

$$T(\mathrm{UV-A})_{\mathrm{AV}} = \frac{\sum_{315\mathrm{nm}}^{400\mathrm{nm}} T_\lambda \times \Delta\lambda}{\sum_{315\mathrm{nm}}^{400\mathrm{nm}} \Delta\lambda} \qquad (2)$$

11.4 用下面公式（3）计算UV-B的紫外线平均透射率。

$$T(\mathrm{UV-B})_{\mathrm{AV}} = \frac{\sum_{280\mathrm{nm}}^{315\mathrm{nm}} T_\lambda \times \Delta\lambda}{\sum_{280\mathrm{nm}}^{315\mathrm{nm}} \Delta\lambda} \qquad (3)$$

11.5 分别用下面公式（4）和公式（5）计算UV-A和UV-B的紫外线阻挡率。

$$\text{UV-A 阻挡率} = 100\% - T(\text{UV-A}) \qquad (4)$$

$$\text{UV-B 阻挡率} = 100\% - T(\text{UV-B}) \qquad (5)$$

式中：T（UV-A）和T（UV-B）用百分率表示。

12. 报告

12.1 报告如下试样性能。

12.2 紫外线防护系数。

12.3 UV-A的透射率。

12.4 UV-B的透射率。

12.5 UV-A的阻挡率。

12.6 UV-B的阻挡率。

12.7 如果含湿率不是140% ±5%，则报告实际的含湿率。

13. 精确度和偏差

13.1 精确度。2001年对一家实验室的六块不同材料进行了精度和偏差研究（见表3）。

13.2 偏差。面料的红斑加权紫外线光谱透射率和阻挡率仅能根据检测方法来定义，没有一个独立的方法可以测量其真值。本测试方法作为估测这一性能的一种手段，没有已知的偏差。

表3 精度和偏差研究

织物	UPF平均值		标准偏差		样品方差		95%置信区间	
	干态	含水率140%	干态	含水率140%	干态	含水率140%	干态	含水率140%
D	41.655	28.105	0.700	0.884	0.490	0.781	0.580	0.707
G	40.615	81.718	9.246	17.959	85.492	322.533	7.398	14.370
J	23.733	42.603	1.394	5.978	1.943	35.733	1.115	4.783
N	7.797	3.723	0.367	0.238	0.134	0.056	0.294	0.190
O	57.947	15.779	4.281	3.021	18.325	9.125	3.425	2.471
R	22.32	10.686	2.492	0.547	6.209	0.299	1.994	0.438

14. 参考文献

14.1 ASTM D 1776《纺织品调湿和测试的标准方法》(见 15.3)。

14.2 ASTM E 179《材料反射和透射性能测量用几何条件选择标准方法》(见 15.3)。

14.3 ASTM E 275《说明和测量紫外线，可见和近红外线分光光度计性能的标准操作方法》(见 15.3)。

14.4 ASTM G 159《37°偏斜表面用直接法向和半球状参考太阳光谱辐射气团 1.5 的标准表格》(见 15.3)。

14.5 ASTM E 1247《用分光光度法探测物体彩色试样的荧光粉的标准方法》(见 15.3)。

14.6 ASTM E 1348《用半球体几何形状的分光光度法测量透明度和颜色的测试方法》 (见 15.3)。

15. 注释

15.1 有大量厂家生产适合本方法的分光光度计或分光辐射度计。

15.2 可通过以下方式获取，地址：Schott Inc，400 York Ave，Duryea PA 18642；电话：717/457－4485。

15.3 可由 ASTM 获取，地址：100 Barr Harbor Dr，West Conshohocken PA 19428－2959；电话：610/832－9500；传真：610/832－9555；网址：www.astm.org。

15.4 国际代理 de L'Eclairage (CIE)，地址：Bureau Central de la CIE，Paris，France。

15.5 可从 AATCC 获取，地址：PO Box 12215，Research Triangle Pank NC 27709；电话：919/549－8141；传真：919/549－8933；电子邮箱：orders@aatcc.org；网址：www.aatcc.org。

附录 A 分光光度计和分光辐射度计说明

A1 积分球的表面设有或在中心涂有一层在紫外线光谱波段散射和反射都非常强的材料。所有端口占积分球表面积之和不应超过整个表面积的3%。

A2 光源与观测的几何图形。

A2.1 直接照射/半球观测 (O/T)。在这个几何关系中，试样被一束与试样表面垂直方向偏离不超过 8°(0.14 弧度) 的单向光束照射。光束的散射方向与光束轴向的夹角不应超过 5°(0.09 弧度)。观测光束的横截面积至少应大于试样上最大孔洞面积的 10 倍。试样的总透光量是通过合成半球来测量的。

A2.2 半球照射/直接观测 (T/O)。在这个几何关系中，试样被内部合成半球聚光照射。试样是通过单向观测的，被观测角度与试样表面垂直方向偏离不超过 8°(0.14 弧度) 的单向光束照射。光束的散射方向与光束轴向的夹角不应超过 5°(0.09 弧度)。观测光束的横截面积至少应大于试样上最大孔洞面积的 10 倍。

A2.3 试样替代错误。积分球可能会出现“试样替代错误”，这种错误是由面料对积分球内部光源反射造成的。这种错误可以通过几何方法消除：用一束参考光束穿过积分球的一个端口，这束参考光束会冲击部分积分球壁或安装在完全相对端口上的参考物质。

A3 光谱要求。分光光度计和分光辐射度计应在 280nm (或更小) 至 400nm (或更大) 光谱范围内有 5nm 或更小的带通。在光谱上的波长测量间隔不应小于 5nm。

A4 杂散辐射。仪器内的杂散辐射，包括试样荧光处理造成的杂散辐射，对测量出的紫外线透过率结果的影响不会超过 0.005。

A5 试样的荧光。试样上特殊染料和增白剂中的荧光成分可能会人为地提高试样的紫外线透过率。

A5.1 单色光源。内部光路上有单色光镜的分光光度计在荧光剂的干扰波长上会出现投射率升高的现象。这段波长范围几乎包括所有的 UV－R

光谱。这种错误可以通过在试样后放置一个可透射UV射线并阻隔可见光的滤光片来解决。Schott Glass UG 11滤光片是较理想的选择。但是，滤光片对于长波长光谱的阻隔，可能会影响波长较长的UV－A射线的测量。

A5.2 多色光源。在光路上有单色和多色光源的分光光度计和分光辐射度计中，在荧光剂的发散波长上会出现透射值的增大。所以在多数UVR波长上，这种作用会消失。使用符合太阳模拟器光谱分布的光源会精确地包含试样荧光剂对长波长UV－A测量的影响。然而，荧光成分对UPF没有影响，只要提供足够的能量就可以将光谱中的干扰比率覆盖至可接受的信号，这样光源的光谱分布就无关紧要了。

附录B 方法总结

防紫外线纺织品材料和/或产品的生产商或制造商必须考虑现行的标准和测试方法，遵守美国紫外线防护服标注自愿标准。

B1 三部已发行的自愿标准：ASTM D 6544《紫外线透射试验前准备标准规范》、ASTM D 6603《防紫外线纺织品标注标准规范》和AATCC 183《紫外辐射通过织物的透过或阻挡性能》(见15.3和15.5)。

B2 总之，为了得到准确的*UPF*值，需结合这三个标准，合理地对产品进行“防紫外线”标注。

B2.1 试样原样（未处理）或（洗涤后）试样紫外线透射性能评价按AATCC 183执行。报告AATCC 183 *UPF*平均值。

B2.2 根据产品最终用途，参考ASTM D 6544确定暴露条件。第7部分列出了三个暴露条件。暴露条件可参考以下测试方法：ASTMD 3938《确定或确认服装和其他纺织品的保养说明标准指南》；AATCC 16《耐光照色牢度》，AATCC 135《家庭洗涤后尺寸变化》，AATCC 162《耐水色牢度：氯化游泳池水》及AAATCC 172《家庭洗涤中耐非氯漂色牢度》。

B2.3 在ASTM D 6544规定条件下暴露后，按AATCC 183评价透射性能。试样为待测样。

B2.4 参考ASTM D 6603进行加权计算。*UPF*值标注等级在ASTM D 6603第8部分中列出。

AATCC 184－2010

染料粉尘化特性的测试

AATCC RA87 技术委员会于 1998 年制定；1999 年、2000 年、2005 年和 2010 年重新审定；2008 年和 2009 年编辑修订；技术上等效于 ISO 105－Z05。

1. 目的和范围

本测试方法适用于评价染料的粉尘化特性。

2. 原理

粉尘是将染料样品通过粉尘发生器产生，真空抽取有粉尘的空气，并传送到探测点，可目测评估或者用重量分析法和光度法定量测定产生的粉尘量。

3. 术语

粉尘：分散在气体中的固体材料的细小颗粒。

4. 安全和预防措施

本安全和预防措施仅供参考。本部分有助于测试，但未指出所有可能的安全问题。在本测试方法中，使用者在处理材料时有责任采用安全和适当的技术；务必向制造商咨询有关材料的详尽信息，如材料的安全参数和其他制造商的建议；务必向美国职业安全卫生管理局（OSHA）咨询并遵守其所有标准和规定。

4.1 遵守良好的实验室规定，在所有的试验区域应佩戴防护眼镜。

4.2 在附近安装洗眼器/安全喷淋装置以备急用。

5. 使用和限制条件

5.1 染料粉尘在如分散、运输转移和喷洒等处理中形成。

5.2 在染料消费工业中，考虑到卫生、健康和安全等方面，染料的粉尘化是一项很重要的指标。因此，建立一种可靠且可重现的测定该性能的方法是很重要的。

5.3 尽管存在其他的粉尘测试方法，但本测试方法更具有代表性且与处理染料的实际生产相似。考虑到染料的相对性和局限性，其结果不像密度是定值。

5.4 固体染料以不同的物理形态（粉末、粒状等）出售。商品染料颗粒的大小分布有很大变化。平均粒径可能小于 50nm 或者大于几十微米。固体染料颗粒的大小分布范围可能是窄或宽的。

5.5 染料粉尘颗粒的大小分布在很大程度上不取决于染料的物理形态。图 1 给出了两种典型染料粉尘颗粒的大小分布。

6. 仪器和材料（见 13.1）

6.1 天平。称量染料时，精确到 ±0.1g。

6.2 粉尘发生器。具有过滤架和连接接头，可组合以下的组件（见图 2 和图 3 及 13.2）。

6.2.1 过滤器。白色，直径为 50mm ± 2mm，能定量地捕捉粉尘（孔尺寸 < 5μm），用于重量分析法或光度法，由硝化醋酸纤维素制成。对于目测法，可使用合适的玻璃纤维过滤器。

6.2.2 真空泵。吸力至少 20L/min。

6.2.3 调节阀。调整空气流动速率。

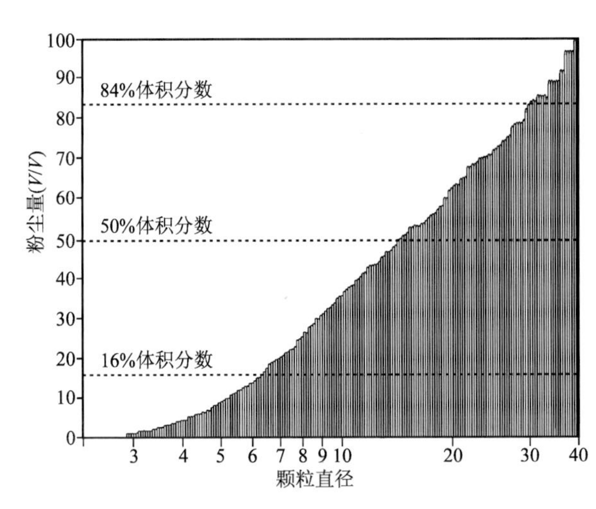

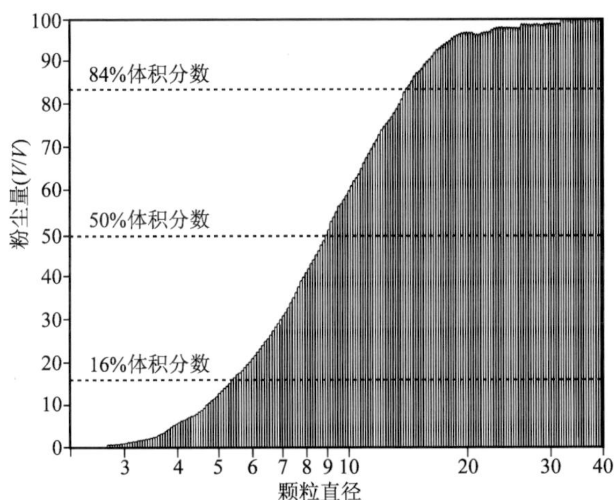

图1　粉尘量（体积）的典型图表示

（两幅图的横坐标都是对数坐标）

6.2.4　流量计。能检测 10～20L/min 之间的空气流动速率。

6.2.5　计时器。从打开滑阀开始吸气，计时抽吸时间。

6.3　粉尘评价仪器。

6.3.1　目测法。用沾色评级灰卡（见 13.3 和 13.4）。

6.3.2　重量分析评定法。使用分析天平。

6.3.3　光度评定法。使用光度计。

6.4　分析天平。精确到 ±0.01mg，用于称量过滤器收集的粉尘（见 6.2.1）（重量分析评定法）或用光度计测定收集并溶解到适当溶剂中的粉尘（光度评定法）。

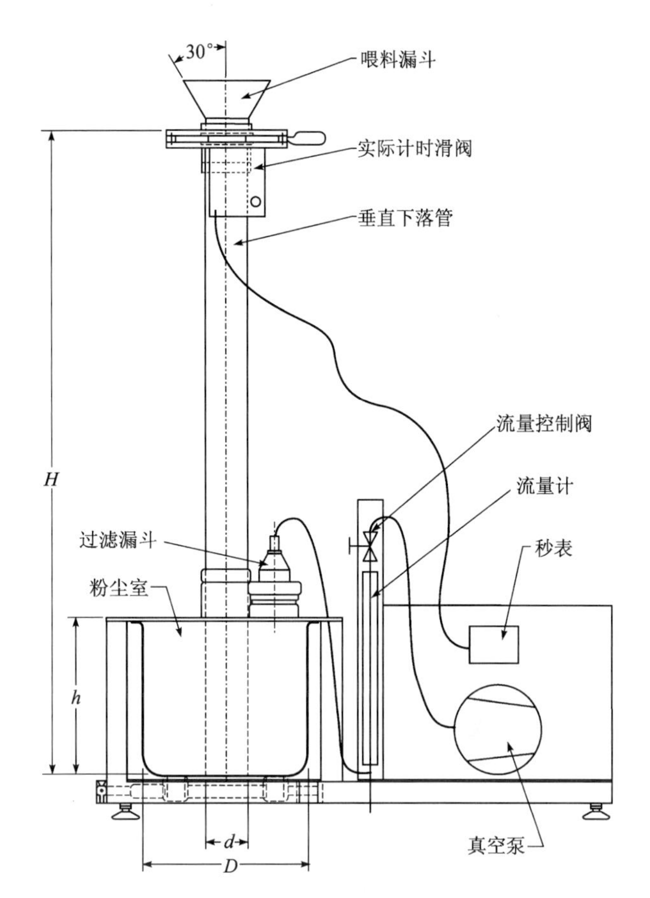

h	总降落高度	815mm ±5mm
h	粉尘室的高度	195mm ±5mm
d	粉尘室的直径	ϕ210mm ±5mm
d	下落管的直径	ϕ47mm ±1mm

备注：总降落高度从滑阀盘的上端开始一直到粉尘室的内面。

图2　粉尘测试仪

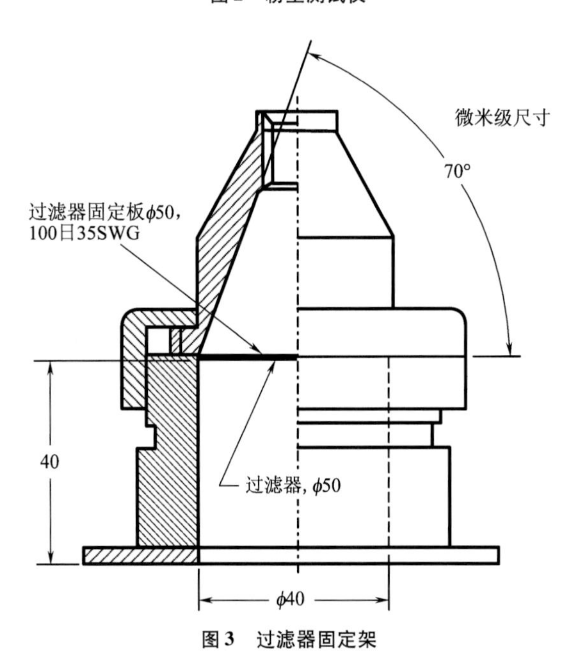

图3　过滤器固定架

6.5 清洗仪器。如刷子或者真空吸尘器等。

6.6 镊子。用于粉尘产生后，从固定架上取下滤纸。

7. 操作程序

7.1 把带过滤器（见 6.2.1）的固定架放进粉尘发生器内（见 6.2），关闭发生器使其密封。如果使用重量分析评定法，插入过滤器固定架前，调湿并称量过滤器。

7.2 使用天平（见 6.1）精确称量 10.0g ± 0.1g 的染料，并将其放入仪器顶部的喂料器中。打开计时器（见 6.2.5），并快速打开滑阀，染料通过管子落入粉尘室内。

7.3 滑阀打开 5s 后，在以下条件下，用真空泵从粉尘室抽取粉尘，收集到过滤器（见 6.2.1）上。

7.3.1 空气流动速率为 15L/min。

7.3.2 抽吸时间为 120s（染料落下 5s 后开始）。

7.3.3 降落高度为 815mm ±5mm。

7.4 使用镊子（见 6.6）小心地从固定架上取下装满粉尘的过滤器，并按照本标准第 8 部分所述的方法来进行评价。

7.5 每次测试后应彻底清洗仪器（见 6.5）。如果仪器经湿法清洗，应注意将其完全烘干。

8. 过滤评价

8.1 目测法。目测法是用沾色灰卡评价粉尘过滤器的沾色（见 6.3.1），使用评价程序 2 对照的表 1 进行评级，精确至半级。

表 1 粉尘评级卡

级 别	描 述
5	无粉尘化
4	轻微粉尘化
3	中度粉尘化
2	粉尘化
1	严重粉尘化

8.2 重量分析法。用分析天平（见 6.4）称量装满粉尘的过滤器，精确到 0.01mg。对于具有低粉尘化特性的产品，粉尘的质量很小（ <1mg），预期的重量分析法可能产生相当大的误差。此时，首选方法是光度测定法。

8.3 光度测定法。对于粉尘量的光度测定，在室温下，于适当溶剂里溶解、振荡过滤器里的粉尘染料，形成清澈的溶液时，用光度计测量透光率，并根据先前准备的校准图读取相应的粉尘量（见 12）。

9. 评定

9.1 粉尘的产生和测定依靠大量的参数。因此，粉尘量的测定结果在特定的测试条件下才有效。即目测法或重量分析法测定粉尘化特性的结果与其他测试方法得到的结果不必直接比较。但是，同一种测试方法中测得的一系列样品的顺次测试结果与其他测试方法得到的结果有可比性。

9.2 目测法。按照 8.1 所述的评级灰卡表述结果。

9.2.1 定量测定染料产生的粉尘量不能用目测法。主要原因是粉尘有不同的颗粒尺寸、尺寸分布和形状。

9.2.2 目测评价法是主观的，并依赖检验者的经验、粉尘层的色相和过滤器表面的内在特征（光滑或者粗糙）等因素。本方法固有的特性是最多产生半级偏差。据经验，可重现条件（相同的仪器和实验室）下的总误差不会超过该值。

9.3 重量分析法和光度分析法。

9.3.1 记录 8.2 和 8.3 中得到的收集染料粉尘结果，以毫克（mg）数表示。

9.3.2 在这两个定量分析法中，测定过滤器所捕捉的粉尘量，粉尘的量以毫克（mg）表示。在重量分析法中，过滤器条件的变化和静电影响可能导致实质的误差。如果用光度分析法测定粉尘量，必须保证在清澈的溶液中测量透光率。根据不同实验室的经验，在给定条件下，可得到约 10%（变异系数）的可重现性。

9.4 结果分散性。在某些情况下，结果可能发生分散。主要原因如下。

9.4.1 仪器特有的因素。

9.4.1.1 空气流动速率未正确调节。

9.4.1.2 通过仪器的空气流动速率是不恒定的或者是没有正确应用真空。

9.4.1.3 时间控制不准确。

9.4.2 外部因素。

9.4.2.1 湿度。

9.4.2.2 垂直管和粉尘室内的静电荷。

9.4.2.3 样品内粉尘的不均匀分散。

10. 报告

应该包括如下信息。

10.1 测试样品的全面表述。

10.2 测试样品的质量。

10.3 使用的评价方法和得到的结果，如 9.2 和 9.3 中所述。

10.4 与该程序任何偏离的细节。

11. 精确度和偏差

11.1 概述。精确度基于在 ISO 105 - Z05：1996《染料的粉尘化特性的测定方法》附件 A 所包含的重量分析数据。四个实验室参与这项研究，在两个时间段内测试三个染料样品，每个时间段内进行 10 次测定，三个实验室处于相似的水平，结果是两个时间段对测试没有影响。从这三个实验室得到的所有数据都包含变量分析、变量应用分析。

11.2 精确度。由于有限的测试计划，个体之间的精确度描述包括在内。

11.2.1 变量构成表 2 所示，其中标准偏差，单位是 mg/filter；变量，单位是 $(\text{mg/filter})^2$。

表 2 变量构成

变量构成	标准偏差	变 量
实验室之间	0	0
实验室和染料共同作用	0.187	0.035
实验室内	0.276	0.076

11.2.2 临界偏差。两个平均值之间的偏差，在合适的精确度范畴内，如果差异等于或者大于表中所列出的值（见表 3），95% 的置信水平是有效的。大多数比较可能在单染料范畴内，但是，如果比较在染料间交叉进行，使用多染料比较栏，它包括了变量组分之间的相互影响。

表 3 染料比较

项 目	单染料比较		多染料比较	
N	实验室内	实验室间	实验室内	实验室间
5	0.34	0.34	0.62	0.62
10	0.24	0.24	0.57	0.57
15	0.20	0.20	0.56	0.56

11.3 偏差。本测试方法没有已知的偏差。没有方法测定出染料的粉尘化特性的真值及可能建立已知的偏差。

12. 参考文献

AATCC 182《染料在溶液中的相对着色力》（见 13.3）。

13. 注释

13.1 有关适合测试方法的设备信息，请登录 http://www.aatcc.org/bg。AATCC 提供其企业会员单位所能提供的设备和材料清单。但 AATCC 没有给其授权，或以任何方式批准、认可或证明清单上的任何设备或材料符合测试方法的要求。

13.2 替代过滤器和过滤器固定架，其他的粉尘探测装置可被固定到仪器上，如压缩机或者光学粒子计数器。

13.3 资料可以从 AATCC 获取，地址：P. O. Box 12215，Research Triangle Park NC 27709；电话：919/549 -8141；传真：919/549 -8933；电子邮箱：orders@aatcc.org；网址：www.aatcc.org。

13.4 本测试方法也可能用于目测评价无色固体材料。然而，在这种情况下必须十分小心。黑色的过滤器是有帮助的，但是要进行严格的独立试验。建议采用重量分析法和光度法测定。

AATCC 185 -2011

螯合剂：过氧化氢漂白浴中螯合剂的百分含量 潘酚（PAN）铜指示剂法

AATCC RA90 技术委员会于1988年制定；1999年、2000年、2006年、2011年重新审定；2010年编辑修订。

1. 目的和范围

1.1 本测试方法适用于测量过氧化氢漂白浴中螯合剂的含量。

1.2 本测试方法是为工厂制备过氧化氢浸渍槽（或者饱和器中）部分的常规或周期滴定，或者其他方法制备的过氧化氢漂白溶液，测定漂白浴中螯合剂的浓度。

1.3 本测试方法限用于基于乙二胺四乙酸（EDTA）、*N*-羟基乙二胺三乙酸（HEDTA）和二乙烯三胺五乙酸（DTPA）的螯合剂。这可能包括任何专利产品（参考标准中“产品”部分），这些产品中可能包含多种成分，其中一种或多种可能是螯合剂。

2. 原理

过氧化氢漂白浴内螯合剂或其他产品的百分比含量分两步来测定：首先，在指示剂［潘酚，1-(2-吡啶偶氮) -2-萘酚］存在下，用已知浓度的硫酸铜直接滴定螯合剂或其他产品，然后，使用更低浓度的硫酸铜作为滴定剂，再次滴定含有螯合剂的漂白溶液。

3. 术语

3.1 螯合剂：在纺织化学中，能使金属离子失去活性且形成水溶性络合物的化学物质，也称络合剂。

3.2 铜螯合值（CuCV）：1g螯合剂或含有螯合剂的产品所螯合五水合硫酸铜的毫克数。

4. 安全和预防措施

本安全和预防措施仅供参考。本部分有助于测试，但未指出所有可能的安全问题。在本测试方法中，使用者在处理材料时有责任采用安全和适当的技术；务必向制造商咨询有关材料的详尽信息，如材料的安全参数和其他制造商的建议；务必向美国职业安全卫生管理局（OSHA）咨询并遵守其所有标准和规定。

4.1 遵守良好的实验室规定，在所有的试验区域应佩戴防护眼镜。

4.2 所有化学物品应当谨慎使用和处理。该方法中用到的很多化学品都具有腐蚀性或者强烈的刺激性。

4.3 准备过程中，配制和使用硫酸（98%）、冰醋酸和氢氧化钠时要使用化学护眼镜或面罩、防水手套和防水围裙。浓酸处理一定要在通风性能良好的通风橱内进行。永远是向水中滴加酸。

4.4 甲醇是一种可燃液体，在实验室中需存储在远离热源、明火和火花的小容器内。

4.5 在附近安装洗眼器/安全喷淋装置以备急用。

4.6 本测试方法中，人体与化学物质的接触限度只许达到或低于官方的限定值［例如，美国职业安全卫生管理局（OSHA）允许的暴露极限值（PEL），参见 29 CFR 1910.1000，最新版本见网址 www.osha.gov］。此外，美国政府工业卫生师协会（ACGIH）的阈限值（TLVs）由时间加权平均数（TLV－TWA）、短期暴露极限（TLV－STEL）和最高极限（TLV－C）组成，建议将其作为人体在空气污染物中暴露的基本准则并遵守（见 13.1）。

5. 使用和限制条件

5.1 测试结果可能会受以下任何情况的影响。

5.1.1 漂白溶液中所含有的离子或者铜离子预先螯合，将会显著降低漂白浴内原有的螯合剂表观浓度，影响浓度计算结果的准确性。

5.1.2 未被络合的螯合剂被过氧化氢氧化，将降低漂白浴内螯合剂的表观浓度。

5.1.3 氰化物离子、氨、大多数胺与铜离子结合形成分子，使之不与指示剂反应而导致错误的结果。

5.2 改变螯合剂或螯合剂产品的活性成分含量，漂白浴内螯合剂的百分含量将不受影响。

5.2.1 AATCC 168《螯合剂聚氨基多元羧酸及其盐类的活性成分含量分析》，应该用于每种新的螯合剂或螯合剂产品，以确定其活性成分含量是否已经改变。

5.2.2 该方法测定的铜螯合值（CuCV）是螯合剂或螯合剂产品的活性成分含量的一种直接指示，可以为此目的而进行监控。

6. 试剂

6.1 本测试方法中用到的试剂应该是美国化学协会（ACS）试剂级产品。

6.1.1 乙酸、冰醋酸（CH_3COOH）。

6.1.2 五水合硫酸铜（$CuSO_4 \cdot 5H_2O$）。

6.1.3 甲醇（CH_3OH）。

6.1.4 潘酚（$C_{15}H_{11}ON_3$）。

6.1.5 三水合乙酸钠（$NaC_2H_3O_2 \cdot 3H_2O$）。

6.1.6 氢氧化钠（NaOH），颗粒状。

6.1.7 硫酸（H_2SO_4），98%。

7. 试样准备

准备两个螯合剂或同类产品的样品和两个漂白浴的样品。

8. 试剂制备

8.1 试剂 A（12.500g/L 硫酸铜溶液）。用蒸馏水溶解 12.500g±0.002g 五水合硫酸铜，在容量瓶中稀释到 1L。

8.2 试剂 B（2.500g/L 硫酸铜溶液）。转移 200mL 试剂 A 到 1L 的容量瓶中，用蒸馏水稀释到 1L。

8.3 潘酚指示剂（PAN）。溶解 0.025g±0.001g PAN 于 50mL 甲醇中，装入带有塞子的瓶子储存于冰箱中，每周都要配置新溶液。

8.4 醋酸钠缓冲溶液。将 34.0g±0.1g 三水合乙酸钠溶解于 500mL±1mL 蒸馏水中，加入 15.0mL±0.1mL 冰醋酸，充分混合后，储存于密闭的容器内。

8.5 氢氧化钠溶液（20%）。将 200g±1g 氢氧化钠溶解于 800mL 蒸馏水中，充分搅拌，冷却后转移到 1L 的容量瓶内，并用蒸馏水滴加至体积刻度。

8.6 硫酸（20%）。在 500mL 蒸馏水中缓慢加入 200g±1g 硫酸，冷却后转移到 1L 的容量瓶内，并用蒸馏水滴加至体积刻度。

9. 操作程序

9.1 螯合剂或者螯合剂产品的螯合值。

9.1.1 称取 0.9～1.1g 螯合剂或者螯合剂产品试样，精确到 0.01g，用蒸馏水稀释到 75mL。

9.1.2 加入 25mL 醋酸钠缓冲溶液，并用冰醋酸或者 20% 的氢氧化钠溶液按要求调整 pH 值到

4.5～5.5。

9.1.3 加入1mL 溜酚指示剂，并用试剂 A 滴定，直到出现永久紫色，即为终点。记录下所用试剂 A 的体积，精确到 0.01mL，用于公式（1）（见 10.2）。

9.2 漂白浴内的螯合剂。

9.2.1 称量 90～110g 过氧化氢漂白溶液试样，精确到 0.01g。如果试样取自浸渍槽（饱和器），要确保没有碎屑和泡沫。

9.2.2 用 20% 的硫酸调整漂白溶液的 pH 值到7.0～9.0。

9.2.3 加入 35mL 醋酸钠缓冲溶液。如果需要，用冰醋酸或者 20% 的氢氧化钠溶液调整 pH 值到4.5～5.5。

9.2.4 加入 1mL 溜酚指示剂，并用试剂 B 滴定，直到出现永久紫色，即为终点。记录所用试剂 B 的体积，精确到0.01mL，用于公式（2）（见 10.2）。

10. 计算

10.1 用下面公式计算螯合剂或者螯合剂产品的铜螯合值，保留小数点后 2 位数字。

$$CV_{Cu} = 12.5 \times \frac{V}{W} \quad (1)$$

式中：CV_{Cu}——铜螯合值；

V——试剂 A 消耗的体积，mL；

W——试样的质量，g。

10.2 计算平均铜螯合值。

10.3 使用下面公式计算漂白浴内螯合剂的含量，近似到 0.01%。

$$CA = \frac{2.5V_2}{W_2 S} \times 100\% \quad (2)$$

式中：CA——螯合剂含量；

V_2——试剂 B 消耗的体积，mL；

W_2——试样的质量，g；

S——平均铜螯合值（由 10.2 求得）。

10.4 计算漂白浴内螯合剂的平均含量。

11. 报告

报告螯合剂的平均百分含量。

12. 精确度和偏差

12.1 精确度。

12.1.1 在 1990 年，完成一项有关本标准的实验室研究，它涉及七个实验室，每个实验室一名实验操作员。对实验步骤 9.1 中三个试样中的每个试样分别进行两次测定，并且对实验步骤 9.2 中三个漂白浴中的每个漂白浴进行两次测定。没有预先评估的实验室也参与，在本测试方法中表现出相关水平。有一个实验室得到的结果未被列入分析之列。

12.1.2 对这系列数据的分析得出如表 1、表 2 和表 3 中列出的方差分布和临界差异。N 次测定的两个平均值之间的差异，对于合适的精度参数，应达到或者超过表格内 95% 置信水平的值。

12.2 偏差。

12.2.1 铜螯合值仅能根据本测试方法定义。对于其真实值，没有独立的方法进行测定。该方法没有已知偏差。

表 1 方差分量

组　成	变量（步骤 9.1）	变量（步骤 9.2）
实验室间 V（L）	2.61	0.000111
反应 V（SL）	0.76	0.000157
实验室内部 V	0.81	0.000030

表 2 螯合剂或者螯合剂产品的临界方差（95% 置信区间）

Det. 平均（N）	实验室内部	实验室之间
单个漂白浴比较		
1	2.49	5.13
2	1.76	4.81
3	1.44	4.71
多个漂白浴相比较		
1	2.49	5.67
2	1.76	5.39
3	1.44	5.29

表 3 漂白浴的临界方差（95%置信区间）

Det. 平均（*N*）	实验室内部	实验室之间
单个漂白浴比较		
1	0.015	0.033
2	0.011	0.031
3	0.009	0.031
多个漂白浴相比较		
1	0.015	0.048
2	0.011	0.047
3	0.009	0.046

13. 注释

13.1 资料可从 ACGIH 获取，地址：Kemper Woods Center, 1330 Kemper Meadow Dr. , Cincinnati OH 45240，电话：513/742－2020；网址：www. acgih. org。

13.2 可用 12.5g/L 的硫酸铜溶液（试剂 A）滴定螯合剂产品，同时用 2.5g/L 的硫酸铜溶液（试剂 B）进行更高精确度滴定，以确定过氧化氢漂白浴中更低的螯合剂含量。

AATCC 186 - 2009

纺织品耐气候性：紫外光下湿态暴晒

AATCC RA64 技术委员会于1999 年制定；2007 年权限移交 RA50 技术委员会；2000 年、2009 年重新修订；2001 年编辑修订并重新审定；2006 年重新审定；2007 年、2008 年编辑修订。

1. 目的和范围

本测试方法提供了一种暴晒各种纺织材料（包括涂层织物）及其制品的测试程序。使用实验室人工气候暴晒设备，以荧光紫外灯作为光源，并采用冷凝和（或）喷水方式加湿。

2. 原理

将试样暴晒在荧光紫外灯光源下，并在可控条件下定期加湿。样品的耐降解性是通过在标准纺织测试条件下将测试试样与参比标准和暴晒标准相比得出的强力损失百分率或者强力剩余百分率（断裂或者胀破）或颜色变化进行评定的。

3. 术语

3.1 断裂强力：试样在拉伸测试中被拉伸至断裂时作用于试样上最大的力。

3.2 胀破强力：在规定条件下，以一个垂直于织物表面的力作用于织物，使其破裂所需的压力或压强。

3.3 荧光紫外灯：可以利用荧光物质将低压汞弧产生的波长为254nm 的辐射转化为波长更长的紫外线光的灯。

3.4 辐照度：波长的函数，单位面积的辐射能，单位为瓦特每平方米（W/m^2）。

3.5 辐射能：以各种波长的光子或电磁波形式在空间传播的能量。

3.6 光谱能量分布：放射的辐射光在不同波长范围内的能量变化。

3.7 纺织品测试用标准大气：温度保持在21℃ ±1℃、相对湿度保持在65% ±2%的大气环境。

3.8 紫外线辐射：电磁波谱辐射能小于可见光，大于100nm 波长的辐射能的辐射。

注：紫外线光谱范围的界定不明确，使用者可根据需要进行调整。CIE（国际照明委员会）的E－2.1.2 委员会在光谱范围400 ~100nm 间对紫外线进行如下划分：

UV－A　315 ~400 nm

UV－B　280 ~315 nm

UV－R　280 ~400 nm

3.9 UV－A 型荧光紫外灯：波长低于300nm的辐射占其光源输出总辐射的百分比小于2%的荧光紫外灯。

3.10 UV－B 型荧光紫外灯：波长低于300nm的辐射占其光源输出总辐射的百分比大于10%的荧光紫外灯。

3.11 气候：给定地理位置的气候条件，包括日光、雨水、湿度和温度等因素。

3.12 耐气候性：材料暴露在气候条件下时，抵抗性能退化的能力。

4. 安全和预防措施

本安全和预防措施仅供参考。本部分有助于测试，但未指出所有可能的安全问题。在本测试方法

中，使用者在处理材料时有责任采用安全和适当的技术；务必向制造商咨询有关材料的详尽信息，如材料的安全参数和其他制造商的建议；务必向美国职业安全卫生管理局（OSHA）咨询并遵守其所有标准和规定。

4.1 遵守良好的实验室规定，在所有的试验区域应佩戴防护眼镜。

4.2 阅读并理解制造商的操作说明后，才可以操作测试仪器。测试仪器的操作者有责任严格遵循制造商的安全操作规程。

4.3 本测试仪器有高强度光源，不要直视光源。测试仪器使用过程中，必须保证其测试箱的门保持关闭状态。

4.4 在维修光源前，要保证光源关闭后已经冷却30min。

4.5 在进行设备维修时，必须保证操作面板上的“off”开关以及电源总开关关闭。在安装时，确保机器前置面板上的主电源指示灯是熄灭的。

5. 使用和限制条件

5.1 本测试程序是为了模拟自然界中日光紫外光能和水汽导致的材料性能的退化，并不是模拟当地的气候现象，如空气污染、生物侵蚀和盐水侵蚀等所引起的材料性能的退化。

5.2 注意：当操作条件在本方法允许的限度范围内变化时，会导致测试结果的变化。因此，通常情况下本方法的测试结果是不具有参考价值的，除非有详细的附录报告明确了使用本方法时的所用的操作条件是一致的。

5.3 本方法得到的测试结果可以用于对比经特定测试循环后材料对气候的相对耐久性。相同材料经不同仪器暴晒得到的测试结果不具有可比性，除非对于该纺织材料已经建立了不同测试仪器测试结果之间的关联性。当操作条件在本方法允许的限度范围内变化时，会导致测试结果的变化。由于本测试方法得出的结果和外界暴晒得出的结果均具有可变性，故不推荐使用单一的将加速暴晒所用的时间与特定户外暴晒周期相关联的“加速系数”。由于本方法所得结果的可变性，使用本方法得出的测试结果不具有参考性，除非在报告部分附有对具体操作条件的详细描述。

5.4 有很多因素可能会降低使用实验室光源进行的快速测试与实际使用条件下暴晒之间的关联程度。

5.4.1 实验室光源和自然日光的光谱分布存在差异。

5.4.2 在实验室快速暴晒测试中，经常使用比常规波长更短的波长，以获得更快的衰退速度。对于户外暴晒，通常认为短波紫外线的截点为300nm。在波长小于300nm的紫外线下进行暴晒，可能会产生降解反应，而这种反应在实际户外使用条件下不会发生。如果加速测试中使用的实验室光源所包含的紫外辐射波长小于实际使用条件的波长，那么加速测试中的老化机理以及材料稳定性评级可能会产生巨大的差异。

5.5 如果已知特定波长范围的辐射会产生相应测试材料的降解，但并不影响材料的稳定性等级，则没有必要模拟日光的全部光谱。相对于紫外光或可见光光谱来说，实验室光源在窄带上具有很强的发射光谱，这将可能导致产生某些意想不到的结果。实验室光源也可能无法产生日光暴晒下会出现的变化。在仅有紫外线的光源下暴晒，材料可能不会产生由可见光引起的褪色，但会产生比日光照射更显著的高聚物泛黄现象。

6. 仪器（见17.1，17.2和17.3）

6.1 测试箱（见17.3）。

6.2 UV-A型荧光紫外灯（见17.7）。

6.3 给湿系统。

6.3.1 冷凝。用来产生冷凝水或喷射水或者产生两种水的给湿系统（见17.8）。

6.3.2 喷水。在测试箱内装有喷水设备，可以在规定条件下对测试试样进行间歇性喷水。水应该均匀地喷洒在试样表面。喷水设备必须用抗腐蚀材料制成，以保证不会使水受到污染。

6.4 黑板温度计（见17.9和17.10）。

6.5 样品架（见17.11）。

6.6 测试箱位置（见17.12）。

7. 试样准备

7.1 试样数量。为确保结果的准确性，待测材料和标准参比材料应有备份。建议每种材料至少取三块试样进行测试，以便对结果进行统计评估。

对同样的材料要暴晒足够数量的试样，以保证在95%概率水平下，测试结果的平均值在其真实平均值的±5%以内。根据ASTM D 2905《标准偏差的单侧极限》的规定来确定试样的数量。

7.2 试样尺寸。某些材料在暴晒后可能出现尺寸变化。测试所需试样的尺寸会因测试仪器制造商、物理性能测试仪器和试样数量的不同而不同。在确定试样尺寸的同时，还要充分考虑到用来评估性能变化的物理测试的操作程序，以保证试样尺寸能满足相应测试程序的要求。

对于以下测试，除非另外说明，应剪取至少102mm×152mm的条状试样，试样长边方向平行于织物经向。

7.2.1 顶破强力（弹子顶破）。

7.2.2 断裂强力（抓样法）。

7.2.3 颜色变化。

7.2.4 为防止样品散边，可用环氧树脂或者类似材料对试样进行封边。

7.2.5 需使用抗测试环境条件影响的材料对试样进行标记。

8. 测试循环的确定

8.1 确定测试循环应根据最终使用用途涉及的影响因素而定，尤其是特殊的气候条件。相同的环境条件对不同材料的影响是不同的。采用任何一个测试循环得到的结果，都不能代表其他测试循环或者户外气候测试的结果。在某一地理位置得出的加速系数并不适用于任何其他的地理位置。但是，某些测试循环可适用于对类似的气候条件进行模拟。

8.2 测试材料的特性有助于选择合适的测试循环，如紫外暴晒、润湿、润湿时间和温度。如下的测试循环均适用于纺织材料。

8.2.1 方法1（一般应用）：用辐照度为0.77W/m^{2}的340nm的紫外光对材料在60℃温度条件下暴晒8h，然后在50℃温度条件下冷凝4h。本方法一般适用于如户外装饰织物、帐篷材料等。

8.2.2 方法2（热冲击应用）：用辐照度为0.77W/m^{2}的340nm的紫外光对材料在60℃温度条件下暴晒8h，然后喷水0.25h，接着在50℃温度条件下冷凝3.75h。本方法适用于建筑用及其他可能发生热冲击的情况。

8.2.3 方法3（机动车外部应用）：用辐照度为0.72W/m^{2}的340nm的紫外光对材料在70℃温度条件下暴晒8h，然后在50℃温度条件下冷凝4h。紫外辐照度可通过人工方式或SAE J 2020中描述的方式进行监控和维持。

8.3 这些测试循环的使用并不意味或者代表加速气候测试，反之亦然。本测试方法也不局限于上述测试循环。其与任何实际户外气候暴露所具有的关联度必须通过定量分析才能确定。

9. 参照标准

根据单个测试的需要，参照标准可以是由任何强力退化或颜色变化级别已知的合适的纺织材料制成的。参照标准与被测试样必须同时在相同条件下暴晒。参照标准可以用来证明不同仪器之间以及不同测试循环之间是否具有一致性。如果暴晒后参照标准的测试结果与其已知值比较差异超过10%，则需要彻底检查仪器的操作条件，并排除任何偏差及故障，然后重新进行测试。如果测得的数据偏差仍超过10%，而又无明显的仪器故障，则需要重新对该参照标准进行评定。由有争议的参照标准得到的测试数据必须谨慎处理，通过定量分析确定其使用。

10. 操作程序

10.1 根据制造商的使用说明维护和校准设备。

10.2 在开始暴晒测试之前，将所有的试样，包括参比样和测试样，在 ASTM D 1776《纺织品调湿和测试标准方法》要求的大气条件下进行调湿平衡。达到调湿平衡是指在间隔至少 2h 对试样进行连续称重时，其重量增加不超过试样本身重量的 0.1%。可以进行任何必要的测试或评估，用以建立比较暴晒样和未暴晒样的基准。

10.3 安装试样。将样品安装在测试箱的样品架上，测试面对着灯。当试样没有装满样品架时，需要用空白板将其占满，以保证测试箱内的测试条件。

10.3.1 为了保证试样的刚性，柔软的试样可以用铝制或其他耐腐蚀的热导材料制作的衬板进行支撑。

10.3.2 如果试样上有孔洞和任何孔径大于 1mm 的不规则形状样品，必须对孔洞进行密封以防止水分损失。松结构的试样必须使用防潮层，例如铝或塑料背衬。

10.3.3 织物。将柔软织物试样包绕在铝板上，并用环形弹簧夹固定在相应的位置。在测试箱内，试样表面应为平整光滑的（见图 1）。

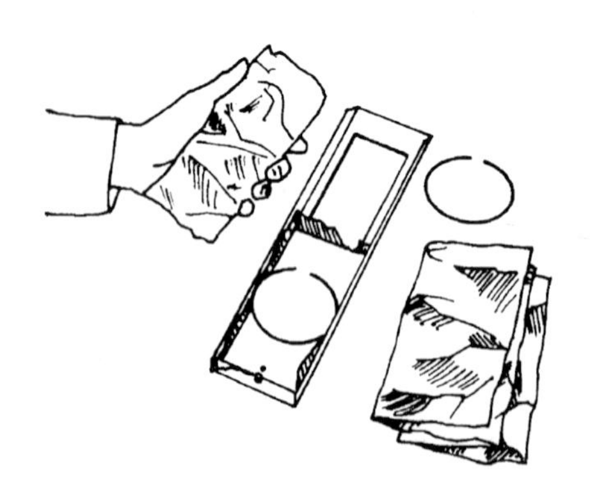

图 1 柔软织物试样的典型安装方法

10.3.4 纱线。将纱线缠绕在长度至少为 150mm 的架子上，只有直接对着辐射能的那部分纱线才进行断裂（强度）强力测试。可以测试单纱强力或绞纱强力。当测试绞纱强力时，纱线卷绕在框架上时必须紧密排列，宽度为 25.4mm。需要控制强力测试的绞纱样的纱线根数必须与暴晒试样的纱线根数相同。在暴晒结束后，纱线从框架上取下之前，用一个宽 20mm 的遮盖物或其他合适的丝带将面对光源那部分纱线固定，使这些纱线紧密排列的状态与其在暴晒架时最大程度相似。

10.3.5 对于机织物、针织物和非织造织物，应确保测试试样接受辐射源暴晒的那面为其实际使用中的正面。

10.4 调节仪器使之达到所需的测试条件，并在上述限定的测试条件下连续操作。应使用本方法 8.2 中指定的测试条件或双方达成一致的条件或产品质量要求的条件。

10.5 除了维修仪器和检查样品，应尽量保持操作的连续性，重复测试循环。每天在冷凝过程的中间检查样品，确保所有试样的湿润状态相同。

10.6 为了使温度或紫外光变化对测试的影响降到最低，建议按照图 2 所示的方式重新放置试样。每周一次按照下面步骤水平地轮换试样。

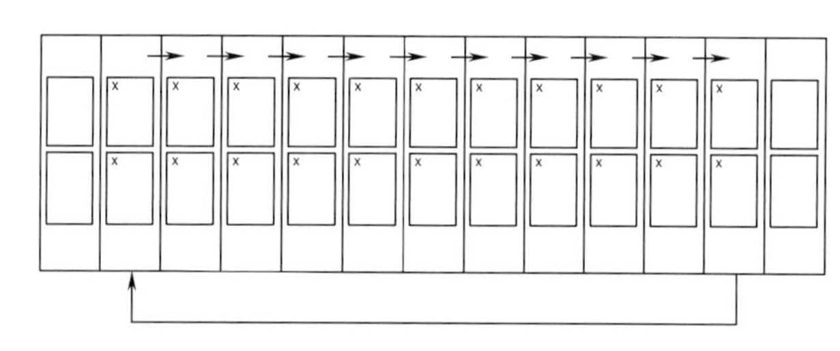

图 2 试样轮换

（1）将最右手边的两个试样支架移至暴晒区域的最左边。

（2）将其余的试样支架依次右移。

11. 暴晒时间

使用以下方法之一确定暴晒时间。

（1）规定的总小时数。

（2）用来将被测试样或双方认可的标准试样暴晒到产生相应变化所需要的总时间。

12. 调湿

12.1 如果测试试样和控制样在从测试仪中取出的时候是湿的，则在实验室室温下或在不超过71℃的温度下使其干燥。

12.2 将测试试样和控制样置于纺织用标准大气条件下进行调湿，使所有试样都达到平衡。达到调湿平衡是指在间隔至少2h对试样进行连续称重时，其重量增加不超过试样本身重量的0.1%。通常情况下是以收到样品时的重量为基础。

12.3 对于裁取待测试样和控制样、经暴晒和未暴晒试样，剪取样品的中心部分至本方法所规定的尺寸，并作相应的标记。最好在暴晒后剪取和标记试样，也可以在暴晒前进行。未暴晒的控制样也以同样方法进行剪取，并在测试前使其在无张力状态下润湿和干燥。

13. 评级

13.1 用相应的AATCC、ASTM或ISO测试方法对暴晒过的测试试样进行评定或者评级。

13.2 物理性能。

13.2.1 织物弹子顶破强力测试。根据ASTM D 3787《针织物顶破强力测试方法：等速型（CRT）弹子顶破强力测试》测定试样的顶破强力。

13.2.2 抓样法拉伸强力测试。根据ASTM D 5034《织物断裂强力和断裂伸长率测试方法（抓样法）》测定试样的抓样法拉伸强力。

13.3 颜色变化。根据AATCC 16《耐光色牢度》对颜色变化进行评定。

14. 报告

14.1 报告以下有关暴晒条件的信息。

14.1.1 荧光紫外/冷凝设备的制造商和型号。

14.1.2 荧光紫外灯的制造商名称。

14.1.3 暴晒循环，例如，4h紫外暴晒（60℃），4h冷凝（50℃）。

14.1.4 总暴晒时间。

14.1.5 总的紫外光照射时间。

14.1.6 与暴晒测试方法的任何偏差。

14.2 报告测试试样的如下信息。

14.2.1 织物的纤维组成成分，织物的暴晒面（当织物正反面纤维不同时报告）。如果已知，注明用g/m^2表示的织物重量和织物的后整理。

14.3 报告以下评定过程的信息：

14.3.1 所用评定方法、各个性能测试的评级结果或相关数据。

14.3.2 如果有，对比评定所使用的标准。

14.3.3 数据。对各不同的试样结果取平均值，或用适当的统计方法处理，并记录与原始强力和颜色相比暴晒后试样断裂强力或顶破强力的剩余值和（或）颜色变化。报告中至少包括以下内容。

（1）算术平均值。

（2）测试次数。

（3）标准偏差或变异系数。

没有测试次数和精确度的平均值报告基本上是没有用的。

15. 精确度和偏差

15.1 精确度。

15.1.1 实验室研究。在1999年早期，一个独立的实验室对该方法的实验室内精确度进行了小规模的研究和评估。将织物（#400棉印花坯布）按照本测试方法进行暴晒，得到暴晒后抓样法拉伸强力值和暴晒后弹子顶破强力值的ΔE^*_{ab}值。

15.1.2 实验室内精确度。相关物理性能的方差组成和实验室内精确度用临界值进行的表述，分别在表1、表2和表3中列出。

15.1.3 对于涉及的每个特性值，如果仅由偶然原因造成差异时，测试结果之间的差异不应超过100次对比中95次所显示的值。

15.1.4 可以用方差分析或t—检验方法来对平均值进行比较。有关的更多信息可以参考标准统计学教程。

15.2 偏差。

15.2.1 目前并没有仲裁测试方法可得到确切的测试结果用以确定本测试方法的偏差。因此，本测试方法没有已知偏差。

表1 ΔE^*_{ab}

平均值	样品方差	标准偏差
9.7	0.2	0.4
	95%水平	
平均值所用数量	标准误差	临界差
1	0.4	1.2
2	0.3	0.8
3	0.2	0.7
4	0.2	0.6
5	0.2	0.5
6	0.2	0.5
7	0.2	0.5
8	0.2	0.4
9	0.1	0.4
10	0.1	0.4

表2 暴晒后抓样拉伸强力

暴晒后试样抓样强力		
平均值	样品方差	标准偏差
59	29	5.4
	95%水平	
平均值所用数量	标准误差	临界差
1	5.4	15.1
2	3.8	10.4
3	3.1	8.7
4	2.7	7.5
5	2.4	6.7
10	1.7	4.8
控制试样抓样强力		
平均值	样品方差	标准偏差
75.2	6.6	2.6

表3 暴晒后弹子顶破强力测试

暴晒后试样顶破强力		
平均值	样品方差	标准偏差
83	81	9
	95%水平	
平均值所用数量	标准误差	临界差
1	9.0	25.2
2	6.4	17.8
3	5.2	14.6
4	4.5	12.6
5	4.0	11.3
10	2.8	8.0
控制试样顶破强力		
平均值	样品方差	标准偏差
87	55	7.4

16. 参考文献

16.1 如下是AATCC参考文献。

16.1.1 AATCC EP 6，仪器测色方法（见17.4）。

16.1.2 AATCC 16，耐光色牢度（见17.4）。

16.2 如下是ASTM参考文献。

16.2.1 ASTM D 123，《纺织用标准术语》（见17.5）。

16.2.2 ASTM D 3787，《针织物顶破强力测试方法：等速型（CRT）弹子顶破强力测试》（见17.5）。

16.2.3 ASTM D 5034，《纺织织物断裂强力和断裂伸长率的测试方法（抓样法）》（见17.5）。

16.2.4 ASTM G 151，《使用实验室光源的加速测试设备对非金属材料进行暴晒的标准操作程序》（见17.5）。

16.2.5 ASTM G 154，《对非金属材料进行紫外暴晒时荧光紫外设备的标准操作程序》（见17.5）。

16.3 SAE参考文献为SAE J2020，用紫外荧光灯和冷凝设备对机动车外部材料进行加速暴晒的标准测试方法（见17.6）。

17. 注释

17.1 对于用于这个测试的其他设备的资料，请登录http：//www.aatcc.org/bg访问在线的AATCC买家指南。AATCC 提供了其公司会员的设备和物品清单，但 AATCC 并不限制或以任何方式推荐、认可或证明设备清单中的任何设备或物质满足这个测试方法的要求。

17.2 关于本测试方法所用设备的设计和性能要求请参照 ASTM G 151 和 G 154（见 16.2）。

17.3 暴晒测试箱应为由耐腐蚀材料制成的荧光紫外/冷凝设备。测试箱内配有 8 只荧光紫外灯，一个可加热的盛水器，喷水系统（备选），试样架以及用于控制和显示操作时间和温度的装置。

17.4 相关资料可从 AATCC 获取，P.O. Box 12215，Research Triangle Park NC 27709；电话：919/549－8141；传真：919/549－8933；电子邮箱：orders@aatcc.org；网址：www.aatcc.org。

17.5 相关资料可从 ASTM 获取，100 Barr Harbor Dr.，West Conshohocken PA 19428；电话：610/832－9500；传真：610/832－9555；网址：www.astm.org。

17.6 相关资料可从 SAE International 获取，400 Commonwealth Dr.，Warrendale PA 15098－0001；电话：412/776－4841；网址：www.sae.org。

17.7 紫外线光谱范围的界定不明确，使用者可根据需要进行调整。CIE（国际照明委员会）的 E－2.1.2 委员会在光谱范围 100～400nm 间对紫外线进行如下划分：

UV－A	315～400 nm
UV－B	280～315 nm
UV－C	100～280 nm

除非另外说明，否则应使用 UV－A 型荧光紫外灯，该灯在波长 343nm 处产生峰值辐射，其光谱能量分布曲线（SED）如图 3 所示。

17.8 冷凝装置。该装置通过对盛水器进行加热产生水蒸气。盛水器应位于整个试样架区域的下面，盛水器内水位高度不低于 25mm。试样架和测试试样本身构成测试箱的侧壁。试样的背面应暴露于周围的室内空气，从而达到冷却的效果。热传递的结果使水蒸气在试样的测试面表面冷凝。

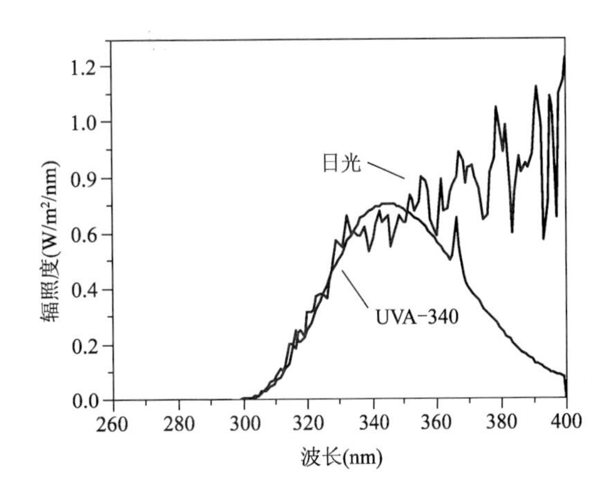

图 3 UVA－340 荧光紫外灯的代表性光谱能量分布

17.8.1 试样的放置应可以使冷凝水因重力作用而从试样测试面表面流掉，并使新的冷凝水不断重复这一过程。测试箱底部的通风口用来使周围空气与水蒸气进行交换，以防止冷凝水的氧损耗。

17.8.2 供水系统应为自动控制型，以不断调节盛水器中的水量。因为冷凝过程本身就把水蒸馏到试样测试表面，因此蒸馏水、去离子水或饮用水都可用于本测试。

17.9 使用在黑色铝板上附带一个传感器的黑板温度计测量试样温度。温度计测量精度为 ±1℃，量程范围为 30～80℃。温度计应放置在暴晒区域的中心，以使传感器和试样处于相同的环境条件下。

17.10 在紫外光暴晒过程中，通过向测试箱内供应热空气，使平衡温度维持在目标值的 ±3℃ 范围内。在暴晒冷凝过程中，通过对盛水器中的水进行加热，使平衡温度维持在目标值的 ±3℃ 范围内。

17.11 测试试样应固定在稳固的试样架上，使试样测试面对着紫外灯，试样位于光源 210mm 高度内，宽度 900mm 内，如图 4 所示。试样固定的位置可能在 210mm×900mm 区域的偏上、偏下和偏侧等方位，此时试样接受的紫外光照射强度变低。

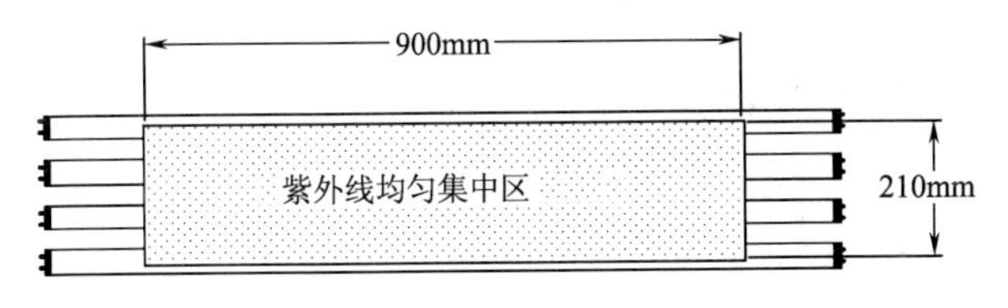

图 4 光照强度最为均匀的区域

17.12 仪器放置在温度控制在 20～30℃之间的房间内。室内温度通过温度计进行测量，温度计必须放置在内墙上或距离地面约 1500mm 且远离任何加热设备至少 300mm 的柱状物内。需要至少三个或更多的温度计放置在房间内的不同位置，以便监测测试区域内的任何温度变化。

17.12.1 建议将仪器放置在距离墙壁或其他设备至少 300mm 处。测试仪器附近应该避免有热源存在，如果有则将其遮挡，如烘箱或者加热设备，因为这些热源的存在会降低冷凝的冷却效果。

17.12.2 放置仪器的房间应具有通风性，以去除测试中产生的热量和湿气，从而使房间温度维持在上述要求的范围内。每小时内进行 2～4 次的空气交换一般可实现充分的空气流通。

AATCC 187－2009

织物尺寸变化：快速法

AATCC RA42 技术委员会于 2000 年制定；2001 年、2002 年重新审定；2004 年修订；2006、2008 年、2011 年编辑修订；2009 年编辑修订并重新审定；等同于 ISO 23231。

1. 目的和范围

1.1 本测试方法用于对织物尺寸变化进行快速测试。使用可编程设备模拟多种家庭或商业洗涤操作以及湿处理操作进行。

1.2 本测试方法并不替代目前使用的尺寸变化测试方法。

2. 原理

尺寸变化是通过比较经过规定的测试循环的前、后，织物长度和宽度方向上基准标记间的距离变化来评价的。

3. 术语

3.1 尺寸变化：名词，纺织面料在规定条件下长度或宽度上尺寸变化的通称。通常以试样的初始尺寸百分率表示。

3.2 伸长：名词，用于纺织材料。试样的长度或宽度的增加而引起的尺寸变化。

3.3 洗涤：使用液体洗涤剂的溶液处理（洗涤）纺织材料以去除油污或其他污渍的程序，一般依次包括清洗、脱水和干燥的程序。

3.4 收缩：名词，用于纺织材料。试样长度或宽度的缩小而引起的尺寸变化。

4. 安全和防范措施

本安全和预防措施仅供参考。本部分有助于测试，但未指出所有可能的安全问题。在本测试方法中，使用者在处理材料时有责任采用安全和适当的技术；务必向制造商咨询有关材料的详尽信息，如材料的安全参数和其他制造商的建议；务必向美国职业安全卫生管理局（OSHA）咨询并遵守其所有标准和规定。

4.1 遵守良好的实验室规定，在所有的试验区域应佩戴防护眼镜。

4.2 操作实验室测试仪器时，应按照制造商提供的安全建议。

5. 使用和限制条件

5.1 尽管已经对一些经过家庭洗涤和快速洗涤后纺织材料的尺寸变化进行比较并已得到资料，但使用者仍有必要确定选用仪器的程序和选择其他的测试方法或湿处理所得到结果的相关性。

5.2 由纺织材料制成的成品的尺寸变化主要（但不完全）取决于织物的尺寸变化。

5.3 尽管术语“洗涤”，使用了水溶的洗涤溶液，但本快速测试方法不使用洗涤剂。

6. 仪器和材料

6.1 快速洗涤仪（见 14.1）。

6.2 不褪色记号笔，选用最尖的记号笔（见 14.2）。

6.3 卷尺或直尺，标有毫米刻度。

6.4 对于 255mm 的基准标记，可用卷尺或直尺模板做标记，即从此模板可直接读出 0.5% 或更小增量尺寸变化率（见 14.2）。

6.5 数字成像系统（见 14.3）。

7. 取样

7.1 从批样中取足够样品，以提供充分的数据，从而获得满意的精度。

7.2 建议从每个样品上至少取四个试样，每个试样包含不同的经纱和纬纱。

8. 试样

8.1 平行于织物长度方向剪取试样，如图 1（a）所示，也可选择沿着样品对角线排列试样，这样可以将包边量减少到最小，而得到更大的基准标记尺寸，如图 1（b）所示。

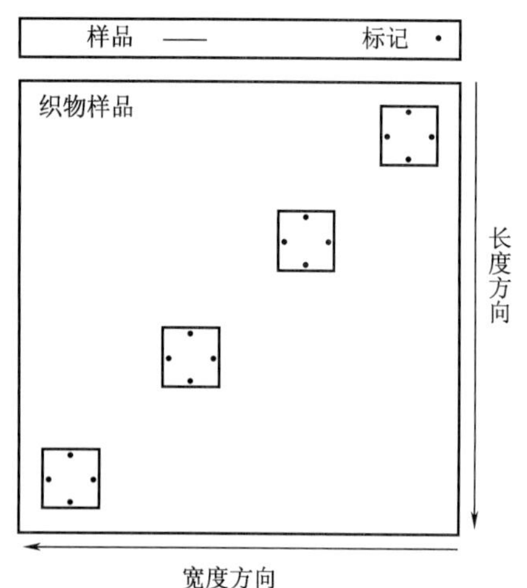

(a) 平行于织物长度方向取样

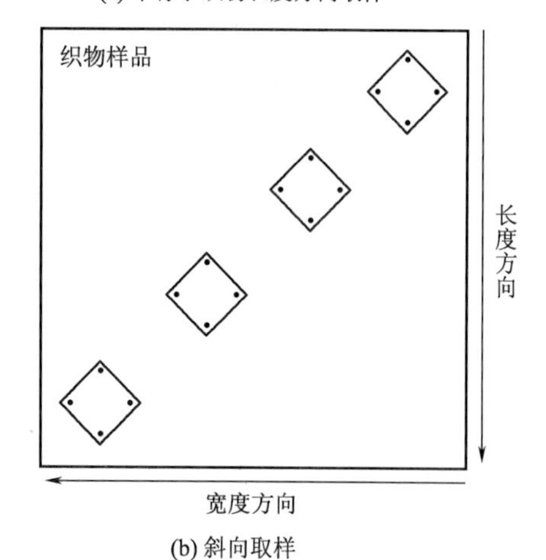

(b) 斜向取样

图 1 试样及试样标记

8.2 试样尺寸由仪器的型号和测试篮的型号、数量和形状决定。

沿着织物长度方向和宽度方向剪取试样，试样大小为 190mm × 190mm，制造商推荐以 125mm 基准标记距离为标记。也可以沿着织物对角线方向剪取 255mm × 255mm 的试样，这样可以以 255mm 基准标记距离为标记，且标记和织物实际长度和宽度方向一致，如图 1（b）所示。

8.3 在测试程序前后试样都不需在纺织品用的标准大气中调湿。

8.4 基于如 8.2 试样使用的基准标记距离的尺寸变化计算，为了提高其准确性和精确度，在测试前，应使用适当的、精度为毫米的卷尺或直尺测量每对基准标记间的距离并记录，测量值为 A 。如果使用可以读出尺寸变化百分率的模板或直尺，应检验初始的基准标记距离的准确性。

9. 操作程序

9.1 使用表 1 中的程序，测试同一块面料，确定本程序得到的结果是否和最终使用的测试程序所得到的结果有相关性。如果表 1 中的程序不能得到和最终使用的测试程序得到的尺寸变化结果具有令人满意的相关性，则改变程序参数，如冲洗次数和烘干时间。

9.2 根据制造商的建议，确定每个测试篮的测试试样数。

9.3 开启仪器，使仪器按照程序完全运行并完成。

9.4 确保干燥程序结束后试样完全干燥。如果在干燥中试样挂在篮筐中，试样可能不会完全干燥。如果发生这种情况，舍弃该试样，然后准备附加的样品并且重复测试程序。

9.5 选择的程序完成后，取出试样，将其放置在平面上至少 5min，然后测量。

表 1　快速测试机器程序设定[1]

程序操作	循环次数	循环时间（s）	温度（℃）
洗涤[2]	1		60
搅拌时间		165	
冲洗/烘干	3		60
搅拌时间		45	
旋转时间		35	
干燥时间		240	
空气压力，3.8bars 水位，3L			

① 根据仪器制造商的说明以及之前的测试表明，本程序可对95%的测试织物产生95%的总尺寸变化。

② “洗涤”一词暗示了清洗剂的使用，而用户的相关测试表明在本快速测试中添加清洗剂是没有必要的。由于快速测试程序的特性，甚至很小量的清洁剂都会起泡从而妨碍测试。

10. 测量

10.1　测量每个试样每个方向上基准标记距离并记录，精确到毫米（mm）（直尺或使用量具的最小刻度单位）。测量结果为 B（见 11.2）。

10.2　测量并记录每种样品各方向上尺寸变化率，精确到毫米（使用量具的最小刻度单位）。

11. 计算

11.1　如果量取的是尺寸变化率，分别计算每一方向的平均值，并精确到 0.1%。

11.2　如果量取的是基准标记尺寸，按下列公式分别计算每一标记的测量结果，并分别计算每个方向的尺寸变化结果的平均值，精确到 0.1%。

$$DC = \frac{B-A}{A} \times 100\%$$

式中：DC——尺寸变化；

A——原始基准标记距离；

B——洗涤测试后的基准标记距离。

11.3　洗涤后测量值小于初始测量值，表示负的尺寸变化，即收缩（-）；洗涤后测量值大于初始测量值，表示正的尺寸变化，即伸长（+）。

12. 报告

对于每个样品报告如下内容。

（1）分别报告长度、宽度方向的每个标记的测试结果和平均的尺寸变化率，精确到 0.1%，并附有适当的符号（收缩 -/伸长 +）。

（2）测试所使用的程序。

（3）试样尺寸、排列方式［见图 1（a）或图 1（b）］以及每一测试篮中的试样数。

13. 精确度和偏差

13.1　精确度。

13.1.1　多个实验室参与研究，在十个实验室中用五块面料进行测试。同一个操作者分两天在各个实验室测试样品。测试样品有 80 棉/20 涤纶起绒针织物、100% 棉斜纹布、50 棉/50 涤纶平纹针织布、100% 棉牛津纺和 100% 棉提花针织物。报告每种面料十个样品的平均试验结果。获得每种面料不同天内测试的实验结果。虽然此研究包含了五个快速循环的测试结果，但精确度分析只使用了第一个快速循环所得到的尺寸变化结果。

13.1.2　精确度是从方差分析的组成中获得的。计算不同的两种标准偏差，即实验室内部变化的标准偏差（S_e）和实验室间与实验室内部组合变化的标准偏差（S_c）。

13.1.3　从方差分析的组成可以得到初步的精确度。表 2 和表 3 列出了分析和标准偏差的交互作用，即每个织物方向上实验室内部变化的标准偏差（S_e）和实验室间与实验室内部组合变化的标准偏差（S_c）。在附录 A 中列出每个样本的尺寸变化率平均值和方差分析的组成。

表 2 方差组成的分析

方差组成	长度变化	宽度变化
实验室 V/（L）	0.26	0.11
织物/实验室 V（FL）	0.32	0.23
时期和织物 V［D（F）］	0.36	0.00
样本 W/I 时期和织物 V［S（DF）］	0.00	0.08
误差 V	0.19	0.08

表 3 实验室内和实验室间与实验室内的组合在 95% 置信区间 =2Se 和 2Sc 时的尺寸变化率

织 物	长 度		宽 度	
	Sc	Se	Sc	Se
针织起绒	0.49	0.69	0.38	0.70
斜纹	0.34	1.01	0.20	0.35
针织平纹	0.34	0.95	0.37	0.52
牛津纺	0.53	0.88	0.55	1.06
针织凹凸织物	0.29	0.66	0.17	0.48

13.1.4 表 4 和表 5 列出了单一样品和多种样品的实验室内部和实验室间的标准偏差（Se）和临界值（C_d）。

表 4 长度精度

编号	单个织物实验室内		实验室间比较		多种织物实验室内		实验室间比较	
	单人操作				单人操作			
	Se	C_d	Se	C_d	Se	C_d	Se	C_d
1	0.42	1.17	0.66	1.84	0.71	1.96	0.87	2.41
2	0.30	0.83	0.59	1.64	0.64	1.77	0.82	2.27
3	0.24	0.68	0.57	1.57	0.62	1.71	0.80	2.22
4	0.21	0.59	0.55	1.53	0.60	1.67	0.79	2.19
5	0.19	0.52	0.54	1.51	0.60	1.65	0.79	2.18
7	0.16	0.44	0.53	1.48	0.59	1.63	0.78	2.16

表 5 宽度精度

编号	单个织物实验室内		实验室间比较		多种织物实验室内		实验室间比较	
	单人操作				单人操作			
	Se	C_d	Se	C_d	Se	C_d	Se	C_d
1	0.29	0.80	0.44	1.23	0.56	1.54	0.65	1.80
2	0.21	0.57	0.39	1.09	0.52	1.42	0.61	1.71
3	0.17	0.46	0.38	1.04	0.50	1.39	0.61	1.68
4	0.15	0.40	0.37	1.02	0.50	1.38	0.60	1.67
5	0.13	0.40	0.36	1.00	0.49	1.36	0.60	1.65
7	0.11	0.30	0.35	0.98	0.49	1.35	0.59	1.64

13.2 偏差。

13.2.1 尺寸变化率仅仅是按照测试方法或程序进行定义的术语，这个方法没有已知偏差。

14. 注解

14.1 快速洗涤仪 PlusTM 系统可以从 SDL Atlas L.L.C. 获取，1813A Associate Lane, Charlotte NC 28217；电话：704/329－0911；传真：704/329－0914；电子信箱：info@sdlatlas.com。网站：www.sdlatlas.com。

14.2 记号笔可从 AATCC 获取，P.O.Box 12215, Research Triangle Park NC 27709，电话：919－549－8141；传真：919－549－8933；电子信箱：orders@aatcc.网站：www.aatcc.org。测试尺可以从 AATCC 获取。

14.3 数字成像系统可以作为测量设备来替代常规的手工测量仪器，但要确定他的精确度等同于手工仪器。

附录 A 单个面料的方差分析组成

织 物	方向	DC（%）平均值	实验室 V（L）	时期 V（D）	实验室/时期 V(L/D)	织物 V（F W/I D）	误差 V
起绒 80 棉/20 涤	长度	11.34	0.24	1.19	0.12	0.00	0.49
	宽度	5.40	0.16	0.15	0.00	0.19	0.14
斜纹 100 棉	长度	3.84	0.91	0.17	0.26	0.28	0.34
	宽度	1.21	0.08	0.01	0.01	0.00	0.04
平纹 50 棉/50 涤	长度	6.06	0.61	0.10	0.36	0.90	0.34
	宽度	1.11	0.13	0.00	0.04	0.00	0.14
牛津纺 100 棉	长度	2.87	0.48	0.05	0.14	0.00	0.54
	宽度	4.72	0.83	0.04	0.00	0.00	0.30
凹凸布 100 棉	长度	9.05	0.35	0.29	0.11	0.02	0.29
	宽度	6.98	0.20	0.01	0.08	0.00	0.03

注 DC＝尺寸变化，V＝变化，L＝实验室，D＝天，F＝织物，W/I＝内。

AATCC 188 -2010

家庭洗涤耐次氯酸钠漂白色牢度

AATCC RA60 技术委员会于 2000 年制定；2001 年和 2008 年编辑修订并重新审定；2002 年重新审定；2003 年和 2010 年修订；2004 年编辑修订。

1. 目的和范围

1.1 本测试方法适用于评定纺织品经频繁洗涤的纺织品在家庭洗涤中的耐次氯酸钠漂白（通常称为“氯漂”）色牢度。

1.2 本测试方法的结果可以与其他测试方法相结合来建立护理标签（见 5，9.6 和 12.8）。

1.3 如果含氯漂白剂的成分中除次氯酸钠外还有其他成分，那么测试方法体现的是所有化学试剂对颜色变化的总体作用。

1.4 该标准方法使用家庭洗涤设备。AATCC 61《耐洗涤色牢度：快速法》是模拟多次家庭洗涤（包括使用次氯酸钠的洗涤程序）的快速色牢度测试方法。AATCC 61 方法与本方法之间没有已知的相关性。

2. 原理

试样在适宜的温度、洗涤剂、氯漂溶液条件下经五次家庭洗涤循环的摩擦作用后，评定洗后试样的颜色变化。

3. 术语

3.1 漂白剂：在家庭洗涤中通过氧化作用清洁、增白和增艳纺织材料，并有助于去除纺织材料的油渍和污渍的产品，分含氯漂白剂和无氯漂白剂。

3.2 护理标签：在纺织品中，一系列护理程序的说明描述，用来帮助清洁产品且不产生不良影响，并包括对于有可能产生不良影响的操作的警示（见 12）。

3.3 色牢度：材料在加工、检测、储存或使用过程中，暴露在可能遇到的任何环境下，抵抗颜色变化或（和）向相邻材料转移的能力。

3.4 洗涤：使用液体洗涤剂的溶液处理（洗涤）纺织材料以去除油污和/或污渍的程序，一般依次包括清洗、脱水和干燥的程序。

3.5 次氯酸钠漂白：含 4% ~6% 次氯酸钠的溶液（NaOCl），pH 值为 9.8 ~12.8，通常称为“氯漂”。

4. 安全和预防措施

本安全和预防措施仅供参考。本部分有助于测试，但未指出所有可能的安全问题。在本测试方法中，使用者在处理材料时有责任采用安全和适当的技术；务必向制造商咨询有关材料的详尽信息，如材料的安全参数和其他制造商的建议；务必向美国职业安全卫生管理局（OSHA）咨询并遵守其所有标准和规定。

4.1 遵守良好的实验室规定，在所有的试验区域应佩戴防护眼镜。

4.2 操作实验室测试仪器时，应遵照制造商提供的安全建议。

4.3 1993 AATCC 标准洗涤剂 WOB 和 2003 标准液体洗涤剂 WOB 可能会引起对人的刺激，应注意以防止其接触到皮肤和眼睛。

4.4 所有化学物品应当谨慎使用和处理。

4.5 在准备、配制和使用漂白剂和洗涤剂的过程中，要使用化学护目镜或面罩，防渗透手套和防渗透围裙。

4.6 如果将浓硫酸稀释为10%的硫酸（见14.8.1和14.8.3），要使用化学护目镜或面罩，防渗透手套和防渗透围裙。操作浓酸仅在通风充分的通风橱中进行。注意：总是将酸加入水中。

4.7 应在附近安装洗眼器/安全喷淋装置以备急用。

4.8 本测试法中，人体与化学物质的接触限度只许达到或低于官方的限定值［例如，美国职业安全卫生管理局（OSHA）允许的暴露极限值（PEL），参见29 CFR 1910.1000，其最新版本见网址：www.osha.gov］。此外，美国政府工业卫生师协会（ACGIH）的阈限值（TLVs）由时间加权平均数（TLV－TWA）、短期暴露极限（TLV－STEL）和最高极限（TLV－C）组成，建议将其作为人体在空气污染物中暴露的基本准则并遵守（见14.1）。

5. 使用和限制条件

试样可使用这些程序，但不加漂白剂，来测定单独用水和/或水和洗涤剂对织物的洗涤效果（见9.6和12.8）。如果测试非氯漂色牢度，参见AATCC 172《家庭洗涤中耐非氯漂色牢度》（见14.2）。

6. 仪器和材料（见14.3）

6.1 全自动洗衣机（见14.4）。

6.2 全自动滚筒烘干机（见14.5）。

6.3 带有可推拉的隔板或有孔架子的调湿/干燥架（见14.6）。

6.4 缝边的陪洗织物，（920mm±30mm）×（920mm±30mm）。可选择以下的其中一种。

6.4.1 第一种陪洗织物，漂白棉织物。

6.4.2 第三种陪洗织物，50/50涤/棉平纹织物。

6.5 1993 AATCC标准洗涤剂WOB或2003标准液体洗涤剂WOB（见14.7）。

6.6 滴干和挂干时使用的装置。

6.7 天平，量程至少为5kg，灵敏度为±0.1g。

6.8 计时器。

6.9 AATCC变色灰卡（见14.7）或评定变色的比色计或分光光度计。

7. 试剂

7.1 次氯酸钠（NaOCl），4%～6%。

7.2 蒸馏水。

7.3 10%的硫酸溶液（H_2SO_4）。

7.4 10%的碘化钾溶液（KI）。

7.5 0.1N的硫代硫酸钠（$Na_2S_2O_3$）。

8. 试样

从样品上剪取一块重量为110.0g±10.0g的试样。成衣或纺织制成品（毛巾、床单等）可作为一个试样，称取总重，精确至0.1g。如果成衣的重量超过规定的1.8kg，应在报告中注明总重量。见9.2.3规定的重量要求。

9. 操作程序

9.1 表1列出了用于测试的洗涤和干燥条件。洗衣机及洗涤条件相关信息参见本技术手册中“家庭洗涤测试条件的标准化程序”专题。标准专题最新版本参见http：//www.aatcc.org/testing/mono/ms-dsmono.htm。

9.2 洗涤。

9.2.1 设定标准挡，向洗衣机中注入规定体积和温度的水。每次测试需测量和记录水的硬度。

9.2.2 加入66g±1g 1993 AATCC标准洗涤剂WOB或100g±1g 2003 AATCC标准液体洗涤剂WOB（见6.5），再加入240mL±5mL（1杯）次氯酸钠漂白溶液或制造商对满负荷洗涤时推荐的用量，开机运行2min，确保溶液充分混合。

9.2.3 加入试样和足够的陪洗织物，使其总重为1.8kg±0.1kg。设定选择的洗涤循环和洗涤时间（见表1和9.1），启动仪器。当设定的洗涤时间结束后，停止洗衣机，提前将洗衣机刻度盘上的指针拨到洗涤循环的末端。再次启动洗衣机进行漂洗、排水和脱水。

表1 洗涤及干燥条件

机洗循环	洗涤温度（℃）	干燥程序
（1）标准挡 （2）轻柔挡 （3）耐久压烫挡	（Ⅱ）27±3 （80℉±5℉） （Ⅲ）41±3 （105℉±5℉） （Ⅳ）49±3 （120℉±5℉） （Ⅴ）60±3 （140℉±5℉）	（A）滚筒烘干 （ⅰ）标准挡 （ⅱ）轻柔挡 （ⅲ）耐久压烫挡 （B）悬挂晾干 （C）滴干 （D）平铺晾干

9.2.4 对于采用程序A、B或D进行干燥的试样，其通过洗涤后继续漂洗和最后的脱水循环。经过最后的脱水循环程序之后，立即将试样取出，并将缠在一起的试样分开，要小心操作使扭曲减到最小，然后按照程序A、B或D干燥［见表1和AATCC专论“家庭洗涤测试条件的标准化程序”（见9.1）］。

9.2.5 若选择程序C滴干，必须在最后一次漂洗结束之后，开始排水之前，停止洗衣机，取出浸湿的试样。

9.3 干燥。

9.3.1 滚筒烘干（A）：将试样与陪洗织物一起放入烘干机中，根据AATCC“家庭洗涤测试条件的标准化程序”专题（见9.1）设定正确的排气温度，并设置循环程序。对于热敏织物，按照制造商的要求使用低烘干温度，且要在报告中注明。启动干燥机直到全部织物被烘干。滚筒烘干停止后要立即取出试样。

9.3.2 悬挂晾干（B）：悬挂试样的两角，使试样的长度方向与水平面垂直，并悬挂在室温下静止的空气中干燥。

9.3.3 滴干程序（C）：悬挂潮湿滴水的试样的两角，使试样的长度方向与水平面垂直，并悬挂在室温下静止的空气中干燥。

9.3.4 平铺晾干（D）：将试样或成衣平放在水平的隔板或打孔的架上，去除折皱，但不要扭曲或拉伸试样，放置在室温的静止空气中直至干燥。

9.4 按照9.2～9.3的步骤重复五次洗涤，或者直到颜色变化测试的终点（见14.2）。

9.5 当完成第五次洗涤循环后（或达到终点标准的循环后），在评定变色之前，将试样平放在隔板或有孔架上，在21℃±1℃和相对湿度65%±2%的条件下调湿至少4h。

9.6 如果使用该方法开发护理标签，试样必须要进行其他测试。试样对非氯漂白的敏感程度可以使用AATCC 172方法进行测试。为了区分硬度、pH值或漂白剂等因素的影响（见5，12.8和ASTM D 3938），可以仅用洗涤剂和/或水进行测试。

10. 评级

10.1 目光评级。

10.1.1 使用样品的未洗涤试样作为对比试样，用变色灰卡（AATCC EP1）或AATCC EP7：试样变色的仪器评价方法，评定试样颜色的变化。评定试样的至少三个位置或者在一个位置进行三次评定，并记录与灰卡颜色最接近的级数。

10.1.2 评级也可与从样品中剪取的未洗涤的控制样或已知等级的洗涤样比较。

10.2 仪器评级。

10.2.1 测试及未测试的试样或成衣也可以用仪器进行评定（见AATCC EP6《仪器测色方法》、AATCC EP7《仪器评定试样变色》和AATCC 173《CMC：可接受的小色差计算》）。

11. 结果的解释

11.1 本测试方法具有良好的示范效果，用来说明1993 AATCC标准洗涤剂WOB或2003 AATCC标准液体洗涤剂配合氯漂剂使用时对纺织品在家庭洗涤中的作用。其变色的结果是制定护理标签的依据之一（见 ASTM D3938；14.9）。

11.2 如果试样变色变化非常明显，可按照本方法仅用水和/或 AATCC 172《家庭洗涤中耐非氯漂色牢度》对未处理的样品进行重复测试（见9.6）。

12. 报告

12.1 记录每块试样的平均变色级数。

12.2 报告洗涤条件（阿拉伯数字和罗马数字）和干燥条件［表 1 中的大写字母；例如（1）Ⅲ A（ⅲ）表示：标准挡洗涤循环，洗涤温度为41℃ ±3℃，滚筒烘干（耐久压烫挡）］。

12.3 报告所用洗涤剂的类型和用量。

12.4 报告使用的氯漂白剂的品牌、次氯酸钠的活性和用量。

12.5 报告洗涤的有效氯的用量（见 14.8.3）。

12.6 如果与 8 节中所述不符，报告织物试样或成衣的重量。

12.7 如果与 5 节中所述不符，报告洗涤循环的次数。

12.8 报告水的硬度。

12.9 如果建立护理标签采用本测试结果，那么也应报告使用洗涤剂和非氯漂白剂，单独使用洗涤剂或水洗涤的结果（见 5 和 9.6）。

13. 精确度和偏差

13.1 精确度

13.1.1 2001 年在一个实验室里进行了相关的研究，同一操作员对所有测试样品进行测试。

13.1.2 被测样品包括用三种不同染料染色的三种织物。测试的洗涤条件包括 60℃ 和 49℃ 的洗涤温度。所有测试都使用 200mg/kg 的次氯酸钠。每个样品使用仪器评定三次且计算平均值。

13.1.3 实验室内，表 2 列出了标准误差和临界差。资料数据可在 AATCC 技术中心的文件中查阅。

表 2 实验室间的标准误差和临界差值（95%概率，$n-3$）

洗涤温度	平均值 *DE*	标准误差	临界差值
60℃洗涤	22.19	0.22	0.61
49℃洗涤	19.56	0.31	0.86

注 在这个单个实验室测试中，标准误差和临界差会在一定程度上被低估或高估，因此使用时应该特别注意。这些值应作为与精度相关的最小数据来考虑。置信区间没有很好地确定。

13.2 偏差。家庭洗涤耐氯漂色牢度仅仅能以一个测试方法来定义。没有独立的方法可以测定其真值。作为评价该性能的方法，本方法没有已知的偏差。

14. 注释

14.1 可从美国政府工业卫生师协会（ACGIH）的出版部获取，地址：Kemper Woods Center，1330 Kemper Meadow Dr，Cincinnati OH 45240；电话：513/742－2020。

14.2 本标准规定对试样进行五次洗涤和干燥循环，如果实验终点为达到规定的某变色级数，那么洗涤循环的次数可以减少或增加。

14.3 有关适合测试方法的设备信息，请登录 http：//www. aatcc. org/bg。AATCC 提供其企业会员单位所能提供的设备和材料清单。但 AATCC 没有给其授权，或以任何方式批准、认可或证明清单上的任何设备或材料符合测试方法的要求。

14.4 可从 AATCC 获取目前推荐的洗衣机的型号和出处。AATCC：P. O. Box 12215，Research Triangle Park NC 27709；电话：919/549－8141；传真：919/549－8933；网址：www. aatcc. org。也可以使用任何其他具有可比性结果的洗衣机。洗涤条件可参考“家庭洗涤测试条件的标准化程序”中列出的洗衣机条件表示当前指定型号的仪器的实际速度和时间。其他的洗衣机设置参数可能有一项或多项不同。

14.5 可从 AATCC（见 14.4）获取目前推荐的干燥机的型号和出处。也可以使用任何其他具有可比性结果的干燥。AATCC 专论“家庭洗涤测试条件的标准化程序”中给出了当前指定型号的仪器的实际速度和时间。其他的干燥机设置参数可能有一项或多项不同。

14.6 隔板或有孔调湿/干燥架可从 Somers Sheet Metal Inc 获取，5590 N. Church St.，Greensboro NC 27045；电话：336/643 – 3477；传真：336/643 – 7443。活动架的样图可从 AATCC 获得（见 14.4）。

14.7 可从 AATCC 获取，P. O. Box 12215，Research Triangle Park NC 27709；电话：919/549 – 8141；传真：919/549 – 8933；电子信箱：orders@ aatcc. org；网站：www. aatcc. org。

14.8 使用六个月之内购买的次氯酸钠漂白剂。漂白剂保存在空气密闭的密封容器中，且放置在阴凉干燥的地方。

14.8.1 测定次氯酸钠的活性。称量 2.00g 次氯酸钠，倒入锥形瓶，用去离子水稀释至 50 mL。加入 10% 的硫酸溶液 10mL 和 10% 的碘化钾 10mL，然后用 0.1N 的硫代硫酸钠滴定至无色。

计算公式：

$$\text{次氯酸钠} = \frac{\text{mL}Na_2S_2O_3\ (0.1N)\ (0.03722) \times 100\%}{2.0g\ NaOCl}$$

注：系数 0.03722 是将 NaOCl 的分子量（74.45g/mol）乘以 0.001（mL 到 L 的转换），再除以 2（每单位次氯酸盐对应的硫代硫酸盐的摩尔数）得来的。

14.8.2 次氯酸钠的氧化能力常用有效氯来表示，相当于存在的二价氯原子的数量。5.25% 的 NaOCl 溶液含有 50000mg/kg 的有效氯。

14.8.3 测定加入到洗涤溶液中有效氯的含量。称取 50 g 洗涤溶液，放入锥形瓶中，加入 10% 的硫酸溶液 10mL 和 10% 的碘化钾 10mL，然后用 0.01N 的硫代硫酸钠滴定至无色。

计算公式：

$$\text{有效氯含量（mg/kg）} = \frac{\text{mL}Na_2S_2O_3\ (0.01N)\ (35.45)\ (1000)}{50g\ \text{洗涤剂溶液}}$$

注：不需要用缓冲剂，因为洗涤剂已经起到缓冲作用。

14.9 ASTM 测试方法可从 ASTM 获取，地址：100 Barr Harbor Dr，West Conshohocken PA 19428；电话：610/832 – 9500；传真：610/832 – 9555。

AATCC 189 –2007

地毯纤维的含氟量

本标准由 AATCC RA57 技术委员会于 2000 年制定；2001 年、2007 年编辑修订并重新审定；2002 年重新审定；2005 年、2010 年编辑修订。

1. 目的和范围

本测试方法通过测定地毯纤维的含氟量来确定碳氟化合物防污剂的含量。可用于测定地毯绒毛纤维中碳氟化合物在 100 ~ 1000μg/g（mg/kg）范围内的含量，也适用于经碳氟化合物防污剂处理的纱线。

2. 原理

将经过称重的纤维样品放在烧瓶中进行有氧燃烧，用氢氧化钠溶液吸收释放出来的氟化氢气体。用氟离子活性电极和专用离子计来测定在恒定 pH 值和离子强度下氟化钠溶液中的氟含量。

3. 术语

3.1 含氟量：地毯中氟元素的总质量占地毯纤维总质量的比率。

3.2 防污剂：一种用于或加入到地毯表面纤维上的物质，用来减缓或控制污垢的形成。

4. 安全和预防措施

本安全和预防措施仅供参考。本部分有助于测试，但未指出所有可能的安全问题。在本测试方法中，使用者在处理材料时有责任采用安全和适当的技术；务必向制造商咨询有关材料的详尽信息，如材料的安全参数和其他制造商的建议；务必向美国职业安全卫生管理局（OSHA）咨询并遵守其所有标准和规定。

4.1 遵守良好的实验室规定，在所有的试验区域应佩戴防护眼镜。

4.2 所有化学物品应当谨慎使用和处理。在分散和混合氢氧化钠与氟化物标准物时，应使用化学护目镜或面罩、防水手套和围裙。标准物应当在通风橱内配制。

4.3 在附近安装洗眼器、安全喷淋装置以备急用。

4.4 在用解剖刀或者刀片来切割试样时应格外小心。使用防护手套可以起保护作用。

4.5 氧气供给装置的压力阀读数应不超过 14kPa。

4.6 仪器操作人员应在阅读并理解了制造商的操作说明后，方可操作测试仪。鉴于安全因素的考虑，任何操作测试仪器的人员都有责任遵照设备制造商的要求进行操作。

4.7 本测试法中，人体与化学物质的接触限度只许达到或低于官方的限定值［例如，美国职业安全卫生管理局（OSHA）允许的暴露极限值（PEL），参见 29 CFR 1910.1000，其最新版本见网址 www.osha.gov］。此外，美国政府工业卫生师协会（ACGIH）的阈限值（TLVs）由时间加权平均数（TLV – TWA）、短期暴露极限（TLV – STEL）和最高极限（TLV – C）组成，建议将其作为人体在空气污染物中暴露的基本准则并遵守（见 12.1）。

5. 仪器、试剂和材料

5.1 带球形塞（配有金属钩）的500mL的烧瓶和夹钳（每个样品配一个，可重复使用）。

5.2 金属篮（每个样品配一个，可重复使用）。

5.3 红外点火室。

5.4 黑纸包装袋（每个样品配一个）。

5.5 专用离子计。

5.6 氟离子选择电极。

5.7 参比电极。

5.8 0.001N的氢氧化钠溶液（NaOH）。

5.9 TISAB［总离子强度调节缓冲剂与CDTA（1，2－环己二胺四乙酸）或用公式对氟元素进行分析，防止铝元素的干扰，含有CDTA的总离子强度调节缓冲剂或其他可以防铝干扰且适用于氟分析的配方缓冲剂］（见12.2）。

5.10 多道移液器或瓶口分液器（或其他具有相同功能的仪器）。

5.11 氟化钠（NaF）标物（见附录A）。

5.12 机械振荡器（或其他具有相同功能的仪器）。

6. 校准

按照氟离子活性电极和专用离子计操作手册中的程序来校准专用离子计。校准专用离子计的输出电压，使其在氟浓度为1μg/g的标准溶液（见12.3和12.4）中的读数为40.0。每天或每换班一次即对离子计进行校准。

7. 试样准备

用解剖刀或者刀片来切割地毯试样的绒毛，准备纱线试样。尽可能靠近其基底布切割，基底布残茬长度不超过1mm。根据地毯的组织结构不同，每份试样需要割取20～40个绒毛。将绒毛放到纸袋中，并标注测试号。

7.1 抽样方案1。为了确定地毯纤维氟含量的总平均值，在地毯整个宽度区域内取样来补偿试验中可能出现的不均匀，将这些绒毛混合后放在一个纸袋中。

7.2 抽样方案2。为了确定一块地毯样品中氟含量均匀分布性，在地毯的不同部位取几组样品，对每一组绒毛样品单独进行分析，以确定整块地毯试样氟含量的均匀性（见12.5）。

8. 操作程序

8.1 用天平称取样品。从每份试样中任意称取0.110～0.150g的绒毛，并记录其质量，将所有经称重的绒毛装入黑纸袋中，折好后放入金属篮中。将金属篮悬挂在烧瓶塞的钩上。

8.2 将每个烧瓶和塑料杯编号。

8.3 用移液管移取20.0mL的0.001N的氢氧化钠溶液至烧瓶中（见12.6）。

8.4 打开供氧开关，将软塑料管放在烧瓶中。打开压力调节器，充氧时间为5～20s，然后关闭供氧开关（见12.7）。

8.5 立即用挂有金属篮的瓶塞塞住烧瓶口并塞紧。避免样品受潮而无法点燃。

8.6 将烧瓶放置在红外点火室内。调整烧瓶的位置，使悬挂于金属篮中的试样位于红外光束的中心，黑纸上的标签远离红外光束中心。打开红外光束，直到试样被点燃；一旦试样点燃，立即关闭红外光束，使试样充分燃烧，直到火焰彻底熄灭才可以打开红外点火室。确定试样已经充分燃烧，如果发现试样没有烧尽，则应中止测试。由于烧瓶温度很高，要用烧瓶夹或手套从引燃橱中取出烧瓶。

8.7 摇动烧瓶。

8.7.1 如果使用机械振荡器，将烧瓶放到振荡器的固定夹中并固定。启动机械振荡器，振荡1.5～2min后，取出烧瓶。

8.7.2 如果采用手动摇动，则至少用力摇1min。

8.8 打开烧瓶，将所有的氢氧化钠溶液倒入100mL的塑料杯中，并贴上测试号。

8.9 将20.0mL的TISAB总离子强度调节缓

冲剂注入到空的烧瓶中。注入时，将瓶塞稍稍提起，避免气体损失，盖上瓶塞并塞紧。重复上面8.7的步骤。再将TISAB总离子强度调节缓冲剂全部倒入装有氢氧化钠的塑料杯中。

8.10 用镊子从溶液中取出金属篮，然后盖上杯子，在室温下将该混合物放置至少30min，使其冷却。

8.11 将氟离子活性电极和参比电极插入到装有经冷却的样液塑料杯中。缓慢搅拌，待离子计的读数稳定时，记下读数及试样的质量（见12.8）。

8.12 倒掉杯中的溶液。为防止交叉污染，不可以重复使用杯子。用去离子水或蒸馏水冲洗金属篮和玻璃器皿，在开始新的测试前，将其干燥。

9. 计算

按如下方法计算结果（如果已按6的规定进行校准）。

$$\text{地毯纤维的含氟量}\ \mu g/g\ (mg/kg) = \frac{\text{离子计的读数（mv）（上述 8.11 得到）}}{\text{试样质量（g）}}$$

含氟量小于100μg/g，可视为测试背景，亦即低于本测试方法的检出限。

10. 精确度和偏差

10.1 实验室之间比对的测试数据。1998年，用两种锦纶绒毛地毯在八个实验室进行了多实验室之间的比对研究。每个实验室都由一个操作人员对每个样品进行五次测试。

10.2 方差分量。表1和表2列出了用方差和标准偏差表示的方差分量。

10.3 精确度参数。对表1中的方差分量，如果偏差与表2中的临界偏差相同或超过表2中的临界偏差，则表示在95%的置信区间，两个观测值的平均值有明显差异。

由于评估过程中只使用了两块地毯，因此建议本测试法的使用者用精度信息评估其他地毯时要谨慎使用统计学方法进行。

10.4 偏差。本标准规定的含氟量测定仅是一种测试方法，还有其他的方法可以确定氟的含量，但本方法与其他方法之间的误差尚未确立。

表1 氟含量方差的分量（用方差和标准偏差来表示）

分 量	方 差	标准偏差（μg/g）
材料和实验室内的试样	630.0	25.1
实验室	378.0	19.4
交互作用：材料、时间、实验室	59.6	7.7

注 方差分量的平方根用来表示合理的度量单位的变异性，而不是度量单位的平方。

表2 已知条件的临界偏差（95%置信区间，一种材料含氟量对比）

每次测试结果的编号	实验室内精确度		实验室间精确度	
	标准误差	临界偏差	标准误差	临界偏差
1	25.1	70	31.7	88
2	17.8	49	26.3	73
3	14.5	40	24.2	67
4	12.6	35	23.1	64
5	11.2	31	22.4	62
7	9.5	27	21.6	61
9	8.9	23	21.2	59

注 表中的临界偏差值应看作一个总体说明，尤其对于实验室间的精度来说。

11. 报告

11.1 报告地毯的描述和测试时间。

11.2 报告测试程序的任何偏离。

11.3 报告9中的测试结果。

12. 注释

12.1 相关资料可从ACGIH Publications Office获取，地址：Kemper Woods Center，1330 Kemper Meadow Dr.，Cincinnati OH 45240；电话：513/742—2020；网址：www.acgih.org。

12.2 大多数实验仪器供应公司可以提供总离子强度调节缓冲剂（TISAB）。缓冲溶液成分有柠檬酸钠、氢氧化钠、醋酸和水。

12.3 电极和离子计的校准简化了地毯含氟量的计算。40:1 的稀释比例是指将氟化氢气体溶解到 40mL 的氢氧化钠和总离子强度调节缓冲剂溶液中。

12.4 当按实验室标准操作进行试验时，在所能涵盖的测试区间，两点校准测定氟含量的精确度和准确性更好。例如，两点校准可以使用 1μg/g（mg/kg）和 3μg/g（mg/kg）的标准氟，对应的输出电压表读数分别为 40.0V 和 120.0V。

12.5 为了防止混淆溶液，应建立样品编号体系，单一试样在各个环节使用的所有物品均应标注相同的编号，比如，纸袋、塑料杯、烧瓶等。

12.6 为了便于处理大量的试样，可采用多道吸液器分装氢氧化钠储备液和总离子强度调节缓冲剂溶液。对此，多通道移液器需每天进行校准。

12.7 压力表的压力不应该超过 14kPa（2psi）。压力过大会导致液体飞溅。

12.8 电极不使用时，应浸在 2μg/g（mg/kg）的标准氟溶液中，以保证电极的状态。

附录 A 标准品配制

标准氟配制举例。

A1 2000μg/g（mg/kg）氟标准溶液：称取经烘箱烘干的氟化钠 4.4200g ±0.0001g，将其移至 1L 的容量瓶中，加入蒸馏水至 1L，摇动直至溶解。

A2 20μg/g（mg/kg）氟标准溶液：移取 2000μg/g（mg/kg）上述 2000mg/kg 溶液 10.0mL 至 1L 的容量瓶中，加入蒸馏水至 1L，摇动直至溶解。

A3 2μg/g 氟标准溶液：移液管移取 20μg/g（mg/kg）上述 20mg/kg 溶液 100.0mL 至 1L 的容量瓶中，加入蒸馏水至 1L，摇动直至溶解。

A4 0.001N 氢氧化钠溶液：移液管移取 0.500N 氢氧化钠溶液 2.00mL 至 1L 的容量瓶中，加入蒸馏水至 1L 并摇匀。

附录 B 保持实验室水平

特别推荐用含已知量的无挥发性氟碳化合物处理过的锦纶来建立并持续相应的测试控制图。

AATCC 190 -2010

家庭洗涤耐活性氧漂色牢度：快速法

AATCC RA60 技术委员会于 2001 年制定；2002 年和 2003 年重新审定；2008 年重新审定并编辑修订；2010 年修订；部分内容等效于 ISO 105 - C09。

1. 目的和范围

1.1 本测试方法为诊断性试验，用来甄别染色棉织物对氧漂白洗涤剂的敏感程度。本方法提供了一种快速地评定染色织物与活性氧漂白洗涤剂接触时发生颜色变化（模拟多次家庭洗涤，10 次或者更多）的操作程序。在可洗织物生产前，该程序在染料的选择过程中被广泛使用。

1.2 本方法无法表现出某些商业洗涤产品或生产过程使用的整理剂中含有的荧光增白剂对颜色变化的作用。

2. 原理

染色的纺织样品经过洗涤、漂洗和干燥。试样在规定的温度、漂白剂浓度和时间条件下进行测试，评定其经多次家庭洗涤后发生的褪色情况。试样和原样间的色差可通过仪器方法或目光进行评定。

3. 术语

3.1 活性氧漂剂：一种漂白产品，含有氧漂白剂和漂白活性剂。

3.2 漂白活性剂：漂白剂的前体初期形式，能将低效漂白物转变为高效漂白物。

3.3 色牢度：材料在加工、检测、储存或使用过程中，暴露在可能遇到的任何环境下，抵抗颜色变化或（和）颜色向相邻材料转移的能力。

3.4 洗涤：使用液体洗涤剂的溶液处理（洗涤）纺织材料以去除油污和/或污渍的程序，一般依次包括清洗、脱水和干燥程序。

3.5 含氧漂白剂：一种漂白剂，溶于水后通过水解释放出过氧化氢。

4. 安全和预防措施

本安全和预防措施仅供参考。本部分有助于测试，但未指出所有可能的安全问题。在本测试方法中，使用者在处理材料时有责任采用适当的安全技术；务必向制造商咨询有关材料的详尽信息，如材料的安全参数和其他制造商的建议；务必向美国职业安全卫生管理局（OSHA）咨询并遵守其所有标准和规定。

4.1 遵守良好的实验室规定，在所有的试验区域应佩戴防护眼镜。

4.2 所有化学物品应当谨慎使用和处理。

4.3 1993 AATCC 标准洗涤剂 WOB 和 2003AATCC 标准液体洗涤剂 WOB 可能会引起对人的刺激，应防止其接触到皮肤和眼睛。

4.4 操作热的水洗杯时，应戴合适的防护手套。

4.5 在附近安装洗眼器、安全喷淋装置以备急用。

4.6 操作实验室测试仪器时，应按照制造商提供的安全建议。

5. 仪器、试剂和材料（见12.1）。

5.1 仪器。

5.1.1 快速水洗牢度测试仪。以转速为40r/min±2r/min在可控温度（设定温度±2℃）的水浴中旋转密封的水洗杯。

5.1.2 不锈钢的柄锁水洗杯。容积550mL±50mL，75mm×125mm。对于厚重织物，使用容积为1200mL、90mm×200mm的不锈钢水洗杯。

5.1.3 特氟龙碳氟密封圈，备选（见7.5.2和12.2）。

5.1.4 预热器/存放装置，备选（见7.5）。

5.1.5 注意：本测试方法中不使用钢珠。

5.2 适合的色度计、分光光度计或者AATCC变色灰卡（见12.4）。

5.3 试剂和材料

5.3.1 1993 AATCC标准洗涤剂WOB（不含荧光增白剂和磷酸盐）或2003 AATCC标准液体洗涤剂WOB（见10.3和12.5）。

5.3.2 漂白活性剂（见12.6）。

5.3.3 水合过硼酸钠（PB1）（见12.4）。

5.3.4 水。蒸馏水或者去离子水，硬度小于15mg/L（mg/kg）。

5.3.5 天平，精度±0.01g。

5.3.6 电动或者自动搅拌器。

5.3.7 吸水纸（见12.4）。

5.3.8 筛网或者干燥架。

5.3.9 白色纸卡（装订试样），其三刺激值Y至少为85%。

6. 试样

6.1 准备一块50mm×100mm的试样。机织物可用不褪色线（最好是白色）包边，以防止散边。

6.2 纱线可用合适的小样机编织成针织物。

6.3 每个测试样品保留一块试样作为未洗涤的原样。

6.4 用天平称量试样的重量（见5.3.5），以便于计算出准确的浴比。

6.5 每个水洗杯仅可测试一块试样。

6.6 为了提高测试结果的精确度，建议每个样品做三块平行试样。平行试样应分别进行测试循环的测试。

7. 操作程序

7.1 调整快速水洗牢度测试仪，使其温度维持在20℃±2℃。

7.2 每次测试前，至少配置1L洗涤溶液，且是现配现用。

7.3 洗涤溶液的配制。

将10g±3g 1993 AATCC标准洗涤剂WOB或15.2g±0.5g 2003 AATCC标准液体洗涤剂WOB（见5.3.1），4g漂白活性剂（100%的活性）（见12.6）和3g水合过硼酸钠（PB1）加入1L水中（见5.3.4）。将该溶液预热到20℃±2℃，并用电动或者自动搅拌器搅拌10min±1min，确保化学试剂完全溶解。根据所需的漂白效果，漂白活性剂的用量可进行调整。

7.4 溶液和试样按照100：1（mL：g）的浴比，在每个水洗杯中加入适当的洗涤溶液（每个水洗杯中放入一块试样）。

7.5 有两种方法将水洗杯预热至规定的测试温度。可使用水洗牢度测试仪或者预热器/存放装置。如果水洗杯在水洗牢度测试仪中预热，则按照7.5.2继续进行。

7.5.1 将水洗杯放入温度为20℃±2℃的预热装置中，预热至少2min，然后将试样分别放入每个水洗杯中。

7.5.2 拧紧水洗杯的盖子。在氯丁橡胶垫片和水洗杯顶部之间插入一个特氟龙碳氟垫圈（见5.1.3），以防止氯丁橡胶污染洗涤溶液。将75mm×125mm的水洗杯固定在水洗牢度测试仪转轴的紧固板上。水洗牢度测试仪转轴的两侧放置数量相等的水洗杯。如果水洗杯用这种方式预热，则按照 7.8 继续进行。

7.6 启动机器，预热水洗杯至少 2min。

7.7 停止测试仪，使一排水洗杯处于直立的状态。打开水洗杯的盖子，然后将一块试样放入溶液中，再盖上盖子，但不要拧紧。重复该操作，直到这一排上所有的水洗杯都放入试样，再以同样的顺序拧紧水洗杯的盖子（延迟拧紧盖子的目的是使各杯内压力平衡）。重复此操作，直到各排的水洗杯都放入试样。

7.8 所有的水洗杯放入试样后，启动水洗牢度测试仪。

7.9 以最大 2℃/min 的速率升温至 60℃ ±2℃，并在 60℃ ±2℃ 条件下旋转 30min。

7.10 停止测试仪，取出水洗杯，将水洗杯内的溶液和试样倒入烧杯中，每个烧杯中仅放一块试样。每块试样需要清洗三次：将试样放入盛有温度为 40℃ ±3℃ 水（见 5.3.4）的烧杯中，偶尔搅拌或者用手挤压 1min。

7.11 用手挤压试样，去除多余的水分。

7.12 也可用手将试样在吸水纸间平压，去除多余的水分，然后将试样平放在温度不超过 60℃ 的干燥架或筛网上干燥。

7.13 评级前，试样在温度为 21℃ ±1℃ 和相对湿度为 65% ±2% 的条件下调湿 1h。

7.14 评级前，应修剪试样上脱散的纱线，并轻轻地刷掉试样表面的散纤和散纱。按要求的方向梳理绒面试样，使其尽可能恢复到未处理前的绒头角度。如果试样由于洗涤和/或干燥处理出现褶皱，应将其整理平整。为了方便评级，可将试样装在纸卡上。用 *Y* 刺激值至少为 85% 的白色纸卡作为统一的背衬材料。在评级区域内背衬材料不能有裸露，且不影响 AATCC EP7《仪器评定试样变色》的评级。

8. 评级

评定试样的变色。

8.1 用变色灰卡（AATCC EP1）或 AATCC EP7“试样变色的仪器评价方法”评定试样颜色的变化，记录与灰卡颜色最接近的级数。

8.2 为了提高结果的精确性和准确性，评定试样的人员应至少为两人。

9. 结果解释

本测试方法获得的结果用于评估染色纺织品对含活性氧漂白剂的敏感性。这是一个快速试验。为了达到所需要的效果，有些条件被夸大，如温度。洗涤剂、洗衣机和烘干机、洗涤程序和织物一直在变化（见本技术手册的专题论文“家用洗涤测试条件的标准化程序”），因此，建议说明测试结果解释时需注意。

10. 报告

10.1 根据 8 报告试样的变色结果。

10.2 说明评级方法（见 8.1 和 8.2）和所用的灰卡（参考 AATCC EP7《试样变色的仪器评价方法》和 AATCC 173《CMC：可接受的小色差计算》）。

10.3 报告所用的洗涤剂（见 12.5）。

10.4 报告所使用的快速测试仪器。

11. 精确度和偏差

11.1 1999 年实验室之间进行比对来确定本方法的精确度。实验室在正常的大气条件下进行测试。七个实验室参加，每个实验室有 1 名操作人员对六种染色织物进行测试，每个样品测试 3 个平行试样。用分光光度计测量色差（CIELAB），测量时孔径为 25.4mm，光源为 D65/10°观察。本次研究得到的方差分量和临界差可说明织物对活性氧漂剂敏感性的差异。

11.2 表 1 中列出 ΔE^* CIELAB 读数标准偏差的方差分量。

表1　方差分量

染色织物	平均值 ΔE^*	单个操作者组成	实验室间组成
#1	1.21	0.185	0.487
#2	6.13	0.222	1.055
#3	18.16	2.27	10.936

11.3　临界差。对于表1中给出的实验室间的方差分量，如果两个读数的差值等于或大于表2中所示的临界差值，那么两个观测值的平均数在95%置信区间下差异显著。

表2　临界差

染色织物	平均值 ΔE^*	观察者数量	单个操作者组成	实验室间组成
#1	1.21	3	0.696	2.074
#2	6.13	3	0.761	2.975
#3	18.16	3	2.436	9.574

12. 注释

12.1　有关适合测试方法的设备信息，请登录http：//www.aatcc.org/bg。AATCC提供其企业会员单位所能提供的设备和材料清单。但AATCC没有给其授权，或以任何方式批准、认可或证明清单上的任何设备或材料符合测试方法的要求。

12.2　特氟龙是杜邦公司的注册商标，DuPont Co，Wilmington DE 19898。

12.3　预热/存放装置可以是水洗测试仪的附带装置，或者是具有单独的电动加热器和自动调温器的独立装置。主要作用是放入水洗牢度测试仪之前，控制水浴温度以加热水洗杯和溶液。

12.4　可从AATCC获取，地址：P. O. Box 12215，Research Triangle Park NC 27709；电话：919/549－8141；传真：919/549－8933；电子邮箱：orders@aatcc.org；网站：www.aatcc.org。

12.5　可从AATCC获取，地址：P. O. Box 12215，Research Triangle Park NC 27709；电话：919/549－8141；传真：919/549－8933；电子邮箱：orders@aatcc.org；网站：www.aatcc.org。

12.6　本方法中漂白活化剂的用量对壬酸苯酚磺酸钠盐是指定的。也有其他的漂白活化剂，但是用量不同于壬酸苯酚磺酸钠盐。壬酸苯酚磺酸钠盐可从AATCC获得，P. O. Box 12215，Research Triangle Park NC 27709；电话：919/549－8141；传真：919/549－8933；电子邮箱：orders@aatcc.org；网站：www.aatcc.org。

AATCC 191 -2009

酸性纤维素酶对纤维素的影响测定：上装式洗衣机法

AATCC RA41 技术委员会于2002 年制定；2003 年重新审定；2004 年和2009 年编辑修订和重新审定；2005 年和2008 年编辑修订。

1. 目的和范围

1.1 本测试方法提供了一种简单的测试程序，用来评价洗涤时酸性纤维素酶对纤维素的影响。

1.2 评价过程按照本标准第 8 部分所述内容进行。

1.3 对于其他纤维素酶，例如改进型或中性型酸性纤维素酶，也可以通过这个测试程序进行评价。但是，纤维素酶的浓度、pH 值和时间应当遵循酶制造商的建议来确定。

1.4 为达到理想的改进效果，在洗涤时，需要加入特定浓度的酶、缓冲液和清洁剂。本测试方法中采用自动洗衣机的搅动来模拟转鼓式机器、搅拌机的作用效果，或者模拟在生产中使用的射流机（通常在低浴比下）的作用效果。本测试方法中，浓度的单位为 g/L。在测试中尽量消除不同浴比对本实验结果造成的影响。

2. 原理

本测试方法是用来确定纤维素织物经酸性纤维素酶处理后的效果。通过这样的处理，通常可以改善纤维素织物的手感、悬垂性和起毛起球性，同时可以去除短绒、未成熟棉纤维和死棉纤维。洗衣机的搅动模拟了转鼓式机器、搅拌机和射流机的作用效果。

3. 术语

酸性纤维素酶：一种对纤维素起作用的酶。

4. 安全和预防措施

本安全和预防措施仅供参考。本部分有助于测试，但未指出所有可能的安全问题。在本测试方法中，使用者在处理材料时有责任采用安全和适当的技术；务必向制造商咨询有关材料的详尽信息，如材料的安全参数和其他制造商的建议；务必向美国职业安全卫生管理局（OSHA）咨询并遵守其所有标准和规定。

4.1 遵守良好的实验室规定，所有化学物品应当谨慎使用和处理。在所有试验场所要佩戴防护眼镜和橡胶手套，要准备好测试中所有用到的化学药品的安全数据清单。

4.2 在附近安装洗眼器/安全喷淋装置以备急用。

5. 仪器和试剂（见 10.1）

5.1 自动洗衣机（与本测试方法中提到的上装式洗衣机同义）（见 10.2）。

5.2 自动滚筒式烘干机（见 10.2）。

5.3 陪洗织物。缝边的漂白棉布（第一种），规格（920mm ±30mm）×（920mm ±30mm）[（36 英寸 ±1 英寸）×（36 英寸 ±1 英寸）]，或者 50/50 涤棉平纹织物（第三种）（见 10.3）。

5.4 试剂。

5.4.1 非离子型清洁剂，配 9mol 环氧乙烷的线性乙醇。

5.4.2 缓冲液 AC，醋酸钠（见 10.3）。

6. 试样准备

6.1 选4～8件衣服，或者4～8个整幅宽、0.9m长的织物试样。建议将织物试样的剪边通过缝纫或者其他方法缝合。

6.2 选2～4件服装或织物试样用酶进行循环测试处理。

6.3 另外2～4件服装或织物试样在无酶条件下进行循环测试，以便进行对比。

7. 操作程序

7.1 按照AATCC标准中有关家庭洗涤测试标准条件的规定，使用热水，水温设定为60℃（140℉）（见10.4）。

7.2 设置家用洗衣机为低水位、小负载（12加仑的水），大约41kg（90磅）的水，同时要设定热洗或冷漂的温度。

7.3 用正常循环模式给洗衣机换水（12min一个洗涤循环）。

7.4 加入非离子型清洁剂（1g/L），体积40mL，重量为40mg。

7.5 加入醋酸钠缓冲液（6g/L），体积195mL，重量为240mg。

7.5.1 搅拌均匀，pH值控制为4.5～5.0（如果pH值过高则加入醋酸进行调节，pH值不能低于4.5，否则，加入浓度为50%的碱进行调节）。

7.6 按下表所述，加入酸性纤维素酶。

7.6.1 对于100%的纯棉衣物或者织物，通常需要加入1～2g/L的酸性纤维素酶。

7.6.2 对于50/50涤棉混纺织物，为了让织物中含棉的部分获得理想效果，就必须维持水浴中酶的浓度不变，因此，通常也需要加入1～2g/L的酸性纤维素酶。

7.6.3 对于亚麻衣物或者织物以及亚麻混纺衣物和织物，通常需要加入0.25～0.50g/L酸性纤维素酶。

7.6.4 对于黏胶纤维和莱赛尔纤维衣服或者织物，通常需要加入4g/L的酸性纤维素酶。酸性纤维素酶对这些纤维的作用很缓慢，所以需要四个洗涤循环（48min）。

7.7 如果需要获得好的搅动效果，将衣物或者织物和陪洗织物一起放在水中。选择2～4件服装或者2～4块长度为0.9m（1码）的织物就可满足要求。

7.8 启动洗衣机只进行洗涤这一步骤。

7.9 重复完整的洗涤循环步骤，并通过漂洗和脱水循环结束洗涤。要让试样在酶浴中处理24min。

7.10 立刻取出测试样品和陪洗织物，将其一起放入滚筒式烘干机中，设置烘干程序为普通挡或棉织物挡。启动烘干机直到所有的试样变干。记录干燥时间。在烘干机停止后，要立即取出试样，避免过干现象。

酸性纤维素酶部分

浓度（g/L）	体积（mL）	质量（mg）	测试试样中纤维含量	洗涤循环次数
0.5	20	21.3	100%亚麻及其混纺织物	2
2.0	80	85.0	100%棉及其混纺织物	2
4.0	160	170.0	黏胶纤维或莱赛尔织物	4

8. 评级

8.1 采用AATCC EP5《织物手感：主观评价方法》评价和比较被酸性纤维素酶处理的试样与未被处理的试样的手感差异（见10.4）。

8.2 目测比较被酸性纤维素酶处理的试样与未被处理的试样的外观差异，以此来确定织物起毛起球性能的改善程度和未成熟棉纤维或死棉纤维的去除程度。目视等级可分为无改善、稍微改善、明显改善、二者显著不同或者明显改进。

8.3 若要确定和比较被酸性纤维素酶处理的试样与未被处理的试样的强度差异，针织物可采用

ASTM D 3786《针织物液压或充气胀破强度标准测试方法》进行测试，机织物可采用最新版本的ASTM D 5035《纺织品的伸长率和断裂强度的标准测试方法——条样法测试》进行测试。

9. 精确度和偏差

9.1 精确度。本测试方法的精确度尚未建立。在本方法精确度描述建立之前，通常采用标准统计技术比较同一实验室内测试结果平均值或是不同实验室间测试结果的平均值。可采用变异分析或者样本 *t* 检验分析比较其平均值。要了解更多信息，可阅读有关标准统计分析的书籍。

9.2 偏差。用自动洗衣机对酸性纤维素酶的性能进行评级仅是一种测试方法。无独立方法来确定其真值。作为评定该项性能的一种手段，本方法没有已知的偏差。

10. 注释

10.1 有关适合测试方法的设备信息，请登录http：//www. aatcc. org/bg。AATCC 提供其企业会员单位所能提供的设备和材料清单。但 AATCC 没有给其授权，或以任何方式批准、认可或证明清单上的任何设备或材料符合测试方法的要求。

10.2 通用的推荐洗衣机和烘干机设备和型号可从 AATCC 获取，P. O. Box12215，Research Triangle Park NC27709；电话：919/549 - 8141；传真：919/549 - 8933；电子邮箱：orders@ aatcc. org；网址：www. aatcc. org/bg。

10.3 由于纤维素酶不仅对测试样品中的纤维素起作用，同时也会对陪洗织物中的纤维素起作用。因此，与其他的测试方法不同，本方法采用的陪洗织物不能反复循环使用。如果陪洗织物需要重复使用，必须在每次使用之前先称重，确保它们的质量损失不超过原重量的75%。如果超过，就应更换新的陪洗织物。

10.4 可从 AATCC 获取，地址：P. O. Box 12215，Research Triangle Park NC 27709；电话：919/549 - 8141；传真：919/549 - 8933；电子邮箱：orders @ aatcc. org；网址：http：//www. aatcc. org/bg。

AATCC 192－2009

纺织品耐气候性：给湿与不给湿条件下的日弧灯暴晒

AATCC RA64 技术委员会于 2003 年制定；2007 年将权限移交 RA50 技术委员会；2004 年、2005 年重新审定；2007 年、2008 年编辑修订；2009 年修订。

1. 目的和范围

1.1 本测试方法提供一种测定纺织材料耐气候性的方法。

1.2 下述测试方法适用于本色的、染色的、经过整理及未经过整理的各种纤维、纱线、织物及其制品，包括涂层织物。本测试方法包括的测试程序如下。

方法 A：给湿条件下日弧光灯暴晒。

方法 B：非给湿条件下日弧光灯暴晒。

1.3 使用本试验方法并不代表某些特定应用的快速测试。任何耐气候性测试与实际应用效果的关联性必须通过数学方法确定，且需要协议双方达成一致。

1.4 耐久测试的时间以及性能评定方法由协议双方在材料规格文件中进行明确。

1.5 本测试方法包括以下部分，用以明确使用和执行纺织品耐气候性测试的各种方法。

2. 原理

在规定的相对湿度或者给湿条件下，将测试试样和参比标准在光源下同时进行暴晒。根据想要达到的性能退化程度确定暴晒时间，比如颜色变化、强力损失等。试样的耐气候性通过暴晒后试样与暴晒前比较得到的性能退化程度来确定。可以采用本测试方法中推荐的一个或者多个程序。

3. 术语

3.1 AATCC 蓝色羊毛标样：由 AATCC 发布的一组染色羊毛织物，用于确定试样在耐光色牢度测试过程中的暴晒时间。

注：由于蓝色羊毛材料性能的不稳定性，它们对暴晒前、暴晒后以及评级前的环境条件中存在的热和湿度条件敏感。

3.2 黑板温度计：一种测量温度的装置，其感应部位涂有黑色材料，以吸收耐光测试中接收到的大部分辐射量。

注：该装置可测出试样在自然光或人造光暴晒过程中所能达到的最高温度（见 17.1）。

3.3 断裂强力：试样在拉伸测试中被拉伸至断裂时，作用于试样上最大的力。

3.4 胀破强力：在规定条件下，以一个垂直于织物表面的力作用于织物，使织物破裂所需的压力或压强。

3.5 变色：用于色牢度测试中。任何形式的颜色变化（包括明度、色相或彩度的变化）。

3.6 辐射量：辐照度的时间积分，单位为焦耳每平方米（J/m^2）。

3.7 实验室样品：从一批样品中取出部分用以代表该批样品，或者相应的原始材料，主要用于实验室中，从其上裁取测试试样。

3.8 参照织物：一块或多块蓝色羊毛标准样布，经过暴晒，用于检查测试仪器和操作条件。

3.9 参照塑料：聚苯乙烯塑料标准，经过暴晒用于检查测试仪器和操作条件。

注：由于户外暴晒测试存在不可控因素，如紫外线、温度、相对湿度和润湿时间，上述因素随着季节的变化而发生变化，故上述参比材料是否适用于检查户外暴晒测试中测试箱状态或操作条件尚未被验证。

3.10 试样：从相应材料或实验室样品上取出的部分，用于测试。

3.11 光谱能量分布：放射的辐射光在不同波长范围内的能量变化。

3.12 纺织品测试用标准大气：温度 21℃ ± 1℃（70 ℉ ±2 ℉）、相对湿度 65% ±2%。

3.13 撕破强力：将织物上已有的切口完全撕裂时所需要的力的平均值。

3.14 气候：给定地理位置的气候条件，包括日光、雨水、湿度和温度等因素。

3.15 耐气候性：材料暴露在气候条件下时，抵抗性能退化的能力。

4. 安全和预防措施

本安全和预防措施仅供参考。本部分有助于测试，但未指出所有可能的安全问题。在本测试方法中，使用者在处理材料时有责任采用安全和适当的技术；务必向制造商咨询有关材料的详尽信息，如材料的安全参数和其他制造商的建议；务必向美国职业安全卫生管理局（OSHA）咨询并遵守其所有标准和规定。

4.1 阅读并理解制造商的操作说明后，才可以操作测试仪器。测试仪器的操作者有责任严格遵循制造商的安全操作规程。

4.2 本测试仪器有高强度光源。测试仪器使用过程中，必须保证其测试箱的门保持关闭状态。

4.3 在维修光源前，要保证光源关闭后已经冷却 30min。

4.4 在进行设备维修时，必须保证操作面板上的“off”开关以及电源总开关关闭。在安装时，确保机器前置面板上的主电源指示灯是熄灭的。

4.5 日光对皮肤和眼睛的长时间照射是有危害的，因此必须采取安全措施保护这些部位。在任何情况下都不要直接对视太阳。

4.6 遵守良好的实验室规定，在所有的试验区域应佩戴防护眼镜。

5. 使用和限制条件

5.1 并非所有材料在相同的光源和环境下受到影响的程度相同。任何测试方法测得的结果均不能代表其他测试方法的结果，也不能代表协议双方确定的最终应用用途的效果。

5.2 由明焰碳弧激发的辐射光含有相当数量的超短波长紫外光（小于260nm），因此必须要对其进行过滤。在用的任何类型的滤光片都无法改变明焰碳弧灯的光谱能量分布，因此无法使其光谱分布与日光中的长波紫外光或可见光的光谱匹配。尽管这些滤光片在许多测试中都被指定使用，但它们可以传导大量波长在300nm（陆地日光的典型截止波长）以下的有效能量，因此会导致附加的老化过程，而这种老化在实际户外使用中是不会发生的。

5.3 方法A主要用于评定以湿度和辐射能量等因素模拟的气候条件下，纺织材料及相关产品，包括涂层织物的耐退化性。同时也可以用于验证材料的耐受性。方法B主要用于评定无湿度因素条件下，在模拟气候条件暴晒下材料的耐退化性。

5.4 为了更好地对上述测试方法得到的结果进行解释，必须知道用模拟日光暴晒测得的纺织材料耐退化性与以下因素有关。

5.4.1 材料的固有特性，如其物理状态、质量和密度。

5.4.2 光谱能量分布和辐射通量密度（来自人造光源）。

5.4.3 暴晒期间织物试样周围空气的温度和相对湿度。

5.4.4 当存在雨水或者喷淋水时，包括纤维稳定剂在内的添加剂所产生的过滤或者降解效应。

5.4.5 大气污染物。

5.4.6 具有光谱吸收特征的整理剂和染料产生的影响。

5.4.7 在应用过洗涤剂或干洗剂的情况下，这些化学试剂残留物产生的影响。

5.5 不同纺织材料的相对降解速率并不随着相关因素的变化而产生相同程度的变化。因此，任何一种测试方法都不能准确地预测在不同使用条件下纺织品和相关材料的相对耐久性。所以，通常的做法是，将试样在其可能使用的各种不同条件下进行暴晒，通过这种方式研究材料的耐久性，进而对材料性能有一个全面的了解。

5.6 对于给定的材料，一旦确定了其可接受程度的标样，后面就可以通过协议双方确定的本测试方法的操作程序，直接将测试试样与初始确定的材料标样进行比较来对试样进行评定。虽然对于大多数纺织品来说，这些方法可以得到基本一致的结果，但并非所有纺织品都能得到相同的结果。当使用自然光和气候条件与相应人造（实验室）条件测试所得到的材料的耐降解性差异很大时，则以自然光和气候条件下得到的测试结果作为材料最终使用条件下耐久性的水平。

5.7 当采用本测试方法时，应根据历史数据和经验，将所选方法与光线、湿度、润湿和温度相结合。所选择的测试方法还应反映被测材料相对应的最终使用条件。

5.8 当采用本测试方法时，使用标准参照物，该标准参比材料在特定暴晒程序后，其性能变化值应为已知。

5.9 当操作条件在本方法允许的限度范围内变化时，会导致测试结果的变化。因此，通常情况下，本方法的测试结果是不具有参考价值的，除非有详细的附录报告明确了本方法的操作条件细节与14所述是一致的。

5.10 当使用本测试法进行商业货物验收时，如果由于报告的测试结果不同而引起争议，买卖双方应该进行对比测试来确定实验室之间是否存在统计偏差。建议采用统计方法对偏差进行分析。至少，买卖双方应当从存在争议的产品上取尽可能同质的一组试样，然后对试样进行随机编号并分配给两个实验室进行测试。根据测试前双方预先选定的t检验和概率水平，对两个实验室所得结果的平均值进行比较。如果发现存在偏差，应进行修正，或者买卖双方在确定未来协议时需要将已知偏差考虑在内。

6. 仪器和材料（见 17.2）

6.1 如果条件允许，将测试仪器安装在温度和相对湿度可控的房间内，以将空气变化对测试的影响降到最低。

6.2 日弧光暴晒仪器，可对试样提供喷水（见附录 A 和 17.3）。

6.3 日弧光暴晒仪器，不对试样提供喷水（见附录 A 和 17.3）。

7. 参照标准

7.1 参照标准必须由协议双方协商确认。根据不同的测试需要，参照标准可以是由任何强力退化或颜色变化级别已知的合适的纺织材料制成的。参照标准与被测试样必须同时在相同条件下暴晒。参照标准可以用来证明不同仪器暴晒之间以及或不同户外测试地点之间是否具有一致性。如果暴晒后参照标准的测试结果与其已知值比较差异超过 10%，说明仪器有故障，则需要重新对该参照标准进行评定。由有争议的参照标准得到的测试数据必须谨慎处理，通过定量分析确定其使用。

7.2 如果色牢度是唯一的评价依据，则在不给湿的暴晒条件下（见 17.4），可以使用 AATCC 16《耐光色牢度》（见 16.2.1）中规定的蓝色羊毛标样作为参比标准。但应注意，使用不同测试方法时蓝色羊毛标样的褪色速度是不同的。

8. 校准与确认

根据制造商的使用说明维护和校准设备。

9. 试样的准备和安装

9.1 试样准备。

9.1.1 根据不同的测试程序准备测试试样，试样尺寸的最小值见表 1。按照材料规格或合同要求，试样的长边可以与材料的经向或纬向平行。

表 1 试样尺寸和试样准备

性 能	测试方法	试样尺寸
断裂强力		
条样法	ASTM D 5034	5cm×20cm（2 英寸×8 英寸）
抓样法	ASTM D 5035	13cm×28cm（5 英寸×7 英寸）
单纱强力	ASTM D 2256	15cm（6 英寸）
胀破强力		
机织物	ASTM D 3786	15cm×15cm（6 英寸×6 英寸）
非织造布	ASTM D 3786	15cm×15cm（6 英寸×6 英寸）
针织物	ASTM D 3787	15cm×15cm（6 英寸×6 英寸）
撕破强力		
摆锤法	ASTM D 1424	10cm×13cm（4 英寸×5 英寸）
梯形法	ASTM D 1117	10cm×18cm（4 英寸×7 英寸）
色牢度测试	AATCC 16	3cm×6cm（1.25 英寸×2.4 英寸）

9.1.2 根据表 1 中适用的测试方法进行试样准备（见 17.5～17.8）。

9.1.3 表 1 中给出的试样尺寸仅作为一般参考，在大多数情况下，能满足测试的需要。某些材料在暴晒后可能出现尺寸变化，此时试样尺寸会因测试仪器制造商、物理性能测试仪器和需要测试试样的数量的不同而有所变化。但是任何情况下，都要参照表 1 中列出的测试方法对应的试样尺寸和数量，以确保有足够的试样用于暴晒，并满足测试需要。

9.1.4 除非另外说明，试样厚度不应超过 25mm（1 英寸）。对于厚度超过 25mm（1 英寸）的试样，买卖双方必须对特定条件达成一致意见。

9.1.5 如要防止试样散边，需用环氧树脂或者类似的材料对试样进行封边，也可以采取缝边、剪锯齿边或者熔边。

9.1.6 对每个试样进行标记，最好准备备份试样用以对不同辐射水平下暴晒产生的变化进行记录。留存一个未暴晒的试样，用于与暴晒的试样进行比较。

9.2 安装试样。

9.2.1 将试样安装在测试箱内的试样架上，无需使用背衬，除非另外说明（见 17.9）。

9.2.2 织物。将织物固定在试样架上，织物保持平整且不卷边。织物也可以钉在纱网背衬上。对于色牢度测试，应按照 AATCC 16 的要求安装试样。

9.2.3 纱线。将纱线卷绕到框架上，只有直接对着辐射源的那部分纱线才进行断裂（强度）强力测试。可以测试单纱强力或绞纱强力。当测试绞纱强力时，纱线卷绕在框架上时必须紧密排列，宽度为 2.5cm（1.0 英寸）。绞纱强力测试样的纱线根数必须与暴晒试样的纱线根数相同。在暴晒结束后，纱线从框架上取下之前，用一个宽 2.0cm（0.75 英寸）的遮盖物或其他合适的丝带将面对光源那部分纱线固定，使这些纱线紧密地排列的状态与其在暴晒架时尽可能相似。

10. 调湿

10.1 暴晒周期结束后，将试样和控制样从暴晒架上取下，转移到纺织用标准大气条件下进行调湿。

10.2 如果从试样架上取下的试样是潮湿的，则将其置于实验室室温条件下或者温度不超过 71℃（160℉）条件下进行干燥，然后再进行调湿。未暴晒的参考标准（参照标准）及留存的未暴晒原样要与试样在完全相同的条件下进行干燥和调湿。

10.3 使所有试样，包括控制样和试样在纺织用标准大气条件下调湿平衡。达到调湿平衡是指在间隔至少 2h 对试样进行连续称重时，其重量增加不超过试样本身重量的 0.1%。通常情况下是以收到样品时的重量为基础。

在实际应用中，通常情况下纺织品达到调湿平衡并不是通过不断地称重来确定的。但在争议条件下，这种日常操作程序是不被接受的。通常的做法是：在测试前，将试样置于标准大气下放置一段合理的时间。在大多数情况下放置 24h 认为是合理的。然而，如果已知某些纤维达到湿度平衡的速度比较慢，当出现这种情况时，合同双方可以协商按照 ASTM D 1776 的要求进行预调湿。

10.4 对于裁取待测试样和控制样、经暴晒和未暴晒试样，剪取样品的中心部分至表 1 中各个方法所规定的尺寸，并做相应的标记。最好在暴晒后剪取和标记试样，也可以在暴晒前进行。未暴晒的控制样也以同样方法进行剪取。如果试样是在给湿条件下进行暴晒，则控制样在测试前应在无张力条件下进行润湿和干燥。所有的试样，包括控制样和测试样需要在纺织用标准大气条件下调湿至少 24h 或根据不同材料调湿更长的时间。所有试样同时进行测试。

11. 测试仪器的准备

11.1 在运行一个新的测试程序前需要使设备运行 24h，以确保设备状态与表 2 所述的操作条件一致。在每个测试开始时，应核查测试设备的温度和相对湿度的监控传感器（见 17.7 和附录 B）。

11.1.1 关掉所有试样喷淋装置。

11.1.2 黑板和黑标温度计组件显示的是吸收的辐照能减去由于传导和对流作用损失的热量。应使温度计的黑色面保持状态良好。黑板温度计暴露在测试设备中会发生衰退和老化。因此，应定期对其进行清洁，并用高级汽车蜡抛光。留存一个核查控制温度计用以对使用中的温度计进行定期核查，以保证使用中的温度计性能稳定一致。当校准结果显示使用中的温度计与核查控制温度计比较，超出测试程序所规定的极限时，需更换新的温度计。

11.1.3 根据表 2 和规定的测试方法来设定仪器的操作条件。

11.1.4 对测试仪器的程序进行设定，使其达到规定的测试循环。将空白或模拟试样和黑板温度计放置在试样架上。在暴晒测试期间，测试箱内模拟空气流动时不要有实际测试试样在里面。将黑板温度计以与样品架相同的方法固定在测试箱上。当温度计没有外部显示器时，可通过测试箱门上的视窗读取黑板温度计的读数。按照表 2 所述和制造商的详细说明操作和控制测试设备，运转测试设备，并调节测试箱的干湿球温度计，或者是测试箱的温度计和湿度计，以提供所需的黑板温度和相对湿度。

11.1.5 仪器在控制条件下运转至少 24h 后，关闭测试仪器，从试样架上取出空白或模拟试样。

表 2 各测试循环下仪器的启动条件

项 目	循 环			
	1	2	3	4
循环持续时间（min）	120	120	持续	120
光照（min）	90	60	持续	102
黑暗（min）	0	60	0	0
光照和喷水（min）	30	0	0	18
黑板温度［℃（℉）］	77±3 (170±5)	77±3 (170±5)	77±3 (170±5)	63±3 (145±5)
相对湿度（%）				
光照循环	70±5	70±5	27±3	50±5
喷水器的喷嘴	F-80（4）	无	无	F-80（4）
滤光片类型	Corex D			
样品架（r/min）	1			
光源	明焰日光			
碳棒类型	镀铜			
电源				
工作电压（V）	50			
启动电压（V）	200			
电流（A）	60			
水的要求（输入）				
类型	去离子水、蒸馏水或反渗透水			
硬度（mg/kg）	≤1			
pH 值	7±1			
温度［℃（℉）］	周围环境 16±5（61±9）			

12. 操作程序

12.1 将已封边的试样固定在试样架上，确保所有的材料被适当地支撑，试样上端和下端，分别保持平直。试样向靠近或远离光源的任何偏离，即使是很小的距离，都可能会导致试样结果的差异。试样架必须装满，当测试试样的数量不够装满试样架时，应使用空白或者模拟试样装满试样架。当采用间歇式暴晒时，应从光照循环开始。

12.2 对于纺织织物，除非另有说明，暴晒面应为面料实际应用中的正面。

12.3 每隔一段时间检查一下设备，确保其提供指定的温度和相对湿度，也可用合适的记录仪监控测试箱的温湿度情况。如果必要，可重新调整控制部件以维持规定的测试条件，并对测试仪器进行核查校准。

12.4 对于已经成熟的测试循环，可安装合适的循环凸轮。

12.5 对方法 A，确保喷水装置喷出的水流细且均匀地分布在试样上。

12.6 对方法 B，确保喷水装置处于关闭状态。

12.7 确保测试过程中电流、电压和给水符合表 2 的要求。确保测试循环可以提供指定的黑板温度和相对湿度。

12.8 保证试样表面接受到均一的总辐射能，依次垂直地重新排列试样，使每一试样在各个位置处暴晒相同的时间。当暴晒间隔不超过 24h 时，各个试样应摆放在与弧光灯水平轴等距离的位置。除非另有说明，每暴晒 250h，应旋转试样。

12.9 有些实验室，测试设备按照时间循环进行运转，即设备连续暴晒五天，紧接着停机两天（仪器关闭），直到指定的暴晒周期完成。这种设备在工作日运转、在周末停机的方式是许多实验室惯用的方式。有些实验室，测试设备一直连续运转。无论哪种情况，报告上均应显示运转方式和周期。

12.10 保持设备持续运转，直到碳棒耗尽。在更换碳棒时，应避免不必要的拖延，尽快继续测试。因为这种间隔延迟可能会导致结果变化或误差。

12.11 按照本方法 16 列出的测试方法进行物

理测试（见 17.10）。

12.12 各试样的结果取平均值，或用适当的统计方法处理，并记录与原始强力和颜色相比暴晒后试样断裂强力、撕破强力或顶破强力的保留程度和（或）颜色变化。应记录与未暴晒控制样相比，暴晒试样在强力—伸长曲线上断裂时的伸长率或者其他预设点处的伸长率的特征，作为重要的辅助信息。

13. 评级

13.1 按照如下方法之一，用与参照标准进行比较的方式对材料的耐久性或者耐退化性进行分级。

13.1.1 强力留存率或强力损失率。在规定暴晒时间后，记录材料的强力损失率或残留率（可为断裂强力、撕破强力或者胀破强力）。

13.1.2 剩余强力。记录材料的初始强力和最终强力，以及其他适合的数据。

13.1.3 色牢度。根据 AATCC 16 中方法 6（见 17.11）所述对材料的色牢度进行评级。

13.2 根据指定的参照样或参照标准进行评价。

（1）满意：在材料标准规定的辐射暴晒量和/或暴晒时间下，测试试样与参照标样比较具有同等的耐久性或者耐久性更好。

（2）不满意：在材料标准规定的辐射暴晒量和/或暴晒时间下，测试试样与参照标样比较耐久性较差。

13.3 为了表示测试材料对于参照标样的相对耐久性，可引入一个指数 S_nX，定义为测试后试样与耐降解标准样性能的比率。当 S_nX 值为 1 时，表示测试试样与标准样具有同等的耐久性；当 S_nX 的值大于 1 时，表示测试试样比标准样具有更好的耐久性；当 S_nX 值小于 1 时，表示试样比标准样具有更差的耐久性。

注：当记录一系列材料相对于同一个标准样的相对耐久性时，这个指数具有重要的价值，且事实上用该指数评价材料的耐久性，在研究中比用于常规的商业评定更有价值。

14. 报告

14.1 根据以下指南，报告所有应用的信息。

暴晒方法（A 或 B）：____________________

操作者姓名：____________________　　日期：____________________

样品描述：____________________

暴晒材料：正面____________________　　反面____________________

耐光色牢度评级：____________________

耐光色牢度等级：____________________　　序号：____________________

试样的比较：遮盖部分____________________

未遮盖部分____________________

未暴晒的原样____________________

耐光色牢度的评级由：

AATCC 变色灰卡：____________

仪器，名称型号：____________

评级方法：____________________

参照标准：____________________

温度控制因素

周围环境温度：________________℃
黑板温度：________________℃
黑板标准温度：________________℃
暴晒控制因素
AATCC 蓝色羊毛标样：________________
辐射能：________________
其他：________________
总辐射量：________________
测试仪器：________________ 型号：________________
样品架：________________ 倾斜排列________________
1 层________ 3 层________ 水平型________
系列号：________________ 制造商名称：________________
供水类型：________________
选用方法：________________ 暴晒时间：________________
安装程序：
有背衬的：________________ 无背衬的：________________
样品旋转时间：________________ 相对湿度：________________%

14.2 报告与本测试方法或者与参照标样性能的任何偏离。

14.3 按照 14.1 报告试样和参照材料的暴晒条件的所有信息。

14.4 报告采用的部分 13 中所述性能的评价。

14.5 如果测试试样为非经向试样，应报告试样的方向。

15. 精确度和偏差

15.1 实验室间的测试数据，断裂强力的测定。日光碳弧测试由 Suga Weather Technology Foundation 组织的，2000 ~ 2001 年间，在日本的五个实验室中进行的暴晒测试。

随机从四种测试织物上分别取三块试样，按照 AATCC 111《纺织品耐气候性：在日光和气候下暴晒》方法在实验室内进行暴晒。所有设备均完成了 AATCC 111 方法中要求的循环 1 到循环 4 的程序。AATCC 111 标准要求的循环条件在表 3 中列出。对应的四种测试织物的测试数据参见表 4。

每个实验室对同一测试重复三次。测试中四个测试循环共运行 230h。每 230h 重复一次测试循环条件。因此，这些实验室内和实验室间的精确度研究是通过短期重复操作完成的。

所有实验室暴晒过的试样统一送到 Suga Weather Technology Foundation 的技术委员会，并在同一台仪器上进行评级。

所有试样的断裂强力是按照 ASTM D 5035《纺织织物断裂强力和断裂伸长率的测试方法（条样法）》测定的，用等速拉伸强力仪对织物的两个方向分别进行测试。

平均值、重现性标准偏差 S_r、95% 重现限值（用度量单位）r、重现性变异系数（以百分比表示）（CV_r）、再现性标准偏差 S_R、95% 的再现限值（用度量单位）R、再现性变异系数（以百分比表示）（CV_R）的使用应参照 ATSM E 177《ASTM 测试方法中精确度和偏差相关术语的使用方法》。相关资料参见表4。

15.2 实验室间的测试数据，颜色变化的测定。与上述多个实验室研究使用相同的操作程序，试样在经日碳弧灯暴晒前和暴晒后分别进行颜色测量。按照AATCC EP6的要求测定颜色变化。四种测试织物对应的测试数据可参见表5。用于颜色测试的四个测试循环的总暴晒时间为80h。

平均值、重现性标准偏差S_r、95%重现限值（用度量单位）r、重现性变异系数（以百分比表示）(CV_r)、再现性标准偏差S_R、95%的再现限值（用度量单位）R、再现性变异系数（以百分比表示）(CV_R)的使用应参照ATSM E177，相关资料参见表6。

15.3 精确度。断裂强力和颜色差异ΔE的95%重现限值r和重现变异系数CV_r已经确立。例如，经测试循环1暴晒后腈纶织物的色差ΔE的重现变异系数为9.77%。当同一实验室中两个单独测试的差异（以色差百分数，ΔE表示）大于9.77%时需对结果质疑，例如，可能是源于不同的样品群。

断裂强力和色差ΔE的95%再现限值R和再现性变异系数CV_R已经确立。例如，经测试循环1暴晒后的腈纶织物的色差ΔE的再现性变异系数为10.70%。当同一实验室中两个单独测试的差异（以其平均值的百分比表示）大于10.70%时需对结果质疑，有可能是源于不同的样品群。

15.4 偏差。没有可接受的参考值，因此未建立偏差。

表3 断裂强力用测试试样的规格

序号	织物		染料	颜色索引	颜色
A	腈纶	经向	Aizen Cation Bule K－GLH	混合的	蓝色
		纬向			
B	棉	经向	Remazol Brill. Orange 3R	C.I. 活性橙16	橙色
		纬向			
C	羊毛	经向	Kayanol Milling Brown 4GW	C.I. 酸性棕13	棕色
		纬向			
D	锦纶	经向	Kayanol Milling Red BW	C.I. 酸性红138	红色
		纬向			

表4 各测试循环断裂强力的精确度

样品	方向	测试	平均强力(N)	实验室内			实验室之间		
				S_r	r	CV_r(%)	S_R	R	CV_R(%)
腈纶	经向	循环1	337.26	8.43	23.60	7.00	8.43	23.61	7.00
		循环2	336.37	8.04	22.50	6.69	8.27	23.16	6.88
		循环3	333.58	8.79	24.61	7.38	9.52	26.66	7.99
		循环4	342.65	6.14	17.19	5.02	6.14	17.19	5.02
	纬向	循环1	210.41	9.52	26.67	12.68	11.33	31.72	15.08
		循环2	215.06	6.90	19.33	8.99	6.90	19.32	8.98
		循环3	212.57	8.75	24.50	11.53	8.75	24.50	11.53
		循环4	213.26	8.59	24.05	11.28	8.99	25.17	11.80

续表

样 品	方 向	测 试	平均强力（N）	实验室内			实验室之间		
				S_r	r	CV_r（%）	S_R	R	CV_R（%）
棉	经向	循环1	276.30	16.68	46.72	16.91	16.68	46.70	16.90
		循环2	370.62	11.70	32.75	8.84	23.56	65.41	17.65
		循环3	307.00	10.52	29.47	9.60	16.65	46.62	15.19
		循环4	349.80	12.93	36.20	10.35	20.88	58.46	16.71
	纬向	循环1	132.86	11.42	31.97	24.06	18.75	52.51	39.52
		循环2	162.40	10.30	28.83	17.75	15.55	43.54	26.81
		循环3	162.69	10.55	29.54	18.16	15.10	42.28	25.99
		循环4	170.81	11.16	31.25	18.30	14.95	41.86	24.51
羊毛	经向	循环1	370.36	24.31	68.08	18.38	24.31	68.07	18.38
		循环2	380.37	17.11	47.91	12.60	25.62	71.74	18.86
		循环3	326.63	11.88	33.27	10.19	21.31	59.67	18.27
		循环4	410.40	13.31	37.27	9.08	13.31	37.27	9.08
	纬向	循环1	323.18	19.82	55.50	17.17	26.03	72.88	22.55
		循环2	295.08	11.18	31.31	10.61	17.17	48.08	16.29
		循环3	244.79	11.23	31.44	12.85	12.73	35.64	14.56
		循环4	394.35	22.06	61.76	15.66	27.46	76.89	19.50
锦纶	经向	循环1	59.14	4.40	12.32	20.84	4.4	12.32	20.83
		循环2	104.79	5.14	14.39	13.73	7.73	21.64	20.65
		循环3	51.24	4.64	13.00	25.37	4.64	12.99	25.36
		循环4	99.41	5.18	14.50	14.59	5.18	14.50	14.59
	纬向	循环1	79.52	5.44	15.22	19.14	6.27	17.56	22.08
		循环2	122.46	5.28	14.80	12.08	8.18	22.90	18.70
		循环3	73.20	4.15	11.62	15.88	4.15	11.62	15.87
		循环4	114.28	7.07	19.80	17.33	8.49	23.77	20.80
总和或平均值	经向	循环1	260.76	13.46	37.68	14.45	13.46	37.68	14.45
		循环2	298.04	10.50	29.39	9.86	16.25	45.69	15.26
		循环3	254.61	8.96	25.09	9.85	13.03	36.48	14.33
		循环4	300.56	9.39	26.29	8.75	11.38	21.86	10.60
	纬向	循环1	186.49	11.55	32.34	17.34	15.60	43.67	23.42
		循环2	198.75	8.42	23.57	11.86	11.95	33.46	16.86
		循环3	173.31	8.67	24.28	14.01	10.18	28.51	16.45
		循环4	223.17	12.22	34.22	15.33	14.97	41.92	18.78

表5 颜色测试用试样规格

项 目	织 物	染 料	C.I. 颜色索引	颜色
A	腈纶	Aizen Cation Bule K－GLH	混合	蓝色

续表

项　目	织　物	染　　料	C. I. 颜色索引	颜色
B	涤纶	Kayanol Yellow E - 3GL	C. I. 分散黄 64	黄色
C	锦纶	Lanyl Red B	C. I. 酸性红 215	红色
D	羊毛	Suminol Leveling Sky Blue R extra conc	酸性蓝 62	蓝色

表 6　各测试循环色牢度的精确度 ΔE

样　品	测　试	循环平均	实验室内			实验室之间		
			S_r	r	CV_r（%）	S_R	R	CV_R（%）
腈纶	循环 1	6. 12	0. 21	0. 60	9. 77	0. 23	0. 65	10. 70
	循环 2	2. 52	0. 11	0. 31	12. 29	0. 11	0. 31	12. 29
	循环 3	3. 37	0. 17	0. 48	14. 12	0. 19	0. 54	15. 99
	循环 4	4. 97	0. 15	0. 43	8. 72	0. 25	0. 69	13. 87
涤纶	循环 1	3. 90	0. 19	0. 53	13. 55	0. 19	0. 53	13. 72
	循环 2	2. 74	0. 10	0. 27	9. 83	0. 18	0. 50	18. 20
	循环 3	3. 77	0. 13	0. 37	9. 68	0. 22	0. 61	16. 03
	循环 4	2. 55	0. 12	0. 34	13. 25	0. 32	0. 91	35. 47
锦纶	循环 1	6. 20	0. 27	0. 75	12. 12	1. 24	3. 48	56. 19
	循环 2	3. 12	0. 14	0. 39	12. 57	0. 84	2. 36	75. 48
	循环 3	5. 15	0. 09	0. 24	4. 71	0. 72	2. 02	39. 15
	循环 4	4. 08	0. 15	0. 43	10. 57	0. 52	1. 45	35. 51
羊毛	循环 1	32. 73	1. 23	3. 45	10. 53	1. 79	5. 00	15. 28
	循环 2	15. 14	0. 57	1. 59	10. 47	1. 04	2. 92	19. 29
	循环 3	18. 92	0. 25	0. 70	3. 68	0. 94	2. 62	13. 86
	循环 4	27. 06	0. 47	1. 31	4. 82	1. 07	3. 00	11. 08
总和或平均值	循环 1	12. 24	0. 48	1. 33	10. 88	0. 86	2. 42	19. 76
	循环 2	5. 88	0. 23	0. 64	10. 87	0. 54	1. 52	25. 86
	循环 3	7. 80	0. 16	0. 44	5. 70	0. 52	1. 45	18. 52
	循环 4	9. 67	0. 22	0. 63	6. 49	0. 54	1. 51	15. 63

16. 参考文献

16. 1　ASTM 标准（见 17. 12）。

16. 1. 1　D 5034《纺织品断裂强力和断裂伸长率的测试方法（抓样法）》。

16. 1. 2　D 5035《纺织品断裂强力和断裂伸长率的测试方法（条样法）》。

16. 1. 3　D 2256《单纱拉伸强力测试方法》。

16. 1. 4　D 3787《针织物顶破强力测试方法》。

16. 1. 5　D 3786《针织物和非织造织物液压胀破强度测试方法》。

16. 1. 6　D 1424《摆锤法撕破强力仪测定机织物撕破强力的测试方法》。

16. 1. 7　D 1117《非织造织物测试方法，梯形撕破强力》。

16. 1. 8　G 24《经玻璃滤光后的日光下暴晒的标准操作方法》。

16.1.9 G 152《非金属材料在碳弧灯仪器下暴晒的标准操作方法》。

16.1.10 D 2905《纺织品质量确定所用样品数量》。

16.1.11 D 1776《纺织品调湿和测试标准方法》。

16.1.12 G 151《使用实验室光源的加速测试设备对非金属材料进行暴晒的标准操作程序》。

16.2 AATCC 测试方法（见 17.4）。

16.2.1 测试方法 16，《耐光色牢度》。

16.2.2 EP1，《变色灰卡》。

16.3 SAE 测试方法（见 17.14）。

16.3.1 J1545《外部整理、纺织品和有色装饰物色差的仪器测量方法》。

16.4 ISO 测试方法（见 17.13）。

17. 注释

17.1 关于黑板温度计。测试温度是通过安装在试样架上的黑板温度计进行测量和监控的，黑板温度计的正面需要与测试试样接受到相同的暴晒。温度计由厚 1mm（0.038 英寸）、尺寸为 70mm × 150mm（2.75 英寸 ×5.88 英寸）的黑色不锈钢板组成，钢板上固定着不锈钢双金属片的刻度盘式温度计或者耐温装置（RTD）。温度计的主干直径为 44mm（1.75 英寸），带有 44mm（1.75 英寸）的刻度盘。主干延伸 38mm（1.5 英寸）处的感应部位位于钢板的中间，一端距钢板顶部 64mm（2.5 英寸），另一端距钢板底部 48mm（1.88 英寸）。附有温度计主干的钢板面应该涂有两层黑色耐光防水的搪瓷烤瓷，且至少具有 95% 的吸收率。

17.2 有关适合测试方法的设备信息，请登录 http：//www.aatcc.org/bg。AATCC 提供其企业会员单位所能提供的设备和材料清单。但 AATCC 没有给其授权，或以任何方式批准、认可或证明清单上的任何设备或材料符合测试方法的要求。

17.3 关于本测试方法所用设备的设计和性能要求请参照 ASTM G 151 和 G 152（见 16.1）。

17.4 相关资料可从 AATCC 获取，P. O. Box 12215，Research Triangle Park NC 27709；电话：919/549 - 8141；传真：919/549 - 8933；电子邮箱：orders@aatcc.org；网址：www.aatcc.org。

17.5 除非存在其他协议，对于规格已知的应用材料，应该取一定数量的试样，以保证在 95% 概率水平下材料的测试结果的平均值在真实平均值的 ±5% 内。根据 ASTM D 2905 标准偏差的单侧极限的规定来确定试样的数量（见 16.1.10）。

17.6 起绒织物的纤维可能会倒伏或变形，如地毯等。对较小面积的此类织物进行评价比较困难，因此测试这些材料时，暴晒面积应该不小于 40.0mm（1.6 英寸）×50.0mm（2.0 英寸）。应暴晒足够大的尺寸或暴晒多块试样，以使被测材料包含样品的所有颜色。

17.7 在某些情况下，高湿度加之大气污染物，可使材料产生与光照效果相同的性质变化。如果需要，可以准备一套备份试样和参比标准，在另一个测试箱内或同类型的测试架上对备份试样在相同条件下进行暴晒，但暴晒时用不透明的材料对试样进行遮盖以消除光照影响。由于暴晒效果是由光照、温度、湿度和大气污染物共同产生的，因此不能仅仅通过覆盖不透明玻璃与不覆盖玻璃的两个测试箱产生的结果进行对比来评估光照对测试结果的影响程度。但是将两套试样与同一未经暴晒的原样进行对比，可以用来评估所测试样是否对湿度和大气污染敏感。这种方法也有助于解释在不同时间和不同地点，在相同辐射能的日光暴晒下试样产生不同测试结果的原因。

17.8 通常情况下，使用经向试样。当指定要求时，也可选用纬向试样。由于织物组织结构的原因，经纱经常接受不到辐照。因此，若使用纬向试样，则必须在报告中注明。

17.9 样品架必须由不锈钢或经适当涂层的钢制成，以避免金属杂质污染试样，因为金属杂质可能会加速或抑制试样的退化。若试样用订书钉固定，应使用不含铁和有涂层的钉子，以避免腐蚀性物质污染试样。金属框架必须经过消光处理和防反光设计，以避免反射影响材料的性能。框架应该与样品架的弯曲度一致。框架的尺寸由进行不同性能评价要求的试样规格决定。

17.10 在某些条件下，经交易双方达成协议，材料的撕破强力可以用来代替或补充断裂强力或胀破强力。根据材料的规格要求来明确是否可以用湿态断裂、撕破或者胀破强力测试来代替或补充标准纺织测试条件下的测试。如果使用，需要在报告测试数据的同时报告测试条件。

17.11 原样和遮盖暴晒试样之间的颜色变化的不同表明纺织品受到了除光照以外其他因素的影响，如热或者大气中的活性物质。尽管引起颜色变化差异的具体原因并不明确，但是如果出现这种现象，应该在报告中注明。

17.12 相关资料可从 ASTM 获取，100 Barr Harbor Dr.，West Conshohocken PA 19428；电话：610/832 - 9500；传真：610/832 - 9555；网址：www.astm.org。

17.13 相关资料可以从 ANSI（American National Standard Institute Inc.，）获取，11 West 42nd St.，New York 10036；电话：212/642 - 4900；传真：212/302 - 1286；网址：www.ansi.org。

17.14 相关资料可从 SAE International 获取，400 Commonwealth Dr.，Warrendale PA 15098 - 0001；电话：412/776 - 4841；网址：www.sae.org。

附录 A 设备和材料——仪器暴晒

日光型碳弧灯暴晒设备——方法 A 和 B。

A1 人造日弧光灯和气候测试仪器由三对镀铜的碳棒构成的垂直开焰碳弧组成，其固定在竖直的外壳中间。该碳弧灯封闭在 Corex®D 型滤波器内。碳弧和外壳之间有一个圆柱形框架对试样进行支撑，圆柱形框架距离碳弧的中心 47.6cm（18.75 英寸）。当设备更换新一组的碳棒时，最顶层试样架上面可用的试样与最底层试样架上可用的试样距离碳弧中心的距离不超过 53cm（21 英寸）。灯的尽耗部件提供碳弧周围的空气流动用来带走碳弧燃烧的副产物。测试箱内以及试样上空的空气流动是由鼓风系统提供的。测试循环是通过循环凸轮精确控制的。测试设备本身提供了对辐射、润湿、相对湿度、空气温度和黑板温度的控制。测试设备的详细说明见 ASTM G 152《用明焰碳弧灯设备对非金属材料进行暴晒的标准操作方法》。

A2 对方法 A，有四个位于试样架上半部分的 F 80 喷水嘴以垂直于试样的方向对试样进行均匀给湿。另外，有两个喷水嘴位于试样架的下半部分，对着试样进行给湿。喷嘴中心距离样品 11.8cm（4.63 英寸），与样试样架短边的垂直面的角度为 52°。喷淋角度为 80°。中间的两个喷嘴距离垂直试样架 13.6cm（5.38 英寸）。一个喷嘴位于中间喷嘴的上方 10.2cm（4 英寸）处，另一个位于中间喷嘴下方 10.2cm（4 英寸）。喷嘴压力必须在 124 ~ 172kPa（18 ~ 25psi）之间，才可能提供 0.26 ~ 0.36dm^3（0.46 ~ 0.64pt/min）的水量。

A3 在空气进入测试箱之前，通过用蒸发设备在空气进入调湿箱时对其进行给湿。空气的相对湿度通过干湿球温度计的显示或者记录进行测量，干湿球温度计的感应器位于测试箱气流的出口处。

A4 测试温度通过黑板温度计测量和控制，黑板温度的控制最好是通过让控制温度的空气在试样上方流通来完成，但也可通过室温空气流的开关控制来完成。

A5 供水系统可以使用去离子水、蒸馏水或反渗透水。供水管道必须是由不锈钢或者其他不会对水产生污染的材料制成。供给系统必须保证进入测试箱的水温恒定在 16℃ ±5℃（60℉ ±9℉）。

附录 B 建议的仪器校准和维护程序

按照制造商提供的说明进行仪器的校准和维护。

B1 组件的替换

B1.1 碳棒。每日更换。

B1.2 灯组。当损坏或者出现明显凹痕时需更换。

B1.3 Corex®D 型滤光片。使用2000h 后或者出现变色或浑浊现象时（无论哪种情况先发生），应更换 Corex®D 型滤光片。更换滤光片应该按照循环轮换的方式进行，以保证滤光片可以在长时间暴晒中提供均匀的效果。建议设备每运行 250h 更换八个滤光片中的一个。

B1.4 黑板传感器。当出现裸露的金属或者表面不再有光泽时更换（见 17.1）。

B2 清洁

B2.1 Corex®D 型滤光片。每天用清洁剂和水清洗滤光片。

B2.2 黑板传感器。至少每周清洁一次。使用高品质机动车抛光剂。

B2.3 测试箱。当出现变色或者矿质沉淀物时进行清洁，至少每月清洁一次。使用不含氯的不锈钢清洁剂，用去离子水或者同等性质的水冲洗。

B2.4 调湿箱。至少每月清洁一次。用去离子水或者等质水冲洗。

B2.5 灯组。每天刷除碳的残余物。

B3 操作的验证

B3.1 控制。每日进行检查以确保正确的仪器设置点。

B3.2 校准。至少每周一次。按照制造商提供的说明进行操作。

B3.3 记录。保持仪器设置点和校准的周记录。

AATCC 193 - 2007

拒水性：抗水/乙醇溶液测试

AATCC RA56 技术委员会于 2004 年制定；2005 年重新审定并编辑修订；2006 年、2008 年、2010 年、2011 年编辑修订；2007 年修订；技术上等效于 ISO 23232。

1. 目的和范围

本测试方法通过测试织物对一系列具有不同表面张力的水/乙醇溶液的抗润湿性来评价各类型织物形成低能量表面传递的防护整理的效果。

2. 原理

将一系列具有不同表面张力的水/乙醇溶液的标准试液滴在织物的表面，观察润湿、吸附和接触角的情况。拒水性等级是织物表面不润湿的标准试液的最高编码。等级范围是 0 ~ 8，8 级拒水性最好。

3. 术语

3.1 等级：在纺织品测试中，表示用于质量特性评价的多级参照样卡中的任何一级的质量特征的符号。

等级表示等同于标准相应级别的质量水平。

3.2 拒水性：在纺织品中，纤维、纱线或织物抗液体润湿的特性。

4. 安全和预防措施

本安全和预防措施仅供参考。本部分有助于测试，但未指出所有可能的安全问题。在本测试方法中，使用者在处理材料时有责任采用安全和适当的技术；务必向制造商咨询有关材料的详尽信息，如材料的安全参数和其他制造商的建议；务必向美国职业安全卫生管理局（OSHA）咨询并遵守其所有标准和规定。

4.1 遵守良好的实验室规定，在所有的试验区域应佩戴防护眼镜。

4.2 本方法专用的乙醇属易燃品，应远离热源、火源与明火。使用时应通风良好，避免长时间吸入该气体挥发物，避免皮肤接触，避免进入体内。

4.3 本测试方法中，人体与化学物质的接触限度只许达到或低于官方的限定值［例如，美国职业安全卫生管理局（OSHA）允许的暴露极限值（PEL），参见 29 CFR 1910. 1000，其最新版本详见网页 www. osha. gov］。此外，美国政府工业卫生师协会（ACGIH）的阈限值（TLVs）由时间加权平均数（TLV—TWA）、短期暴露极限（TLV—STEL）和最高极限（TLV—C）组成，建议将其作为人体在空气污染物中暴露的基本准则并遵守（见 12. 1）。

5. 使用和限制条件

本试验方法并非织物抗所有水性物质沾污的绝对方法。其他一些因素，诸如水性物质的成分和黏度、织物结构、纤维类型、染料和其他整理剂等，也是防沾污的影响因素。然而，使用本方法可以得到织物对水相溶液沾污的大致指数。一般情况是，拒水等级越高，防水相液体沾污的性能就越好，尤其对于液态水性物质。在对指定织物的不同整理效果进行对比时本测试方法尤其有效。

6. 设备和材料（见 12.2）

6.1 制备好的测试液，并按表 4 进行编码。

6.2 滴瓶（见 12.3）。

6.3 AATCC 白色纺织吸水纸（见 12.4）。

6.4 实验室手套（普通的即可）。

7. 试样准备

在每块样品上分别取两块相同尺寸的试样进行测试，试样尺寸应能足够完成全套试液的评定，但每块不小于 20cm×20cm（8 英寸×8 英寸），不大于 20cm×40cm（8 英寸×16 英寸）。各样品的试样应尺寸相同，测试前试样需在 21℃±1℃（70℉±2℉）和相对湿度（65%±2%）的大气条件下调湿至少 4h（见 12.5）。

8. 操作程序

8.1 将待测试样平放在白色吸水纸上，白色吸水纸放在一个光滑的水平面上。

当评定稀松组织的轻薄织物时，测试时至少使用两层织物进行测试；否则，测试溶液就会润湿吸水纸的表面，而不是润湿实际的测试织物，这样会引起结果差错。

8.2 在滴测试液之前，戴上干净的实验室用手套，用手按照绒毛织物或者线圈织物的自然方向轻抚织物表面以使织物表面状态良好。

8.3 从编号最小的试液（AATCC 水溶液测试 1 号试液）开始，沿试样纬向在 3 个不同位置处小心进行滴液［液滴的直径大约为 5mm（0.19 英寸）或体积为 0.05mL］，液滴之间至少相距 4.0cm（1.5 英寸）。滴液时，滴管头距织物表面约 0.6cm（0.25 英寸）。千万不要使滴管头碰到织物。从约 45°角的方向观察液滴 10s±2s 的时间。

8.4 如果织物与液滴接触处没有出现渗透或润湿，液滴周围也没有出现渗透现象，再在邻近位置进行高一号的测试液的测试，观察时间依然是 10s±2s。

8.5 继续这个过程，直到在 10s±2s 时间内，试液在织物表面出现明显的润湿及渗透现象。

9. 评定

9.1 织物的 AATCC 拒水等级是在 10s±2s 时间内不能润湿织物的最高编号的试液编号。如果织物能够被 98% 的水溶液试液润湿，则其拒水级别便为零（0）级。织物是否润湿一般通过织物与液滴接触的位置颜色变深，或（和）液滴失去接触角度来进行判定。在黑色或深色的织物上进行测试时，润湿现象可通过液滴失去“光亮”来判定。

9.2 试验中，由于整理剂、纤维、结构等因素影响，可能遇到不同类型的润湿现象。对于某些织物，试验终点很难确定。很多织物对于指定编号的试液具有绝对的抗润湿性（表现为液滴清晰、接触角大，见下图中示例 A），然而用高一级编号的试液进行测试时，会立刻润湿。在这种情况下，测试的终点及面料的拒水等级很明显。然而，有些织物对几种编号的试液都显示出逐步润湿，表现为织物与液滴接触的位置部分变深（见下图中示例 B～D）。对于这种织物，测试的终点应为在 10s±2s 的时间内织物与液滴接触的位置完全变深或润湿。

9.3 三滴某一编码试液中有两滴（或以上）表现为完全润湿织物（见下图中示例 D）或液滴被吸附，失去接触角度（见下图中示例 C），表明试验没通过；三滴中的两滴（或以上）达到清晰的圆形外观，有大的接触角（见下图中示例 A），则说明该编号的试液通过。拒水级以未通过的试液之前的通过试液的编码来表示，以整数表示。当三滴中的两滴（或以上）在织物上显现圆形外观的液滴，其外缘部分变深（见下图中示例 B），就定义为测试临界通过。这时的拒水级由临界通过测试时使用的试液编码减 0.5 来表示，并精确到 0.5。

10. 报告

10.1 应报告试验用试样尺寸（见 7）。

10.2 试样的拒水等级应在两块独立的试样上分别测定。如果两个试样所得拒水等级一致，则报告其等级。若两个试样所得拒水等级不同，则需要对第三块试样进行测试，如果第三块试样的结果与之前两块试样中的任何一个所得的结果相同，则报告第三块试样的拒水等级。如果第三块试样的结果与前两块所得的结果均不相同，则报告中间值。例如，如果前两块试样的等级分别为3.0和4.0，第三块试样的等级为4.5，那么取中间值4.0。报告精确到0.5个拒水等级（见下图和9.3）。

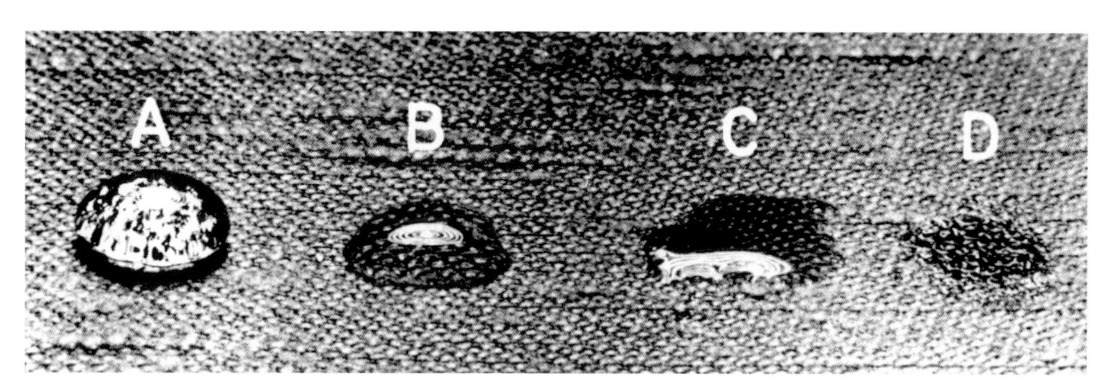

A—通过，液滴清晰、饱满 B—临界通过，局部有变暗的圆形滴液

C—未通过，毛细吸收和/或完全湿润 D—未通过，完全湿润

图1 评级示例

11. 精确度和偏差

11.1 概述。实验室内的比对试验曾于2002年11月和2003年1月进行，以建立本试验方法的精度。在两次比对试验中，实验室各有两人参加，连续三天每天对七块织物分别裁取两块试样进行拒水等级评价。等级从1级到10级。由客户提供全部所需的试验材料，并经过两级整理剂的处理。所用织物包括锦纶、涤纶、棉和涤棉。测量数值结果为每天评定的两个（或三个）试样等级的中间值。

11.2 拒水等级的标准方差的偏差构成见表1。

表1 乙醇/水试验的偏差构成

一名实验员	**0.26**
实验员之间/实验室内部	0.43

11.3 临界差。如果在11.2的偏差构成中，两个实验员之间的偏差等于或超过表2所示的临界差，则视为两次观测在95%的置信区间的完全不同。试样测定的平均值见表3。

表2 临界差①

观察次数②	一名实验员	实验室内部
1	0.50	0.79
2	0.18	0.59
3	0.15	0.48

①用t－1.950计算临界差值，基于无限自由度。

②一次观察是取两（或三）块试样评级结果的中间值作为结果值。

表3 试样测定的平均值

织 物	整理剂整理程度	
	低	高
棉	3.5	5.5
涤纶		7.5
棉/涤	1.5	2.5
锦纶	6	8

表4 标准测试液

AATCC拒水溶液级别	成 分	表面张力（N）
0	无（未通过98%拒水试验）	59.0
1	98:2/水:异丙醇（体积:体积）	50.0
2	95:5/水:异丙醇（体积:体积）	42.0

续表

AATCC 拒水溶液级别	成　分	表面张力（N）
3	90:10/水:异丙醇（体积:体积）	33.0
4	80:20/水:异丙醇（体积:体积）	27.5
5	70:30/水:异丙醇（体积:体积）	25.4
6	60:40/水:异丙醇（体积:体积）	24.5
7	50:50/水:异丙醇（体积:体积）	24.5
8	40:60/水:异丙醇（体积:体积）	24.0

注　N 为表面张力单位，即 25℃下的 dynes/cm。

11.4　偏差。拒水溶液拒水等级的准确数值是基于本试验方法的数值，因而本试验方法没有已知偏差。

12. 说明

12.1　资料可从 ACGIH 获取，地址：Kemper Woods Center，1330 Kemper Meadow Dr.，Cincinnati OH 45240；电话：513/742－2020；网址：www.acgih.org。

12.2　有关适合测试方法的设备信息，请登录 http：//www.aatcc.org/bg。AATCC 提供其企业会员单位所能提供的设备和材料清单。但 AATCC 没有给其授权，或以任何方式批准、认可或证明清单上的任何设备或材料符合测试方法的要求。

12.3　为方便起见，最好将库存的试液转到 60mL 滴瓶中，瓶外贴上 AATCC 拒水溶液等级的标签纸。很有用的典型系统是由滴瓶、吸管和氯丁橡胶球组成的球形瓶。使用前，球形瓶应在正庚烷液中浸泡若干小时，然后再用新的正庚烷液冲洗去除溶解物。实践中发现，将试液按评级表的顺序放在木台上是很有帮助的。测试液的比例对其表面张力的影响很大。只能使用分析等级的试液。由于蒸发导致异丙醇浓度降低，应每月检查试液的表面张力，或者每月用密封好的库存试液更换滴瓶中的试液。

12.4　相关资料可以从 AATCC 获取。地址：P. O. Box 12215，Research Triangle Park NC 27709；电话：919/549－8141；传真：919/549－8933；电子邮箱：orders@aatcc.org；网址：www.aatcc.org。

12.5　AATCC 118《拒油性：抗碳氢化合物测试》以及 AATCC 193 标准是目前经常同时测试的，建议应用于各个方法的试样尺寸一致。

AATCC 194－2008

纺织品在长期测试条件下抗室内尘螨性能的评价

AATCC RA49 委员会于 2006 年制定；2007 年、2008 年重新审定；2010 年编辑修订。

1. 目的和范围

本测试法旨在评价经抗尘螨整理的纺织品在长期测试环境中抗室内尘螨活性的程度。

2. 原理

用试验菌种和营养物对测试样和对照样接种。培养六个星期，使尘螨菌落在最佳条件下且有足够的时间繁殖，然后通过加热萃取方式从试样上回收尘螨。结果以经抗尘螨整理试样对未经抗尘螨整理试样的尘螨菌落减少百分比表示。

3. 术语

3.1 活性：抗尘螨整理剂效果的度量。

3.2 抗室内尘螨剂：杀死（杀螨剂）或驱除室内尘螨的任何化学药品。

4. 安全和预防措施

本安全和预防措施仅供参考。本部分有助于测试，但未指出所有可能的安全问题。在本测试方法中，使用者在处理材料时有责任采用安全和适当的技术；务必向制造商咨询有关材料的详尽信息，如材料的安全参数和其他制造商的建议；务必向美国职业安全卫生管理局（OSHA）咨询并遵守其所有标准和规定。

4.1 本测试应由经过螨虫学技术培训并有相关经验的人员操作。

4.2 警告：尽管室内尘螨被认为对人没有直接危害，但是它们的排泄物颗粒已被证明对易患哮喘的人是潜在的过敏源。因此，必须采取一切必要的和合理的预防措施，消除对实验室以及相关环境中人员的这种风险。在必要的地方穿着防护服、配戴呼吸器，防止细菌侵入。

4.3 遵守良好的实验室规定，在所有的试验区域应佩戴防护眼镜。

4.4 所有化学物品应当谨慎使用和处理。

4.5 在附近安装洗眼器/安全喷淋装置以备急用。

4.6 本测试法中，人体与化学物质的接触限度只许达到或低于官方的限定值［例如，美国职业安全卫生管理局（OSHA）允许的暴露极限值（PEL），参见 29 CFR 1910.1000，其最新版本详见网址 www.osha.gov］。此外，美国政府工业卫生师协会（ACGIH）的阈限值（TLVs）由时间加权平均数（TLV—TWA）、短期暴露极限（TLV—STEL）和最高极限（TLV—C）组成，建议将其作为人体在空气污染物中暴露的基本准则并遵守（见 13.1）。

5. 限制条件

5.1 该方法不适用于对规定的防螨整理的具体操作模式进行评定。

5.2 如果试样还需进行其他处理或只是成品的一部分，不能用该方法测定其防螨性能。

5.3 该测试方法对不同的纺织品整理剂在控制螨虫菌落繁殖能力方面效果提出了一些见解，但没有得到关于整理剂去除或减少过敏源的直接结论。

5.4 该测试方法不回收室内尘螨卵，但可对抗尘螨整理剂的抗尘螨菌落繁殖效果进行很好的测定。

6. 试验菌种

试验螨虫。屋尘螨或粉尘螨，也可使用指定国家或地区的任何其他菌种。

7. 室内尘螨培养物的保藏

7.1 在25℃ ±1℃（77℉ ±1℉）、相对湿度73% ~76%的条件下，将尘螨菌落保藏在由脱水牛肝粉末与干燥酵母粉组成的混合物上（见13.2）。使用前，混合物先用研钵和槌研磨，然后用筛网过滤，颗粒大小为500 ~750μm。

7.2 须注意确保试验用螨虫储存为培养物之前没有暴露在对螨虫有影响的化学药品或整理剂中。

8. 试样准备

8.1 试样。

8.1.1 至少剪取三块试样，并使其紧贴在直径为10cm的玻片或聚苯乙烯皮氏培养皿底部。沿置于试样上的培养皿画线或用一个大小合适的裁样器可精确地剪取试样。对于散纤维，应使用足够的材料盖住皮氏培养皿的底部。

8.1.2 若有需要，皮氏培养皿或其他较大或较小的试验箱可替代使用。为保证试样紧贴在培养皿底部，试样大小可做相应调整。

8.2 对照样。

8.2.1 至少准备三块纤维类型和结构相同，但不含抗螨整理剂的试样（阴性对照）。

8.2.2 此外，每次测试需用储存尘螨菌落的实验室内部对照样，目的是验证经过六个星期的测试，已知试样上的螨虫菌落是否以期望的速度繁殖。

8.3 试样的灭菌。

试验期间，由于孢子的存在，试样上可能有真菌生长，因此试样需要灭菌。使用的灭菌方法根据样品的成分和整理剂，以及特殊的抗室内尘螨整理而定。报告中注明使用的灭菌方法。

9. 操作程序

9.1 试验步骤。

9.1.1 在每块试样上分别放50mg磨碎、过筛的营养混合物。可用筛子使混合物在材料上均匀地分布。

9.1.2 为防止螨虫逃逸，可在容器的边上涂上凡士林。应避免涂层太厚，以免后序的加热过程中凡士林融化而影响螨虫的回收。经验证，打结网能提供有效的屏障（见13.3）。但是，材料上将不可避免粘有一定量的螨虫，最后回收的数量可能受到影响。第三种方法是将一块先前被证明是有效的螨虫屏障织物紧密罩在顶部并固定。

9.1.3 关闭每个测试箱，将测试组件在25℃ ±1℃（77℉ ±1℉）和相对湿度为73% ~76%环境中放置大约48h，使试样适应微环境。

9.1.4 在每个已适应环境的试样和对照样上放置取自同一活性菌落的25只雄性和25只雌性螨虫。

9.1.5 如果可能，使用交配对以确保雌性螨虫的产卵期相近。

9.1.6 关闭测试箱，且在25℃ ±1℃（77℉ ±1℉）和相对湿度73% ~76%的条件下将试样培养六个星期。

9.2 螨虫回收。

9.2.1 培养六个星期后，每次从培养箱中取出一个测试箱。为每个平板预先剪裁一个与试验平板大小适宜的尼龙网（见13.4）。将黏胶带盖在尼龙网上，胶带的黏性面直接接触网孔，并且使胶带伸出网边沿大约5mm。

9.2.2 在测试箱中取下盖子，直接将胶带、网组合体稳固地放置在试样的顶部，胶带的黏性面朝下。确保胶带的外边缘粘在试验平板的边上。网可限制食物颗粒数量以及随后的回收步骤中可能粘在胶带上的死螨虫的数量。

9.2.3 将去掉盖子的平板直接放在设定温度为50℃（122℉）的加热板上（见13.5）。在胶带、网组合体上放一个砝码，使组合体和试样紧密接触。将预制的与平板大小适宜的圆形聚苯乙烯泡沫塑料放置在测试盘中的组合体和砝码之间，均匀分配重量，也可防止湿气在胶带上聚集。

9.2.4 将每个测试箱在加热板上至少放置5h。加热时间必须充足，便于从较厚的纺织品试样或具有厚背衬的试样（如地毯）上回收螨虫。

9.2.5 热接触后，移除砝码和回收组合体。用干净的聚乙烯薄膜或另一黏性胶带封住尼龙网的另一面，便于螨虫计数。

10. 评价

10.1 用低倍的立体—双目显微镜对薄膜上回收的螨虫计数。

10.2 计算每组试样和对照样的平均值和标准偏差。

11. 报告

11.1 用以下公式表示结果，即相对于对照样减少的百分比。

$$R = \frac{100\ (A-B)}{A} \times 100\%$$

式中：R——试样相对于对照样减少的百分数；

A——在对照样上的尘螨平均数；

B——在试样上的尘螨平均数。

11.2 在六周测试期内，如果阴性对照样上有生长良好的螨虫菌落出现，不必再回收实验室内部对照样中的螨虫进行计数，试验有效。但是，如果阴性对照样上预计螨虫数与对照样相比要低，必须按照9.2所述回收实验室内部对照样的螨虫。回收的螨虫数量超过每个实验室内部对照样正常范围，则试验无效。

11.3 必须在报告中注明本程序中出现的任何偏离。

11.4 测试结果的评价标准由协议双方确定。

12. 精确度和偏差

12.1 本试验方法的精确度尚未确立，在本方法的精确度确立之前采用标准的统计学方法比较实验室内或实验室之间的试验结果的平均值。

12.2 偏差。在长期测试条件下的纺织品抗室内尘螨的性能只能在一个测试方法中定义。没有独立的方法测定其真实值。作为评价这些性能的手段，该方法无已知偏差。

13. 注释和参考

13.1 手册可从 ACGIH Publications Office 获取，地址：Kemper Woods Center，1330 Kemper Meadow Dr.，Cincinnati OH 45240；电话：513/742－2020；网址：www.acgih.org。

13.2 粉状牛肝粉可从 Oxoid Inc. 获取，地址：800 Proctor Avenue，Ogdensburg NY 13669；电话：800/576－8378；传真：613/226－3728；电子邮箱：webinfo.us@oxoid.com；网址：www.oxoid.com。

13.3 打结网可从 Tanglefoot Company 获取，地址：314 Straight Avenue S.W.，Grand Rapids MI 49504－6485；电话：616/459－4139；传真：616/459－4139；电子邮箱：info@tanglefoot.com；网址：www.tanglefoot.com。

13.4 网筛由锦纶长丝制成，密度为40根/英寸×40根/英寸，厚度为0.36mm，孔径为0.63mm。可以从 Industrial Textile Ltd. 获取，地址：62 Patiki Rd.，Avondale，Auckland 1007 NZ；电话：649/828－3188；免费传真：649/828－1022；电子邮箱：info@vakeattack.co.nz；网址：www.index.co.nz。

13.5 也可使用其他加热样品的方法，如用白炽灯光源。但是，开始测试时为使每种类型的样品获得最大的螨虫回收量，必须优化该程序。

AATCC 195 -2011

纺织品的液态水动态传递性能

AATCC RA63 技术委员会于 2009 年制定，2010 年重新审定，2011 年修订。

1. 目的和范围

1.1 本测试方法用来对纺织品的液态水动态传递性能进行测试、评估和分级。本测试方法提供了测定针织物、机织物和非织造织物液态水动态传递性能的客观方法。

1.2 本测试方法得出的测试结果是以织物组织结构所特有的抗水性、拒水性和吸水性为基础的，包括织物的几何结构、内部结构以及组成织物的纤维和纱线的芯吸特征。

2. 原理

2.1 纺织品的液态水动态传递性能的测定是通过将织物试样放在两个水平（上层和下层）电传感器之间进行测试的，每个传感器有七个同心的插脚。将一定量的用来辅助测量电传导率变化的测试溶液滴到测试试样朝上那面的中心位置，测试溶液在三个方向上自由移动：测试溶液在试样上表面放射状扩展；测试溶液从试样上表面向试样下表面方向运动；测试溶液在试样下表面放射状扩散。在测试过程中测定并记录试样电阻的变化。

2.2 通过试样电阻的读数来计算织物液体含量的变化，进而对试样上液体在不同方向上的动态传递性能进行量化。用预先确定的参数表示织物液体管理性能的结果并进行评级。

3. 术语

3.1 吸收速率［AR_T（上表面）和 AR_B（下表面）］：在测试过程中，水含量出现变化过程中试样上表面和下表面液体吸收速度的平均值。

3.2 累积单向传递指数（R）：以时间为参照坐标，试样上表面和下表面液体含量曲线之间的面积差。

3.3 下表面（B）：对于本测试而言，是指当试样对着下层电传感器的那面，也是面料的正面或者服装面料的外表面。

3.4 最大润湿半径（MWR_T）和（MWR_B）：试样上表面和下表面测得的最大润湿半径（mm）。

3.5 液态水动态传递：对于液态水动态传递测试来说，是指试样通过工艺整理得到的或者固有的对含水液体如汗液或者水（与纺织品舒适性相关的），包括液态水和水蒸气的传递性。

3.6 液态水（液体）动态传递综合指数（$OMMC$）：是通过对测得的织物的三个性能特征指标进行计算得出的表示织物对液体和水进行传递的综合性能的评价指数。三个性能特征值包括：试样下表面液体和水吸收速率（AR_B）；单向液体传递性能（R）；试样下表面最大液体和水扩散速度（SS_B）。

3.7 扩散速度（SS_i）：织物表面从测试溶液滴下到扩散到最大润湿半径时的速率累积值。

3.8 上表面（T）：对于本测试而言，是指当试样放在下层电传感器上时，对着上层电传感器的那面，也是面料用于服装后与皮肤接触的那面。

3.9 总含水量（U）（%）：试样上表面和下表面含水量的总和。

注：试样的总含水量可以更为精确的定义为“总

的表面含水量”，尤其当织物成分中有纤维素类成分存在时。总含水量意味着试样中所有的水都将被测出，有时可能包含织物本身的水分。但是，当测试纤维素纤维时，所收集到的纤维内部的水分（如棉纤维内腔里的水分）不会被当成试样表面液体计算。

3.10 润湿时间［WT_T（上表面）和 WT_B（下表面）］：从测试开始到试样上表面和下表面开始润湿时的时间，以秒表示。

4. 安全和预防措施

本安全和预防措施仅供参考。这些措施有助于测试过程，但未包含所有的内容。在本测试方法中，使用者有责任在处理材料时采用安全和正确的技术；须向制造商咨询有关材料的详尽信息，如材料的安全参数及其他建议；须向美国职业安全卫生管理局（OSHA）咨询并完全遵守其标准和规定。

遵守良好的实验室规范，在所有试验场所要佩戴防护眼镜。

5. 使用和限制条件

5.1 AATCC 测试方法仅对测试过程进行表述，并非产品性能说明。因此本方法的使用者有责任选择所测试产品的最小（或者最大）可接受的判定值。

5.2 本测试方法主要侧重于液体和水在水平状态下的传递。本测试方法可以应用于服装用织物或者其他有可能与人体表面的液体（如汗液）接触的纺织品。本方法不用来测试气态水的传递性能（如水蒸气的传递）或者其他也可以影响人体舒适感的织物手感性能。

5.3 由于人体的舒适感觉是由多种液体传递性能以及环境因素（服装合身度）决定的，因此仅用本测试方法或者其他任何单一测试方法并不符合“AATCC/ASTM 关于纺织服装、日用产品及纺织品水含量管理的技术补充说明”中的相关解释（见13.1）。因此，只用本测试方法并不能对服装或者纺织品的舒适性进行综合评价。当需要将与环境和纺织品舒适性和风格相关的吸水性、芯吸性、液体传递和气体传递等性能结合起来进行考虑时，应该建立综合性能评价表，如本标准9.2.1中所示的评价图表。

5.4 本测试方法并不适用于涂层织物、胶合织物或者复杂结构的织物。当本方法用于表面拒水整理的织物分析时，应小心处理。本测试方法不适用于具有高吸水性能的织物，如毛圈织物或者厚型针织和机织织物。本方法中规定量的测试溶液并不能使其在厚型织物或者高吸水性织物表面产生正常的液体传递运动。

5.5 本测试方法不能用来测试织物的干燥性能。干燥性能通过液体和水的扩散面积进行推断。

5.6 本测试方法测得的润湿时间与用 AATCC 79《纺织品的吸水性》测得的吸水性具有相关性。

5.7 本方法3.4中定义的最大润湿半径不能用来推断最大扩散面积。因为本方法中是用同心圆环来测试润湿半径的，当试样的润湿呈非圆形、椭圆形或者不规则形状时，测得的润湿半径是不准确的。例如，具有线性对称性的织物，如罗纹针织物或者经过拒水整理的织物，表面液体会产生不规则形状的扩散。

6. 仪器和材料

6.1 液态水动态传递测试仪（MMT）（见13.2，图1和图2）。

图1 液态水动态传递测试仪

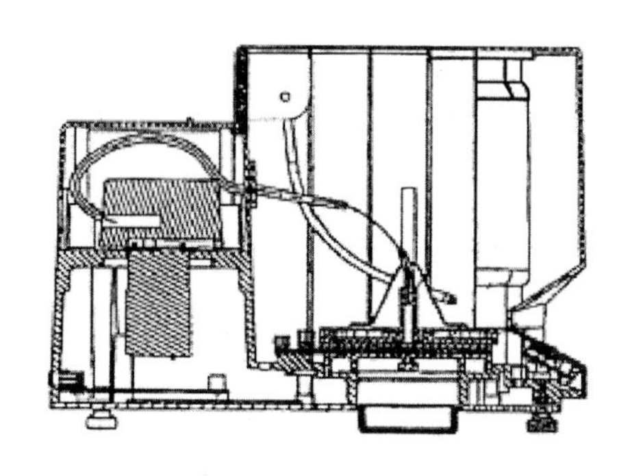

图2 典型的设备侧面结构图

6.2 装有 MMT 软件的电脑。

6.3 蒸馏水。

6.4 氯化钠溶液（0.9% NaCl）。

6.5 电导计。

6.6 白色 AATCC 纺织吸水纸（见 13.1）或者柔软的纸毛巾。

7. 试样准备

7.1 在裁取试样前，先根据选定的 AATCC《家庭洗涤标准程序》（见 13.1）或者根据双方的协议对样品进行洗涤。也可以不进行洗涤直接进行测试或者经多次洗涤后进行测试。对胶状物质进行剥离和（或）去除整理剂会影响织物的液态水传递性能（见 13.3）。

7.2 裁取 5 块 8cm × 8cm 的试样。取样时沿样品宽度方向的对角线进行裁取以保证每块试样上含有不同的经纬纱线，或者从样品的不同位置进行取样。

7.3 在测试前，按照 ASTM D1776《纺织品调试和测试的标准操作方法》的要求，将试样无张力地放置在平整光滑的水平面上，在温度为 21℃ ± 1℃（70℃ ±2℉）和相对湿度 65% ±2% 条件下进行调湿至达到平衡（见 13.5）。

8. 操作程序

8.1 将 9g 氯化钠（USP 级）溶解在 1L 的蒸馏水中，并通过加蒸馏水或者氯化钠进行调节，使 25℃下溶液的电导率为 16mS ±0.2mS。测试溶液用来为仪器的传感器提供传导介质，并非模拟汗液。

8.2 按照仪器生产商的使用说明开启仪器，添加测试溶液，运行电脑软件来采集测试数据。

8.3 将上层传感器抬起至锁住位置，然后将一块纸毛巾放在下层传感器上，将“Pump”按钮按下 1 ~ 2min，直到从容器内吸出预设量（0.22mL）的测试溶液。将这些测试溶液滴到纸毛巾上，保证管内没有气泡。然后将纸毛巾移走。

8.4 将调湿过的测试试样放到下层传感器上，使试样的上表面（见3.8）向上。松开上层传感器使其自然地压倒测试试样上，然后关闭测试仪的门。确认“Pump - On Time”设置为 20s，以保证吸取预定量（0.22mL）的测试溶液。对于每个试样而言，在测试开始时，其含水率（%）曲线图的起点应为 0.0，以避免错误的测试结果。将“Measue Time”设置为 120s，并开始测试。在 120s 测试时间结束后，软件会自动停止测试并计算所有参数。

8.5 抬起上层传感器，移走测试后的试样。

8.6 保持上层传感器在其锁住位置，直至放入下一块试样。用白色 AATCC 吸水纸或裁成窄条（0.5cm）的软纸毛巾擦干插脚，等待 1min 或者更长的时间，以保证传感器上没有残留的液体。如果传感器上有任何残留的液体都会导致错误的起点（见 8.4）。如果干燥后传感器上有盐的析出物，则用蒸馏水将其去除。

8.7 将新的测试试样放到下层传感器上，使织物的上表面向上，并重复 8.4 ~ 8.6 的操作。

8.8 每天结束测试后，用蒸馏水清洗和维护泵和输液管。

9. 评价测量值，评级和分级

9.1 测量值，对于每个测试试样，计算出下述各测量值的平均值：

润湿时间——WT_T（上表面）和 WT_B（下表面）。

吸收速率——AR_T（上表面）和 AR_B（下表面）。

最大润湿半径——MWR_T（上表面）和 MWR_B

（下表面）。

扩散速度——SS_T（上表面）和 SS_B（下表面）。

累积单项传递指数（*R*）和液态水动态传递综合指数（*OMMC*）。

计算上述所示各个参数的公式参见附录 A。

9.2 评级，用9.1中计算出来的平均值和表1对试样进行评级。评级方法的确定是以13.2中提到的对具有水分从下表面向上表面传递值较高的材料进行分类的研究作为基础的。

9.2.1 表2评级总表用来概括和说明试样的液态水动态传递综合性能。

9.2.2 表1和表2是评级方案的示例，也可以开发其他的评级方案。

表1 所有参数的分级表

参数		级别				
		1	2	3	4	5
润湿时间（s）	上层	≥120	20～119	5～19	3～5	<3
	下层	≥120	20～119	5～19	3～5	<3
吸收速率（%/s）	上层	0～9	10～29	30～49	50～100	>100
	下层	0～9	10～29	30～49	50～100	>100
最大润湿半径（mm）	上层	0～7	8～12	13～17	18～22	>22
	下层	0～7	8～12	13～17	18～22	>22
扩散速度（mm/s）	上层	0.0～0.9	1.0～1.9	2.0～2.9	3.0～4.0	>4.0
	下层	0.0～0.9	1.0～1.9	2.0～2.9	3.0～4.0	>4.0
单向传递性能（*R*）		<－50	－50～99	100～199	200～400	>400
液态水动态传递综合性能（*OMMC*）		0.00～0.19	0.20～0.39	0.40～0.59	0.60～0.80	>0.80

表2 评级表

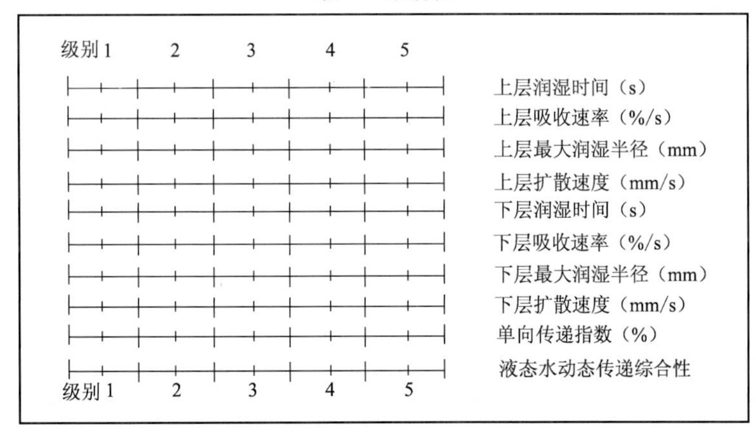

10. 报告

10.1 记录 9.1 所示测试值的平均值和标准偏差。

10.2 以平均值为基础，按照表 1 和表 2 对样品进行评级。

10.3 报告每个样品的平均值，标准偏差和级别，或者其他协议的测试指标。

11. 精确度

11.1 2008 年 11 月进行了独立实验室的精确度研究。使用 SDL Atlas 液态水动态传递测试仪，型号 280，软件版本为 3.06，使用的六种测试面料可参见表 3。

11.2 样品用 1.8kg（4 磅）的总负荷，按照 AATCC TM 135（1） - Ⅲ - A - ⅰ，常规水温，用 2003 AATCC 标准洗涤剂进行洗涤一次。常规滚筒烘干，时间间隔是 30min。每个样品上取 10 个试样，由一个操作人员测试三天。试样调湿时间为 48h，在规定标准大气条件下测试（见 7.2）。

表 3　各样品 MMT 测试值汇总表

样品种类	重量（g/m^2）	纤维成分	参数	上层润湿时间（s）	下层润湿时间（s）	上层吸收速率（%/s）	下层吸收速率（%/s）	上层最大润湿半径（mm）	下层最大润湿半径（mm）	上层扩撒速度（mm/s）	下层扩撒速度（mm/s）	累积单向传递指数值（%）	*OMMC*
机织	117	100% 棉	平均	2.32	2.37	86.55	71.22	30.00	30.00	8.22	8.07	-120.41	0.42
			最小	2.05	2.20	82.44	66.70	30.00	30.00	7.96	7.69	-143.57	0.41
			最大	2.59	2.59	90.09	75.10	30.00	30.00	8.50	8.27	-98.18	0.43
			标准偏差	0.11	0.10	1.71	1.69	0.00	0.00	0.14	0.13	11.11	0.0047
			变异系数（%）	0.05	0.04	0.02	0.02	0.00	0.00	0.02	0.02	-0.09	0.01
			95% Cl	0.04	0.04	0.61	0.60	N/A	N/A	0.05	0.05	3.98	0.00
针织	168	100% 涤	平均	2.93	3.06	57.11	48.52	23.50	22.50	4.53	4.42	-89.25	0.36
			最小	2.77	2.77	52.54	44.19	20.00	20.00	4.11	4.08	-110.25	0.35
			最大	3.41	3.41	94.06	52.44	25.00	25.00	4.93	4.93	-55.66	0.37
			标准偏差	0.13	0.14	7.26	2.28	2.33	2.54	0.22	0.21	12.54	0.01
			变异系数（%）	0.04	0.05	0.13	0.05	0.10	0.11	0.05	0.05	-0.14	0.03
			95% Cl	0.05	0.05	2.60	0.82	0.83	0.91	0.08	0.08	4.49	0.00
针织	204	100% 棉	平均	5.28	4.33	38.12	56.21	52.50	27.67	4.97	5.73	417.00	0.87
			最小	3.72	2.84	29.74	47.24	25.00	25.00	4.30	4.71	342.02	0.81
			最大	6.84	5.64	98.17	64.78	30.00	30.00	5.91	6.88	507.58	0.90
			标准偏差	0.89	0.75	11.93	4.18	1.53	2.54	0.34	0.53	36.56	0.02
			变异系数（%）	0.17	0.17	0.31	0.07	0.03	0.09	0.07	0.09	0.09	0.02
			95% Cl	0.32	0.27	4.27	1.50	0.55	0.91	0.12	0.19	13.08	0.01

续表

样品种类	重量（g/m²）	纤维成分	参数	上层润湿时间（s）	下层润湿时间（s）	上层吸收速率（%/s）	下层吸收速率（%/s）	上层最大润湿半径（mm）	下层最大润湿半径（mm）	上层扩撒速度（mm/s）	下层扩撒速度（mm/s）	累积单向传递指数值（%）	*OMMC*
针织	199	100%棉	平均	3.65	3.06	39.25	49.63	20.17	20.67	3.74	4.23	296.73	0.74
			最小	2.84	2.13	32.64	44.64	15.00	20.00	3.11	3.77	209.59	0.64
			最大	4.44	3.64	43.90	54.07	25.00	25.00	4.78	5.41	378.72	0.85
			标准偏差	0.41	0.33	3.18	2.32	1.60	1.73	0.37	0.35	39.86	0.05
			变异系数（%）	0.11	0.11	0.08	0.05	0.08	0.08	0.10	0.08	0.13	0.07
			95% Cl	0.15	0.12	1.14	0.83	0.57	0.62	0.13	0.13	14.26	0.02
针织	648	65锦纶/21涤/14氨纶	平均	6.74	3.55	17.71	68.51	14.17	20.50	2.21	3.55	722.30	0.87
			最小	3.80	3.08	11.73	50.45	10.00	20.00	1.10	3.32	649.96	0.81
			最大	14.84	3.88	32.40	90.84	15.00	25.00	2.97	3.88	785.22	0.93
			标准偏差	2.67	0.21	5.11	14.57	1.90	1.53	0.52	0.13	36.53	0.04
			变异系数（%）	0.40	0.06	0.29	0.21	0.13	0.07	0.24	0.04	0.05	0.05
			95% Cl	0.96	0.08	1.83	5.21	0.68	0.55	0.19	0.05	13.07	0.01
针织	168	65锦纶/21涤/14氨纶	平均	7.16	6.23	54.94	80.52	10.00	11.00	1.29	1.43	233.47	0.52
			最小	5.72	4.92	36.67	42.76	10.00	10.00	0.73	1.30	23.50	0.36
			最大	14.67	7.08	106.95	168.13	10.00	15.00	1.51	1.75	574.27	0.77
			标准偏差	1.60	0.49	19.13	30.62	0.00	2.03	0.13	0.08	112.50	0.11
			变异系数（%）	0.22	0.08	0.35	0.38	0.00	0.18	0.10	0.06	0.48	0.21
			95% Cl	0.57	0.18	6.85	10.96	N/A	0.73	0.05	0.03	40.26	0.04

11.3 表3各样品液态水动态传递测试仪得到的数据说明了样品的液态水动态传递性能。表中还给出了标准偏差（*SD*），变异系数 *CV*（%）和各样品的95%置信度的值。如5.2～5.5所述，对于样品之间或者对所有研究样品之间的数据进行比较是不可行的，因为各个样品的织物类型、克重、纤维成分及技术应用均不相同。

11.4 对于每个样品的三组含有10块试样进行测试得到的数据进行 t－检验，发现在95%置信水平下统计偏差不显著。因此，此置信区间也可以用于不同类型样品测试数据的分析。

11.5 本测试方法的实验室间精确度尚未确立。在本方法的试验室间精确度确立之前，需使用标准统计技术对实验室间平均值结果进行比较。

11.6 对液态水动态传递测试仪精确度的早期研究已经完成（见13.4）。

11.7 2008年精确度研究的相关数据可以通过AATCC总部查阅。

12. 偏差

纺织品的液态水动态管理性能方法的偏差只能以一种测试方法的方式进行定义，没有一个测试方法可以得到相关的真值，作为该性能的估计方法，本测试方法没有已知偏差。

13. 注释

13.1 白色 AATCC 纺织吸水纸，《AATCC/ASTM International Moisture Management Technical Supplement as Related to Textile Apparel , Linens and Soft Goods》，以及其他提到的文件可以从 AATCC 处获得，P.O. Box 12215，Research Triangle Park NC 27709；电话：919/549 -8141；传真：919/549 -8933；电子邮箱：orders@aatcc.org；网址：www.aatcc.org。

13.2 有关液态水动态传递测试仪的相关信息可以从 SDL Atlas L.L.C. 获得，3934 Airway Drive，Rock Hill，SC 29732 -9200，电话：803 -329 -2110，传真：803 -329 -2133，邮箱：info@sdlatlas.com。也可以根据专利 USP6，499，388 B2 和论文"Moisture Management Tester : A Method to Characterize Fabric Liquid Moisture Management Properties"，Textile Research Journal，Vol. 75（1），2005，p57 -62 和论文"An Improved Test Method for Characterizing the Dynamic Liquid Moisture Transfer in Porous Polymeric Material"，Polymer Testing，Vol. 25（2006），p677 -689 中的相关信息进行研发。

13.3 "Influence of Pretreatments on Moisture Management Test Results，" Jane Batcheler，University of Alberta ，AATCC 国际会议海报的 2010 年 5 月版。

13.4 由浙江大学的 Bao -guo Yao，香港工业大学的 Yi li 和香港大学的 Yi -lin Kwok 撰写的"Precesion of New Test Method for Characterizing Dynamic Liquid Moisture Transfer in Textile Fabrics"发表在 AATCC Review，Vol. 8，No 7，July 2008 p44 -48。

13.5 相关资料可从 ASTM 获取，100 Barr Harbor Dr. ，West Conshohocken PA 19428；电话：610/832 -9500；传真：610/832 -9555；网址：www.astm.org。

附录 A

液态水动态管理测试仪软件中计算测量值所用的公式。

A1 吸收速率 AR_T 和 AR_B（%/s）公式如下：

AR_T =（$SLOPE_T$）的平均值

AR_B =（$SLOPE_B$）的平均值

A2 扩散速度（S_i）公式如下：

$$S_i = \frac{\Delta r_i}{\Delta t_i} = \frac{\Delta r_i}{t_i - t_{i-1}}$$

式中：同心环 = i（i = 1，2，3，4，5 或 6）；

润湿时间 = t_i，I = 从环 $i-1$ 到环 i 的液体扩散速度（S_i）；

环 i 和环 $i-1$ 之间的距离 = Δi。

A3 累计扩散速度 SS_T 和 SS_B 为：

$$SS_T = \sum_{i=1}^{N_T} S_i = \sum_{i=1}^{N_T} \frac{\Delta r_i}{t_i - t_{i-1}}$$

$$SS_B = \sum_{i=1}^{N_B} S_i = \sum_{i=1}^{N_B} \frac{\Delta r_i}{t_i - t_{i-1}}$$

公式中，N_T 和 N_B 是试样上表面和下表面最大润湿环的编号。

A4 累积单向传递指数 R 为：

$$R = \frac{\text{下表面面积}(U_B) - \text{上表面面积}(U_T)}{\text{总测试时间}}$$

A5 液态水动态传递综合指数 $OMMC$ 为：

$$OMMC = C_1 \times AR_{B\_ndv} + C_2 \times R_{ndv} + C_3 \times SS_{B\_ndv}$$

式中：C_1、C_2 和 C_3——分别与 AR_{B_ndv}，R_{ndv} 和 SS_{B_ndv} 对应的称重值；

AR_B——吸收速率；

R——单向传递指数；

SS_B——扩散速度。

$$AR_{B\_ndv} = \begin{cases} 1, & AR_B \geq AR_{B\_max} \\ \dfrac{AR_B - AR_{B\_min}}{AR_{B\_max} - AR_{B\_min}}, & AR_B \in [AR_{B\_min}, AR_{B\_max}] \\ 0, & AR_B \leq AR_{B\_min} \end{cases}$$

$$R_{ndv} = \begin{cases} 1, & R \geq R_{max} \\ \dfrac{R - R_{min}}{R_{max} - R_{min}}, & R \in [R_{min}, R_{max}] \\ 0, & R \leq R_{min} \end{cases}$$

$$SS_{B\_ndv}=\begin{cases}1, & SS_B \geqslant SS_{B\_max}\\ \dfrac{SS_B-SS_{B\_min}}{SS_{B\_max}-SS_{B\_min}}, & SS_B \in [SS_{B\_min}, SS_{B\_max}]\\ 0, & SS_B \leqslant SS_{B\_min}\end{cases}$$

以上式中，AR_{B_max}、AR_{B_min}、R_{max}、R_{min}、SS_{B_max}和SS_{B_min}是样品上所有测试试样的各个指标的最大值和最小值。

C_1、C_2和C_3可以根据针对不同面料类型和产品的最终用途情况下，三个指标的相对重要性而进行调整。在开发 MMT 软件时权重值分别为$C_1=0.25$、$C_2=0.5$、$C_3=0.25$。取值是以人体舒适性研究为基础的，此时单向传递系数的重要性是吸收速率和扩散速度的两倍。

AATCC 196－2011

纺织地毯耐次氯酸钠色牢度

AATCC RA57 技术委员会于 2011 年制定。

1. 目的和范围

本测试方法用于评定绒毛地毯耐次氯酸钠溶液（通常称为“氯漂”）的色牢度。适用于预染色、后染色、印花或其他方式染色的绒毛地毯。

2. 原理

绒毛地毯试样用少量的次氯酸钠漂白液进行处理，处理后的试样在特定环境条件下放置一定时间，然后用水进行冲洗以去除漂白溶液。干燥后评定试样的颜色变化。

3. 术语

3.1 变色：通过将测试试样与未测试试样进行对比，得到的包括颜色的亮度、色调和色度或三者任意组合上的变化。

3.2 色牢度：材料在加工、检测、储存或使用过程中，暴露在可能遇到的任何环境下，抵抗颜色变化或（和）颜色向相邻材料转移的能力。

3.3 次氯酸钠漂白：含 4%～6% 次氯酸钠的溶液（NaOCl），pH 值为 9.8～12.8，通常称为“氯漂”。

4. 安全和预防措施

本安全和预防措施仅供参考。本部分有助于测试，但未指出所有可能的安全问题。在本测试方法中，使用者在处理材料时有责任采用安全和适当的技术；务必向制造商咨询有关材料的详尽信息，如材料的安全参数和其他制造商的建议；务必向美国职业安全卫生管理局（OSHA）咨询并遵守其所有标准和规定。

4.1 遵守良好的实验室规定，在所有的试验区域应佩戴防护眼镜。

4.2 在准备、配制和使用漂白剂和洗涤剂的过程中，要使用化学护目镜或面罩，防渗透手套和防渗透围裙。

4.3 应在附近安装洗眼器/安全喷淋装置以备急用。

4.4 本测试法中，人体与化学物质的接触限度只许达到或低于官方的限定值［例如，美国职业安全卫生管理局（OSHA）允许的暴露极限值（PEL），参见 29 CFR 1910.1000，其最新版本信息见网址：www.osha.gov］。此外，美国政府工业卫生师协会（ACGIH）的阈限值（TLVs）由时间加权平均数（TLV—TWA）、短期暴露极限（TLV—STEL）和最高极限（TLV—C）组成，建议将其作为人体在空气污染物中暴露的基本准则并遵守（见 12.1）。

5. 仪器和材料

5.1 AATCC 沾污杯及直径为 50mm（2.0 英寸）的沾污环（见 12.2）。

5.2 AATCC 变色灰卡（见 12.2）。

5.3 去离子水。

5.4 亚硫酸氢钠（$NaHSO_3$）（见 6.2）。

5.5 天平，精确度为 0.01g。

5.6 次氯酸钠漂白标准溶液（NaOCl）。

5.7 照度条件。视觉评价所用的光源应在评级前确定。用以模拟下述 CIE 照度的光源（见表 1）均可用于本测试（见 12.3 和 12.4）。

表 1 CIE 照度的光源

颜色照度	描　述	色　温
D65	日光灯	6500K ±200K
D75	日光灯	7500K ±200K
A	白炽光灯	2856K ±200K
CW	冷白荧光灯	4150K ±350K

注　其他的照度或颜色温度也可经协议双方协商使用。

6. 标准次氯酸钠漂白溶液的制备

6.1　有证次氯酸钠漂白标准溶液应直接使用，不需滴定。溶液在暴露于大气环境后应在 36h 内使用。如果需要将次氯酸钠溶液稀释至其他强度则是需要进行滴定的。

6.2　将 17.25g 亚硫酸氢钠稀释到 1000mL 去离子水中，制备用来中和处理过的试样的亚硫酸氢钠溶液。

7. 试样准备

7.1　从经整理的绒毛地毯上取两块试样，每块试样至少 150mm^2（0.22 平方英寸）。

7.2　用刷子或吸尘器将试样表面的所有外部物质清除。

8. 操作程序

8.1　将测试试样绒毛面向上放置于非吸湿性材料表面，在温度为 21℃ ±1℃（70℉ ±2℉），湿度为 65% ±2% 的标准大气环境条件下调湿 24h。调湿过程中避免试样沾污或者与外部物质接触。

8.2　将直径为 50mm（2 英寸）的沾污环放到一块试样的中间位置，另外一块试样为控制试样用于评级。向下按住沾污环的同时，将 20mL 次氯酸钠漂白溶液倒入沾污环的中间，注意不要将次氯酸钠溶液溅到沾污环的外面。将沾污杯的底部放到沾污环中，并上下按压五次，以使次氯酸钠溶液能够完全润湿地毯绒毛。在按压沾污杯的时候不要使沾污杯底部旋转或者扭动，因为底部与绒毛的摩擦会影响测试结果。小心移开沾污环和沾污杯。

8.3　将处理过的试样绒毛朝上水平放置在温度为 21℃ ±1℃（70℉ ±2℉），湿度为 65% ±2% 的标准大气环境条件下调湿 24h ±4h。避免任何会加速干燥过程的空气流动。

8.4　将漂白过的试样放到预先制备好的亚硫酸氢钠溶液中进行中和，中和时间至少为 5 分钟。

8.5　用温度为 21℃ ±6℃（70℉ ±10℉）的流动水冲洗漂白试样，直到冲洗的水表明漂白下来的染料均已清洗干净。用实验室用小压车可以提高冲洗的效果。

8.6　用离心机或抽吸装置将试样上多余的水分抽出。

8.7　将试样放到调湿架上，在室温下干燥。

9. 结果及评级

9.1　用 AATCC EP1 变色灰卡评定试样的颜色变化，其中 5 级表示没有颜色变化，1 级表示严重颜色变化。

9.2　用照度水平在 1080 ~ 1340lx（100 ~ 125fc）的光源照射试样平面。光源与试样表面的照射角度为 45° ±5°，观测角度与试样平面成 90° ±5°。通过视觉感觉对比地毯原样与地毯测试样之间的差异，并与相应的变色灰卡的差异进行比较。色牢度级别就是与原样和测试样间差异水平相当的对应于变色灰卡上的级数。变色灰卡的洁净度和物理状态对于获得可靠的评级结果尤为重要。

9.3　经过适当的评价颜色准确性的色觉测试，证明色觉正常的人员才能操作本步骤。

10. 报告

10.1　报告每个试样的颜色变化级数。

10.2 报告次氯酸钠的活性及处理试样时的用量。

10.3 报告与本测试方法的任何偏离。

11. 精确度和偏差

11.1 精确度。2009 年由 5 个实验室进行了实验室间的研究，用本测试方法对 3 个绒毛地毯试样进行了测试。5 个实验室对每个试样做了 3 次重复试验，每次试验均在不同天内完成。得到的实验室精度用重现性（S_r 和 r）、再现性（S_R 和 R）和平均值表示，数据参见表 2。

表 2 漂白色牢度的试验时间精度研究

所用材料	平均值	S_r	S_R	r	R
绒毛锦纶地毯，经耐漂白整理	3.03333	0.54772	0.62138	1.53362	1.73986
绒毛锦纶地毯，酸性染料染色	1.63333	0.28868	0.46248	0.80829	1.29495
溶液染色地毯	4.83333	0.12910	0.25820	0.36148	0.72296

注 5 个实验室做此试验。

11.2 偏差。地毯耐次氯酸钠漂白色牢度仅能以一个测试方法来定义。没有独立的方法可以测定其真值。作为评价该性能的方法，本方法没有已知的偏差。

12. 注释

12.1 可从美国政府工业卫生师协会（ACGIH）的出版部获取，地址：Kemper Woods Center，1330 Kemper Meadow Dr，Cincinnati OH 45240；电话：513/742－2020。

12.2 所需材料的购买参见 AATCC 技术手册中 AATCC 测试方法使用的特定设备及材料清单。

12.3 如果进行视觉评价，建议相关的色温调整到 6500K ± 200K。

12.4 过滤器和灯需要按照生产商的建议定期进行维护和清洁。

12.5 对于中等明度的材料的关键性视觉评级，建议使用 1080～1340lx（100～125fc）的照度范围。该照度范围与 ASTM D 1729《不透明材料颜色与色差视觉评价方法》中对于关键性视觉评价规定的照度范围一致。

AATCC 197 - 2011

纺织品的垂直毛细效应

AATCC RA63 技术委员会于 2011 年制定。

前言

历史上，纺织行业中有很多种不同的测试方法来确定纺织面料的毛细特征，即水或者液体在纺织面料中的运动特性。在过去十年间，业内人士研发出新的技术，改变了水在纺织材料中的运动和吸收特性，由此引入了“液体管理”这样的术语来描述这一现象。很多相关方面（纺织品生产商、化学试剂供应商、零售商以及独立运作的实验室）参与了纺织面料垂直毛细效应标准测试方法的研究。

关于纺织面料的吸水及毛细效应的非官方技术文献发表在 2004 AATCC/ASTM International 的技术增刊《纺织产品的测试程序和指南》以及 2008 AATCC/ASTM International 的液体管理技术增刊《服装、家用产品及纺织产品的应用》（见 13.1）。本测试方法基于该技术增刊中关于毛细效应的测试程序。

1. 目的和范围

本测试方法用来评价垂直放置的纺织面料吸收液体并使液体沿着面料上升或渗透的能力。本方法适用于机织、针织及非织造织物。

2. 原理

通过视觉观测面料试样中液体的移动速率（单位时间的移动距离）。

3. 术语

3.1 织物：由纱线或者纤维构成的平面结构（见 ASTM D 123 和 13.4）。

3.2 垂直毛细效应：垂直夹持的纺织品中，液体从裁剪边缘的向上运动。

3.3 垂直毛细速率：液体沿纺织品运动或渗透的速度。

3.4 毛细效应：液体通过毛细管作用在纺织材料中运动或渗透的现象。

3.5 毛细距离：液体沿着纺织材料运动，从起点到终止点的线性测量值。

3.6 毛细时间：液体沿着纺织品运动的时间周期。

4. 安全和预防措施

本安全和预防措施仅供参考。本部分有助于测试，但未指出所有可能的安全问题。在本测试方法中，使用者在处理材料时有责任采用安全和适当的技术；务必向制造商咨询有关材料的详尽信息，如材料的安全参数和其他制造商的建议；务必向美国职业安全卫生管理局（OSHA）咨询并遵守其所有标准和规定。

遵守良好的实验室规定，在所有的试验区域应佩戴防护眼镜。

5. 使用和限制条件

5.1 液体在纺织品中运动的特性会受纤维成分、织物组织结构、机械或化学加工工艺以及上述因素的组合影响。

5.2 本测试方法用来评价垂直放置在蒸馏水或去离子水中的测试试样的毛细能力，此时毛细效应受重力影响。

5.3 除了蒸馏水或去离子水，也可以使用其他液体（彩色水、染料溶液等）。如果测试中使用的不是蒸馏水或去离子水，则需要测定液体的表面张力，因为不同表面张力的液体可能会得出不同的测试结果。

5.4 深色纺织面料或者印花面料可能很难进行测试。此时使用具有对比色的水溶性墨水有助于进行标记和识别。

5.5 本测试方法测试水从试样的裁剪边缘向上运动的距离和时间，但不能代表最终产品在实际穿着中接触水的情况。

5.6 本测试的结果不能体现舒适性，本方法不适用于舒适性评价。

5.7 垂直毛细效应与水平毛细效应测试结果之间的相关性未知。

6. 仪器、试剂和材料

6.1 温度为21℃ ±1℃（70℉ ±2℉）的蒸馏水或去离子水。

6.2 标记笔，细头，带有永久性并水溶的墨水（见13.2）。

6.3 秒表或数字计时器。

6.4 卷尺或直尺，毫米刻度。

6.5 表面张力计，使用水以外的液体时用。（见9.1）。

6.6 锥形烧瓶或加长盘（见图1和图2）。

6.7 吸液管和吸球。

6.8 剪式支架（可选）。

6.9 圆柱销或夹持器，用来将试样悬挂在烧瓶或其他设施内（见图1、图2和13.3）。

6.10 回形针或小夹子（可选）。

6.11 裁样模板，165mm（或更长）×25mm。

6.12 一次性手套，如橡胶或丁腈橡胶。

6.13 双面胶。

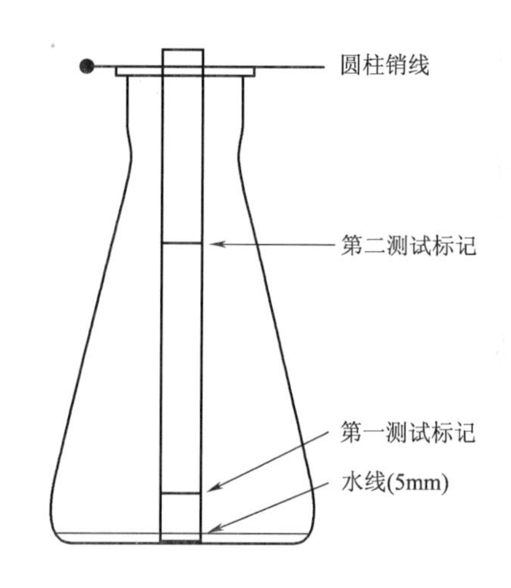

图1 垂直放置试样测试的结构

图2 多试样加长盘

7. 试样准备

7.1 确定织物是否有疏水面或亲水面。根据有关方面的协议，确定是否织物的两面都要进行测试。如果只测试织物的一面，则需要标记出测试面。如果需要在洗涤后进行测试，用永久性记号笔标记出测试面。

7.2 尽量减少对织物的处理或者使用手套，因为皮肤上的油脂会影响液体的运动。

7.3 所有试样都应在距离布边100mm ± 5mm处裁剪。如果测试服装，应从不同部位并在远离接缝、口袋、开口等衔接部位处剪取试样。剪取的试样应包含不同的经纬纱线。

7.4 剪取三块至少为（165±3）mm×（25±3）mm的试样，试样的长边与测试方向相同。对于进行长度方向测试的试样，裁样模板的长边方向与面料的经纱方向平行放置；对于进行宽度方向测试的试样，裁样模板的长边方向与面料的纬纱方向平行放置。再多剪取一块试样，用来在测试前确定烧瓶或烧杯中的水位（见9.2.4）。

7.5 如果测试整理的耐久性或者洗涤后的毛细效应，样品在洗涤后按照7.4的规定剪取试样，洗涤方法参照技术手册中“家庭洗涤测试条件的标准化程序”专论。

8. 调湿

8.1 测试前，将试样按照ASTM D 1776《纺织品调湿和测试标准方法》（见13.4）的要求调湿。将试样分开放在调湿架上置于温度为21℃±1℃（70℉±2℉）、相对湿度为65%±2%的大气环境下调湿至少4h。

8.2 所有测试过程均在标准大气环境条件下完成。

9. 操作程序

9.1 如需要，按照ASTM D 1331—89《表面活性剂溶液的表面张力和界面张力的标准测试方法》测试所用液体（彩色水或染色溶液）的表面张力，并报告（见13.4）。

9.2 选择A：测定给定距离的毛细效应时间。

9.2.1 用带有水溶性墨水的标记笔在试样测试面于距离测试边5mm±1mm处划一个标记线。5mm线用来标记试样放置到烧瓶或烧杯内水中的深度线。

9.2.2 用带有水溶性墨水的标记笔于距离5mm±1mm标记线的20mm±1mm以及150mm±1mm处分别划一条标记线（见图3）。在20mm±1mm标记线和150mm±1mm标记线之间每隔10mm±1mm划一条标记线，用来标识毛细效应的测试距离。

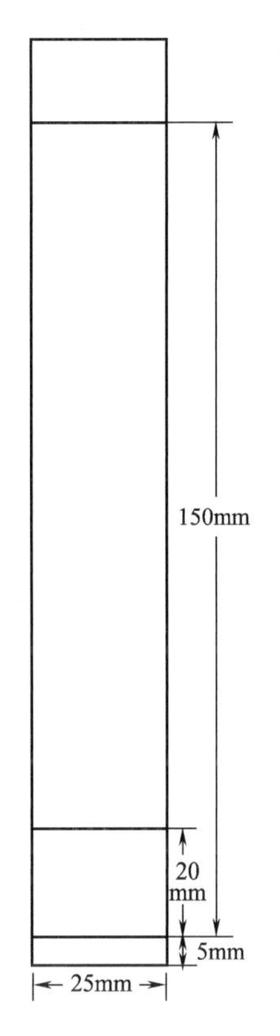

图3 垂直毛细效应测试试样及标记

9.2.3 根据面料的最终用途，也可以使用其他的测试距离。如果需要对测试结果进行对比，则需要使用相同的测试距离标记。

9.2.4 用附加试样来确定测试的用水量。在标记好的附加试样末端附近插入圆柱销或其他设施（见图2），将其放到锥形烧瓶（锥形烧瓶可放在剪式支架上）口处，使试样悬挂于烧瓶内。向烧瓶内加水，直到水位到达试样的5mm±1mm标记线，然后在烧瓶外面标记出水位线。注意要保持烧瓶口边缘以及瓶颈的干燥，以避免水溶性墨水标记提前在试样上渗色。

9.2.5 一些轻薄的机织、针织或疏水织物可能会漂浮于水面，这种情况下，可在试样的测试端缀上回形针或小夹子。如果使用了回形针或小夹子，应在报告中注明（见11.1.1）。

9.2.6 向锥形烧瓶内注入水，使水位达到9.2.4中标记出的水位线。将试样放入烧瓶内或升高剪式支架使水面位于试样的5mm±1mm标记线处。

9.2.7 或者，先将试样悬挂于烧瓶内，然后向烧瓶内注入水，使水位达到9.2.4中在烧瓶外标记的水位线，可使用吸液管来帮助使水位达到规定的高度。

9.2.8 然后用一个新的烧瓶重新注入水来进行后面试样的测试。

9.2.9 当水位达到试样5mm±1mm标记线，水溶性墨水开始向上移动时立即按下秒表或者计时器。监测水的上升，当试样的20mm±1mm标记线的墨水开始上移时，记录时间，精确到秒。继续监测水的上升，记录试验终止时的时间（精确到秒）和水移动的距离。

9.2.10 如果在5.0min±0.1min的时间内墨水没有达到试样的20mm±1mm标记线或吸水高度达到试样的150mm±1mm标记线的时间超过30.0min±0.1min，则试验终止。在上述情况下，记录墨水移动的距离以及试验终止的时间。记录距离和时间以及终止试验的原因。

9.2.11 将试样从烧瓶内移走。

9.2.12 重复9.2.2~9.2.11步骤，对其他试样进行测试。

9.3 选择B：测定给定时间的移动距离。

9.3.1 将直尺贴紧加长盘（见图3）内壁垂直放到加长盘内，直尺接触盘底。向加长盘内加入蒸馏水或去离子水，使水位达到38mm±2mm（1.5英寸±0.1英寸）高度。

9.3.2 将直尺移出，将直尺用带子垂直固定到盘外壁，使直尺的“0”mm刻度与水面平齐。

9.3.3 用双面胶将试样固定在箱体上部，使试样的末端刚好接触到水面（与直尺的“0”刻度线平齐），立即启动秒表或计时器。

9.3.4 一些轻薄的机织、针织或疏水织物可能会漂浮于水面，这种情况下，可在试样的测试端夹上回形针或小夹子。如果使用了回形针或小夹子，应在报告中注明（见11.1.1）。

9.3.5 监测水的上移，在经过2.0min±0.1min后，用直尺测量毛细效应的高度，精确到mm。经过10.0min±0.1min后，用直尺测量毛细效应的高度，精确到mm。

9.3.6 根据面料的最终用途，也可以使用其他的测试时间。如果需要对测试结果进行对比，则一定要使用相同的测试时间。

9.3.7 如果试样在10.0min±0.1min内没有毛细效应发生或毛细效应距离达到试样另一端的时间超过30.0min±0.1min，则终止测试。在上述情况下，记录墨水移动的距离以及试验终止的时间。记录距离和时间以及终止试验的原因。

9.3.8 将试样从箱体内移出。

9.3.9 重复9.3.1~9.3.8步骤，对其他试样进行测试。

10. 计算

计算垂直毛细效应速率。每个试样分别计算短期垂直毛细效应速率和长期垂直毛细效应速率。

10.1 用毛细效应距离除以对应的时间得到毛细效应速率 W：

$$W=\frac{d}{t}$$

式中：W——毛细效应速率，mm/s；

d——毛细效应距离，mm；

t——毛细效应时间，s。

10.2 短期毛细效应速率计算如下：

选择A：使用达到试样20mm±1mm标记线的时间或试样在5.0min±0.1min内毛细效应的距离。

选择B：使用试样在2.0min±0.1min内毛细效应的距离。

10.3 长期毛细效应速率计算如下：

选择A：使用达到试样150mm±1mm标记线的时间或对于没有达到150mm±1mm标记线的试样使用在30.0min±0.1min内毛细效应的距离。

选择B：使用试样在10.0min±0.1min内毛细

效应的距离。

11. 报告及解释

11.1 报告试样的测试方向和测试面。

11.1.1 报告毛细效应时间、毛细效应距离、平均毛细效应时间、计算得到的毛细效应速率、包括长期速率或短期速率、测试中是否使用回形针或小夹子。

11.1.2 如果测试达到标记距离或超出最大时间值而终止，报告试验终止的毛细效应距离和时间。

11.2 如果测试使用的不是21℃ ±1℃（70℉ ±2℉）的蒸馏水或去离子水，则报告使用的液体以及液体的表面张力和温度。

11.3 报告测试是否在洗涤后进行，如果是，报告洗涤条件和洗涤次数。

11.4 20mm 标记线或者 5.0min 时间的测试值，是初始毛细效应的数据；150mm 标记线或者 30.0min 时间的测试值，是持续毛细效应的数据。两组垂直毛细效应的数据代表了不同的性能。

12. 精确度和偏差

12.1 精确度。

12.1.1 选择 A 的实验室间研究。2009 年对纺织品垂直方向的毛细效应测试进行了研究，此次研究由一个实验室的三个操作人员对五个样品进行了测试。研究中用的五个样品为：100% 棉平针织物、100% 棉双罗纹针织物、100% 涤纶机织物、100% 棉斜纹织物、50 棉/50 涤纶织物。

12.1.2 对 8 组不同的数据使用方差分析技术，分析数据在 AATCC 技术中心留存。在方差分析中，操作者作为变化之一没有显现出对测试结果显著的影响。但是在试样进行宽度方向、长期毛细效应速率测试时（包括烧瓶法或加长盘法），操作者对测试结果的影响显著。不同的试样对测试结果的影响显著。表 1 中给出了长度方向各试样的平均值和置信区间，表 2 中给出了宽度方向各试样的平均值和置信区间。

12.1.3 选择 B 的实验室间研究。2010 年对纺织品垂直方向的毛细效应测试进行了研究，此次研究由一个实验室的两个操作人员对四个样品进行了测试。研究中用的四个样品为棉珠地布、涤纶平针织物、涤纶网眼织物、涤纶/氨纶罗纹织物。

12.1.4 对不同的数据组（长度方向和宽度方向）使用方差分析技术，分析数据在 AATCC 技术中心留存。在方差分析中，操作者作为变化之一没有显现出对测试结果的显著影响。表 3 中给出了长度方向各试样的平均值和置信区间，表 4 中给出了宽度方向各试样的平均值和置信区间。

12.1.5 本方法的实验室间精确度尚未确立。在精确度确立之前，本方法的使用者应使用标准的统计方法对实验室间的平均值进行比较。

12.2 偏差。纺织品的垂直毛细效应测试仅能以一个测试方法来定义。没有独立的方法可以测定其真值。作为评价该性能的方法，本方法没有已知的偏差。

13. 注释

13.1 相关资料可以从 AATCC 获取。地址：P. O. Box 12215，Research Triangle Park NC 27709；电话：919/549 - 8141；传真：919/549 - 8933；电子邮箱：orders@ aatcc. org；网址：www. aatcc. org。

13.2 适用的带有水溶性墨水的记号笔可由下述渠道购买，如 Paper Mate ®、Flair ®、Sanford Corporation 的 Fiber Tip Pen，2707 Butterfield Rd.，Oak Brook IL 60523；Tel：630/481 - 2200；Fax：866/666 - 8735；网址：www. papermate. com。

13.3 作为试样夹的适宜装置应为带有水平杆的环架。可用于自动降低试样到液体中的装置是与试样架连接的气压缸。

13.4 ASTM 国际标准可从 ASTM 获得，100 Barr Harbor Dr.，West Conshohocken PA 19428；Tel：610/832 - 9500；Fax：610/832 - 9555；网址：www. astm. org。

表 1 统计数据汇总（选择 A）—长度方向（速率 mm/s）

项 目	平针织物	双螺纹针织物	涤纶机织物	棉机织物	涤纶/棉机织物
加长盘方法			短期		
平均值	1.6	0.2	2.6	1.4	0.3
标准偏差	0.5	0.1	0.9	0.4	0.1
计数	18	18	18	18	18
置信区间（95.0%）	0.3	0.0	0.4	0.2	0.1
烧瓶方法			短期		
平均值	1.4	0.4	2.6	1.3	0.3
标准偏差	0.4	0.1	0.7	0.6	0.0
计数	18	18	18	18	18
置信区间（95.0%）	0.2	0.1	0.4	0.3	0.0
加长盘方法			长期		
平均值	0.1	0.0	0.1	0.1	0.1
标准偏差	0.0	0.0	0.0	0.0	0.0
计数	18	18	18	18	18
置信区间（95.0%）	0.0	0.0	0.0	0.0	0.0
烧瓶方法			长期		
平均值	0.1	0.0	0.1	0.1	0.1
标准偏差	0.0	0.0	0.0	0.0	0.0
计数	18	18	18	18	18
置信区间（95.0%）	0.0	0.0	0.0	0.0	0.0

表 2 统计数据汇总（选择 A）—宽度方向（速率 mm/s）

项 目	平针织物	双螺纹针织物	涤纶机织物	棉机织物	涤纶/棉机织物
加长盘方法			短期		
平均值	1.9	0.9	2.3	1.0	0.3
标准偏差	0.7	0.2	0.7	0.3	0.1
计数	18	18	18	18	18
置信区间（95.0%）	0.3	0.1	0.4	0.1	0.1
烧瓶方法			短期		
平均值	1.8	1.0	2.2	1.2	0.2
标准偏差	0.6	0.4	0.7	0.7	0.1
计数	18	18	18	18	18
置信区间（95.0%）	0.3	0.2	0.4	0.3	0.1

续表

项 目	平针织物	双螺纹针织物	涤纶机织物	棉机织物	涤纶/棉机织物
加长盘方法	长期				
平均值	0.1	0.1	0.1	0.1	0.0
标准偏差	0.0	0.0	0.0	0.0	0.0
计数	18	18	18	18	18
置信区间（95.0%）	0.0	0.0	0.0	0.0	0.0
烧瓶方法	长期				
平均值	0.1	0.1	0.1	0.1	0.0
标准偏差	0.0	0.0	0.0	0.0	0.0
计数	18	18	18	18	18
置信区间（95.0%）	0.0	0.0	0.0	0.0	0.0

表3 统计数据汇总（选择B）—长度方向（速率mm/s）

项 目	棉单珠地	涤纶平针织物	涤纶网眼织物	涤纶/氨纶罗纹织物
短期				
平均值	0.44	0.45	0.61	0.50
标准偏差	0.02	0.07	0.03	0.03
计数	20	20	20	20
置信区间（95.0%）	0.02	0.07	0.02	0.02
长期				
平均值	0.14	0.18	0.20	0.18
标准偏差	0.003	0.01	0.01	0.01
计数	20	20	20	20
置信区间（95.0%）	0.003	0.01	0.01	0.01

表4 统计数据汇总（选择B）—宽度方向（速率mm/s）

项 目	棉单珠地	涤纶平针织物	涤纶网眼织物	涤纶/氨纶罗纹织物
短期				
平均值	0.42	0.46	0.58	0.57
标准偏差	0.03	0.07	0.03	0.05
计数	20	20	20	20
置信区间（95.0%）	0.02	0.07	0.03	0.04
长期				
平均值	0.13	0.18	0.19	0.20
标准偏差	0.01	0.01	0.01	0.01
计数	20	20	20	20
置信区间（95.0%）	0.01	0.01	0.01	0.01

AATCC 198－2011

纺织品的水平毛细效应

AATCC RA63 技术委员会于 2011 年制定。

前言

历史上，纺织行业中有很多种不同的测试方法来确定纺织面料的毛细特征，即水或者液体在纺织面料中的运动特性。在过去十年间，业内人士研发出新的技术，改变了水在纺织材料中的运动和吸收特性，由此引入了“液体管理”这样的术语来描述这一现象。然而，通常情况下毛细效应的测定都是指液体在织物垂直面上的运动（通常称为垂直毛细效应）（见 AATCC 197，纺织品的垂直毛细效应）。在过去十年中，还研究出了测试液体在织物水平面内运动的方法（水平毛细效应）。很多相关方面（纺织品生产商、化学试剂供应商、零售商以及独立运作的实验室）参与了纺织面料垂直毛细效应标准测试方法的研究。

关于纺织面料的吸水及毛细效应的非官方技术文献发表在 2004 AATCC/ASTM International 的技术增刊《纺织产品的测试程序和指南》以及 2008 AATCC/ASTM International 的液体管理技术增刊《服装、家用产品及纺织产品的应用》（见 14.1）。本测试方法基于该技术增刊中关于毛细效应的测试程序。

1. 目的和范围

本测试方法用来评价水平放置的纺织面料吸收液体并使液体沿着面料运动或渗透的能力。本方法适用于机织、针织及非织造织物。

2. 原理

通过视觉观测面料试样中液体的移动速率（单位时间的移动面积），人工进行计时并在一定时间间隔进行记录。

3. 术语

3.1 织物：由纱线或者纤维构成的平面结构（见 ASTM D 123 和 14.3）。

3.2 水平毛细效应：纺织品测试中，在试样的某一位置滴上一定量的液体，液体从该位置起在面料平面的运动。

3.3 水平毛细效应速率：液体随着时间在纺织材料内运动而发生的润湿面积的变化。

3.4 毛细效应：液体通过毛细管作用在纺织材料中运动或渗透的现象。

3.5 毛细距离：液体沿着纺织材料运动，从起点到终止点的线性测量值。

3.6 毛细时间：液体沿着纺织品运动的时间周期。

4. 安全和预防措施

本安全和预防措施仅供参考。本部分有助于测试，但未指出所有可能的安全问题。在本测试方法中，使用者在处理材料时有责任采用安全和适当的技术；务必向制造商咨询有关材料的详尽信息，如材料的安全参数和其他制造商的建议；务必向美国职业安全卫生管理局（OSHA）咨询并遵守其所有标准和规定。

遵守良好的实验室规定，在所有的试验区域应佩戴防护眼镜。

5. 使用和限制条件

5.1 最初，本方法适用于能够完全吸收所用液体的织物，不适用于液体在织物表面积聚或出现滴液的面料。如果全部量的测试液无法得到有效的毛细效应速率，那么得到的测试结果就是无效的。因此完全吸收液体和不完全吸收液体的面料得到的测试结果不具有可比性。液体在纺织品中运动的特性会受纤维成分、织物组织结构、机械或化学加工工艺以及上述因素的组合影响。

5.2 本测试方法用来评价水平放置的试样在接触蒸馏水或去离子水时的毛细能力，此时毛细效应受液体特性的影响，而不是受重力影响。

5.3 除了蒸馏水或去离子水，也可以使用其他液体（彩色水、染料溶液等）。如果测试中使用的不是蒸馏水或去离子水，则需要测定液体的表面张力，因为不同表面张力的液体可能会得出不同的测试结果。

5.4 深色纺织面料或者印花面料可能很难进行测试。此时使用具有对比色的水溶性墨水有助于进行标记和识别。

5.5 本测试的结果不能体现舒适性，本方法不适用于舒适性评价。

5.6 垂直毛细效应与水平毛细效应测试结果之间的相关性未知。因此对于不同放置方式的测试结果进行对比时应谨慎。

6. 仪器、试剂和材料

6.1 温度为21℃±1℃（70 ℉±2 ℉）的蒸馏水或去离子水。

6.2 标记笔，细头，带有永久性并水溶的墨水（见14.2）。

6.3 秒表或数字计时器。

6.4 卷尺或直尺，毫米刻度。

6.5 表面张力计，使用水以外的液体时用。（见10.1）。

6.6 烧杯或陪替式培养皿。

6.7 滴管，10mL，带有0.5mL刻度，每毫升15～20滴的流量。或手持电子吸液管。

6.8 绷圈，直径为152mm±5mm（6.0英寸±0.2英寸）。

6.9 实验室用密封薄膜。

6.10 环架和夹钳。

6.11 标记模板，直径100mm±3mm。

7. 取样

7.1 确定织物是否有疏水面或亲水面。根据有关方面的协议，确定是否织物的两面都要进行测试。如果只测试织物的一面，则需要标记出测试面。如果需要在洗涤后进行测试，用永久性记号笔标记出测试面。

7.2 所有试样都应在距离布边100mm±5mm处裁剪。如果测试服装，应从不同部位并在远离接缝、口袋、开口等衔接部位处剪取试样。剪取的试样应包含不同的经纬纱线。

8. 试样准备

8.1 剪取五块尺寸为200mm×（200±5）mm的试样，与面料织边或服装纵向对齐。测试服装样品的水平毛细效应可以不用剪取单独的试样。

8.2 从面料或者服装上裁取一块附加试样，用来在测试前确定在划好的圆内滴液的位置。（见10.2）

8.3 如果测试整理的耐久性或者洗涤后的毛细效应，样品在洗涤后按照8.1的规定剪取试样，洗涤方法参照技术手册中“家庭洗涤测试条件的标准化程序”专论。

9. 调湿

9.1 将试样按照ASTM D 1776《纺织品调湿

和测试标准方法》（见 14.3）的要求置于温度为 21℃ ±1℃（70℉ ±2℉）、相对湿度为 65% ±2% 的大气环境下调湿至少 4h。

9.2 所有测试过程均在标准大气环境条件下完成。

10. 操作程序

10.1 如需要，按照 ASTM D 1331—89《表面活性剂溶液的表面张力和界面张力的标准测试方法》测试所用液体（彩色水或染色溶液）的表面张力，并报告（见 14.3）。

10.2 用模版和带水溶性墨水的细头标记笔在每块试样中间画一个直径为 100mm ±3mm 的圆。圆画在试样的测试面。测试中滴水的位置就是该圆的圆心（见下图）。

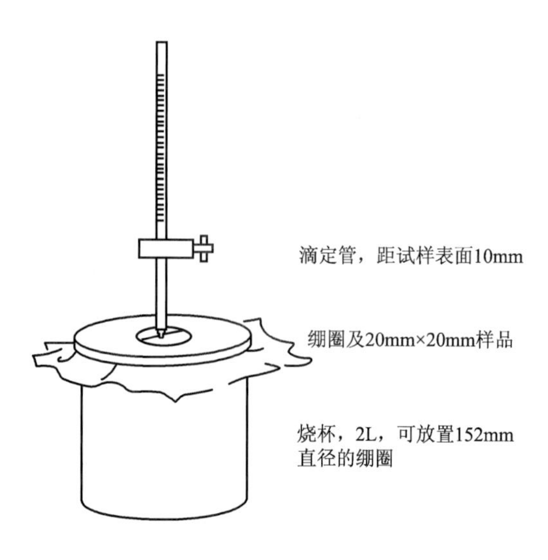

水平方向测试仪结构

10.3 将 10mL 滴管吸满蒸馏水或去离子水，然后将液面调整到滴管最上端的刻度线处，使液体凹液面与刻度线平齐。

将一块预测试试样装到绷圈上，保证试样表面绷紧，没有褶皱。将绷圈水平放到烧杯或陪替式培养皿上。降低滴管的高度，使滴管头部距离试样表面 10mm ±1mm。慢慢松开滴管塞，确保 1.0mL ±0.1mL 的水滴到标记圆的中央。确定（并记录）能够使液体均匀稳定地滴落时滴管塞的松开位置，如在 10s ±2s 内可以滴下规定滴数时滴管塞的位置。将该预测试试样丢弃。

10.4 将试样装入绷圈，试样的测试面向上。在绷圈的边缘使用实验室用密封薄膜可以防止轻薄面料滑脱，并有助于保持面料表面的绷紧。

10.5 将滴管塞松开到 10.3.1 预测试中确定的开启位置，将 1.0mL ±0.1mL 水从 10mm ±1mm 高度滴到直径为 100mm ±3mm 标记圆的中心。也可以使用手持电子吸液管代替滴管，但是滴液的高度要保持在 10mm ±1mm。松开滴管塞或者按下滴液按钮时，立即启动计时器。当水到达 100mm ±3mm 标记圆边缘处时，测试应停止。记录液体在织物长度方向和宽度方向扩散的距离以及用的时间。

10.6 如果在 5min ±0.1min 内，水没有到达 100mm ±3mm 标记圆边缘并已经停止移动，试验终止，记录测试终止的时间。

10.7 重复 10.4 ~ 10.6 步骤，对其他试样进行测试。

11. 计算

11.1 记录每块试样的毛细效应时间，精确到秒。

11.2 计算每块试样的水平毛细效应速率和平均毛细效应速率。用下述公式计算水平毛细效应速率：

$$W = \frac{d_1 d_2 \pi}{4t}$$

式中：W——毛细效应速率，mm^2/s；

d_1——长度方向的毛细效应距离，mm；

d_2——宽度方向的毛细效应距离，mm。

t——毛细效应时间，s。

11.3 毛细效应速率的计算可以用达到标记圆边缘的时间或者在 5.0min ±0.1min 时间内的运动距离。

12. 报告及解释

12.1 报告毛细效应时间、长度和宽度方向的毛细效应距离、每个试样的平均毛细效应速率。报告测试中是否出现液体低落或积聚的现象。

12.2 如果测试使用的不是21℃ ±1℃ (70℉ ±2℉) 的蒸馏水或去离子水，则报告使用的液体以及液体的表面张力和温度。

12.3 报告测试是否在洗涤后进行，如果是，报告洗涤条件和洗涤次数。

12.4 短期的水平毛细效应时间表示快速毛细效应（见5.1和5.5)。

13. 精确度和偏差

13.1 精确度。

13.1.1 实验室间研究。2009年对纺织品水平方向的毛细效应测试进行了研究，此次研究由一个实验室的三个操作人员对五个样品进行了测试。研究中用的五个样品为：100%棉平针织物；100%棉双罗纹针织物；100%棉斜纹织物；50棉/50涤纶织物；100%涤纶织物。但是，结果证明其中后两块机织织物不适于进行水平方向毛细效应的测试，因为水在这两种试样表面积存，整个测试过程都不发生扩散。因此，相应精确度的建立是基于3种试样的：两种针织织物和一种机织织物。

13.1.2 相关数据见表1，并对数据进行了方差分析，由于方差分析（ANOVA）表明织物对检测结果的影响显著，因此表2中的数据体现的是每种面料的单独数据。相关资料在AATCC技术中心留存。

13.1.3 本方法的实验室间精确度尚未确立。在精确度确立之前，本方法的使用者应使用标准的统计方法对实验室间的平均值进行比较。

13.2 偏差。纺织品的水平毛细效应测试仅能以一个测试方法来定义。没有独立的方法可以测定其真值。作为评价该性能的方法，本方法没有已知的偏差。

14. 注释

14.1 相关资料可以从AATCC获取。地址：P. O. Box 12215，Research Triangle Park NC 27709；电话：919/549 - 8141；传真：919/549 - 8933；电子邮箱：orders@aatcc.org；网址：www.aatcc.org。

14.2 适用的带有水溶性墨水的记号笔可由下述渠道购买，如Paper Mate ®、Flair ®、Sanford Corporation的Fiber Tip Pen，2707 Butterfield Rd.，Oak Brook IL 60523；Tel：630/481 - 2200；Fax：866/666 - 8735；网址：www.papermate.com。

14.3 ASTM国际标准可从ASTM获得，100 Barr Harbor Dr.，West Conshohocken PA 19428；Tel：610/832 - 9500；Fax：610/832 - 9555；网址：www.astm.org。

表1 数据（速率 mm^2/s）

织物	操作者1第1天	操作者1第2天	操作者2第1天	操作者2第2天	操作者3第1天	操作者3第2天
100%棉平针织物	40	60	37	39	44	68
	34	57	84	70	56	62
	41	32	51	60	59	61
	64	47	68	48	41	60
	60	58	55	30	62	46
100%棉双罗纹针织物	29	25	24	40	23	22
	28	22	25	16	19	19
	27	17	35	29	19	22
	16	19	31	20	21	19
	37	14	18	18	27	20

续表

织　　物	操作者 1 第 1 天	操作者 1 第 2 天	操作者 2 第 1 天	操作者 2 第 2 天	操作者 3 第 1 天	操作者 3 第 2 天
100% 棉机织物	120	49	33	120	43	31
	47	90	130	110	46	140
	47	45	130	170	39	35
	76	66	160	220	44	29
	98	51	43	71	27	43

注　本表中的所有数值均以两位有效数字表示。

表 2　统计结果（速率 mm^2/s）

数据种类	100% 棉平针织物	100% 棉双罗纹针织物	100% 棉机织物
平均值	53	23	78
标准偏差	13	6.0	50
95% 置信区间	5.0	2.0	18

注　本表中的所有数值均以两位有效数字表示。

AATCC 199 -2011

纺织品的干燥时间：水分计法

AATCC RA63 技术委员会于 2011 年制定。

前言

历史上，纺织行业中有很多种不同的测试方法来确定纺织面料的干燥特性，包括干燥率、干燥时间或其他干燥性能参数。在过去十年间，业内人士研发出新的技术改进了这些参数，使干燥特性与“液体管理”相关联。很多相关方面（纺织品生产商、化学试剂供应商、零售商以及独立运作的实验室）参与了纺织面料干燥性能标准测试方法的研究。

关于纺织面料干燥特性检测技术的非官方技术文献发表在 2008 AATCC/ASTM International 的液体管理技术增刊《服装、家用产品及纺织产品的应用》。本测试方法是一种新的技术，已被多个公司采用。

1. 目的和范围

本测试方法用重量原理的水分计评估针织物、机织物或非织造织物在升高温度下的干燥时间。在非纺织标准测试环境下进行该测试，可以模拟面料在体温下的干燥特性或模拟其他使用温度的干燥特性。

2. 原理

将水加到试样上，然后试样在水分计预先选定的温度下（37℃）干燥，用来模拟体温下的干燥。测量并记录测试试样达到测试终点的时间作为干燥时间。

3. 术语

3.1 干燥时间：一定量的液体在特定测试条件下从纺织材料上蒸发掉所用的时间。

注：本测试方法中所用的水量是通过一个准备步骤确定的，即是试样润湿到一定程度的用水量。测试的环境由水分计控制。

3.2 终点：干燥测试的终止点，可以是试样达到初始干燥重量或者是试样达到其他协商值，如干燥重量 +4.0% 含水率的时间点。

3.3 保水率：本测试方法中是指试样在去离子水中浸没 1min，然后在一定条件下垂直悬挂 5min 后的含水率（见 9.3.2）。

3.4 测试面：在水分计载样台上放置时，试样向上的那面，也是测试中水接触的面，可以是织物的正面或者反面。

3.5 重量损失：试样的饱和重量和干燥后重量之差。

3.6 湿涂层量：在纺织加工工艺中，指应用于纺织材料的液体及其液态物质的量。

4. 安全和预防措施

本安全和预防措施仅供参考。本部分有助于测试，但未指出所有可能的安全问题。在本测试方法中，使用者在处理材料时有责任采用安全和适当的技术；务必向制造商咨询有关材料的详尽信息，如材料的安全参数和其他制造商的建议；务必向美国职业安全卫生管理局（OSHA）咨询并遵守其所有标准和规定。

遵守良好的实验室规定，在所有的试验区域应佩戴防护眼镜。

5. 使用和限制条件

5.1 织物的干燥特性因其成分含量、织物结构（如厚度或起绒等）、机械或化学处理工艺以及各因素的组合影响而不同。

5.2 其他影响干燥特性的因素包括测试的温度和湿度条件，以及所用液体的量。本测试在非纺织标准大气环境下进行。由于本测试可以在水分计的不同温度设置下进行，因此可以选择不同的测试温度来模拟人体在休息状态下、运动状态下或者在室外环境下的温度。

5.3 本测试是将一定量的水加到试样上，测试试样的干燥时间，并计算试样在一定量的水下的保水率。

5.4 本方法适用于至少有一面的吸水时间在30s ±2s 内的面料（见 AATCC TM 79，纺织品的吸水性）。不适用于吸水时间超过 30s 的面料，因为在这种情况下，随着温度的升高，面料上的水分开始蒸发，因此无法得到正确的测试结果。

5.5 本测试方法的用途之一是用于对比处理过的试样与未经处理试样之间的保水特性变化，或者对比使用添加剂的面料与未使用添加剂的面料的保水特性。

5.6 本测试方法的结果并不表示舒适性，本方法不适用于舒适性测试。

5.7 本测试方法得到的干燥时间与吸水测试得到的结果之间的相关性未知。虽然本方法中使用 AATCC TM 79 方法来确定织物的测试面，但本方法并不测试吸水性。

6. 仪器和材料

6.1 带有加热装置的水分计（见 14.1）。

6.2 去离子水。

6.3 垂直试样架，带有水平的且尺寸适宜的并带有夹子的可用来悬挂试样的架子。

6.4 镊子。

6.5 400mL 烧杯。

6.6 金属丝网筛，标准 6.3mm ×6.3mm（0.25 英寸×0.25 英寸）网眼（见 14.2）。

6.7 载样台。

6.8 电子吸液管（见 14.1）。

6.9 带有抓取数据软件的计算机（可选）。

7. 试样准备

剪取 10 块直径为 70mm ± 1mm 的圆形试样，试样应沿样品宽度方向以对角线排列，以保证试样中含有不同的经纬纱线或者是取自样品的不同位置。如果样品的尺寸不够在织物宽度的对角线方向剪取 10 块直径为 70mm ± 1mm 的试样，可以剪取尺寸小一些的试样，但要在报告中注明。2 块试样用于准备步骤，8 块试样用于测试（见 9）。

8. 调湿

测试前将试样无张力地放置于光滑的水平面上，将试样按照 ASTM D 1776《纺织品调湿和测试标准方法》中表 1 中纺织品通用条件（见 14.3）的要求进行调湿平衡。

9. 试样准备

9.1 开启水分计并设置 37℃，使其预热至少 30min。

9.2 按照 AATCC TM 79，将一滴水滴到一块附加试样的正面，判断其吸水性，然后取另外一块附加试样在试样背面重复操作，确定吸水性更好的一面作为测试面。如果两面的吸水性区别不明显，则正反面都可以作为测试面。如果试样两面的吸水时间均超过 30s，则见 5.4。

9.3 称量并记录试样的初始重量（W_1），然后将试样浸没于水中，如图 1。

图1　试样浸没在水中

9.3.1　1min后，用镊子将试样取出并悬挂于垂直架上，如图2。

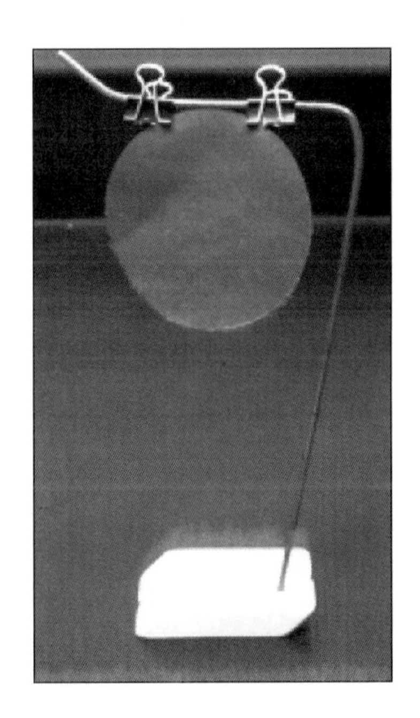

图2　垂直试样架

9.3.2　5min后，用镊子移走试样，称量并记录重量（W_2），然后计算含水率x：

$$m=\frac{W_2-W_1}{W_1}\times 100\%$$

式中：W_1——干燥重量，g；

W_2——饱和重量，g。

确定试样的加水量y：

$$y=x\times W_1$$

式中：y——需要加的水量，mL；

x——含水率；

W_1——干燥重量，g。

本公式假定水在25℃的密度是1g/mL。

9.4　设置电子吸液管使其吸取9.3中确定量的水并加到试样上。对于同一个样品的所有试样均使用这一确定量的水，无论不同试样的重量是否存在差异。

9.5　按照设备制造商的说明设置程序。测试的终点应由有双方协议确定。

10. 操作程序

10.1　打开水分计的试样箱，将载样台和金属丝网筛放入试样箱（见图3）。

图3　载样台

10.2　称量水分计的净重。将试样测试面向上放到载样台上（见图4）。

图4　试样在载样台上的放置方式

10.3　用电子吸液管将规定量的水以均匀的速度加到试样上。

10.4　将金属丝网筛放到试样上（见图5），启动水分计及软件（如适用）。水分计或软件将在达到预设的测试终点时自动停止。

图5 金属丝网筛在试样上方的放置方式

10.5 重复 10.1～10.4 步骤，对其他试样进行测试。

10.6 记录每个试样的干燥时间，精确到分钟。

11. 计算和评价

计算试样的平均干燥时间和标准偏差。

12. 报告

12.1 报告含水率、平均干燥时间和标准偏差、用水量、温度和试验终点。

12.2 如果试样直径不是 70mm ± 1mm，则报告试样的直径。

13. 精确度和偏差

13.1 精确度。实验室间研究。2010 年对水分计测试纺织品的干燥时间进行了研究，此次研究由一个实验室的两个操作人员对五个样品进行了测试。研究中用的五个样品为：100% 棉双罗纹针织物、100% 涤纶斜纹织物、100% 棉平针织物、65 涤纶/35 棉机织物、100% 涤纶双罗纹针织物。

13.2 下表统计汇总。数据包括平均干燥时间、标准偏差和两个操作者的 95% 置信度。

13.3 本方法的实验室间精确度尚未确立。在精确度确立之前，本方法的使用者应使用标准的统计方法对实验室间的平均值进行比较。

13.4 偏差。纺织面料干燥时间的测试仅能以一个测试方法来定义。没有独立的方法可以测定其真值。作为评价该性能的方法，本方法没有已知的偏差。

14. 注释

14.1 可从任意实验室仪器供应商处获取。

14.2 可从任意硬件或家装店获取。

14.3 ASTM 国际标准可从 ASTM 获得，100 Barr Harbor Dr.，West Conshohocken PA 19428；Tel：610/832－9500；Fax：610/832－9555；网址：www.astm.org。

统计汇总数据（速率 mm^2/s）

序号	操作者 1			操作者 2		
	平均干燥时间（min）	标准偏差	95%置信度	平均干燥时间（min）	标准偏差	95%置信度
A	147	4.7	3	158	5.2	4
B	115	4.2	3	121	4.5	3
C	73	2.5	2	78	2.6	2
D	28	1.7	1	28	1.3	1
E	85	1.8	1	93	3.5	2

AATCC 评定程序

AATCC EP1 -2007

变色灰卡

AATCC 于 1954 年制定；AATCC RA36 技术委员会负责；1979 年、1987 年、2002 年修订；1991 年、2009 年、2011 年编辑修订；1992 年编辑修订并重新审定；2007 年重新审定；技术上等效于 ISO 105 - A02。

1. 范围

本程序描述了如何使用灰卡对纺织品色牢度试验后结果的颜色变化进行目光评价。试样变色的仪器评价可参照 AATCC EP7。本程序给出了灰卡上不变的参比片和 9 档灰片间的精确色差，此数据已作为永久记录。还可以供新制备的灰卡与可能需要更换的旧灰卡作对比之用。

2. 原理

色牢度试验结果的评价是通过视觉对不同的颜色和处理前后的原样和试样的颜色差异参照灰卡（见 8.1）进行比较，色牢度的级数就等同于与其颜色相当的或色差相同的灰卡的级数。

3. 术语

3.1 变色：通过原样和试后样的比较，可辨别的无论是亮度、色调或色度的任何一种还是这些因素的组合所发生的颜色变化。

3.2 色牢度：材料在加工、检测、储存或使用过程中，暴露在可能遇到的环境下，抵抗颜色变化或（和）颜色向相邻材料转移的能力。

3.3 灰卡：由一对标准的灰色卡片组成，卡片对代表渐变的色差值且与色牢度等级相对应。

4. 灰卡的描述

4.1 灰卡上的 5 级色牢度是由一对并列放置的参比卡片组成，参比卡片为中性灰色，它的三刺激值的 Y 值为 12 ±1。两个参比卡片间的色差为 0.0 +0.2。

4.2 色牢度 4.5 级到 1 级内每级都是由与 5 级相同的卡片和与 5 级相同尺寸并有类似颜色和光泽但较浅的中性灰色卡片配对组成。在整个灰卡上每级灰卡在视觉上的色差——色牢度的 4、3、2 和 1 级的色差值是以几何级数递增。在色牢度半级的 4 -5、3 -4、2 -3 和 1 -2 级的色差值是整级的中间值（见 8.2、8.3 和图 1）。

5. 灰卡的使用

5.1 将一块原样和对应的一块试样并排放置在一个平面上，且方向一致。特别要注意两块材料之间产生的明显连接处。沿着原样、试样的边缘放置灰卡，纺织品和灰卡对的交界处成一条直线。在样品和灰卡上放置一灰色遮样罩（三刺激值 Y 为 53 ±1），以排除周围区域对评级的影响。原样和试样的背衬材料应使用三刺激值 Y 至少为 85 的白色材料。如果需将试样永久贴在卡片上，卡片的三刺激值 Y 必须至少为 85。任何其他附着方法（如钉等）的固定处都不能在可见的区域之内（见图 2）。

用一个模拟日光、照度范围在 1080 ~ 1340lx（100 ~ 125 英尺烛光）（见 8.4）的光源照射样品表面。光线与样品表面呈 45° ±5°，观察方向与样品表面呈 90° ±5°（见图 3）。

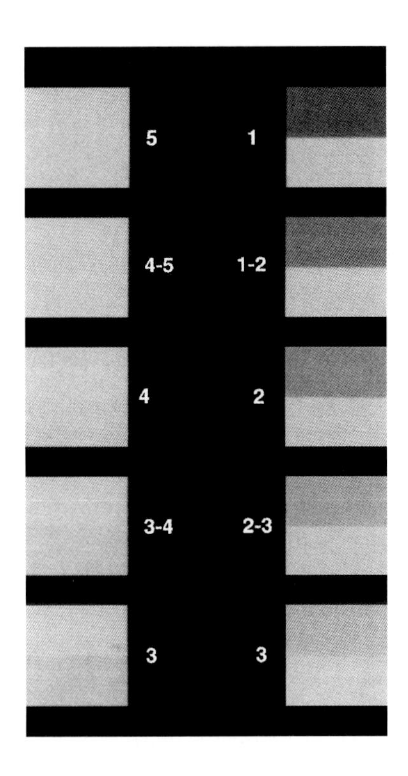

图1　变色灰卡

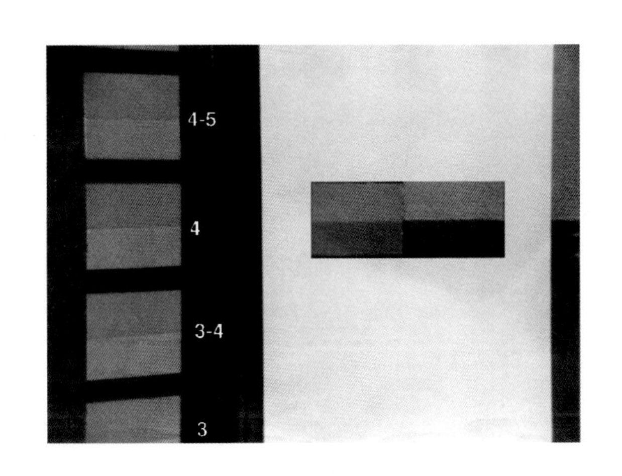

图2　灰卡使用说明

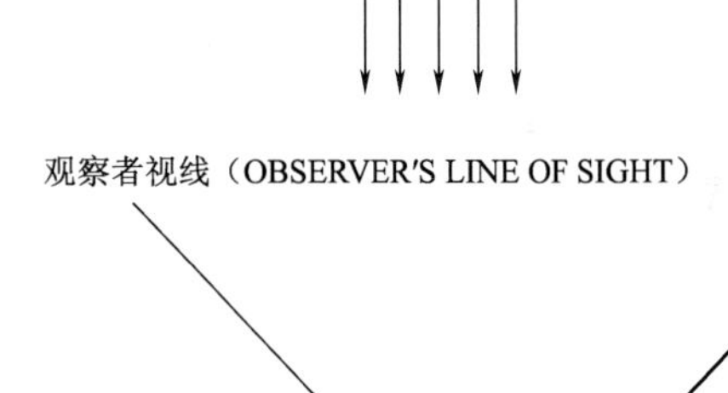

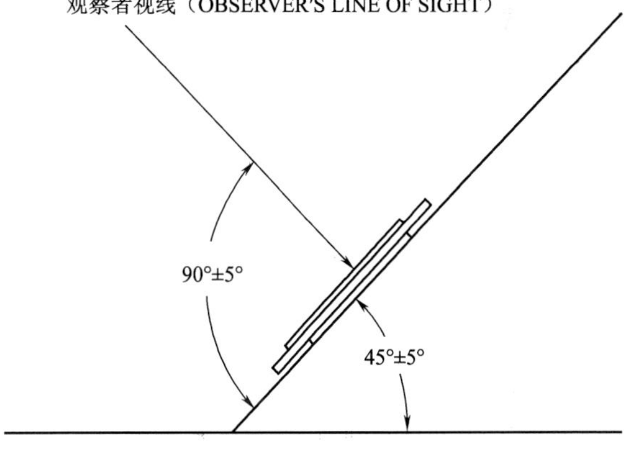

图3　试样评级的照射和观测角度

将原样和试样观感的色差与灰卡条显示的差异进行对比。试样的色差相当于某一灰卡对的差异，那么色牢度级数就是灰卡的级数。只有当试样和原样之间看不出颜色的差异时，才能评为5级。灰卡的清洁和物理条件对于获得一致的评定结果是非常重要的（见8.5）。

5.2　当色牢度级数给出后，对比所有已评价的同级的成对原样和试样是非常有用的。因为评级错误会变得明显，这样对评级的前后一致给予了暗示。如果某对的色差程度表现出同其他同级的成对试样不一致，那么应该对照灰卡重新核对，如果必要，应该更改其等级。

6. 在色牢度试验中变色的描述

使用灰卡时，评价的是原样与测试样整体的总色差和不同。这个评级过程不用于评价明度、色度和色调的某个单独元素。如果需要描述这些元素，观测者应在数字评价后加上适当的定性术语，如表1所示。

表1

级　别	差异等级	含　　义
3 较亮	差异相当于灰卡3级	试样仅仅是变亮
3 较红	差异相当于灰卡3级	在亮度上没有明显改变，但在色调上偏红
3 较亮较黄	差异相当于灰卡3级试样变亮且在色调上偏黄	3 较亮较黄
3 较亮较蓝，彩度较低	差异相当于灰卡3级	试样变亮且在色调上偏蓝，并且彩度发生改变
4~5 较红	差异相当于灰卡4~5级	在亮度上没有明显改变，但在色调上偏红

7. 灰卡色差的色度值

7.1 灰色样卡与灰卡九档的色差和公差用 CIE 1976 $L^* a^* b^*$ 色差公式来表示总的色差 ΔE_{CIELAB}：

$$\Delta E = [(\Delta L^*)^2 + (\Delta a^*)^2 + (\Delta b^*)^2]^{1/2}$$

其中：$L^* = 116 (Y/Y_n)^{1/3} - 16$

$$a^* = 500 [(X/X_n)^{1/3} - (Y/Y_n)^{1/3}]$$

$$b^* = 200 [(Y/Y_n)^{1/3} - (Z/Z_n)^{1/3}]$$

$$(X/X_n、Y/Y_n、Z/Z_n > 0.01)$$

三刺激值 X_n、Y_n、Z_n 定义了名义上的白色物体色刺激的颜色。

7.2 作为指导标准使用的灰卡的允差在附录A表2的最后一列列出。

8. 注释

8.1 灰卡可从 AATCC 获取，地址：P. O. Box 12215, Resarch Triangle Park NC 27709；电话：919/549 - 8141；传真：919/549 - 8933；电子邮箱：orders@ aatcc. org；网址：www. aatcc. org。

8.2 灰卡的色牢度等级和相应的由 CIE1976 $L^* a^* b^*$（CIELAB）公式定义的色差和公差在附录A的表2中列出。分光光度球体几何对卡片的测量应采用含有镜面组件。0°/45°（45°/0°）几何条件是一种可接受的替换。色度值应使用 CIE1964 10°视角 D_{65} 光源的数据来计算。

8.3 对于色牢度等级小于1的情况，在其他章节已作规定。颜色改变或差异明显大于1的任何试样的色牢度可以被评为0级。

8.4 日光模拟器和照度选择的注释见 AATCC EP9《纺织品色差的视觉评价》。

8.5 应经常检查灰卡上的指纹及任何其他的痕迹。如果认为这些痕迹会干扰评级，则需更换灰卡。灰卡也会通过触摸而被物理损坏，如果这种破坏影响评级，那应该更换灰卡。灰卡应该定期用分光测色计或色差计来测量，以确保其总色差在附录A中表2中所规定的范围之内。当不使用时，灰卡应放置在包装袋中。

当记录定性术语的可用空间受到样品卡的限制时，可以使用以下缩写：

Bl = 较蓝；L = 较亮；G = 较绿；Da = 较暗；R = 较红；Y = 较黄；LC = 彩度较低；MC = 彩度较高。

附录 A

表 2 规定了以 CIE1976 $L^* a^* b$（CIELAB）为单位的变色灰卡每一级的色差值。

表 2 仅用于通过仪器测量来保证灰卡在允差范围内。不能用于基于仪器测量的两个样品之间灰卡级数赋值（见 AATCC EP7《仪器评定试样的变色》）。

表 2

色牢度等级	CIELAB 色差	CIELAB 工作标准公差
5	0.0	+0.2
4～5	0.8	±0.2
4	1.7	±0.3
3～4	2.5	±0.3
3	3.4	±0.4
2～3	4.8	±0.5
2	6.8	±0.6
1～2	9.6	±0.7
1	13.6	±1.0

AATCC EP2 –2007

沾色灰卡

AATCC 于 1954 年制定；AATCC RA36 技术委员会负责；1979 年、1981 年、1996 年、2002 年、2005 年修订；1989 年、2007 年重新审定；1992 年、2006 年编辑修订。与 ISO 105 – A03 有相关性。

1. 范围

本程序描述了使用灰卡对纺织品色牢度试验结果的沾色进行评价的程序。本程序给出了参考卡片和 9 档灰卡的精确色差，且作为永久记录，以供新制备的灰卡和已更换的旧灰卡作对比之用。

2. 原理

色牢度试验的沾色结果是使用灰卡（见 7.1）显示的差异与原样和已沾色试样颜色的不同或差异做视觉比较来评级。如果试样的色差与某级灰卡的色差相当，那么色牢度的级数等同于灰卡的级数。

3. 术语

3.1 着色剂沾色：由于暴露于有色的或被污染的液体媒介中，或者直接与染料或颜料材料接触，通过升华或机械运动（如摩擦）从材料上颜色转移，从而被作用物沾上颜色。

3.2 色牢度：材料在加工、检测、储存或使用中，暴露在可能遇到的任何环境下，抵抗颜色变化或（和）向相邻材料转移的能力。

3.3 灰卡：由一系列标准灰色卡片对组成，卡片对代表渐变的色差值且与色牢度等级相对应。

4. 灰卡的描述

4.1 沾色 5 级代表相邻的两块同样的白色参考卡片。三刺激值 Y 为 85 ±2，卡片之间的色差为 0.0，允差为 +0.2（见 7.2）。

4.2 沾色 4.5 级到 1 级每级包含与 5 级使用同一参考白度卡，和与 5 级类似的色度和光泽但较深的中性灰色卡片成对来表示。在整个灰卡上每一对灰度条的色差——色牢度等级 4、3、2 和 1 中的是色差的几何递增。在色牢度半级 4 ~5、3 ~4、2 ~3 和 1 ~2 的色差是整级的中间级（见 7.3、7.4 和图 1）。

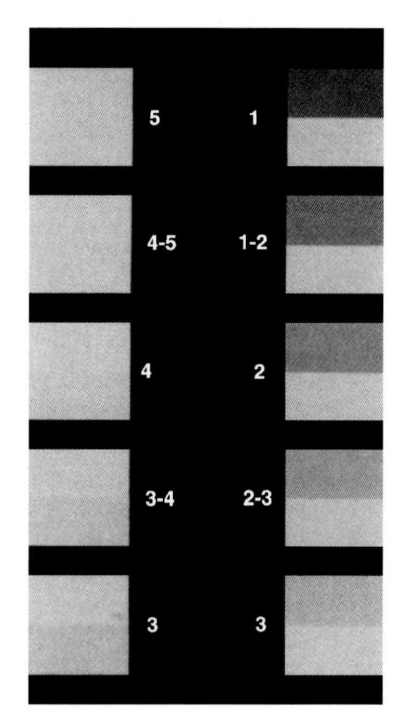

图 1 沾色灰卡

5. 灰卡的使用

5.1 灰卡附带有三个带矩形孔的遮样罩。第一个用于评价多纤维的沾色，第二个用于评价摩擦沾色，第三个用于评价普通沾色。灰卡的清洁和物理条件对获得一致的评级结果是非常重要的（见7.5）。

5.2 灰卡和遮样罩如何使用取决于沾色材料的性质。以下几个小结主要说明的是，当需要时如何使沾色材料和未沾色材料相邻接触摆放。

5.2.1 比较大的沾色材料。将沾色材料的试样和未沾色材料原样以同一方向并排放置。特别注意两块材料之间产生的明显连接处。沿试样和未沾色材料的边缘放置灰卡，纺织品和灰卡对之间的交界处成一条直线。放置评级卡附带的标有用于评价普通沾色的遮样罩（三刺激值 Y 为 53 ± 1）于试样和灰卡上，以排除周围区域对评级的影响（见图2）。

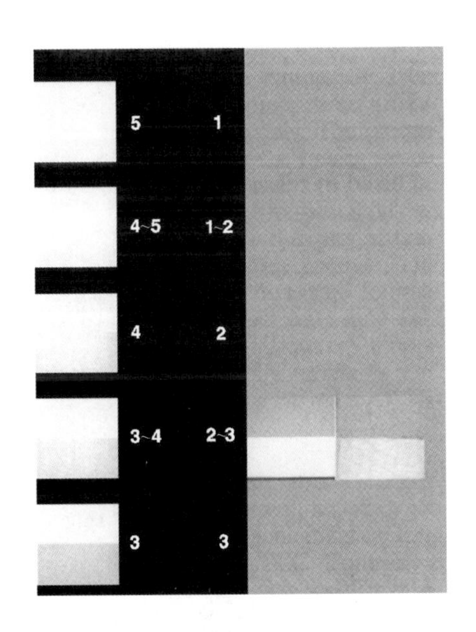

图2 灰卡使用说明

5.2.2 摩擦沾色试样。放置评级卡附带的标有用于评价摩擦沾色的遮样罩（三刺激值 Y 为 53 ± 1），于摩擦布上，使沾色区域处于遮样罩的中间，以排除周围区域对评级的影响，将灰卡放置在遮样罩上且靠近试样。

5.2.3 多纤维织物。将沾色多纤维织物试样和非沾色多纤维织物原样并排以同一方向放置。修整沾色试样，使两块织物之间产生明显的连接处。沿着试样的和未沾色织物边缘放置灰卡，纺织品和灰卡对之间的交界处成一条直线。放置评级卡附带的标有用于评价普通沾色的遮样罩（三刺激值 Y 为 53 ± 1）于试样和灰卡上，以排除周围区域对评级的影响。

5.2.4 不规则沾色。选择适当尺寸的遮样罩，然后按照 5.2.1 的方法进行。

5.3 在未沾色、未染色材料的背面垫上与未沾色和沾色材料相同的材料，以达到不透明的视觉效果。用一个模拟日光、照度范围在 1080 ~ 1340lx（100 ~ 125 英尺烛光）（见 7.6）的光源照射样品表面。光线以约 45°角入射到试样表面，观察方向约垂直于样品表面（见图 3）。用未沾色原样和沾色样视觉差异和灰卡表示的差异比较，试样的级数就是最接近原样和试样色差的灰卡的级数。只有当试样和未沾色原样之间没有色差时，才能评为 5 级。

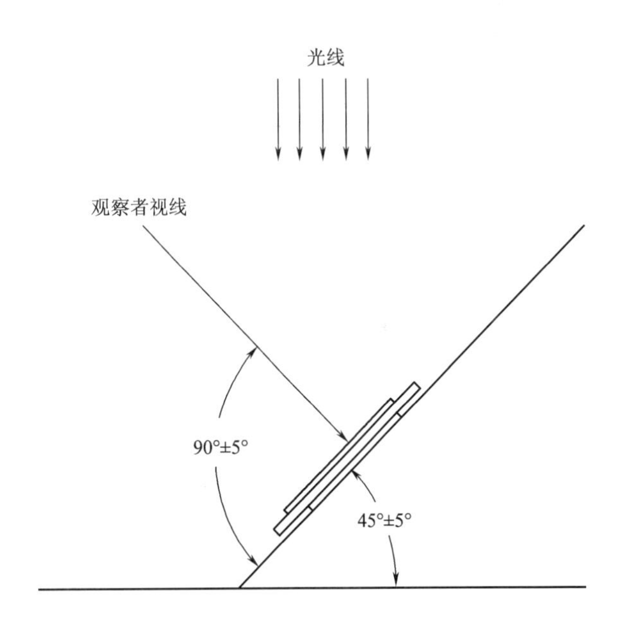

图3 试样评级的照射和观测角度

6. 灰卡色差的色度值

6.1 灰卡的参考白度和灰卡九档的色差和公差用 CIE1976 $L^* a^* b^*$ 色差公式来表示总的色差 ΔE_{CIELAB}：

$$\Delta E^* = [(\Delta L^*)^2 + (\Delta a^*)^2 + (\Delta b^*)^2]^{1/2}$$

其中：$L^* = 116\ (Y/Y_n)^{1/3} - 16$

$a^* = 500\ [(X/X_n)^{1/3} - (Y/Y_n)^{1/3}]$

$b^* = 200\ [(Y/Y_n)^{1/3} - (Z/Z_n)^{1/3}]$

$(X/X_n、Y/Y_n、Z/Z_n > 0.01)$

三刺激值 X_n、Y_n、Z_n 定义了名义上的白色物体色刺激的颜色。对于 D_{65} 光源、10°视角计算，$X_n = 94.811$，$Y_n = 100.000$，$Z_n = 107.304$。

6.2 用于标准灰卡的允差在附录 A 中的表的最后一列列出。

7. 注释

7.1 灰卡从 AATCC 获取，地址：P. O. Box 12215，Research Triangle Park NC 27709；电话：919/549-8141；传真：919/549-833；电子邮箱：orders@ aatcc. org；网址：www. aatcc. org。

7.2 AATCC 保证评价沾色的灰卡满足本评价程序的规定。

7.3 灰卡的沾色等级和相应的由 CIE 1976 $L^*a^*b^*$（CIELAB）公式定义的色差和公差在附录 A 中的表中列出。分光光度球体几何对卡片的测量应采用包含反光组件。0°/45°（45°/0°）几何条件是一种可接受的替换。色度值应使用 CIE 1964 10°视角、D_{65}光源的数据来计算。

7.4 对于色牢度等级小于 1 的情况，在本手册《主观评级程序术语》章节已作规定。颜色改变或差异明显大于 1 的任何试样的色牢度可以被评为 0 级。

7.5 应经常检查灰卡上的指纹或任何其他痕迹。如果认为这些痕迹会干扰评级，则需更换灰卡。灰卡应该每季用分光测色计或色度计来测量，以确保其总色差如附录 A 中的表中所规定的范围之内。当不使用时，灰卡应放置在包装袋中。

7.6 日光模拟器和照度选择的注释见 AATCC EP9《纺织品色差的视觉评价》。

附录 A

下表规定了以 CIE 1976 $L^*a^*b^*$（CLELAB）为单位的、每一级沾色灰卡的色差值

下表仅用于通过仪器测量来保证灰卡在允差范围内。不能用于基于仪器测量的两个样品之间灰度级数的赋值（见 AATCC EP7《仪器评定试样的变色》）。

沾色等级	色差 CLELAB 单位	指导标准公差 CLELAB 单位
5	0	+0.2
4~5	2.2	±0.3
4	4.3	±0.3
3~4	6.0	±0.4
3	8.5	±0.5
2~3	12.0	±0.7
2	16.9	±1.0
1~2	24.0	±1.5
1	34.1	±2.0

AATCC EP4 -2011

评定深度用标准深度样卡

AATCC RA36 技术委员会于 1987 年制定；1989 年、1999 年编辑修订并重新审定；1994 年、2007 年重新审定；2002 年、2011 年修订；2006 年、2008 年编辑修订。

1. 范围

为了在色牢度评级中产生视觉上相同深度的染色，需要确定所需的染料浓度，可以使用标准深度卡来确定该染料浓度、本评价程序描述了标准深度卡的使用。着色剂可能有着不同的着色强度，因此相同的染色浓度、颜色深度和色牢度性能也可能明显不同。使用可以达到同样视觉深度的着色剂浓度，将会提供一个更具可比性的评价结果。

2. 原理

2.1 按照 AATCC EP9《纺织品色差的视觉评价》的方法，将在给定染料浓度染色的染样与标准深度卡进行视觉比较。如果观感深度不同，调整测试样的染色浓度，直到从视觉上判断出试样的深度同标准深度卡相同。

2.2 标准深度卡由六组 12 ~ 18 个不同色相和色度的织物染样以及一组海军蓝色和黑色深浅变化的织物染样组成。在任何一组中的所有织物染样都被认为在视觉上具有相同深度。

3. 术语

3.1 着色剂：为了改变可见光的透射比或反射系数这一特殊目的，在物质上使用的一种材料。染料、颜料、染发剂和荧光增白剂都是着色剂，土壤不是着色剂。

3.2 深度：有色物体与白色的偏离程度，通常与着色剂的浓度和功效有关。

3.3 色相：颜色的感觉特征，依靠色相，可以判断物体是红色、黄色、橙色、绿色、蓝色、紫色或这些颜色的组合，这些颜色可以排列成一个密闭的环形即色环的形式被呈现。

3.4 标准深度卡：在颜色的测量中，具有相同深度的一系列不同色相和色度的染色样品。

3.5 着色强度：给定质量的染料对给定质量的材料进行染色的效率。

4. 深度卡的描述

4.1 作为标准深度的 18 个染样，被指定为“标准深度 1/1”。两倍深度（指定为标准深度 2/1）和分数深度（指定为标准深度 1/3、1/6、1/12 和 1/25）为补充范围（见 8.1）

4.2 标准深度卡等同于国际标准化组织（ISO）建立的标准深度卡（见 8.2）。

5. 深度卡的使用

选择与试样颜色最接近的标准深度卡，将试样同适合的深度卡进行比较，用模拟日光、照度范围在 1080 ~ 1340lx（100 ~ 125 英尺烛光）的光源照射试样表面（见 8.3）。试样与标准深度卡并列紧靠，并按照 AATCC EP9 的方法对其进行视觉比较，评估相对于深度卡的近似相对浓度。如果深度卡的颜色和试样的颜色不相当，可在颜色最接近试样的两个深度卡之间通过视觉估计近似的浓度。如果试样同深度卡的深度不相符，可调整用于试样的着色剂的浓度，直到试样的相关深度同六组标准深度中的其中一个的深度相符合。

6. 报告

测试样的深度同深度卡的深度相同时，报告深度卡的深度为试样的深度。例如，等于1/3 标准深度。

7. 精确度和偏差

因为结果仅仅陈述了是否同程序中指定的标准相一致，因此关于这个评价程序的精度和偏差没有做出声明。

8. 注释和参考

8.1 有关本测试方法可能的仪器信息，请参考《AATCC 采购指南》，网址：www. aatcc. org/bg。AATCC 提供由它的会员销售的设备和材料的清单，但是 AATCC 不能证明或以任何方式批准、授权或保证列出的设备和消耗品满足本测试方法的需求。

8.2 ISO 105 - A01《试验通则——色牢度试验》。

8.3 注释中日光模拟器和照度的选择见 AATCC EP9《纺织品色差的视觉评价》。

8.4 由于染料本身的染色特性，以一个标准深度水平的染色浓度按比例来配置不同深度的染色水平，不一定会得到正好所需要的标准深度水平，例如：如果一个 1.0% 的染料能产生 1/1 的标准深度，2.0% 不一定产生 2/1 的标准深度。

8.5 可参考文献：Kuehni，Rolf G.，Standard Depth and Its Determination，Textile Chemist and Colorist，Vol. 10，No. 4，p22 - 25（1978）。

AATCC EP5 -2011

织物手感：主观评定

AATCC RA89 技术委员会于 1990 年制定；1991 年、1992 年和 2006 年重新审定；1996 年修订（标题更改）；1997 年编辑修订；2001，2011 年编辑修订并重新审定。

1. 目的和范围

1.1 本评级程序描述织物手感的评价指南。在标准条件下，评价织物手感的一个或多个组成要素（关于手感的组成要素的参见附录 A）。

1.2 该指南可在以下情况使用：

1.2.1 不同人员在不同时间希望按照相同协议测试织物时。

1.2.2 在培训评测员检测和区别手感的不同组成要素时。

1.2.3 当希望得到与事先评测织物相同的测试条件时。

1.2.4 评测员分别对相同织物做出评定时。

2. 原理

评测员得到一个规范的试样，并按照规定的顺序触摸试样。

3. 术语

3.1 手感：人手接触、挤压，摩擦或以其他方式触摸织物时产生的触觉或印象。

3.2 手感的组成要素：成分、品质、特征、尺寸、性能或印象，这些要素使得触摸不同织物时会产生不同的感觉。组成手感要素的不同术语可以通过织物的压缩性能、弯曲性能、剪切性能和表面性能等物理特征来分类（见附录 A）。

4. 使用和限制条件

4.1 本指南的有效使用局限于评测员描述触摸感觉的能力。应该注意确定评测员是否存在触摸方面的缺陷以及评测员之间存在的任何差异变化。

4.2 收集到的数据的有效性依赖于先前达成的对将被评测的手感组成要素和共同接受的评测尺度的共识。

5. 试样准备

5.1 测试试样。

5.1.1 从样品中裁取足够大的测试试样，使评测员能用双手握持试样。通常，裁取的试样在长度方向和宽度方向都要大于 200mm（8 英寸）而小于 900mm（35.4 英寸），即使在不同的评测时间和日期，所有试样都应被裁剪成相同的尺寸和形状。

5.1.2 鉴别每块试样的长度方向和宽度方向，以评定可能因此存在的差异。

5.1.3 评测时，避免一块试样使用超过一次，因为伸展和挤压可能会改变织物的手感。

5.1.4 每一样品的试样数量应该同公认的统计分析和评测者的数量相统一。

5.2 试样标记。

5.2.1 在调湿和评测之前，应由评测者之外的其他人员进行试样的准备和标记。

5.2.2 标记试样以便于识别区分试样，标记试样的被评测面和织物长度方向（见 5.1.2）。用钢笔或铅笔在试样上标出识别标记、方向及被评测面等信息，不能使用标签标记。

5.2.3 评测之前，在温度为21℃ ±1℃（70℉ ±2℉）、相对湿度为65% ±2%的条件下，调湿试样至少4h。如果使用其他条件，需要记录（见9.6）。

6. 评测准备

6.1 在评测试样之前0.5h，评测员要使用相同的洗涤程序和肥皂清洗双手，最好用不含保湿剂的洗手液。

6.2 评测员要用同样的毛巾擦干双手，例如所有人使用同样的棉织物毛巾或纸巾。

6.3 评测员在洗手后到测试前这段时间，双手要避免做剧烈活动，且不能将双手暴露于温湿度变化的环境中。

7. 操作程序

7.1 评测准备。

7.1.1 评测员应该在安静的房间内放松并感到舒适。进行评测时，评测员可以坐着也可以站着。

7.1.2 评测员应该由辅助员协助，辅助员可提供被评测的织物手感要素的指示，使用的评判尺度、样品和试样的数量、试样呈现顺序、评测的期望持续时间，及其他关于评测的相关信息。

7.1.3 评测员可以同辅助员口头交流评测级别、等级及其他触觉反应，或向记录器传达信息。他们可以以级别的形式将手感记录下来。

7.1.4 在评测判断期间，评测员可以看也可以不看试样。通常，不看试样是首选的（见11.1）。可以通过在掩饰物或在遮挡帘后面触摸试样，也可闭上眼睛或使用眼罩来完成。

7.2 触摸顺序。

7.2.1 辅助员应该在一个光滑的非金属表面放置试样。放置试样时，被评测面要朝上，并且要按照试样上的标记将试样正确排列。

7.2.2 如果要评测试样的热要素（温暖或凉爽），评测者应该最先用指尖接触织物表面来开始进行评测。

7.2.3 如果一直在一个平台中评测，评测员应该一只手握持试样而用另一只手抚摸或触摸试样（见11.2）。

7.2.4 然后，评测者应该用手指和手掌轻压试样来对试样进行触摸。

7.2.5 评测者应该拿起试样并且用拇指和其他手指指尖之间对试样进行摩擦。

7.2.6 接下来，评测者将试样握持在手掌内呈拳状，在拇指和其他手指与手掌之间轻轻挤压试样。

7.2.7 若要判断试样的伸展松弛性，那么试样在两手之间被握持的距离应至少90mm（3.5英寸），并且不超过250mm（10英寸）。将双肘靠近身体，双手分开试样以此来确定其伸展松弛性。试样要在长度方向，宽度方向，斜向绷紧。

7.2.8 若要判断试样的挤压回复性（回弹性），评测者必须看着试样进行判断。用一只手握紧试样然后迅速松开；例如，在5s之内。并且在所有其他触摸程序已经完成之后再进行这个评测。

7.2.9 重复7.2.1～7.2.8测试每块试样。

8. 评价

8.1 可以通过对试样成对或成组的比较，来判断试样手感组成要素的说明和等级差异。可以使用以下技术中的任一种。

8.1.1 建立一个织物标准，并且参考标准对每块试样进行评级。使用统一的术语（见附录A和B），描述为试样比参考试样更光滑或没有参考试样光滑。参照织物标准，几个试样可以采用一次一个的方式进行评级。

8.1.2 通过选择手感术语建立两个极端的描述，并且对两极端分配数值。例如，选择一个极端描述（柔软的）并被分配数值1，选择另一个极端描述（僵硬的）并且分配数值5。然后在根据织物不同手感建立起来的数字等级内，对织物的手感进行评级，并得到相应的数字级别。

8.1.3 试样可以通过互相比较评价的方式进行分级，例如，最（粗糙的），最不（粗糙的）或者中等（粗糙的）。随着试样数量的增加，将试样如此分级可能是困难的。

8.1.4 当将一个原试样与加工过的、处理过的或其他整理工艺处理过的试样进行比较时，可以采用手感组成要素变化描述的感觉等级。例如，对判断描述分配数值的感觉等级，如1—没有不同感觉；2—轻微的不同感觉；3—中等的不同感觉；4—感觉到明显差异。数值和感觉描述可以被扩展。

8.2 测评应在1～5天内被同一个人重复进行。

如果一个人对试样同一个点上的评定程度或等级与第二天的测评结果不同，例如，进行重复评级时，未能得到一致的结果，则应该使用适当的统计分析的方法来确定两组数据之间的一致性或不一致性。

9. 报告

9.1 每个人评测的试样数量。

9.2 评测的手感要素。

9.3 采用的视觉遮挡方式。

9.4 如果与7中列举的顺序不同，则报告实际评测顺序。

9.5 评价的级别、等级或其他评价方式。

9.6 试样评价时的环境条件。

9.7 数值或评价值。

10. 精确度和偏差

10.1 精确度。这个主观评测织物手感指南的精度还没有确定。对于手感的构成要素，没有预期的数值等级范围界定，因此不能给评定者提供用于精确度计算的材料比较的组成差别。因此，在以比对为目的的测试中，为了评定方法的有效性，使用者必须采用其他的统计方法而不是方差分析法。

手感的主观评价结果通常是通过对比达成一致的任意的等级，重要的描述，或其他任意的、不连续的、间断的评价等级形式来表示。为确定统计意义和等级规则的可能水平，通常采用以χ^2或t检验统计技术为基础的无参数分析技术，这些技术建议用于这个类型的数据分析。通过这种分析，等级之间的意义被确定，但仍无法确定与测量变异性有较大的联系。

10.2 偏差。由于还没有相关程序来测定手感组成要素的真实值，因此不能确定本技术指南的偏差。

11. 注释

11.1 试样的视觉表现能够导致触觉判断出现偏差。例如，有光泽的织物并非都是光滑平整的；毛圈的、宽大的织物并非都是柔软的；而且颜色也能影响手感的判断。

11.2 左手和右手的使用可以导致触觉判断的偏差，这同评测者的习惯用手有关。在评测过程当中，用户可以规定评测者使用他们的习惯用手，或者使用与习惯用手相反的那只手接触和抚摸试样。

附录 A

手感的组成要素：根据物理特征分类的术语见下表。

根据物理特征分类的术语

物 理 特 征			
压缩性能	弯曲性能	剪切性能	表面性能
硬的	坚硬的	易弯曲的	粗劣的
薄的	柔韧的	抱缠的	凹凸不平的
厚的	易弯曲的	紧紧的	光滑的
松软的	脆的	松散的	粗硬的
丰满的	松垮的	坚硬的	平坦的
笨重的	像纸的	柔韧的	似绒毛的
坚硬的	弹性好的	绷紧的	柔软的
柔软的	有弹性可回复的	易伸的	毛糙的
弹性好的	粗硬的		平滑的
蓬松的			像蜡的
有弹性的			起毛的
			油滑的
			粗糙的
			温暖的
			凉爽的

注　本表只是手感描述的参考列表，并不是术语的完全编辑。

一些术语能够被归于多个物理性能的分类，例如，“柔软的”既可归为压缩性能也可作为表面性能术语。

附录 B

手感组成要素的有关参考：

B1　《手感评测试验方法》由 AATCC RA89 技术委员会于 1995 年 8 月编辑，是 AATCC 关于织物手感的参考书目。

B2　ASTM D 123《纺织品评级术语》，附录 3《织物手感的相关术语》，ASTM 标准年刊 07.01 卷，92 页，1986；ASTM（美国材料实验协会），地址：100 Barr Harbor Dr，W. Conshohocken PA 19458－2959；电话：610/832－9500；传真：610/832－9555；网址：www. astm. org。

B3　关于感官测试方法的 ASTM 手册，ASTM 专业技术出版物 434，1968。

B4　Brand，R. H.，Measurement of Fabric Aesthetics，Analysis of Aesthetic Components，Textile Research Journal，Vol. 34，p71－804，1964.

B5　Civille，G. V.，and Dus，C. A.，Development of Terminology to Describe the Hand/Feel Properties of Paper and Fabrics，Journal of Sensory Studies，

Vol. 5, p19 - 32, 1990.

B6 Kawabata, Sueo, The Standardization and Analysis of Hand Evaluation, 2nd Edition, The Textile Machinery Society of Japan, 1980.

B7 Kim, C. J. and Vaughn, E. A., Physical Properties Associated with Fabric Hand, AATCC Book of Papers, p78 - 95, 1995.

B8 Wiczynski, M. E., Psychometric Properties of the Hand of Polyester/Cotton Blend Fabrics, Unpublished doctoral dissertation, University of North Carolina at Greensboro, 1998.

B9 Winakor, G., Kim, C. J. and Wolins, L., Fabric Hand: Tactile Sensory Assessment, Textile Research Journal, Vol. 50. p601 - 610, 1980.

AATCC EP6 -2008

仪器测色方法

AATCC RA36 技术委员会于 1995 年制定；1996 年、1997 年、2003 年、2008 年重新审定；1998 年重新审定和编辑修订；技术等同于 ISO 105 - J01。

1. 仪器测色的概述

1.1 目的。

本评定程序是试样颜色（或着色表面）测试方法的参考性文件，主要使用设备进行辅助，也是目前很多 AATCC 测试方法中明确要求的。本文件包括三个主要部分，即反射率测量，透射率测量和相关计算。此外，本程序还提供了对特定技术和试样处理程序进行详述的附录。

1.2 术语。

1.2.1 可视区域：在颜色测量仪器上，是指在单独的颜色测量中，颜色测量仪所能测量的表面。

1.2.2 测色仪器：在能量光谱的可视范围之内（由 360 ~ 780nm 范围内的波长组成，并且至少包括 400 ~ 700nm 波长范围），用于测量从试样表面反射（或透过试样的）的相对量的各种设备，例如色度计和分光光度计。

1.2.3 测色：使用测色仪器得到的表示被测物体颜色的数量值。一个独立的数值可以是同一试样多个读数结果的平均值。

1.2.4 荧光：特定波长的辐射通量被吸收后，在不发热的情况下重新发射出其他波长的光的现象。一般是发射出更长波长的光。

1.2.5 照明/测量条件：对于测色仪器而言，可以采用以下角度或方式之一（散射/0、0/散射、0/45 或 45/0）来进行操作：

（1）照明试样（散射，0，45）。

（2）测量反射光线［0（0 ~ 10°），散射，45，0］。

散射/0 和 0/散射照明/测量仪器包含用于散射平均照明试样（或从试样表面反射）的光线积分球体，而 0/45 和 45/0 照明/测量仪器通常使用镜子或光导纤维使设备能够在 45°方向照明（或测量）试样。

对于大部分的纺织材料来说，不同照明/测量条件光谱仪器可以产生不同的色度结果。

1.2.6 反射率：在给定条件下，被反射光能量（光）与入射光能量的比率。

1.2.7 反射系数：在相同的照明/测量条件和光谱测量条件下，从试样上反射的光线与从理想漫反射体上反射的光线的比率。

1.2.8 镜面反射：依照光反射定律，即为没有散射的反射，如同在镜面一样。

1.2.9 标准化：对于测色仪器而言，是指使用颜色测量仪器对一种或多种标准材料进行测量，用以计算出一组用于后面所有测量的修正系数。

1.2.10 透射率[1]：在特定的照明/测量条件和光谱条件下，透射光与入射光之间的比率。

1.2.11 透射系数：透过试样并通过光学系统后被接收器接收到的光，与试样移开之后，穿过相

[1] 正常透射率（透明材料的）是非漫射的透射光与入射光的比率。

同光学系统并被接收器接收到的光之间的比率。

1.2.12 校验标准物质：在测色中，是指任何可以用于确认（或校验）仪器标准化有效性的稳定材料。在仪器标准化之后对标准材料立即进行颜色测量，并将其与该标准材料的原始测色结果进行比较，以发现任何不规范的标准化操作。

1.3 安全和预防措施。

在样品准备和测色过程中应遵守常规实验室安全操作规范。测色仪器的操作应根据仪器制造商的操作说明以及操作与维护预防措施的指导信息进行。

1.4 通用指南。

一般来说，仪器测色的程序因待测试样类型和所使用的测量仪器而不同。有许多类型的具有不同可视区域、照明方法和照明/测量条件的颜色测量仪器可供选择。应该注意：使用不同类型仪器得到的数据进行比较，数据之间可能会不一致。

1.5 操作程序。

1.5.1 使用 AATCC EP6 作为辅助测色方法时，操作者应按照如下所述进行测量：

1.5.2 参见待测试样的相应部分（反射或透射）。

1.5.3 根据标准化部分的描述对仪器进行标准化。保留操作记录和所有校验标准物质的测量结果。

1.5.4 获取并准备试样，注意任何可能需要的特定取样操作和（或）恒温恒湿过程（见附录 A1.2）。

1.5.5 将试样放入测色仪器，同样注意待测材料可能需要的任何特殊处理方法（见附录 A）。

1.5.6 测量试样的颜色，得到适当的光谱反射系数、光谱透射系数或色度值。

1.5.7 根据 4 中的规定进行适当的数值计算，或者根据特殊测试方法的要求进行数值计算。

2. 反射率法测色

2.1 原理。

反射率法用来对不透明的材料或基本不透明（并非半透明）的材料试样进行颜色测量，以得到用以表示试样颜色的数值。要求正确地安装设备、对测色仪器进行标准化（即校正）以及正确地将试样放置在测色仪器上，以得到稳定、可靠和有效的反射率测量结果。此外，对于用于评价结果的色度值的计算，必须按规定的方法进行。

2.2 使用和限制条件。

本部分限于通过反射分光光度计或反射色度计对不透明试样和基本不透明试样进行颜色测量。特定操作程序和（或）试样放置的辅助方法的相关信息可参见附录。

2.3 仪器和材料。

2.3.1 反射测色仪器通过照射试样，并测量从试样表面反射的光的数量来进行测试。照射一般以多波长（白光）的方式进行，但是单波长模式仪适用于非荧光性的试样。反射率测色仪可以被大致分为两类：分光光度测色仪和色度仪（也称色差仪）。

2.3.2 分光光度测色仪（以散射/0 为代表，使用多波长白光照射）分离和测量从试样上反射的光的光谱，相对于参比物，以等波长间隔显示白色（最常用的为 5nm、10nm 和 20nm 的波长间隔）。这个数据可以用于在任何给定光源和视角条件下，计算需要的三刺激值（X，Y，Z）。一些分光光度计（以 0/散射为代表）用单波长光照射试样，并以等间隔的波长光照射试样，测量从试样表面反射的光的数量。

2.3.3 色度计通过宽带过滤器直接测量三刺激值（X，Y，Z），设计的宽带过滤器用于为相应的光源和观测角（以 C/2°为代表）产生色度值。色度计不能用来测量特定波长的反射系数。

2.3.4 在这两个分类之内，仪器可以按照条件光谱进行细分。最普遍的光谱条件有两种：球体的［也可表示为散射/0°（d/0°）0/散射（0°/d）］和45/0或0/45。各个条件光谱的第一项是指照射样品的方法（或角度）（例如：条件光谱为45/0的仪器中样品的照射角度为45°角）。第二项是指仪器观测被照射试样的角度（例如：条件光谱为45/0的仪器中，仪器观测被测试样的角度为0°）。

2.3.5 散射/0（积分球型）测色仪器是间接照射放置于测试孔的试样的，并从垂直方向以0～10°的角度观测试样。这种方式可以保证获取从试样上反射出来的所有的光。有些球形仪器的观测角度大于0°，一般为8°，这些仪器包括一个反射窗口，可以用来设定包含或排除镜面反射。

2.3.6 0/散射（积分球型）仪器是相似的，但是照射路径和观测方向刚好相反。这个方法以0～10°的角度照射试样，并测量从试样表面反射到积分球内光的数量。

2.3.7 条件光谱为45/0或0/45的测色仪器是以第一个角度照射试样，以第二个角观测试样。这两种条件光谱可以是环绕的（在一个完全循环内，以45°角观测或照射试样）或定向的。对于大部分的纺织样品来说，45/0或0/45两种条件光谱的仪器可以得到相同的结果。

2.3.8 所有的颜色测量仪器都需要一个白色的校正标准，用此校正标准对仪器进行标准化。这个校正标准的色度值存储在仪器中或软件中，要求只能用这一存储的校正标准来对设备进行标准化。正规的白色校正标准通常可通过一个序列号来进行识别。

2.4 标准化（即校正）。

2.4.1 为保证获得一致、准确的测试结果，对测色仪器的标准化是绝对必要的。虽然不同类型的仪器使用的标准化方法是不同的，但是有一些共同的原则是必须遵守的。

2.4.2 一般来说，仪器的标准化包括对反射系数已知的（参照理想漫反射体）白色表面进行测量，然后计算（通过仪器内置的软件或计算机程序）一系列校正系数，这些系数将被用于接下来所有的测试。有些仪器还需要配置一块黑色的瓷砖（或光阱）以及一块灰色的瓷砖。所有这些材料都必须保持其原始的清洁、无刮痕的状态。参照制造商清洁操作说明的相关建议。

2.4.3 仪器进行标准化的频率与很多因素有关，包括仪器类型、仪器操作的环境条件及测试结果的精确度要求。对于大部分的应用来说，最常用的是每隔2～4h进行一次标准化。

2.4.4 在标准化步骤完成后，需要验证标准化程序的有效性。通过测量一些有色材料（校验标准物），并将测得的色度值与这些材料原始的色度值进行比较进行验证。如果测得的色度值没有落在原始值可接受的偏差范围之内，则认定此标准化是无效的。校验标准物的数量和可接受的偏差极限取决于使用者的要求。但是通常是用1～3个标准物和0.20ΔE_{CMC}（2:1）（D_{65}/10°）单位的可接受偏差极限。

2.5 取样。

所有使用颜色测量仪器进行的测试都涉及取样。所有如下这些要素对于获得有意义的和可重现的测试结果都是非常重要，包括：仪器的测量面积，得出单次测量平均值所需的测试次数，仪器放置试样的难度，以及样品的代表性（成衣、布卷、染色批次等）的准确度。建立取样程序的相关技术请参照ASTM E 1345（见7.1）和SAE J 1545（见7.3）。

2.6 试样准备。

2.6.1 测试用的理想试样是单一颜色、硬挺、非特殊结构、稳定、不透明的。在纺织材料中不存在上述完美的测试试样，因此在测试大部分的纺织材料时，就必须使用一定的技术和操作方法来消除或减少测色仪器不适用的材料特性的影响。对于下述特性的试样的特殊处理程序和技术在附录中给出。

2.6.2 试样的荧光［源于染料或荧光增白剂（FWAs）］将会影响测试结果，影响程度取决于试样上荧光材料的含量、紫外线辐射的数量以及仪器光源中紫外光含量与可视光能量的不同。不同仪器之间的测试结果基本不具有重现性。荧光试样的代表材料为使用 FWAs 处理过的白色或浅色材料。

2.6.3 纺织材料的含湿量会影响其颜色和外观特征。材料达到稳定吸湿状态所需的恒温恒湿时间因材料的纤维成分、织物结构、使用的染料以及周围环境的不同而不同。比较容易受含湿量影响的代表性材料是棉织物和再生纤维素纤维织物。

2.6.4 非硬挺的试样在仪器的测试孔径处会向内突起（或呈“枕头”状）。试样突起的程度会因试样层数、材料的柔软度和安放试样时所用的支撑力不同而异。试样突起的程度会导致测色结果的严重偏差，而这种偏差是不可预测和无法再现的。非硬挺试样的代表材料为纤维、纱线、针织物和多层轻薄织物。

2.6.5 非透明的试样在测量过程中会使一部分光透过材料。大部分的纺织材料，由于其组织结构的自身特征，均属于这个类别。在测试中，如有光线透过材料到达测色仪的压物架（或透到仪器之外的），都将产生错误和不可预测的结果。非透明材料的典型代表为针织物、轻薄织物和纤维。

2.6.6 试样对光（光致变色性）和热（热致变色性）的敏感性会导致不可预测的和不可再现的结果，偏差的程度取决于材料的敏感程度以及试样暴露在相应条件下的时间长短。

2.6.7 试样的尺寸对于测得具有代表性的结果是十分重要的。当试样尺寸小于常规测试所需的尺寸时，则需使用特定的技巧来完成测色。

2.6.8 试样的表面纹理（包括起毛织物、斜纹织物、高光泽织物和有光织物等）会影响颜色测量的结果。具有上述这物理特性的试样在测色时对结果的影响方式不同，主要取决于仪器的条件光谱。因此不同仪器之间的测试结果可能是非再现性的。这类材料的典型例子为地毯、灯芯绒和绞纱。

2.6.9 试样本身的颜色差异（不均一性）以及相应的仪器的测量面积，可能导致不准确的和不可再现的测试结果。这一特征材料的例子为粗斜纹棉布和多色织物。

3. 透射法测色

3.1 原理。

透明特性材料的颜色测量是通过透射法来得到其颜色值和强度值的。最普遍的应用是对装在玻璃试管中或流通池中的染料溶液进行测定，以得到其着色剂的特性、相对强度或色差。

3.2 使用和限制条件。

本方法一般适用于测定不含杂质的纯溶液。虽然有时候半透明溶液或浑浊的溶液也用透射法来测定，但实际上这种操作已经超出了本评价程序的适用范围。

3.3 仪器、试剂和材料。

3.3.1 透射法测量仪可以是专用仪器（仅能够测量透射试样），也可以是通过与积分球结合的既能够测量反射率又能测量透射率的设备。大部分的透射法测量仪是分光光度计，当然也有一些是色度仪。

3.3.2 透射比色皿（在测试中用于盛放液体）通常由玻璃或石英制成，并且设计为特定的宽度（一般为 10mm），以适用于与纺织品有关的大部分溶液（通常在测试前需要进行一些稀释）。流通池，用来使溶液通过，对于大容量样品的应用更为有效，而且通常会得到重现性更好的结果。

3.3.3 当需要进行与体积度量相关的程序时，为正确制备试样，测定体积的玻璃器具（吸液管和长颈瓶）是必需的。且仅能使用 A 级的玻璃器具。

3.3.4 当称量用来准备测试溶液的试样时，必须使用可以精确到被测质量 0.1% 的天平。

3.4 标准化。

在测试试样之前，必须按照制造商的说明对仪器进行标准化校正。通常是对盛放在干净的比色皿中的用于溶解的清澈的溶剂溶液（通常为蒸馏水）进行测量，以产生100%参比曲线。一些仪器需要对封闭光束进行测量，以设定0%的参考曲线。这一过程可以产生一组校正系数，这些系数将被用于接下来所有的测量。建议使用一个或多个颜色过滤器作为校验标准物来检查光度计和波长的准确性。

3.5 取样。

透射法测试的取样程序取决于材料的属性和采集的试样的类型。粉末状和糨糊状的试样应该从足够多的位置进行取样，以确保样品的代表性和重现性。并在称重和溶解之前对样品进行充分混合。

3.6 试样准备。

试样必须根据规定的试验程序，使用分析天平和测定体积的玻璃器皿来进行准备。溶液浓度的制备应该可以满足下面要求，即透射比色皿中的溶液在最大吸收波长（见7.4）下的透射百分比为10%～50%。每个试样必须是纯溶液，而不是悬浮液、分散液或混合体。如果试样的溶解度是未知的，则需要使制备的溶液放置一段时间，以观察溶液的沉淀。如果观察到出现沉淀，则该溶液为非纯溶液。因此需要使用其他溶剂。所有试样在放置到测试仪器之前，都应达到室温。

4. 计算

与色度相关的大部分计算是通过测色仪的控制软件完成的。在通常情况下，使用者在使用本参考程序时无须进行这些计算。但是，本评价程序对这些计算方法进行了描述，为需要进行或使用这些计算的使用者提供参考。

4.1 三刺激值。

三刺激值（X，Y，Z）是通过光谱数据推导的，是所有色度相关计算的基础。精确的X、Y、Z值源自一组光谱数据，这组数据包括测量的波长范围（和间隔）和使用者选定的用于计算的光源/视角函数。当然大多数的三刺激值是通过计算机程序进行计算的，有兴趣者可以参考ASTM E 308（见7.1）中的明确步骤（见7.2）。

4.2 CIE1976 L^*，a^*，b^*，C^*和色调角（h_{ab}）。

根据以下公式，利用X、Y、Z三刺激值计算参考物和试样的L^*、a^*、b^*、C^*_{ab}、h_{ab}值：

$$L^* = 116\ (Y/Y_n)^{1/3} - 16$$

如果 $Y/Y_n > 0.008856$

则

$$L^* = 903.3\ (Y/Y_n)$$

如果

$$Y/Y_n < 0.008856$$

$$a^* = 500\ [f\ (X/X_n) - f\ (Y/Y_n)]$$

$$b^* = 200\ [f\ (Y/Y_n) - f\ (Z/Z_n)]$$

式中：　$f\ (X/X_n) = (X/X_n)^{1/3}$。

如果

$$X/X_n > 0.008856$$

或

$$f\ (X/X_n) = 7.787\ (X/X_n) + 16/116$$

如果

$$X/X_n \leqslant 0.008856$$

$$f\ (Y/Y_n) = (Y/Y_n)^{1/3}$$

如果

$$Y/Y_n > 0.008856$$

或

$$f\ (Y/Y_n) = 7.787\ (Y/Y_n) + 16/116$$

如果

$$Y/Y_n \leqslant 0.008856$$

$$f\ (Z/Z_n) = (Z/Z_n)^{1/3}$$

如果

$$Z/Z_n > 0.008856$$

或

$$f\ (Z/Z_n) = 7.787\ (Z/Z_n) + 16/116$$

如果

$$Z/Z_n \leqslant 0.008856$$

$$C^*_{ab} = (a^{*2} + b^{*2})^{1/2}$$

$$h_{ab} = \arctan\ (b^* / a^*)$$

h_{ab}计算公式以0～360°的数值范围来表示。其中a^*的正半轴为0°，b^*的正半轴为90°。

对于这些公式，X_n、Y_n和Z_n是光源的三刺激值。对于日光，首选的光源/视角为D_{65}/10°。下表给出了ASTM E 308中所有组合的三刺激值。

光源与观测角度组合的三刺激值

光源与观测角度的组合	三刺激值（10°视角）		
	X_n	Y_n	Z_n
A/10°	111.146	100.000	35.203
C/10°	97.285	100.000	116.145
D_{50}/10°	96.720	100.000	81.427
D_{55}/10°	95.799	100.000	90.926
D_{65}/10°	94.811	100.000	107.304
D_{75}/10°	94.416	100.000	120.641
F_2/10°（冷白荧光灯）	103.279	100.000	69.027
F_7/10°（日光荧光灯）	95.792	100.000	107.686
F_{11}/10°（Ultralume 4000，TL84）	103.863	100.000	
A/2°	109.850	100.000	35.585
C/2°	98.074	100.000	118.232
D_{50}/2°	96.422	100.000	82.521
D_{55}/2°	95.682	100.000	92.149
D_{65}/2°	95.047	100.000	108.883
D_{75}/2°	94.972	100.000	122.638
F_2/2°（冷白荧光灯）	99.186	100.000	67.393
F_7/2°（日光荧光灯）	95.041	100.000	108.747
F_{11}/2°（日光荧光灯）	100.962	100.000	64.350

4.3 反射法测得的颜色强度值。

4.3.1 颜色强度（力份）值是与试样中所含的有色吸收材料（染料）量相关的一个单一数值。通常用于计算两个染色试样之间的强度差异（%强度）。颜色强度值可以通过四种被接受的方法中的任何一种进行计算。由其中一种方法得到的计算值与任何其他方法得到的计算值不一定相同。计算方法的选择通常要根据试样的特性和颜色强度值的应用目的而定。色度计必须使用三刺激值函数来计算颜色力度值。四种计算方法分别以*SWL*、*SUM*、*WSUM*和*TSVSTR*表示，计算方法如下：

4.3.2 用分光光度计测得的试样强度值，通常需要计算在单个或多个波长间隔下的*K/S*值。对于不透明的试样（例如纺织品），计算其特定波长（λ）下的*K/S*值的常用公式如下：

$$K/S = \frac{(1.0 - R_\lambda)^2}{2.0 R_\lambda}$$

式中：R_λ——试样的吸收系数［%，*R*值通常用分光光度计测得并且标准化至1.0（即100%＝1.0）］。

4.3.3 公式中如需要使用Pineo修正形式（一般用于深度染色的纺织品），则公式为：

$$K/S = \frac{1.0 - (R_\lambda - s)^2}{2.0\ (R_\lambda - s)}$$

式中：*s*——染至最深色下所得到的最小反射率，且用于所有的波长。

4.3.4 最常用的四种颜色强度值的计算方法如下：

*SWL*为单一波长（通常为最大吸光度的波长）下的*K/S*。使用公式见4.3.2，计算单一波长的*K/S*值。

*SUM*为在可见光谱范围内所有间隔波长的*K/S*的总和。使用公式见4.3.2，计算特定波长间隔的各个波长的*K/S*值，并求和。把结果值除以间隔总数来标准化。

*WSUM*为*K/S*由视觉函数加权（例如$\bar{x}$，$\bar{y}$，$\bar{z}$函数和D_{65}照明能量函数），并对可见光谱范围内所有间隔波长进行求和，然后除以波长间隔的总数。

$$WSUM = \sum_\lambda \left[(K/S_\lambda \times \bar{x}_\lambda \times E_\lambda) + (K/S_\lambda \times \bar{y}_\lambda \times E_\lambda) + (K/S_\lambda \times \bar{z}_\lambda \times E_\lambda) \right] / n$$

式中：*K/S*——按4.3.2公式计算的*K/S*值；

E——所选光源的能量（一般为D_{65}）；

$\bar{x}$、$\bar{y}$、$\bar{z}$——所选视角（一般为10°）的三刺激值的权重；

n——所用波长间隔的数量。

*TSVSTR*为三刺激颜色强度值，即*X*、*Y*、*Z*的函数。通常将*Y*值作为同可见光函数相关的总颜色

力度值，尽管 *X* 或 *Z* 都可以作为组分的测量值，其中吸收特性是已知的并落在可见光谱大的分散范围内。在大部分的应用中，使用三刺激值（*X*、*Y* 或 *Z*）的最小值代替4.3.2 中的 *R*。虽然 *TSVSTR* 公式在纺织工业中普遍应用，但在一般公认的参考书中，找不到明确的科学依据。使用所述计算方法之一计算两个式样之间的颜色强度相对偏差的方法参见4.5。

4.4 透射法测得的颜色强度值。

4.4.1 颜色强度值是与溶液中所含的颜色吸收材料（染料）量相关的一个单一数值。通常用于计算两个染色溶液之间的强度差异（% 力度）。颜色强度值可以通过四种被接受的方法中的任何一种进行计算。由其中一种方法得到的计算值与任何其他方法得到的计算值不一定相同。计算方法的选择通常要根据试样的特性和颜色强度值的应用目的而定。色度计必须使用三刺激值函数来计算颜色强度值。四种计算方法分别以 *SWL*、*SUM*、*WSUM* 和 *TSVSTR* 表示，计算方法如下：

4.4.2 用分光光度计测得的试样颜色强度值，通常需要计算在单个或多个波长间隔下的吸光度值。计算特定波长（λ）下的吸光度值的公式如下：

$$A_\lambda = \lg (1.0/\tau_\lambda)$$

式中：τ_λ——试样的内在透射率［%，τ 值通常用分光光度计测量，并且修约到1.0（即100% =1.0）］。

4.4.3 最常用的四种颜色强度值的计算方法如下：

SWL 为单一波长（通常为最大吸光度的波长）下的吸光度值。使用4.4.2 中的公式，计算单一波长的 *A* 值。

SUM 为在可见光谱范围内所有间隔波长的吸光度的总和。使用4.4.2 中的公式，计算特定波长间隔的各个波长的 *A* 值，并求和。把结果值除以间隔总数来标准化。

WSUM 为吸光度由视觉函数加权（例如 $\bar{x}$，$\bar{y}$，$\bar{z}$ 函数和 D_{65} 光源能量函数），并对可见光谱范围内所有间隔波长进行求和，然后除以波长间隔的总数。

$$WSUM = \sum_\lambda [(A_\lambda \times \bar{x}_\lambda \times E_\lambda) + (A_\lambda \times \bar{y}_\lambda \times E_\lambda) + (A_\lambda \times \bar{z}_\lambda \times E_\lambda)]/n$$

式中：*A*——按4.4.2 中的公式计算吸光度；

E——所选光源的能量（一般为 D_{65}）；

$\bar{x}$、$\bar{y}$、$\bar{z}$——所选视角（一般为10°）的三刺激值的权重；

n——所用波长间隔的数量。

TSVSTR 为三刺激颜色强度值，即 *X*、*Y*、*Z* 的函数）。通常将 *Y* 值作为同可见光函数相关的总颜色力度值，尽管 *X* 或 *Z* 都可以作为组分的测量值，其中吸收特性是已知的并落在可见光谱大的分散范围内。在大部分的应用中，使用三刺激值（*X*、*Y* 或 *Z*）的最小值代替 4.4.2 中的 τ。虽然 TSVSTR 公式在纺织工业中普遍应用，但在一般公认的参考书中，找不到明确的科学依据。

4.5 相对强度。

通过以上方法计算的颜色强度值可以用来计算两个试样之间颜色强度的相对偏差，将其中的一个试样作为标准样。对比结果产生的数值称为强度（%）。

$$强度 = \frac{颜色强度值_{试样}}{颜色强度值_{标样}} \times 100\%$$

5. 报告

使用本评价程序，完成操作并得到数据。需要对操作步骤和得到的数据进行报告，应至少包括：

5.1 测试试样所用仪器的照明/测量类型。

5.2 所用的分光光度计或色度计。

5.3 计算色度值所使用的光源/视角。

5.4 试样的说明。

5.5 （如有）所用的颜色强度计算方法（*SWL*，*SUM*，*WSUM*，*TSVSTR*）。

5.6 所用的试样放置方法和求平均的方法，例如测量面积、织物层数、若为非标准大气条件则报告温度和相对湿度，以及单独测量中的读数次数。

6. 精确度和偏差

AATCC EP6 是作为辅助参考方法使用的程序。作为试验方法的一部分，必须使用相关 AATCC 试验方法中相应的精确度和偏差声明来对色度结果值进行评价。使用者应注意，精确度和偏差一定程度上会受样品放置方法，求平均方法和所用测色仪自身的重现性和准确性所影响。

7. 参考文献

7.1 颜色与外观测试的 ASTM 标准，1995 年第五版。ASTM，Philadelphia PA；网址：www. astm. org。

7.1.1 ASTM E 1345，使用多种测试方法降低颜色测量的变化性的标准操作方法。

7.1.2 ASTM E 308，使用 CIE 系统测量物体颜色的标准测试方法。

7.2 CIE 出版物 15.2（1986），比色法，第二版，Commision International de 1，Eclairage（CIE），Central Bureau of the CIE，Vienna，Austria。可以从美国的 Thomas Lemons 先生处得到该资料，地址：TLA—Lighting Consultants，Inc.，7 Pond St.，Salem MA 01970。验证计算方法正确与否的方法是将 100% 的反射值输入使用的计算机程序，并让系统计算三刺激值。算得的三刺激值应该与相应的照射条件对应的表（源自 ASTM E 308）中的值保持相同至第二位小数。

7.3 SAE International，400 Commonwealth Dr.，Warrendale，PA 15096；网址：www. sae. org。SAE J1545 试验方法：仪器测量外部饰物的颜色差异，纺织品和染色花边。

7.4 Stearns，E. I.，吸光分光光度计的使用方法，Wiley - Interscience，1969。

7.5 Wyszecki and Stiles，颜色科学，第二版。

7.6 ASTM D 1776，纺织品测试调湿的标准操作方法。

附录 A

A1. 反射率测试中存在的问题和指导。

A1.1 荧光。对于不能精确控制照射试样的紫外能量的测色仪，操作者应在光源和样品之间放置一个紫外滤光片，以有效消除紫外产生的荧光。应注意本技术测得的结果同视觉结果可能不一致。还要注意本技术仅适用于通过吸收紫外辐射导致荧光的情况。可以控制紫外能量的仪器所测得的结果会与视觉观测结果更具有一致性，但是测得的结果可能较难在其他不相似的仪器上重现。不管是哪一种情况，如果试样是带荧光的，则需要对试样进行对比，所有试样必须在同一台仪器上并在尽量相同的时间下测量。之前测试的数据（标准样、控制样等）不能直接用于比较。除非使用可以控制入射光能量和数量的设备进行测试，否则可以吸收可见光能的荧光试样无法进行一致性的测试。目前这种仪器无处购买，最好的替代仪器是光谱条件 0/45，45/0（圆周的或双向的）的测量仪器（见 CIE 15.2 部分 1.4，注释 8）。

A1.2 含湿量。如果含湿量影响颜色的测量，那么需要对试样进行调湿平衡以使含湿量达到稳定。调湿过程应该在温度和相对湿度恒定不变的房间或箱体内完成，并在此环境下放置足够长的时间使所有样品都能达到平衡。对于大部分含棉或吸湿性纤维的试样来说需要几个小时的时间，但调湿所需的时间会因调湿大气环境的不同而发生明显变化。在测试过程中试样的调湿时间要尽量长。AATCC 规定纺织品测试的标准大气条件为相对湿度 65% ±2% 和温度 21℃ ±1℃（70℉ ±2℉）（见 7.6）。

A1.3 透明性。大部分的纺织样品在某些程度上都具有透明性。所有试样必须使用相同的程序进行测量。如果样品量充足，则建议将样品多次折叠直至光线无法穿透层叠试样。当层叠试样以白色瓷砖和以黑色瓷砖作为背衬所得到的测试结果差异不大时，则认为此时试样的层叠次数是足够的。注意多层柔软材料的叠层可能会导致其他问题（见下面的非硬挺材料说明），这时则需要一个折中的办法。在这种情况下一般使用规定层数（各个试样的层叠数相同），并用不含荧光增白剂的相同材料或瓷砖作为背衬。

当没有办法实现完全不透明性时，可以使用修正公式来得到修正过的%R（R_∞）值。R_∞值被定义为以白色材料和以黑色材料作为背衬时反射率相同的层叠层数下的不透明反射率值。本程序需要分别对试样以白色瓷砖作为背衬和以黑色瓷砖作为背衬的条件下进行测量。计算各个波长间隔下的修正后%R（R_∞）值的公式如下（见7.5）：

$$\alpha = 0.5\left(R_W + \frac{R_B - R_W + R_g}{R_B R_g}\right),$$

则

$$R_\infty = \alpha - (\alpha^2 - 1)^{1/2}$$

式中：R_W——试样以白色瓷砖作为背衬的R值；

R_B——试样以黑色瓷砖作为背衬的R值；

R_g——白色瓷砖本身的R值。

其中R_W、R_B、R_g以十进制小数形式表示，例如，0~1.0。

A1.4 非硬挺性。为避免柔软的试样进入测色仪的测试窗口，需使用以下程序之一进行操作：

A1.4.1 将试样缠绕、捆绑或固定在一个纸卡或其他硬性足够的结构上。作为支撑的材料应为非彩色，且所有待测试样是可以再生的材料。同时应满足上述不透明性的要求。当把纱线试样缠绕到卡片上时，必须控制缠绕的张力、方向和密度以保证结果具有重现性。

A1.4.2 有一些测色仪器的设计是在测试过程中不与试样发生接触的。则被测试样必须是平整的，由刚性材料支撑，且具有足够的厚度以消除透明的影响。

A1.4.3 对于分光光度计来说，有些试样在玻璃后面进行测试可以增加颜色测量结果的重现性，尤其是对于纤维和纱线试样来说。此时测得的反射率值必须通过一个玻璃修正公式来进行修正，否则玻璃的影响会使测试结果产生偏差。此外，用来将试样贴到玻璃上所使用的材料数量和材料压力必须得到控制。常用的公式为：

$$R_\lambda = \frac{R_g + T_{c-1}}{R_g + T_c - 1.0 - (T_d \times R_g) + T_d}$$

注：所有R和T值都要用十进制小数形式表示。

式中：R_g——在玻璃下面测得的R值；

T_c——玻璃对平行光线的透射率（对于折射率为1.50且不吸光的玻璃，该值一般等于0.92）；

T_d——玻璃对漫射光线的透射率（对上述的玻璃，该值一般等于0.87）；

R_λ——没有玻璃情况下的修正后反射率百分比。

A1.5 光敏性或热敏性。对光和（或）热敏感的试样在实际仪器测试过程中，要使试样暴露在光线下尽量短的时间。闪光照射式仪器和带有自动遮光器的仪器可以控制试样暴露于光线下的时间。必须扫描可见光谱的仪器（每次测试大概需要几秒钟的时间）不适用于此类试样。无论哪种情况，样品准备过程都要小心处理，以尽量避免试样在测量之前暴露于光线。单一波长照射试样的仪器也可以用于此类试样的测试。

A1.6 小试样。如果试样太小，则需要使用颜色测量仪器上的SAV（小孔径）选项，在这种情况下，必须对试样进行多次读数，并取平均值以提高测量的精确度。小于测量孔径的试样得到的测试结果可信度不高。

A1.7 表面纹路。对于测量具有明显表面纹路的试样，难度首先在于如何确定哪一个物理属性是使用者感兴趣的。能够将颜色与外观特征进行分离的仪器在这种情况下是具有优势的，但是这种设备在其他情况下却有不足。当仅需要测量试样的颜色时，最有效方法是将试样装在玻璃下面，并应用足够的压力以消除外观结构的影响。此时要遵守上述非硬挺试样使用玻璃时相关的注意事项和要求。如果试样的表面结构引起颜色的方向性偏差，则需要对每次测试重复测量四次，每次测量之后旋转90°。然后将所有的测试结果取平均，产生一组色度值。为机动车用织物开发的类似操作程序的示例是 SAE J 1545（见 7.3）。

A1.8 颜色不均匀。当待测试样的颜色不均匀时，有必要对测试值进行平均（分光光度计得到的光谱数据或色度计得到的三刺激值）以得到均一的、可重现的测量结果。在这种情况下就需要根据可视区域确定得到一个测试值需要的读数次数，使在试样随机确定的另外位置进行相同程序测量后可以得到相同的结果（见 SAE J 1545）。

A2. 透射测量问题和指导。

A2.1 化学不稳定性。如果溶液的化学性能不稳定，则不能进行测试。必须找出溶液产生化学不稳定性的原因，并研发相应的程序和溶剂以制备化学稳定性的溶液。

A2.2 起泡沫、气泡。在试样准备阶段，向溶液中滴加一滴或两滴异丁醇（2-甲基丙醇）有助于去除气泡或泡沫。当向透射率比色皿中加入液态试样时，操作员应该将比色皿适当倾斜，然后将溶液沿着比色皿的边缘倒入比色皿，以减少泡沫或气泡的产生。

A2.3 pH 敏感性。许多染料对 pH 变化敏感，制备的试样的颜色会随着 pH 值的变化而发生明显变化。在这种情况下，制备试样的过程中通常需要使用蒸馏水（或去离子水）以及 pH 缓冲液。

A2.4 镀层。染料溶液（尤其是碱性染料）具有在透射比色皿表面形成并附着于比色皿的一层染料分子的趋势。透射比色皿应该用待测溶液进行冲洗（或冲刷），倒空，然后在测量颜色之前注入新的待测溶液。注意上面的步骤是以假设比色皿在测试之前是干净的（无染料分子镀层）为前提的，并且所有试样都用同样的方法进行处理。在具有实际意义的前提下，在测量试样之前应该进行仪器的标准化测量程序，在用染色溶液对参照比色皿进行冲刷之后，再将清澈的溶液（通常为蒸馏水）注入比色皿中。如果使用的是双光线束的仪器（盛放试样的比色皿和盛放参比物的比色皿可以同时进行测量），参比比色皿（盛放清澈的溶液）在注入清澈的溶液之前要先用有色的溶液进行冲洗。在这种情况中，常规的仪器标准化方法是适用的。

A2.5 光敏感性或热敏感性（光致变色或热致变色）。如有可能，透射率测量应使用以单色（单一波长）照射试样的仪器来进行。如果条件不允许，可以使用能够提供遮光快门的仪器或用瞬时闪光照射试样的仪器，以减少影响。

A2.6 分辨率（波长间隔）。一般来说，染料在溶液中的透射曲线与其在反射率测量中得到的曲线相比，更尖、更明显。分光光度计需要以 10nm 或更小的波长间隔来进行测量以得到准确的、具有重现性的结果。另外，所用仪器的带通必须小于或等于 10nm。

AATCC EP7 - 2009

仪器评定试样变色

AATCC RA36 技术委员会于 1995 年制定；1996 年、2003 年、2009 年重新审定；1998 年修订并重新审定。技术等同于 ISO 105 - A05。

1. 范围

本评定程序可用于目视 AATCC EP1，《变色灰卡》（见 9.1），评定试样变色的一种替代方法。适用于任何色牢度的试验方法，但试样用含有荧光增白剂（FWA）溶液处理的，不能用该方法。

2. 原理

对经过色牢度试验的试样的颜色和未经过处理的相同试样的颜色用仪器进行测量。在 CIE 15.2 规定，测定两个试样 CIELAB 坐标系中的明度 L^*、彩度 C^*_{ab} 和色相 h_{ab}。计算 CIELAB 的色差 ΔL^*、ΔC^*_{ab} 和 ΔH^*_{ab}，并通过一系列公式转换为色变牢度的灰卡等级。

3. 术语

3.1 色变：颜色的变化，不管是亮度、色相或色度上的任何一种变化，或任何这些变化的任意组合，通过比较测试样与相应的原样来描述。

3.2 灰卡等级：用于颜色变化（GSc），用于表示试样同原样或未测试样相比较的颜色变化的数值。

4. 仪器

满足在 CIE 出版物 15.2 中的子条款 1.4（见 9.3）中所描述的任何一种几何定义的分光光度计或色度计。

5. 测试样和参照试样

5.1 选择一个材料的有代表性的样品，该样品已经过色牢度测试，并且有足够的尺寸满足仪器夹具的要求。用足够厚的原始材料垫于这个试样之后，使试样不透光。（为了精确的测量，需要不透光，或至少是均匀一致的）。另一种方法是，用白色的不含荧光增白剂（FWAs）的材料衬于一层原样的后面，并以同样方式在测试样后衬上一层白色材料。

5.2 按照 5.1 中的同样层数厚度，制成参照样（原始试样）。

6. 程序

6.1 测量参照试样的颜色，使用这些数据，根据 10°观察者和 D_{65} 光源，计算 CIELAB 中的 L^*、C^*_{ab} 和 h_{ab} 值（见 9.4）。

6.2 测量经过色牢度测试的试样颜色，并且进行与参照试样同样的相关计算。然后按照第 7 部分中描述的进行计算。

7. 计算

7.1 下标“M”用于表示试样和参照试样的平均函数；下标“K”用于表示色度校正色相的函数；下标“F”用于表示特定的灰卡色差，用于区别于一般使用的 ΔE；下标“T”表示被测试样，而下标“R”表示参照试样。

7.2 使用以下公式计算 ΔE_F。

$$\Delta E_F = [(\Delta L^*)^2 + (\Delta C_F)^2 + (\Delta H_F)^2]^{1/2}$$

$$\Delta H_F = \Delta H_K / [1 + (10 \cdot C_M/1000)^2]$$

$$\Delta C_F = \Delta C_K / [1 + (20 \cdot C_M/1000)^2]$$

$$\Delta H_K = \Delta H^*_{ab} - D$$

$$\Delta C_K = \Delta C^*_{ab} - D$$

$$D = (\Delta C^*_{ab} \cdot C_M \cdot e^{-x}) / 100$$

$$x = [(h_M - 280) / 30]^2$$

如果

$$|h_M - 280| \leqslant 180$$

或

$$x = [(360 - |h_M - 280|) / 30]^2$$

如果

$$|h_M - 280| > 180$$

$$C_M = (C^*_{abT} + C^*_{abR}) / 2$$

$$h_M = (h_{abT} + h_{abR}) / 2$$

如果

$$|h_{abT} - h_{abR}| \leqslant 180$$

或

$$h_M = (h_{abT} + h_{abR}) / 2 + 180$$

如果

$$|h_{abT} - h_{abR}| > 180$$

且

$$|h_{abT} + h_{abR}| < 360$$

或者

$$h_M = (h_{abT} + h_{abR}) / 2 - 180$$

如果

$$|h_{abT} - h_{abR}| > 180$$

并且

$$|h_{abT} + h_{abR}| \geqslant 360$$

L^*_T，C^*_{abT}，h_{abT}——测试样品的CIELAB亮度，色度和色相（见9.5）

L^*R，C^*_{abR}，h_{abR}——参照试样的CIELAB亮度，色度和色相（见10.5）

$$\Delta L^* = L^*_T - L^*_R$$

$$\Delta C^*_{ab} = C^*_{abT} - C^*_{abR}$$

$$\Delta H^*_{ab} = (h_{abT} - h_{abR})$$

$$\Delta H^*_{ab} = [(\Delta E^*_{ab})^2 - (\Delta L^*)^2 - (\Delta C^*_{ab})^2]^{1/2}$$

$$\Delta E^*_{ab} = [(\Delta L^*)^2 + (\Delta a^*)^2 + (\Delta b^*)^2]^{1/2}$$

7.3 根据下表或7.3.1中的函数计算变色牢度的灰卡等级（GSc）。

函数。

$$GSc = 5 - \frac{\Delta E_F}{1.7}$$

当$\Delta E_F \leqslant 3.4$时，

$$GSc = 5 - \frac{\lg(\Delta E_F/0.85)}{\lg 2}$$

当$\Delta E_F > 3.4$时，这个函数可以产生连续的小数级数值，不同于从表中得到的梯级值。

表1 变色牢度级数

ΔE_F	GSc
<0.40	5
0.40～1.25	4～5
1.25～2.10	4
2.10～2.95	3～4
2.95～4.10	3
4.10～5.80	2～3
5.80～8.20	2
8.20～11.60	1～2
≥11.60	1

8. 报告

8.1 报告应至少包括以下内容：

8.1.1 试样颜色变化的灰卡等级（*GSc*值）；遵循适当的试验方法指出的说明和报告。

8.1.2 本评定程序的编号和年号；即，AATCC EP 7：2009。

8.1.3 鉴别被测样品的所有必要细节情况。

8.1.4 所选用的CIE的种类。

8.1.5 所用分光光度计或色度计的规格。

8.1.6 所采用的是D_{65}光源还是C光源。

8.1.7 所采用的是1964 10°视角还是1931 2°视角。

9. 注释和参考文献

9.1 《AATCC 技术手册》，美国纺织化学家与染色家协会，AATCC EP1《变色灰卡》。可以从AATCC 获取，地址：P. O. Box 12215，Research Triangle Park NC 27709；电话：919/549 - 8141；传真：919/549 - 8933；电子邮箱：orders@ aatcc. org；网址：www. aatcc. org。

9.2 Jaeckel，S. M.，The Variability of Grey Scale Assessment and its Contribution to the Variability of a Test Method，Journal of The Society of Dyes and Colourist，Vol. 96，1980，p540 - 544。

9.3 国际照明委员会（CIE），CIE 出版物 No. 15. 2，《比色法》，第二版，CIE 中央局，维也纳，1986。可从以下地址获得：USNC-CIE Publications office，TLA Lighting Consultants，Inc.，7 Pond St.，Salem MA 01970。

9.4 允许选择的是 D_{65}/2°、C/2°和 C/10°。

9.5 AATCC 173《CMC：可接受的小色差的计算》，参照 9. 3。

AATCC EP8 -2010

沾色彩卡

AATCC RA36/RA38 技术委员会于 1996 年制定；AATCC RA36 技术委员会负责；1997 年、1998 年重新审定并编辑修订；2002 年和 2010 年修订；2007 年重新审定，2008 年技术勘误。

1. 范围

本评价程序描述了在色牢度试验中，使用 9 档沾色彩卡对未染色的纺织品进行沾色评定。

2. 原理

在色牢度测试中，用沾色和未沾色织物的颜色差异与沾色彩卡显示的色差进行视觉比较，评价未沾色织物的沾色程度（见 7.1）。

3. 术语

3.1 着色剂沾色：由于暴露于有色的或被污染级效果，编号 5 被放在最上面的行，表示没有颜色；通过升华或机械运动（如摩擦色牢度）从材料上颜色转移，从而被作用物沾上颜色。

3.2 色牢度：材料在加工、检测、储存或使用过程中，暴露在可能遇到的任何环境下，抵抗颜色变化或（和）向相邻材料转移的能力。

3.3 等级：试验中用以表示质量特性的记号，它以多个标准参照等级中的某一个等级来表示。试样的质量特性表现出相当于标准的某个等级时，该等级即为试样的等级。对来自一个样品的不同试样、或者由不同的评价者评定的级数，通常取其平均值。

3.4 评级：在纺织品测试中，将材料同一个标准参考样卡比较，对材料进行评定或确定级数的过程。

4. 沾色彩卡的描述

4.1 沾色彩卡使用了 54 个颜色片。从蒙塞尔颜色手册中选择了五种色调（红色、黄色、绿色、蓝色和紫色）。描述行编号 5 的中性卡片和中性灰色卡片符合沾色灰卡上的灰卡片（见 7.1）。

4.2 沾色彩卡的卡片成 10 行排列在白色纸板上。每一列的每个颜色都显示出深度相似的递增，从顶部的最浅的颜色到底部的最深的颜色。为了评级效果，编号 5 在最上面一行，表示没有颜色，编号 4.5 被放在第二行或表示最浅的颜色，依次向下排至编号 1 被放在最底下的行表示最深的颜色（见 7.2）。

4.3 卡片以行的形式放置，行与行之间充分分开，在 10 行卡片的行之间清楚可见直径为 9.5mm（0.375 英寸）的圆孔。提供一个白色纸板遮样罩（如图 1 所示），以便当它竖直方向平放在彩卡上时，仅能露出彩卡上的一个圆洞及两个邻近的颜色片（见 7.3）。

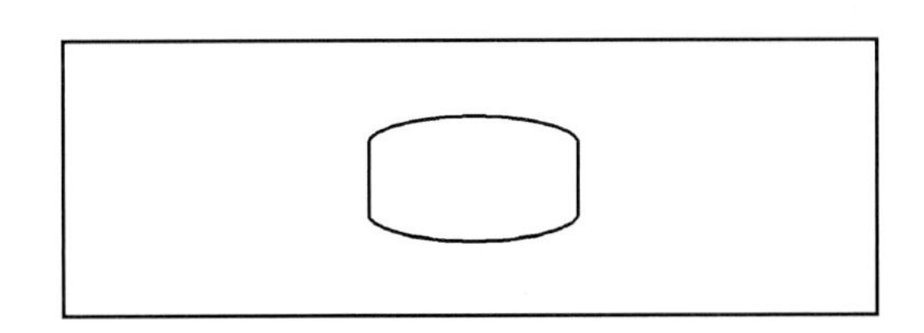

图 1　白色纸板遮样罩

5. 沾色彩卡的使用

5.1 用一个模拟日光、照度范围在 1080 ~ 1340lx（100 ~ 125 英尺烛光）（见 7.4）的光源照射样品表面。光线与样品表面呈 90° ±5°角，观察方与样品表面呈 45° ±5°角（见图 2）。

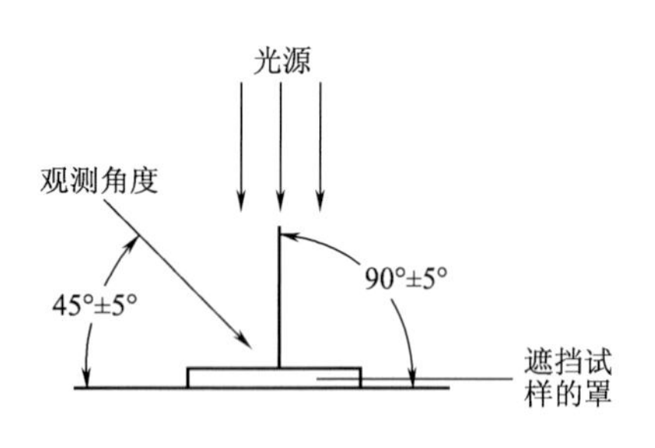

图 2 试样评级的照射和观测角度

5.2 将被评价的沾色材料放在带有色条的卡后，以便通过最接近沾色色调列的一个圆洞可以看见材料上有色部分。对一些比较薄的材料，例如白棉布，进行沾色评级之前，应将一定层数的干净试验布衬在试样后面。对于已经固定在测试卡上，来显示沾色的较薄样品，这个操作也是适用的。纸板的颜色会影响实验人员的判断，除非在试样下面垫上几层干净的试验材料，此操作可在不从板上移走试样的情况下进行。遮样罩放在适合的位置，然后在这列上下移动试样和遮样罩，直到在这列中找到与试样颜色最接近的相似彩度卡片。为了限制或减少沾色卡的孔在试样上造成的阴影，应固定沾色卡以便试样和沾色卡与光线垂直。

5.3 通过比较沾色彩卡上的数值来确定等级。在彩色沾卡中的评级方法如下：

着色剂沾色（转移）	级　数
没有沾色	5
沾色相当于编号 4.5	4.5
沾色相当于编号 4 行	4
沾色相当于编号 3.5	3.5
沾色相当于编号 3 行	3
沾色相当于编号 2.5	2.5
沾色相当于编号 2 行	2
沾色相当于编号 1.5	1.5
沾色相当于编号 1 行	1

6. 结果的评价

6.1 用 9 档沾色彩卡评级结果，应该与用沾色灰卡评级结果一致（见 7.1）。

6.2 当用统计原理分析结果时，9 档沾色彩卡被认为能完成评价的需要。它便于沾色的评价，尤其对经验较少的评级者更是如此。

6.3 报告必须清楚地注明是使用 9 档沾色彩卡得出级数而不是使用沾色灰卡。

7. 注释

7.1 9 档沾色彩卡可以从 AATCC 获取，地址：P. O. Box 12215，Research Triangle Park NC27709；电话：919/549 - 8141；传真：919/549 - 8933；电子邮箱：orders@ aatcc. org；网址：www. aatcc. org. cn。

7.2 对于色牢度等级小于 1 的规定，在本手册《主观评级程序术语》章节已作规定。颜色改变或差异明显大于 1 的任何试样的色牢度可以被评为 0 级。

7.3 沾色彩卡的清洁和物理条件对获得一致的结果是非常重要的。应经常检查彩卡上的指纹或任何其他痕迹。如果认为这些痕迹会干扰评级，则需更换卡。彩卡也会通过触摸而被物理损坏。此外，如果卡片被破坏，例如，边缘破损、卡片松动或弯曲，影响了评级，那么就要换卡。沾色彩卡应定期（至少每年一次）用分光测色计或色差计进行测量，以确保其总色差在规定范围之内。使用球面几何分光光度法测量沾色彩卡时，需要将反射因素考虑在内，或者选择 0°/45°（45°/0°）几何体。收到沾色彩卡就应对其颜色进行测量，使用初始颜色数据，每个色彩条的色差 ΔE_{CMC} 不应超过 0.3。CMC 比率应使用 2:1。当不使用时，沾色彩卡应放置在包装袋中。

7.4 日光模拟器和照度选择的注释见 AATCC EP9《纺织品色差的视觉评价》。

AATCC EP9 - 2011

纺织品色差的视觉评价

AATCC RA36 技术委员会于 1999 年制定；2002 年、2010 年、2011 年修订；2007 年重新审定；2008 年编辑修订。

1. 目的和范围

本程序提供了将试样与标准进行视觉比较来测定和描述试样色差的基本原则和程序。目的是为了将纺织材料视觉色差评估程序标准化。

2. 原理

在规定的光源和观察条件下，将一个或多个试样的颜色和参考标准比较后进行评估。可识别的色差也能够同允差范围试样进行比较。

3. 术语

3.1 彩度：含有光谱纯色的比例，表示同样亮度下偏离灰色的程度，即较鲜亮的或较暗淡的。

3.2 色调：颜色的属性，即物体是红色、黄色、橙色、绿色、蓝色、紫色或这些颜色的组合。

3.3 明度：从自身不发光的纺织品材料表面所反射的光线的多少，或者用颜色感知的特性，可判断一个样品表面比另一个样品表面反射更多或更少光，即更暗的或更亮的。

3.4 同色异谱：两个有色材料的颜色特征，对于某一个光源和一个观察者是匹配的，但对于另一个不同的光源（具有不同的光谱能量分布）或者另一个观察者则是不匹配的。

3.5 参考标准：一种用于定义想要得到颜色的材料，还可用于定义其他的外观特性，例如整理、质地和结构。

3.6 允差范围试样：在色调、亮度和彩度，或这三个因素的组合上与参考标准偏离的选定试样，且为了评价的目的，在参考标准起强化作用的可识别的色差范围。

4. 使用和限制条件

4.1 本评价程序适用于测定和描述纺织材料同标准颜色试样的色差程度。

4.2 当评价多色的图案时，每种颜色都要分别评价。

4.3 为了测定是否存在同色异谱现象，在多于一个光源照明条件下评价试样。

4.4 只有通过 Farnsworth Munsel 100 色彩测试（见 10.1）以及 pseuodoisochromatic plate 测试，如颜色视觉测试（见 10.2），对色彩敏感度视觉正常的观察者才能执行本程序。

5. 仪器和材料

5.1 照明条件。在评价之前应确定在哪种光源下做比对，表 1 中光源的任何一种模拟光源均可使用（见 10.3 和 10.4）。

表 1　光源

光　源	种　类	色　温
D_{65}	日光	6500K ±200K
D_{75}	日光	7500K ±200K
A	白炽灯	2856K ±200K
CWF	冷白荧光灯	4230K ±350K

注　除此之外的其他光源或色温的调整可以合同双方协商决定。

5.1.1 对于荧光增白剂试样的测试（FWAs），可使用紫外光源来观察试样。

5.1.2 推荐在试样上的照度值在 1080～1340lx（100～125 英尺烛光）的范围内（见 10.5）。

5.2 观察环境。观察环境应处于房间内一个适合观察者正常进行视觉评价的区域，包含一个光源和一个观察平面，观察平面应位于灯箱中或置于桌面上。将试样放置在观察平面上，平面表面均匀，没有变形或凹陷，根据参考标准（见 10.5）的颜色，环境颜色应符合从蒙塞尔 N5/～N8/的灰度范围。观察区域周围的颜色，即灯箱内表面和所在房间的墙壁的颜色应是符合蒙塞尔灰卡为观察表面设定的颜色 +/1N 范围内的不反光平面，观察环境中不应放置其他物品，并且应该遮蔽外来的光线。观察者应身着中性颜色的服装，在试样上应不受到周围表面的反射光。表 2 归纳了 ASTM D 1729－96 对一般的和临界的色差测量的评价环境的推荐。在表 2 中包含的推荐比本程序规定的更具限制性，但包含在上述描述的界限内。

表 2　背景和周围环境的颜色

评价分类	背景颜色	周围环境颜色	背景和周围环境的最大蒙塞尔彩度
临界的	同标准相似	N6/～N7/	0.2
普通的	N5/～N7/	N6/～N7/	0.3

5.3 观察的几何条件。

5.3.1 选择条件 A。试样平面和照明光源相互平行排列，以使光通量入射到试样平面中心，试样于有光泽的或表面光滑的试样的评价。当评价试样时，观察者应该注意不要阻挡光源的入射光。

5.3.2 选择条件 B。照明光源和试样平面均水平放置。以致光线以相对试样平面呈 90°角入射。观察者以相对于试样平面呈 45°±5°角来观察试样。本条件适用于有光泽的或表面光滑的试样。

5.3.3 选择条件 C。照明光源水平放置。试样平面相对于水平面呈 45 °±5 °夹角，以致光线与试样平面也呈 45°角入射。观察者以相对于试样呈 90°角来观察试样。本条件适用于有光泽的或光滑的试样。

5.3.4 选择条件 D。照明光源水平放置。试样平面是可以调整的且以相对于水平面的一个角度放置。因此，观察者对试样的观察角度也因此改变。当使用此选项，必须报告试样平面放置的角度。本条件适用于有光泽的或光滑的试样。

举例（见下图）。条件 B 或者条件 C 是首选的观察条件。

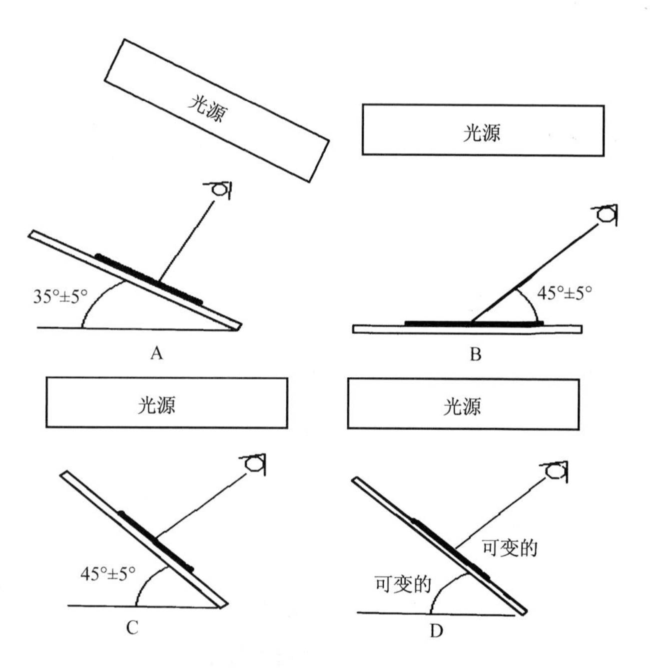

观测角度 A、B（优先选择）、C（优先选择）和 D

5.4 用于评价光度和色温的仪器。设备须按生产商的操作说明进行操作。确保用于评价光度和色温的仪器在工厂校准范围内。在测量之前，应先打开照明模拟器并使其趋于稳定。一般来说，这可能需要 15～30min。将仪器放置在光线照射的观察区域内。仪器的传感器应该是面对入射光线，且处于观察区域板的中心位置。在光线和传感器之间不能有任何遮挡。测量并记录色度数据或照明数据，确定观察环境在制造商的规定范围内。

6. 试样准备

6.1 在评价之前，所有有色标准和试样应调湿，以避免温度和湿度可能导致的差异（见10.8）。

6.2 如果使用的试验方法没有包含对试样尺寸的要求，使用在下面注释中推荐的试样尺寸（见10.7）。

6.3 染色机织物或针织物。如可能，试样应是具有代表性的矩形织物，最小尺寸为长100mm、宽200mm。多色试样大小应包含图案中的所有颜色。试样表面应是干净且没有沾污或被弄脏。从试样上去除破损的边缘并标记或另做记号。应从距布边至少150mm的部位裁取试样，并且要避开接缝区域。

6.4 窄幅织物、编带、带子、带状织物。被认为标准的试样应至少为200mm的长度全幅。

6.5 散纤维。应将测试样品梳成适当尺寸的一层或一片。

6.6 线或纱线。试样应成束状缠绕在板上形成平行的紧密纱线，或者编织成适合的尺寸。板上线圈要有足够厚度以遮住板，缠绕纱线的张力不会使板变形。

7. 操作程序

7.1 用色温计来测试试样表面的照明条件以确保符合5.1中的规定。此外，试验者还应测试观察区域的照度均匀性。从试样中心到边缘的照度偏差不应超过25%。

光源模拟器每年应该检验四次，也可按设备制造商的推荐进行（见10.4）。

7.2 在7.2.1和7.2.2中列出了不同色差的评价程序，这些评价程序可能需要不同的使用条件。这些程序中的每一个都可能与A、B、C或D选择条件中的仪器一起使用。在进行评价之前观察者应至少用2min的时间使视觉适应照明条件。如果照明条件改变，这个适应过程还应重新进行，例如，另一个光源的使用。

7.2.1 允差范围试样程序。将参考标准放置在试样所在平面上。允差范围试样放在参考标准旁边，并使两者边缘相接触。试样和参考标准应以长度方向相互平行放置，且除非有其他的规定否则应正面朝上。任何有方向性的试样都应以朝向相同的方向放置。非方向性的试样应以相同的长度方向或相反方向（180°旋转）放置。当进行色差评价时，观察距离应该是700mm ± 150mm。

7.2.2 试样同参考标准的比较程序。试样和参考标准应以长度方向相互平行地并排放置，且除非有其他的规定否则应正面朝上。任何有方向性的试样都应以朝向相同的方向，非方向性的试样应以相同的长度相同方向或相反方向（180°旋转）放置。观察者应该站在正前方，观察方向与试样的平面相垂直，并注意避免挡住光线。当进行色差评价时，观察距离应该是700mm ± 150mm。

7.3 多个试样的程序。应尽可能快的进行评价，因为延长观察时间会影响观察者的评价能力。

8. 评级

8.1 对照标准测定包括在亮度、彩度和色调上的色差。

8.2 评价选项。

8.2.1 允差范围评价。观察者应该确定参考标准和试样之间的色差是否在允差范围之内或大于允差范围。

参考标准和试样间的色差描述应该包括表3中的制定的术语。

表3 色差描述

明 度	较亮，较暗
彩度	较鲜艳（或饱和），较暗淡（或低饱和）
色调	较红，较绿，较黄，较蓝

8.2.2 等级评价。用表4的确定值，观察者可确定试样和参考标准之间色差大小。对色牢度试验引起的颜色变化评价，见AATCC EP1。在染料工业方面的特殊应用见10.9。等级描述使用的附

加描述见 10.10。

表 4 色差的等级描述

语言描述	变色灰卡的相应等级
相当的	5
轻微的	4
显著的	3
相当大的	2
很大的	1
偏离颜色	0

9. 报告

9.1 根据使用的试验方法报告参考标准和每块试样之间的色差。报告允差内评价接近允差范围的界限值。

9.2 对于规定仪器、程序和评价的任何偏离均应在报告中注明。

9.3 当涉及使用本评价程序获得的数据时，至少应该包括以下信息：

9.3.1 试样的描述和评价的数据。

9.3.2 评价使用的照明模拟器。

9.3.3 使用的观察的几何条件（A、B、C 或 D）。

9.3.4 试样类型（平幅织物、绕线板、地毯等）。

9.3.5 试样条件（厚度，折叠层数等）。

9.3.6 评价选项和结果。

9.3.6.1 色差趋势的描述。

9.3.6.2 色差等级的描述。

9.3.6.3 操作员和评价的地点。

10. 注释

10.1 使用的 Farnsworth Munsell 100 色彩测试可从 AATCC 获取，地址：P. O. Box12215，ResearchTriangle Park NC 27709；电话：919/549 - 8141；传真：919/549 - 8933，电子邮箱：orders@aatcc.org；网址：www.aatcc.org。

10.2 颜色视觉测试方法可以通过多种渠道获得。

10.3 对于在模拟日光照明下进行的视觉评价，推荐将相关色温校准到 6500K ±200K，并且日光模拟器的品质最好被评定为 BC（CIELAB）或更好，评价方法刊登在 CIE Publication SO12E，Standard method of assessing the specified quality of daylight simulators for visual appraisal and measurement of colour，获取方式为：TechStreet，3916 Ranchero Dr.，Ann Arbor MI 48108，电话：800/699 - 9277，网址：www.techstreet.com。以上的评级与 ASTM D 1729 - 96 中的规定《漫射照明不透明材料的颜色和色差的视觉评价准则》是相同的。

10.4 滤光器和灯泡应按照制造商的推荐说明定期的维护和清洗。

10.5 对于中亮度材料的视觉临界评价推荐使用 1080 ~ 1340lx（100 ~ 125 英尺烛光）的照度范围，这与 ASTM D 1729 - 96 中《漫射照明不透明材料的颜色和色差的视觉评价准则》中对临界视觉评价规定的范围是相同的。无论如何，当观察非常亮或非常暗的材料时，照明条件可根据 ASTM D 1729 - 96 中的描述［中亮度试样色差的临界评估，在观察区域中心的照度应是 1080 ~ 1340lx（100 ~ 125 英尺烛光）。对于中亮度试样的一般评估，照度应是 810 ~ 1880lx（75 ~ 175 英尺烛光）。在任何一种情况下，当观察非常亮的材料时，可以使用 540lx（50 英尺烛光）这样的低照度，而当观察非常暗的材料时，可以使用 2150lx（200 英尺烛光）这样的高照度。这样高的照度通常通过将试样固定在距离光源较近的位置来获得。］进行调整。

10.6 蒙塞尔中性色 N5/ ~ N8/ 可以从以下获取：Munsell Division of X - Rite Inc，地址：4300 44th St. SE，Grand Rapids MI 49512，电话：800/248 - 9748，网址：www.xrite.com。

10.7 关于为不同类型试样制备的附加推荐见 AATCC EP6《仪器测色》的 2.6 条试样准备。

10.8 关于试样调湿的详细资料，见 AATCC EP6《仪器测色》附录 A1.2 含湿量。

10.9 染料工业特殊应用。在设计配方、合成和标准化当中，参考标准和测试样品应被逐级染色；即参考标准以 95%、100% 和 105%，测试样品以 95% 和 100%，以方便同参考标准相当的试样饱和度的测定。这个评价通过将一个试样放在两个饱和度不同的参考标准之间来进行，以测定一个参考标准和一个试样在颜色饱和度上是相同的或接近相同。如此一来，参考标准和试样将按照 8.2 “关于色度和色调的色差趋势和等级描述”来评估。在这种情况下，由于饱和度的测定，亮度的大小和趋势经常被忽略。

10.10 表 4 中仅仅对整级的规定是符合 AATCC 专题论文中“主观评价程序”的规定，参见“颜色的亮度、色调和彩度的变化程度”这一条款。一些工业行业需要半级，用规定的术语来描述中间的等级。

例如：术语“微量”被广泛地用于汽车工业的 4～5 级。

AATCC EP10 –2007

多纤维贴衬织物的评定

AATCC RA59 技术委员会于 2005 年制定；2006 年和 2007 年重新审定；2008 年编辑修订。

1. 目的和范围

本程序通过在规定条件下，对比被测多纤维贴衬织物的各个组分的沾色程度与标准控制多纤维织物的沾色程度，来评定被测多纤维贴衬织物的选用资格。

2. 原理

在一种皂液和四种不同染料的染浴条件下进行沾色实验，通过比较被测多纤维贴衬织物的每一种成分纤维条的沾色程度和标准，控制多纤维织物对应成分纤维条的沾色程度，来评定多纤维织物的选用资格。染浴包括：分散黄染料（Terasil Yellow）2GE 200%，用于评价二醋酯纤维和聚酰胺纤维条的沾色；酸性橙染料（Irgalan Orange）RL – KWL 250%，用于评价聚酰胺纤维条的沾色；直接蓝染料（Solophenyl Blue）GL 250%，用于评定棉纤维条的沾色；分散海军蓝染料（Terasil Navy Blue）BGLN 200%，用于评定聚酯和聚酰胺纤维条的沾色。各组分沾色程度是用比色法测色仪来评级的，以消除视觉评级的主观性。

3. 安全和预防措施

本安全和预防措施仅供参考。本部分有助于测试，但未指出所有可能的安全问题。在本测试方法中，使用者在处理材料时有责任采用安全和适当的技术；务必向制造商咨询有关材料的详尽信息，如材料的安全参数和其他制造商的建议；务必向美国职业安全卫生管理局（OSHA）咨询并遵守其所有标准和规定。

3.1 遵守良好的实验室规定，在所有的试验区域应佩戴防护眼镜。

3.2 所有化学物品应当谨慎使用和处理。

3.3 操作实验室测试仪器时，应按照制造商提供的安全建议。

4. 使用和限制条件

4.1 本程序适用于评定纤维条宽 15mm 的多纤维贴衬织物。如果测色仪能提供更小尺寸的孔径，那么也可对含有较窄纤维条的多纤维贴衬织物进行评定。

4.2 本程序制定了使用沾色程度评级（SSR）值按 ISO 105 – A04（见 15.1）中要求进行计算。这些计算出的 SSR 值可用于确定沾色灰卡报告值（见 15.2）。报告值是在一个范围的基础上，这个范围比通过在 4 和 3 之间计算出的 SSR 值的范围更广（见 15.2）。

5. 仪器和材料（见 15.3）

5.1 加速水洗牢度试验机。

5.1.1 水洗牢度机在恒温水浴中旋转密封罐的转速是 40r/min ± 2r/min。

5.1.2 不锈钢 1 型密封水洗罐，500mL（1 品脱），75mm × 125mm（3.0 英寸 × 5.0 英寸）。

5.1.3 不锈钢 2 型密封水洗罐，1200mL，90mm × 200mm（3.5 英寸 × 8.0 英寸）。

5.1.4 装在水洗牢度机旋转轴上的用于固定水洗罐的支架。(见5.1.3)。

5.1.5 特氟龙碳氟衬垫（见11.5和15.4)。

5.2 分光光度计，几何条件d/0°，附有镜面，小面积观察，计算$D_{65}/10°$公差；允差ΔE_{CMC} 0.5。

5.3 pH计，精确到±0.01。

5.4 天平，精确到±0.001g。

5.5 标准控制多纤维织物（见15.6)。

6. 试剂

6.1 皂粉，按照ISO 105－C02中的规定（见15.1和15.5)。

6.2 Terasil Yellow 2GE 200%（见15.5)。

6.3 Irgalan Orange RL－KWL 250%（见15.5)。

6.4 Solophenyl Blue GL 250%（见15.5)。

6.5 Terasil Navy Blue BGLN 200%（见15.5)。

6.6 蒸馏水或去离子水。

7. 试样准备

7.1 标准控制多纤维织物（见15.6)，重量3.00g±0.1g。

7.2 测试用多纤维贴衬织物。重量3.00g±0.1g；尺寸约100mm×100mm。

7.3 在试样上做标记，以区别控制试样和被测试样。

8. 试剂准备

8.1 肥皂溶液。在45℃的1L水中溶解50g皂粉。

8.2 Terasil Yellow 2GE 200%分散液。

8.2.1 分散液。用2.45g染料配成1000mL的溶液（见8.6)。

8.2.2 稀释液。用20mL分散液稀释至1000mL。

8.2.3 浓度为0.00049g/L的Terasil Yellow 2GE 200%的测试溶液：用10mL稀释液和100mL肥皂溶液混合稀释成1000mL的溶液（见8.7)。

8.3 Irgalan Orange RL－KWL 250%溶液。

8.3.1 溶液。用1.10g染料配成1000mL的溶液（见8.6)。

8.3.2 浓度为0.011g/L的Irgalan Orange RL－KWL 250%测试溶液：用10mL溶液和100mL的肥皂溶液混合成1000mL的溶液（见8.7)。

8.4 Solophenyl Blue GL 250%溶液。

8.4.1 溶液。用0.775g/L的染料配成1000mL的溶液（见8.6)。

8.4.2 稀释液。用20mL溶液稀释至1000mL。

8.4.3 浓度为0.000155g/L的Solophenyl Blue GL 250%的测试溶液。用10mL稀释液和100mL肥皂溶液混合成1000mL的溶液（见8.7)。

8.5 Terasil Navy Blue BGLN 200%分散液。

8.5.1 分散液。用2.4g染料配成1000mL的溶液（见8.6)。

8.5.2 浓度为0.024g/L的Terasil Navy Blue BGLN 200%测试溶液。用10mL的分散液和100mL的肥皂溶液混合配成1000mL的溶液（见8.7)。

8.6 原始分散液或溶液。在200mL的烧杯中分散或溶解一定量的染料。然后用漏斗将溶液移到1L的容量瓶中。用洗瓶喷洒烧杯的内壁，然后将清洗烧杯的液体加到容量瓶中，重复这个操作直到所有的染料都倒到容量瓶中。加水约至总容量的3/4处，用塞子塞紧，上下翻转几次直到确保充分溶解，然后加水至刻度线。将溶液移到1L的锥形瓶中并用塞子塞好，然后做标记“染料原液”。

8.7 测试溶液。制备橙色和深蓝色染料的测试溶液，摇晃装有“染料原液”的锥形瓶以确保染料原液混合均匀。使用移液管，将规定量的原液转移到相应的容量瓶中。为了避免产生泡沫，要慢慢加入100mL的肥皂溶液并加水至容量瓶刻度线。将液体移到一个1L的锥形瓶中并用塞子塞紧，在锥形瓶上做标记“测试溶液”。

在制备黄色和蓝色染料的“测试溶液”之前，需要增加一个稀释的步骤。摇晃装有“染料原液”

的锥形瓶以确保染料原液混合均匀，然后取规定量的原液到一个1L的容量瓶中，加水稀释至刻度线。将稀释后的溶液转移到一个1L的锥形瓶中，盖上盖子并且做标记“稀释液”。取规定量的稀释液到一个1L的容量瓶中来制备测试溶液。为了避免产生泡沫，要慢慢加入100mL的肥皂溶液并加水至容量瓶刻度线。将液体移到一个1L的锥形瓶中，塞子塞紧并且在锥形瓶上做标记“测试溶液”。

9. 水洗罐的准备

9.1 先用丙酮清洗然后用水冲洗所使用的水洗罐。

9.2 将盖子和密封垫浸入装有丙酮的小烧杯中2min，然后用水冲洗。

10. 试样预湿

10.1 在50℃的1L水中将试样浸泡10min。

10.2 用冷水漂洗试样。

10.3 用吸水纸或者小轧车挤压试样，使试样含湿量约80%。

11. 操作程序

11.1 各种纤维需要有一定的沾色情况。用比色法测色仪来评级，以消除视觉评级的主观性。为了确保结果的再现性需要严格遵循测试程序。

11.2 在四个水洗罐中，每一个都加入一种测试溶液300mL。

11.3 检查测试溶液的pH值，pH值应该在9.5～10之间。

11.4 控制试样和被测试样放入水洗罐中并且立即搅动5～10s。

11.5 将特氟龙衬垫垫在氯丁橡胶垫圈与水洗罐盖子之间，然后盖紧水洗罐的盖子，以防泄露或被污染。

11.6 重复以上步骤，完成其他三个水洗罐。

11.7 尽可能迅速地将水洗罐装入水洗牢度试验机中或类似的设备中。

如果一名操作者进行测试时没有助手协助，推荐一次只准备两个水洗罐进行测试。

11.8 在20℃ ±2℃时开始试验，在20min内将温度升高到50℃ ±2℃，然后在此温度下运行45min。

11.9 停止仪器，取出水洗罐，分别将被染色的试样单独放在500mL的烧杯中。用冷水漂洗试样2min。然后用新鲜水再反复冲洗2min。

11.10 将试样平铺在吸水纸上，在50～60℃烘箱中干燥，评级之前将试样放在相对湿度为65% ±2%和温度为21℃ ±1℃的条件下调湿至少4h。

12. 评级

12.1 将试样折叠成两层条状以备测量。以与纹路呈45°角将试样放置在仪器上。在试样不同部位测量两次，将试样旋转90°，然后在试样不同部位再测量两次。

12.2 测得以下几种成分的CIELAB L^*、a^*、b^*和h_{ab}值。

12.2.1 二醋酯纤维，经黄色染浴处理过。

12.2.2 聚酰胺纤维，经橙色染浴处理过。

12.2.3 棉纤维，经蓝色染浴处理过。

12.2.4 聚酯纤维和聚酰胺纤维，经深蓝色染浴处理过。

12.2.5 未经处理的控制用多纤维织物以及未经处理测试用的多纤维织物的二醋酯纤维、聚酰胺纤维、聚酯纤维和棉纤维（这些值基本是相同的）。

13. 计算

13.1 使用AATCC 173《CMC：可接受的小色差的计算》条款4.2.1中的公式计算ΔE^*_{ab}值。沾色程度等级（SSR值）是根据ISO 105－A04中条款6.4和6.5中的公式来计算的（见表1）。

13.2 控制用多纤维织物和测试用多纤维织物的沾色程度等级是以各自的经测试的纤维相对其原

样的 CIELAB 值为基础来评定的。

13.3 如果软件不能给出 SSR 值，那么可以用手工计算。当然，在一个 Excel 模板中输入公式更为有效（表 1）。

13.4 按表 2 中所示将公式准确的输入到模板的单元格 L3、M3、N3 和 O3 中。按等号开始。

13.5 从仪器的软件中将 CIELAB 值复制到模板中的适当单元格中。

13.6 当 *SSR* 值小于 4.00 大于 3.00 时（见 15.2），测试用多纤维贴衬织物的沾色性能是可接受的。

表 1　用于 *SSR* 计算的 Excel 模板

A	B	C	D	E	F	G	H	I	J	K	L	M	N	O	
1			多纤试样类型	经测试样品				未测试样品				计算值			
2	染料	纤维		L_S^*	a_S^*	b_S^*	h_S^*	L_R^*	a_R^*	b_R^*	h_R^*	DL^*	DE^*	DE_{GS}	SSR
3	黄	二醋酯纤维	参比样												
4			被测样												
5	橙色	聚酰胺纤维	参比样												
6			被测样												
7	蓝色	棉	参比样												
8			被测样												
9	蓝色	聚酯纤维	参比样												
10			被测样												
11		聚酰胺纤维	参比样												
12			被测样												

表 2　沾色程度评级公式

单元格 L3	DL^*	= *D3 - H3*
单元格 M3	DE^*	= SQRT(L3^2 + (E3 - I3)^2 + (F3 - J3)^2)
单元格 N3	DE_{GS}	= M3 - 0.4 * SQRT(M3^2 - L3^2)
单元格 O3	*SSR*	= IF(6.1 - 1.45 * LN(N3) <4,6.1 - 1.45 * LN(3),5 - 0.23 * N3)

14. 报告

14.1 报告应至少包括以下信息：经每种染料处理过的控制试样和测试样的沾色程度等级（*SSR* 值）。

14.2 这个程序的编号和版本号，例如，AATCC EP#。

14.3 所有关于被测样品的必要的详细说明。

15. 注释

15.1 ISO 105 - C02《耐水洗色牢度：方法 2》和 ISO 105 - A04《贴衬织物沾色程度的仪器评价方法》，可以从 ANSI 获取，地址：11 West 42nd St., New York NY 10036；电话：212/302 - 1286；传真：212/398 - 0023；网址：www.ansi.org 或者浏览 ISO 的网站 www.iso.org。

15.2 指定的 SSR 值，要求比传统的灰卡评级的可接受公差更严格。

15.3 有关适合测试方法的设备信息,请登录 http://www.aatcc.org/bg。AATCC 提供其企业会员单位所能提供的设备和材料清单。但 AATCC 没有给其授权,或以任何方式批准、认可或证明清单上的任何设备或材料符合测试方法的要求。

15.4 特氟龙是杜邦公司的注册商标,地址:Wilmington DE 19898。

15.5 可从 AATCC 获取,地址:P. O. Box 12215, Research Triangle Park NC 27709;电话:919/549 - 8141;传真:919/549 - 833;电子邮箱:orders@aatcc.org;网址:www.aatcc.org。

15.6 满足沾色要求的已知织物。

AATCC EP11－2008

用于荧光增白纺织品的分光光度计 UV 能量的校准程序

AATCC RA36 技术委员会于 2007 年制定；2008 年重新审定；2010 年编辑修订。

1. 范围

本评定程序描述了纺织品紫外线校准标准（TUVCS）的使用，TUVCS 用于分光光度计光源中的 UV 含量的内部仪器校准，目的是测量经过荧光增白剂增白的白色或浅色至中等颜色的纺织品。由于用于纺织品的荧光增白剂（FWAs）的紫外吸收特性不同于用于塑料或其他非纺织材料的荧光增白剂的紫外吸收特性，因而其参考标准也就不同于用于这些其他材料的参考标准。这个程序是基于每半年更换的纺织品校准标准，以便于调整分光光度计光源中准确的紫外线含量，使用的纺织材料独立于仪器的结构和用于调整仪器中紫外线能量值所使用的方法。

2. 原理

通过调节光源（机械地或者通过计算），使分光光度计光源中的 UV 能量值标准化，直到光源的校准值同 TUVCS 的 CIE 白度指数（CIE WI）一致（见 7.1）。

3. 术语

3.1 校准程序：调节仪器中某些参数的一种方法，使得来自相同或不同制造商的仪器在特定性能的测试中得出相同的结果。

3.2 CIE 白度指数（CIE WI）：表征材料表面的白色程度，这个白度指数是依据 CIE（国际照明委员会）标准方法之一测定的三刺激值来确定的。

3.3 荧光增白剂（FWA）：能吸收近紫外线并重新发射可见光（紫—蓝）辐射的着色剂。荧光增白剂可使泛黄的材料变的较白（ASTM E 284）。

4. 纺织品紫外线校准标准

TUVCS（纺织品紫外线校准标准）由一组四层精梳棉织物组成，这些织物经过漂白、丝光和一定的荧光增白剂处理，表现出的 CIE 白度指数（WI）在 125 ~ 140。织物尺寸规格为（80 ± 5）mm ×（80 ± 5）mm，固定在白色不透明，不含荧光增白剂的吸水纸上，一边固定。这使得操作 TUVCS 时不用接触用于测量的部分。我们发现，在正常仪器操作范围内的温湿度变化不会明显地改变测定的 WI 值，这些变化一般不超过 0.1WI。然而，暴露于光线下则可明显使荧光增白剂（FWA）变质，从而导致 WI 值的改变。因此，当不使用时，TUVCS 一定要放在紫外防护袋中（见 7.4），这一点非常重要。

5. TUVCS 校准标准的使用

5.1 对于积分球或有角度的测量方式，适用于大面积的测量（推荐条件）。在其他条件或构造时，在一个给定仪器上进行测量需要对各个条件／构造分别进行校准。

5.2 任何的紫外校准标准物必须存储在一个容器中，以防止暴露于紫外光线下。纺织品紫外校准标准物应该存储于所提供的防紫外褐色袋中以防弄脏。同样，在操作过程中不要接触 TUVCS，避免沾污。

5.3 对于一个场所的多台仪器，可以使用同一个 TUVCS。每台仪器必须用 TUVCS 单独进行校准。注意：这种操作最多不要超过三台仪器，因为过度使用 TUVCS 可能会缩短其寿命，少于必需的 6 个月。

6. 操作程序

6.1 设置分光光度计颜色测量软件的参数为 CIE 标准光源 D_{65} 和 CIE 100(1964)标准观察者（见 7.2）。

6.2 按下表所示参数设置仪器条件。根据制造商的校准程序对分光光度计所使用的测量装置进行校准。

仪器条件

项 目	积分球	45/0(0/45)
测量面积	大	大
紫外线过滤模式	校准	校准
镜面反射光	包括	不包括

6.3 在分光光度计的测色软件中，进入紫外线校准程序。输入印在 TUVCS 校准标准织物标签上的 CIE WI 值，确保将软件已经接受 CIE WI 值，而不是另一种类型的白度指数。

6.4 将 TUVCS 放置在仪器的样品架中心位置正好盖住仪器的测量孔径，用白色衬板衬在 TUVCS 后面。在 TUVCS 中使用的白色衬板是完全不透明的，以保证仪器样品夹的颜色对测试结果没有影响（见下图）。

图1 试样在仪器中的位置

6.5 依照仪器标准，以自动或手动方式进行紫外线能量的校准，得到的能量值应该在上述 6.3 中输入值的 ±0.5CIE WI 单位之内。

6.6 移开纺织标准样，在紫外线校准模式下进行一个黑色和白色参照标准样的仪器校准。

6.7 在接下来的 6 个月，用纺织品标准每两星期进行一次紫外线校准（见 7.3），在任何其他光学模式下也可选择使用（见 5.1）。

7. 注释

7.1 纺织品紫外线校准标准物可以从 AATCC 获取，地址：P. O. Box 12215，Research Triangle ParkNC 27709；电话：919/549 －8141，或在线订购：www. aatcc. org。由于纺织标准材料对光降解的不稳定性，新的标准样每六个月应自动提供。

7.2 按照 ASTM E 308 表 6 中光源/观察者所示数据进行色度计算，对于非荧光增白材料，在该程序进行之前，仪器参数应该恢复到出厂时原始规定。任何的偏离都会在白度测试结果中反映出来，不能被程序修正。

7.3 仪器中不会突然更换光源。除非需要更高的频率，紫外校准每两星期进行一次即可。若仪器进行了维修，则使用之前也应该进行紫外校准。

7.4 在提供的紫外防护袋中存放时，织物不容易受环境或化学品的颜色变化。

AATCC EP12 - 2010

仪器评定沾色程度的方法

AATCC RA36 技术委员会于 2010 年制定,技术上等同于 ISO 105 - A04。

1. 范围

本评价程序可替代视觉评价方法 AATCCEP2 沾色灰卡(见 8.1)使用,以评价色牢度测试(见 8.2)中试样的沾色程度。本程序适用于任何要求使用沾色灰卡的测试方法。

2. 原理

在色牢度测试中,将与染色织物接触的贴衬织物与另一块同等的参考贴衬织物进行比较。参考贴衬织物需要在不使用染色织物的前提下经过同样的色牢度测试程序。用 CIELAB 对两个贴衬织物进行比较,并使用专门的公式将结果转化成沾色灰卡的级别。

3. 术语

3.1 着色剂沾色:由于暴露于有色的或被污染的液体媒介中,或者直接与染料或颜料材料接触,通过升华或机械运动(如摩擦色牢度)从材料上颜色转移,从而被作用物沾上颜色。

3.2 色牢度:材料在加工、检测、储存或使用过程中,暴露在可能遇到的任何环境下,抵抗颜色变化或(和)向相邻材料转移的能力。

3.3 沾色灰卡:由代表颜色渐进变化的一系列标准灰色条构成的一个卡片,每个标准灰色条对应色牢度的数字级别。

4. 仪器

分光光度计或比色计,需符合 CIE 出版物 15.2 中条款 1.4 关于几何定义的要求(见 8.3)。

5. 评价程序

5.1 将测试用贴衬织物与参考贴衬织物固定到没有进行光学增白的白色板上。

5.2 按照 AATCC EP6《仪器测色的方法测试参考贴衬织物》。建议用至少两次测试结果的算术平均值。如果仪器允许使用不同的观测条件,那么最好的方法是包含反射要素。

5.3 同样使用 5.2 的操作程序对测试用贴衬织物进行测试。如果贴衬织物的沾色不匀,需要分别进行测试,计算中使用多次测试结果的算术平均值(见 AATCC EP6 的 A1.8 部分)。

6. 计算

6.1 计算参考贴衬织物与测试用贴衬织物之间的 CIELAB 色差 ΔE^* 以及明度差 ΔL^*(见 8.4),如 6.1 和 6.2 所述,保留两位小数。计算中应采用 CIE 1964 10°附加标准观测者以及光源 D_{65}。CIE 1931 2°观测者以及光源 C 可以替代使用。

6.2 用 ΔE^* 和 ΔL^* 值计算灰卡差异 ΔE_{GS},保留两位小数,公式如下:

$$\Delta E_{GS} = \Delta E^* - 0.4^* [(\Delta E^*)^2 - (\Delta L^*)^2]^{1/2}$$

6.3 计算沾色灰卡的级数(SSG),保留两位小数,公式如下:

$$SSG = 6.1 - 1.45 \times \ln(\Delta E_{GS})$$

如果 $SSG > 4$,则使用如下公式重新计算:

$$SSG = 5 - 0.23 \times \Delta E_{GS}$$

6.4 使用下表确定对应沾色灰卡的级数(GSs)。

7. 报告

7.1 报告至少包括如下信息:

7.1.1 按照相关测试方法的要求报告沾色的级数(下表中的 *GSs* 值)。

7.1.2 评价程序的编号及年号,如 AATCC EP12－200X。

7.1.3 试样特性的必要描述。

7.1.4 仪器配置。

7.1.5 所用分光光度计或比色计的型号。

7.1.6 所用光源,D_{65}或光源 C。

7.1.7 所用观测者,1964 10°附加标准观测者或 1931 2°观测者。

8. 注释及参考文献

8.1 《AATCC 技术手册》,美国纺织化学家与染色家协会,AATCC EP2《沾色灰卡》。可从 AATCC 获取:P. O. Box 12215 , Research Triangle Park NC 27709;电话:919/549－8141;传真:919/549－8933;电子邮件:orders@ aatcc. org。

沾色灰卡级数

计算得到的 *SSG*	报告的 *GSs*
5.00～4.75	5
4.74～4.25	4～5
4.24～3.75	4
3.74～3.25	3～4
3.24～2.75	3
2.74～2.25	2～3
2.24～1.75	2
1.74～1.25	1～2
小于 1.25	1

8.2 Jaeckel , S. M. ,灰卡评定的可变性以及其对测试方法变化性的影响,Journal of The Society of Dyers and Colourists , Vol. 96,1980,p540－544。

8.3 Commission Internationale del' Eclairage, Publication CIE No. 15:2004 Colorimetry , 3rd ed. , CIE 中央局,维也纳,2004。纸质版本可从 USNC－CIE 出版社获取,TLA Lighting Consultants , Inc. , 7Pond St. , Salem MA 01970 ;电话:508/745－6870 ;电子邮件:tmlattla@ aol. com。或者通过 CIE 中央局的网站(www. cie. co. at)获取电子版。

8.4 AATCC 173《CMC:可接受的轻微色差的计算》,参见 8.3。

专　论

AATCC 专论 M 1

1993 AATCC 标准洗涤剂和常用洗涤剂概况

AATCC RA88 技术委员会于 1995 年制定;1981/1982 年、1991 年和 1998 年(标题更改);2005 年修订;2011 年编号。

1. 历史背景

1.1 20 世纪 60 年代,在家庭洗涤产品类型中 AATCC 标准洗涤剂 124 是具有代表性的一类产品。除发泡程度外,该洗剂采用的是典型的商业洗涤剂成分,并为大多数人在家庭洗涤中所使用。另一种采用不同配方的 AATCC 标准洗涤剂 WOB(不含荧光增白剂)与 AATCC 标准洗涤 124 一样用于耐洗色牢度测试,只是不含荧光增白剂。然而,自 1970 年以来,随着洗涤剂配方多样化及新型洗涤剂的增加,AATCC 标准洗涤剂 124 和 AATCC 标准洗涤剂 WOB(不含荧光增白剂)过时了,以下章节介绍了当前一般洗涤清洁剂的情况和 1993 AATCC 标准洗涤剂的使用。

1.2 从 20 世纪 50 年代早期到 1970 年,美国一般洗涤剂的类型和基本成分几乎没有什么变化。实际上,所有用于洗涤衣物的洗涤剂产品都是磷酸盐复配合成洗涤剂,只是在表面活性剂种类(阴离子的或非离子的)、发泡程度及磷酸盐含量(有用量更小的趋势)上有所不同。那时几乎所有工业洗涤剂产品都含磷酸盐,以磷元素计算,其含量达到 12% ~ 14%。大多数品牌呈粉状,但也有一些重垢型洗涤液。其他类型的洗涤剂包括洗涤剂颗粒、纯肥皂产品的一些品牌和非复配洗涤粉(如用表面活性剂和惰性填料构成),在市场的占有率不足 10%。

1.3 20 世纪 60 年代末期,美国对水质的生态关注日益增加,人们要求停止使用含磷酸盐的洗涤剂产品,给社会和政治带来了相当大的压力。到 1970 年,洗涤剂成分开始发生巨大变化,在写本文时这种变化仍在继续。

2. 洗涤剂工业现在和未来的发展趋势

2.1 与高磷酸盐、低磷酸盐和无磷酸盐的洗涤剂同时销售的时期相比,目前美国市场上已有的洗涤剂有:(a)无磷碳酸盐复配洗涤粉,其中的一些可能含有铝矽酸盐(硅酸盐);(b)柠檬酸盐复配重垢型洗涤液;(c)非复配重垢型洗涤液。因此,美国的品牌洗涤剂可以分为三种不含磷的基本类型。大多数洗涤剂除了含有表面活性剂和助洗剂外,还有减少结块(粉状)、荧光增白剂、抗再沉淀剂、着色剂、香味剂、泡沫控制剂和防蚀剂的成分。其中一些洗涤剂可能还含有酶、漂白剂、漂白剂替代成分和柔软剂(现在很少用)。20 世纪 90 年代末期,洗涤液与洗涤粉在市场上占有率之比约为 49:51,其中洗涤液呈稳步增长态势,并有望继续延续。

2.2 从长远看来看,由于受原料的可用性和成本、产品成本、节能和对环境的关注(终端使用和生产)因素的影响,洗涤剂市场会继续发生变化。产品包装和剂量也将不断发生变化。消费者将继续使用洗涤辅助产品,例如含氯和非氯漂白剂、洗涤加强剂、预处理剂和去渍剂、柔软剂(漂洗循环和烘干)、硼砂和靛青漂白粉等。2000 年后,洗涤产品市场的各个方面将经历微妙变化。

3. 使用 1993 AATCC 标准洗涤剂的原理

3.1 在该背景下,尤其是在使用磷酸盐引发了人们对环境的关注的情况下，改变 AATCC 标准洗涤剂的配方势在必行。因为现有的与家庭洗涤对商业纺织品的影响相关的行业所测试数据都是以标准洗涤剂 124 和 WOB 为基础的，所以现将其与不含酶或磷酸盐的浓缩碳酸盐复配洗涤粉进行了对比。浓缩碳酸盐复配洗涤粉配方在 1993 年市场上同类产品中具有代表性。由于在产品的保存期内酶的活性可能会发生变化，因此没有将酶加入到该配方中。

3.2 实验室对标准洗涤剂 124 和 WOB 与含有和不含荧光增白剂的浓缩碳酸盐复配洗涤粉进行对比表明，除了去油污能力外，洗涤剂配方之间没有明显差别。名为 1993 AATCC 标准参照洗涤剂与 1993 AATCC 标准洗涤剂 WOB 的新型浓缩碳酸盐复配洗涤粉配方，去油污效果并不相同，这在应用的测试方法中已注明。在实验室进行比较，1993 AATCC 标准参照洗涤剂和目前上市的产品的洗涤性能可能不同。但是，将目前上市的产品进行比较也能发现同样或更大的差异。

3.3 水的硬度是使用 1993 AATCC 标准洗涤剂和目前一般洗涤剂使用效果可能存在差异的原因之一。在硬水条件下，1993 AATCC 标准洗涤剂去油污效果可能更好，因为与大多数市场上可买到的产品相比，其适用的硬度范围更广更有效。

3.4 标准测试方法（包括洗涤）的使用者需注意，在 ISO 的一些不同测试方法中，使用了其他标准洗涤剂。在针对世界其他地区出售的家庭洗涤设备的方法中对洗涤剂的使用方法有所规定。

4. 实验室用的标准洗涤剂的原理

4.1 织物的很多特性对于消费者的选择和使用是非常关键的，而如尺寸的变化、表面或外观平整度、色牢度、去污性和阻燃性会受纺织品洗涤方式的影响。纺织行业已采用标准的洗涤剂和洗涤条件来预测消费者对纺织品的可接受度，并方便他们对产品性能作出判断。标准洗涤剂已研制出来并在市场上具有广泛的代表性。

4.2 美国实验室一般购买本国品牌洗涤剂是因为以下几点：(a)洗涤标识。(b)同一品牌洗涤剂在异地和相邻两年间成分变化的程度。(c)本地购买的便利性；(d)价格。实验室测试使用现成的洗涤剂，成为标准测试方法和洗涤剂中要控制的又一变异因素。光学增白剂或荧光增白剂的含量肯定会影响色牢度的评价，消费者购买使用的同一品牌洗涤剂中，其已知含量是不同的。

4.3 洗涤剂制造商已用其他清洁成分开发出了新型洗涤剂，如非氯颜色安全漂白系列。AATCC 现采用满水位（机洗）方法和快速标准程序检测色牢度，即 AATCC 172《家庭洗涤中耐非氯漂色牢度》和 AATCC 190《家庭洗涤耐活性氧漂色牢度：快速法》。

4.4 应注意欧洲和亚洲使用的标准洗涤设备和洗涤剂有差异。

纺织品材料吸附荧光增白剂可改变其视觉外观，影响变色和沾色评定。

AATCC 专论 M 2

2003 AATCC 标准洗涤液

AATCC RA88 技术委员会于 2003 年制定;2005 年修订;2011 年编号。

1. 标准洗涤剂的背景

1.1 自 20 世纪 60 年代起,AATCC 及其他从事测试和开发的组织就开始将标准纳入洗涤剂领域。AATCC 标准洗涤剂 124 和 AATCC 标准洗涤剂 WOB(不含荧光增白剂)是 AATCC 最早采用的配方,代表了那个时期典型的以磷复配洗涤粉为主的家用洗涤产品。

1.2 20 世纪 70 年代,迫于环境压力,含磷洗涤剂被禁止使用,市场上的洗涤剂成分开始发生巨大的变化。

1.3 到 20 世纪 80 年代,洗涤剂市场已从以磷复配洗涤粉占主导地位转变为碳酸盐复配洗涤粉和柠檬酸盐复配重垢型洗涤液各占 50%。

1.4 因此,1993 年 AATCC 采用了一种更能代表 20 世纪 90 年代粉末洗涤产品的新型标准洗涤剂。

2. 洗涤剂工业的发展趋势

2.1 在过去十年中,洗涤粉的销售下滑,而洗涤液的销售则稳步增长。在 20 世纪 90 年代中期,洗涤粉和洗涤液的市场份额比例约为 50/50,2001 年,市场份额比例接近 40/60,洗涤液占有优势,并且其占有率仍呈增长态势。其他销售产品类型(片状、小袋状和袋状等)在市场上占有很少的份额。片状和袋状类型的洗涤剂市场占有率的增加将定会对整个美国洗涤剂市场产生影响。

2.2 洗涤剂市场将随着消费者的需求和化学工业的变化不断发展。未来的洗涤剂将受到许多因素的影响,包括环境、对衣物的作用时间和作用程度、成分的有效利用率、原材料成本、性能所带来效益的大小和消费者需求等。因此,有必要确保标准洗涤剂在市场上具有代表性,并能随市场洗涤剂工业的巨大转变进行更新。

3. 洗涤粉和洗涤液的比较

3.1 洗涤粉和洗涤液主要由表面活性剂和助洗剂构成(主要含表面活性剂的非复配洗涤液除外)。两者在加工和运输过程中稳定性好,并含有许多可选择的成分,用于提升性能或美感,例如荧光增白剂、酶、漂白剂、抗再沉淀剂、纤维和染料保护剂、香味剂和泡沫控制剂等。

3.2 洗涤粉和洗涤液之间的不同之处关键在于助洗剂体系。一般洗涤粉的复配比洗涤液的要好,因为它有碳酸盐助洗剂体系和增强助洗效果的铝矽酸盐(硅酸盐),并在较大 pH 值条件下(pH 值为 10)效果最佳。重垢型洗涤液是典型的柠檬酸盐复配洗涤剂,在较小 pH 值条件下(pH 值为 8.5)效果最佳。

4. 1993 AATCC 标准洗涤液的原理

4.1 基于市场份额,在纺织领域中进行标准和开发的试验过程中,长期以来未考虑液体标准洗涤剂。在过去的十年里,洗涤液在美国洗涤剂市场上至少占 50%,现在接近 60%。为了能测试和开发目前洗涤市场的相关产品,需要一种液体标准洗涤剂。

4.2 虽然洗涤粉和洗涤液都是用于清洁和去污,但实现这些目标的方式有所不同。关键的不同点在于两种产品使用的pH范围。洗涤粉在较大pH值(pH值为10)时效果最佳。较大的pH值对去除污垢相对有利,因此洗涤粉在去除污垢上非常有效;然而,较大pH值对织物和染料有不利影响。多年来,研究人员在高pH值下开发了一些能提高性能的技术,洗涤粉已经能够克服最初的许多缺点。

4.3 洗涤液在较低pH值条件下(pH值为8.5)效果最佳。因为这个pH值比较接近中性,对织物和染料更柔和。多年来,技术的发展使洗涤液的清洁效果更强,同时保持了对织物和染料柔和的特点。因为洗涤粉和洗涤液配方存在很大差异,因此需用不同的、合适的标准洗涤剂来代表它们。

4.4 2003 AATCC标准洗涤液的性能在清洁(去污)、颜色护理和织物外观保持等方面与全美市场上的五种产品相比,标准洗涤液在美国市场上具有代表性。

4.4.1 总体而言,对个别污渍,2003 AATCC标准洗涤液的清洁(去污)特性没有超出全美市场上的五种洗涤液性能范围。ASTM D 4265 -98(2004年第15卷)采用满水位、中水位洗涤(洗涤温度90℉,水硬度6格令/加仑,洗涤循环12min),使用仪器评估去污能力,并在SRI(去污索引)中报告。

4.4.2 采用2003 AATCC标准洗涤液的耐洗牢度是在与全美市场上其他洗涤液的耐洗牢度比较后得出的。AATCC 135《织物经家庭洗涤后尺寸变化的测定》采用满水位或中水位,30个洗涤循环。用仪器(色差仪)和视觉(灰卡)评估织物。2003 AATC标准洗涤液与全美市场上的产品相比,经任一评级方法所得到的变色结果相似。由于测试量大,仅将标准洗涤剂与全美市场上一种组成相似的产品进行了比较。

4.4.3 在测色牢度的同时,也将2003 AATCC标准洗涤液对织物外观的影响进行了评估,结果发现与国内市场上一种液体洗涤清洁剂相似。AATCC 135采用满水位或中水位,30个洗涤循环。对织物进行目光评价(色牢度、抗起毛起球/耐磨)。

4.4.4 2003 AATCC标准洗涤液和1993 AATCC标准洗涤粉也在外观保持和颜色护理性能方面也进行了比较,结果发现两者的性能均达到一般市场同类产品的水平。

4.5 随着标准洗涤液的开发和重申请,AATCC技术委员会将其引入到合适的测试方法中。

4.6 2003 AATCC标准洗涤液分为含增白剂(见《2003 AATCC标准洗涤液WOB》)和无增白剂(见《2003 AATCC标准洗涤液》)两种类型。

5. 实验室测试用标准洗涤剂的原理

5.1 织物的很多特性对于消费者使用和可接受度是很关键的,如尺寸变化、表面或外观平整度、色牢度、去污性和阻燃性会受纺织品洗涤方式的影响。纺织行业已采用标准的洗涤剂和洗涤条件来预测消费者对纺织品的可接受度,并对他们的产品性能作出判断。设计的标准洗涤剂在市场上具有广泛的代表性

5.2 实验室一般购买国产品牌洗涤剂,是因为以下几点:(a)考虑洗涤标识;(b)同一品牌洗涤剂在异地和相邻两年间都含有同样成分的假设不成立;(c)本地购买的便利性;(d)价格。实验室测试使用现成的洗涤剂,增加了一个标准测试方法和洗涤剂中要控制的变异因素。光学增白剂或荧光增白剂的含量肯定会影响色牢度的评价,消费者购买使用的同一品牌洗涤剂中,其含量是不同的。

5.3 洗涤剂制造商已用其他清洁成分开发出了新型洗涤剂,如非氯颜色安全漂白系列。用该产品,AATCC现可以用满水位(洗衣机)方法和快速标准程序检测色牢度,即AATCC 172《家庭洗涤中耐非氯色牢度》和AATCC 190《家庭洗涤耐活性氧漂色牢度:快速法》。

5.4 应注意欧洲和亚洲使用的标准洗涤设备和洗涤剂有差异。

AATCC 专论 M 3

北美高效洗衣机

AATCC RA88 技术委员会于 2008 年制定;2011 年编号。

1. 洗衣机的背景

1.1 过去的 50 年里,美国的家用洗衣机基本都是中间带有柱状搅拌器的垂直轴(VA)深度很深的洗衣机。大多数的 VA 洗衣机是在桶状的水中洗涤和漂洗衣物,每次洗涤或大约要用 150L(40gal)水。普通的 VA 洗衣机满足了消费者洗衣的需求,但是消耗了大量的水和能源。

1.2 由于政府出台减少能源消耗指令和商业竞争的原因,近 10 年来洗衣机的节能性显著提高。大多数的机械制造商都能够提供高效(HE)洗衣机。这些洗衣机主要有两种类型:(1)水平轴(HA)洗衣机(也叫前装料洗衣机),这种洗衣机的工作模式是衣物和少量的水一起翻转,取代了传统 VA 洗衣机将衣物浸在整桶水中的方式;(2)VA 洗衣机的改良模式,带有较短的柱状搅拌器,或者没有柱状搅拌器,用喷射的方式洗涤和漂洗。HE 洗衣机明显减少了水的用量,用水量是常规 VA 洗衣机的 20% ~66%。

北美不同类型的洗衣机

1.3 HA 洗衣机的转笼翻转设计与常规 VA 洗衣机的设计相比,是一项重大的改变。前装料洗衣机通过转笼顺时针和逆时针的翻转,上装料 HE 洗衣机使用另一种不同的机械搅拌装置,不同的生产商把其称做“摇摆盘”或“叶轮”,这种搅拌装置的搅拌方式比搅拌柱柔和。目前,前装料洗衣机占据了 90% 的 HE 洗衣机市场。

2. 能源和水规则

2.1 美国能源部(DOE)规定了使用相对能耗指数(*MEF*)来表述洗衣机的洗涤效率。*MEF* 是一种能量效率度量,它等于每立方英尺水的清洁能力,除以每个循环消耗总能量的千瓦时数。总能耗是运行洗衣机的能量(发动机和控制系统),加热水的能量及烘干衣物所需能量的总和。计算 *MEF* 的公式如下:

$$MEF = \frac{C}{M_E + E_T + D_E}$$

式中:C——每立方英尺或每升水的清洁能力;

M_E——洗衣机每个循环的耗电量;

E_T——每个循环加热水所需的能量;

D_E——烘干所需能量。

MEF 用立方英尺(或升)/千瓦时表示。*MEF* 数值越大,洗衣机的效率越高。

2.2 在洗涤中预计有 80% 的能量用于加热洗涤用水。前装料 HE 洗衣机比传统的 VA 洗衣机节约 60% ~65% 的水,由于加热水的能量减少了,节能效果明显。而且,由于 HE 洗衣机的旋转速度更快(900 ~1300 转/min),所以在洗涤程序结束时衣物中残留的水分更少,从而烘干所需时间更短,实际能耗也相应减少。

2.3 2007年1月1日起,所有在美国销售的洗衣机相对能耗指数要达到1.26。生产商要满足DOE指定的水耗能耗效率指标。超过最低标准的产品有资格参加星级评定。目前所有的HE洗衣机都经过星级认定,且比传统洗衣机节约50%的能量。

3. HE洗涤剂

由于HE洗衣机用水量少,使用HE洗涤剂(低泡沫型)就显得尤为重要,因为在低泡条件下HE洗衣机才能良好运转。HE洗涤剂性能有两个重要参考量,就是低泡性能和去污性能。首先,HE洗衣机的转笼翻转模式比上装料波轮式洗涤更易产生泡沫。将衣物翻转,不断地使衣物进出水面导致溶液中进入更多的气体从而产生泡沫。泡沫过多会产生各种问题,例如,过多的泡沫会溢出机器,过多的泡沫会影响洗衣机的机械运动(例如,导致清洁力下降),泡沫阻塞导致洗衣机无法去除水分,当出现泡沫阻塞时,洗衣机会暂时停止,使泡沫消退,然后再添加冷水。这个过程中,洗衣机为矫正泡沫过多的状态,会消耗更多的能源和水量,同时也导致洗涤时间延长(有时要耗费2倍的时间)。HE洗涤剂含有强力的抑制气泡系统,能够控制泡沫并使泡沫更易漂清。HE洗涤剂的第二个重要方面是污渍处理。尽管HE洗衣机用水量仅为上装料洗衣机的1/3,同时导致水中污渍的浓度大幅度增加。为了处理更多的污渍,HE洗涤剂中加入了污渍悬浮剂,以防止污渍再度回到衣物上。目前,带有HE行业标志的洗涤剂已经在所有食品、药品及生活用品卖场销售。

4. 高效洗衣机的趋势

4.1 一般性能:从20世纪90年代起,HE洗衣机开始在北美广泛出现。销售量相对传统洗衣机来说并不大,但是55年来销售量经历了快速地增长。制造商对前装料洗衣机的运输量在这段时间增长了3倍,从2001年的9%到2006年的29%。这种快速的增长不仅由于节能节水的需求,也是因为制造商可以通过HE洗衣机提供更适合消费者的功能,例如,能洗涤更大量或很少量衣物,有更多的洗涤程序供选择,以便更好地保护衣物,能显示洗涤时间的细节,以及更加美观时尚的外形等。另外,目前的室内设计将洗衣机的位置由地下室或车库转移到了家中更突出和显眼的位置,消费者对洗衣机的外观也更关注。制造商与过去相比也提供了更多的颜色和款式供选择。而且,洗衣机噪声越来越小,同时由于旋转速度加快,振动也越来越小。

4.2 另一个高端HE洗衣机的一般性能是增加了加热水的功能。这种功能也适用于将水加热到60℃以上的特别清洁程序。许多制造商提供的另一个功能是自动感知衣物重量(通过水位和吸水量的相互作用得出)。

4.3 特殊性能:制造商也为改进性能而投资,以推动技术创新。目前的例子包括抗皱、除菌、防水、自清洁和节省洗涤剂的功能。

5. 结论

HE洗衣机的广泛使用与AATCC测试方法的关联应该被注意。

AATCC 专论 M 4

家庭洗涤用液体织物柔软剂概述

AATCC RA88 技术委员会于 2006 年制定;2011 年编号。

1. 织物柔软剂的背景

1.1 尽管自 20 世纪 60 年代起,AATCC 及其他测试和开发的组织就开始将标准纳入洗涤剂领域,但一直以来却没有标准织物柔软剂。纺织品在家庭洗涤过程中,经常会经织物柔软剂处理,在美国约有 80% 的家庭经常使用柔软剂。最常用的方法是在织物上使用漂洗型柔软剂和片状柔软剂。超过 40% 的家庭使用漂洗型柔软剂,而超过 60% 的家庭使用片状柔软剂,还有一些家庭两者均使用。本文介绍了有关家庭洗涤用液体织物柔软剂的情况。

1.2 家庭液体织物柔软剂于 19 世纪 60 年代问世,用于保持服装的舒适性。在洗涤过程中的强大外力作用下,织物纤维易缠结,因此反复洗涤后,织物会丧失其某些最初的物理性能。经干燥后,纤维任意地缠结在一起,导致服装变得硬挺,化纤制品在滚筒烘干过程中易产生静电,液体柔软剂可以帮助解决这些问题。

2. 织物柔软剂特点

2.1 柔软性。在漂洗过程中,液体织物柔软剂通过将阳离子活性化合物或某种成分沉淀到织物表面起到柔软织物的作用。双烷基季铵盐柔软剂由一个带正电的氨基和脂肪链构成,一旦季铵盐表面活性剂与织物接触,其脂肪链就会垂直于织物表面。这可以防止纤维缠结,使织物变得厚实。纤维上的油脂可减小织物表面及纤维间的摩擦,提高织物的手感。在漂洗过程中,柔软剂的活性成分或化合物沉淀会很高,在某些情况下接近 90%。液体织物柔软剂的漂洗沉淀比片状柔软剂更具优势,因为液体柔软剂与织物表面的接触面积更大,更易渗透,使织物手感更好。较柔软的服装也会使消费者的穿着接触感更好。

2.2 静电。静电是由于一些织物表面电子或电荷不平衡产生的。不同材料相互接触,分开后,电子会发生转移,造成了电子不平衡。摩擦和低含湿量条件下更易产生这种现象。比如,当织物在烘干机中干燥时,自然条件下含湿的纤维制品(棉)比化学纤维(涤纶)的静电更易消除。织物柔软剂通过润滑纤维,减小摩擦,防止烘干机中静电的聚集。

2.3 织物气味。大部分的织物柔软剂(无味型或随意型除外)通过在配方中加入芳香剂,使织物具有清新的气味,在某些情况下这种气味可持续数天。很多消费者从织物清新的气味会联想到某件东西被完全洗净。

2.4 外观(颜色)。通常使用体织物柔软剂洗涤后的织物的外观(颜色)更好。柔软成分的沉淀使纤维和纱线润滑,有助于织物外观的保持,并可能延长其寿命。织物摩擦可能会形成表面疵点,如起毛和起球现象,造成褪色和破损。

2.5 减皱。沉淀的柔软剂活性成分润滑了纤维,减小了纤维间摩擦,因此液体柔软剂有助于减少织物褶皱。织物褶皱越少越容易熨烫。

2.6 可燃性。不建议有阻燃标签的儿童睡衣或服装使用液体织物柔软剂,因为它会降低阻燃效果。

3. 液体织物柔软剂

3.1 所有有效的家庭洗涤液体织物柔软剂都含有一种阳离子表面活性剂——季铵化合物。液体柔软剂诞生于19世纪60年代早期,是简单的双二甲基氯化胺(氢化牛油烷基)、芳香剂、电解质、着色剂和水的分散质。双二甲基氯化胺(氢化牛油烷基)是一种非常有效的软化剂和抗静电剂。在18世纪80年代,制造商将一些液体柔软剂通过浓缩,使其活性浓度为原来的3倍,制成了浓缩配方,包装更小、更方便。为了保持预期的柔软效果,制造商使用了双(氢化牛油烷基)二甲基氯化胺和咪唑啉季铵盐活性成分或咪唑啉。

3.2 柔软剂市场继续随着消费者需求的变化不断发展。未来的柔软剂将会受一些因素的影响,如是否可迅速生物降解、节水效果、原材料成本、性能效益、气味更清新的需求,以及其他消费需求。

AATCC 专论 M 5

织物和成衣手洗的标准化程序

AATCC RA88 技术委员会于 2007 年制定;2011 年编号。

1. 目的和范围

1.1 本方法概述了使用洗涤剂手洗面料样品或小件衣物的实验室标准操作规范。一些 AATCC 和 ASTM 标准涉及手洗,或是为了对加速测试的结果进行比对,或是为了对面料或服装的外观、尺寸稳定性等进行评价。此外,服装上的洗护标签也可能建议手洗。目前,对于消费者手洗服装过程在实验室中的可复性还没有一种标准的操作规程。因此,AATCC 制定了一个推荐使用的标准实验室操作方法,它能反映消费者洗涤的实际操作并为测试的可复性提供了统一的操作规程。

1.2 本方法中的实验室操作规程用于模仿消费者洗涤服装的操作过程。本方法中的洗涤温度与 AATCC 专论《家庭洗涤用液体织物柔软剂概述》中的洗涤温度保持一致。建议使用者熟悉该方法中的洗涤温度。

1.3 本方法推荐使用 AATCC 的标准洗涤剂。能够商业化的洗涤剂也可使用,即便有关各方还未相互达成协议。但是,使用这些洗涤剂可能会增加实验室间测试结果的差异。即使所有的结果比对都在一个实验室内进行,测试的可重复性还是可能会下降,因为商业化的洗涤剂中的添加剂会随着市场变化和消费者的需求而不断更改。

2. 操作程序

2.1 洗涤。记录水的硬度。

2.1.1 用水龙头将水的温度调节至 AATCC 专论《家庭洗涤用液体织物柔软剂概述》中规定的温度。在 19L 容积的容器中加入 7.6L 水。

2.1.2 加入手洗测试方法规定的洗涤剂。

2.1.3 用手搅拌使洗涤剂溶解。

2.1.4 放入样品轻轻用手挤压使样品吸收溶液。

2.1.5 浸泡 2min。

2.1.6 保持样品浸泡在溶液中,用手轻轻挤压样品 1min。

2.1.7 重复这个过程(2.1.5 ~2.1.6)两次。

2.1.8 从容器中取出样品并挤压去除样品上多余的溶液。

2.1.9 将样品放在干净的白色浴巾上。

2.2 漂洗。

2.2.1 用水龙头将水的温度调节至漂洗所需温度。在 19L 容积的容器中加入 7.6L 水。

2.2.2 将样品放入水中轻轻挤压使样品充分吸收漂洗水分。

2.2.3 浸泡 2min。

2.2.4 保持样品浸泡在漂洗水中,用手轻轻挤压样品 1min。

2.2.5 重复这个过程(2.2.3 ~2.2.4)两次。

2.3 从容器中取出样品并挤压去除样品上多余的水分。但不要拧绞。

2.4 干燥。

2.4.1 用干净的白浴巾吸附样品上多余的水分。不要拧绞。

2.4.2 将样品平铺在网子或多孔搁架上或者

挂在适合的衣架上晾干。

2.4.3 不要向样品吹风加速干燥，因为这样可能会产生变形。

2.5 再重复两次洗涤、漂洗和干燥程序，或采取双方规定的次数。

3. 报告

3.1 洗涤和漂洗的水温。

3.2 洗涤剂的类型和浓度。

3.3 洗涤、漂洗和干燥的循环次数。

3.4 干燥方式（平铺晾干还是挂干）。

3.5 水的硬度。

4. 注释

AATCC 标准洗涤剂可从 AATCC 获取。地址：P. O. Box 12215, Research Triangle Park, NC 27709；电话：919/549 - 8141；传真：919/549 - 8933；电子邮箱：order@ aatcc. org。

AATCC 专论 M 6

家庭洗涤测试条件的标准化程序

AATCC RA88 技术委员会于 1984 年制定;1986 年、1992 年、1995 年、2003 年、2005 年、2010 年修订;2011 年编号。

许多 AATCC 测试方法含有洗涤和洗涤后复原织物或服装的程序。过去,这些方法很少经过测试方法委员会间的磋商就被相互独立地制订了。这导致了各方法测试条件有较大范围的变化,并且即使对两个方法规定了同一测试条件,也可能在条件的标示上或条件的说法上存在差异。一些测试条件如洗涤水温不能完全反映消费者的实际洗涤情况,从而使情况进一步复杂化。这在很大程度上归因于过去几年的节能措施和生活方式的变化引起的消费者习惯的重大变化。

为了为所有涉及家庭洗涤的测试方法确立一套统一的测试条件,特别成立了一个 AATCC 委员会。在许多 AATCC 和 ASTM 委员会提供的信息基础上以及根据消费者实际情况的调查结果,制订了一套指导方针,将 AATCC 测试方法中洗涤、干燥和复原术语标准化,并获得涉及洗涤测试方法的所有 AATCC 委员会的通过,现列于在表 1 ~ 表 7 中,作为委员会制订洗涤程序测试方法的指导。

近几年,随着洗衣机和烘干机逐渐向节能发展,对高效节能洗衣机和滚筒式烘干机都进行了新的标准设定,如表 2 和表 6 所示,随着美国高效节能洗衣机的流行,基于目前所使用的洗衣机,增加了表 3 和表 4 列出的前装式洗衣机的标准设置参数,这种洗衣机类似于美国所使用的家庭高效洗衣机。随着美国对洗衣机能量和水资源使用更加严格的规定,我们期望高效节能洗衣机和前装式洗衣机的设置参数更新更加频繁,以跟上洗衣机设计的变化,表 7 提供了联邦贸易委员会(FTC)洗涤温度,仅作为参考信息,FTC 的干燥条件亦然。需要指出的是,指定的洗涤温度是每个温度范围的上限,因为这是外观保持测试方法的临界区域。实际上,冷水的温度 27℃ ± 3℃(80℉ ±5℉)可能高于大多数消费者能够达到的温度,尤其是冬天。正是由于这个原因添加了一个“非常冷”的温度,16℃(60℉)。应该强调的是在任何一个测试方法中不必包含所有的测试条件。但是,如果用到这些条件,要使用表中所示的数字或字母的标示和术语。

表 1　高效洗衣机使用的温度

标　识	洗涤温度(℃)	漂洗温度(℃)
Ⅰ	非常冷:16℃ ±3℃(60 ℉ ±5 ℉)	<18(65 ℉)
Ⅱ	冷:27℃ ±3℃(80 ℉ ±5 ℉)	<29(85 ℉)
Ⅲ	温:41℃ ±3℃(105 ℉ ±5 ℉)	<29(85 ℉)
Ⅳ	热:49℃ ±3℃(120 ℉ ±5 ℉)	<29(85 ℉)
Ⅴ	非常热:60℃ ±3℃(140 ℉ ±5 ℉)	<29(85 ℉)

表 2 无负荷高效洗衣机设定参数

无负荷高效洗衣机设定参数(2011)[③]			
洗涤循环[①]	标准挡[①]	耐久压烫挡[①]	轻柔挡[①]
中水位[②](加仑)	19 ±1	19 ±1	19 ±1
搅拌速度(循环次数/min)	86 ±2	86 ±2	27 ±2
洗涤时间(min)	16	12	8.5
脱水转速(r/min)	660 ±15	500 ±15	500 ±15
最后脱水时间(min)	5	5	5
无负荷高效洗衣机设定参数(2009 ~ 2010)[③]			
洗涤循环[①]	标准挡[①]	耐久压烫挡[①]	轻柔挡[①]
中水位[②](加仑)	18 ±1	18 ±1	18 ±1
搅拌速度(循环次数/min)	179/119 ±2	179/119 ±2	119 ±2
洗涤时间(min)	12(6 分钟低速搅拌)	9(3 分钟低速搅拌)	6
脱水转速(r/min)	645 ±15	430 ±15	430 ±15
最后脱水时间(min)	6	4	3
无负荷高效洗衣机设定参数(2000 ~ 2008)[③]			
洗涤循环[①]	标准挡[①]	耐久压烫挡[①]	轻柔挡[①]
中水位[②](加仑)	18 ±1	18 ±1	18 ±1
搅拌速度(循环次数/min)	179 ±2	179 ±2	119 ±2
洗涤时间(min)	12	10	8
脱水转速(r/min)	645 ±15	430 ±15	430 ±15
最后脱水时间(min)	6	4	6
无负荷高效洗衣机设定参数(1992 ~ 1999)[③]			
洗涤循环[①]	标准挡[①]	耐久压烫挡[①]	轻柔挡[①]
中水位[②](加仑)	18 ±1	18 ±1	18 ±1
搅拌速度(循环次数/min)	179 ±2	179 ±2	119 ±2
洗涤时间(min)	12	10	8
脱水转速(r/min)	645 ±15	430 ±15	430 ±15
最后脱水时间(min)	6	4	6

①“循环”名称因洗衣机的品牌和型号而不同。“标准挡循环”一般指有最高的搅拌速度和脱水速度的循环且经常表述为“重载”或“超清洁”;“耐久压烫挡循环”一般指有最短的最后脱水时间以避免产生褶皱的循环且经常被指定为“易护理”;“轻柔挡的循环”一般指有最短的洗涤时间且经常被指定为“轻柔”。

②水容量 18 加仑 ±1 加仑等于 68.1372L ±3.7854L。从 1989 开始,水容量 18 加仑被指定用来洗涤中等负荷且经常指“中水位”。容量 21 ~ 22 加仑(相当于 79.4934 ~ 83.2788L)被指定来洗较大负荷且常被归为“高水位”。

③洗衣机和干衣机的规格是基于美国市场上可得到的设备型号,特别是 60Hz 的型号。在美国市场以外的型号,特别是 50Hz 的,这些条件可能有一些变化。在许多型号中,洗涤时间比表中列出的时间要短。如果是这样的情况,要报告出实际洗涤时间。

表 3　前装式洗衣机使用的温度

标　识	洗涤温度①	漂洗温度
Ⅰ	非常冷	非常冷
Ⅱ	冷:20℃ ±3℃(68 ℉ ±5 ℉)	20℃ ±3℃(68 ℉ ±5 ℉)
Ⅲ	温:32℃ ±3℃(90 ℉ ±5 ℉)	20℃ ±3℃(68 ℉ ±5 ℉)
Ⅳ	热:49℃ ±3℃(120 ℉ ±5 ℉)	20℃ ±3℃(68 ℉ ±5 ℉)
Ⅴ	非常热:71℃ ±3℃(160 ℉ ±5 ℉)	20℃ ±3℃(68 ℉ ±5 ℉)

①高效(HE)洗衣机应有自动控温(ATC)装置,对于测试时的非常冷的温度为 10℃ ±3℃(50℉ ±5℉)。

表 4　前装式洗衣机使用的温度

循环①	标准挡①	耐久压烫挡①	轻柔挡①
水位(8 磅负载)②	5.75 ±1	5.75 ±1	5.75 ±1
沾污程度③	标准	标准	标准
搅拌速度(r/min)	40	30	30
洗涤时间(min)③	18	16	14
漂洗次数④	2	2	2
脱水转速(r/min)	1100 ±100	800 ±100	400 ±100
最后脱水时间(min)	9.5	6	3

①"循环"名称因洗衣机的品牌和型号而不同。"标准挡循环"一般指有最高的搅拌速度和脱水速度的循环且经常表述为"重载"或"超清洁";耐久压烫挡循环"一般指有中等的搅拌速度和脱水速度的循环;轻柔"或"手洗"循环一般指有低的滚筒转速和脱水速度的循环,主要是对轻柔织物进行护理。

在前开口洗衣机包括其他循环,如:"清洁""漂白""重载荷"循环,一般是指最长的洗涤时间和最高搅拌速度;"清洁"循环有加热器使得水温大于 160 ℉。

②自动水洗载荷检测器控制水体积。

③水洗时间取决于沾污程度的选择,选择"重",则增加水洗时间;选择"轻"或"超轻",则减少水洗时间。

④织物液体柔顺剂一般在最后一次漂洗使用,大多数开口式洗衣机除了标准洗衣机设置外,还增加了漂洗。

表 5　干燥程序

标　识	干燥程序	标　识	干燥程序
A	滚筒烘干	D	平铺晾干
B	挂干	E	平板压烫干燥
C	滴干		

表 6　滚筒干燥条件

干燥标识	循　环	负载时干衣机排气口最高温度
a	标准挡或耐久压烫挡	65℃ ±6℃(150℉ ±10℉)[67℃ ±6℃(154℉ ±10℉)1983 年后]
b	轻柔挡、合成纤维、低温	<60℃(140 ℉)[<62℃(144℉)1983 年后]
冷却时间	标准挡和轻柔挡 耐久压烫挡 所有挡位	5min 10min (10min,1983 年后)

表7 联邦贸易委员会——洗涤温度

冷水	初始设置水温为水龙头冷水水温,不超过29℃(85℉)
温水	初始设置热水水温温度32~43℃(90~110℉)
热水	水温不超过66℃(150℉)

注 建议进行标准测试的洗衣机在实验前或至少每年一次进行一次校准,以保证其性能符合规定要求。这对老款式的洗衣机或使用三年以上的洗衣机来说是尤其重要的。可以采取如下简单的程序对洗衣机进行校准。

(a)水位:手工操作,用一个有刻度的金属桶给洗衣机内注入室温的水,到指定的容量(如18加仑);将一个18英寸或更长的金属尺垂直地浸没在水中(垂直于液面),直到金属尺接触到洗衣机滚筒底部为止;用不褪色笔在尺子与水面的接触点上画线。以后,用带标记的尺子来校准洗衣机的注水量(尺子要浸没在与最初校准时浸没的位置完全相同的点)。

(b)搅拌速度(循环次数/min):在洗涤循环中为了便于对搅拌时每分钟往复次数计数,在洗衣机旋转位置顶部的中点捆绑(用管胶带)住一个6英寸的金属尺或水准尺的一端。在金属尺的自由端绑一小段胶带。运行洗衣机,并通过自由端的胶带来计数洗涤循环中每分钟的往复次数。

(c)脱水转速(r/min):用一个转速计来测量机器脱水过程中的速度,按照所用转速计的使用说明进行操作。

AATCC专论 M 7

关于织物在可燃性测试前的标准家庭洗涤测试以区别耐久和非耐久整理的标准规范

AATCC RA88 技术委员会于1991 年制定;1997 年编辑修订;2011 年编号。

1. 目的和范围

1.1 本专论推荐一个标准实验室规范,用来在织物出售之前评定其用洗涤剂和其他洗涤添加剂经五次家庭洗涤后对织物可燃性的影响。本规范不是用来指导清洗阻燃产品。许多可燃性测试和法规都要求在纺织品水洗前或水洗后(见4.1),或者测定阻燃性能的耐久性,或者确定可燃性等级(16 CFR 第1610 部分)(见4.1)。其中一些测试或法规已编入一个又一个 AATCC 程序中。有关组织已经建立了不同的测试程序,但经常是记录不全。因此,AATCC 有必要推荐标准实验室规范,来建立与消费者潜在的家庭护理方法相匹配并可区分耐久阻燃织物和非耐久阻燃织物的测试方法。

1.2 本实验室规范旨在提出一种严格的家庭洗涤方式。因此,选择60℃(140℉)作为洗涤温度,29℃(85℉)作为漂洗温度(见4.2)。推荐使用1993 AATCC 标准洗涤剂,也可使用常用的 TIDE 洗涤剂(见4.3)。如果出现争议,受影响的当事人应使用1993 AATCC 标准洗涤剂。大多数其他的洗涤剂在pH 值和其他因素方面都非常相似,可能会影响可燃性。

1.3 众所周知肥皂会使一些阻燃织物的阻燃性能下降,因此有些阻燃产品挂有洗涤时不要使用肥皂的护理标签。肥皂通过留在织物上的沉淀物而不是通过除去任何耐久阻燃剂来影响阻燃性。如果双方同意,也可使用家庭洗涤添加剂(见4.4 和4.5)。与严格的家庭洗涤循环概念一样,在每次家庭水洗循环结束后指定一次普通挡[67℃(154℉)]干燥循环。

2. 推荐的操作规范

2.1 向洗衣机注入60℃ ±3℃(140℉ ±5℉)的水。选择一个29℃ ±3℃(85℉ ±5℉)的温水漂洗挡(见4.6)。

2.2 添加洗涤剂(见4.7)。

2.2.1 如果使用1993 AATCC 标准洗涤剂,每次洗涤加入洗涤剂66g ±1g。

2.2.2 如果使用 TIDE 洗涤剂,加入洗涤剂包装上建议的用量,并记录所用的类型和用量。

2.3 加入待测织物和陪洗织物,使总负荷量达到2.7kg ±0.06kg(6.0 磅 ±0.13 磅)。确保负荷恒定,这对测试洗涤剂或洗涤添加剂等产品的影响是必要的。

2.4 在洗衣机定时调节控制盘上设置常规档或棉/厚重档,定时12min。开始洗涤循环。

2.5 完成整个循环后,将负荷(织物和陪洗织物)放到家用型烘干机中(见4.6)。在高温67℃ ±6℃(154℉ ±10℉)下干燥45min 并记录循环时间。如果采用烘干机片状柔软剂作为柔软剂,则在此时放入推荐量的柔软剂。

2.6 总共应该连续进行五次家庭洗涤循环。五个循环就能显示织物阻燃整理的耐久性和非耐久性的区别，并使织物与织物柔软剂、漂白剂及去污剂达到均衡。

3. 助剂

用本标准规范可以评定添加剂对可燃性的影响。为了评定织物，要使用适当的助剂。

3.1 按照包装上有关产品添加量和什么时间添加的建议(见4.8)。

3.2 结合第2节，对每种添加剂分别进行测试。

4. 注释

4.1 消费品产品安全委员会按照可燃织物法案来控制服装和纺织品的可燃性。这个自发的行业标准被指定为CS191-53，并且编为16 CFR 1610标准。

4.2 家庭典型热水温度为49℃(120℉)。

4.3 TIDE是Procter & Gamble Co.,Cincinnati OH 45217.的注册商标。

4.4 本方法可以用来评定任何家用添加剂对织物可燃性的影响，并且可以作为向家庭洗涤推荐此类添加剂的依据。如果已经为一种阻燃织物推荐了一种家用洗涤产品，无论使用或不使用任何家用添加剂，该推荐品都应该遵循本标准实验室规范的应用原则。

4.5 如果一种柔软剂可能影响织物起绒的表面，那么在本程序中应该使用柔软剂。

4.6 联系AATCC，地址：P. O. Box 12215, Research Triangle Park NC 27709；电话：919/549—8141；传真：919/549—8933；电子邮箱：orders@aatcc.org，网址：www.aatcc.org。可获取洗衣机或烘干机的型号和制造商信息，也可以使用能够给出相似结果的任何其他洗衣机。

4.7 在洗涤中过量使用洗涤剂会产生过量的泡沫，泡沫和织物柔软剂在漂洗时结合，形成不必要的残留物。

4.8 洗涤推荐用品，无论是否使用任何家用添加剂，都应遵循本标准实验室规范。

AATCC 专论 M 8

主观评级程序术语

主观评级程序的术语 1951 年被 AATCC 采用；1957 年、1967 年、1990 年（AATCC RA93 技术委员会负责）和 1992 年修订；2011 年编号。

许多织物测试方法（如色牢度、外观保持、污物去除、折皱回复性和分散染料可分散性）都包含一套在主观评定样品的特性或特征时的参考标准。评级过程形成了特定的等级。评级和等级被定义如下：

评级——在织物测试中，通过与标准参考卡相对照来确定样品级别的过程。

等级——在织物测试中，在多级标准参考卡中对应一个质量特性的某一个级别的符号。

等级是通过比较测试样品与标准级别，看呈现出的质量程度来确定的。

将同一样品的不同测试样或不同评级者的结果平均得到数字等级。

评级或等级的数字有以下变化趋势：

当参照蓝色羊毛标样 8 直接对试样进行评级时，耐光色牢度可以用九个等级来描述：

9——最高级别

8——高于标准的

7——极好的

6——很好的

5——好的

4——还算好的

3——一般的

2——差的

1——极差的

大多数的主观评定特征范围从高的 5 级到低的 1 级，通常在 5 个级别中间还有带小数的半级。低于 1 的等级几乎没有用，但它可以被指定为 0 级。

用于表达通过测试进行评定的色牢度或外观的等级术语如下：

颜色的明度、色相和彩度程度：

5——可以忽略的或没有变化

4——轻微变化

3——可以看出的变化

2——相当的变化

1——很大变化

- 描述色差的术语[1]：

Bl——较蓝

G——较绿

R——较红

Y——较黄

L——较浅

Da——较深

MC——过饱和

LC——欠饱和

- 沾色程度[2]：

5——可以忽略或没沾色

4——轻微沾色

3——可以看出的沾色

2——相当的沾色

1——重度沾色

- 大部分其他性能[3]：

5——极好的

4——好

3——一般

2——差

1——极差

[1]变色灰卡:AATCC EP1。

[2]沾色灰卡:AATCC EP2。AATCC 彩色颜色评级卡:AATCC 评估程序 3。

[3]褶裥外观图卡:AATCC 88C 和 AATCC 143。外观评级图卡:AATCC 124 和 AATCC 143。缝线、单双针图卡:AATCC 88C 和 AATCC 143。防尘测试方法:AATCC 170。过滤残留物测试:AATCC 146。植绒织物边磨损外观等级图卡 AATCC 142。易去污图卡:AATCC 130。折皱回复性图卡:AATCC 128。起泡性:AATCC 167。

AATCC 专论 M 9

实验室间测试 ASTM 方法概述

AATCC RA102 技术委员会于 1992 年制定;2011 年编号。

1. 概述

ASTM D 2904《产生正态分布数据的纺织品测试方法的实验室间测试的规范》和 ATSM D 2906《纺织品精度和偏差描述的规范》是规划用以评估推荐的测试方法的实验室间测试的指南,也是用测试结果撰写正态分布数据精度报告的指南。这些方法和 ASTM D 4467《产生非正态分布数据的纺织品测试方法的实验室间测试》旨在作为 AATCC 测试方法中制定精度和偏差陈述信息的指南。该专论是 ASTM 标准的重要部分的概要,也是 AATCC 测试方法中编写精度和偏差报告的最低条件。确定一名操作者在实验室内及实验室间的方差分量的影响。根据方差分量计算出的临界差值显示,对于取自不同样品的 n 个试样的平均值来说,即使是最小的差值在统计上也非常重要。

2. 实验室间测试参数

2.1 材料:至少要有两种有代表性的被测样品。子样品应尽量相似。只要可能,每种材料的性能值应该通过不同方法来确定,以便确定所建议的方法与仲裁方法之间在性能的不同水平上是否存在可变偏差。

2.2 实验室:至少应该有五个实验室参与测试。

2.3 操作员:建议每个实验室内至少有两名操作员,但是由一名操作员进行测试也是可以接受的。

2.4 样品:每个实验室的每名操作员应至少测试每种材料的两个样品。每名操作员测试的样品数应由测试的固定变量(由一个实验室中一名操作员对同一材料的测试来确定)和希望能够检测到的较小系统影响来决定。所需样品数的计算步骤在 ASTM D 2905 的第 5.5 部分中有详细说明。建议在更多的实验室(每个实验室中至少两名操作员和每名操作员至少做两个测试)对更多的材料进行测试。为了消除任何储存或时间的影响,测试顺序应该是随机的。

2.5 仪器:与仪器相关的影响不应该包含在统计分析中。应当在实验室中使用多种器械时,确定仪器间是否存在差异,如果存在,用已知标准样品来获取校正因子。

ASTM D 2904、ASTM D 2906 和 ASTM D 4467 可以从 ASTM 获取,地址:100 Barr Harbor Dr., West Conshohocken, PA 19248;电话:610/832—9500;传真:610/832—9555;网址:www.astm.org。

3. 程序

3.1 在实验室间测试之前应该先进行初步的预测试。在进行全面测试之前先进行小规模的实验室间测试也是可取的。

3.2 获取足够多的样品和代码分给各实验室。材料应该完全随机地分给各实验室。某些情况下可能需要采用部分随机的方式。例如,不同细纱机的纱、各个机架的样品可能被分给每个实验室进行测试。在分给各实验室之前要确定子样品的一致性。

3.3 在每个实验室,根据被提议的测试方法的程序进行测试。

4. 分析

4.1 方差分析(ANOVA)被用来确定实验室间测试的影响因素(操作员、实验室)的大小。这个程序假设方差相同。如果方差不同,需要进行像ASTM D 2904第11部分所建议的数值转换。

4.2 单一材料的方差分析。

4.2.1 用一种ASTM专门设计的统计包或其他统计软件包(SAS、SPSS)中包含的方差分析程序,为每种材料准备一个单独的方差分析。在后一种情况下,模型中的实验室、实验室内的不同操作员、操作员测试和实验室内的不同样品等影响因素作为方差的来源。分析会产生每种影响因素的 F 值,且这些值可以被用来确定操作员之间及实验室之间是否存在明显差异。作为选择,可以使用ASTM D 2904附录A2中的公式人工计算出方差。

4.2.2 用ASTM或用其他统计包来确定方差分量。该计算是ASTM程序的一部分,但是如果用其他的标准统计包(如SAS中的VARCOMP)时会需要另外一个程序。计算方差分量的公式也在ASTM D 2904附录A2中给出。

4.2.3 用方差分量计算每个影响因素的临界差值。ASTM程序为选定数量的样品提供了这些临界差值,也可以用ASTM D 2906的第8.2和8.4部分中的等式来计算这些临界差值。应该比较每种材料的临界差值来确定所有材料的数据放在一张方差分析表中时它们是否足够相似。应该根据在材料临界差值中观测到的方差的实际重要性做出技术决定。列在ASTM D 2904第15部分的辅助测试对做这一决定是有帮助的。

4.3 所有材料的方差分析。

4.3.1 如果所有材料的临界差值足够相似,准备一份包含所有材料在内的方差分析表。用 F 测试来确定有意义的影响因素。ASTM程序将直接进行这些分析。对其他的程序,模型中包含的影响因素是材料、材料与实验室的相互作用、实验室操作员、实验室中材料与操作员的相互作用、操作员和实验室测试的样品。

4.3.2 按以前的方法计算方差分量和临界差值。因为材料是经过精心挑选来体现所关注性能的不同水平,所以通常不计算材料的方差分量。

4.3.3 如果实验室中材料与实验室和材料与操作员的相互关系对样品的影响都不显著,就不要把这些包括在精确度报告中。但是,如果这些因素中的任一个是显著的,方差分量适用于含有一种或一种以上材料的情况。这意味着,当在不同的实验室或由实验室内不同的操作员进行测试时,测试方法对材料的评定不同。在这些情况下,单一材料和多种材料的方差分量都要被计算,且后者包含了材料相互作用的方差。(更深入的解释见ASTM D 2904的A2.14.2.2)。

5. 报告或精确度陈述

5.1 根据材料数、实验室数、实验室内操作员数和每个操作员测定的样品数描述实验室间实验。

5.2 针对从包括所有材料在内的分析中确定的每种影响因素,报告所选数量样品的方差分量(作为方差或标准偏差)。如果材料相互作用不显著,报告每个操作员测试的样品间、操作员间和实验室内的操作员间的临界偏差。

5.3 如果材料相互作用是显著的,报告每个操作员、实验室内和实验室之间影响下的单一材料和多种材料的方差分量和临界差值。

5.4 在任意等级或有限的、不连续的其他等级情况下,或有效转换不可用的情况下(如AATCC灰卡),推荐使用ASTM D 2906中的文件8一分级特例。许多AATCC分级标准都是有限的或不连续的。

附　录

术语的定义(选自 ASTM D 123 和 ASTM E 456)

1　嵌套实验。一种用来检测两个或多个因素的影响性实验,在该实验中,一个因素的同一水准不能和其他因素的所有水准合用。

2　粗糙实验。一种有计划的实验,在该实验中,测试条件的环境因素是有意变化的,以评估这种变化所产生的影响。

3　标准偏差。偏差的正数平方根。

4　样品。一种材料或实验室样品的特定部分,用于进行测试或为了此目的而准备的(同测试样品)。

5　方差。一个测量观测值或测量值二次分布的方法,该测量值或测量值被描述为总平均值/样本均值的离差平方和的函数。

2006 年 5 月 1 日修订

AATCC 测试方法编写格式指南

1. 介绍

1.1 不同类型的用户以多种不同方式使用 AATCC 测试方法。因此,尽可能地采用精确、标准化的形式来编写这些方法尤为重要。

1.2 AATCC 原则上禁止商品规格的背书。由此,测试方法所得到的结果也不能用商品规格说明书的格式编写。

2. 测试方法的组成

2.1 范围。

所有的 AATCC 测试方法都要包含下面所列并标有“*”的条目。测试方法中也可以包含下面列表中的其他附加部分。然而,为了促进格式的统一,附加部分的使用只能按如下顺序。同时,这部分的标题不能被其他用语替代。

2.2 细则。

下面是 AATCC 测试方法文本的编写顺序。

*标题
*发展历史
前言
*目的和范围
*原理
*参考文献
*术语
*安全和预防措施
使用和限制条件
仪器、试剂和材料**
校验和校准**
取样
*试样准备
调湿
仪器、试样和试剂的准备**
*操作程序
*计算,阐述,评定**
报告
*精确度和偏差
附加参考
注释
附录

注:*所有测试方法中都应包含的项目;
**用于适当的标题中。

2.3 章节的编号。

2.3.1 采用修正的十进制系统对每系列的章和节进行连续编号,且这些编号要用句点(小数点)分开以表明该方法特定部分中从章节到段落的主次层级。例如,“2”表示一个方法的第 2 章;“2.3 和 2.14”分别指第 2 章的第 3 节和第 14 节;同样,“2.14.10”指这个方法的第 2 章第 14 节的第 10 个段落或小节。

2.3.2 最多采用三级编号。例如,两级编号如 2.14;三级编号如 2.14.1 或 2.14.10。这种编号方式不仅使编写内容的排列一目了然,而且也允许简单的和特定的对照。多于三级的编号就违背了简洁的目的。通常通过把主题分为更多的一级和二级小节或者少用一些小节来避免使用三级以上的编号需要。

2.4 标题。

2.4.1 要以所要测定的性能命名,而不是以所要推断的品质命名。保持题目简明扼要。例如,“暴露在亚硫酸中合成纤维织物强度的损失”,而不是“织物的耐酸性”;“纺织厂排出物的生化需氧量”;

而不是“蒸汽卫生”。

2.4.2 为了简化按字母顺序查找测试方法，应在标题前加上描述测试方法一般特征的关键词，随后是更明确的说明术语。例如，AATCC 162《耐水洗色牢度：氯化游泳池水》。

2.5 发展历史。

简要说明测试方法的历史，包括制定该方法的委员会编号、该方法的发布年份和所有后来的重新审定、编辑修订和技术修订年份。还要列出其他组织（如 ISO）任何一种类似的测试方法。

2.6 前言。

可以包含制定该测试方法的由来，有助于明确该测试方法的必要性。

2.7 目的和范围。

2.7.1 列举要测试的性能、适用于这个测试的材料和待确定的特性。如果这个方法包含对几个属性的系列测试，把它们列出来。

2.7.2 所有的方法都不署名，这是 AATCC 的声明。

2.8 原理。

简述技术，概述所涉及的基本物理和化学概念。

2.9 参考文献。

2.9.1 用数字编号和标题列出该测试方法中所引用的其他 AATCC、ASTM、ISO 或其他测试方法。

2.9.2 用《化学文摘》中的格式，列出引用的参考文献。

2.10 术语。

2.10.1 定义在一般工具书中找不到的所有术语和有某种专门意义的词汇。定义那些只用于纺织工业某个特定分支领域的词语。如果这个定义是从其他出版物中引用来的，则完整引用它并列入贡献者名单以示感谢。

2.10.2 定义标题中的所有关键术语，以确保所有参考和使用这个测试方法的人明白它的目的。

2.11 安全和预防措施。

2.11.1 在所有测试方法中都要出现有关注意事项的通用警告。

2.11.2 通用警告应该出现在适当测试方法的注意事项章节中。

2.11.3 通用警告内容如下：本安全和预防措施仅供参考。这些注意事项对测试程序起辅助作用，但并不意味着包含所有的内容。在本测试方法中，使用者有责任在处理材料时采用安全和适当的技术；务必向制造商咨询有关材料的详尽信息，如材料的安全参数和其他建议；务必向美国职业安全卫生管理局（OSHA）咨询并遵守其所有标准和规定。

2.11.4 测试方法中没有涉及危险材料、危险操作和危险设备的用法，应该向 AATCC RA 100 安全、健康和环境技术委员会提供通用警告的以外的警告。

2.11.5 如果适用，特殊注意事项说明应该包括在测试方法的文本中。这些声明不应规定专门的补救措施和补救行为。但是，可以参考那些能获得有关补救措施的可靠信息的权威原始资料。

2.11.6 当在一个测试方法中含有特殊注意事项说明时，应在通用警告之后标注可参考的章节。

2.12 使用和限制条件。

2.12.1 说明怎样最好地利用测试结果，并讨论从数据中合理延伸的推论。指出这些结果不适用的情况，特别是可能造成误导的情况。

2.12.2 指明本测试方法不适用范围，特别是比较容易引起歧义的地方。

2.13 仪器、试剂和材料。

2.13.1 如果每一章节多于 10 项，就把主题分成两个或三个单独的章节。在文内注释中显示任何独特的项目出处。并核实其出处的有效性。

2.13.2 不要将试剂准备或仪器校准包括在本章节内。

2.13.3 只将那些未列入实验室储备物品管理目录中或很少使用的仪器包括在内，包括分光光度计，投影显微镜和 Launder Ometers。不需列出常用物品（如剪刀）、普通的玻璃器皿（如烧杯、滴定管和烧瓶)。但是如果认为其能提高测试方法的功效,也可以列出。

2.13.4 用化学名称而非商品名列出所有的试剂(酸、碱、盐等),如氢氧化钠而不是苛性钠。包括所有试剂的化学式。复杂的有机化合物可以不写化学式,但是应该写上日内瓦公约承认的名称。

2.13.5 除非另有规定,假定所有的化学试剂都达到美国化学学会试剂的质量标准;"水"解释为蒸馏水或去离子水,含固体物质的总量不超过15mg/kg,电阻大于50000Ω。

2.13.6 在材料中,包括不常见的物质,如多纤维测试布、标准色卡、标准缺陷样照和参考光谱。

2.14 校验和校准。

2.14.1 仪器和设备必须定期校验,以避免由于时间、磨损或意外事件等因素引起的偏差。此类检查可由操作员在每次测试时进行,也可像检查分析天平的零点一样每日进行一次。不经常进行的检查出现在安装新仪器或大幅度移动后重新调试时;或者检查作为实验室良好管理行为的一部分,以一周或一个月为周期进行检查。将日常校验包含在"程序"章节中。将不经常性的检查放在单独附件中。将作为实验室日常工作一部分的检查包括在测试方法中,并列出时间表。

2.14.2 除了机械调节外,还包括校准曲线、标准曲线和标准溶液(或摩尔浓度)的常态校验。

2.14.3 描述标准试剂的制备,同样描述一个未知量与一种标准溶液的色彩传递、电导率、pH值或其他性能相关的标准曲线或标准表格。

2.15 取样。

2.15.1 只有当样品具有统计学上的代表性时,测试结果才是有效的。

2.15.2 取样必须是随机的。每个产品单元在数学意义上成为样品的机会均等;每个样品的每个部分都必须能够成为试样。

2.15.3 所有的样品在纯随机的变化范围内必须是一样的。可指定已知目的的样品之间必须没有差别。如果测试结果不是正态分布或其他认可的分布,则该测试方法是不在控制中的。

2.15.4 将一个简单取样计划编入测试方法中。规定每块样品的试样数量和每种产品的样品数量,或者说明所需的平均值的变异系数(*CV* 值),并且允许操作员确定试样数量。

2.15.5 如果在一种方法中规定了测试次数,说明了预期的平均值精度和概率。则操作员为了满足规定平均值的精度来计算测试次数,要根据以往试验提供的一个预期变异系数(*CV* 值)。如果(*CV* 值)是未知的,则可用统计学上任何一种标准测试来估计它的值,或参考ASTM D 2905《确定纺织品平均质量所需试样数量的说明》。

2.16 试样。

描述试样的尺寸、形状和重量,把对选试样的位置要求或对选择测试材料的要求写入此章节,但要将修剪、安装和调湿的细节资料放在其他章节。

2.17 调湿。

2.17.1 规定试样必须进行预调湿和调湿的大气条件。

2.17.2 如果样品或试样必须达到湿平衡,应按这样说明:"试样应在 a℃ ± b℃ (x℉ + y℉) 和 m% ± n% 相对湿度的条件下达到湿平衡。应使试样从干态达到湿平衡(但不是烘干)。"如果最终回潮率要求非常关键,则还要规定预调湿时间、温度和相对湿度。

2.17.3 将湿平衡定义为每暴露1h逐渐增重不超过调湿后重量的 k% 。

2.18 仪器、试样和试剂的准备。包括所有的预备或准备步骤.试样的修边、拆纱来分析织物纹路、调水平和调节仪器等。

2.19 操作程序。

2.19.1 程序是技术员的操作说明书。它必须能够让工作在不同实验室的、受过培训的技术员在得到很少指导或没有得到指导的情况下,获得在协议限定范围内可比的测试结果。

2.19.2 清晰、简单和明确地说明所有操作指南。不为任何不同技术留余地。按合适的顺序详述每一个所需的细节。

2.19.3 如果容器是一种关键物品，则需要为容器命名。例如，“一个 250mL 的广口烧瓶”；如果时间是重要的，说明最低时限。规定水温时应该用“水温为 140～160℉”，而不是“热水”；是“在室温状态下的水”，而不是“用冷水冲洗”；规定计量单位时，应该是“加 10.00mL ± 0.02mL”而不是“准确地加入 10mL”。

2.19.4 指出在观察中记录的有效数字的位数。确保精度在数学上是合理的。

2.19.5 当两个都可接受的方法得到统计学上可互换的结果时，阐明每个程序，并且说明两种方法哪个可以使用。

2.19.6 以第二人称祈使句编写操作程序。

2.20 计算、阐述和评定。

2.20.1 计算是指直接的计算而不涉及意见的阐述。包括所有必备的代数关系和算法。明确说明要计算什么和如何计算。说明所有计算中所需的有效数字的位数。

2.20.2 为了文章中的后续引用，在每个公式的同行的右侧空白处用带括号的数字依次编号。

2.20.3 用( ) ( )表示乘法，用斜线符号(/)表示除法。写作：

$$x = 100(A - B)/C$$

$$y = 100(0.00587)(A - B)/C$$

2.20.4 如果可能，保持公式位于文稿的同一行，写作：

$$x = (A - B)/C$$

2.20.5 使用通用符号。将 x 小于或等于 y，写作：

$$x \leq y$$

2.20.6 限定方程仅以符号和数字表述，写作：

$$x = 100(A - B)/C$$

式中：x——铁元素(Fe)烘干试样的重量百分数。

2.20.7 在同时包含数字和字母的表达式里，将数字放在左边，写作：

$$x = 100 \times (0.00587) \times (A - B)/C$$

2.20.8 不要简化学或物理方程式。这会使验算变得困难。写作：

$$x = 100 \times 0.00587 \times (A - B)/C$$

2.20.9 通过在单位栏加入一个零来确定所有小数中小数点的位置，写作：

$$a = 0.3010B$$

2.20.10 当一个数学运算需要两行或多行时，将运算过程排成列，只重复等号。写作：

$$n = (t^2)(v^2)(e^2)$$

$$= 1.962 \times 7.52/52$$

$$= 8.6$$

$$= 10\text{（大于 5 且最接近 5 的倍数）}$$

2.20.11 说明百分率的依据，如：湿含量，调湿后的重量百分比。

2.20.12 当公式较长、复杂难懂或难以简化成英文时，应包括一个举例计算。

2.20.13 当结果是用描述形式、相对术语或抽象值表达时，标题用“解释”来代替“计算”。此类结果可用 1～5 的等级形式表示，5 级最好，1 级最差。

2.20.14 测试结果的评定意味着从正反两方面对多种因素进行考虑，并根据总体情况得出结果。例如，颜色转移是对照国际灰卡来评价，将颜色转移后的沾色试样颜色的色调、亮度和饱和度对照没有色调和亮度但仅有饱和度的中性灰色卡的等级。

2.21 报告。

2.21.1 规定需要写入报告的详细信息。

2.21.2 要求报告引用测试方法，如果有选择的话，引用操作程序。

2.21.3 以表格形式报告涉及的几个样品、几个产品或多个复制品的一批测试结果。包括一个取样工作表或报表，并且包括典型的计算。

2.21.4 每个报告至少要包括：算术平均值或平均值($\overline{X}$)；测试次数(N)；标准偏差(S)或变异系

数($CV\%$)。

只有平均值,而没有测试次数和精确度的说明,本质上是没用的。

2.21.5 AATCC 原则禁止商品规格的背书。一些方法中建议的等级只是指导性的,不是用来也不能被理解为产品标准。

2.22 精确度。

2.22.1 精确度。关于精确度的陈述允许使用该测试方法的潜在用户概括性地评估它在所建议的测试中的有用性(进一步讨论,见 ASTM D 2906《纺织品精确度和偏差的说明》)。精确度的陈述本意不是用来包含那些在每位用户的实验室都能确切复制的数值,而是当本方法用在一个或多个有足够能力的实验室时,且当测试方法的使用是在统计控制范畴时,该陈述为测试结果之间可预见的可变性提供指导。除非测试方法的使用是在统计控制范畴的,否则无法做出有效的精确度陈述。

2.22.2 测试结果的变化是由被测材料的变化、所用测试方法的变化、测试方法特性或这些因素任一组合的结果。就一种测试方法来说,精确度陈述应提及由于所用测试方法和材料的合理差异导致的偏差。

2.22.3 下面讨论的精确度测量和有无统计控制,应该用一个实验室间测试程序来估计。当测试结果看上去似乎来自某种离散分布,则可以在不用实验室间测试但统计控制也不制定的情况下计算精确度。

2.22.4 如果需要通过测试来确定精确度,那么每一种测试方法应该力求包含一个关于下列内容的陈述:在特定实验室内偏差条件下,在同一实验室内获得的测试结果的精确度;在不同实验室获得的测试结果的精确度。特定的实验室内条件可能关系到所得的测试结果,这里所指的测试结果是在短时间内、由同一个操作者、使用同样的设备、对同一种材料进行测试所得到的,或者对于其他特定条件可以报告实验室内的精确度。例如,在不同日期之间或者在不同的操作员之间描述特殊实验室内偏差,详细报告其精确度。有关实验室间偏差的陈述,必须适用于相同材料在不同实验室所得到的测试结果。

2.22.5 如果测试结果的数据是连续变量,给出标准偏差或变异系数,哪一种合适就给哪个,还要给出所报告的每种类型精确度的适用方差分量。无论如何,精确度陈述应给出实验室内和实验室间测试数据的95%临界差。如果精确度并非对所有的材料都相同,则应给出用于实验室间测试的每种材料的精确度,实验室间的测试是指用来测量精确度的测试。

2.22.6 将实验室间研究所得到的数据和对数据的详细分析资料,在 AATCC 技术中心存档。

2.22.7 所要求的精确度陈述应包括以上规定信息,或者关于一个陈述为什么不能实行的解释。如果以实验室间测试显示的精确度差作为理由而缺少精确度的陈述,这个理由是站不住脚的。

2.22.8 如果精确度随着测试水平而变化,则应描述这种偏差。

2.22.9 应包含其他相关的信息,这些信息能帮助用户评定有关他们感兴趣材料的陈述适用程度。最好注释测试结果中出现的其他种类的偏差,这个信息可以通过进一步的研究获得。

2.22.10 大多数情况下,任意等级是有限的和不连续的,或对任意等级进行有意义的变换是不可行的,参考 ASTM D 2906,推荐文本 8——评级的特例(见下文)。AATCC 方法中大部分级数是有限的和不连续的。如果用这些数据进行偏差分析,可能会出现统计错误,这种可能性应在精确度陈述中进行注释。

推荐文本 8——评级的特例

17. 以评级特例为基础的陈述

17.1 在任意客观等级或分级和对等级数据的评分情况下,观察数据可能有非常复杂的非线性关系,这种关系有意义的转换可能是不可行的。如果是这样,使用如××.1 和××.2 的文本说明作为指导,给出评价测试结果精确度的主观根据。

××.1 精确度和偏差

111.1 实验室间测试的数据 4。在 19××年进行了实验室间的测试,在 5 个实验室的每个实验室对随机抽取的两种材料的样品进行测试。每个实验室有两名操作员,每名操作员对每种材料的 4 块试样进行了测试。由于等级量表是有限的和不连续的,等级量表和色差单位之间的非线性关系;以及随着等级真值的减少,造成色差单位的可变性增加,所以偏差分量的计算被认为是不适当的。

111.2 精确度。根据 111.1 中所述的观察和贸易上普遍的惯例,当取自一批或交付货物中样品的等级低于变色用 AATCC 灰卡评级级数半级以上时,则认为该批或该交付货物的级数明显低于一个特定值。

2.22.11 不能产生数据的新的或现行的方法应该包括以下陈述:由于数据不是采用本测试方法而产生的,因此精确度说明不适用。或者包括一个精确度与偏差相结合的陈述:由于数据不是采用本测试方法而产生的,因此精确度和偏差的陈述不适用。

2.22.12 仅声明实验室内部精确度的方法,应加上下述单独陈述:本测试方法的实验室间精确度还未确立。在其产生之前,本方法的使用者应该采用标准统计技术来比较实验室间测试结果的平均值(见 2.22.13)。

2.22.13 偏差分析或 t 测试都可用来比较平均值。更多信息请查看标准统计文本。

2.22.14 能产生数据的任何一种新的 AATCC 测试方法,当第一次提交委员会或 TCR 投票时,至少要包含单一操作员的精确度陈述,但鼓励完全符合 2.22.4 和 2.22.7 的要求。

2.22.15 在重新审定的第一个五年,应该使任何一种产生数据的 AATCC 测试方法在提交委员会和 TCR 投票之前完全达到 2.22.4 和 2.22.7 的要求。

2.22.16 AATCC 的原则是没有哪个早期的测试方法会由于缺少精确度说明而被废止。负责和现已不符合 2.22.4 和 2.22.7 条款要求的早期 AATCC 测试方法的研究委员会,在为重新审定提交委员会或 TCR 投票前,应该尽力至少制定一个单一操作员的精确度陈述,但鼓励完全符合 2.22.4 和 2.22.7 的要求。

2.22.17 在重新审定的下一个五年,对于以前已根据 2.22.16 条款重新审定的任何早期测试方法,研究委员会有责任在提交委员会或 TCR 投票之前,尽力使其完全符合 2.22.4 和 2.22.7 的要求。

2.22.18 测试方法中如果没有精确度陈述,应包含以下说明:本测试方法的精确度还未建立。在其产生之前,使用本方法测试材料时须谨慎。在大多数情况下,采用标准统计方法来比较实验室内或实验室间测试结果的平均值是普遍认可的方法。

2.22.19 研究委员会负责使测试方法及时符合精确度和偏差方针,发起实验室间研究,撰写必需的精确度和偏差陈述,跟踪修订需求,并遵守

2.22.14 中的重审时间表。

2.22.20 允许有一种以上测试方法选择，且能产生数据的任何一种 AATCC 测试方法中，根据最常用方法选择而撰写的精确度陈述可满足要求。委员会可能会将基于其他选择方法的精确度包含其中，并且也鼓励这么做，尤其是对应每种可选择方法的单个实验室的精确度。

2.22.21 研究委员会应继续工作，制定如 2.22.4 所描述的精确度数据。

2.22.22 精确度说明格式。一个测试方法中的精确度说明必须包括三个基本部分：(a)对能够产生数据组的测试方案的简单描述，列举被测材料的数量、参与实验室的数量、每个实验室操作员的数量、每个操作员进行的测试数量和其他任何相关信息；(b)列出从数据组中得到的偏差分量；(c)列出从这些偏差分量中计算出的精确度参数，通常以临界差或置信区间的形式表示(见 ASTM D 2906)。

2.23 偏差。

2.23.1 偏差。一个有关偏差的陈述应该提供当与可接受参考值比较时测试方法能否适用的指南(更深入的讨论，见 ASTM D 2906《纺织品精确度和偏差的陈述》)如果偏差是已知的，可以对测试方法进行改进，使之包括偏差的修正，这样修正后的方法就没有已知的偏差。

2.23.2 如果偏差随着测试水平的不同而变化，描述该偏差。

2.23.3 任何关于偏差的陈述应该描述偏差，以及如何通过改进方法提供修正的测试结果。如果不能够确定偏差，包含对这种影响的描述。

2.23.4 将数据和确定偏差的详细资料在 AATCC 技术中心归档。

2.23.5 对于不能产生数据的测试方法，按如下标明有关偏差的陈述：偏差。由于本测试方法不产生数据，因此偏差陈述不适用。

2.23.6 对于能产生数据的测试方法，按如下标明有关偏差的陈述：偏差。<性质名称>只能根据某一测试方法予以定义，没有独立的方法用以确定真值。作为估计这一性质的手段，本方法没有已知偏差。

如果可行，需要包括以下或类似的单独陈述：AATCC 方法××××作为一种参考方法被纺织和服装工业普遍接受。

2.24 注释。

2.24.1 注释应仅仅包括解释性的内容，不应包括操作测试的强制性的详细资料。

2.24.2 对文中的注释顺序编号。

2.24.3 将注释以独立部分置于测试方法末尾、附录之前。特殊情况，作为表格的一部分的注释属于表格。

2.25 表格。

2.25.1 通过使用表格来避免文字重复。

2.25.2 用阿拉伯数字依次为表格编号。

2.25.3 将表格放在正文中适当的段落，而不能放在附录中。

2.25.4 用简洁明了的标题作为每个表格的表头。表格每列的顶端为相关的说明文字。在表格的下面，加上所有必要的注释。用小写字母标识注释。把相应的字母用圆括号括起来标注在表格中。

2.26 插图和照片。

2.26.1 给每个线条图或照片加上标题。

2.26.2 用阿拉伯数字对插图和照片顺序编号。

2.26.3 最好采用线条图，所有字母和图形采用二重标度。绘图一般要比照片清晰，并且有利于显示尺寸和内表面。图和文字均由专业绘图员制作。印刷工将调整图片使之与印刷纸的大小匹配。

2.26.4 采用专业质量的光泽照片，在所附纸片上打上任何一种图表符号。

2.26.5 将插图和照片放在正文中适当的段落，而不是在附录中。

2.27 附录。

2.27.1 在附录中包含所需的附加信息，这些附加信息因过长不能放在正文中,以免妨碍思路的连贯性。

2.27.2 下面是附录的典型信息:正文讨论的扩充;测试方法流程图;专业术语表;化学符号或数学符号列表;特殊仪器的详细描述;校验和校准程序;数学方程式的导出;图表和列线图;报告格式。

2.28 流程图(选择性附录项目)。

2.28.1 流程图。流程图不能取代文字测试程序,而是用图说明任何过程或系统(即测试程序、实验室间的研究等)的流程和逻辑思路。用箭头将不同的但明确的框形连接起来组成的制图。流程图:(a)以图示方式给出了一个过程的流程和逻辑思路的鸟瞰图;(b)便于不同领域的专业人员之间的交流和相互了解;(c)使一个体系的优势和弱点更明显;(d)有助于产生思路,并提供改进某一系统的讨论基础;(e)帮助撰写新的方法。

2.28.2 一个恰当的流程图的框形是简单但明确的。流程图的开始和结束用水平椭圆表示;椭圆内标有相称的"开始"和"结束"字样。不要求做决断(是或否)的程序步骤用矩形表示。通常过程框只有一个输出箭头。需要做决断的程序用菱形和两个输出箭头(是或否)表示。流程图的示例如下:

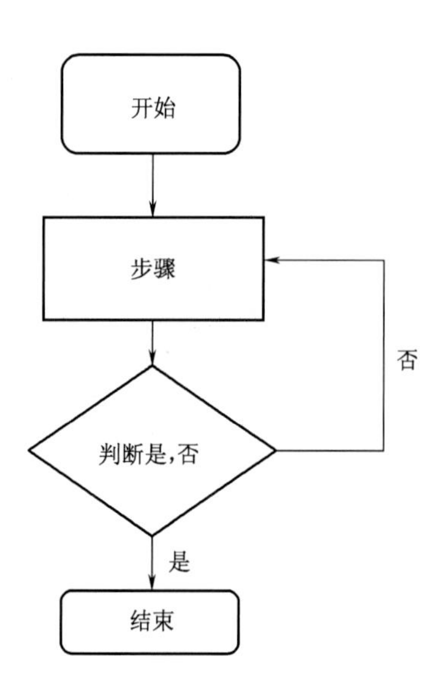

2.28.3 流程图应该用于说明主要设备、过程的所有输入(如原材料、公用工程等)、所有测量点以及所有可以调节的点。测试方法的步骤编号应该在流程图合适的框或菱形中。

3. 原稿

3.1 目的和范围。将电子版、Word 文档格式、双倍行距的原稿提交给 AATCC 技术中心。

3.2 颜色的命名。

3.2.1 在目前的纺织品颜色数据中,使用色彩研究会和国家标准局制定的颜色系统命名法,通常被称为 ISCC - NBS 方法。

参见 the ISCC - NBS Method of Designating Colors and Dictionary of Color Names, K. L. Kelly and D. B. Judd, NBS Circular No. 553, U. S. Government Printing Office, P200, Washington, D. C, 1955。还有 Standardization of Color Names, Dorothy Nickerson, ASTM Standards on Textile Materials, p340 et seq., Philadelphia PA, 1940.

3.2.2 通过色相、亮度和彩度三个属性区分颜色。不要用颜色的色泽、浅度、深度和强度等字眼。例如,玫瑰红和朱红属于红色色相,而不是红色调。

3.3 度量单位。

3.3.1 尽可能用公制或国际单位制(SI)。只有在贸易惯例认可的情况下才可使用英制单位。

3.3.2 在一个段落中单位体系不能混用。例如,"样品尺寸是 2 英寸 ×3 英寸,重量是 2.0 ~2.5g"。

3.3.3 如果两种单位制当前均在美国,则用两种单位制说明度量。最后转换为可比较的精确度,如 1.0 英寸转换为 2.5cm,而不是 2.54cm;1.00 英寸转换为 25.4mm,而不是 25mm。

3.3.4 对于液体的测量和测定体积的玻璃仪器,用毫升(mL),而不用已经淘汰的立方厘米(cm^3 或 cc)。容量或体积的测量用立方厘米,其公认的简写是 cm^3。

3.3.5 实验室程序要求用公制度量单位和摄氏温度。物理测试允许用华氏温度。为了过程管理，工厂和染坊习惯规定单位，即使是被废除了的单位。如用波美比重计、托窝德尔比重计、布里克斯比重计和 Rohmer 比重计来代替液体比重计。

3.3.6 对于必须要用量程和精确度来表示测量的情况，可以这样说明，如称取样品的质量在 4 ~ 6g 范围内，精度为 ±0.001g。

3.4 编号。

3.4.1 在各种情况下都用数字而不用单词，除非因此会产生混淆。例如，“4 块样品”、“5 天”，以及准确说明数量，如“15.43g”。

3.4.2 用罗马数字命名表格，用阿拉伯数字命名图表或制图。写作“表Ⅳ”，而不是“表 4”；“图 6”而不是“图Ⅵ”。

3.4.3 不要用一个数字作为句子的开头。

3.4.4 采用十进制小数。

3.4.5 在十进数前放一个 0 来确保没有数字被遗漏或被放错地方。写成“0.36cm”而不是“.36cm”。

3.4.6 在全文中，超过 4 位的数用逗号断开（1,234,567），但是在表格材料中用空格断开（1 234 567）。4 位的数不需断开；除非当它出现在一个包含多于 4 位数字的栏目中。

3.5 拼写。

3.5.1 一般使用韦伯斯特国际字典中首选的拼写。

3.5.2 使用美语的形式。例如，是“color”而不是“colour”，是“liter”而不是“litre”。

3.5.3 以连字符号连接复合形容词，尤其像这样的形式“2 - gram 试样”。

3.6 标点符号。

3.6.1 在连续的单词中使用逗号，但是在连词前不能使用逗号。写为“洗涤，干燥和调湿试样。”总是把逗号和句号放在引号内。把分号和冒号放在引号外。

3.7 大写字母

3.7.1 如果存在疑问，使用小写字母。

3.7.2 在标准的标题以及书或论文名称中的主要词用大写字母。标题中的介词和连词使用小写字母。

3.7.3 当用作标题但不作为集合名词时，“committee”用大写字母“C”开头，如“Committee RA60”或“Committee on Industrial Pollution”；但当作为集合词时，则写成“the committee recommends”。

3.7.4 在提及表格、图表、插图和卷时使用大写字母，如 Table Ⅲ、Fig. 2、Plate Ⅵ, Vol. 25。

3.8 缩略语。

3.8.1 只在单数情况下使用缩略语。我们说“2in”，而不是“2ins”。以下情况例外，在数值之前的缩略语，如 Figs. 1 和 2、Vols. I 和 II、Nos. 1 和 2.

3.8.2 除了在表格中外，只在表示确切数量的数字之后使用缩略语。例如，不能说“在一个 bbl 中混合洗涤液”，也不能说“在 H_2O 中水洗”。

3.8.3 将“百分比”或“百分数”省略为更方便阅读的符号（%）。

3.8.4 不要用符号（#）来表示“磅”或“数字”。

3.8.5 只有当省略后可能会造成含意不清时才在缩略语后面加句号。例如，英寸（inch）的表示方法是“in.”，而不是“in”；图（figure）的表示方法是“Fig.”，而不是“Fig”；体积（volume）的表示方法为“vol.”，而不是“vol”。

3.8.6 附录 A 为公认的常用缩略语清单。

3.8.7 除了常用缩略语外，还有一些经常重复的词，第一次使用时全部拼写，以后可以缩略。例如，三硝基甲苯（TNT）、生化需氧量（BOD）、三氯乙烯（TCE）。

3.8.8 化学符号只能用来表示化学实体，不能用作缩略语。例如，水应该写作“water”，而不是 H_2O，除非它是用作反应物。应该写作“在水中漂洗”，而不是“在 H_2O 中漂洗。我们说“白金坩埚（Platinum Crucible）”，而不是“Pt 坩埚”。如果化学方程式比较占地或影响正文的清晰性，那么写出不太复杂或不常用的有机或无机物的名称。写成“$CuSO_4 \cdot 5H_2O$,而不是“五水硫酸铜”。同样,写成“阿司匹林”比写成“乙酰水杨酸”或其结构方程式更简单。

3.8.9 一般来讲,不要缩略不常用的术语。此类词或短语在第一次出现时应完整拼写。

附录A 缩略语

续表

中 文	缩略语
绝对值	abs
交流电(名词)	ac
(形容词)	a－c
安培	amp
埃(长度单位)	Å
无水的	anhyd
平均(平均值)	avg
桶(容量单位)	bbl
伯明翰线规	Bwg
英制热单位	Btu
布朗沙普(线规)	B&S
卡(路里)(热量单位)	cal
摄氏度	℃①
厘克	cg
厘米	cm
厘泊(黏度单位)	cp
厘斯(黏度单位)	cs
化学纯(已废除)	CP
变异系数	%CV
颜色索引	C. I.
浓度;浓缩	conc.
立方厘米(体积)	$cm^3$②
天	Day(完整拼写)
度(数)(程度)	deg③
直径	diam
直流电(名词)	dc
(形容词)	d－c
等式[方程(式)]	Eq
华氏度	℉①
图	Fig.
英尺	Ft
尺磅(功的单位)	ft－lb
(化学)式量(分子量)	FW
加仑	gal
格令	gr

中 文	缩略语
克	g
马力	hp
小时	h
英寸	in.
内径	ID
开尔文(开氏)(绝对温度)	K①
千周	kc
千克	kg
千焦	kJ
千米	km
千伏	kV
千瓦	kW
千瓦小时	kW·h
直线(的)[线性(的)、一次(的)]	lin
升	L
常用对数	lg(标准挡)
勒克斯	lx
最大值	max.
米	m
微安	μa
微克	μg
微升	μL
微微米	μμ
微米	μm
微伏	μV
微瓦(特)	μW
英里	mi
英里每小时	mph
毫安培	ma
毫克当量	meq
毫克	mg
毫升	mL②
毫米	mm
毫伏	mV
最小值	min.

续表

中　　文	缩略语
分钟	min[④]
克分子的	*m*
摩尔的	*M*
分子量	MW
纳米	nm
正常的,标准的;法线,当量浓度的	*N*
数,第几号,编号,号码	No.
欧姆	ohm
按织物质量(计算)	owf
盎司	oz
盎司每平方码	oz/sq yd
外径	OD
页	p
页(复数)	pp
十亿分之几	ppb
百万分之几	ppm
每	per 或/
百分比;百分数	%
品脱	pt
磅	lb
磅每平方英尺	lb/sq ft
磅每平方英寸	psi
夸脱(1/4 加仑)	qt
弧度	rad
相对湿度	RH

续表

中　　文	缩略语
每分钟转数(r/min)	rpm
秒	s
溶液	soln.
比重	sp gr
平方的(正方的、二次幂)	sq
标准偏差	s
吨	T
托窝德尔度(液体比重度数)	Tw
美国线规	US
美国药典	USP
伏(伏特)	V
容积(体积、容量)或卷(册)	Vol.
瓦(特)	W
瓦特时	W · h
一星期(周)	wk
码	yd
年(年度)	yr

①在对数字温度作说明的时候,总是用这个简写来表示温度的数值单位℉、℃或K,但是省略了“度”的简写“deg”。记作“69℉”,而不是“69 deg F”。

②用缩写“cm^3”而不用“cc”作为容量单位。用“mL”作为体积单位。

③度的符号(°)在°API、°BRIX、°Baum6、°Twaddell、℃、℉、°Rohmer以及表示角度或弧度中要谨慎使用。

④如果使用简写“min”容易造成混淆的话,就清楚地写成“分”和“最小值”。

2006年5月1日修订

AATCC测试方法和技术委员会程序规则

介绍

董事会是AATCC主管团体,根据法规和规章制度的规定管理其事务。委员会负责几乎每一时期的社团活动。社团的实力、活力和权威来源于它的全体会员的广泛参与。

研究执行委员会(ECR)负责程序规则,它可以修改和更换包括和研究技术委员会(TCR)磋商的条款,且如果他们没有与AATCC章程或规章制度产生冲突可由董事会批准。

A-研究执行委员会

A1-作用。

A1.1 ECR是董事会的常务委员会。这个委员会负责为所有测试方法制定和技术活动进行规划并制定政策,非经董事会批准不能转交给其他特殊利益团体。

A1.2 经董事会批准,为政策和规划执行的ECR指令通过TCR完成。

A1.3 ECR负责确保测试方法制定遵照一致同意的准则并对任何反对票公平考虑和解决。

A1.4 ECR是AATCC监督机构,承担为一直遵守的必要程序和在这些程序中阐明获得批准的要求已得到满足提供证明。在监督制定程序和处理委员会一级反对票中的作用包含在G1.1~G1.4中。TCR信件投票由ECR、TCR和有关测试方委员会的主席组成的特殊审查委员会审查(G2)。

A2-组织

A2.1 ECR的主席是协会董事会的成员,每年由董事会任命。主席不可能连续任职超过三年。

A2.2 TCR主席成为ECR副主席。

A2.3 协会会长、前任会长、现任会长、利益集团主席、国际测试方法委员会主席、教育咨询委员会主席、教育署署长和执行副会长依职权成为成员。

A2.4 另外,六位资深的成员由董事会任命,每年新任命二位,年限三年。

A2.5 ECR成员应作为广泛活动和利益的代表以及为保持利益平衡而得以任命。任一利益领域不得由超过50%的ECR来代表。

A2.6 技术主管担任ECR的秘书。

A3-报告。

A3.1 ECR的报告通过主席递交给董事会。

A3.2 与TCR主席合作,ECR主席准备发表在AATCC技术手册中的年度报告。

B-研究技术委员会

B1-作用。

B1.1 TCR是ECR的分会。它将ECR的计划和政策付诸实施。它在管理和协调能力上发挥作用,并负责测试方法、技术和参考委员会的指导工作。

B1.2 TCR主席受ECR的批准,根据对测试方法和技术委员会提出援助的要求,授权向AATCC技术中心分配技术和研究工作。

B2-组织。

B2.1 TCR主席每年经ECR提名后由董事会任命。主席的任期限于连续三年。

B2.1.1 经ECR和董事会批准,主席任命副主席和TCR成员。

B2.1.2 区域委员会成员、研究执行委员会成员和现在的研究委员会主席依职权成为TCR成员。

B2.1.3 TCR指定成员任期五年。这个任期经ECR多数票赞成可以延长。

B2.2 TCR 主席,经 ECR 批准,任命研究委员会成员并在与其成员商议后任命这些委员会的主席。

B2.3 技术主管担任 ECR 的秘书。

B3－会议和报告。

B3.1 TCR 每年至少举行二次由主席号召的会议。

B3.2 TCR 通过主席向 ECR 报告它的活动。

B3.3 与 ECR 主席合作,TCR 主席准备在每年 1 月 31 日出版的 AATCC 技术手册中发表的年度报告。

C－测试方法委员会

C1－作用。为了纺织工业和公共利益,测试方法委员会受命执行具体的技术课题,建立 AATCC 测试方法,建设科学数据库或汇总信息。

C2－组织。

C2.1 组织新的委员会或制定新测试方法的议案在 AATCC 的出版物、印刷品或电子和其他新闻媒体上公布。非成员以及 AATCC 成员被邀请来参加这些活动。非会员有充分机会发表意见并邀请成为会员,随后可有投票权。非会员经常为要制定的测试方法提供依据和要求。

C2.1.1 测试方法委员会成员由主席经 TCR 和 ECR 主席批准指定。

C2.1.2 非会员可以自始至终参加测试方法制定(初期)阶段的分会,包括实验室间测试和投票。

C2.1.3 任何提议的新方法制定的初步完成日期,必须由测试方法委员会定下来,并经 ECR 批准。

C2.2 TCR 主席同测试方法委员会有关成员磋商后,任命测试方法委员会主席。磋商可以是出席预定的例会成员口头表决,也可以是由全部有投票权的成员信件投票。他们必须是 AATCC 资深成员。

C2.2.1 测试方法委员会主席任命其分会的主席。

C2.2.2 测试方法委员会主席可以委任筹划指导委员会,由 TCR 主席批准。

C2.2.2 测试方法委员会应任命一名秘书。

C3－委员会官员。

C3.1 AATCC 资深的成员仅可以在测试方法委员会和分会供职。例如:主席、副主席或秘书。

C3.2 成员不能同时在多于两个的现有研究委员会中任主席。

C3.3 成员在测试方法委员会任主席不得连续超过三年,但可以连续作为成员。

C3.4 前主席可间隔一年后再成为主席。

C4－投票。

C4.1 AATCC 资深的成员只能在 AATCC 测试方法委员会行使表决。

C4.2 协会预备成员和非成员可作为测试方法委员会的没有投票权的成员。

C4.3 资深的成员可以同时是三个现有的测试方法和三个技术委员会的有投票权的成员,但也可作为其他委员会的无投票权的成员。研究执行委员会可根据书面申请准予例外。

C4.4 任何机构仅有一人可以成为任一测试方法委员会的有投票权的成员。同一机构的其他人可以作为无投票权的成员参加委员会活动。

C5－报告。根据每次委员会会议,一个测试委员会应提交书面报告给 TCR。年度报告可以作为 AATCCC 技术手册委员会报告的基础。年度报告的副本应在 1 月 31 日或之前转交给技术主管。

C6－会议。

C6.1 测试方法委员会会议应对 AATCC 会员和非会员公开。

C6.2 委员会会议日程安排表应在 AATCC 期刊或网站上发布。

C6.3 对这些委员会会议的任何参会人员(成员或非成员)不收取会务费。

C7－公开。

新闻界的人员可出席测试方法委员会会议。他们应被主席告知,在会议期间,委员会的任何评议或行动未经主席许可不得发布,主席应将协会有关AATCC资料公布的政策作为行动指南。

技术论文、委员会报告及其他文件以及测试方法属协会所有。除非经协会书面批准,否则不得在其他地方全文发布。在其他出版物上发表协会的资料必须注明适当的出处和可靠性。

C8 – 委员会活动。

当需经委员会任何成员投票时,测试方法委员会的正式活动应经信件投票确认。

C9 – 测试方法的重审。

C9.1 为了修订、重新审定和取消,测试方法委员会应该在它管辖的五年内重审测试方法。如果一个方法重新审定,重审应以委员会成员多数通过,或经TCR信件投票后的委员会信件投票。经批准后,这样的活动必须在第四年开始,以便最后的活动可以是最后的第五个年头。

如果在参考委员会主席不再起作用,或连同实验室主管从AATCC、RA99委员会、技术手册编辑审核辞职的情况下,可以指定熟悉规定的测试方法领域的一到二个专家作为该方法的重审员。

重审员可以建议对方法的重新审定、修改或取消,并将着手适当的TCR信件投票。

为了头三年后通过TCR投票立即发布,为了每年重新审定,一个新的测试方法将被重审。

C9.2 关于AATCC测试方法的专题讨论会和研讨班非成员和成员是同等的。为了审议和活动,在这些程序中,关于AATCC测试方法的关键意见,能引起责任委员会注意。

D – 测试方法委员会主席的任务

D1 – 职责。测试方法委员会的主席负责该委员会运作。

D2 – 会议。

D2.1 主席将召开必要的了解委员会,如计划工作进程的会议。

D2.2 为了测试方法委员会最新的活动被报告,一般会议安排和TCR会议一起召开。然而,主席可以决定召开附加的会议。

D3 – 人员。

D3.1 主席任命测试方法委员会成员,经TCR和ECR主席批准。

D3.2 为了制订测试方法按照意见一致的原则,尽一切努力平衡每个委员会的投票利益。

D3.3 如果测试方法委员会成员辞职或不能积极参与委员会的工作,那么,该成员主席应报告给TCR主席和实验室主管。

D3.4 投票成员连续四次缺席测试方法委员会的会议,或不能参加测试方法委员会的活动,将被从委员会成员资格名单中删除。不交回投票被确定没有参加委员会活动。如果成员证明没有参加活动的合理理由,终止成员可以向ECR请求复职。不缴纳年度协会会费,成员资格的投票权也可以被终止。

D4 – 测试方法—变更和修订。为了测试方法的变更和修订,代表委员会的主席做出建议,并报告给TCR主席,TCR主席将依次提交这些建议给ECR。经ECR批准的这些变更或修订的建议,将被提交给TCR信件投票。

D5 – 资金。在每个日历年,测试方法委员会将联系有关他们可能需求的款项,这可在八月第一个财政年来做。

如果一个委员会需要的特殊资金没有列在这项工作的年度预算中,该委员会主席应该向TCR主席申请,TCR主席将此需求和建议一起提交给ECR。如果可能发生的供应品在现有预算中包括该项支出,ECR可以批准拨款。此外,ECR的批准需要授权从拨款委员会支出,需求将依次提交给董事会。

D6 – 从AATCC技术中心请求援助。来自AATCC技术中心的技术和管理的协助、委员会所需的活动应该由测试方法委员会主席向TCR主席要求。TCR主席和ECR及高级职员磋商后,确定在可用的现有的经费和程序设施内,是否能够开始所要求的工作。

E－测试方法委员会秘书的任务

E1－纪要和记录。

E1.1 秘书应该保留所有会议的精确纪要和所有委员会测试方法发展的记录。

准备分发的纪要在首页应该包含标题："会议文件－不发表"。

E1.2 纪要应在会议后的早期散发。副本应该送到 AATCC 技术中心、所有的委员会成员、TCR 主席、技术主管和任何其他想得到信息的地址。

E1.3 秘书应该保留出席会议的记录。

E2－通信和报告。当委员会需要时，奉主席的之命，应进行这样的通信和准备这样的报告。

F－确定测试方法程序

F1－必要性和可行性。AATCC 成员和非成员可以为新的测试方法提出建议。他们引起 TCR 主席注意，TCR 主席和 ECR 成员磋商，确定通过现有的测试方法委员会，提议的新方法的制定是否可行。如果必须有新的委员会机构，ECR 可以在 AATCC 出版物上通过一项公告，邀请 AATCC 成员和非成员参加考察会，确定这个项目的整体利益。如果有足够的利益，ECR 批准建立新的委员会，并将承担起章节 C 指出的职责。

F2－制定程序。

F2.1 可以包含 AATCC 非会员的分会组织研究有用的背景信息，和根据适合的统计设计多个实验室进行的测试。当已经制定了一个测试方法，且被认为具有重现性并技术上有效时，向整个测试方法委员会递交所有有用的资料。

F2.2 对提议的方法的测试方法委员会信件投票按照 G1 执行。在接收赞成票和所有反对票考虑的证据时，对提议的方法的 TCR 信件投票按照 G2 执行。为了最终的活动，结果报告给 ECR。

F3－名称和发布。

F3.1 在所有有关人员充分表达了他们的观点，且这些意见被经过仔细考虑，并在测试技术方法上有有效的证据，对提议的测试方法，ECR 给出最后的核准或否决。

F3.2 在适当的时候，在 AATCC 技术手册和其他 AATCC 出版物上一经使用，根据 ECR 确认，一个新的测试方法就被正式制定和发布。

G－信件投票

G1－委员会信件投票。

G1.1 大多数出席测试方法委员会的成员，可以对新的测试方法或现有的测试方法的修订做整个委员会信件投票表决。然而，信件投票之前，这些出席会议的委员会成员应该使他们自己确认新的方法或现有方法的修订本有规定的格式，且手中有充分的资料支持这个方法或修订本。投票和非投票的测试方法委员会会员都收到委员会发出的信件投票的副本。弃权成员和投票成员可以书面提交他们认为对提议的测试方法或修订本适合的意见。对邮寄日三十天内有关委员会收到的所有信件投票计数。如果投票员发出的投票的返回数量等于或大于邮件加一票的 50%，认为投票有效。

G1.2 投票如果没有反对票，将进行 TCR 信件投票。如果有反对票，参考 G3 章节。

G2－TCR 信件投票。

G2.1 一旦委员会信件投票在委员会已经核准，然后将进入 TCR 信件投票。投票将送到 TCR 所有的成员。对邮寄日 30 天内有关委员会收到的所有信件投票计数。如果投票员收到的投票的返回数量等于或大于邮件加一票的 50%，认为投票有效。

G2.2 在投票中，如果没有反对票，为了 AATCC 技术手册下一版本的发布，然后将经过 ECR 重审。如果有反对票，参考 G3 章节。

G3－反对票。

G3.1 在委员会或 TCR 信件投票结束后的 60 天内，测试方法委员会主席将试图亲自或由分会主席指定分会解决任何反对票和意见。如果60天结束后,仍然有没有解决的反对票,委员会主席将选票上的事情发送给TCR主席,包括没有解决反对票的副本、连同支持意见、试图解决反对票的摘要和导致投票的背景资料和活动。

G3.2 为了在紧接其后的定期会议的讨论,TCR主席将通过委员会主席提交提供的材料给ECR。在会议之前,材料副本分给ECR成员,或尽可能早的促进深入的研究和考虑。

G3.3 研究提供投票和背景信息后,ECR应采取以下的活动之一。

G3.3.1 如果通过测试方法委员会,ECR决定提交的材料和数据不足以证明采取的行动合理。那么,为了进一步工作和其他投票,材料返回测试方法委员会。

G3.3.2 如果ECR对没有解决的反对票和建议思考,没有能说服的且不能证明进一步的学术研究有理,那么,根据测试方法委员会大多数,批准TCR信件投票,或根据TCR大多数,批准发布。

G3.4 如果测试方法建议问题的修订进行信件投票,一个新的投票将分发,并再次分发,直到不存在反对的材料。

G3.5 应记录所有反对票的解决。

G4-取消资格和挑战。当测试方法申诉时,如果ECR成员和董事会或他们目前的成员与任何一方(或与主题)有经济利益或其他的密切关系,他们便不适合参加考虑和决定任何申请,那么,ECR成员和董事会应回避自己。基于以上所述正当理由,任何申请方都有挑战申诉董事会成员的资格,至少一个星期前就要由ECR或董事会考虑申诉,遵从规定由申诉取消资格的成员自己应该回避争论、研究和决议。

H-信件和记录

H1-副本。所有信件、报告和研究记录应该转寄给TCR主席和技术主管。除此之外,转寄给任何其他想得到资料的地址。

H2-文件。在主席和秘书手里的文件应该迅速转交给他们的接任者。文件不再起作用,但是具有历史价值和重要性,应该转交给AATCC技术中心作为长久记录。

I-参考委员会

I1-作用。当测试方法委员会已经完成任务,可以假定一个失业情况,且它的作用像TCR和ECR批准的参考委员会。

I2-组织。

I2.1 测试方法委员会主席应该继续作为参考委员会主席。主席应该在需要重新审定的方法的重审方面继续委员会责任。如果需要变更方法,主席应该恢复委员会活动。

I2.1.1 主席可以保留测试方法委员会中他认为可取的这样的成员。此外,委员会其他人解散。如果参考委员会恢复活动,主席应该担当临时的主席,直到委员会再编制。

I2.2 第一次会议后,恢复活动的测试方法委员会应该将推荐的主席提交给TCR主席。

I3 —测试方法的重审。

I3.1 参考委员会应该依照如活动研究委员会一样的测试方法的重审程序(见C9)。

I3.2 参考委员会主席不再在AATCC起作用时,见C9.1。

J-技术委员会

J1-范围。

J1.1 整理和指导技术计划的规划,这些技术计划特别使对技术课题关注的个人和团体感兴趣;推荐和鼓励这些计划的陈述,作为技术论文正规纲要,并且在AATCC技术会议中,促进在各方面增加兴趣和出席的人数。

J1.2 鼓励和促进协会成员积极参加研究和测试方法的制定计划,成员的主要兴趣在技术课题上,以便在那个技术领域的问题,可以被协会研究的计划分开。

J1.3 为 AATCC 成员担当技术课题信息交换场所。

J1.4 发展经投票表决一致同意的,主要兴趣在技术课题这个领域的 AATCC 成员。

J1.5 与协会目标一致,只要有机会可以提升,就提升协会的影响力。

J1.6 在对技术课题感兴趣个人方面,鼓励和征求协会内的全体成员。

J2 - 组织。

J2.1 技术委员会成员由课题主席任命,经过 TCR 和 ECR 主席批准。委员会成员将被挑选代表 AATCC 所有的部分。他们对这部分的技术课题有充分的兴趣。

J2.2 委员会应该有主席,且可以有副主席。为了指定公职、经 ECR 批准、经技术委员会投票决定和提交给 TCR 主席,需将个人名字交给 TCR 主席。

J2.2.1 技术委员会主席将从委员会成员中任命一名秘书。

J2.2.2 当执行这项计划必要时,技术委员会主席应该任命这样分会的主席。

J2.3.3 技术委员会主席可以委任一个 TCR 主席批准的课题筹划指导委员会。

J2.2.4 技术委员会的主席不可以在本职位连续任职超过三年,但是可以继续作为委员会成员。隔一年后,卸任主席可以再成为主席。

J2.3 仅仅资深的 AATCC 成员可以在技术委员会和分会任公职,并且资深的成员仅可以行使一次投票。没有技术委员会投票权的协会成员可以任职。一个机构不能超过一名成员可以作为任何一个技术委员会的投票员。

J3 - 委员会活动。当委员会的任何投票成员请求时,技术委员会的正式活动应经过信件投票确认。投票程序包括反对的决议应该与测试委员会相同。

J4 - 会议。技术委员会召集这样的会议。例如:是必要的并且了解按照计划委员会工作进程。

J5 - 报告。根据每次委员会会议,技术委员会将发送一份书面报告给 TCR 主席和技术主管。技术委员会将提交一份年度报告给 TCR。报告将作为在技术手册上发布的报告的基础。为了发布,年度报告的副本应该转交给 AATCC 技术中心。

J6 - 公开。

J6.1 在协会出版物上,技术委员会将发布会议和活动的公告。

J6.2 委员会保留最近和 AATCC 会员和对技术课题感兴趣的预期会员双方之间的邮件发送清单,并向这样感兴趣的个人建议关于 AATCC 技术会议那里提交关于技术课题的论文;通知这样感兴趣的个人为了技术课题的问题的信息和帮助,可以通过委员会成员的邮件联络;为技术委员会全体成员,征求这样感兴趣的个人建议。

J6.3 AATCC 感兴趣的部分被鼓励去包括它们部分的或计划委员会,这个部分成员是技术委员会成员,为了这部分的高级职员可以保持技术委员会这项工作的信息,并保持关注此技术课题部分的感兴趣成员对技术计划的可用性。

J6.4 技术论文、报告委员会和其他委员会文件委员会具有所有权。在其他地方不可以全文发布,直到在 AATCC 出版物上已经发表,或除非经 AATCC 同意。在其他出版物上协会材料的发表,必须给予适当的资源和信任。为了公开,如果即时发布是可取的,那么摘要、梗概和综合报告必须限制少于 500 字,除非书面许可经协会准许。

J7 - 资金。

J7.1 在每个日历年,技术委员会将联系有关他们可能需求的款项,这可在八月第一个财政年来做。

J7.2 如果一个委员会需要的特殊资金没有列在这项工作的年度预算中,该委员会主席应该向 TCR 主席申请,TCR 主席将此需求和建议一起提交给 ECR。如果可能发生的供应品在现有预算中包括该项支出,ECR 的批准需要经董事会授权,从拨款委员会支出。

K – AATCC 技术中心

K1 – 作用。

K1.1 AATCC 技术中心通过其全体职员和实验室设施,为协会的委员会提供支持性服务。

K1.2 在 AATCC 技术中心的实验室的作用如下:

K1.2.1 担当测试方法标准局,按照每一测试程序详细概述,在这里可以浏览方法。

K1.2.2 通过各 AATCC 测试方法委员会,作为制定测试方法的试验场。因此,测试方法将进行,且统计分析的结果确保它们在各方面具有再现性。

K1.2.3 为了论证和制定测试方法,为了我们的全体成员和行业的教育进行讲习班和研讨班,作为机构的联络地点。

K1.2.4 担当进行许多 AATCC 测试方法所必要的测试仪器的展览场所,以及 AATCC 成员可能会感兴趣的设备的最主要位置的场所。

K2 – 组织。

K2.1 AATCC 技术中心设在 Research Triangle Park of North Carolina,为协会提供了固定的组织机构。

K2.2 执行副总裁负责 AATCC 技术中心的全面管理。

K2.3 经 ECR 授权,技术主管监督技术和研究任务。

K3 – 任务的批准。

除非经 ECR 批准,否则 AATCC 技术中心不得接受任何任务。AATCC 技术中心活动的目的是通过预先计划的协调,在预算的限度内,努力提供最大的服务来补充和支持 AATCC 委员会。

2011 年 AATCC 研究委员会

研究委员会由技术委员会指定并在技术委员会下从事研究工作。由专题设置的委员会见下。各委员会以 RA(或 Active Research Committees),接着 RR(或 Reference Committees)开头以数字顺序编排。加 * 的为无投票权会员,加 † 的为非会员。若主席名字后边有日期,则此日期为该主席任期结束的年份。

研究委员会字母顺序目录

主　　题	委员会	页码	主　　题	委员会	页码
抗磨损性能	RR29		纤维分析	RA24	
硫化染料纺织品的老化	RR9		纤维测试材料	RA59	
抗微生物活性	RA31		整理剂的分析	RA45	
			燃烧性能	RA109	
外观平整度	RA61		聚合技术	RA76	
应用染料和染料特性	RA87		聚合测试	RR81	
横档的评价	RR97		地板覆盖物	RA57	
染料强度和颜色的评价	RR98		服装湿处理技术	RA104	
螯合剂的评价	RR90		全球可持续性技术	RA100	
氯、残留、涂层、黏合、胶合造成的损害	RR35		手感评价	RA89	
织物	RR79		家庭洗涤技术	RA88	
测色	RA36		防虫害	RA49	
色牢度			染料和助剂的相互作用	RR92	
耐酸耐碱	RR1		耐光牢度和气候	RA50	
耐大气污染	RA33		气味测试	RR68	
耐摩擦	RA38		预处理	RA34	
耐热	RR54		印花技术	RA80	
耐褶皱	RR53		专业纺织品护理	RA43	
耐洗涤	RA60		分光光度计技术	RA103	
耐水	RA23		抗沾污性	RA56	
残留氯造成的损害	RR35		静电性能	RR32	
尺寸变化	RA42		统计顾问	RA102	
弹性面料技术	RA107		超临界流体	RA105	
酶的活性	RR41		技术手册编辑评审	RA99	
最终使用性能和实验室测试的相关性	RA75		防紫外纺织品	RA106	
			拒水性、吸水性和润湿剂的评价	RA63	

RA23 耐水色牢度测试方法

范围:制定测量各种纺织品对任意一种水(溶液)比如淡水、海水、含氯游泳池水等的耐变色、沾色或水斑色牢度的测试方法。测试方法:104、106、107、162。

主席:ELLEN ROALDI'11

Breau Veritas CPS

代理秘书:待定

STACY M CAIN

Intertek Consumer Goods NA

RA24 纤维分析测试方法

范围:制定纤维混纺物的定性分析和定量测定的试验方法。测试方法:20、20A。

主席:ADAM R VARLEY'11

Vartest Laboratories Inc

秘书:KENNETH D LANGLEY(Univ of Mass Dartmouth)

RA31 抗微生物活性测试方法

范围:制定检测并测量经整理的纺织品的微生物活性。测试方法:30、100、147、174。

主席:WILLIAM D HANRAHAN'12(Consultant)

秘书:BETH G JOINER(NAMSA)

RA33 耐大气污染色牢度测试方法

范围:研究在大气环境中的因素而不是光化学影响而导致的变色,制定测试与最终用途可靠相关的变色的测试方法,该委员会研究的污染物包括氧化氮、臭氧、二氧化硫以及碳氢化合物的燃烧产物。测试方法:23、109、129、164。

主席:待定

秘书:JOHN CROCKER(SDL Atlas)

RA34 预处理方法

范围:制定测试方法:(1)测量预处理(白色纤维、纱线和织物在染色、印花和后整理之前的所有湿处理过程)对于这些纺织品的化学、物理、色牢度性能产生的影响;(2)评价预处理化学品的效用;(3)控制预处理过程,包括获取需进行预处理的纺织品材料各种信息的方法。测试方法:78、81、82、89、97、98、101、102、144。

主席:LEONARD T FARIAS'11(Cotton Incorporated)

秘书:PETER J HAUSER(N C State Univ)

RA36 测色方法

范围:制定有关色彩学的测试方法,为其他涉及色彩学特殊问题的委员会提供建议,提供 AATCC 与其他直接涉及色彩学问题的组织之间的联系。测试方法:110、173、182、EP 1、EP 2、EP 3、EP 4、EP 6、EP 7、EP 8、EP 9、EP 11、EP12。

主席:KENNETH R BUTTS'11(Datacolor)

秘书:SHARLA JEAN HOSKIN(Macy's Merchandising Group)

RA38 耐摩擦色牢度测试方法

范围:制定测量纺织品经摩擦耐颜色转移的测试方法;改进和完善摩擦色牢度测试仪,使其应用范围更广泛。测试方法:8、116。

主席:SUSAN GASSETT'12(US Army Natick Solider Ctr)

秘书:未指定

RA42 尺寸变化测试方法

范围:制定测量面料或纺织品经大气变化或经家庭和商业洗涤后尺寸变化率的测试方法。测试方法:96、99、135、150、179、187。

主席:SUSAN L MATTER'12(Nordstrom)

秘书:PUNITA PATEL(Como Fred David Intl)

RA43 专业纺织品护理测试方法

范围:制定测试专业纺织品护理(包括干洗、湿洗、后整理以及污点去除)对纺织品性能影响的测试方法。测试方法:86、132、158。

代理主席:JOSEPH J NILSEN'11(DLA Troops Support)

秘书:待定

RA45 整理分析测试方法

范围:制定可靠的定性和定量测定纺织品后整理材料化学方法。测试方法:94.

主席:待定

秘书:待定

RA49 防虫性测试方法

范围:待定。测试方法:194。

代理主席:待定

秘书:DAVID L RAMEY(Microban Products Co)

RA50 耐光牢度和耐气候测试方法

范围:制定测量或预测当纺织材料单独暴露在光和湿的条件下,并结合提高温度和其他环境因素时,纺织材料耐老化的性能。测试方法中暴露环境试图再现暴露在室外气候中老化的效果和室内的光照性。老化的形式包括外观性能的损失,如耐光和/或物理性能的变化,如拉伸强力。测试方法:16、111、125、139、169、186、192。

主席:LISA S EARNSHAW'12(James H Heal & Co Ltd)

秘书:RICHARD SLOMKO(Atlas Material Testing Tech LLC)

RA56 抗沾污性

范围:制定评价服装面料的抗沾污性的测试方法。为了制定测试方法,研究污物附着在不同纤维的服装面料上的现象,研究洗涤时洗涤类型,研究服装穿着过程中的沾污。测试方法:118、130、151、193。

主席:PAUL L JOHNSON'12

秘书:MARK A GRANJA(Sun Products Corp)

RA57 地毯覆盖物测试方法

范围:制定可靠的预测各种地毯覆盖物使用性能的测试方法。测试方法:121、122、123、134、137、138、165、171、175、189、196。

主席:ALAN F BUTTENHOFF'14(Shaw Ind Group)

秘书:ERNEST RICHARD TURNER(Mohawk Ind)

RA59 纤维测试材料

范围:除色牢度褪色标准外,为 AATCC 标准测试纤维、纱线和面料提供详细说明;制定的说明得到这些测试方法制定委员会的帮助和同意。测试方法制定委员会为在测试方法中使用的标准纤维、纱线和面料负责。测试方法:EP 10。

主席:SHAWN P MEEKS'11(Testfabrics Inc)

秘书:JOHN CROCKER(SDL Atlas LLC)

RA60 耐洗涤色牢度测试方法

范围:制定能够可靠预测纺织品在洗涤和工业去污过程中的色牢度的测试方法。测试方法:61、172、188、190。

主席:LISA A STRACHAN'13(James H Heal & Co Ltd)

秘书:SUSAN A GASSETT(US Army Natick Soldier Ctr)

RA61 外观平整度测试标准

范围:制定评价耐久压烫面料以及组成部分外观和评价整件服装的测试方法。测试方法:66、88B、88C、124、128、143。

主席:HAROLD K GREESON JR'12(Cotton Incorporated)

秘书:PUNITA PATEL(Como Fred David Intl)

RA63 拒水性、吸水性和润湿剂评价测试方法

范围:制定评定纺织品拒水性、吸水性和润湿剂效果的测试方法。测试方法:22、35、42、70、79、127、195、197、198、199。

主席:MICHELE L WALLACE'12(Cotton Incorporated)

秘书:NANCY E PEBENITO

RA68 气味的测定实验方法

范围:制定能确定用于纺织品后整理的化学产品或整理后的纺织品在储存或使用的过程中是否会产生刺激性气味的测试方法。测试方法:112。

主席:CARLA L MACCLAMROCK'13(Cotton Incorporated)

秘书:待定

RA75 实验室测试与最终使用性能的相关性

范围:鼓励讨论测量最终使用性能时出现的问题,指出何处需要新的或者改进的试验方法,提供更多的面料最终用途性能的精确测量,从而引导文献方面的研究;考虑多重因素对面料性能的影响;酌情推荐给研究技术委员会主席。

主席:SUSAN L MATTER'11(Nordstrom)

秘书:JPSEPH J NIL SEN(DLA Troops Support)

RA76 聚合技术

范围:对于关注聚合技术的个人和团体所感兴趣的技术项目的计划协调和指导,为 AATCC 会员提供聚合技术的信息交换场所。

主席:待定

秘书:待定

RA80 印花技术

范围:为关注印花技术的个人和团体推进、整理和激励特别感兴趣的技术项目,并提供更多的技术知识。

代理主席:KERRY MAGUIRE KING'11([TC]2)

秘书:MARY D ANKENY(Cotton Incorporated)

RA87 应用染料和染料特性测试方法

范围:制定评价不同染料级别和染色系统的染色性能;鼓励染色理论的讨论和出版,通过座谈会,专题学术讨论会和/或专家讨论会促进对现代染色理论的理解。测试方法:140、141、146、154、159、167、170、176、184。

主席:REMBERT J TRUESDALE III'11(Ten Cate Protective Fabrics)

秘书:待定

RA88 家庭洗涤技术

范围:鼓励并推进标准使用过程中以及使用的新的化学物质,包括肥皂、洗涤剂、漂白剂、水和织物柔软剂、酶和任何消费者家用洗衣机和投币洗衣机洗涤使用附加物,最新进展和出现的问题的讨论,这些因素可能会影响颜色、性能和特殊的功能性整理以及生态环境。该委员会收集的信息将转交给具体特定的 AATCC 研究委员会使用并定位。在适当的情况下,该委员会会计划技术项目并作为传播该课题领域信息的一个信息交换场所。

主席:TODD M WERNICKE'11(Procter & Gamble)

秘书:NANCY E BEBENITO

RA89 手感评级测试方法

范围:为了对面料手感的不同的评定和描述,制定专业的测试方法和技术。测试方法:EP 5(评级程序5)。

主席:NORMA M KEYES'11(Keyes Consulting LLC)

秘书:SESHADRI S RAMKUMAR(TIEH Texas Tech Univ)

RA99 技术手册编辑审查

范围:保存样本手册,审核所有的新的和现存的测试方法与样本手册相符合,保证方法之间思路清晰并且技术的一致性。建议技术手册的设计和内容变化,使技术手册更加方便使用。

主席:ADI B CHENHNA(Textile Tech Serv)

RA100 安全、健康和环境技术

范围:为纺织产业及其供给产业传播和交换有关人类健康、产品安全和环境方面的最新进展和行业规范,为相关联邦和州立法以及为政府机关制定规则规章提供论坛。

主席:MICHELE L WALLACE'13(Cotton Incorporated)

秘书:HENRY A BOYTER JR(Inst of Textile Tech)

RA102 统计顾问

范围:为技术和研究委员会提供统计方法知识的支持,为使用正确的统计规范提供指南,在制定新测试方法和修订现有标准时,为术语的正确使用提供指南,并审核出版的测试方法的精确度和偏差。

主席:RADHAKRISHNA PARACHURU(Georgia Inst of Technology)

RA103 分光光度技术

范围:通过作为纺织行业对个人和团体有益的信息交换中心,推进一切形式的光谱技术进步(近红外光谱、核磁共振、紫外线、视觉、红外光谱、激光拉曼光谱、微波等)。

主席:JAMES E PODGERS III'12(SRRC ARS USDA)

秘书:KEITH R BECK(N C State Univ)

RA104 服装湿处理技术

范围:整理并指导当代服装染色、洗涤、整理和其他领域的技术讨论,为关注服装湿处理的个人和团体提供有益的技术知识来源。

主席:HEIDI WOODACRE'13(Springfield LLC)

秘书:DENNIS C SCHEER(Polo Ralph Lauren)

RA105 超临界流体技术

范围:制定使用超临界流体的有关测试方法,推进并鼓励超临界流体技术在纺织行业应用的调查、研究和讨论;并作为该技术的信息交流场所。

代理主席:MICHAEL J DREWS(Clemson Univ)

秘书:KEITH R BECK(N C State Univ)

RA106 UV 防护纺织品测试方法

范围:制定测试面料和服装防紫外线性能的测试方法。测试方法:183。

主席:RICHARD S SIMONSON'14(ITG Burlington Worldwide)

秘书:DOROTHY G OVERBY(Cotton Incorporated)

RA107 弹性面料技术

范围:协调和指导当前所关心的领域的技术讨论,并确定消费者对弹性面料和相关技术的需求。

主席:待定

秘书:待定

RA109 燃烧技术

范围:推进并鼓励有关纺织面料燃烧性能的调查、研究和讨论,整理并推进对于关注染色和整理过程中应用阻燃剂的个人和团体感兴趣的技术项目,并为关注纺织品阻燃剂的个人和团体提供有益的技术知识来源。

主席:ELLEN R ROALDI '13(Bureau Veritas CPS)

秘书:RAYMOND E SILVA JR(Westex Inc)

参考委员会

RR1　耐酸和耐碱色牢度测试方法 主席:待定 测试方法:6	RR9　硫化染料染色纺织品的老化测试 主席:待定 测试方法:26	RR29　耐磨性测试方法 主席:待定 测试方法:93、119、120
RR32　静电测试方法 主席:待定 测试方法:76、84、115	RR35　残留氯造成的损害测试方法 主席:待定 测试方法:92、124	RR41　酶测试方法 主席:待定 测试方法:103、191
RR53　耐褶裥色牢度测试方法 主席:待定 测试方法:131	RR54　耐热色牢度测试方法 主席:待定 测试方法:117、133	
RR79　涂层、复合面料测试方法 主席:待定 测试方法:136	RR81　聚合测试 主席:待定 测试方法:142	RR90　螯合剂评价测试方法 主席:待定 测试方法:149、161、168、185
RR92　染料和助剂间的相互作用 主席:JAYANT K SHAH 测试方法:157、163	RR97　横档评价测试方法 主席:待定 测试方法:178	RR98　染料的强度和颜色评价测试方法 主席:待定

专论

联合报告

C2 研究执行委员会
主席:ELIZABETH A. EGGERT, Procter & Gamble Co.
C3 研究技术委员会
主席:REMBERT J. TRUESDALE III, Ten Cate Protective Fabrics

下面的报告对2010年在研究执行委员会和研究技术委员会的指导下,AATCC技术部门进行的众多活动中的一些总结。下面的列表提供了在测试方法和技术委员会网站上发布的这些活动的一些细节。委员会活动更完整的报告能够从468页开始的各个委员会存档的年度报告中找到。

修订的测试方法

20-2010 《纤维分析:定性》
20A-2010 《纤维分析:定量》
61-2010 《耐洗涤色牢度:快速法》
79-2010 《纺织品的吸水性》
88B-2010 《织物经多次家庭洗涤后的缝线平整度》
88C-2010 《织物经多次家庭洗涤后的褶裥保持性》
104-2010 《耐水斑色牢度》
124-2010 《织物经多次家庭洗涤后的外观平整度》
130-2010 《去污性:油污清除法》
135-2010 《织物经家庭洗涤后尺寸变化的测定》
143-2010 《服装及其他纺织制品经多次家庭洗涤后的外观》
150-2010 《服装经家庭洗涤后尺寸变化的测定》
172-2010 《家庭洗涤中耐非氯漂色牢度》
179-2010 《经家庭洗涤后的织物纬斜和成衣扭曲性能》
183-2010 《紫外辐射通过织物的透过或阻挡性能》
188-2010 《家庭洗涤耐次氯酸钠漂白色牢度》
190-2010 《家庭洗涤耐活性氧漂色牢度:快速法》
EP8-2010 《AATCC沾色彩卡》
EP9-2010 《纺织品色差的视觉评价》

家庭洗涤测试条件的标准化程序专论

重新审定的测试方法

17-2010 《润湿剂效果的评价》
22-2010 《拒水性:喷淋试验》
70-2010 《拒水性:动态吸水性测试》
121-2010 《地毯沾污:实地沾污法》
138-2010 《去污:纺织地毯的洗涤》
184-2010 《染料粉尘化特征的测试》
195-2010 《纺织品的液态水动态传递性能》

重新审定和编辑修订的测试方法

23-2010 《耐烟熏色牢度》
116-2010 《耐摩擦色牢度:旋转垂直摩擦仪法》
129-2010 《耐高湿大气中臭氧色牢度》
157-2010 《耐溶剂斑色牢度:四氯乙烯》
171-2010 《地毯去污:热液抽吸法》

编辑修订的测试方法

6－2006 《耐酸和耐碱色牢度》
8－2007 《耐摩擦色牢度:摩擦测试仪法》
15－2007 《耐汗渍色牢度》
16－2004 《耐光色牢度》
30－2004 《抗真菌活性:纺织品防腐和防霉性能评价》
43－2009 《丝光润湿剂的测试方法》
82－2007 《漂白棉布的纤维素分散液的流度》
86－2005 《印花图案及整理剂的干洗耐久性》
89－2008 《棉丝光评价》
92－2009 《残留氯强力损失:单试样法》
94－2007 《纺织品整理剂:鉴别方法》
97－2009 《纺织品中的可萃取物含量》
98－2007 《过氧化氢漂白浴中碱含量的测定》
100－2004 《纺织材料抗菌整理剂的评价》
101－2009 《耐过氧化氢漂白色牢度》
103－2009 《退浆中使用的细菌 α－淀粉酶的分析》
106－2009 《耐海水色牢度》
107－2009 《耐水渍色牢度》
109－2005 《耐低湿大气中臭氧色牢度》
112－2008 《织物甲醛释放量的测定》
117－2009 《耐干热色牢度(热压除外)》
118－2007 《拒油性:抗碳氢化合物测试》
119－2009 《平磨变色(霜白):金属丝网法》
120－2009 《平磨变色(霜白):金刚砂法》
125－2009 《耐光汗色牢度》
128－2009 《织物折皱回复性:外观法》
132－2009 《耐干洗色牢度》
133－2009 《耐热色牢度:热压》
136－2009 《黏合和层压织物的黏合强度》
137－2007 《小地毯背面对乙烯地板的沾色》
140－2006 《染料和颜料在浸轧烘干过程中泳移性的评价》
141－2009 《腈纶用碱性染料的配伍性》
142－2005 《植绒织物经多次家庭洗涤和(或)投币式干洗后的外观》
144－2007 《纺织品湿加工过程中的总碱量》
146－2006 《分散染料的分散性:过滤测试法》
147－2004 《纺织材料抗菌活性评价:平行条纹法》
149－2007 《螯合剂:氨基多元羧酸及其盐类的螯合值测定——草酸钙法》
154－2006 《分散染料的热固色性能》
158－2005 《四氯乙烯干洗的尺寸变化:机洗法》
159－2006 《酸性染料和金属络合酸性染料在锦纶上的移染》
161－2007 《螯合剂:由金属引起的分散染料色变及对比》
162－2009 《耐水色牢度:氯化游泳池水》
163－2007 《色牢度:储存中织物间的染料转移》
164－2006 《耐高湿大气中二氧化氮色牢度》
165－2008 《耐摩擦色牢度:铺地纺织品－摩擦测试仪法》
167－2008 《分散染料的起泡性》
168－2007 《螯合剂:聚氨基多元羧酸及其盐类活性成分含量分析——潘酚(PAN)铜法》
174－2007 《地毯抗微活性的评价》
176－2006 《染料分散液色斑现象的评定》
182－2005 《染料在溶液中的相对着色力》
189－2007 《地毯纤维的含氟量》
193－2007 《拒水性:抗水/乙醇溶液测试》
194－2008 《纺织品在长期测试条件下抗室内尘螨性能的评价》

技术性修正的测试方法

114－2005 《残留氯强力损失:多试样法》

新的评价方法

12－2010 《仪器评定沾色程度的方法》
AATCC 《国际会议(详见原文)》
教育计划(详见原文)

研究委员会报告

RA 34 《预处理方法》

主席:Lenard T. Farias(Cotton Incorporated)

RA 34 由三个下属委员会组成,所涵盖的项目有坯布及预处理后纺织品中的可萃取物含量、湿处理纺织品水萃取液 pH 值的测定、过氧化氢漂白浴中碱含量的测定、漂白棉布的纤维素分散质流度的测定、耐过氧化氢漂白色牢度、高锰酸钾滴定法测定过氧化氢、纺织品湿加工过程中的总碱含量和丝光度的测定。

测试方法(TM)81,湿处理纺织品水萃取液 pH 值的测定尚在编辑修改之中。当编辑修改完成后,将会开展一项实验室间比对的研究。实验室间比对的研究需要包括 ISO 测试方法对应 TM 81 和 TM 144,纺织品湿加工过程中的总碱含量,以验证碱度的回滴测试方法。在 TM 89 中棉花的丝光作用中 AATCC 通常所用到的中性洗涤剂将不再有效。SDC 的一种中性洗涤剂需要经过评估以确定是否可以被用于丝光度(钡值)测定。TM 89 也需要将 NIR 作为一种测试钡值的仪器测试方法(可供选择的方法)写入标准中。在 TM 81 和 TM 144 的实验室间研究中,需要专门地选择织物用来测试碱度。

BluOx Laundry Systems 的 Jim Konides 是 2010 年 3 月委员会会议的发言人。他的发言题目为“臭氧是商业洗涤中一种可持续性的代品”。臭氧已经在大量商业洗涤中用作消毒剂。

RA 36# 《测色方法》

主席: Kenneth Butts(Datacolor)

2010 年时,RA 36 对关于 TM 182 染料在溶液中的相对着色强力的重新审定有一次委员会和一次 TCR 的信件投票。EP 9(纺织品色差的视觉评价)分委员会正在进行的工作在 2011 年初进行的信件投票,这会使这一视觉评估程序发生巨大的变化。

另外 EP 11(用荧光增白纺织品校准分光光度计 UV 能量的程序)分委员会也在继续审定 UV 能量校准程序的仪器设置和白度设置规格。重中之重就是仪器和视觉的一致性,以及国家标准的可溯源性。说明中还举例说明了分光光度计和各种灯箱光源的 UV 能量的不同之处。TM 110 纺织品白度的重新审定工作还尚未由 EP 11 分委员会完成。颜色指导手册分委员会在 Richard Aspland 的大力支持下仍在持续开发颜色指导手册。Aspland 博士已经将之前的材料汇总并已经完成了他对指导手册的撰写工作。分委员会将在未来一年继续进行审查指导手册的撰写。

经过大量的评估和认证,委员会最终决定对被提议的 Ralph Stanziola 色彩法则不予通过并结束了这一项目。

RA 42# 《尺寸变化测试方法》

主席:Susan Matter(Nordstrom Inc.)

2010 年期间,委员会信件投票通过了以下几个测试方法的修订:135#织物经家庭洗涤后的尺寸稳定性;150#服装经家庭洗涤后的尺寸稳定性;179#经家庭洗涤的织物纬斜和成衣扭曲性能。

委员会还开发了一种测试短袜和袜类尺寸变化率的新方法。和一种测试经家庭自动洗涤后引起的服装侧缝扭斜的新方法。目前关于使用冷数和热水对纺织品清洗效果的研讨还在进行。以前和当前的相关研究结果都会被考虑在内。

在 RA 61 委员会权限内的 TM 124(织物经多次家庭洗涤后的外观平整度)和 TM 143(服装及其他纺织制品经多次家庭洗涤和投币式干洗后的外观)将会由信件投票决定洗涤负载、洗涤剂比例和水位的修改变化。

RA 61# 《外观平整度测试标准》

主席:H. Kenneth Greeson Jr.(Cotton Incorporated)

Creaset USA 的 James Hangley 是 2010 年 3 月委员会会议的发言人,与会成员听取了关于 Creaset 处理过程的讲解。会议讨论了如商业用途、环境影响、服务提供、评定计划、衬衣的军用折皱和仪器设备等题目。成员们有幸观看到了由 Creaset USA 展示的服装样品。美棉公司还拍摄了一段关于 TM 124(织物经多次家庭洗涤后的外观平整度)的培训视频。AATCC 的全体成员都已经看过了这段视频,委员会决定将最终决定权留给 AATCC。

TM 88B(织物经多次家庭洗涤后的缝线平整度)、TM 88C(织物经多次家庭洗涤后的褶裥保持性)、TM 124 和 128(织物折皱回复性:外观法)所涉及的光线强度测量的一份问卷已经交给了 AATCC

的 Suzanne Holmes。这份文件将会分发给经常进行这些测试的有资格的合作实验室。其中一些实验室以及使用了曝光表,因此将会获得更多的详细资料诸如曝光表位置等相关信息。美棉公司已经购买了曝光表,美棉公司和 AATCC 将会开展经常性的测定。获得的数据将由委员会总结并最终形成一份陈述加在与光线强度相关的测试方法中。

用到陪洗织物的 TM 88B、88C、124 和 143 几个方法都进行了修订;评级板的角度和洗涤条件在 AATCC 专论《家庭洗涤测试条件的标准化程序》。修订后的方法将会在 AATCC 2010 技术手册中发布。

美棉公司有一台自动折痕回复角度测试仪可应用于 TM 66《机织物折皱回复性的测定:回复角法》。已经使用相同的织物进行了一项初步的研究,比较了自动测试仪同 TM 66 的测试结果(在乔治亚大学进行),研究结果非常乐观。委员会针对将自动测试仪应用于 TM 66 进行了一次投票,并最终决定继续进行这一研究。原研究中使用了$\frac{3}{1}$斜纹织物,在后续的研究中将进一步拓宽织物的组织结构。结果将在 2011 年 5 月的会议上进行公布。

RA 61 和 RA 42 就尺寸变化率于 2010 年 11 月召开了联席会议。有些测试同时涉及了这两个委员会并常常是针对相同的织物或服装。然而某些测试的负载要求却并不相同。RA 61 建议 TM 124 和 143 的负载应包括 4 磅和 8 磅。这些测试中的洗涤剂比例和水位也需要重新考虑。

RA 63# 《拒水性、吸水性和润湿剂测试方法》

主席:Michele L. Wallace(Cotton Incorporated)

RA 63# 一直致力于湿气管理测试的新方法开发。

在 TM 79 纺织品的吸水性的修订中认可了一种快捷的测试方法。纺织品垂直芯吸法作为较耗时的一种方法已被投票通过。类似的纺织品水平芯吸法也已接近完成。

一个关于烘干测试方法的分委员会建议了 4 种不同的测试方法。

此外,还有四种方法在他们 2010 年的周期性回顾中被重新审定:TM 17(润湿剂效果的评价),TM 22(拒水性:喷淋试验),TM 70(拒水性:滚筒罐动态吸水性测试),TM 195(纺织织物湿气管理特性)。

RA 75# 《实验室测试与最终使用性能的相关性》

主席:Susan L. Matter(Nordstrom Inc.)

2010 年期间,RA 75 通过了一个委员会投票变更了名字和范围。现在委员会受制于 TCR 选举。建议的新名字是 RA 75 材料和产品最终使用性能的评价,新范围是"调整并指引与最终产品相关题目的技术讨论;成为预测实验室测试方法和技术所反映最终使用性能的研讨会;当学术知识会对委员会活动产生影响是同研究委员会进行密切交流。"

湿气管理的讨论确定了需要使用平实的语言并促进使用测试方法以证实结论。还建议了设立一个包括工业、零售和支持团队的工作场所。同时讨论了在场穿着试验。

RA 75 也回顾了零售退货相关的问题,包括对可预见的问题及解决方式相关的建议测试方法。

RA 87# 《应用染料和染料特性测试方法》

主席:Rembert J. Truesdale III(Ten Cate Protective Fabrics)

2010 年 3 月和 11 月委员会进行了两次会议。这一年的主要议题就是一些测试方法的重新审定。6 个测试方法(TM 140《染料和颜料在浸轧烘干过程中的泳移性评价》,TM 146[分散染料的分散性:过滤测试法],TM 154[分散染料的热固色性能],TM 159[酸性染料和酸性介质染料在锦纶上的移染],TM 170[粉末状染料粉尘化倾向的评定],TM 176[染料分散液色斑现象的评定])都需要重新审定或修订。TM 159 和 TM 176 的修订由委员会投票决议,其他测试方法的则由审定委员会决议。两个修订的测试方法都由 TCR 通过,但是 TM 146 的重新审定在 TCR 的投票中却并未获得通过。这一投票结果直到 2010 年底都还没有解决,因此 2011 年初进行了一次修订并最终获得了通过。

这一年中,委员会持续不断的进行着适合纺织生产的表述。DyStar 介绍了通过具有更好固色性能的多功能活性染料提高棉染色的可持续发展前景。

RA 103# 《分光光度技术》

主席：James E. Rodgers III（SRRC，ARS，USDA）

RA 103 在2010年召开了两次会议。11月的会议给出了一份介绍说明。

作为2009年11月的手持XRF单位的后续，2010年3月的会议中，讨论了由X射线荧光（XRF）来检测铅的含量。为了遵守2008年的消费者产品安全改进条例，XRF单位只能用来检测是否含有铅。同时还讨论了未来会议的议题。

2010年11月的会议之后，北卡莱罗纳州立大学的Scott Lassell进行了题为"中子活化分析：背景和纺织应用"的介绍。Lassell先生对中子活化分析（NAA）的工作原理，北卡莱罗纳州立大学NAA反应器的历史，北卡莱罗纳州立大学目前的研究能力和能提供的服务内容，以及NAA在纺织领域的应用。NAA具有非破坏性并且对60多种元素都非常敏感。试样放置在中心部位用中子轰击；核子吸收中子后形成的新微粒随着其特有的伽马射线的损失而衰减。目前这一技术在纺织上的应用还很有限，但却显示出很大潜力。NAA已被应用于纺织纤维鉴别近30年。近来NAA还被应用于一起谋杀案的聚酯地毯纤维的比较中。会议上获得了大量信息，非常值得参与。

RA 104# 《服装湿处理技术》

主席：Dennis C. Scheer（Polo Ralph Lauren）

RA 104 最初的立意是以技术议题和工业问题为中心。委员会致力于寻找但却也并不仅限于可持续发展性、低浸染率、树脂/聚合物以及更重要新产生技术所带来的挑战和相关的广受关注的问题。以上所提到的内容并不仅限于服装，也包括织物，以及目标湿处理技术或效果。委员会目前正在筹划同Concept 2消费者权益组织共同举办2011年服装湿处理技术座谈会（"AATCC牛仔休闲、创新90年庆典"），只有细节尚待确定。

随着2009年12月9、10日在长滩市举办的"时尚潮流、技术和可持续发展牛仔和服装湿处理技术"的成功落幕，委员会度过了令人激动而又积极的2010年，并希望在2011年继续这一活动。

RA 104 每年春秋两季的委员会会议非常欢迎成员和具有相同兴趣的客人到访参与。

RA 104 每次会议都会有一个发言人。3月份，非织造服装（Nonwoven Apparel）公司的Kate Dutton讲述了非织造服装的长度和如何将其融入到时尚产业中。虽然非织造布往往被用来制作一次性湿巾和医院一次性用品，但还是存在可以将其转化为服装的技术，并且已经有一些公司在进行相关研究。塞拉尼斯公司（Celanese Chemical）的Carissa J. Vidlak在11月讲解过乙烯基聚合物应用于内衣以及他们如何将这一技术夸大到其他应用领域。

Polo Ralph Lauren的Dennis Scheer在之前的三年里一直是RA 104的主席，非常感谢AATCC、RA 104委员会的6个发言人、委员会秘书Heidi Woodacre以及其他所有RA 104的成员和客人这三年来对RA 104的不懈支持。Scheer先生将继续作为秘书协助新的主席Heidi Woodacre进行工作。

RA 109# 《燃烧技术》

主席：Michele Wallace（Cotton Incorporated）

ASTM的标准活动和美国消费品安全委员会（CPSC）的法律制定是RA 109在2010年会议上的主要议题。ASTM D 5238－2010棉絮阻燃潜力的测试方法的重新修订在春季的议程里。这个标准主要关于棉絮被香烟点燃及防护服装垂直燃烧法测试的潜在变化。

为了说明ASTM方法的重要性，BV的Ellen Roaldi在秋季会议讲解了ASTM服装燃烧性能测试和其他国家相关法规的标准。在美国，CPSC持续不断的推广消费产品安全改善法案中的阻燃条例。

最终，与测试相关的最重要新闻便是NIST的公告中提到的用作常规引燃条件（同"Pall Mall unfiltered"相比）的标准物质——香烟目前已有销售。